·NASA 人-系统整合标准与指南译丛·

人整合设计手册（上）

陈善广　姜国华　陈　欣　王春慧　编译

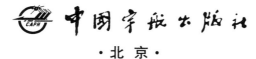

中国宇航出版社
·北京·

图书在版编目(CIP)数据

人整合设计手册 ：全 2 册 / 陈善广等编译．-- 北京：
中国宇航出版社，2016.11
（NASA 人-系统整合标准与指南译丛）
ISBN 978 - 7 - 5159 - 1237 - 0

Ⅰ.①人…　Ⅱ.①陈…　Ⅲ.①载人航天器—人-机系
统—系统设计—手册　Ⅳ.V476.2 - 62

中国版本图书馆 CIP 数据核字(2016)第 293022 号

责任编辑　彭晨光

出　版
发　行　中国宇航出版社

社　址　北京市阜成路 8 号　**邮　编**　100830
(010)60286808　　(010)68768548
网　址　www.caphbook.com
经　销　新华书店
发行部　(010)60286888　　(010)68371900
(010)60286887　　(010)60286804(传真)
零售店　读者服务部
(010)68371105
承　印　北京画中画印刷有限公司

版　次　2016 年 11 月第 1 版
2016 年 11 月第 1 次印刷
规　格　787×1092
开　本　1/16
印　张　62.5
字　数　1521 千字
书　号　ISBN 978 - 7 - 5159 - 1237 - 0
定　价　398.00 元

本书如有印装质量问题，可与发行部联系调换

《NASA 人-系统整合标准与指南译丛》
编 委 会

译者序

美国国家航空航天局（NASA）自 1958 年成立以来，先后成功实施了水星计划、双子星计划、阿波罗计划、天空实验室、航天飞机、国际空间站（与俄罗斯、欧洲、日本等国联合）等重大载人航天项目，取得了举世瞩目的辉煌成就，为美国保持在国际航天领域的领先地位做出了重大贡献。此辉煌成就不仅反映出 NASA 技术创新的不断进步，也凝聚着 NASA 在项目科学管理上的成功经验。其中，有三个方面特别突出：一是 NASA 不断总结项目管理的经验做法，形成了一整套项目管理的组织架构以及科学化程序和方法，特别是系统工程思想的发展、方法和过程的完善，极大提高了 NASA 项目研发的效率和实施效益；二是 NASA 高度重视技术基础和技术体系建设，发展形成了规范工程/项目研发技术与管理活动的一系列标准、程序、要求等，并根据实施中总结的经验教训和技术发展适时修订形成新的版本；三是在载人航天任务中，NASA 自始至终倡导并不断发展“以人为中心设计（Human Centered Design）”的理念和方法，把人因工程（HFE，Human Factors Engineering）学科纳入系统工程体系，先后推出 NASA 3000 系列人-系统标准（Human - Systems Standard）、人-系统整合（HSI - Human Systems Integration）设计流程以及适人性评价（Human Rating）要求等规范，并竭力推动这些规范标准在项目/产品研发过程中的实施。航天人因工程及人-系统整合方法在保障载人航天任务策划的科学合理性、提升人信息加工和决策可靠性、减少操作失误、优化人机功能分配和人机界面设计、实现人-系统整合协同高效工作以及提高系统安全性等方面发挥了重要作用。

载人航天任务涉及航天器、测控通信、发射回收等多个方面，特别是由于航天员的参与使系统变得更为复杂，对人的安全性和操作的可靠性要求更高，是一项极为复杂的系统工程。从美俄早期的太空飞行来看，不管是联盟号飞船还是阿波罗计划，事故发生率很高，而后来的航天飞机任务还发生过两次机毁人亡的恶性事故。即便是最近几年，航天发射失利如天鹅座货运飞船爆炸、太空船 2 号失败等和国际空间站上出舱活动任务取消和推迟等事故依然不断。通过分析，绝大多数事故均可以追溯到对人的问题考虑不周造成的。因此，在载人航天领域，人因工程也是在不断总结失败教训中提高认识和逐步发展起来的。美国在初期的水星计划、天空实验室、阿波罗登月等任务中，重点分析解决人在太空中能否生存和工作的问题。航天飞机时期，NASA 更加关注人因问题，不断总结以前任务工程实施中出现的问题教训和经验并植入到相关技术文件和要求中。人-系统整合的思想和方法开始形成，即在载人的系统/项目设计开发过程中要突出以人为中心的设计理念、充分考虑人的能力和局限性，以期提高系统安全和性能、降低研发成本。NASA 于 1985 年就建立了人-系统标准 NASA - STD - 3000，1987 年在约翰逊航天中心成立适居性和人因部门，作为航天人因工程的主要牵头单位。1991 年为国际空间站（ISS）任务制定了航天人因工程发展计划（SHFE）。2005 年推出人的研究计划（HRP），全面深入研究未来深空探测、登火星任务中的人因工程问题，引领国际航天人因工程领域的发展。与此同时，NASA 在不同阶段先后推出了一系列相关标准规范并适时进行版本更新，如：NASA - STD - 3001《航天飞行人-系统标准》第 2 卷《人因、适居性与环境健康》，《人-系统整合设计流程》（HIDP）和《航天系统适人性要求》（NPR8705.2B）最新分别于 2011 年和 2012 年进行了版本升级或修订。这些人-系统整合相关的标准规范大多借鉴了美国国防部（DoD）的做法，但 DoD 多数与人相关的装备研发规范是强制的。NASA 直至目前还不像 DoD 那样严格要求，只有《航天系统适人性要求》是强制的。不过很显然，要贯彻适人性评价标准，遵循其他相关规范是最基本的。在 NASA 最近几年的载人项目管理中，HSI 的系列标准和规范得到了很好的贯彻，星座计划（Constellation Program）便是其中的典范，星座计划中的猎户座飞船、月面着陆器和 EVA 系统等在研发全周期中，均根据项目自身的实际采用或建立 HSI 规范化要求，并将 HSI 纳入到项目系统工程管理中。HSI 以人因工程学为学科支撑，不仅逐渐成为 NASA 全员的共识与理念，而且也是项目开发、管理人员遵循的规范和方法。相关资料表明，NASA 开展人因研究和人-系统整合的道路也并非一帆风顺，也是克服了许多模糊甚至错误认识才发展起来的。比如，一开始很多工程师/设计人员认为 HSI 太繁琐束缚了自己的手脚，认为自己能自然反映用户的全部需求，总凭自己经验和直觉进行设计，经常发生设计者与使用者（操作或维修人员）之间的角色混淆，不懂得使用需求的科学规范性，导致设计不能系统全面客观正确反映最终用户需求。有的认为“产品有缺陷没关系，下次再改进或还可以通过训练弥补”。这是人因学发展史上最典型的“人适应机”的过时观念，很容易导致安全和使用风险。HSI 强调“机适应人”，并且，要确保一次设计到位才能降低成本和风险。还有的要么认为“人与机器差不多，可以像简单检测机器一样来检测人的情景意识”；要么认为“人是不可靠的，要用技术取代人的功能”，对人与机的不同特性认识不清往往导致人机功能分配不合理。还有不少人认为，实施 HSI 增加了额外成本不划算，或者很多项目预算中就不包括这块经费，而没有认识到 HSI 在项目/产品全周期研发中避免了许多反复反而能大大降低成本。将 HSI 更高效地融合到项目系统工程管理中去并显示其在全周期研发中的高费效比，是 NASA 进一步努力的目标。

我国从 1968 年航天医学工程研究所成立开始就创立航天医学工程学科，开展包括航天工效在内的有关人的问题研究。1981 年，在钱学森系统工程思想指导下创立了人-机-环境系统工程理论，这一理论与方法在理念与目标上与 HSI 很相似，其体现的系统工程思想与方法在我国载人航天任务中得到了有效的应用。1992 年我国载人航天工程启动时，设立了航天员系统并下设医学、工效学评价分系统，确立了“载人航天，以人为本”理念。经过 20 多年的实践发展，航天工效在研究内容、方法和工程应用上逐步走向成熟，形成了包括载人飞船、货运飞船、空间站舱内、舱外以及舱外航天服等一系列工效学设计要求与规范。目前为我国空间站工程研究制定了工效学要求和评价标准，而且成为工程大总体下发的要求。2011 年在中国航天员科研训练中心设立人因工程国家级重点实验室，标志我国航天人因工程进入新的发展阶段。航天工效和人因工程的发展为我国载人航天工程成功实施发挥了重要作用。

虽然我国对人因问题研究也很早，且自载人航天工程实施以来，从项目的顶层管理者到具体的工程设计人员对人的问题认识也在不断提高，但与NASA相比，我们还存在不少差距和问题，比如，从工程总体到各项目/产品层面对人因工程涉及的理念和方法理解不深，组织机构不健全、自上而下的推力不足，人-系统整合标准制度、技术体系不完善，在人因方向的技术基础较弱、投入保障不够，等等。“他山之石，可以攻玉”，基于此，我们组织编译了NASA人-系统整合与人因方面的相关文献和标准，这些文献反映了NASA在载人航天任务研发实施中多年来形成的思想、思维方法以及技术规范的最新成果。目前空间站工程研制在即，后续任务也在论证过程中，充分借鉴国际上成熟做法与成功经验，建立完善适合我国实际的人-系统整合相关技术体系，不仅十分迫切，同时对于推动我国载人航天事业的进步与发展意义重大。

感谢参加本译丛编译的全体人员，他们大多数是在工作之余挤出宝贵时间完成翻译编校工作的。

感谢载人航天工程办公室和航天员科研训练中心的领导和机关的大力支持！感谢中国宇航出版社为本译丛出版所做出的努力！

由于本译丛所涉及专业面宽、信息量大、标准术语较多，翻译难免有不一致或疏漏失误之处，敬请读者批评指正。

中国载人航天工程副总设计师
中国科天员科研训练中心
人因工程重点实验室 主任 陈善广

2016年8月

前　言

为了跟踪国外在航天器人-系统整合领域的最新研究与应用动态，以及相关标准、要求、方法等技术理论，人因工程重点实验室与航天员科研训练中心第一研究室、第十七研究室一同完成了 NASA 相关文献的调研、翻译和校对等工作，形成了 NASA 人-系统整合标准与指南译丛，供我国载人航天工程和其他工程任务参考。

译丛共分为 5 册，包括：

第 1 册：《航天系统适人性要求与人因工程活动》

第 2 册：《人-系统整合设计流程》

第 3 册：《航天飞行人-系统标准》

第 4 册：《人整合设计手册（上）》

第 5 册：《人整合设计手册（下）》

各分册内容概述如下。

（一）第 1 册《航天系统适人性要求与人因工程活动》

该册内容包括 NPR8705.2B《航天系统适人性要求》和 NASA/TM－2006－214535《人因工程设计、研发、测试与评价》。

（1）《航天系统适人性要求》

该文件是一个程序性要求文件，目的是定义和实施载人航天系统研制中必要的过程、程序和要求，旨在确保执行太空任务的乘组和乘客安全。该文件适用于星座载人航天系统，为项目负责人及其团队提供了适人性（Human－Rating）认证路线。本文首版发布于 2008 年 5 月，更新于 2012 年 8 月，有效期至 2016 年 5 月。

前言给出了航天系统适人性要求的目的、适用性、权威性文件、适用文件、测量/验证和失效文件等，指出适人性系统应满足人的需要，利用人的能力，控制系统与人的风险，并明确其不是特殊要求，而是载人航天所必须的。

第 1 章详细阐述了适人性的定义、适人性认证过程、角色和职责、适人性认证主要时间表，指出适人性认证是项目与三个技术部门（工程、健康和医疗、安全与任务保证）之间的平衡和检查机制，以帮助项目负责人（program manager）和技术部门将整个开发和操作团队持续聚焦在乘员安全性上。明确指出适人性不仅是一套要求、一个过程或一个认证，它关乎理念，由领导慢慢灌输，要使每个人都感觉自己的设计与乘员安全密切相关。

第 2 章详细介绍了适人性认证的流程和标准、系统设计、验证和确认系统能力与效能、系统飞行试验、认证和运行适人性系统，指出适人性认证要求用于指导项目负责人完成认证过程，并规定适人性认证包（HRCP）的内容。

第 3 章详细阐述了系统安全要求、系统控制的通用要求、系统控制要求-适人性航天器、系统控制要求-适人性航天器的接近操作、乘员生存/逃逸要求，指出适人性技术要求确定系统安全、系统的乘员/人控制、乘员的生存/逃逸等三个主要领域的能力，并强调适人性技术要求并不意味着包容全部的适人性，其只是为项目负责人提供能力基础的判断，项目负责人据此为每个相关任务建立识别和增加独特能力。

附录 D 的 HRCP 适人性认证包，用于引导评审人员的评审活动，指出最终提交适人性认证批准和认可的 HRCP，将按照项目管理委员会（Program Management Council，PMC）制定的方式提供给有关各方。

（2）《人因工程设计、研发、测试与评价》

《人因工程设计、研发、测试与评价》制定的目的是突显人因工程应用的重要性，指出 HFE 是 NASA 开展系统研发、采购和评价的关键因素，文中明确要求：在航天器系统的整个研发生命周期中，要应用 HFE 并说明 HFE 承担的典型角色。本文发布于 2006 年 12 月，作为大型项目解决方案，指导人因工程在项目研制全周期的设计与实施。

第 1 章描述了人因在工程设计、研发、测试与评价中的角色定位、人因的范围和与其他学科的关联，明确了 HFE 是复杂人-机系统设计的基本要素，也是总体设计和评价过程的关键组成部分。

第 2 章描述了人因产品特性、过程特点和人误风险管理，指出确保系统鲁棒性（健壮性）和可靠性的关键特征可以分为以下两种：用于研发和操作产品的产品特性以及过程特性，文中还强调在研发过程的早期，识别出来自于人误的潜在风险非常重要。

第 3 章描述了为了支持人可靠性而进行的 HFE 活动，这些活动包括功能分析与分配，任务分析，人员配置，资质和整合工作设计，人失误，可靠性分析和风险评估，人-系统界面和程序设计，训练计划设计，HFE 验证和确认，运行监测，测试与评估，指出了开展 11 项活动的时间表和具体方法，并明确活动可以并行开展。在 DDTE 计划过程中每种活动的工作强度都会增加或减少。

第 4 章描述了人因工程的发展历程以及过往的成功和失败案例，案例主要包括联盟 11 减压（运行需求和人的能力不匹配的例子）、起源号航天器 G 开关（缺乏检测人差异的测试程序的案例）、轨道器的 FOD（在非日常维护条件下利用人的能力示例——“鱼跃接球”）、阿波罗 13（非常规操作环境中使用人的能力示例）。

第 5 章描述了系统特征、计划特征和核心 HFE 活动，指出人-系统交互发生在系统研发和航天器系统运行的所有阶段，明确 HFE 计划包括需要设计和评估过程中涉及的组织（NASA，主承包商，子承包商）完成的 11 项核心活动。

（二）第 2 册《人-系统整合设计流程》

该册内容为 NASA/TP－2014－218556《人-系统整合设计流程》。

《人-系统整合设计流程》制定的目的是提供人-系统整合设计流程，包括方法和最佳实践经验，以指导和规范 NASA 载人航天器的研制满足人-系统整合和适人性要求。HIDP 采用以人为中心设计方法和流程为框架，支持系统实现人-系统整合要求与适人性。

本文于2014年9月首次发布，适用于载人航天系统工程的研制与实施，用于指导人-系统整合活动流程的研制和发展。《人-系统整合设计流程》和《人整合设计手册》是互补的参考文档。后者依据人-系统设计标准提供背景信息，而前者描述流程的“操作方法”，两者涵盖了NASA已经在载人航天系统研制与实施期间使用的方法和最佳实践。

HIDP按各章节组织，相对独立，可根据需要直接引用。

前2章为引言和文件，介绍了制定HIDP的目的、适用性和使用方法，以及适用文件和参考文件等。

第3章提供了人-系统整合的总体信息，主要涵盖NASA的人-系统整合，以人为中心的设计（HCD），在航天系统研发过程中的应用，以及技术文件概要等4部分内容。首先，描述了人-系统整合的概念、目的和关键因素；其次，描述了以人为中心设计的理论基础、原则和设计过程中的三项主要活动；再次，描述了人-系统整合（HSI）团队的概念，及其在载人航天器的研制和以人为中心设计过程中的作用；最后，总结了以人为中心的设计活动典型的产出所形成的通用技术成果，及其相关联的里程碑。

第4章中相对独立的各节用来描述不同航天器的设计项目与方法，这些内容需符合NASA-STD-3001和/或NPR 8705.2B的要求。每个设计项目与方法都明确针对NASA-STD-3001和/或NPR 8705.2B的相关要求，目的是用于航天系统研制和认证，且每个方面均包含足够的背景信息、知识和指向作为重要补充的其他文档（如HIDH），以获取详细内容信息。为成功实现系统满足最佳要求和适人性认证，每项内容还给出了在整个工程研发的生命周期应给予评估的相关关键技术文件。这些设计项目主要包括用户任务分析、可用性评估、工作负荷评估、人因失误分析、乘员物理特性和能力设计、操作品质评价、噪声控制设计、辐射屏蔽设计、功能性空间设计、乘员生存能力评估、代谢负荷和环境控制生命保障系统设计、显示样式设计、用户界面标识设计、乘员防护设计、为生理功能减弱的乘员进行的设计、缓解减压病设计、航天食品系统设计、易读性评价等18个方面内容。

（三）第3册《航天飞行人-系统标准》

该册内容为NASA-STD-3001《航天飞行人-系统标准》，包括第1卷《乘员健康》和第2卷《人因、适居性与环境健康》。

《航天飞行人-系统标准》是为NASA制定的一套人机系统标准，用于轨道飞行器、月球登陆车、火星漫游器、舱外航天服等航天器人-系统交互界面的工程研制，旨在满足当前和未来载人航天器工程设计需要，确保航天员健康并提高医学保障能力。

本标准于2007年首次发布，并于2014年7月发布了NASA-STD-3001第1卷《乘员健康》的第1版修订本。本标准为NASA顶级标准，由首席健康与医学官办公室设立，旨在降低载人航天飞行项目中飞行乘组的健康和工效风险，共分为两卷。

（1）第 1 卷《乘员健康》

该卷对任务身体素质、航天飞行容许暴露限值、容许输出限值、保健等级、医疗诊断、干预、治疗和护理以及对抗措施设定了标准。

前 3 章介绍了该卷标准的目标、适用的范围、剪裁的要求、适用文件，以及缩略词语及相关定义等。

第 4 章描述了医疗护理等级，人效能标准，健康和医学审查、评估和鉴定，医学诊断、干预、治疗和护理等。首先，介绍了护理级别制定的影响因素，以及零级护理、一级护理、二级护理、三级护理、四级护理、五级护理和护理中止的定义和要求；其次，介绍了航天飞行中人的效能健康标准，明确了航天飞行中对乘员健康和效能有害的医学风险的可接受程度，提供了乘员在轨健康维护和保障产品的目标参数；再次，介绍了乘员医学初次选拔要求和医学鉴定与评估要求；最后，明确了在训练和飞行前、中、后等各个阶段医学诊断、干预、治疗和护理的基本要求。

（2）第 2 卷《人因、适居性与环境健康》

该卷着重于人身体和认知的能力与局限性，并为航天器、内部环境、设施、有效载荷以及太空运行期间的乘员界面相关设备、硬件和软件系统确定了标准。

前 3 章介绍了该卷标准的目标、适用的范围、剪裁的要求、适用文件和项目执行的标准等。

第 4 章介绍了人体特性与能力的相关要求，包括人体数据库建立的要求与特征，以及身高、移动范围、可达域、人体表面积、人体体积、人体质量、力量和有氧能力等多方面人体特性项目的阐释与要求。

第 5 章从工作效能的角度叙述了人的知觉和认知特性，包括视觉、听觉感知、感觉运动和认知等知觉认知的特性与能力，以及时间与工作效率、情景意识和认知工作负荷等人整合操作能力等多方面特性的阐释与要求。

第 6 章介绍了自然及诱导环境因素的分类及其相关要求，包括舱内大气、水、污染物、加速度、声学、振动和辐射等方面的相关参数的阐释与要求。

第 7 章描述了系统满足人居住需具备的特性。每项特性的具体需求因任务不同而不同，包括食品和营养、个人卫生、身体废弃物管理、生理对抗措施、医疗、存储、库存管理系统、垃圾管理系统和睡眠等方面的相关参数的阐释与要求。

第 8 章介绍了系统满足乘组工作与生活需具备的特性，包括空间、功能划分与配置、转移路径、舱门、束缚和活动辅助设施、窗和照明等方面的相关参数的阐释与要求。

第 9 章介绍了所有类型的硬件与设备设计时需要考虑的因素与相关要求，包括标准化、训练最少化、风险最小化、耐受力、装配和拆卸、电缆管理、维修性设计、防护和应急设备等方面的阐释与要求。

第 10 章介绍了乘员界面设计的共性要素，以及各类乘员界面设计的特征要素与要求，包括显示器、控制器、显示器与控制器布局、通信系统、自动化与机器人系统、信息管理等方面的阐释与要求。

第 11 章介绍了为了满足着服航天员的健康、安全与工作效率，航天服设计时需要考虑的因素，包括服装设计与操作和着装功能等方面的相关参数的阐释与要求。

（四）第 4 册《人整合设计手册（上）》

该册内容为 NASA/SP－2010－3407/REV1《人整合设计手册》的第 1 章至第 7 章。

为实现 NASA－STD－3001《航天飞行人-系统标准》所规定的要求提供资源，且为获得并实施该标准所规定的具体项目要求提供必要的数据和指导，NASA 配套制定了 NASA/SP－2010－3407《人整合设计手册》，与 NASA－STD－3001 配套，共同为 NASA 的所有人类航天飞行项目和计划提供载人航天器人-系统设计的规范性指导。本手册适用于在太空、月球以及其他行星表面环境中乘员在航天器内、外部所进行的所有操作。

本手册于 2007 首次发布，并于 2014 年 6 月发布了 NASA/SP－2010－3407 的第 1 版修订本，对全篇内容进行了修订更新。本手册的编写顺序与 NASA－STD－3001 第 2 卷相同。

前 2 章介绍了该卷标准的目标、适用的范围、使用的方法、内容概述和适用的文件等。

第 3 章概述了具体项目要求产生的过程，以及该手册将人的健康、适居性和工效方面的信息整合进系统设计的过程与相关要求等。

第 4 章涵盖乘员的人体尺寸、外形、可达域、活动范围、力量以及质量等相关信息，阐释了如何针对一个项目确定正确的数据，以及如何使用这些信息来创建适合乘员的设计。

第 5 章介绍了人在太空飞行中体能、认知、感知能力及其局限性，所涵盖的主题包括体力工作负荷、视觉和听觉感知以及认知工作负荷，并重点讲述了人的效能的诸多要素在航天飞行过程中的变化机制等。

第 6 章阐述了为保证航天飞行任务中乘组的健康和安全，保护其不受航天飞行自然环境以及诱导环境的影响，在设计中应考虑的因素及其具体要求，包括舱内大气、水、污染、加速度、声学、振动、电离辐射、非电离辐射等方面的参数要求。

第 7 章介绍了乘员在航天器内日常活动的设计考虑因素，包括就餐、睡眠、个人卫生、废弃物管理、库存管理和其他活动等，以确保环境的适居性。

（五）第 5 册《人整合设计手册（下）》

该册内容为 NASA/SP－2010－3407/REV1《人整合设计手册》的第 8 章至附录 D。

第 8 章为概述性与指南性内容，主要介绍了航天器整体结构布局与空间、功能配置与区域划分、位置和定向辅助设施、交通流和转移路径、舱口与门窗以及照明灯等方面的参数要求。

第 9 章介绍了硬件与设备设计时应该遵循的要求与指南，包括工具、抽屉和货架、封闭物、硬件安装、手柄和抓握区域、限制器、机动辅助器、紧固件、连接器、视觉获取、包装、服装以及乘员个人用品等。

第 10 章介绍了用于乘员与系统之间进行信息交换的人–机界面的设计要求，包括视觉显示器、听觉显示器、控制器和标签等多种类型界面的设计要求与指南等。

第 11 章介绍了为了保证着舱外航天服的航天员在舱外作业时的安全与效率需要考虑的因素及其要求，包括生命保障功能、舱外活动绩效和舱外活动安全性等。

附录 A 至附录 D 给出了手册中涉及到的缩略词及其定义，人体测量参数、生物力学和力量参数数据，视窗的基本光学理论，以及载人飞行器视窗中光学性能的应用需求等。

NASA 手册 美国航空航天局 华盛顿，D C 20546－0001	NASA/SP－2010－3407/REV1 批准日期：06－05－2014 有效期：无

人整合设计手册
（HIDH）

基线- 2010 年 1 月 27 日

修订 1－2014 年 6 月 5 日

文件历史记录

状态	文件修订	批准日期	出版情况
基线		01－27－2010	首次发行
修订	1	06－05－2014	整体修订和更新

目　录

1　范围 …… 1
1.1　目的 …… 1
1.2　适应性 …… 1
1.3　如何使用本手册 …… 2
1.3.1　章节 …… 2
1.3.2　章节结构 …… 3
2　适用文件 …… 4
2.1　政府文件 …… 4
2.2　非政府文件 …… 4
2.3　优先顺序 …… 5
3　概述 …… 6
3.1　引言 …… 6
3.2　具体项目要求的产生 …… 6
3.2.1　背景与准备 …… 7
3.2.2　要求开发 …… 8
3.2.3　验证要求 …… 9
3.2.4　项目水平要求的评审和确认 …… 10
3.2.5　要求信息的来源 …… 10
3.3　本手册在系统设计和开发的应用 …… 11
3.3.1　引言 …… 11
3.3.2　设计过程概述 …… 11
3.3.3　概念阶段 …… 12
3.3.4　初步设计阶段 …… 13
3.3.5　最终设计和生产阶段 …… 13
3.3.6　试验和验证阶段 …… 16
3.3.7　操作、维修、更新、改进和出清存货阶段 …… 16
3.3.8　以人为中心的设计（HCD） …… 16
4　人体测量学、生物力学和操作力 …… 21
4.1　概述 …… 21

4.2　引言 …… 21
4.2.1　概述 …… 21
4.2.2　用户人群 …… 21
4.2.3　使用身体尺寸的方法 …… 25
4.2.4　人群分析 …… 25
4.2.5　选择和计算用户人群的尺寸 …… 27
4.2.6　研究需求 …… 28
4.3　人体测量学 …… 28
4.3.1　引言 …… 28
4.3.2　人体测量学数据 …… 28
4.3.3　人体测量学在设计中的应用 …… 28
4.3.4　人体测量学数据的收集 …… 36
4.3.5　研究需求 …… 37
4.4　活动范围 …… 37
4.4.1　引言 …… 37
4.4.2　运动范围数据在设计中的应用 …… 39
4.4.3　影响运动范围的因素 …… 40
4.4.4　运动范围数据的收集 …… 42
4.4.5　研究需求 …… 43
4.5　可达域 …… 43
4.5.1　引言 …… 43
4.5.2　可达域包络数据 …… 43
4.5.3　可达域包络数据的应用 …… 44
4.5.4　影响可达域包络的因素 …… 45
4.5.5　数据的收集 …… 47
4.5.6　研究需求 …… 47
4.6　人体表面积、体积和质量属性 …… 47
4.6.1　引言 …… 47
4.6.2　人体表面积 …… 47
4.6.3　人体体积 …… 48
4.6.4　人体的质量特性 …… 49
4.6.5　研究需求 …… 53
4.7　操作力 …… 53
4.7.1　引言 …… 53
4.7.2　力量数据说明 …… 54
4.7.3　力量数据的应用 …… 54

4.7.4　影响力量数据的因素 …… 55
4.7.5　研究需求 …… 59
参考文献 …… 60

5　人的效能 …… 62
5.1　引言 …… 62
5.2　体力负荷 …… 62
5.2.1　引言 …… 62
5.2.2　有氧健康和心血管健康 …… 63
5.2.3　肌肉 …… 65
5.2.4　骨骼 …… 68
5.2.5　总结 …… 68
5.2.6　研究的需要 …… 69
5.3　感觉运动功能 …… 69
5.3.1　引言 …… 69
5.3.2　感知及运动性能 …… 69
5.3.3　空间失定向 …… 72
5.3.4　动眼神经控制和主动视觉 …… 77
5.3.5　手眼协调 …… 79
5.3.6　平衡和运动 …… 82
5.3.7　研究需求 …… 82
5.4　视觉感知 …… 83
5.4.1　引言 …… 83
5.4.2　眼睛与视觉 …… 83
5.4.3　视觉刺激 …… 83
5.4.4　阈值与灵敏度 …… 84
5.4.5　视觉光学 …… 85
5.4.6　灵敏度与波长 …… 87
5.4.7　光适应 …… 88
5.4.8　空间灵敏度 …… 89
5.4.9　时间灵敏性 …… 95
5.4.10　色觉 …… 99
5.4.11　其他视觉现象 …… 102
5.4.12　空间飞行中的视觉 …… 103
5.4.13　视觉校正 …… 105
5.4.14　过渡视觉 …… 105
5.4.15　研究需求 …… 105

5.5　听觉感知 …… 105
5.5.1　引言 …… 105
5.5.2　声音的特性 …… 106
5.5.3　声音强度的听觉响应 …… 108
5.5.4　音频的听觉响应 …… 114
5.5.5　听觉空间感知 …… 118
5.5.6　复杂多维声音的听觉感知 …… 120
5.5.7　研究需要 …… 123
5.6　认知 …… 123
5.6.1　引言 …… 123
5.6.2　一般认知 …… 124
5.6.3　人的认知能力 …… 124
5.6.4　太空飞行的应急源 …… 136
5.6.5　认知度量标准 …… 139
5.6.6　人类认知的定量模型 …… 141
5.6.7　研究需求 …… 145
5.7　认知负荷 …… 145
5.7.1　系统开发周期中的工作负荷评估和缩减 …… 145
5.7.2　工作负荷概述 …… 146
5.7.3　工作负荷的测量 …… 148
5.7.4　工作负荷预测方法 …… 162
5.7.5　建立工作负荷限值 …… 169
5.7.6　工作负荷和其他系统性因素 …… 171
5.7.7　研究需求 …… 175
5.8　乘组协调与合作 …… 176
5.8.1　引言 …… 176
5.8.2　团队有效协调与合作的组成部分 …… 178
5.8.3　高效团队的挑战 …… 184
5.8.4　有效团队合作的支持 …… 191
参考文献 …… 208

6　自然与诱导环境 …… 264
6.1　前言 …… 264
6.2　舱内大气 …… 264
6.2.1　引言 …… 264
6.2.2　舱内大气成分和压力 …… 264
6.2.3　大气温度、湿度和通风 …… 278

6.2.4　大气污染 …… 287
6.2.5　后续研究需求 …… 296
6.3　水 …… 296
6.3.1　引言 …… 296
6.3.2　水质 …… 296
6.3.3　水量 …… 302
6.3.4　水温 …… 303
6.3.5　水质监测 …… 303
6.3.6　水污染控制和补救措施 …… 306
6.3.7　其他考虑 …… 307
6.3.8　研究需求 …… 308
6.4　污染 …… 308
6.4.1　引言 …… 308
6.4.2　污染类型 …… 309
6.4.3　污染物危害 …… 309
6.4.4　污染监测与控制 …… 310
6.4.5　生物有效载荷 …… 311
6.4.6　研究需求 …… 311
6.5　加速度 …… 312
6.5.1　引言 …… 312
6.5.2　旋转速度和加速度 …… 312
6.5.3　持续性平移加速度 …… 316
6.5.4　瞬时平移加速度 …… 323
6.5.5　研究需求 …… 337
6.6　声学 …… 337
6.6.1　航天器的声环境 …… 338
6.6.2　人对噪声的反应 …… 342
6.6.3　人体暴露和声环境限值 …… 346
6.6.4　航天器的噪声控制 …… 352
6.6.5　声学要求的验证 …… 361
6.6.6　航天器的声学监测 …… 361
6.6.7　声学对抗措施——听力保护 …… 361
6.6.8　声学定义 …… 361
6.6.9　研究需求 …… 362
6.7　振动 …… 362
6.7.1　背景 …… 362

6.7.2　健康、舒适和感知 …… 367
6.7.3　操作 …… 375
6.7.4　振动设计注意事项 …… 382
6.7.5　研究所需条件 …… 387
6.8　电离辐射 …… 389
6.8.1　引言 …… 389
6.8.2　空间电离辐射环境 …… 389
6.8.3　电离辐射照射的生理效应 …… 399
6.8.4　电离辐射暴露限值 …… 403
6.8.5　电离辐射防护 …… 405
6.8.6　辐射监测与预警 …… 411
6.8.7　辐射数据报告 …… 413
6.8.8　应开展的研究 …… 414
6.9　非电离辐射 …… 415
6.9.1　简介 …… 415
6.9.2　非电离辐射源 …… 416
6.9.3　非电离辐射人体效应 …… 417
6.9.4　人员在非电离辐射中的暴露限值 …… 418
6.9.5　非电离辐射效应危险控制 …… 427
6.9.6　研究需求 …… 427
参考文献 …… 428

7　适居性功能 …… 441
7.1　引言 …… 441
7.2　食品与营养 …… 441
7.2.1　引言 …… 441
7.2.2　营养 …… 441
7.2.3　食品系统 …… 445
7.2.4　长期飞行任务中食品系统供应不足的风险 …… 451
7.2.5　空间辐射 …… 452
7.2.6　研究需求 …… 452
7.3　个人卫生 …… 453
7.3.1　引言 …… 453
7.3.2　总体思路 …… 453
7.3.3　研究需求 …… 456
7.4　人体废弃物处理 …… 456
7.4.1　引言 …… 456

7.4.2 总体考虑 …… 456
7.4.3 研究需求 …… 459
7.5 锻炼对抗措施 …… 459
7.5.1 引言 …… 459
7.5.2 任务规划考虑 …… 459
7.5.3 生理和性能需求 …… 460
7.5.4 座舱和操作资源的考虑 …… 461
7.5.5 以往的在轨锻炼设备类型 …… 465
7.5.6 研究需求 …… 468
7.6 医学 …… 468
7.6.1 引言 …… 468
7.6.2 总则 …… 468
7.6.3 尺寸和布局 …… 469
7.6.4 医学接口 …… 469
7.6.5 储存 …… 470
7.6.6 研究需求 …… 470
7.7 储存 …… 470
7.7.1 引言 …… 470
7.7.2 总则 …… 470
7.7.3 研究需求 …… 473
7.8 库存管理 …… 473
7.8.1 引言 …… 473
7.8.2 总则 …… 474
7.8.3 库存管理系统技术 …… 475
7.8.4 研究需求 …… 476
7.9 垃圾管理 …… 476
7.9.1 引言 …… 476
7.9.2 总则 …… 476
7.9.3 垃圾种类和来源 …… 478
7.9.4 垃圾分级 …… 478
7.9.5 密封、处理和标识 …… 479
7.9.6 研究需求 …… 481
7.10 睡眠 …… 481
7.10.1 引言 …… 481
7.10.2 睡眠考虑总则 …… 481
7.10.3 睡眠区设计考虑 …… 481

7.10.4　研究需求 …… 484

7.11　服装 …… 484

7.11.1　引言 …… 484

7.11.2　总则 …… 484

7.11.3　一次性服装与可重复使用服装 …… 486

7.11.4　服装数量和更换频率 …… 486

7.11.5　服装包装和堆装 …… 486

7.11.6　研究需求 …… 486

7.12　站务管理 …… 487

7.12.1　引言 …… 487

7.12.2　总则 …… 487

7.12.3　污染物来源 …… 487

7.12.4　站务管理工具 …… 488

7.12.5　通过系统设计使站务管理工作量最小化 …… 489

7.12.6　过去和现在在轨站务管理操作总结 …… 490

7.12.7　研究需求 …… 492

7.13　娱乐 …… 492

7.13.1　引言 …… 492

7.13.2　总则 …… 492

7.13.3　研究需求 …… 493

参考文献 …… 494

8　结　　构 …… 495

8.1　引言 …… 495

8.2　总体结构设计 …… 495

8.2.1　引言 …… 495

8.2.2　结构设计的驱动装置 …… 495

8.2.3　重力环境 …… 496

8.2.4　航天器内部尺寸和形状 …… 496

8.2.5　舱的布局和排列 …… 509

8.2.6　多用途和重复配置的空间 …… 511

8.2.7　协同定位和隔离 …… 511

8.2.8　重新配置和再使用 …… 513

8.2.9　太空舱设计的特别注意事项 …… 514

8.2.10　长期航天飞行对结构的影响 …… 519

8.2.11　研究需求 …… 521

8.3　位置和定向辅助设备 …… 521

8.3.1 位置编码 …… 521
8.3.2 定位 …… 523
8.3.3 研究需求 …… 528
8.4 转移路径 …… 528
8.4.1 引言 …… 528
8.4.2 总则 …… 528
8.4.3 限制器和活动辅助设施位置 …… 529
8.4.4 研究需要 …… 531
8.5 舱口和门 …… 531
8.5.1 通用设计 …… 531
8.5.2 研制需求 …… 533
8.6 窗户 …… 533
8.6.1 引言 …… 533
8.6.2 窗户设计和任务支撑 …… 534
8.6.3 窗户的位置和方位 …… 537
8.6.4 窗户框架和环绕结构方面的表面处理 …… 545
8.6.5 窗户表面的污染 …… 546
8.6.6 窗户污染和损坏的其他来源 …… 548
8.6.7 冷凝防护 …… 550
8.6.8 窗户穿透率和非电离辐射 …… 550
8.6.9 窗户的辅助设施 …… 551
8.6.10 研制需求 …… 552
8.7 照明 …… 553
8.7.1 引言 …… 553
8.7.2 照明术语和单位 …… 553
8.7.3 眩光 …… 562
8.7.4 灯及照明装置 …… 565
8.7.5 照明控制 …… 569
8.7.6 照明色彩 …… 570
8.7.7 生物节律变化 …… 571
8.7.8 适应暗适应和过渡视觉的照明 …… 572
8.7.9 信号灯和位置灯 …… 572
8.7.10 控制面板标识照明 …… 574
8.7.11 照明系统设计 …… 576
8.7.12 研制需求 …… 584
参考文献 …… 585

9 硬件和设备 …… 588
9.1 引言 …… 588
9.2 通用硬件和设备设计 …… 588
9.2.1 引言 …… 588
9.2.2 通用硬件和设备设计指南 …… 588
9.2.3 硬件和设备的安装 …… 589
9.2.4 排列 …… 589
9.2.5 研究需求 …… 590
9.3 可维修性 …… 590
9.3.1 引言 …… 590
9.3.2 预防性和补偿性维修 …… 590
9.3.3 可达性 …… 591
9.3.4 故障提示 …… 593
9.3.5 效率 …… 593
9.3.6 工具和紧固件 …… 593
9.3.7 电路保护 …… 593
9.3.8 流体 …… 594
9.3.9 研究需求 …… 594
9.4 工具 …… 594
9.4.1 引言 …… 594
9.4.2 工具挑选 …… 594
9.4.3 电动工具 …… 595
9.4.4 工具特性 …… 595
9.4.5 工具包装和存储 …… 596
9.4.6 工具的标签和辨识 …… 598
9.4.7 工具操作 …… 599
9.4.8 研究需求 …… 601
9.5 抽屉和货架 …… 601
9.5.1 引言 …… 601
9.5.2 抽屉和货架的一般特性 …… 602
9.5.3 储物抽屉 …… 602
9.5.4 设备抽屉 …… 602
9.5.5 研究需求 …… 603
9.6 连接器 …… 603
9.6.1 引言 …… 603
9.6.2 常规连接器 …… 603

9.6.3 液体和气体连接器 …… 604
9.6.4 电连接器 …… 604
9.6.5 结构连接器 …… 604
9.6.6 连接器的排列 …… 604
9.6.7 研究需求 …… 607
9.7 限制器和活动辅助工具 …… 607
9.7.1 引言 …… 607
9.7.2 活动辅助工具 …… 607
9.7.3 限制器 …… 612
9.7.4 研究需求 …… 624
9.8 电缆 …… 624
9.8.1 引言 …… 624
9.8.2 电缆设计和布线 …… 624
9.8.3 电缆标识 …… 625
9.8.4 研究需求 …… 625
9.9 乘员个人装备 …… 625
9.9.1 引言 …… 625
9.9.2 一般设计依据 …… 626
9.9.3 研究需求 …… 627
9.10 隔板和盖子 …… 627
9.10.1 引言 …… 627
9.10.2 常规事项 …… 627
9.10.3 研究需求 …… 628
9.11 紧固件 …… 628
9.11.1 引言 …… 628
9.11.2 通用紧固件 …… 628
9.11.3 包装 …… 633
9.11.4 研究需求 …… 634
9.12 安全风险 …… 634
9.12.1 引言 …… 634
9.12.2 机械风险 …… 634
9.12.3 热风险 …… 636
9.12.4 触电风险 …… 641
9.12.5 研究需求 …… 646
9.13 训练设计 …… 646
9.13.1 引言 …… 646

9.13.2 训练设计考虑 …… 647
9.13.3 训练一体化设计方法 …… 648
9.13.4 研究需求 …… 651
参考文献 …… 652

10 乘员界面 …… 654
10.1 引言 …… 654
10.2 通用原则 …… 654
10.2.1 可用性 …… 654
10.2.2 简单化 …… 655
10.2.3 一致性 …… 656
10.2.4 易读性 …… 658
10.2.5 研究需求 …… 659
10.3 视觉显示器 …… 659
10.3.1 显示器的度量 …… 659
10.3.2 观察条件 …… 660
10.3.3 显示技术 …… 692
10.3.4 研究需求 …… 705
10.4 控制器 …… 705
10.4.1 控制器设计与操作 …… 705
10.4.2 控制设备 …… 706
10.4.3 运动兼容性 …… 734
10.4.4 控制反馈 …… 736
10.4.5 停止器的使用 …… 736
10.4.6 意外触发防护 …… 737
10.4.7 编码的使用 …… 737
10.4.8 控制器操作的约束 …… 739
10.4.9 高 g 值下的操作 …… 739
10.4.10 振动情况下指针控制设备的使用 …… 740
10.4.11 戴手套操作指针控制设备 …… 740
10.4.12 指针运动类型 …… 740
10.4.13 研究需求 …… 740
10.5 显示器设备与控制器的布局 …… 741
10.5.1 双人操作 …… 741
10.5.2 重点查看的显示器和控制器 …… 741
10.5.3 经常使用的显示器和控制器 …… 741
10.5.4 显示器-控制器之间关系 …… 741

10.5.5 显示器和控制器的连续操作 …… 743
10.5.6 模糊控制器 …… 744
10.5.7 自发光控制器和显示器 …… 744
10.5.8 可达要求 …… 744
10.5.9 研究需求 …… 744
10.6 视觉显示器 …… 744
10.6.1 任务相关信息 …… 745
10.6.2 最小化信息 …… 745
10.6.3 语言和缩写 …… 746
10.6.4 有效和一致的术语 …… 746
10.6.5 显示器密度和层级 …… 746
10.6.6 可识别性 …… 747
10.6.7 分组 …… 747
10.6.8 辨别性 …… 747
10.6.9 间距 …… 748
10.6.10 排列 …… 748
10.6.11 滚动 …… 748
10.6.12 导航 …… 748
10.6.13 选项 …… 749
10.6.14 菜单 …… 749
10.6.15 工具栏和状态栏 …… 749
10.6.16 对话框 …… 749
10.6.17 模式 …… 750
10.6.18 图形的使用 …… 750
10.6.19 颜色的使用 …… 750
10.6.20 提示的使用 …… 751
10.7 听觉显示器 …… 752
10.7.1 使用时间 …… 752
10.7.2 总体设计 …… 753
10.7.3 信号设计 …… 753
10.7.4 音频输入设备和输出设备的设计 …… 754
10.7.5 音频接口设计 …… 755
10.7.6 语音通信控件 …… 756
10.8 乘员-系统交互 …… 756
10.8.1 反馈 …… 756
10.8.2 反馈的类型 …… 757

10.8.3　及时反馈 …… 757
10.8.4　系统状态 …… 758
10.9　乘员通知、注意和警告 …… 759
10.9.1　听觉警报功能 …… 759
10.9.2　听觉警报设计 …… 761
10.9.3　视觉与听觉警报 …… 765
10.9.4　研究需求 …… 766
10.10　电子程序 …… 766
10.11　硬件标识 …… 768
10.11.1　通用 …… 768
10.11.2　标准化 …… 769
10.11.3　识别 …… 769
10.11.4　避免危险 …… 770
10.11.5　标识视觉特性 …… 770
10.12　信息管理 …… 773
10.12.1　一般注意事项 …… 773
10.12.2　信息类型 …… 773
10.12.3　乘员可操作性 …… 774
10.12.4　数据有效性 …… 774
10.12.5　数据可用性 …… 774
10.12.6　数据分布 …… 775
10.12.7　数据备份 …… 775
10.12.8　信息管理系统需求 …… 776
10.12.9　电子通信 …… 776
10.12.10　研究需求 …… 777
10.13　自动化系统 …… 777
10.13.1　自动化 …… 777
10.13.2　一般的自动化乘员界面设计规则 …… 782
10.13.3　自动化的局限性 …… 784
10.14　移动系统 …… 785
10.14.1　定义 …… 785
10.14.2　移动系统界面的能力范围 …… 787
10.14.3　与其他用户界面的相似之处 …… 787
10.14.4　移动系统用户界面的重要方面 …… 787
10.14.5　半自治系统的用户界面 …… 792
10.14.6　操作限制和注意事项 …… 792

10.14.7 研究需求 …… 793
参考文献 …… 794

11 舱外活动 …… 802
11.1 引言 …… 802
11.2 生命保障功能 …… 802
11.2.1 引言 …… 802
11.2.2 航天服内大气环境 …… 803
11.2.3 营养 …… 806
11.2.4 饮水 …… 807
11.2.5 废物管理 …… 807
11.2.6 伤病治疗 …… 809
11.2.7 研究需求 …… 809
11.3 舱外活动绩效 …… 809
11.3.1 引言 …… 809
11.3.2 着服视觉绩效 …… 810
11.3.3 着服人体尺寸 …… 811
11.3.4 着服可达性和活动范围 …… 812
11.3.5 着服力特性 …… 815
11.3.6 着服机动性 …… 815
11.3.7 舱外活动航天员限制器 …… 816
11.3.8 舱外活动机动辅助装置 …… 817
11.3.9 舱外活动传输通道 …… 819
11.3.10 工作效能 …… 819
11.3.11 舱外活动声学和噪声 …… 820
11.3.12 舱外活动照明 …… 820
11.4 舱外活动安全性 …… 822
11.4.1 引言 …… 822
11.4.2 辐射 …… 822
11.4.3 化学污染 …… 822
11.4.4 减压 …… 822
11.4.5 紧夹 …… 825
11.4.6 电击危险 …… 825
参考文献 …… 826

附录 A 缩略语和定义 …… 827
附录 B 人体测量参数、生物力学和力量参数数据 …… 857
附录 C 视窗的基本光学理论 …… 908

附录 D　载人太空飞行器视窗中光学性能的应用需求 …… 921
1.0　视窗光学特性 …… 924
1.1　细纹 …… 925
1.2　完成视窗性能 …… 925
1.2.1　平行 …… 925
1.2.2　楔形 …… 925
1.2.3　双折射 …… 925
1.2.4　反射系数 …… 926
1.2.5　透射比 …… 926
1.2.6　生物体视窗的透射比 …… 926
1.2.7　色彩平衡 …… 927
1.2.8　波阵面质量 …… 927
1.2.9　模糊度 …… 928
1.2.10　视觉一致与涂料 …… 929
1.3　合理缺陷 …… 929
1.3.1　包含物 …… 929
1.3.2　表面缺陷 …… 929
1.3.3　聚碳酸酯，丙烯酸树脂，通用含压层塑料 …… 930
2.0　视窗光学特性 …… 930
2.1　细纹 …… 930
2.2　完成的视窗性能 …… 930
2.2.1　平行 …… 930
2.2.2　楔形 …… 931
2.2.3　双折射 …… 931
2.2.4　反射比 …… 931
2.2.5　传导 …… 931
2.2.6　生命体上方视窗传导 …… 931
2.2.7　颜色平衡 …… 932
2.2.8　波阵面质量 …… 932
2.2.9　模糊 …… 933
2.2.10　视觉一致性和涂层 …… 933
2.3　合理性缺陷 …… 934
2.3.1　包含物 …… 934
2.3.2　表面缺陷 …… 934
2.3.3　聚碳酸酯，丙烯酸树脂和通用含夹层塑料 …… 935
3.0　视窗 …… 935

3.0.1　引言 …… 935
3.0.2　视窗设计和任务支持 …… 935
3.0.3　视窗位置和方向 …… 935
3.0.4　视窗框架和周围结构的表面加工 …… 937
3.0.5　视窗表面辐射污染 …… 938
3.0.6　视窗污染物和损害的其他来源 …… 939
3.0.7　压缩保护 …… 940
3.0.8　视窗传递和非电离辐射 …… 940
3.0.9　视窗支持 …… 940
3.0.10　研究需求 …… 940
3.0.11　参考文献 …… 941

1 范围

1.1 目的

本手册旨在为 NASA 的所有载人航天飞行项目和计划提供关于乘员健康、适居性、环境以及人因的设计指导。

本手册主要用于：

• 帮助要求的提出方根据人-系统界面的特定项目要求制定合同条款（使用者包含项目管理人员和系统要求的编写人员）；

• 帮助设计师完成航天器人-系统界面的开发和操作设计（使用者包含人-系统工程从业人员、工程师和设计师、乘员和任务/飞行管理人员以及培训与操作开发人员。）

本手册为《航天飞行人-系统标准》（SFHSS），NASA - STD - 3001 的资源文件。SFHSS 是由美国首席健康与医学办公室制定的，它由两卷局级标准组成，定义了航天飞行时乘员健康和工效的可接受性风险等级。第 1 卷《乘员健康》，规定了乘员健康有关标准；第 2 卷《人因、适居性与环境健康》，规定了在载人航天飞行期间与环境健康以及人-系统界面相关的环境、适居性以及人-系统工程的标准。

本手册为实现 SFHSS 所规定的要求提供了资源，且为获得并实施该标准所规定的具体项目要求提供必要的数据和指导。

本手册适用于在太空、月球以及其他行星表面环境中，乘员在航天器内、外部进行的所有操作。具体包括：

• 乘组与工作站、结构布局、居住设施以及出舱活动系统之间人-系统界面的设计准则；

• 描述乘组能力和局限性（生理和认知）的信息；

• 环境支持参数。

本手册中所使用的术语“航天器”和“系统”是指人生活和工作的空间。文件中提到的“人”是指航天器中的乘员。航天器和系统指乘员生活和工作条件的所有方面，包括硬件、设备、软件和环境。术语“载人航天飞行项目”指用于航天器系统设计、开发和部署的基础设施。

1.2 适应性

本手册可适用于：

• 所有载人航天飞行项目；

• 在诸如联合和多边协议等不同协议中，可以提供国际合作的航天系统。

本手册旨在帮助满足《航天飞行人-系统标准》中确定的要求，可供合同、项目以及其他 NASA 文件引用参考。本手册的细节部分可根据合同或者项目的需求适当作调整（比如修改或者删除），以使之符合具体方案或特定项目的要求和限制。

1.3　如何使用本手册

《航天飞行人-系统标准》适用于所有载人航天飞行项目，根据其要求，针对个体计划或项目必须制定出完整的具体系统要求，以满足适用的标准要求。本手册为个体项目提供了最新的技术信息和指导，以符合《航天飞行人-系统标准》。项目经理可根据本手册起草项目要求，设计者可参考本手册实现项目需求。

本手册以所陈述的主要项目领域为依据划分为若干章。每章根据特定主题又可分为若干节。

1.3.1　章节

本手册共分为 13 章。最后 9 章讲述人类太空操作的范围。

- 第 1 章：范围——本章界定了范围，并说明了本手册的内容和使用方法。
- 第 2 章：适用文件——本章列举了编撰本手册所参考的官方以及非官方文件。手册的每章均列出了该章所引用的文件名称。
- 第 3 章：概述——本章内容为系统设计过程中开发具体项目需求以及人-系统整合过程的通用指南。
- 第 4 章：人体测量学、生物力学和操作力——本章涵盖乘员的身体尺寸、外形、可达域、活动范围、力量以及质量等相关信息，解释了如何针对一个项目确定正确的数据，以及如何使用这些信息来创建适合乘员的设计。
- 第 5 章：人的效能——本章介绍了人在太空飞行中体能、认知、感知能力及其局限性，所涵盖的主题包括体力工作负荷、视觉和听觉感知以及认知工作负荷。
- 第 6 章：自然与诱导环境——本章定义了能确保人安全高效工作的环境因素（空气、水、污染、加速度、声音、振动、辐射以及温度）适居性范围。
- 第 7 章：适居性功能——本章介绍了乘员在航天器内日常功能的设计考虑，包括吃饭、睡眠、卫生、废物管理和其他活动，以确保环境的适居性。
- 第 8 章：结构——本章为整体航天器的尺寸和配置、位置布局和定向辅助设施、交通流和转移路径、舱口和门、窗户以及照明的开发和整合提供指南。
- 第 9 章：硬件和设备——本章为硬件和设备设计提供总体人因指南，包括工具、抽屉和货架、封闭物、硬件安装、手柄和抓握区域、限制器、机动辅助器、紧固件、连接器、视觉获取、包装、服装以及乘员个人用品等。
- 第 10 章：乘员界面——本章内容涵盖用于乘员与系统之间交换信息的人-系统界面的设计。主题分为视觉显示器、听觉显示器、控制器和标签。
- 第 11 章：舱外活动——本章内容为着航天服的乘员在航天器（航天飞行期间或在目的地表面）外加压环境下进行舱外活动时的人因设计指南。同时，也介绍了在航天器内非加压的环境下进行非标称操作的相关内容。
- 第 12 章：操作——保留。
- 第 13 章：地面维护与组装——保留。

1.3.2　章节结构

上述每章又根据所陈述的具体信息分为若干节。其共同格式如下：

- 引言；
- 正文——设计准则、经验教训及解决方案实例；
- 研究需求；
- 参考文献。

1.3.2.1　引言

引言部分明确了每章节陈述的主题及其范围，同时也指明了本手册其他部分介绍的在航天器和居所内您可能感兴趣的信息。例如，在污染物这一部分内容中就包含着饮食、家务管理、水以及表面等部分的内容介绍。

1.3.2.2　正文

每节的正文部分包含着乘员健康和工效数据、航天器的人-系统整合指南、以前在太空飞行任务或者模拟方案中所获得的经验教训以及实现设计的实例解决方案等内容。

设计准则为设计者和人-系统工程从业人员提供指南以及与主题有关的背景信息。其中，也包括基于目前研究和主题专业知识背景的信息和数据，这是实施项目层次的设计要求所需要的。提供的信息包括：

- 主题概述；
- 背景信息；
- 有价值的设计要素；
- 设计注意事项和潜在风险；
- 符合设计特点的应用条件（重力环境、乘员数量以及任务持续时间）；
- 数据，包括推荐的限值和约束条件；
- 考虑主题时应该考虑的其他重要因素（使用时，参考手册的其他部分）；
- 设计符合设计需求的系统时可能出现的问题。

现实生活中，从太空或者地面模拟试验中获得特定、具体的经验教训增添了新的案例，它们包括之前成功的模拟、出现事故或者应避免危及安全和效率的情况。

解决方案实例向人们介绍了如何在设计中成功地实现人-系统的整合（具体的硬件或操作）。具体案例的约束条件以及特殊性将会做出标记，以方便项目团队能够相应地对其设计方案进行调整。

1.3.2.3　研究需求

本部分列举了一些对良好的人-系统界面设计至关重要的未知因素（知识鸿沟）。这些内容定义了系统设计者的知识局限性，可以帮助他们避免浪费时间去追究一些无用的信息。本手册将会保持更新，以体现最新的研究成果和需求。

1.3.2.4　参考文献

每章均列出本章所引用的参考文献，其内容并非是对主题所引用的参考文献的详尽罗列，而是对有用的经典著作以及最前沿资料的简要陈述。

2 适用文件

2.1 政府文件

美国国家航空航天局

NASA - STD - 3001	《航天飞行人-系统标准》第 1 卷：乘员健康 《航天飞行人-系统标准》第 2 卷：人因、适居性与环境健康
JSC 20584	NASA 航天器最大容许浓度（SMAC）表
NASA - STD - 6016 2006 年 9 月 11 日	航天器标准材料及加工要求
JSC 63307	载人航天器窗的光学性能要求

2.2 非政府文件

美国国家标准协会（ANSI）

ANSI Z136.1	美国安全使用激光国家标准

美国测试与材料协会

ASTM D1003，程序 A（2000.6.10）	透明塑料透光率和雾度的标准测试方法
ASTM D1044 1（2005.11.1）	透明塑料表面磨损阻力的标准测试方法
ASTM E1559（2003.5.10）	航天器材料污染排气特点的标准测试方法

美国电气和电子工程师协会（IEEE）

IEEE C95.1	IEEE 关于人体暴露于射频电磁场的安全水平标准，3 kHz～300 GHz

国际标准化组织

ISO 10110 - 7（1996）	光学和光学仪器——光学元件和系统的图纸制备——第 7 部分：表面缺陷公差

美国国防部标准（MIL - STD 或 MIL - SPEC）

MIL - C - 48497（1980.9.8）	镀膜、单层或多层干扰耐用度要求
MIL - E - 12397B（1954.11.18）	橡皮擦、橡胶浮石（用于测试镀膜光学元件）
MIL - G - 174（1986.12.5）	玻璃、光学

MIL－PRF－13830B（1997.1.9）	消防控制仪器仪表的光学元件：制造、组装和检验的通用技术要求
MIL－STD－1241（1967.3.31）	光学术语和定义

2.3 优先顺序

保留。

3 概述

3.1 引言

本节为系统的总体设计提供可用信息，具体内容如下：

1）如何根据本手册编制符合 NASA－STD－3001 中第 2 卷《人因、适居性与环境健康》标准的具体项目要求；

2）如何在整个程序开发过程中应用本手册中健康以及人因工程相关信息实现安全有效的设计。

本手册为 NASA－STD－3001 第 2 卷的指南手册。

NASA－STD－3001 涵盖内容广泛，用来确保人在太空的健康、安全以及工作效率。第 1 卷重点介绍人的生理和医疗程序以及健康维护与保持标准；第 2 卷着重介绍人-系统界面系统：控制、显示、结构、环境以及适居性支持系统等。这些系统的配置必须保证人能够安全有效地执行太空任务。

第 2 卷所列要求分为通用要求和非常具体的要求两种。在某些情况下，为了保持人的健康及工作效率，研究与实际经验认为人们必须采取特定的配置或者进行特定的环境限制。不过在另外一些情况中，这些要求在一般条款中进行了概述（甚至作为目标），这尽管是概述性的，但也必须要满足。满足通用要求的方法可能随着具体系统的不同而变化。要求是可以不断变化的，例如，乘员的身体尺寸、任务周期和重力环境等不同，要求可能会有所变化。不存在满足标准的唯一通用方法。

在本手册以及 NASA－STD－3001 第 2 卷中，术语“要求”指的是 NASA－STD－3001 中通用的人-系统界面设计标准。术语“具体系统要求”指的是实施 NASA－STD－3001 第 2 卷要求时的具体系统设计标准。

3.2 具体项目要求的产生

必须为每个项目编写它的具体要求。这些要求的建立见 NASA－STD－3001 中第 2 卷 3.2 节。此外，在 NASA－STD－3001 第 2 卷所有的陈述中，特殊程序项目的人-系统设计要求必须使用“应该”一词。第 2 卷中具体项目要求的编写必须在项目早期开始（在概念阶段）。

具体项目要求通常将包括两部分：人-系统设计要求和验证要求。

1）人-系统设计要求。这些具体设计参数将确保系统能够满足 NASA－STD－3001 第 2 卷中的人的工效和环境要求。在 NASA－STD－3001 第 2 卷中，每个“应该”后面的陈述都有与之相对应的人-系统要求。这些要求可能包括如下内容：

• 适居性要求，包括环境因素的上限和下限，比如热、振动、噪声和大气组成等。它们也可用于确定结构特点，比如所需的舱门尺寸或工作场所容积。

• 设计标准应适合人的能力和局限。这样，乘员才能更好地执行任务以满足系统的需要。这些标准可用于处理航天器内部布局或者控制器与显示器的选择和放置方式。

2）验证要求。这些要求描述了对符合具体系统要求的最终系统进行验证时的步骤。

下文介绍编写具体项目要求和验证的过程，以确保人-系统整合的有效性和持续性。要求编写过程的三个阶段是：背景与准备、要求开发、评审。背景与准备阶段，建立充足的知识基础以支持广泛的人-系统要求的开发；要求开发阶段，应用准备阶段获取的知识来发展适当的人-系统设计要求与验证要求；评审阶段，确认一致性并核实提出的要求。

3.2.1 背景与准备

要理解 NASA - STD - 3001 第 2 卷中每项标准的目的，以及这些标准如何在执行任务中进行应用，收集背景知识十分重要。所有系统要求中，在实际系统开发开始之前完成准备阶段很重要。如果前期没有对这些要求的理解和识别，人-系统界面（包括整个系统）将受到损害，或者在后续的程序开发周期中需要代价高昂的校正。背景与准备阶段包括：1）深入识别系统任务的范围和设计执行方法（例如缩小机械装置）；2）全面审阅 NASA - STD - 3001 第 2 卷以及其他对程序适用的代理标准；3）审阅其他相关文件。

对 NASA - STD - 3001 第 2 卷的审阅，对理解每项标准的目的十分必要。本手册可作为深入理解 NASA - STD - 3001 第 2 卷的重要参考。本手册中“必须”一词是用来帮助要求编写者锁定对他们撰写具体项目要求具有参考作用的内容及标准。此外，本手册中“应该”后面内容为建议。在很多情况下，NASA - STD - 3001 第 2 卷中的标准是非常详细和具体的。将这些具体要求转化为具体项目的特殊要求，可能只需要对原文的陈述做轻微的改动即可。对于一般要求或非具体要求，编写者可对这些要求进行剪裁和修改，使之适应具体系统或目的的需要。在这种情况下，所编写的要求必须确保满足标准的意图。尽管在 NASA - STD - 3001 第 2 卷中，“一般要求”中的某些术语不能直接检验，但这些术语都有特定含义。例如，术语“最小化”意味着设计参数必须在一个可接受的范围内，并且在该范围内越小越好。

请根据发展型号任务范围来理解 NASA - STD - 3001 第 2 卷的适用性。例如，某任务范围不包括月球，有关月面居住和月尘暴露的标准在该任务中就不适用，不必纳入项目要求。

通过审阅 NASA - STD - 3001 第 2 卷如何适用于其他任务，可以获得对现有文件和从其他项目学到的相关经验教训更广泛的理解。此外，对现有文件（例如项目需求文件和项目操作概念文件）的评论是可行的。背景与准备活动应与其他系统开发团队（工程、安全、可靠性、训练等）相协调。通过系统工程的努力可完成此协调。此协调成果有助于识别特殊标准是否应该覆盖到别处，或者是否由于已有约束和协议造成了不适用性。作为这个发现期间的一部分，任何获得的结论、开发的假设、利用的方法，应该在项目需求文件的前言或概述章节中描述清楚，以便按要求获得这些有价值的数据和范围。

在背景和准备阶段，应该利用跟踪机制跟踪项目具体要求的 NASA 标准，并保持那些标准在该项目任务中的适用性（或非适用性）记录。跟踪机制同样记载其他文件的相关需求（该项目中的和其他项目中的），以及来自参与了需求和验证开发的主题专家和综合者的贡献。此外，跟踪机制的功能是跟踪每个项目需求和相关验证的清晰的需求踪迹和历史发展路径。在开始最初设定的项目需求之前，跟踪机制必须由 NASA 官方技术部门核准。认可的核心是每项需求在 NASA - STD - 3001 第 2 卷中的适用性，以确保标准适用。

3.2.2　要求开发

理解每项 NASA 标准的意图，以及考虑如何在特殊任务中应用，获得适用要求并开始验证。每项适用的 NASA 标准将被注明。必须注意的是，当制定项目需求之前，项目水平需求已写好，并可验证。一些 NASA 标准在撰写时就被验证，但不是全部。很多已验证的标准是可应用于所有系统与环境的人-系统界面。当把这些转入项目需求时，很少甚至不会需要特别定制。其他 NASA 标准是通用标准，不需要通过撰写来验证，且必须适用于特殊项目并能产生验证需求。在一些案例中，开发新增文件以帮助实现从通用标准到可验证项目需求的转化。需要注意的是，在要求的准备阶段和/或验证开发项目需求和 NASA 标准的目的一致性过程中，主题专家的参与非常重要。

项目水平要求是实用的设计需求或设计约束。基本要求开发守则遵循于有明确定义的设计预期和参数。一份良好的需求声明的特点是简明、简单，肯定陈述，语法正确，清楚明白。此外，具体项目要求的陈述必须做到以下几点。

1）清晰：

- 只有一种解释；
- 采用肯定语气（用“应该”，而不用“不应该”）；
- 避免含糊不清（例如，使用“适当的情况下”“和/或”“能”等词汇）；
- 避免使用不定代词（例如，“这”、“这些”等）。

2）正确：

- 避免写实施细节内容（不给出设计解决方案）；
- 避免描述操作（比如询问“开发者能控制这个么?”）；
- 每个要求都是满足标准所必须的。

3）一致性：

- 没有和其他要求重复；
- 勿与其他文件相冲突；
- 在恰当的层级上进行界定（比如询问“开发者能控制这个么?”）。

4）可检验：

- 包含清楚的可衡量的合格/不合格标准。

撰写要求时，必须写上理由陈述。应对所有要求写出理由陈述。理由陈述包括简要的要求背景和理由信息、要求目的的解释，以及设计实施的预期结果，包括任何数值。如果数据的值和限值不同或者比 NASA 标准中的范围大，项目需求的理由应该包括对这些不同点的确认。

3.2.3 验证要求

为了确保正确地理解、解读和实施要求，对要求进行验证是很必要的。要求陈述与验证陈述并行，以确保二者清晰。验证陈述指定一种测试、分析、演示、检查的验证方法，验证要求必须写清楚达到成功标准的详细步骤。验证方法的选择需要考量需求的重要性、风险、精确度、敏感度和后果。验证陈述必须是客观的：无论由哪位测量人员操作，均可获得可复现的结果。表 3.2-1 列出了发展验证的特定指导方针的技术。这些验证陈述的理由通过提供必要的背景信息和需求方法细节得以论述清楚。

表 3.2-1 验证技术

验证技术	选择标准	示例
检查	• 如果一个人能通过观察或使用某种简单的测量方法来确定是否满足要求时，检查是合适的方法。 • 这个方法的风险实际上是固有的，检查者的测量方法和判断有差异。 • 检查的典型特点就是它是一种花费最少的验证方法。 • 验证特性：检查什么，怎样检查，谁来检查，成功的标准是什么	要求：系统应在紧急情况下为每位乘员提供个人保护设备（PPE）。 验证：PPE 的储物空间应该通过检查进行验证。检查应该包括系统设计评述，以确保 PPE 的储备空间可进入。检查将确定 PPE 的存在。如果检查确定有足够存储空间和 PPE 的存在，那么验证就是成功的
试验	• 如果验证需要试验及数据分析，则试验是合适的方法。 • 试验验证应该提供一个完整的试验描述。 • 试验的成功标准最好用概率来表述。 • 试验是量化和降低风险最好和最有效的典型方法。 • 试验成本可能是昂贵的。 • 验证特性：测量、初始条件、假设、试验描述、使用的硬件和软件、成功标准	要求：该系统应限制乘员的头部位置的脉冲噪声，使之在乘员睡眠期间低于 83 dB。 验证：脉冲噪声干扰限值将通过试验验证。测量应该在飞行器内飞行配置情况下进行，包括政府提供的设备（GFE）、便携设备以及安装的有效载荷和货物。硬件操作应该在乘员休息期间进行。本测量将使用类型 1 的积分平均声级计，在预期睡眠位置的头部进行测量。 测量位置应距任何表面不小于 8 cm。峰值声压水平的测量（脉冲噪声）也要进行。当测量结果显示全部峰值声压级低于 83 dB 时，认为该验证是成功的
分析	• 如果验证可以通过方程式评估来完成，分析就是合适的方法。 • 使用分析的风险在假设和模型精度中是固有的。 • 分析的花费通常比测试少。 • 验证特性：测量、初始条件、假设、公式来源、仿真细节、使用的硬件和软件、成功标准	要求：系统应提供每次任务每个乘员每天的饮水量最少值 2.0 kg（4.4 lb）。 验证：应通过分析验证具体饮用水的补给量。该分析将确定所有航天器配置情况下饮用水的存储量。当使用最大乘组人群和最大任务持续时间进行分析，若显示有足够的体积和质量为每个乘员每一任务日储存 2.0 kg（4.4 lb）的饮用水（除了其他饮用水要求外），那么验证就认为是成功了

续表

验证技术	选择标准	示例
演示	• 如果可以使用真实系统硬件或软件的试验进行验证，并且只需要某一数据或结果（无数据分析，单一的合格/不合格），那么演示就是合适的方法。 • 演示通常是在可操作范围的极限内进行的（也就是最糟糕的环境或情景）。 • 演示的风险是它仅仅依据一个数据而得出哪些是合格/不合格的结论。 • 验证属性：测量或功能、初始条件、假设、详细指令、使用的硬件和软件、成功标准	要求：窗户盖、遮阳板和滤光器应设计成在飞行期间能于 10 s 内更换或拆除。 验证：应通过演示证明能在 10 s 内更换或拆除窗户盖、遮阳板和滤光器。演示应在航天器或者高度仿真的模型上进行。演示应该包含窗户盖、遮盖物以及滤光器的摘除与更换，这些应由 NASA 选定的受试乘员在不借助工具的情况下完成。当实例显示每个窗户盖、遮阳板和滤光器的拆除和更换的所用时间均低于 10 s 时，认为验证是成功的

为了确定最好的验证方法，需要考虑以下几个因素：要求类型、成功标准以及某种程度上的成本和时间等。验证方法的选择要根据重要性、风险、精度、敏感性以及后续的功能要求进行权衡。

3.2.4　项目水平要求的评审和确认

在完成符合 NASA 标准要求的特定项目进程的最后步骤时，需要开展一次广泛的相关人员的评审。确保相关人员在评审中清楚每项要求的背景十分重要。对相关人员和主题专家均需要提供在背景阶段和开发阶段的假设和方法。这是为了确保标准运用于项目的背景被理解清楚。这些信息在需求或理由陈述中可能并不明确。

应该给评审人员提供一个明确的方向，通过评审想获取什么，包括关注的领域和评审的总体时间表。评审信息通过为评审人员提供推荐安排的理由而公开。评审人员必须在每条评论的处置上达成共识。如果达不成共识，意见将被送呈适当的评审委员会。

评审过程中必须考虑与 NASA 标准的关联性。如果放弃或偏离最初标准会给项目带来附加风险，项目必须证明风险的可接受性和相关理由。如果附加信息表明，通过评审认为标准并不保险，则该信息将被用于修改标准，为标准增加合理性的依据，或者修改相关文件，例如手册。修改标准应该被考虑在内，但不是强制性的。

3.2.5　要求信息的来源

该手册是建立具体系统要求时可用的信息来源。它包括太空中人的健康、适居性以及工效的最新研究信息。然而，NASA 也承认手册的更新速度滞后于科学的发展速度，系统开发者可以提出使用补充或可选择的信息要求。

3.3 本手册在系统设计和开发的应用

3.3.1 引言

本章节讨论了系统的开发以及该手册有关人的健康、适居性和工效方面的信息如何能被整合于设计中。本部分内容旨在帮助项目计划者、设计者以及人因与健康从业人员实现人与系统的成功整合。

该部分信息与 NASA/SP-2007-6105《系统工程手册》相协调使用。在这些参考资料中，人们会发现有关设计过程和人因分析技术方面的进一步信息。

3.3.2 设计过程概述

所有设计和开发项目包含以下通用的阶段：

- 概念；
- 初步设计；
- 最终设计；
- 加工测试；
- 验证；
- 操作；
- 维护更新；
- 改进；
- 出清存货。

如果该系统包括乘员，则在整个系统开发过程中必须把人的因素和其他组成要素一起考虑。包含人的因素的设计过程通常被称为人-系统整合（HSI）。但为了与 NASA-STD-3001的内容结合得更好，我们将这一过程称为以人为中心的设计（HCD）。

在系统开发工作中，人因工程组通常负责系统的人因方面的工作（乘员）。在此期间，人因工程是 HCD 过程的中心，将对该手册的使用担负起主要责任。本章将重点介绍系统开发过程中人因工程方面的工作。

精心设计的人-系统接口对乘员安全、效率以及最终任务的成功完成是非常重要的。HCD 项目必须说明乘员的身体和认知能力、人类居住的局限性、航天器飞行环境的制约因素以及要执行的任务。HCD 项目质量的不过关使得它在系统开发周期的后期更可能出现问题，这将导致进度减慢、成本提高。更糟糕的是，当系统部署后很容易出现人-系统界面方面的问题，这可导致工效低下或出现安全问题。

系统开发项目包括多种小组，分别关注特定设计区域。这些小组由于组织不同而具有不同的名称。在本次论述中，我们将讨论如下小组：

- 人因——关注人的工效，确保人-系统的要求融入设计中。
- 系统工程——协调各工程专业，设置设计参数，进行权衡研究。
- 设计工程——负责最终硬件和软件配置。

- 任务规划——确定系统任务和基本操作步骤。
- 安全——负责人和系统的安全。
- 健康——管理乘员健康。
- 乘员选拔——确定和颁布乘员选拔标准。
- 训练——在任务期间，使乘员准备好安全和有效地工作。

HCD 项目计划应明确在整个系统开发过程中怎样把人因小组与其他组织整合在一起，从而确保人在太空的健康、安全和有效工作。一个 HCD 项目计划应该包括：

- 一般人因工程（HFE）项目目标和范围；
- 新系统操作的高级理念；
- 人因工程设计团队后续开展 HFE 工作的必要技能；
- 应遵守的活动（主要设计团队和承包人的责任应该陈述清楚）工艺规程（比如质量保证和使用事故跟踪系统）；
- HFE 产品描述和结果分析文件；
- 关键计划表和确保准时完成 HFE 产品的时间表。

本部分将简要描述系统开发过程中的 HCD 程序，包括系统开发小组的协调。除了每个项目阶段的简要描述，本部分还将展示如何使用该手册。本章结尾表 3.3－1 为这些信息的总结。

3.3.3 概念阶段

在系统开发概念阶段，设计者定义系统的目的，并就系统在该阶段如何实现这一目的做出广泛的假设，其中包括确定人在该系统中的作用。

为了满足目标需要，任何系统都遵循事件的合理逻辑情景。任务情景在概念阶段进行定义。任务定义包括紧急情况、非标称情况和意外事故条件下的操作识别。当事件顺序及其功能目标确定后，系统开发者开始就有关这些目标怎样去实现做出假设和形成决策。功能可以通过硬件、软件和/或人的各种可能结合来实现。这些概念性设计的决策涉及到人在系统中的具体作用和职责的选择。为了帮助做这些决策，人因分析人员会分析每个角色选择的关键任务。估计工作负荷和人的可靠性、评估任务失败后果等技术，将用来帮助选择系统操作中人的最佳作用。表 3.3－1 将提供更多详细的概念阶段的信息。

在该阶段期间，人因研究人员将同各项目人员一起工作。建立人的角色需要系统和设计工程师，负责训练、任务规划、安全、健康以及乘员选拔等人员和小组的协同和权衡配合。

最后，在概念阶段，系统开发人员将开发一套所需的具体系统要求来满足 NASA－STD－3001 第 2 卷的要求。

在概念阶段，本手册将用于以下三方面：

1）概念阶段包括定义人在系统中的作用。第一步是识别系统潜在用户并描述这些人群。第 4 章论述了如何确定身体尺寸和乘员人群的能力。

2）系统开发者必须比较权衡使用人还是设备来完成每个系统的功能和目标。做到这些，需要掌握人的身体和认知能力方面的知识。这些信息可在第 5 章中找到。

3）整本手册将用于具体项目要求的撰写。

3.3.4　初步设计阶段

在初步设计阶段，系统开发者对概念阶段做出的决策进行扩展。基本决策决定系统内部人生活和工作的位置以及他们将使用的设备类型。人因小组将为可居住空间需求以及居住空间和工作场所的总体布局提供输入。在系统设计过程中，早期的设计集中于设备的选择、配置，以及简单的、可操作的和相容的程序上。关于适居性和生命保障的系统设计参数也要确定。

在该阶段，人因分析人员将对人的行为进行总体评估。他们将评估有多少人将分配到任务，并评估任务的持续时间。他们对概念阶段做出的功能分配进行审查，有时还要作出修订。在该阶段，人因分析人员使用的工具包括功能和任务分析、人体测量参数和认知模型、乘组居住区域和工作区域的物理和虚拟模型，以及初步工效学和可用性测试。概念阶段确定的工作负荷和人失误评估，在初步设计阶段将被更新和提炼。

在初步设计阶段，人因专家将与系统和设计工程师、任务计划小组一起密切合作。该过程将是迭代的，设计备选方案由系统工程师协调权衡研究。同样，在该阶段人因分析人员得到的任务分析数据，将发送给训练和任务计划制定人员。

在初步设计阶段，设计者和人因分析人员将直接使用该手册的信息。因为这些要求已经制定完毕，本手册将为实现这些要求提供资源。第 8 章将描述在太空分配生活和工作空间所需要考虑的注意事项以及要求的信息。对于舱外活动（EVA），第 11 章将帮助设计者确定舱外活动系统的初步设计。人环境支持（大气和水）和环境保护（辐射、污染、噪声、加速度和振动）将在第 6 章中做出详细说明。

3.3.5　最终设计和生产阶段

在最终设计和生产阶段，成品尺寸图纸根据用户界面制成。软件系统被最终确定。这些系统要满足乘员的身体、心理需要以及能力需要，这非常重要。

人因分析人员将在该阶段完成详细的任务分析和可用性测试。这些分析有助于确定系统配置需求方面的详细信息，以支持人的工效和健康。该信息被传达给设计工程师、乘组选拔和训练人员。开发的信息将包括如下内容：

- 控制器和显示器细节的设计要求（选择、布局、尺寸）；
- 工作站尺寸和配置；
- 特殊环境支持要求（光照、通风、减震等）；
- 标签要求；
- 乘员需要的技能和训练；
- 执行任务需要的时间（任务时间）；
- 执行任务的程序。

设计工作重点是使训练要求、任务时间和失误最小化，乘员效率最大化。这能通过简化和规范的乘员接口来实现。

表 3.3－1　系统设计中的 HCD（以人为中心的设计）

阶段	输入信息	行为	输出	在各阶段手册使用重点	协调使用
概念	系统目标和基本任务功能要求	1）分析相似系统； 2）识别任务中人的能力和局限性； 3）确定系统任务情景的操作分析； 4）人或设备、软件的功能分配； 5）人因要求文件的准备； 6）人失误和失败结果分析	识别潜在问题领域时学习到的经验和功能分配指南		1）工程设计； 2）系统工程； 3）训练； 4）任务计划； 5）安全； 6）健康； 7）乘员选拔
			任务情景		
			确定人在系统中担任的角色（工作类型、基本技能要求），帮助确保系统是可操作的	9.13 节，训练设计 第 5 章，人的效能	
			乘员人数	第 5 章，5.6～5.8 节	
			确定乘员人体测量参数特性	第 4 章，人体测量学、生物力学和操作力	
			识别与乘员接口的设备和工作站		
			具体系统人因要求文件（包括初步验证试验计划、潜在安全问题和权衡研究）	整个手册	
初步设计	1）确定任务执行要求； 2）初步外部边界； 3）识别与乘组交互的基本项目和区域	1）总的任务定义和分析（可用性研究，包括部件、原型和实物模型）； 2）人建模； 3）实践检验	乘组职责 与乘组接口设备的挑选和初步设计（重点是可操作性和简单性）	第 4 章，人体测量学、生物力学和操作力 第 9 章，硬件和设备 第 7 章，适居性功能 第 10 章，乘员界面	1）设计工程； 2）系统工程； 3）任务计划； 4）训练； 5）健康
			可居住空间要求和整体结构布局	第 8 章，结构 第 7 章，适居性功能	
			详细的环境支持范围要求	第 6 章，自然与诱导环境 第 11 章，舱外活动	
			最终验证试验计划		

续表

阶段	输入信息	行为	输出	在各阶段手册使用重点	协调使用
最终设计和制造	乘组职责和活动中心确定后的基本系统布局	1）详细任务分析和可用性试验； 2）工作负荷评估； 3）人和系统工效的开发测试； 4）用户界面设计输入规定和基于分析的权衡研究	乘组技能和知识要求		1）设计工程； 2）训练； 3）乘员选拔； 4）任务计划
			乘组组织行为要求	5.8 节，乘组协调与合作	
			任务程序和时间		
			乘组控制、显示和程序界面的最终设计	第 10 章，乘员界面	
			详细乘组工作站和行为中心设计	第 7 章，适居性功能 第 10 章，乘员界面 第 11 章，舱外活动	
			确定详细的环境支持要求（照明、声学、通风、加热、限制器和填充）	第 6 章，自然与诱导环境； 第 11 章，舱外活动	
试验和验证	系统最终配置	1）在完成和整合系统中进行人因测试和监测； 2）结果评估	如果必须，提供含纠正措施建议的测试报告	要使用整个手册进行测试结果评估	设计工程
操作和维护，更新和改型、出清存货	1）系统最终配置； 2）用户评估； 3）系统故障和修复报告	1）进行系统用户界面监测； 2）识别人因问题； 3）根据改进要求，进行任务分析、工作负荷评估、人建模	用户界面问题解决方案	要求使用整个手册	设计工程

也是在该阶段，人因分析人员将最终确定系统的验证计划，以验证系统是否满足概念阶段定义的具体系统的人因要求。

此外，开发人员可以直接使用本手册中的信息来完成系统配置。第 4 章说明了如何来设计系统，容纳所有选拔出的乘员；第 7 章和第 8 章中提供了详细的乘员内部物理环境信息；第 11 章详细定义了舱外活动环境的设计需求；第 9 章和第 10 章两章详细说明了乘员界面的配置要求。

3.3.6　试验和验证阶段

在该阶段，要对最终的系统配置进行测试，以测试验证它是否满足概念阶段的开发要求。在测试人的工效或居住环境的适应性时，可以对人进行建模。然而，在一些案例中，建模不能充分地代表人，因此需要使用受试者。受试者必须能在身体和认知方面代表潜在的所有乘员。作为对人负责的代理者，人因分析人员必须参与试验，确保它是根据计划进行的，然后解释结果。

一些发现可能在手册预计标准之外，手册不同部分可能不得不考虑进行评估。

3.3.7　操作、维修、更新、改进和出清存货阶段

在这些阶段，人因分析人员经常在预备状态中。在监督人的工效和反馈中，他们可能是有价值的资源。人因分析人员能帮助提供即时的解决方案（使用手册中的设计数据）或分析状况（使用诸如任务分析工具和人体建模工具等），并决定哪些地方可以改进。有些程序或设计上的改变可能会很大，因此需要一个更加完整的开发计划，使上述的人因分析人员参与其中。

本手册作为一种资源，可用作评估乘员问题严重性以及确定纠正措施。

3.3.8　以人为中心的设计（HCD）

当纳入项目的系统工程方法后，HCD 则是把最终用户的考虑、约束和能力，整合进产品设计的过程，以达到用户性能最大化。HCD 需求，以人为中心的设计［V2 3005］，在 NASA - STD - 3001 第 2 卷中表述为“每个载人航天飞行项目**应该**建立和执行以人为中心的设计过程，至少包括下列要素：

1）操作和方案开发的理念；

2）任务分析；

3）人和系统的功能分配；

4）人的角色和职责的分配；

5）迭代概念设计和原型样机制造；

6）测试，例如人在回路，测试典型人口或基于模型的人-系统效能评估；

7）飞行中就地监测人-系统效能。”

NASA 要求为项目执行 HCD 过程设定了步骤，以确保用户的考虑、约束和能力都与系统设计匹配。下文的讨论分析了 HCD 要求中包含的所有元素。

3.3.8.1 操作和方案开发的理念

操作概念（ConOps）和任务方案由项目开发，以证明所有的任务方案和关于任务目标实现的描述均使用计划资源，包括人和系统。操作概念最初发展于概念阶段，提供广泛的操作意见。操作概念应包含最终运营系统的用户的观点。作为概念阶段的进展，操作概念应该演化到覆盖系统能力的所有方面，包括用户。

表 3.3-2 提供了一个用于开发操作概念的工具。表中组织的核心特定任务信息与特定的乘员活动有密切联系，例如飞向国际空间站。该示例从较高层面描述了任务各阶段计划中每个乘员的活动，表中还给出了乘员活动对分系统的影响。任务的其他阶段也可制作这样的表格（例如休眠对接段、返回地球段、着陆准备段），以及非常规和应急场景。作为成熟的设计，需要提供更多信息以获取任务各阶段的特定细节。

表 3.3-2 标称方案示例——飞向国际空间站（想象的）

任务阶段	乘员活动					分系统影响
	乘员 1	乘员 2	乘员 3	乘员 4	乘员 5	
飞行器装载	进入航天服	进入航天服	进入航天服	进入航天服	进入航天服	体系，环境，监测，照明
准备发射	检查程序	检查程序	N/A	N/A	N/A	环境，监测，照明，窗口，控制/显示
发射	检查程序	N/A	N/A	N/A	N/A	环境，监测
上升	检查程序	进食，消耗，睡眠	进食，消耗，睡眠	进食，消耗，睡眠	进食，消耗，睡眠	体系，环境，监测
在轨	检查程序	进食，消耗，睡眠	进食，消耗，睡眠	进食，消耗，睡眠	进食，消耗，睡眠	体系，环境，监测，卫生学，存储，废弃物
接近操作	检查程序	检查程序	N/A	N/A	N/A	环境，监测，照明，窗口，控制/显示
交会	检查程序	检查程序	N/A	N/A	N/A	环境，监测，照明，窗口，控制/显示
对接/停靠	检查程序	检查程序	N/A	N/A	N/A	体系，环境，监测，照明，窗口，控制/显示

3.3.8.2 任务分析

任务分析是一种方法，它将事件拆分成独立任务（例如表 3.3-2 中的飞行器装载），将独立任务拆分成更简单的部分。任务分析的中心聚焦于人以及人如何完成任务，而非聚焦于系统。该方法用于理解和详细证明任务如何被完成。结果将有助于确定如下要素：特定任务开发的显示和控制、对任务中人和自动化系统的理想分配以及任务风险，它们都将影响设计决策。对于理解飞行器的目标与操作而言，在飞行器设计早期就开展高水平的任务分析至关重要。在概念阶段，对任务和任务分析进行早期定义，可将任务、操作和需求进行细化和明确。任务的定义与描述随着设计、操作概念和乘员利用/功能分配的决策过程继续演化。随着任务相关产品的成熟，关注点转移到了更低层次的乘员与系统的交互（体力与认知活动），这是飞行器成功完成任务所必须具备的。收集任务分析数据的普通技术包括：文档评审、检查、调查问卷、采访、观察、口头交涉。

如前文所述，任务分析包括对需要执行的体力和认知［包括感知（如视觉、触觉、听觉）、决策、理解和监测］任务的定义。此外，要获取和证明相关的任务属性。相关的任务属性包括：

- 用户角色和职责；
- 任务次序；
- 任务持续时间和频率；
- 环境条件；
- 必要的硬件、服装和设备；
- 约束和限制因素；
- 必要的用户知识、技能、能力和/或训练。

为了建立任务目标、阶段和方案，应完成对分配给用户的全部功能的体力和认知任务以及相关/支持信息的记载。为使任务分析活动尽可能有用，应让用户群代表参与到任务分析活动中。用户群代表的参与为该团体提供了分享其设计过程中的经验和预期的机会。

3.3.8.3 人与系统的功能分配

功能分配可阐释为：对系统以及用户与系统部件功能分配的描述。功能分配通过建立哪项功能由用户执行、哪项功能由系统执行，从而极大地影响了设计决策。基于操作概念，功能分配决定了具体活动、任务、功能、自动化职责的范围，指派给用户，或者指派给其他人（例如一个远程操作者）。功能分配基于很多因素，包括用户的相对能力和限制，以及技术的可靠性、速度、精度、强度、响应灵活性、经济成本、成功重要性或者任务完成及时性、用户福利等。决策不得根据何项技术功能可实施，就把其余功能简单分配给用户，依赖用户的灵活性来维持系统运转。这将导致用户的错误和对工作的不满意。

为了进行功能分配，应参考最初的任务分析，确定实现系统目标必须要完成的任务。其次，要识别出哪些任务计算机完成比人完成更适合，例如持续监控和/或实施大型复杂运算。这包括考虑用户的能力和局限性以及整体形势的一般条件。需要考虑的主要因素包括：是否有同时发生的任务、任务时间的紧迫性、与任务相关的工作负荷、对专业知识的需求等。任务职责应分配给最有能力完成系统目标的部件（人或者机器）。这就确保了在大多数与系统交互中，用户的工作负荷可接受，从而提高了系统性能。

功能分配与任务分析将在设计周期中持续反复迭代。当一个项目越来越详细，就需要对其他项目的精度和完成性进行评估。需要通过测试来评估分配的精度，并确定是否需要改变。功能分配随着系统能力演化，包括用户，也随着反复的 HCD 过程被定义得更加充分。

人的可靠性分析也能为功能分配提供信息（例如国际空间站紧急情况响应）。当故障情况很复杂时，适应能力强的人会比机器更能做出正确反应。

3.3.8.4 迭代概念设计与原型

基于操作概念、任务分析、功能分配活动采集的信息，通过绘图和物理模型（原型），候选设计解决方案就能实现可视化。设计概念的传达形式很多，这取决于设计的成熟度，可以是纸面的铅笔草图、交互原型、高保真实物模型或者计算机仿真。在这些活动中，交流思想和让用户参与非常重要，重点是通过设计评审和评估收集反馈信息。基于用户的反馈和评估结果，对设计和其物理模型反复改进，直到获得可接受的解决方案。

3.3.8.5 实证检验（设计评估与迭代）

在迭代的设计过程中，评估活动通过收集定量和定性数据，识别需要进行设计改进的领域，使设计逐步演化。设计概念和替代方案的评估对获取最佳设计方案至关重要。评估工作必须及早启动，并贯穿整个迭代系统设计过程，它们包括各种类型的活动，随着设计的进展其保真度不断提高，例如从最初的 SME 和/或用户非正式评审到正式的可用性设计，人在回路（HITL）测试，或者飞行仿真收集定量性能数据或者定性观察来评估居住舱布局、显示控制设计、飞行器使用性能、飞行器可操纵性等。收集客观的、定量的数据比收集主观的、定性的数据要好，应理解随着设计的进展这也会演进。重要的一点是，在仿真和评估中使用代表性用户以确保结果符合用户能力，而且与任务工况相关。

随着设计的成熟，评估的精确性和完整性逐步提升。在设计初期，执行单系统甚至单组件评估。但是，随着设计的成熟，评估也逐步成熟，包括分系统、系统，甚至最终的整合系统。保真度的提升包括成熟度，例如飞行仿真从计算机辅助设计（CAD）分析演化到 HITL 的评估，飞行中更多的硬件代表，数据采集从定性到定量的变化，用户样本代表性的提升。高保真的评估应在设计周期的后期实施。

评估需要聚焦于具体目标，评估计划的制定需要包括以下细节：

- HCD 目标；
- 待评估的系统部分以及软硬件的保真度（例如采用计算机仿真、舱段/原型，测试场景等）；
- 如何实施评估（测试设置、方法等），即评估的步骤；
- 评估和分析所需的资源，包括用户/受试者；
- 为评估活动和资源制定时间表，包括用户/受试者和具体设计建议（例如模型、模拟、舱段等）；
- 结果/反馈的预期用途。

所有 HITL 评估的构想、构建、执行都基于核心问题（目标），以及解决这些问题需要收集的测量数据。需要被回答的核心问题由用户输入，并由科学家和人因专家运用研究方法和严密的试验设计来回答提出的问题，从而构建评估。例如，若两个硬件设计需要测试（比较），建立的最优测试方法包括：通过反复的测试分析或者模块化硬件设计来平衡硬件的评估顺序，采集出错率进行定量评估，采集主观工作负荷率进行定性评估。通过性能的定量评估可以对设计进行客观区分，然而定性评估会测试受试者的技能、经验和偏好。评估的结构和严密性确保了结果的有效性，并且可获得设计决策需要的恰当信息。

评估结果用于在迭代、反馈回路中对人-系统关系和设计方案恰当性进行评估和再评估。因此，随着设计成熟，所有后续的评估应逐步成熟，并和更完整的典型飞行的输入和输出、仿真、硬件（如舱段、合格单元等）共同被执行。有意的迭代设计是以人为中心设计的基本原则。为确保设计适当且有用，尽早和频繁的设计评估有利于全周期开发成本的控制，这是通过在设计初期识别风险和问题实现的，因为这时可用相对较低的代价修正。可用性评估、任务分析、功能分配在系统全寿命初期被多次执行和再次测试。结果对系统设计有直接影响，为系统设计者提供连续的反馈。

3.3.8.6 人的角色和职责的分配

与功能分配和任务分析相结合的任务是，在预期用户人群（即乘员）中进行职责分配，不同用户的职责各有不同，例如考虑指挥官、飞行员、医生的职责。系统设计者需要理解不同用户的能力，并在系统开发过程中为不同用户进行任务分配，以确保预期任务完成。

角色和职责的分配包括：任务时间安排的考虑、乘员数量的需求、可用的空间与时间、隐私需求、信息需求，以及其他相关约束。

3.3.8.7 飞行中现场监视人-系统效能

任务分析、功能分配、评估、基于模型的评价都是影响系统设计的有用工具，可帮助理解人与系统如何交互，并识别出阻碍整个系统运行的问题。但是，这些工具只能在设计过程中使用。现场监视在任务实施过程中使用，是了解飞行中人-系统效能的关键。

现场监视是为了提供数据，支持飞行中的系统调节，从而提升安全性和性能。这项能力对支持生命的系统至关重要，比如维持空气和水质的环境控制系统。这些数据允许实时操控者进行修改以确保达成任务目标，并提供反馈用于修改设计，为未来飞行服务。

4 人体测量学、生物力学和操作力

4.1 概述

对航天器、航天服以及其中使用的设备进行设计，以适应乘组使用人群的身体尺寸、体型、可达域、活动范围和操作力，这非常重要。在航天器的设计中，必须考虑外部因素（例如重力环境、着装、加压、因任务持续时间导致的失适应）对乘员人体测量学、生物力学和操作力的影响，并据此进行调整。

本章讨论了人体尺寸以及如何利用这些数据信息支持硬件设计，以适应所有选拔出的使用者及其身体特征。涉及到如下所述的身体尺寸：

- 人体尺寸或人体测量学；
- 运动范围；
- 可达域；
- 人体表面积；
- 人体体积；
- 人体质量。

4.3 节概述了影响人体测量学的因素，从受试者身上搜集人体测量学数据以及数据的正确使用。4.4 节说明了关节活动范围的考虑及设计要求。4.5 节讨论了人体可达域的考虑及设计要求。4.6 节内容涵盖了人体的表面积、体积以及基于体重特点的质量特征。4.7 节给出了人的力量信息。

此外，本章还提供了如何开发和使用人体尺寸和力量数据的信息。本章并没有提供具体的数据。具体项目应根据其选拔出的用户人群以及对该人群的各种估计和设想，开发专属的尺寸数据集。为了提供帮助，本章后面给出了计算和应用的例子。例子中提供的数据来源于 NASA 星座计划开发的数据库。星座计划的全部数据库见附录 B。同时，附录 B 是一套完整的从 NASA - STD - 3000 中提取可达域尺寸数据的示例。附录中的数据主要是为了举例，并不是要适用于 NASA 的所有计划项目。

4.2 引言

4.2.1 概述

本节描述了识别用户人群的总则以及如何将该人群转化为尺寸数据，用于硬件和系统设计，以适合用户人群的方法。

4.2.2 用户人群

在以人为本的设计理念当中，最重要的考虑就是用户人群。必须说明谁将使用硬件的问题。

选择用户人群是一个十分重要的考虑因素，因为它是航天器总体设计和操作，以及设备使用过程中的主要驱动力。确定关键尺寸或数据的范围十分重要，它们对于航天器和关键设备（如座椅和航天服）的总体布局和设计，具有重要意义。

应当使用年龄、性别、种族以及其他特殊考虑来定义用户。这些信息对于选择合适的数据库非常关键。特殊考虑可以包括身体健康水平。举个例子来说，军人用户人群，相对于平民用户人群而言，通常具有不同的身体健康水平。其他考虑也可以包括硬件设备使用的时间表。如果硬件是在很远的将来使用，这可能会影响到人体测量学的需求，因为人群特征会随时间发生变化（4.2.2.2 节有进一步的讨论）。

4.2.2.1　数据库的选择和确认

选择任何类型硬件设计所使用的数据库，都取决于潜在的用户人群。数据库要适合用户的年龄、性别和其他因素，如身体条件或其他特殊考虑。

最理想的办法是搜集某硬件所有使用者的数据，但这样做几乎行不通。因此，选择一个能够近似代表预期用户人群的数据库，对于良好的工效学设计十分关键。

许多出版的成人人体测量数据库可供使用。工效学和人因工程领域常用的资源如下：

• 1988 美国军事人员人体测量学调查（ANSUR）；
• 空军调查；
• 国家健康与营养调查［NHANES；奥格登（Ogden）等，2004］；
• 美国和欧洲平民体表测量学资源（CAESAR）。

尽管 NASA 拥有航天员人体测量学数据库，但这些数据并不一定是未来航天员的最佳估计值。它们对于当前的和正在进行的人因分析和调查可能是有用的，但它们并不能完全体现航天员候选人群的变化。而且，航天员的选拔标准也可能会随时间发生变化。另一个问题是，航天员数据库中受试者的人数相对较少，尤其是女性航天员。因此，需要选择一个合适的数据库：1）最新的；2）足够大，能避免统计学问题；3）能代表预期的用户人群。因此，诸如修正的军人或平民数据库之类的资源也许能更好地代表未来的航天员人群。

有多种方法可以用来调整现有的数据库，以更好地代表某一用户群体。例如，可以剪裁数据库，只包括特定年龄、性别或种族的人群。也可以合并数据库，以包括更广泛的人群。最后，也可以通过算法来调整人群本身，从而反映随时间发生的变化或不同人群之间的变化（见 4.2.2.2 节）。

为了验证某个选取的人体测量学数据库（比如 ANSUR 或 CAESAR 数据库）是否能恰当地代表我们感兴趣的用户人群，分析人员必须涉及到如下两个问题。

1）数据库能代表使用该系统的人？回答这个问题需考虑如下因素：

• 年龄——NASA - STD - 3000 中假定乘员平均年龄为 40 岁。
• 种族——应与航天员的候选人群相匹配。
• 性别——乘组都是混合性别。在绝大多数的人体测量学尺寸数据中，女性都会比男性小。因此，尺寸范围应涵盖最小的女性和最大的男性。

• 身体健康程度——通常认为，乘员健康程度一般高于普通人群。这使得军人数据比一般人群数据更有价值、更适合。

• 教育程度——乘员一般都有硕士学位，如果有可能的话，感兴趣的数据库应进行这个标准的筛选。

2）数据库中是否有足够数量的样本？

搜集某个人群的人体测量学数据是一项巨大的工作，通常并不是某个系统的研发工作内容。系统研发人员通常依靠大型机构资助的调查中获得数据。这些调查要有足够大的规模（至少 1 000 名受试者），能反映出人群差异。

4.2.2.1.1 数据库示例

对于国际空间站（ISS）项目中，NASA 定义的用户人群包括不同国际背景的人。通常，日本女性被认为是最小的潜在用户，而美国男性则是最大的。

由当前乘员选拔所确定的设计标准应与极限值兼容。在 NASA - STD - 3000 中，设计标准的极限值设为第 5 百分位的日本女性和第 95 百分位的美国男性。然而，回顾过去的乘组选拔表明：乘员所反映出的人体测量学特征大大超出了第 5 百分位日本女性到第 95 百分位美国男性的范围。因此，如果航天员的选拔和筛选标准保持不变，未来的硬件设计必须考虑更广泛的用户人群，这样才能适合乘组。特别是，新的设计标准应包括当前乘员选拔确定的极值。

NASA 的星座计划标准估算了 2015 年 NASA 星座系统航天员用户人群的年龄（35～50 岁的男性和女性）和人体尺寸。这些尺寸基于一个经过调整能代表 2015 年航天员人群的军人数据库。选择这个军人数据库是为了更好地代表航天员人群的人体测量学数据，因为平民数据库的肥胖率超过了可预见的未来航天员人群的肥胖率。

NASA 星座系统航天员用户人群数据库见附录 B。

4.2.2.2 增长趋势

过去经验表明，人体测量学的相关尺寸，如人的身高、体重和其他的一些人体测量参数，已经发生了历史性的改变。这些一代人到另一代人发生的变化称为长期变化，这些变化对于硬件设计的影响可能会非常明显。

为了预测长期变化，第一步是选取能代表所研发系统未来用户的人群。该人群应当存在尺寸数据库。接下来，利用趋势分析来估算未来用户人群的身高。最后，利用估算的未来身高以及身高与其他尺寸（包括质量、人体体积和表面积）的关系，计算出估计的未来体段的长度和其他所需的尺寸。

对于这个过程，下面进行了分步的详细描述（Tillman 和 McConville，1991）。这些步骤包括使用 2015 年 NASA 航天员数据进行计算的示例。

1）选择一个与预期用户人群相似的人群，且关于该人群几十年的身高数据可以使用。理想的状况是，该人群在种族构成（世界人群大小有显著差别）和健康水平上［身高体重比很重要——见步骤 3）］应当类似于乘组人群。描绘平均身高，并确定其趋势。将平均身高映射到预期的未来时间。

美国人口发展趋势数据的一个来源是疾病控制中心发布的国家健康与营养检测调查，他们大约每隔 10 年进行一次。例如，图 4.2－1 显示了美国男性平均（也就是第 50 百分点）身高增长数据。从图中可以看出，身高似乎稳定在 69.5 英寸，因此 2015 年美国男性身高的合理估计是 69.5 英寸。使用同样的趋势数据和美国男性航天员人群数据（根据空军调查数据进行调整），2015 年男性航天员的平均身高为 70.3 英寸。

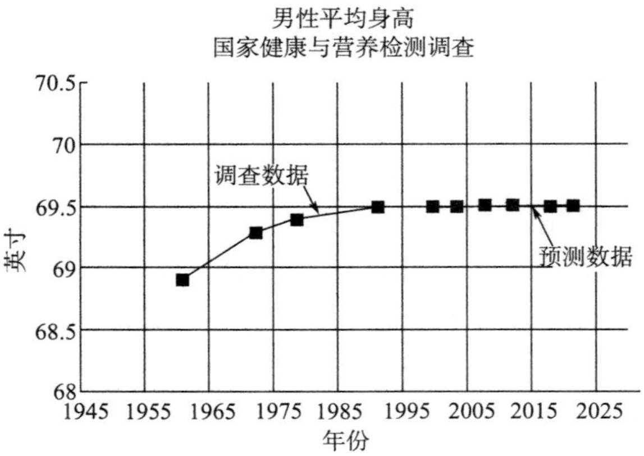

图 4.2－1　男性平均身高趋势

2）对于类似于预期的系统未来用户的人群，使用该数据库，根据平均身高和体质量（体重），为每个身体长度尺寸的平均值建立线性回归方程。

方程如下

$$尺寸\ D = A \times S + B \times W + C$$

其中，S 为身高，W 为体质量。A，B，C 为回归方程常数，从原始数据集中得出。

附录 B 中的数据是基于 1988 年针对约 4 000 名士兵（Gordon et al.，1988）的美国军人人体测量调查（ANSUR）得出的线性回归方程。

3）通过使用身高和体重比常量以及使用预估的未来平均身高，对人群的未来平均体重进行估计。

例如，如果基线数据集中的平均体重为 W_{now}，平均身高为 S_{now}，那么要估算未来体重（W_{future}），可使用下面的公式

$$S_{now}/W_{now} = S_{future}/W_{future}$$

$$W_{future} = W_{now}(S_{future}/S_{now})$$

附录 B 中的质量数据，是基于 2015 年男性平均体重的估计值为 181.6 lb（82.4 kg）得出的。

4）利用步骤 2）得出的回归方程对映射人群的平均尺寸进行计算。例如，使用从 ANSUR 数据库得出的回归方程常量，可以按下述方法计算 2015 年男性的平均腰高

$$腰高（2015\ 年男性平均值）= 0.72 \times S_{future} - 0.39 \times W_{future} - 203.38（计量单位是毫米和克）$$

所以

$$腰高（2015年男性平均值）=0.72\times 1\,785.6-0.39\times 82.4-203.38$$
$$=1\,050.1\ \text{mm}\ 或\ 105.01\ \text{cm}$$

该尺寸的“拟合度”或相关系数为0.827。有些尺寸的预测性要优于其他尺寸。

5）通过假定每个尺寸的标准差与平均身高的比值常数，确定每个尺寸预测的标准差

$$SD_{\text{dimension } D \text{ now}}/\text{Stature}_{\text{now}}=SD_{\text{dimension } D \text{ future}}/\text{Stature}_{\text{future}}$$
$$SD_{\text{dimension } D \text{ future}}=SD_{\text{dimension } D \text{ now}}\times(\text{Stature}_{\text{future}}/\text{Stature}_{\text{now}})$$

在我们的示例中，2015年人群男性腰高的标准差=2.65×（1.019）=2.70 cm。

6）假定其他百分位映射尺寸的计算为正态分布。例如，使用下面的公式计算第1和第99百分位

$$第1或第99百分位_{\text{future}}=（D_{\text{future}}尺寸均值）\pm 2.33\times（D_{\text{future}}尺寸的标准差）$$

对于2015年

$$D_{\text{future}}尺寸的标准差=6.27\ \text{cm}$$
$$第99百分位男性平均腰高=105.01+2.33\times 6.27=119.61\ \text{cm}$$

计算百分位的解释见4.2.5节。

7）知道了预期用户人群的体质量和身高，就可以计算体段质量、运动惯量和表面积的估值（见4.6节）。

4.2.3 使用身体尺寸的方法

一旦确定了用户尺寸，系统或硬件必须根据这些尺寸进行设计，三种常用的使用方法描述如下：

1）全体采用一种解决方案。以人体测量学为例，一个单一尺寸可以适用人群中的所有人员。例如，通常来说，如果一个工作台上的开关位于最小个体的可达范围，那么所有的人都能够到开关。就力量而言，将力量要求设置为最弱的人的能力或更低，就能使所有人都能成功完成任务，而不会精疲力竭。

2）调整。设计可以包含调整能力。关于这方面来讲，最常见的人体测量学例子是汽车座椅。最常见的力量方面的例子是，为锻炼设备设置阻力变量，使不同用户能获得多种阻力选项。

3）多个解决方案。为了适合全部人群的尺寸范围，可能会需要有多种尺寸的设备。对于需要密切符合人身体所需的设备或个人装置，如衣物和航天服，这通常是必要的。

以上这三种方法，都需要设计师使用恰当的人体测量学、生物力学和力量数据。

4.2.4 人群分析

要适用于范围宽广的用户人群，这对工程师和设计师来说，是一个巨大的挑战。因为，要量化该设计适合谁和不适合谁常常是困难的，尤其是对那些具有多个关键人体测量学尺寸的设备。一种表明适用程度的方法叫做“人群分析”，它以一种全新的方式运用了现有的人因技术。

人群分析最主要的应用就是为多元问题提供适应性信息，并强化人在回路测试或绩效建模中反馈的价值。这些分析结果，包括提供用户人群的具体适应性百分比，以及设计规范的建议等。

最后，人群分析的好处就是，运用分析和测试方法来确定：1）目标设计是否适用于整个人群范围；2）如果不能，该设计概念能容纳的极值是多少。

4.2.4.1　人体测量学的多元变量分析

通过同时分析多个变量，我们的理解就可以超越单一维度的百分位值。将数据放入单一维度的环境中，是比较容易的。例如，门高度可以基于人的身高设计。门的设计应保证最高个子的预期用户能笔直地穿过门。如果门的高度相当于第 90 百分位的男性身高，就可以推算出该人群中有约 10％的男性穿过门存在困难。

不过，确定门的适当宽度可能也很必要。这也需要根据人体测量学数据，例如将最大的预期肩宽作为合适的最小宽度。如果门宽是第 90 百分位的男性肩宽，那么这个尺寸就会造成约 10％的男性人群不适合穿过此门。

当同时考虑高度和宽度尺寸时，确定适应性就出现了问题。例如，结合上述两个例子，因为身高和肩宽并不是高度相关，如果说总人群中 10％的人不能使用这个门，就不准确了。因身高原因不适合的人群中，有些和因为肩宽不适合的人群有重叠，因此人群中不适合使用此门的比例在 10％到 20％之间。

通过对人群人体测量学的样本数据库进行分析，就可以合理地估计这个简单的多变量问题例子中不适用人群的比例。该分析方法如下：

1）确定具体任务使用性的关键尺寸。在门的例子中，这些尺寸就是身高和肩宽。

2）选择一个能代表用户人群的恰当数据库。

3）识别能成功适用的关键尺寸极值。对于门的通过性这样的问题，任何小于门尺寸的数值都适用。如果任务涉及可达域，那么小的尺寸就不适用了。在门的例子中，高度确定为相当于第 90 百分位的男性身高，宽度确定为相当于 90 百分位的男性肩宽。

4）利用选取的关键尺寸值对用户人群数据库进行筛选。对于数据库中的每位受试者，测试并确定其是否处于所有关键尺寸的适用范围内。在门的例子中，如果要成功适用某位受试者，那么其身高和肩宽都要小于相应的第 90 百分位男性的身高和肩宽值。估计的用户人群适应性百分比就是筛除不适用人群后，剩余受试者占该数据库人群的百分比。

4.2.4.2　强化人在回路的测试

当对群体整体进行测试时，主观反馈更有价值。例如，主观绩效打分可以充当很有价值的工具，在上面的例子中，可以让受试者就穿过门的难度进行打分。受试者可能表示该门完全可以接受。也许，一组 10 人的受试小组通过该通道并认为门完全可接受。

单独来看，这些结果可能会促使设计人员相信，这些尺寸适合整体人群。但是，有必要考虑这些打分者的身高和肩宽。如果测试的最大身高为第 55 百分位的男性，最大肩宽为第 60 百分位的男性，那么，根据这些积极打分得出结论，认为这些尺寸适合更大的受试者，就毫无根据了。

另一方面，如果测试的最大受试者符合或超过最大的预期用户，那么正面的用户反馈就是有价值的。这表明，人群的极端情况已经通过测试，因此反馈代表了预测的极端最坏的情况。

即便是简单的通过/不通过测试，例如观察受试者能否不碰到门框就能穿过此门，将受试者的尺寸与用户人群的尺寸进行比较，也会使评估更有意义，否则就不用进行评估了。人在回路测试的人群分析步骤建议如下：

- 确定适用特定任务的关键尺寸；
- 选择能代表用户人群的恰当数据库；
- 计算每位受试者所有关键尺寸的百分位值（百分位计算的信息见 4.2.5 节）；
- 比较受试者的人体测量数据与预期的适用极值；
- 将受试者置于人群背景中，进行包含其主观反馈的所有分析。

4.2.5 选择和计算用户人群的尺寸

4.2.5.1 选择用户人群的尺寸范围

应针对每个项目，选择用户人群的尺寸范围。有以下几条考量：

• 宽的范围会给设计师带来更多困难，系统将更加昂贵。座椅调节范围可能必须要更大，身体支撑可能必须有更结实的结构以适合更重的个体，舱口可能必须更大等。

• 窄的范围会限制使用该系统的人群。因为设计不适用宽泛的人群，有价值的人力资源（技巧和能力）可能会不得不被拒绝。

无论选择怎样的人群范围，系统开发者必须考虑对于设计范围外不适用的用户，到底有什么样的影响。此外，选择最接近用户人群的数据库很重要。

4.2.5.2 基于人体测量学数据来估计百分位

当估计大样本的百分位时，百分位定义为一个变量（或测量）值，低于该值会使一定百分比的观察值落在范围外。我们的研究表明并证实，大部分人体测量学数据遵循正态分布。“百分位”这个术语，常用于报告常模参照数据库的数值，如 ANSUR 数据库。此外，根据一个人体测量数据库进行百分位估算时，数据的图示为一条正态曲线。在正态曲线的峰点和中间部位，为均值（也就是第 50 百分位）和分布的中位数。均值 μ 和标准差 σ 确定了一个正态分布，可用于计算百分位。第 p 百分位可以用下式来估算

$$X_{(p)}=\mu+\sigma(z)$$

对于一个给定的百分位，z 值为常量，可以从标准正态（z）分布表中查找。对于选定百分位的 z 值见表 4.2-1。完整的 z 值表可以在绝大多数统计学课本的附录中查找。

表 4.2-1 不同百分位的 z 值

p	z	p	z
1	−2.33	99	2.33
5	−1.64	95	1.64
10	−1.28	90	1.28

下面是一个百分位值计算示例。使用的方法基于 Stephen Pheasant 在《身体空间》中的文章《人体测量学、工效学和工作的设计》（Pheasant，1996）。

假定有人要计算某个人群中成年女性身高的第 99 百分位。如果一组 70 人的女性样本中女性身高的两个参数恰好已知，$M=0.64$ in 和 $\sigma=4.2$ in。从表 4.2－1 中，我们可以看到 $p=99$ 时，$z=2.33$。因此，身高的第 99 百分位＝69.59 in。人群第 99 百分位的估计值小于 69.59 in。或者，有人可能希望反过来计算，确定某个特定身高的百分位。这样，60.0 in 为均值下 1.66 标准差，也就是 $z=-1.66$。这相当于第 5 百分位。

4.2.6 研究需求

保留。

4.3 人体测量学

4.3.1 引言

人体测量学是指对人体的长度和围度等进行测量，特别是与能否通过和是否适合相关。为了选择哪些测量指标是相关的，有必要了解需要执行的任务以及将要使用的设备。了解谁将完成这些工作也很重要，这可以确保选择合适的数据库。

本节概述影响人体测量学的因素，收集的受试者人体测量学数据以及数据的正确使用。

4.3.2 人体测量学数据

人体测量学数据决定了系统设计的指南。

- 用户人群的选择决定了哪个数据库定义硬件设计者使用的人体测量学数据。用户人群定义了谁将使用该系统，并必须适合他们。
- 一旦用户人群确定下来，系统的开发者就必须确定人群中的人员范围、谁将操作和维护该系统。4.2.5.1 节列出了做这个决定的考虑事项。

分析结果是该系统必须要适用的人群范围（从最小到最大）。

图 4.3－1 是一个人体测量学数据库中典型的小样本测量。根据所采用的数据库，包含的测量项目范围可以是简单的身高和体重，到数千种测量的列表，包括多种姿态和详细的面部测量。

对于 NASA 的星座系统研发项目，NASA 航天员人群预测会到 2015 年。通过表格给出了详细的描述范围，从最小尺寸的人（这里是第 1 百分位的女性）到最大尺寸的人（这里是第 99 百分位的男性）。这个项目的人体测量学数据见附录 B。

4.3.3 人体测量学在设计中的应用

人体测量学的数据作为工程设计的标准来使用一般要考虑以下几个问题：1）人操作者或设备用户要完成任务的性质、频率、安全性、危险程度以及难度；2）执行任务时人体的位置；3）任务的机动性和活动性要求；4）需要补偿障碍和突出部分所造成的关键设

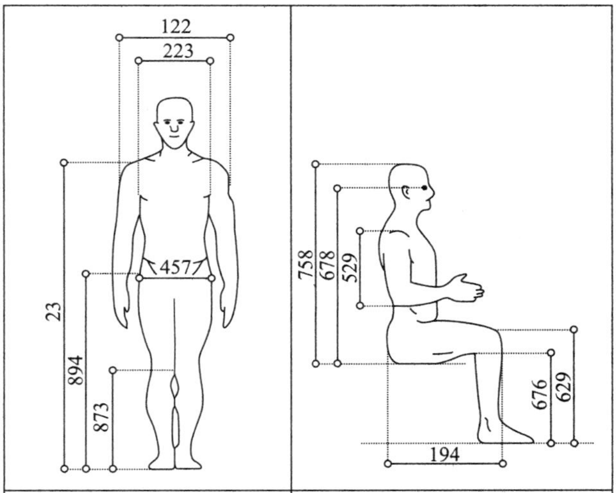

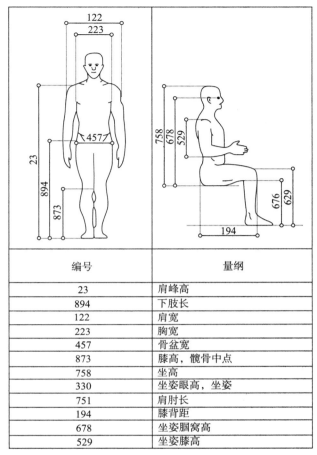

编号	量纲
23	肩峰高
894	下肢长
122	肩宽
223	胸宽
457	骨盆宽
873	膝高，髌骨中点
758	坐高
330	坐姿眼高，坐姿
751	肩肘长
194	膝背距
678	坐姿腘窝高
529	坐姿膝高

图 4.3-1　人体测量数据示例

计尺寸增量。基于安全性和健康考虑的设计限值，比性能标准更保守，必须给予优先。

4.3.3.1　设计中适用人体测量学的步骤

让设计适合人有两个基本方面：通过性和可达性。评估通过的考虑通常涉及适合尺寸大的人，而可达的考虑是适合尺寸小的人。下面的分步过程可用来确定适合所有目标人群的尺寸。

4.3.3.1.1　通过性

让所有乘员（穿航天服或不穿）通过通道以及让不穿航天服的乘员在工作站或活动中心安全舒适地完成任务，需要有足够的空间。需要指出，在 0 g 环境中人体通过性的关键尺寸有别于 1 g 环境，这很重要。人在 0 g 环境中工作是不同的，这可能会影响到通过性。下面的步骤有利于确保设计符合通过性要求：

1）识别出关键的物理通过尺寸（如有必要，可以使用模型）；

2）确定与通过性相关的人体可能运动和位置（考虑要完成的任务，包括救援操作或者应急情况下可能发生的错误，例如从不正确的方向通过舱口）；

3）选择可能会使通过性成为问题的最糟糕情况下的体位；

4）确定最糟糕情况下的身体尺寸，确保考虑到在最糟糕身体位置情况下涉及的其他身体尺寸；

5）使用恰当的数据库来确定预期最大的人在最糟糕情况下的尺寸值，也要确定定义人位置的全部范围（最小的人到最大的人）；

6）确定人穿着的衣服（最肥和最大）或携带的设备的最糟糕情况，并将其添加到最糟糕情况下的身体尺寸，结果将用于确定符合通过性要求所需的设计尺寸。

4.3.3.1.2　可达性

控制、显示、装备的布置，要能确保乘组中的每一个人都能够使用。下面的步骤可帮助确保设计符合可达性要求：

1）识别关键的物体可达性尺寸（如果需要，可使用模型）；

2）确定与关键尺寸相关的人体运动和位置（考虑要完成的任务）；

3）确定会引起可达性问题的最糟糕人体姿势或尺寸，考虑其他身体尺寸或身体位置的影响，例如，躯干比较长的人可能需要调低座椅以便使眼睛的位置合适。当为操作者设计要使用头顶的控制器时，必须要考虑这一点；

4）使用数据图表中的相关数据前，要确定相关因素，例如服装、加压、重力（如 0 g 时脊柱变长）以及其他环境因素；

5）使用合适的数据库来确定预期最小的人的身体尺寸值，同时确定整体范围（最小的人到最大的人），以及定义最糟糕情况（也就是人身体的位置）时的其他关键身体尺寸，结果将用来确定满足可达性要求所需的设计尺寸。

4.3.3.2　应用人体测量学数据的注意事项

使用人体测量学数据的一些基本考虑及其局限性如下：

• 百分位的含义——使用百分位是一种对大人群的具体身体特性值进行排序的方法。百分位也可以用来告诉我们某个具体测量对应的值。例如，如果某个设计适用身体特征值的范围是从第 1 到第 99 百分位的人群，那么就是说这个设计适合的身体特征的人数占用户人群的 98%。（应当指出，男性和女性被认为是不同的人群。如果某个设计适合大于第 1 百分位尺寸的所有女性，以及小于第 99 百分位尺寸的所有男性，那么它就适合 99%的混合人群。）类似地，如果说一个人的身高处于第 99 百分位，那么，只有不到 1%的人比他更高。“第 95 百分位男性身高”意味着在这一特定的人群中，他比 95%的男性身高都要高。需要指出，百分位值取决于要进行尺寸比较的人群，这很重要。因此，人群的明确定义非常重要。

• 缺失的数据——人体测量学数据库并不包括适合所有设计情况的全部关键人体测量学尺寸的百分位信息。例如，出舱活动压力服硬上躯设计的关键问题是，确定上袖口的开口位置（袖窿，也叫袖孔）位于乘员肩膀的什么位置。NASA 设计使用的军事人员数据库中，并不包含这项测量的参考值。当这种情况发生时，就需要开展专门的研究或估算（取决于界面的关键程度）。估算值应能涵盖尺寸大小和接口硬件的最糟糕组合状况。

• 尺寸数据的组合——当两个或两个以上的个体位置临近时（例如在驾驶舱中），确保考虑到所有的尺寸数据组合（例如一个大的人和一个小的人要使用一个共同的控制器，两个大的人要肩并肩，两个小的人要通过舱门递送设备）。然而，最大值或者最小值的组合并不总是最有效的解决方案。例如，在星座项目中，机组人员（6 个 ISS，4 个火星）的人体测量值全部都是上限值（例如，6 个乘组人员的坐高和肩宽都是第 99 百分位）的情况是不允许的。正如要求中陈述的，猎户座交通工具必须能够适合整个人体测量值范围。然而，如果整个乘组都按照最大尺寸的话会造成费用很大或者超支。对于猎户座乘组座高，NASA 认为车辆上面应该能够容纳第 91 百分位坐高的男性，下面容纳第 99 百分位坐高的男性，或者上下都容纳第 95 百分位坐高的男性。这样，单个座椅仍然能够容纳整个范围的乘员，但是 NASA 必须选择合适的飞行乘组来确保合适的容身空间。同时，又要注意乘组的选择不会过度受到这些限制条件的约束。例如：如果只有第 30 百分位的男性适合在第 99 百分位男性的下面，大部分乘组组合都不合适，造成只有极少数乘组可以一起飞行，这样是不现实的。因此，需要对设计约束范围内的乘组容身空间和不同乘组组合选择二者进行权衡考虑。

• 同一个人的尺寸变化——同一个人的不同身体特征很少能有相同的百分位。例如，一个身高为第 5 百分位的女性，可能具有第 20 百分位或第 40 百分位的臂长。尽管不同身体特征之间有一定的相关性，但并不是在所有的测量中都极相关。表 4.3-1 中的例子为基于 2004 年航天员数据库的各种尺寸的相关性。因此，笼统地说一个人属于第 1 百分位或第 99 百分位，都是不恰当的，因为百分位的划分并不适用于所有的身体尺寸。还应当指出，最糟糕的状况通常取决于各种身体尺寸的组合。例如，对于一个胳膊短但大腿长的人，当调节座椅靠近方向盘时，有可能会使膝盖碰到汽车的仪表板。

表 4.3-1　人体测量项之间的相关性

	身高	肘高	指关节高	指尖点高	胸围	臀高	膝高	踝高	臀-膝距	足长	上肢长
身高	1.00	0.94	0.84	0.80	0.89	0.82	0.85	0.42	0.79	0.77	0.05
肘高	0.94	1.00	0.90	0.87	0.86	0.79	0.82	0.42	0.74	0.70	0.01
指关节高	0.84	0.90	1.00	0.94	0.74	0.68	0.69	0.39	0.64	0.55	0.02
指尖点高	0.80	0.87	0.94	1.00	0.71	0.66	0.65	0.38	0.59	0.47	0.01
胸围	0.89	0.86	0.74	0.71	1.00	0.85	0.86	0.41	0.78	0.69	0.08
臀高	0.82	0.79	0.68	0.66	0.85	1.00	0.81	0.38	0.73	0.61	0.09
膝高	0.85	0.82	0.63.	0.65	0.86	0.81	1.00	0.44	0.75	0.67	0.07
踝高	0.42	0.42	0.39	0.38	0.41	0.38	0.44	1.00	0.33	0.30	0.07
臀-膝距	0.79	0.74	0.64	0.59	0.78	0.73	0.75	0.33	1.00	0.65	0.03
足长	0.77	0.70	0.55	0.47	0.69	0.61	0.67	0.30	0.65	1.00	0.04
上肢长	0.05	0.01	−0.02	0.01	0.08	0.09	0.07	0.07	0.03	0.04	1.00

来源：ASCAN 数据库，内部分析，2004

对表中数据的一些解释：

• 身高和可达性或力量之间没有太大的相关性——人体测量学尺寸和力量或可达域之间没有强的相关性。例如，一个身高处于第 5 百分位的人，并不一定在可达性和关节活动性能上也是第 5 百分位。同样地，一个身高处于第 95 百分位的人也并不一定有第 95 百分位的臂力或腿力。

• 百分位不能加减——百分位数据不适合加减运算法则。例如，如果人体测量学表格仅列出前臂和上臂百分位，那么并不能计算出整个臂长的百分位。你不能将第 5 百分位的小臂长和第 5 百分位的上臂长相加得出第 5 百分位的臂长。最好的正确方法是使用整个臂长的数据（测量整个臂长）。

• 小样本错误——对人体测量学百分位的估算，是根据正态分布大样本（n 大于 100）的均值和标准差推导出的。当使用这种估算时，任一条件的不符合（小样本或非正态分布数据），都会导致不准确的百分位估算。

4.3.3.3 影响人体测量学的因素

影响身体尺寸的因素很多，包括年龄、性别、着装、加压、姿态和重力水平。人体测量学数据的应用也会受到用户操作环境的影响，比如，地面操作与舱内活动（IVA）或 EVA 操作。表 4.3-2 中列出了在不同操作环境中影响人体测量学尺寸的因素的数值。后面是这些因素的详细讨论。

表 4.3-2 不同操作环境中影响人体测量学尺寸的因素

操作环境	人体测量学尺寸的影响因素		
	服装	姿势	加压状态
地面操作	飞行服	站立，坐	None 和 Yes
EVA 服装设计	最小的服装	站立，坐	NA
超重（发射段、进入段）	飞行服	斜躺	None
发射和进入过程中的应急情况	飞行服	斜躺，垂直	Yes
超重（发射段、进入段）	飞行服	垂直	None
飞行中的应急情况	飞行服	斜躺，垂直，中性体位	Yes
IVA 0 g	最小的服装	中性体位	None
EVA 0 g 或部分重力	航天服	中性体位	Yes

4.3.3.3.1 年龄影响

一个人的年龄常常会因为身高、体重和质量分布的变化而影响到人体测量学。成熟前，身高和体重都会增长，但是老年后身高会降低。体重和质量分布的波动也会发生，年龄在其中扮演着重要的角色。

4.3.3.3.2　性别影响

男性和女性的身体尺寸和力量遵循二元正态分布，因此不能用单一的群体曲线来表述。但是，可以进行一些总体描述。女性的尺寸一般比男性小，女性的体重一般比男性体重小。与这种概述例外的情况是臀宽。女性的平均臀宽，无论是坐姿还是立姿，都超过男性（Gordon et al.，1988）。

当以每个个体的安全和舒适为主要考虑时，就不能依靠这样的概论进行设计。因为数据的分布是独立的，需要单独推算男性和女性的数据，而不能用任何普遍性的关系来代表男性和女性人群。换句话说，一个给定的男性并不一定比一个给定的女性大，因为两个正态曲线还是有重叠部分。

4.3.3.3.3　着装影响

出于安全考虑，乘员可能要求穿着能够加压的飞行服。对于该装备，NASA 先前的设计包括维持和控制温度的内衣、连体的服装整体、带有氧气面罩或有面窗的头盔，以及降落伞背包。

着装的影响非常重要，特别是衬衫袖子和适合的操作之间的差异。着装会影响尺寸，有时非常显著。不同服装对人体测量学有不同影响。例如，轻型的发射/再入服的臃肿程度要远远小于硬上身的行星服。除了对尺寸的影响外，着装也会影响人选择的身体姿势，姿势又反过来会影响硬件设计。

设计时必须要考虑到服装对尺寸的影响，例如加压和不加压情况下的坐高和大腿空隙。这些信息在标准的人体测量学数据库中不可能找到。所以，根据着装对人体测量学的影响推算这些数据十分必要。

服装设计师有责任传达着装对人体测量学的影响。

4.3.3.3.4　加压影响

压力水平也是需要考虑的一个着装影响因素。一个人着加压服装的尺寸与着不加压服装的尺寸不同，两者又与着最少服装的乘员尺寸不同。

通过向服装内注入呼吸空气，加压会增加乘员占用的体积。这会造成服装的气球效应，从而影响乘员的身体尺寸。回顾历史，几乎没有可以使用的记录加压影响的数据。

因为要获得加压后的完整人体测量学数据库是不现实的，所以有必要找到一些换算因子，用于最少着装乘员人体测量学数据，这些数据更加现成。通过测量能够舒适地穿着极端尺寸的压力服的男性和女性受试者，就能获得有关加压影响的数据。（着装测量应通过使用类似于将要使用的服装来获得。）这样就可以获得着装和不着装时关键人体测量学数据的比值。将最少着装乘员的人体测量学数据乘以这个比值，就可以得到该受试者着装人体测量学的估计值。即使是对于测试数据，最终设计必须考虑个人服装调整、束缚、限制器等的差异。

表 4.3-3 给出了利用不着装乘员数据估算着装乘员人体测量学数据的乘数示例。这些乘数是根据受试者穿着先进乘员逃逸服装（ACES）时的人体测量学数据得出的。这些乘数可能与未来项目不同，这取决于用户人群和航天服的结构。

航天服设计者需要考虑服装对人体测量的影响。

表 4.3-3　着航天服（加压和不加压）对人体测量的影响

	男性		女性	
尺寸	不加压	加压	不加压	加压
坐高	1.11	1.09	1.08	1.11
坐姿眼高	0.99	0.95	0.92	0.85
坐姿膝高	1.04	1.10	1.04	1.13
坐姿腘窝高	1.02	0.98	0.96	0.97
肩宽	1.18	1.26	1.40	1.54
臀-膝距	1.06	1.18	1.15	1.27

4.3.3.3.5　姿态影响

传统的人体测量学数据库仅提供标准化的人体尺寸。但是，人体的姿态变化可能会显著影响人体尺寸。进行人体测量的标准姿态并不能总是适于载人航天飞行应用。

空间操作时，至少应考虑两个独特的姿态影响：发射和进入时的坐姿，以及轨道停留时 0 g 的影响。虽然部分重力也会产生额外的姿态影响，但是因其还没有量化，所以这里不再叙述。

在航天发射和进入过程中，乘员着飞行服仰卧在座椅上。着飞行服和束缚在座椅上会显著影响人体测量学，而仰卧在座位上的人体测量学也不同于标准的直立座位人体测量学。0 g 对姿态影响的讨论见 4.3.3.3.6 节。

4.3.3.3.6　零重力影响

零重力对人体尺寸的影响总结见表 4.3-4。其中，一些影响与姿态变化无关。0 g 对人体测量学的主要影响如下。

• 立高增加——身高增长大约 3%。这是由于脊柱延长和脊柱弯曲度变直（Brown，1975；Brown，1977；Thornton，Hoffler，& Rummel，1977；Thornton & Moore，1987；Webb Associates，1978）。所有包含脊柱长度的立姿测量项目中，都一定增加 3% 身高，这样才能考虑到暴露在微重力环境下导致的脊柱延长。此外，当确定乘员在 0 g 着服装的总测量增加时，必须考虑到着装影响及着装的人体测量学。

• 坐高增加——坐高增加约 6%。这是因为脊柱延长，脊柱弯曲度变直，以及姿态的影响。所有包含脊柱长度的坐姿测量项目都一定增加 6% 坐高，这样才能考虑到因为暴露在微重力环境中导致的脊柱延长（Young & Rajulu，2011）。此外，当确定乘员在 0 g 着服装的总测量增加时，必须考虑到着装影响及着装的人体测量学。

• 中性体位——放松状态下身体立刻呈现典型的中性体位（Thornton et al.，1977；Webb Associates，1978）。有关中性体位影响的信息随后给出。

• 人体围度的变化——由于失重状态下，体液流向头部，导致人体围度发生变化（Thornton et al.，1977；Webb Associates，1978）。

• 质量丢失——身体的总质量大约会减少 8%。在当前项目中，通过对于人体热量需要的理解，可很好地预防质量丢失（Webb Associates，1978）。

在零重力环境下，对于生活在 1 g 重力环境下的人，完全直立站姿并不舒适。相反，人体自然地以一种中性体位休息，如图 4.3－2 中所示的人仅由脚限制器固定。该图代表的是一个平均的状态，应预期到并包括个体差异。

表 4.3－4　零重力状态下的人体测量学变化

变化	原因	身体变化	变化量	影响到的关键尺寸
脊柱伸长	0 g	失重第一天或第二天脊柱开始减压缩和伸直，并一直保持到重新暴露于 1 g 环境	身高的＋3%，坐高的 6%	上身高度测量和坐着的尺寸增加（包括高度、眼高和头顶可达域），向下可达将是困难的，因为没重力的帮助
身体组织压力的消除	重力对身体表面的压力减小	因为臀部表面压力消失导致坐高增加。因为脚后跟压力消失，导致坐姿膝高增加	膝高尺寸有最小的增加	坐姿尺寸，如坐高、眼高和膝盖高度增加
姿态变化	0 g	身体呈中性体位姿态	如图 4.3－1 所示	踝、膝盖和臀高度增加；肘、腕和肩提高；肘弯曲；头下倾
体液转移	0 g	流体静力学压力平衡	0%～6%	下肢容积和围度测量减少。上躯体围度增加，面部变得肿胀
质量损失	缺乏对抗措施，饮食不足，恶心	发生肌肉萎缩、体液丢失和骨质流失	0%～8%	肢体体积和围度测量减少

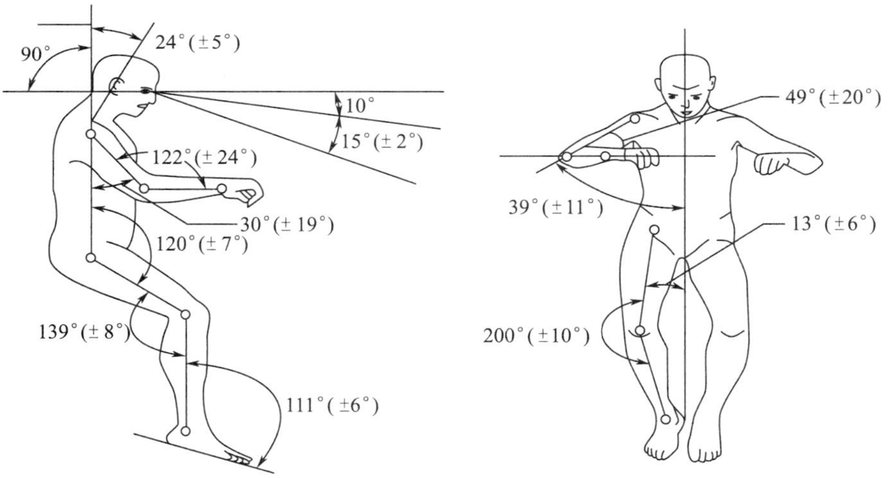

图 4.3－2　零重力下人的中性体位

为了适合零重力下的人体而进行的设计不同于 1 g 条件。在 0 g 环境下，维持 1 g 的姿势会给身体带来负荷，因为肌肉被调集起来提供本应由重力提供的稳定力。另一个姿势例子是弯腰和屈体，它们在 0 g 环境下容易引起疲劳。在零重力条件下，必须适应中性体位下的自然高度和角度。需要考虑的一些地方如下。

• 脚的角度——因为脚与躯干沿线夹角约 111°，因此应当提供倾斜的鞋或限制面，而不是平的（Webb Associates，1978）。

• 脚和腿的放置——脚限制器应该放在工作平面的下部。中性体位并不是垂直的，因为髋或膝的弯曲会使躯体后移，远离脚印位置。脚和腿的位置应当在躯干下（站立时）和躯干前（坐时）某点之间。

• 高度——乘员在零重力条件下的高度介于站高和坐高之间。在 0 g 条件下，工作面的设计应当高于 1 g 或部分重力的坐姿工作。

• 胳膊和肩抬高——在中性体位下，由于肩部的抬高和胳膊弯曲，使工作平面高度更理想。

• 头部倾斜——在零重力条件下，头部向前和向下倾斜一个角度，这个位置使视线向下，因此要求显示器下调高度。

4.3.3.3.6.1 学习到的零重力影响经验——中性体位姿态和包络间隙

人体测量尺寸可与中性身体体段角度相结合用于评估总的身体包络面。计算第 1 百分位的美国女性尺寸和第 99 百分位的美国女性尺寸的最大间隙包络，提供一个中性体位与人体测量数据结合使用的示例。表 4.3-5 包括这些个体具体尺寸的示例包络面。

表 4.3-5 中性体位和间隙包络

尺寸	第 1 百分位美国女性/cm	第 99 百分位美国男性/cm	范围/cm[1]
高度[2]	148.6	194.6	46.0
高度（包括 3%的脊柱伸长）[3]	153.0	200.4	47.4
宽度（肘到肘）	38.9	66.0	27.2
深度（背部到最长的指尖）	65.0	90.9	25.9

注：1. 通过从第 99 百分位的美国男性数据减去第 1 百分位的美国女性数据计算范围。

2. 标准（1 g）高度可用于时间非常短的任务（至发射后 48 h）。

3. 在发射 48 h 或更长时间后，0 g 工作包络面必须使用含脊柱伸长的身高。

4.3.3.3.7 超重影响

当前，在人体测量学领域，受超重因素影响的人体测量数据比较欠缺。关于超重对可达域的影响将在后面的章节中再讨论。

4.3.4 人体测量学数据的收集

在诸多情形下，我们很有必要对一些缺失的人体测量项进行补充测量。当然，这里并不是要探讨人体测量学的技术，下面的要点有助于确保收集到的数据有用、准确。

人体测量数据可以通过一些传统的测量方法来获取，如人体形态参数测量尺、卷尺、测径器等。也可以利用现在更先进的技术进行收集，如三维人体激光扫描技术。无论采用什么样的方法，以下几项经验法则都适用于人体测量数据的收集。

• 受试者着装——出于设计考虑，测试对象的着装应恰当。在传统的人体测量中，测试对象往往穿最少的衣服，例如穿弹力短裤（女性测试者穿运动内衣）。但是，额外测量的测试对象穿适合具体任务服装的尺寸也是必要的。例如，座舱设计中，如果最糟糕的情况包括要大个的人穿增压服，那么收集着增压服的相关人体测量数据是恰当的。

• 测量的一致性——测量的一致性是至关重要的。如果说我们的测量是标准的或者要符合某一个现有人体数据库，如 ANSUR，那么，我们就要严格按照描述的方法摆放受试者并准确测量标记点，这很重要。如果需要有自定义的测量项，那么必须仔细记录受试者的姿势以及测量中使用的标记点。例如，用于服装设计的腕间距离测量就是一种自定义的测量。这个测量表示的是胳膊向旁边伸展时受试者手腕间的距离，这在标准的人体测量数据手册中并没有。

• 测量精度——在传统的测量中，测量设备的正确摆放十分重要（例如，对于身高，人体测量仪必须精确地垂直于地面），在测量读数时，一定要通过调节测量仪仔细读取该测量设备最高精度的数值。

• 数字扫描中标记点的定位——对激光扫描人体测量技术而言，标记应放置在标记点上，不能被触碰到，使数字扫描仪能够进行测量。例如，准备扫描时如果需要肩宽，调查人员应当通过触摸，找到两侧三角肌的准确位置，并正确放置标记。

• 数字扫描技术的优势——对于人体测量技术来讲，数字扫描技术的一个优势是，图像会保存以备将来对测量进行（再）检查。因记录错误导致一个人体测量学数据库中存在不真实的尺寸，这是很寻常的。如果手动进行测量，那么受试者必须返回来进行更正测量。

4.3.5 研究需求

对于不同的服装结构，需要更多的关于加压和不加压状态下着装的人体测量学数据。同时，也需要零重力或部分重力（1/6 和 3/8）条件下更多的人体测量学数据。

4.4 活动范围

4.4.1 引言

这节内容里，主要介绍了关节活动范围相关的充分考虑和设计要求数据。4.3 节关于人体测量的信息都是与静态姿势相关的，并没有足够涉及其他动态姿势的人体局限和优势，而这些在航天服、服装以及其他乘员使用的设备和接口设计中，都会用到。人在执行任务中，不会保持一个标准的静态姿势。此外，人的整体运动（如平移或转身）、身体部分运动（如用右手控制操作手柄）和具体的关节或体段运动（如保持胳膊稳定的同时用一根手指按下按钮）是不一样的。无论涉及何种类型的运动，都会涉及到整个身体和/或不同体段，在进行独立的或具体的运动时，或者共同参与，或者保持某个姿势。

图 4.4－1 阐述上身和下身的运动。在附录 B 中描述了星座项目男性和女性的关节运动范围。当工作在 1 g、部分 g 和 0 g 条件下时，运动范围数据可应用于穿常服（衬衫）或非加压飞行服的环境。目前，没有关于 0 g 或超重环境的数据可用。关节运动能力在 0 g 条件下没有受到显著影响，但超重有显著的影响，具体取决于重力矢量和身体方向。

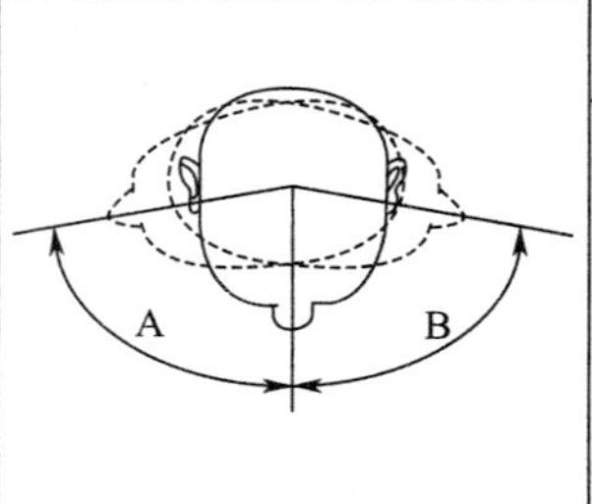

(a)颈部旋转：右(A)-左(B)

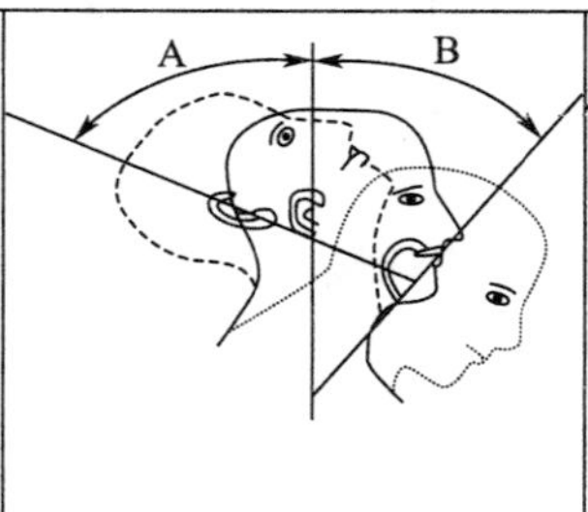

(b)颈部后伸(A)，前屈(B)

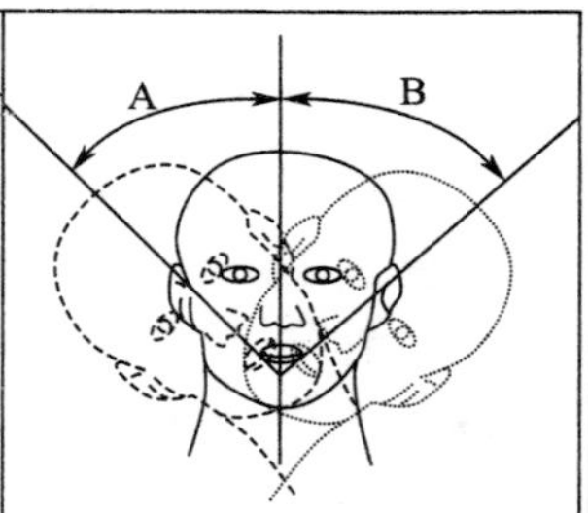

(c)颈部侧弯曲：右(A)-左(B)

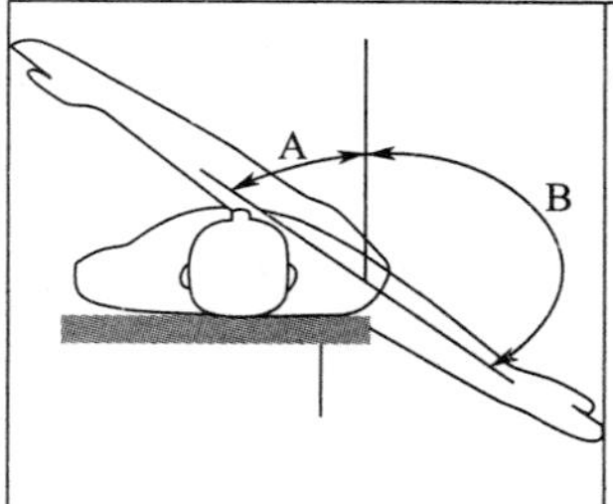

(d)肩内收(A)，外展(B)

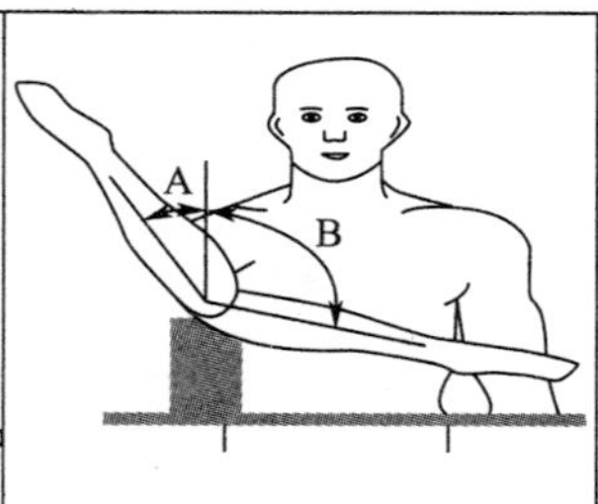

(e)肩外旋(A)，内旋(B)

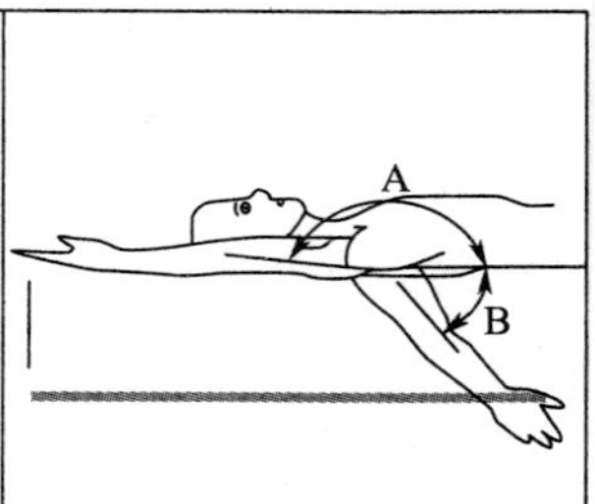

(f)肩前屈(A)，后伸(B)

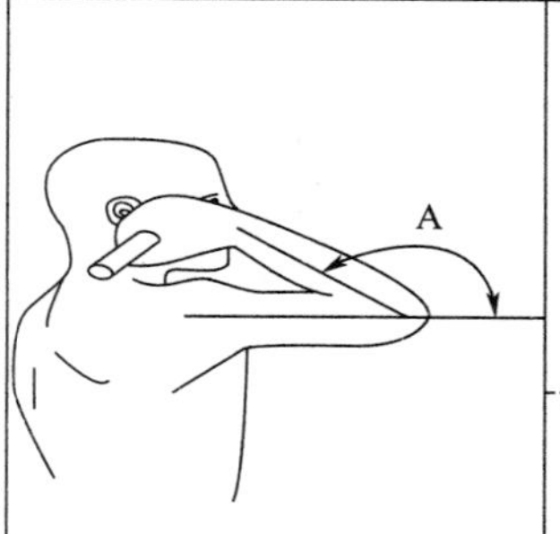

(g)肘弯曲(A)

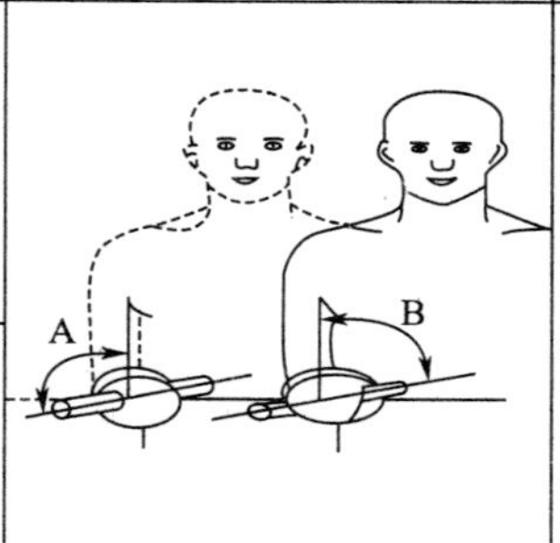

(h)肘旋外(A)，旋内(B)

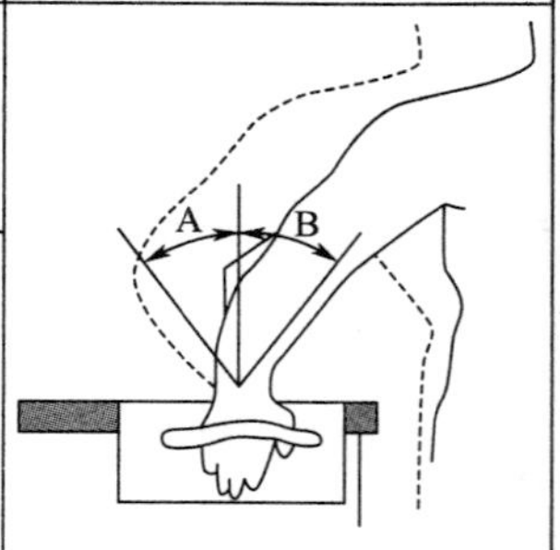

(i)腕尺侧弯(A)，桡侧弯(B)

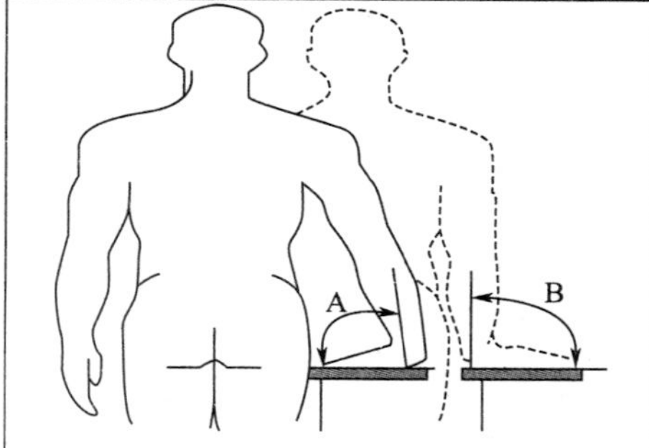

(j)腕掌屈(A)背屈(B)

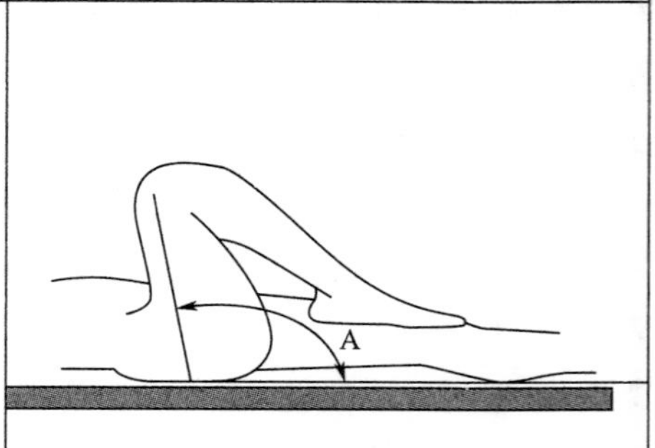

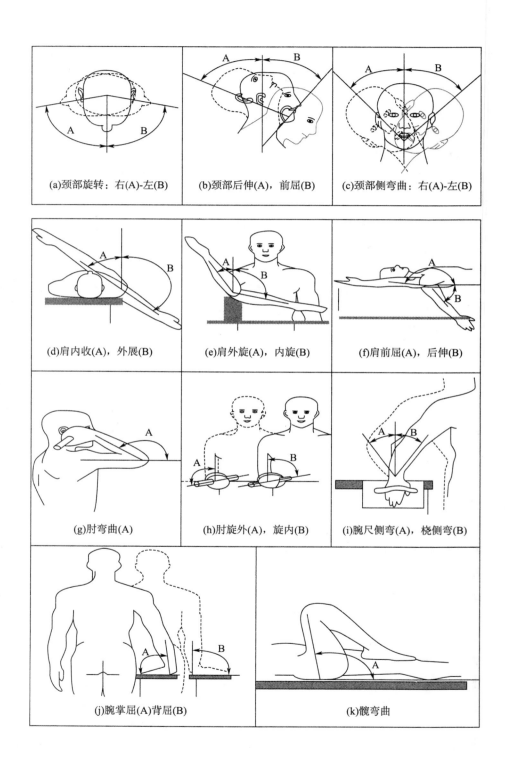

(k)髋弯曲

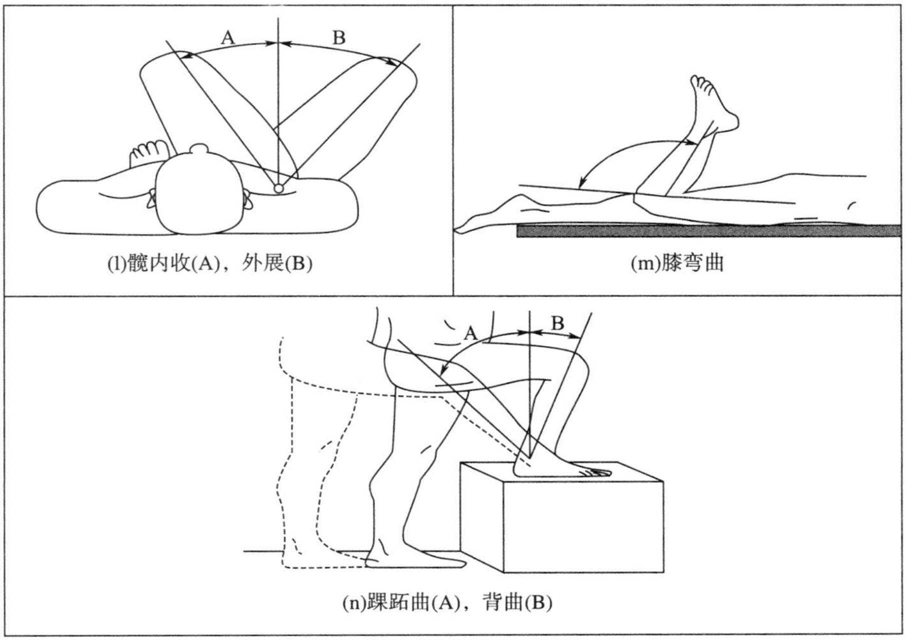

图 4.4－1　人体关节运动的测量示意图

4.4.2　运动范围数据在设计中的应用

4.4.2.1　工作站设计和布局

关节运动范围数据将帮助设计者确定控制器、工具和设备的合适位置以及允许移动范围。运动范围数据可与人体测量尺寸结合，用于计算可达性和运动范围。对于关键的或者必须频繁或需快速完成的任务，为了维持效率和准确性，很重要的一点是不能要求操作者移动或重新定位，特别是对于被限制在座位或脚蹬的操作者。

4.4.2.2　个人服装和设备的设计

飞行服、航天服和其他穿戴设备应不妨碍任务的执行。一些通常着轻便 IVA 服装执行的任务可能（在紧急情况下）不得不在穿着压力服的情况下执行。挑选的运动范围可用于指导服装或其他人体穿戴设备的设计，见表 4.4－1～表 4.4－3。如果穿戴设备不影响运动范围，那么系统就更能保护乘组的安全和舒适性。完整的星座计划运动范围数据列表参见附录 B。

4.4.2.2.1　设计个人服装和设备时使用的任务活动范围实例

执行任务通常需要多关节运动，每一个运动都必须在着装后的人的能力范围内。在下面的列表中，表 4.4－1、表 4.4－2 和表 4.4－3 中列举了选择的简单任务，我们认为它们是进行着装操作时的典型任务。挑选的这些典型任务来自于《发射和进入航天服系统手册》（JSC25909，2005）。这些数据的恰当运用，将确保个人服装和设备的设计，能够使用户安全和舒适地完成所需的动作。下面的数据是来自于星座计划的示例数据。完整的示例数据集参见附录 B。

表头中的数据代表活动范围，针对给定的运动定义了正数（+）和负数（−）。下面介绍如何使用这张表。表 4.4－1 第一行如下：肩部活动范围前曲（+）0°到后伸（−）90°，外展（+）20°到内收（−）20°，外旋（+）10°到内旋（−）45°。另外，肘部活动范围为弯曲（+）90°～136°，内旋（+）40°到外旋（−）25°。

表 4.4－1　使用上身完成功能任务时选择的最小关节运动范围

活动	任务示例	肩前屈(+)到后伸(−)/(°)	肩外展(+)到内收(−)/(°)	肩外旋(+)到内旋(−)/(°)	肘弯曲(+)/(°)	肘内旋(+)到外旋(−)/(°)
摸头顶	抬起头盔面窗	0～90	20～−20	10～−45	90～136	40～−25
移动	开门	0～75	45～−40	10～−10	24～55	35～−23

表 4.4－2　使用下身完成功能任务时选择的最小关节运动范围

活动	任务示例	髋弯曲(+)到伸展(−)/(°)	髋外展(+)到内收(−)/(°)	膝弯曲(+)到伸展(−)/(°)
起身	起身(蹲下)	0～117	0～28	0～117
移动	起身 (蜷身)坐下	0～117 0～104	0～21 0～20	0～117 0～93
	跪下	0～75	45～−40	10～−10

表 4.4－3　步行时选择的正常关节运动范围

活动	范围	旋转轴	旋转平面
骨盆前倾	14.5～17.5	*Z*0	矢状面
髋弯曲	0～−46	*Z*1	矢状面
膝弯曲	10～70	*Z*2	矢状面
胫骨外旋	0～−15	*Z*2	水平面
踝背屈	0～16	*Z*3	矢状面
足内旋	0	*X*3	冠状面

4.4.3　影响运动范围的因素

4.4.3.1　人体尺寸

体型和其与关节活动性之间的关系可以进行一些总结。比如，人们可能认为一个身材苗条的人比一个身材肥胖的人，关节活动性要好。但是，和其他身体特征一样，这种看法总会存在变数。对个人而言，必须进行个体考虑。

4.4.3.2　年龄影响

年龄的影响对关节和活动来说都是特有的。对一些人来说，随年龄的增加，关节的活动性可能会降低。因此，设计师在设计乘员站时，对于需要颈部、躯干和肘做大幅度运动的任务，应考虑最小的可达性。

4.4.3.3　性别影响

除非工作站中的设备是针对具体性别的（也就是说，仅仅适用于一种性别的人），否则，设计者应考虑综合男性和女性人群的上下限值。通常，女性人群具有稍大的关节活动范围。

4.4.3.4 其他影响

- 锻炼增加活动性；然而，为了增强肌肉而进行的举重训练可能会限制活动性。
- 笨拙的和受限的身体姿势，或人负重，将限制活动性。
- 疲劳、受伤或疼痛影响一个人维持他或她关节正常运动范围的能力。

4.4.3.5 多个关节运动和单个关节运动的影响

人的活动经常涉及到两个或两个以上的关节和肌肉的相互作用。单个关节的运动范围常常会因为相邻关节的运动而明显降低。换句话说，关节运动范围并不总是加法。例如，一个工程布局可能显示（使用人体缩比模型）脚控制器在臀部弯曲 50°，膝盖伸出（0°弯曲）是可达的。这两个范围都位于个体的关节活动范围内。然而，当膝盖伸直时髋的弯曲减少超过 30°。因此，该控制器将不可达。

4.4.3.6 着装影响

理想状态下，任何飞行服无论是否加压，应能保持乘员大部分的关节活动性。然而，当前的发射、进入和 EVA 服装经验显示，有些限制是不可避免的。

4.4.3.7 加压影响

飞行服加压以后，不影响活动性。但是，到目前为止，还没有量化数据能代表所有类型的太空探索加压飞行服，无论是现有的还是提议中的。

4.4.3.8 姿态影响

在发射和进入期间，坐姿（垂直的和斜靠的）毫无疑问地影响了他们的活动范围，因为这些姿势伴随的就是显著的束缚。更重要的是，可达性包络特点也会有显著的差别。在 4.5 节中会有论述。

4.4.3.9 重力影响

4.4.3.9.1 超重影响

超重环境对乘员工效最显著的影响是，导致乘员不能够到并操作控制器。乘员在斜躺或垂直姿势时也是如此。表 4.4-4 显示在超重环境下身体能完成的运动。然而，随着可达能力受限，即使乘员能够完成这些身体运动，对于需要他们够到并操作的控制器，他们可能会不可达，特别是在应急操作情况下。

表 4.4-4 超重环境下可完成的伸出运动

加速度	可能的伸出运动
到达 4 *g*	臂
达到 5 *g*（9 *g*，如果胳膊平衡）	前臂
达到 8 *g*	手
达到 10 *g*	手指

还没有在太空中测量过实际活动范围数据。在零重力的环境中，人体的姿态发生显著的改变，这些姿态的改变可能会影响到整体活动范围。例如，受 0 *g* 的影响，肩部上升可

能会增加和降低肩部的运动能力。然而，运动范围多半可能与在地球上看到的非常相似。因此，在穿常服（衬衫）工作的情况下，乘员也可以在 0 g 条件下，安全地使用 1 g 条件下的运动范围。

关于 0 g 下服装和压力服对运动范围的影响，我们假定 1 g 环境下两种因素引起的限制在 0 g 条件下可能同样存在，这是很安全的。

4.4.3.10 约束的影响

束缚（例如躯干、手抓、腰和脚）在航天飞行中会阻碍人的活动性。这些系统应用于保持稳定性，并帮助乘员实施插或推的动作。下列限制器通常在航天飞行期间使用。提供它们的描述和局限性，可以帮助开展设计。

• 手抓限制器——使用手抓限制器，人可以使用一只手抓握手柄来稳定自己，从而伸出另一只手或执行任务。这种限制器提供相当宽的可达功能范围，但身体控制困难，身体稳定性较差。

• 腰限制器——一个腰限制器（例如，缠绕腰部的一个夹具或带子）提供良好的身体控制和稳定性，但严重限制了运动范围和可达距离。

• 脚限制器——第三种基本系统通过脚部束缚个体。在天空实验室观察和中性浮力水槽试验中，脚限制器在可达操作、稳定性和控制方面的评判都很出色。脚限制器在乘员的前、后及两边提供了大的可达域包络。由于脚踝旋转的肌肉力量较弱，因此通常不能施加期望的力。在适当的情况下，应使用腰部或其他类型限制器来增强脚限制器效果。

4.4.4 运动范围数据的收集

运动范围数据收集是由评估需求来决定的。有几种可用的测量方法，每种方法都有其局限性。

• 测角器有两个直边，能使其相对于量角器旋转，这样它们之间的角度就测量出来了。测角器必须与受试者身体上的标记对齐，而对齐的主观性可能引起不同试验者之间以及同一试验者在不同试验之间的测量技术变化。

• 照片是另一种运动范围数据收集的方法。通过这个技术，在试验中，数据直接从照片中提取。数据提取的主观性可能会引起不同提取人或不同试验之间测量的变化。

• 罗盘测斜仪是一种测量偏离垂直面程度的设备，可用于测量躯干的活动性。主要的局限性在于罗盘测斜仪固定在测试对象的初始位置不准和滑动对准确度的影响。

• 运动捕捉技术是一个比测角术或摄影术更客观的工具；但缺点是，用于捕捉运动的标记位置可能偏移或可能被遮挡住。

• 射线照相检查中，通过拍摄一连串的身体射线照片并使用视觉检测或计算机模型确定身体部位的相对旋转，从而测量运动范围。该技术缺点是需要测试对象暴露于大量辐射，并且若不在同一个平面上旋转，不能准确测量。

• 此外，还设计了几种专用的设备来测量运动范围。用于测量背部活动性的腰椎测功机（Lumbar Dynamometer）就是一个例子。

4.4.5　研究需求

保留。

4.5　可达域

4.5.1　引言

本节主要介绍了人体可达域的考虑以及设计要求数据的参照。可达域的数据为手和脚控制器进行定义。

设计乘员界面时，特别是超重条件下飞行器座舱的飞行控制，设计者了解这些可达限制的影响是非常必要的。

4.5.2　可达域包络数据

不同尺寸的人着轻便服装工况下的可达域包络数据是可用的。这些信息见 Kennedy，1977；Pheasant，1996；Sanders & McCormick，1993；Webb Associates，1978。

图 4.5-1 和图 4.5-2 是一个有关人体可达域的例子。对于来自肯尼迪（1977）的完整实例数据，可查阅附录 B。

这个可达域包络代表的是，乘员坐姿使用某个限制器能够到达某个水平面的限值（应注意：必须在执行行为的背景中考虑功能可达域包络）。

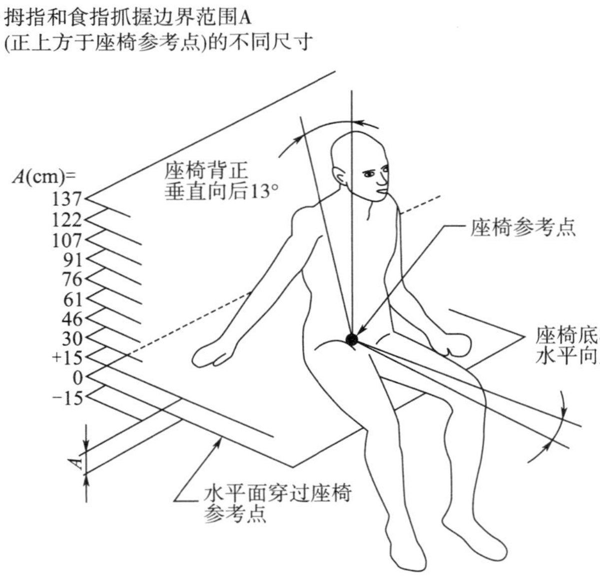

图 4.5-1　两侧的水平可达范围

重力条件——边界仅适用于 1 g 条件；0 g 将引起脊柱变长，应根据新的肩轴位置进行调整。

受试者——本研究的受试者是 1967 年评估的空军人群代表，详细说明见 NASA RP1024，第Ⅲ章。

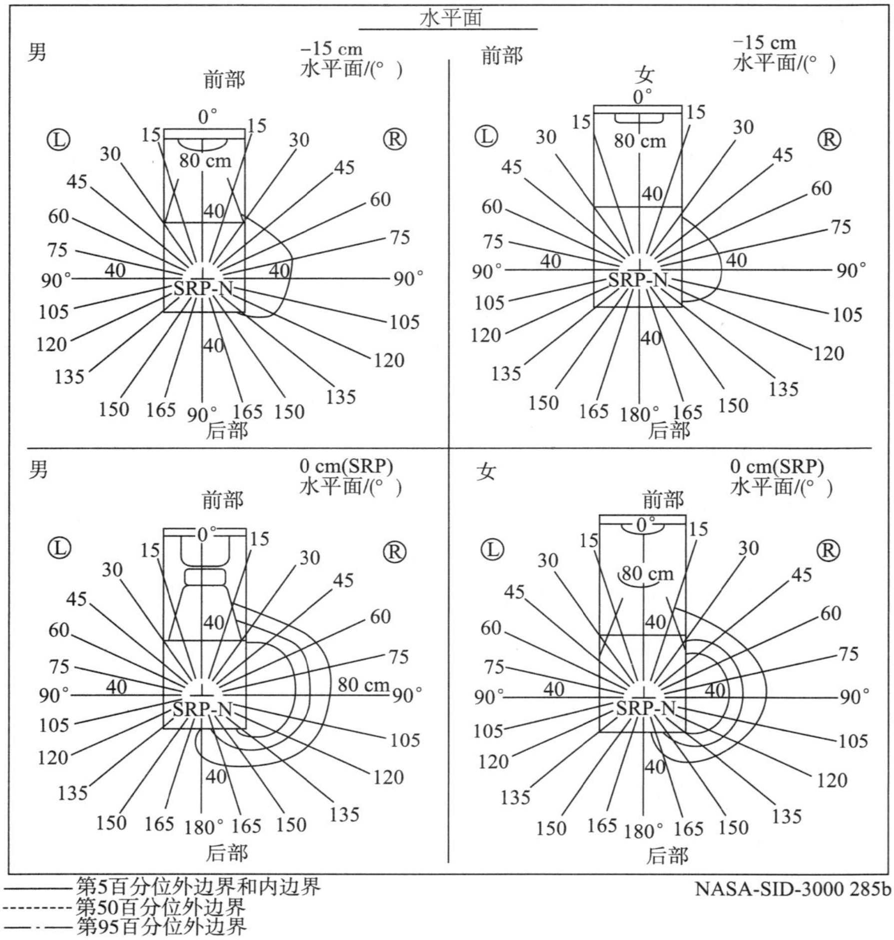

图 4.5－2　水平面可达域包络数据示例

4.5.3　可达域包络数据的应用

4.5.3.1　设置边界

确定可达的包络面，设计者需要定义两条边界：

- 人体的最大功能性可达域；
- 由于身体限制造成的靠近身体的不可达区域，比如缺乏可以施展的空间。

在一个用户人群中，总有人的功能性可达域最小。为确保所有用户人群都可达，应把上述最小的功能性可达域设定为最大可达域边界。作为基本的原则，最大的个体应该用来确定最贴近身体的边界。但是，这个原则也存在一些例外，例如有着小可达域的人试图去操作航天服前面的控制器。

4.5.3.2　操作的危险程度

在整个可达域包络内，一些位置看得见，也容易到达，只需最轻微的伸展；这些区域是在最佳的可达域包络内。对安全来说，很关键的或使用频繁的控制器和设备应放置在最佳的可达域包络内。不常使用的或不关键的项目可放置在最佳可达域包络外。（在可达域包络内，适用另外的位置规则，比如，使用次序和控制器的位置紧邻其相应的显示器。）

4.5.3.3 约束

对于空间应用的可达域数据，比如运动范围的数据，乘员保持受限制的姿态对其影响很大，他们穿着笨重的飞行服，有时还以笨拙的姿势被带子束缚着。这些因素在4.5.4节讨论。当放置控制器和罩板时，载人航天飞行设备的设计者必须确保他们解决了乘员的可达能力降低的问题。

4.5.4 影响可达域包络的因素

4.5.4.1 身体尺寸

乘员站必须适应最小乘员可达域的限值。然而，可达域限值并不总是由整体尺寸确定。例如，对于受限的人最糟糕情形（例如，使用很紧的肩带固定在座位上）可能是肩高比较高而他的手臂短。这些比例的统计学变化应当在可达域限值定义中体现出来。

4.5.4.2 年龄和性别的影响

- 年龄——年龄的影响对关节和运动都是特有的。有些人的关节活动性会随年龄的增加而降低。因此，对于乘员站中需要颈部、躯干和肘大幅运动的任务，设计者应考虑最小的可达域。
- 性别——一般来说，女性人群的关节活动范围稍大。然而，女性肢体长度一般比男性短。必须同时考虑肢体尺寸和关节活动性。

4.5.4.3 着装和加压的影响

人穿着特殊装备和服装时，会影响功能可达域。通常情况下都会使人的可达域下降。所以在设计乘员穿飞行服使用的工作站时，必须考虑这个因素。

表4.5-1中展示了当前的两种航天服ACES和D-suit如何降低了向前、垂直向上和向下、侧向的可达域。可达域下降的范围从3%到12%不等，最大的可达域降低发生在穿非加压的ACES在垂直向下方向。当服装加压，可达域下降范围从2%到45%不等，最大的可达域降低发生在穿加压的D-suit在垂直向下的方向上。

如果太空舱操作的任何阶段都需要穿航天服，那么就必须大幅降低基于穿常服操作时设计的所有可达域尺寸。其差异程度将取决于该任务中适合使用的具体航天服。

表4.5-1 穿加压和非加压飞行服时身体包络面数据的变化

	ACES不加压		ACES加压		D-Suit不加压		D-Suit加压	
	变化/cm	变化率	变化/cm	变化率	变化/cm	变化率	变化/cm	变化率
平射								
前可达域	0	1.00	−13	0.85	0	1.00	−4	0.95
垂直向上	—	—	—	—	—	—	—	—
垂直向下	−3	0.88	−6	0.85	−4	0.89	−7	0.83

续表

	ACES 不加压		ACES 加压		D－Suit 不加压		D－Suit 加压	
	变化/cm	变化率	变化/cm	变化率	变化/cm	变化率	变化/cm	变化率
侧面可达域	－4	0.95	0	1.00	－3	0.97	－2	0.98
直立								
前可达域	－14	0.87	－12	0.85	－4	0.95	－9	0.89
垂直向上	－11	0.93	—	—	－10	0.94	－11	0.93
垂直向下	－6	0.87	—	—	－3	0.91	－18	0.55
侧面可达域	－1	0.99	－6	0.93	－4	0.96	－6	0.93

注：“—”表示数据不存在。

4.5.4.4 人体姿态的影响

在零重力环境下，人体的正常工作姿势，相比地面 1 *g* 环境条件下，会有显著差别（如图 4.3－1 所示）。中性体位是建立 0 *g* 工作空间布局时应使用的基本姿势。

4.5.4.5 重力影响

人暴露于超重环境时，由于整个身体质量、四肢质量和身体部分质量的增加，大部分关节的运动范围将受限。最重要的是，颈部、腿部和手臂的活动性将受到严重限制（即所有的肢体都变得非常沉重，在超过大约 3 *g* 时，做有用功非常困难）。

4.5.4.6 约束影响

没有重力通常有助于而不是限制人体运动，但缺少重力情况下当乘员进行插或推的动作时，身体就会缺乏稳定。因此，需要有某种类型的人体束缚系统。已经在地面中性浮力环境下及太空 0 *g* 环境下测试了三种基本的身体束缚或稳定设备，它们是把手、腰和脚限制器。下面描述了每种限制器及其对可达域的影响：

• 把手限制器——使用把手限制器，个体通过用一只手握住把手稳定身体，另一只手可以伸出或完成任务。这种限制器适合相当广泛的功能范围，但是身体控制困难，稳定性差。

• 腰限制器——腰限制器（例如围绕腰部的夹具和束缚带）可以提供良好的身体控制和稳定，但是却严重限制活动范围以及可以到达的距离。

• 脚限制器——天空实验室的观察和中性浮力试验已经证实，脚限制器在可达性能、稳定性和控制方面非常出色。脚限制器，能够实现乘员前、后和两侧大的可达域包络。但是由于踝关节回旋肌力量小，常常造成不能施加理想的力量。在合适的情况下，可以使用腰或其他类型的限制器来增强脚限制器效果。

4.5.5 数据的收集

由评估的需求决定了可达域数据的收集。有几种测量方法可用，每一种都有自身局限性。

• 图片是一种测量可达数据的方法。使用该技术，数据直接从试验期间获取的图片中提取。数据提取的主观性会导致不同提取人或不同试验之间可能有测量差异。该方法的另一个局限性是获取照片时使用的镜头类型。某些镜头可能引起图像模糊或变形，因此造成数据提取使用的图像不精确。

• 动作捕捉工具，如图像运动分析系统（Vicon，Los Angeles，CA，USA），可捕捉生成工作包络面数据需要的可达动作。缺点是追踪运动使用的标记可能偏移或被遮挡。

• 视频也可用来收集可达域数据。使用该方法，通过直接从镜头中提取数据，就可以主观地测量视频片段。对数据进行更准确的分析可以使用运动分析软件，比如 Dartfish (Dartfish，Ltd.，Fribourg，Switzerland)，它可以根据图像进行角度和长度测量。

• Vertec 是一种用于收集可达域数据的专业器械。

• 还有更简单直接的方法，比如，在受试者身上贴标记点，这些标记点表征他们能到达的点，并利用直尺和测量卷尺来收集距离数据。

4.5.6 研究需求

保留。

4.6 人体表面积、体积和质量属性

4.6.1 引言

这一节内容主要是人体皮肤的表面积、体积和基于身体质量特性的质量属性。

4.6.2 人体表面积

4.6.2.1 人体表面积数据

表 4.6-1 中给出了基于人体质量和身高估算出的人体皮肤表面积数据。这些数据是基于预期的 2015 年航天员人群。

表 4.6-1 未来的飞行乘组人员人体表面积测量数据

乘组人员人体表面积/cm^2	
女性（第 5 百分位身高，体重较轻）	15 300
男性（第 95 百分位身高，体重较重）	22 800

注：• 这些数据适用于 1 *g* 条件下。

• 密度假设为衡量，$1\ g \cdot cm^{-3}$。

• 参考文献 Gehan & George，1970；Gordon et al.，1988。

4.6.2.2　计算过程

美国男性的人体表面积的计算是根据它与身高和体重关系的方程。DuBois 和 DuBois (1916) 定义了这种计算的方法，Drinkwater 和 Clarys (1984) 验证了结果。计算步骤如下：

1) 确定第 5 百分位、第 50 百分位和第 95 百分位男性的体重和身高；

2) 将体重和身高数据代入下面的公式，其中，W 是人的质量，单位是千克，H 是人的身高，单位是厘米，计算结果为人体表面积，单位是平方厘米

$$\text{人体表面积} = 71.84 \times W^{0.423} \times H^{0.723}$$

计算人体表面积的详细信息，参见附录 B。

4.6.2.3　人体表面积数据的应用

人体表面积数据对于太空舱段设计有多方面的应用。主要包括：

- 热控——为热环境控制估算身体产热量；
- 估算辐射剂量。

4.6.2.4　影响人体表面积的因素

- 重力环境——人体表面积的计算公式只适用于 1 g 环境；
- 没有考虑 0 g 环境下的体液转移和脊柱伸长；
- 对于白种人和非洲裔美国男性和女性，上面提供的人体表面积数据是非常准确的。

4.6.2.5　人体表面积数据的收集

伴随技术的最新发展，已经出现了一种收集人体表面积、体积和质量特性数据的新方法。这种方法通过一个三维全身扫描仪对人体进行扫描来实现，它能准确和有效地捕获身体表面数据。这些数据之后可用于计算全部或局部身体的体积和质量特性数据。

4.6.3　人体体积

4.6.3.1　人体体积数据

表 4.6－2 和 4.6－3 给出了挑选出的人整体和部分身体体积。这些数据基于预期的 2015 年航天员人群。参见附录 B 提供的星座计划人体体积数据的完整列表。

表 4.6－2　男性和女性乘员人体体积

乘组身体体积/cm^2	
女性（第 5 百分位身高，体重较轻）	53 685
男性（第 95 百分位身高，体重较重）	99 157

注：• 这些数据适用于 1 g 条件下。

• 密度假设为衡量，1 $g \cdot cm^{-3}$。

• 参考文献 Gordon et al.，1988；McConville，Clauser，Churchill，Cuzzi，& Kaleps，1980，pp. 32－79；Young et al.，1983，pp. 18－65。

表 4.6-3 男性和女性乘员部分体段体积

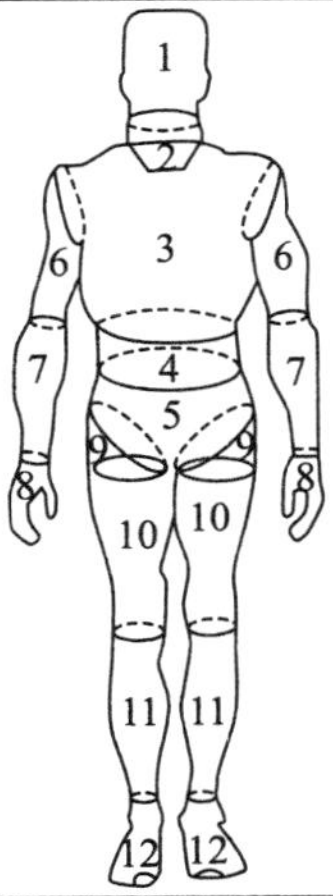

体段	质量/g	
	女性（第 5 百分位身高，体重较轻）	男性（第 95 百分位身高，体重较重）
头	3 761	4 517
颈	615	1 252
前臂	730	1 673
手	298	588

注：• 这些数据适用于 1 *g* 条件下。

• 密度假设为衡量，1 g · cm^{-3}。

• 参考文献 Gordon et al.，1988；McConville et al.，1980，pp. 32-79；Young et al.，1983，pp. 18-65。

4.6.3.2 人体体积数据的应用

人体体积数据可以用于服装和航天器的匹配性分析。例如，可以将一个人的身体体积与航天服的内部体积比较，作为匹配性的度量标准。乘员占用体积的估算对于可居住的净体积估算也很有价值。身体体段的体积在三维人体测量学分析技术发展中也扮演重要角色。

4.6.3.3 影响人体体积的因素

• 重力环境——人体表面积的估算公式只适用于地面 1 *g* 环境。它们没有考虑 0 *g* 时的体液转移和脊柱伸长。

• 人群——对于白人或非裔美国男性和女性体型，上面提供的身体体积数据是最准确的。

4.6.3.4 人体体积数据的收集

随着技术的最新发展，已经产生了收集身体表面积、体积和质量特性数据的新方法。该方法通过三维人体扫描实现，它能准确有效地捕获身体表面积数据。通过扫描搜集的数据能用于计算整个身体和部分身体（体段）的体积和质量特性数据。

4.6.4 人体的质量特性

4.6.4.1 整体质量和体段质量

本小节提供了人体整体质量和各体段的质量数据。

4.6.4.1.1 人体整体和体段质量数据

表 4.6-4 和表 4.6-5 挑选的人体整体质量和体段质量数据，是基于预期的 2015 年航天员人群。所有数据都是基于 1 *g* 的测量。星座项目人体整体质量数据的整个清单见附录 B。

表 4.6-4 乘员整体身体质量

乘员身体质量/g	
女性（第 5 百分位身高，体重较轻）	53 685
男性（第 95 百分位身高，体重较重）	99 157

注：• 这些数据适用于 1 *g* 条件下。

• 密度假设为衡量，1 g · cm^{-3}。

• 参考文献 Gordon et al.，1988；McConville，Clauser，Churchill，Cuzzi，& Kaleps，1980，pp. 32 - 79；Young et al.，1983，pp. 18 - 65。

表 4.6-5 挑选的男性和女性乘员身体体段质量特性

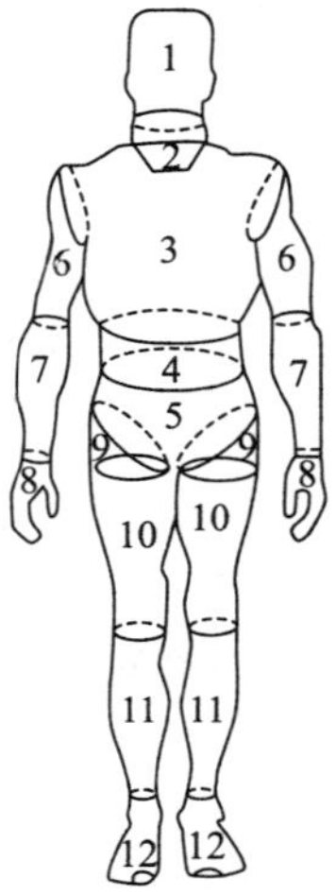

体段	质量/g 女性（第 5 百分位身高，体重较轻）	质量/g 男性（第 95 百分位身高，体重较重）
头	3 761	4 517
颈	615	1 252
前臂	730	1 673
手	298	588

注：• 这些数据适用于 1 *g* 条件下。

• 密度假设为衡量，1 g · cm^{-3}。

• 参考文献 Gordon et al.，1988；McConville et al.，1980，pp. 32 - 79；Young et al.，1983，pp. 18 - 65。

4.6.4.1.2 人体整体质量和体段质量数据的应用

虽然人体的质量是一个常量，但体重取决于重力环境。在 1 *g* 环境下，体重按照下面的公式进行计算

$$体重（牛）= 质量（克）\times 0.009\,8$$

$$体重（磅）= 质量（斯）\times 32.2$$

4.6.4.1.3 影响人体整体质量和体段质量的因素

在零重力环境中，体液会离开腿部流向人体的上部。这导致整个身体的质心上移，腿部质量丢失。这些数据并没有考虑在 0 *g* 下的体液转移和脊柱伸长。

4.6.4.2 整个身体和体段的质心

本小节内定义了在确定的位置整个身体的质心位置以及体段质心位置。

4.6.4.2.1 整个人体的质心数据

表 4.6-6 中的整个身体质心数据基于预期的 2015 年航天员人群。所有的数据都是基于在 1 *g* 下的测量。解剖学轴的定义参照 McConville 等（1980）和 Young 等（1983）。

表 4.6-6 男性和女性乘员整个身体质心的位置

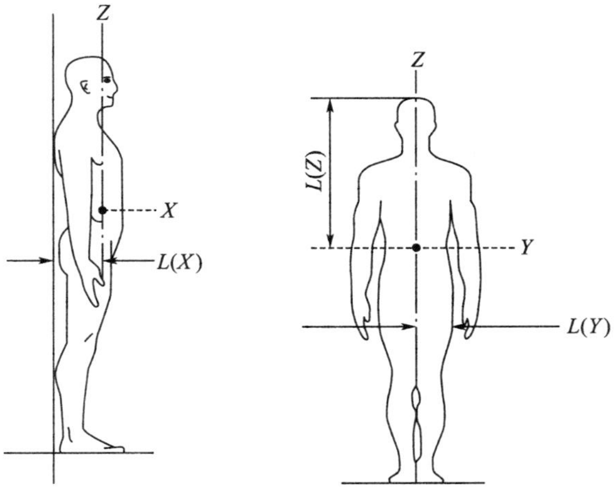

尺寸	女性（第 5 百分位身高，体重较轻）	男性（第 95 百分位身高，体重较重）
$L(X)$	−15.27	−6.40
$L(Y)$	−1.21	0.96
$L(Z)$	−3.81	8.61

注：• 这些数据适用于 1 *g* 条件下。
• 密度假设为衡量，1 g·cm^{-3}。
• 参考文献 Gordon et al.，1988；McConville et al.，1980，pp. 32-79；Young et al.，1983，pp. 18-65。

4.6.4.2.2 体段质心数据

表 4.6-7 给出了选出的部分体段在 1 *g* 时的质心位置。数据基于预期的 2015 年航天员人群。对于完整的星座项目人体体段的质心数据，参见附录 B。

X、Y 和 Z 坐标轴的数值代表质心距离解剖原点的位置，是沿解剖轴测量的。X_a、Y_a 和 Z_a 轴表示解剖学坐标轴。解剖轴的定义参见 McConville 等（1980）和 Young 等（1983）。

表 4.6-7 人体体段质心位置参数

体段	轴	女性（第 5 百分位身高，体重较轻）/cm	男性（第 95 百分位身高，体重较重）/cm
头部 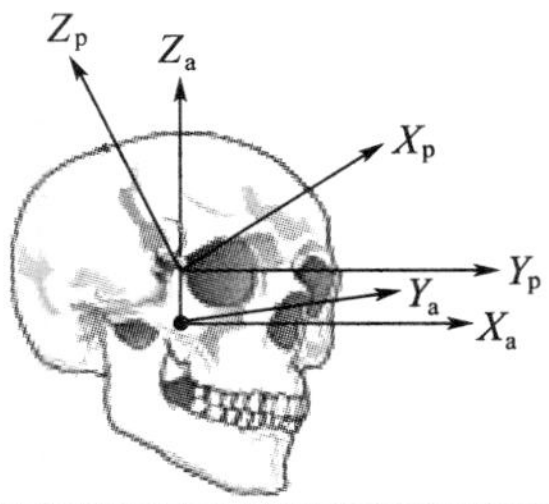	X	−2.43	0.53
	Y	−0.60	0.60
	Z	2.24	4.05

4.6.4.2.3 整个身体质心和体段质心数据的应用

在零重力环境中，身体质量的特性决定了身体对外力的反应。这些外力可能有：

• 由于乘员动作或手握工具的反作用力；
• 来自于诸如载人机动装置的作用力。

身体对于力的反应取决于体段的质量和相对位置。仅提供了站立姿势时的整体质心和运动惯量数据。而对于其他位置的整体质量特性，必须结合单个体段的质量特性和这些体段所维持的适当姿势，通过数学计算来确定。

4.6.4.2.4 影响整体质心和体段质心的因素

在零重力的环境下，体液会离开腿部向上转移。这就导致了整个身体质心的向上转移和腿部质量的减少。这些数据没有考虑到 0 g 时的体液转移和脊柱伸长。

4.6.4.3 整个身体和体段的惯量数据

本节定义了特定位置时整个身体和体段的惯量。

4.6.4.3.1 整个身体的惯量数据

表 4.6－8 中列举了整个身体的惯量数据，这些数据是基于预期的 2015 年航天员人群。所有数据都是基于 1 g 环境下测量的。

给出了整个身体相对于主惯量轴的惯量值，它们用 X_p、Y_p 和 Z_p 表示。可以找出主轴和解剖轴的关系。解剖学轴的定义参见 McConville 等（1980）和 Young 等（1983）。

表 4.6－8 乘员身体转动惯量

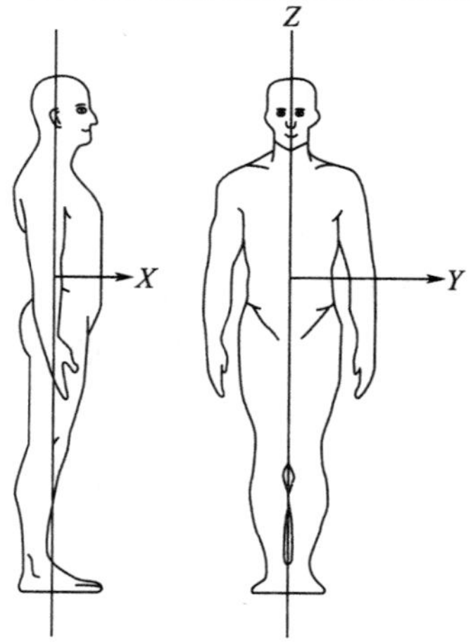

尺寸	女性（第 5 百分位身高，体重较轻）/（kg · m^2）	男性（第 95 百分位身高，体重较重）/（kg · m^2）
X_p	6.59	17.69
Y_p	6.12	16.43
Z_p	0.73	2.05

注：• 这些数据适用于 1 g 条件下。
• 密度假设为衡量，1 g · cm^{-3}。
• 参考文献 Gordon et al.，1988；McConville et al.，1980，pp. 32－79；Young et al.，1983，pp. 18－65。

4.6.4.3.2 体段惯量数据

表 4.6－9 中列举了美国男性乘员在 1 g 时的体段惯性矩数据。星座计划的完整体段

转动惯量数据参见附录 B。

给出了相对于主惯性轴的体段转动惯量，它们用 X_p、Y_p 和 Z_p 表示。解剖学轴的定义见 McConville 等（1980）和 Young 等（1983）。

这些数据基于预期的 2015 年航天员人群。所有数据都是基于 1 g 下的测量。

表 4.6-9 乘员人体体段转动惯量

体段	轴	女性（第 5 百分位身高，体重较轻）10^{-3}/（kg·m²）	男性（第 95 百分位身体，体重轻重）10^{-3}/（kg·m²）
头部 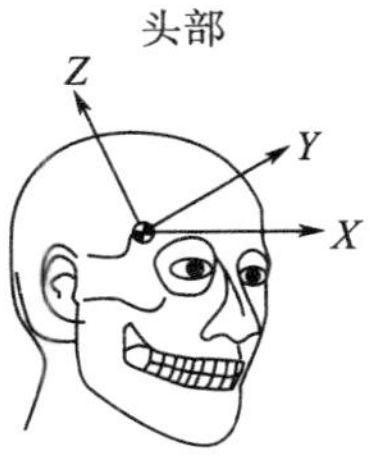	X_p	14.81	21.56
	Y_p	17.85	24.74
	Z_p	13.58	15.97

4.6.4.3.3 整个身体和体段转动惯量数据的应用

在 0 g 环境下，人体的质量特性决定了身体对外力的反应。这些外力可能有：

- 乘员动作或抓握工具时的反作用力；
- 来自诸如载人机动装置的作用力。

人体对力的反应，取决于体段的质量和相对位置。在这里，仅提供了直立姿势时的整个身体质心和转动惯量数据。而对于其他姿势的整个身体质心，应结合各个体段的质量特性和这些体段保持的适当姿势，使用工程矢量分析来确定。

4.6.4.3.4 整个身体和体段转动惯量的影响因素

在 0 g 环境下，体液离开腿部涌向上身。这导致了整个身体质心向上转移，腿部质量减少。这些数据没有考虑到 0 g 下的体液转移和脊柱伸长。

4.6.5 研究需求

保留。

4.7 操作力

4.7.1 引言

“操作力”这个术语通常指人的施力能力。由于测量力量很困难，很难清晰地定义这个术语。一个合适的定义是“[肌肉群] 施加在骨骼上附着点的可变力幅度”（Kulig，Andrews，& Hay，1984）。

本章节的内容主要支撑 4.8 节卷 2 的要求。4.2.8 节卷 1 规定了操作力要求（飞行前，飞行中，以及飞行后）。

与体力负荷有关的内容见本手册 5.2 节。与运动对策有关的内容见本手册 7.5 节。

4.7.2　力量数据说明

不同于其他人体测量学参数，并没有可用的不同人群的力量数据。即使有，样本量也常常太小。因此，很难找到力量的百分位值。相反，力量数据通常显示的是基于该人群最弱和最强成员的最大或最小值。

表 4.7－1 通过描述了一个操作力数据的例子，来说明典型的可用信息。完整的数据集见附录 B。

表 4.7－1　操作力数据示例

操作力类型		乘员操作力最小值［N（Lbf）］			乘员操作力最大值［N（Lpf）］
		危险等级 1	危险等级 2	其他操作	
单手拉		单手拉			
坐姿水平拉[1]（坐姿拉向自己身体。单边等长测量）	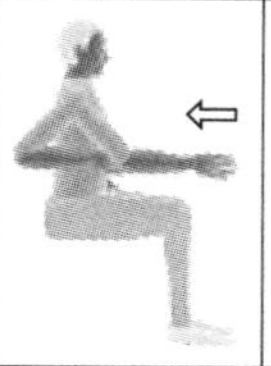	111（25）	147（33）	276（62）	449（101）
坐姿垂直下拉[1]（坐姿往下拉。单边等长测量）		125（28）	165（37）	311（70）	587（132）

注：1 估测操作力会在在轨飞行的后期减小（减小范围为 0%～26%）。平均（减小的）估值是 20%。基于延长在轨时间的医学项目（EDOMP）最大测量数据。不是所有的动作数据测量都是基于 EDOMP 的任务。

4.7.3　力量数据的应用

4.7.3.1　最大或最小数据

建议不使用力量的百分位数据，而是使用能反映最弱使用人群的最小力量的设计限值和能反映最强人群的最大力量的结构限值。

- 最大力量和结构完整性——针对不穿航天服乘员使用的系统部件和设备应能经受住最强乘员施加的力，而不造成损坏。
- 正常的操作力——针对不穿航天服乘员使用的系统部件和设备，其需要力量不能超过最弱乘员施加的力量。

4.7.3.2　操作的危险程度

操作危险程度可以确定力量要求中是否需要考虑安全因素。在附录 B 的示例数据中，节选了如下的危险度定义：

- 危险等级 1 的负荷极值用于乘组安全状况及产品设计，单一故障就会导致飞行器损坏或人员死亡；
- 危险等级 2 的负荷极值用于产品设计，单一故障会导致任务失败。

负荷限值对于危险等级 1 来说更要小，以保护乘组的生命安全。

4.7.3.3 数据应用要考虑的其他因素

将力量数据应用到以人为本的设计时，其重要的方面包括确定用户人群，挑选一个合适的数据库，理解需要定义力量的活动，以及正确地收集数据。此外，也必须考虑耐受力和抗疲劳与力量的关系，力量会受许多不同因素的影响。有些因素在日常生活中影响到一个人的力量，有些则是航天飞行特有的。

4.7.4 影响力量数据的因素

4.7.4.1 用户人群

在以人为本的设计考量中，必须要考虑谁将实施活动。选择的数据库应尽可能在年龄、性别、健康状况以及其他特征上反映出用户人群。

4.7.4.2 活动类型

活动类型以及人与环境的交互，将决定最大或最小力量是否会成为问题。危险程度也决定是否需要考虑安全因素。

在大多数情况下，理解力量数据的目的是确保最弱的乘员能完成任务。例如，打开舱门所需的转矩必须在体力最弱人员的能力范围内。

有些情况下，存在结构极值，以防止乘员的意外损坏。比如，应当要求一件设备损坏所需的转矩要大于最强乘员能施加的最大力量。

活动的持续时间对人能施加的力量有显著影响。随着活动持续时间的延长，力量显著下降。

力量数据反映的是数据收集期间完成的活动类型。表 4.7－2 总结了力量数据收集的最常用方法（Kroemer，Kroemer，and Kroemer，1997）。

表 4.7－2 力量数据收集的常用方法

等长	恒定肌肉长度
等速/等力	恒角速度
等张	恒定肌张力

4.7.4.3 人体测量学

因为力量和尺寸的低相关性，人体测量学不应用于确定力量和受力的适应性。尽管力量与肌肉尺寸有关，研究并未能根据人体测量学参数，包括主要肌肉的围度，来预测给定活动中个体的力量（Kroemer，1976）。

4.7.4.3.1 年龄影响

力量倾向于在 20～25 岁达到峰值，之后随年龄增长而逐步降低。腿部力量的降低比手臂更快（Konz，1983）。在一个人群内，年龄并不是力量的可靠预测因素，因为存在很大的个体间差异，但它是个体力量的一个影响因素。

4.7.4.3.2 性别影响

一般来说，女性力量的平均强度要比男性低。发表的文献中大多认为，女性的力量是男性的 60%～70%。比较 1 000 名男性和 1 000 名女性的平均力量，这可能是真实的。但是，最近的研究比较了同样身高和体重的男性与女性，结果显示百分比上升到 80%～90%。因此，女性的力量小并不是因为她们的性别，而主要是因为她们的体型小。虽然选择一个人群进行力量研究时，考虑性别很重要，但性别并不是一个准确的力量预测因素。

4.7.4.3.3　着装影响

穿着加压服装会大大影响到一个人所能施加的最大力量。仅仅穿服装就会影响到力量，而加压进一步降低了力量。Gonzalez，Maida，Miles，Raiulu 和 Pandya（2002）的研究表明，穿加压服后，人体的关节力矩产生能力降低高达 39%，见表 4.7－3。

表 4.7－3　着加压服装后对人体最大自主力矩的影响

关节运动	[MVT] / (N·m)		减少或增加百分比
	不着服	着服	
腕背屈	11	7	－36
腕掌屈	18	11	－39
肘伸展	43	34	－21
肘弯曲	39	33	－15
肩后伸	63	67	＋6
肩前屈	61	42	－31
肩外展	50	34	－32
肩内收	54	41	－24
肩外旋	21	19	－10
肩内旋	39	37	－5
平均值	40	33	－18

注："－"指减少，"＋"指增加。

涉及推拉等任务而不仅仅是单关节活动的功能性力量测试表明，加压后的 I－suit 使功能性力量下降高达 50%（当前 NASA 研究，未发表的数据）。

4.7.4.3.4　姿态的影响

当重力存在时，一个人能够施加的力量取决于人体的姿态。在航天飞行期间，主要的例子是斜躺坐与直立坐。如果乘员完成某个指定任务时必须要克服重力，那么产生力的能力将会大大降低。

4.7.4.3.5　零重力影响

零重力对力量的主要影响与反作用力、限制器以及失适应相关，下面将进行讨论。尽管一些活动，比如举起箱子，在 0 *g* 下要求较小的力，而其他一些活动，比如打开舱门，将要求乘员用全力。

4.7.4.3.6　超重影响

在超重环境下，涉及某任务的人体体段重力随重力加速度增加而增加，因此施加所需的力量就成为了过度负担。乘员施加的大部分努力首先是移动位置或将体段维持在所需的姿势，使得超重环境下完成简单的任务都非常困难。

4.7.4.3.7　克服反作用力

没有重力会导致缺少反作用力，这种力量使得在地面 1 *g* 环境下人能有效地完成体力工作。牵引力（摩擦力）取决于体重，它也消失了，其他利用体重维持平衡的力也都消失了。如果没有适当的束缚装置，乘员的工作能力通常会降低，而完成任务的时间却会增加。

4.7.4.3.8 限制器

现在大家普遍的认识是，当工作站的设计（包括固定和释放的设备）和任务程序都根据 0 *g* 环境优化后，乘员在束缚状态下的工作能力接近完成基于地面任务的能力。但是，定量数据（Poliner，Wilmington，& Klute，1994）表明，在零重力环境下，即使使用脚限制器，常服工况下受试者的力量也比地面 1 *g* 环境下小约 17%。

当然也有乘员在 0 *g* 环境下力量提高的情况。当乘员利用 0 *g* 中更好的身体机动性，到达更有效的身体位置，推离固体表面，就会发生这种情况。

4.7.4.3.9 失适应的影响

长期任务时，由于肌肉的失适应，人力量会下降。空间试验表明，暴露于 0 *g* 期间乘员承重肌的力量和氧代谢能力都下降。体育锻炼对抗措施曾用来应对这些下降，但是到目前为止仅部分有效。

Adams、Caiozzo 和 Baldwin 的研究结果表明，航天飞行时不进行锻炼的话，可能引起的肌肉萎缩比卧床时更严重。也应注意，腿部肌肉力量预期比臂部肌肉力量减少更多，因为在航天飞行中移动主要是用上肢来完成的（Cowell，Stocks，Evans，Simonson，& Greenleaf，2002）。超过 10 天的航天飞行中，使用对抗措施也影响到了航天飞行的研究结果（Adams et al.，2003）。表 4.7－4 提供了卧床研究和在太空飞行中有没有对抗锻炼措施情况下的肌肉群力量降低状况。

表 4.7－4 太空飞行和卧床对力量的影响

	太空飞行（不锻炼）			太空飞行（锻炼）			卧床（不锻炼）		
肌肉群	天	下降%	描述	天	下降%	描述	天	下降%	描述
臂伸肌[1]	28	20	等动	28	0	等动	42	10	等动
	—	—	—	59	0	等动	—	—	—
	—	—	—	84	10	等动	—	—	—
臂屈肌[1]	28	20	等动	28	15	等动	42	12	等动
	—	—	—	59	0	等动	—	—	—
	—	—	—	84	0	等动	—	—	—
腿伸肌[1,2,3]	5～13	12	等动	11	10	等动	14	15	等动
	—	—	—	59	0	等动	30	21	等动
	—	—	—	84	0	等动	42	29	等动
	—	—	—	125～145	31	未知	119	30	等动
	—	—	—	125～145	12	等动	—	—	—

续表

肌肉群	太空飞行（不锻炼）			太空飞行（锻炼）			卧床（不锻炼）		
	天	下降%	描述	天	下降%	描述	天	下降%	描述
腿屈肌[1,2,3]	5～13	6	等动	28	20	等动	30	10	等动
	—	—	—	59	20	等动	—	—	—
	—	—	—	84	14	等动	—	—	—
	—	—	—	125～145	27	未知	—	—	—
	—	—	—	125～145	27	等动	—	—	—
躯干屈肌[3]	—	—	—	11	20	等动	—	—	—
腿肚肌肉[3]	—	—	—	17	0	未知	35	25	未知
	—	—	—	～180	42	等动	120	42	未知

注：1. Cowell 等（2002）。

2. Convertino 和 Sandler（1995）。

3. Adams 等（2003）。

4.7.4.4 数据收集

力量研究的结果，很大程度上取决于力量测试的类型、测量技术以及选用的测试设备。另外，所选择能代表终端用户的人群也是一个关键因素。

最常见的力量测试类型有等长、等速、等张三种（Kroemer，Kroemer，& Kroemer - Elbert，2001）。等长测试是静态的，施力期间肌肉长度保持不变；等速测试需要恒定的速度，等张测试则包括恒定的力。

测量技术涉及的一个关键因素就是选择什么样的测试设备。测量通常都使用测力计系统。测力计可以是用来记录最大抓握力的简单机械设备，也可以是具备计算能力的先进机器，使测试能够在各种情况下进行。

测量技术的其他方面有：收缩速度、运动时涉及的关节数和受试者相对于重力的定位等（Kulig et al.，1984）。

向心测试涉及受试者克服阻力时操作力的动态收缩，离心测试涉及受试者应对阻力的动态收缩，在收缩过程中实际上肌肉被拉长了（Kroemer，1976）。

另外，测试实施者与受试者之间的相互作用会严重影响测试结果。我们高度推荐测试实施者遵从诸如 Caldwell 等人（1974）列出的方法，关于等长（静态）测试，列出了如下几条注意事项：

- 稳定持续地施力 4 s 时测试操作力；
- 应努力在约 1 s 内增加到最大值，然后保持。
- 测试过程中，不可提供瞬时反馈；
- 操作力测试时，不可设定目标、奖励或竞赛；
- 不同测试间要有最少 1 min 的休息时间。

Caldwell提出的测量方法中不包含有反馈、设定目标以及奖励刺激原则，应当用于所有类型的操作力测试中，以获得更多一致的测量结果。已经证明，这些外部因素会显著影响测试中产生的操作力（Kroemer，1988）。

4.7.5 研究需求

保留。

参考文献

[1] Adams, G. R., Caiozzo, V. J., & Baldwin, K. M. (2003). Skeletal muscle unweighting: Spaceflight and ground - based models. Journal of Applied Physiology, 95(6), 2185 - 2201.

[2] Brown, J. (1975). ASTP002: Skylab 4 and ASTP crew height. NASA Life Sciences Data Archive. Retrieved from http://lsda.jsc.nasa.gov.

[3] Brown, J. (1977). Crew height measurement. In A. Nicogossian(Ed.), The Apollo - Soyuz Test Project Medical Report(pp. 119 - 121). Washington, DC: NASA.

[4] Caldwell, L., Chaffin, D., Dukes - Dobos, F., Kroemer, K. H. E., Laubuch, L., Snook, S., & Wasserman, D. (1974). A proposed standard procedure for static muscle strength testing. American Industrial Hygiene Association Journal, 35(4), 201 - 206.

[5] Convertino, V., & Sandler, H. (1995). Exercise countermeasures for spaceflight. Acta Astronautica, 35 (4 - 5), 253 - 270.

[6] Cowell, S. A., Stocks, J. M., Evans, D. G., Simonson, S. R., & Greenleaf, J. E. (2002). The exercise and environmental physiology of extravehicular activity. Aviation, Space, and Environmental Medicine, 73, 54 - 67.

[7] Constellation Program Human - System Integration Requirements (HSIR) (CxP 70024), Rev. B. (2007). Houston, TX. NASA, Johnson Space Center.

[8] Crew Systems Reference Manual Vol. 1(JSC 25909)Rev. A. Houston, TX. NASA, Johnson Space Center.

[9] DuBois, D., & DuBois, E. F. (1916). Clinical calorimeter: A formula to estimate the approximate surface if height and weight be known. Archives of Internal Medicine, 17, (Part II).

[10] Gehan, E. A., & George, S. L. (1970). Estimation of human body surface area from height and weight. Cancer Chemotherapy Reports, 54, 225 - 235.

[11] Gonzalez, J. L., Maida, J. C., Miles, E. H., Rajulu, S. L., & Pandya, A. K. (2002). Work and fatigue characteristics of unsuited and suited humans during isolatedisokinetic joint motions, Ergonomics, 45, 484 - 500.

[12] Gordon, C., Churchill, T., Clauser, C. E., Bradtmiller, B., McConville, J. T., Tebbetts, I., Walker, R. A. (1989b). 1988 Anthropometric Survey of US Army Personnel: Methods and Summary Statistics (No. Natick - TR - 89 - 044), US Army Natick Research & Design Center, Natick, MA.

[13] Kennedy, K. (1977). Reach capability of men and women: A three - dimensional analysis (AMRL - TR -77 - 50). Wright - Patterson Air Force Base, OH: Aerospace Medical Research Laboratory.

[14] Konz, S. (1983). Work design: Industrial ergonomic. (2nd ed.). Columbus, OH: Grid Publishing, Inc.

[15] Kroemer, K. H. (1976). The assessment of human strength. Safety in Manual Materials Handling Symposium, State University of New York at Buffalo.

[16] Kroemer, K. H., Snook, S. H., Meadows, S. K., Deutsch S., (1988). Ergonomic Models of Anthro-

pometry, Human Biomechanics, and Operator - Equipment Interfaces. Proceedings of a Workshop, Washington, D. C. National Academy Press.

[17] Kroemer, K. H., Kroemer, H. J., & Kroemer, K. E. (1997). Engineering Physiology: Bases of Human Factors/Engineering(3rd ed.). New York, NY: International Publishing Company.

[18] Kroemer, K. H., Kroemer, H. B., & Kroemer - Elbert, K. E. (2001). Ergonomics: How to design for ease and efficiency(2nd ed.). Upper Saddle River, NJ: Prentice Hall.

[19] Kulig, K., Andrews, J., & Hay, J. (1984). Human strength curves. Exercise and Sport Science Reviews, 12, 417 - 460.

[20] Martin, A. D., Drinkwater, D. T., &Clarys, J. P. (1984). Human body surface area: Validation of formulae based on a cadaver study. Human Biology, 56, 475 - 488.

[21] McConville, J. T., Clauser, C. E., Churchill, T. D., Kaleps, I., & Cuzzi, J. (1980). Anthropometric relationships of body and body segment moments of inertia(AFAMRL - TR - 80 - 119). Wright - Patterson Air Force Base, OH: Air Force Aerospace Medical Research Laboratory.

[22] Man - Systems Integration Standards(MSIS)(NASA - STD - 3000), Rev B. (1995). Houston, TX: NASA Johnson Space Center.

[23] Ogden, C. L., Fryar, C. D., Carroll, M. D., Flegal, K. M. (2004). NHANES(National Health and Nutrition Examination Survey): Mean body weight, height, and body mass index, United States 1960 - 2002. Washington, DC: U. S. Department of Health and Human Services.

[24] Pheasant, S. (1996). Bodyspace: Anthropometry, ergonomics and the design of work. Bristol, PA: Taylor & Francis Inc.

[25] Poliner, J., Wilmington, R., & Klute, G. (1994). Geometry and gravity influences on strength capability(NASA/TP - 3511). Houston, TX. NASA Johnson Space Center.

[26] Sanders, M., & McCormick, E. (1993). Human factors in engineering and design (7th ed.). New York: McGraw - Hill.

[27] Tillman, B. &McConville, J. (1991). Year 2015 Astronaut Population Anthropometric Calculations for NASA - STD - 3000, Houston, TX. NASA, Johnson Space Center

[28] Thornton, W., Hoffler, G., & Rummel, J. (1977). Anthropometric changes and fluid shifts. In R. Johnston and L. Dietlein(Eds.), Biomedical results from Skylab (pp. 330 - 338). Washington, DC: NASA.

[29] Thornton, W., & Moore, T. (1987). Height changes in 0g. InResults of the life sciences DSOs conducted aboard the Space Shuttle 1981 - 1986(pp. 55 - 57). Houston, TX: NASA.

[30] Webb Associates(Eds.). (1978). Anthropometric source book: Vol. I. Anthropometry for designers (NASA 1024). Yellow Springs, OH: Anthropology Research Project, Webb Associates.

[31] Young, J. W., Chandler, R. F., Snow, C. C., Robinette, K. M., Zehner, G. F., & Lofberg, M. S. (1983). Anthropometrics and mass distribution characteristics of the adult female. (FAA - AM - 83 - 16), Revised Edition. Oklahoma City, OK: FAA CivilAeromedical Institute.

[32] Young, K., Rajulu, S. (2011)Spinal Elongation and its Effect on Seated Height in a Microgravity Environment. Houston, TX. NASA Johnson Space Center.

5 人的效能

5.1 引言

像任何其他系统的组成部分一样，人的效能是有限度的。系统开发人员必须了解这些限度，并且必须分配职责和设计系统，使人在其能力范围内工作。人的感知能力包括看和听的能力。认知能力包括推理、记忆、沟通和理解。这一章将重点讲述人能力的诸多要素，以及在航天飞行过程中这些能力的变化。读者不应认为与人的效能以及航天飞行影响的所有相关问题都在此详细进行说明，而应当搜集其他信息源，以补充这里的内容。

5.2 体力负荷

5.2.1 引言

骨骼肌肉和心肺系统共同工作来完成日常生活的活动，从事从低强度到极高强度的体力活动。移动重物或在中到高强度下完成长时间的耐力活动，需要这些系统的最佳运作。这些生理系统的功能幅度降低10%或更多，可能很大程度上降低任务完成情况。暴露在微重力下引起的心血管系统、肌肉和骨骼的变化会影响关键任务的完成情况，增加返回 1 *g* 或其他重力环境的损伤风险（如图 5.2－1 所示）。这些系统在空间的“正常状态”与在地面不同，可增加在轨飞行过程中以及航天员返回重力环境下的受伤风险。为了应对失重生理效应影响，乘组人员每天采用锻炼设备进行有氧和抗阻力锻炼，以维持飞行前的健康水平。在飞行中，这些锻炼措施每天能够用于航天员锻炼非常关键，而且这些锻炼设备的硬件需要能够提供足够的强度来维持肌肉、心血管和骨骼的健康状态。

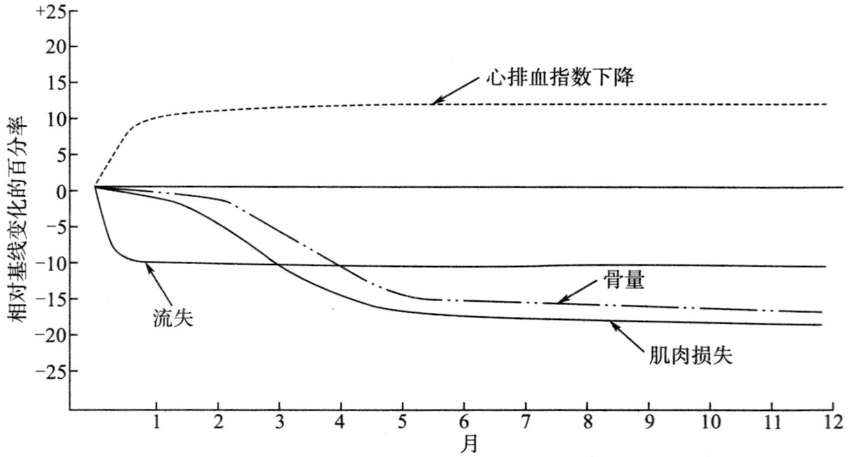

图 5.2－1 失重下的生理变化（Nicogossian et al.，1993）

5.2.2 有氧健康和心血管健康

心血管系统是由心脏、血液和血管组成的，是运送能量给肌肉和排出代谢产物的主要途径。

有氧健康描述了心血管系统为肌肉提供氧气，肌肉利用氧的能力以保持长期高强度工作（如跑马拉松）的整体效能。向肌肉输送氧气的能力，取决于下面几个生理参数，包括肌肉工作时从心脏泵血的血容量、血管和肌肉之间的气体交换、肌肉的代谢效能。最大耗氧量或最大有氧能力（VO_2max）、最大有氧功率和乳酸阈值是反映心血管功能增强活动的指标。VO_2max 用单位时间的耗氧容积表示，可用绝对值（单位 L/min）或相对值（单位 mL/kg/min）表示。最大有氧功率是在最大耗氧量的情况下产生的最大功率。乳酸阈值是指能维持一个长时间的最高锻炼强度。乳酸阈值与维持最高强度的长时间运动能力相关，它是一个比最大耗氧量能更好地反映人体耐力（长时间维持较高工作负荷能力）的指标。尤其和航天飞行应用联系起来，乳酸阈值的测定对于执行舱外活动（EVA）任务或考察任务提供了重要的参考信息。

表 5.2－1 显示的是不同有氧健康水平下不同年龄和性别乘员的最大耗氧量值。个体的最大耗氧量排名接近或低于第 20 百分位时将很难进行日常工作，并且引发死亡的风险较高。

表 5.2－1 最大耗氧量的百分位值/（mL/kg/min）

男性：

年龄	20～29	30～39	40～49	50～59	60～69
第 90 百分位	54.0	52.5	51.1	46.8	43.2
第 50 百分位	43.9	42.4	40.4	36.7	33.1
第 20 百分位	38.1	36.7	34.6	31.1	27.4

女性：

年龄	20～29	30～39	40～49	50～59	60～69
第 90 百分位	47.5	44.7	42.4	38.1	34.6
第 50 百分位	37.4	35.2	33.3	30.2	27.5
第 20 百分位	31.6	29.9	28.0	25.5	23.7

注：《ACSM 运动测试与运动处方指南》，第 6 版，2000 年。这些百分比基于修订的 Bruce 跑步机程序。其他类型的最大有氧能力测试可能无法与这些值直接比较。

5.2.2.1 有氧/心血管健康对微重力的适应性

处于航天飞行失重环境下的心血管功能失调，包括一系列的生理适应性变化和并发症。由静水压梯度消失引起体液头向转移以及体力活动水平降低，心脏负荷会减少（Shibata et al.，2010）；随后，对维持血压和脑灌流的心血管反射的依赖性减小，血液（Alfrey et al.，1996）和血浆容量减少（Frtisch－Yelle et al.，1996；Leach et al.，1996）。因此，在失重期间和失重后，航天员出现左心室质量减小（Perhonen et al.，

2001)，心脏舒张功能失调（Dorfman et al.，2008)，血管调节紊乱（Zhang，2001)，运动能力下降（Levine et al.，1996；Moore et al.，2001；Trappe et al.，2006)，体温调节能力降低（Fortney et al.，1998；Lee et al.，2002)，返回到重力环境后立位耐力降低（Buckey et al.，1996；Fritsch - Yelle et al.，1996；Meck et al.，2004；Waters et al.，2002)。虽然一些指标对航天飞行适应性很快（例如，血浆容量减少)，并且似乎也不会进一步恶化（Platts et al.，2009)，但是，长期处于失重环境下其他指标可能进一步恶化（Bringard et al.，2010；Dorfman et al.，2007；Meck et al.，2001)，特别是在还没有适当对抗措施时。

心血管功能失调在航天飞行中和后给飞行乘组增加了有害风险，会导致航天员无力进行体能需求大的任务［如行星舱外活动中，对紧急情况的反应（Bishop et al.，1999；Lee et al.，2010；Moore et al.，2010）或在有加速度或重力应激［地球再入或着陆、靠近地外星体时的减速和离开时的加速（Platts et al.，2009；Stenger et al.，2010）］的情况下保持意识清醒的能力。因此，在飞行中采取了对抗措施（例如锻炼)，在返回前的即刻［如补充液体（Bungo et al.，1985）］，或者在从飞行到返回期间［加压服和液冷服（Perez et al.，2003）］以减少或预防心血管功能失调或其造成的后果。其他对抗措施，包括人工重力（Katayama et al.，2004；Lee et al.，2009；Stenger et al.，2012；Watenpaugh et al.，2007）也正在研究中。据估计在航天飞行的开始几周，有氧工作能力会急剧降低（约 20%)，随后在整个任务中慢慢恢复到接近飞行前水平。在到达国际空间站（ISS）的第一周至第二周由于快速的体液转移和很少应用锻炼对抗措施等多因素的联合作用，处于微重力环境时最耗氧量急剧降低。在着陆处于 1 g 时，与飞行前相比，飞行乘组有氧运动能力降低了大约 10%～15%。

5.2.2.2 飞行中有氧健康要求

航天飞行任务中，EVA 通常是低到中等强度，出舱时间在 4～8 小时（见表5.2 - 2)。另外，有些任务需要高强度的爆发性活动或高水平的绝对力量。由于将来的 EVA 或任务还没有确定，目前还不能识别乘组人员在飞行中需要维持的最低有氧要求。但是，可以预计的是未来的探索任务持续时间会更长，强度会更高，可能需要在更严酷的环境下工作。还有在压力服下，在不同重力水平下，在不同应激情况下，进行操作需要的额外消耗还是未知的。尽管如此，比较明确的是进行 EVA 或舱外重要任务时，有氧耐力明显降低 20%。因此，维持乘组人员有氧耐力在飞行前水平或接近飞行的水平非常重要。

表 5.2 - 2 EVA 过程中的代谢负荷

任务	kcal/h，L/min
阿波罗（1/6 g）	234 kcal/h，0.80 L/min
阿波罗（0 g）	151 kcal/h，0.51 L/min
天空实验室	238 kcal/h，0.81 L/min
航天飞机（STS 1 - 54）	205 kcal/h，0.76 L/min
航天飞机（STS 103 - 121）	220 kcal/h，0.76 L/min

5.2.2.3　有氧能力或心血管健康的锻炼防护

美国体育医科大学（ACSM）推荐每周至少进行 5 次 30～60 min 中等强度到高强度的有氧活动（70%～85%的最高心率）以及每周 2～3 天的阻力锻炼来维持 1 g 环境下正常健康个体的心血管健康。研究表明，高强度间歇性锻炼可以提高或维持不同年龄、不同性别以及不同体能水平的个体的有氧能力。通常，间歇性锻炼应包括重复的高强度锻炼（范围从 85%到超最大水平）30 s～4 min。休息时间应等于或少于锻炼时间。地面研究结果表明，允许高强度间歇性和连续耐力锻炼的防护措施对于维持航天员心血管功能健康和有氧能力非常重要。对于具有较高初始健康水平的人员需要更高的锻炼强度，因此不太可能精确地识别提高操作能力或防护心血管代谢风险因素的锻炼强度阈值。但一些试验结果表明，中到高强度的有氧锻炼对于身心健康尤其是抑郁有着积极作用。

5.2.3　肌肉

肌肉骨骼系统由人体内的肌肉和骨骼组成。肌肉是人体内产生力量的组织，而骨骼是结构组织。骨骼肌对人类健康和功能性操作是必不可少的，它既是负责产生力量的收缩组织，还是葡萄糖和氨基酸代谢中发挥必不可少作用的代谢活性系统。

肌肉能以向心、离心或等长方式激活，每种类型的肌肉动作对正常的身体运动都很重要：

• 肌肉向心动作——肌肉收缩产生力量。例如，当你拿起一杯水，然后将它移向你的嘴，你的二头肌肌肉收缩产生力量。

• 肌肉离心动作——肌肉延长产生力量。例如，当你把一杯水从嘴边移开降低放到桌子上，二头肌的延长产生力量。一般情况下，肌肉离心动作用于降低物品或负载。

• 肌肉等长动作——肌肉产生张力，但是不会改变肌肉长度。例如，当你的胳膊肘弯曲 90°，将一杯水拿在身边时，二头肌肌肉被等长激活。

5.2.3.1　肌肉对航天飞行的适应性

力的卸载作为微重力环境中的固有特征，导致了肌肉质量和肌肉力量的损失。这些变化源自分子水平上，其中合成代谢通路的下调导致肌肉蛋白合成减少，影响到肌肉纤维截面面积的减小。因此，肌肉力量下降是肌肉质量减少和神经适应性导致运动单元活性下降的副产物。

此外，长期不活动（如卧床休息），肌肉失去感知胰岛素的能力，这削弱了肌肉的新陈代谢，并导致潜在有害的糖循环上升。我们可以看到一个极端的例子，当人们被迫（或选择）成为完全久坐不动的静态时；他们显著失去了肌肉质量，剩下的肌肉变得对胰岛素不敏感，形成Ⅱ型糖尿病，这是一个严重的健康问题。胰岛素不敏感性发生在类似太空飞行的情况下（即卧床休息；Pavy - Le Traon et al.，2007）。因此，胰岛素不敏感，是一个长时间太空飞行期间的健康问题。

当汇总来自和平号空间站（Mir）和国际空间站（ISS）任务的数据时，持续长时间的太空飞行后航天员整个人体的瘦肌肉质量减少（表 5.2 - 3；Lee et al.，2004）。同样，相比之前的任务，和平号空间站和国际空间站任务后，乘员小腿瘦肌肉质量、膝关节伸展的峰值扭矩和膝关节屈曲的峰值扭矩降低。

表 5.2-3 飞行前、后骨骼肌肉数据（Mir 和 ISS 任务 1-6）

	全身肌肉质量/kg		腿部肌肉质量/kg		膝关节伸展峰值扭矩/（N·m）		膝关节屈曲峰值扭矩/（N·m）	
	飞行前	飞行后	飞行前	飞行后	飞行前	飞行后	飞行前	飞行后
和平号空间站	60.5±1.6	58.4±5.5	19.6±0.7	18.3±0.9 *	179±17	131±16 *	103±12	79±10 *
国际空间站	56.1±2.9	54.9±3.4	18.7±1.0	18.0±1.3 *	176±10	136±10 *	106±6	74±7 *

注：数据表示成标准差的方式。飞行前后（$P<0.05$）发生显著变化（Lee et al.，2004）。

大部分的质量及力量损失发生在维持躯干和下肢的运动和姿态的肌肉。经历 6 个月的国际空间站驻留后，这些肌肉群的力量下降了 8%～17%。

5.2.3.2 肌肉健康需求

我们并没有航天飞行期间对肌肉强度的定量标准，但必须采用防护措施使骨骼肌强度达到或超过 80%的基线（飞行前）值（NASA STD-3001，第 1 卷）。对于航天飞行中肌肉力量损失，定量理解力量要求无论是从个体角度还是从可操作的角度看，都是存在问题的。一旦返回地球重力环境后，航天员跌倒的风险增加和/或可能遇到日常生活活动的难度增加。操作上，在航天飞行期间（例如，释放卡住的硬件或移动大质量的物体）以及应急出舱期间需要高强度的力量，这将可能涉及高强度力量活动，例如打开舱门，自己起身和举起其他乘组人员出舱，以及跑离航天器，这些操作都是在穿着体积庞大且笨重的航天服的条件下执行。因此，很明显，需具备高强度的力量水平以应对航天飞行中的常规风险以及应急出舱活动。另请参阅 4.7.3 节。

5.2.3.3 肌肉健康对抗措施

从早期的天空实验室任务到目前的国际空间站任务，一直在使用飞行中的防护锻炼措施。阻力锻炼是用来防止航天飞行诱发肌肉功能失调的主要对策。研究表明，高强度的阻力运动采用 1∶1（或更高）的离心与向心运动负荷比来增加或维持肌肉强度是最佳的。

2008 年 iRED 在国际空间站上使用，它提供最大 136 kg 负荷，约 70%的负荷比。iRED 的可变阻力由弹性聚合材料提供，这种材料拉伸时像举重的锻炼器材。因为在微重力期间，锻炼者的质量在锻炼中（例如深蹲）贡献非常小的阻力（只有一些惯性），所以阻力锻炼装置必须提供相当高的负荷水平。例如，为了提供一个类似于 90 kg 乘组成员 1 *g* 条件下进行等于他体重负荷的深蹲锻炼时的飞行负荷，在微重力环境中使用的阻力锻炼装置必须提供大约 180 kg 的负荷。因此，iRED 无法为大多数乘组人员提供足够的高强度负荷。此外，iRED 的离心负荷要比 1 *g* 环境下无配重情况低得多。

在 2009 年的第 18 期考察组任务中，国际空间站上设计、建造和部署了高级抗阻力运动设备（ARED），主要是为了增加硬件的锻炼强度。ARED 提供高达 273 kg 的负荷——超过大部分典型的乘组成员需要的足够负荷。使用上面的例子，一个 90 kg 的乘组成员将能够以 183 kg 的阻力进行锻炼，超过了需要代替其体重的质量。此外，在离心运动阶段

ARED 提供了 90%的向心负荷，并使用飞轮模拟正常重力条件下锻炼时的惯性。无疑，使用 ARED 的航天员在伸膝力量和耐力上的损失约是使用 iRED 的航天员的一半。有关锻炼对抗措施的详细信息，参见 7.5 节。

1 g 条件下改善骨骼肌特性的一般准则如下。

1）肌肉大小

- 运动模式：阻力锻炼。
- 锻炼选择：涉及大量肌肉质量的锻炼（例如深蹲、蹲举、卧推）。
- 强度：中等强度（60%～80%的 1 rm 或者能够重复举起 8～12 次载荷），到高强度（>80%1 RM）的运动负荷。
- 数量：每次多组的锻炼（即 3～5 组）与每组 6～12 次的重复。
- 休息时间：约 2～3 min 的组间休息。
- 频率：2～3 次/周。

2）肌肉力量

- 锻炼模式：阻力锻炼。
- 锻炼选择：涉及大量肌肉质量的锻炼（例如深蹲、蹲举、卧推）。
- 强度：高强度的运动负荷（接近最大）。
- 数量：每次多组的锻炼（即 3～5 组）与每组 1～6 次的重复。
- 休息时间：约 3 min 的组间休息。

3）肌肉功率

- 锻炼模式：阻力锻炼。
- 锻炼选择：涉及大量肌肉质量的锻炼，而且可以快速进行（例如高翻、蹲跳、推按）。
- 强度：中等强度运动负荷，锻炼时尽可能快。
- 数量：每次多组的锻炼（例如 3～5 组）与每组 1～6 次的重复。
- 休息时间：约 3 min 的组间休息。

4）肌肉耐力

- 锻炼模式：阻力锻炼或耐力锻炼。
- 锻炼选择：涉及大量肌肉质量的锻炼（例如深蹲、蹲举、卧推）。
- 强度：低强度（<50%1 RM）到中等强度运动负荷。
- 数量：2 组，每组 15～25 次的重复。
- 休息时间：2～3 min 的组间休息。

5.2.3.4　肌肉健康维持

一份 ACSM 立场声明，回顾了 1 g 条件下维持健康所需锻炼负荷的相关研究。人们普遍认为，在 1 g 条件下，增进肌肉健康相比较于保持健康需要进行更多的运动。在强度、持续时间和锻炼频率中，强度是最重要的因素——特别是对维持有氧健康。对于阻力训练，ACSM 综述指出，肌肉的力量和能量对于训练的调整特别敏感，并且在停止训练时迅速倒退。再者，强度似乎是维持阻抗训练效果的关键组成部分。

在未来的探索任务中，针对航天飞行导致的肌肉质量和力量损失的防护锻炼措施所面临的挑战将主要是乘员乘坐的探索飞行器的空间限制。一次6个月单程小密闭舱的火星之旅仅能为锻炼者和锻炼器材提供一个很小的空间。在空间探索任务期间，在飞船中装备一个阻力锻炼设备，提供高强度的阻力锻炼、足够的离心负荷和类似于举重的阻力负荷，是一个严峻的挑战。

5.2.4 骨骼

骨骼系统有一系列的功能，包括形成身体的基本形状和结构，为肌肉直接运动时提供杠杆，保护身体组织生成血液细胞以及储存矿物质。正常健康的骨骼不断另解和重建以维持身体动态平衡状态。骨质疏松症是指骨矿物质密度（BMD）净降低的疾病，这种疾病通常导致骨折风险增加。骨质疏松症通常通过增加骨负荷的体育锻炼（如抗阻力锻炼）和药物干预（如二磷酸盐）来治疗。绝经后妇女和老年人因激素水平降低以及体力活动减少发生骨质疏松的风险较高。

5.2.4.1 航天飞行中的骨骼适应

长期航天飞行中，航天员出现骨矿物质密度以每月1.0%～1.5%的速率降低，这比1 *g*条件下骨质疏松症病人的骨密度降低速率（Shackelford，2004）明显更快（大约快10倍）。骨密度降低速率在身体的不同部位不同，在髋关节特别快。另外，也有证据表明航天飞行造成骨微结构变化。在国际空间站任务中考虑了这些变化的影响，因为在外力作用或出现突发载荷时航天员的骨折风险性增加，如在1 *g*下长途旅行或跌落时，骨折风险性增加。在未来探索任务中，航天员将可能在微重力环境中暴露1年多，这种风险将增加。进一步，还要考虑航天飞行中造成的BMD丢失并不能完全恢复，骨微结构也不能完全复原，这使得航天员晚年骨质疏松提早以及出现骨折风险增加。

5.2.4.2 骨骼的锻炼防护

根据Wolff定律，骨骼可以适应它所承载的负荷。如抗阻力锻炼、高速奔跑锻炼和肌肉增强锻炼可产生很高的地面反应力和骨骼系统负荷，因此多尺度的锻炼被用来对抗骨密度降低。特别是，致力于维持骨骼健康的运动锻炼体系需要经常的、较高应力速率的不同载荷应用（如抗阻力锻炼，跑台跑步）。最近的研究结果发现，骨骼对循环模式的负荷有最佳响应，它能产生高变化率的力，锻炼负荷的每回合之间间断一定时间，骨骼响应较好（Turner，1998）。

由于缺乏地球上1 *g*条件下的日常骨应力负荷，微重力环境下移动需要负荷刺激更大，锻炼频度更高。受锻炼设备和飞行安排的限制，这种骨负荷的要求很难达到。但是乘员经常进行高负荷水平、不同负荷的系统锻炼（可能的话每天多次）非常关键。这些锻炼防护措施应该主要针对保护下身和臀部区域的骨骼。

5.2.5 总结

微重力引起的心肺以及骨骼肌肉系统的适应造成了运动有氧能力的降低、肌肉力量以及 BMD 的降低。这些体能和力量参数的降低对于舱外活动、深空探测任务、非正常工况着陆、长期驻留后返回 1 g 等情况下航天员的反应灵敏性以及能力有着非常严重的影响。航天员需要在航天飞行中每天进行高强度的有氧锻炼以及高负荷的抗阻锻炼来缓解有氧耐力、肌肉力量、骨骼健康的降低，以及降低受伤风险。

5.2.6　研究的需要

以下几方面的知识缺口已经确定，需要进一步研究：

- 骨折的风险；
- 由于航天飞行引发骨质疏松提早发生的风险；
- 由于肌肉质量、力量以及耐力的降低引起操作障碍和受伤的风险；
- 动态载荷引发受伤的风险；
- 由于有氧能力降低引发人体操作能力降低的风险。

5.3　感觉运动功能

5.3.1　引言

在航天任务中，人效能的一个关键部分是，将环境感知信息转变为适当的运动指令，做出适当行动，如感知飞行器的加速度和方向，以保持水平飞行。来自各种感官的输入组合——视觉、前庭、听觉、触觉（指触摸）、本体（感知身体运动或位置）——与运动控制输出信号整合在一起，生成安全和有效执行任务所需及时、准确、精确的感知运动反应，如飞行控制、遥操作、系统的监测和干预。太空任务包括多种不断变化的环境，它们不仅使三维（3D）环境及自己的位置和运动的感知失真，也干扰所需控制动作的正确实施和协调。此外，长期暴露在变化的重力和其他环境条件下，生理适应过程使情况更加复杂，这些变化可以造成重力变化期间（如下降和再入返回）及其之后的不适应。诱导环境和相关的生理变化，对于乘员执行任务，尤其是在执行动力飞行阶段任务的能力带来重大挑战。

对空间飞行环境不熟悉或相反的感知输入可能导致：

- 空间失定向；
- 动眼神经功能改变和主动视觉退化；
- 危害手动控制；
- 平衡和运动障碍。

为支持适当的飞船控制和人员安全，在面对这些挑战时，人-飞船系统的设计必须保证充分的感知运动功能，并可以识别和减轻发生的感觉运动功能障碍。

5.3.2　感知及运动性能

人有专门的视觉和前庭感觉系统，来处理相对于环境的角位置和运动的静态和动态信号，以及相对于外部参照物的角度倾斜和运动。在大多数情况下，这些感官信号限制感知精度以及主动感觉运动控制，直接或间接通过其输入来注视和调整姿态稳定的反应。

在感觉运动的性能方面，以下都是关键的人感知能力和限值：

• 人类的视觉系统能够以优于1°的精度来估计二维（2D）静态对象角度，虽然性能取决于刺激的大小和对比度（Howard & Templeton，1966；Philips & Wilson，1984）。

• 人的前庭系统有一个专门的倾斜处理系统，主要基于耳石的输出，给出了在地球环境中头部相对于重力方向精度约1°的角度位置信号（Howard & Templetoin，1966）。相对于重力矢量倾斜引起的耳石线性加速度与平移信号的混淆，通过来自其他感觉系统的输入信号和刺激信号在频率内容上的差异来分辨（Mayne，1974）。由于频率隔离引起的在0.1～0.3 Hz线性加速度刺激过程中出现的运动病敏感性峰值不足以区分倾斜和平移（Wood，2002）。

• 全身平移在垂直方向（～0.15 m/s²）的感知阈值显著高于水平方向运动阈值（～0.06 m/s²）（Benson et al.，1986）。

• 人的视觉系统可以以5%的速度精度（Mckee et al.，1986）和优于1°的方向精度（Pantle & Sekuler，1969）在显示器上预估被测对象的二维运动。同样，性能取决于刺激的大小、对比度、方向和训练情况（Pantle & Sekuler，1969；Ball & Sekuler，1987；Watamaniuk & Sekuler，1992；Stone & Thompson，1992；Krukowski et al.，2003）。此外，2D视觉运动感知过程中的偏差和局限性，塑造和限制了运动性能在注视（Kowler & McKee，1987；Stone & Krauzlis，2003；Krukowski & Stone，2005）和手动控制（Li et al.，2006）任务上的准确性和精度。尤其是对比度低于16%的手动控制任务中，亮度对比度每降低两倍，反应时间增加35 ms，根方差增加8%（Li et al.，2005），反映了对目标速度感知的过低评估（Stone & Thompson，1992）。

• 人的视觉系统可以通过视觉上扩大"光流"精确估算自己平移（前进）的3D方向，精度接近1°（Warren et al.，1988）。然而，视觉前进在被动感知或合并平移和旋转的主动控制时，预估准确性和精度上差3～4倍，对视野和跨可见点的深度变化量敏感（Stone & Perrone，1997；Li et al.，2007；Peng et al.，2008）。可以预期，单眼感知三维平移接近速度以及触碰时间将受限于5%～10%的2D速度估计精度（Regan和Hamstra于1993年凭借经验即时观察到，略高于10%的精度）。然而，从两眼速度差异和差距变化得到双眼的3D接近速度的估计是不太精确的，通常为25%或更高（Brooks & Stone，2004），双眼的视野实际比单眼差，由于立体运动抑制，深度信息会造成运动信息损失（Brooks & Stone，2006）。

这些都是关键的视觉和前庭凝视稳定机制，它们支持自主感知控制：

1）前庭眼部反射（VOR）有助于在头部运动时凝视一个对象，保持高敏锐的视觉成像。当头部转动，头部速度信号允许眼动神经系统在微重力条件下迅速（延迟～10 ms）稳定住眼睛，在0.2 Hz以下到12 Hz宽的运动频率范围内，有效地在视网膜黄斑中心凹上保持稳定的视觉图像（Ramachandran & Lisberger，2005）。有3种不同形式的VOR：

• 转动的VOR（RVOR）或角VOR（AVOR）产生动态眼偏转、俯仰或滚动，主要使用来自前庭半规管的角速度信号来代偿头部旋转。然而，滚动和俯仰 RVOR 也有耳石信号的参与。

• 平移 VOR（TVOR）或线性的 VOR（LVOR）提供动态眼偏转、俯仰和倾斜，利用前庭耳石器官的线性速度信号，分别补偿在两耳（IA）、背-腹（DV）和鼻枕（NO）轴的头平移。TVOR 受到半规管输入的调节，帮助将滚转倾斜到 IA（左到右）平移与从俯仰倾斜到 NO 轴（从前到后）平移（Angelaki et al.，1999）区分开来。然而，一个简单的基于频率的滤波在前庭运动感知和相关 TVOR 响应的确定上显然起着重要作用（Merfeld et al.，2005），频率高于 1 Hz 解释为平移，频率低于 1 Hz 解释为倾斜（Paige，Tomko，1991；Paige，Seidman，1999）。该 TVOR 强烈依赖凝视方向和眼球转动角度，因此，它在近景凝视稳定上起着更重要的作用（Paige et al.，1998）。

• 眼部反转（OCR）反射，使用从前庭耳石传入的重力信号，补偿静态的头部转动倾斜。考虑到重力-惯性轴，耳石估算头的倾斜角度，眼动神经系统产生补偿扭转眼球运动，反方向转动眼睛，让一些凝视能够稳定。OCR 的增益只有 10%～30%，因此它不能完全弥补头部的转动（Howard & Templeton，1966）。

• 视动反射（OKR）和其他视觉追踪反射在头部运动缓慢时有助于保持凝视稳定。当头部转动或平移缓慢，大视野的视觉运动图像信号允许眼动神经系统通过低的运动频率范围保持视网膜黄斑中心凹的视觉图像稳定以稳定住眼睛。OKR（在低转速和频率低于 0.5 Hz 时占主导地位）和 VOR（在更高的速度和约 0.5 Hz 以上的频率时占主导地位）一致行动，可在很大的头部、自平移运动的视速度和频率范围内准确地稳定视网膜图像。

3）前庭脊髓反射（VSR）用以维持姿势和平衡。响应头和身体向左倾斜（右），VSR 的反应是伸出左（右）臂并弯曲右（左）臂来对抗扰动。VSR 直接受到 0 *g* 影响，因为它依赖于前庭对重力信号的反应，以保持 1 *g* 下的平衡和姿势。虽然平衡的概念在微重力下没有意义，但在飞船返回着陆后，特别是在长期暴露到微重力条件下，飞行后运动失调在某种程度上可能是由于不适应的 VSR 造成的。

4）前庭颈部反射（VCR），通过产生补偿性的头部运动帮助头部回转稳定，以响应躯干运动。VCR 在微重力条件下可能不会有所帮助，因为在微重力条件下躯干运动不需要以与地球上要求相同的姿势调整。然而，在返回和着陆时，不适应的 VCR 可能损害在运动过程中保持头部位置的能力。

在太空飞行中，上述关键视觉-前庭信号和反射都在一定程度上受到了不利影响。在动态飞行阶段，除了升高 *g* 载荷和振动带来的健康和安全影响外，持续和随机加速度可破坏凝视稳定性和视觉功能，再加上相关肢体的生物力学扰动，也可能会危害手动控制性能。进入 0 *g* 的初期，基于地球的前庭反射对凝视稳定性是不合适的。这在飞行的第一天会影响视觉功能和运动控制，并可以引发空间运动病（SMS）。然后，微重力环境促使知觉、运动、本体感受的适应过程和重调上述反射，并促进改变肌肉和心血管功能的低层次生理过程。当重力重新施加载荷，适应了空间飞行的视觉-前庭反射最初是不合适的，再次危害凝视稳定性；适应了空间飞行的视觉信号感知也是不合适的，导致自运动错觉和空间定向障碍；适应了空间飞行的运动控制系统（手动和姿势）对微重力肢体和躯体的调节是不合适的，导致运动错误、姿势不到位和运动失调（Reschke et al.，1999），并产生更加复杂的危害肌肉力量和心血管功能的并发症（见 5.2.2.1 节和 5.2.2.2 节）。这种情况加大了飞行后神经系统功能障碍的不利影响。

5.3.3 空间失定向

保持空间方位的信息由视觉、前庭、躯体感觉，偶尔也包括听觉系统提供的激励信号输入产生。如果不熟悉的输入出现于任何系统中，空间失定向（SD）就可能发生。这种现象往往发生在能见度有限的（例如，Benson，1990）持续线性加速度刺激和离心旋转过程中旋转作用诱发的附加科里奥利和交叉耦合效应时（Young et al.，2003），或在初次接触到微重力条件的头部运动或长期暴露在微重力环境下返回地球适应重力升高条件时（Glasauer & Mittlestaedt，1998 年；Harm et al.，1999）。

5.3.3.1 加速度和超重的影响

航空飞行期间，空间失定向经常发生，这是视觉反馈不佳的旋转运动或直线加速作用的结果。持续转弯或加速时，“本体重力错觉”可能会发生，即在恒定的水平方向飞行同时持续向上加速时，而人却明显感觉向下减速。

在持续转弯的飞行中，倾斜头部，可能会发生 SD 和运动病。一般规律是，沿一个正交轴旋转（偏航）一段时间后，头部做另一个轴的旋转（滚转），在第三个正交轴（俯仰）引起感官幻觉（Benson，1990）。

由于维持方向主要依靠视觉，飞行员在误导性的前庭指示下，只要视觉指示准确，仍然可以保持正确的方向。不佳或缺失视觉信息的一个后果是，作为视觉上覆盖不良前庭感觉过程的前庭抑制不会发生。看到这样的一个例子，即使花样滑冰运动员学会消除旋转后头晕现象，在闭眼或黑暗情况下，即视觉剥夺时，也会体验到旋转导致的可预见的眩晕，这种头晕通常是由于突然停止冰上的快速自旋产生的角速度而引起的。同花样滑冰运动员一样，当飞行员被剥夺了视觉信号，在仪表飞行或不看仪表时，飞行员防止前庭感觉的能力都会受到威胁（Gillingham & Wolfe，1985）。因此，在有限的视觉条件下，前庭信号必须承担感知身体方向的作用，但有可能是不正确的并误导空间定位的感知。

此外，在缺乏良好的视觉信号情况下，如果角速度的变化小于一定的阈值，短暂的和持续的运动是不可能被检测到的。Mulder 常数描述了这个阈值，大约是每秒 2°，并保持该恒定刺激时间约 5 s 或更少时间（Gillingham & Wolfe，1985）。驾驶航天器从太空飞行返回后，可能会出现与所有传统飞机飞行有关的感知和方向错误，同时还有适应不同重力环境的乘员症状，这种环境条件可导致感觉紊乱，对头部运动高度敏感和自运动错觉。此外，再入大气层的飞行曲线包括高减速阶段附加同步多轴加速度，从而产生其他独特的感觉问题。

航天飞行后再入和着陆时的前庭系统过度敏感，是对 0 *g* 条件适应的结果，在多次航天飞机飞行中，已经为人们所注意。经常有报道说，大约 0.5 *g* 的再入载荷感觉上更像是 1 *g* 或 2 *g*；着陆后，头部的小俯仰或滚动被认为是大得多的角度，并且头部倾斜被认为是平移（Parker et al.，1985；Reschke & Parker，1987；Young，2000）。

在 0 *g* 条件和太空飞行的发射和着陆阶段，几乎所有航天员都体验到自我运动和环绕运动的错觉，错觉的强度与在轨时间长度成正比。个人的体验不尽相同，但常见 3 种类型的自我和/或环绕运动的干扰：

- 增益干扰——感知自我运动和环绕运动在速率、幅度，头部或身体运动后的位置上似乎被夸大。一位航天员报告说，在发射期间和立即着陆后，感觉任何轴上的头或身体动作是实际身体运动的 5～10 倍。另一个乘组人员报告说，20°的头部转动产生 70°～80°的环绕旋转运动的感觉。当飞船着陆即刻，一名乘组人员报告，20°的头部运动被认为是 0.6～0.9 m的自我移动（Reschke et al.，1996）。
- 时间扰动——自我运动或环绕运动要么落后于头部或身体的运动，真实的物理运动已停止后仍持续，或两者兼而有之。一个飞行前 3 天每天做头部俯仰运动的航天员报告说感觉自我运动滞后于实际的头部俯仰运动并持续到头部运动停止后。滞后和持续的时间大致相等，但在轨飞行 3 天后，二者增加，从增加量几乎难以察觉到增加 0.5 秒。这名航天员也报道，滞后性和持久性在 1.5 *g* 的入轨阶段最明显（Reschke et al.，1996）。
- 路径干扰——头部的角运动和身体动作引起了线性和综合线性以及角度自运动或环绕运动的感觉。这些知觉紊乱似乎在进入大气层过程中和制动即刻最强烈（Harm et al.，1994），与飞行阶段相反。

考虑到失定向发生在飞船返回和着陆阶段的时机，在那些阶段如果任何航天器需要驾驶，无论是作为控制的主要方法，或作为自动化的备份，必须考虑其他相关任务和人体限制的同时，通过设计降低感觉运动干扰。

5.3.3.2 加速和超重防护

5.3.3.2.1 驾驶舱布局

驾驶舱的几个设计因素影响失定向的发生。在复杂飞行任务期间维持方向的第一个工具是在驾驶舱内开阔排列的信息，使飞行员能了解飞行器的方向和位置。这些信息可以借助窗口从外部环境，并借助各种仪器仪表或显示器从内部进行可视化传输。

外部景观——由于视觉是维持方向的最关键感觉，首先需要考虑的设计应该是窗口和显示器的最佳位置来为航行提供足够的视觉信息，这与前庭和触觉信号是一致的，并减少了头部运动过程中半规管的科里奥利加速度刺激，这可能会导致失定向和空间运动病。驾驶舱具备向前及周边的水平视野，提供最佳的视觉信号来维持飞行着陆阶段的空间定向。窗口的视野或立体显示器，允许适当深度知觉，将比单一的相机视图显示的 2D 环境更能提供准确的视觉信号。

仪器和显示器——由于航天器复杂性的增加，因此需要依靠驾驶舱显示器提供更多的信息，它可以部分取代退化的视觉信息，并提供导航信息，以及表示航天器的健康和状态。即使这些信息全部可用，也有可能发生失定向。即使在可视的气象条件（VMC）下航天员可以清楚地通过窗口看到环境，安全飞行仍然依靠一些仪表显示，因此需要不断将注意力从外面转移到航天器内。与连续扫描相关的频繁的头部运动，尤其是在转弯或高 *g*

运动时，可诱发前面提到的方向错觉，也可能引起空间运动病。使用多个显示器向航天员提供各种信息，应使设计便于解释，并应根据功能设在一起。相关的显示器分组放在一起，使显示器扫描效率更高和最大限度地减少不必要的头部运动。在一般情况下，显示器应定位于运动的方向上，尽可能与这些航天器本身的运动轴相同。航向仪表盘放在驾驶舱的一侧，而不是正前方，可能提供正确的信息，但因为它坐落在一个没有与航天器运动对齐的位置，会要求增加头部运动来读取，并需要更多的思考和更多的精力来解释。显示器也必须足够大，以便快速、准确的理解。F-16 飞机的小驾驶舱尺寸需要大幅减少显示屏的尺寸，造成失定向迅速恢复所需的视线欠佳（McCarthy，1990）。

控制——航天器控制的设计对帮助保持空间定向也能起到作用。最直观的是，应控制该向导致航天器向相似的运动方向移动。例如，向右移动操纵杆，航天器向右移动（向右转动）；回拉操纵杆，航天器向后倾斜（向上倾斜）。这似乎是很明显的一点，但由于当前的控制设备没有物理连接到控制面的“遥控自动驾驶”技术，在任何方向上的任何输入，都可以通过计算机接口移动任何控制面。为确保航天员以预期的方式回应，位置、尺寸、替代控制，应该达到足够的标准化程度，使在一个类型的航天器上取得的飞行技能，可以保留，并转用到其他类型的航天器上。关键开关、操作杆和控制器，也必须得到保障，以防止误操作。尤其是在响应时间至关重要的紧急情况下，对航天器的控制必须是直观的。

座椅位置——曾经在 NASA 的遥控座舱工作过的人报告说，在飞行器运动期间，人整个处于偏移的位置（身体和航天器的 x 轴 90°的相位）时，会感觉到恶心和失定向。这些症状会随着座位角度的上升而减少（Fox，2003）。根据窗口和显示器的位置，倾斜的座位可能也限制了能见度。驾驶着陆阶段尽量减少前庭干扰的一个办法是，确保航天器的驾驶舱为航天员提供尽可能“正常”的可视、前庭和触觉信号。乘员面对着行驶方向（在如同水平设计的垂直方向附近的位置），前庭障碍发生的可能性最小，这是航天员最熟悉的，随着症状的增加，要减少座位的倾斜。保持头部在向前的位置，可能提供适当的前庭信号，保持身体在一个倾斜的位置来对抗心血管疾病影响问题。然而，倾斜的座位会影响触觉信号，直立座位可以阻止对自我运动和倾斜的感知。

5.3.3.2.2 驾驶舱技术

驾驶舱显示器提供飞机运动和方向的信息，但同时也可以提供方向迷失的信号，这已被证明。因此，一些非传统的座舱和显示技术已被专门开发来帮助对抗失定向。这些实例如下。座舱设计的注意事项概述见表 5.3-1。

三维（3D）音频——这种类型的音频输入可能包括从 SD 事件中恢复的音频命令以及连续音频来表示特定的方向，如重力方向的“上”或“下”。对多个处理源的研究揭示了听觉方式与视觉可以并行处理信息，因此应该能够支持在一个视觉加载或损害的环境中的空间定向（Wickens，2002）。使用 3D 音频设备的优点，不仅包括主要信号本身所传达的信息，而且包括依赖于头部耳机的实际声音源的有关方向信息。但是，应该指出的是，听力本质上比视觉能够提供空间信息的能力要小（Wickens et al.，1983）。

触屏显示器——已经开展了使用几种不同类型的触屏显示系统连同传统的显示器，来提供定位信息的研究。美国海军开发的触觉环境感知系统已被证明是一种很有前景的避免失定向的非可视化工具，允许航天员在非可视化的条件下感受飞机的姿态（Rupert，1999；Rupert et al.，1994）。它使用小型气动激活的触觉刺激排列，将其纳入背心中，由飞机的惯性参照系统引导。

自动化——一个目的为尽量减少太空飞行可能对一名乘员驾驶航天器的能力造成负面影响的设计策略，是通过提高自动化程度来减少航天员所需的操控。鉴于发射航天器的可能复杂性，自动化有可能得到应用，尤其是在一连串的下降和着陆过程中。虽然驾驶舱很有益处，但也增加了成本，并频繁出现由于航天员与自动化系统之间协调失败而导致（Billings，1997）的事故和冲突。因此，如果要使用自动化系统，应该仔细考虑自动化设备的数量和类型（参见 10.13 节，自动化）。

表 5.3-1 座舱设计的注意事项概述

座舱设计
视野——全视角（向前和四周）
乘员姿势——头和身体面向运动方向
仪表和显示器——与运动方向相同
控制——直观，与运动方向相同
技术和训练
3D 音响
触摸显示
自动化（依托阶段和依托任务）

5.3.3.3 0 *g* 影响

5.3.3.3.1 从 1 *g* 过渡到 0 *g*

在入轨后，头部运动时，某些前庭信号突然消失可能是失定向的产生因素，由于头部倾斜不再产生耳石响应，导致强烈的视觉前庭感觉冲突（以及不佳的稳定凝视，见下文）。此外，因为没有来自重力“向下”的拉力，通常的触觉和本体信号无法有效地取代缺失的前庭信号。例如，一个人的足底感觉无法表明“向上”站立的感觉，而且没有座椅线索表明“坐下”的感觉。尤其是在任务的第一天前后，失定向增加了在执行飞船上任务时的 SMS 和人为错误的总体可能性。失定向也发生在舱外活动期间，部分原因是由于地球或太阳与航天器之间令人意外的相关位置。一些 EVA 乘员也遇到了在某些情况下会出现令人非常不安的下降感觉（Linenger，2000）。没有航天器内部提供的视觉信号，耳石的卸载被解释为下降。当乘员位于凹形的航天飞机有效载荷舱时，这种感觉不那么突出。

沿主轴的方向辨别和运动知觉明显优于沿斜轴（Howard & Templeton，1966 年；Krukowski et al.，2003）。当倾斜超过约 60°时，面孔和印刷文字将难以辨认（Corballis et al.，1978）。在 0 *g* 经常产生陌生的相对方向，其中的乘组成员和环境中的物体有 6 个运动自由度，允许它们之间产生无限数量的位置关系。由于航天员花费大量的时间在已适应的 1 *g* 训练机上，他们的心理空间地图可能被在一个单一的方向深度编码。除非乘组人员成为善于精神上转变自己和/或环境更为熟悉的相对方向和/或开发更多的内部空间地图序列，当在航天器 0 *g* 条件下，面临异常的景象时，他们可能会暂时迷失方向。0 *g* 条件下，尤其是任务初期，乘组人员更喜欢类似于 1 *g* 条件下经历的方向。

由于前庭功能功效降低，增加了视觉依赖，导致视觉上错觉的易感性随年龄而增加（Howard & Jenkin，2000）。

空间导航也可能受损。俄罗斯的和平号空间站和国际空间站偶尔丢失情境意识（SA），如果需要紧急出舱时，这将是一个大问题。

5.3.3.3.2　从 0 *g* 过渡到 1 *g* 或部分重力

当重力重新加载时，自适应感知和动眼神经在面对 0 *g* 响应而发生的变化，突然变得不适应。特别是，在地球上，耳石信号与头部倾斜和平移都有关，而在 0 *g*，它们只与平移相关。飞行后自身运动的错觉与耳石倾斜平移理论是一致的（OTTR：Parker et al.，1985；Reschke & Parker，1987；Young，2000），该理论认为大脑在 0 *g* 学会将耳石信号解释为平移（不倾斜）的指示，使飞行后的头倾斜被误认为是平移或翻滚，导致失定向和 SMS。这些短暂的飞行后视觉前庭干扰，可能与感觉运动的性能显著递减有关，平均而言，实际的航天飞机着陆是飞行前在训练机上着陆精度的一半（Paloski et al.，2008）。

此外，空间导航可能受损。例如，在某些情况下，阿波罗登月着陆期间登月舱航天员对月球表面的参考点出现短暂的迷失方向（Paloski et al.，2008 年）。这样的导航失定向在航天员必须迅速找到飞船出口的紧急情况下，会很危险。

飞行后运动控制和躯体节段间的协调变化包括地面行走时空间定向的破坏（Glasauer et al.，1995），肌肉激活变异性的变化（Layne et al.，1997；Layne et al.，2004），下肢动力学的改变（McDonald et al.，1996；Bloomberg and Mulavara，2003；Miller et al.，2010），头-躯干协调之间的变化（Bloomberg et al.，1997；Bloomberg and Mulavara，2003），行走过程中视觉灵敏度的下降（Peters et al.，2011），以及在向下跳任务过程中有效的着陆协调能力的降低（Newman et al.，1997；Courtine and Pozzo，2004）。长期飞行（6 个月）后采用障碍物的运动功能评价表明，着陆后 1 天对飞行的适应导致完成这一测试的时间延长 48%。着陆后平均需要 2 周恢复到飞行前水平（Mulavara et al.，2010）。较为广泛使用的是采用动态姿态平衡图研究飞行后姿态平衡控制改变（Black et al.，1995；1999；Paloski et al.，1992；1993；1994；Wood et al.，2011）。这些姿态平衡能力测试最潜在的飞行后变化就是当受试者在视觉和本体觉反馈发生改变或者缺失时，被迫依赖前庭系统反馈来进行控制（Paloski et al.，1999）。

5.3.3.4　0 *g* 对抗措施

确定局部竖直方向——0 *g* 时，在重力的术语中没有“向上”或“向下”，以另一种方式确定当时所在环境的垂直方向，可以最大限度地减少失定向。定义航天器的表面为天花板、地板、墙壁，并保持整个航天器的一致性，会提供熟悉的视觉信号，以帮助保持方向（见 8.3.2 节）。

飞行前适应性训练——大多数 1 *g* 训练机允许一次只有一个方向，并要求对不同的方向重新整合。飞行前训练使用电脑模拟航天器，尤其是使用了全视角，可以提供实时接触到飞船的任何方向，并可以使航天员在任务之前“预适应”他们将在 0 g 体验的多重方向（Stroud et al.，2005）。如果他们有一个运动基训练器，这样的训练器可以使乘组人员暴露和预适应 0 g 下经历的异常的视觉前庭相关特性。如果乘组人员为了能在飞行中迅速回忆起，可以在飞行前学习多个适应状态（Welch et al.，1998），这样的话，适应所需时间和失定向的脆弱性可以一起降到最小。

感觉运动适应性训练——人脑的适应性非常强，可以使个体改变其行为模式以适应所处的环境。参加特殊设计的训练课程可以提高快速适应新感觉情形的能力。将这一概念用于训练航天员，我们可以通过增加新的重力环境转换的适应性训练来提高航天员“学习如何学习”的能力。感觉运动适应性训练就是将乘员暴露在多种感觉输入和平衡控制的挑战中，反复进行状态的适应性变换，用于在全新的感知环境下学习如何提高组合和重新组合合适的运动模式的能力（Seidler，2004，2010；Mulavara et al.，2009；Batson et al.，2011）。

5.3.4　动眼神经控制和主动视觉

自主和反射眼球运动由于重力变化受到不利影响，表现为扰乱凝视稳定及眼球跟踪，从而降低动态视力（Reschke et al.，1999）。更具体地说，在 g -负荷或 g 卸载时，使用耳石信号的 VOR 组件变得不准确，平稳的眼球跟踪，特别是协调的头眼跟踪，在 0 g 下受到损害。g -负荷的高频率变化（即振动），将加剧这些视觉的紊乱。

5.3.4.1　加速度和超重影响

横向轴 g 持续载荷对人的视觉动作性能产生重大影响：

• 调节受损和视力下降。这种现象出现是由于眼睛的光学机械效应和撕裂（$-G_X$ 负载时更糟糕）。Chambers（1961）报告指出，在 $+3\ G_X$ 的水平时注视非常困难。White 和 Jorve（1956）发现在 $+7\ G_X$ 时目标要两倍大才能看得见。

• 对比敏感度下降。加速力会促使视觉刺激明显变暗，大概是因为视网膜的血流量减少。Chambers 和 Hitchcock（1963）称在 $+5\ G_X$ 时进行阈值区分需要将对比度增加 50%。在高显示器亮度水平，这种影响会降低。

• 视野缩小。关于横向加速度影响的定量信息几乎没有。Chambers（1961）发现，$+6\ G_X$ 会造成周边视野损失，超过 $+12\ G_X$ 损失会大幅增加。对于正加速度（$+G_Z$ 值），受试者间差异在 30%左右（Zarriello et al.，1958）。如果横向加速度存在类似的差异，这将表明有些人可能会在 $+4\ G_X$ 的 g 负荷时就会遇到周边视力降低。

• 反应时增加。尽管认知效果和运动输出延迟方面的隔离感知延迟影响是不确定的，但在超重暴露（Canfield et al.，1949）期间，视觉和听觉刺激的反应时会增加。Chambers 和 Hitchcock（1962；1963）描述的视觉空间反应任务中，在 $+6\ G_X$ 时反应时增加，一些与任务有关的反应增加超过一秒钟。虽然听觉反应也受制于反应时的增加，但与视觉相比听力受超重的影响更小（即，在高于导致灰暗或黑视的 g -水平以上，听觉仍可坚持）。

5.3.4.2 微重力效应

5.3.4.2.1 从 1 *g* 过渡到微重力

入轨后，耳石作为弥补倾斜平衡的反射会消失，因此，补偿收益很可能瞬时下降。这种倾斜和旋转 AVOR（代表地球上的联合旋转和重力倾斜）显示减少增益；OCR 反应将被废除，但偏航的 AVOR 不会期望它能改变，因为它的功能基本上是独立的耳石。因此，倾斜的旋转头部运动将产生比正常视网膜滑落和前庭平衡还要大的不匹配（与 SMS 的概率增加有关系；Lackner & Graybiel，1985），而偏航头部运动使视力很少甚至没有下降。这些研究成果在很大程度上证明了对人类和猴子（Reschke et al.，1999；Clement & Reschke，2008）做的太空飞行研究。在人类和猴子的飞行过程中，偏航头振荡显示没有系统增益变化的迹象。然而，飞行中人类倾斜的 VOR 与飞行前垂直控制相比可能最初会减少（Vieville et al.，1986）。旋转 VOR 的扭转反应在飞行期间（STS－42 REF）也会减少，正如预期的 OCR 在飞行期间完全消失（Reschke et al.，1991）。

最初减少的倾斜 VOR 随着飞行时间的推移可能会增加（Vieville et al.，1986）。在飞行（STS－42 REF）期间动态旋转促使产生大的地面反应，与此相一致的观点认为，动态翻滚过程中产生的耳石信号可能被重新诠释为 IA 平移。

零重力除了对 VOR 的影响，也对自主平稳跟踪眼球运动（追踪）有不利影响，在头部和眼睛跟踪期间增益衰减（与增加追赶眼跳动有关）会变得越发严重，特别是沿垂直轴的时候（Andre－Deshays et al.，1993；Reschke et al.，1999；Moore et al.，2005）。此外，从设备中获取信息的错误以及要求眼-头-手协调任务中的错误越来越多（Reschke et al.，1999）。

5.3.4.2.2 从零重力过渡到 1 *g* 或到部分 *g*

在头部和眼部主动追踪期间，飞行后 VOR 倾斜增益似乎要大于 1（Reschke et al.，1999）。一些人与猴子的试验研究表明，与飞行前控制相比，飞行后的光学字符识别显著减少，这种减少可以持续许多天（Arott & Young，1986；Dai et al.，1994；Young & Sinha，1998）。飞行后对 IA 刺激的反应，证明了扭转反应下降（Arott & Young，1986；Dai et al.，1994；Clarke，2006），偏航反应增加（Parker et al.，1986），这些与 OTTR 假设一致。

因此，在返回和降落时，视力也受到影响，特别是在垂直的头部运动时：

- 目标获取。当目标（例如仪器仪表）超出有效的动眼神经范围，目标获取是靠头部运动和眼球运动来完成的。目标获取时间可能延迟 1 s 多。
- 追寻轨迹。移动目标的视觉追寻和阅读是很困难的。Ball－Bar（针对跑道降落的地面最终降落视觉提示）作为一种着陆辅助，可能因为航天飞行引起的追踪误差，而受到损害。

这些头-眼协调性的变化导致了飞行后在头部运动过程中视敏度的降低。

5.3.4.3 振动效应

振动显示——振动引起的横向运动图像小于±1 弧分（约 24 英寸的观看距离±0.5 点），低于人的视觉分辨能力（Howard，1982）。振幅较大的纵向或横向运动图像的低频内容（约 1 Hz 或更小），可以有效地被追寻系统跟踪，使观察者不动时可以看清缓慢振荡的显示，但这些情况将增加工作负荷和晕车的风险。更高频率的振荡在约 0.2°以上（>2～5 Hz），会导致视网膜的影像模糊，影响标准字体大小的可阅读性，造成时间增加，阅读错误，阅读难度增加（O'Hanlon & Griffin，1971）。

振动观察——当乘组人员受到振动，他们的 VOR 是几乎完全能够稳定住视网膜上的图像，为头偏航旋转频率补偿相当于 12 Hz（Ramachandran & Lisberger，2005）。尽管有 VOR，+0.5 G_Z 均方根（RMS）时，在短的视觉距离上（15.5 英尺，与猎户座的预期相似），视敏度在 5～20 Hz 降低了 3 倍（O'Briant Ohlbaum，1970）。这表明，5 Hz 以上的 VOR 弥补头部转换的功能可能不太有效。眼睛本身取决于座姿和头部支持，在 20～70 Hz表现出与头部的共振（Griffin，1990），这些将加剧视网膜图像的模糊。然而，在这种高频率情况下，为了保证处于健康和安全的限值内，就必须使振幅降低，从而最大限度地减少对视觉功能的干扰。因此，易受损的范围是 2～30 Hz，其中包括在发射过程中预期的固体火箭助推器的推力振荡的振动峰值约 12 Hz。

这些振动效应对飞行状态都有应用意义，包含发射、轨道发动机点火和大气再入。

5.3.4.4 对抗措施

鲁棒性显示设计——为了减小振动、g 加载和卸载对视动功能的影响，以下的通用设计准则应适用于变重力和/或高振动任务期间，乘员进行飞行控制或系统监视时所用的所有显示系统。这些准则应补充到“显示器”一节中的建议部分，因为它们是专门针对持续加速超过 3 G_X 或 2 G_Z（载重）任务的条件下，或在任何方向的零到峰值下振动超过 0.15 g（TBR）时显示的。

- 视觉显示应位于中间，亮度（>3 朗伯 TBR），高对比度（>30%，TBR），并尽量减少空间需求（观看距离>49 cm TBR）以及敏锐度（任何符号或文字应该有至少 0.4°的视角，即距离 19 英寸时 10 点字体，TBR）
- 鉴于听觉信号似乎更能抵抗 g -负荷，听觉警告和警告音似乎更适合于在高 g 的异常情况下需要快速反应时传递关键信息。

保守操作原则——在重力转换期间或刚转换完后，任务应该尽量减少头部运动如俯仰、滚转或转换部位的需要（即任务不应该要求周边观测或获取），尤其是长时间（>2～3 天）适应 0 g 后从零重力转换回有重力的情况下。

定期离心运动（人工重力）——在神经实验室任务期间，开展一项飞行前、中、后的研究（Moore et al.，2003），在飞行过程中通过 G_Y 离心机沿 IA 轴施加了 g 载荷，产生了正常 OCR 响应（即正常转动眼球运动，不是 OTTR 重新诠释偏航眼球运动）和正常的本体重力错觉（即正确的倾斜感知，而不是转换的）。与大多数以前的研究（见上文）发现不同的是，在神经实验室研究中，飞行后发现 OCR 是正常的。这些近期的结论与之前发现相互冲突表明，定期加载 0.5 g 或 1 g 的重力负荷可以为动眼神经和感知的适应提供保护。

5.3.5 手眼协调

5.3.5.1 加速和超重的影响

伸出——人在至少+6 G_X 水平上可以完成伸出动作，但动作平均比 1 G_Z 条件下慢约

50 ms（Kaehler & Meehan，1960）。即使用经验丰富的航天员和飞行员作为研究对象，在 3 g 时，着航天服的研究对象向前伸出的位移距离平均减少了 6%（4 g 为 18%，5 g 为 32%），其中 40%受试者不愿意暴露于 4 g 以上的环境。因此，在 3 g 及 3 g 以上，即使非常积极和训练有素的受试者，肢体运动的准确性也会受到损害，“疲劳和服装干扰”是很严重的问题。超过 2 g，伸出动作开始出现方向错误；对于与正前方有超过 33°角的伸出，将向前方向 6%的位移误差转换成倾斜方向的伸出动作，估计会产生一个约 2°的闭环方向误差（约一个切换开关或钥匙的宽度）。但是，这种粗略的计算低估了开环误差，在严格的时间限制下（例如，异常情况下的关键伸出动作）或由失适应的乘员完成的伸出动作，都会进一步影响到伸出动作。

手动控制——在某些情况下，在峰值超过＋20 G_X 时人可以保持清醒许多秒并能利用手腕拇指运动启动胳膊边上的控制器（Collins et al.，1958），甚至可以在＋15 G_X 情况下完成有意义的飞行控制动作（Chambers，1961；Chambers & Hitchcock，1963），尽管报道称暴露于＋15 G_X 下 5 s 会产生长达 48 h 的眩晕（Duane et al.，1953）。然而，即使在正常下降过程中有预期的中等水平的横向 g（＋3 G_X ～＋6 G_X）暴露，甚至有侧面控制器接口，有理由预期会有工作效能受损，表现在反应时增加、精确度下降，以及伸手控制任务完成时间的增加。但这些忧虑可以得到缓解或克服；成功的水星、双子星和阿波罗计划是一个历史性的事实证明。

Chambers（1961）、Chambers 以及 Hitchcock（1962，1963）在类似水星环境下，对一些候选的多轴手-腕测控制器在一定范围的横向 g 载荷情况下进行了追踪和飞行控制工效研究。＋6 G_X 时，他们发现了工效客观存在小幅衰减，所有的候选控制器与 1 g 时相比平均降低约 25%。不同控制器的降低幅度显著不同，而且在＋6 G_X 情况下，一些候选控制器完全失效。例如，从总滚动误差的图表化数据可见，5 个控制器中存在 3 倍差异。有趣的是，自我评估的主观性能表现似乎与客观性能数据无关。但从这些调查中获取的信息是，尽管许多 2～4 个轴侧控制器（以及相关的脚踏板）在＋4 G_X 以上时可以支持充足的工效，但具体控制器的设计是最重要的。

在类似阿波罗情形下，在进入必要的一维滚动控制任务仿真期间，驾驶员要维持恒定的 g 水平，显示在 3 g 下任何一个飞行员主观的工作负荷等级或客观控制错误措施不受 G_X 负荷影响（Wingrove，et al.，1964）。超过 4 g 时，G_X 负荷不利影响增加，Cooper－Harper比率增加大约 1/2 点，6 g 时，控制错误大约增加 25%，如此在＋6 G_X 行驶期间在大约 0.03 Hz 下飞行员发生的振动可能超过±0.5 g。同样地，在 3D 飞行控制任务中，当驾驶员控制一个缓慢制动的航天器时，比如“随着加速度水平的增加，航天器动态稳定性要求增加”（Creer，et al.，1960），主观和客观工效比 4 g 时明显变差。此外，对于一个控制器界面的主观对比中，由于偏航的控制，对于与脚踏板相结合的倾斜和翻转控制的两轴手控，毫无疑问地将优先选择，当这种配置（不是 3 个轴侧控制器）在适中的阻尼、适度的交叉耦合状态下是完全合适的，在小的阻尼和费力的交叉耦合状态下也是可接受的。

5.3.5.2 微重力效应

5.3.5.2.1 从 1 g 到 0 g 转换

伸出——由于手臂的突然卸载，最初的伸展倾向于高处快速可达，但是这可能会很快适应，因为有视觉和身体感觉的反馈（Cohen，1970；Cohen & Welch，1992）。

手动控制——在手臂保持适当稳定和支撑时，任何人不可预见在手动控制时有任何明显的影响。

5.3.5.2.2 从微重力返回到 1 g

伸出——由于手臂突然重新负荷，最初的快速伸出将会变慢，需要加倍努力，但乘组将很可能随着视觉和生理感觉的反馈迅速重新调整适应（Cohen，1970；Cohen & Welch，1992）。

手动控制——只要手臂能保持适当稳定和支撑，我们不能预期对手动控制有任何具体影响，但是当太空中已经适应的前庭系统（见 5.2.3.3 节）经历重新加载时，手动控制对任何失定向和目光不稳定都是脆弱的。更具体地说，头部运动引起的自我平移错觉可能在再入控制输入上产生不利影响。对于航天飞机着陆，降落质量和飞行后的临床前庭评估具有相关性（McCluskey et al.，2001）。

5.3.5.3 振动效应

振动对人体的手眼协调产生不良后果，很大程度上是因为其凝视稳定和视力的影响（见 7.7 节和 5.4.12.2 节），但也因为其直接影响运动控制。具体来说，适当的肢体约束或支持，对于工效的可靠性和减少意外控制输入十分关键。此外，由于生物力学阻抗的变化，振动的影响与 g 负荷产生非线性相互作用（即不可预知的）。在＋3.5 G_X，振动水平超过 0.14 g RMS 就会对工效产生负面影响（Vykukal & Dolkas，1966）。0.3 g RMS 以上，只有粗动作（例如，不在视觉控制下激活开关）是可靠的，在 0.5 g RMS 以上，手动控制会受到严重影响，暴露后潜在影响安全的效应会持续数分钟。

5.3.5.4 手-眼组合对抗措施

鲁棒控制器设计——下列通用的设计准则将应用于乘组在高 g 或高振动的任务阶段时任何飞行控制或系统监测界面。这些指南将对控制章节（见 10.3 节）的建议提供补充，它们是专门针对控制的，当持续加速度超过 3 G_X 或 2 G_Z（TBR），或者在任何方向上的（TBR）振动从零到峰值超过 0.15 g 条件下，要用它来支持任务完成。

- 手-手腕-手指驱动器或脚趾踏板应用于所有乘组的操作。虽然从 2 G_X 到 3 G_X 时可以实现安全和有效的伸出，目标显示边缘键或开关应定位在中央 30°以最大限度地减少错误和影响。
- 对于在 3 G_X 或 2 G_Z 以上的手动控制，应将维度和控制任务的难度减少到最低，并应提供自动增稳。
- 必须提供适当的肢体支持和/或约束，以支持精确控制和减少意外输入。

鲁棒性的操作概念——对于持续性加速度达 2 g 以上，可达域应限制在中央 30°以内，而且在持续性 g 负荷高于 2 g 期间不应用于标称任务。当振动水平在零至峰值（TBR）高于 0.5 *g* 时，只能安排简单的无需视觉的两相运动任务（比如按按钮）。

定期离心运动（人工重力）——定期的 0.5 *g* 或 1 *g* 负荷似乎能防护动眼神经和知觉的适应（Moore et al.，2003）；因此，它也可以防护 0 *g* 长期适应时的手-眼协调，包括前庭神经和肌肉骨骼的功能。

5.3.6 平衡和运动

5.3.6.1 飞行后影响

前庭和触觉响应，以及肌肉强度和反射均受微重力的影响。返回地球后，这些影响可能导致平衡和运动的问题，可能产生心血管失调（见 5.2.4.1 节）问题、凝视稳定问题（见 5.3.4 节和 Bloomberg and Mulavara，2003）。长时间的飞行后，这些变化能持续很多天。平衡和运动控制的变化对于飞行器着陆后出舱的梯子和台阶的设计，以及从着陆的航天器到居住舱或安全区域的步行要求距离设计上，都有应用价值。

神经适应——就像前庭眼反射、前庭脊髓反射（见 5.3.2 节），神经适应是在地球上快速运动自动调整姿势的关键，也适应于失重情况（Paloski，1998）。因此，航天员返回地球，经历不同程度的共济失调、姿势不稳、运动功能紊乱，特别是视觉条件低下的状况（Paloski & Reschke，1999；Bloomberg et al.，1999）。

肌肉失调——如果没有使用对抗措施，短期任务中，航天员可能丢掉他们自身肌肉质量的 20%，长期任务中差不多是 50%，主要是在腿部和背部的姿势维持肌肉（Clement，2003）。着陆后，这可能影响航天员的身体平衡和运动，它们对于安全和快速离开航天器，是很重要的。观察显示，航天员飞行任务低于 20 天，需要 2～4 天恢复到他们飞行前的平衡性能，反之，乘员执行飞行任务时间比较久，比如在国际空间站和和平号空间站上的乘员，需要花费 15 天的时间恢复到飞行前 95%的运动功能（Mulavara et al.，2010）。

5.3.6.2 感觉运动功能的对抗措施

对抗策略包括飞行前训练促进向微重力的感觉转换，药物治疗和在飞行早期的限制活动，以及飞行中通过锻炼来减小长期飞行任务产生的功能降低。主动运动对于返回地面重力环境后迅速适应非常重要。恢复计划采用的锻炼方式，能够刺激多种感官，相对于个体已经适应的恢复程度，其刺激难度越来越高（Wood et al.，2011）。这种方法也用于提高乘员面临跌倒风险时的自我感知。ISS 上新增的抗阻和有氧锻炼设施对提高飞行后运动能力具有重要意义。

为维持感觉运动功能，采用跑台可帮助 6 个月 ISS 任务后返回 1 *g* 环境中的适应能力。

5.3.7 研究需求

有关影响航天飞行的关键知识空白确定如下：

- *g* -负荷和振动单独或相结合对视觉功能、凝视稳定性和手动控制的影响。
- 为了优化航天飞行界面设计，与凝视稳定性、视觉功能、认知过程和运动控制相关的航空航天视觉运动任务中人工效能限值的计算模型。

这些差距的广泛讨论在 Paloski 等（2008）所写的文献里可找到。

5.4　视觉感知

5.4.1　引言

视觉是我们搜集外界信息的主要手段，这些外界信息包括其他人对于我们所形成的信息和存在于我们周围的物体、事件和环境当中的信息。航天员依靠视觉去完成各项任务，包括阅读、检查仪器、观察环境、执行任务以及与同伴交流。因此适合于构筑人因工程学标准来研究人视觉的能力与局限性。这些标准将很可能应用于视觉显示和通信系统、视觉辅助工具（如护目镜、助视器）和与视觉有关的任务设计中。

本部分的目的是为人的视觉灵敏度的关键属性提供简短概要。另外，可能的话，这些能力将与载人航天飞行要求或特殊的条件相关联。这部分为该手册其他章节提供参考，比如“视觉显示”和“照明”等强调视觉的问题。

简而言之，在此我们探讨的仅仅是人视觉最基本的原理和既定的事实。本部分同样主要限于视觉功能，而不是光学、生理学、解剖学与神经学方面。

5.4.2　眼睛与视觉

视觉始于进入眼的光，将光投影在视网膜上形成视觉光学图像，视网膜覆盖眼的背部，是由光感受器与视觉神经元组成的组织。光感受器既有在黑暗条件下（暗视觉）起作用的视杆细胞，也有在光亮条件下（明视觉）起作用的视锥细胞。存在着一个显著的亮度范围（中间视觉），在此范围内两种细胞均被激活（见图 5.4－3）。三种视锥细胞对于不同波长的选择决定了我们对颜色的感知。

光被光感受器上的感光色素吸收，转换成电信号，再通过多种媒介神经元传递到视神经，之后传递至外侧膝状体核，最后到达视觉皮层。视觉皮层由众多特殊区域组成，这些特殊区域均位于脑的后部，似乎专司各种不同的视觉加工任务。这些区域共包括了几十亿神经元，占据了整个大脑的很大一部分。

5.4.3　视觉刺激

并没有唯一的或最好的方式去定义视觉刺激。它最终是由落在双眼上的大量的光子所形成，但可能是以反射物与发光体、波阵面或者视网膜成像的形式，这取决于描述的目的。在此我们绘制了有关视觉实验室研究的前景，并且给出了适合于平面图像展示的描述。视觉刺激被认为是与时间（t）相关的眼所在方向的辐射强度（I），波长（λ）与平面（x，y），及眼的维数（e，左或右）的一种分配。它可以被写成一个函数：$I(x, y, t, \lambda, e)$。

空间的两个维度，x 与 y，被认为是一张图像水平与垂直的尺度，其量纲是基于视角的度数。视角是距离眼一个特定距离的目标或图像元素所形成的角度。从高度为 H 的物体正交表面观察远离物体中心的距离 D 所形成视角的标准公式是

$$a = 2\tan^{-1}(H/2D) \qquad (5.4-1)$$

视角通常记录为度（°），分（arcmin，60 arcmin＝1°），秒（arcsec，60 arcsec＝1 arcmin），或弧度（rad，2πrad＝360°）与毫弧度（mrad，1 000 mrad＝1 rad）。比如，从地球算起，月球的视角约 36 arcmin。计算角度近似值的方程为

$$\alpha = KH/D \qquad (5.4-1a)$$

其中，K 为 1 时，结果的单位是弧度；1 000 时是毫弧度，180/π 时是度，60 * 180/π 时是分，3 600 * 180/π 时是秒。如果以上这个例子用式（5.4－1）计算，再用公式（5.4－1a）计算，结果为 36.000 3 arcmin。10°的结果是 10.026。

在以下部分，依次说明了空间、时间和波长这几个量纲。以上的刺激表达通常采用省略的手法。比如，在讨论空间敏感性的部分，通常认为一个亮度影像，其时间、波长与眼睛的分布是常量并且可以忽略，从而得出一种表达 $L(x, y)$。亮度影像本身会有效地转换为一张对比图，减去亮度的均值 L_0，并除以该值，得

$$C(x, y) = \frac{L(x, y) - L_0}{L_0} \qquad (5.4-2)$$

这样，图像从均值转换为标记分数差。下面介绍光适应的部分，该表达可更好地描述图像光强度。

5.4.4 阈值与灵敏度

在对人视觉的描述中，主要关心的是视觉能见度的界限：区别可见与不可见的物体。这些界限将以如上述变量的方式详细地介绍：主要涉及空间、时间与波长。可视与不可视的界限有时可以描述为一扇能见度的窗，通过它，我们可以看到世界（Watson et al.，1986）。为了定义这个界限，需要视觉阈值这个概念。想象一个视觉目标，比如一个直径为 1°的环状圆盘，持续时间为 100 ms，位于一个均匀一致的背景下与圆盘形成特定的对比。在对比度非常低的情况下，目标将不可视；高对比度的情况下，目标将高度可见。在两者之间形成一个目标可见的对比度，称为对比阈值。实践中，此阈值可在试验中确定，目标以不同的对比度呈现多次，并且一种心理测验功能（或者称为看到曲线的频率）作为一种目标对照用来描述正确辨认的可能性。这种规律将在图 5.4－1 中直观表示。心理测验功能区别了可见与不可见，但是由于人判断的差异性，这种转换并非突然的，而是循序渐进的。为了用单个的数字详细说明这种转变的位置，曲线达到一个特定概率（在本例子中P＝0.632）的对比 T 值定义为阈值。因此，在本例中，如果目标检测到的时间为 63％，对比度为 0.2，那么阈值即 T＝0.2。尚有更多有关阈值的原理和测量方法同样是可用的（Farell & Pelli，1999；Sekuler & Blake，2006）。

因为 T 是可见的最小对比度，也称为临界显著差异（JND，Just Noticeable Difference）。该量的倍数即以 JND 为单位。阈值的倒数，$S=1/T$，定义为对比敏感度。大对照阈值对应小敏感度，反之亦然。

该部分的其余内容，将经常性地考虑刺激的一维函数阈值变化，这是一种有用的和有益的方法，但是应当记住，阈值是目标多次分析中尺寸和属性的综合结果。因此当持续时

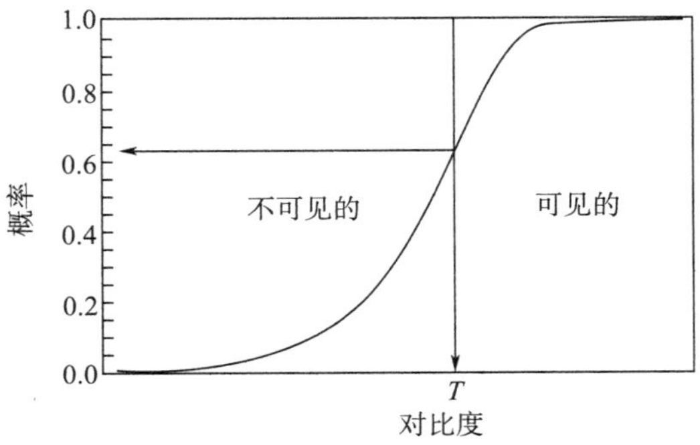

图 5.4－1　阈值和心理测量函数

间保持不变时，阈值或许是可测量的，可作为目标尺寸函数来测量。如果使用一个新的不变的持续时间，结果可能不同。现代视觉科学的挑战是整合各种维度下的结果及它们交互作用，形成视觉敏感性的通用模型。

在这里使用了对比度阈值的例子，但同样的原理可以用来测量其他维度的阈值。

由于视觉阈值处于我们视觉体验的极限，并且由于我们产生的视觉体验多数是在阈值以上发生的，也许会问“为什么要研究或关心阈值呢?”原因之一是阈值在揭示视觉感知方面非常有价值。虽然许多体验已经用生理学手段证实并已更详细地阐述，但几乎所有已知的人类视觉体验至少最初是用该方法揭示的。

但这里更相关的原因是，视觉功能是在阈值之上显著一致的。在许多视觉功能方面，其迅速上升于阈值之上，但随后迅速到达平稳期。比如，当字的大小或对比度刚刚超过阈值时，阅读效率迅速提高，然后在阈值上水平保持不变（Legge et al.，1987）。再次，能见度窗口提供了有益的比喻：窗户的边缘外，什么也看不到，但在里面，所有有关的东西均可见。因此，从性能的角度来看，重要的是使用阈值来划定这个窗口的边界。

5.4.5　视觉光学

眼睛的光学特点是限制人体视觉能力的首要因素。在视觉显示、交互的设计和视觉任务的设置中，考虑乘组人员眼睛的光学状态及其随年龄、光照条件和任务时程而发生的变化是非常重要的。例如，推荐字体大小时，通常假定有良好的光学聚焦。因不适应或像差造成的聚焦不清，则需要增大字号。

眼睛具有最重要功能意义的光学组成是角膜、晶状体与瞳孔。角膜，最外层的光学元件，大部分的聚焦能力由其负责（约 40 屈光度），而晶状体进行约（20±8）屈光度的微调。晶状体所进行的聚集调整称为调节。调节能力随年龄增加而降低，超过 50 岁之后该能力基本丧失。

5.4.5.1　屈光偏差

一个所谓的屈光正常者，位于无限远的目标对象将聚焦在视网膜上，若不是这样的话，就存在屈光偏差折射错误。屈光不正分为近视（聚焦在视网膜的前面）、远视（聚焦在视网膜的后面）、散光（在不同方向的不同位置聚焦）。镜片可以纠正所有的这些球面或柱状偏差。

5.4.5.2 波前像差

从光学的角度来看，理想视觉包含的光波在进入瞳孔时，要有恰当的球形表面。近年来，人们普遍以波前像差的功能表示眼睛的光学状态，定义瞳孔区，描述光学波前偏离近似球面的程度。此功能通常由一组被称为 Zernike 多项式（Thibos et al.，2002）的数学函数表示。在此方程中，上述屈光不正的散焦和散光，属于低阶像差；其他更复杂的光学缺陷是高阶像差。虽然人们目前努力研究屈光矫正手术与隐形镜片，但高阶像差仍不能用眼镜矫正。用 Zernike 公式可以在数学角度上描述眼的特定缺陷，比如散焦、散光和高阶像差，可以预测视野中的物体在视网膜上形成的图像。最近，模型展示了如何从任意的波前像差中预测字母的分辨能力（Watson & Ahumada，2008）。

因为图像形成是一个线性过程，波前像差函数功能也可以转换成一个点扩散函数或光学传递函数，其中任何一个均可以用在从一个物体的图像转换为视网膜图像。在后面的章节中，我们将讨论光学传递函数如何在人类观察者的对比敏感度函数中起到作用。

5.4.5.3 瞳孔反射

瞳孔是光线穿过的光圈，其直径通过一种被称为瞳孔反射机制来影响进光量和最终的聚焦程度。正常瞳孔直径范围为 2 ~ 8 mm，一般中老年较小。不同的光水平和年龄对瞳孔直径的影响如图 5.4 - 2 所示。图中曲线是由一个公式计算得出，而这个公式包括亮度、光适应区的范围、观察者的年龄，是单眼还是双眼。这个图假定采用的是双眼和 20°的瞳孔直径适应范围。

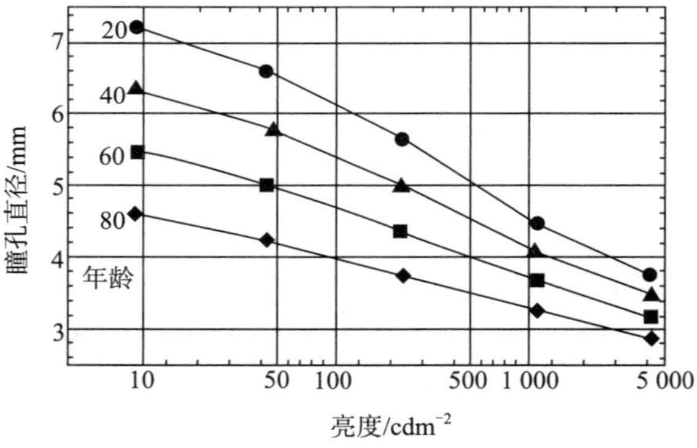

图 5.4 - 2 瞳孔直径与光水平和年龄的函数关系

5.4.5.4 光散射

另外一种带有实际后果的光学现象是光散射。当进入眼睛的光线广泛分散或均匀分布在视网膜时，光散射情况就会发生。光散射会降低视网膜对目标的对比度。光散射随年龄增长而增加，并与白内障等眼疾相关。光散射导致眩光现象，将在下面讨论。光散射这种现象估计其发生的概率占年轻人的 10% 到老年人的 50%（Westheimer & Liang，1995；Ginis，Pérez，Bueno & Artal，2012）。

5.4.6　灵敏度与波长

眼对于光的灵敏度在 380～780 nm 的波长范围。灵敏度的变化可以通过多种方法进行测量和描绘，但在这里，他们由国际照明委员会（CIE，Commission Internationale de l'Éclairage）明、暗视觉的光视效率函数 $V(\lambda)$ 和 $V'(\lambda)$ 定义，如图 5.4－3 所示。这些函数都以标准化形式表示，并显示各种波长光的相对有效性。暗视觉函数适合杆视力或暗淡的照度，明视觉函数适合锥视力或中度以上明亮程度的照度。

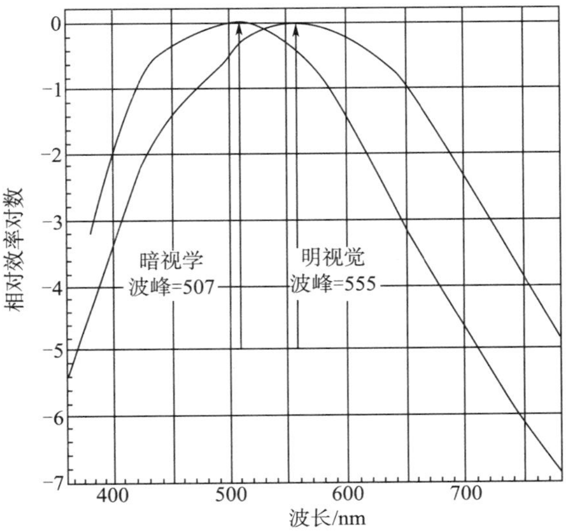

图 5.4－3　明、暗视觉的光视效率函数

大多数光源不是单色光，而是由不同能量分布波长的光组成，写作 $I(\lambda)$，并且指定为辐射单位（$W \cdot sr^{-1} \cdot m^{-2}$，每立体弧度每平方米的瓦特数）。光传递光感的效果是由整个能量谱、发光度函数加权决定。这就形成了亮度的概念，定义为

$$L = K_m \int I(\lambda) V(\lambda) d\lambda \tag{5.4-3}$$

其中，K_m 是一个常数，等于 683 流明每瓦（$lm \cdot W^{-1}$），积分范围是可见光波长范围。亮度的国际通用单位是坎德拉每平方米（$cd \cdot m^{-2}$）。亮度可能会分布在其他维度，如时间和空间，正如以上讨论的视觉刺激。还存在一些其他有关亮度的单位，读者可以参照标准以获得更多的信息（Rea，2000）。

另一个被广泛用于研究视觉的亮度单位是光子（简称 Td）。这是测量视网膜照度的一种方法，并且考虑到了通过瞳孔进入眼睛的光通量。由 $cd \cdot m^{-2}$ 为单位的亮度（L）和以 P（mm^2）为瞳孔面积的光子数用以下公式表示

$$T = LP \tag{5.4-4}$$

如果瞳孔的直径未知，我们可以使用以上公式将亮度近似转化为视网膜上的亮度。图 5.4－4 显示了 4 个不同年龄组视角为 20°的双眼调节示例计算。

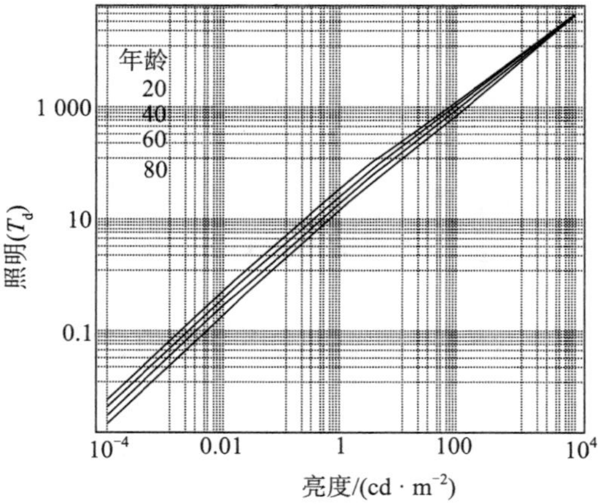

图 5.4-4　对于 4 个年龄组的光强度与视网膜照度之间的关系图（见彩插）

5.4.7　光适应

人类视觉系统的工作范围约 13 个对数单位的光照强度。然而，在任何时候，对小得多的约 2 个对数单位范围内的光是敏感的；光适应敏感性将这个窗口移动至绝大多数环境水平（Hood & Finkelstein，1986）。

图 5.4-5 显示了沿着这个非常小的敏感性滑动窗口的整个范围。这个值是 lg cd · m^{-2}数量级，黑框内标示出了短暂敏感性的范围（Hood & Finkelstein，1986；Kaiser & Ahumada，2008；Parker & West，1973）。

人的瞳孔可以调节到达视网膜的光线总量达到一个很小的敏感程度。较大的效应（约 10^{10}）由感光色素与神经反应完成。由于后者的效应是局部的，因此眼睛可能在视野的不同部分适应方面也有所不同。

作为一种简化，通常将光适应分为所谓的稳态和过渡状态。稳态是指眼睛在适当的时间里已经适应一个时间与空间统一的亮度。过渡状态，是指适应状态的变化，即适应光亮度变化。过渡状态的动态过程经常分为明适应和暗适应。明适应就是对于光增强相对快的反应；暗适应就是对于光减弱相对慢的适应。明适应可能在几秒钟的时间基本完成，而完整的从明适应性水平开始的暗适应过程可能需要多达 10 min（Hood & Finkelstein，1986）。

观察者的灵敏度由光在空间和时间的分布所决定，依次分别由在操作环境中的目标亮度（包括显示）和眼凝视目标的模式及持续时间决定。稳态适应是一个影响显示亮度和对比度需求以及显示图像灰度级有效分配和编码的重要因素。瞬时适应对于动态与复杂亮度环境的可见度具有重要影响。瞬时视觉适应对于显示可见度的时程有着极大的影响，同样对于动态视觉环境中的显示亮度及对比度需求也有着极大影响，比如在航天器的座舱中（Krantz et al.，1992；Silverstein，2003；Silverstein & Merrifield，1985）。

相似的是，稳态明适应的效果是将亮度转变为对比度。随着光水平的增加，视觉系统

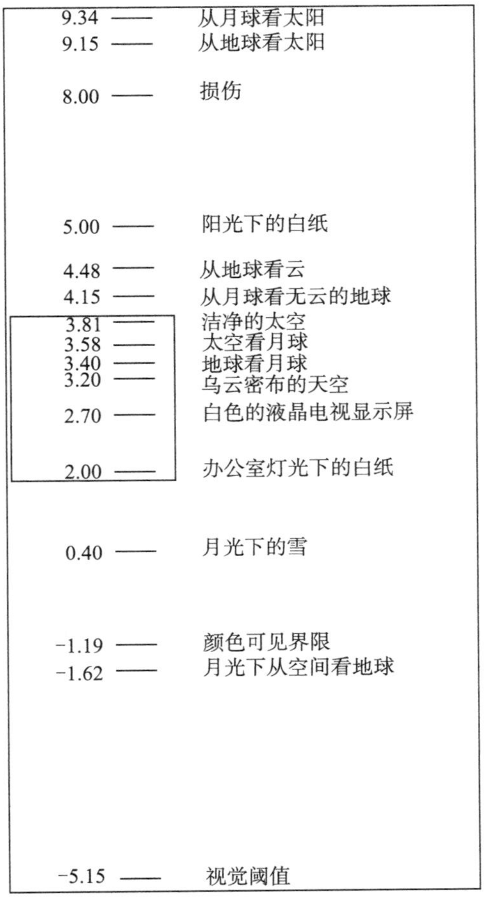

图 5.4-5 人类视觉工作的亮度范围

的增益几乎按比例减少，使亮度检测阈值保持一个适应亮度几乎恒定的分数，也就是一个恒定的亮度对比。这个增益的变化分别发生在杆（暗适应）和锥（明适应）系统。增加光照水平也会导致时空分辨率的增加，这将在下面讨论。

5.4.8 空间灵敏度

空间灵敏度描述的是观察者检测及辨别空间模式的能力。静态单眼亮度图像模式也被考虑了进去。空间灵敏度传统意义上由以下 3 个方式刻画：空间总和、视敏度和对比敏感性函数。从现代角度来看，所有这些方式都是同一事物的不同表现，而最后一个方式是最普遍的，但每个方式都有一个惯例，并且在特定情况下可能是有用的，所以按顺序来处理。关于人类空间敏感性的深入讨论见 Olzak 和 Thomas（1986）。

5.4.8.1 阈值与大小

一般情况下，在均匀背景下针对中小圆盘的阈值随着面积成比例下降，所以对比度（亮度）与面积的乘积是恒定的，这被称为 Ricco 定律，它表明在小范围内光能量完整的总和。这个完整的总和仅仅取决于一个临界尺寸，这个尺寸随光照水平及其他参数而变化。对于在暗适应眼中短暂的周围闪烁，利用杆视觉，其临界直径大约为 1°，阈值约为 $-5\ \lg\ cd \cdot m^{-2}$（Hood & Finkelstein，1986）。通过增加背景的亮度或持续时间，临界直径会有所减小。在明亮的背景上持续时间短（8.5 ms），约 0.4°，在明亮的背景上持续较长时间（930 ms），约 0.2°（Barlow，1958）。超过临界直径，阈值继续随着尺寸下降，但速度较慢，尤其在长持续时间和明亮背景条件下。

图 5.4-6 显示了在不同背景光水平条件下，不同圆盘状目标的阈值数据（Blackwell，1946）。在此试验中，观察者扫视一个直径为 10°的背景来定位 8 个位置中的一个目标，总持续时间为 6 s。适应亮度的对数（$\lg\ cd \cdot m^{-2}$）显示在每条曲线的开始，水平轴是以其两个因素之一来度量，因此 Ricco 定律体现为一条 −45°的灰线，而每条灰线起始于第一个数据点。在 8 个亮度级中，只有在图底部的 3 个最亮，属于光适应。请注意，在这些最亮的水平（并非特别亮）曲线开始汇聚。这说明，在光适应水平，对比阈值基本保持不变，如上面提到的光适应的讨论。在这些光适应的背景下，阈值最低为 0.007 7，或仅低于 1% 对比度，目标直径为 2°。

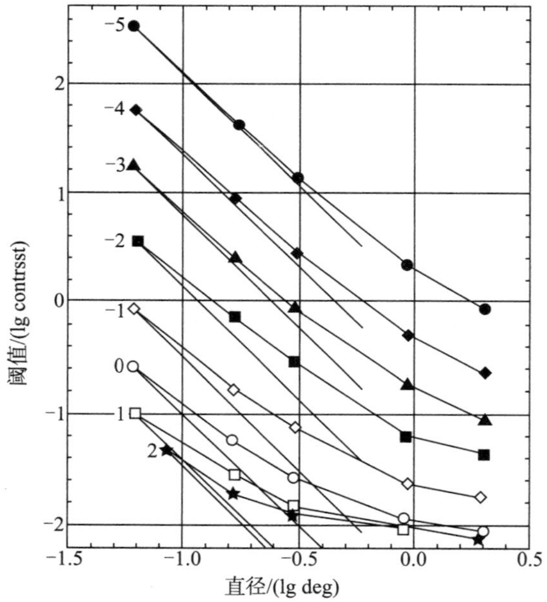

图 5.4-6　作为目标直径函数的对比度阈值（Blackwell，1946）（见彩插）

5.4.8.2　视敏度

视敏度是指可识别的最小尺寸。在实践中，视敏度在一个特定的距离，用一组特殊图案（视力表字形）的最小尺寸来测量，往往包括近距离（0.4 m）和远距离（6 m）视敏度测量，虽然后者较为常见。存在着多种视力表字形集合，以及具体的测试和评分方法。图 5.4-7 显示了两个示例的视力表字形。在左边的是一个 Sloan 字母，右侧是一个 Landolt 环。红色的网格线显示尺寸和几何形状。在标准尺寸，网格线相距 1 arcmin。

Sloan 字母由 10 个字母组成，10 个字母中每一线条的标准尺寸均为 1 arcmin，并且总高度与宽度为 5 arcmin（NAS－NRC，1980）。视敏度被定义为用 50%的时间所鉴别的最小字母尺寸 M 分度，对应标准尺寸 5 arcmin。朗多环（或 Landolt C）实际上与 Sloan C 相同，由一个标准尺寸 1 arcmin 裂隙的环组成。观察者要求确定裂隙位置，可能发生在 4 个位置（顶部、底部、左侧、右侧）中的任何一个位置。

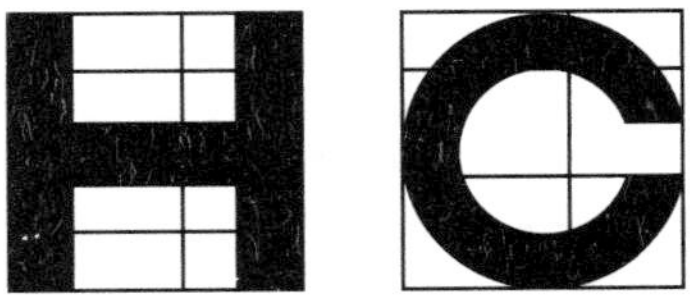

图 5.4－7　视敏度目标实例

视敏度用所需放大倍率的十进制值表示，即阈值大小与标准尺寸 *M*/5 的比值。往往这个分数为 lgMAR，由十进制视敏度的 lg 所得出。传统的方法例如 20/40 所指的是测试距离（分子）与放大率和测试距离的乘积（分母）的比值。所谓的 20/20 视敏度对应 lgMAR＝0。年轻成年人实际平均 lgMAR 视敏度约－0.1（Ohlsson & Villarreal，2005）。

视敏度很小时会依赖光照水平（Rabin，1994），正如图 5.4－8 中水平和垂直坐标轴的比例尺是相等的。一旦明适应水平达到，光水平进一步提高只会导致少许视力改善。随着年龄的增长，视力也会有所下降（见下文），并且随着离中心凹的距离越远，视力下降更加明显。

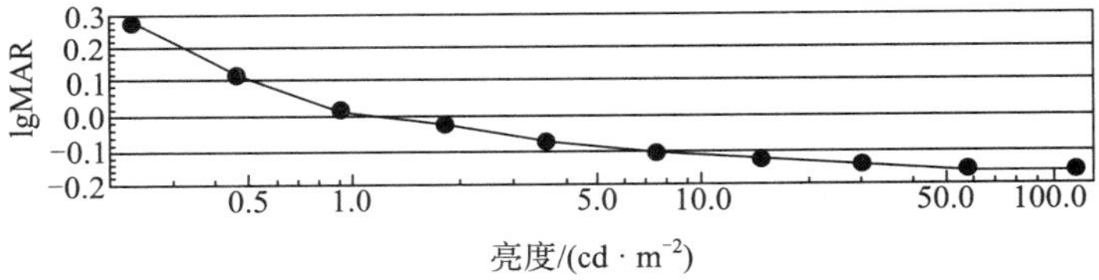

图 5.4－8　敏感度与光水平（Rabin，1994）

5.4.8.3　空间对比敏感度函数

空间总计（阈值与大小）测量对比度的最小量，此值可在大而均一的目标中被检测，而视敏度测量高对比度且可区分的目标最小量。一个更通用的空间敏感性测量涉及两种先前的度量，即空间对比敏感函数（SCSF）。SCSF 指定观察者能够检测的光栅目标的对比度：在空间纬度中一个正弦曲线调制的对照度。对于第一个近似值，空间图像最早的视觉过程可能被先认作是一个滤波，SCSF 提供一个滤波的调制传递函数（MTF）近似值。

图 5.4－9 显示了几个正弦光栅的例子。这些例子随着空间频率变化，并用空间周期数/视角（°）和对比度加以说明：（a）2 周/图像，0.5 对比度；（b）2 周/图像，1.0 对比度；（c）8 周/图像，1.0 对比度。测量 SCSF 涉及对每个空间频率确定检测所需的最小对比度。

图 5.4－9　不同空间频率和对比度的正弦光栅目标

示例数据在图 5.4－10 中显示（van Nes & Bouman，1967）。它们阐明了许多空间对比敏感度函数的基本特征。首先考虑最上面曲线的整体造型，获得一个相对明亮背景上叠加的模式。曲线形状上是带通，其对比敏感度峰值约 2.7 lg 单位（约 500），位于 4～8 周/(°)。在高频状态下，会出现快速下降，在 50～60 周/(°）接近最低（lg 灵敏度＝0）。在频率低于峰值的位置还有一种较为平稳的敏感度下降。

直观地，函数的峰值表明视觉可检测到的最小对比度。根据测量的最佳条件（高亮度，大光栅，静态展示，持续时间长，年轻的受试者），约为 0.002。峰值出现的频率（约 4 周/(°）或带宽为 0.125°）表示观察者最敏感的像素大小。高频限制，在大约 60 周/(°)（带宽为 0.5 arcmin）时，表示可以检测到的最小像素。

分离的曲线表明，随着光水平的提高，对比敏感度增加。但是，应该注意的是这个数据涵盖非常广泛的光线水平：只有最上面三条曲线在光适应范围内，并且在此范围内随光水平而增加的视觉敏感性要少得多。第二个与适应水平有关的改变是向着更高空间频率的变化，表明随着光水平增加，分辨率提高。并且，随着光水平的增加，低频衰减的出现，还存在从低通到带通的形状变化。

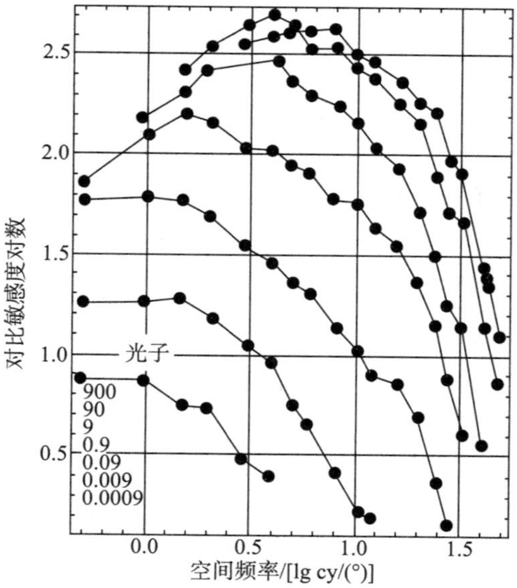

图 5.4－10　各种光线适应水平的对比敏感度（van Nes & Bouman，1967）（见彩插）

SCSF也已被证明是取决于光栅的大小（Carlson，1982）、光栅在视野中的位置（Koenderink et al.，1978；Robson & Graham，1981a；Rovamo et al.，1978）和光栅的时频。在最后一种情况下，光栅并非静态呈现，但其对比是随着时间的推移正弦调节的。此结果如图 5.4-11 所示（Robson，1966）。对于调制（1 Hz）最慢的速度，结果是类似于静态目标。对于高速，灵敏度下降并且整体曲线变得越来越低通。可以将时间和空间对比敏感度函数相结合，创建一个时空的对比敏感度函数（STCSF）。

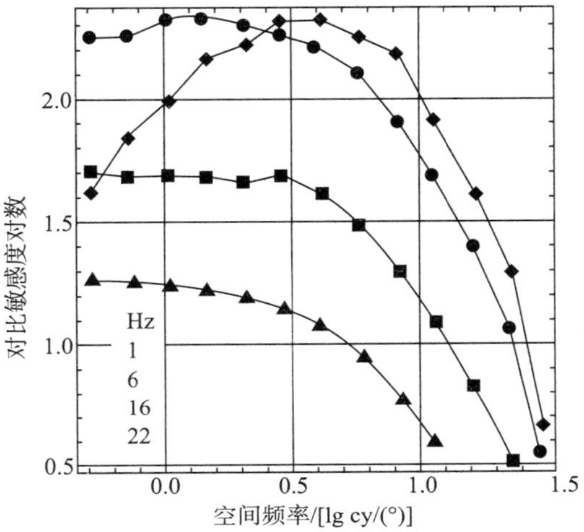

图 5.4-11 空间对比敏感度作为时频函数（Robson，1966）（见彩插）

偏心率（与注视点的距离）对于空间对比敏感度有着深远的影响（Koenderink et al.，1978；Robson & Graham，1981a；Rovamo et al.，1978）。为了定位目标，同时避免复杂的清晰边缘影响，发现使用 Gabor 模式是有用的，这是高斯分布（管理尺寸）和正弦波的产物。图 5.4-12 显示了 Gabor 模式作为一个空间频率和偏心函数的灵敏度（Robson & Graham，1981）。曲线代表了不同的空间频率，由一个符号进行区分（h 和 v 表示水平和垂直）。偏心率按 Gabor 空间频率周期绘制，可以看到，所有曲线都以相同速率下降。灰

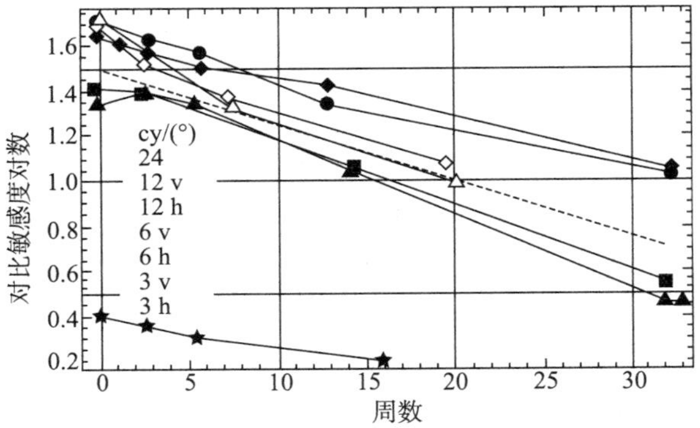

图 5.4-12 Gabor 模式的对比敏感度偏心率函数（Robson & Graham，1981b）（见彩插）

线表示 1/40 对数单位每周期的下降。这意味着，空间高频灵敏度的下降快于低频。例如，要下降 2，任何频率都要从注视点移动约 12 周。对于 24 周/(°)，只有 0.5°，而对于 3 周/(°)，是 4°。

5.4.8.4　屏蔽

空间的视敏度会由于其他模式的存在而显著降低，该现象称为视觉屏蔽（Legge & Foley，1980；Watson & Solomon，1997）。最强的屏蔽发生在当遮蔽物与目标重合时。一般来说，随着屏蔽对比的增加，屏蔽效应会随之增加，并且随着频率与方向相似度和测试与屏蔽重叠角度的增加，屏蔽效应同样会增加。当屏蔽是一种噪声或者重叠的光栅时，屏蔽物仅在的目标的空间频率 1 倍频程内有效。

一个相关的现象叫做拥挤现象，其中邻近的画面会大幅降低目标模式的可辨认性（Pelli et al.，2007）。拥挤现象是外周视觉的一个主要或唯一的现象，但对于显示的设计却有着很大的影响。

屏蔽和拥挤对于信息显示的设计非常重要，因为不能让某些信息得到显示却屏蔽了其他的信息。一般来说，在过小的空间中呈现过多的信息往往会导致屏蔽现象的发生。这就是选择或设计显示布局时让其尽量简单、整洁，并只包含必要信息的原因。

5.4.8.5　模型

已经构造了许多数学公式来计算对比敏感度函数的参数，如光水平、光栅尺寸和外周位置（Barten，1992；Rohaly & Owsley，1993）。然而，SCSF 应用的主要目的是能够预测视觉的任意空间模型，并且这些公式没能达到目标。后续的模型提供了计算任意非光栅目标探测阈值的方法（Daly，1993；Lubin，1993），但这些模型比较复杂，并且其结果也可能很难被应用。

最近，开发了一个简单的算法可以预测任意中心凹注视对比模型的对比阈值。该空间标准观察法（SSO）结合了基于 SCSF 的一个滤波器，如图 5.4－13（Watson & Ahumada，2005）所示。右边 2D 滤波器与左边的一维滤波器和一个定位效应相结合（Watson & Ahumada，2005）。SSO 可能会应用于多种实践中，如显示设计。

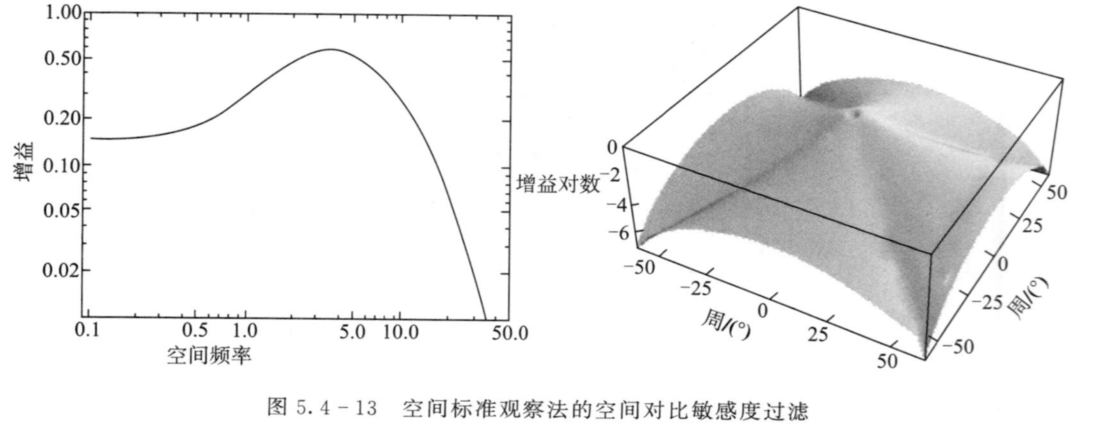

图 5.4－13　空间标准观察法的空间对比敏感度过滤

5.4.8.6 年龄的影响

成人的对比敏感度与视敏度均会随着年龄的增长而下降。对于对比敏感度，在中间和高空间频率下降尤为明显，在最低频率时就消失了。从 20 岁到 80 岁，在没有明显的视觉病理情况下，16 周/(°) 的对比敏感度，大约每 10 年下降 0.1 个对数单位。MAR 对数视敏度每 10 年下降大约 0.07 对数单位（Owsley et al.，1983）。从 65 岁到 85 岁，视敏度每 10 年会降低 0.09 个对数单位，对数敏感度的峰值每 10 年会降低 0.11 个对数单位（Rubin et al.，1997）。因此，20 岁左右敏感度达到峰值，到 80 岁，视敏度与敏感度峰值可能降低高达 55%～70%。

5.4.8.7 小结

- 在适度的光背景下，中等大小的目标对比阈值约为 0.01。
- 最小的对比阈值约 0.002。
- 年轻观察者的正常对数 MAR 视敏度约－0.1。
- 空间对比敏感度函数（SCSF）提供了视觉空间敏感度的一般描述。
- 最大的视觉空间频率大约为 4 周/(°)。
- 对比敏感度的上限约为 60 周/(°)。
- 对比敏感度与视敏度随着适应光水平而增长，但是在很大程度上，光适应水平未受影响。
- 对比敏感度受时间调节的影响很大。
- 对比敏感度随着偏心率以空间频率每周约 1/40 对数单位的速度降低。
- 在成年人中，对比敏感度与视敏度随着年龄以每 10 年 0.07～0.11 对数单位的速度下降。

5.4.9 时间灵敏性

5.4.9.1 定义

视觉刺激随时间分布，分布特征会影响刺激的可见性和对刺激的感受（Watson，1986）。时间敏感性与任何短期或快速变化的视觉信息源相关。一个普通但重要的示例是亮度明显平缓变化的频率刷新显示器，比如电影和电视。

类似于空间敏感性，有三种测量方法可用于描述时间敏感性的特征。它们分别是时间求和、临界融合频率和时间对比敏感度函数。

5.4.9.2 时间求和

时间求和描述的是光线或对比度是如何随时间累加的。其测量一般通过改变光线矩形脉冲时间，并且测量每个阶段的阈值。空间模式是固定的，但如下所示，结果在某种程度上取决于空间目标的性质。

图 5.4-14 显示了指定背景水平下直径为 1°（Roufs，1972）的盘状目标，其阈值为光增量持续时间的函数值。这里的背景是指增量前后盘状目标的亮度；盘状物外部空间区域（周围）是黑暗的。在一个明亮的视觉背景下，对比度阈值的下降程度与持续时间大约成比例关系，一直到持续时间大约 30 ms。对比度和持续时间的相互作用称为 Bloch 法则，

终止的时间点称为临界持续时间。左下部的灰色线条显示了一个斜率为－1 的斜线，这是 Bloch 法则的特征。对于较暗的背景，临界持续时间变长，最暗的背景接近 100 ms。外围目标和中央凹内光栅目标也是类似的结果。见相关文献的详细描述（Watson，1986）。

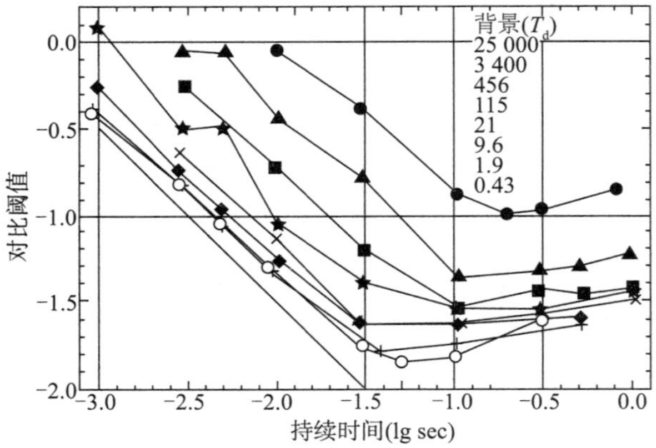

图 5.4－14　不同光水平背景下 1°圆盘状物的对比阈值与持续时间的函数关系（Roufs，1972）（见彩插）

超过临界持续时间，阈值会采用两种模式中的一种。当目标物较大或有较低空间频率时，无论持续时间长短，阈值基本会保持在一个恒量上，或者可能有轻微的升高（如图 5.4－14 所示）。当目标较小或者有较高的空间性频率，阈值将会随着时间的增长而持续降低，但是速度平缓。

Bloch 法则与信号对时间的积分一致。它的普遍性已经导致简单说明“100 ms 内的视景积分”。然而，成对的短脉冲阈值测量显示，这个结论并不完全正确。成对反信号脉冲的可见度要高于成对同信号脉冲，这个现象更多地提示了区分效应的存在。为了同时符合整合效应及区分效应，使用更为通用的时间滤波是很有用的，这样考虑到了时间对比敏感度函数。

5.4.9.3　时间对比敏感度函数

时间对比敏感度函数（TCSF）是一个更常用的方法，它描述了不同时间频域的正弦时间调节曲线的对比度阈值（De Lange，1958）。图 5.4－15 中显示了不同视网膜成像的时间对比敏感度函数的例子。该图与空间对比敏感的对比数据极为相似（图 5.4－11），只是单位赫兹换成了周/(°)。在明视水平上（≥100 T_d），曲线是带通滤波，在高和低的时间频域上均有显著降低。敏感性强烈依赖于全范围的光水平，但只轻度依赖于明视水平。这里敏感性峰值大约为 200 T_d，但是这也将依赖于目标的其他维度，特别是其空间维度。

5.4.9.4　临界融合频率

临界融合频率（CFF）是在对比度为 1 的情况下能被看到的最高频率，换句话说，在该频率，一个单位的对比闪烁光看似融入到另一个稳定频率的闪烁光中。图 5.4－15 中，对比度为 1 时出现该现象，且它们随光的水平而增加频率，范围从低于 20 Hz 到 60 Hz 以上。这在图 5.4－16 中体现得更为全面，该图显示了几个波长的光的临界融合频率与视网膜亮度。该照度以光子为单位进行测量，这就解释了为何曲线在明适应水平时会聚合而在暗适应水平时会散开的原因。

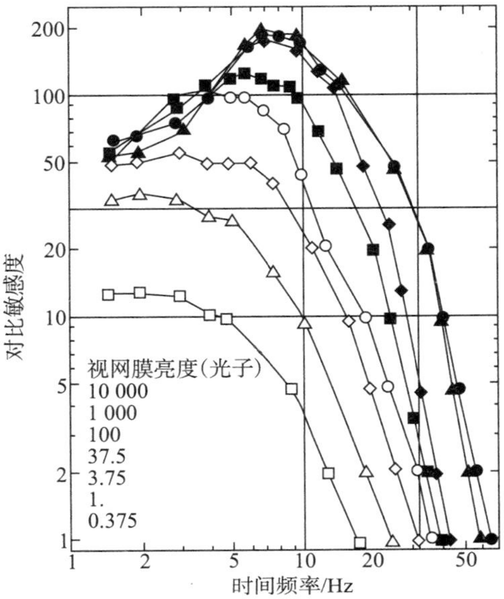

图 5.4-15 在不同光线水平下的时间对比敏感度函数(De Lange,1958)(见彩插)

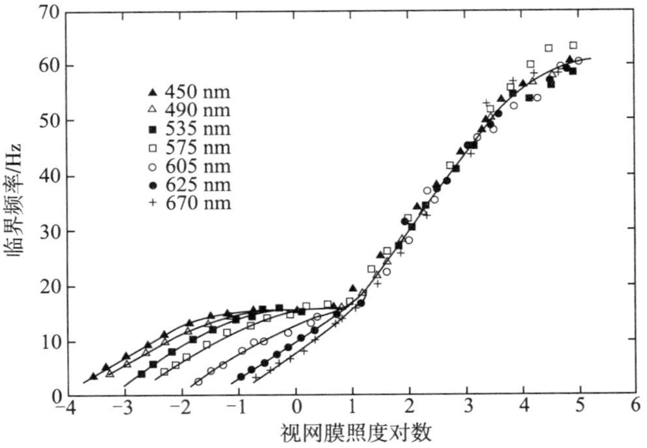

图 5.4-16 在各种波长条件下作为视网膜照度功能的临界融合频率(Hecht & Shlaer,1936)

5.4.9.5 空间和色彩效应

如 5.4.8 节空间敏感性中提到,空间和时间对比敏感性是相互依存的。图 5.4-17 中证实了上述观点,其中 TCSF 是光栅靶点空间频率的函数。对于低空间频率,曲线是带通量滤波,但对于中、高空间频率,曲线是低通滤波。如前所述,空间和时间敏感性被合成为一个单独的 STCSF(Burbeck & Kelly,1980,Koenderink & van Doorn,1979)。该功能的一个高度简化版本称为“可见窗口”,它定义了一个时间和空间频率的视觉区域(Watson et al.,1986)。这个概念对于预测视觉显示器上的图像是否能看见十分有用。如果理想显示和实际显示仅在可见窗口外存在空间和时间频率差异，这些差异就看不到，实际显示就能满足需要。

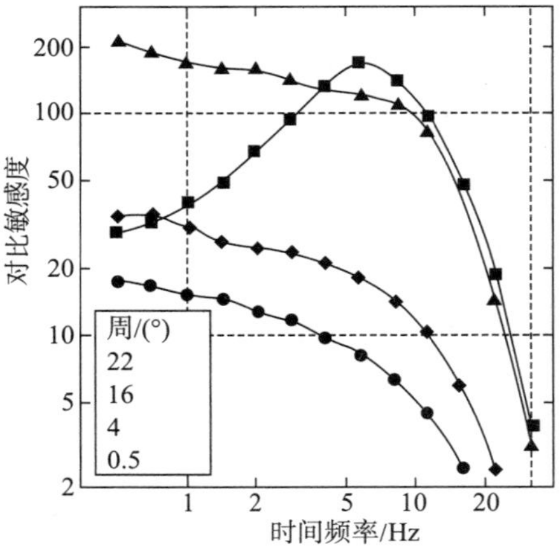

图 5.4－17　在不同空间频率下的时间对比敏感度（Robson，1966）（见彩插）

时间敏感性也依赖于颜色，亮度调节要比色彩调节快得多，在 5.4.10 节将进行讨论（Varner，1984）。但实际条件下，时间调节很少只发生在等亮度条件下，所以敏感性通常由光调节决定。

5.4.9.6　模型

时间对比敏感度的简化线性滤波模型包括两个不同的漏波积分电路差，它可以表述为伽马密度

$$h(t)=s[\Gamma(t;\ n,\ \tau)-T\Gamma(t;\ n_2,\ \kappa\tau)] \tag{5.4-5}$$

其中，$\Gamma(t;\ n,\ t)$ 是一个带有 n 和 t 参数的伽马密度，n_1，n_2，t 和 $\kappa\tau$ 是每一个积分电路的参数，S 是整体敏感度常数，T 是短时响应的度量：当 $T=0$ 时，响应是低通滤波，当 $T=1$ 时，系统是带通滤波，对于常数输入无响应。将各种刺激结构的 TCSF 数据范围带入函数，就生成 $S=200\sim270$，$T=0.9\sim1$，$\kappa=1.33$，$n_1=9$，$n_2=10$，$t=4.3\sim4.9$ ms 的数据范围（Watson，1986）。如果过滤后，以 3～4 之间的指数进行 Minkowski 时间求和，形成的模型将能很好地描述周期性和非周期性时间刺激情况下的可见度。

5.4.9.7　移动灵敏度

移动目标是指空间和时间对比度的特定分布。移动目标的敏感度通常可以理解为潜在的空间和时间对比灵敏度（Watson，1986）。例如，一个 f 周期/(°) 的垂直的正弦曲线的栅格以为 v (°)/s 的速度水平移动，产生一个瞬间的 fv 周期/s 的时间频率。这个对比度的阈值取决于计算 STCSF 在 f 周期/(°) 和 fv Hz 时的数值。复杂的目标移动可由傅里叶转换分解成空间-时间频率成分，其最终可见性可以用同样的方式推导。

5.4.9.8　小结

- 脉冲小于 30～100 ms 时，阈值取决于对比度和持续时间的乘积。
- TCSF 值可很好地表示时间性敏感度的特征。

- 明视光水平下，TCSF 的峰值在 4～8 Hz，CFF 值在 60～70 Hz。
- TCSF 主要取决于光覆盖整个范围的程度，但是仅有一小部分是明视水平。
- TCSF 主要取决于目标的空间及颜色属性。
- 非线性积分的简单线性滤波模型，可以解释很多时间阈值问题。
- 对于在空间和时间上变化的很多目标来说，比如移动目标，STCSF 可用来预测其可见度。

5.4.10 色觉

颜色由视觉刺激下不同波长范围的各种视觉响应组成（Hunt，2004；Kaiser & Boyton，1996；Shevell，2003）。实际上，这些不同的响应通常来自于不同物体的不同光谱反射系数，我们把这种主观经验的结果用在物体的颜色上。因此，颜色是人们区分物体的重要因素，而且现在被广泛运用于视觉通信系统。

5.4.10.1 颜色特征

在亮度章节，波长的能量分布简化为一个数值，即亮度。在光强适宜区域（约大于 10 $cd \cdot m^{-2}$），一个范围更大的来源，比如在一次演示中均一色彩中出现一小片不同的色斑，就能以超过波长范围的能量（即光谱辐射强度）区间来描述，以 $I(\lambda)$ 表示，单位为 $W \cdot sr^{-1} \cdot m^{-2} \cdot nm^{-1}$。色觉遵循单一变化的规律，就是说由两束光线产生同样数量的量子，这些量子被三种色彩光感受器（视锥细胞）吸收后能产生同样的色觉感受。这一点反过来推导出了三色光的原理，即任何颜色的光束在视觉上都可被三种色彩描述：光量子被三种视锥细胞吸收，或经由某种固定的可逆变换吸收。因此，每一种光谱能量的分布区间都能分解成三种色彩。CIE 于 1932 年公布了一种明确的数学变换标准。在这种变换中，这三种色彩的量子数值，被称作三色值，用以下公式表示

$$
\begin{aligned}
X &= K\int I(\lambda)\overline{x}(\lambda)\mathrm{d}\lambda \\
Y &= K\int I(\lambda)\overline{y}(\lambda)\mathrm{d}\lambda \\
Z &= K\int I(\lambda)\overline{z}(\lambda)\mathrm{d}\lambda
\end{aligned}
\qquad (5.4-6)
$$

式中的 $\overline{x}$，$\overline{y}$，$\overline{z}$ 被称为 CIE 1931 色彩匹配函数，K 为常数 683 $lm \cdot W^{-1}$。为了使用方便，$\overline{y}$ 等同于光适光谱发光度函数 $V(\lambda)$，因此 Y 等同于亮度。

用三色原理解释现在发现的色彩构成的多态性多少有些复杂难解，这个理论指出每个颜色都可能包含了多种不同的单个色彩，但是这仍不失为一种有用的且标准的近似解释方法。

5.4.10.2 色度坐标

一束光的色度坐标可依据标准化的光的三色值给出

$$
\begin{aligned}
x &= \frac{X}{X+Y+Z} \\
y &= \frac{Y}{X+Y+Z}
\end{aligned}
\qquad (5.4-7)
$$

这些值组成了 CIE 1931 色品图，如图 5.4－18 所示。在这个图中，色彩区域的边界是光谱轨迹，所有的单色可见光。所有可见光均在边界之内，图 5.4－18 试图展示出这些可见光的近似色。光度计常能测量出 y 轴的亮度及 x 轴与 y 轴色度相配合后的情况。

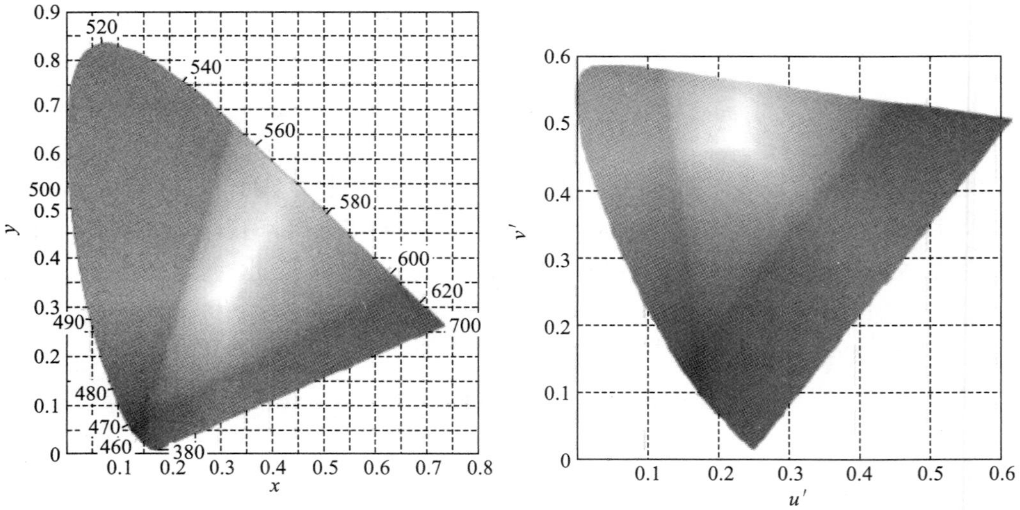

图 5.4－18　CIE 1931 和 1976 色品图（见彩插）

这个显示出一个不同的色度间隔可以提供一个更加近似的单一间隔。就此意义来讲，相等的间隔与看上去相同的颜色差异相符合。CIE 1976 的色品图，如图 5.4－18 所示。以下是与 CIE 1931 相符的一个简单转换公式

$$u' = \frac{4x}{-2x + 12y + 3}$$
$$v' = \frac{9y}{-2x + 12y + 3} \tag{5.4-8}$$

5.4.10.3　色差度量

色差度量将一对色彩转变为一种对色彩知觉差异量级的测量。概括来讲，这些测量仅对小的色彩差异是有效的，大的色彩差异其精确性会有所降低。色差度量对于建立色彩分类、色彩误差及色彩允许偏差很有用。色差度量可以制定色彩原色及混合色的允许偏差范围，帮助从众多颜色中选择色彩，对各种照明情况下的色彩效果提供评估（Brainard，2003）。

在实际运用和校验中被最广泛使用的就是 CIE L* u* v* 和 CIE L* a* b* 色差度量法。对这两种方法不同的预测性能进行比较后发现，CIE L* a* b* 度量法有着更好的精确性，并且这种方法在预测时和对颜色知觉差异方面有更好的一致性。尽管 CIE L* a* b* 法仍被广泛应用，但是它正在被 CIE94 和 CIE2000 两种色差度量法逐渐取代，这两种方法包含成分权重因数，因此提高了所有色彩的色差评估度。

CIE L* a* b* 度量法被一个 XYZ 三色值的非线性变换公式定义为

$$L^* = 116\left(\frac{Y}{Y_n}\right)^{\frac{1}{3}} - 16$$

$$a^* = 500\left[\left(\frac{X}{X_n}\right)^{\frac{1}{3}} - \left(\frac{Y}{Y_n}\right)^{\frac{1}{3}}\right] \quad (5.4-9)$$

$$b^* = 200\left[\left(\frac{Y}{Y_n}\right)^{\frac{1}{3}} - \left(\frac{Z}{Z_n}\right)^{\frac{1}{3}}\right]$$

其中，$X_nY_nZ_n$ 是定义为白色的三色值。然后通过计算这两种色彩各自在 $X_nY_nZ_n$ 量上的视觉差异获取它们的视觉间隔，并将它们组合形成以下公式

$$\Delta E^* = \sqrt{(\Delta L^*)^2 + (\Delta a^*)^2 + (\Delta b^*)^2} \quad (5.4-10)$$

这种色度差异度量法仅直接运用于并排观察均一色彩的不同色块，而不能运用于彩色图像的差异处理。一项最近的提议为延展 CIE L* a* b* 的图像用途使用了一种独立的空间过滤器，对三种线性色彩通路中的每一种都能进行过滤，并且可将每种像素都能转化为 CIE L* a* b* 可识别的（Zhang et al.，1997）。

5.4.10.4　互补色

基于理论和实际使用两方面的因素，颜色经常被描绘成互补色，常常由一个亮度分量和两种色差成分组成。一种是红-绿互补，另一种是蓝-黄互补。这种颜色互补的说法很重要，如下所示，这三种对立的通路在空间及时间敏感度上有显著差异。而且，基于这些通路，我们更易理解在视觉系统高级加工过程中的色彩处理。

5.4.10.5　时间和空间特性

空间差异敏感度主要取决于颜色的尺度，颜色尺度上会发生空间调制（Mullen，1985；Poirson & Wandell，1993）。图 5.4-19 展示的是一组对于绿色光栅（左侧，亮度调节），红-绿光栅（变色，但是无亮度调节），黄色光栅（右侧，亮度调节）及蓝-黄光栅（变色，但是无亮度调节）的对比敏感度曲线。当亮度保持不变时，色彩的空间对比敏感度就会向低频转移，相当于亮度空间对比敏感度的 4 倍。这种色彩互补的低频变化模式是图像和视频编码的重要基础。

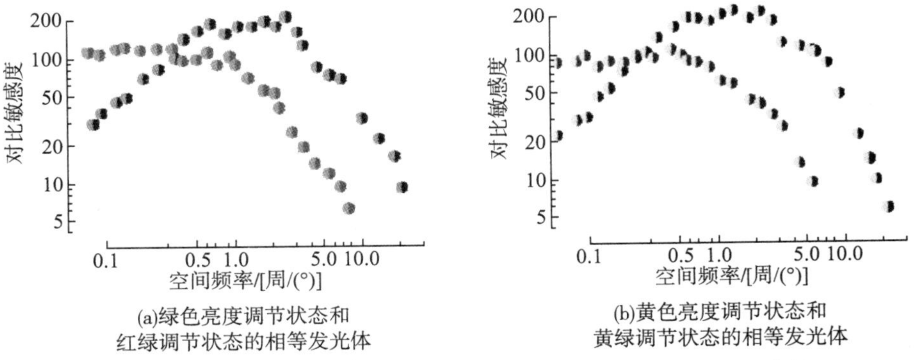

图 5.4-19　亮度和色彩调节的空间对比度（Mullen，1985）（见彩插）

5.4.10.6　色觉异常

色觉异常者是指与标准色觉人群的色彩分辨力有很大差异的人群。主要的色觉异常人群为视杆色盲（无全部视锥细胞）、视锥细胞色盲（仅有一种视锥细胞）、二元色色盲（仅有两种视锥细胞）、异常三色色盲（有三种视锥细胞，其中一种为反常细胞）。二元色色盲的进一步区分要根据他们缺乏哪种视锥细胞而定：红色盲者缺乏 L 视锥细胞，绿色盲者缺乏 M 视锥细胞，蓝色盲者缺乏 S 视锥细胞。异常三色色盲同样可分为红色色盲、绿色色盲和蓝色色盲。色盲多见于男性。女性中色盲发生率小于 0.5%（Gegenfurtner & Sharp，1999）。男性总发病率高达 8%，其中绿色色盲占大多部分，为 4.6%，红、绿色盲各占 1%。蓝色色盲较罕见（约 0.002%），而且男女比例基本持平。

从人群的色彩运用前景来看，色觉异常对于群体进化及使用色彩传达有效信息方面是一个值得关注的问题，因为视觉体验和视觉交流中的色彩应用非常有效和普遍，因此减少或禁止色彩使用的做法将是不明智的，尤其在紧急情况下，应确保与此相关的颜色信息被提供给人群。

5.4.10.7　色彩命名及搜索

色彩对于视觉区分和视觉搜索线索来说是一种非常有效的援助手段，但是当颜色超过 9 种或色彩使用不当时，这种有效性将会下降。研究结果支持这种观点，即有 11 种基本色系，这些色系较其他色彩更易进行颜色的命名与区分（Boynton，1989）。这些色系分别是红、绿、蓝、黄、橙、粉、紫、棕、灰、黑和白。不同深浅的以上色系颜色可以在搜索中很好地完成区分作用，尽管能同样进行区分的替代色系不是基础色系，但也能区分（Smallman & Boynton，1990）。

5.4.10.8　色彩的内部组成及色彩呈现

视觉反应对色彩呈现的影响很大。色彩的背景色、周边颜色及环绕颜色均能对单独的色块产生不同的影响，使其呈现出不同的面貌。这些影响比较复杂，尽管这些范式是为了提供一种简单的预测模式（Morney et al.，2002）。当一种颜色的色彩呈现非常精准时，如作为一个信息提示时，应注意使其与所要表达的内容相一致。

5.4.10.9　小结

- 在一个中性色的背景上，颜色是由不同波长的光线的分布决定的。
- 颜色可由 CIE 的三色值来进行说明。
- 颜色差异可由 CIElab 颜色差异度量进行说明。
- 迅速变化的目标，或非常小或高频的模式下，颜色会变淡。
- 颜色的内部组成能有效影响颜色的外部呈现。

5.4.11　其他视觉现象

5.4.11.1　眩光

眩光是指由于光线过于明亮而导致的视觉失能，包括视力所及的任何范围过亮造成的损伤（比如，在海滩上四处看时），更多见的是，离眼睛有一定距离的某个或某几个光源过亮造成的损伤。来自眩光源发出的光线在眼内分散开来，因此减弱了眼睛内所关注目标的对比度。眩光效应在室内环境下较少见，但在室外环境下容易因白天的强烈阳光及夜晚的明亮灯光所引起。保护措施包括使用面罩或太阳镜（当均一色彩强光时），或暂避阴影中，或重新安排工作周边环境。如下面提到的，眩光效应在靠近月球面或 EVA 操作中要格外引起注意。

已有公式通过将其转换为相同的模糊亮度，而估计眩光效应。例如

$$L_V = 9.2\sum_{i=1}^{n}\frac{E_i}{\theta_i(\theta_i + 1.5)} \tag{5.4-11}$$

其中，L_V 为等效的模糊亮度，E_i 是眼睛在第 i 个眩光源下以勒克斯为单位的照明度，θ 是注视点和第 i 个眩光源之间的夹角。这个模糊亮度被加入到目标的实际发光度和目标的背景中，用来计算有效对比度（Rea，2000）。

5.4.12　空间飞行中的视觉

5.4.12.1　空间飞行对于视觉的影响

通过在双子座任务中使用手持式设备及地面试验，Duntley 等研究人员发现任务过程中的飞行乘员视敏度没有明显改变（Duntley et al.，1971）。在更多的航天飞行任务检测中发现，在地面进行的飞行前后测量中视敏度有一个非常显著但是很小（0.04 lgMAR）的下降（O'neal et al.，1992）。应当注意的是，这些飞行任务都是短期飞行任务；在航天飞行任务中最长的测试周期是 8 天。

近来有证据表明，在长期太空飞行中视敏度会发生明显的改变（Mader，Gibson，Pass，Kramer，Lee，Fogarty et al.，2011）。图 5.4－20 展示了在执行长达 6 个月国际空间站任务的 7 名航天员身上观察到的数据，他们表现出较大的远视倾向，平均转变达 0.84 屈光度（D）。图中每一种颜色代表一名航天员，圆点和方块分别代表右眼和左眼。对这 7 名航天员进行眼科检查，发现的体征有视盘水肿（5 人）、晶状体扁平化（5 人）、脉络膜褶皱（5 人）、棉絮状斑块（3 人）和神经纤维层变厚（6 人）。对执行短期飞行和长期飞行任务的乘组人员进行问卷调查，结果表明分别有 29% 和 60% 的人员出现了视敏度的减退。

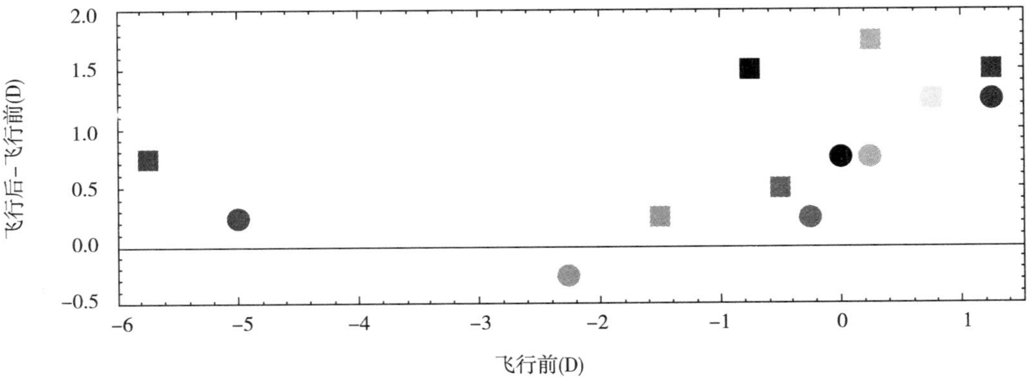

图 5.4－20　长期太空飞行后 7 名航天员的屈光变化

对 27 名航天员 MR 数据的回顾性研究发现，在累计微重力暴露时间超过 30 天的 15 名人员中，40％的人出现飞行后晶状体扁平化（Kramer et al.，2012）。该研究也发现很多同时表现出视神经鞘膜肿胀、视盘突出和视神经直径增加的案例。这些结果可能是由体液头向转移引起的颅内高压所致。

在空间飞行中一个值得关注的视觉现象就是光线闪烁，这些闪烁由高能宇宙射线粒子和视觉系统单元之间的相互作用产生。这些闪烁的速度为每分钟 0.1 至 0.5，取决于保护罩和其他遮挡物的宽度（Avdeev et al.，2002；Casolino et al.，2003；Fuglesang et al.，2006；Herrick et al.，1974；McNulty et al.，1977；Yasui & Ohtsuka et al.，1986）。

5.4.12.2　空间中的视觉环境

NASA 的《生物宇宙数据手册》中提供了一个很有用的关于空间中视觉环境的概述（Paker & West，1973）。空间中的光线环境对于视觉来说有几个挑战，最主要的是大气的缺失。这种缺失使得原来在地球上肉眼感觉到的正常的太阳光亮度在太空中略有增加（大概增加了超过 25％），但是更为显著的是天空中反射光线的减弱。因为几乎所有的自然光都是直接光源，因此阴影区是一片黑暗，只有借助星光或从附近物体反射后光线才能看见影像。更明亮的区域和更黑暗的阴影区的对比造成了非常高的亮度对比，同时也对光线的适应能力提出了更高的挑战。适应了光亮环境下的眼睛看阴影中的物体会比较困难。正如上面所提到的，光亮环境下看到物体后再看黑暗中的物体通常会适应几分钟。同样的，未经过滤的太阳光，特别是在月极的低太阳角时，会有长时间的阴影区，这种情况加大了强光损伤眼睛的风险。对这种情况，现在已经提出了很多不同的建议（Colford，2002；Kaiser & Ahumada，2008）。大气的缺失同样减少了视觉判断距离的一个条件：大气中的微粒或雾霾。这可能导致更难估计出远处物体的距离。但是这种雾霾的减少却可以显著提高视觉辨别远处微小物体的能力。

EVA 带来了光线照射上的其他挑战。近地轨道产生一个 1.5 h 的明-暗周期，这个周期的一半为黑夜。结合航天员可能执行的月球和物体的观测任务及操作，这些条件会造成飞行中较大的光照变化，有时会产生比较恶劣的光照条件。

很多空间中的视觉活动要通过视窗或面罩完成，因此会产生一定的物体形变或位置差异，或与实际物体有反差，或产生重影现象。除此之外，特殊的处理措施，如面罩涂层或偏振光设计可能造成色彩失真或造成偏振光源图像模糊（如 LCD 显示图像）。因此应当注意视窗及面罩的设计，任务中应确保必要的视觉信息的清晰度。

失重环境消除了视觉在地球上时的纵向作用，据报道，这是引发失定向和空间运动病的原因（Colford，2002）。在 ISS 中，已设计了在空间站内部提供一个纵向感以减弱该效应。

几种在空间飞行时可能遇到的反常情况有潜在的视觉损害效应，特别是重力的变化、低氧、气压降低和振动（Trdici & Ivan，2008）。大于＋3.5 G_z 的加速度将会造成外周视觉的丢失，当加速度大于＋4 G_z 时将会造成全部视觉丢失（黑视）。加速度在＋4.5 G_z 至＋6 G_z时，意识可能会丧失。低氧会产生众所周知的渐进性视觉损伤效果，先是夜视觉，然后蔓延至日视觉。据报道，气压降低会导致短暂的视觉盲点或半盲视野。振动通过模糊靶视物降低视敏度，振动频率在 15Hz 以上，接近或超过闪光融合时可能造成最大影响。模糊的程度取决于振动的振幅和振动所在的轴。

5.4.13 视觉校正

保留。

5.4.14 过渡视觉

保留。

5.4.15 研究需求

• 有效的视觉功能评价——长期空间飞行任务会加强飞行期间视觉功能检查的需求，包括确保任务的准备状态和预计视觉功能方面可能出现的下降及改变。需要设计出一套适合任务的多项目、有效、可靠，以及在时间、空间、耗能、设备和工作负荷方面都适合飞行任务的试验项目。

• 视觉品质度量——视觉交流的度量标准，比如数码视频所需的比特率，目前界定起来比较困难，这是由于缺乏相关的研究造成的。通过评估不同视频格式下的比特率性来研究视觉感受的一个功能，可能会有帮助。更多有用的静态图片可作为人类视觉的模型，用来提供视觉信息而无须进行真人检测。这些模型从现有的空间模型、颜色模型和上面提及的时间敏感度模型发展而来。

• 空间对比灵敏度的标准模型——有关人类视觉的很大一部分标准是基于人的视觉对比灵敏度函数。这种功能常被用于测量，但是由于存在测量结果之间的冲突，因此没有得出任何标准数据。除此之外，现有数据没有充分考虑到显示校准或观测者的视觉光学特征。注意，CSF 的校准测量与同时进行的测量或者观测者的波前像差修正一起，可以建立起一个标准数据库。这个数据库将能区别 CSF 光学性的和神经性的组成成分。反过来，该数据库可以预测特殊人群的 CSF 组成，随着年龄及光学性修正的变化而变化来进行预测。这个标准数据库也能为对比度检测、视敏度检测、视觉清晰度检测、视觉显示状态检测、成像和视频质量检测提供更可靠的基本模型。

5.5 听觉感知

5.5.1 引言

人类对声音的感知对于听觉通信系统如何设计至关重要。由于听觉系统的功能人们已经非常了解，目前几乎没有证据表明在空间飞行中发生了听觉功能的变化。但是，一些与地面环境不同的因素如气压和气体成分，以及噪声、密闭环境（航天器）对声音的影响等，在乘员舱和舱外服的设计中应该考虑。听觉感知和认知因素在进行用户界面和控制的设计时需要考虑。本节主要讲述声音的特性，人对其响应和感知导性。

在 6.6 节将讨论在不同条件和飞行阶段中可接受的噪声水平。

5.5.2 声音的特性

5.5.2.1 声音的传播

声音是由于在一定的介质中如空气、水或固体中，分子的物理振动所产生的，能够被倾听者检测到。我们对压力表所显示的气体分子的大气压非常熟悉，在海平面的平均气压为 101.325 kPa（Pa 定义为 1 m^2 面积上施加 1 N 压力）。气压的变化太慢无法被听到。但是，像扩音器类的设备可以在人的听觉频率范围内振动，健康人的听觉范围大约在 20～2 000 Hz。

在空气中，声音振动周期是指空气分子的浓缩和稀薄引起一系列在时间上出现的低压和高压，通常称作声波。简单的声波如图 5.5－1 中的正弦波，具有两个基础特性，频率和压力。频率单位通常为 Hz，是指每秒中的周期数。在这个例子中，声波的压力漂移中点大约在 50 周/s 的频率上，或在 50 Hz（20 ms 一次）。

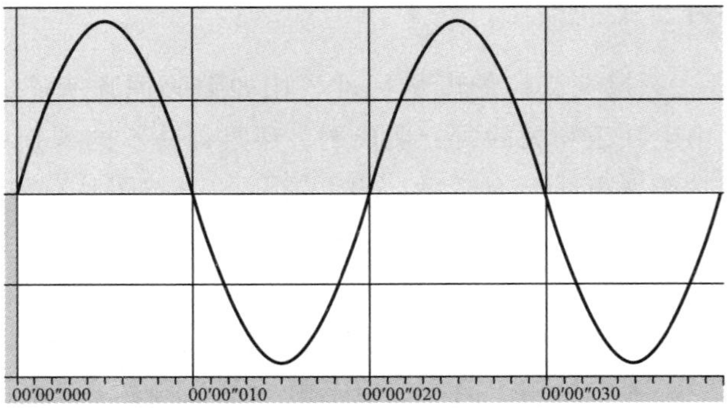

图 5.5－1　正弦曲线声波图解

了解声音的速度和频率后，可以计算声音的波长，也就是从一个压力峰值到另一个压力峰值的距离。空气中声音的速度因高度和温度而变化，最理想的速度是 344 m/s（1 128 ft/s）。波长用速度除以频率得出。因此，50 Hz 的波从一个压力峰值到另一个压力峰值进行测量，约 6.88 m（22.6 ft）长。

声压概念与图 5.5－1 所示的正压和负压的强度有关。人类可检测的声压范围非常明显。健康年轻人能听到的最静的声音相当于 20 微帕斯卡（0.000 02 Pa），可以听到的无痛感的最强音大约在 200 Pa。这在强度上是 10 000 00：1 的变化！采用 lg 单位 dB 来压缩这一强度范围到一个较为简单的范围，即从 0～140 dB。在声学范围内，声压（SPL）的数学定义是两个压力比用分贝来表示

$$L_p = 20 \times \lg(P_1 / P_0)$$

其中，P_0表示国际公认的声压水平 0.000 02 Pa，大多数情况下是可以听到的最小声音，而 P_1表示测量的平均声压值。因此，当 $P_0 = P_1$ 时，声压处于 0 dB 的标准参考水平。表 5.5－1 比较了示例声源声压（Pa）、声压水平（dB）和声压水平的范围（Pa）。

表 5.5-1 经典声源 SPL 和压力比值的关系

声压/Pa	声压水平/［$20\times\lg(P_1/P_0)$］	实例
200	140	疼痛阈值
20	120	接近喷气式分级发动机
2	100	接近凿石锤的声音
.2	80	典型工厂的声音
.02	60	正常谈话 1 m 距离
.002	40	安静的起居室
.000 2	20	安静的录音室
.000 02	0	听觉阈值

室外，尤其是旷野或无声的房间，通常假设没有环境音效，声压随着声音距离的增加而减弱。室内，听者听到声音不仅通过直接途径，还可通过物体的反射或折射，这种方式类似于照到室内所有镜面的光线。声学上，经过反射路线听到的和测量的称为回响。回响的效果，尤其是在中小房间，可引起整个声源的声压不是随距离而减弱，而更像在旷野中的声压变化。某些情况下，回响可引起声压无论声源和接收器在任何位置都保持恒定。

在空间环境中，声音的传播受到了如气压和可呼吸的混合气体等因素的影响，从而影响听觉信号的感知。在足够低的声压下，声音的传播会降低，在给定距离范围航天员需要麦克风才能听到。Lange 等（2005）曾讨论过，在 69.0 kPa（10 psia）压力下，航天员语言理解能力降低。氦作为稀释剂使用，也使语音通信的影响更值得关注。由于氦密度低，造成语音高声调变形，可能造成理解性降低。

5.5.2.2 声音测量

在音频播放、通信系统、环境质量和语音谈话设计中，测量和分析声波强度和频率的能力是非常实用的。声压计是典型的经过校正的，用于定量测量声压水平的手持设备，但也可能是一个固定设备。其设计响应的方式接近人耳，可以提供客观的可重复的测量结果。所有声压计都包含有微音器、处理器和数据读出存储单元。最简单的情况是，微音器将声压转换成电信号，处理器将频率和时间权重给定输入信号，数据读出单元显示测量数值，提供用户后续分析使用。

频率和时间权重用于在声测量的加工阶段来进行声音的统计学特性描述（如峰值或平均水平）和/或使测量更好地响应人的感知。

时间权重是指通过测量计测量在一定时间间隔内的能量累积。大多数声压测量随时间快速波动，使之在大多数情况下可以在一定时间常数内整合声压的变化。有代表性的时间权重包括“快”和“慢”两种时间常数，分别在 125 ms 和 1.0 s 时间段内指数整合能量。对短声的检测，如可能损伤听力的冲击噪声，有时报告峰值声压水平，没有采用时间权重而是采用测量设备能采样的最快间隔，通常小于 1 ms。

虽然声压计能够显示无权重（“线性”）的声压值，通常采用频率权重的 A-权重更为常用。A-权重补偿了耳对较低和很高频率相对不敏感的实际情况。图 5.5-2 显示了 A-

权重。（根据 ANSI Y10.11，指示权重的最佳方法就是下标水平：例如，慢速时间权重的 60 A -权重分贝可表达为 $L_{AF}=60$ dB。但是，虽然分贝本身没有权重，更为常见的是用分贝表示时附加 A，因此，最为常用的是“60 dBA”）。

通常，根据噪声暴露水平（单位为 dBA）和暴露时间来预测听力损伤风险。声音的测量可用统计学方法表示，最常见的用法就是测试时间内声波涨落的能量等价的稳态声压水平，称为 L_{eq}。例如，在空间飞行任务中进行声压测量时，报告的数据为“16 h 乘员工作时间段的噪声暴露水平”（或 $LA_{eq,16h}$）和“8 h 乘员睡眠段噪声暴露水平”（或 $LA_{eq\ 8h}$；ISS 飞行规则 B13 - 152）。

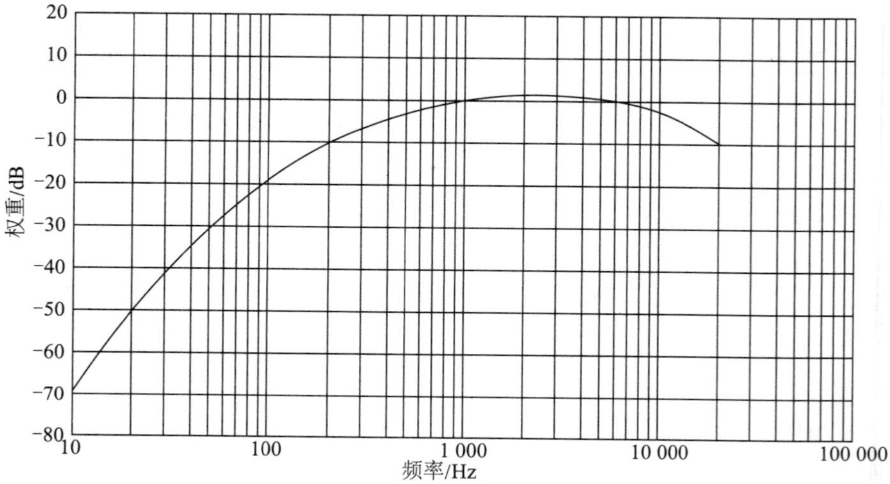

图 5.5 - 2　dBA 的频率权重

注：与感知响度对应的频率权重，通常在声学工程中采用（http://www.diracdelta.co.uk/science/source/a/w/aweighting/source.html）

下一小节的对声音物理参数如强度和频率谱，以及它们对应的感知质量之间的关系进行介绍。

5.5.3　声音强度的听觉响应

5.5.3.1　绝对阈值

人类听力的绝对阈值定义为在其他声音存在的情况下可检测的最低声音水平。绝对阈值数据描述了人类敏感度最低的强度范围，人类听力阈值是统计学定义的，通常是健康耳朵听力阈值的平均。在敏感度的上限，在大约 110 ~ 120 dB SPL 下，声音开始引发不适或疼痛，在大于 115 dB SPL 水平下停留很短时间都会引起听觉的永久性损伤。同时，在大约 100 dB SPL 水平下，感知强度变化的能力开始下降。在这些极限之间的区域就是听觉系统的工作区域。

有两种最基本的方法来测量绝对阈值，最小的听压（MAP）和最小的听力阈值（MAF）。

- MAP 是佩戴耳机时检测的阈值水平，采用尽可能接近鼓膜的很小的探针微音器来测量，声音（通常是持续时间大于 200 ms 的正弦波）采用耳机传送。

• MAF 是在声音环境下检测的声音阈值水平，在消音室内通过麦克风呈现声音来测量［国际管理标准（ISO 389－7，1996）］。当听者认为声音是在阈值之上后，在听者不在的情况下，在听者的位置测量声音。

绝对阈值是频率的函数。图 5.5－3 显示了多数听者的平均阈值，因 MAP 和 MAF 是频率和强度的函数。在 1～6 kHz 范围，MAP 和 MAF 具有最大的敏感度，在低频和高频均有一个很陡的阈值升高。注意双耳 MAF 阈值持续低于单耳 MAP 6～10 dB。这主要是由于双耳听力比单耳听力更为敏感，因为双耳的声音通过听觉系统被叠加。单耳 MAP 表现出只有小的与频率有关的波峰和波谷，而双耳 MAP 却表现出在 3～4 kHz 的较大的波谷和在 8～9 kHz 的峰值。这种差别是由于在 MAP 测量步骤中耳廓和耳管之间声音的交互作用引起的宽回响造成。绝对阈值随个人显著不同，因此在特定频率与平均阈值存在 20 dB 差异仍可以被认为“正常”。

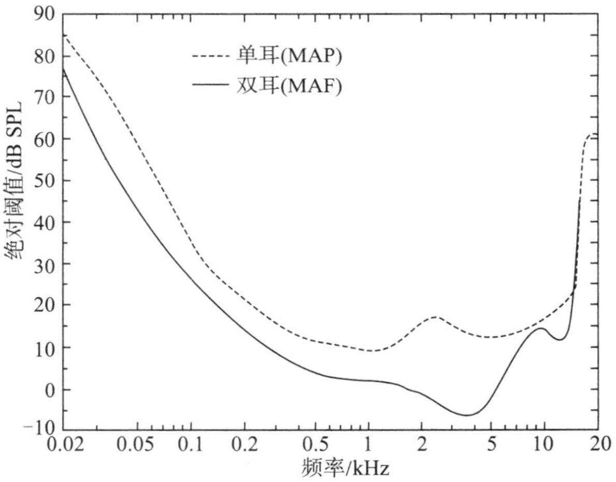

图 5.5－3 可以听到的最小声压值（Moore，2004）

注：实线波形表示的是双耳倾听的 MAF（发表于 ISO 标准 ISO 389－7，1996），虚线波形表示的是单耳倾听的 MAP。

另一个影响绝对阈值的因素就是声音的持续时间。在 200 ms 以下，随声音持续时间的降低，最小可检测的强度增加；也就是，更短的声音较难被听到。500 ms 以上，最小可检测强度与声音的持续时间无关。这表明听觉系统对于 200～500 ms 的时间积分是一个时间常数，虽然通常认为是声音重复采样而不是简单能量整合的原因。也有研究认为这一常数在低频时比高频时更大。但是，最近的研究发现随频率升高，几乎没有变化（Moore，2004）。

5.5.3.2 听力损失

当考虑健康情况如外周听力损失时，听觉敏感性的测量非常重要。听觉敏感度采用听力图进行读报，听力图是一种反映个体倾听者在各频率下听力水平的图。用听力计采用

MAP 技术测量纯音的听觉阈值，确定指定倾听者的听力，或在特定的测试功能条件下能够诱发听觉感知的最小声压水平。用通过国家校正标准的听力计或耳机向受检者呈现纯音刺激，这样当在相同的测试条件下，受检者会产生相同的结果。另外，听力测试一般在相对较为安静的环境中进行（必须达到国家标准的最大周围环境噪声水平）才允许受试者进行听觉刺激的检测。标准的听力测试技术是根据心理生理原理指定的，可用于检测听力阈值，检测的听力阈值可以与以前很多正常、健康成年人测试的平均值进行比较。听力图上，“正常”阈值范围表示为 0 dB 听力水平（HL），每个人的阈值表示为自己的 HL（通常是以 5 dB 增长的，如图 5.5－4 所示）；也就是说 HL 是测量阈值和正常阈值之间的差异。听力阈值可能是正值也可能负值，因为特定的个人在给定频率条件下比正常人群不敏感或更敏感。听力损失通常定义为比 25 dB HL 更高的阈值，正常听力范围为－10～25 dB HL。

听力图的结构形状可以为找出与听力损失有关的原因提供线索（如，硬度过大或中耳结构的质量特性，耳蜗张力性结构区域受到损害）。图 5.5－4 是运用空间传导测试法获得的听力阈值图的示例。

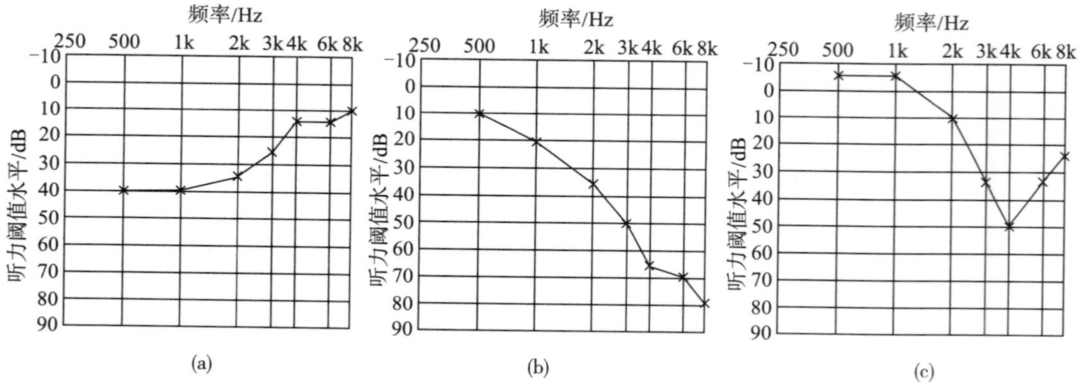

图 5.5－4　听力测试图示例

三种典型听力图的比较，数据用 dB HL 进行绘制。(a)：低频下的听力阈值升高图但高频正常（在因中耳疾病所致的传导性耳聋中可见）。(b)：严重高频耳聋时的听力阈值坡形图（在老年性耳聋中可见）。(c)：低频下正常的听力阈值图（甚至比 0 dB HL 下还好），但在 4 kHz 时可见明显的转折（中度噪声诱发耳聋的特征）。注意：在实际诊断耳聋是传导性的、感觉神经性的或混合类型的时，需要提供比气传导听力图更多的信息。比如，测试听力可以采用骨传导振荡器（代替气传导听筒）来直接刺激内耳（绕过外耳及中耳）。当相同频率骨传导听力阈值好于气传导阈值时，一个传导性成分即被证明（并且听力丧失的性质很有可能不完全是感觉神经性的）

听力损失的原因可以是传导性的，也可以是感觉神经性的。传导性耳聋是由于外耳或中耳缺陷导致接收声音的降低，它通常使整个听阈升高。引起传导性耳聋的疾病通常可以采用药物或手术进行治疗。当对传导性耳聋这种疾病不能通过医学治疗时，采用放大声音的办法可以矫正存在的耳聋（如提高无线电耳机的音量或者采用助听器）。感觉神经性耳聋通常是由于耳蜗病变引起的，但也造成听觉神经或脑更高级别水平的病变。感觉神经性耳聋不支持采用医学方法进行治疗，通常认为是不可逆的永久损伤。像传导性耳聋一样，感觉神经性耳聋也使声音强度降低，但它还会导致听觉成分畸变，造成当声音响度足够大时声音听不清晰。感觉神经性耳聋患者通常对语言的理解有问题，尤其在噪声环境下。一旦医学可治疗的情况被排除在外，感觉神经性耳聋的典型治疗方法就是采用助听器（或者，在严重或明显听力损失时，进行耳蜗移植）。但是，由于放大技术并不能解决感觉神经性损伤所造成的生理限值（如频率特异性和选择性的变化），助听器并不能在神经性耳聋的情况下重建“正常”听力。

当感觉神经性耳聋同时还存在传导成分时，就是混合性耳聋。

最常见的感觉神经性耳聋就是老年性耳聋，也即与老龄化有关的听力损失。老年性耳聋对双耳的影响是一样的，随年龄增长影响增强。最初是影响高频听力。老年性耳聋是由于与年龄相关的健康因素引起的，如动脉粥样硬化、糖尿病和高血压等造成的，引起了耳蜗血液供应降低。表 5.5－2 总结了 Davis（1995）所作的大规模研究的结果，表明两个年龄群体（在 0.5、1、2 及 4 kHz 频率下的平均听力阈值）听力损失超过 20 dB HL 和40 dB HL 的人群百分比。

表 5.5－2 听力丧失预测——在 4 个频率：500、1 000、2 000 和 4 000 Hz 下的平均听力阈值随年龄变化的情况（ACOEM，2003）

年龄范围	听力损失＞20 dB 的人群百分比	听力损失＞40 dB 的人群百分比
61～71	51	11
71～80	74	30

另一种感觉神经性耳聋的常见形式是噪声诱发的耳聋（NIHL）。NIHL 对 NASA 具有特殊的重要性，因为航天员和飞行员在训练和任务中经常暴露在高水平噪声条件下，均可能对听觉敏感性造成暂时和永久的影响。

长期暴露在过量噪声下，都会造成暂时和永久的听觉系统响应性变化。通常，噪声暴露引发的最早的听力损失表现为在 3 000、4 000 或 6 000 Hz 下听阈升高，在 8 000 Hz 下恢复（在听力图结构上产生一个拐点，如图 5.5－4 所示）。拐点的具体位置取决于多种因素，包括噪声谱以及耳道的长度。因此，在早期噪声诱发的耳聋中，500、1 000 和 2 000 Hz的平均听力阈值比 3 000、4 000 和 6 000 Hz 的平均听力阈值好，8 000 Hz 的听力水平通常比拐点要好。这一拐点与年龄相关的耳聋相比，也造成高频听力损失，但是是一个向下的坡形，在 8 000 Hz 时没有恢复（即没有拐点）。

过量噪声暴露的暂态效应包括适应，表现为随时间和疲劳程度增加，声音的外显强度降低，暴露后声音的绝对阈值增加，表现为暂时的阈值偏移，在低暴露水平下通常较小，但在高于 90～100 dBA 时偏移增加快速，根据世界卫生组织的规定（Berglund et al.，1999），“在 75 dBA 及以下的 $LA_{eq,24h}$水平，甚至更长时间的职业噪声暴露，不会出现听力损失”。这一水平对应于采用国际上通用的 3 dB 等同能力交换率方法的 72 dBA $LA_{eq,16h}$水平。另外，WHO 还强调，“当环境和休闲时间噪声在 70 dBA $LA_{eq,24h}$水平下对大多数人，甚至终身暴露都不会引起听力损伤”。

当人们暴露于高水平的噪声时，他们可能经历暂时的阈值偏移（TTS），慢性噪声暴露引起的听力损失速率在最初 10～15 年的暴露时间内是最快的，且随着听力阈值的增加，速率降低。这与老年性耳聋不同，老年性耳聋随时间增加而增加。单纯噪声暴露通常并不能产生高频大于 75 dB HL 和低频大于 40 dB HL 的听力损失。但是，附加有老年性耳聋的个体可能有超过这些值的听力阈值。

关于噪声水平和持续时间对人听力影响的进一步资料可参见 6.6.2 节，噪声的人体响应。

5.5.3.3　响度

尽管响度也受到声音频率的影响，响度是与音强物理参数最相关的感知量。人耳对响度的敏感性与频率有关，可用一系列等响度曲线来表示，这种方法最先是由 Fletcher 和 Munson（1993）使用的。这些数据基于纯音刺激，采用响度匹配技术，其中倾听者不断调整测试声音水平以使其响度与标准 1 000 Hz 声音的响度相同。通过定义，1 000 Hz 标准水平就是 dB SPL 水平，与标准音相匹配的测试音水平定义为“phons”水平。例如，如果 40 dB SPL 的 1 000 Hz 音与 250 Hz 50 dB SPL 的声音响度相匹配，则这两种声音均认为具有 40 phons 响度水平。

自从 Fletcher - Munson 曲线第一次发表之后，关于响度水平确定的最佳方法以及等响度曲线的真正形状问题出现了一些争论。最近已经颁布了新的 ISO 标准（ISO 226：2003），该标准基于采用双耳 MAF 步骤（[ISO]，2003）的几个国际实验室测试的大量数据。图 5.5 - 5 给出了新数据。

倾听者前方呈现双耳声音绝对阈值曲线以及从 10 到 100 phons 响度水平。10 到 100 phons 的等响曲线是快速下降的，基于测量数据的内插值和外推值得出。

与以前的标准相比，在低于 1 kHz 频率范围内出现了很大的不同，高达 15 dB 左右。但数据的整体形式，保持相同。等响度曲线的形状与 MAF 绝对阈值曲线相似。倾听者在中频（1 000～6 000 Hz）下最敏感；而在低频和高频下不够敏感。随着 phon 水平升高，等响度曲线变得平坦，所以响度增长率随强度的增加在低频和高频时比中频时变得更大。因此，信号中不同频率成分的相对响度依赖于整体强度。

整体水平声音响度平衡的变化对听觉显示和交流具有非常重要的作用。例如，当通过扬声器在较高水平上传送人声时，人声听起来“嗡嗡”，因为当整体水平很高时，耳朵对低频比对高频更敏感。例如，在 40 phons 的中等水平，1 000 Hz 40 dB SPL 声音响度与 125 Hz 60 dB SPL 声音响度相同，对应于高低音之间 20 dB SPL 的敏感度差异。在 80 phons的高强度水平，1 000 Hz 80 dB SPL 声音响度与 125 Hz 90 dB SPL 声音响度相同。因此在高强度下，为平衡高低音之间的响度需要增加 10 dB SPL。另外，给定声音的相对强度不易从测量的强度水平来推算。例如，对主观响度分级的研究表明声音感知的响度与声压 0.6 次幂的 RMS 值成正比，对应于每升高 10 dB 感知的响度几乎翻倍。因此，

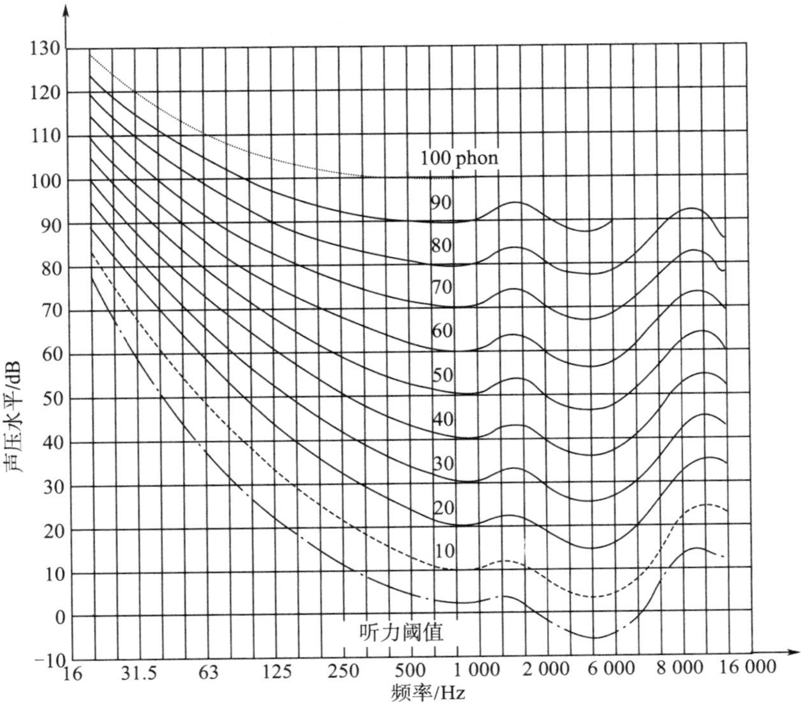

图 5.5－5 空旷场地听觉条件下纯音的等响度曲线（ISO 226，2003）

80 dB SPL 声音响度不是 40 dB 声音响度的两倍，其感知的响度大约要高 16 倍。

其他影响响度感知的因素包括声音的时长和频带宽度（存在于信号中的频率范围）。正如上面所看到的，绝对阈值随时长增加而减小，时长最大可减小约 200 ms。同样，高于绝对阈值的给定声强，响度随时长而增加，时长最大可增加 100～200 ms。长于几百毫秒的声音时长，倾听者很难判断其响度。响度匹配变得高度不稳定，取决于整体信号中（例如言语词组或句子）倾听中注意用于进行判断的短片段（例如特殊的词或音调）。

响度由频率分布及声音的强度所确定。如果声音的能量通过比较宽的频率范围传播则响度较大；这一频率范围在较高频率比较低频率更大，这样可产生感知响度。

5.5.3.4 响度和听力损失

响度感知会受到听力损失的负面影响，特别是对耳蜗有损害时，这一现象称为响度募集。募集是在声音水平正常增加时感知响度非正常快速增长的现象。在响度募集时，听者的听阈远高于正常，但感知到的听觉强度可能在“响亮”水平，正常听众会认为很响但是可以忍受。因此，如果简单的听力助听器要将声音（如故障）放大到不太强的声音（孩子的独唱），具有响度募集的个体将认为高水平的声音似乎太响了。（新型的数字助听器在设计上采用压缩来限制输出水平不超出个人最大响度耐受值，但是这种助听器的听力损伤用户仍然经常反映在谈话声中高低涨落背景下一些重要的语音信号听不清。）募集被认为与耳蜗外毛细胞的损伤有关，这一损伤可能牵涉其他因素，暴露高强度的冲击声音，如在发射、再入以及在轨发动机点火时被诱发。

5.5.3.5 强度分辨

强度分辨是听觉系统检测随不同时间，强度声音有差别的能力。最常用的测量强度分辨的方法包括寻问听者检测两个只在强度上有差别的连续声音的响度，或检测一个连续声音强度的短暂升高。在多次测试的过程中，强度差异逐渐降低到听众的判断水平，例如达到75%的正确率位置。这种对宽带噪声强度分辨的“可感知差异”（JSD）在声音整体基线水平从大约30增加到110 dB SPL（即大约－0.4 dB的水平变化，对应于基线水平升高10%）时基本保持稳定。在30 dB SPL基线以下，分辨力变差，并且最小可觉差随着整体水平的下降而增加。例如，当基线水平在10 dB SPL左右时，噪声强度增长两倍才可检测到。纯音的强度分辨有所不同，区别在于随声音基线水平从10到100 dB SPL升高时，JND持续下降。这表明在声音为纯音时，在整体较高的水平，听众可以在区分强度小于10%的较小差异。另外一些研究表明，当任务是检测连续声音强度的较短增高时，听众对声音强度的较小变化更敏感。在几个声音中一个声音出现短暂增强，听众也可以检测到两个复杂声音之间几个分贝的变化，即使两个声音整体水平不同的情况下也是如此。也就是说，听众可以比较频率上声音成分的相对水平，从而检测在频谱形状上短暂的变化。

听觉系统对声音强度的敏感性以及区分频率和时间上强度的变化能力，对于人类分辨单个音流以及检测声音的存在等能力至关重要。敏感度的上限和下限，等强度曲线的形状，限定了听觉系统在等强度曲线上的工作区域。分辨特性影响听觉呈现上不同音流如不同的语音、不同的注意和警告提示的理解和分辨能力。

5.5.4 音频的听觉响应

5.5.4.1 频率选择性和屏蔽性

听觉系统的频率选择性是指感知确定或检测复杂声音中同时呈现的单个正弦成分的能力。频率选择性影响听觉的许多方面，但通常在屏蔽背景时加以考虑。屏蔽定义为“一个声音的听力阈值由于另一个声音存在（屏蔽）而提高的过程。通常采用的单位是分贝”（美国标准协会，1960）。在日常生活中，屏蔽的影响非常明显，语言在噪声环境下变得模糊，或响亮的汽车电台声音可以屏蔽掉发动机的声音。

大量超过一年的屏蔽研究发现了重要频带的概念，或称为听觉滤波，是在听觉系统频率分析下的机制。听觉系统工作就像是有一组互相重叠的带宽滤波器，这些滤波器是由耳蜗基底膜和外毛细胞对声音的响应确定的。听众对复杂声音的感知决定于声音成分是在一个临界频带还是扩散到几个临界频带上。相同临界频带的成分会互相屏蔽，而在临界频点的成分也会被强度更大的成分所屏蔽。如图5.5－6所示，给定中心频率的听觉滤波器（线性频率范围）在中等声音强度两侧是对称的，但是随着刺激强度的增加，频带带宽变大，而且变得越来越不对称。与高频的坡度相比，低于中心频率的滤波器的坡度降低，而高频的坡度仍然随强度增加而保持。如图5.5－7所示，听觉滤波器的带宽随中心频率增加以对数曲线形式增长，因此随着频率增加，听觉系统的分辨率降低。

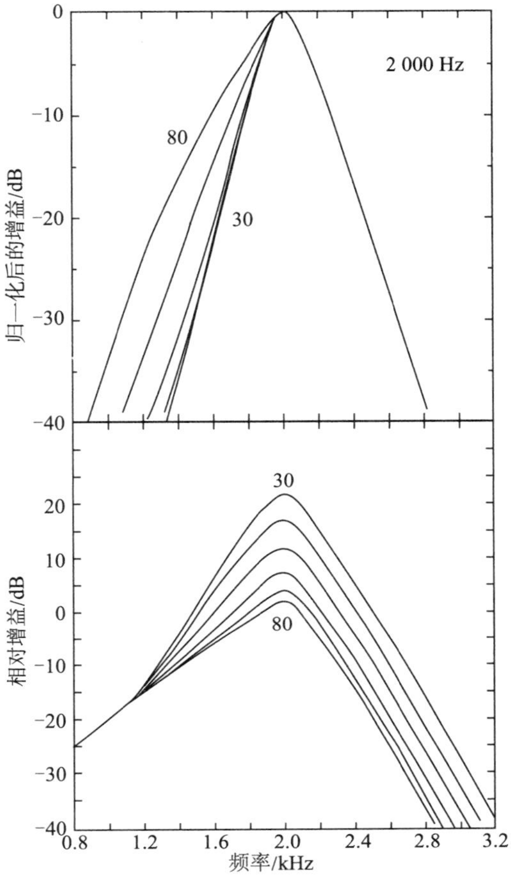

图 5.5-6 在功能水平听觉滤波器的形状（2 000 Hz 正弦输入；Moore，2004）

注：上图显示输入归一化到对每一个输入水平在 0 dB 都有最大增益时滤波器的输出。下图显示没有进行归一化的滤波器形状，但是假设在接近 0 dB 时增益最大。

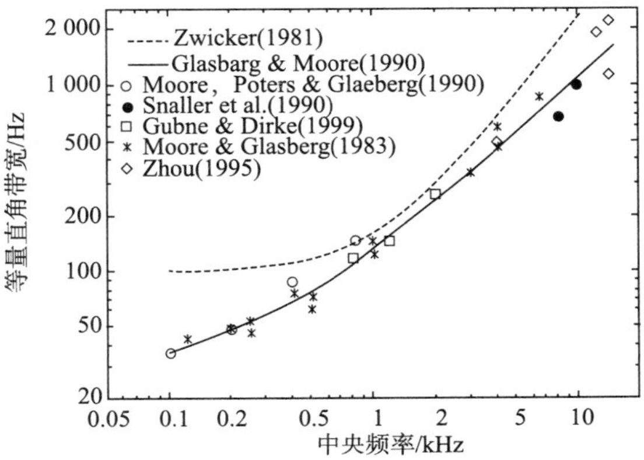

图 5.5-7 频率功能的听觉滤波器频带（Moore，2004）

注：虚线表示在频率功能下临界频带的旧值（Zwicker，1961）。实线表示频率功能的听觉滤波器的 ERB 值。这一曲线是将采用 Patterson 缺口-噪声方法估算听觉滤波器形状的几个试验结果综合得到的。

听觉滤波频带通常采用等直角频带（ERB）进行估算。对于高于 1 000 Hz 的频率，正常听众的 ERB 大约是滤波器中央频率的 10%～17%。因此，多小的声音差异可以被分辨出来决定于相邻声音的频率区域，低频率比高频率有更大的分辨率。例如，在200 Hz的中心频率上，声音如果要能够分辨，需要离 200 Hz 处 20～34 Hz 的声音，而在1 000 Hz，需要至少相差 100～170 Hz 才能够分辨。对于听觉提示、告警以及通信系统声音的滤波交互以及屏蔽具有非常重要的实际意义。例如听觉显示（10.9）的 10.9.2.3 节中，讨论了一个实例，在 ISS 上 2 级和 3 级警报可能被混淆。在一定距离内，2 级的高频声音成分是听不见的，而 2 级和 3 级警报的低频成分在频率上非常接近以至于可以影响邻近的听觉滤波，因此很难分辨。

5.5.4.2　频率选择性和听力损失

频率选择性由于一些因素如暴露在强噪声，氧供缺乏（老年人的常见原因）或毒性成

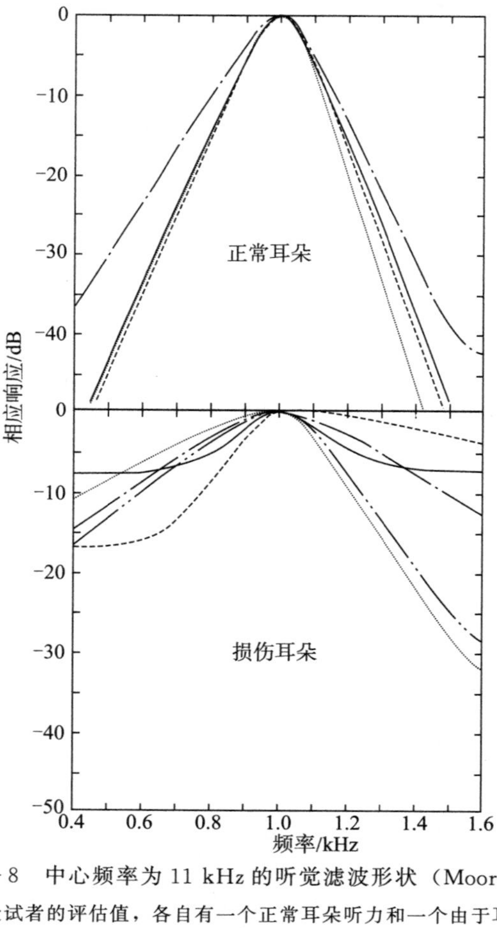

图 5.5－8　中心频率为 11 kHz 的听觉滤波形状（Moore，2004）

注：图 5.5－8 显示 5 个受试者的评估值，各自有一个正常耳朵听力和一个由于耳蜗受损而听力丢失。每个过滤器的相应响应（dB）被划分成为发生次数的函数。正常耳朵过滤器的形状显示在顶部和那些听力削弱的耳朵底部。每条线形状代表一个受试者的结果。注意听力削弱的耳朵过滤器比正常的耳朵过滤器更加宽阔，特别在低频。

分引起的耳蜗损伤而造成破坏。由于耳蜗听力损失，听觉滤波器变得比正常情况更宽泛和平坦，尤其在中心频率的低频侧（图 5.5－8）。这种宽滤波器的感知结果就是对屏蔽更易于受到影响，在干扰噪声环境或其他环境下检测和分辨声音，包括语音，变得更为困难。另外，感知分析复杂声音的能力，如语言或音乐，可通过检测频率或受损音质的差异。听众可能不能区分不同辅音的差别，不同乐器的声音或不同警示或警告信号。听力助听器只简单地放大声音而不能校正由于频率选择性损伤引起的问题。避免或减轻这种听力损伤是NASA 非常重要的问题，因为这种听力紊乱可以影响乘员进行通信任务的能力以及监视警告或警示的能力，同时还会造成长期的听力损伤。

5.5.4.3 频率分辨

正如之前的讨论，频率选择性是辨别同时发声的复杂声音组成的能力。另一方面，由于当两个音调使用不同的频率持续出现时，频率分辨是发现在整个时间内纯音频率变化的能力。在这种情况下，频率分辨的 JND 慢慢变得相当的小。图 5.5－9 显示 4 000 Hz 或以下的音调，JND 按频率 0.1%～0.2% 排序比较。例如，听众恰巧能区分 100 Hz 和 1 002 Hz不同的音调。对于 5 000 Hz 和较高的频率，JND 在 8 000 Hz 从大约 0.5%增加到 1.2%，对应的频率分辨范围 25～96 Hz。

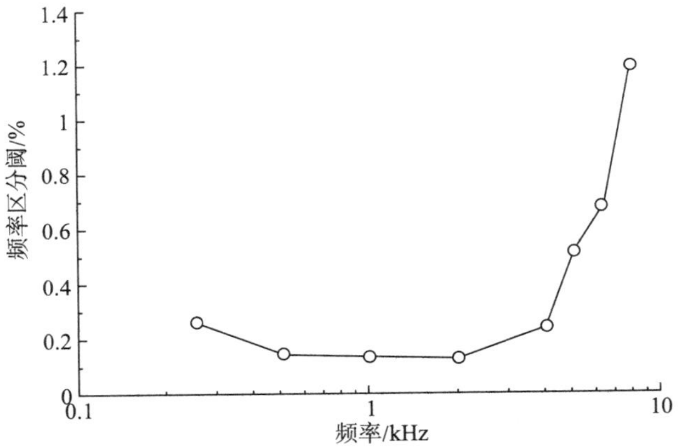

图 5.5－9 200 ms 纯音时频率分辨与频率的函数关系（Plack，2005）

注：最小的可检测的频率增加，表示为基线频率的百分比。

5.5.4.4 音调

听觉系统对声音频率响应的另一个最重要方面就是对音调的感知。美国国家标准协会(1994) 对音调的定义为“是听觉感知的特性，使得声音可以从高到低按级分布”。音调是曲调感觉的主观质量。音调与声音的重复率有关。对于纯音，音调与声音的频率相对应。对于复杂的周期性声音，音调与基频有关（即呈现的最低频率与由声音有关的和声组成的复杂声音的重复率有关)。对于纯音和复杂声音的基频，音调的存在区域为 30～5 000 Hz，正好对应于管弦乐队乐器音符的最低和最高音。超出这一范围，重复率的变化不再引起感觉音调或曲调的变化。

在外周、耳蜗、耳水平开始频率分析，听觉系统完成每个耳朵相同频率的分析，使得双耳的信息可在脑的高级处进行比较。

5.5.5　听觉空间感知

5.5.5.1　初级定位提示

听觉空间感知是指在 3D 空间当同时存在多个声音定位单个声源位置的能力。对人类声音定位的大多数研究起源于经典的“双向理论”，该理论强调两个初始信息的作用（图 5.5－10 上部的 2 张图）：双耳接听时间的差异和双耳接听到的强度差异。因为这一理论是基于单一频率声音（正弦波）的试验得出的，最基本的意义是头部遮挡导致的双耳强度差异决定了高频定位，而耳间的时差对低频非常重要，因为相位模糊出现在高于1 500 Hz的频率。在过去几个世纪的双耳研究中，指出了这种方法的严重缺陷，例如，如果有足够的带宽，在此带宽内特异频带可在包络内产生相对缓慢的调制时，很明显可采用高频声音的双耳时间差来定位。

双向理论也不能对受试者对垂直中间平面（在听众的正前方）声音的定位给出解释，因为在这个方位双耳的线索非常少。同样的，当受试者从耳机收听刺激时，声音可以在头

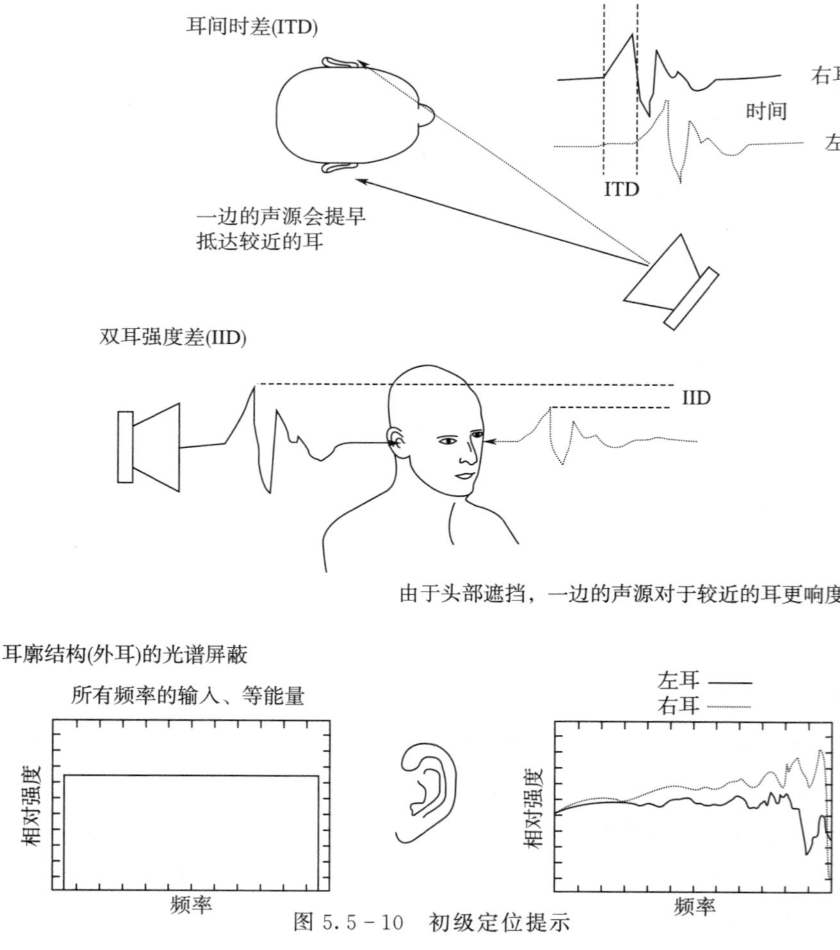

图 5.5－10　初级定位提示

部一侧被接收，甚至双耳接收的时间和强度差异对外界声源的定位合适时也是如此。许多研究的结果提示我们，双向理论的不足反映了当听到的声波与外耳或耳廓以及其他身体结构如肩膀和躯干产生交互作用时（图 5.5－10 的下图），方向依赖滤波的定位作用。由于声音是从声源（如扩音器）向受试者的耳部传播，反射和折射的效果可以以微妙的方式改变声音，这种影响与频率有关。例如，对于一个特殊的位置，一组中心频率在 8 kHz 的高频成分比中心频率在 6 kHz 的不同频段声音更容易衰减。这种频率相关的响应或滤波，也随声源的位置产生较大变化。因此，对于不同的位置，6 kHz 频段比 8 kHz 频段衰减更小。很明显，听者就是利用这些频率响应来分辨不同的位置。试验研究表明，耳廓的谱形状是高度方向依赖的，而且耳廓信息的缺失大大降低了定位的准确性，耳廓信息在外部定义或“头部之外”的感知上非常重要。

5.5.5.2 影响定位的因素

除了初级的定位提示，声音的定位还与其他因素有关，如谱成分：窄带（纯）声音通常较难定位，而宽带、冲击音比较容易定位。与声源定位能力紧密相关的因素是熟悉程度。逻辑上讲，定位是基于空间信息而不是耳间信息，如与耳廓谱形状相关的信息更大程度由受试者对声源谱的先验知识确定。听众必须知道声音的频谱从什么开始以确定不同位置的相同声音由于他或她的耳结构而造成不同的效果。因此，主要依赖于对谱差异检测的高低，往往是对于熟悉的信号像演讲类，效果较好。同样，熟悉的频谱可通过训练来确立。

当要求受试者在空场判断静态声源位置时，定位的感知研究中可观察到几种错误。第一种，Blauert（1983）称之为模糊定位，是在 5°～20°分辨水平的相对较小的误差。相关的定位准确性的测量方法是测最小听觉角度（MAA），在两个连续声源之间可检测的角度差异。MAA 从在正前方声音的 1°增加到左侧或右侧声源方向 20°或更多。最小的听觉运动角度（MAMA）是持续运动声源可检测的最小角度差异。MAMA 与运动声源的速度有关，范围从速度为 90（°）/s 的 8°到速度为 360（°）/s 大约 21°。

在几乎所有定位研究中出现的另一类错误就是前后“逆转”的出现。这是判断表明声源在前半球，通常接近中间平面，但听者感知到它似乎在后半球。偶尔也会出现后-前混乱。在高处时混淆，由于高处声音听成低处的，或反之亦然，也可以被观察到。

虽然这种混淆的原因还不完全清楚，可能主要是由于刺激的静态特性造成的。在其他信息缺乏的情况下，前-后以及上-下混淆非常容易出现。

有一些线索可以减轻混淆。例如，大概是由于耳廓定向和贝壳样结构，高频信号对于后面声源比前面声源更易衰减。在静态声音条件下，这些线索通常是仅有的减少模糊声源定位的信息。对于动态刺激，这种状况提高了很多。大量的研究表明，听众移动头部可提高定位能力，而且几乎可以完全消除颠倒混淆。采用头部运动，听众可以明显地通过跟踪双耳随时间声音强度的变化明显地消除前后定位产生的混淆。

是否能够可靠地判断距离是有诸多问题的。人类在判断声源的绝对距离上似乎能力很差，而且决定距离感知的因素也知之甚少。距离判断至少部分取决于声源的相对强度，但关系并不是简单地对应在物理上的跌落（逆平方规律）。例如，像之前所提到的，距离判断也与像刺激熟悉性这样的因素非常相关。

环境的附加效果使得定位感知在另一些方面变得复杂。Blauert（1983）曾报道声源的空间图像变得更大，而且在共鸣的环境中随着距离的增加而越来越扩散，这种现象可能妨碍判断声源方向的能力。这种问题可被称为优先的现象所减轻。在优先现象中，第一个波形在前，声源的感知位置主要决定于原始声源发声的方向，即使后来的反射可以解释为在不同位置上的其他声源，也是如此。

优先效应的影响可通过强化随后的优先波而降低。例如，在具有高反射屏幕的巨大密闭空间中，反射可以足够强大，且足够延迟（即回声），作为新的声源，干扰对原始声源明显的定位。在表面和墙面采用吸音材料可以帮助减缓这种效应。空间环境中更可能涉及有很多小的密闭空间，这些密闭空间具有高反射表面和不规则形状。小的密闭空间和大的密闭空间的基本差异就是，在大的房间中统计学上的共鸣区主导了声场，而小的房间声场由共振房间模式所主导。事实上，在小的房间不存在共鸣声场，因为声源能力不足以产生单一随机的扩散分布。由于在小的房间不存在共鸣声场，随即摆放的吸音材料不能提高房间的声学质量。反而，吸音材料的布置需要与房间的共振模式相统一，且可以考虑反射路径。

5.5.6 复杂多维声音的听觉感知

在之前的各节中介绍了一维的听觉感知特征。例如，声音可根据其响度进行排序，或者音调可以根据其程度从低到高排序。其感知程度与一维声音的特性参数如声音的强度或频率有着非常清晰的关联。但在日常生活的听觉环境下，人通常要面对更为复杂的声音，这些声音通常具有不同物理声学参数的多维属性。而且，这些复杂声音通常是多声源、多方位，而且混合进入一个单一的复杂声学曲线。听觉系统的任务就是通过确认和解析对应于混声各声源音流的感知单独成分理解这些声音。因此，听觉系统完成听觉情境分析，将传入的混声进行感知分组和组织成具有各自独特音调、音质、响度、方位和强度的声源或音流。

这种复杂的多维度声音通常分为非语言类和和语言类，因为这两种类型的声音在听觉系统中的加工过程不同。特别是，当我们倾听语言刺激时，会启动一种特殊的感知“语言模式”，而这种模式在我们接听非语言声音，如音乐设备、汽车鸣笛或动物噪声以及树枝摇动的风声等环境声音时并不启动该模式。

5.5.6.1 非语言：听觉类型和目标感知

当声音指在音调等方面进行一维变化时，在声音的总数量不超过 5 或 6 个时，听者可以说出和识别某一特殊声音（Pollack，1952）。

对于非语言声音，从大量的声源中鉴别某一特殊听觉目标或声源，与识别多维度声音特性在量或音质上变化的能力有关。美国标准协会（1960）将音质定义为“听者能够对两个同时呈现且具有相同响度的不同音调声音进行判断的听觉感知特性”。音质不同，例如，可以让收听者区分在钢琴、大提琴和长笛上演奏的相同音乐。音质和目标识别依赖于不同频率的声音能量分布，或其通过临界频率滤波器分析得到的振幅谱。音质也与声音的时间特征或随时间的变化有关，尤其是与短暂呈现、时间包络线的形状、重复性以及随时间的波形畸变有关。

Bregman（1990）对一个声源（产生听觉压力波的物理目标）和听觉流（一组连续和/或同时呈现的刺激声音元素组成的连贯整体，类似一个声源）的听觉情境分析差异进行了研究，即正在演奏小提琴和听小提琴演奏的差别。当我们面对整支乐队时，听觉系统可以通过某种方式识别接收到的声音，并解析出对应于单独某一乐器的感知音流，把它们从复杂声波形中提取出来。

听觉系统利用一系列听觉特征线索感知不同声源的不同成分。这些特征包括：

- 基本频率差异；
- 起始时间差异；
- 与前面声音的谱差异；
- 频率和强度变化；
- 声源位置差异。

每项单独的差异线索本身并不能有效地分离声音特征，但这些指标综合可为将声音解析成合适的音流提供良好的基础。

声音的快速序列出现听起来感觉是一个单音流，也可能分割成很多可感知的独立的音流。感知的分割在组成声音的系列成分在频率、幅度、方位或频谱方面差别很大时更容易出现，也就是通常情况下的不同声源情况。当声音元素在感觉上分为两个不同的音流时，通常比听到的是单音流部分更难确定其时间顺序。例如，如果几个高音调和低音调声音很快地互相混合，它们听起来像两个单独的声音，一个由低音调组成，一个由高音调组成。听众能够听出相对于高音调的低音调时序和/或相对于低音调的高音调时序，但不是已经被整合成不同音流的高音调和低音调顺序。

Gestalt 心理学描述的感知管理理论在听觉世界的管理上也可以应用。这些原理包括：

• 相似性。如果声音在音调、音质、响度和主观位置上都相似的话，则被认为是一个音流。

• 良好的连续性。频率、强度、位置或频谱的平滑变化可感知为单个声源的变化，而突然的变化可被感知成新的或不同的声源。

• 共同的结局。如果声音的两个成分在同一时刻产生相似的变化，则被感知为单一声源的一个部分。尤其是幅度调制以及起始和中止时间更是如此。（不同步时间超过 30 s，则被认为是分离的音流）。

• 联接分离的位置或归属。声音的单独成分可以分配成在一个时刻只有一个音流。

• 闭合或“连续效应”。部分声音被屏蔽时，这一声音只要没有直接的声学线索干扰就可被感知成连续的声音。例如，一个频率上升的声音在噪声介入时发生转变，这个向上的滑音在部分音频丢失时仍被感知是连续的。

注意在感知管理上也起着非常重要的作用，就想在图像-背景现象中一样。注意在一个时刻只能注意一个声音，这一音流从其他声源的背景中被感知出来。注意焦点可能被形成的音流所抑制，很难被注意到，并对两个不同音流成分进行对应的判断。注意也影响音流形成。例如，当变化的声音频率差异不大，不足以明确地区分不同音流时（约 7 个半音程），声音可被听成一个或两个音流，这取决于听众的注意程度。

5.5.6.2　语言

就像复杂的非语言类声音一样，语言是多维度刺激，在频率和时间上呈现很复杂的变化。语言可以表示为随时间变化的波形（图 5.5－11，上图），或是频率成分强度的静态频谱图（图 5.5－11，中图），但语言的图示与听觉系统分析语言最一致表示的是声谱图（图 5.5－11，下图）。声谱图同时划出了强度、频率和时间三个纬度的变化。语言声音含有整个听力范围的能力，但与语言因素相对应的大部分能力集中在低于 8 000 Hz。音素是反映组成语言单元基本声音的分类系统。例如，美国英语，大约有 41 个音素。从声谱图上，可以看出相对不同音素的谱成分。需要注意的是摩擦音“f”和爆破音“t”在 4 000～8 000 Hz的较高频范围内有着相当的能量。

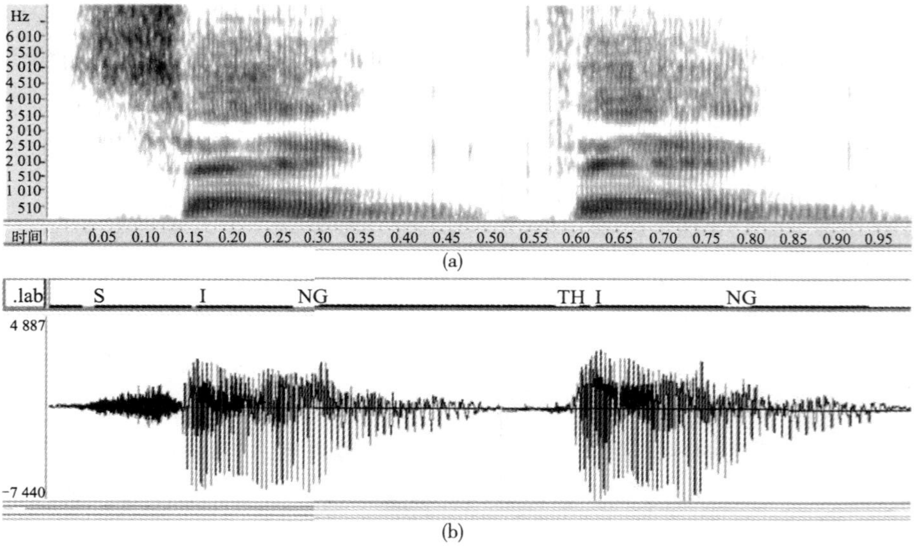

图 5.5－11　语言声音的表示

注：本图给出了语言声音呈现的典型方法，这是一位男性播音员连续念“sing”和“thing”单词的情况。图（b）表明了这两个单词的波形，代表随时间（横坐标）的声压（纵坐标）变化。图（a）是相同时间点上两个单词的声谱图，包括水平能力带与声音回响、格式和单词的语音部分。不太固定的黑色“斑点”对应于单词其实的非语音“s”和“th”，因此在频谱上没有确定（噪声）。注意波形和频谱非常相似，这两个单词只能从它们的起始上区分。

从实践交流的角度来看，通信系统的设计必须能够传送高达 7 000～8 000 Hz 的频率。否则，听众会很难分辨像“t”和“s”这样的声音。在交流过程中频率在 3 500 Hz 以下的标准电话语言可以听得很清晰，但有很大的可能没听清楚而要求重复，但语言的质量尚可接受。3 500 Hz 终止频率的电话语音是受限于当时设计的时间模拟电话系统技术造成的。现代通信系统，尤其是空间环境等特殊应用的通信系统设计，不需要受到这种限制。例如，现代数字语音解码可提供带宽为 7 000 Hz 的高质量通话（例如，国际通信联盟标准 G.711.1）。甚至较大的带宽和音频质量可能被完成，通过使用声音多媒体数字信号编码设计娱乐系统。对语言通信相关问题的进一步讨论参见 HIDH 6.6 节的 6.6.2.2 小节（听力学）和 10.7 节（听觉显示器）。

上述许多关于非语言声音的感知组织原则同样适用于语言刺激。例如，在连续效果上，话语片断被短时噪声所打断，在噪声背景下仍然可以听成是连续的语言。如果将噪声改为静音，被打断的语言将出现声音畸变，而变得听不懂，主要是因为突然的开始和中止导致对语音和要素的误解存在。音素也同样存在连续语言感知的特点。音素为语言的描述提供了简便的框架，在孤立和连续语言中分辨模糊的音素，从听觉曲线上很难发现线索。对于正确识别的音素，它可能听起来是一整个音节的一部分或是一组单词。

大量的证据表明，语言是与非语言声音在感知和加工过程不同的特殊声音刺激。例如，对大脑不对称性的研究表明大脑有特殊的处理语言的区域，而在其他区域加工非语言或音乐声音。同样，与非语言声音不同，语言表现为分类感知；声学信号很小的变化可能被感知为辨认音节的变化，而不是一个单一维度如频率的很小的增量变化。语言感知也通常表现为声音和视觉的整合；对语言声音的确认受到了讲话人表情的影响。很明显，语言是高度丰富和复杂的信号，可在脑的多水平上进行加工。例如，它对于许多种类型失真的对抗很明显，包括背景噪声、频带限制以及峰值削减。失真可以影响语言波形中的诸多线索，但其他线索通常已足够传递语言的意思。但是，即使语言清晰性相对很高，语言信号的失真导致倾听的负荷和疲劳增加，在通信变得困难和恼人的地方则语言的质量降低。现代通信系统的设计不只简单地依赖于人类听觉系统宽泛的能力特性。

5.5.7 研究需要

- 空间声学环境特征——合理设计和完成有效的听觉呈现和通信系统，包括所有已经过评级乘员环境的声学参数——如，飞行器、驻留舱、航天服的声学水平，在设计早期加以考虑。如果可能的话，可将成果应用到优化人体听觉的声学特征上。
- 空间环境对感知的影响——诸如非地面大气压力、可呼吸混合气体等因素对听觉信号感知的影响，包括语音通信，可用的数据很少。在短期以及长期飞行任务中，需要系统地、客观地评估这些因素的影响，来确保听力信息的有效传递以及最大限度地保障乘员听力健康。
- 应该定期对乘员的听力敏感度进行监测——感觉神经性听力丧失，包括 NIHL，如果必要，必须早期发现并进行缓解治疗。听力损失的预防对 NASA 来讲非常重要，因为航天员在训练和任务中常暴露在高水平噪声下，两种情况都可能对听力敏感性造成暂时或永久的影响。

5.6 认知

5.6.1 引言

在执行太空飞行任务时，不仅需要飞行乘组人员掌握飞船的软硬件知识，能够从周围环境获得新知识，需要具有记忆相关信息的能力，而且还要具有能够对出现的新情况进行推理的能力。获得、使用和持续拥有这些知识的能力就被称为认知。

本节目的在于提供：

- 对太空飞行时有关认知变化的新进展进行汇集；
- 对与任务相关的人类认知能力进行简要概述；
- 提出与认知能力相关的人因设计依据方面的建议；
- 对近期用于评定航天员认知状况的操作测试进行回顾评价；
- 一些新的认知试验可能能够增加我们对长期太空飞行时认知变化的认识，我们对这些增加的认知试验进行讨论。

5.6.2 一般认知

随着航天员自主权的增加，他们的认知能力也相应增强。在执行更长期的太空飞行任务时，虽然训练少，但是航天员却不得不努力圆满完成任务（例如，在遇到突发事件时需要航天员即刻着手处理）。航天员通过使用电脑和自动化系统进行交互，更加依重感知、注意、思考、决策和处理（Rasmussen et al.，1994；Sheridan，2002）。为了设计这样一种类型的有效工作系统，设计人员必须在设计过程中，应用关于人类信息加工能力的知识。

除了近地轨道外的其他长期飞行都伴随着对自主性要求的增加，这势必要求设计人员对人的记忆和问题解决的过程有一个近似的、直观的了解，用于解释指导方针，在缺乏指导方针时做出设计选择，并且便于与设计团队的其他同仁进行沟通。

空间探索活动主要依赖于航天员的认知功能。计算机虽然擅长快速、重复计算，但现在的软硬件受到太空探索任务计划者和设计人员的知识及想象力所限。不可能预见到意外事件的发生。人是空间探索活动中关键的分系统，这是因为，人类具有天生的观察、整合和解释能力，可将动态变化的境况作为一个整体。例如，在执行阿波罗第 17 次飞行任务期间，挑战者登月车共进行了 3 次出舱活动，在第二次出舱活动时，杰克·施米特（Jacket Schmitt）所具有的地质学知识帮助他发现了以“橙色土壤”著称的一种化学上稀有的物质。

太空飞行对于每一位参与的航天员来说都是一种全新的体验。在这个过程中人脑表现出可塑性（即基于太空飞行这种新经历，神经通路具有重新组织的能力），在零重力影响下，脑发生这种改变并不令人惊讶。然而，认知过程在长期的太空飞行中将发生如何改变，现在还不清楚。

5.6.3 人的认知能力

认知包括注意、记忆、推理、决策、判断和问题解决的心理过程。图 5.6-1 展示了根据信息加工方法做出的人认知过程流程。这种方法使用计算机作为模拟系统。计算机接收传入信息，并为将来使用而储存这些信息，稍后再使用这些信息用于计算以解决问题。同样地，人们以物理能的形式从外界环境接受信息（刺激），然后这些物理能转变成化学

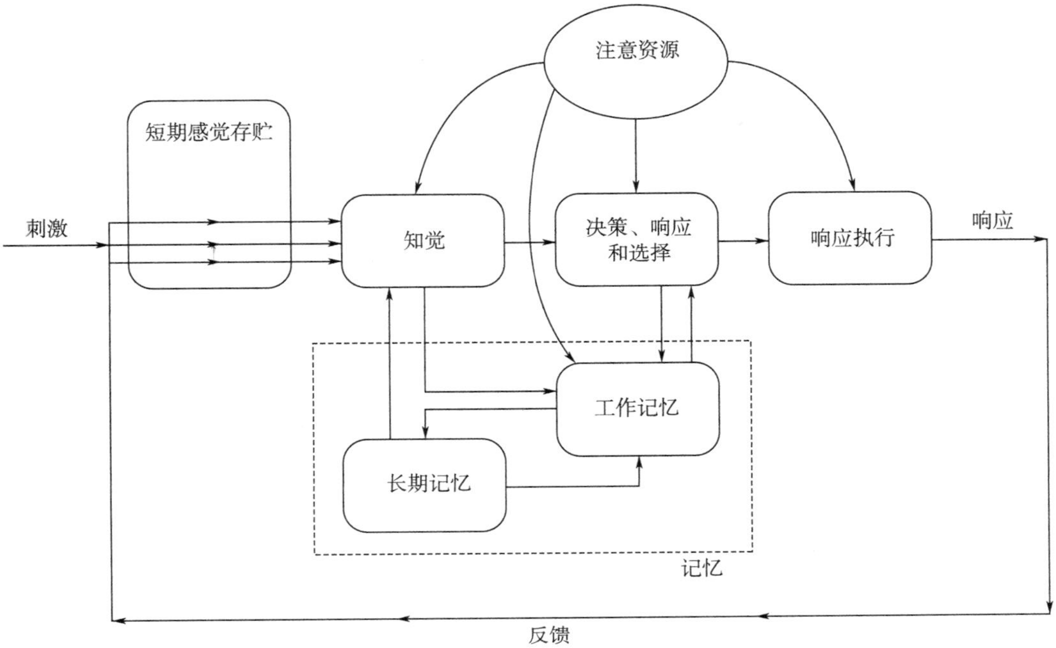

图 5.6-1 信息加工模型（改编自 Wickens，1992）

能，接着在从感觉器官到脑的传递过程中又转变成了电能。储存的信息稍后能够被重新搜索得到，为了解决问题进行使用，然后表示为输出（响应）。

当然，人脑较现存的任何计算机都更为复杂。例如，计算机没有能力执行某些特定的认知功能，包括理解（Dreyfus，1979），而且当试图理解某些感兴趣的问题时，这个模型是没有用的，例如意识。但是，信息加工方法能够提供一个讨论人类认知功能的通用方法。

最近，并行分布式处理模型推动认知研究（例如，McClelland & Rumelhart，1986）。这种模式识别模型是根据脑活动建立起来的。脑中所有过程假设彼此并行相互作用，并且认为知识存在于神经单元的连接和激活模式中。知觉、注意、情绪、计划与行动、学习与记忆、思考、语言，还有所有其他认知都发生于人脑。复杂的认知功能来源于脑多个区域的协调活动，就像音乐那样，可以反映出一个团队中许多音乐家相互协作的结果。

脑表现出可塑性。任何测量脑内信息加工过程或者脑本身过程的尝试都会导致脑发生改变。在太阳系进化的过程中，在地球这个星球上，已经决定了我们怎样思考，我们知道什么。众所周知，一些神经元之间的信息交流会受到零重力的影响。我们的确已经知道了在短期的太空飞行中，认知过程发生改变的一些迹象，但我们还不知道认知过程在长期的太空旅行中将发生怎样的变化。这些将在下面的章节中进行讨论。

5.6.3.1 反应时

在实验认知心理学中，反应时和正确率是典型的因变量。主要反映高级认知能力的信息加工速度受到的影响，神经损失时极易受到破坏。简单反应时（如，刺激呈现或消失）要较识别反应时（如，刺激先前已呈现）短，而选择反应时则更长（如，能够识别出多种刺激中先前已呈现过的）。Miller 和 Low（2001）确定了运动的准备时间，像肌肉收缩，接着发生运动反应（如，按压空格键）在所有 3 种反应时测定时都是相同的，这意味着反应时的差别源于认知过程的时间不同。

120 年来，人们认为大学生对光刺激的简单反应时大约为 190 ms（0.19 s），对声音刺激的简单反应时大约为 160 ms（0.16 s）（Galton，1899；Fieandt et al.，1956；Welford，1980；Brebner & Welford，1980）。听觉反应时可能比视觉反应时快，是因为听觉仅需 8～10 ms 即可传递到人脑（Kemp，1973），而视觉信号传递到人脑却需要 20～40 ms（Marshall et al.，1943）。触觉的反应时则位于二者中间，为 155 ms（Robinson，1934）。无论是做简单反应还是做复杂反应，这几种类型刺激的反应时差异都存在。

反应时值对许多因素影响敏感。例如，Hick（1952）在做选择反应时试验时，发现响应时间与不同刺激种类数目的对数成正比，被称为“Hick 氏定律”。Sternberg（1969）在识别试验中继续进行此类研究，随着记忆条目增加，反应时成比例增加（即是与数目成比例，而不是与数目的对数成比例），在前一个记忆条目集合的基础上每增加一个记忆条目，反应时值大约增加 40 ms。表 5.6-1 罗列了其他能够影响反应时的因素。

表 5.6-1　反应时影响因素

反应时影响因素
熟练可以使反应时值更加稳定（Sanders，1998）
经过训练可以使反应时变得更快（超过 3 周以上的训练时间）（Ando et al.，2002）
不良观察习惯减慢反应时（Brebner & Welford，1980）
保持中等兴奋强度时，反应时达到最快（Broadbent，1971；Freeman，1933；Welford，1980） 练习通过提高兴奋性而改善反应时（Davranche et al.，2006）
疲劳增加将使反应时变慢（Welford，1980）。 Takahashi 等（2004）研究表明：虽然工作中经过午睡的工作人员自认为午睡提高了他们的警觉性，但在选择反应时的结果中并没有得到证实
禁食 3 天不影响反应时结果，但是禁食消弱了工作能力（Gutierrez et al.，2001）
注意力分散使反应时变慢（Broadbent，1971；Welford，1980）。 Trimmel 和 Poelzl（2006）发现背景噪声通过抑制大脑皮质延长反应时。 Richard 等（2002）和 Lee 等（2001）观察到从事仿真驾驶任务的大学生，当同时给予刺激性声音任务时，反应时延长。由此他们得到驾车时使用手机或声音邮件对安全性影响的结论
刺激到达前发出警告使反应时变快（Brebner & Welford，1980）
将不同种类型刺激混合排序后顺次呈现，反应时减慢（如注意力转换；Hsieh，2002）
处于焦虑状态时反应时加快（Panayiotou & Vrana，2004）。 Verlasting（2006）观察到投放在伊拉克士兵的反应时缩短，当任务需要记忆和集中注意参与时，焦虑也增加了压力和降低了熟练程度
适量的咖啡因能够加快反应时（Lorist & Snel，1997；McLellan et al.，2005）
脑损伤使反应时降低（Bashore & Ridderinkhof，2002）。 Collins 等（2003）发现将受伤后 1 周发生脑震荡且头痛的中学运动员与受伤后 1 周发生脑震荡但无头痛的中学运动员相比较，前者反应时和记忆测试都较差
轻度呼吸道感染使反应时变慢（Smith et al.，2004）。 轻度呼吸道感染也会导致睡眠障碍

5.6.3.2 短时程感觉寄存器

环境的所有信息通过眼、耳、鼻、舌和皮肤等感觉器官传入，每个感觉器官内都有专门负责对外界环境物质能量产生响应的感受器细胞。感受器细胞将接受到的信息临时储存在像短时程感觉寄存器这类记忆系统内，这些短时存储器是用于维持感觉信息直至我们能够对它进行解释或者赋予意义。这能帮助人们避免在对信息进行加工处理时丢失此时正在呈现的信息。

由于感受器不断地接受信息，所以感觉寄存器必须迅速清零以避免两个感觉信息迭加在一起。对寄存器内听觉和视觉存续时间进行了广泛研究，得到如下结果：

- 视觉 ……………………………………………………… 300 ms（Sperling，1960）
- 听觉 ……………………………………………… 20 s（Watkins & Watkins，1980）

之所以听觉感觉寄存器信息存续时间较视觉感觉寄存器的存续时间长，是因为它们的需求不同。视觉可以同时从空间接受大量信息，而听觉要对多时而来的信息进行融合，例如，要理解一段话，当第二部分话说出时，必须先记住这段话的第一部分。

感觉寄存器内的信息在必要时能被掩蔽或者抹掉，例如，另外一个对象突然出现在正在关注的地方。因此，如果让航天员处理显视屏上的简单信息，设计人员必须在下一个替代信息呈现前给予至少 300 ms 的呈现时间。300 ms 时长是假定信息在一开始呈现时，就能被航天员观察注意到。同样地，立即追加口令也会掩蔽掉前一个语言指令串的末尾部分。

图像设计人员应该都知道被称为“变化盲”（Change Blindness）的现象，这是指一个人在观看显视屏时，所不能觉察的景物的最大变化（Rensink et al.，1997）。变化盲发生时，典型的视景改变就如同扫视时的视觉中断一样，即使短至 67 ms 的图像显示器被“关闭”而视而不见（Pashler，1988），或者眼前的景物或图像出现短暂的模糊。注视静止的图像时，图像的一部分在 13 s 或更长的时间内进行变更就会产生变化盲。因为最开始时的信息理解或记忆发生障碍时可能导致变化盲发生，所以视觉短时程寄存器模型或许对理解这个现象起到重要作用。因此，设计人员不应认为某个复杂的图像显示仅仅因为一个特征的改变，就会立刻被航天员观察到。

5.6.3.3 注意

到达感觉寄存器的所有信息并不是都能被按照认知的模式进行处理。注意是选择性地关注外界环境某部分信息，而忽视其他部分信息的认知过程。研究表明，当关注于某个物体或区域时，处理过程会更有效（Gazzaniga et al.，2002；Posner，1980）。根据注意的加工处理进程定义了 5 种类型（图 5.6-2）。

基于昏迷病人苏醒时注意进程的恢复顺序所建立的注意力模型（Sohlberg & Mateer，1989）如下：

1）集中性注意是能对明确的视觉、听觉或者触觉刺激直接产生响应反应的能力；

2）持续性注意是指在连续和重复性活动中能维持一贯行为反应的能力。对于其他类型的活动，在 EVA 中需要非常强的持续性注意。

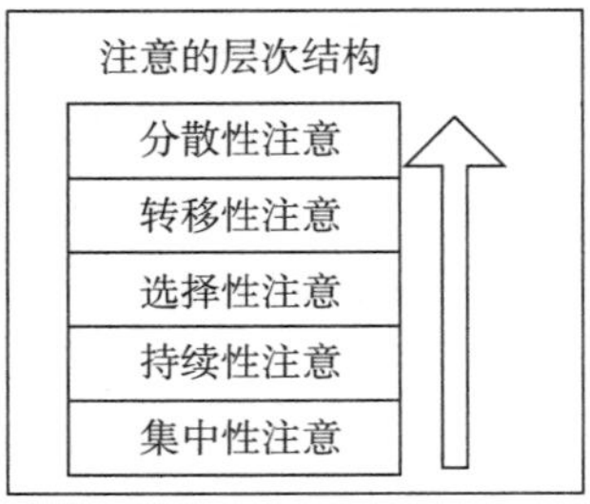

图 5.6－2　注意力的分级

连续效能测验（CPT，the Continuous Performance Test）是广泛用于测量持续性注意或警觉的程序（Mass et al.，2000）。现有多种 CPT，通常使用较多的是 Conner 的 CPT－II 和注意力的变量测验（the Test of Variables of Attention），它们常作为成套测试中的一部分用于了解一个人的“执行力”或者对信息进行分类和管理的能力。

尽管用于这些测验中的刺激类型和时间长度可以不同，但是其他基本要素是相同的。一连串的数字、符号、声音或者字母呈现在屏幕上，不论何时，只要看到“靶”刺激，比如，字母“X”出现在屏幕上，就按动按钮（或者鼠标）。还可以通过字母控制的出现频率来适应不同类型的失误（例如遗漏性失误和执行性失误）。为了增加难度，在一些测验中改变任务，只有看到“X”字母前出现“A”时，才能点击鼠标（Conners & Staff，2000）。

3）选择性注意是指在面对分散性或竞争性刺激时维持一种行为或认知状态的能力，所以它包括了“免于注意力分散的自由度”概念。“鸡尾酒会”效应描述了在背景噪声和交谈声混合的嘈杂环境里，聚焦听觉注意于某一个交谈者的能力（Cherry，1953）。当我们留心于周围某个声音或者一个突然出现的刺激引起了我们的关注时，选择性注意就产生了。20 世纪 50 年代早期空中交通管理员遇到的问题里，可以追踪到许多早期工作中发生的这类情况。那时，在控制塔台的空中交通管理人员从扩音器中接收飞行员的信息，许多飞行员的声音混杂在一起，从一个单独的扩音器中传出，这令空中交通管理人员的工作变得非常困难。最近在分离多声音输入的工作是有前景的（Begault，2004）。设计成可以在一个相同的通道内增加输入更多的关键性信息，而在另一个不同的通道内提供信息（如视觉上），这样能够增加一个人的认知能力负荷。

人类注意系统会极为关注重要区域，人们使用认知模式或心理模型引导他们的注意焦点。在设计中，抓住使用者选择性注意的一个有效方法是坚持应用“使用者期望什么”的这种心理模型。要想使条目突显，就要遵守这些规则。当不能坚持应用这种使用者心理模型时，就会遇到“标题盲”这种事情怎样被忽略掉的例子。标题盲是指人们倾向于忽视网页顶端闪烁、艳丽的通知标题的现象。

4）转移性注意是指一种心理适应性的能力，它允许个体根据认知需要的不同，在任务之间转移注意和改变注意焦点。在我们周围充斥着各种客观物体、特征和景象竞相吸引着我们的注意，不幸的是人类处理信息的思维能力是有限的，而且无法对这些信息同时进行处理（Gazzaniga et al.，2002）。因此，注意的转移是必然的，因为这样可以允许我们将注意转移到关注的方面，随后进行处理。这些注意的转变有助于对复杂多样的刺激信息进行加工处理。一名航天员的任务具有目标指向性，需要其认知控制系统具有一定的适应性，能够选择与任务相关的信息，组织和优化信息加工处理过程。航天员们要不断地评估他们正在进行的活动和这些活动的效果，以便他们可以调整自己的行为，获得理想的结果。

在眼睛明显移动，或者眼睛直视的假像下，空间注意都可能发生改变（Wright & Ward，2008）。当目光准备转向靶位置而眼睛尚未转动前，注意就悄悄地转移到这里了（Deubel & Schneider，1996；Hoffman & Subramaniam，1995；Kowler et al.，1995；Peterson，Kramer，& Irwin，2004）。故而牢记，当眼睛停留于留原位置不动，但是注意仍能随目标、位置，甚至想法而悄悄转移，这点非常重要。例如，一个人可以在驾车时保持眼睛一直注视道路，但是那时侯，即使眼睛没有移开道路，他们的注意已经从道路切换到思考自己到便利店后都需要购买哪些物品。眼睛可以仍然聚焦在先前关注的目标，但是注意已经转移了（Hoffman，1998）。

5）分散性注意是注意的最高水平，它指对多项任务或多项任务需求同时做出响应的能力。

影响注意的因素包括：

- 睡眠剥夺——注意的集中需要努力，睡眠剥夺对此会产生显著影响。
- 镇静剂——包括治疗运动疾病在内的一些药物，即使是在清醒、毫无疲倦状态下，也能降低警惕性。在安全运输的课程学习里表明，警觉性试验（如持续性注意）似乎是检测镇静剂服用效果的最灵敏方法，使用镇静剂可以导致意外事故。

在系统设计中，周围环境内加入促进因素有助于选择和组织相互关联的信息，从而降低认知难度：

- 应遵循信息优先，全时显示最重要或关键的信息，而重要性弱或关键性差的信息可以根据使用者的需求再显示（Avery & Bowser，1992）。
- 系统应区分显示信息的内容。对于需要使用者采取行动的重要信息、突发情况、潜在问题，或者系统状态变化的显示，应通过提高亮度、反转录像、色彩偏码或者其他方法显示，以吸引使用者的注意（Department of the Navy，1992；Smith & Mosier，1986）。
- 当需要使用者监视多个显示器时，为了提高监视效果，所有显示器上都应有重要事件显示（Warm et al.，1996）。
- 能引起强烈注意的编码技术方法——引人注意的方法（例如颜色和闪烁）应慎用和尽量减少使用（National Air Traffic Services，1999）。

5.6.3.4 工作记忆

人类如何储存、检索和使用信息？我们对此仍然所知不多。现在的理论形成了一个连续的统一体，这归结于从能进行信息交流和协作的两个分离记忆系统（例如 Baddeley & Hitch，1974）到通过植入元件形成的一个单一的记忆系统研究。无论通过何种模型进行研究，我们确实获得了许多有关人类记忆的知识。本文是以工作记忆和长期记忆为两个分开但协调的系统作为出发点而进行讨论。

从感觉寄存到工作记忆的信息传递是由注意力控制的。工作记忆是指耗时数秒对信息进行临时储存和处理的过程。有时使用其他术语替代工作记忆，这包括短时记忆、初级记忆和瞬时记忆。

工作记忆的容量有限。早期研究中，评价成年人的工作记忆组块是 5～9 个（Miller，1956），最新研究显示年轻成年人的工作记忆组块是 4 个（Cowan，2001）。这表明使用者在给定的时间内仅能有效处理数目有限的信息组块，设计人员需要牢记这一点。

然而，我们怎样才能了解在小说或科学文章中不同思考的复杂关系？Ericsson 和 Kintsch 于 1995 年就提出人可以通过长期记忆储存所阅读的大部分内容，并将它们通过检索结构连接在一起。我们需要的仅仅是用工作记忆的形式记住一些概念，通过检索结构，这些概念可以作为提取所有与此相关内容的线索。

工作记忆会衰退，除非通过注意过程进行恢复。任何的并行处理任务也都需要注意。当同时发生的处理任务之间存在很短的时间间隔时，不需要注意的参与，这个时间能被用于刷新记忆痕迹。任务的认知负荷决定于 3 个变量：信息处理步骤的难度，处理任务需要进行的独特步骤程度和每一步骤持续的时间。例如，如果处理任务包括不断增加数字，那么每半秒钟增加另外一个数字与每两秒钟增加一个数字相比较，就要在系统中安排较高的认知负荷。增加大数字较增加小数字占用更多的时间，因此，增加大数字任务的认知负荷较大。大量研究表明，任务相似度（如两个并行的视觉任务）、反应相似度（如两个任务都是言语反应）和处理进程相似度（如工作记忆和反应）是决定执行任务负荷最重要的影响因素。

工作记忆的存储容量能通过多种任务进行测试。常用的测量方法是通过并行处理任务，用双重任务范例结合记忆广度测量。例如，Daneman 和 Carpenter 于 1980 年使用阅读广度（reading span），受试者阅读一些句子（通常 2～6 句），设法记住每个句子的最后一个词。在这些句子全部阅读完后，受试者按照他们认为正确的顺序重复这些单词。其他任务没有这种双重任务特点也已经被证实适用于工作记忆容量测试。问题是为了成为一个适合的工作记忆容量测试方法，任务的哪一个特征必须达标，这是继续研究的课题。

双重任务绩效的课题尤其与飞行操作有关，这是因为通常给航天员很高的任务负荷。在执行 8 天的空间飞行任务期间，一名航天员的双重任务操作能力（不稳定的追踪同时伴随记忆的搜索）呈现出超过 13 个测量结果下降过程（Manzey et al.，1995）。这是由于航天员遭受到多重的应急源，但还不清楚哪种应急源与此相关。

现实生活中，记忆技巧必须适应于干扰和许多其他需要注意参与的同时发生的活动。工作记忆过程中很容易受到干扰和分心，这是因为工作记忆中的信息需要积极维持或复述（例如，重复念叨一个电话号码，直至你拨完它）。一旦这种积极的复述过程停止，工作记忆中的信息一般就会失去且不可恢复。维持工作记忆中的信息是一个需要付出努力的过程，需要专注和精神能源——这种能源是不能被其他认知过程加工利用的。以长期记忆形式存储的信息更加稳固，但信息的随意再现可能被压力、时间的推移和正常的老化过程所破坏。通过专心学习或训练获得的长期记忆不容易忘记，但并不是不能被遗忘。

5.6.3.5 长期记忆

一旦工作记忆形成，通过复述或背诵可以将其转换成长期记忆。长期记忆是人智力发挥作用的核心，其重要性远超信息存储箱。它不仅是信息的贮存器，也有指导活动和作出决定的作用。记忆之所以重要，并不仅因为它是过去的储藏室，而是因为它作为制定未来计划的重要基础，这个计划用于指导我们行动是必不可少的。记忆帮助我们对世界进行感知，在推理和解决日常问题中是一个必不可少的工具。

储存在人类记忆里的信息并不是静态不变的，而是会“重建”，比如基于过去飞行中的“汞合金事件”的回忆就是这种重建过程（Bartlett，1932；Reyna & Brainerd，1995）。与书里或者计算机中记录的数据资料不同，在人类记忆系统中，对昔日事件或信息的重新回忆受信息储存后获得的经验、知识状态、信念和情感的影响。想像一下，过一段时间后我们重翻图书馆书架上的藏书，却发现相邻的书中的词和句子已经融入到自己脑海中。如果相邻的书主题类似，要想辨别出哪些文字是此书的内容，哪些文字来自于相邻的书是十分困难的。由于这种原因，人类记忆容易张冠李戴（源于记忆错误，就拿图书馆的比喻来讲，如同邻近的图书的文字内容），或者相信你过去曾经听到或看到的某些事情，其实这些在过去并没有发生过。

尽管在将来的回忆中，对于某个事件的记忆会发生改变，但是人的记忆编码似乎是只与在那个时间发生的特定事件有关。这些看起来似乎是个缺陷，但正是这种加工处理过程，才让人类能够处理周围环境中大量复杂的信息而不会负荷超载（Cohen，1996）。

长期记忆加工过程被用于记住实施我们计划将来要执行的任务（如计划下周二参加会议）。这些涉及到前瞻性记忆，它与追溯性记忆相反，追溯性记忆是指对过去事件的记忆。当外界环境中无明显的或醒目的提醒，未表明是什么任务，在何时需要完成，当没有这些提醒时，前瞻性记忆任务就会被遗忘。根据 Einstein 和 McDaniel（2004）提出的建议，理想情况下，一个好的提醒标记将具有如下特征：

- 提醒信号要极度醒目或吸引注意；
- 提醒信号要打动需要者，让他们记住提醒的特征（换言之，闪烁的红灯或许可以引起使用者的注意，但是如果使用者不记得红灯为什么会吸引他，那这就不是一个好的提醒信号）；
- 提醒信号在恰当的时间点上吸引使用者的注意，以便使用者实施计划中的活动（换言之，如果提醒信号呈现太早，使用者过一段时间后容易忘记执行计划活动）。

一些任务是或者能成为自动执行的活动，并没有发现需要认知能力的参与，为执行其他任务提供资源（Logan，1985；Shiffrin & Schneider，1977）。研究能够确定是否一个任务已经通过学习达到自动执行的地步。次任务方法（Secondary Task Method）用于测试两个任务之间的干扰程度。如果某个特定的任务能与另外一个可以单独实施的任务一同执行，后一任务假定不需要认知能力。自动性对于每天任务的正常运行非常重要。例如，阅读需要对单词、句子和段落这些语言表达单元的意义进行快速存取。然而假定阅读从对字母的认知开始，如果需要很努力地对每一个字母进行认知，那么阅读会让人缓慢地感到痛苦（实际上，一年级学生就是这样）。不仅对字母的认知是自动性的，而且对单词意义的存取似乎也不耗费力气。

下面是影响因素，以及为帮助航天员工作和增强长期记忆的建议。

1）编码组——如果使用者需要将资料按照所属范畴迅速区分，或者如果在屏幕上显示的数据项按照不规则的方式分布，则应将资料编码分类（Department of Defense [DOD]，1989 MIL - HDBK - 761A）。编码组应有意义并保持一致，应按照功能，而非按照修饰或使用目的进行编码（DOD，1989 MIL - HDBK - 761A；National Air Traffic Services，1999）。例如，男性和女性可以编码成 M 和 F，而不要编码成 1 和 2，编码组在显示时被赋予特殊意义的情形下，应在显示的底端标明定义。

2）抑制性信息——当信息的显示暂时受到抑制时，这种抑制的迹象应该在显示中得到体现。应将关于抑制性信息的任何显著变化通报给使用者，使用者应能够将抑制性信息迅速恢复到正常显示形式。系统还应提供抑制性信息恢复的简单快捷方法，应允许使用者清除或隐藏现有任务不需要的抑制性数据（CTA，1996；DOD，1989 MIL - HDBK - 761A）。

3）求助系统——当使用者处于陌生的境遇下而不清楚将要做什么的时候，他们能够而且确实发现了仍然未被设计者注意到的歧义之处。当一个人面对某一个特殊问题不能确定如何着手进行时，借助于与任务明确相关且具体的微求助系统，指导他或她完成任务，或使他或她选择那些为完成任务需要进行的限制选择。

4）目的——如同进入一个程式，如果已经清楚地知道总体目标或程式的目的，人记忆信息的能力会更好。使用者了解自己为什么执行任务或者如此进行操作（为什么要按照一定的次序进行操作背后的逻辑，如为何逻辑上 b 要在 a 的后面等），将会提高他们的记忆性能的广度和深度。

5）知识结构——应考虑到包括信息的存储、保持和随时再现等人类记忆的本性和过程。大家都很清楚，人类与计算机相互影响，它能够使用现有的记忆和记忆结构给广泛的事物赋予意义或解释，而不管其赋予的意义是否符合设计者的意图。其结果是，系统设计人员应该了解和考虑已有的知识结构，考虑人们怎样回想某领域的问题，以及思考已有的知识结构与回想这些领域问题之间的交互作用的问题。

6）线索——在交互界面和交互作用流程中，结合使用者现有的知识结构，提供恰当的线索，能够减少学习和记忆的需求（Cohen，1996）。精心学习和有意义的信息使记忆重现异常容易，因此，与使用者已有知识或经验相关的线索和符号体系将增加恢复记忆的成功率。注意在设计人员中使用的显示惯例不一定要与那些社会上流行的使用标志相同。正是使用者的知识结构，才应赋予设计人员作出何种决策。

7）信息访问——设计人员应在操作规程和显示屏上为使用者提供在执行任务时需要的所有信息访问权，而不需要使用者通过记忆查阅易受影响的附加信息。下列情况属于例外，任务或许需要通过“记忆项”操作达到非常快速的反应，但是，由记忆执行的操作规程都应有相应文字的操作规程支持。

8）提醒信号——因为人类对执行的任务表现出注意力消失和遗忘，操作规程和显示屏应提供给使用者以线索，提醒他们在恰当的时间节点上执行任务（Einstein & McDaniel，2004）。这些线索要遵循以下特征：

- 极度醒目或吸引注意；
- 具有让需要者动心记住的特征；
- 在恰当的时间点被使用者注意到，以便执行预期的活动。

9）即时任务——在满足任务要求的前提下尽可能制定最少的操作程序。无论何时只要有可能，程序应该指令使用者立即执行任务而不是针对将来的任务下指令。减少前瞻性记忆错误的最好对策是避免造成延迟的意图（Einstein & McDaniel，2004）。一个必须执行的即时任务消除了遗忘执行行动的风险。虽然这是一种有效的解决方案，但它可能不是在所有的情况下都具有可能性或者有效执行。

10）任务状态——显示器和交互界面应提供清楚的指示，以表明一个给定任务的状态（即任务是否已被执行，和/或在一个复杂的操作程序或复核清单中指明目前操作的进度或步骤）。尽管重复和练习防止了许多类型记忆的丢失，耗费最小认知执行的“例行”任务容易受到不同类型记忆消失的影响：对已完成的任务忘记与否（Johnson，Hashtroudi，& Lindsay，1993）。训练有素的专家几乎不需要认知，就可以执行复杂的、需要精心学习才能胜任的任务，也正因为他们是专家，正好特别能被这些类型的记忆丢失所影响。

11）压力——压力或焦虑水平高，会损害工作记忆的功能以及基于记忆的信息提取。程序和显示器设计成能在高度紧张的情况下使用（例如，应急程序）并应在记忆能力降低的情况下可用。研究表明，在压力状态下，涉及工作记忆过程的任务，如表演心算或精神上的可视化空间布局受损，长期记忆能力的表现模式与注意力的“缩小”相似，此时长期记忆信息的随意再现仅限于通过精心学习或者超量学习的习惯（Driskell，Willis，& Cooper，1992）。因此，在某些情况下，压力使一些个体可能会恢复到早期学习时的行为状态或反应模式。这些研究结果表明，应急程序应予以广泛培训，而程序自身应尽可能与正常、常规的操作程序相兼容。

5.6.3.6 解决问题、推理和决策

太空飞行是一个复杂的、动态的环境。它以满足航天员做出多个相互依存、实时决策的需要为特征，这些决策既是应对外部变化，也是对航天员自己过去的决策所引起的反应。合乎逻辑地进行决策是一切以科学为基础的职业的重要组成部分，也就是专家在某一领域应用他们的知识做出有远见的决定。

现实世界里，在几个备选方案内进行选择的行动过程，决策可以被视为这其中认知处理过程（理性与情感）的一个结果。在做出决策的情况下，能够因为决策内容而产生巨大

的影响。例如，用于处理信息的策略取决于要考虑的备选方案数量。当难以决策的问题有2个或3个备选方案时，人们往往使用处理所有相关信息的决策策略。面对更复杂的，涉及到许多备选方案的选择难题时，人们往往采取简化的、启发式的策略，这种策略在使用信息方面可以有更多的选择。

决策任务属性以外的其他因素能够影响一个人如何做特殊决定，如何解决一个特定的决策问题。之前对任务的了解（Alba & Hutchinson，1987；Chi，Glaser，& Farr，1988）、专长（Shanteau，1988）和社会因素（Tetlock，1985）都能影响一个人如何作出决定。对决策任务的反应灵活性是生存能力的关键要素（Feldman & Lindell，1990）。例如，即使在上升段训练时从来没有教过如何作这项选择，但是当挑战者号爆炸后，无论是Judy Resnick还是Ellison Onizuka，出现在脑海中的是立即打开Mike Smith紧急空气包。

因为人们根据决策任务调整自己的决策策略，因此决策有时能够得到改善，而不是草率地做出决策，或者忽视周围状况变化的信息而盲目做出决策。然而，仅获得信息资料是不够的，还要能够对获得的信息资料进行处理（例如，必须将资料进行比较才能得到空间合作定位信息）。

决策过程中的可变因素也与使用者的喜好有着重要联系。信息资料出现微妙的变化，或者提问方式的改变，都能影响一个人的喜好（Tversky & Sattath，1979）。选择菜单上各单元的排列顺序可能影响到选择的优先顺序。这些与“星座”计划有关，因为在设计决策中强调了航天员的喜好。

值得关注的是一个人如何对可能在培训过程中没有出现的复杂问题做出决策。根据人们在其他时间对不同类型问题进行处理的经验，人们学习如何作出处理危险的决策（或处理不当）。当出现新问题时，他们或许还记得在以前经历的此类问题中，有与现在面前问题最相似的一个，并采取自认为可能成功的任何方法。

专家对问题解决的研究与航天员解决问题的策略相关。专家通过初步规划和设计活动，将问题分层次分解成子问题或子活动（Siman，1973）。使用这种方法，相对于工作记忆，繁重的解决方案或结果将被简化，任务局限于成功解决各个子问题上。

使用常规程序性的方法进行研究，表明是处于更大的时间压力，存在更高的利害关系，或含糊不清的情况增加的情境下，专家们用直觉做出决策，而不是采用结构化的方法，此时，通过已建立的再认决策方法，将一套指标导入到专家的经验中，立即取得一个满意的动作过程而不需要对各种备选方案进行比较。此外，近期已经有更加努力的决定，强势地将不确定性正式纳入决策过程。预认知决策模型（RPD）是人们面对复杂情况时如何作出快速、有效的决策模型。在这种模型中，假设决策者想到了可能采取的行动，将它与情境的限制条件相比较，并选择第一个不会被拒绝的行动。这种技能的好处在于它快速，但它在异常或误判的情况下会出现严重失误。这似乎是人类决策者如何做出决定的有效模型。

作为首先被立即想到的是RPD确定了一个合理的反应。RPD结合了做出决策的两种方式，首先是辨认出哪种行动是有意义的，其次是通过想象力观察决策导致的行动结果是否有意义，以此对行动进行评估。然而，经验丰富或经验不足的差异在决策制定的过程中是一个主要的因素。

RPD揭示了专家与新手之间的一个关键区别是当他们遇到重现的情况时。有经验的人通常能够更迅速地做出决定，这是因为他们以前也遇到过类似情况。这是在飞行前，飞行人员和地面机组人员参加众多模拟任务进行训练的主要原因之一。缺乏这方面经验的新手必须循环反复地通过不同的可能发生事件的训练，并养成倾向于使用他们相信有效的第一个行动。缺乏经验的人通过他们的想象可能采取麻烦和错误行动。

一位经验丰富的决策者将花费更多的时间和精力试图去判断问题，辨别问题产生根源的差异，然后通过比较，对解决问题的方案进行取舍。当需要对问题进行诊断，但无人提供建议时，这些能对决策提供有益的帮助。决策助手还能够通过模拟专家选择的行动过程进行帮助。助手能够帮助辨认计划中的薄弱之处，并提供改进方案。

情境意识（SA）包含知道你周围正在发生什么事情，了解信息、事件和自己的行为怎样在现在和不久的将来影响你的目标和对象。在范围广泛的复杂和动态的系统内，包括航空和空中交通管制（例如，Nullmeyer，Stella，Montijo，& Harden 2005），应急响应和军事指挥及控制操作（例如，Blandford & Wong，2004；Gorman，Cooke，& Winner 2006），近海石油和核电厂的管理（例如，Flin & O'Connor，2001），情境意识已被确认为成功决策的关键，但往往难以准确把握。因此，在信息流非常大而低级决策可能导致严重后果的工作领域，情境意识显得特别重要（例如，驾驶飞机，作为军人的运作工具，或治疗危重或受伤的病人）。

对人类提供决策支持的系统设计人员应该了解认知偏差，这些认知偏差可能悄然存在在人类决策的过程中，以便使他们能够减弱（或强化）这些偏见。表5.6-2列出了在设计考虑中较常见的一些认知偏差。

表5.6-2 认知偏差

信息整合、沟通和呈现
选择性知觉——我们积极摒弃掉自认为不突出或不重要的信息（例如，网吧里的位置隔断）
愿望思维或乐观偏见——我们往往倾向于想要看到事情积极的一面，这样就会扭曲我们的感知和思考
锚定和调整——我们的决策过分受初始信息的影响，而初始信息塑造了我们对后续信息的看法
低估不确定性和控制错觉——由于我们倾向于相信各个事件都在自己的控制之下，实际上并不是这样，所以我们往往低估了将来的不确定性。我们相信只要下定决心，在我们的控制之下就能将潜在的问题减少到最低。在"学习"软件的控制下，显示能够涵盖所有可能发生的事件
证据的选择性搜索——我们往往会愿意收集那些支持某种结论的事实，而忽视那些支持不同结论的事实
惰性——面对新的境况，我们还是情愿使用过去形成的思维模式而不愿意进行改变
支持选择偏见——我们曲解来自我们记忆中选择和拒绝的选项结果，以使选择出来的选项似乎更具吸引力
决策辅助
提前终止寻找证据——我们倾向于接受看起来好像可以工作的第一个备选方案
重复偏见——我们愿意去相信那些信息来源渠道不同的、数目最多的，并且最常告知我们的内容
团体思维——我们经受同伴的压力以遵从团体的意见

续表

来源可信度偏差——如果我们对某人、组织，或某人所属的团队有偏见，那我们就会拒绝一些东西：我们倾向于接受我们喜欢的人所发布的说辞。与实验室动物的操作性行为类似（没有侮辱的意思），人们信任自动化技术是可以预见的。Itoh、Abe和Tanaka于1999年发现，如果自动化连续不断地发生故障，用户对它的信任会显著降低，直到将自动化废弃不用，自动化发生故障的时间越长，人们怀疑它的时间就越长。另一方面，自动化偶尔发生故障对用户的信任几乎毫无影响。用户可能会因为某项任务困难而不依赖于自动化，但这类疑惑不会持续太久
增量决策和承诺升级——我们将决策看成处理过程的一小步，这往往使一系列相似的决策延续下去
属性不对称——我们容易将我们的成功归因于自己的能力和天赋，但我们却将失败怪罪于运气不好和外在的因素。我们将别人的成功归因于好运，却将他们的失败归因于他们的错误。这种偏见表现出了对航空安全报告系统（ASRS）报告的共同反应："我知道的比做的更好。"
角色实现（自我满足的预言）——我们遵从群体意见，并且做出的决策与群体中其他人身处我们相同位置所作决策的预期相符

5.6.3.7 创造性思维

人类太空飞行，特别是自主空间飞行，需要创造性思维。也许游戏或闲暇时间是激发创造性思维最有效的方法。航天员日程表中应留出充足的休息时间。在没有休息时间的情况下，可能会导致在解决问题的时候，采取不适当的问题解决策略。几个试验的结果都涉及到了创造性思维，比如Wisconsin卡片排序任务测验和Stroop任务。例如，在Stroop任务中，要求受试者阅读用一种颜色的墨水书写表达一种颜色的字词（例如，用绿墨水写单词"红色"）。执行这些任务时需要认知控制参与，因为在缺少练习的任务中，作为相对超量学习，无意识反应（阅读单词）会被有效抑制。这两种测试都已被用于空间模拟环境中。

5.6.4 太空飞行的应急源

成功有效的载人航天飞行取决于飞行乘组人员在操作和监视精密的仪器时，能够维持高水平的认知能力。但是，航天员通常会遭受那些已知的损害人类信息处理功能的应急源，这些应激源包括昼夜节律紊乱、睡眠剥夺、零重力下的持续性"头部肿胀鼻塞"、漫长的工作时间、紧缩的工作时间表、高风险压力，还有危险的环境、噪声、药物治疗和与家庭分离。应激反应对认知表现的有害影响是深刻和普遍的。有文献报道应激反应导致注意力有限（Combs & Taylor，1952；Easterbrook，1959），减少搜索行为（Streufert & Streufert，1981），对外围的线索反应时间延长和警觉性降低（Wachtel，1968），问题解决能力降低（Yamamoto，1984）和工作表现僵化（Straw，Sandelands，& Dutton，1981）。

短期太空飞行的一些应急源描述如下。

1）噪声应激。与精神性运动任务相比，认知任务更容易受噪声应激的影响（Theologus et al.，1973）

• 持续关注：在任务中，噪声与关键性错误相关联，需要给予持续性的关注（Cohen & Weinstein，1981）。

• 工作记忆：在国际空间站和将来的猎户座，当噪声不可控时，这会导致在类似数字回想这类需要工作记忆的任务中差错增加（Finkelman，Zeitlin，Romoff，Friend，& Brown，1979）。对双重任务操作的研究表明，噪声应激下，人们往往会牺牲次要任务，而对主任务操作投入更多的努力（Finkelman & Glass，1970）。

• 判断和决策：Broadbent 于 1979 年发现当人们产生噪声应激时，当一个信号出现的概率很高，人们更有可能断言他们确信信号出现或没有出现（即对判断更具有信心）。

2）应急所带来的危险和威胁。威胁引发的情况是造成潜在疼痛和不适的一个危险的新型环境事件。

• 问题解决：由 20 个飞行乘组人员参与的真实飞行模拟试验时，史密斯（1979）发现多个系统发生故障而导致产生大量程序性错误，其中许多错误是由于机组人员之间缺乏协调导致的。

3）时间压力。许多任务分配给某位航天员，使他产生一定程度的时间压力。

• 决策：时间压力影响人们的决策方法（Perrow，1984），尤其影响需要对行动进行评估的心理模拟（Klein，1996）。而时间压力下的反应时间往往缩短，精确性也是如此（Lulofs，Wennekens，& Van Houtern，1981）。在时间压力下，人们在做出决定时强调负面证据且较少使用信息（Wright，1974）。

4）疲劳和昼夜节律紊乱。执行完太空飞行任务返回的航天员自述有疲劳感觉，对他们的报告有几种解释，包括漫长的工作时间、紧凑的工作时间表、高风险度和周围危险环境导致的焦虑、持续高分贝的听觉噪声。此外，航天员们普遍睡眠不足，在轨期间每天大约仅仅睡 6 h（Monk et al.，1998）。实验室内的试验证明长期减少睡眠时间到每天6 h会导致认知功能障碍（Van Dongen et al.，2003）。另外，在太空中，因为 24 h 昼夜节律消失，人体昼夜节律也发生了紊乱。

a. 持续注意：在执行一系列认知任务期间，睡眠剥夺降低了注意网络的活动（位于额叶和顶叶）。

b. 记忆：在过去的 10 年里，科学家们已经开始意识到睡眠和记忆之间的复杂关系。不仅睡眠为大脑编码新记忆做准备，而且睡眠还为大脑提供了巩固和整合最近学到的信息的机会。认为这些记忆的形成在分子水平上是依赖于被称为长期记忆强化的过程，它增强了神经细胞之间的联系，以后当记忆被唤醒时，这使得信号通过神经细胞之间进行传递变得更加容易。因此，睡眠可以使记忆变得更稳定，以便使他们能够更好地抵御干扰和防止遗忘。

• 陈述性记忆，例如相继发生的事实，尤其是记忆的内容还受到随后竞争性信息的质疑挑战，这些陈述性记忆都受益于充足的睡眠。睡眠后，由外界损害或干扰的记忆重新恢复活力。

• 程序和运动记忆，例如学习某种顺序的舞步，当配合充足的休息，学习中行走的舞步更加稳固。

- 当试验人员进行研究的前一天晚上睡眠充足时，其通过试验鉴别出的速度更快。
- 当前一天晚上睡眠充足时，运动响应（例如，键入一串数字）会变得更快和更准确。

c. 问题解决：睡眠也能够识别、提取和存储记忆的关键特征，并保留对第二天更有用的记忆。因此，通过一夜的睡眠可以增加找到问题解决方案的可能性，使存在的问题得到解决成为现实。（例如，在前一天晚上辛苦练习的数学难题中，你找到了一个隐藏的解题捷径。）睡眠不足与将任务区分优先次序的能力降低有关联。

5）缺氧。一个人总摄氧量中，大约有20%的氧被大脑所使用，因此很容易受到氧分压降低的损害。缺氧或身体氧不足最早期的结果是损伤大脑功能。缺氧损伤的程度因个体不同而差异较大，所以不可能预测何时可能发生精神损伤。以下是受氧不足影响的较高级别的认知功能（Townes et al.，1984）：

- 判断和决策；
- 交流；
- 问题解决的反应时（例如：编码、数字比较、判断方向和图案对比等任务；Bandaret & Lieberman，1989）；
- 专注；
- 常识的正常抑制功能。

“珠峰登山者”（Mt. Everest climbers）作为执行深空飞行任务航天员的模拟者，利伯曼、莫里、霍克斯塔特、拉森和马瑟（2005）用威斯康星卡片排序任务测验[①]（Wisconsin Card Sorting Test，WCST）和心算测试模拟在太空飞行中遇到的操作任务。WCST试验结果可以转化为随环境变化的能力。海拔越高，WCST和算术测试错误率越高，并且理解句子的含义需要更长的时间。

时间、运动、寒冷、疾病和疲劳，所有这些都对缺氧的结果有影响：

- 暴露的时间越长，对缺氧的结果影响越大；
- 锻炼提高对氧的需求；
- 需要能源产热来克服低温，而这增加了对氧的需求；
- 疾病类似于增加身体能量的需求；
- 疲劳降低了产生缺氧症状的阈值。

6）宇宙射线。对于到达月球或火星的长期探索任务，太空射线对中枢神经系统（CNS）产生损伤导致急性和晚期疾病的风险让人有些担忧。CNS损伤的急性风险包括认知功能改变、运动功能降低和行为变化，这些可能影响工作能力和身体健康。CNS损伤的晚期风险可能是患上神经疾病，如痴呆或早衰。射线和射线与其他太空飞行因素产生的协同效应可能会影响到神经组织，从而导致功能和行为发生改变（NASA人类研究项目，

---

① 在WCST中，刺激卡片的数量呈现给参加者，并不告诉参加者怎样去匹配卡片，但是告诉参加者匹配结果是否正确，在这件学习过程中，错误以分数的形式出现。

2008)。

尽管一些研究已经表明应急源能够降低工作能力，其他研究集中在当应对应急源时的反应有时侯能够达到自适应。例如，虽然作为应急源的噪声在工作现场确实会减少关注的线索数量，但它使注意收窄的作用能够帮助将注意集中到任务的关键部分（Hockey，1970）。此外，适度的时间压力可以提高操作能力，特别是对专家而言（Shanteau，1988）。

5.6.5 认知度量标准

对认知性能和其递减特性的测量能力可能是为长期太空飞行中评估关键任务所做出的重要准备。在军事、航空、临床心理学和教育领域内，为对绩效递减进行早期评估而开发了认知性能测试。20 世纪 90 年代中期，对航天员的认知性能还没有任何客观的测试方法（Fiedler，2004）。当发生了各种各样的应急源影响和平号上航天员的认知性能后，大家认识到这种需要的重要性。自那时起，已开发几种测试方法用于评估太空飞行时航天员认知发生的可能变化；这些测试方法包括自主神经心理评估法（ANAM）、精神运动的警戒测试（PVT）、NASA 性能评估工作站（PAWS）、迷你认知快速评估量表（MRAB）和 WinSCA 效能量表。除了 WinSCAT，这些测试方法并不是专门用做诊断工具的，但这些测试方法能够让调查人员对航天员飞行前、飞行中和飞行后的得分进行比较，以此确定空间飞行和认知能力之间的关系。

5.6.5.1 认知性能测试

（1）自主神经心理学评估法

ANAM 是经过验证的、计算机化的成套认知测试，它由一套全面的认知子测试、睡眠等级评定和心境量表组成。在它被开发的 15 年前，被用于评估化学战争解毒药及预处理剂对认知的副作用，自此以后，ANAM 继被用于评价药物的副作用后，开始用于对认知功能的变化进行评估。

WinSCAT 和 PAWS 认知测试是基于 ANAM 的基础上制定的，它由美国国防部开发，现在已被用于评估太空飞行时航天员的认知表现。期望实现电算化的测试方案，基于以下多种原因：

- 对于长期飞行任务，能够上传新的试验程序；
- 计算机可以按照严格的标准和客观的方法执行测试（医生如何进行测试之间的细微差别可以被消除）；
- 计算机提供试验刺激呈现的弹性，使测试特性多样化（例如呈现时间、颜色）；
- 计算机可以轻松地收集到有关个人测试结果的大量信息，包括准确度和反应时；
- 计算机能够存储、分类排序和检索大量的信息；
- 计算机化测试能被设计成允许反复测试，因此适用于跟踪测试随着时间推移航天员状况的变化情况，这其中包括对抗措施的采用。

计算机化的措施旨在为进一步的探索提供初始假设，特别是如果实施的测试并不全面时。美国心理协会（APA）专业标准委员会和心理测验和评估委员会已经发布了计算机辅助评价工作的指南。

（2）WinSCAT

WinSCAT 已经被用于许多国际空间站任务中。接受测试的航天员人数较少，测试的时间表有时需要优先安排进行重复测试的试验。

2007 年，WinSCAT 认知测试系统用于加拿大德文岛的闪光线火星北极研究工作站（FMARS）（Kobrick，2007；Osburg & Sipes，2004；Osburg，Sipes，& Fiedler，2003）。由于这个岛屿非常偏远，FMARS 在此模拟火星飞行任务，乘组人员遵循协议，如每次离开居住地时身着航天服，使用经过处理的再生空气，有限的乘员住所，墙壁是不隔音的，使用远距离通信技术，使用体育训练用作应急的对抗措施，并且模拟火星白昼（较地球一天长 39 min）。

（3）NASA 性能评估工作站

在 20 世纪 90 年代中期，空军使用性能评估工作站研究零重力对航天员认知性能的影响（Schlegel et al.，1995）。试验测量了工作记忆、空间处理、定向注意、跟踪和双重任务分时。PAWS 成套测试包括心境量表、不稳定跟踪、空间矩阵旋转、Stenberg 记忆搜索、连续识别记忆、定向注意——人体模型和数学处理、双重任务和疲劳量表。施莱格尔等人于 1995 年通过测量训练和训练计划的影响，发现 PAWS 软件可靠性的证据。此外，他们将航天员的绩效分类并建立了数据库。

（4）迷你认知快速评估量表

为了给航天员提供便携式认知测试装置，在个人数字助理（PDA）平台的基础上开发了 MRAB。MRAB 包括 9 个认知任务（包括持续性注意、选择性注意、分散性注意、语言和空间工作记忆、经 Odd - Man - Out 测验和 Wisconsin 卡片排序任务测验的认知灵活性、推理、心理旋转、图片匹配与句子理解的感性反应时）。

由于经历了太空飞行的人数是有限的，研究人员在地面设立了长期隔离试验用于模拟太空飞行。由于失重效应无法被考虑到，因此建议对这些相似环境研究的阐述需谨慎。

MRAB 已经在几个空间模拟环境中使用。Lieberman 等人（2005）在攀爬珠穆朗玛峰的登山者中测量认知能力。登山被认为是一种太空飞行的模拟环境，这是因为登山时，环境缺氧，小组人员在长时期内密切接触，需要做出临危决策，还有许多情况都威胁生命的存在。结果显示反应时增加、认知灵活性降低和数学计算错误率随海拔高度增加。

从 PDA 小尺寸显示屏就能够证明测试开发人员所面临的挑战。很多以前被验证的测试为了适应在显示屏幕上显示，不得不进行修改。此外，PDA 在测试环境的耐受性上也不足，需要进行修改（Orasanu，个人通信）。

（5）精神运动的警戒测验

通过丁格斯的工作，美国国家空间生物医学研究所、美国国家航空航天局、美国国防部和国家卫生研究院共同开发了 PVT。它测量反应时和持续性注意，这些数据与航天员的睡眠觉醒节律、应急、自我报告的工作负荷、情绪和人际交往有关联。在美国国家航空航天局的三个极限环境任务行动（NEEMO）实施期间（2006—2008），丁格斯收集了PVT、生理和主观数据。因为NEEMO涉及到一个小团队被长期隔离在充满噪声、通信延迟的密闭环境内，团队人员共同工作，一起解决问题，所以它被认为是一种空间模拟试验。

（6）测量轻度认知损害（MCI）的试验

下面只是一些可用的计算机认知测试，它们是为测量MCI开发的。

• CogScreen（Kay，1995）是由11个测试组成的一组试验，全部完成需约30 min。使用它是为了能够发现影响飞行操作的轻微认知缺损，通常它对轻度的神经精神疾病也有效。

• 设计MicroCog（Powell et al.，1996）的目的在于医生用于评估轻度认知能力衰退，它已在老年人中被广泛使用。

• 剑桥神经心理学自动化成套测试（CANTAB；Sahakian & Owen，1992）包含几个常见的神经心理任务、带有反应时测量和问题解决执行的新方法，这些都是计算机化的版本，已被广泛用于药理学和神经毒理学研究中。使用CANTAB对病人进行测试时，患者使用触摸屏测定运动反应时、空间识别和工作记忆。这套测试还包括Shallice伦敦塔试验的电子版，这是一个测试制定计划并使用计划解决复杂化逐渐升高难题的试验。

• VigTrack和MAT测试都用于评估飞行员和航天员的警觉性。

5.6.5.2　测试有效性、可靠性、灵敏性和特异性

确保认知测试的有效性、可靠性、灵敏性和特异性是关键。有效的评估是一种带有目的性的测量措施。例如，仅仅通过笔试是不能有效评估航天员EVA技能的。一个评估EVA技能更有效的方法是通过联合测试，以此帮助确定航天员都知道什么，例如通过笔试和在一个模拟的环境下（如水下）进行作业评估。可靠性与评估的一致性相关联。一份可靠的评估是一群相同（或类似）的航天员始终如一地达到类似的结果。各种因素都会影响可靠性——包括测试中带有歧义的问题、太多的选项、不明确指令和缺乏训练。灵敏性是指测试时，显示认知下降人数与航天员认知下降人数的比率。特异性是指测试中没有显示认知下降的航天员人数与无认知下降航天员人数的比率。由于航天员人数少，经过测试的数量甚至更少，因此对航天员进行的认知测试可能没有充分的有效性、可靠性、灵敏性和特异性。例如，因为认知能力是基于一个连续统一体上的表现集合，某些测试对检测MCI可能不具备充分的敏感性，特别是因为大多数测试是为临床人群所设计的，例如帕金森综合征、阿尔茨海默病、精神分裂症或脑震荡患者。此外，充足的测试是认知评估测试达到性能稳定的关键（Schlegel et al.，1995）。

5.6.6　人类认知的定量模型

了解操作人员何时对应急源最脆弱，这将有利于制定缓解策略和对其进行评价，以此减少威胁生命或任务情境的可能性。认知模型与人类作业模型这两种方法都已被用来预测这些脆弱之处。

流程模型是基于理论的解析模型，用于描述人类输出的产生过程，同样地，它还描述系统内人的操作，而不是简单地对人的行动结果进行预测。嵌入计算框架内的人类过程模型是以过去 50 ~ 60 年收集到的试验研究为根据而建立的。流程模型包括人类认知模型、基于基本信息处理能够预测行为、视听知觉和注意、工作记忆、长期记忆、决策、反应选择与人类行为的反应执行模型。人类的流程模型通常比那些只能描述可观察行为的模型功能更强大，这是因为他们可以被推广应用到更广泛的任务和应用程序中。

没有涉及人类过程（即注意和认知）范围，而仅预测人类输出（例如，任务的时间安排和成就）的模型被称为效能模型。效能模型使用输出和输入状态之间的一组关系式对设定的一组输入预测或描述一个人或一个人-系统的输出。安排实施这样一类面向效能的模型时，在内部模式的过程中不要求具有内部结构，甚至不需要真实性。例如，面向效能的模型可能会用于简单地询问任务是否是按照程序化的顺序发生，完成任务并不需要遵循所有的正确处理流程，它所需的全部是模型对于指定的输入产生有用的输出（即在应用程序前后关系中）。

5.6.6.1　人的效能模型

人的效能模型（HPM）使用人类加工处理过程的计算机模型，用于展示虚拟人主体与技术和操作环境中的程序进行相互作用。HPM 可以采取多种形式，从来自于试验研究和人类处理过程（例如注意、知觉、决策、响应时间和响应特性）理论的纯粹认知模型到数字人体模型，或人体测量学、生物力学、姿势、运动、骨骼和解剖的物理模型。认知和物理的 HPM 能够结合到一起形成一个集成的 HPM，用于模拟人类反应并预测人类如何与先进技术进行交互（Gore &Smith，2006）。

HPM 仿真应用贯穿于整个产品、系统或技术开发过程，制定规程和培训要求，并识别系统中哪里可能因为潜在的人-系统错误而出现漏洞。这些计算仿真与等待被全部设计出来，或与在回路中测试相比具有成本和效率的优势。这些系统模型在开发过程中允许产品设计师、系统师或工艺师使用新技术全面检查人-系统效能的许多方面。对 HPM 进行适当的确认，对于 HPM 有效应用的操作者安全、生产力提高及高效的系统设计至关重要。

人类处理过程和 HPM 仿真方法，两者的关键是模仿操作者而非在虚拟的模拟平台上实现物理呈现。虚拟的平台不仅包含与虚拟操作者绩效相关联的特性，还包含模型输出信号所产生的工作负荷预测、时间同步安排和系统状态信息。因此，操作者承担的风险和与系统试验相关的费用都大大减少了：没有试验人员，没有受试者，也没有测试时间（Gore & Corker，2001）。

较大规模的 HPM 已成功应用在航空航天和军事领域，可以对概念设计实现可视化和人的作业能力评估（Corker & Smith，1993；Corker，Lozito，& Pisanich，1995；Gore & Corker，2000；Gore & Milgram，2006；Gore & Smith，2006；Pew，Gluck，& Deutsch，2005）。HPM 的特殊应用领域包括在电话路由选择试验中紧急应对突发事件，超蒸汽阈值响应的过程控制程式，直升机搜索和救援程序，上升段两组显示器显示氦故障时航天员（航天飞机）的程序响应，在零重力环境下任务专家根据不同时间段的效能来指导试验，为概念系统测验飞行座舱规程（例如，20 世纪 90 年代国家空域系统概念的“自由飞行”或 21 世纪初的综合视觉显示概念），闭环建模的时间估计，为航空交通控制性能所做的任务规程中工作负荷的影响，以及 NextGen 概念要求的机场表面导航下多机组人员的情景意识仿真。

6 个与 NASA 有关的较大规模 HPM 应用实例，显著突出了从 1999 年至 2007 年为 NASA 开发的 HPM 与太空任务的密切关联程度。此外，军队大规模使用 HPM 说明了 HPM 处理各种指挥和控制操作的跨域适用性。美国国家航空航天局 HPM 工具被称为人-系统一体化设计和分析系统（MIDAS），它已经产生了支持 NASA 任务的数据输出——人反应次数用于概念设计以及航空无线电技术通信（RTCA）操作，又称作自由飞行（RTCA，1995）。MIDAS 被用于预见程序变化的影响和促进空中交通技术控制执行。Corker、Gore、Fleming 和 Lane（2000）解决了飞行控制者工作负荷难题，是在控制空域内，把飞行器能够自我分开的一种混合功能。结合部分任务仿真和随后对人类行为表现建模进行研究，以此了解对控制器的技术支持没有发生任何相应变化的情况下，某个程序改变导致的影响机制。这个模型预测和对部分任务的研究发现在这种混合的装备设置上，飞行控制人员的工作负荷在某些方面增加。

HPM 的开发是为了：

- 支持与人在回路中模拟测试与乘员探索飞行器显示设计的一致；
- 产生业绩预测（任务时间和工作负荷）和推荐操作者在限定时间的 0 g 环境内工作的程序再设计；
- 当操作人员从事重复的工作，对操作者的操作错误和表现做出更精确的预测；
- 对时间压力环境中高负荷工作期间的操作错误和表现提供更准确的预测。

HPM 已被当作一种方法，用于识别当人脆弱到出现错误时的临界点，然后将这些扰动带入到系统。NASA 的航空安全计划中，人类绩效建模元素（飞行安全项目的人操作模型要素）已在一个 6 年计划中已经对此进行了解释。在这个 6 年计划中（2000—2006），我们见到了 5 个模型组（ACT - R、ACT - R+ [IMPRINT]、航空人-系统一体化设计和分析系统 [Air MIDAS]、分布式运算符模型架构 [D - OMAR] 和注意-情境意识——显著、努力、预期、有价值 [ASA - SEEV]），这 5 个模型组在各种航空相关操作背景上滑行运行它们的模型架构（操作时人失误模型、进场和着陆操作时人视觉要求模型）。这些模型生成了任务时间表和任务交织、失误模型、定时性能预测、工作负荷评估和各种保真度水平的情境意识测量，所有这些都要通过人在回路中模拟数据进行大量的验证。作为 NASA 计划的一部分，着手进行的这 5 个仿真尝试是一个清楚的例子，那就是 HPM 模拟生成的输出是强支持 NASA 太空任务。

对军队来说，HPM 基于 Agent 的模型表达，已被用于支持服务战斗管理和敌方模拟开发（AMBR，Agent - Based Model Representation）计划中。AMBR 支持在几个模型架构上并行研制 ATC 仿真（执行进程-交互控制-Soar［EPIC-Soar］、分布式认知［DCOG］、网络任务认知/iGEN™［COGNET/iGEN™］和 ACT-R）。报告提供了模型效能的比较，比较的项目有针对人员的任务交叉、个人的工作负荷和在多个显示条件下的反应时，以及是否具有或没有高水平架构交织模型间的通信协议。分析报告提供模型相对性能的比较。

HPM 已经开发了数年。这些模型的应用实践证明，当结构正确时，HPM 方法和人的认知模型为 NASA 任务提供实际的应用价值，特别是当设计复杂系统时。HPM 能够迅速提供解决设计问题的答案，巧妙调整 HPM 的“基线”能够解答许多“分析-假设”设计难题。考虑到在未来系统中的应用，经过提议进行扩增，调整 HPM“基线”的功能已经被开发出来了。

5.6.6.2　认知模型

认知模型和它们的架构已被成功地用于评估认知的设计问题，主要是用在较低级别的人-系统交互环境中（Anderson，1993；Lebiere，2002）。一些较为常用的认知架构是 ACT-R、Soar 和 EPIC。ACT-R 用于评价认知技能的规律性，如识别、非文字材料回忆（例如，粉丝效应），另外还用于评价问题解决策略的规律性（Anderson，1993；Anderson & Lebiere，1998）。ACT-R 的审定测验通常用于小问题解决或记忆任务（模式匹配）范围，这是鉴于 ACT-R 最适合模拟这些低级的行为，而验证 ACT-R 的较大规模研究计划则开始出现，如已完成的 AMBR（Gluck & Pew，2005）和 NASA HPM 项目（Foyle & Hooey，2007）。

Soar（状态、运算和结果）是以提供程序和表现公布的知识为目的的一种并行匹配、并行开通的基于规则的系统，旨在为人工智能系统的所有功能和人类认知与行为（Newell，1990）建立模型。Pew 和 Mavor（1998）描述 Soar 作为一种认知架构已被广泛应用，也被各种各样任务中人类行为表现所验证，这些任务包括自然语言理解（Lewis，1996，1997a，1997b）、演绎推理（Polk & Newell，1995）、概念习得（Miller & Laird，1996）、辅助系统使用（Peck & John，1992，Ritter & Larkin，1994）、学习和使用分散信息（Altmann & John，1999）和各种人-系统交互任务（Howes & Young，1996，1997；Rieman，1996）。

EPIC 是表现中心凹、旁中心凹和周边视觉的一种视觉加工模型。输出处理机是根据工作记忆结构的特定形态片段。视觉维度的模拟输出是按照检测信息的时间和变动眼电机处理器来确定的。在听觉维度中，输出是一个随时间衰减的短暂连锁式表征。触觉信息只是简单地基于时间的辨别。EPIC 经受了大量低级别功能测试的验证工作，并成功获得了又多又好的数据，这些数据来源涵盖了心理不应期（Meyer & Kieras，1997）、一个双跟踪刺激-响应任务（Kieras & Meyer，1997）、跟踪决策任务（Kieras & Meyer，1997）、非书面的工作记忆任务（Kieras et al.，1998）、计算机界面菜单搜索和电话操作员呼号任务（Kieras，Woods，& Meyer，1997）。

5.6.7 研究需求

生存之上：人类对太空飞行扩展的需求。Connors 等（1985）建议已经过协调和整合评估方法使用，以提供了解太空飞行期间有关人效能需求所需要的。通过试验研究可以梳理出太空飞行应急源对认知能力的影响，以便能够制定相应的对抗措施。

为了在模拟的环境或航天员群体中应用 WinSCAT 效能量表，类似于以前在临床标本中确定检验方法的敏感性和特异性的工作，应确定试验的敏感性和特异性。

除此之外，需要进行人类操作模型验证的研究。HPM 验证中的一个问题是缺乏标准流程去确保验证的正确性。缺乏标准流程的情况下，HPM 很难作为与人的因素相关的设计应用被接受。

5.7 认知负荷

工作负荷与绩效之间关系较为微妙（Casner & Gore，2010）。人们试图定义工作负荷，并提出了工作负荷是操作人员在执行任务时投入的精力，它源自于特定任务（如，任务负荷用单位时间内的任务来测量）与操作者对任务负荷所做的主观努力之间的相互作用。工作负荷也可能与生理或心理负荷有关。这部分将集中于工作负荷的精神层面（认知）。（生理方面的已在 5.2 节中详述）负荷过重或过轻均能够影响绩效。由于低工作负荷方面的数据及其相关对抗措施有限，本章节将着重讨论认知工作超负荷。

简单地把整体工作强度维持在中间水平，不太可能达到最优的工作绩效需要达到的结果（Gore et al.，印刷中）。成功管理或评价工作负载应综合考虑操作者必须完成的单个任务、在工作期间所要完成的组合任务、任务的优先次序、操作者的个体差异及操作者完成任务所需时间的长短。因此，用当前衡量工作量的方法去评价某个个体工作负荷是不合时宜的（Boff，Kaufman，& Thomas，1986；Casner，2005：Gawron，2008）。研究指出，单一的方法不能确定工作负荷在各种操作环境下的适用性。操作周期不同阶段，需要用不同的评估及测量技术（Wierwille & Eggemeier，1993）。如果从单个任务测量扩大到系统操作测量，会进一步增加其挑战。

5.7.1 系统开发周期中的工作负荷评估和缩减

各种工具、方法和技术已经被用来测量工作负荷。这些技术主要为航空环境设计，并已应用在其他高度程序化的领域，用来在短时间内对任务进行检查（Gore et al.，印刷中）。持续 30 天以上的空间任务的特点是高度程序化但高度重复，在每天的同一时间完成，多个乘员共同决定任务绩效，同时常常使用复杂的系统。结果是，开发新的空间操作系统需要统筹短期任务工作负荷与长期任务工作负荷的测量需求。

该系统由可互相操作的组件组成，职能明确的各组件可以通过在特定操作环境中以特定产出和成功几率的方式来确保任务导向操作的需求及时得到满足（Newell，1990）。一个级别的组件能够在下一个级别的组件下实现，在一个系统里不同层面相互作用的多个组件亦是如此。Newell 认为，人的整体体系结构由多个系统的分层结构组成，并且它不能以其他方式被构造。Simon 认为，只有子系统稳定时，系统才有可能稳定（Simon，1962）。显然，不同层次及子系统之间的相互作用是形成稳定的系统架构所必须的。

如下所述，过量工作负荷是一种非预期状态，在处理非预想的额外工作时易造成错误和引发潜在失败。设计师应该努力通过几种行为方式来避免这种严重的状态。在最高水平，可以采取两种互补行为。在系统启动之前，也就是说还在筹划的时候，它的工作负荷可以通过任务分析来预测（在这里假设高任务负荷＝高工作负荷）。一旦航天员使用一个完全的系统或系统组件，我们可以通过比较工作负荷的估计值与实际值，从而对工作负荷进行重新评估，对先前的预测进行验证和改进。

无论是估计还是实际情况下，如果发现或预测工作负荷过重，就要采取措施改造设备（界面），改变任务需求，自动操作一些功能，或者加大训练力度。后者通常是最不可取的方法，但常常被采用。

虽然工作负荷的两种测量方法——评估和预测——互为补充，但是每种方法都有其优缺点。评估是在设计完成后进行的，而预测是在设计发展阶段的早期进行的。评估的优点在于非常精确，某种程度上测量方法选择更恰当，并且使用多种测量手段。但缺点是全系统工作负荷的精确评估通常要到整个系统完成才能开展。从设计流程来说，如果发现工作负荷过高，要采取大的补救措施重新设计已为时过晚。加大训练力度也就成为仅有的可选择的解决办法。

工作负荷预测可以在设计流程早期完成。这是一种较为理想的负荷测量方法。在投入巨大投资开始前，可以通过较少代价修改设计。但是，预测的缺点也反映出评估的长处。目前还未发现完全有效的工作负荷预测模型。根据具体情况，在预测高负荷设计和程序中，预测模型的精确率在70％～80％。但是，问题是这样的精确度是否好且足以满足设计师，使其放弃某一预测产生高工作负荷的观念。

评估和预测在使用时可以互为补充方式。当二者同时用于一次完整任务的某一作业任务（如飞行控制、通信协议、推进剂管理）时，评估获得适时性，而预测获得精确性，即使这些作业任务需要在以后的飞行任务中时间共享。

下面将上述内容分 3 个主题进行阐述：首先，工作负荷定义为乘员与任务的相互作用，包括什么是工作负荷过多、红线的概念是什么等重大问题；其次，阐述测量工作负荷所使用的方法、预测的方法，以及怎样利用两种测量方法和评估工具来定义工作负荷过多。与应激和工作负荷转换一同讨论自动操作和训练这两种工作负荷解决办法的效果；最后，阐述充分预测认知工作负荷的主要研究需求。

5.7.2 工作负荷概述

5.7.2.1 工作负荷和工效

几十年来工作负荷评估和预测增强了系统、设备和程序的设计和操作使用（Gawron，2000；Moray，1979，1988）。由于许多原因，复杂系统的娴熟操作者的绩效未能达到需求水平或者完全毁掉。例如，不适当或不兼容的控制-显示关系会引发错误，睡眠减少会降低警觉性，或者发生很难解释的突发事件。操作失败最频发和重要的缘由之一是操作者工作负荷处于非最佳水平。这种关联已经在人类真实或模拟环境中执行各种任务（驾驶、飞行、监视、装配、通信、监督、维修、输入数据）得到很好证明。另外，在这些任务中，如控制机械手或航天器对接时监控摄像位置，乘员的工作负荷面临巨大挑战。

认知工作负荷未达最佳标准可能由于低觉醒导致的工作负荷过低，或者由于任务需求过量、设备设计较差或环境条件恶劣导致的工作负荷过高。科技发展（如自动化控制）使得系统性能改善（降低工作负荷），有时可以造成低负荷，即操作者仅需监控自动操作（Parasuraman，1987），或者操作者的工作负荷从一处转到另一处，并没有获得预期的负荷下降。

虽然工作负荷和绩效是紧密相连的，但这种关联的本质并非直接关系；操作者与系统绩效以及工作负荷的测量可能受相似但又完全不同因素的影响。事实上，操作者可能权衡工作负荷和绩效。

5.7.2.2 工作负荷需求和资源

图 5.7－1 很好地描述了认知工作负荷的概念。两幅图的 x 轴显示了某一任务逐渐增加的需求量。图中显示需求增加影响两个变量：操作者的任务绩效［图 5.7－1（a）］和智力资源［图 5.7－1（b）］。图 5.7－1（a）显示了着眼于“流水线末端”所观察到的现象，或者完成的实际工作。图 5.7－1（b）显示对操作者使用“工作负荷计量表”来测量的结果。最初，由于低任务需求，操作者使用很少的资源［图 5.7－1（b）］。因而，操作者就会感到无聊，放松警觉，或者倾向于做其他工作。任务绩效就会低于正常。随着任务需求的增加，更多的操作资源将会投入使用（需要操作者的注意力），绩效［图 5.7－1（a）］会稳定在最佳水平。进一步增加任务需求就会导致操作者负荷过载。由于错误和延迟反应，操作资源就会导致低产出，结果任务绩效就会下降。绩效下降在 x 轴上标识为红线。红线左侧，操作者能够跟上任务需求节奏，并可以储备能力。绩效保持“完美”（或者诸如 1 s 反应，1 m 飞行路径跟踪在标准水平之上）。在红线的右侧，资源需求超过资源供给，绩效就会降低。因此，图 5.7－1（b）分成两个区域：

- 储备能力区：操作者对完成工作具有资源储备能力。
- 负荷过载区：操作者超负荷或者已经超过他或她的能力。

工作负荷必须不能超越红线。工作负荷必须在红线的左侧，那样乘员可利用资源处理一个不可预见的紧急情况。

尽管不能完全精确地确定参数属性和红线位置，但测量资源需求沿着 x 轴的变化规律无疑具有重要的指导意义。

图 5.7－1（b）给出了两个工作负荷区域和划分区域的红线，在这里主要工作绩效开始下降，不再随供给的增加而增加。

5.7.2.3 单任务对多任务需求

有很多关于注意力和操作的模型可以用来解释任务需求、工作负荷和绩效之间的关系。（例如，Gopher & Donchin，1986；Hart & Wickens，1990；Tsang & Vidulich，

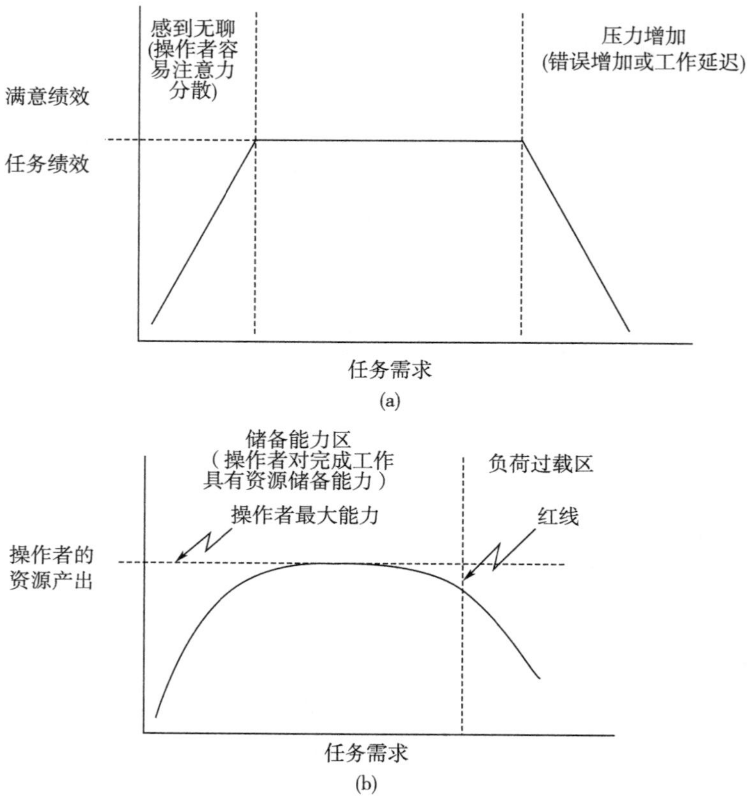

图 5.7－1　从左到右增加任务难点（或资源需求）对任务绩效的影响（见彩插）

2006；Wickens，2002；Wickens & Yeh，1988）。这些模型将影响因子分为两类，这些影响因子驱动图 5.7－1 中 x 轴的需求增长。

1）单任务的需求因素就像车辆的前进速度，在确定之前的记忆参数设置的记忆要求或者时间压力等因素。如果这些增加，绩效最终会受到影响。

2）双任务要求是指由于同时执行两个或两个以上工作的需求，从而增加了工作负荷。如稳定地控制飞船的运动轨迹，寻找月球表面的水平着陆点。

注意力的多资源模型是为了预测和诊断由于双任务要求引起的过度的工作负荷和绩效衰减，然后提供缓解这种消减的方法。以下部分涉及通用的单位，可用来量化单任务和双任务需求的心理负荷（或者图 5.7－1 沿 x 轴的需求）。

5.7.3　工作负荷的测量

目前已经制定出一些有效的切实可行的测量方法，这些测量方法可以用来量化操作者在不同环境中进行各种活动带来的大量工作负荷。这些测量可以通过几个标准和每个可以回答的工作负荷问题来加以区分。由于它们根据各自提供的信息的类型和质量而变化，所以利用多种测量方法去开发一套完整的工作负荷概要，从而获得不同来源的证据。

(对于可获取的测量，是否证明有用，以及如何实现的描述，见 David，2000；Gawron，2000；Gopher & Donchin，1986；Hancock & Meshkati，1988；Hansman，2004；Hart，1986；Hart & Wickens，1990；Hill et al.，1992；Lysaght et al.，1989；Moray，1979；Moray，1988；O'Donnell & Eggemeier，1986；Roscoe，1987；Tsang & Vidulich，2006。此外，一些网站提供的测量的说明和关于何时和如何使用它们的信息，例如，联邦航空管理局（FAA），2007 年，www.faa.gov］）。

操作者的工作负荷一般通过 4 个方面进行评估：

1）主任务绩效测量；

2）次要任务绩效测量——额外的绩效测量，次要任务是为测量剩余注意力或能力而提出的；

3）生理测量——内隐反应测量（例如，心率的变化，眨眼，眼球运动或脑电活动）通常被称为生理的测量；

4）主观评价法——由操作员或观察员提供的评级。

这些具体的例子将在下面描述。

以上的每种测量都各有利弊。最好是用至少含有两个不同指标的组合，以便获得工作负荷的可靠评估。在选择一个工作负荷的测量工具时，应考虑到下列因素：

1）干扰——干扰是在选择测量时的一个明确和关键的标准。它可能以多种方式影响主任务绩效。受试者全神贯注于工作负荷的测量工具而不能思考任务需求，使主观数据不准确。测量工具还可能增加误差和未知量到工作负荷中。最后，操作者可能因为在测量过程中感到心烦而忽略测验（如，在一些综合性的二级测量中）。在这方面，最好是将次要任务测量和利用电极采集生理信号的生理测量嵌合起来。

2）环境——工作负荷评估的前后关系是很重要的。例如，心电图（ECG）电极已经能够用于其他目的（如健康监控），使得更容易评估心率变化。相反，在非常嘈杂的环境中不适合做与听觉事件相关的次要任务。动态环境（如 EVA）阻碍了手动反应任务的使用，无论是次要任务还是给予主观评价。当操作者在从事安全关键任务，次要任务的干扰是一个重大问题。

3）灵敏度——测量的灵敏度反映了当工作负荷改变到何种程度时，测量值会发生改变。

4）可信度——测量的可信度描述了当且仅当工作负荷发生改变时，测量值会随着改变。如对于工作负荷，心率的测量并不是完全可靠的。因为许多其他非工作负荷因素如体力消耗或压力，会影响心率。

5）可诊断性——可诊断性的测量是用来识别高工作负荷的来源（例如，感知负载与反应负载，见下文）。

6）范围——任务要求的资源的范围（如图 5.7－1 所示）定义了可靠的可测量工作负荷水平。

- 主任务绩效测量应被用于高资源需求（“超载”）区域，而且在低任务需求水平并不可靠；

- 次要任务绩效和生理测量是最适合低任务需求（“储备能力”）区域；
- 主观评价可能适用于整个范围。

7）目的——最后工作负荷评估的目的在测量方式的选择中起到关键作用。如果是要建立一个可视化任务的工作负荷（例如，使用格式化视觉显示），监督操作者的眼动模式是一个很好的方法。如果需要评估一个模拟全任务的工作负荷的绝对水平，一个全面测量如美国国家航空航天局的任务负荷指数（NASA - TLX）的主观评价会很理想。如果，需要对产生不可接受绩效（如问“怎样才能减少工作负荷?”）的多任务环境的工作负荷进行评估，那么主任务绩效的测量是至关重要的，尤其是在这些测量与高工作负荷来源的模型相结合的情景时（见 4.10.5.3.1 节）。

5.7.3.1 主任务性能的测量

对绩效的测量可用于对工作负荷的评估，但应谨慎使用，因为工作负荷和绩效在很多方面可以互为转换。理解评估任务以及效能和工作负荷之间的关系非常重要。试图最大限度地提高绩效并且有着明确目标的操作者进行高强度工作有时可以获得高绩效。但有时，良好的界面设计或有效的自动化可以在工作负荷非常低的情况下获得较高的绩效。因此，通过系统对比系统的绩效与工作负荷之间的关系是至关重要的。举例来讲，我们可以比较两个不同的飞船着陆程序。其中之一涉及直接的内回路控制，它可以提供非常精准的操作，但是人员必须在程序的各个阶段进行高增益、精确的手动控制，这导致了过多的工作负荷。由于工作负荷非常大，因此其他必须执行的监测任务便无法进行。另一个方案是设计一种在导航屏幕上显示的通道图像，不同于精准度高的程序，在这个程序中，飞行中的一些偏差是可以接受的。这可能会导致一个稍高的跟踪误差；然而，由于其工作负荷将会变低，飞行员可以分出更多的精力完成监测或通信任务。

主任务的完成情况往往能反映操作员适应高负荷或调整的策略。尤其是一个涉及很广泛的任务，比如空间试验，什么时候以及如何完成任务都是可以灵活选择的。任务专家可能试图在可接受的范围内同时完成两个任务（同时进行或者根据时段快速在两者间切换），在降低一个的同时强调另外一个，或按顺序执行任务。事实上，在搁置次要任务的同时优先完成重要任务可能是最佳的策略。

5.7.3.1.1 主任务测量的类型

绩效测量可以为工作负荷问题提供客观的答案。一些测量总结了操作者行为的有效性，而其他测量也提供了关于操作者控制策略中一些精细问题的信息。前者反映了操作者的行为和系统输出之间的相互结合，而后者则更为直接地衡量操作者付出的努力（工作负荷）。

绩效测量方法有 3 类：

1）速度——开始或完成任务所需要的时间；

2）精度和错误率——不连续的反应或连续控制与目标值的匹配程度或可接受范围；

3）控制活动——一系列的控制活动，如光谱的强度或连续控制行为的幅度（例如，手动推力控制量)。

速度——对速度来说，长时间执行一项艰巨的任务，一般都伴有较高的工作负荷。延误一个任务一部分原因可能是测试中的信号事件没有被注意到，也有可能是操作者故意选择延迟启动，除非其他方面的工作负荷已经降低。这种推迟通常发生在执行低优先级任务的情况下。例如，在执行飞行任务时，通信任务往往被延后以及缩减（因为该类任务被认为是低优先级的)，同时其他任务的需求却增加。需要操作者不断注意进程的任务由于会导致整体工作负荷强度增加，往往会被降级处理：如步骤开始的太早或太晚或者完成必做任务的时间不充足（Hart，1975)。

精度和错误率——错误数量的增加通常是工作高负荷的症状，无论是在不连续的任务中或者是连续执行的任务，如飞行控制（飞行技术误差）都是如此。

对于人工操作任务来说，精度与错误率有两种不同的含义。根据任务的不同，其中一种可提供比另一种更好的工作负荷测量。错误是指不正确的任务操作：操作者可能选择了错误的控制，忽视了响应信号，或是选择了错误的开关位置。精度是衡量执行任务的成功程度，是实际值和测量值之间的相关程度，或目标和选择的相关程度。即使操作者完成任务中没有错误，精度仍然可以通过操作者完成任务的程度被测量。

精度和错误之间的界限是模糊的，并且与不同于工作负荷之外的因素相关。例如：

• 出于对速度/准确性权衡，有时候误差并不是源于高负荷，而是由于人们在迅速作出反应时导致的（Drury，1993)。

• 在某些可以容忍更多错误的飞行控制测试中，错误减少并不大重要。事实上，当操作者不能把误差维持在较低水平时，误差可能成为高负荷的征兆（如在一个可以容忍10 m误差的飞行路径中，完成度达到 1 m 的误差)。

• 由于操作者“心里开小差”，在低工作负荷的任务完成过程中也可能发生错误（例如，一个驾驶员由于在做白日梦而错过了转弯)。很显然，这样的错误对于高工作负荷的判断没有参考价值。

这些评定并不意味着错误对于衡量工作负荷是无用的；由于错误在运算过程中的重要性，归因于高工作负荷的那些错误是非常重要的。它意味着错误应该与在工作负荷增加的过程中所涉及到的其他因素一起考虑。其中，特别重要的是大量的控制行为。

控制活动——高工作负荷的任务往往伴随着更多的控制活动（操作者做得更多，更频繁）(Corwin et al.，1988)。对比以精度/错误分析为主要的任务测量措施，控制活动可以帮助确定工作中高负荷的原因。在控制回路中，控制活动通常与飞行员的开放环路获得相关（Gopher & Wickens，1977)。通过功率谱分析或者控制速率，或者均方差控制也可以对该参数进行测量。在不连续的任务中，控制活动与时间密切相关（例如，单位时间内击键或按下按钮的数量)。

5.7.3.1.2 主任务测量法的优点和缺点

更长的响应时间、更多的错误、更高的控制活动、较少的任务完成度通常被作为工作负荷增加的证据。然而，工作负荷与工作效率之间的关系要复杂得多。O'Donnell 和

Eggemeier（1986）建议用两组任务来定义不同主任务措施用途的差异，详见图 5.7－1：1)在图 5.7－1 中，相对简单的任务位于红线左侧，在一定难度级别范围（虽然工作负荷增加）仍然保持了持续的绩效水平；2）对于中等难度的任务，如接近图 5.7－1 的红线或者在红线右边，随着任务需求的增加（和工作负荷的增加）绩效直线下降；3）最后，非常艰巨的任务，效率可能已经达到最低水平，随着难度进一步增加，工作效率没有进一步的损失。因此，在适当难度任务中，测试效率、工作要求以及工作负荷之间存在一定的关联，但是在很难或者很简单的任务中，这种关联又逐渐消失。

尽管有较高程度的认知效果，有些任务仍可能不会产生任何可以测量的绩效指标。例如，许多决策任务涉及一个简单的双选择响应（例如，“发射或不发射”的发射决定）。然而，决策结果——可衡量的主任务绩效——几乎难以反映人们在做决策时候的能力负荷程度，尤其是在任务自动化水平很高，整个操作都依赖于自动化系统，而操作者投入很少的时候更是如此。维持情境意识也是一项工作负荷需求大的任务，但在主任务操作时反以细微的差别反映出来。最后，有些任务不必完成得很完美，只要绩效足够好，按时完成就可以。这是绩效测量对工作负荷变化不灵敏的另一种案例。

5.7.3.1.3　主任务测量法小结

主任务绩效测量法是必须的，但只用它来评价工作负荷是远远不够的。早在 1986 年，Gopher 和 Donchin 就指出直接通过对操作者在工作中的绩效结果来推算这一工作强加于操作者的工作负荷的方法往往没有考虑到主观因素对操作者的影响，因为它既不能够反映由于工作任务变化而引起的脑力资源投入的变化，也无法判断工作负荷的状态。1989 年，Lysaght 等提出主任务测量法“通常不应该作为评估工作总量的最合适方法”，这也是目前比较公认的观点。

总之，这些建议给使用主任务测量法作为唯一的衡量工作负荷的方法的人提了警醒。尽管如此，没有与任务相关的信息时，其他方法也不能够评价工作负荷。Tsang 和 Vidulich（2006，p250）对此作了非常出色的总结：“…尽管，用既定目标是否完成的主任务测量法来进行工作负荷的系统评估具有非常重要的意义，但就主任务测量本身而言，它忽略了操作人员的主观因素。”下面将会提到其他评价方法。

5.7.3.2　次要任务工效测量法

由于对于任务的喜好不同，单一任务评价的方法并不能够较为客观地评价工作负荷，由此，便出现了次要任务测量的方法（Kalsbeek & Sykes，1966；Rolfe，1976）。次要任务测量法假定，由除了主任务以外的另一项任务（次要任务）而带来的额外负荷刚好达到或已超越了操作者的能力，进而间接反映主任务所产生的工作负荷。其本质是测量储备能力或主任务尚未用到的能力，即图 5.7－1 中红线左边的区域。在理想的条件下，次要任务的执行能力与主任务的工作负荷成反比。次要任务测量法提供了非常有用的信息，尤其是在对主任务测量法不敏感的能力储备区域（图 5.7－1）。这种测量方法极具吸引力，这种方法的发明者和倡导者的最主要目的就是要建立没有完全耗尽操作者能力时的工作负荷测量方法，进而为评估操作者对于紧急或突发状况的能力提供有力的依据。

5.7.3.2.1 综合辅助任务

综合辅助任务（如下描述）是由研究人员人为加给操作人员的能够准确呈现并能直接精确测量输入（视觉、听觉）和输出（语言、行为）的一些简单活动。它们中的大多数都具有公认有效的度量属性。心理学试验模型以及受试者执行任务的速度及准确性也已证实了人为辅助任务干预认知的过程。下面是几种目前普遍应用的人为辅助任务，Gawron 于 2000 年发表了在次要任务研究的圣盛时期建立的一个次要任务研究结果的详细目录。

• 响应时间——响应时间（RT）任务通常包括在一个主任务执行期间出现的视觉或听觉刺激。操作者通过按下按钮或对着麦克风或声音识别系统对其作出响应。多选择任务比单一选择任务更为敏感。随着主任务工作负荷的增加，响应时间和错误指数相应增加（Kantowitz et al.，1987）。鉴于感觉输入（视觉、听觉）和输出（声音、行动）的选择，这种任务可以被设计出来以便吸引那些特定主任务需要的相同资源。主任务与次要任务的交叉操作重复程度越高，其测量方法也就越敏感。

• 监测——监测任务包涵一系列的刺激且受试者不需要对此作出快速反应。当受试者被要求对目标事件计数并阶段性地或在事件结束后对其作出响应时，这种任务一般牵扯到存储需求。计数的准确性可作为评价的方法。用这种更为敏感且能减少干扰的方法去测量时，会增加工作负荷（因为不需对每个刺激都作出响应），它同时也减小了可测量行为的可用性以用于分析的频率，在主任务工作负荷中计数准确指数降低，错误的数据（遗漏和错误的警报）增加（举例来说，Kramer，Wickens&Donchin，1983）。

• 时间估计——时间估计任务要求受试者在特定的时间间隔（通常在 5～25 s 范围内）内手动按下按钮或口头报告开始或结束（Zakay，1996）。随着任务持续时间的增加和时间间隔长度和变化的增加，受试者对时间记录的注意力逐渐降低（Hart，McPherson，&Loomis，1987）。尽管这类任务需求很大程度上取决于主任务，但它对感观及运动负荷的变化较为敏感（举例来说模拟飞行，Bortolussi，Kantowitz，& Hart，1986，和 Bortolussi，Hart，& Shively，1989；航空，Wierwille，Rahimi，& Casali，1985；精密旋转，Hartzell，1979）。当时间间隔被调至 1～2 s 时，和许多主任务一样，这类任务的执行能力也随之减弱（Gawron，2000），这与干扰的准则不相符合。Lysaght 等（1989）通过 4 个方面的评估得出辅助时间评估任务的执行能力能够反映监测和飞行任务中不同层次的工作负荷。

• 心算——心算任务主要依赖认知能力。可以通过增加数字和增加运算方法的变化来控制心算的难度。而运算的速度和口头或书写等这类表述的准确性可以用来衡量任务执行的能力。尽管已证实，这类任务对于许多主任务负荷的评估较为敏感，仍有许多学者提出心算干扰了主任务的执行，违背了干扰准则（Gawron，2000）。

• 记忆检索——记忆检索任务要求受试者记住一个或多个字母、数字或者一段话，然后，不管后面是否有刺激（调查）都尽可能快地做出响应。一般情况下，随着记忆内容的增加，或主任务工作需求的增加，响应时间也会增加（Lysaght et al.，1989；Manzey，

Lorenz，Schi ewe，Finell，& Thiele，1995；Wickens et al.，1986)。这种任务涉及短期记忆及感觉、响应能力。因此，它也被建立起来去干扰一些同样需求的主要任务。重要的是，这类型的任务曾被用于空间研究，中枢（认知）负荷和感觉-运动负荷（Manzey et al.，1995，2004)。Wickens 等（1986）对于飞行环境中使用记忆检索任务提供了详细的建议。

• 追踪——追踪任务能提供持续主任务负荷的指数，尽管它们在实际工作环境中不切实际。对于不同困难的操控［例如，不同有效施力振幅，带宽，控制阶数，开放循环不稳定（性）和受控的维数］对主任务产生了不同类型的干扰（例如，Jex & Clement，1979；Lysaght et al.，1989；Wickens，1986)。一般来说，一个目标值的错误会随着协作任务难度的增加而增加。追踪次要任务会有被干扰的可能，因为它依赖于同主任务的协同配对（Andre，Heers，& Cashion，1995)。

5.7.3.2.2 综合辅助任务的缺点

目前认为，综合辅助任务有如下 4 个缺点：

• 干扰——综合辅助任务的最大缺点是它们中的许多是侵入式的，并且，由于它们中绝大多数的设计目的是为实现预期目标而不是评估工作负荷，因此其操作设置看起来有些虚假。当用于高度拟真环境中的紧急安全程序时，若操作者尝试着做次要任务，他们会将注意力从主任务转移，主任务会发生灾难性失败。或者，他们也可能会简单地把次要任务作为不必要的烦恼而忽略，阻止了所有的测量。

• 不恰当性——一个较小的缺点，对于主任务而言，并不是所有的次要任务都是完全恰如其分的，选择应谨慎。因为正如上面提到的，为了具有最大的灵敏性，次要任务与主任务所用的资源应一致。需要相似资源的并行任务（如两个视觉任务）会相互干扰，从而使次要任务有高度灵敏性。然而，当次要任务所需资源与主任务不同时（如视觉次要任务配以听觉主任务)，对主任务的检测就不太可能会有灵敏性。进一步地，主任务和次要任务的执行能力经常共同减弱，那么关于只有主任务的要求得到满足时，次要任务才被执行的假设，就不是永远都成立的。这些发现支持了多重资源的使用，并限制了在主任务所需资源与次要任务一致的情况下最终措施的使用（如主任务与次要任务都是由手动响应的视觉-空间任务)。

• 仅仅包含有限的任务周期——当主任务被引入时，次要任务执行仅仅在当时反映工作负荷。随着时间推移，它们不结合在一起。

• 可能影响主任务——当一个次要任务出现时，如果操作者修改他们的主任务执行策略，次要任务提供的关于主任务工作负荷的信息变得模糊不清。

5.7.3.2.3 嵌入式辅助任务

嵌入式辅助任务的概念已非常明确，其中最为“本质”的部分是嵌入式辅助任务的实施需要特殊的操作环境（Shingledecker，1984；Vidulich & Bortolussi，1988)。如上所述，综合辅助任务被认为是如此的无用和乏味，以至于它们在操作环境中可能会被完全终止。相反的，嵌入式辅助任务实际上提高了操作者的接受度，并提高了执行的可能性（但是一旦工作负荷变高，它们可能被适当延迟或丢弃）。上述的许多任务都可以在修改后与操作任务整合在一起。例如，可以利用无线电呼叫信号响应操作设计记忆研究任务（Corwin et al.，1989）。举行例行活动（如高度检查）的时间，被认为是因为这一特殊时间而被执行。对可更改的显示配置的离散反应，可作为反应时间或监测任务而被评估。Ververs 和 Wickens 展示了对次要任务的有效利用，用于评估飞机进场或着陆时不同飞行信号的优势。嵌入式辅助任务（如检测气流速度变化和冲突检测）目的在于帮助解释结果。

事实上，嵌入式辅助任务是主任务整体上本来的一个方面，它们对于整个工作负荷特别敏感，并且可以单独挑选出来进行分析。与那些工作负荷可以被测量的主任务的最重要性相比，这样的任务与生俱来是次重要的（Raby & Wickens，1994）。因而一个诸如航天器着陆时飞行员对于通信探测的响应时间都可以被认为是嵌入式辅助任务。

5.7.3.2.4 次要任务测量法小结

主任务完成的同时，并行和附加任务的执行情况可作为剩余储备能力的指数。嵌入式辅助任务也可以提供特殊资源要求的特征信息，该储备能力在红线之下任务中非常明显，如图 5.7－1 所示。然而，次要任务的执行可能干扰或改变主任务的执行。显然，在许多操作情况下，次要任务可能是不恰当的，除非它们作为主任务的嵌入式部分出现。另外，对于不同主任务所需的特殊要求，不是所有次要任务都有一样的灵敏性。次要任务的不足，并不能作为证据来反映工作负荷过低；它可能只是表明次要任务所需资源并没有因主任务的执行而耗尽。因此，利用那些需要不同联合资源的次要任务，可以为一个复杂任务中工作负荷的来源和程度提供综合信息。

尽管次要任务的最初目的没有被实现，但它们还是具有评估复杂系统的价值（Tsang & Vidulich，2006），特别是在仔细考虑了资源共同利用，及不忽视次要任务也不干扰主任务完成的情况下应用。详尽的任务分析和强有力的理论基础，是成功选择和应用次要任务所必须的。

5.7.3.3 生理功能测量法

生理测量作为一种精神负荷度量方法已经有长期的历史（Beatty & Kahneman，1966；Kalsbeek & Sykes，1966；Kramer & Parasuraman，2008；Sirevaag et al.，1993）。这种方法对精神负荷变化具有敏感性，其原理是随着任务难度和所需资源的增加，操作者需要激发和调用更多的资源或脑力来处理。这些激发和调用会被自主神经系统和脑活动的不同现象所反映。另外，大多数生理处理测量具有潜在的吸引特性，那就是它们不需要操作者明显的响应，那些明显响应可能会中断正在进行的主任务。在这个意义上，它们具有很少的侵入性（尽管有时会装上电极等装置）。这与次要任务形成鲜明的对照，如下文中的主观测量也有类似的效应。

5.7.3.3.1 生理功能测定

一些最常用的测量法在表 5.7－1 中有非常简短的表述。

表 5.7-1 用于脑力精神负荷指数（MWL）的生理机能的测量

测量	典型结果		举例
	MWL 增高	MWL 降低	
心率（每分钟搏动次数）	随应激相关方面的工作负荷增高而增高	降低	Corwin et al.，1989a，b；Wierwille et al.，1985
心率变异性（在低频率，大约 0.10 Hz）	降低	增高	Mulder & Mulder，1981；Prinzel，2003；Sirevaag et al.，1993；Svennson et al.，1996；Vicente et al.，1987
瞳孔直径	增高	降低	Backs & Walrath，1992；Beatty，1982；Just，Carpenter，& Miyake，2003；Marshall，2007；Tsai et al.，2007；Wierwille et al.，1985
眨眼率（每分钟眨眼次数）	随工作负荷增高而增高；闭眼持续时间	降低	Corwin et al.，1989；Marshall，2007；Sirevaag et al.，1993；Stern & Skelly，1984；Tsai et al.，2007；Wierwille et al.，1985
眨眼持续时间（闭眼持续时间）	随疲劳而增高	降低	参上
凝视方向（凝视次数及其在目标区域的持续时间）	增高	降低	Helleberg & Wickens，2003；Svennson et al.，1996；Wickens et al.，2003；Wierwille et al.，1985
EEG 活动 · 任务中-无关脑功能区域 · 任务中-相关脑功能区域	降低 增高	增高 降低	Gevins & Smith，2007；Just，Carpenter，& Miyake，2003；Kramer & Parasuraman，印刷中；Kramer & Weber，2000；Kramer，Wickens，& Donchin，1983；Prinzel，2003；Sirevaag et al.，1993；Sterman & Mann，1995
激素水平（检测血、尿与唾液）	增高	无影响	Damos，1991

注：EEG—脑电图。

然而在许多情况下，生理学测定并不成功。下面是在运用生理测定方法评价太空中操作工作负荷时可能出现的潜在问题：

• 在一项致力于航天器认证候选人工作负荷测定方法的全任务飞行模拟试验中（Corwin et al.，1989a，1989b），除了心率，其他测定的生理学指标并未提供敏感的工作负荷指数，而且在 5 次研究中许多结果并不一致。

• 在太空环境中心率指标仍然存在问题，原因是它受到来自体力负荷和压力水平的严重影响（即，它对于脑力负荷测定来说并不可靠）。

• 在一项普通航空模拟飞行中，Wierwille 等（1985）未能发现针对眨眼率、瞳孔直径以及心率随工作负荷变化的。

• David（2000）发现生理测定方法在空中交通管制中存在限制条件。

• 太空中使用工作负荷测定的应用受到限制。在表 5.7－1（Kramer et al.，1983）索引的研究中只有一项使用了太空相关任务（机器人技术）操作。

5.7.3.3.2 生理功能测量小结

以上以及其他研究表明，生理学测定大多出现的问题是由于它们受限的可靠性造成的。因此，只提供确定的建议（基于持续表现出的工作负荷敏感性）用于以下两方面的测定：

1）**心率的低频（0.1 Hz）变异性**。心率的正常增加与降低通常在一个大约 10 s（0.1 Hz）的时间循环周期内完成。研究发现变异性在此频率时随认知负荷的增高而发生持续下降（如，心率趋向于保持恒定），表现出似乎并不受高频率搏动率的影响（搏动率也受到体力负荷与应激的影响）。太空中，低频心率可通过非侵入方式采集，通常利用贴心电极来评定的结果。当然，顾名思义，此种测定方法不能轻易捕获工作负荷的快速波动（如超过大约 0.1 Hz，或低于 10 s 以内的变化；Veltman & Verwey，1996）。

2）**凝视方向**。该测量具有两个主要好处。作为工作负荷测定方法（如人体长时间注视显示器能提供大量信息加工需求），其表面效度高，这在高逼真度飞行研究中完全得到验证（Helleberg & Wickens，2003；Sarter，Mumaw & Wickens，2007；Svennson et al.，1996；Wierwille et al.，1985）。而且，若工作环境区域如同典型太空飞行器那样分隔得相当宽敞，则开展相对大体的检测会比较容易，如操作者在工作站前一旦固定位置（例如，就座或用绳固定），则利用头部方向可进行工作负荷的推断。例如，在座舱的凝视方向可利用头部向下显示负荷来辨识头部向外扫视与头部向下扫视之间的区别。此方法的两个主要缺陷是，相对于工作台内的其他视觉区域，除了视觉呈现出的工作负荷之外，它无法捕获全部的工作负荷，而且进行分析时通常需要大量时间和计算机设备。

5.7.3.4 主观评分

评分是测定工作负荷最为广泛使用的方法，可作为标准用以对其他测定方法与模型的判定。从操作员的角度来看，评分方法可提供对工作负荷的集成汇总，并且成为用来评价人的工作绩效成本最直接的方式。评分可由操作者在操作任务过程中或之后立即提供，可由观测者对操作者行为的过程实时监测或调用录像纪录来监测，或由主题专家提供更多概要的评判信息。

评分量表通常由有序的反应分类所代表的一种或多种次级别组成。标签详细说明了每一个次级别中刺激（工作负荷体验）与反应（工作负荷评分）之间的对应关系。然而，在任何工作负荷级别评分与物质世界中具体的可测定现象之间没有直接关系。而且，心理学上来说间隔并不均等，从实践角度来说，并未规定上限。最终，大部分级别提供了相对的差异，而非绝对水准。

当任务被执行时，在任务段之间的间隔期间，立即获得评分。也可通过再次观看任务的执行来获得评分。尽管评分通常从具体执行任务的受试者获得，但观察人员可以根据受试者的经历通过相同或不同的量表提供关于工作负荷的有用信息。另一方面，对观察员而言，推理是有难度的，因为对于一个特定的受试者而言，不管他对操作的程序及环境多么熟悉，其主观的努力、压力及心理因素等，都限制了观察评分所能够提供的信息。

一个成功的测试实例，其时间间隔的长度应是随意的，其范围可从数分钟至数小时（例如每 5 min 进行一次评分），其操作单元也应是随意的（例如完成一个过程，飞机降落）。因此，活动内额定的时间间隔要么相对统一，要么变化多样。

尽管没有一个评分范围能够体现的内容多于被评分者在整个时间间隔内所经历的事，但似乎这也不是什么大的问题。例如，在一系列评价工作负荷的方法中，对下列 4 种工作负荷的评价方法进行比较（Hill et al.，1992）。通过在活动一结束或结束一段时间或整个任务完成后进行评分来获得时间间隔的可变范围。另一方面，如果评分获得的频次很低（主要是为了减少对主任务的干扰），它们就变得对工作负荷的瞬间变化不敏感。如果评估者忘记了她所经历的，届时给她一个机会做出回应，不仅重要信息会丢失，而且她必须整合不同的工作负荷，获得一个各种工作负荷的总评分。在任务进行过程中进行频繁的评分使得评分的敏感度和精密度之间有一个明显的转换，可能进行的任务被干扰，评分也出现“倦怠”。

5.7.3.4.1　主观评分量表

评分量表已在广泛的使用中提供了各种有用的信息，这些评分量表大致可分为如下三类：

- 一维的或总体的；
- 分等级的；
- 多维的。

还有许多可用的评分标准，但它们并没有被广泛使用，也没有足够的研究验证。

5.7.3.4.1.1　一维或总体的评分

单一的评分要求受试者在执行任务期间提供某种单一的工作负荷评分。这种评分较易获得并提供方便的总汇值。其中一个标准，即 1984 年由美联邦局开发的飞行客观/主观负荷评估技术（POSWAT）被用于对飞行经验和飞行难度敏感的航空环境。然而，单一的评分标准无法提供有精确的信息，且不同受试者间的个体差异较大（Byers，Bittner，& Hill，1988；Hart & Staveland，1988）。评估者根据受试者在不同条件下的不同负荷而选择不同评分标准。尽管大多数的单一评分要求受试者提供具体的数值（范围从 1～7、1～10 或 1～100）、描述（例如非常低、低或适度的），或者是呈现在纸上或电脑上可以稍后转换为数值的估值。但它并没有统一的标准。

5.7.3.4.1.2　分等级评分

采用分等级评分，评价者做出一系列的决定，每个决定选择之间都有一定的区别。每一个决定导致评价者做不同的选择或作出最终的数字评分。分等级的评定量表是容易实现和获得的，并用由于在高需求操作环境中不会产生无法接受的干扰。它是至关重要的，然而测试主体在如何解释和实施量表方面有很多的训练。对于所有这些量表，评分者通过树状过程获得单一评分，它们决策顺序是通过试验和错误才形成的，而不是基于良好的工作负荷理论或大量研究工作。对于描述性类别，不同工作负荷类型之间的心理距离并没有确定下来。它们并没有提供诊断信息，很多用户只是简单地给出一个数字打分，并没有经过决策过程。最后，它们并没有像其他量表那样得到大量的评估和应用。

5.7.3.4.1.2.1 操作品质评分

Cooper - Harper 操作品质量表（Cooper & Harper，1969）是一个最早开发的评分量表，且仍一直被广泛应用。尽管是为了获取飞机操作性能的主观评估而开发的，但随后的应用显示，它对许多影响负荷的因素也是敏感的。评价者做出一系列决策，每个决策区分2～3个选项。每项决策都使评分者进入另一个决策，或给出一个范围为1～10的数字分数。评分者每次给出口头或书面评分时，都可以阅读这个量表，或者记忆量表。已开发的几个修改版本的量表，保留决策树的形式和10分制，但替代修订内容，能够更直接地反映工作负荷。

5.7.3.4.1.2.2 改进的 Cooper - Harper 量表

改进的 Cooper - Harper 量表是最初的 Cooper - Harper 等级量表（等级描述被重述）的一个变种。虽然等级的结构和形式被保留，但是问题措辞和等级的描述符被改变了，用以明确地论述脑力负荷。这点已经被实验室、模拟飞行和空军地基系统的实地试验所检验（Wierwille，Rahimi，& Casali，1985）。尽管已发现在模拟飞行中，它对工作负荷的变化很敏感，但是经证实在其他环境中，却并不是那么有用。比如在 Hill 等（1992）实施的独立评估中，发现其敏感性不如一个简单的一维等级评定或 NASA - TLX 方法（见下文）。

5.7.3.4.1.2.3 Bedford 工作负荷量表

Bedford 量表（Roscoe，1987）是在英格兰 Bedford 皇家空军基地试飞员的帮助下开发的。它保留了试飞员熟悉的决策图表形式，但是修正了在少用能力上的抉择的措词。它在英格兰和欧洲被广泛应用于评估军用和民用航天器飞行员的工作负荷评估以及美国的模拟和飞行研究中。但是，在非航空环境研究领域中的应用是有限的。出于种种原因，在多数大工作负荷测量评估研究中没有应用这种方法。它是被应用于评估航天飞机驾驶员座舱电子设备显示升级的几种方法之一（McCandless et al.，2005）。虽然发现评定等级对试验中加载的可操作变化很敏感，但是评定等级不能提供任何诊断性信息。这种或其他决策图标形式的主要优势是将评估过程与一系列明确的决策区别开来。尤其是 Bedford 等级提供了一种选项，可以明确识别一个工作负荷的红线水平（零储备能力）。其主要缺点是它不像其他方法那样灵敏，无法提供诊断性信息，美国在它的利用是很有限的。

5.7.3.4.1.3 多维评分

这类评分量表包含两个已经成为工业标准的量表：主观工作负荷评估技术（SWAT）和 NASA - TLX。它们是以这样一种潜在的设想来设计，即与整体概念相比，人们评价成分因素更可靠。它们最大的优点是次级评定可以提供关于工作负荷的特定项目的诊断性信息，通过加权综合次级评定的结果得出的总评分。这类信息是有用的，特别是在设计早期，因为它允许设计者识别工作负荷的最高值和最低值，来决策怎样分配工作负荷，改进显示和调整设计以及拟定练习草案。

5.7.3.4.1.3.1 SWAT

主观工作负荷评估技术或 SWAT 由3个次级评分组成（Reid，1985；Reid & Colle，

1988)：

- 时间负荷；
- 脑力努力负荷；
- 心理压力负荷。

每一子量表分为 3 个等级（1＝低级；2＝中级；3＝高级）。这 3 个次级评定的 3 个级别水平组合在一起形成 27 种可能性，列在受试者工作负荷的每张卡片上，其排列从最低到最高。这种等级排列被用于 100 点的一维评分。利用 3 个次级评定而形成的每一种组合等级评定在全部工作负荷等级评定中占有独特的地位，全部工作负荷等级被赋值，从 0 到 27 的数值范围（由所用可能值的组合来定义）。虽然耗费时间，这种分类过程是有价值的，因为它提供了一个区间尺度（Nygren，1991），并且至少考虑了在工作负荷定义中的一些个体差异。

SWAT 已被成功用于评估实验室、仿真、飞行研究（如 Corwin et al.，1989a；Hancock，Williams，Manning，& Miyake，1995）和多种地基军事行动（如 Lysaght et al.，1989）的工作负荷。因此累积的证据表明，SWAT 提供了有效的结果，可以在大多数环境中实施，次级评定提供了有价值的诊断性信息。然而在一些正面的比较中，发现 SWAT 在复杂的模拟运输飞行操作环境中不如 NASA - TLX 方法灵敏（如 Battiste & Bortolussi，1988；Corwin et al.，1989），不推荐应用于新近的交叉度量（Cross - measure）比较中（如 David，2000；Rubio，Diaz，& Martin，2004）。维度数量和区间尺度数值的限制使得将 SWAT 应用于操作设置更有吸引力；可是这种被许可的等级评定（如低、中和高）的限定范围也降低了等级的灵敏性。另外，其比较明显的不足还表现在评定者的可变性和在总的工作负荷水平一般时灵敏性较低的情况（如 Reid，1985）。一些 SWAT 使用者通过采用连续等级取代 3 种不连续的选择（见 Adams & Biers，2000；Luximon & Goonetilleke，2001）的方式，免除了单调乏味的分类程序（在次级水平将等级值简单求和）。然而，这种改变没有被广泛应用。

5.7.3.4.1.3.2　NASA - TLX

NASA - TLX 提供了一种基于 6 种次级项目评分的加权平均值作为全部工作负荷的估计。这 6 种次级项目包括：能力需求、体力需求、时间需求、自身表现、努力和受挫（Hart & Staveland，1988）。次级项目的数值范围是 1～100，5 个点为一个增量。它可以是口头获取的，或者是按照一个等级形式或计算机屏幕所呈现出的一个数值范围通过挑选位置得到的。另外，评定者量化了引发他们所经历的工作负荷的每一种因子的相对重要性。当全部工作负荷的分数被计算出来时，这些数值被用于使等级量值加权，其数值范围从 0 到 5。诊断性信息可以通过每一个因子加权和次级的变化获得。这一过程与 SWAT 所需的分类相比，耗时更少，也提供了一个更宽的每一维度的可能等级范围。

在工作负荷峰值的诊断时，子量表评定继续扮演着重要角色（Lee & Liu，2003）。NASA - TLX 被成功用于多种环境中，并被翻译成包括英文在内的多种语言（见 Hart，2006，复习）。在过去的 15 年内，发展了许多等级变量。次级分项已经被停止使用或重新定义，增加的新方法被用于满足特殊应用的需求。因为在它完整的形式中，TLX技术的一个不足之处是在研究或提供关于贯穿整个任务的6个次级之前获得权重所花费的时间较长，一些研究者已经选择了简单的平均次级评定（所谓的“未加工的”TLX），免除了估算总值（Byers，Bittner，& Hill，1989；Hendy，Hamilton，& Landry，1993）和/或重新定义那些被认为与任务不太相关的次级分项，它们被认为和任务的影响基本无关。

5.7.3.4.2　小结：评分量表

评分量表是最实用的方法，并且通常是最实用的衡量工作负荷的方法。它们易于实施和评分，具有表面效度，适用于多数环境和被多数操作者所接受。在评定者面前，等级排序通常是稳定的，尽管其绝对值表现出相当大的可变性。由于工作负荷并不能完全定义为是客观任务需求（它也能反映出操作者的体力和情绪状态，预先抱有的偏见和经验以及执行任务的环境），不同个体在面对同样的任务需求时，其体验可能会有些不同。另外，评定者在提供等级评定的时候（因为他们个人对工作负荷的定义是多种多样的）可能考虑不同的变数并且表达一些与工作负荷无关的不同的个人偏好。这些因素造成了主观等级评定主要缺陷：评定者之间相对较高的可变性（Hart，1993；Hart & Wickens，1990）。

在关于可利用的工作负荷测量比较研究的被高频引用丛书中（Hill et al.，1992；Lysaght，1989），发现等级量表评估的4种类型之间，通常具有较高的相关性。这种关联性显示出它们都反映了同样的“全部工作负荷因素”。许多等级评定能够区分任务段之间的人员定位、任务需求的变化和有意义的工作负荷的差别。然后，NASA - TLX评定是与绩效更加紧密相关、评定者之间的可变性最低、使用者认同度最高、全部工作负荷有效性最高的分级评定法。由于它们敏感且易于实现的一维分级评定，在利用多维等级评定来准备更多的诊断性评估中，上面提到的作者推荐使用像NASA - TLX这样的方法。在模拟飞行研究中，Corwin等（1989）和Verwy & Veltman（1996）都已识别出SWAT的特定局限性。

尽管工作负荷分级评定量表心理测量道具的改进得到了许可，但它们的实际效用和提供的信息量在价值上超过了它们的局限性。

5.7.3.5　工作负荷的考虑

现有技术对操作者工作负荷的测量虽然值得信赖，但令人惊讶的是长期任务中，尤其是极端环境下（如空间领域）工作负荷是如何影响绩效的研究甚少。经典研究对人为因素的分析表明，长期从事低工作量的工作会导致人产生厌倦感和丧失警觉性，而高工作负荷又可导致人的错误率增加，注意力不集中，警觉性降低（Sheridan，2002）。这些结果表明，为了使人既不感到超出极限也不感到清闲，工作量最好维持在中等水平。

一些研究人员提出了制定使人一直忙碌但不感觉负担过重的最佳工作量方案的想法（Casner & Gore，2010；Guhe，Liao，Zhu，Ji，Gray，& Schoelles，2005；Hart & Wickens，2008），但不幸的是，这些想法都存在弊端：第一，恒定水平的工作量能够避免产生厌倦感和降低警觉性的理论还未得到完全认同；第二，任务中，有些看似低工作量的工作实际需要较高的能力，往往是高工作量的工作，因此，简单地以高低工作量来划分是不合理的（Warm, Dember, & Hancock, 1996）；第三，相关研究表明，并不是所有的工作负荷都是同样产生的。美国国家航空航天局针对飞行任务中飞行员与警觉性的专门研究表明，飞行员的导航意识随着特定导航任务的工作负载的增加而变化。简单的工作似乎并没有影响警觉性或免于疲劳。制定最佳工作量方案的想法面临的又一挑战是现在并没有科学证明工作负荷后再休息一会是不好的。事实上，长时间的高工作强度能够锻炼人在紧急情况下的多任务处理能力。

空间飞行面临的挑战之一是基于操作环境的动态特性而引发的对工作负荷理念的关注，任务活动的繁杂水平，对任务理解的困难，任务完成节点带来的时间压力，成功或失败的后果等决定着任务完成的精度与效率，以及乘员幸存几率。

紧急和偏离预定目标的条件下，工作负荷能提供保护性的策略，即在系统破坏之前提供时间上的余量。工作负荷能够在操作员执行任务的过程中回避采取错误的行动顺序所产生的负担过重反应。在正常情况下，工作量最佳边界的设置必须能够适应功能的发挥。例如，第一次搭载航天员首次天空实验室任务中，由于后续任务导致工作量负荷增加。但没有分配清理的时间及未考虑搭载任务，当最后一批航天员抵达空间站，工作条件不能维持，航天员决定暂停他们的工作直到地面控制将清理和装载需求纳入日程安排。

5.7.3.6 结论：工作负荷评估

最佳工作负荷评估技术的选择明显依赖于数量众多的因素；图 5.7－1 标出了它们当中的关键区域，在此区域工作负荷被猜测有问题。

- 主任务绩效测量可能对备用能力区域范围里的重要工作负荷差异不灵敏，对于许多工作来说，这是一个值得设计者探寻的区域。（剩余能力的一部分允许工作者处理不可预期的事件，且不能让正在进行的工作遭受损失。）
- 如果嵌入式辅助任务能够被识别并仔细估量，这些在备用能力区域范围内的方法是值得采用的。
- 尽管综合辅助任务是估量工作负荷的灵敏方法，由于上述提到的原因，它们不太令人满意。
- 主观估量，特别是那些比 SWAT 的三个级别还要高的分辨率等级评定，能够被用于涵盖图 5.7－1 的整个范围。
- 大多数生理测量还存在问题，尽管眼球运动能够被用于诊断视力工作负荷的来源。
- 任务的长度——短的持续时间或长的持续时间——必须被确定。
- 必须考虑工作负荷测量设备是否对正常的操作有挤出效应。

无论使用的是什么评估技术，都强烈推荐加上周详的任务分析。这样的分析可以支持工作负荷预测的补充方法。

5.7.4 工作负荷预测方法

在系统部署式模式实现之前，预测工作负荷是否过量通常非常有价值（即超过图5.7－1中的红线）。这些预测工作能够通过计算机化的工作负荷模型来完成。即使不能完全进行预测，相关水平的工作负荷信息对于识别下列内容具有重要意义：

- 不同候选程序的相关工作负荷（例如，由手动控制飞行施加的工作负荷与在停靠或着陆中自动飞行的工作负荷的差别是什么?）；
- 哪种设备或界面会带来更大的负荷（例如，图片形式或文本形式的呈现）；
- 任务中工作负荷最大的时间点，以及工作负荷导致失误最可能的时间点。

下面描述的是 3 种工作负荷建模方法，通过这些方法来增加工作负荷模型的复杂程度和精细程度。然而，更多复杂建模方法带来更精确预测的好处会被使用时需要更高专业程度的人员和进行更多的培训所抵消。这些方法是：

- 表格探查；
- 多任务模型；
- 动力模拟模型。

5.7.4.1　工作负荷预测方法：单任务表格探查

经常被用于识别由执行基本任务和子级任务导致的工作负荷的数值表格被 McCracken 和 Aldrich（1984；Aldrich，Szabo，& Bierbaum，1989）开发。这一表格在随后的模型发展中得到发展，在改良研究交互工具（IMPRINT）中应用的当前版本见表格 5.7－2。这个值通常是按照惯例参考“McCracken & Aldrich”值。正如在表格中所见的，界定了 7 种不同的工作负荷通道。在这些通道中，不同的任务随着从 0 到最大 7 的一系列规模的工作负荷值来界定。应用这些信息，分析人士能够识别在一次特定任务中执行的基本工作类型，然后评估可能的工作负荷。例如，分析人员对视觉读取符号任务（5.1；表 5.7－2，Pand G）的知觉工作负荷和合成语音口语词汇语义内容解释的工作负荷（3.0. Panel B）进行比较，发现后者较前者的工作负荷程度低。

表 5.7－2　McCracken & Aldrich 工作负荷要求值

听觉要求项目		认知要求项目	
1.0	检测/记录声音（检测声音的发生）	1.0	无意识（简单联合）
2.0	定位声音（一般性定位/注意）	1.2	替代选择
4.2	定位声音（选择性定位/注意）	4.6	评估/判断（考虑单方面）
4.3	验证听觉反馈（检测预设声音的发生）	5.0	训练
5.0	解释语义内容（言语）——简单（1～2 单词）	5.3	编码/解码，回忆
6.0	解释语义内容（言语）——复杂（句子）	6.8	评价和判断
6.6	辨别声音的参数（检测听觉差异）	7.0	估计、计算、转换
7.0	解释语音模式（脉冲率等）		
精细运动要求项目		**粗大运动要求项目**	
2.2	离散动作（按钮，切换，触发）	1.0	平地行走
2.6	连续调节（飞行控制，传感器控制）	2.0	非平地行走
4.6	手动（跟踪）	3.0	平地慢跑
5.5	离散调整（旋转，垂直指轮，操作杆位置）	3.5	重物举起
6.5	符号生产（写）	5.0	非平地慢跑
7.0	串行离散操作（键盘）	6.0	复杂攀登

续表

言语（语音）要求项目		触觉要求项目	
2.0	简单（1～2 单词）	1.0	发信号
4.0	复杂（句子）	2.0	简单辨别
		4.0	复杂的符号信息
视觉要求项目			
3.0	视觉记录/检测（检测图像发生）		
3.0	视觉检查/核对（分离检查/静态条件下）		
4.4	视觉跟踪/跟随（保持方向）		
5.0	视觉辨别（检测视觉差异）		
5.1	视觉阅读（符号）		
6.0	视觉扫描/搜索显示器（连续/串行检查）		

表 5.7－2 是有关影响表 5.7－3 中描绘的常见任务工作负荷的任务属性表。每个条目与一些例子相联系，这样的表为设计师提供应避免的特征清单，并显示属性可被改变以降低工作负荷的特性，例如，任何降低工作记忆负荷的设计变更都可能减少操作员的工作负荷。

表 5.7－3　心理工作负荷的源头

负荷类型	具体案例
感觉负荷	• 信噪比：显示文本的亮度变化，渐增的工作空间亮度，由于灰尘反吹而模糊的着陆点。 • 视觉搜索中的混乱度：在地图上改变一些与操作者任务并不相关的符号。 • 易读性：改变文字和符号的大小，或者与背景的对比度。 • 感觉元素间的混乱：不同程度的听起来或看起来相似但意义不同的符号的变化（例如，编码 ALT 和 ATT 分别表示高度和态度）。不同含义的着色项目着相同颜色可能增加混乱。语音命令也易为混淆（例如，“飞往”与“飞越”）。 • 待比较元素的空间分离：在不同的显示器或不同的界面显示一个参数的需求值和真实值，并加以比较
认知负荷	• 工作记忆负荷（一些元素在使用前被保留在记忆中）：需要一个将被查找和输入键盘的 5 位和 3 位的数。 • 工作记忆时间：要求操作者查找后但在输入数字前转到（身体）另一个位置操作。这一延长的时间并在此期间的数字操作演练是必须的。 • 一些逻辑运算（例如否定，真-假逻辑）：操作指南的解释“如果灯不亮，不要开启组件，除非车辆在非运动状态。” • 需要在心理上跟踪自动模式：记住三个不同的系统都处于自动模式，而它们中的任何一个可切换为手动模式。 • 需要心理上的预测变量：通过对航天器轨迹的推断可预测与之相关目标飞行器相遇的时间和地点，或心理预测 X 秒内输出推力的轨迹变化的影响。 • 需要在参照系间转化：根据放置在外表面的面对机械臂的摄像机输入远程操作控制机械臂
响应负荷	• 显示-控制器的不相容关系：对左侧按钮的响应推动右侧方位灯，向下移动滑动器以增加数值。 • 高精度控制要求：导航精度范围在 1 m 内而不是 3 m。 • 混淆的（相似的）响应备选方案：在方位 7 布置一个向右的滑动器与在方位 8 布置有相当不同的效果；位置相近的两个键看起来相似

需要指出的很重要的一点是，表格 5.7－3 中的输入不能够用于计算工作负荷水平。如果需要计算工作负荷水平，则需要应用表格 5.7－2。然而，表格 5.7－3 中的所有示例都表述了影响工作负荷的设计特征。例如，在感觉负荷输入的第二部分，规律逻辑（Yeh & Wickens，2001）会降低搜索地图的工作负荷。对于认知负荷，提供模拟口述数字的视觉文本（在输入前需要记住）能够降低工作记忆负荷。在另一个降低认知工作负荷的例子中，在两个显示画面中的关键特征的视觉标记或单纯重定位相机能够减轻参考转换的空间框架问题（Wickens，Vincow，& Yeh，2005）。

在表格 5.7－2 中，商业软件“IMPRINT－PRO”中提取的内容或人-系统整合设计分析系统（MIDAS）中的相似描述（在认知资源的语言和空间成分方面进行了稍微修改）很容易用于计算人的全部工作负荷。MIDAS 的最近信息能够从 http：//hsi.arc.nasa.gov/groups/midas 中获得。例如，我们能够增加同时开展多项任务的工作负荷值。在单项任务情况下，如上所述，听到一个单词的工作负荷是 2.1 “McCracken & Aldrich”单位，低于读相同单词的工作负荷 5.1 vs 3.0。我们也能够通过一个通道或种类分别计算工作负荷，例如我们可以通过符号判读（5.1）并联合跟踪任务（4.4）的视觉工作负荷是 9.5。

该方法能够满足多种要求，但是，对于预测多任务的相互干扰，或预测图 5.7－1 中超负荷区域的工作负荷水平，或两种任务通过不同的工作负荷通道竞争资源时的工作负荷情况，并不完全适宜。

5.7.4.2 工作负荷预测方法：多任务

多任务模型可以显示两种同时进行的任务是如何相互干涉和作用的，例如飞行员在降落的同时倾听可能呼叫危险的通信。这些模型将会预测多任务较单任务的绩效降低程度，即当需求移至图 5.7－1 中红线的右侧。既存在静态也存在动态的多任务模型。前者计算简单，能够满足一些需求；后者更加复杂，需要使用者经过更多的培训，但是能够完成更加精确的预测，如下所述。

5.7.4.2.1 静态多任务模型：单资源

静态模型本质上是一种分析方程，它能够预测两种任务同时进行时多任务情况中的工作负荷。最简单的静态模型认为所有任务均竞争同一资源-时间。采用时间-线分析程序（TLAP；Park & Boucek，1989；Sarno & Wickens，1995），分析人员仅需列出每项任务执行的时间点即可。

可以通过计算需要时间与有效时间的比例来确定每段时间间隔（例如 10 s）。例如，某个任务的时间是 7 s，则工作负荷为 70%。如果有两个 6 s 的任务，工作负荷应为（6＋6）/10＝120%。因此，静态模型的优点是简单易行并能提供一个稳固的时间比结果。至少可以利用 TLAP 的经验值来确定红线。Parks 和 Boucek 认为，当比例大于 80%时工作就会出错。这个模型假设在多方任务环境中所有任务的强度相同，过于简单化，并不能精确预测实际已经观察到的工作负荷的差异。例如，飞行员在进行连续对话的同时很容易连续监测和控制飞行状态（间隔为 10 s，工作负荷为 100%），甚至这些任务同时进行也毫不影响。在静态模型中，这种多任务需求会产生200%的工作负荷。两个任务可在同一时间内共同完成，因此观察到的绩效会与测到的工作负荷不一致。

因此，TLAP模型最适于预测图5.7-1红线左边储备能力区域的工作负荷差异。这种模型适用于那些高度依赖程序的大扩展性而时间可以被精确估计的任务。例如在着陆时，航天员可能需要完成一系列的任务，落地前需要评估着陆时间。在落地前可以确定和评估完成各个任务所需的时间比重。可以通过预测速度的增加，进而预测工作负荷的增加。相反，速度降低时，工作负荷会减少至60%。另外，可以要求航天员在一定间隔时间内完成另一个任务（这可能会使原来工作负荷为100%的乘员降低负荷）。

“时间线”模型有微小的变异，即任务需求的轻微改变，这是将单一任务的工作负荷简单相加的结果，见表5.7-2。然而，这种模型过于简单，仍然不能完全反映双任务状况（Sarno & Wickens，1995）。这是因为与没有共同资源需求的两个任务（如，一个视觉任务和一个听觉任务，或一个精神运动性任务和一个言语任务）相比，有共同的资源需求的两个任务（如，两个视觉任务），它们会相互干扰，会产生更大工作负荷。这样，这种简单的模型会高估某些资源需求不同的两个任务的负荷。

另外，需要考虑操作人员使用多种资源的能力。这时，预测模型会更有效（见下一节）（arno & Wickens，1995；Wickens，Dixon，& Ambinder，2006）。

5.7.4.2.2 静态多任务模型：多资源

由上可知，最全面的静态模型——多重资源模型（Horrey & Wickens，2003；Sarno & Wickens，1995；Wickens，1991，2002，2005，2008）可对图5.7-1双任务状态下的超工作负荷作出最佳预测。这种模型包括另外两个部分：一部分指向总需求，一部分指向资源共享（Boles et al.，2007；Wickens，2002，2005，2008）。

总需求部分反映了同一时间内各项任务的全部需求，它可以把表5.7-2中各项需求相加而得出估计。或者，可以通过估计每项任务的三种可能状态：0（全自动）、1（容易操作）、2（不容易操作）或汇总所有的任务数值得出估计。这样，双任务状态可能的预测分数为0～4。此方法的优点是预测对象不限于表中的任务，而且能对资源重叠分组（等量加权值）。

资源共享组成基于以下4个维度。

- 模态：如听觉的还是视觉的。
- 视觉通道：物体识别的焦点，还是运动控制和视觉飞行路径导引的环境焦点。
- 编码：空间的（包括空间参考手册控制如跟踪）还是口头的（包括言语控制）。
- 阶段：感知阶段还是反应阶段。

这样，可以根据上述维度给任务分类。例如，阅读任务＝视觉的形式，口头的，感觉-认知。

在这个模型中，通过计算得出4个维度分量，确定分享相同资源的两个任务的分数。例如，均为视觉形式，则为1，均为视觉形式且属于空间编码，则为2。双视觉任务的典型情况是操作机械手臂并同时聚焦跟踪屏幕（它们两个都是视觉的并分享一个视觉通道和一个空间通道)。任务分数从 0(没有维度)到 4(具有 4 个维度)。模型的简化版是两个成分——总需求和资源共享,它们的权重相等,这样可能预测分数的范围是 0～8。

Wickens(2002,2005)提供了一个关于航天器控制任务计算的特殊例子。航天员在与其他乘员讲话时需要同时注意窗外的事物(A 任务)。同时,航天员需要注意听指导语(B 任务)。A 任务极负挑战性(分数为 2),这对视觉精度的要求比较高,B 任务则属于常规任务(分数为 1)。因此,这两个任务的总分为 3。

对于上述 4 个维度中的资源竞争(C),模态维度如视觉和听觉不存在竞争,C=0;聚焦和环境视觉也不存在竞争,C=0(它们之中只有一个使用视觉通道),但它们在编码上存在竞争,因为均使用语言(A 任务:讲话;B 任务:聆听;C=1)。这样,在维度处理时,“看”和“听”均属于知觉活动(C=1)。因此,资源竞争组分为 0+0+1+1=2,总的工作负荷为 3+2=5。如果任务结构发生改变,需要航天员在 B 任务中进行视觉操作而非听觉操作,则资源竞争组分的得分为 3,总工作负荷为 6。

目前研究表明,这种模型对双任务的预测具有 50%的变异(最高可达 90%),比如在复合任务、航空飞行界面任务(Sarno & Wickens,1995)、驾驶任务(Horrey & Wickens,2005)、机器人任务以及无人飞行器控制过程(Wickens,Dixon,& Ambinder,2006)。

记录静态多重资源模型的 4 种限制是重要的:

1)它仅仅预测两个任务间总的干扰;当两个任务有冲突时,它不能确定关于哪个任务可忍受(比如,低优先级)和哪个任务被保护(高优先级)。

2)它假定两个任务高度竞争,操作者将一直尝试使它们同时完成,因而,会顾此失彼(根据优先级)。此模型也不能协调操作人员的活动和任务的规划进而缓解资源需求过高的情况。

3)模型的结果参考值并未与红线进行比较。也就是说,我们不能说分数 4 高于红线。

4)模型可以预测同时进行的多个任务,但未经过验证。

虽然该模型有上述缺点,它还有其优点,即建立双任务状态的相对水平,特别是在不同的界面和任务组合的情况下(Wickens,Sandry,& Vidulich,1983)。这可以通过简单的计算,甚至不需要电脑或特殊的软件包。另外,如下文所述,静态模型的限制也被动态仿真模型所弥补。

5.7.4.2.3 工作负荷预测方法:动态仿真模型

两个计算模型——IMPRINT(Laughery,LaBier,& Archer,2006;Mitchell et al.,2003)和 MIDAS(Gore,2007;Gore & Corker,2000;Smith & Gore,2007)各有其优势。尽管更为复杂,甚至需要软件支持,但它们弥补了上述的某些缺陷,特别是

- 允许模型使用者在一定时间上自主安排任务。
- 安排任务的开始时间和完成时间,进而调整任务的顺序(IMPRINT 完成时间的改变能够被精确安排好)。
- 协调至少 7 个资源通道的需求(IMPRINT:视觉,听觉,触觉,记忆,精细运动,

总运动和言语反应；MIDAS：区分言语认知和空间认知）。表 5.8－3 提供了默认的需求。

关于两个仿真模型信息可在如下网站找到：

MIDAS：http：//humansystems. arc. nasa. gov/groups/midas/

IMPRINT：http：//www. maad. com/index. pl/ongoing _ projects＃IMPRINT

它们预测的工作负荷峰值（基于多个通道或针对某一通道的超负荷）、资源竞争系数［（例如，*W* 指数中使用的冲突矩阵（North & Riley，1988）和 MIDAS（Gore，2007）］以及超负荷的结果均有差异。

仿真模型工作时，能够区分两个或多个同时进行的任务（如，一个任务初始化时，另一个任务已经结束），并能提供时间线，使用多重资源运算法则进而计算工作负荷的总和。当时间发生改变时，当未超过红线时，总的工作负荷数值并非与实际工作负荷一致。使用者可以建立自己的红线值，或者可以使用软件内的默认值。超过红线时，IMPRINT 也能够给使用者提供一系列的工作负荷管理策略，包括：

- 允许承担两个任务；
- 第一个任务完成后再开始下一个任务；
- 用户优先权从高到低，依次完成各项任务。

因此，当运用上述一种策略进行模型预测时，原来超过红线的工作负荷峰会大幅地变得平滑，因为原来的那个高工作负荷的任务已经被推迟了。对于优先级任务来说，这种方法真正模仿人员操作的方式，能够避免过度负荷及其严重后果。

MIDAS 与 IMPRINT 有些不同，但仍提供了一些管理策略。MIDAS 根据下面的原则规划任务：

- 当工作负荷管理设置为假的时候，遵循“先进先出”原则；
- 当工作负荷管理设置为真的时候，如果操作者的工作负荷超过在每个通道用户预定义的阈值，操作者被认为超负荷工作了，则操作者所做的任务被添加到降级任务列表中；
- 高优先级的任务先完成。MiDAS 所用的策略是基于 Freed's（Freed，2000）任务调度研究成果，其中也借鉴了 Wikens & McCarley（Wikens&McCarley，2008）的研究成果——一种算法，在该算法中对任务的重要性、紧急程度、持续时间和中断的代价都给予了相应的权重；
- 时间估计模型（Gore & Milgram，2006）强化了 MIDAS 的任务调度器的功能，它是操作者可用操作时间和在特定的工作负荷环境中完成任务所需时间的模型；
- MIDAS 工作负荷模型的输出是针对每一工作负荷通道的给定场景要求的工作负荷输出的场景时限。在给定研究问题的需求后（例如，针对某类人-系统交互问题，体力任务的体力负荷），一个总的工作负荷将被计算出来。

TEMPORA 模型（Gore & Milgram，2006）扩展了 MIDAS 的安排程序。TEMPORA 是一种时间估计模型，能够协调任务的规划。它使操作人员能够有效估计时间和在特定工作负荷下完成任务。

MIDAS 和 IMPRINT 并未进行“点对点”的比较。从分析模型到设置模型、设定多任务以及运行程序，两种模型都需要考虑专家意见。IMPRINT 是商业化的产品，附有人性化的用户手册。MIDAS 主要用于美国军方、NASA、学术界和工业等领域。

5.7.4.2.4 作为预测方法的主观评分

对于设计者来说，将他们认为工作人员在系统使用中对遇到的困难进行主观打分是可能的，例如 NASA - TLX 量表，它们既可用于多任务作为一个整体，又可用于主任务。一方面，这样的技术需要谨慎使用，因为现在还没有清晰的证据显示主观打分可以反映出其他人将要做的或者将要经历的。另一方面，用户的观念也会影响单任务的操作难度，特别是表 5.7 - 2 中未列出的项目。

5.7.4.2.5 工作负荷预测方法：小结

显然，这三种模型方法的主要挑战是仅仅只有最简单（时间线程式分析）提供工作负荷的比例范围，即产生一个基于经验所创立的“红线”。这种适应任务需求和多重任务来源的模型，它们不提供一个数值范围，因此不提供有效的红线或不可接受的工作负荷程度。这使建立工作负荷标准在某种程度上成为了一件棘手的事，一些动态仿真模型可以顺应用户指定的“红线”，提供一个默认值（比如，在 IMPRINT 中是 60）。然而，共性研究一直等待导致多任务绩效损失的任何特殊数值（数值范围）。

尽管有些限制，纵观其系统发展，工作负荷模型仍能够在一段时间内预测工作负荷。例如，美国军方 Comanche 直升飞机执行任务的分析使用了 IMPRINT/CREWCUT（Booher & Miminger，2003），并显示出一个乘员执行要求的任务是不可能的，甚至使用自动化帮助措施也是不行的。因此，建议配置双人乘组，这个最终决定的结果基于工作负荷模型的部分内容。

MIDAS 工作负荷预测模型已经应用于 ISS 复杂操作的评估（Gore & Smith，2006；概述见 Hart，Dahn，Atencio，& Dalal，2001）。程序开发人员利用 MIDAS 模型中工作负荷参数重新设计程序，以降低操作人员的任务需求，同时减少完成操作所需的时间，降低任务风险，使任务得到圆满完成。另外，从 MIDAS 中得到的工作负荷估计被用于期望在下一代航空领域（Gore，Hooey，Mahlstedt，& 2012a，b）给定信息需求的各种角色和功能实现的程序上的分析。

5.7.5 建立工作负荷限值

系统开发者要怎样做才能知道工作负荷什么时候太高或太低？人因工程研发人员和他们的客户发现：上述红线在主观判断值附近稍稍波动。因此，上面这些绩效值会降低，并且在它们下面工作负荷评估将基于剩余能力的测量，而不是主任务绩效。

确定红线的三种补充方法如下：

• 在工作负荷范围内建立一个标准，如 NASA - TLX 范围的平均等级设定为 5。使用这种方法的一个问题是不可能测量系统和环境特殊结合的工作负荷，直到整个系统（人在回路仿真）是有效的，才能评定操作（或工作负荷）的准确性。

• 图 5.7 - 1 给出了一种在供应/需求/行为曲线中寻找可靠预测值的方法。这样做的目的是基于任务优先级分析，以区分每一量化单元。这样的方法最适于处理单一任务下时间不够充裕时的工作负荷限制。

下面介绍定义红线的两种方法。

5.7.5.1　单任务需求下的工作负荷限值

对于特殊任务需求，如时间、记忆和认知等，下面三种方法均能给出工作负荷红线。

时间标准：前面曾提到，Parks and Boucek（1989）指出，红线位于任务需要时间占总时间的80%处（大于此值即开始发生错误）。这种方法适用于工作负荷位于图5.7-1中储备能力区内时。

工作记忆负荷：长期以来，人们一直认为工作记忆能力在5～7个信息“块”，例如不相关的数字（Card，Moran，& Newell，1983；Miller，1956）。因此，需求增加大于此值时会导致工作中的错误；给操作人员展示7个不相关的数字后，要求他们录入电脑。有人会写出5个，有人会写出4个。这种方法特别适合指导程序设计。但是，这种方法只能应用于记忆任务，对其他类型的工作无效。

认知复杂度：与上述记忆能力相关的认知负荷预测方法是相对复杂度定量（Boag et al.，2006；Halford et al.，1995，2002）。相对复杂度定义为在解决任务问题过程中必须同时考虑的相关变异的数量（Boag et al.，2006）。例如，在解决能量管理或燃料保存问题时涉及两个变量（例如，需要的燃料减去可用的燃料），则认知复杂度为2。如果变量数量为3（如需要的燃料、可用的燃料和速度调制），则复杂度为3。这种变量与工作性质无关，因此可用于航天飞行控制、图表解释或逻辑故障排除。Halford及其同事的经验表明，在3和4个要素之间出现了不连续的行为速度和精确度，提示工作负荷边界值升高，即出现了红线。相对复杂度的变异不会影响单任务的运行，但会对完成其他同时进行的任务产生影响。当然，这种措施只应用在认知方面。

5.7.5.2　多任务需求下的工作负荷限值

通过以上三种方法可以确定特殊任务需求（如，时间、记忆和认知）的红线，但目前很少用于预测总工作负荷，特别是多任务情况下的工作负荷。例如，还不清楚怎么样把跟踪需求融入到认知问题的解决，从而预测出红线。工作负荷模型的结果可以定义工作负荷红线，例如IMPRINT的工作负荷为60（Mitchell et al.，2003），但在这方面未经过验证。

上述所有的技术优势以任务分析为基础（例如，不使用人在回路仿真要求）。

还有一种方法可以评估多任务工作负荷的红线，但这种方法存在问题（因为需要全部任务仿真来建立有效的接近与任务需求的工作负荷红线）。这种在工作负荷范围内定义一个严格的数值从主观上讲是不可接受的。例如，Colle和Reid（2005）争论过SWAT值超过40等级时产生一个无法接受的失败操作。Moray和Liao则争辩过NSAS-TLX超过60产生不可接受的时间共享行为。然而，主观工作负荷量表中的这些截止数值，似乎没有获得验证。

最有效的主观工作负荷等级估计，根据面对的有效性，是Bedford量表。正如上面描述的，Bedford 等级是有效的，操作者必须在操作环境中或全任务仿真状态下执行整个任务。这个测量主旨是量化操作者自己储备能量的估值。因此，Bedford 量表中级别为 6 时，操作人员会估计到自己已没有多余的储备能力，工作负荷刚好达到最大。同时对环境进行评估后，就可以说，等级小于 6 代表着低于红线，大于 6 代表高于红线，即不可接受。在这种情况下，建立红线需要两个条件：量表中各个等级的级差相近，量表中的标准和解释要一致。因此，人们必须能够正确判断自己的能力和使用了多少储备能力。

5.7.5.3　工作负荷限值估计小结

综上所述，目前没有单一的最佳方法规定工作负荷限制；下面给出一些根据条件确定的指南建议：

- 如果一个可靠的人在回路仿真能被执行（例如，有足够的参与者推广），就可以使用 Bedford 量表进行主观问卷调查，工作负荷限制默认为 6。
- 分析记忆或认知任务时可以使用红线值（工作记忆量的容量不大于 5，认知复杂度不大于 4）。但是，在执行同时进行的几个任务时，这些数值会显得较为乐观。
- 进行几个相互独立的程序性任务时，可以进行时间线程式分析，需要时间与可用时间的比例不大于 0.80。

如果不得不同时进行多个复杂任务时，可以使用静态模型或动态模型。较高和较低工作负荷所在的时间段将从这些模型中输出。尽管它们仍然不能安放在“红线”上，但当重新设计、训练，任务重新安排，或者重新评价等方法被使用时，这些程序将突显高工作负荷的“红旗”。因此，当整个任务仿真运行时，获得的绩效和工作负荷测量就能根据预测的工作负荷值，以及 Bedford 量表或 NASA - TLX 评分中绩效开始下降的点，进行交叉验证。

5.7.6　工作负荷和其他系统性因素

5.7.6.1　工作负荷和训练

表 5.7 - 1 和表 5.7 - 2 中记录的几个任务特点是带有一定的工作负荷。然而，很明显的，不是所有人对于给定任务都体验到相同的工作负荷。Damos（1976）的研究表明，与初学者相比，有多年经验的飞行员更能有效分配时间，这是因为许多任务都容易学习，甚至是“自动完成”的，这样就需要很少的工作负荷来进行操作任务。相比较而言，操作人员在不断进行多次任务的过程中，会逐渐降低工作负荷，他们会更有效地分配资源，提高多任务工作能力。

通过训练降低工作负荷这一发现有以下 4 点启示。

1）**自动完成任务的差异**：Schneider 及其同事（Fisk，Ackerrman，& Schneider，1987；Schneider & Shiffrin，1977；Schneider，1985）研究表明，经过重复训练的任务比其他任务更容易成为自动化的任务（低工作负荷）。特别是，训练会使任务过程在大脑中持续性地反映出：这样，操作人员每次进行任务时的环境和程序因素相同。例如，任务启动过程中，不断重复敲击相同的按键，会使操作人员记住这样的程序。在连续一致的操作状态下，用机器人的手臂操作变轨机动或在月球上着陆时均会出现这样的情况。充分训练后，操作人员能够自动化地完成任务，允许一些注意力转移到其他地方。另一方面，随着环境条件的改变而发生变化的相应任务属于变化的任务。重复训练不会产生相同的效果。这种差异给训练专家的启示就是，多花一些时间进行训练，会有效降低工作负荷（Fisk，Ackerman，& Schneider，1987；Schneider，1985）。

2）**训练曲线**：人们学习和获得技能有其基本规律：反应时间、错误率、工作负荷或资源需求与训练时间呈指数关系。训练早期对收益最大，然后收益会减少（Newell & Rosenbaum，1983）。因此，在短期内训练以学习多个技能的过程中，应尽量均匀分配各个技能的学习时间。这样会达到最大的自动化水平，对任务的操作也会有好处（如，速度、时间的减少，精确度或错误率的下降）。然而，只有经过超强负荷的训练，错误率为零时，才会实现完全自动化（Wickens et al.，2004）。因此，超强负荷训练已经成为一种明智的策略，特别是在诸如应急程序启动之后的高工作负荷的特殊环境下更为适用。

3）**时间共享技能**：当人们更熟练于多任务环境下的训练时，自动化程度会更高，工作负荷也会降低。但是，时间共享技能的获得是相当重要的。时间共享和任务管理技能涉及到把握什么时候集中于一个任务而把其他任务放在一边，以及在多长时间后需要再次检查某项任务。例如，航天员在解决一个故障时，需要先把其他任务放在一边。任务管理经验丰富的航天员会继续注意其他这些任务，只是关注的频率有所降低。而没有经验的操作人员可能只关注认知任务或注意任务，忽视其他任务（Dismukes et al.，2007；Moray & Rotenberg，1989；Wickens，2005；Wickens & Alexander，in press）。

4）**工作负荷和学习**：训练不仅影响工作负荷，工作负荷亦可影响训练的效率。特别是，成功的学习需要专注，学习者想在相当高的工作负荷状态下学习一些技能时，需要较少的专注。因此，训练设计者应该谨慎平衡训练者与设置过于复杂的技能、多任务和高工作负荷环境，因为不可能进行长期学习的（Schneider，1985）。认知负荷理论的基本原则也是这样（Mayer & Moreno，2003；Paas et al.，2003；Sweller，1994；Wickens & McCarley，2007；Wickens，Lee，Liu，& Gordon - Becker，2004）。

5.7.6.2　工作负荷、自动化和情境意识

解决超负荷问题的一种成功合理方法是利用软硬件使任务自动化。长期的航空飞行经验表明，自动驾驶仪能够减少飞行员对飞行控制的注意（Billings，1997；Degani，2004；Wiener & Curry，1980）。警报和提示是另一种自动方式，能够减少对变量如压力、温度和海拔等的持续的不同视觉监控视觉工作负荷。另外，下面讨论了三种关键条件。

1）**自动化设置**：自动化系统特别是现代商务航空飞行管理系统的研究表明（例如，Degani，2004；Sarter，Mumaw，& Wickens，2007；Sarter & Woods，2004；Sarter，Woods，& Billings，1997；Sheridan，2002），正常操作条件下自动化确实可以降低工作负荷，但与人工操作相比，系统功能的设置或变化却可能加大工作负荷。例如，飞行管理系统中改变跑道程序步骤的数量会使工作负荷异常增大，而非自动化航空飞行只有两步操作时工作负荷却没有这么大。

2）**有缺陷的自动化和情境意识**（SA）：自动化程序改变条件时，自动化带来的低工

作负荷结果并不总是好的。自动化既不能通过事先编程处理当前的环境（如，不常见的环境输入），其自身也可能出现错误（如，软件漏洞或硬件问题），这时需要人的操作。但是，情境意识通常比较低，因为自动化大大减少了操作人员投入资源和处理任务的能力（Endsley，2006；Sarter，Woods，& Billings，1997；Wickens，2000）。这样，操作人员难以恰当和及时地处理错误，要么没有及时处理问题，要么发生操作错误。

因此，自动化程序需要平衡工作负荷和情境意识。工作负荷的强度应保持在适中以保证人的参与且不影响操作人员的情境意识和工作负荷。有时需要无条件地提高操作人员的情境意识并关闭自动化系统（Kaber & Endsley，2004；Parasuraman，Moloua 和 Molloy，1996）。飞行员定期处理飞行问题的情况下需要更频繁地使用这种方式。

3）**警告和警报**：警告和警报等自动化手段可以有效降低操作人员持续监视如发动机参数和飞行器飞行轨道等视觉的工作负荷。如果警报可靠，这类任务可以轻易地完成。但是，在许多警报系统中，某些参数会导致错误，因此其可信度也降低，即会出现：漏报，发生异常时未提示警报；错报，未发生异常时提示警报（Dixon & Wickens，2005；Getty et al.，1995；Pritchett，2001）。这些问题最可能的原因是预报（如航空飞行中防止相撞的警报）的预测时间不对（Wickens & Colcombe，2007）。时间越长，发生问题的可能性越大，即会发生错误。

以下两种自动化错误出现的频率，与警报阈值具有很强的关系（Allendorfer et al.，2007；Wickens et al.，2007；Wickens & Colcombe，2007），阈值下降会产生错报，阈值提高会产生漏报。它们都影响人的工作负荷（Meyer，2004；Dixon & Wickens，2005；Parasuraman & Wickens，2008）。自动化的出错倾向会增加视觉工作负荷。当操作者不确定自动化警报系统能否预报所有事件时，他会查看原始数据并时刻保持注意，这样即增加了视觉工作负荷。另一方面，自动化系统出现错报则需要操作者经常对自动监测区保持不必要的注意，警报声响起时，操作者对其信任度降低。尽管设计者倾向于把阈值调低而防止漏报，但错报不可避免，工作负荷仍会加大（Dixon，Wickens，& McCarley，2007）。

5.7.6.3 工作负荷转变

前面的讨论多集中在测量、模拟和高工作负荷的管理上。然而，与水平无关的工作负荷变化也是值得研究的（Huey & Wickens，1992）。这种变化也许有两个方向。工作负荷突然增加时，产生的危险有如 9·11 袭击事件或阿波罗 13 号的爆炸，这些危险对没有经验的操作人员来说难以应付。当紧急情况如工作负荷严重下降时，操作人员睡眠减少，在操作监控上的消耗较大，降低了正常操作的能力（Huey & Wickens，1992；Warm，1983）。需要注意的是，发生不可预测性事件时，工作负荷增加，操作人员面临风险，这种感知危险因素会进一步妨碍必要信息的获取，操作人员也会出现高应激状态（Moray & Rotenberg，1989；Rubenstein & Mason，1987）。保持情境意识和紧急情况的反应训练是应对上述问题的最佳手段。保持情境意识需要注意力的保持，因此要求工作负荷必须低于红线以保证资源有效。

在经历过这些高负荷的紧张阶段之后，或者操作者从高工作负荷期间的压力和精神状态中重新恢复之后，工作负荷相对快速下降，会使操作者放松警惕易受到伤害。例如，登山运动员最容易在到达顶峰后发生事故，因为这时工作负荷会大大下降。训练操作者需要提高运动员在高工作负荷时段结束后的清醒度。经过训练，操作者能够了解这样的时段并用恰当的方式处理自己的操作。

5.7.6.4　工作负荷和极端环境下的长期系统操作

因为对工作负荷的测量通常沿着不同的时间尺度，并没有真正代表极端环境下的长期操作，所以工作负荷对长时间段操作域中操作者绩效的影响容易遭到质疑。在研究长期极端环境下人的效能时，“工作负荷”甚至可能是个不合适的概念。Newell 的《认识的统一理论》概述了时间尺度和指导人行动的理论之间的逻辑关系，其中一些从微观或宏观水平分解会更适当。例如，当人们考虑任务相关的系统时，该系统在合理的绩效范围内运行。在该绩效范围内持续运转几分钟到几小时，这个时间框架类似于许多测量人的效能和工作负荷的实证研究（Casner 2009；Hart & Hauser，1987；McCann et al.，2006；Vidulich & Tsang，1987；Yeh & Wickens，1988）。短期任务中绩效操作设计是为了防止工作负荷太重或太轻。长期航天任务中的工作类似于短期任务，然而恰恰是长期任务的时间，对操作者带来了航天飞行任务中难以理解的额外压力。此外，如果简单地把长期任务看作是短期任务的延伸，那么工作负荷任务引起的对操作者的可能累积影响，会被忽略。当持续时间延长到几天、几周、几个月，甚至几年，一些社会因素如孤独、寂寞在影响绩效方面会发挥更大的作用。这些社会因素会影响人为操作的理性，偶尔也会对系统的运行造成损害。Newell 框架的社会范围似乎与长期任务行为的框架范围平行，并且在涉及重复性的长期任务操作系统设计时，用于改变分析工作负荷的方式（Newell，1990）。

社会范围是指相互作用的个体的集合及其对系统绩效的影响。组内相互作用的个体不再作为单独个体理性地作出行为。社会范围包括社会知识——目标、行为、团体成员的社会地位、情绪、情感、规范、价值观、道德、神话、惯例和信仰。社会角色对人的行为影响的不连贯性使得它很难被纳入认知统一理论。然而，有一种方法来量化分布的个体知识以及目标，那就是要表明工作负荷对长时间任务绩效的影响，并确保应激对系统性能的影响。许多直接或间接的应激因子严重地影响着这个范围。

5.7.6.4.1　工作负荷和长期任务时程

由于时程不同，长期任务拥有和短期任务不同的绩效整体体现。航天员可能会经历长时间的低工作负荷或者彻底的厌烦状态，这种状态不时地被紧急情况或计划外状况带来的突然发生的高工作负荷打断。乘组成员在长期低活动度条件下保持有准备的积极状态，对于突发的应急活动期间的好绩效是非常必要的。另外，由于随着驻留时间的增加，乘组间的凝聚力会下降，所以长期任务中工作负荷管理对乘组士气具有很高的重要性。早期的月球任务相对时间较短，它们成功的标准是航天员生命的安全及飞行器正常发挥作用，也就是说“一起去那里并回来”。随着任务时间变长，群体凝聚力在乘组成员生存、飞行器状态的维持、任务的圆满成功等方面发挥着更大的作用。过去乘组构成是均一的，因为很多国家都是由单一机构开展空间探索任务。当今，国际合作和乘组多样性的不断扩展带来了新的挑战。随着任务时长增加，这些挑战也显得更加突出。人的效能的阶段性特征（Gore et al.，in press）影响着长期任务的设计和工作需求。

5.7.6.5 工作负荷与压力

尽管目前已经开始关注空间飞行，特别是长期飞行的效能和医疗后果，航天飞行环境应激因素对乘员工作负荷的影响却很少受到关注。因此本节讨论环境应激因素与工作负荷之间的关系。这些乘员可能遭遇的应激因素除了微重力因素外，还有幽闭、隔离、时间压力和噪声等。它们可能影响睡眠、情绪和警觉性，进而影响工作效率，加大工作负荷。但是，经验丰富的操作者经过充分准备，能够适应环境应激，也会迅速进入工作状态。

这里不再重述 Bourne 和 Yaroush（2003）的航天环境应激因素影响的综述。Manzey 等（Manzey，Lorenz，Schieve，Filleli，and Thiele，1995）的一项试验描述了为期 8 天的飞行任务中环境应激因素对航天员操作行为的影响。他们通过一连串的测试发现简单的认知任务如记忆搜索和语法推理等不受影响，其他研究表明，环境应激条件下，初期出现的反应变慢、错误次数增加和工作负荷增大等情况，后续均可恢复到地面水平。这提示，制定任务的计划和程序时，需要考虑其他因素：如果可能的情况下，任务早期需求不应太高；延缓执行紧急任务，直到从应激中恢复。

在压力之下，应迫使人们将精力集中于当时当刻；因此，前瞻记忆（对开展后续工作的记忆）的失误会大大增加（Dismukes & Nowinski，2007）。根据前面所讨论的，紧急情况具有破坏性，它们来得突然，难以诊断，使情形变得复杂，给人很大压力。这会破坏人们的预期理性和暂时的联系，操作者的记忆失误会破坏学习能力和自动化行为，产生额外的压力和工作负荷。合理的程序设计和恰当的决策判断能够降低工作负荷问题的风险（Wickens，1996）。此外，完整的队伍建设和应激训练也能预防环境应激带来的危险，高效的乘组在面对不可预测性事件和压力时也会更从容（Orasanu & Becker，1996）。

综上所述，生活和工作环境应激因素影响着工作负荷以及任务对记忆、生理和知觉的需求。这些“绩效影响因子”可以列入工作负荷预测模型中（Laughery et al.，2006），从地球到目标空间的开发工作中应该考虑到这些因素。空间探索任务前中后的数据虽然有效，关于工作负荷的信息却很少。这样，在研究中，需要把更多有用的信息提供给预测模型和工作负荷评估技术以得出更可靠的结果。例如，跟踪任务（飞行前后的几周内消耗较大，Manzey et al.，1995）中，航天员需要在不同的环境条件下进行生理和心理调节时，产生的工作负荷会更大。但是，研究人员应该提供航天飞行过程中工作负荷的数量级范围，使得评估预测技术更及时有效。

5.7.7 研究需求

根据前面的材料的描述可知，心理脑力工作负荷领域最重要的研究需求是，聚焦验证预测工作负荷模型，以预测何时跨越红线。最复杂的预测模型（如 IMPRINT 和 MIDAS）的红线均未经过验证，其他预测红线的方法不是过于简单，不能适用于多种环境（如时间线程式分析），就是仅能用于单一任务组成（如认知复杂度）。

为了满足这些研究需要，有必要开展复杂的人在回路仿真。这些仿真将与仔细的操作测量、其他工作负荷测量评估技术和可预计的模型应用相结合。理想状态下，这样一个仿真也应该伴随着通过疑似超出红线的需求变量的控制，因此，不连续点显示在图 5.7－1 中，可以被识别出，在红线上的可预计和可评估的变量能被相互比较。

可用的网站如下：

http：//hsi. arc. nasa. gov/groups/midas

http：//iac. dtic. mil/hsiac/Products. htm

http：//www. eurocontrol. int：80/hifa/public/standard _ page/Hifa _ HifaData _ Tools _ Workload. html

http：//www. hf. faa. gov/Portal/default. aspx）

5.8 乘组协调与合作

5.8.1 引言

人类未来的航天飞行任务与目前的任务将大不相同：时间会更长，涉及的系统会更加复杂，能更有效地利用资源。此外，与目前的任务相比，火星任务中由于乘组与地面支持之间的通信迟滞，乘组自治的必要性将更大。

太空探索的成功将在一定程度上依赖于分工不同的团队成员技能的协调，这既包括太空的航天员，也包括对航天员实施支持的任务控制人员。本章的其他节已阐述航天员个体的操作绩效问题，如视觉或者认知方面的能力。此部分将专门阐述影响团队工作的因素，首先是乘组内部，其次是地面小组以及二者之间的互动。延展乘组是人-系统的一部分，该人-系统包括人和运送航天员到太空并维持他们在太空恶劣环境下生存的航天器（它的设备、软件、信息以及沟通系统）。

对协调与合作都有要求的团队工作，须应对探索任务中极具挑战性的复杂问题。月球或者火星探索的乘组很可能会遇到意外问题，这些问题要求他们作决策，而他们的决策则直接影响任务的成败甚至自己的安危。尽管飞行前的系统训练以及应急和故障的程序训练，已经使航天员具备了应付各种技术问题的素质，但是要让他们具备解决新问题的能力则更具挑战性。关于系统内交互失败或者居住、设备、科学程序、出舱活动装置，或者乘组健康等方面的问题都要做出决策。有时候由于通信迟滞或中断，这些决策几乎得不到地面的支持。

本节对与乘组-飞行器系统的设计和功能相关的乘组因素的研究结果进行概述。它以现行系统的问题及局限为基础，而这些问题和局限的识别则是来自航天乘组的报告、问卷以及和平号空间站、国际空间站既往长期飞行任务的经验教训。它也吸收了关于团队类型的，尤其是那些高风险、高应激环境下的地面研究成果。

5.8.1.1 定义

5.8.1.1.1 协调与合作

团队工作研究者常常要区分协调与合作。协调（Coordination）指的是“使不同个体为实现共同目标而步调一致的努力和尝试”（Klein，2001，p.70）。任务很大程度上是程序性的，里面的许多细小的副任务需要分配给不同的乘员；由于必须要按照适当的顺序去完成任务，因此这些副任务之间又是相互依赖的（Elliot，Shiflett，Hollenbeck，& Dalrymple，2001）。合作（collaboration）指的是在问题解决、决策制定、任务完成等非程序所规定的任务中个体所作的贡献。按照 Rawlings（2000）的观点，合作就是“分享创造性的过程：技能互补的两个或者两个以上的个体，共同创造出一个想法或者办法，而这个办法又是其中任何一个人以前不曾拥有的或者不可能独立获得的。”与协调相比，它具有更大的不确定性及不可预见性。由于团队成员的贡献各不相同，他们在任务诸方面的相互依赖是合作的核心特征（O'Brien，1968）。

5.8.1.1.2 团队、乘组和小组

研究者们使用了几种不同的词汇来描述两人或者多人单位。在这一部分，将采用下列定义。

团队：“一个可辨识的两人或者多人组，其成员为了一个共同的、有价值的目标（任务）而进行着动态的、相互依存的和适应性的互动，而且每个人都被分派了明确的角色或者待执行功能，且每个人作为成员的使命是有限的”（Salas，Dickinson，223 Converse，& Tannen baum，1992）。团队成员可按空间和时间来协作或分配（如任务控制中的轮班）。

乘组：乘组是团队的一种特殊形式，常常更小和更稳定，长期一起接受训练，如航天员乘组。

小组：小组是一些人的集合，虽然成员们在从事共同的任务，但是缺乏相互依赖、专业知识和角色分工。其成员在知识层面可同质，也可不同，但这对构成一个小组不是必须的；成员们之间可以是互换的，就如同陪审团的成员（Sundstrom，DeMeuse，& Futrell，1990）。

乘组被用来专指航天员，而团队则指更大的单位包括航天员、任务控制过程中的地面支持人员。合作是一个动态过程，是乘组、团队或小组成员们共同努力的交互作用。为报告本部分的研究，研究者采用了上述词汇（乘组、团队或小组）。

5.8.1.1.3 分散式的团队工作

在近地飞行任务中，如果出现问题，乘组往往依赖任务控制人员的帮助来解决问题（如阿波罗 13 任务中的精彩阐述）。但是，成功的联合努力则要求沟通与分工合作。这种联合性工作可能会包括问题诊断、计划制定、风险评估、任务及资源分配、工作负荷管理以及决策。紧急情况下，尤其是当问题不明确、结果不确定的时候，在完成任务与确保乘组及设备安全之间的权衡则需要分析。

分散式团队间的交互作用特征表现为两个维度：

1）通用专业技能的范围。通用专业技能指的是团队成员都拥有相似的技能、培训和经验类型。航空公司的飞行员拥有高水平的通用专业技能，虽然在机型或所飞的路线方面的经验水平会有差异。在手术室里，护士、麻醉师和外科医生们的通用知识程度则相当低，虽然肯定超过零。在太空操作中，虽然航天飞机乘员在飞行器系统、程序、协议等方面接受过共同训练，但他们的背景及受训经历则非常不同，如飞行、医学或科学技能等。同样地，任务控制人员在专业技能方面也存在很大的差异性，但是他们都拥有核心的通用知识。

2）共享数据或信息的数量。当团队成员处于同一个物理环境和信息源时，数据和信息或许需要充分共享。非同地协作的团队成员之间也可能需要通过特定技术进入通用数据源而共享数据或信息。但是，即使是拥有共用的合作工具，团队成员间的数据信息共享也只部分地实现。当重要信息不能通过技术手段共享时，团队成员或许就需要书面或口头交流。

经验表明，通用专业技能的范围和共享信息的数量决定了成员投入多大的努力去确保有效的协调与合作（典型说法是“过程消耗”，Steiner，1972）；共享的技能和信息越多，消耗的精力就越少。虽然不同专业的专家意见对团队操作非常重要，但是它会增加沟通与协调的工作负荷，而且可能会使目标和策略相冲突，而这些冲突又是必须要解决的。

5.8.1.2 小结

本节涉及三个主题：

• 团队有效协调与合作的要素。许多高风险、有严重后果的领域的研究已经识别出了高操作绩效团队的行为特征。这些特征将在 5.8.2 节中讲述。

• 团队有效合作的挑战。即使是高度受训、动机强大的团队，有时也不能发挥一个具有凝聚力单位的功能，甚至还可能导致紧急问题的失误或解决不利。这些不同成员功能组成部分的挑战及其影响将在 5.8.3 节中讲述。

• 支持团队有效合作与操作的技术。发展及保持团队有效合作技能的四大策略是：团队设计（选拔和构建）、团队训练、联合作业监控、团队合作手段设计。这些策略将在 5.8.4 节中讲述。

5.8.2 团队有效协调与合作的组成部分

本节所讲述的团队联合作业的技能及行为，是已发现的、尤其是在复杂的高风险、高应激情景下的团队有效操作所表现出的特点。这些技能及行为皆属于航天员乘组在长期飞行任务中成功协调与合作所需要的，尤其是当与地面的通信迟滞或中断情况下航天员需要自主操作的时候。

这些部分包括以下行为：开发心智共享模型、团队情景觉知、合作决策制定、元认知、适应性协调行为、有效团队沟通以及团队凝聚力。

5.8.2.1 心智共享模型

对为了有效完成团队任务而协调与合作的乘员来说，他们一定拥有对环境、系统、操作以及团队任务和目标的共同知识及理解（Cannon - Bowers，Salas，& Converse，1993；Orasanu，1994）。当系统有事件发生时，有关系统各部分之间的心智模型及因果关系方面的知识可支撑系统线索说明、系统事件解释以及结果预测（Rouse & Morris，1986）。

心智共享模型最初是通过训练发展起来的。在操作中它们靠共享数据或信息支持，这些数据和信息来自工程系统或乘员间沟通。心智共享模型对乘员间的协调来说是必须的，因为它们提供了一个整合的框架，即所有乘员的行为以怎样的顺序组合在一起才能达成共同目标。其关键在于最佳水平及共享的知识类型。研究表明：

• 高水平的知识共享可使操作绩效更佳（Kraiger & Wenzel，1997）。特别要说明的是，拥有高水平团队心智共享模型的团队，其操作显著优于低水平共享型团队（Smith-Jentsch，Campbell，Milanovich，& Reynolds，2001）。这些模式包括他们之间交互的相关工程系统的知识——系统组成、程序、乘组角色及其职责。另一个因素是关于团队交互作用与协调过程的知识，如谁具备什么信息，如何以及何时应该分享，以及其他人可能会做什么。

• 另一方面，成员拥有不同的知识基础和解决问题与制定决策的视角，对团队来说又是一个优势（Kleinman，Luh，Pattipati，& Serfaty，1992；Orasanu et al.，1993）。高水平的团队操作总是与责任和信息的部分交迭分不开，即高工作负荷下允许对工作负荷进行的适应性调整（Cooke，Kiekel，& Helm，2001）。

与仅仅分享任务有关的知识相比，对目标与约束充分的共同理解对团队的有效决策更加重要。对目标的相同理解可使团队成员在对情景的认识和问题解决上做出适当的贡献（Orasanu，1994）。

5.8.2.1.1　团队情境意识

不同分工的团队要想在动态条件下做出有效的协力决策，须建立情境共享模型，也称团队情境意识（team SA）。团队情境意识属于宽泛的“心智共享模型”中的一个子项目，表现为对紧急情况下决策的共同理解（Endsley & Jones，2001）。团队情境意识也是为了确保团队的协调。乘组里的各个乘员必须对初始线索以及共同任务的进展情况拥有相同的了解，如同一个没有指挥的弦乐四重奏乐团。

如果团队所有成员都参与且用相似的方法去阐释环境中的线索，团队境况觉知可以自然地形成。然而，假如所有成员对紧急问题信息获得拥有同等权力，或者对这些信息的含义拥有相同的理解，这是非常危险的。即使在团队成员拥有相同的数据资料的时候，他们依然可能会有不同的理解（Bearman，Paletz，Orasanu，Farlow，& Bernhard，2005；Davison & Orasanu，2001；Fischer & Orasanu，2000a；Fischer，Orasanu，& Davison，2003）。乘组发展共同认知的一个更可靠的方法是交流（Orasanu，1994）。如果不建立共享模型，乘组则可能产生不协调反应的风险，乘员追求的目标也会产生差异（Robertson & Endsley，1995）。

如果条件发生变化，计划需要动态调整，那么其必要因素就是对最新境况的了解。一个计划需要建立在一系列必须条件之上；如果那些条件不再具备，则此计划就需要改变。例如，在航空中，一个飞行计划需取决于飞行沿线的天气，如果途中天气恶化，则航线必须更改。如果不能调整计划，所谓的“计划继续错误”（Orasanu，Martin，& Dason，2002），就会将整个飞行置于危险之中，这一问题在大量航空事故中出现（Berman，1995）。据观察，有效的航空乘组都会预先制定应急计划，确定当特殊情况出现时要做什么（Orasanu，1995；Stout，Cannon-Bowers，& Salas，1996）。应急计划的成功则依赖于情景监控，即成员是否了解团队最新境况。这些都是成功协力决策的首要因素。

5.8.2.2 制定合作决策

坚定而灵活的协同决策——包括乘组内以及乘组与地面之间——将成为太空探索任务中最关键的技能之一。当团队成员拥有不同的信息、能力、资源以及视角的时候，且问题十分复杂而需要所有团队成员的共同努力时，决策就需通力合作完成。模棱两可的信息、动态变化的情况、高工作负荷、时间压力以及结果的不确定性都导致决策特别困难，而且给决策者带来压力（Cannon-Bowers & Salas，1998；Orasanu et al.，2002）。不良决策会严重影响任务的安全和成功，正如1998年航天生物医学全国研究理事会会议曾提出："太空探索的历史已经见证了许多不良人际关系及其错误决策（强调）的实例。"虽然太空探索中还没有乘组决策直接导致重大事故，但是航空飞行中已有先例（NTSB，1994）。在商业飞行中观察到的所有乘组失误中，Klinect、Wilhelm、Helmreich（1999）发现，决策失误最少发生，但最有可能消减飞行安全系数。

5.8.2.2.1 动态决策

对于在高风险探索任务中尤其重要的合作性能其要素之一就是需要有效的动态决策。在复杂动态环境下，所有决策都涉及两个重要因素：情景评估、甄选可以控制结果的行动措施（Brehmer & Allard，1991）。

1）情景评估涉及环境中线索探查、意义思索、情景发展预测（Endsley，1995）。了解问题的实质也包括评估相关风险水平，从而决定处置风险的有效时间。有效时间和线索之判断乃后续策略的主要决定因素（Fischer，Orasanu，& Wich，1995）。如果风险很高而时间有限，在不能完全彻底了解整个问题时可能就要采取措施，虽然这些措施可能并不起效。如果可能，乘组成员应首先想办法争取更多时间以便更好地进行问题诊断（Orasanu & Strauch，1994）。

2）一旦情况评估完成，接下来就要依据目标及其约束条件来甄选措施。在许多工程领域已经确定3种反应（Orasanu & 3）：Fischer，1997；Rasmussen，1985②）。

• 基于程序手册的反应：按照程序手册的规定做出特定反应，在确定某一特定情况将发生时采用。

• 选择：不止一种解决方案的情况下，须依据目标、风险、约束条件及预期结果进行选择。

• 创造：在没有现成答案的情况下，需乘组发明出一系列措施来解决问题；这属于创造性的问题解决而不是决策制定。

5.8.2.2.2 专家角色

在诸如消防、作战、医疗等许多高风险领域，发现专家们在时间约束及压力下，会按照直觉或启发式的方式进行决策（Klein，1989，1998，2004）。没有彻底、详尽的比对过

② Rasmussen（1985）的决策类型学说包括基于技能类型、基于规则类型，以及基于知识类型。

程，熟练的决策者们将情景识别为某一特定类型，而后快速做出相应的反应。Klein（1989）称此为“经验识别型”决策（RPD）。如果所作的第一反应满足目标及情景约束条件的要求，即不再考虑其他选择（此之谓“令人满意的反应”）。这种最初反应措施常常是适当的，因为专家们的经验提供了原型或者条件型反应准则（Klein，1993；Lipshitz，Klein，Orasanu，& Salas，2001）；如果情景或可能的结果不清晰，就有必要增加情景评估和其他备选心理演练（Klein，1998）。

专家决策中的一个重要环节即风险评估。这除了包括不同措施所导致的不同后果之外，还包括与事件相关的风险、非正常条件及其可能发生的后果（Brehmer，1994；O'Hare，1990；Orasanu，Fischer，& Davison，2004；Yates & Stone，1992）。一个关于经验丰富的商业航线飞行员的研究表明，在典型的动态变化、模棱两可条件下的决策目的就是回避或减轻察觉的风险（Fischer，Orasanu，& Davison，2003）。如果察觉到风险超出了飞行员能够解决的范围，那么就要选择保守或者非冒险的措施。然而，如果飞行员判断出风险并不是非常严重，他们往往继续最初的解决方案，但是会加以修正以避免危险。非常重要的是，一旦措施已经采纳，须考虑到最坏的结果。当情况高度不确定而且又无唯一“正确”的解决方法时，在分布式团队成员之间开展关于最坏情况的直接坦率的讨论，收集来自不同视角的看法，将有益于问题解决。然而，具有不同专业经验的团队成员对同一信息会有不同的理解，从而导致不同的决策，这一点在几个关于飞行员及交通管理的研究中均有发现（Bearman et al.，2005；Davison & Orasanu，1999）。充分考虑这些差异是协力决策的基本点。

5.8.2.3 元认知策略

元认知技能是指个体作为一个思考者，对自身的意识和觉知：要做什么，需要什么资源，自己拥有何种能力以控制境况（Means，Salas，Crandall，& Jacobs，1993）。它包括评估自己的知识或对问题的理解，还有工作负荷、应激水平以及有效性。这种技能使乘组能够在紧急情况下评估自身资源，并采取适当措施。

元认知技能对识别及管理由不熟悉或程序以外的问题所造成的负荷增加来说，属于基本技能。全程序模拟飞行任务中高效率乘组的机长，将飞行操作推给大副，以便他自己能够处理复杂的问题；他们早就发现决策需要心智能力和时间来收集和评估相关信息（Orasanu，1994）。在动态不良情形下，已证明有效的乘组策略如下：

- 校正目标，并再评估优先权；
- 采取措施以争取时间来收集决策有关的信息以及评估所有选择；
- 在评估预期负荷的基础上，将非时间紧急的事情转到低负荷状态，腾出更多的时间给高负荷任务；
- 乘组或地面调用其他资源的需求。

Cohen、Freeman、Wolf（1996）曾论证了，可以将“识别式元认知”策略教授给军队，以便进行复杂不良境况下的决策。这种策略将 Klein 的经验识别式决策过程与元认知决策过程结合在一起。

5.8.2.4 适应性协调技能

元认知技能和心智共享模型都是维持适应性团队协调的基本技能。适应性协调具有两个基本的部分：

- 识别环境条件、团队成员的状态以及任务要求的变化；
- 调整策略或计划，以满足上述变化之后的团队目标（Burke，Stagl，Salas，Pierce，& Kendall，2006）。

高负荷、时间压力、应激以及疲劳状态下，团队成员会因超负荷而变得容易出现失误（Hancock & Desmond，2001）。这种情况下，团队成员彼此监控其超负荷、应激以及失误的征兆，并在必要时转移责任或提供帮助，对确保实现团队目标来说非常重要。工作负荷很高时，沟通则进一步增加了任务负荷。一种管理高工作负荷的最优策略是，团队成员在任务、团队目标以及个体职责和能力方面要依赖心智共享模型。这样团队成员可预期同伴的信息需求并在其询问之前主动提供（Entin & Serfaty，1999；LaPorte & Consolini，1991；Serfaty & Entin，1997），此乃内隐协调的一种形式。一个飞行模拟研究显示，有效率的乘组往往利用相对空闲的时间来准备将要发生的事件，这样在高负荷的非正常飞行时段就可以少讨论，仅交流必要信息以维持团队境况觉知水平；而效率较低的乘组则有更多的讨论（Orasanu & Fischer，1992），这一发现被 Rasker（2002）在消防模拟情景中证实。

一些团队训练技能有利于适应性协调性能的提高（Entin & Serfaty，1999），这部分内容将在 5.8.4.2 节进行表述。

5.8.2.5 团队沟通

团队沟通是适应性协调与合作的中介。沟通也可以维持团队凝聚力及心理健康。有效的乘组沟通对确保分享情景模型及促进合作努力非常重要，在重工作负荷和时间压力下的动态、组织不利的情景下尤其如此（Helmreich & Sexton，2004；Orasanu & Fischer，1992）。下列是来自大量的不同环境有效团队沟通的特征。

清晰：在许多复杂高风险环境中（如航海、军事、核电站），有效乘组往往使用清晰而高效的语言去运用情景分享模型（Orasanu，1994）。相对于低效率乘组，有效乘组更多地分享关键的任务信息，尤其是那些有关即将发生的问题、任务目标以及团队策略（Bowers，Jentsch，Salas，& Braun，1998；Orasanu & Fischer，1992；Sexton & Helmreich，2000）。此外，有效团队的成员了解彼此的信息需求并自愿提供信息和帮助（Serfaty，Entin，& Volpe，1993）。

反馈：所谓的“闭环”沟通的效率是显而易见的（Kanki，Lozito，and Foushee，1989）。回答者通过致谢或答复起始意见来结束沟通，即使仅用“哼、哈”。这种回答令先前的发问者知道他的意见被听到，而且被理解。如果不回答，发问者不知道是否已经被听到，可能会重复，从而降低沟通效率。

乘组导向的纠错：有效的纠错策略致使乘组成功地应对问题情境，同时也维护了乘组的积极氛围。诸多商业性航空事故中，其中被证实了的风险因素是“监控及挑战”性错误，即往往是其中的初级乘员所为，而其他乘员无法采取措施以解决重要的安全问题（NTSB，1994）。如果某乘员出了差错，并将其告知其他同事，则他们的身份、判断或技能可能会受到直接挑战。

某相关研究曾要求对商业航空公司的飞行员紧急危险情况下的沟通有效性及直接性进行评估，结果显示：机长和大副赞成乘组责任性陈述（如“我们须马上偏离”）、优选性陈述（如“我认为向左转比较明智”）以及暗示性陈述（如“看来，25 英里处转弯不合适；Fischer & Orasanu，2000b；Fischer，Rinehart，& Orasanu，2001”）。这些策略的共同点是它们在陈述问题的同时没有破坏团队氛围。另外，被问题及目标陈述所支持的要求（如“我们需要降速”）比没有支持性的陈述（如空气速度例句中的第一句）的沟通更有效，大概是因为支持性陈述有助于问题的分享，通过澄清请求背后的原因，减少了听者的认知负荷。

相关沟通：沟通不仅维护乘组协调及合作，而且还传达出相关的意图，为共同任务创造了社交环境（Ginnett，1993；Keyton，1999）。较高的任务绩效，往往与均衡的、全员参与的交互作用相关，团队成员的响应、合作、一致及其积极影响的程度很高（Fischer，McDonnell，& Orasanu，2007）。

简报：乘组简报是建设乘组氛围、界定互动及合作规范的有效途径。简报可以为乘组成员如何互动，尤其是如何处理困难情景提供平台（Ginnett，1987）。简报可以建立共同目标，发起自由而开放的交流，传播安全的论调，创设积极的乘组氛围——不只是说说，还要建立模型。

5.8.2.6 凝聚力

Festinger（1950）定义了小组凝聚力是“一种促使小组成员留在组内的合力”（p. 274）。研究发现，凝聚力包括几个方面，分别是工作满意度、对小组目标的承诺、人际吸引以及小组认同感。源于对挑战共同反应的凝聚力即所谓的任务性凝聚力，其定义为“成员共同承诺为实现小组目标而集体努力”（MacCoun，1993，p. 291）。凝聚力的另一种类型是社会性凝聚力，泛指小组成员“彼此悦纳、乐意一起度过社交时光，享受彼此为伴，而且感觉到大家在情感上的亲近”。显然，两种凝聚力都与探索任务相关。凝聚力测量的典型方法是，采用小组环境测量表（Moos & Humphrey，1974）或者小组环境问卷（Carron，Widmeyer，& Brawley，1985），令成员评估自己感受到的团队吸引力。

在近期的一次元分析中（47 个研究，2 125 个团队），Beal（2003）发现在团队凝聚力和绩效之间存在一个很小的相关性（rho＝.17）。然而，他没有区分研究是工地型还是实验室型。Mullen 和 Copper（1994）这样做了，且发现：与实验室型团队相比（rho＝.17）工地型团队的凝聚力与绩效之间的相关性系数更高（rho＝.27）。体育团队里的凝聚力与绩效之间的相关性系数最高（rho＝.60；Carron，Coman，Wheeler，& Stevens，2002；Mullen & Copper，1994），部队团体次之（16 个研究中 rho＝.33，577 个团队；Oliver，Harman，Hoover，Hayes，& Pandhi，2000）。

在团队绩效的预测指标中，Beal 对任务性凝聚力和社会性凝聚力进行了区分。他发现，与社会性凝聚力和团队绩效之间的相关性（rho＝.14，11 个研究，342 个团队）相比，任务性凝聚力与团队绩效之间的相关性更高（rho＝.27，25 个研究，1 187 个团队）。

近期的分析建议，高绩效既是高凝聚力的前提，也是其结果。为了确定绩效与凝聚力的因果关系，Carron 等（2002）将关于运动团队的研究分成两类，一类是先测凝聚力，后测绩效；另一类是先测绩效，后测凝聚力。这两种情况下的相关性都很高，分别是 rho＝.57 和 .69，且二者无显著差异。在一个更早的元分析显示中，Mullen 和 Copper（1994）发现了更多的支持性结果，因为高绩效促进了凝聚力。一般情况下，凝聚力好的团队其行为更有效率。Beal（2003，p. 991）曾表示"虽然在此因果过程中凝聚力的暂时定位不确定，但是研究者们已经发现凝聚力好的小组拥有更高效率的语言行为（Mickelson & Campbell，1975）、更强大的团队心理模型集合（Mathieu，Heffner，Goodwin，Salas，& Cannon - Bowers，2000），更多地使用交换记忆系统（Hollingshead，1998，2000；Wegner，Erber，& Raymond，1991）。"

除了与绩效的关系外，团队凝聚力还提升了应对压力与创伤的弹性。处于高凝聚力小组且经历过海上事故的挪威海员，其受外伤后应激失调水平比低凝聚力小组者要低（Eid & Johnsen，2002）。与之类似，家庭凝聚力可帮助孩子适应癌症治疗，而家庭冲突则扮演了直接风险因素而影响治疗后适应（Phipps & Mulhern，1995）。

5.8.3 高效团队的挑战

在航天任务中，存在着大量可能会扰乱乘组有效合作的因素，其中一些因素是航天环境所特有的，而另一些则是任何工作环境都有的社会和组织动力学因素。社会和组织因素的负面结果会被隔离和限制放大，尤其是在长期任务中。这些因素对乘组绩效产生负面影响，导致情绪、社会心理、认知和团队交互功能等出现明显的变化。环境的、操作的、组织的和社会心理等应激源都会对乘组的个体调节和团队绩效产生影响。

5.8.3.1 航天飞行中的应激因子

如果航天员对航天环境中的应激因子适应不良，就会出现大量与绩效相关的不良效应，损害航天员自身的执行能力。在异常和紧急情况下，这种效应表现得尤为突出（Harrison，2001；Shepanek，2005）。美国航天员 John Blaha 回忆其在俄罗斯和平号空间站驻留的经历时说，他从来没有遇到过如此大的压力，甚至他的操作表现都受到了影响（Burrough，1998）。诸如隔离、限制和工作负荷等社会心理因素可成为压力的激发器或来源；如果这些应激源与传统应激源共同作用，其对长期飞行中航天员行为健康的影响可能呈指数增长（Kanas & Manzey，2008，Kanas 于 2009 年引用过此文）。"相当多轶事和行为的证据表明，许多乘组成员都经历了由航天任务中众多固有应激源所致的心理和人际困难，这在长期飞行任务中表现得尤为突出"（Shayler，2000，在 Kanas 中引用，2009）。隔离和限制环境以及航天飞行中也有证据表明"乘组内人际关系的紧张，领导风格和乘组动力是激化或减轻应激，或促进应对其适应的关键因素"（Kanas & Manzey，2008；Sandal，Vaernes，& Ursin，1995；在 Slack Shea，Leveton，Whitmire，& Schmidt 中引用，2008）。

飞行乘组会受到应激源的侵扰，应激源包括慢性和急性应激源两种：

• 慢性应激源，包括噪声、失重、睡眠不足、昼夜节律紊乱、单调、家庭和朋友的缺失以及恶劣环境中无刻不在的危险；

• 急性应激源，例如高工作负荷、时间压力、逼近的危险、疲劳、信息不足或模糊等普遍存在于航天等高风险工作环境中。

团队冲突、社会压力、组织因素、文化差异性和睡眠以及昼夜节律等应激源是影响飞行任务安全和效率的潜在风险因素。

5.8.3.1.1 团队冲突

由于团队冲突对团队成员满意度、团队凝聚力和团队表现的潜在影响，所以团队冲突是长期航天任务的风险因素。尽管关系冲突被公认是不正常的，但一些管理课程却认为任务冲突可能是利于团队效率的[③]。然而 De Dreu 和 Weingart（2003）通过元分析发现关系冲突和任务冲突都会导致团队的绩效和满意度降低，见表 5.8-1。进一步讲，相对于简单生产等低复杂度的任务，冲突更强地降低了团队决策等高复杂任务的绩效（De Dreu & Weingart，2003）。鉴于航天员的任务经常涉及决策，乘组绩效可能会受到任务冲突和关系冲突的负面影响，如表 5.8-1 中所列。

表 5.8-1 团队成员满意度和团队绩效与任务冲突、关系冲突的相关分析（2003 年元分析数据）

	任务冲突	关系冲突
团队绩效	−0.23	−0.22
团队成员满意度	−0.32	−0.54

（源自 De Dreu 和 Weingart，2003）

5.8.3.1.2 社会压力

通过干扰对问题的理性评价或抑制集体决策制定等途径，社会因素可能使团体绩效降低。在执行特定行动时，团队成员可直接或间接地感受到社会压力（Orasanu et al.，2002）。这种影响可能很微妙：决策者可能会效仿他所知道的类似情形下他人的特定行为（Paletz，Bearman，Orasanu，& Holbrook，审查中）。例如，在恶劣天气中，飞行员做出起飞或着陆的决定，往往是由于其他飞行员已经先于他这么做了。来自维护自己的专家声誉（或自我概念）方面的压力也属于社会压力（Paletz et al.，审查中）。此外，想与他人和睦相处和保持一致的愿望可能不利于决策，这会使社会和谐的目标会战胜做出完美决策的目标，这在“集体思考（groupthink）”的文献中已被描述过（Janis，1982）。在航空飞行中，与社会因素有关的事故，往往是由于飞行员不愿或不能矫正另一飞行员的错误所致（Berman，1995；NTSB，1994）。

5.8.3.1.3 组织因素

影响团队绩效的组织因素包括保护资源，满足特定的计划，达到生产目标。这些压力

③ 可通过 Jehn（1994，1995）开发的测评量表来评估任务冲突和关系冲突。任务冲突是指对任务的不同意；关系冲突是指团队摩擦、性格冲突和情绪冲突。

可能会导致乘组采取更大的风险，而非小心谨慎，或走捷径。组织决定可能会导致人员分工变化，该变化会导致疲劳，或文件准备和训练的不充分，程序不适当（Reason，1997）。这些因素会降低认知准备和警觉，或干扰乘组收集信息和评价选择的过程，而这些恰是做出好决定所必须的。

5.8.3.1.4　文化多样性

俄罗斯和美国航天合作的经验表明：多国籍乘员间的文化误解导致乘组内以及乘组与地面人员的人际关系紧张，工作效率低下和任务变得困难（Holland，1997b；Holland，1998；Santy，Holland，Looper，& Marcondes - North，1992）。

文化问题通过以下几个途径影响团队功能（Kanas，2009）：

• 多文化乘组内的应激应对风格迥异，因为有些特点，如情绪表达，在某些文化中很常见，而在其他的文化中则很少见。

• 不同文化下的心理健康问题显著不同［如，对美国人而言，抑郁情绪可与焦虑混杂在一起；而对俄罗斯人而言，抑郁情绪则和疲劳相伴而生（Ritsher，Kanas，Gushin，和 Saylor，2007］。

• 不同文化背景下的认知风格、决策风格及个人行为（如隐私期盼，个人打扮习惯）不同。

• 社会行为规范中的文化差异（如主人如何招待宾客，就餐是否是一种社交活动）可能导致紧张并影响任务中乘组凝聚力（Kozerenko，Gushin，Sled，Efimov，& Pystinnikova，1999）。

与不同文化背景的成员生活和工作在一起是会有压力的。乘组成员对彼此的文化背景能相互欣赏，并将这种认知和行为的差异视为财富而不是对团队功能的威胁，这对团队来说非常关键。

5.8.3.1.4.1　文化对认知和行为的影响

不同文化的不同基础价值，塑造了团体中成员思考和行动方式，影响团队的功能和绩效。不同文化之间的差别，以北美和西欧为代表的文化和以亚洲和东欧为代表的文化之间表现得最突出和普遍；它们一个是个人主义取向，而另一个是集体主义取向（Hofstede，1980；Hui & Triandis，1986）。个人主义-集体主义不只与人格、动机和行为意图以及交互模式有关，也与认知过程的差异有关。

以下内容突出了个体主义和集体主义文化在感知、归类和演绎推理和行为方面的差别：

• 场依存和场独立。北美的参与者作为个体主义文化的成员，注意力集中在去除了背景的中心物体上；而代表集体主义文化的亚洲参与者，则表现出场依存的认知风格，他们更多地注意物体之间的联系（Kitayama，Duffy，Kawamura，& Larsen，2003；Masuda & Nisbett，2001）。

• 规则服从。北美人很重视正式的规则和对问题的分析（Nisbett，Peng，Choi，& Norenzayan，2001）。当出现相互矛盾的信息时，北美人习惯于放大不同选择所带来的差异，以便得到更好的分析，而与正式规则相矛盾的直觉则被丢弃。相反，亚洲参与者偏爱直觉策略，他们倾向于寻找一种能调和矛盾信息的折中方案（Norenzayan，Smith，Kim，& Nisbett，2002；Peng & Nisbett，1999）。

• 独立自我与相互依赖的自我。个人主义文化鼓励成员维护其自身独立，展现独特性，并获得成功。因此，个人主义文化对自我、个人选择和成就都会施加压力，而呈现出直率的、清楚的、简洁的、目标取向的和第一人称取向的对话风格（Gyudykunst & Ting－Toomey，1988）。自信的个体能够清晰地表达自己意图和需要（Thompson & Klopf，1991）。他们可能通过争论、白热化的演讲、党派讨论等来证明自己观点的正确性（Markus & Lin，1999）。这种对话风格在美国相当典型，起码对于男性如此；而女性对话则被认为具有集体主义文化的风格（Gilligan，1985；Tannen，1990）。然而，对驾驶乘组请求的策略研究发现，女机长们讲话与她的男性同事一样直率（Fischer & Orasanu，1999）。

集体主义文化要求其成员以良好的社会关系为荣，适应并能为集体目标做出贡献（Markus & Kitayama，1991）。例如，与北美人相比，俄罗斯人“自我相互依赖感更强，背景敏感性更高，更加关注集体进步的目标，与获得正面结果相比，他们更注重避免负面结果”（Ritscher，2005）。集体主义文化的成员强调成员之间的合作和委婉交流的策略，但这种策略隐藏了他们真实的意图、需要和目的（Gyudykunst & Ting－Toomey，1988；Wagner，1995）。以目的为中心的对话中，不能直接地表达情绪，尤其是负面情绪。在人际冲突时，集体主义文化的成员倾向于保护与他人的关系，而避开有争论的话题，或从争论的话题中退出。与此相反，北美人很可能直接强调他们的不同意见，并寻求双方都能满意的解决方案（Ohbuchi & Takahashi，1994）。

• 权力差距。社会关系建立在社会等级、角色和义务或公平和社会正义的基础之上，文化差异又在很大程度上取决于社会关系（Hofstede，1980）。虽然权力差距影响着个人主义和集体主义文化中成员的交流策略（Fisher，1984；Linde，1988；Maynard，1991；Mehan，1985），但在集体主义文化中，身份地位的影响更大（Holtgraves & Yang，1992）。相比个人主义文化，集体主义文化中性别角色也很重要。

然而，在个人主义文化中，性别角色分化的差异也不同。一些研究报道，与西欧国家相比，美国人的性别角色分化更明显（Salamon，1977；Ting－Toomey，1987；Tomeh & Gallant，1984）。例如，Ting－Toomey（1987）观察到了美国人存在性别特定的自我暴露和冲突风格的模式，而法国人没有此模式。

• 团队合作。来自个人主义文化的飞行员表现出更多有效的团队行为（按照美国对有效乘组的定义），比如来自下属的肯定和闭环的沟通。来自个人主义文化的飞行员同样强烈偏好于能与组员协商讨论，并鼓励年轻组员对团队决策出谋划策的领导（Helmreich & Merritt，1998）。来自非英美的文化，特别是来自亚洲和俄罗斯的飞行员，则表现出对权威领导的偏好；权威领导能够在紧急情况下掌控飞行器，并安排好其他组员的工作。

5.8.3.1.4.2 文化多样性对团队绩效的影响

当团队成员欣赏和利用他们不同的观点时，团队文化多样性可以增强团队的绩效。然而，文化多样性可能会引起误解、成见及破坏性的冲突，特别是团队成员在态度和价值观上差异很大时。

很多对团队多样性的研究没有明确地探讨文化的多样性，而更侧重于深层次的多样性（团队成员的态度、价值观和信仰）的影响，而不是表层的差异（例如，团队成员的种族、性别和年龄），或功能上的差异［例如，团队成员的教育、专业知识或经验；参见第15章的NASA人类研究计划的证据书（2008中的相关文献综述）］。已有报道表明，多样性对团队过程和绩效有着积极和消极两方面的影响（Jackson，Joshi，&Erhardt，2003；Mannix & Neale，2005）。减缓多样性-结果之间关系的因素之一与多样性的性质有关。对教室和专业设置的研究表明，深层次的多样性与关系冲突和团队凝聚力低有关，进而损害了团队的效能（Harrison，Price，Gavin，& Florey，2002；Jehn，Northcraft，& Neale，1999）。例如，在对航天飞机上与国际乘员一同飞行过的美国航天员的调查显示，平均每人都有5起事件涉及到误传、误解和人际冲突。这些事件中有57%的事件被认为对飞行任务有中度或重度的影响（Santy，1993；Santy，Holland，Looper，Marcondes - North，1993）。

研究还表明，随着时间的推移，态度和价值的差异的负面影响会累积。与此相反，年龄、性别、种族、婚姻状况等表面差异的影响，可在团队合作的后期消失（Harrison et al.，2002）。因此，当团队合作超过一定的时间后，团队成员之间的根本分歧可能威胁到长期航天任务等团队的功能。

与深层的多样性相比，功能多样性可以提高团队的效能（Horowitz & Horowitz，2007），尤其是复杂的、非常规任务的效能（Jehn，Northcraft，& Neale，1999）。在这些任务的背景下，不同的意见、态度和观点促成了对问题彻底的检查（Mannix & Neale，2005），并能产生新颖、联合和全面的方法（Antonio et al.，2004）。信息的多样性（如共有知识较少）增加了团队的冲突，但这些冲突是想法的冲突而不是关系的冲突，这会使团队产生超水平的绩效（Jehn et al.，1999）。另一方面，高层次的任务冲突，可能会增加团队成员的工作负荷，从而干扰他们的工作表现（De Dreu & Weingart，2003）。

对可以提高团队绩效的任何类型的多样性，团队成员都要将其视为一个机遇去珍惜，并在团队合作中，通过有意识的努力，建设性地利用好它（Bunderson & Sutcliffe，2002；Shaw & Barrett - Power，1998；van Knippenberg，De Dreu，& Hofman，2004；van Knippenberg，van Knippenberg，& van Dijk，2000；Watson，Kumar，& Michaelsen，1993）。研究发现，协商的领导风格、冲突管理策略和团队取向的行为可以减少发生关系冲突的可能性，并帮助团队克服最初在任务过程和沟通上的困难（Mohammed & Angell，2004；Watson，BarNit，& Pavur，2005；Watson，Johnson，& Zgourides，2002）。

此外，异质性的团队有一个统一的主题是重要的，这个主题弥补了团队成员间差异的影响（Mannix & Neale，2005）。如果一个多元文化的团队，发展了成员共同认同的团队文化——“杂交文化（hybrid culture）”，并遵守人际交往的规范和团队目标，那么接下来这个团队离成功就不远了（Earley & Mosakowski，2000）。当异质性的团队被共同的目标集结到一起时，以任务为中心的交流活动会增加，从而导致绩效的提高和团队成员满意度的增加（Schippers，den Hartog，Koopman，&Wienk，2003）。但是，如果团队成员的差异很大，那么团队的社会整合度就低，团队的绩效也很可能会降低（Harrison et al.，2002）。

5.8.3.1.5 睡眠和昼夜节律因素

睡眠剥夺研究发现，与非睡眠剥夺的被试者相比，睡眠剥夺的被试者“在运动任务、认知任务和情绪感受中表现得更差”；多天剥夺部分睡眠（如慢性睡眠剥夺）对被试者的认知表现的影响最大（Pilcher & Huffcutt，1996，在 Whitmire 等中引用，2008）。研究已经发现，如果每晚睡眠 4～6 h（这对在太空中的工作人员而言是普遍的），在不到一周时间内，睡眠债增加和绩效下降就“达到了严重损害的水平”（Dinges et al.，1997，在 Whitmire 等中引用，2008）。和平号空间站的报道表明，许多持续驻留时间达半年以上的任务参与者“出现了疲劳，烦躁、轻度注意力和记忆力障碍等症状”（Boyd，2001；Kanas et al.，2001；在 Schmidt，Keeton，Slack，Leveton，& Shea 中引用，2008）。

同样，睡眠剥夺产生损害团队绩效和交流的行为，表现出更多的敌意外露，责难他人，不太愿意接受能缓解冲突的指责等，这表明睡眠剥夺削弱了对攻击行为的抑制，也降低了人际交流的行动意愿（Kahn - Greenea，Lipizzia，Conrada，Kamimoria，& Killgore，2006）。

5.8.3.2 压力对团队工作和绩效的影响

航天应激源可能直接和间接地影响着团队的协调、合作及绩效。个人的认知功能或情绪调节能力的降低是对团队的间接影响，这将需要其他成员在此方面作出补偿。团队沟通的紊乱和团队取向的丧失是对团队的直接影响。暴露于慢性和急性应激源的成员可能表现出认知功能失调，以及心理调节和沟通方面的问题。

5.8.3.2.1 认知的影响

压力相关的认知变化会出现在个人身上，也可能会对团队绩效产生影响。有关压力与绩效的文献很多，而且这些内容不在本章范围之内④，此处列出几个相关的研究发现：时间压力会增加错误的发生（Hockey，1986；Mandler，1982；Wallace，Anderson，& Schneiderman，1993）；社会心理和其他方面的压力会减少个体对集中注意力的控制（Connor，Egeth，& Yantis，2004；Liston，McEwen，& Casey，2009；Yantis，2008），从而导致“管中窥豹（tunnel vision）”（Easterbrook，1959）；社会压力会降低工作记忆的容量（但其提高了对负面情感材料的内隐记忆）（Luethi，Meier，& Sandi，2009）。情境意识能力的丧失（Janis，1982），选择努力程度较低的策略的倾向（Edland&Svenson，1993；Payne，Bettman，& Johnson，1988），非系统的和过早终止的信息扫描（Keinan，

---

④ 最新的综述包括 Driskell & Salas（1996）；Hammond（2000）；Hancock and Desmond（2001）；Matthews，Davies，Westerman，& Stammers（2000）；and Sandi & Pinelo - Nava（2007）。

1987，1988)，低下的创造力和问题解决能力（Shanteau & Dino，1983)，以及激进的冒险行为（Harrison & Horne，2000）等，都可能会影响到团队合作。

如果感觉到要求超出了自己的应对能力，此时个体感受到的压力是最大的（Harrison，2001；Shepanek，2005)。这种情况可能导致个体感到缺乏控制力，而使其压力水平进一步提高（Lazarus & Folkman，1984；Stokes & Kite，1994)。

在不断变化的条件需要转移注意力时，以及工作记忆负荷较大的情形下，最容易产生压力，比如评价选择性假设或行动（Orasanu，1997)。以上这些情形往往是个体所不熟悉的，或线索都是模糊的，因而需要应用到信息搜索或诊断策略。在不熟悉或不明朗的情形下，必须对多个目标和假设进行综合和评价，这对工作记忆以及后续认知过程的要求会更大。

5.8.3.2.2 社会心理的影响

在恶劣的航天环境下，乘员识别人际关系紧张的原因并对之积极回应的能力将是其生存所必不可少的。有一些航天飞行任务就是由于心理社会因素的原因而提前终止的（Cooper，1976；Clark，2007；Slack et al.，2008)。已有报道发现，在长期任务中，团队的社会心理问题包括对其他成员或地面人员的敌视、不合群、隐私需求增加、人际关系的摩擦（Flynn，2005；Shepanek，2005；Kanas & Manzey，2003)。一些人认为人际关系问题是长时间航天任务的限制因素。苏联和俄罗斯航天计划的医疗主任 Oleg Gazenko 博士指出，“航天生活的限制因素不是医疗问题而是心理问题”（Oberg & Oberg，1986)。

5.8.3.2.3 沟通的影响

在压力或睡眠剥夺的情况下，团队成员进行沟通可能是有困难的，其语言表达和理解能力都有可能受到了影响。尽管声学和语音的变化如音高、振幅、振动和声音长度可能是反映压力状态很好的指标（Stokes & Kite，1994)，但其对团队沟通的影响并不如词汇或内容变化对沟通的影响大。例如，在压力状况下，说话者可以用到陈词滥调或其他一些不精确的缩略语（Cushing，1994；Davison & Fischer，2003)。压力和睡眠剥夺会导致不明确的沟通，例如使用外代词（例如，“这”或“那”）或通用代词（“它”）来代替具体名词，而这给听者造成了很大的负担（Harrison & Horne，1997；Stokes，Pharmer，& Kite，1997；Tilley & Warren，1984)。相比充足睡眠，在 36 h 的睡眠剥夺后进行的模拟军事行动中，小组成员较少打探信息，也较少参与物资运输或小组行动协调策略的讨论（Harville，Barnes，& Elliott，2004)。随着睡眠剥夺时间的增加，发布命令等交流行为的频率会减少。

在压力状态下，个体的语言理解能力也可能会受损，这是由于注意力分散而使个体不能“认真地听”，或者其他基本认知过程受损的缘故（Lieberman，Morey，Hochstadt，Larson，& Mather，2005；Pilcher et al.，2007)。

此外，睡眠剥夺会影响情绪，这会进一步影响到士气，从而对团队成员的交流产生不利的影响（Dinges et al.，1997)。紧张和疲劳也可能导致团队成员关注的重点从整个团队缩小到其自身，进一步破坏沟通和团队合作（Driskell，Salas，& Johnston，1999)。

5.8.4　有效团队合作的支持

这部分提出了4条策略，以应对在5.8.3节所描述的对有效团队表现的挑战，策略包括为追求最佳绩效的乘组构建，挑战性条件下人员有效协调的和合作所需的技能培训，团队动力学监测，辅助团队合作的信息通信系统的设计。

5.8.4.1　乘组构建

过去任务中的问题已证实，由精英组成的团队并不总有出色的表现（Burrough，1998；Kanas & Manzey，2003；Shepanek，2005）。“在长期航天飞行任务人的因素中，相容性也许是最重要的问题”（Putnam，2005）。对长期任务中团队组成和绩效因素的考虑极其重要，本小节将详述这些内容⑤。

5.8.4.1.1　团队成员的特点和技能

根据3个元分析研究的结果，当团队是由较高综合智力（GMA）的个人组成时团队将会表现更好（Bell，2007；Devine & Phillips，2001；Stewart，2006）。选拔出的航天员们通常都拥有高的GMA，不过，他们的高心智能力与专业知识水平并不能确保团队会有较高的绩效表现。Bell（2007）分析了实验室和现场调查（单独试验），发现现场调查中（例如，长时间的团队），团队的效能和平均GMA仅存在很小的相关性——这是与航天员乘组有关的研究发现。

另一方面，研究表明，当团队成员拥有比平均水平更高的规划和协调能力，并且成员间相差不大时，团队绩效更优。Miller（2001）发现规划和协调能力与绩效有适度的相关。他通过一种叫做团队协作测验的纸笔测验量表测得了这些数据（Stevens & Campion，1999）。这些技能包括“团队成员之间的活动、信息和任务的协调和同步，以及为确保成员间的工作负荷平衡而建立的团队个人任务和角色分配的帮助”（Miller，2001，p. 748）。其中一些技能在团队适应和协调训练（TACT）中有所涉及，这部分将在5.8.4.2.3节讨论。由于团队协作测试可以预测团队绩效，在训练的前后施测，可检验训练能否提高这些分数。Schmidt等（2008）引用的类似研究，也证明了具备团队知识的成员所组成的团队会表现得更好（Hirschfeld，Jordan，Feild，Giles，& Armenakis，2006；Morgeson，Reider，& Camption，2005）。在生产组织中，Morgeson和同事（2005）观察发现使个体了解有关团队的知识，将有助于团队的绩效。在美国空军军官发展计划的一个现场研究中，Hirschfield和同事（2006）对92个团队（共有1 158个成员）研究后发现：团队成员掌握团队的知识，预示着更高的团队任务的熟练度和有效团队合作的观察率（Schmidt et al.，2008，p. 14）。

5.8.4.1.1.1　价值观和团队合作的态度

当团队是由那些在集体主义取向测试中得分较高和喜欢团队工作而非独立工作的成员

---

⑤　这部分主要是讲团队特征和绩效之间的相关性。统计相关系数的范围从0（无相关性）到1（完美相关）。在这部分，统计的相关性用基于J. Cohen（1992）建议的小、中、大（分别为$r=0\sim0.30$、$0.31\sim0.50$、$0.51\sim1.00$），而不是精确数字来表示。本篇报告的都是有统计学显著意义的相关性，而不是偶然的。

组成时，团队的表现将更好。集体主义取向的成员更喜欢能培养和谐与团结的工作程序（Earley & Gibson，1998），他们认为自己应效忠于自己的团队并且愿意为之做出牺牲（Triandis，1995）。Bell（2007）发现在团队绩效和集体主义之间存在适度相关性，团队绩效和对团队工作的偏好度之间存在着微弱的相关性。

5.8.4.1.1.2　人格因素

通过现场研究发现，高绩效的团队在五大人格因素模型人格测验中，其一致性和责任感的平均得分较高（Costa & McCrae，1992；John & Srivastava，1999）。表 5.8－2 显示了最近一项元分析的相关性（Bell，2007）。

表 5.8－2　在最近的一项元分析中五大人格因素和团队绩效之间的关系

五大人格因素	团队绩效的修正相关系数
随和性	.31
责任感	.30
经验开放性	.20
外向性	.15
情绪稳定性	.06

经验开放性和外向性也与团队绩效有关，但关联不大。随和性和责任感的变异性和团队绩效呈负相关，这意味着团队成员在这两项测试中的成绩与他人越接近，团队绩效越好。研究同样也发现了团队绩效和团队中随和性的最低得分的相关性（rho＝.37）最高（Bell，2007）。这表明难相处的成员可以破坏团队的和谐，并因此影响它的效能（请参见 Schmidt 等的早期研究，2008 年，第 15 章第 6 页）。这些研究结果表明，如果团队成员在随和性和责任感的分数较一致且较高，团队的绩效将较高。

5.8.4.1.2　团队行为概述

采用团队图表的方法（GDM，Group Diagramming Method，将在 5.8.4.3.2 节进行阐述）来分析团队，可以确定凝聚力好和团队绩效高的团队的特征。设计有这些特点的团队构成将有助于提高团队绩效和确保任务的成功完成。

最近使用 GDM 方法对商业化航空公司机组人员和模拟月球探险乘员进行的研究表明，在乘员执行高度结构化的任务时，团队重心表现力越高、任务导向越低和社会情感越高的乘组[⑥]，其绩效越高（Parke，Kanki，Nord，& Bianchi，2000，Orasanu et al.，2008）。乘组人员在优势维度上的不两极分化，即能更多地平等参与任务时，乘组绩效也较高（Orasanu et al.，2008）。这些结果表明，团队成员之间能互开玩笑，平等参与任务等富有表现力的行为是重要的。

5.8.4.1.3　乘组规模

许多关于乘组规模的研究，一直以小组而不是以团队为研究对象。Rasmussen（2006）综述了乘组规模对心理影响（例如，成员满意度）的文献，发现在 55 篇研究报告

⑥　此维度上高平均分是以优势为权重的得分。

中，20篇文献中没有报告乘组大小；另有20篇文献没有报告与乘组规模相关的结果。这些研究中乘员人数为8～14人的小组较为典型；这些文献中的有关团队规模的研究并未发现乘组大小对团队的心理的影响。有一项研究则表明，与小团队相比，较大团队的乘员满意度较低，乘员参与少，相互合作也少（Guzzo，Jette，& Katzell，1985）。

乘组的最佳规模取决于实际的任务。尽管有研究比较了3个乘员和7个乘员的小组后，发现小团队能更有效地解决社会困境（Seijts& Latham，2000），但集体讨论和决策小组的最优人数是5人左右（Hackman & Vidmar，1970；Hare，1982；Hare，Blumberg，Davies，& Kent，1994；Slater，1958）。很明显，航天员乘组要执行各种各样的任务，仅涉及一个类型任务的研究并不能帮助确定最优的乘组人数。

尽管较大的群体在知识、技能和资源方面的潜在多样性上有明显的优势（Levine & Moreland，1998），而小团队则一般更具有凝聚力和更好的绩效。如果群体规模不断增大，乘员对群体的认可度会不断降低（例如，Indik，1965；Katz，1949；Slater，1958），大群体绩效也会降低（Mullen &Baumeister，1987；Mullen，Johnson，& Drake，1987）。鉴于这些研究发现，以下是对一些问题的解释：

- 较大的团队有可能会体验到过程的缺失（Curral，Forrester，Dawson，& West，2001；Steiner，1972），特别是涉及到团队成员的协调和动机时（Cohen & Bailey，1997；Levine & Moreland，1998；Poulton & West，1999；West，1995）。
- 随着团队规模的增加，团队成员的参与会减少，群体很可能被少数个人所控制（见 Morgan & Lassiter，1992，for a review）。
- 乘组规模变大会使整个乘组的压力上升（Nemeth & Owens，1996；Nemeth & Staw，1989）。
- 由于价值观、动机和态度的差异，较大的团队有更多的冲突（Levine & Moreland，1998）。
- 与规模小的团队相比，较大规模的团队在采取创新性的解决方案和实践上会有更多的困难（Drazin&Schoonhoven，1996）。

在考虑乘组大小时，也应考虑到备份的需要。当只有一个人会某一项技能时，可能会出现单点故障（Single - point failures），这将是灾难性的。乘员交叉培训可以确保技能的备份，可防止在探索性任务中发生单点故障（Cannon - Bowers，Salas，Blickensderfer，& Bowers，1998）。

5.8.4.1.4　性别构成

探险团队的性别构成，既要考虑保持成员的心理社会功能良好的生理和社会属性，又要考虑完成任务所需要的爆发力和忍耐力。

最近对成员全为男性、全为女性以及混合性别的极地探险队的案例研究发现，全为男性的团队往往是竞争激烈的；全为女性的团队更多地关注与团队合作有关的人际交往问题；在混合性别团体中，妇女经常起到维护社会-情感的角色，扮演和平缔造者和男人知己的角色（Leon，2005）。Wood（1987）通过元分析研究发现，在完全任务取向的活动中，成员全为男性的群体的绩效比全部都是女性的群体要好；而在社会活动取向的活动中，全为女性的群体表现得更好。通过对空间飞行任务有关的文献综述，Bishop（2004）建议，同时包含男性和女性的乘组可能“有利于团队行为的正常化，以利于个人和团体的功能”（第C17页）。

但是混合性别的团队也可能会出现一些问题。当女性成员与男性成员的年龄接近，可能会导致性的竞争、紧张和骚扰（Rosnet，Jurian，Cazes，&Bachelard，2004）。

文化可能与性别角色相互影响，造成误解、冲突的欲望，甚至某些情况下的严重冲突（Leon，2005；Paletz，审查中；Sandal，2004）。基于北极远征中舰载的3对夫妻的经验，夫妇之间可以为彼此提供社会和情感支持、稳定的夫妇被认为是长时间任务中最理想的性别组合（Leon，2005；Leon，Atlis，Ones，& Magor，2002；Leon& Sandal，2003）。配偶关系和身体接触已被证明可以帮助个体适应紧张的环境。例如，Coan、Schaefer和Davidson（2006）通过功能性磁共振成像的研究发现，当配偶握着被试者的手时，被试者对威胁的神经反应减弱，与任务有关的不愉快感也降低。他们还发现，握配偶的手对婚姻质量也有好处，这些研究表明：“有着很好人际关系的个人，会从对参与脑应激反应的神经系统更高的监管，包括对脑活动过程中情感部分的监管中受益”（Coan et al.，2006，p. 1037）。

5.8.4.1.5 指挥结构和领导力

领导力作为构成团队的一个关键因素，极大地影响了团队的绩效和凝聚力。“领导力与团队的凝聚力和目标导向息息相关；领导风格和团队绩效之间有因果关系和确切联系”（Hogan，Curphy，& Hogan，1994，p. 493）。Schmidt、Wood和Lugg（2004）等人通过研究发现，领导风格效能的平均得分可以很好地预测19个南极团队中400多名参与者的团队氛围评分。

最近的研究表明，进行复杂任务的高度自治的团队，如实行成员的共同领导，而不只是委任领导的领导，可提高团队绩效；与低绩效团队相比，高绩效的团队往往呈现较多的共同领导风格（Pearce & Sims，2002）。共同领导风格可以使团队成员在特定的情况下，寻求最有知识和经验的成员进行指导。这些结果表明，允许领导人自然而然地出现，更多分布式的领导（即有许多领导人），男性和女性领导人组合等，可以增强团队的绩效、凝聚力和满意度。然而，这并不意味着任务指挥官没有进行决策的绝对权力和责任。

下面是从大量与领导有关的文献资料中遴选的一些核心结果：

• 根据工作重点，可分为以任务为重点工作和以关系为重点工作的领导（在航天飞机-和平号空间站项目中曾应用过，见Kanas & Ritsher，2005年的文献）。

• 领导风格和有效性是依具体情况而定的，包括任务的类型，属下对其有多信任，等（Fiedler，1967；Strube & Garcia，1981；Vroom，2000；Vroom & Jago，2007）。例如，自行选定乘员的坦克乘组绩效在以下两种情况下较高：凝聚力低，指挥官的风格是以人为本；或凝聚力高，指挥官以任务和以人两者为本（Tziner & Vardi，1982，在Paletz中引用，审查中）。此外，在企业管理者决策的研究中发现，当决策非常重要时，有长期有效合作经验的组织更多地采用参与风格、集体协商、个人专长服从集体专长（Vroom，2000）。

- 领导者的人格对团队的绩效有着重要的作用（Hogan，Curphy，& Hogan，1994；Hogan & Kaiser，2005）。在航空中，航班机组人员的绩效（以错误的数量和严重性作衡量指标）与机长的个性显著相关：热情、友好和自信的机长会承担压力，他的乘员发生错误的机会减少（Chidester，Helmreich，Gregorich，&Geis，1991）。有效的领导者具备的人格五因素模型的“光明的一面”（即外向性，宜人性，责任感，情绪稳定性，开放性；Judge，Bono，Ilies，& Gerhardt，2002）。也许更重要的是，他们根本没有“阴暗面”的特点（例如，自恋），这在最初可能很难被发现，但对长期任务中的团队非常不利。

什么样的人能成为领导并被接纳，在不同人种中是有差异的。例如，在白种人和中国男性人口中，尽管白种人是少数，但通常白种人会成为领袖，这似乎是由于他的参与率较高（Kelsey，1998，在 Paletz 中引用，审查中）。妇女不太可能胜过男性而成为领导，尤其是在短期团队中（Eagly & Karau，1991）。然而，在混合性别组的男性尽管往往比女性表现出更多的领导行为（Craig & Sherif，1986），但妇女往往倾向于获得更高水平的非正式领导地位，当团队任务需要更多的社会互动时（Eagly & Karau，1991），“相比男性领导，她们对团队的绩效有着更积极有效的影响”（Cohen & Ledford，1994；Neubert，1999）。一个团队中非正式女性领导的数量与团队绩效有着显著的正相关作用（Neubert，1999）。

团队领导的产生形式，也会对团队绩效产生影响。研究表明，自我管理的团队绩效和团队成员满意度优于被委任领导的团队（Cohen & Ledford，1994；Neubert，1999）。团队成员对非正式领导人的认可与团队凝聚力（Shelley，1960）和成员的满意度（Heinicke & Bales，1953）有关。此外，一个团队中非正式领导人的比例越高，团队的凝聚力越高（Neubert，1999）。团队成员之间平等的沟通和参与，非正式领导人较高的比例，都与成员的更高水平满意度相关（Misiolek，2005）。最近的研究表明，垂直（委任的）和共同（自发产生的）的领导风格对团队绩效有预测作用；委任的领导在发展和维护共同领导的风格中也发挥了重要作用，但共同的领导风格是预测团队绩效更为有用的指标（Pearce & Sims，2002）。促进高度自治的团队的共同领导风格能使团队从所有成员各自的专长中获益，而同时又能使委任领导的领导风格发挥主要作用，确保必要命令的顺利传达。

5.8.4.1.5.1 领导风格

鉴于环境的迅速变化和长期航天任务中的新任务，高度灵活的领导风格是必要的（Hersey，Angelini，&Carakushansky，1982）。领导风格是促进团队的积极氛围和凝聚力的关键因素，团队氛围和凝聚力又与南极越冬团队的人际关系紧张和工作的满意度有关（Wood et al.，2005）。何谓有效的领导风格？问卷调查提供了一些见解：好的领导重视解决问题，统一团队，奖励可取的行为，并征求反馈意见；差的领导指责别人，分裂团队，惩罚他人，忽视成员的意见。一位很糟糕的领导人会说：“我是个好领导，只是他们不懂要如何配合我”（Wood et al.，2005，p. B29）。

在对军事领导人的研究中，考察了不同的领导风格对团队凝聚力和团队绩效的影响（Bass，Avolio，Jung，&Berson，2003）。比较了 3 种领导风格：

• 特定事务酬劳型领导风格。“建立在特定目标基础上的领导和属下的关系，责任明确，按合同行事，在实现预期目标后提供酬劳和奖励”（Avolio，1999，p. 212）。

• 变革型领导风格。“重视属下的成长，考验属下以使他们使用不同的思维方式，鼓励他们完成自己认为不可能完成的事情……”（Avolio，1999，p. 215）。

• 被动回避/自由放任型领导风格。“要么等待问题出现后才采取行动，要么干脆不采取任何行动”（Bass et al.，2003，p. 208）。

具有变革型领导风格的高级领导对团队的凝聚力和绩效有着最强的积极影响（Bass et al.，2003）。团队凝聚力也部分增强了团队的绩效。这些结果表明领导风格可以通过两条途径影响团队绩效：直接影响或通过影响团队凝聚力的间接影响。

综合上述研究可以发现，人格决定领导风格的形式，领导风格又决定员工的态度和团队功能，进而又决定了团队绩效（Hogan & Kaiser，2005）。

5.8.4.1.5.2 多元文化团队的领导

多元文化团队的领导了解和敏锐发现团队文化的差异，并利用其作为决策者的身份建立强大的团队文化是很重要的（Salas，Burke，Wilson-Donnelly，& Fowlkes，2004）。领导者对团队建设的作用可能是通过强调团队成员之间的共同点和共同目标（Gaertner，Mann，Murrell，& Dovidio，1989；Schippers，den Hartog，Koopman，& Wienk，2003）以及促进团队“混合”文化的形成（Earley & Mosakowski，2000）等来实现的。研究发现，管理者的跨文化交流能力与团队的表现正相关（Matveev & Nelson，2004）。下面是一个多元文化团队中的关键领导能力（Elmuti，2001；Matveev & Nelson，2004；Salas et al.，2004）：

• 对自己和团队成员看法和行动的文化基础的认识；

• 对差异的积极态度和对差异的赞赏；

• 社会智慧（尤其是对言语和非言语线索的敏感度）；

• 解决误解的灵活性；

• 轻松地与外籍人士沟通的能力，特别是与个别有文化期望的团队成员统一目标、标准和程序的能力；

• 拥有团队成员的国家、文化和语言的基本知识。

5.8.4.1.6 评价乘员结构

尽管在前面的章节中描述了乘员组成和绩效研究的进展，而要组成最佳的探索性任务乘组，不能只依赖于任何单一的方法、模型或发现。经过一段重要时期后，乘组还能在一起有效、高效并愉快地工作才是最终的检验。Stuster（1996）提出把 6 个月高逼真的模拟任务，“作为选拔过程中的最后一步，可以提供候选乘组人员在最终分配前有关绩效的正式评价”，这将是很有用的（第 270 页）。没有任何测试可以完全预测团队成员对他人的全部反应。例如，一个组员的外表可以使另一组员联想到不喜欢他的老师，乘员间的交流在不可预知的情形下被负面地影响了。因此，对人际交往重要方面的观察和认识应该是乘组组成的最终标准。然而，在短期和长期的模拟环境中，一些评估成员组成的辅助办法可能是有用的，包括 GDM、语言的沟通分析以及自动化措施，如 Pentland（2008）为分析二元互动而开发的自动化方法。

5.8.4.2　提高团队绩效和凝聚力的训练

本节研究如何通过训练促进团队和谐、合作和绩效。训练需求包括应对人际压力、乘组内和乘组间交流、多文化背景团队工作和解决冲突的团队技能和技巧（Stuster，2005）。

5.8.4.2.1　当前 NASA 的训练

NASA 在空间飞行资源管理（SFRM）、多文化乘组的文化意识和应激管理中推行室内训练，同时也寻求机会借助于国家户外领导力学校（van der Ark，personal communication，January 2005）在野外生存训练科目中实施乘组构建训练。

SFRM 建立在航空机组资源管理（CRM）训练基础上，包括情景意识、决策、乘组协作、工作负荷管理、领导力和危机管理等单元。该教学主要通过课程和讨论，以及随后反馈式的挑战性微型模拟器来完成练习。部分任务模拟器用于技术训练。集成模拟训练的对象包括飞行乘组和地面乘组，借此提供机会整合协调和配合所需的多种技能。SFRM 应用于航天员和飞行控制人员的早期训练中。然而，在 SFRM 技能中没有进修训练可用于针对特定任务组成乘组后的职业训练。

5.8.4.2.2　乘组资源管理训练（CRM）

不同类型的乘组资源管理作为团队训练类型主要被用于高危领域，诸如航空、军事活动、核能和医药。乘组资源管理训练通过应用所有可获得的资源，作为一种对抗应激和确保可靠乘组绩效的方法来执行，无论是飞行阶段还是地面阶段（Helmreich & Foushee，1993）。

乘组资源管理训练集中于期望的交流和行为技能，这些是通过有效的乘组绩效分析识别的，主要发生在航空过程中诸如决策制定、风险管理、团队协作和交流、领导力和服从以及人际交往技能（团队支持）方面。最新一代的乘组资源管理训练集中在威胁和失误管理（TEM；Helmreich，245 Klinect，& Wilhelm，2001）。威胁通常来自于航天器（如系统故障）或环境（如交通或天气），给乘组或任务带来不良影响；而失误可能来自于飞行乘组、空中交通管制人员或系统中的其他人员。由于意识到所有人都容易犯错并且会犯错，TEM 训练包括错误校正策略以及错误预防的内容。

在过去的 25 年里，研究已经证明了以经验为基础的训练的重要性。乘员必须有机会通过在有意义的任务环境中工作来进行学习，而不是仅仅被告知如何作为一个乘员来进行工作（Salas，Wilson，Priest，& Guthrie，2006）。以乘员为中心的模拟练习应建立在真实操作情境的基础上（参见 Wiener，Kanki，& Helmreich，1993），创造机遇来发展、练习乘员协调和与技术挑战结合的团队工作技能。

5.8.4.2.3　团队适应协调训练（TACT）

虽然在这个领域中仍需要进一步研究，强调乘组和谐和适应的训练看起来是最有效的

（Salas，Nichols，& Driskell，2007）。TACT（Entin，Serfaty，& Deckert，1994）是一种训练干预措施，这种措施是训练团队成员在高工作负荷和时间压力的情况下调整他们的协调和交流策略以保持成功的任务绩效。TACT 建立在一些前提之上，这些前提包括有效的团队必须针对任务环境发展共享的情景模型，有效的团队必须对任务需求的变化非常敏感并能及时作出反应，以及在团队成员任务和能力相互作用方面构建相互的心智模型（Serfaty，Entin，& Johnston，1998）。这些共享的模型有助于在判断情境进展和其他团队成员需求方面产生相同的预期。团队成员习得识别他们自己和其他人应激征兆的方法，以及在不同的应激水平和变化的环境条件下以保证团队的组织性而进行协调和交流的方法。

5.8.4.2.4　团队交叉训练

团队交叉训练（Team Cross - Training）（Cannon - Bowers et al.，1998）是一种团队干预训练方法，在这种训练中团队成员变换角色，借此来巩固对团队其他成员在进行工作时所需知识和技能的理解。这种技巧对 NASA 探索任务是非常有用的，这种技巧考虑到乘员有限的数量和航天所需要的技能备份，以此来确保在某位熟练的乘员不在的情况下仍可顺利实施航天任务。

通过对交叉训练评估发现，只有在团队工作负荷较重、任务需要在团队成员之间重新分配的情况下，该训练方法才更加重要（Cannon - Bowers et al.，1998）。交叉训练也对不言明的协调有利，即团队成员之间不需要进行交流而协调他们之间关系的能力。虽然研究结果并不完全一致，但这是一种在高工作负荷情况下的重要技能（Rasker，2002）。

5.8.4.2.5　团队维度训练（TDT）

团队维度训练（TDT）的目的是，基于对团队成员以往绩效的回顾，通过培养团队的自我诊断、自我纠错和询问执行情况的技能，发展能够进行自我管理的团队（Smith - Jentsch，Zeisig，Acton，& McPherson，1998）。团队过程的 4 种维度在训练过程中着重强调，包括信息交互、交流、支持行为及主动权和领导权。

最近的团队维度训练发现，海军指挥控制团队通过采用引导性的团队自我纠错培训较传统的方法能够获得更精确的团队工作心智模型，并呈现出更好的团队工作过程和更有效的结果（Smith - Jentsch，Cannon - Bowers，Tannenbaum & Salas，2008）。

5.8.4.2.6　人际交往技能训练（IST）

人际关系训练的核心原则是增进个人针对个体和文化差异的觉察（例如，不同人如何看待世界，不同人的期望、规范和角色），并且接受关于团队摩擦是来源于这些差异而不是“难于相处的个人”的观点（Kass & Kass，1995）。人际交往技能训练包括诸如与他人工作、领导力、交流、冲突管理、团队组建等方面，所有这些都与团队凝聚力及团队表现有关。最近非技术组织针对这些训练程序和结果之间的关系进行的元分析发现，人际交往技能训练在提高团队效应方面起到了最大的作用（Arthur，Bennett，Edens，& Bell，2003）。同时人际交往技能训练在团队凝聚力、士气和工作满意度方面也起到积极的作用（Bradley，White，& Mennecke，2003）。然而，在长期太空飞行任务中发现，在没有对这些技能进行持续训练的情况下，训练的效果随时间逐渐减弱（Guzzo et al.，1985）。

5.8.4.2.7 多文化训练

为了防止在以前任务中出现的由于多文化交流的误解所带来的困扰，必须针对多文化任务乘组进行充分的训练和支持。许多乘组成员都认同在太空飞行任务中跨文化交流的误解会引起乘组和地面支持人员的人际关系紧张、生产力低，并给执行任务带来困难（Carter，Buckey，Holland，Hegel，& Greenhalgh，2003；Holland，1997，1998；Santy，1993）。

性别态度的文化差异同样也可能带来问题。在航天任务中，男性航天员对女性同伴表现出刻板印象（Chaikin，1985；Oberg，1981；Oberg & Oberg，1986）。一位俄罗斯航天指令长指出航天飞行对于女性乘员来讲更加费力（Oberg，1981）。

多文化乘组训练的需求包括有助于完成任务和团队配合的领导力培训、交流和协调策略培训等，也包括支持乘组发展团队文化、随和性和共享目标、规范的技巧。另外，团队成员需要尊重不同的观点。他们也需要能够流利使用某种共同的语言（Kelly & Kanas，1992；Merritt & Helmreich，1996），或者应该掌握多数团队成员所用语言的常用知识（Dion，2004；Matveev & Nelson，2004）。强调行为能力和提供训练机会的训练方法较意在改变态度的方法更为有效（Kealey，2004；Kealey & Protheroe，1996）。

NASA 针对多文化乘组的文化意识采取课堂教学的方式，但是很少确认多文化训练程序的效果（Kealey，2004）。美国乘员也在俄罗斯与非美国团队乘员进行联合训练，但遗憾的是，乘组一起进行训练的时间是非常短暂的，并且以后可能进一步减少。

5.8.4.2.8 冲突管理训练

考虑到任务相关的分歧会给涉及的人员带来负面影响，学习如何管理任务冲突对于团队绩效和满意度是必要的（Bales，1950）。然而，学习的目标并不是为了消除分歧，因为分歧对于纠正错误和提出替代方法是必须的，尤其是在高危情况下（Orasanu & Fischer，2008；Paletz，2006）。乘员之间的分歧不应该使当前情况更加恶化，而是在分歧后能够较快恢复和谐。解决分歧的有效方式包括乘员个人定位解决问题的目的是为了乘组的整体利益以及维护团队的职责（Fischer & Orasanu，2000b）。De Dreu 和 Weingart（2003）建议团队领导、顾问和服务型企业应该帮助团队诊断出现冲突的类型，并教授团队成员如何管理冲突。Cartreine 发展了一种自我管理的冲突管理训练方法，供航天员在航天任务中应用，这种方法就直接引入了上述需求（Cartreine，Buckey，Hegel，& Locke，2009）。

就任务冲突而言，De Dreu 和 Weingart（2003）通过研究指出，只有在团队成员进行下述工作的情况下，团队绩效才可能获益：

• 感知合作性而不是竞争性的相互依赖的目标（参见 Alper，Tjosvold，& Law，2000；综述参见 Tjosvold，1997）；

• 培养开放的能够容忍不同观点的氛围，工作建立在合作规范之下，防止分歧被误解为人身攻击（Amason，1996；De Dreu & West，2001；Jehn，1995；Lovelace，Shapiro，& Weingart，2001；Simons & Peterson，2000）；

• 当表达分歧时更多用到合作的交流方式，更少用到争论性的交流方式（Lovelace et al.，2001）。

5.8.4.2.9 压力应对技能

通过减轻焦虑以及增进技术技能的熟练程度、自信和团队协调技能，会减轻应激的效应，促进团队绩效。乘员能够观察每个人的努力程度，对应激、超负荷或疲劳的信号保持警惕（Baranski et al.，2007）。这里为睡眠剥夺团队推荐一种对抗措施，即交谈，这种方法能够增进警惕程度（Dinges et al.，1997）。

训练通过使知识更易于接受和技能更自动化，能够直接提高绩效。训练也可通过增强乘组解决问题的信心来间接地影响绩效。这是一种典型的决定应激反应的威胁感知（Hockey，1986；Lazarus & Folkman，1984）。假如一个人在面对潜在应激情境时（例如，跳伞）感觉有信心，应激反应也就会降低（Epstein & Fenz，1965；Fenz，1975）。通过开展应激预防训练（SIT）等技能培训，焦虑（即针对预期威胁的恐惧）会进一步降低（Meichenbaum，1996，2007）。还有一种相似的技术用于团队的应激降低训练（Driskell，Salas，& Johnston，2001）。

针对乘组训练的一个关键问题是认知评价或应激应对技巧训练是否也能改变情绪和生理应激反应，从而提高团队绩效。建立了如下内容：

• 不同个体对应激源的典型认知和情绪反应不同：有些人把威胁性事件视为挑战，也有些人把同样的事件视为威胁。人们对情况的评估就会产生不同的情绪、行为和生理反应（Tomaka，Blascovich，Kelsey，& Leitten，1993）。

• 个体首选应对策略也可能不同（Endler & Parker，1990）。任务导向的应对策略通常比情绪导向、社会分流或转移类型的应对策略能更好地减少应激和提高绩效。

5.8.4.2.10 工作效能训练

乘组长期生活在诸如南极洲越冬或和平号空间站这样隔离又封闭的环境中，就会产生工作效能下降的问题（Connors，Harrison，& Akins，1985）。产生这样问题的原因尚不完全明确。然而，太空乘员下降的工作效能至少可以通过以下两种方式缓解：1）间接的方法，通过保持较高的团队士气、凝聚力和效能感；2）直接的方法，通过工作的安排、时间表和奖赏练习。在 11 种不同工作场所的干预培训中，训练和目标设定是提高工人产量的最有效方法，无论是工作的数量还是质量（Guzzo et al.，1985）。

提高效能不必以丧失士气为代价。包含团队建设、过程协商和管理技能的工作效能训练不仅可以使一个组织的生产力保持长达一年以上的显著增长，同时能够显著增加雇员的工作满意度（Paul & Gross，1981）。

5.8.4.2.11 完整的团队 & 重组的团队

在诸如军事环境中，完整的工作团队通常采用团队工作技能一起进行训练的方式（Kanki & Foushee，1989；Leedom & Simon，1995）。人们相信基于对彼此能力和局限性以及工作角色和责任感的体验，有利于促进团队成员形成更加健全的团队结构（Foushee，Lauber，Baetge，& Acomb，1986；Kanki & Foushee，1989）。在其他诸如航天环境中，通常采用的策略是在乘员以较大群体的方式完成团队工作训练后再进行乘组的组合。新的团队被期望通过已习得的与角色相关的团队工作行为方式来进行协调和配合。这种方法限制了组建包括特殊成员团队模型的机会。

团队成员彼此熟悉的效果在一个研究中被证明，该研究评估疲劳对商业飞行乘组绩效的影响。经过 3～4 天一起飞行后的疲劳乘组，较刚组建、充分休息的乘组在一项挑战性的模拟飞行任务中表现更加优异（Foushee et al.，1986）。这个令人惊讶的结果表明，疲劳乘组在一起飞行中所获得的乘组熟悉效应提供给他们的绩效优势足以克服疲劳效应。这一发现得到美国运输安全协会的支持（1994），该协会发现事故通常不相称地发生在乘组共同飞行的第一天，在他们还没有通过熟悉建立特定团队工作模式前。

训练既定的团队，还是在训练后再重新组建团队，哪种策略更加有效，更能建立健全的团队，这一问题很少从经验的角度进行研究。两项最近的研究涉及到该问题：

• 在训练大学生完成模拟无人机任务中，重组的团队表现出更灵活、更具适应性的团队行为模式，该方式打破了固定的协作模式（Gorman et al.，2006）。然而，这种方式不能够提高整体的团队绩效。

• 比起经过一周团队协调训练和模拟器练习的新成立机组人员，固定的战斗军队机组人员并没有表现得更好（Leedom & Simon，1995）。然而，固定乘组表现出更低的工作负荷和更明确的协调关系，这两者都是非常有益的，但也引起针对自满和自负的管理关注。

5.8.4.3 监测工具

在和平号空间站上，人际摩擦是比较多的，NASA 航天员在任务中发生冲突也曾经见诸于报（Kanas et al.，2005；Flynn，2005；Shepanek，2005）。乘组与地面支持人员（任务指令与控制）的交流困难也时有发生（Kanas，2005）。在长期模拟环境中的人际问题也有过报道（Stuster，Bachelard，& Suedfeld，2000；Wood et al.，2005）。当前，乘组能够从飞行医生那里得到支持。然而，在长期飞行任务中，特别是飞往火星的任务中，并不是总能够得到地面的支持。飞行医生表示需要通过不明显的监视工具监测乘组凝聚力的变化，以此来预测乘组功能失调或绩效降低（NASA 人类研究计划，2007）。

这种采用植入式无干扰技术（比如不会干扰正在进行的乘组活动），并能够提供给乘组乐于接受的、可调整的、诊断式的反馈的技术是有着广泛需求的。有三种策略展示了应用前景，但还没有达到应用阶段，这三种策略即自动化二维监测、绘制小组趋势图以及语言分析。

5.8.4.3.1 乘组互动的自动测量

通过发展自动化的装置能够监测、评估团队绩效的某些方面，在未来乘组构建方面将大有益处。Pentland（2004）描述了一种能够自动记录两人之间对话的可佩戴装置，该装置能够分析：1）一个人控制交流的程度（通过监测语言的数量和转换话题的影响）；2）志愿者的情绪参与程度（通过监测语言重音的变化）；3）感情反应（通过监测模拟语言和回路的频率）。这些测量能够正确预示两人间人际交流状态的结果，比如获得工作，获得提升或进行约会。例如，5 分钟的谈判角色扮演即足以预测客观结果，并具有 70%的平均正确率。这种工具目前只能进行两人交流的分析，相信不久的将来可诞生分析多成员团队交互的工具。

5.8.4.3.2　小组图表方法

不仅要监测团队成员互动的需求，还要考虑多种能够导致较差绩效和决策失误的团队相关作用类型。例如，在两人的团队中：

- 双方均恶意地彼此争斗；
- 一方责难另一方的违规行为，而另一方因此生气；
- 一方能够做到以任务为中心，在互动中比较积极，而另一方却并不做出回应；
- 一方过于强势，持续的发表意见导致另一方没有发言的机会；
- 一方持续开玩笑，而另一方却设法保持严肃；
- 双方均持续以任务为中心，导致两人之间的交流乏味枯燥；
- 双方均非常安静，没有互动；
- 双方均非常积极，从不提出反对意见；
- 双方均热衷于开玩笑，很难进入正题。

小组图表方法能够识别和描绘两人的互动模式，同时也能分析更大团队中更复杂的模式（Bales & Cohen，1979）。较大团队中小组图表例子如图 5.8－1 所示（Parke & Houben，1985）。每一个圆圈代表一个个体在两个不同维度的行为。圆圈的尺寸代表相对优势度，较大圆圈代表更处于支配地位的行为。圆圈的颜色代表性别——男士为蓝圈，女士为红圈。

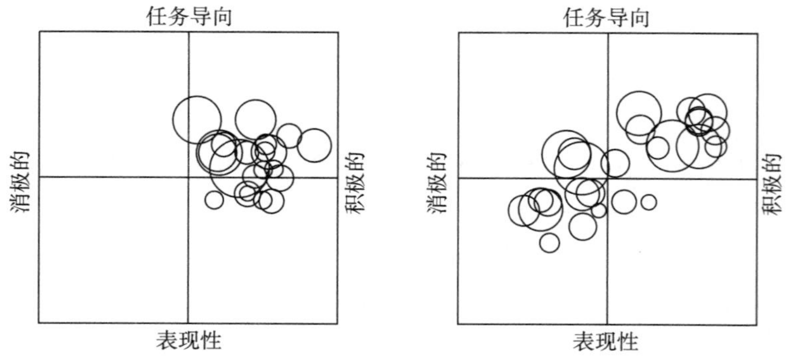

图 5.8－1　统一团队（左）和分化团队（右）的小组图表（见彩插）

该方法建立在如下发现的基础上，即团队交流的最重要维度是：

- 积极行为和消极行为；
- 任务主导行为和表现性行为；
- 主导性行为和服从性行为。

（Couch，1960；Emmerich，1968，1973；Isenberg & Ennis，1981；Parke & Houben，1985；Schaefer，1971；Schaefer，Droppleman，& Kalverboaer，1965；Wish，

D'Andrade，& Goodnow，1980)。[⑦]

在这一系统下的一个有凝聚力的小组表现在：

- 重心[⑧]在空间中的正向侧；
- 逼近示意图水平面。

这样的团队具有更高的团队成员满意度（Fine，1986)、更低水平的愤怒和侵略性(Orasanu et al.，2008)，以及更高的团队绩效（Jaffe & Nebebzahl，1990；Parke et al.，2000)[⑨]。

据个性研究的文献报道，随和性和勤奋程度的变化与团队绩效负相关，即团队内部在这两个方面团队成员的得分越接近，绩效越高，这一发现与图表上的疏密程度有关（见5.8.4.1.1.2节)。然而，特定团队中成员针对其他成员行为的感知对小组图表方法是有益的。

小组图表可以通过软件来进行，该软件能够使成员在26个条目的行为量表中来彼此评价（Parke，1985)。该量表具有较高的信效度（Parke，1985；Rywick，1987)。而且，建立在团队成员行为分级的小组图表变化表现出随时间变化的可靠性（Orasanu et al.，2008)。

给出建议的专家系统是建立在通过乘组成员评价所生成的团队交互模式的基础上。最后，小组图表可以通过团队交互自动生成。最近通过适应模糊推理系统在声学分析、语言内容的听觉挖掘和视频挖掘方面的进展，能够向由形容词量表界定的26种行为空间提供数据。这种自动化生成的小组图表能够与专家系统联系起来，并针对当前团队动力学方面的乘组和地面支持给出建议。

5.8.4.3.3 团队凝聚力的言语指标

最近的团队交流研究采用社会语言学家和临床心理学家的概念性工具，识别团队交流中能够预示团队社会气氛或凝聚力的诸多特征。

- 团队成员内部的交际循环（即谁在交流，交流的量，对谁交流）是一个敏感的团队人际关系（如控制力和容纳性）指标。Fischer与她的同伴进行的研究（Fischer，McDonnell，Ho，& Orasanu，2008；Fischer，McDonnell，& Orasanu，2007）表明，有凝聚力团队的交互比有内部冲突团队的交互更加平衡（即没有个体主宰过程）和包容（即团队中没有局外人，交互涉及到更多的团队成员)。
- 团队成员彼此回应、接受和拓展彼此贡献及达成一致的程度是反映团队社会氛围的其他特征（Bales，1976；Rogers & Farace，1975)。高水平的团队成员响应、协作和一致与团队凝聚力和优秀的团队表现相关（Fischer et al.，2007；Orasanu，Fischer，Tada，& Kraft，2004)。

---

⑦ A different approach involves using these three dimensions to classify values，not behaviors（Koenigs & Cowen，1988)。

⑧ 优势的正向维度获得了较高的平均分。

⑨ 另一种不同的方法是运用这三个维度对价值而非行为进行归类。

• 团队成员的情感交流反映了这个团队的社会氛围，比如赞许、同情、愤怒和轻蔑的表达。在为期 3 天任务试验的第 3 天，有凝聚力的团队较竞争性的团队能够表达更加积极的情感，但在任务的第一天没有发现这种现象（Fischer et al.，2008）。

• 更加细微的语言策略能够显示出一个团队的凝聚力，比如采用团队成员“共有”的交流词汇（Conquergood，1994；Heath，1983），以及采用第一人称复数“我们”而不是第一人称单数“我”来进行交流（Sexton & Helmreich，2000）。

5.8.4.3.4 评估组织因素

通过设计针对操作人员的调查问卷，来识别在先前飞行事故中有责任的成本与进度压力、不充分的记录以及其他组织因素（Parke，Orasanu，& Tada，2004）。这些调查能够非常成功地识别出航空组织内部无效率或脆弱点的根源，并提出可能的解决问题的办法（Parke，Orasanu，Castle，& Hanley，2005；Parke & Dismukes，2008）。作者们建议定期针对航天员和操作人员开展类似的调查，以在问题累积到错误或发生事故之前识别出组织的脆弱点。

5.8.4.4 支持团队协调合作的技术

分散的工作方式容易导致团队协调和凝聚力的丧失（Kiesler & Cummings，2002）。为了确保在探索任务中最佳的团队协调性，设计能够提供精确、广泛、实时反映当前状况的系统和发展使团队成员进行有效交流和协作的工具是非常必要的。

无论在飞行乘组内部或飞行乘组与地面成员之间，均需要设计工具和程序以支持如 5.8.2 节中所述的分散式团队协调和协作过程。

在太空飞行环境中，团队协调和交流主要有 3 种方式：

• 太空乘组的局部分散式协调（例如与在轨乘员相互交流的半自治的亚小组，如国际空间站任务中一个亚小组在执行出舱活动任务，而其他乘员仍然在空间站内部）；

• 在太空乘组和地面操作人员之间没有或有极小的时间延迟（同步）的分散式协调和交流；

• 在太空乘组和地面操作人员之间有时间延迟（不同步）的分散式协调和交流。

支持工具需要适应上述情况的特殊问题。

5.8.4.4.1 支持团队情境意识的工具

如 5.8.2.1.1 节中所述，团队情境意识对于应对挑战性和突发性问题的协作是必不可少的。当乘组成员有共同的任务和团队模式时，他们倾向于更加注意协作的时机，不需要进行过多的协调交流，就能够预感到他人的行为和需求（Gutwin & Greenberg，2004），以及能够形成更高的团队绩效（Mathieu et al.，2000）。

在面对面的乘组内部，建立和保持团队意识非常自然，但因为一些关键线索（包括非口头信息交流）的缺乏，在分散式乘组中就困难得多（Gutwin & Greenberg，2004）。同时，分散式团队成员“当在工作过程中持有不同想法时，他们可能在达成一致方面面临一些困难”（Mark，2002）。

研究表明，通过采用计算机介导的交流方式，产生想法任务和其他智力任务的总体效力（例如质量）对于面对面乘组和分散式乘组是相似的。然而，一旦涉及到复杂任务，如需要乘员更多协作的决策任务，面对面乘组表现出更高的绩效（Straus & McGrath，1994）。

5.8.4.4.2 声音交流

为了确保分散式乘组有效的协调和协作，必须保证乘组与地面交流体系有效和可靠，并保持开放的交流。需要应用无线系统来支持乘组内部及乘组与地面的交流。当前，乘组与地面语言交流的效能有时有所降低，这是因为消耗了乘组额外的时间来确认事务，重复信息。而且，在国际空间站等具有高环境噪声水平的舱内，乘组的交流需要采用非无线交流的方式。当前的系统包括定位在舱位末端的声音终端单元，乘员需要移动位置与地面交流，或与不同舱段的乘员交流。据估计，乘员每周消耗 6 h 的时间用在为了便于交流而移动到声音终端单元位置。在演习或发出警报时，乘员在确认警报之前无法与地面交流，这需要消耗 20～30 min 时间（Baggerman，Rando，& Duvall，2004）。

5.8.4.4.3 在轨视频能力

电视会议功能的采用，对于空间分隔的团队的效能和生产力最大化至关重要。电视会议是支持团队的情境意识和任务模式的非常有前景的工具，特别是需要更高水平的团队配合和协作的任务。共同的视觉环境能够极大地促进交流，便于彼此的理解（Fussell，Kraut，& Siegel，2000；Karsenty，1999；Kraut，Fussell，Brennan，& Siegel，2002；Whittaker & Geelhoed，1993）。进行电视会议交流的团队在完成解决任务问题时比仅通过在线言语交流的团队明显更加高效（Hambley，O'Neill，& Kline，2007）。

针对需要较少配合和较宽泛时间限制的任务，乘组与地面操作人员通过非视觉计算机介导交流就足够了。但是，当有比较严格的时间限制时，电视会议交流方式能极大地促进效能。特别是在这样的任务中，通过视频使地面控制人员了解在轨所发生的事情比仅通过语言解释乘组所看到的事件会节约大量的时间。

电话会议的另一个益处在于，通过视频进行交流的团队成员比仅通过言语交流的乘组对团队凝聚力方面有更高的评价，并有更高水平的满意度（Hambley et al.，2007；Wakertin，Sayeed，& Hightower，1997）。

5.8.4.4.4 不同步协作和配合工具

提升成功的不同步协作的合并过程和工具，使分散的乘组成员能够在交流延迟和中断的情况下继续工作。

交流媒介，即使只有非常小的延迟，也会使建立乘组与地面的相互理解变得非常难以完成（Krauss & Bricker，1966；Kraut et al.，2002）。不同步的以文本为基础的交流方式，比如电子邮件，由于缺少即时反馈，比口头交流需要更加清晰的信息表达。而且，同步交流中彼此理解的达成可能需要几分钟时间，异步交流可能要花数小时甚至数天时间（Kraut et al.，2002）。这种延迟对于分散式乘组协作的效能和成功会产生很大影响，尤其是对于那些非常复杂或时间紧急的任务。

听觉和视觉交流工具在不同步操作中将非常有帮助，因为这些方式能够提供关于问题的听觉和视觉细节，这些对于基于文本的交流方式将非常困难。这种工具将在第一轮的信息传递中传达非常高质量的信息，很少需要或不需要进一步澄清，从而减少解决问题所需要的信息交互的循环数。这一工具的额外益处在于，能够通过声音和视觉观察监测乘员应激或疾病的迹象。

虽然由于飞行任务距离地球较远，信息的延迟不可避免，但由延迟所导致的绩效和效能的中断能够通过加入过程和机制缓解，这些过程和机制能够使太空乘组在交流延迟的情况下自主完成任务、决策和解决问题。在不同步操作中有用的工具包括范围特定工具、书写白板和群体组件等（内容详见 5.8.4.4.6 节）。

5.8.4.4.5　支持自主操作的工具

能够自治的飞行乘组在不能得到地面支持的情况下，应准备好恰当信息的完整数据库和便于进行决策的工具。这预示着数据结构应该易于搜索，并能够接触到相关文件。随着乘组飞行到距离地面越来越远的轨道，与地面交流的延迟会越来越长，这就需要乘组能够应用简易的、便于理解的程序和信息，这些程序和信息有助于他们在没有外界辅助的情况下完成任务，进行决策。

支持乘组进行自主医疗维护和健康的信息也应该是可以获得的（见 8.6 节）。除了特定的工具之外，一些训练技能也能够使乘组在自治过程中运行正常，适应良好，这些训练技能包括以建立熟练程度为目的的交互训练，如机组资源管理、团队适应协调训练、团队维度训练及人际交往技能训练，均能够教导乘员有效地相互支持和依赖（详见 5.8.4.2 节中训练部分）。

5.8.4.4.6　团队协作工具的筛选

在分散式的乘组中，筛选能够促进团队的情境意识、有效的团队工作和成功结果的工具主要依赖于以下一些因素。

• 特定的协作特征：同步的对非同步的，预定时间的对无预定时间的，在同一地点工作对分散式的，单行的交流方式对交互的。

• 特定的工具特征：贡献的追踪记录、贡献人的评定、结构化的通信对灵活的交流方式。

• 信息的类型：口头的、书面的、立体图形的、情绪的、照片的、视频的等。

• 协作过程的类型：计划式、行程式、集思广益式、信息追踪式、数据搜集与分发式。

下述的协作工具被认为是足够灵活的，足以适应同步的或非同步的配合及在同一地点工作或分散式的乘组，能够很好地支持未来飞行任务中乘组与地面人员的协作（Bolstad & Endsley，2003）：

• 范围特定工具。能够使分散的参与者从一台个人电脑到另一台个人电脑传递特定任务或个人所需要的信息；

• 白板工具。能够使分散的参与者在电脑的专属空间中分享和修改信息；

• 群体组件。能够使分散的参与者在共享、交互的电脑环境下共同完成一项工作，被设计用于聚焦和提升小组的交流、从容和决策。

5.8.4.4.7 新兴的分散式团队支持工具

在群体组件中许多新的选择逐渐发展，有助于分散式团队分享信息并获得最佳绩效所需的意识。在同步分散式协作任务诸如集思广益、技术文件准备和创新写作中，支持团队意识的5种关键因素如下：

- 能够评价其他使用者的完成效果；
- 掌握其他使用者当前所采取的行动；
- 当声音传输无效时提供一种交流工具；
- 在一个文件或任务中掌握其他使用者的工作范围；
- 掌握其他使用者的任务。

这些因素与航天飞行非常相关，航天飞行中飞行乘组和地面控制人员需要能够有效地修订程序，提出集思广益的解决办法，并协作完成其他工作，特别是在一些时间紧急、高危险的情形下。因此，这些因素应该作为选择乘组协作工具的标准。

当前开发出4种能证明有用的空间操作的意识机制：

• 动态任务表。一个所有协作任务的清单，通过名字和一致的文本颜色来识别，当任务增加、移除和修改时立即更新。

• 修改指导。通过闪烁用户电脑屏幕上的相应图标提示使用者其他用户已经修改其工作。

• 超级聊天。使用户能够粘贴如文本和图表等文件对象到聊天信息中，特别是在不能进行语音交流时非常有用。

• 分离窗口视图。能够同时提供针对其他作者工作区域和浏览区域的视图。

当合适的团队工作支持系统被开发出来用于新的太空飞行器中时，尽管长期飞行任务中有诸多的应急源，但未来任务能够支持更加有效的协作和更高的工作效率。

参考文献

[1] Alba, J. W., & Hutchinson, J. W. (1987). Dimensions of consumer expertise. Journal of Consumer Research, 13, 411 - 454.

[2] Aldrich, T., Szabo, S. & Bierbaum, C. (1989). The development and application of models to predict operator workload during system design. In G. McMillan, D. Beevis, E. Salas, M. H. Strub, R. Sutton, & L. Van Breda (Eds.), Applications of Human Performance Models to System Design (pp. 259 -273). New York, NY: Plenum Press.

[3] Alfrey, C. P., Udden, M. M., Leach - Huntoon, C., Driscoll, T., Pickett, M. H.. (1996). Control of red blood cell mass in spaceflight. J. Appl. Physiol. 81: 98 - 104.

[4] Allendorfer, K., & Friedman - Berg, F. (2007). Human Factors Analysis of safety alerts in air traffic control. FAA Technical Report DOT/FAA/TC 07/22.

[5] Alper, S., Tjosvold, D., & Law, K. S. (2000). Conflict management, efficacy, and performance in organizational teams. Personnel Psychology, 53, 623 - 642.

[6] Altmann, E. M., & John, B. E. (1999). Episodic indexing: A model of memory for attention events. Cognitive Science: A Multidisciplinary Journal, 23(2), 117 - 156.

[7] Amason, A. C. (1996). Distinguishing the effects of functional and dysfunctional conflict on strategic decision making: resolving a paradox for top management groups. Academy of Management Journal, 39, 123 - 148.

[8] American College of Occupational and Environmental Medicine (2003), ACOEM evidence - based statement: Noise - induced hearing loss. Journal of Occupational Medicine, 45(6), 579 - 581.

[9] American College of Sports Medicine Position Stand. Quantity and Quality of Exercise for Developing and Maintaining Cardiorespiratory, Musculoskeletal, and Neuromotor Fitness In Apparently Healthy Adults: Guidance for Prescribing Exercise. Med Sci Sports Exerc 43(7): 1334 - 59, 2011

[10] American Standards Association (1960). Acoustical Terminology SI, 1 - 1960. New York, NY: American Standards Association.

[11] Anderson, J. R. (1993). Rules of the mind. Hillsdale, NJ: Lawrence Erlbaum Associates.

[12] Anderson, J. R., & Lebiere, C. (1998). The atomic components of thought. Hillsdale, NJ: Lawrence Erlbaum Associates.

[13] Ando, S., Kida, N., & Oda, S. (2002). Practice effects on reaction time for peripheral and central visual fields. Perceptual and Motor Skills, 95(1), 747 - 751.

[14] Andre, A. D., Heers, S. T., & Cashion, P. A. (1995). Effects of workload preview on task scheduling during simulated instrument flight. International Journal of Aviation Psychology, 5(1), 5 - 23.

[15] André - Deshays, C., Israël, I., Charade, O., et al. (1993). Gaze control in 0g. 1. Saccades, pursuit, eyehead coordination. J Vestib Res, 3, 331 - 344

[16] Angelaki, D., McHenry, M., Dickman, J. D., Newlands, S., & Hess, B. (1999). Computation of

inertial motion: neural strategies to resolve ambiguous otolith information. J Neurosci, 19, 316 - 327.

[17] Antonio, A. L., Chang, M. J., Hakuta, K., Kenny, D., Levin, S., & Milem, J. (2004). Effects of racial diversity on complex thinking in college students. Psychological Science, 15, 507 - 514.

[18] A. P., Young, L. R. (1986). M. I. T. /Canadian vestibular experiments on the Spacelab - 1 mission: 6. Vestibular reactions to lateral acceleration following ten days of weightlessness. Exp Brain Res, 64, 347 - 357.

[19] Arthur, W., Bennett, W., Edens, P. S., & Bell, S. T. (2003). Effectiveness of training in organizations: A meta - analysis of design and evaluation features. J Appl Psychol, 88(2), 234 - 245.

[20] Avdeev, S., Bidoli, V., Casolino, M., De Grandis, E., Furano, G., Morselli, A., et al. (2002). Eye light flashes on the Mir space station. Acta Astronaut, 50(8), 511 - 525.

[21] Avery, L. W., & Bowser, S. E. (Eds.). (1992). Department of Defense human - computer interface style guide(Version 2.0, DOE HFDG ATCCS V2.0 also known as DOD HCISG V2). Washington, DC: Defense Information Systems Agency.

[22] Avolio, B. J. (1999). Full leadership development: Building the vital forces in organizations. Thousand Oaks, CA: Sage.

[23] Backs, R. W., Walrath, L. C. (1992). Eye Movement and papillary response indices of mental workload during visual search of symbolic displays. Applied Ergonomics, 23, 243 - 254.

[24] Baddeley, A. D. (1972). Selective attention and performance in dangerous environments. British Journal of Psychology, (6), 537 - 546.

[25] Baddeley, A. D., & Hitch, G. J. (1974). Working Memory. In G. A. Bower(Ed.), The psychology of learning and motivation: Advances in research and theory(Vol. 8, pp. 47 - 89). New York, NY: Academic Press.

[26] Baggerman, S. D., Rando, C. M., & Duvall, L. E. (2004). Habitability and human factors: Lessons learned in long duration space flight. Proceedings of the American Institute of Aeronautics and Astronautics Space, Conference and Exhibit, San Diego, CA.

[27] Bales, R. F. (1950). Interaction process analysis: A method for studying small groups. Cambridge, MA: Addison - Wesley.

[28] Bales, R. F. (1953). EquilibriumEqulibrium problem in small groups. In T. Parsons, R. F. Bales & E. A. Shils(Eds.), Working Papers in the Theory of Action, (pp. 111 - 161). New York, NY: Free Press.

[29] Bales, R. F. (1976). Interaction process analysis: A method for the study of small groups(Revised). Chicago, IL: The University of Chicago Press.

[30] Bales, R. F., & Cohen, S. P. (1979). SYMLOG: A system for the multiple level observation of groups. New York, NY: The Free Press.

[31] Ball K., & Sekuler R. (1987). Direction - specific improvement in motion discrimination. Vision Res, 27(6), 953 - 65.

[32] Bandaret, L. E., & Lieberman, H. R. (1989). Treatment with tyrosine, a neurotransmitter precursor, reduces environmental stress in humans. Brain Research Bulletin, 22, 759 - 762.

[33] Baranski, J. V., Thompson, M. M., Lichacz, F. M., McCann, C., Gil, V., Past, L., et al. (2007). Effects of sleep loss on team decision making: Motivational loss or motivational gain? Human Fac-

tors,49(4),646 - 660.

[34] Barlow,H. B. (1958). Temporal and spatial summation in human vision at different background intensities. J Physiol,141,337 - 350

[35] Barten,P. G. J. (1992). Physical model for the contrast sensitivity of the human eye. SPIE Proceedings,1666,57 - 72.

[36] Bartlett,F. C. (1932). Remembering:A study in experimental and social psychology. New York,NY: Cambridge University Press.

[37] Bashore,T. R. ,& Ridderinkhof,K. R. (2002). Older age,traumatic brain injury,and cognitive slowing: Some convergent and divergent findings. Psychological Bulletin,128,151 - 198.

[38] Bass,B. M. ,Avolio,B. J. ,Jung,D. I. ,& Berson,Y. (2003). Predicting unit performance by assessing transformational and transactional leadership. J Appl Psychol,88(2),207 - 218.

[39] Batson,C. D. ,Brady,R. A. ,Peters,B. T. ,Ploutz - Snyder,R. J. ,Mulavara,A. P. ,Cohen,H. S. ,Bloomberg, J. J. (2011). Gait training improves performance in healthy adults exposed to novel sensory discordant conditions. Exp Brain Res. 209:515 - 524.

[40] Beal,D. J. ,Cohen,R. R. ,Burke,M. J. ,& McLendon,C. L. (2003). Cohesion and performance in groups:A meta - analytic clarification of construct relations. J Appl Psychol,88(6),989 - 1004.

[41] Bearman,C. R. ,Paletz,S. B. F. ,& Orasanu,J. (2007). An exploration of situational pressures on decision making:Goal seduction and situation aversion. Poster presented at the 8th International Conference of Naturalistic Decision Making,Pacific Grove,CA.

[42] Bearman,C. ,Paletz,S. B. F. ,& Orasanu,J. (under review). The Breakdown of Coordinated Decision Making in Safety - Critical Domains(incomplete reference).

[43] Bearman,C. R. ,Paletz,S. B. F. ,Orasanu,J. ,Farlow,S. ,& Bernhard,R. (2005). Alternative perspectives on aviation weather:Pilot/Air Traffic Controller conflicts concerning weather. Paper presented at the 13th International Symposium on Aviation Psychology,Oklahoma City,OK.

[44] Beatty,J. ,& Kahneman,D. (1966). Pupilllary changes in two memory tasks. Science,Vol 154,no. 3756,pp 1583 - 1585.

[45] Beatty,J(1982). Task - evoked pupillary responses,processing load,and the structure of processing resources. Psychological Bulletin,91,276 - 292.

[46] Begault,D. R. (1994). 3 - D sound for virtual reality and multimedia. Boston,MA:AP Professional.

[47] Begault,D. R. (2004). Binaural hearing and intelligibility in auditory displays. Invited panel presentation,75th Scientific Meeting of the Aerospace Medical Association,Anchorage,AK.

[48] Bell,S. T. (2007). Deep - level composition variables as predictors of team performance:A metaanalysis. J Appl Psychol,92(3),595 - 615.

[49] Bellenkes,A. H. ,Wickens,C. D. ,& Kramer,A. F. (1997). Visual scanning and pilot expertise:The role of attentional flexibility and mental model development. Aviat Space Environ Med,68(7), 569 - 579.

[50] Benson A. J. ,Spencer M. B. ,Stott J. R. (1986). Thresholds for the detection of the direction of wholebody,linear movement in the horizontal plane. Aviat Space Environ Med 57:1088 - 1096.

[51] Benson,A. J. (1990). Sensory function and limitations of the vestibular system,In R. Warren & A. H. Wertheim(Eds.). Perception and Control of Self - Motion(pp. 145 - 170). Mahwah,NJ:

Lawrence Erlbaum Associates.

[52] Berman,B. (1995). Flightcrew errors and the contexts in which they occurred:37 major U. S. air carrier accidents, Proceedings of the 8th International Symposium on Aviation Psychology(pp. 1291 - 1294). Columbus,OH:Ohio State University.

[53] Berglund,B;Lindvall T,and Schwela D. (1999). Guidelines for Community Noise,World Health Organization,Geneva.

[54] Billings,C. E. (1997). Aviation automation:The search for a human - centered approach. Hillsdale, NJ:Lawrence Erlbaum Associates.

[55] Bishop,P. A. ,Lee,S. M. ,Conza,N. E. ,Clapp,L. L. ,Moore,A. D. ,Williams,W. J. ,Guilliams,M. E. ,Greenisen,M. C.. (1999). Carbon dioxide accumulation,walking performance,and metabolic cost in the NASA launch and entry suit. Aviat Space Environ Med 70:656 - 665.

[56] Bishop,S. (2004). Evaluating teams in extreme environments:From issues to answers. Aviat Space Environ Med,76,C14 - C21.

[57] Bittner,A. C. , Byers,J. C. , Hill,S. G. , Zaklad,A. L. , & Christ,R. E. (1989). Generic workload ratings of a mobile air defense system(LOS - F - H). In Proceedings of the Human Factors Society 33rd Annual Meeting. Santa Monica,CA:Human Factors & Ergonomics Society.

[58] Black,F. O. ,et al. (1999) Disruption of postural readaptation by inertial stimuli following space flight. J Vestib Res 9(5):369 - 78.

[59] Black,F. O. ,et al. (1995) Vestibular plasticity following orbital spaceflight:recovery from postflight postural instability. Acta Otolaryngol Suppl. 520 Pt 2:450 - 4.

[60] Blackwell,H. R. (1946). Contrast thresholds of the human eye. J Opt Soc Am,36 624 - 643.

[61] Blandford,A. ,& Wong,B. L. W. (2004). Situation awareness in emergency medical dispatch. International Journal of Human - Computer Studies,61,421 - 452.

[62] Blauert,J. (1983). Spatial hearing:The psychophysics of human sound localization. Cambridge,MA: The MIT Press.

[63] Bloomberg,J. J. ,Layne,C. S. ,McDonald P. ,Peters B. T. ,Huebner W. P. ,Reschke,M. F. ,Berthoz, A. Glasauer S. ,Newman,D. ,& Jackson D. K. (1999). Section 5. 5. Effects of space flight on locomotor control. In C. F. Sawin,G. R. Taylor,& W. L. Smith(Eds.) Extended Duration Orbiter Medical Project 1989 - 1995(NASA SP - 1999 - 534). Washington,DC:National Aeronautics and Space Administration.

[64] Bloomberg,J. J. & Mulavara A. P. (2003). Changes in walking strategies after spaceflight. IEEE Eng Med Bio Mag,22,58 - 62.

[65] Bloomberg,J. J. ,Peters,B. T. ,Smith,S. L. ,Huebner,W. P. ,Reschke,M. F. (1997). Locomotor headtrunk coordination strategies following space flight. J Vestib Res. 7:161 - 177.

[66] Boag,C. ,Neal,A. ,Loft,S. ,Halford,G. (2006). An analysis of relational complexity in an air traffic control conflict detection task. Ergonomics,49,1508 - 1526.

[67] Boff,D. R. ,& Lincoln,J. E. (1988). Engineering data compendium:Human perception and performance. AAMRL,Wright - Patterson AFB,OH.

[68] Boff,K. ,Kaufman,L. ,& Thomas,J. (1986). Handbook of Perception and Human Performance (eds.). Wiley,New York,NY.

[69] Bolstad, C. A. , & Endsley, M. R. (2005). Choosing team collaboration tools: Lessons learned from disaster recovery efforts. Ergonomics in Design, 13(4), 7 - 13.

[70] Booher, H. , & Minninger, J. (2003). Human systems integration in Army systems acquisition. In H. R. Booher(Ed.), Handbook of human systems integration(pp. 663 - 698). Hoboken, NJ: Wiley.

[71] Bortolussi, M. R. , Hart, S. G. , & Shively, R. J. (1989). Measuring moment - to - moment pilot workload using synchronous presentations of secondary tasks in a motion - base trainer. Aviat Space Environ Med, 60(2), 124 - 129.

[72] Bortolussi, M. R. , Kanrotitz, B. H. & Hart, S. G. (1986). Measuring pilot workload in a motion base simulator. A comparison of four techniques. Applied Ergonomics, 17, 278 - 283.

[73] Bourne, L. E. , Jr. & Yaroush, R. A. (2003). Stress and Cognition: A cognitive Psychological Perspective. (Final Report for NAG2 - 1561). Washington, DC: National Aeronautics & Space Administration.

[74] Bowers, C. A. , Jentsch, F. , Salas, E. , & Braun, C. C. (1998). Analyzing communication sequences for team training needs. Human Factors, 40, 672 - 679.

[75] Boynton, R. M. (1989). Eleven colors that are almost never confused. In B. E. Rogowits(Ed.), Proceedings of the SPIE, 1077, Human Vision, Visual Processing and Digital Display, 322 - 332.

[76] Bradley, J. , White, B. J. , & Mennecke, B. E. (2003). Teams and tasks: A temporal framework for the effects of interpersonal interventions on team performance. Small Group Research, 34(3), 353 - 387.

[77] Brainard, D. H. (2003). Color appearance and color difference specification. In S. K. Shevell(Ed.), The science of color(pp. 191 - 213). Amsterdam: Elsevier.

[78] Brebner, J. M. T. , & Welford, A. T. (Eds.). (1980). Reaction times. New York: Academic Press.

[79] Bregman, A. S. (1990). Auditory scene analysis: The perceptual organization of sound. Cambridge, MA: The MIT Press.

[80] Brehmer, B. (1994). Some notes on psychological research related to risk. In N. E. Sahlin & B. Brehmer(Eds.), Future risks and risk management(pp. 79 - 91). Amsterdam, The Netherlands: Kluwer Academic Publishers.

[81] Brehmer, B. , & Allard, R. (1991). Dynamic decision making: The effects of task complexity and feedback delay. In J. Rasmussen, B. Brehmer & J. Leplat(Eds.), Distributed decision making: Cognitive models for cooperative work(pp. 319 - 334). New York, NY: John Wiley and Sons.

[82] Bringard, A. , Pogliaghi, S. , Adami, A. , De Roia, G. , Lador, F. , Lucini, D. , Pizzinelli, P. , Capelli, C. , Ferretti, G. . (2010). Cardiovascular determinants of maximal oxygen consumption in upright and supine posture at the end of prolonged bed rest in humans. Respir Physiol Neurobiol 172: 53 - 62.

[83] Broadbent, D. E. (1971). Decision and stress. London, UK: Academic Press.

[84] Broadbent, D. E. (1979). Human performance effects. Academy and noise. In C. M. Harris(Ed.), Handbook of Management Noise Control(2nd ed. , pp. 17. 1 - 17. 20). New York, NY: McGraw - Hill.

[85] Brooks K. R. & Stone L. S. (2004). Stereomotion speed perception: contributions from both changing disparity and interocular velocity difference over a range of relative disparities. Journal of Vision, 4 (12): 6, 1061 - 79.

[86] Brooks K. R. & Stone L. S. (2006). Stereomotion suppression and the perception of speed: Accuracy

and precision as a function of 3D trajectory. Journal of Vision, 6, 1214 - 1223.

[87] Brown, J. W., Kosmo, J. & Campbell, P. D. (1991). Internal atmospheric pressure and composition for planet surface habitats and extravehicular mobility units (JSC - 25003, LESC - 29278), Houston, TX: National Aeronautics and Space Administration.

[88] Buckey J. C. & Homick, J. L. (2003). The Neurolab Spacelab Mission: Neuroscience research in space (SP 2002 - 535). Washington, DC: National Aeronautics and Space Administration.

[89] Buckey, J. C. Jr., Lane, L. D., Levine, B. D., Watenpaugh, D. E., Wright, S. J., Moore, W. E., Gaffney, F. A., Blomqvist, C. G. (1996). Orthostatic intolerance after spaceflight. J. Appl. Physiol. 81:7 - 18.

[90] Bunderson, J. S. & Sutcliffe, K. M. (2002). Comparing alternative conceptualizations of functional diversity in management teams: Process and performance effects. Academy of Management Journal, 45: 875 - 893.

[91] Bungo, M. W,. Charles, J. B., Johnson, P. C. (1985). Cardiovascular deconditioning during space flight and the use of saline as a countermeasure to orthostatic intolerance. Aviat Space Environ Med 56: 985 - 990.

[92] Burbeck, C. & Kelly, D. H. (1980). Spatiotemporal characteristics of visual mechanisms: excitatoryinhibitory model. J Opt Soc Am, 70(9), 1121 - 1126.

[93] Burke, C. S., Stagl, K. C., Salas, E., Pierce, L., & Kendall, D. (2006). Understanding team adaptation: A conceptual analysis and model. J Appl Psychol, 91(6), 1189 - 1207.

[94] Burrough, B. (1998). Dragonfly: NASA and the crisis aboard Mir. New York, NY: Harper Collins.

[95] Byers, J. C., Bittner, A., Hill, S. G., Zaklad, A. L., & Christ, R. E. (1998a). Workload assessment of a remotely piloted vehicle (RPV) system. In Proceedings of the Human Factors Society 32nd Annual Meeting (pp. 1145 - 1149). Santa Monica, CA: Human Factors Society.

[96] Byrne, E. A., Chun, K. M., Parasuraman, R. (1995). Differential Sensitivity of Heart Rate and Training Heart Rate Variability as Indices of Mental Workload in a Multi - Task Environment. In R. S. Jensen and L. A. Rakovan (Eds.), Proceedings of the Eighth International Symposium on Aviation Psychology (Vol 2, p. 881 - 885). Columbus, OH: Ohio State University.

[97] Canfield, A. A., Comrey, A. L. & Wilson, R. C. (1949). A study of reaction time to light and sound as related to positive radial acceleration. Journal of Aviation Medicine, 20, 350.

[98] Cannon- Bowers, J. A., Salas, E., Blickensderfer, E., & Bowers, C. A. (1998). The impact of crosstraining and workload on team functioning: A replication and extension of initial findings. Human Factors, 40, 92 - 101.

[99] Cannon- Bowers, J. A., & Salas, E. (1998b). Making decisions under stress: Implications for individual and team training. Washington DC: APA Press.

[100] Cannon- Bowers, J. A., Salas, E., Blickensderfer, E., Bowers, C. A. (1998). The impact of cross - training and workload on team functioning: A replication and extension of initial findings. Human Factors, 40(1), 92 - 101.

[101] Cannon - Bowers, J. A., Salas, E., & Converse, S. A. (1993). Shared mental models in expert team decision making. In J. J. Castellan (Ed.), Individual and group decision making: Current issues (pp. 221 - 246). Hillsdale, NJ: LEA.

[102] Cannon - Bowers, J. A., Salas, E., Blickensderfer, E., & Bowers, C. A. (1998). The impact of

crosstraining and workload on team functioning: A replication and extension of initial findings. Human Factors, 40, 92 - 101.

[103] Card, S., Moran, T., & Newell, A. (1983). The Psychology of Human - Computer Interaction, Lawrence Erlbaum Associates, Hillsdale, NJ. [Book that introduces the GOMS model]

[104] Carlson, C. R. (1982). Sine - wave threshold contrast - sensitivity function; dependence on display size. RCA Review, 43, 675 - 683.

[105] Carron, A. V., Colman, M. M., Wheeler, J., & Stevens, D. (2002). Cohesion and performance in sport: A meta - analysis. Journal of Sport and Exercise Psychology, 24, 168 - 188.

[106] Carron, A. V., Widmeyer, W. N., & Brawley, W. N. (1985). The development of an instrument to measure cohesion in sport teams: The group environment questionnaire. Journal of Sport Psychology, 7, 244 - 266.

[107] Carter, J. A., Buckey, J. C., Holland, A. W., Hegel, M. T., & Greenhalgh, L. (2003). Best practices for managing conflict and depression on long - duration space flights: The astronauts' perspectives [Abstract]. Paper presented at the 14th IAA Humans in Space Symposium, Banff, Canada.

[108] Cartreine, J. A., Buckey, J. C., Hegel, M. T., & Locke, S. E. (2009). Self - guided depression treatment on long - duration space flights: a continuation study. Poster presented at the annual Investigators' Workshop for the NASA Human Research Program, League City, TX, Feb. 3, 2009.

[109] Casner, S. M. (2005). Transfer of learning between a small technically advanced aircraft and a modern commercial jet. International Journal of Applied Aviation Studies 5(2)307 - 319.

[110] Casner, S. M. (2009). Perceived vs. Measured Effects of Advanced Cockpit Systems on Pilot Workload and Error: Are Pilots' Beliefs Misaligned With Reality? Applied Ergonomics, 40(3)448 - 456.

[111] Casner, S. M. & Gore, B. F. (2010). Measuring and evaluating workload: A primer, NASA/TM 2010 - 1850. National Aeronautics and Space Administration, Washington, D. C.

[112] Casolino, M., Bidoli, V., Morselli, A., Narici, L., De Pascale, M. P., Picozza, P., et al. (2003). Space travel: Dual origins of light flashes seen in space. Nature, 422(6933), 680 - 680, http://dx.doi.org/10.1038/422680a.

[113] Chaikin, A. (1985). The loneliness of the long - distance astronaut. Discover, 20 - 31.

[114] Chambers, R. M. & Hitchcock, L. (1963). Effects of acceleration on pilot performance. Aviation Medical Acceleration Laboratory, USN Air Development Center, Report NADC - MA - 6219.

[115] Chambers, R. M. (1961). Control performance under acceleration with side - arm attitude controllers. Aviation Medical Acceleration Laboratory, USN Air Development Center, Report NADC - MA -6110.

[116] Chambers, R. M., Hitchcock L., Jr., (1962). Effects of High G conditions on pilot performance, Proceedings of the National Meeting of Manned Space Flight, New York: Institute of Aerospace Sciences, pp 204 - 227.

[117] Cherry, E. C. (1953). Some experiments on the recognition of speech, with one and with two ears. The Journal of the Acoustical Society of America, 25, 975 - 979.

[118] Chi, M. T. H., Glaser, R., & Farr, M. J. (Eds.). (1988). The Nature of Expertise. Hillsdale, NJ: Lawrence Erlbaum Associates.

[119] Chidester, T. Chambers R., Helmreich, L. R., Gregorich, S., & Geis, C. E. (1991). Pilot personality

and crew coordination: Inplication for training and selection. International Journal of Aviation Psychology, 1991; 1: 25 - 44.

[120] Chou, C., Madhavan, D., & Funk, K. (1996). Studies of cockpit task management errors. The International Journal of Aviation Psychology, 1, 23 - 42. 6(4), 307 - 32.

[121] Clark, J. (2007). A flight surgeon's perspective on crew behavior and performance. Paper presented at the The Workshop for Space Radiation Collaboration with BHP, CASS.

[122] Clement, G. (2003). Fundamentals of Space Medicine. Amsterdam, The Netherlands: Kluwer.

[123] Clement, G. & Reschke, M. F. (2008). Neuroscience in Space. New York, NY: Springer.

[124] Coan, J. A., Schaefer, H. S., & Davidson, R. J. (2006). Lending a hand: Social regulation of the neural response to threat. Psychological Science, 17(12), 1032 - 1039.

[125] Cohen, B. P., & Ledford, G. E., Jr. (1994). The effectiveness of self - managing teams: A field experiment. Human Relations, 47, 13 - 43.

[126] Cohen, M. M. (1970). Hand - Eye coordination in altered gravitational fields. Aerospace Medicine, 41, 647 - 649.

[127] Cohen, M. M., & Welch, R. B. (1992). Visual - motor control in altered gravity. In: D. Elliott & L. Proteau(Eds.), Vision and motor control(pp. 153 - 175). Amsterdam, The Netherlands: Elsevier.

[128] Cohen, M. S., Freeman, J. T., & Wolf, S. G. (1996). Metacognition in time - stressed decision making: Recognizing, critiquing, and correcting. Human Factors, 38(2), 206 - 219

[129] Cohen, S. G. & Bailey, D. E. (1997). What makes teams work: Group effectiveness research from the shop floor to the executive suite. Journal of Management, 23(3), 239 - 290

[130] Cohen, S. & Weinstein, N. (1981). Nonauditory effects of noise on behavior and health. Journal of Social Issues, 37, 36 - 70.

[131] Colford, N. (2002). Displays in space. Displays, 23, 75 - 85.

[132] Colle, H. A. & Reid, G. B. (2005). Estimating a mental workload Redline in a simulated airtoground combat mission. International Journal of Aviation Psychology, 15, 303 - 319.

[133] Collins, C. C., Crosbie, R. J. & Gray, R. F. (1958). Letter report concerning pilot performance and tolerance study of orbital reentry acceleration. Aviation Medical Acceleration Laboratory, USN Air Development Center, Report NADC - LR - 64.

[134] Collins, M. W., Field, M., Lovell, M. R., et al. (2003). Relationship between post - concussion headache and neuropsychological test performance in high school athletes. Am J Sports Med, 31, 168 - 173.

[135] Combs, A. W. & Taylor, C. (1952). The effect of the perception of mild degrees of threat on performance. Journal of Abnormal and Social Psychology, 47, 420 - 424.

[136] Commission internationale de l'Eclairage proceedings(CIE). (1932). Cambridge University Press, Cambridge.

[137] Committee on Space Biology and Medicine, and National Research Council(1998). A strategy for research in space biology and medicine in the new century, Washington, DC: National Research Council, National Academies Press.

[138] Connor, C. E., Egeth, H. E., & Yantis, S. (2004). Visual attention: Bottom - up vs. top - down. Current Biology, 14, 850 - 852.

[139] Conners, K. & Staff, M. H. S. (2000). Conner's continuous performance test - Ⅱ user's manual. Toronto, Canada: Multi - Health Systems.

[140] Connors, M. M., Harrison, A. A., & Akins, F. R. (1985). Living aloft: Human requirements for extended spaceflight(NASA SP - 483). Washington, DC: National Aeronautics and Space Administration.

[141] Conquergood, D. (1994). Homeboys and hoods: Gang communication and cultural space. In L. R. Frey(Ed.), Group communication in context: Studies of natural groups(pp. 23 - 55). Hillsdale, NJ: Erlbaum.

[142] Cooke, N. J., Cooper, G. E., & Harper, R P. (1969). The use of pilot ratings in the evaluation of aircraft handling qualities(NASA TN D - 5153). Washington, DC: National Aeronautics and Space Administration.

[143] Corballis, M. C., Zbrodoff, N. J., Shetzer, L. I., & Butler, P. B. (1978). Decisions about identity and orientation of rotated letters and digits. Memory and Cognition, 6, 98 - 107.

[144] Corker, K. M., & Smith, B. (1993). An architecture and model for engineering simulation analysis: Application to advanced aviation automation. Proceedings of AIAA Computing in Aerospace 9 Conference. San Diego, CA.

[145] Corker, K. M., Gore, B. F., Fleming, K., & Lane, J. (2000). Free flight and the context of control: Experiments and modeling to determine the impact of distributed air - ground air traffic management on safety and procedures. Proceedings of the 3rd USA - Europe Air Traffic Management R & D Seminar, Naples, Italy: USA - Europe Air Traffic Management.

[146] Corker, K. M., Lozito, S., & Pisanich, G. (1995). Flight crew performance in automated air traffic management. In Fuller Johnston, & McDonald (Eds.), Human Factors in Aviation Operation (Vol. 3). Hants, UK: Avebury Aviation.

[147] Corwin, W, Sandry - Garza, D., Biferno, M, & Boucek, G., Logan, J. & Metalis, S. (1989a). Assessment of crew workload measurement methods, techniques and procedures. Vol 1: Process methods and results. Cockpit Integration Directorate, Wright Research and Development Center, Air Force Systems Command, Wright - Patterson Air Force Base. WRDC - TR - 89 - 7006 Volume I.

[148] Corwin, W., Sandry - Garza, D., Biferno, M., & Boucek, G. (1989b) Assessment of crew workload measurement methods, techniques and procedures. Vol 2: Guidelines for the use of workload assessment techniques in aircraft certification. Cockpit Integration Directorate, Wright Research and Development Center, Air Force Systems Command, Wright - Patterson Air Force Base. WRDC - TR - 89 - 7006 Volume I.

[149] Corwin, W. H., Biferno, M. H., Metalis, S. A., Johnson, J. E., Sandry - Garza, D. L., Boucek, G. P., & Logan, A. L. (1988). Assessment of Crew Workload Procedures in Full Fidelity Simulation(SAE Technical Paper Series No 881383). Warrendale, PA: SAE International.

[150] Courtine, G., Pozzo, T. (2004). Recovery of the locomotor function after prolonged microgravity exposure. I. Head - trunk movement and locomotor equilibrium during various tasks. Exp Brain Res. 158: 86 - 99.

[151] Cowan, N. (2001). The magical number 4 in short - term memory: A reconsideration of mental storage capacity. Behavioral and Brain Sciences, 24, 87 - 185.

[152] Cooke, N. J., Kiekel, P. A., and Helm, E. (2001). Measuring team knowledge during skill acquisition of a complex task. International Journal of Cognitive Ergonomics: Special Section on Knowledge Acquisition, 5, 297 - 315.

[153] Cooper, H. F. S. (1976). A house in space. Austin, TX: Rinehart and Winston.

[154] Costa, P. T., & McCrae, R. R. (1992). Revised NEO personality inventory and NEO five - factor inventory professional manual. Florida: Psychological Assessment Resources, Inc.

[155] Couch, A. (1960). Psychological determinants of interpersonal behavior. (Unpublished doctoral dissertation). Harvard University, Cambridge, MA.

[156] Coyne, R. K., Wilson, F. R., Tang, M., & Shi, K. (1999). Cultural similarities and differences in group work: Pilot study of a U. S. - Chinese task group comparison. Group Dynamics: Theory, Research and Practice, 3(1), 40 - 50.

[157] Craig, J. M. & Sherif, C. W. (1986). The effectiveness of men and women in problem - solving groups as a function of gender composition. Sex Roles, 14, 453 - 466.

[158] Creer, B. Y., Smedal, H. A., & Wingrove, R. C. (1960). Centrifuge study of pilot tolerance to acceleration and the effects of acceleration on pilot performance. (TN D - 337). Washington DC: National Aeronautics and Space Administration.

[159] CTA Incorporated. (1996). User - interface guidelines(DSTL - 95 - 033). Greenbelt, MD: Goddard Space Flight Center.

[160] Curral, L. A., Forrester, R. H., Dawson, J. F., & West, M. A. (2001). It's what you do and the way that you do it: Team task, team task, and innovation - related group processes. European Journal of Work and Organizational Psychology, 10(2), 187 - 204.

[161] Cushing, S. (1994). Fatal words. Chicago, IL: University of Chicago Press.

[162] Dai, M., McGarvie, L., Kozlovskaya, I. B., et al. (1994). Effects of space flight on ocular counter - rolling and the spatial orientation of the vestibular system. Exp Brain Res, 102, 45 - 56.

[163] Daly, S. (1993). The visible differences predictor: an algorithm for the assessment of image fidelity quality. In A. B. Watson(Ed.), Digital images and human vision. Cambridge, MA: MIT Press.

[164] Damos, D. L. (1991). Multiple - task Performance. London, UK: Taylor & Francis.

[165] Daneman, M., & Carpenter, P. A. (1980). Individual differences in working memory and reading. Journal of Verbal Learning and Verbal Behavior, 19, 450 - 456.

[166] David, H. (2000). Measures of stress/strain on Air Traffic Controllers in simulated air traffic control. In Proceedings of the IES 2000/HFES 2000 Congress. Santa Monica, CA: Human Factors & Ergonomics Society.

[167] Davis, A. (1995). Hearing in adults. London, UK: Whurr. Davison, J. & Fischer, U. (2003). When language becomes a barrier instead of a bridge: Communication failures between pilots and air traffic controllers. In R. Jensen(Ed.), Proceedings of the 12th International Symposium on Aviation Psychology. Dayton, OH.

[168] Davison, J. & Orasanu, J. (1999). Alternative perspectives on traffic risk. In R. Jensen(Ed.), Proceedings of the 10th International Symposium on Aviation Psychology. Columbus, OH: OSU.

[169] Davranche, K., Audiffren, M., & Denjean, A. (2006). A distributional analysis of the effect of physical exercise on a choice reaction time test. Journal of Sports Sciences, 24, 323 - 329.

[170] De Dreu, C. K. W. & Weingart, L. R. (2003). Task versus relationship conflict, team performance, and team member satisfaction: A meta - analysis. J Appl Psychol, 88(4), 741 - 749.

[171] De Dreu, C. K. W. & West, M. A. (2001). Minority dissent and team innovation: The importance of participation in decision making. J Appl Psychol, 86, 1191 - 1201.

[172] Degani, A. (2004). Taming Hal: Designing interfaces beyond 2001. New York: Palgrave.

[173] De Lange, H. (1958). Research into the dynamic nature of the human fovea - cortex systems with intermittent and modulated light. I. Attenuation characteristics with white and colored light. J Opt Soc Am A, 48, 777 - 784.

[174] Department of Defense. (1989). Human engineering guidelines for management information systems (MIL - HDBK - 761A). Philadelphia, PA: Navy Publishing and Printing Office. Department of Defense. (1997). Department of Defense design criteria standard - Noise limits. [MIL - STD - 1474D].

[175] Department of Defense. (1998). Department of Defense handbook - Handbook for human engineering design guidelines. [MIL - HDBK - 759C].

[176] Department of Defense. (1999). Department of Defense design criteria standard - Human engineering. [MIL - STD - 1472F].

[177] Department of the Navy. (1992). User interface specifications for Navy command and control systems (Version 1. 2)(DON UISNCCS). San Diego, CA: NCCOSC, RDT&E Division.

[178] Deubel, H. , & Schneider, W. X. (1996). Saccade target selection and object recognition: Evidence for a common attentional mechanism. Vision Res, 36, 1827 - 1837.

[179] Devine, D. J. & Phillips, J. L. (2001). Do smarter teams do better? A meta - analysis of cognitive ability and team performance. Small Group Research, 507 - 532.

[180] Diez, M. , Boehm - Davis, D. A. , Holt, R. W. , et al. (2001). Tracking Pilot Interactions with Flight Management Systems through Eye Movements. In Proceedings of the 11th International Symposium on Aviation Psychology, Columbus, OH: Ohio State University.

[181] Dinges, D. F. , Pack, F. , Williams, K. , Gillen, K. A. , Powell, J. W. , Ott, G. E. , et al. (1997). Cumulative sleepiness, mood disturbance, and psychomotor vigilance performance decrements during a week of sleep restricted to 4 - 5 hours per night. Sleep, 20(4), 267 - 277.

[182] Dion, K. L. (2004). Interpersonal and group processes in long - term spaceflight crews: Perspective from social and organizational psychology. Aviat Space Environ Med, 75(7), C36 - C41.

[183] Dismukes, K. , & Nowinski, J. (2007). Prospective memory, concurrent task management and pilot error. In A. Kramer, D. Wiegmann & A. Kirlik (Eds.), Attention: from theory to practice (pp. 6 - 680). Oxford, UK: Oxford University Pressomics Society.

[184] Dixon, S. R. , & Wickens, C. D. (2006). Automation reliability in unmanned aerial vehicle flight control: a reliance - compliance model of automation dependence in high workload. Human Factors, 48 (3), 474 - 486.

[185] Dixon, S. , Wickens, C. D. , & McCarley, J. M. (2007). On the independence of reliance and compliance: are false alarms worse than misses. Human Factors, 49, 564 - 572.

[186] Donchin, E. , Kramer, A. , & Wickens, C. (1986). Applications of event - related brain potentials to problems in engineering psychology. In M. G. H. Coles, E. Donchin, & S. Porges (Eds.), Psychophysiology: Systems, Processes, and Applications. New York: Guilford Press.

[187] Dorfman, T. A. , Levine, B. D. , Tillery, T. , Peshock, R. M. , Hastings, J. L. , Schneider, S. M. , Macias, B. R. ,Biolo,G. ,Hargens,A. R.. (2007). Cardiac atrophy in women following bed rest. Journal of Applied Physiology 103:8 – 16.

[188] Dorfman,T. A. ,Rosen,B. D. ,Perhonen,M. A. ,Tillery,T. ,McColl,R. ,Peshock,R. M. ,Levine,B. D. (2008) . Diastolic suction is impaired by bed rest: MRI tagging studies of diastolic untwisting. J. Appl. Physiol. 104:1037 – 1044.

[189] Drazin,R. ,& Schoonhoven,C. B. (1996). Community,population and organization effects on innovation:A multilevel perspective. Academy of Management Journal,39(5),1065 – 1083.

[190] Dreyfus,H. L. (1979). What computers can't do:The limits of artificial intelligence. New York,NY: Harper Collins.

[191] Driskell,J. E. ,Salas,E. ,& Johnston,J. (1999). Does stress lead to a loss of team perspective? Group Dynamics:Theory,Research and Practice,3(4),291 – 302.

[192] Driskell,J. E. ,Salas,E. ,& Johnston,J. (2001). Stress management:Individual and team training. In Improving teamwork in organizations. E. Salas,C. A. Bowers,& E. Edens(Eds.). Mahwah,NJ:Erlbaum. (pp. 55 – 72).

[193] Driskell,J. E. ,Willis,R. P. ,& Cooper,C. (1992). Effect of overlearning on retention. Journal of Applied Psychology,77(5),615 – 622.

[194] Duane,T. D. ,Beckman,E. L. ,Ziegler,J. E. ,& Hunter,H. N. (1953). Some observations on human tolerance to exposures of 15 transverse G. ASTIA AD – 20 518,Journal of Avionics Medicine,26,298 Report NADC – MA – 5305.

[195] Duntley,S. Q. ,Austin,R. W. ,Taylor,J. H. ,& Harris,J. L. ,Sr. (1971). Visual acuity and visibility,experiments S008 and D013. Report Number:EXPT – D013;EXPT – S008 NASA(non Center Specific).

[196] Eagly, A. H. , & Karau, S. J. (1991). Gender and the emergence of leaders: A meta – analysis. Journal of Personality and Social Psychology,60(5),685 – 710.

[197] Earley,P. C. ,& Gibson,C. B. (1998). Taking stock in our progress on individualism – collectivism: 100 years of solidarity and community. Journal of Management,24,265 – 304.

[198] Earley,P. C. ,& Mosakowski,E. (2000). Creating hybrid team cultures:An empirical test of transnational team functioning. Academy of Management Journal,43,26 – 49.

[199] Easterbrook,J. A. (1959). The effect of emotion on cue utilization and the organization of behavior. Psychological Review,66(3),183 – 201.

[200] Edland,A. ,& Svenson,O. (1993). Judgment and decision making under time pressure:Studies and findings. In O. Svenson & J. Maule(Eds.), Time pressure and stress in human judgment and decision making(pp. 27 – 40). New York,NY:Plenum.

[201] Eid, J. , & Johnsen, B. H. (2002) . Acute stress reactions after submarine accidents. Military Medicine,167(5),427 – 431.

[202] Elliott,L. R. ,Schiflett,S. G. ,Hollenback,J. R. ,& Mathieu,A. D. (2001). Investigation of situation awareness and performance in realistic command and control scenarios. In M. D. McNeese,E. Salas & Elmuti,D. (2001). Preliminary analysis of the relationship between cultural diversity and technology in corporate America. Equal Opportunities International,20(8),1 – 16.

[203] Emmerich,W. (1968). Personality development and concepts of structure. Child Development,39,

671 - 690.

[204] Emmerich, W. (1973). Structure and development of personal - social behaviors in economically disadvantaged preschool children. Princeton, NJ: Educational Testing Service.

[205] Endler, N. , & Parker, J. (1990). Coping inventory for stressful situations. In G. O. Einstein & M. A. McDaniel(2004). Memory fitness: A guide for successful aging. New Haven, CT: Yale University Press.

[206] Endler, N. , & Parker, J. (1990). Coping Inventory for Stressful Situations(CISS). Simi Valley, CA: Psychological Publications, Inc.

[207] Endsley, M. (Eds.), New trends in cooperative activities: Understanding system dynamics in complex environments. Santa Monica, CA: Human Factors & Ergonomics Society.

[208] Endsley, M. (2006). Situation awareness. In G. Salvendy(Ed.), Handbook of human factors and ergonomics(3rd ed. , pp. 528 - 542). New York: Wiley.

[209] Endsley, M. R. (1995) . Toward a theory of situation awareness in dynamic systems. Human Factors, 37(1), 32 - 64.

[210] Endsley, M. R. & Jones, W. M. (2001). A model of inter - and intrateam situational awareness: Implications for design, training, and measurement. In M. McNeese, E. Salas & M. Endsley(Eds.), New trends in cooperative activities: Understanding system dynamics in complex environments(pp. 46 - 67). Santa Monica, CA: Human Factors and Ergonomics Society.

[211] Endsley, M. R. , Kaber, D. B. , (1997) The combined effect of level of automation and adaptive automation on human performance with complex, dynamic control systems. In the Proceedings of the 41st annual meeting of the Human Factors and Ergonomics Society(pp. 205 - 209). Santa Monica, CA: Human Factors and Ergonomics Society.

[212] Entin, E. E. & Serfaty, D. (1999). Adaptive team coordination. Human Factors, 38, 232 - 250.

[213] Entin, E. E. , Serfaty, D. , & Deckert, J. C. (1994) . Team adaptation and coordination training (TR - 648 - 1). Burlington, MA: ALPHATECH.

[214] Epstein, S. , & Fenz, W. D. (1965). Steepness of approach and avoidance gradients in humans a function of experience: Theory and experiment. J. Experimental Psychology, 70, 1 - 13.

[215] Ericsson, K. A. & Kintsch, W. (1995) . Long - term working memory. Psychological Review, 102 (2), 211 - 245.

[216] Farell, B. & Pelli, D. G. (1999). Psychophysical methods, or how to measure a threshold and why. In R. H. S. Carpenter & J. G. Robson(Eds.), Vision Research: A Practical Guide to Laboratory Methods. New York, NY: Oxford University Press.

[217] Federal Aviation Administration(2007) Human Factors Tools(http://www. hf. faa. gov/Portal/default. aspx).

[218] Feldman, J. & Lindell, M. K. (1990) . On rationality. In I. Horowitz (Ed.), Organization and decision theory: Problems and perspectives(Vol. 18, pp. 83 - 97). New York, NY: Springer.

[219] Fenz, W. D. (1975). Strategies for coping with stress. In I. Sarason & C. Spielberger(Eds.), Stress and anxiety(pp. 305 - 336). Washington, DC: Hemisphere.

[220] Festinger, L. (1950). Informal social communication. Psychological Review, 57(5), 271 - 282.

[221] Fieandt, K. , Huhtala, A. , Kullberg, P. , & Saarl, K. (1956). Personal tempo and phenomenal time at

different age levels. Psychological Institute Reports, No. 2, University of Helsinki.

[222] Fiedler, E. (2004). NASA/JSC behavioral health and performance: Four factors with a focus on cognition in spaceflight. Presented at Cognitive Performance: The Future Force Warrior in a Network Centric Environment. St. Pete Beach, FL.

[223] Fiedler, F. E. (1967). A theory of leadership effectiveness. New York, NY: McGraw - Hill.

[224] Fine, G. A. (1986). Behavioral change in group space: A reintegration of Lewinian theory in small group research. Advances in Group Processes, 3, 23 - 50.

[225] Finkelman, J. F., Zeitlin, L. R., Romoff, R. A., Friend, M. A., & Brown, L. S. (1979). Conjoint effect of physical stress and noise stress on information processing performance and cardiac response. Human Factors, 21(1), 1 - 6.

[226] Finkelman, J. M. & Glass, D. C. (1970). Reappraisal of the relationship between noise and human performance by means of a subsidiary task measure. J Appl Psychol, 54(3), 211 - 213.

[227] Fischer, U., & Orasanu, J. (1999). Cultural diversity and crew communication. Paper presented at the Proceedings of the 50th Astronautical Congress in Amsterdam. American Institute of Aeronautics and Astonautics, Inc

[228] Fischer, U., McDonnell, L., & Orasanu, J. (2005). Identifying Psychosocial Stress in Team Interactions. Paper presented at the 15th International Astronautical Association Congress, Graz, Austria.

[229] Fischer, U., McDonnell, L., & Orasanu, J. (2007). Linguistic correlates of team performance: Toward a tool for monitoring team functioning during space missions. Aviat Space Environ Med, 78 (5), Ⅱ, B86 - 95.

[230] Fischer, U., & Orasanu, J. (1999). Cultural diversity and crew communication. Presented at the 50th International Astronautical Congress, Amsterdam, Netherlands.

[231] Fischer, U., & Orasanu, J. (2003). Do you see what I see? Effects of crew position on interpretation of flight problems. Moffett Field, CA: National Aeronautics and Space Medicine, NASA/TM - 2003 -209612.

[232] Fischer, U., & Orasanu, J. (2000b). Error - challenging strategies: Their role in preventing and correcting errors. In Proceedings of the 44th Annual Meeting of the Human Factors & Ergonomics Society (pp. 30 - 33). Santa Monica, CA: Human Factors & Ergonomics Society.

[233] Fischer, U., Orasanu, J., & Davison, J. (2003). Why do airline pilots take risks? Insights from a thinkaloud study. In Proceedings: Human Factors of Decision Making in Complex Systems, Dunblane, Scotland.

[234] Fischer, U., Orasanu, J., & Wich, M. (1995). Expert pilots'perceptions of problem situations. In R. S. Jensen & L. A. Rakovan (Eds.), Paper presented at the 8th International Symposium on Aviation Psychology (Vol. 2, pp. 777 - 778), Columbus, OH: Ohio State University.

[235] Fischer, U., Rinehart, M., & Orasanu, J. (2001). Training flight crews in effective error challenging strategies. Eleventh International Symposium on Aviation Psychology. Symposium Columbus, OH: Ohio State University.

[236] Fisher, S. (1984). Institutional authority and the structure of discourse. Discourse Processes, 7, 201 - 224.

[237] Fisher, D. & Pollatsek, A. (2007). Novice Driver Crashes: Failure to divide attention or failure to recognize risks. In A. Kramer, D. Wiegmann, and A. Kirlik (Ed.), Attention: from theory to practice.

(pp. 134 - 156). Oxford UK:Oxford University Press.

[238] Fisk,A. D. ,Ackerman,P. L. ,& Schneider,W. (1987). Automatic and Controlled processing theory and its applications to human factors. In P. A. Hancock(Ed.). Human Factors Psychology. Amsterdam,The Netherlands:North - Holland.

[239] Fletcher, H. & Munson, W. A. (1933). Loudness, its definition, measurement and calculation. J Acoust Soc Am,5,82 - 108.

[240] Flin,R. ,& O'Connor,P. (2001). Applying crew resource management on offshore oil platforms. In E. Salas,C. A. Bowers,& E. Edens(Eds.),Improving teamwork in organizations:Applications of resource management training(pp. 217 - 234). Hillsdale,NJ:Lawrence Erlbaum Associates.

[241] Flynn,C. F. (2005). An operational approach to long - duration mission behavioral health and performance factors. Aviat Space Environ Med,76(6),B42 - 51.

[242] Fortney, S. M. , Mikhaylov, V. , Lee, S. M. , Kobzev, Y. , Gonzalez, R. R. , Greenleaf, J. E. (1998). Body temperature and thermoregulation during submaximal exercise after 115 - day spaceflight. Aviat Space Environ Med 69:137 - 141.

[243] Foushee,H. C. ,Lauber,J. K. ,Baetge,M. M. ,& Acomb,D. B. (1986). Crew factors in flight operations:Ⅲ. The operational significance of exposure to short - haul air transport operations(NASA TM No. 88322). Moffett Field,CA:National Aeronautics and Space Administration.

[244] Fox,J. Personal communication,NASA Johnson Space Center,June 2003.

[245] Foyle,D. C. , & Hooey, B. L. , (Eds.). (2007). Human performance modeling in aviation. New York:CRC Press.

[246] Freed,M. (2000). Reactive prioritization. Paper presented at the 2nd NASA International Workshop on Planning and Scheduling in Space,San Francisco,CA.

[247] Freeman,G. L. (1933). The benefits of recategorization. facilitative and inhibitory effects of muscular tension on performance. American Journal of Personality and Social Psychology,5745,17 - 52.

[248] Fritsch - Yelle, J. M. , Whitson, P. A. , Bondar, R. L. , Brown, T. E. (1996). Subnormal norepinephrine release relates to presyncope in astronauts after spaceflight. J Appl Physiol 81:2134 - 41.

[249] Fuglesang, C. , Narici, L. , Picozza, P. , & Sannita, W. G. (2006). Phosphenes in low earth orbit: survey responses from 59 astronauts. Aviat Space Environ Med, 77(4), 449 - 452, http://www.ncbi.nlm.nih.gov/entrez/query.fcgi? cmd=Retrieve&db=PubMed&dopt=Citation&list_uids=16676658

[250] Fussell,S. R. ,Kraut,R. E. ,& Siegel,J. (2000). Coordination of communication:Effects of shared visual context on collaborative work. Proceedings of CSCW 2000(pp. 21 - 30). NY:ACM Press.

[251] Gaertner,S. ,Fowler,B. ,Comfort,D,& Bock,O. (2000). A review of cognitive and perceptual - motor performance in space. Aviat Space Environ Med,71,A66 - A68.

[252] Gaertner,S. L. ,Mann,J. ,Murrell,A. ,& Dovidio,J. (1989). Reducing intergroup bias:The benefits of re - categorization. Journal of Personallity and Social Psychology,57,239 - 249.

[253] Galton,F. (1899). On instruments for(1)testing perception of differences of tint and for(2)determining reaction time. Journal of the Anthropological Institute,19,27 - 29.

[254] Gawron,V. (2000). Human Performance Measures Handbook. Mahwah,NJ:Lawrence Erlbaum.

[255] Gawron,V. J. (2008). Human Performance,Workload,and Situational Awareness Measures Hand-

book,2nd ed. ,CRC Press,Taylor & Francis Group. Boca Raton,Florida.

[256] Gazzaniga,M. ,Ivry,R. ,& Mangun,G. (2002). Cognitive neuroscience: The biology of the mind. (2nd ed.). New York,NY:W. W. Norton & Company,Inc.

[257] Gegenfurtner,K. R. ,& Sharpe,L. T. (1999). Color vision: from genes to perception. Cambridge, New York,NY:Cambridge University Press.

[258] Gevins,A. ,& Smith,M. E. (2007). Electroencephalography(EEG)in neuroergonomics. In R. Parasuraman & M. Rizzo(Eds.),Neuroergonomics(pp. 15 - 31). Oxford,UK:Oxford University Press.

[259] Gilkey,R. H. ,& Anderson,T. R. (1997). Binaural and spatial hearing in real and virtual environments. Mahwah,NJ:Lawrence Erlbaum Associates.

[260] Gilligan, C. (1985) . In a different voice: Psychological theory and women's development. Cambridge,MA:Harvard University Press.

[261] Gillingham K. K. and Wolfe,J. W. (1985). Spatial orientation in flight. In:Roy L. DeHart(Ed.)Fundamentals of Aerospace Medicine. Philadelphia,PA:Lea & Febiger.

[262] Ginis,H. ,Pérez,G. M. ,Bueno,J. M. ,& Artal,P. (2012). The wide - angle point spread function of the human eye reconstructed by a new optical method. Journal of Vision,12(3),http://journalofvision. org/12/3/20/.

[263] Ginnett,R. C. (1987). The formation process of airline flight crews. In R. S. Jensen(Ed.), Paper presented at the Proceedings of the 4th International Symposium on Aviation Psychology, Columbus,Ohio. (399 - 405).

[264] Ginnett,R. C. (1993). Crew as groups:Their formation and their leadership. In E. Weiner,B. Kanki, & R. Helmreich(Eds.), Cockpit Resource Management(pp. 71 - 98). San Diego, CA: Academic Press.

[265] Glasauer,S. ,Amorim,M. A. ,Bloomberg,J. J. ,Reschke,M. F. ,Peters,B. T. ,Smith,S. L. ,Berthoz,A. (1995). Spatial orientation during locomotion following space flight. Acta Astronautica 36:423 - 431.

[266] Gluck,K. A. ,& Pew,R. W. (Eds.). (2005). Modeling human behavior with integrated cognitive architectures:Comparison,evaluation,and validation. Mawah,NJ:Lawrence Erlbaum Associates.

[267] Gopher,D. ,Wickens,C. D. ,(1977)Control theory measures of tracking as indices of attention allocation strategies. Human Factors,19,249 - 366.

[268] Gopher,D. (1992). The skill of attention control:Acquisition and execution of attention strategies. In S. Kornblum & D. Meyer(Eds.),Attention and performance XIV. Cambridge,MA:MIT Press.

[269] Gopher,D. (2007). Emphasis change in high demand task training. In A. Kramer,D. Wiegmann,& A. Kirlik(Eds.),Attention:from theory to practice. Oxford,UK:Oxford University Press.

[270] Gopher, D. , & Donchin, E. (1986) . Workload - An examination of the concept. In K. Boff, L. Kaufman,& J. P. Thomas(Eds.),Handbook of Perception and Human Performance. New York, NY:Wiley & Sons.

[271] Gore,B. F. ,Casner,S. M. ,Macramalla,S. R. ,Oyung,R. ,& Ahumada,A. (submitted). Workload and long - duration space mission performance in the system context,Acta Astronautica.

[272] Gore,B. F. & Jarvis,P. A. (2005). New integrated modeling capabilities: MIDAS'recent behavioral enhancements(SAW - 2005 - 01 - 2701). Warrandale,PA:SAE International.

[273] Gore,B. F. & Corker,K. M. (2000). System interaction in free flight:A modeling tool crosscompari-

son. SAE Transactions - Journal of Aerospace,108(1),409 - 424.

[274] Gore,B. F. & Corker,K. M. (2001). Human performance modeling: A cooperative and necessary methodology for studying occupational ergonomics. In A. Bittner, P. Champney, & S. Morrissey (Eds.), Ergonomics Principles, Models, and Methodologies: Advances in Occupational Ergonomics and Safety(pp. 110 - 119). Amsterdam, The Netherlands: IOS Press.

[275] Gore,B. F. & Milgram,P. (2006). The conceptual development of a time estimation model to predict human performance in complex environments. Ninth Proceedings of the Annual SAE International Conference and Exposition - Digital Human Modeling for Design and Engineering Conference: (SAE Paper No. 2006 - 01 - 2344). Warrendale, PA: SAE International.

[276] Gore,B. F. & Smith,J. (2006). Risk assessment and human performance modeling: The need for an integrated systems approach. International Journal of Human Factors Modelling and Simulation, 1, 119 - 139.

[277] Gore,B. F., Hooey,B. L., Mahlsted,E., & Foyle,D. C. (in press). (2012a). Extending validated human performance models to explore NextGen Concepts. In S. Landry & N. Stanton(eds.): Transportation Modeling and Simulation, Applied Human Factors and Ergonomics(AHFE) LNCS XXXX, pp. XXX - XXX, 2012.

[278] Gore, B. F., Hooey, B. L., Mahlstedt, E., & Foyle, D. C. (2012b). Evaluating NextGen Closely Spaced Parallel Approach Concepts with Validated Human Performance Models Flight Deck Guidelines(Part 2 of 2), In Human Centered Systems Lab(Ed.), HCSL Technical Report. Moffett Field, CA: NASA Ames Research Center.

[279] Gorman,J. C., Cooke, N. J., & Winner, J. L. (2006). Measuring team situational awareness in decentralized command and control environments. Ergonomics, 49, 1312 - 1325.

[280] Gorman, J. C., Cooke, N. J., Pedersen, H. K., Winner, J. L., Andrews, D., & Amazeen, P. G. (2006). Changes in team composition after a break: Building adaptive command - and - control teams, Proceedings of the Human Factors & Ergonomics Society's 50th Annual Meeting(Vol. 50, pp. 487 - 491): HFES.

[281] Gorman, J., Glasauer, S., & Mittelstaedt, H. (1998). Perception of spatial orientation in 0g. Brain Res Brain Res Rev, 28(1 - 2), 185 - 93.

[282] Greguras, G. J., Robie, C., Born, M. P., & Koenigs, R. J. (2007). A social relations analysis of team performance ratings. International Journal of Selection and Assessment, 15(4), 434 - 448.

[283] Grice, P. (1989). Logic and conversation. In P. Grice(Ed.), Studies in the ways of words(pp. 3 - 143). Cambridge, MA: Harvard University Press(Original work published in 1968).

[284] Griffin, M. J. (1990). Handbook of Human Vibration. London, UK: Academic Press.

[285] Guhe, M., Liao, W., Zhu, Z., Ji, Q., Gray, W. D., Schoelles, M. J. (2005). Non - intrusive measurement of workload in real - time. Proceedings of the 49th Annual Meeting of the Human Factors and Ergonomics Society, 1157 - 1161.

[286] Gutierrez, A., Gonzalez - Gross, M., Delgado, M., & Castillo, M. J. (2001). Three days fast in sportsmen decreases physical work capacity but not strength or perception - reaction time. International Journal of Sport Nutrition and Exercise Metabolism, 11, 420 - 429.

[287] Gutwin, C. & Greenberg, S. (2004). The importance of awareness for team cognition in distributed

collaboration. In E. Salas, S. M. Fiore & J. A. Cannon - Bowers(Eds.), Team Cognition: Process and Performance at the Inter - and Intra - Individual Level. Washington, DC: APA Press.

[288] Guzzo, R. A. & Salas, E. (Eds.). (1995). Team effectiveness and decision - making in organizations. San Francisco, CA: Jossey - Bass.

[289] Guzzo, R. A., Jette, R. D., & Katzell, R. A. (1985). The effects of psychologically based intervention programs on worker productivity: A meta - analysis. Personnel Psychology, 38, 275 - 291.

[290] Gyudykunst, W. B. & Ting - Toomey, S. (1988). Culture and interpersonal communication. Newbury Park, CA: Sage.

[291] Hackman, J. R. & Vidmar, N. (1970). Effects of size and task type on group performance and member reactions. Sociometry, 33, 37 - 54.

[292] Halford, G. S., Phillips, S., & Wilson, W. H., (1995). The processing of associations versus the processing of relations and symbols: A systematic comparison. In J. D. Moore & J. F. Lehman (Eds.), Proceedings of the Seventeenth Annual Conference of the Cognitive Science Society, pp. 688 - 691

[293] Halford, G. S., Andrews, G., Jensen, I., (2002) Integration of category induction and hierarchial classification: One paradigm at two levels of complexity. Journal of Cognition and Development, 3 (2), 143 - 177.

[294] Hambley, L. A., O'Neill, T. A., & Kline, T. J. B. (2007). Virtual team leadership: The effects of leadership style and communication medium on team interaction styles and outcomes. Organizational Behavior and Human Decision Processes, 103, 1 - 20.

[295] Hancock, P. A., & Chignell, M. H. (1988). Mental workload dynamics in adaptive interface design, IEEE Transactions on Systems, Man, and Cybernetics 18(4)647 - 659.

[296] Hancock, P. A. & Desmond, P. A. (2001). Stress, workload and fatigue. Mahwah, NJ: Erlbaum.

[297] Hancock, P. A, & Meshkati, N. (Eds.). (1988). Human mental workload. Amsterdam, The Netherlands: North Holland Press.

[298] Hare, A. P. (1982). Creativity in small groups. Beverly Hills, CA: Sage.

[299] Hare, A. P., Blumberg, H. H., Davies, M. F., & Kent, M. V. (1994). Small group research: A handbook. Norwood, NJ: Ablex Pub. Corp.

[300] Harm, D. L., Parker, D. E., & Reschke, M. F. (1994). DSO 468: Preflight Adaptation Trainer. In Results of life sciences DSOs conducted aboard the Shuttle, 1991 - 1993, (pp. 27 - 43). Houston, TX: National Aeronautics and Space Administration.

[301] Harm, D. L., Reschke, M. F., & Parker D. E. (1999). Section 5.2. Visual - vestibular integration motion perception reporting. In C. F. Sawin, G. R. Taylor, and W. L. Smith(Eds.) Extended Duration Orbiter Medical Project 1989 - 1995(NASA SP - 1999 - 534). Washington, DC: National Aeronautics and Space Administration.

[302] Harper, R. P. and Cooper, G. E. (1984). Handling qualities and pilot evaluation. Proceedings of the AIAA, AHS, ASEE, Aircraft Design Systems and Operations Meeting, AIAA Paper 84 - 2442.

[303] Harris, R. M., Hill, S. G., & Lysaght, R. J. (1989). OWLKNEST: An expert system to provide operator workload guidance. In Proceedings of the Human Factors Society 33rd Annual Meeting (pp. 1486 - 1490). Santa Monica, CA: Human Factors Society.

[304] Harrison, A. A. (2001). Spacefaring: The human dimension. Berkeley, CA: University of California Press.

[305] Harrison, D. A., Price, K. H., Gavin, J. H., & Florey, A. T. (2002). Time, teams, and task performance: Changing effects of surface - and deep - level diversity on group functioning. Academy of Management Journal, 45, 1029 - 1045.

[306] Harrison, Y., & Horne, J. A. (1997). Sleep deprivation affects speech. Sleep, 20, 871 - 878.

[307] Harrison, Y., & Horne, J. A. (2000). The impact of sleep deprivation on decision making: A review. Journal of Experimental Psychology Applied, 6(3), 236 - 249.

[308] Hart, S. G. & Staveland, L. Development of the NASA task load index(TLX): Results of empirical and theoretical research, in: P. A. Hancock & N. Meshkati(Eds.), Human Mental Workload, North Holland, Amsterdam, pp. 239 - 250.

[309] Hart, S. G. & Staveland, L. E. (1988). Development of NASA - TLX(Task Load Index): Results of empirical and theoretical research. In P. A. Hancock & N. Meshkati(Eds.) Human Mental Workload (pp 139 - 183). Amsterdam, The Netherlands: North Holland.

[310] Hart, S. G. & Wickens, C. D. (1990). Workload Assessment and Prediction. In H. Booher (Ed.) MANPRINT. An Approach to Systems Integration(pp. 257 - 296). New York, NY: Van Nostrand.

[311] Hart, S. G. (1975). Time estimation as a secondary task to measure workload. In the 11th Annual

[312] Conference on Manual Control. Moffett Field, CA: NASA Ames Research Center, TM X - 62, 464, May.

[313] Hart, S. G. (1986). Theory and Measurement of Human Workload. In J. Zeidner(Ed.), Human Productivity Enhancement. (pp. 396 - 56). New York, NY: Praeger.

[314] Hart, S. G. (2006). NASA - Task Load Index(NASA - TLX); 20 years later. In Proceedings of the Human Factors & Ergonomics Society 50th Annual Meeting. Santa Monica, CA: Human Factors and Ergonomics Society.

[315] Hart, S. G. & Hauser, J. R. (1987). Inflight application of three pilot workload measurement techniques. Aviat Space Environ Med, 58(5), 402 - 410.

[316] Hart, S. G., Dahn, D., Atencio, A., & Dalal, K. M. (2001). Evaluation and Application of MIDAS v2. 0(2001 - 01 - 2648). Warrendale, PA: SAE International.

[317] Hart, S. G., McPherson, D., & Loomis, L. L. (1978). Time estimation as a secondary task to measure workload: Summary of research(NASA - CP2060). In Proceedings of the 14th Annual Conference on Manual Control(pp. 693 - 712). Washington, DC: National Aeronautics and Space Administration.

[318] Hart, S. G. (1993). Workload Factors. In C. D. Wickens, & B. M. Huey(Eds.), Teams in Transition. Washington, DC: National Academy Press.

[319] Hart, S. G., Wickens, C. D. (2008). Mental workload. In NASA Human Systems Integration Design Handbook, National Aeronautics and Space Administration, Washington, DC.

[320] Hartmann, W. M. (1998). Signals, sound, and sensation. New York, NY: Springer - Verlag.

[321] Hartzell, E. J. (1979). Helicopter pilot performance and workload as a function of night vision symbologies. In Proceedings of the 18th IEEE Conference on Decision and Control, 995 - 996. Fort Lauderdale, FL, December 1979.

[322] Harville, D. L., Barnes, C., & Elliott, L. R. (2004). Team communication and performance during

sustained command and control operations: Preliminary results(AFRL - HE - BE - TR - 2004 - 0018),Brooks City - Base,TX,Biosciences and Protection Division,Air Force Research Laboratory, Human Effectiveness Directorate.

[323] Heath, S. B. (1983). Ways with words: Language, life and work in communities and classrooms. Cambridge, UK: Cambridge University Press.

[324] Hecht, S. & Shlaer, S. (1936). Intermittent stimulation by light. V. The relation between intensity and critical fusion frequency for different parts of the spectrum. J Gen Physiol, 19, 965 - 977.

[325] Heinicke, C. & Bales, R. F. (1953). Developmental trends in the structure of small groups. Sociometry, 16, 7 - 38.

[326] Helleberg, J. & Wickens, C. D. (2003). Effects of data - link modality and display redundancy on pilot performance: An attentional perspective. The International Journal of Aviation Psychology, 13 (3), 189 - 210.

[327] Helmreich, R. L. & Foushee, C. H. (1993). Why crew resource management? Empirical and theoretical bases of human factors training in aviation. In E. Weiner, B. Kanki & R. Helmreich(Eds.), Crew resource management(pp. 3 - 41). San Diego, CA: Academic Press.

[328] Helmreich, R. L. , Klinect, J. R. , & Wilhelm, J. A. (2001). System safety and threat and error management: The line operational safety audit(LOSA). 11th International Symposium on Aviation Psychology. Columbus, OH: Ohio State University.

[329] Helmreich, R. L. & Merritt, A. (1998). Culture at work in aviation and medicine: National, organizational and professional influences. Aldershot, UK: Ashgate.

[330] Helmreich, R. L. & Sexton, J. B. (2004). Group interaction under threat and high workload. In R. Dietrich & T. M. Childress(Eds.). Group interaction in high - risk environments(pp. 9 - 23). Burlington, VT: Ashgate Publishing.

[331] Hersey, P. , Angelini, A. L. , & Carakushansky, S. (1982). The impact of situational leadership and classroom structure on learning effectiveness. Group and Organizational Studies, 7(2), 216 - 224.

[332] Herrick, R. M. (1974). Foveal light - detection thresholds with two temporally spaced flashes: A review. Perception and Psychophysics, 15(2), 361 - 367.

[333] Hick, W. E. (1952). On the rate of gain of information. Quarterly Journal of Experimental Psychology, 4: 11 - 26.

[334] Hill, S. G. , Iavecchia, H. P. , Byers, J. C. , Bittner, A. C. , Zaklad, A. L. , & Christ, R. E. (1992). Comparison of four subjective workload rating scales. Human Factors, 34, 429 - 439.

[335] Hirschfeld, R. R. , Jordan, M. H. , Feild, H. S. , Giles, W. F. , & Armenakis, A. A. (2006). Becoming team players: Team members mastery teamwork knowledge as a predictor of team task proficiency and observed teamwork effectiveness. Journal of Applied Psychology, 91(2), 467 - 474.

[336] Hockey, G. R. J. (1970). Effect of loud noise on attentional selectivity. The Quarterly Journal of Experimental Psychology, 22(1), 28 - 36.

[337] Hockey, G. R. J. (1986). Changes in operator efficiency as a function of environmental stress, fatigue, and circadian rhythms. In K. R. Boff, L. Kaufman, & J. P. Thomas(Eds.), Handbook of Perception and Human Performance. New York, NY: Wiley/Interscience.

[338] Hoffman, D. D. (1998). Visual intelligence: How we create what we see. New York, NY: W. W.

Norton and Company, Inc.

[339] Hoffman, J. E. & Subramaniam, B. (1995). The role of visual attention in saccadic eye movements. Perception and Psychophysics, 57, 787 - 795.

[340] Hofstede, G. (1980). Culture's consequences: International differences in work - related values. Beverly Hills, CA: Sage Publications.

[341] Hogan, R., Curphy, G. J., & Hogan, J. (1994). What we know about leadership: Effectiveness and personality. American Psychologist, 49(6), 493 - 504.

[342] Hogan, R. & Kaiser, R. B. (2005). What we know about leadership. Review of General Psychology, 9 (2), 169 - 180.

[343] Holland, A. W. (1997). Culture, gender and mission accomplishment: Mission Accomplishment: Operational Experience. In: 12th Man in Space Symposium 89, Washington, DC.

[344] Holland, A. W. (1998). Chapter 7: Space psychology. In W. J. Larson(Ed.), Human Space Systems: Mission Analysis and Design. Alexandria, VA: U. S. Department of Defense.

[345] Hollingshead, A. B. (1998). Communication, learning and retrieval in transactive memory systems. Journal of Experimental Social Psychology, 34, 423 - 442.

[346] Hollingshead, A. B. (2000). Perceptions of expertise and transactive memory in work relationships. Group Processes and Intergroup Relations, 3, 257 - 267.

[347] Holtgraves, T. & Yang, J. - N. (1992). Interpersonal underpinnings of request strategies: General principles and differences due to culture and gender. Journal of Personality and Social Psychology, 62, 246 - 256.

[348] Hood, D. C. & Finkelstein, M. A. (1986). Sensitivity to light. In K. Boff, L. Kaufman, & J. Thomas (Eds.), Handbook of perception and human performance, Chapter 5. New York, NY: Wiley.

[349] Horowitz, S. K. & Horowitz, I. B. (2007). The effects of team diversity on team outcomes: A meta-analytic review of team demography. Journal of Management, 33, 987 - 1015.

[350] Horrey, W. J. & Wickens, C. D. (2003). Multiple resource modeling of task interference in vehicle control, hazard awareness and in - vehicle task performance. Proceedings of the Second International Driving Symposium on Human Factors in Driver Assessment, Training, and Vehicle Design, Park City, Utah, 7 - 12.

[351] Howard, I. P. & Templeton, W. B. (1966). Human Spatial Orientation. New York, NY: Wiley.

[352] Howard, I. P. (1982). Human Visual Orientation. New York, NY: Wiley.

[353] Howes, A. & Young, R. M. (1996). Learning consistent, interactive, and meaningful task - action mappings: A computational model. Cognitive Science: A Multidisciplinary Journal, 20, 301 - 356.

[354] Howes, A. & Young, R. M. (1997). The role of cognitive architecture in modeling the user: Soar's learning mechanism. Human - Computer Interaction, 12(4), 311 - 343.

[355] Hsieh, S. (2002). Two - component processes in switching attention: A study of event - related potentials. Perceptual and Motor Skills, 94, 1168 - 1176.

[356] Hui, C. H. & Triandis, H. C. (1986). Individualism - collectivism: A study of cross - cultural research. Journal of Cross - Cultural Psychology, 17, 225 - 248.

[357] Hunt, R. W. G. (2004). The Reproduction of Colour(6th ed.). West Sussex, England: John Wiley & Sons Ltd.

[358] Indik,B. P. (1965). Operational size and member of participation:Some empirical tests of alternative explanations. Human Relations,18,339 - 350.

[359] Isenberg,D. J. ,& Ennis,J. G. (1981). A comparison of derived and imposed dimensions. Journal of Personality and Social Psychology,41(2),293 - 305.

[360] Jackson,S. International Standards Organization. (1996). ISO 389 - 7:1996 Reference zero for the calibration of audiometric equipment -- Part 7:Reference threshold of hearing under free - field and diffuse - field listening conditions. Geneva. International Standards Organization.

[361] International Standards Organization. (2003). ISO 226:2003 Acoustics -- Normal equal - loudness - level contours. International Standards Organization.

[362] Itoh,M. ,Abe,G. ,& Tanaka,K. (1999). Trust in and use of automation:Their dependence on occurrence patterns of malfunctions. Proceedings of the IEEE SMC Conference:Systems,Man,and Cybernetics. 3,715 - 720. Tokyo,Japan.

[363] Jackson,S. E. ,Joshi,A. ,& Erhardt,N. L. (2003). Recent research on team and organizational diversity:SWOT analysis and implications. Journal of Management,29,801 - 830.

[364] Jaffe, E. D. , & Nebebzahl, I. D. (1990). Group interaction and business game performance. Simulation & Gaming,21(2),133 - 146.

[365] Janis,I. L. (1982). Groupthink:Psychological studies of policy decisions and fiascos. Boston,MA: Houghton Mifflin.

[366] Jehn,K. A. (1994). Enhancing effectiveness:An investigation of advantages and disadvantages of value - based intragroup conflict. International Journal of Conflict Management,5,223 - 238.

[368] Jehn, K. A. (1995). A multimethod examination of benefits and detriments of intragroup conflict. Administrative Science Quarterly,40,256 - 282.

[369] Jehn,K. A. ,Northcraft,G. B. ,Neale,M. A. (1999),Why differences make a difference:a field study of diversity, conflict, and performance in workgroups, Administrative Science Quarterly, Vol. 44 pp. 741 - 63.

[370] John,O. P. & Srivastava,S. (1999). The Big Five trait taxonomy:History,measurement,and theoretical perspectives. In L. A. Pervin & O. P. John(Eds.),Handbook of personality:Theory and research(pp. 102 - 138). New York,NY:Guilford Press.

[371] Jex,H. ,McDonnell,J. ,Phatak,A. ,(1966). A"critical" tracking task for man - machine research related to the operator's effective delay time. Part I:Theory and experiments with a first order divergent controlled element. NASA CR - 616.

[372] Jex, H. , McDonnel, W. , & Phatek, A. (1966). A critical tracking task for manual control research. IEEE Transaction on Human Factors in Electronics,Vol. HFE - 7(4),pp 138 - 145.

[373] Johnson,M. K. ,Hashtroudi,S. ,& Lindsay,D. S. (1993). Source monitoring. Psychological Bulletin,114, 3 - 28.

[374] Judge,T. A. ,Bono,J. E. ,Ilies,R. ,& Gerhardt,M. W. (2002). Personality and leadership:A qualitative and quantitative review. J Appl Psychol,87,765 - 780.

[375] Just,M. ,Carpenter,P. A. ,& Miyake,A. (2003). Neuroindices of cognitive workload:Neuroimaging,pupillometric and event - related brain potential studies of brain work. Theoretical Issues in Ergonomics Science,4,56 - 88.

[376] Kaber, D. B. and Endsley, M. R. (2004). The effects of level of automation and adaptive automation on human performance, situation awareness and workload in a dynamic control task. Theoretical Issues in Ergonomics Science, 5(2), 113 - 153.

[377] Kaehler, R. and Meehan, J. P. (1960). Human psychomotor performance under varied transverse accelerations. Wright Air Development Division. Wright - Patterson AFB, Ohio, TR - 60 - 621.

[378] Kahneman, D. (1973). Attention and effort. Englewood Cliffs, NJ: Prentice - Hall.

[379] Kahn - Greenea, E. T., Lipizzia, E. L., Conrada, A. K., Kamimoria, G. H., & Killgore, W. D. S. (2006). Sleep deprivation adversely affects interpersonal responses to frustration. Personality and Individual Differences, 41(8), 1433 - 1443.

[380] Kaiser, M. K. & Ahumada Jr., A. J. (2008). Perceptual challenges of lunar operations, International Conference on Environmental Systems, SAE International Paper 2008 - 01 - 2108, San Francisco, CA.

[381] Kaiser, P. K. & Boynton, R. M. (1996). Human color vision(2nd ed.). Washington, DC: Optical Society of America.

[382] Kalsbeek & Sykes(1966)(incomplete reference).

[383] Kanas, N. (2005). Interpersonal issues in space: Shuttle/Mir and beyond. Aviat Space Environ Med, 76(6), B126 - 134.

[384] Kanas, N. (2009). Psychology and culture during long duration space missions. Paris, France: International Academy of Astronautics.

[385] Kanas, N. & Manzey, D. (2003). Space psychology and psychiatry. El Segundo, CA: Microcosm Press.

[386] Kanas, N. & Manzey, D. (2008). Space psychology and psychiatry(2nd ed.). El Segundo, CA: Microcosm Press.

[387] Kanas, N. & Ritsher, J. B. (2005). Leadership issue with multicultural crews on the International Space Station: Lessons learned from Shuttle/Mir. Acta Astronautica, 56, 932 - 936.

[388] Kanas, N., Salnitskiy, V., Grund, E., M., Weiss, D. S., Gushin, V., Bostrom, A., et al. (2001). Psychosocial issues in space: Results from Shuttle/Mir. Gravitational and Space Biology Bulletin, 14 (2), 35 - 45.

[389] Kanas, N., Salnitskiy, V., Ritsher, J., Gushin, V., Weiss, D., Saylor, S., Marmar, C. (2005). Crew and ground interactions during ISS missions: Background and Panel Overview. 76th Annual Scientific Meeting: Charting the Course for the Future, Kansas City, MO, Aerospace Medical Association. Aviation, Space and Environmental Medicine, 76(3), 293.

[390] Kanki, B. G. & Foushee, H. C. (1989). Communication as group process mediator of aircrew performance. Aviat Space Environ Med, 60, 402 - 410.

[391] Kanki, B. G., Lozito, S., & Foushee, H. C. (1989). Communication indices of crew coordination. Aviat Space Environ Med, 60, 56 - 60.

[392] Karsenty, L. (1999). Cooperative work and shared visual context: An empirical study of comprehension problems and in side - by - side and remote help dialogues. Human - Computer Interaction, 14, 283 - 315.

[393] Kantowitz, B. H., Bortolussi, M. R., & Hart, S. G. (1987). Measuring pilot workload in a motion

base simulator: Ⅲ. Synchronous secondary tasks. Proceedings of the Human Factors Society, 31, 834 - 837.

[394] Kass, R. & Kass, J. (1995). Group dynamics training for manned spaceflight and the CAPSULS experiment: Prophylactic against incompatibility and its consequences? Acta Astronautica, 36(8 - 12), 567 - 573.

[395] Katayama, K., Sato, K., Akima, H., Ishida, K., Takada, H., Watanabe, Y., Iwase, M., Miyamura, M., Iwase, S. (2004). Acceleration with exercise during head - down bed rest preserves upright exercise responses. Aviat Space Environ Med 75: 1029 - 1035.

[396] Katz, D. (1949). Morale and motivation in industry. In W. Dennis(Ed.), Current trends in industrial psychology(pp. 145 - 171). Pittsburgh, PA: University of Pittsburgh Press.

[397] Kay, G. G. (1995). CogScreen aeromedical edition: Professional manual. Odessa, FL: Psychological Assessment Resources.

[398] Kealey, D. J. (2004). Research on intercultural effectiveness and its relevance to multicultural crews in space. Aviat Space Environ Med, 75(7), C58 - 64.

[399] Kealey, D. J. & Protheroe, D. R. (1996). The effectiveness of cross - cultural training for expatriates: An assessment of the literature on the issue. International Journal of Intercultural Relations, 20, 141 - 165.

[400] Keinan, G. (1987). Decision making under stress: Scanning of alternatives under controllable and uncontrollable threats. Journal of Personality and Social Psychology, 52, 639 - 644.

[401] Keinan, G. (1988). Training for dangerous task performance: The effects of expectations and feedback. Journal of Applied Social Psychology, 18(4, pt. 2), 355 - 373.

[402] Kelly, A. D. & Kanas, N. (1992). Crewmember communication in space: A survey of astronauts and cosmonauts. Aviat Space Environ Med, 63, 721 - 726.

[403] Kelsey, B. L. (1998). The dynamics of multicultural groups: Ethnicity as a determinant of leadership. Small Group Research, 29, 602 - 623.

[404] Kemp, B. J. (1973). Reaction time of young and elderly subjects in relation to perceptual deprivation and signal - on versus signal - off condition. Developmental Psychology 8, 268 - 272.

[405] Keyton, J. (1999). Relational communication in groups. In L. R. Frey(Ed.), The handbook of group communication theory and research(pp. 192 - 222). Thousand Oaks, CA: Sage Publications.

[406] Keyton, J. & Springston, J. (1990). Redefining cohesiveness in groups. Small Group Research, 21 (2), 234 - 254.

[407] Kiekel, P. A., Cooke, N. J., Foltz, P. W., Gorman, J., & Martin, M. (2002). Some promising results of communication - based automatic measures of team cognition. Proceedings of the Human Factors and Ergonomics Society 45th Annual Meeting, 298 - 302. Baltimore, MD.

[408] Kieras, D. E. & Meyer, D. E. (1997). An overview of the EPIC architecture for cognition and performance with application to human - computer interaction. Human - Computer Interaction, 12(4 [Special issue: Cognitive Architectures and Human - Computer Interaction]), 391 - 438.

[409] Kieras, D. E., Meyer, D. E., Mueller, S., & Seymour, T. (1998). Insights into working memory from the perspective of the EPIC architecture for modeling skilled perceptual - motor and cognitive human performance. Fort Belvoir, VA: US Department of Defense, Defense Technical Information

Center.

[410] Kieras, D. E., Woods, S. D., & Meyer, D. E. (1997). Predictive engineering models based on the EPIC architecture for a multimodal high - performance human - computer interaction task. ACM Transactions on Computer - Human Interaction, 4, 230 - 275.

[411] Kiesler, S. & Cummings, J. N. (2002). What do we know about proximity and distance in work groups? A legacy of research. In P. Hinds & S. Kiesler(Eds.), Distributed work(pp. 57 - 80). Cambridge, MA: MIT Press.

[412] Kiris, E. O. (1995). The out of the loop performance problem and level of control in automation. Human Factors, 37(2), 381 - 394.

[413] Kitayama, S., Duffy, S., Kawamura, T., & Larsen, J. T. (2003). Perceiving and object and its context in different cultures: A cultural look at new look. Psychological Science, 14(3), 201 - 206.

[414] Klein, G. A. (1993). A recognition - primed decision(RPD) model of rapid decision making. In Klein, G. A., Orasanu, J., Calderwood, R., Zsambook, C. (Eds.), Decision making in action: Models and methods(pp. 138 - 147). Norwood, NJ: Ablex.

[415] Klein, G. (1996). The effect of acute stressors on decision making. In J. E. Driskell & E. Salas(Eds.) Stress and human performance(pp. 49 - 88). Hillsdale, NJ: Lawrence Erlbaum Associates.

[416] Klein, G. (1998). Sources of power: How people make decisions. Cambridge, MA: MIT Press.

[417] Klein, G. (2001). Features of team coordination. In M. D. McNeese, E. Salas, & M. Endsley(Eds.), New trends in cooperative activities: Understanding system dynamics in complex environments. Santa Monica, CA: Human Factors & Ergonomics Society.

[418] Klein, G. (2004). The power of intuition: How to use your gut feelings to make better decisions at work. New York, NY: Random House, Inc.

[419] Klein, G. A. (1989). Recognition - primed decisions. In W. B. Rouse (Ed.), Advances in man - machine system research(Vol. 5, pp. 47 - 92). Greenwich, CT: JAI Publishers.

[420] Klein, G., Wolf, S., Militello, L., & Zsambok, C. (1995). Characteristics of skilled option generation in chess. Organizational Behavior and Human Decision Processes, 62(1), 63 - 69.

[421] Kleinman, D. L., Luh, P. B., Pattipati, K. R., & Serfaty, D. (1992). Mathematical models of team performance: A distributed decision - making approach. In R. W. Swezey & E. Salas(Eds.), Teams: Their training and performance(pp. 177 - 218). Norwood, NJ: Ablex.

[422] Klinect, J. R., Wilhelm, J. A., & Helmreich, R. L. (1999). Threat and error management: Data from line operations safety audits. In Proceedings of the Tenth International Symposium on Aviation Psychology (pp. 683 - 688). Columbus, OH: The Ohio State University.

[423] Kobrick, R. (2007, May). FMARS 2007 Crew Reports - Human Factors Report. http://www.marssociety.org/arctic/report - individual.php? id=2007 - 05 - 26 - hum.inc

[424] Koenderink, J. J., & van Doorn, A. J. (1979). Spatiotemporal contrast detection threshold surface is bimodal. Optics Letters, 4, 32 - 34.

[425] Koenderink, J. J., Bouman, M. A., Mesquita, A. E. B. d., & Slappendel, S. (1978). Perimetry of contrast detection thresholds of moving spatial sine wave patterns. I. The near peripheral visual field(eccentricity 0°- 8°). J Opt Soc Amer, 68, 845 - 849.

[426] Kowler, E., & McKee, S. P. (1987). Sensitivity of smooth eye movement to small differences in tar-

get velocity. Vision Res,27(6),993 - 1015.

[427] Kowler, E. , Anderson, E. , Dosher, B. , & Blaser, E. (1995). The role of attention in the programming of saccades. Vision Res,35,1897 - 1916.

[428] Kozerenko, O. P. , Gushin, V. I. , Sled, A. D. , Efimov, V. A. , & Pystinnikova, J. M. (1999). Some problems of group interaction in prolonged space flights. Human Performance in Extreme Environments,4(1),123 - 127.

[429] Kraiger, K. , & Wenzel, L. H. (1997). Conceptual development and empirical evaluation of measures of shared mental models as indicators of team effectivenes. In M. T. Brannick, E. Salas & C. Prince (Eds.), Team performance assessement and measurement: Theory, methods, and applications(pp. 63 - 84). Mahwah, NJ: Lawrence Erlbaum Associates.

[430] Kramer, A. F. & Parasuraman, R. (2008). Neuroergonomics: Application of neuroscience to human factors. In J. T. Cacioppo, L. G. Tassinary, & G. G. Berntson (Eds.), Handbook of psychophysiology. Cambridge, UK: Cambridge University Press

[431] Kramer, A. , Wickens, C. D. , & Donchin, E. (1983). An analysis of the processing requirements of a complex perceptual motor task. Human Factors,5,597 - 621.

[432] Kramer. A. F. , Sirevaag, E. J. , & Braune, R. (1987). A psychophysiologlcal assessment of operator workload during simulated flight missions. Human Factors,29(2),145 - 160.

[433] Kramer, G. (Ed.). (1994). Auditory display: Sonification, audification, and auditory interfaces. Reading, MA: Addison - Wesley.

[434] Kramer, L. A. , Sargsyan, A. E. , Hasan, K. M. , Polk, J. D. , & Hamilton, D. R. (2012). Orbital and Intracranial Effects of Microgravity: Findings at 3 - T MR Imaging. Radiology, doi: 10. 1148/radiol. 12111986.

[435] Krantz, J. H. , Silverstein, L. D. , & Yeh, Y. Y. (1992). Visibility of transmissive liquid crystal displays under dynamic lighting conditions. Human Factors,(34),615 - 632.

[436] Krauss, R. M. & Bricker, P. D. (1966). Effects of transmission delay and access delay on the efficiency of verbal communication. Journal of the Acoustical Society,4,286 - 292.

[437] Kraut, R. E. , Fussell, S. R. , Brennan, S. E. , & Siegel, J. (2002). Understanding effects of proximity on collaboration: Implications for technologies to support remote collaborative work. In P. Hinds & S. Kiesler(Eds.), Distributed Work(pp. 137 - 162). Cambridge, MA: MIT Press.

[438] Krukowski, A. E. & Stone, L. S. (2005). Expansion of direction space around the cardinal axes revealed by smooth pursuit eye movements. Neuron,45,315 - 23.

[439] Krukowski, A. E. , Pirog, K. A. , Beutter, B. R. , Brooks, K. R. , & Stone, L. S. (2003). Human discrimination of visual direction of motion with and without smooth pursuit eye movements. Journal of Vision,3,831 - 40.

[440] Lackner, J. R. , & Graybiel, A. (1985). Head movements elicit motion sickness during exposure to 0g and macrogravity acceleration levels. In M. Igarashi & F. O. Black(Eds.) Vestibular and Visual Control on Posture and Locomotor Equilibrium(pp. 170 - 176). Basel, Switzerland: Karger.

[441] Lange, K. E. , Perka, A. T. , Duffield, B. E. , & Jeng, F. F. (2005). Bounding the spacecraft atmosphere design space for future exploration missions, NASA/CR - 2005 - 213689. Houston, TX: National Aeronautics and Space Administration.

[442] LaPorte, T. R. & Consolini, P. M. (1991). Working in practice but not in theory: Theoretical challenges of "high - reliability organizations." Journal of Public Administration Research and Theory: J - PART, 1(1), 19 - 48.

[443] Laughery, K. R., LeBiere, C., & Archer, S. (2006). Modeling human performance in complex systems. In G. Salvendy(Ed.), Handbook of human factors and ergonomics(3rd ed., pp. 965 - 996). Hoboken, NJ: Wiley.

[444] Layne, C. S., McDonald, P. V., Bloomberg, J. J. (1997). Neuromuscular activation patterns during treadmill walking after space flight. Exp Brain Res. 113: 104 - 116.

[445] Layne, C. S., Mulavara, A. P., McDonald, P. V., Pruett, C. J., Kozlovskaya, I. B., Bloomberg, J. J. (2004). Alterations in human neuromuscular activation during overground locomotion after longduration spaceflight. Journal of Gravitational Physiology 11: 1 - 16.

[446] Lazarus, R. S., & Folkman, S. (1984). Stress, appraisal and coping. New York, NY: Springer.

[447] Leach, C. S., Alfrey, C. P., Suki, W. N., Leonard, J. I., Rambaut, P. C., Inners, L. D., Smith, S. M., Lane, H. W., Krauhs, J. M. (1996). Regulation of body fluid compartments during short - term spaceflight. J. Appl. Physiol 81: 105 - 116.

[448] Lebiere, C. (2002). Modeling group decision making in the ACT - R cognitive architecture. In Proceedings of the 2002 Computational Social and Organizational Science. June 21 - 23, Pittsburgh, PA.

[449] Lee, J. D., Caven, B., Haake, S., & Brown, T. L. (2001). Speech - based interaction with in - vehicle computers: The effect of speech - based e - mail on drivers'attention to the roadway. Human Factors, 43, 631 - 640.

[450] Lee, S. M. C., Moore, A. D., Everett, M. E., Stenger, M. B., Platts, S. H. (2010). Aerobic exercise deconditioning and countermeasures during bed rest. Aviat Space Environ Med 81: 52 - 63.

[451] Lee, S. M. C., Schneider, S. M., Boda, W. L., Watenpaugh, D. E., Macias, B. R., Meyer, R. S., Hargens, A. R. (2009). LBNP exercise protects aerobic capacity and sprint speed of female twins during 30 days of bed rest. J. Appl. Physiol 106: 919 - 928.

[452] Lee, S. M., Shackelford, L. C., Smith, S. M., Guilliams, M. E., Shepherd, B., Loehr, J. A., Laughlin, M. S., Chauvin, J., & Hagan, R. D. (2004). Lean Tissue Mass and Muscle Strength: Does Resistive Exercise During Space Flight Prevent Deconditioning? Medicine and Science in Sports and Exercise. 36 (5), S272.

[453] Lee, S. M. C., Williams, W. J., Schneider, S. M. (2002). Role of skin blood flow and sweating rate in exercise thermoregulation after bed rest. J. Appl. Physiol 92: 2026 - 2034.

[454] Leedom, D. K., & Simon, R. (1995). Improving team coordination: A case for behavior - based training. Military Psychology, 7(2), 109 - 122.

[455] Legge, G. E., & Foley, J. M. (1980). Contrast masking in human vision. J Opt Soc Am A, 70(12), 1458 - 1471.

[456] Legge, G. E., Rubin, G. S., & Luebker, A. (1987). Psychophysics of reading -- V. The role of contrast in normal vision. Vision Res, 27 (7), 1165 - 1177, http://www.ncbi.nlm.nih.gov/htbinpost/Entrez/query? db=m&form=6&dopt=r&uid=0003660667.

[457] Leon, G. R. (2005). Men and women in space. Aviat Space Environ Med, 76(6), B84 - 88.

[458] Leon, G. R., Atlis, M. M., Ones, D. S., & Magor, G. (2002). A 1 - year, three - couple expedition as

a crew analog for a Mars mission. Environment and Behavior, 34, 672 - 700.

[459] Leon, G. R. & Sandal, G. M. (2003). Women and couples in isolated extreme environments: Applications for long - duration missions. Acta Astronautica, 53, 259 - 267.

[460] Levine, B. D., Lane, L. D., Watenpaugh, D. E., Gaffney, F. A., Buckey, J. C., Blomqvist, C. G. (1996). Maximal exercise performance after adaptation to microgravity. J. Appl. Physiol. 81: 686 - 694.

[461] Levine, J. M. & Moreland, R. L. (1998). Small groups. In D. T. Gilbert, S. T. Fiske & G. Lindzey (Eds.), The handbook of social psychology (4th ed., Vol. 2, pp. 415 - 469). Boston, MA: McGraw - Hill.

[462] Lewis, R. L. (1996) Interference in short - term memory: The magical number two (or three) in sentence processing. Journal of Psycholinguistic Research, 25, 93 - 115.

[463] Lewis, R. L. (1997a). Leaping off the garden path: Reanalysis and limited repair parsing. In J. Fodor & F. Ferreira (Eds), Reanalysis in Sentence Processing. Boston, MA: Kluwer.

[464] Lewis, R. L. (1997b). Specifying architectures for language processing: Process, control, and memory in parsing and interpretation. In M. Crocker, M. Pickering, & C. Clifton (Eds), Architectures and Mechanisms for Language Processing. Cambridge, UK: Cambridge University Press.

[465] Li, L., Sweet, B. T., & Stone, L. S. (2006). Active control with an isoluminant display. IEEE Transactions on Systems, Man, and Cybernetics, 36, 1124 - 1134.

[466] Li, L., Sweet, B. T., & Stone, L. S. (2005). Effect of contrast on the active control of a moving line. J Neurophysiol, 93, 2873 - 86.

[467] Li, L., Chen, J., & Peng, X. Z. (2007). Influence of field of view (FOV) size and depth range on heading perception with or without visual path information. Perception, 36S, 184.

[468] Lieberman, P., Morey, A., Hochstadt, J. E., Larson, M., & Mather, S. (2005). Mount Everest: A spaceanalog for speech monitoring of cognitive deficits and stress. Aviat Space Environ Med, 76(6), Suppl. B198 - 207.

[469] Linde, C. (1988). The quantitative study of communicative success: Politeness and accidents in aviation discourse. Language in Society, 17, 375 - 399.

[470] Linenger, J. M. (2000). Off the Planet: Surviving Five Perilous Months Aboard the Space Station Mir. New York, NY: McGraw - Hill.

[471] Lintern, G. & Wickens, C. D. (1991). Issues for acquisition in transfer of timesharing and dual - task skills. In D. Damos (Ed.), Multiple - task performance (pp. 123 - 138). London, UK: Taylor & Francis.

[472] Lipshitz, R., Klein, G., Orasanu, J., & Salas, E. (2001). Taking stock of naturalistic decision making. Journal of Behavioral Decision Making, 14, 331 - 352.

[473] Liston, C., McEwen, B. S., & Casey, B. J. (2009). Psychosocial stress reversibly disrupts prefrontal processing and attentional control. Proceedings of the National Academy of Sciences, 106 (3), 912 - 917.

[474] Logan, G. D. (1985). Skill and automaticity. Canadian Journal of Psychology, 9, 283 - 286.

[475] Lorist, M. M., & Snel, J. (1997). Caffeine effects on perceptual and motor processes. Electroencephalography and Clinical Neurophysiology, 102, 401 - 413.

[476] Lovelace, K. , Shapiro, D. L. , & Weingart, L. R. (2001). Maximizing cross functional new product teams'innovativeness and constraint adherence: A conflict communications perspective. Academy of Management Journal, 44, 779 - 783.

[477] Lubin, J. (1993). The use of psychophysical data and models in the analysis of display system performance. In A. B. Watson(Ed.), Digital images and human vision(pp. 163 - 178). Cambridge, MA: MIT Press.

[478] Luethi, M. , Meier, B. , & Sandi, C. (2008). Stress effects on working memory, explicit memory, and implicit memory for neutral and emotional stimuli in healthy men. Frontiers in Behavioral Neuroscience. 2(5), (129 - 1360). Epub 2009 Jan 15.

[479] Lulofs, R. , Wennekens, R. , & Van Houtem, J. (1981). Effect of physical stress and time - pressure on performance. Perceptual and Motor Skills, 52(3), 787 - 793.

[480] Lysaght, R. J. , Hill, S. G. , Dick, A O. , Plamondon, B. D. , Linton, P. M. , Wierwille, W. W. , Zaklad, A. L. , Bittner, A C. , & Wherry, R. J. (1989). Operator workload: Comprehensive Review and Evaluation of Operator Workload Methodologies(TR 851). Alexandria. VA: US Army Research Institute for the Behavioral and Social Sciences.

[481] MacCoun, R. J. (1993). Unit cohesion and military performance. In Sexual orientation and U. S. military personnel policy: Policy options and assessment(pp. 283 - 331). Santa Monica, CA: RAND

[482] Madan, A. , Caneel, R. , & Pentland, A. (2004). GroupMedia: Distributed multimodal interfaces. Paper presented at the 6th International Conference on Multimodal Interfaces, State College, PA.

[483] Mader, T. H. , Gibson, C. R. , Pass, A. F. , Kramer, L. A. , Lee, A. G. , Fogarty, J. , et al. (2011). Optic Disc Edema, Globe Flattening, Choroidal Folds, and Hyperopic Shifts Observed in Astronauts after Longduration Space Flight. Ophthalmology, 118(10), 2058 - 2069.

[484] Mandler, G. (1982). Stress and thought processes. In L. Goldberger & S. Breznitz(Eds.), Handbook of stress: Theoretical and clinical aspects. New York, NY: Free Press.

[485] Mannix, E. , & Neale, M. A. (2005). What differences make a difference? The promise and reality of diverse teams in organizations. Psychological Science in the Public Interest, 6, 31 - 55.

[486] Manzey, D, Lorenz, B, Schiewe, A, Finell, G, & Thiele, G. (1995). Dual - task performance in space: Results from a single - case study during a short - term space mission. Human Factors, 37(4), 667 - 681.

[487] Manzey, D. (2000) Monitoring of mental performance during spaceflight. Aviat Space Environ Med, 71, A69 - A75.

[488] Manzey, D. (2004) Human missions to Mars: new psychological challenges and research issues. Acta Astronautica, 55, 781 - 790.

[489] Mark, G. (2002). Conventions for coordinating electronic distributed work: A longitudinal study of groupware use. In P. Hinds & S. Kiesler(Eds.), Distributed Work(pp. 259 - 282). Cambridge, MA: MIT Press.

[490] Markus, H. R. & Kitayama, S. (1991). Culture and the self: Implications for cognition, emotion and motivation. Psychological Review, 98, 224 - 253.

[491] Markus, H. R. & Lin, L. R. (1999). Conflictways: Cultural diversity in the meanings and practices of conflict. In D. A. Prentice & D. T. Miller(Eds.), Cultural divides: Understanding and overcoming

group conflict(pp. 302 - 333). New York,NY:Sage.

[492] Marshall,S. (2007)Identifying cognitive state from eye metrics. Aviation,Space amd Environmental Medicine,78(5)B165 - 175.

[493] Marshall,W. H. ,Talbot,S. A. ,& Ades,H. W. (1943). Cortical response of the anesthetized cat to gross photic and electric afferent stimulation. J Neurophysiol,6,1 - 15.

[494] Mass, R. , Wolf, K. , Wagner, M. , & Haasen, C. (2000). Different sustained attention/vigilance changes over time in schizophrenics and controls during a degraded stimulus continuous performance test. European Archives of Psychiatry and Clinical Neuroscience,250,24 - 30.

[495] Masuda, T. & Nisbett, R. E. (2001). Attending holistically vs. analytically: Comparing the context sensitivity of Japanese and Americans. Journal of Personality and Social Psychology,81,922 - 934.

[496] Mathieu,J. E. ,Goodwin,G. F. ,Heffner,T. S. ,Salas,E. ,& Cannon - Bowers,J. A. (2000). The influence of shared mental models on team process and performance. J Appl Psychol, 85 (2), 273 - 283.

[497] Matthews,G. , Joyner, L. , Gilliland, K. , Campbell, S. , Falconer, S. , & Huggins, J. (1997). Validation of a comprehensive stress state questionaire: Towards a state"Big Three"? In I. J. F. Mervielde,P. De Fruyt,& F. Ostendorf(Eds.),Personality Psychology in Europe(Vol. 7). Tilburg: Tilburg University Press.

[498] Matveev,A. V. & Nelson,P. E. (2004). Cross cultural communication competence and multicultural team performance. International Journal of Cross Cultural Management,4,253 - 270.

[499] Maynard,D. W. (1991). On the interactional and institutional bases of asymmetry in clinical discourse analysis. American Journal of Sociology,92(2),448 - 495.

[500] Mayne,R. (1974). A systems concept of the vestibular organs. In:Kornhuber HH(ed)Handbook of Sensory Physiology,vol VI/2. Springer Verlag,Berlin Heidelberg New York,pp 493 - 580.

[501] Mayer, R. E. , & Moreno, R. (2003). Nine ways to reduce cognitive load in multimedia learning. Educational Psychologist,38,45 - 52

[502] McCandless,J. W. ,McCann,R. S. ,Berumen,K. W. ,Gauvain,S. S. ,Palmer,V. J. ,Stahl,W. D. & Hamilton,A. S. (2005). Evaluation of the Space Shuttle Cockpit Avionics Upgrade (CAU) displays. In Proceedings of the 49th Annual Meeting of the Human Factors and Ergonomics Society. Santa Monica,CA:Human Factors and Ergonomics Society.

[503] McCann,R. ,Beutter,B. R. ,Matessa,M. ,McCandless,M. ,J. W. ,Spirkovska,L. ,Liston,D. ,Hayashi,M. ,Ravinder,U. ,Elkins,S. ,Renema,F. ,Lawrence,R. ,Hamilton,A. (2006). Description and evaluation of a real - time fault management concept for next - generation space vehicles,Internal Report to Johnson Space Center,NASA Ames Research Center Moffett Field,CA.

[504] McCarthy,G. W. (1990). Spatial disorientation in the F - 16. In Aeromedical and Training Digest. 4,3.

[505] McClelland, J. L. & Rummelhart, D. E. (Eds.). (1986). Parallel distributed processing. Explorations in the microstructure of cognition (Vol. 2). Cambridge, MA: MIT Press/Bradford Books.

[506] McCluskey R,Clark J,Stepaniak P. Correlation of Space Shuttle landing performance with cardiovascular and neurological dysfunction resulting from space flight. NASA Bioastronautics Roadmap,2001.

[507] McCracken, J. , Aldrich, T. B. , (1984) Analysis of selected LHX mission functions. Technical note ASI 479 - 024 - 84(b) Anacapa Sciences.

[508] McDonald, P. V. , Basdogan, C. , Bloomberg, J. J. , Layne, C. S. (1996). Lower limb kinematics during treadmill walking after space flight: Implications for gaze stabilization. Exp Brain Res. 112: 325 - 334.

[509] McGrath, J. E. (1984). Groups: Interaction and performance. Englewood Cliffs, NJ: Prentice Hall.

[510] McKee, S. P. , Silverman, G. H. , & Nakayama, K. (1986). Precise velocity discrimination despite random variations in temporal frequency and contrast. Vision Res, 26(4), 609 - 19.

[511] McLellan, T. M. , Kamimori, G. H. , Bell, D. G. , Smith, I. F. , Johnson, D. , & Belenky, G. (2005). Caffeine maintains vigilance and marksmanship in simulated urban operations with sleep deprivation. Aviat Space Environ Med, 76, 39 - 45.

[512] McLennan, J. , Holgate, A. M, Omodei, M. M. and Wearing, A. J. (2005). Decision making effectiveness in wildfire incident management teams. Proceedings of the Seventh International Naturalistic Decision Making Conference, Amsterdam, The Netherlands.

[513] McNulty, P. J. , Pease, V. P. , & Bond, V. P. (1977). Comparison of the light - flash phenomena observed in space and in laboratory experiments. Life Sci Space Res, 15, 135 - 140.

[514] Means, B. , Salas, E. , Crandall, B. , & Jacobs, T. O. (1993). Training decision makers for the real world. In J. O. G. Klein, J. Orasanu, E. Klien, R. Calderwood, & C. E. Zsambok (Eds.), Decision making in actionn: models and methods(pp. 51 - 99). Norwood, NJ: Ablex.

[515] Meck, J. V. , Reyes, C. J. , Perez, S. A. , Goldberger, A. L. , Ziegler, M. G. (2001) . Marked exacerbation of orthostatic intolerance after long - vs. short - duration spaceflight in veteran astronauts. Psychosom Med 63: 865 - 873.

[516] Meck, J. V. , Waters, W. W. , Ziegler, M. G. , deBlock, H. F. , Mills, P. J. , Robertson, D. , Huang, P. L. (2004) . Mechanisms of postspaceflight orthostatic hypotension: low alpha1 - adrenergic receptor responses before flight and central autonomic dysregulation postflight. Am. J. Physiol. Heart Circ. Physiol 286: H1486 - 1495.

[517] Mehan, H. (1985). The structure of classroom discourse. In T. A. Van Dijk(Ed.), Handbook of discourse analysis: Vol. 3. Discourse and dialogue(Vol. 3, pp. 119 - 131). London, UK: Academic Press.

[518] Meichenbaum, D. (1996). Stress inoculation training for coping with stressors. The Clinical Psychologist, 47, 4 - 7.

[519] Meichenbaum, D. (2007). Stress inoculation training: A preventative and treatment approach. In P. M. Lehrer, R. L. Woolfolk & W. S. Sime(Eds.), Principles and practice of stress management(3rd ed.). New York, NY: Guilford Press.

[520] Merfeld, D. M. , Park, S. , Gianna - Poulinm C. , Black, F. O. , & Wood, S. (2005). Vestibular perception and action use qualitatively different mechanisms. I. Frequency response of VOR and perceptual responses during translation and tilt. J Neurophysiol, 94, 186 - 198.

[521] Merritt, A. C. & Helmreich, R. L. (1996). Human factors on the flight deck: The influence of national culture. Journal of Cross - Cultural Psychology, 27(1), 5 - 24.

[522] Metzger, U. , & Parasuraman, R. (2001). The role of the air traffic controller in future air traffic management: An empirical study of active control versus passive monitoring. Human Factors, 43,

519 - 528.

[523] Meyer, J. (2004). Conceptual issues in the study of dynamic hazard warnings. Human Factors, 46, 196 - 204.

[524] Meyer, D. E. & Kieras, D. E. (1997a). A computational theory of executive cognitive processes and multiple - task performance: Part 1. Basic mechanisms. Psychological Review, 104, 3 - 65.

[525] Meyer, D. E. & Kieras, D. E. (1997b). A computational theory of executive cognitive processes and multiple - task performance: Part 2. Accounts of psychological refractory - period phenomena. Psychological Review, 104, 749 - 791.

[526] Mickelson, J. S. & Campbell, J. H. (1975). Information behavior: Groups with varying levels of interpersonal acquaintance. Organizational Behavior and Human Decision Processes, 13, 193 - 205, 20 (4), 499 - 537.

[527] Miller, C. A., Peters, B. T., Brady, R. R., Richards, J. R., Ploutz - Snyder, R. J., Mulavara, A. P., Bloomberg, J. J. (2010). Changes in toe clearance during treadmill walking after long - duration spaceflight. Aviation, Space and Environmental Medicine 81(10): 919 - 28.

[528] Miller, C. S. & Laird, J. E. (1996). Accounting for graded performance within a discrete search framework. Cognitive Science: A Multidisciplinary Journal of Cross - Cultural Psychology, 27(1), 5 - 24.

[529] Miller, D. L. (2001). Reexaming teamwork KSAs and team performance. Small Group Research, 32 (6), 745 - 767.

[530] Miller, G. A. (1956). The magical number seven, plus or minus two: Some limits on our capacity for processing information. Psychological Review, 63, 81 - 97.

[531] Miller, J. O., & Low, K. (2001). Motor processes in simple, go/no - go, and choice reaction time tests: A psychophysiological analysis. J Exp Psychol, 27, 266 - 289.

[532] Misiolek, N. I. (2005). Patterns of emergent leadership in ad hoc virtual teams (Dissertation Proposal). Syracuse University, Department of Information Sciences. (incomplete reference)

[533] Mitchell, D. K.; Samms, C., Henthorn, T., & Wojciechowski, J. (2003). Trade Study: A Two - Versus Three - Soldier Crew for the Mounted Combat System (MCS) and Other Future Combat System Platforms; ARL - TR - 3026; U. S. Army Research Laboratory: Aberdeen Proving Ground, MD.

[534] Mohammed, S. & Angell, L. C. (2004). Surface - and deep - level diversity in workgroups: Examining the moderating effects of team orientation and team process on relationship conflict. Journal of Organizational Behavior, 25, 1015 - 1039.

[535] Monk, T. H., Buysse, D. J., Billy, B. D., Kennedy, K. S., & Willrich, L. M. (1998). Sleep and circadian rhythms in four orbiting astronauts. Journal of Biological Rhythms, 13(3), 188 - 201.

[536] Moore, S., Cohen, B., Raphan, T., et al. (2005). Spatial orientation of optokinetic nystagmus and ocular pursuit during orbital space flight. Exp Brain Res, 160, 38 - 59.

[537] Moore, B. C. J. (2004). An introduction to the psychology of hearing. San Diego, CA: Elsevier Academic Press.

[538] Moore, S. T., Clement, G., Dai, M., Raphan, T., Solomon, D. and Cohen, B. (2003). Ocular and perceptual responses to linear acceleration in 0g: Alterations in otolith function on the COSMOS and Neurolab flights. J Vest Res, 13, 377 - 393.

[539] Moore,A. D. Jr. ,Lee,S. M. ,Charles,J. B. ,Greenisen,M. C. ,Schneider,S. M. (2001). Maximal exercise as a countermeasure to orthostatic intolerance after spaceflight. Med Sci Sports Exerc 33: 75 - 80.

[540] Moore, A. D. , Lee, S. M. C. , Stenger, M. B. , Platts, S. H. (2010). Cardiovascular exercise in the U. S. space program:Past,present and future. Acta Astronautica 66:974 - 988.

[541] Moos,R. H. & Humphrey,B. (1974). Group environment scale,form R. Palo Alto,CA:Consulting Psychologists Press.

[542] Moray,N. and Rotenburg,I. (1989). Fault management in process control:eye movements and action. Ergonomics,32(11),1319 - 1342.

[543] Moray,N. (1988). Mental workload since 1979. In D. J. Osborne(Ed.)International Reviews of Ergonomics:Current Trends in Human Factors Research and Practices(Vol. 2,pp. 38 - 64). London, UK:Taylor and Francis.

[544] Moray. N. (Ed.). (1979). Human Mental Workload:Its Theory and Measurement. New York,NY: Plenum Press.

[545] Morgan,B. B. & Lassiter,D. L. (1992). Team composition and staffing. In R. W. Swezey & E. Salas (Eds.),Teams:Their training and performance(pp. 75 - 100). Norwood,NJ:Ablex Publishing Corporation.

[546] Morgenthaler,G. W. ,Fester,D. A. ,& Cooley,C. G. (1994). An assessment of habitat pressure,oxygen fraction,and EVA suit design for space operations,Acta Astronautica,32,39 - 49.

[547] Morgeson,F. P. ,Mattew,H. R,& Michael,A. C. (2005). Selecting individuals in team settings:The importance of social skills,personality characteristics,and teamwork knowledge. Personnel Psychology,58,583 - 611.

[548] Moroney,N. ,Fairchild,M. D. ,Hunt,R. W. G. ,Li,C. ,Luo,M. R. ,& Newman,T. (2002). The CIECAM02 Color Appearance Model. In Proceedings from the IS&T/SID 10th Color Imaging Conference(pp. 23 - 27). Scottsdale,UK.

[549] Mulavara,A. P. ,Cohen,H. S. ,Bloomberg,J. J. (2009). Critical features of training that facilitate adaptive generalization of over ground locomotion. Gait and Posture 29(2):242 - 8.

[550] Mulavara,A. P. ,Feiveson,A. ,Feidler,J. ,Cohen,H. S. ,Peters,B. T. ,Miller,C. A. ,Brady,R. , Bloomberg,J. J. (2010). Locomotor function after long - duration space flight: Effects and motor learning during recovery. Exp Brain Res. 202(3):649 - 59.

[551] Mulder,G. & Mulder,L. (1981). Information processing and cardiovascular control. Psychophysiology,18,392 - 401.

[552] Mullen,B. & Baumeister,R. F. (1987). Group effects on self - attention and performance:Social loafing,social facilitation,and social impairment. In C. Hendrick(Ed.),Review of personality and social psychology(pp. 189 - 206). Newbury Park,CA:Sage.

[553] Mullen,B. & Copper,C. (1994). The relation between group cohesiveness and performance:An integration. Psychological Bulletin,115(2),210 - 227.

[554] Mullen,B. ,Johnson,D. A. ,& Drake,S. D. (1987). Organizational productivity as a function of group composition:A self - attention perspective. Journal of Social Psychology,127,143 - 150.

[555] NASA Human Research Program. (2008). HRP 47072 Risk Evidence Book. Houston,TX:National

Aeronautics and Space Administration.

[556] NASA Human Research Program. (2007). Integrated Research Plan. Houston, TX: National Aeronautics and Space Administration.

[557] National Aeronautics and Space Administration. (2009). Human - rating requirements for space systems (w/change 1 dated 12/7/2009; NPR 8705. 2B). NASA, Moffett Field, CA.

[558] National Research Council Space Studies Board. (1998). A strategy for research in space biology and medicine in the new century. Washington, DC: National Academy Press.

[559] NAS - NRC. (1980). Recommended standard procedures for the clinical measurement and specification of visual acuity: Report of Working Group 39. Advances in Ophthalmology, 41, 103 - 148.

[560] National Air Traffic Services. (1999). Human Factors Guidelines Database. Christchurch, UK: National Air Traffic Services, Human Factors Unit.

[561] Nemeth, C. J. & Mullen, K. T. (1985). The contrast sensitivity of human colour vision to red - green and blue - yellow chromatic gratings. J Physiol, 359, 381 - 400.

[562] Nemeth, C. J. & Owens, P. (1996). Making work groups more effective: The value of minority dissent. In M. A. West(Ed.), Handbook of work group psychology(pp. 125 - 142). Chichester, UK: John Wiley.

[563] Nemeth, C. J. (1986). Differential contributions of majority and minority influence. Psychological Review, 93, 23 - 32.

[564] Nemeth, C. J., & Staw, B. M. (1989). The tradeoffs of social control and innovation in groups and organizations. Advances in Experimental Social Psychology, 22, 175 - 206.

[565] Neubert, M. J. (1999). Too much of a good thing or the more the merrier? Exploring the dispersion and gender composition of informal leadership in manufacturing teams. Small Group Research, 30 (5), 635 - 646.

[566] Newell, A. (1990). Unified theories of cognition. Cambridge, MA: Harvard University Press.

[567] Newman, D. J., Jackson, D. K., Bloomberg, J. J. (1997). Altered astronaut lower limb and mass center kinematics in downward jumping following space flight. Exp Brain Res. 117: 30 - 42.

[568] Nickel, P. & Nachreiner, F. (2003). Sensitivity and Diagnosticity of the 0. 1 - Hz Component of Heart Rate Variability as an Indicator of Mental Workload. Human Factors, 45(4), 575 - 590.

[569] Nicogossian, A. E., Sawin, C. F., & Huntoon, C. L. (1993). Overall Physiologic Response to Space Flight. In: A. E. Nicogossian, C. L. Huntoon, & S. L. Pool(Eds.). Space Physiology and Medicine (3rd ed., pp. 215). Philadelphia, PA: Lea & Febiger.

[570] Nisbett, R. E., Peng, K., Choi, I., & Norenzayan, A. (2001). Culture and systems of thought: Holistic versus analytic cognition. Psychological Review, 108(2), 291 - 310.

[571] Norenzayan, A., Smith, E. E., Kim, B. J., & Nisbett, R. E. (2002). Cultural preferences for formal versus intuitive reasoning. Cognitive Science, 26, 653 - 684.

[572] North, R. & Riley, V. (1988). W/Index: A predictive model of operator workload. In Applications of Human Performance Models to Systems Design. New York, NY: Plenum Press.

[573] NTSB. (1994). A review of flightcrew - involved, major accidents of U. S. Air Carriers, 1978 - 1990 (NTSB report No. PB 94 - 917001, NTSB/SS - 94/01). Washington, DC: NTSB.

[574] Nullmeyer, R., Stella, D., Montijo, G. A., & Harden, S. W. (2005). Human factors in Air Force

flight mishaps: Implications for change. Proceedings of the Interservice/Industry Training, Simulation, and Education Conference, Paper No. 2260, 1 - 11. Orlando FL.

[575] Nygren, T. E. (1991). Psychometric properties of subjective workload measurement techniques: Implications for their use in the assessment of perceived workload. Human Factors, 33, 17 - 33.

[576] Oberg, J. E. (1981). Red Star in orbit. New York, NY: Random House.

[577] Oberg, J. E., & Oberg, A. R. (1986). Pioneering space. New York, NY: McGraw - Hill.

[578] O'Briant, C. R. & Ohlbaum, M. K. (1970). Visual acuity decrements associated with whole body plus or minus Gz vibration stress. Aerospace medicine, 41(1), 79 - 82.

[579] O'Brien, G. (1968). Methods of analyzing group tasks (Technical Report No. 46, No. DTIC AD 647762). Urbana, IL: Dept. of Psychology, Group Effectiveness Research Laboratory.

[580] O'Donnell, R. D. & Eggemeier, F. T. (1986). Workload assessment methodology. In K. Bott, L. Kaufman, & J. Thomas (Eds.), Handbook of Perception and Human Performance, (Vol. 2, pp. 42 - 49). New York, NY: John Wiley & Sons.

[581] O'Hanlon, J. & Griffin, M. (1971). Some effects of the vibration of reading material upon visual performance. Technical Report No. 49, Institute of Science and Vibration Research. University of Southampton. UK.

[582] O'Hare, D. (1990). Pilots' perception of risks and hazards in general aviation. Aviat Space Environ Med, 61(7), 599603.

[583] Ohbuchi, K. I. & Takahashi, Y. (1994). Cultural styles of conflict management in Japanese and Americans: Passivity, covertness, and effectiveness of strategies. Journal of Applied Social Psychology, 24(15), 1345 - 1366.

[584] Ohlsson, J. & Villarreal, G. (2005). Normal visual acuity in 17 - 18 year olds. Acta Ophthalmologica Scandinavica, 83 (4), 487 - 491, http://www.blackwell - synergy.com/doi/abs/10.1111/j.1600 - 0420.2005.00516.x

[585] Oliver, L. W., Harman, J., Hoover, E., Hayes, S. M., & Pandhi, N. A. (2000). A quantitative integration of the military cohesion literature. Military Psychology, 11(1), 57 - 83.

[586] Olzak, L. A. & Thomas, J. P. (1986). Seeing spatial patterns. In K. R. Boff, L. Kaufman & J. P. Thomas (Eds.), Handbook of perception and human performance (Vol. 1, pp. 7.1 - 7.56). New York, NY: Wiley.

[587] O'Neal, M. R., Task, H. L., & Genco, L. V. (1992). Effect of 0g on several visual functions during STS shuttle missions: NASA, http://hdl.handle.net/2060/19920013088.

[588] Orasanu, J. (1994). Shared problem models and flight crew performance. In N. Johnston, N. McDonald & R. Fuller (Eds.), Aviation psychology in practice (pp. 255 - 285). Aldershot, UK: Ashgate.

[589] Orasanu, J. (1995a). Evaluating team situation awareness through communication. In D. Garland & M. Endsley (Eds.), Proceedings of International Conference on Experimental Analysis and Measurement of Situation Awareness. Daytona Beach, FL: Embry - Riddle Aeronautical University Press.

[590] Orasanu, J. (1995): Training for Aviation Decision Making: The Naturalistic Decision - Making Perspective. In: Proceedings of the Human Factors and Ergonomics Society 39th Annual Meeting. (pp. 1258 - 1262). San Diego, CA.

[591] Orasanu, J. (1997). Stress and naturalistic decision making: Strengthening the weak links. In R. Flin,

E. Salas, M. Strub, & L. Martin(Eds.), Decision making under stress; Emerging themes and applications (pp. 49 - 160). Aldershot, UK: Ashgate.

[592] Orasanu, J. M. & Backer, P. (1996). Stress and Military Performance. In J. E. Driskell & E. Salas (Eds.)Stress and Human Performance(pp. 89 - 125)Mahwah, NJ: Lawrence Erlbaum Associates.

[593] Orasanu, J. & Fischer, U. (1992). Distributed cognition in the cockpit: Linguistic control of shared problem solving, Proceedings of the Fourteenth Annual Conference of the Cognitive Science Society (pp. 189 - 194). Hillsdale, NJ: Erlbaum.

[594] Orasanu, J. & Fischer, U. (1997). Finding decisions in natural environments: The view from the cockpit. In C. Zsambok & G. A. Klein (Eds.), Naturalistic Decision Making (pp. 343 - 357). Mahwah, NJ: Lawrence Erlbaum Associates.

[595] Orasanu, J. & Fischer, U. (2008). Improving healthcare communication: Lessons from the flight-deck. In C. Nemeth(Ed.), Improving healthcare team communication: Building on lessons from aviation and aerospace. Aldershot, UK: Ashgate.

[596] Orasanu, J., Fischer, U., & Davison, J. (2004). Risk perception and risk management in aviation. In R. Dietrich & K. Jochum (Eds.), Teaming up: Components of safety under high risk (pp. 93 - 116). Burlington, VT: Ashgate.

[597] Orasanu, J., Fischer, U., & Davison, J. (2004). Pilots'risk perception and risk management: Their role in plan continuation errors. Moffett Field CA.

[598] Orasanu, J., Fischer, U., Parke, B., McDonnell, L., Kraft, N., & Anderson, B. (2008). Alternative techniques for monitoring and evaluating team cohesion. Moffett Field, CA: NASA Ames Research Center: NASA Behavioral Health and Performance (BHP) Element of the Human Research Program.

[599] Orasanu, J., Fischer, U., Tada, Y., & Kraft, N. (2004). Team stress and performance: Implications for long - duration space missions, 48th Annual Meeting of the Human Factors and Ergonomics Society. (pp. 552 - 556). New Orleans, LA.

[600] Orasanu, J., Kraft, N., McDonnell, L., Parke, B., Tada, Y., Fischer, U., et al. (2008). Team training strategies to enhance cohesion and team performance (Draft Milestone Report, NASA Behavioral Health and Performance(BHP)Element of the Human Research Program). Moffett Field, CA: NASA Ames Research Center.

[601] Orasanu, J., Martin, L., & Davison, J. (2002). Cognitive and contextual factors in aviation accidents: Decision errors. In E. Salas & G. Klein (eds.), Linking expertise and naturalistic decision making (pp. 209 - 226). Mahwah: Erlbaum Associates.

[602] Orasanu, J. & Strauch, B. (1994). Temporal factors in aviation decision making, Proceedings of the Human Factors and Ergonomics Society 38th Annual Meeting(Vol. 2, pp. 935 - 939). Santa Monica, CA: Human Factors and Ergonomics Society.

[603] Orasanu, J., Kraft, N., McDonnell, L., et al. (2008). Team training strategies to enhance cohesion and team performance. Moffett Field, CA: NASA Ames Research Center: NASA Behavioral Health and Performance(BHP)Element of the Human Research Program. (incomplete reference).

[604] Orasanu, J., Martin, L., & Davison, J. (2002). Cognitive and contextual factors in aviation accidents: Decision errors. In E. Salas & G. Klein(Eds.), Linking expertise and naturalistic decision making (pp. 209 -

226). Mahwah, NJ: Erlbaum.

[605] Orasanu, J., Wich, M., Fischer, U., et al. (1993). Distributed problem solving by pilots and dispatchers. International Symposium on Aviation Psychology, 7th, (pp. 198 - 203). Columbus, OH.

[606] Owsley, C., Sekuler, R., & Siemsen, D. (1983). Contrast sensitivity throughout adulthood. Vision Res, 23 (7), 689 - 699, http://www.ncbi.nlm.nih.gov/entrez/query.fcgi? cmd = Retrieve&db = PubMed&dopt=Citation&list_uids=6613011

[607] Paas, F., Renkl, A., & Sweller, J. (2003). Cognitive Load theory and instructional design: recent developments. Educational Psychologist, 31, 1 - 5.

[608] Paige, G. & Tomko, D. (1991). Eye movement responses to linear head motion in the squirrel monkey. I. Basic characteristics. J Neurophysiol, 65, 1170 - 1182.

[609] Paige, G. D. & Seidman, S. H. (1999). Characteristics of the VOR in response to linear acceleration. Ann NY Acad Sci, 871, 123 - 135.

[610] Paige, G. D., Telford, L., Seidman, S. H., & Barnes, G. R. (1998). Human vestibuloocular reflex and its interactions with vision and fixation distance during linear and angular head movement. J Neurophysiol, 80, 2391 - 2404.

[611] Paletz, S. B. F. (2006). Types, causes, and countermeasures of team conflict. Panel presentation at the Annual Conference of the American Psychological Association, New Orleans, LA.

[612] Paletz, S. B. F. (under review). Individual selection and crew assembly: A gap analysis for exploration missions. In S. B. F. Paletz & M. K. Kaiser (Eds.), Behavioral Health and Performance Gap Analysis White Papers. Moffett Field, CA: NASA. (incomplete reference).

[613] Paletz, S. B. F., Bearman, C. R., Orasanu, J., & Holbrook, J. (under review). Changing latent vulnerabilities into pressures: Including social psychology in HFACS. (incomplete reference).

[614] Paloski, W. H & Oman C. M. (2008) Summary of Evidence Supporting HRP/HHC Risk of Impaired Ability to Maintain Control of Vehicles and Other Complex Systems. Sensory - Motor Discipline Integrated Product Team Report, 2008. (incomplete reference)

[615] Paloski, W. H., Oman, C. M., Bloomberg, J. J., Reschke, M. F., Wood, S. J., Harm, D. L., Peters, B. T., Mulavara, A. P., Locke, J. P., Stone, L. S. (2008). Risk of sensory - motor performance failures during exploration - class space missions: A review of the evidence and recommendations for future research. J Gravit Physiol 15: 1 - 29.

[616] Paloski, W. H. & Reschke, M. F. (1999). Section 5.4. Recovery of postural equilibrium control following space flight. In: C. F. Sawin, G. R. Taylor, & W. L. Smith (Eds.) Extended Duration Orbiter Medical Project 1989 - 1995 (NASA SP - 1999 - 534). Washington, DC: National Aeronautics and Space Administration.

[617] Paloski, W. H. (1998). Vestibulospinal adaptation to 0g. Otolaryngol Head Neck Surg. 118 (3 Pt 2); S39 - 44.

[618] Paloski, W. H., Bloomberg, J. J., Reschke, M. F., Harm, D. L. (1994). Space flight induced changes in posture and locomotion. Journal of Biomechanics 27: 812.

[619] Paloski, W. H., Black, F. O., Reschke, M. F., Calkins, D. S., Shupert, C. (1993). Vestibular ataxia following shuttle flights: effects of microgravity on otolith - mediated sensorimotor control of posture. Am J Otol. 14: 9 - 17.

[620] Paloski, W. H. , Reschke, M. F. , Black, F. O. , Doxey, D. D. , Harm, D. L. (1992). Recovery of postural equilibrium control following spaceflight. Ann N Y Acad Sci 656:747 - 754.

[621] Panayiotou, G. & Vrana, S. R. (2004). The role of self - focus, task difficulty, task self - relevance, and evaluation anxiety on reaction time performance. Motivation and Emotion, 28, 171 - 196.

[622] Pantle, A. & Sekuler, R. (1969). Contrast response of human visual mechanism sensitive to orientation and direction of motion. Vision Res, 9(3), 397 - 406.

[623] Parasuraman, R. , Mouloua, M. , & Molloy, R. (1996). Effects of adaptive task allocation on monitoring of automated systems. Human Factors, 38, 665 - 679.

[624] Parke, B. (1985). A field adaptation of the SYMLOG adjective rating form suitable for populations including children. International Journal of Small Group Research, 1(1), 89 - 95.

[625] Parke, B. & Houben, H. C. (1985). An objective analysis of group types. International Journal of Small Group Research, 13, 131 - 149.

[626] Parke, B. , Kanki, B. , Nord, K. , & Bianchi, A. (2000). Crew climate and performance: Use of group diagrams based on behavioral ratings, 44th IEA2000/HFES 2000 Congress (pp. 3149 - 3152). San Diego, CA.

[627] Parker, D. E. , Reschke. M. F. , Arrott, A. P. , Homick, J. L. , & Lichtenberg, B. K. (1985). Otolith tilttranslation reinterpretation following prolonged weightlessness: implications for preflight training. Aviat Space Environ Med, 56, 601 - 606.

[628] Parker, D. E. , Reschke, M. F. , Ouyang, L. , et al. (1986). Vestibulo - ocular reflex changes following weightlessness and preflight adaptation training, In E. Keller, & D. Zee (Eds) Adaptive Processes in Visual and Oculomotor Systems (pp 103 - 108). Oxford, UK: Pergamon Press.

[629] Parker, J. & West, V. (1973). Bioastronatics Data Book, NASA SP - 3006 (Second ed.): NASA, Washington, D. C.

[630] Parks, D. L. & Boucek Jr. , G. P. (1989) In G. McMillan, D. Beevis, E. Salas, M. H. Strub, R. Sutton, & L. Van Breda (Eds.), Applications of Human Performance Models to System Design (pp. 259 - 273), New York, NY: Plenum Press.

[631] Pashler, H. (1988). Familiarity and visual change detection. Perception & Psychophysics, 44, 369 - 378.

[632] Paul, C. & Gross, A. (1981). Increasing productivity and morale in a municipality: Effects of organization development. Journal of Applied Behavioral Science, 17, 59 - 78.

[633] Pavy - Le Traon, A. , Heer, M. , Narici, M. V. , et al. (2007). From space to Earth: advances in human physiology from 20 years of bed rest studies (1986 - 2006). Eur J Appl Physiol, 101(2), 143 - 194.

[634] Payne, J. W. , Bettman, J. R. , & Johnson, E. J. (1988). Adaptive strategy selection in decision making. Journal of Experimental Psychology: Learning, Memory, and Cognition, 14(3), 534 - 552.

[635] Pearce, C. L. & Sims Jr. , H. P. (2002). Vertical versus shared leadership as predictors of the effectiveness of change management teams: An examination of aversive, directive, transactional, transformational, and empowering leader behaviors. Group Dynamics: Theory, Research and Practice, 6(2), 172 - 197.

[636] Peck, V. A. & John, B. E. (1992). Browser - Soar: a computational model of a highly interactive

task. Proceedings of the SIGCHI Conference on Human Factors in Computing Systems: Monterey, CA, USA, 165 - 172.

[637] Pelli, D. G., Cavanagh, P., Desimone, R., et al. (2007). Crowding: Including illusory conjunctions, surround suppression, and attention. Journal of Vision, 7(2), 1 - 1, http://journalofvision.org/7/2/i/.

[638] Peng, K. & Nisbett, R. E. (1999). Culture, dialectics and reasoning about contradictions. American Psychologist, 54(9), 741 - 754.

[639] Peng, X., Stone, L. S., & Li, L. (2008). Humans can control heading independent of visual path information. Journal of Vision, 8(6), 1160a.

[640] Pentland, A., Curhan, J., Khilnani, R., et al. (2004). Social dynamics: Signals Toward a Negotiation Advisor, from http://hd.media.mit.edu.

[641] Pentland, A. (2008). Honest signals: How they shape our world. Cambridge, MA: MIT Press.

[642] Perez, S. A., Charles, J. B., Fortner, G. W., Hurst, V. 4th, Meck, J. V. (2003). Cardiovascular effects of anti - G suit and cooling garment during space shuttle re - entry and landing. Aviat Space Environ Med 74: 753 - 757.

[643] Perhonen, M. A., Franco, F., Lane, L. D., Buckey, J. C., Blomqvist, C. G., Zerwekh, J. E., Peshock, R. M., Weatherall, P. T., Levine, B. D. (2001). Cardiac atrophy after bed rest and spaceflight. J. Appl. Physiol. 91: 645 - 653.

[644] Perrow, C. (1984). Normal accidents: Living with high - risk technologies. New York, NY: Basic Books.

[645] Persterer, A., Opitz, M., Koppensteiner, C., et al. (1993). AUDIMIR: Directional hearing at 0g. Journal of the Audio Engineering Society, 41, 239 - 247.

[646] Peters, B. T., Miller, C. A., Richards, J. T., Brady, R. A., Mulavara, A. P., Bloomberg, J. J. (2011). Dynamic visual acuity during walking after long - duration spaceflight. Aviation, Space and Environmental Medicine 82(4): 463 - 6.

[647] Peterson, M. S., Kramer, A. F., & Irwin, D. E. (2004). Covert shifts of attention precede involuntary eye movements. Perception & Psychophysics, 66, 398 - 405.

[648] Pew, R. W. & Mavor, A. S. (Eds.). (1998). Modeling human and organizational behavior: Application to military simulations. Washington, DC: National Academies Press.

[649] Pew, R. W., Gluck, K. A., & Deutsch, S. (2005). Accomplishments, challenges, and future directions for human behavior representation. In K. A. Gluck, & R. W. Pew (Eds.), Modeling human behavior with integrated cognitive architectures: Comparison, evaluation, and validation, (pp. 397 - 414). Mahwah, NJ: Lawrence Erlbaum Associates.

[650] Philips, G. C. & Wilson, H. R. (1984). Orientation bandwidths of spatial mechanisms measured by masking. J Opt Soc Am A, 1, 226 - 232.

[651] Phipps, S. & Mulhern, R. K. (1995). Family cohesion and expressiveness promote resilience to the stress of pediatric bone marrow transplant: A preliminary report. Developmental and Behavioral Pediatrics, 16(4), 257 - 263.

[652] Pilcher, J. J. & Huffcutt, A. I. (1996). Effects of sleep deprivation on performance: A meta - analysis. Sleep, 19(4), 318 - 326.

[653] Pilcher, J. J. , McClelland, L. E. , Moore, D. W. , et al. (2007). Language performancePerformance under sustained work and sleep deprivation conditions. Aviat Space Environ Med, 78(5, Section Ⅱ), B25 - B38.

[654] Platts, S. H. , Martin, D. S. , Stenger, M. B. , Perez, S. A. , Ribeiro, L. C. , Summers, R. , Meck, J. V. (2009). Cardiovascular adaptations to long - duration head - down bed rest. Aviat Space Environ Med 80: A29 - 36. 23.

[655] Platts, S. H. , Tuxhorn, J. A. , Ribeiro, L. C. , Stenger, M. B. , Lee, S. M. C. , Meck, J. V. (2009). Compression garments as countermeasures to orthostatic intolerance. Aviat Space Environ Med 80: 437 - 442.

[656] Poirson, A. B. & Wandell, B. A. (1993). The appearance of colored patterns: pattern - color separability. J Opt Soc Am A, 10(12), 2458 - 2470.

[657] Polk, T. A. & Newell, A. (1995). Deduction as verbal reasoning. Psychological Review, 102(3), 533 - 566.

[658] Pollack, I. (1952). The information of elementary auditory displays. The Journal of the Acoustical Society of America, 24, 745 - 749.

[659] Posner, M. I. (1980). Orienting of attention. The Quarterly Journal of Experimental Psychology, 32, 3 - 25.

[660] Poulton, B. C. , & West, M. A. (1999). The determinants of effectiveness in primary health care teams. Journal of Interprofessional Care, 12(1), 7 - 18.

[661] Powell, D. H. , Kaplan, E. F. , Whitla, D. , Weintraub, S. , Catlin, R. , Funkenstein, H. H. (1996). Microcog: Assessment of Cognitive Functioning (Version 2. 4). San Antonio, TX: The Psychological Corporation.

[662] Powell, M. R. , Horrigan, Jr. D. J. , Waligora, J. M. , & Norfleet, W. T. (1993) Extravehicular Activities. In: A. E. Nicogossia, C. L. Huntoon, & S. L. Pool (Eds.). Space Physiology and Medicine, (3rd ed. , pp. 128 - 140). Philadelphia, PA: Lea & Febiger.

[663] Prinzel, L. J. (2003) Three experiments examining the use of electroencephalogram, event - related potentials, and heart - rate variability (NASA/TP - 2003 - 212442). Washington, DC: National Aeronautics and Space Aministration.

[664] Pritchett, A. R. (2001). Reviewing the role of cockpit alerting systems. Human Factors and Aerospace Safety, 1, 5 - 39.

[665] Putnam, J. (2005). Human factors and the new vision for space exploration. The Space Review, Article 515/1. (Retrieved June 3, 2008, from http://www. thespacereview. com/article/515/1).

[666] Rabin, B. M. , Joseph, J. A. , & Shukitt - Hale, B. (2005). Effects of age and diet on the heavy particleinduced disruption of operant responding produced by a ground - based model for exposure to cosmic rays. Brain Research, 1036(1 - 2), 122 - 129.

[667] Rabin, J. (1994). Luminance effects on visual acuity and small letter contrast sensitivity. Optometry and Vision Science, 71, 685 - 688.

[668] Raby, M. , & Wickens, C. D. (1994). Strategic workload management and decision biases in aviation. International Journal of Aviation Psychology, 4(3), 211 - 240.

[669] Radio Technical Commission for Aeronautics (RTCA). (1995). Report of the RTCA board of

directors'select committee on free flight. Washington,DC.

[670] Ramachandran,R. ,& Lisberger,S. G. (2005). Normal performance and expression of learning in the vestibulo - ocular reflex(VOR)at high frequencies. J Neurophysiol,93,2028 - 2038.

[671] Rapisarda,B. A. (2002). The impact of emotional intelligence on work team cohesiveness and performance. The International Journal of Organizational Analysis,10(4),363 - 379.

[672] Rasker,P. (2002). Communication and performance in teams. Wageningen:Ponsen & Looijen.

[673] Rasmussen,J. (1985). The role of hierarchical knowledge representation in decision making and system management. IEEE Transactions on SystemsSytems, Man and Cybernetics, 2 (SMC - 15), 234 - 243.

[674] Rasmussen, J. , Pejtersen, A. J. , & Goodstein, L. P. (1994). Cognitive Systems Engineering. New York,NY:John Wiley & Sons,Inc.

[675] Rasmussen, T. H. & Jeppesen, H. J. (2006). Teamwork and associated psychological factors: A review. Work and Stress,20(2),105 - 128.

[676] Rea, M. S. (Ed.). (2000). IESNA Lighting Handbook: reference and application. (9 Ed.): New York,NY. Illuminating Engineering Society of North America.

[677] Reason,J. (1997). Managing the risks of organizational accidents. Aldershot,UK:Ashgate.

[678] Regan,D. , & Hamstra, S. J. (1993). Dissociation of discrimination thresholds for time to contact and for rate of angular expansion. Vision Res,33(4),447 - 62

[679] Reid, G. B. , Potter, S. S. , Bressler, J. R. (1989). Subjective workload assessment technique (SWAT):a user's guide,No. AAMRL - TR - 89 - 023,Armstrong Aerospace Medical Research Laboratory,Wright - Patterson Air Force Base,OH.

[680] Reid,G. B. (1985). Current status of the development of the subjective workload assessment technique. Proceedings of the Human Factors Society 29th Annual Meeting (pp. 220 - 223). Santa Monica,CA:Human Factors Society.

[681] Reid,G. B. & Colle, H. A. (1988) Critical SWAT values for predicting operator overload. Proceedings of the Human Factors Society 32nd Annual Meeting(pp. 1414 - 1418). Santa Monica, CA: Human Factors Society.

[682] Rensink,R. A. ,O'Regan,J. K. ,& Clark,J. J. (1997). To see or not to see:The need for attention to perceive changes in scene. Psychological Science,8,368 - 373.

[683] Reschke,M. F. & Parker,D. E. (1987). Effects of prolonged weightlessness on self - motion perception and eye movements evoked by roll and pitch. Aviat Space Environ Med,58(9),A153 - A157.

[684] Reschke,M. F. ,Harm,D. L. ,Parker,D. E. ,et al. (1991). DSO 459:Otolith tilt - translation reinterpretation. In:Results of the Life Sciences DSOs Conducted Aboard the Space Shuttle,1988 - 1990(pp 33 - 50). Houston,TX:National Aeronautics and Space Administration.

[685] Reschke,M. F. ,Bloomberg,J. J. ,Harm,D. L. ,Krnavek,J. M. ,& Paloski,W. H. (1999)Section 5. 3 Visual - vestibular integration as a function of adaptation to space flight and return to earth. In: C. F. Sawin,G. R. Taylor, & W. L. Smith(Eds.)Extended Duration Orbiter Medical Project 1989 - 1995(NASA SP - 1999 - 534). Washington,DC:National Aeronautics and Space Administration.

[686] Reschke,M. F. ,Harm,D. L. ,Bloomberg,J. J. ,& Paloski,W. H. (1996). Chapter 7:Neurosensory and sensory - motor function. In A. M. Genin & C. L. Huntoon(Eds.)Space Biology and Medicine,

Vol. 3: Humans in Spaceflight, Book 1: Effects of 0g. Washington, DC: American Institute of Aeronautics and Astronautics.

[687] Resnick, L. B., Salmon, M., Zeith, C. M., Wathen, S. H., & Holowchak, M. (1993). Reasoning in conversation. Cognition and Instruction, 11(3&4), 347 - 364.

[688] Reyna, V. F. & Brainerd, C. J. (1995). Fuzzy trace theory: an interim synthesis. Learning and Individual Differences, 7, 1 - 75.

[689] Rhatigan, J. L., Robinson, J. A., & Sawin, C. F. (2005). Exploration - Related Research on ISS: Connecting Science Results to Future Missions. Washington DC: National Aeronautics and Space Administration.

[690] Richard, C. M., Wright, R. D., Ee, C., Prime, S. L., Shimizu, Y., & Vavrik, J. (2002). Effect of a concurrent auditory task on visual search performance in a driving - related image - flicker task. Human Factors: The Journal of Human Factors and Ergonomics Society, 44, 108 - 119.

[691] Rieman, J. (1996). A field study of exploratory learning strategies. ACM Transactions on Computer - Human Interaction (TOCHI), 3, 189 - 218.

[692] Ritscher, J. B. (2005). Cultural factors and the International Space Station. Aviat Space Environ Med, 76(6), B135 - 144.

[693] Ritsher, J. B., Kanas, N., Gushin, V. I., & Saylor, S. (2007). Cultural differences in patterns of mood states on board the International Space Station. Acta Astronautica, 61, 668 - 671.

[694] Ritter, F. E. & Larkin, J. H. (1994). Developing process models as summaries of HCI action sequences. Human - Computer Interaction, 9, 345 - 383.

[695] Robertson, M. M. & Endsley, M. R. (1995). A methodology for analyzing team situation awareness in aviation maintenance. In D. J. Garland & M. R. Endsley (Eds.), Experimental analysis and measurement of situation awareness. Daytona Beach, FL: Embry - Riddle University.

[696] Robinson, E. S. (1934). Work of the integrated organism. In C. Murchison (Ed.), Handbook of General Experimental Psychology. Worcester, MA: Clark University Press.

[697] Robson, J. G. (1966). Spatial and temporal contrast sensitivity functions of the visual system. J Opt Soc Am, 56, 1141 - 1142.

[698] Robson, J. G. & Graham, N. (1981). Probability summation and regional variation in contrast sensitivity across the visual field. Vision Res, 21(3), 409 - 418.

[699] Rogers, L. E. & Farace, R. V. (1975). Analysis of relational communication in dyads: New measurement procedures. Human Communication Research, 1, 222 - 239.

[700] Rohaly, A. M., & Owsley, C. (1993). Modeling the contrast - sensitivity functions of older adults. J Opt Soc Am A, 10(7), 1591 - 1599. http://www.ncbi.nlm.nih.gov/entrez/query.fcgi? cmd = Retrieve&db=PubMed&dopt=Citation&list_uids=8350148.

[701] Rolfe, J. M. (1976). The measurements of human response in the man vehicle control situations. In T. B Sheridan & G. Johannsen (Eds.), Monitoring Behavior and Supervisory Control, New York, NY. Plenum Press.

[702] Roscoe, A H. (Ed.). (1987). Inflight assessment of workload using pilot ratings and heart rate. In The Practical Assessment of Pilot Workload (AGARD - AG - 282, (pp 78 - 82). Neuilly - sur - Seine, France: Advisory Group for Aerospace Research and Development.

[703] Roscoe, A. H. , Ellis, G. A. (1990). A subjective rating scale for assessing pilot workload in flight: a decase of practical use, No. Technical Report TR 90019, Royal Aerospace Establishment, Farnborough, UK.

[704] Rosnet, E. , Jurian, S. , Cazes, G. , & Bachelard, C. (2004). Mixed - gender groups: Coping strategies and factors of psychological adaptation in a polar environment. Aviat Space Environ Med, 75, C10 - C13.

[705] Roth, E. R. (1967). Selection of space - cabin atmospheres. Space Science Reviews, 6, 452 - 492.

[706] Roufs, J. A. J. (1972). Dynamic properties of vision - I. Experimental relationships between flicker and flash thresholds. Vision Res, 12, 261 - 278.

[707] Rouse, W. B. & Morris, M. W. (1986). On looking into the black box: Prospects and limits in the search of mental models. Psychological Bulletin, 100, 359 - 363.

[708] Rovamo, J. , Virsu, V. , & Nasanen, R. (1978). Cortical magnification factor predicts the photopic contrast sensitivity of peripheral vision. Nature, 271, 54 - 56.

[709] Rubenstein, T. & Mason, A. F. (1979). The accident that shouldn't have happened: An analysis of Three Mile Island. IEEE Spectrum, 33 - 57.

[710] Rubin, G. S. , West, S. K. , Munoz, B. , et al. (1997). A comprehensive assessment of visual impairment in a population of older Americans. The SEE Study. Salisbury Eye Evaluation Project. Invest Ophthalmol Vis Sci, 38 (3), 557 - 568. http://www. ncbi. nlm. nih. gov/entrez/query. fcgi? cmd = Retrieve&db = PubMed&dopt=Citation&list_uids=9071208.

[711] Rubio, S. , Diaz, E. , Martin, J. , Puente, J. M. (2004). Evaluation of Subjective Mental Workload: A comparison of SWAT, NASA - TLX, and Workload Profile, Applied Psychology: an International Review, 53(1), 61 - 86.

[712] Rupert, A. H. (1999). An instrumentation solution for reducing spatial disorientation mishaps, IEEE Engineering in Medicine and Biology, 19, 71 - 80.

[713] Rupert, A. H. , Guedry, F. E. , & Reschke, M. F. (1994). The use of a tactile interface to convey position and motion perceptions. Virtual Interfaces: Research and Applications, NATO Advisory Group for Aerospace Research and Development(AGARD)C P 541. 20, 1 - 7.

[714] Russo, J. E. (1977). The value of unit price information. Journal of Marketing Research, 14(2), 193 - 201.

[715] Rywick, T. (1987). SYMLOG rating form reliability. International Journal of Small Group Research, 3(1), 119 - 125.

[716] Sahakian, B. J. & Owen, A. M. (1992). Computerized assessment in neuropsychiatry using CANTAB: discussion paper. Journal of the Royal Society of Medicine, 85(7), 399 - 402.

[717] Salamon, S. (1977). Family bonds and friendship bonds: Japan and West Germany. Journal of Marriage and the Family, 39, 807 - 820.

[718] Salas, E. , Burke, C. S. , Wilson - Donnelly, K. A. , & Fowlkes, J. E. (2004). Promoting effective leadership within multicultural teams: An event - based approach. In D. V. Day, S. J. Zaccaro & S. M. Halpin(Eds.), Leader development for transforming organizations: Growing leaders for tomorrow(pp. 293 - 323). Mahwah, NJ: Lawrence Erlbaum Associates.

[719] Salas, E. , Dickinson, T. L. , Converse, S. A. , & Tannnenbaum, S. L. (1992). Toward an understanding of

team performance and training. In R. W. Swezey & E. Salas(Eds.), Teams: Their training and performance (pp. 3 - 30). Norwood, NJ: Ablex.

[720] Salas, E. , Nichols, D. R. , & Driskell, J. E. (2007). Testing three team training strategies in intact teams: a meta - analysis. Small Group Research, 38, 471 - 488.

[721] Sarno, K. J. , & Wickens, C. D. (1995). Role of multiple resources in predicting time - sharing efficiency: Evaluation of three workload models in a multiple - task setting: International Journal of Aviation Psychology. 5(1)1995, 107 - 130.

[722] Sandal, G. , Salas, E. , Wilson, K. A. , Priest, H. A. , & Guthrie, J. W. (2006). Design, delivery, and evaluation of training systems. In G. Salvendy(Ed.), Handbook of human factors and ergonomics, (3rd ed. , pp. 472 - 512). Hoboken, NJ: John Wiley.

[723] Sandal, G. M. (2004). Culture and tension during an International Space Station simulation: Result from SFINCSS'99. Aviat Space Environ Med, 75(7), C44 - 51.

[724] Sandal, G. M. , Musson, D. , Helmreich, R. L. , & Gravdal, L. (2004). Social desirability bias in personality testing: Implications for astronaut selection. Paper presented at the 55th International Astronautical Congress, pp. 634 - 641. Vancouver, Canada.

[725] Sandal, G. M. , Vaernes, R. , & Ursin, H. (1995). Interpersonal relations during simulated space missions. Aviat Space Environ Med, 66(7), 617 - 624.

[726] Sanders, A. F. (1998). Elements of human performance: Reaction processes and attention in human skill. Hillsdale, NJ: Lawrence Erlbaum Associates.

[727] Sandi, C. & Pinelo - Nava, M. T. (2007). Stress and memory: Behavioral effects and neurobiological mechanisms. Neural Plasticity, Article ID 78970.

[728] Santy, P. A. (1993). Multicultural factors in the space environment: Results of an international shuttle crew debrief. Aviat Space Environ Med, 196 - 200.

[729] Santy, P. A. , Holland, A. W. , Looper, L. , & Marcondes - North, R. (1992). Results of an International Space Crew Debrief. Paper presented at the 63rd Annual Scientific Meeting of the Aerospace Medical Association. May 10 - 14. , Miami, Florida.

[730] Sarter, N. B. and Woods, D. D. (1997). Team play with a powerful and independent agent: A corpus of operational experiences and automation surprises on the Airbus A - 320. Human Factors, 39, 553 - 569.

[731] Sarter, N. B. , Mumaw, R. , & Wickens, C. D. (2007)Pilots'monitoring strategies and performance on highly automated flight decks: an empirical study combining behavioral and eye - tracking data. Human Factors. 49(3), 347 - 357.

[732] Sarter, N. B. , Woods, D. D. , and Billings, C. E. (1997). Automation Surprises. In G. Salvendy(Ed.), Handbook of Human Factors and Ergonomics(2nd ed.)(pp. 1926 - 1943). New York, NY: Wiley.

[733] Sawin, C. , Taylor, G. L. & Smith, W. L. (Eds.). (1999). Extended Duration Orbiter Medical Project 1989 - 1995 NASA SP - 1999 - 534). Washington, DC: National Aeronuatics and Space Administration.

[734] Schaefer, E. S. (1971). Development of hierarchial configurational models for parent behavior and child behavior. In J. E. Hill (Ed.), Minnesota Symposia on Child Psychology, 5, 1301 - 1316. University of Minnesota Press, Minnesota.

[735] Schaefer, E. S. , Droppleman, L. F. , & Kalverboaer, A. F. (1965). Development of a classroom behavior checklist and factor analyses of children's school behavior in the United States and the Netherlands. Bethesda, MD: National Institute of Mental Health.

[736] Schafer, L. E. and Bagian, J. P. (1993). Overhead and forward reach capability during exposure to +1 and +6 Gx loads. Aviat Space Environ Med, 64, 979 - 984.

[737] Schippers, M. C. , Den Hartog, D. N. , Koopman, P. L. , & Wienk, J. A. (2003). Diversity and team outcomes: The moderating effects of outcome interdependence and group longevity and the mediating effect of reflexivity. Journal of Organizational Behavior, 24, 779 - 802.

[738] Schlegel, R. E. , Shehab, R. L. , Gilliland, K. , Eddy, D. R. , Schiflett, D. G. (1993) Microgravity effects on cognitive performance measures: Practice schedules to acquire and maintain performance stability (Final Rep. No. A894892). Norman, OK: Oklahoma University.

[739] Schmidt, L. L, Keeton, K. , Slack, K. J. , Leveton, L. B. , Shea, C. (2009) Chapter 2: Risk of Performance Errors due to Poor Team Cohesion and Performance, Inadequate Selection/Team Composition, Inadequate Training, and Poor Psychosocial Adaptation. In Human Health and Performance Risks of Space Exploration Missions, ed. McPhee, J. , and Charles, J. B. 45 - 84, NASA SP - 2009 - 3405.

[740] Schmidt, L. L. , Wood, J. , & Lugg, D. J. (2004). Team climate at Antarctic research stations 1996 - 2000: Leadership matters. Aviat Space Environ Med, 75(8), 681 - 687.

[741] Schneider, S. M. , Amonette, W. E. , Blazine, K. , Bentley, J. , Lee, S. M. C. , et al. (2003). Training with the International Space Station Interim Resistive Exercise Device. Med Sci Sports Exer, 35(11), 1935 - 1945.

[742] Schneider, W. (1985). Training high - performance skills. Fallacies and poor psychosocial adaptation. In guidelines. Human Factors, 27(3), 285 - 300.

[743] Schneider, W. & Shiffrin, R. (1977). Controlled and automatic human information processing: I. Detection, search, and attention. Psychological Review, 84, 1 - 66.

[744] See, J. E. & Vidulich, M. A(1997). Assessment of Computer Modeling of Operator Mental Workload during Target Acquisiton. In Proceedings of the Human Factors and Ergonomics Society 41st Annual Meeting, 2, 1303 - 1307). Santa Monica, CA: Human Factors and Ergonomics Society.

[745] Seidler R. D. (2004). Multiple motor learning experiences enhance motor adaptability. J Cogn Neurosci. 16: 65 - 73.

[746] Seidler, R. D. (2010). Neural Correlates of Motor Learning, Transfer of Learning, and Learning to Learn. Exercise and Sport Sciences Reviews, 38: 3 - 9.

[747] Seijts, G. H. & Latham, G. P. (2000). The effects of goal setting and group size on performance in a social dilemma. Canadian Journal of Behavioral Science, 32, 104 - 116.

[748] Sekuler, R. & Blake, R. (2006). Perception(5th ed.). New York, NY: McGraw - Hill. (incomplete reference)

[749] Serfaty, D. & Entin, E. E. (1997). Team adaptation and coordination training. In R. Flin, E. Salas, M. Strub & L. Martin (Eds.), Decision making under stress: emerging themes and applications (pp. 170 - 184). Aldershot, UK: Ashgate.

[750] Serfaty, D. , Entin, E. E. , & Johnston, J. H. (1998). Team adaptation and coordination training. In J. A. Cannon - Bowers & E. Salas(Eds.), Decision making under stress: implications for individuals

and team training(pp. 221 - 245). Washington, DC: APA Press.

[751] Serfaty, D., Entin, E. E., & Volpe, C. (1993). Adaptation to stress in team decision - making and coordination, Human Factors and Ergonomics Society 37th Annual Meeting(pp. 1228 - 1232). Santa Monica: HFES.

[752] Sexton, J. B. & Helmreich, R. L. (2000). Analyzing cockpit communications: The links between language, performance, error, and workload. Human Performance in Extreme Environments, 5(1), 63 - 68.

[753] Shackelford, L. C., LeBlanc, A. D., Driscoll, T. B., Evans, H. J., Rianon, N. J., Smith, S. M., Spector, E., Feeback D. L., & Lai, D. (2004). Resistance exercise as a countermeasure to disuse - induced bone loss. Journal of Applied Physiology, 97: 119 - 129.

[754] Shanteau, J. (1988). Psychological characteristics and strategies of expert decision makers. Acta Psychologica, 68, 203 - 215.

[755] Shaw, J. B., & Barrett - Power, E. (1998). The effects of diversity on small work group processes and performance. Human Relations, 51, 1307 - 1325.

[756] Shayler, D. A. (2000). Disaster and accidents in manned spaceflight. Chichester, UK: Springer/Praxis.

[757] Shelley, H. (1960). Focused leadership and cohesiveness in small groups. Sociometry, 23, 209 - 216.

[758] Shepanek, M. (2005). Human behavioral research in space: Quandaries for research subjects and researchers. Aviat Space Environ Med, 76(6), B25 - 30.

[759] Sheridan, T. V. (2002). Humans and automation: System design and research issues. New York, NY: John Wiley & Sons, Inc.

[760] Shevell, S. K. (Ed.). (2003). The science of color(2nd ed.). Amsterdam, The Netherlands: Elsevier.

[761] Shibata, S., Perhonen, M., Levine, B. D. (2010). Supine cycling plus volume loading prevent cardiovascular deconditioning during bed rest. J. Appl. Physiol. 108: 1177 - 1186.

[762] Shiffrin, R. M., & Schneider, W. (1977). Controlled and automatic human information processing: Ⅱ. Perceptual learning, automatic attending and a general theory. Psychological Review, 84(2), 127 - 190.

[763] Shingledecker, C. A. (1984). A task battery for applied human performance assessment research (Technical Report ADA153677). Wright - Patterson Air Force Base, OH: Air Force Aerospace Medical Research Laboratory.

[764] Shneiderman, B. (Ed)(1995). Sparks of Innovation in Human - Computer Interaction, Norwood, NJ: Ablex Publishers.

[765] Silverstein, L. D. (2003). Display visibility in dynamic lighting environments: Impact on the design of portable and vehicular displays. Paper presented at the Proceedings of the International Display Manufacturing Conference. (incomplete reference)

[766] Silverstein, L. D. & Merrifield, R. M. (1985). The development and evaluation of color systems for airborne applications. Springfield, VA: National Technical Information Service.

[767] Simon, H. A. (1973). The structure of ill - structured problems. Artificial Intelligence, 4, 181 - 201.

[768] Simon, H. (1962). The architecture of complexity. Proceedings of the American Philosophical Society, 26; 467 - 482.

[769] Simons, T. L. & Peterson, R. S. (2000). Task conflict and relationship conflict in top management teams: The pivotal role of intragroup trust. J Appl Psychol, 85(1), 102 - 111.

[770] Sirevaag, E., Kramer, A., Wickens, C., et al. (1993). Assessment of pilot performance and mental workload in rotary wing aircraft. Ergonomics, 9, 1121 - 1140.

[771] Slack, K. J., Shea, C., Leveton, L. B., Whitmire, A., & Schmidt, L. L. (2008). Evidence report on the risk of behavorial and psychiatric conditions. In Human Research Evidence Book 2008: Behavorial Health and Performance Element. Houston, TX: National Aeronautics and Space Administration, Johnson Space Center. (incomplete reference)

[772] Slater, P. E. (1958). Contrasting correlates of group size. Sociometry, 21, 129 - 139.

[773] Smallman, H. S., & Boynton, R. M. (1990). Segregation of basic colors in an information display. J Opt Soc Am A, 7(10), 1985 - 1994, http://www.ncbi.nlm.nih.gov/entrez/query.fcgi?cmd=Retrieve&db=PubMed&dopt=Citation&list_uids=2231108

[774] Smith, A. P., Brice, C., Leach, A., Tiley, M., & Williamson, S. (2004). Effect of upper respiratory tract illnesses in a working population. Ergonomics, 47, 363 - 369.

[775] Smith, H. P. R. (1979). A simulator study of the interaction of pilot workload with errors, vigilance, and decisions(NASA TM - 78482). Moffett Field, CA: NASA Ames Research Center.

[776] Smith, S. L., & Mosier, J. N. (1986). Guidelines for designing user interface software. Bedford, MA: The MITRE Corporation.

[777] Smith, S. T., Bush, G. A., Stone, L. S.. (2002). Amplitude response of human vestibular heading estimation. Soc. Neurosci. Abstract, 56. 1.

[778] Smith - Jentsch, K. A., Campbell, G., Milanovich, D. M., & Reynolds, A. M. (2001). Measuring teamwork mental models to support training needs assessment, development, and evaluation: Two empirical studies. Journal of Organizational Behavior, 22(2), 179 - 194.

[779] Smith - Jentsch, K. A., Cannon - Bowers, J. A., Tannenbaum, S. I., & Salas, E. (2008). Guided team selfcorrection: Impacts on team mental models, processes, and effectiveness. Small Group Research, 39(3), 303 - 327.

[780] Smith - Jentsch, K. A., Zeisig, R. L., Acton, B., & McPherson, J. A. (1998). Team dimensional training: A strategy for guided team self - correction. In J. A. Cannon - Bowers & E. Salas(Eds.), Making decisions under stress: Implications for individual and team training(pp. 271 - 297). Washington, DC: APA.

[781] Society for Human Performance in Extreme Environments. http://www.hpee.org/. Retrieved September 10, 2010.

[782] Sohlberg, M. M. & Mateer, C. A. (1989). Introduction to cognitive rehabilitation: theory and practice. New York, NY: Guilford Press.

[783] Sperling, G. (1960). The information available in brief visual presentations. Psychological Monographs: General and Applied, 74(11), 1 - 29.

[784] Speyer, J., Fort, A., Fouillot, J., & Bloomberg, R. (1987) Assessing pilot workload for minimum crew certification. In A. H. Roscoe (Ed.) The practical assessment of pilot workload. (AGARDograph No. 282, pp. 139 - 183). Neuilly - sur - Seine, France: AGARD.

[785] Stein, E. S. (1984). The measurement of pilot performance: A master - journeyman approach.

(DOT/FAA/CT - 83/15). Atlantic City, NJ: FAA Technical Center.

[786] Stein, E. S. (1985). Air traffic controller workload: An examination of workload probe, Report No. DOT/FAA/CT - TN84/24, Federal Aviation Administration Technical Center, Atlantic City, NJ.

[787] Steiner, I. D. (1972). Group processes process and productivity. New York, NY: Academic Press.

[788] Stenger, M. B., Brown, A. K., Lee, S. M. C., Locke, J. P., Platts, S. H. (2010). Gradient compression garments as a countermeasure to post - spaceflight orthostatic intolerance. Aviat Space Environ Med 81: 883 - 887.

[789] Stenger, M. B., Evans, J. M., Knapp, C. F., Lee, S. M. C., Phillips, T. R., Perez, S. A., Moore, A. D. Jr., Paloski, W. H., Platts, S. H. (2012). Artificial gravity training reduces bed rest - induced cardiovascular deconditioning. Eur. J. Appl. Physiol. 112: 605 - 616.

[790] Sterman, B. & Mann, C. (1995). Concepts and applications of EEG analysis in aviation performance evaluation. Biological Psychology, 40, 115 - 130.

[791] Sternberg, S. (1969). Memory - scanning: Mental processes revealed by reaction - time experiments. American Scientist, 57, 421 - 457.

[792] Stevens, M. J. & Campion, A. M. (1999). Staffing work teams: Development and validation of a selection test for teamwork settings. Journal of Management, 25(2), 207 - 228.

[793] Stewart, G. L. (2006). A meta - analytic review of relationships between team design features and team performance. Journal of Management, 32, 29 - 54

[794] Stokes, A. F. & Kite, K. (1994). Stress and pilot personality. Flight stress: Stress, fatigue, and performance in aviation. A. Stokes & K. Kite, (Eds.) Aldershot: Ashgate Publishing Limited. 151 - 94.

[795] Stokes, A. F., Pharmer, J. A., & Kite, K. (1997). Stress effects upon communication in distributed teams. IEEE International Conference on Systems, Man, and Cybernetics, 5, 4171 - 4176.

[796] Stone, L. S. & Krauzlis, R. J. (2003). Shared motion signals for human perceptual decisions and oculomotor actions. Journal of Vision 3, 725 - 36.

[797] Stone, L. S. & Perrone, J. A. (1997). Human heading estimation during visually - simulated curvilinear motion. Vision Res, 37, 573 - 590.

[798] Stone, L. S. & Thompson, P. (1992). Human speed perception is contrast dependent. Vision Res, 32: 1535 - 1549.

[799] Stout, R. J., Cannon - Bowers, J. A., & Salas, E. (1996 - 7). The role of shared mental models in developing team situational awareness: Implications for training. Training Research Journal, 2, 85 - 116.

[800] Straus, S. G. & McGrath, J. E. (1994). Does medium matter? The interaction of task type and technology on group performance and member reactions. J Appl Psychol, 79(1), 87 - 97.

[801] Straw, B. L., Sandelands, I. E., & Dutton, J. E. (1981). Threat - rigidity cycles in organizational behaviour: a multi - level analysis. Administrative Science Quarterly, 26, 501 - 524.

[802] Streufert, S. & Streufert, S. C. (1981). Stress and information search in complex decision making: Effects of load and time urgency (Technical Rep. No. 4). Arlington, VA: Office of Naval Research.

[803] Stroud, K. J., Harm, D. L., & Klaus, D. M. (2005). Preflight virtual reality training as a countermeasure for space motion sickness and disorientation. Aviat Space Environ Med, 76(4), 352 - 356.

[804] Strube, M. & Garcia, J. (1981). A meta - analysis investigation of Fiedler's contingency model of leadership effectiveness. Psychological Bulletin, 90, 307 - 321.

[805] Stuster, J. (1996). Bold endeavors: Lessons from polar and space exploration. Annapolis, MD: Naval Institute Press.

[806] Stuster, J. (2005). Analogue prototypes for lunar and Mars exploration. Aviat Space Environ Med, 76 (6), B78 - 83.

[807] Stuster, J., Bachelard, C., & Suedfeld, P. (2000). The relative importance of behavioral issues during long - duration ICE missions. Aviat Space Environ Med, 71(9), A17 - A25.

[808] Sundstrom, E., De Muse, K. P., & Futrell, D. (1990). Work teams: Applications and effectiveness. American Psychologist, 45(2), 120 - 133.

[809] Svennson, E., Angelborg - Thanderz, M., Sjoberg, L., & Olsson, S. (1996). Information complexity - metnal workload and performance in combat aircraft. Ergonomics, 40(3). 362 - 380.

[810] Sweller, J. (1994). Cognitive load theory. Learning difficulty and instructional design. Learning and Instruction, 12(3), 295 - 312

[811] Takahashi, M., Nakata, A., Harakani, T., Ogawa, Y., & Arito, H. (2004). Post - lunch nap as a worksite intervention to promote alertness on the job. Ergonomics, 47, 1003 - 1013.

[812] Tannen, D. (1990). You just don't understand: Men and women in conversation. New York, NY: Ballantine.

[813] Tetlock, P. E. (1985). Accountability: The neglected social context of judgment and choice. In Cummings, L. L. & Staw, B. M. (Eds.), Research in organizational behavior: An annual series of analytical essays and critical reviews(Vol. 7). Greenwich, CT: JAI Press.

[814] Theologus, G. C., Wheaton, G. R., Mirabella, A., & Brahlek, R. E. (1973). Development of a standardized battery of performance tests for the assessment of noise stress effects, American Institutes for Research, Silver Spring, Maryland, distributed by NTIS, January 1973. (NASA CR - 2149).

[815] Thibos, L. N., Applegate, R. A., Schwiegerling, J. T., & Webb, R. (2002). Standards for reporting the optical aberrations of eyes. J Refract Surg, 18(5), S652 - 660.

[816] Thomas, L. C. & Wickens, C. D. (2004). Eye - tracking and individual differences in unexpected event detection when flying with a Synthetic Vision System Display. In Proceedings 48th Annual Meeting of the Human Factor and Ergonomics Society. Santa Monica, CA: HFES.

[817] Thompson, C. A. & Klopf, D. W. (1991). An analysis of social style among disparate cultures. Communication Research Reports, 8(1 - 2), 65 - 72.

[818] Tilley, A. & Warren, P. (1984). Retrieval from semantic memory during a night without sleep. The Quarterly Journal of Experimental Psychology: Human experimental psychology, 36A, 281 - 289.

[819] Ting - Toomey, S. (1987). A comparative analysis of the communicative dimensions of love, selfdisclosure maintenance, ambivalence, and conflict in three cultures: France, Japan, and the United States, International Communication Association Convention. Montreal.

[820] Tjosvold, D. (1997). Conflict within interdependence: Its value for productivity and individuality. In C. K. W. DeDreu & E. Van de Vliert(Eds.), Using conflict in organizations(pp. 23 - 37). London, UK: Sage.

[821] Tomaka, J., Blascovich, J., Kelsey, R. M., & Leitten, C. L. (1993). Subjective, physiological, and be-

havioral effects of threat and challenge appraisal. Journal of Personality and Social Psychology, 65, 248 - 260.

[822] Tomeh, A., & Gallant, C. (1984). Family sex role attitudes: A French sample. Journal of Comparative Family Studies, 15, 389 - 405.

[823] Townes, B. D., Hornbein, T. F., Schoene, R. B., Sarnquist, F. H., & Grant, I. (1984). Human cerebral function at extreme altitude. In J. B. West & S. Lahiri (Eds.), High altitude and man (pp. 31 - 36). Bethesda, MD: American Psychological Society.

[824] Tran, M. H., Raikundalia, G. K., & Yang, Y. (2006). Using an experimental study to develop group awareness support for real - time distributed collaborative writing. Information and Software Technology, 48(11), 1006 - 1024.

[825] Trappe, T., Trappe, S., Lee, G., Widrick, J., Fitts, R., Costill, D. (2006). Cardiorespiratory responses to physical work during and following 17 days of bed rest and spaceflight. J. Appl. Physiol. 100: 951 - 957.

[826] Tredici, T. J. & Ivan, D. J. (2008). Ophthalmology in aerospace medicine. In J. R. Davis (Ed.), Fundamentals of aerospace medicine (4th ed., pp. 349 - 379). Philadelphia, PA: Lippincott Williams & Wilkins.

[827] Triandis, H. C. (1995). Individualism and collectivism. Boulder, CO: Westview.

[828] Trimmel, M. & Poelzl, G. (2006). Impact of background noise on reaction time and brain DC potential changes of VDT - based spatial attention. Ergonomics, 49, 202 - 208.

[829] Tsai, Y - F, Virre, C., Strychacz. B., Chase, B., & Jung, T - P(2007). Task performance and eye activity: predicting behavior relating to cognitive workload. Aviat Space EnvironMed. 78, 5, Ⅱ supplement, B 176 - 185.

[830] Tsang, P., & Vidulich, M. A. (2006). Mental workload and situation awareness. In G. Salvendy (Ed.), Handbook of human factors & ergonomics (pp. 243 - 268). Hoboken, NJ: Wiley.

[831] Tsang, P. S. & Wilson, G. (1997). Mental Workload. In G. Salvendy (Ed.) Handbook of human factors and ergonomics (2nd ed., pp. 417 - 449). New York, NY: John Wiley & Sons.

[832] Turner C. (1998). Three rules for bone adaptation to mechanical stimuli. Bone, 23, 399 - 407.

[833] Tversky, A. & Sattath, S. (1979). Preference trees. Psychology Review, 86, 542 - 573.

[834] Tziner, A. & Vardi, Y. (1982). Effects of command style and group cohesiveness on the performance effectiveness of self - selected tank crews. Journal of Applied Psychology. 67(6), 769 - 775.

[835] Van Dongen, H. P., Maislin, G., Mullington, J. M., & Dinges, D., (2003). The cumulative cost of additional wakefulness: dose - response effects on neurobehavioral functions and sleep physiology from chronic sleep restriction and total sleep deprivation. Sleep, 26, 117 - 126.

[836] van Knippenberg, D., van Knippenberg, B., & van Dijk, E. (2000). Who takes the lead in risky decision making? Effects of group members'risk preferences and prototypicality. Organizational Behavior and Human Decision Processes, 84(2), 213 - 234.

[837] van Nes, F. L. & Bouman, M. A. (1967). Spatial modulation transfer in the human eye. J Opt Soc Am A, 57, 401 - 406.

[838] Varner, D. (1984). Temporal sensitivities related to color theory. J Opt Soc Am A, 1, 474 - 481.

[839] Vasterling, J. J., Proctor, S. P., Amoroso, P., et al. (2006). Neuropsychological outcomes of Army

personnel following deployment to the Iraq War. The Journal of the American Medical Association, 296(5), 519 - 529.

[840] Veltman, H. A., Verway, W. B. (1996) Detecting short periods of elevated workload: a comparison of nine workload assessment techniques. Journal of Experimental Psychology - Applied, 2 (3), 270 - 285.

[841] Ververs, P. M. & Wickens, C. D. (2000). Designing head - up displays (HUDs) to support flight path guidance while minimizing effects of cognitive tunneling. In Proceedings of the IEA 2000/HFES 2000 Congress (Vol. 3, pp. 3 - 45). Santa Monica, CA: Human Factors and Ergonomics Society.

[842] Verwey, W. B. & Veltman, H. A. (1996). Detecting short periods of elevated workload: A comparison of nine workload assessment techniques. Journal of Experimental Psychology: Applied, 2(3), 270 - 285.

[843] Vicente, K. J., Thornton, D. C., & Moray, N. (1987). Specral analysis of sinus arrythmia: a measure of mental effort. Human Factors, 29(2), 171 - 182.

[844] Vidulich, M. A, & Tsang, P. S. (1987). Absolute magnitude estimation and relative judgement approaches to subjective workload assessment, paper presented at the Human Factors Society 31st Annual Meeting.

[845] Vidulich, M. A. & Wickens, C. D. (1986). Causes of dissociation between subjective workload measures and performance. Applied Ergonomics, 17, 291 - 296.

[846] Vidulich, M. A. & Bortolussi, M. R., (1988). Speech recognition in advanced rotorcraft: Using speech controls to reduce manual control overload. In Proceedings of the National Specialist's Meeting Automation Applications for Rotocraft. Atlanta, GA: American Helicopter Society, Atlanta Southeast Region, 1 - 10.

[847] Viéville, T., Clément, G., Lestienne, F., et al. (1986) Adaptive modifications of the optokinetic vestibulo - ocular reflexes in 0g. In E. L. Keller & D. S. Zee (Eds.), Adaptive Processes in Visual and Oculomotor Systems (pp. 111 - 120). Pergamon Press, New York, NY: Pergamon Press.

[848] Vroom, V. H. (2000). Leadership and the decision - making process. Organizational Dynamics, 28 (4), 82 - 94.

[849] Vroom, V. H., & Jago, A. G. (2007). The role of the situation in leadership. American Psychologist, 62 (1), 17 - 24.

[850] Vykukal, H. C. & Dolkas, C. B. (1966). Effects of combined linear and vibratory accelerations on human body dynamics and pilot capabilities. XVIIth International Astronautical Congress, 1966. pp 107.

[851] Wachtel, P. L. (1968). Anxiety, attention, and coping with threat. Journal of Abnormal Psychology, 73, 137 - 143.

[852] Wagner, J. A. I. (1995). Studies of individualism and collectivism: Effects on cooperation in groups. Academy of Management Journal, 38(1), 152 - 172.

[853] Wakertin, M. E., Sayeed, L., & Hightower, R. (1997). Virtual teams versus face - to - face teams: An exploratory study of a web - based conference system. Decision Sciences, 28(4), 975 - 996.

[854] Wallace, D. F., Anderson, N. S., & Shneiderman, B. (1993). Time stress effects on two menu selection systems. In B. Shneiderman (Ed.), Sparks of Innovation in Human - Computer Interaction (pp. 89 - 97). Norwood, NJ: Ablex Publishing.

[855] Warm, J. S., Dember, W. N., Hancock, P. A. (1996). Vigilance and workload in automated systems,

in:R. Parasuraman & M. Mouloua(Eds.),Automation and Human Performance(pp. 183 - 200). Lawrence Erlbaum Associates,Mahwah,NJ.

[856] Warren,W. H. ,Jr. ,Morris,M. W. ,& Kalish,M. (1988). Perception of translational heading from optical flow. J Exp Psychol Hum Percept Perform,14(4),646 - 60.

[857] Warren, R. M. (1999) . Auditory perception: A new analysis and synthesis. New York, NY: Cambridge University Press.

[858] Watamaniuk,S. N. & Sekuler,R. (1992). Temporal and spatial integration in dynamic random - dot stimuli. Vision Res,32,2341 - 2347.

[859] Watenpaugh, D. E. , O'Leary, D. D. , Schneider, S. M. , Lee, S. M. C. , Macias, B. R. , Tanaka, K. , Hughson, R. L. , Hargens, A. R. (2007) . Lower body negative pressure exercise plus brief postexercise lower body negative pressure improve post - bed rest orthostatic tolerance. J. Appl. Physiol. 103:1964 - 1972.

[860] Waters, W. W. , Ziegler, M. G. , Meck, J. V. (2002). Postspaceflight orthostatic hypotension occurs mostly in women and is predicted by low vascular resistance. J. Appl. Physiol. 92:586 - 594.

[861] Watkins,O. C. & Watkins,M. J. (1980). The modality effect and echoic persistence. Journal of Experimental Psychology:General,109,251 - 278.

[862] Watson,A. B. (1986). Temporal Sensitivity. In K. Boff,L. Kaufman & J. Thomas(Eds.),Handbook of Perception and Human Performance. New York,NY:Wiley.

[863] Watson,A. B. & Ahumada,Jr. ,A. J. (2005). A standard model for foveal detection of spatial contrast. Journal of Vision,5(9),717 - 740,http://journalofvision. org/5/9/6/.

[864] Watson, A. B. & Ahumada, Jr. , A. J. (2008) . Predicting visual acuity from wavefront aberrations. Journal of Vision,8(4),1 - 19,http://journalofvision. org/8/4/17/.

[865] Watson,A. B. & Solomon,J. A. (1997). Model of visual contrast gain control and pattern masking. J Opt Soc Am A,14,2379 - 2391,http://josaa. osa. org/abstract. cfm? id=1940.

[866] Watson, A. B. , Ahumada, Jr. , A. J. , & Farrell, J. (1986) . Window of visibility: psychophysical theory of fidelity in time - sampled visual motion displays. J Opt Soc Am A,3(3),300 - 307.

[867] Watson,A. B. ,& Yellott,J. I. (2012). A unified formula for light - adapted pupil size. Journal of Vision,submitted.

[868] Watson,W. E. ,BarNit,A. ,& Pavur,R. (2005). Cultural diversity and learning teams:The impact on desire academic team processes. International Journal of Intercultural Relations,29,440 - 467.

[869] Watson,W. E. ,Johnson,L. ,& Zgourides,G. D. (2002). The influence of ethnic diversity on leadership,group process,and performance:An examination of learning teams. International Journal of Intercultural Relations,26,1 - 16.

[870] Watson,W. E. ,Kumar,K. ,& Michaelsen,L. K. (1993). Cultural diversity's impact on interaction process and performance: Comparing homogeneous and diverse task groups. Academy of Management Journal,36,590 - 602.

[871] Wegner,D. Parasuraman,M. ,Erber,R. ,& Raymond,P. (1991). Transactive memory in close relationships. Journal of Personality and Social Psychology,61,923 - 929.

[872] Welch,R. B. ,Bridgeman,B. ,Williams,J. A. ,& Semmler,R. (1998). Dual adaptation and adaptive generalization of the human vestibulo - ocular reflex. Perception & Psychophysics,60,1415 - 1425.

[873] Welford, A. T. (1980). Choice reaction times: Basic concepts. In J. M. T. Brebner & A. T. Welford (Eds.), Reaction Times(pp. 73 - 128). London, UK: Academic Press.

[874] Welford, A. T. (1980). Relations between reaction time and fatigue, stress, age and stress. In J. M. T. Brebner & A. T. Welford(Eds.), Reaction Times(pp. 321 - 354). London, UK: Academic Press.

[875] Wenzel, E. M. (1992). Localization in virtual acoustic displays. Presence, 1, 80 - 107.

[876] Wenzel, E. M. (2004). Current approaches to 3 - D sound reproduction. [Invited keynote paper.]Proceedings of the International Congress on Acoustics, Kyoto, Japan. April 4 - 9, 2004.

[877] Wenzel, E. M., Arruda, M., Kistler, D. J., & Wightman, F. L. (1993). Localization using nonindividualized head - related transfer functions. Journal of the Acoustical Society of America, 94, 111 - 123.

[878] Wenzel, E. M., Miller, J. D., & Abel, J. S. (2000). Sound lab: A real - time, software - based system for the study of spatial hearing, Proceedings of the 108th Convention of the Audio Engineering Society, Paris, Feb. 2000, New York: Audio Engineering Society, Preprint 5140.

[879] West, M. A. (1995). Creative values and creative visions in teams at work. In C. M. Ford & D. A. Gioia. Mouloua(Eds.), Creative action in organizations: Ivory tower visions and real world voices (pp. 71 - 77). London, UK: Sage Publications.

[880] Westheimer, G. & Liang, J. (1995). Influence of ocular light scatter on the eye's optical performance. J Opt Soc Am A Opt Image Sci Vis, 12(7), 1417 - 1424, http://www.ncbi.nlm.nih.gov/entrez/query.fcgi? cmd=Retrieve&db=PubMed&dopt=Citation&list_uids=7608786.

[881] White, W. J. & Jorve, W. R. (1956). The effects of gravitational stress upon visual acuity. USAF WADC Tech. Rep. No 56 - 247.

[882] Whitmire, A., Leveton, L. B., Barger, L., et al. (2008). Evidence report on risk of performance errors due to sleep loss, circadian desynchronization, fatigue and work overload. In Human Research Evidence Book 2008: Behavorial Health and Automation and Human Performance Element. Houston, TX: National Aeronautics and Space Administration, Johnson Space Center(pp. 183 - 220). Hillsdale, NJ: Lawrence Erlbaum Associates.

[883] Whittaker, S. & Geelhoed, E. (1993). Shared workspaces: How do they work and when are they useful? International Journal of Man - Machine Studies, 39, 813 - 842.

[884] Wickens, C. D. & Alexander, A. (in press). Attentional tunneling and task management in synthetic vision displays. International Journal of Aviation Psychology.

[885] Wickens, C. D. & Liu, Y. (1988). Codes and modalities in multiple resources: A success and a qualification. Human Factors, 30, 599 - 616.

[886] Wickens, C. D. & Yeh, Y. (1988). Dissociation of performance and subjective measures of workload. Human Factors, 30, 111 - 120.

[887] Wickens, C. D. (1986). The effects of control dynamics on performance. In K. R. Boff, L. Kaufman, & J. P. Thomas(Eds.), Handbook of perception and performance(Vol. Ⅱ, pp. 39 - 1/39 - 60). New York: Wiley & Sons.

[888] Wickens, C. D. & Hollands, J. G. (2000). Engineering psychology and human performance (3rd ed.). Columbus, OH: Charles E. Merrill Publishing Company.

[889] Wickens, C. D. (1984). Processing resources in attention. In R. Parasuraman & D. R. Davies(Eds.), Varieties of attention(pp. 63 - 102). San Diego, CA: Academic Press.

[890] Wickens, C. D. (2001)Keynote address: Attention to safety and the psychology of surprise. In, Jensen (Ed.), Proceedings of the 11th International Symposium of Aviation Psychology. Columbus, OH: The Department of Aerospace Engineering, Applied Mechanics and Aviation, The Uhio State University.

[891] Wickens, C. D., Goh, J., Helleberg, J., Horrey, W., & Talleur, D. A. (2003). Attentional models of multi - task pilot performance using advanced display technology. Human Factors, 45(3), 360 - 380.

[892] Wickens, C. D., Hyman, F., Dellinger, J., Taylor, H., & Meador, M. (1986). The Sternberg memory search task as an index of pilot workload. Ergonomics, 29, 1371 - 1383.

[893] Wickens, C. D., Kramer, A. F., Vanesse, L., & Donchin, E. (1983). The performance of concurrent tasks: A psychophysiological analysis of the reciprocity of information processing resources. Science, 221, 1080 - 1082.

[894] Wickens, C. D., McCarley, J. S., Alexander, A., Thomas, L., Ambinder, M., & Zheng, S. (2007). Attention - Situation Awareness(A - SA)model of pilot error. In D. Foyle & B. Hooey(Eds.), Pilot performance models. Mahwah, N. J: Lawrence Erlbaum.

[895] Wickens, C. D. (2002). Situation awareness and workload in aviation. Current Directions in Psychological Science, 11, 128 - 133.

[896] Wickens, C. D. (1991). Processing resources and attention. In D. Damos(Ed.), Multiple - task performance(pp. 3 - 34). London, UK: Taylor & Francis.

[897] Wickens, C. D. (1996). Designing for stress. In J. Driskell & E. Salas(Eds.), Stress and human performance(pp. 279 - 295). Mahwah, NJ: Lawrence Erlbaum.

[898] Wickens, C. D. (2002). Multiple resources and performance prediction. Theoretical. Issues in Ergonomic Sciences, 3(2), 159 - 177.

[899] Wickens, C. D. (2005). Multiple resource time sharing model. In N. A. Stanton, E. Salas, H. W. Hendrick, A. Hedge, & K. Brookhuis(Eds.), Handbook of human factors and ergonomics methods (pp. 40 - 7). Oxford, UK: Taylor & Francis.

[900] Wickens, C. D., & Colcombe, A. (2007). Dual - task performance consequences of imperfect alerting associated with a cockpit display of traffic information. Human Factors, 49, 839 - 850.

[901] Wickens, C. D., Dixon, S. R., & Ambinder, M. S. (2006). Workload and automation reliability in unmanned air vehicles. In N. J. Cooke, H. Pringle, H. Pedersen, & O. Connor (Eds.), Advances in human performance and cognitive engineering research: Vol. 7. Human factors of remotely operated vehicles(pp. 209 - 222). Amsterdam: Elsevier.

[902] Wickens, C. D., Sandry, D., & Vidulich, M. I. (1983). Compatibility and resource competition between modalities of input, central processing, and output: Testing a model of complex task performance. Human Factors, 25, 227 - 228.

[903] Wickens, C. D., Lee, J. D., Liu, Y., & Gordon Becker, S. E. (2004). An Introduction to Human Factors Engineering(2nd ed.). Upper Saddle River, NJ: Pearson Prentice Hall.

[904] Wiener, E. & Curry, R(1980). Flight - deck automation: promises and problems. Ergonomics, 23 (10), 995 - 1011.

[905] Wiener, E. L., Kanki, B. G., & Helmreich, R. L. (Eds.). (1993). Cockpit resource management. San Diego, CA: Academic Press, Inc.

[906] Wierwille, W. Rahimi, M. , & Casali, J(1985). Evaluation of 16 measures of mental workload using a simulated flight task emphasizing mediational activity. Human Factors, 17 489 - 502.

[907] Wierwille, W. W. (1993). An initial model of visual sampling of in - car displays and controls. In A. G. Gale, I. D. Brown, C. M. Haslegrave, H. W. Kruysse, & S. P Taylor(Eds.). Vision in Vehicles IV. Amsterdam, The Netherlands: North - Holland.

[908] Wierwille, W. W. , Casali, J. , Connor, S. A. , & Rahimi, M. (1986) Evaluation of the sensitivity and intrusion of mental workload estimation techniques. In W. Rouse(Ed.) Advances in Man - machine Systems Research(Vol 2). Greenwich, CT: JAI Press.

[909] Wierwille, W. W. , Eggemeier, F. T. (1993). Recommendations for mental workload measurement in a test and evaluation environment, Human Factors 35(2)263 - 281.

[910] Williams, K. Y. & O'Reilly, C. A. (1998). Demography and diversity in organizations: A review of 40 years of research. Research in Organizational Behavior, 20, 77 - 140.

[911] Wilson, G. F. & Eggemeier, F. T. , (1991) Chapter 12, Psychophysiological assessment of workload in multi - task envrionmnets, In D. L. Damos(Eds.) Task Performance(pp. 329 - 360). London, UK: Taylor Francis Inc.

[912] Wingrove, R. C. , Stinnett, G. W. , Innis, R. C. (1964). A study of the pilot's ability to control an Apollo type vehicle during atmospheric entry. NASA, Washington D. C. TN D2467.

[913] Winn, B. , Whitaker, D. , Elliott, D. B. , & Phillips, N. J. (1994). Factors affecting light - adapted pupil size in normal human subjects. Invest Ophthalmol Vis Sci, 35 (3), 1132 - 1137, http://www.ncbi.nlm.nih.gov/entrez/query.fcgi? cmd=Retrieve&db=PubMed&dopt=Citation&list_uids=8125724.

[914] Wish, M. , D'Andrade, R. G. , & Goodnow, J. E. (1980). Dimensions of interpersonal communication: Correspondences between structures for speech acts and bipolar scales. Journal of Personality and Social Psychology, 39(5), 848 - 860.

[915] Wood, J. , Schmidt, L. L. , Lugg, D. J. , Ayton, J. , Phillips, T. , & Shepanek, M. (2005). Life, survival, and behavioral health in small closed communities: 10 years of studying isolated Antarctic groups. Aviat Space Environ Med, 76(6), B89 - 93.

[916] Wood, S. J. (2002). Human otolith - ocular reflexes during off - vertical axis rotation: effect of frequency on tilt - translation ambiguity and motion sickness. Neurosci Lett 323: 41 - 44

[917] Wood, S. J. , Loehr, J. A. , Guilliams, M. E. (2011). Sensorimotor reconditioning during and after spaceflight. NeuroRehabilitation 29: 185 - 195

[918] Wood, W. (1987). Meta - analytic review of sex differences in group performance. Psychological Bulletin, 102(1), 53 - 71.

[919] Wright, P. (1974). The harassed decision maker: Time pressure, distractions, and the use of evidence. Journal of Applied Psychology, 59, 555 - 561.

[920] Wright, R. D. , & Ward, L. M. (2008). Orienting of Attention. New York, NY: Oxford University Press.

[921] Wyszecki, G. & Stiles, W. S. (1982). Color Science: concepts and methods, quantitative data and formulae, 17, (2 ed. , pp. 86 - 90). New York, NY: John Wiley and Sons.

[922] Yamamoto, T. (1984). Human problem solving in a maze using computer graphics under an imagi-

nary condition of"fire. "Japanese Journal of Psychology,55,43 - 47.

[923] Yasui,S. & Ohtsuka,T. (1986). Horizontal cell signal is smaller with texture - like nonuniform patterns than with uniform fields of the same space - average illuminance. Vision Res,26(4),583 - 598.

[924] Yates, J. F. & Stone, E. R. (1992). Chapter 1 - The risk construct. In J. F. Yates (Ed.), Risk - Taking Behavior(pp. 1 - 25). Chichester, UK: John Wiley and Sons Ltd.

[925] Yeh, Y. Y. , Wickens, C. D. (1988). Dissociation of performance and subjective measures of workload, Human Factors 30;111 - 120

[926] Young. L. R. ,Sienko,K. H. ,Lyne,L. E. ,Hecht,H. ,& Natapoff,A. (2003). Adaptation of the vestibuloocular reflex, subjective tilt, and motion sickness to head movements during short - radius centrifugation. J Vestib Res,13(2 - 3),65 - 77.

[927] Young, L. R. , & Sinha, P. (1998). Spaceflight influences on ocular counterrolling and other neurovestibular reactions. Otolaryngol Head Neck Surg,118,31 - 34.

[928] Young, L. R. (2000). Vestibular reactions to spaceflight: Human factors issues. Aviat Space Environ Med, 71,A100 - 104.

[929] Zarriello,J. J. ,Norsworthy,M. E. ,& Bower,H. R. (1958)A study of early grayout threshold as an indicator of human tolerance to positive radial acceleratory force. (Project NM 11 - 02 - 11, Subtask 1, Report 1). Pensacola FL: U. S. Naval School of Aviation Medicine.

[930] Zhang, L. F. (2001). Vascular adaptation to microgravity: what have we learned? J. Appl. Physiol 91:2415 - 2430.

[931] Zhang, X. - M. , Farrell, J. E. , & Wandell, B. A. (1997). Applications of a spatial extension to CIELAB. Paper presented at the Proc. SPIE the International Society for Optical Engineering,3025, 154 - 157. ,

[932] Zulley,J. (2000). The influence of isolation on psychological and physiological variables. Aviat Space Environ Med,71,A44 - A47

[933] Zwicker,E. (1961). Subdivisions of the audible frequency range into critical bands. Journal of the Acoustical Society of America,33,248.

6　自然与诱导环境

6.1　前言

本章讨论了为保证航天飞行任务中乘组的健康和安全，保护其不受航天飞行自然环境（例如大气、空间辐射）以及诱导环境（例如加速度、振动、噪声及人为造成的非电离辐射）的影响，在设计中应考虑的因素。

6.2　舱内大气

6.2.1　引言

本节讨论的航天器舱内大气组成，包括大气成分、总压、污染物限值、大气温度、大气湿度和风速的安全数据。

出舱活动舱外压力服内大气的设计考虑详见第 11 章。

6.2.2　舱内大气成分和压力

维持航天器内适居的大气，包括提供生命必须且适当的大气成分及数量。在地球海平面，大气由 78.1%氮气、20.9%氧气、0.93%氩气和几种微量气体组成，其中包括二氧化碳和水汽，总压为 101 kPa（14.7 psi）（见表 6.2-1）。

表 6.2-1 海平面标准大气（湿）

参数	标准海平面大气压力值			
	kPa	psi	mmHg	体积百分数
总压	101	14.70	760	100
氧分压	21.2	3.07	159	20.9
氮分压	79.2	11.5	594	78.1
氩分压	0.90	0.13	7	0.93
水汽分压	1.03	0.15	7.6	1.0
二氧化碳分压	0.03	0.01	0.3	0.03

然而，人类可以生存的大气成分和压力环境有一个较大的变化范围。适宜人类生存的大气环境受以下基本因素制约：

- 总压必须能够预防体液蒸发（沸腾），该现象在 37 ℃（98.6 ℉）（正常体温）、总压约为 6.27 kPa（0.91 psi，47.0 mmHg）时就会发生。
- 必须有适当的氧分压满足人体代谢需要的氧气。
- 氧分压必须足够低以避免出现氧中毒。
- 若低气压暴露超过 2 周，则必须提供一些生理上的惰性气体以预防肺不张。

• 所有其他大气成分必须是生理上惰性的气体或其浓度足够低以排除毒性效应。

• 呼吸的大气可引起燃烧或爆炸的可能性必须降至最低。

为了确保乘员的健康，可以对大气参数做出更严格限制。

6.2.2.1　总压

大气压力是指周围环境作用于整个身体的气体压力。除了暴露在 37 ℃（98.6 ℉）、总压低于 6.27 kPa（0.91 psi，47.0 mmHg）的环境中会发生危险，人体所容许的高压也是有限的，这种限制可能与生物分子结构变化和关键酶失活有关（Waligora et al，1994）。目前人体最大耐受压力远高于航天飞行环境的预期压力，只有用于治疗减压病（DCS，decompression sickness）时，总压才高于 101 kPa（14.7 psia，760 mmHg）。

选择航天器的舱压十分困难，这是因为需要权衡多种需求，其中包括安全氧浓度，用于降低减压病风险的舱压与服压比值及多种工程因素的约束。这些约束包括维持航天器结构整体性的舱压、用于冷却的气体密度和用于易燃性最小化的气体浓度。为得到 55.2 kPa（8.00 psia，414 mmHg）左右的低气压可以通过减少吸氧排氮时间控制 DCS 风险，较低的气压限制能提高出舱活动的操作能力，同时又能减少大气总量的潜在消耗。与大气压力相关的、最重要的健康问题就是减压病和气压性损伤。

6.2.2.1.1　减压病

当暴露在压力下降的环境中时，在一定压力下溶解在人体组织内的气体（通常为氮气）可形成气泡，发生减压病。如果减压速率过大，组织内形成的气泡在离开组织时就会被聚留在体内，并引起多种问题。在航天飞行任务中，舱体泄漏就会导致舱压缓慢减小，随即就有可能引发减压病；但减压病更可能发生在出舱活动准备期间，因为乘员要经历舱压到航天服压的转换，而航天服的压力比舱压低很多。

减压病分为Ⅰ型（轻度）、Ⅱ型（重度）和动脉气体栓塞三种类型。Ⅰ型减压病以皮肤痒、轻微疼痛为特征，特别在关节或肌腱部位，通常在出现症状后 10 分钟内消退。Ⅱ型减压病比较严重，因为其影响到神经系统，并能引起肺和循环方面的问题，其症状可变且多样化，最长有可能延迟 36 小时出现。当小气泡体积随着环境压力下降而扩张时，很可能驻留在冠状动脉、脑动脉或其他动脉，从而出现动脉气体栓塞，可能引起心肌梗死、中风或癫痫。在最初的 4 小时高空减压期间，出现减压病的征兆或症状的大多数人会脱氮，因为脱氮作为减压病的治疗方法，在高空暴露期间会持续进行。

特定个体发生减压病症状的确切条件是不可预测的。在任何特定时间，稀释用气体的组织压力取决于初始和最终平衡压力、稀释用气体在组织中的可溶性以及减压速率和持续时间。例如，通常正常海平面大气只有减压到低于 65.4 kPa（9.48 psia，490 mmHg）时，才出现减压病。这种减压病发生的阈值压力随着个体易感性不同而变化，下列任何一项因素均可影响个体易感性。

• 身体——虽然没有数据支持，但认为肥胖可能增加减压病易感性，因为氮气更容易被脂肪组织吸收。

• 温度——环境温度低可能增加减压病易感性（Macmillian，1999）。已发现在 20 ℃

(68 ℉)～30 ℃（86 ℉）之间的减压病发生率存在这种相关性，在更低的环境温度（−20 ℃/−4 ℉）下减压病发生率增加一倍（Heimback & Sheffield，1996）。

• 重复低压暴露——重复低压暴露可能增加减压病的易感性，其取决于暴露的性质。在 3 小时内进行第二次高空暴露，减压病发生的概率将大幅增加，但每天重复暴露的效应尚不清楚。

• 脱水——脱水作为单独的危险因素对减压病的作用尚不明确，但不适当的脱水会增加血液的粘性，进而提高减压病的发生风险。通常可使用阿斯匹林减轻血小板聚集来帮助预防减压病。

• 年龄——已观察到 40～45 岁年龄组的减压病发生率是 19～25 年龄组的 3 倍，这可能是因为循环功能随年龄增加而变化所引起的（Macmillian，1999）。

• 性别——来自舱内暴露试验数据显示女性可能比男性更易患减压病（女性减压病发生率为 0.224%，男性为 0.049%，女性是男性的 4.6 倍），需在更高空同等条件下，开展不同性别对减压病易感性对比的补充研究（Pilmanis & Webb，1996）。

• 运动——运动对减压病的影响大致相当于在原高度的基础上升高了 914～1 524 m（3 000～5 000 ft）（Macmillian，1999；Heimback & Sheffield，1996）。然而出舱活动预吸 100%氧气期间进行运动，可使血流加快，有利于排出体内存留的氮气。

• 损伤——组织损伤区域的血液灌注变化，特别是关节损伤部位，有可能引起减压病易感性增加。

为了避免发生减压病，当有过多的稀释用气体溶解到组织时，在减压发生前必须从组织内排出部分气体。在计划减压前，通过短时间内吸 100%氧气（或浓度至少大于 95%）用以置换氮气的方法来完成这个过程。选择用氧气进行预呼吸是因为组织对氧气有较高的利用率，可保证不在组织内形成明显的气泡或使气泡增大。如果用不同于氮气的稀释气体，那么必须研究使用这种气体的危险性和减少这种危险性的措施。

国际空间站使用的 29.7 kPa（4.30 psia，222 mmHg）的舱外活动装备（EMU，Extravehicular Mobility Unit）服装，采用四种吸氧排氮方案。俄罗斯的奥兰舱外服，因具有较高的工作压强 40.0 kPa（5.80 psia，300 mmHg），故采用了一种不同的吸氧排氮方案。选择用于出舱活动的吸氧排氮方案取决于出舱活动的任务目标、减压病的风险、乘员的工作时限和出舱活动整体操作风险。用于出舱活动装置的四种预吸氧方案是：

• 运动方案——已经显示吸 100%氧期间的运动能更快排出身体组织中的氮气。这种方案包括起始舱压 760.2 mmHg（14.7 psia）减压到 527.5 mmHg（10.2 psia）的 20 多分钟或更多的时间里，在 80 分钟戴面吸 100%氧气期间进行自行车功量计运动 10 分钟，之后在舱外服内吸氧 60 分钟完成吸氧排氮过程。随后气闸舱开始减压到真空。

• 气闸舱野营方案——这是一个历时 2 天的方案。第 1 天乘员用面罩吸 100%氧 1 小时做出舱活动准备，同时气闸舱大气压从 760.2 mmHg（14.7 psia）减压到 527.5 mmHg（10.2 psia）。第 2 天，在气闸舱达到 527.5 mmHg（10.2 psia）8 小时 40 分钟后，用面罩吸 100%氧 70 分钟，最终在服装内吸氧排氮 50 分钟。

• 在服装内轻度运动（ISLE，In - suit Light Exercise）——对于ISLE方案，在穿着70 kPa服装之前，乘员在具有隔离震动和稳定性的自行车功量仪上不进行短回合的激烈预吸氧运动，而是在出舱活动装置内进行长回合的轻度运动。该ISLE预吸氧方案同运动预吸氧方案共享许多步骤，但其不同于后者的是，ISLE需要戴面罩预吸100%氧40分钟，随后20分钟减压至70.3 kPa（10.2 psia，527 mmHg）。一旦乘员完成服装穿戴，服装复压到101 kPa（14.7 psia，760 mmHg），随后在服装内胳膊和腿以6.8 ml • kg^{-1} • min^{-1}最小氧耗量运动50分钟。另外在服装内附加50分钟休息以完成预吸氧方案，随后30分钟气闸舱减压至真空。

• 服装内4小时吸氧排氮方案——包括在高于86 kPa（12.5 psia，646 mmHg）大气压力的气闸舱内连续4小时吸氧排氮。当航天员出现减压病时，必须采用快速、有效的干预措施确保最佳治疗效果。在减压的情况下，航天器必须能在20分钟内从真空增压至正常航天器大气压。除了20分钟的时间要求外，处理减压病症状时还需有较高的治疗压力。美国海军治疗表6是地面减压病的治疗标准，然而，因为太空中实施治疗需要的资源是受限的，所以地面治疗标准在空间既不适用也不需要。对于高空引起的减压病治疗而言，用潜水治疗标准的预期结果可能更为合适。用于高压氧治疗的替代设备可包括压力服、气闸舱和航天器居住舱，这些可单独或联合使用获得额定压力。

减压病在初步高压氧治疗之后，通常需要继续用较高压力治疗未治愈的或复发的减压病症。为防止减压病病程发展或出现减压病诱发的病症或后遗症，对于未治愈或复发的减压病，有必要立即提供高于飞船起始压的压力环境。对于出现减压病的航天员而言，需要采用快速、适宜的干预措施以保证最佳治疗效果。

减压病的治疗压力可以通过各种压力容器组合获得，包括最大的航天器或气闸舱压力＋最大的航天服压力。国际空间站使用屈肢症治疗设备（BTA，Bends Treatment Apparatus）时，由航天器101.4 kPa（14.7 psia，760 mmHg）压力＋出舱活动装置服装55.2 kPa（8.0 psia，413 mmHg）压力，应至少可以提供157 kPa（22.7 psia，1 174 mmHg）压力用于当前减压病的治疗。如果月面最大操作压力假定为72.4 kPa（10.5 psia，543 mmHg）＋服压56.5 kPa（8.2 psia，424 mmHg），那么气闸舱或便携式舱将需提供额外的27.6 kPa（4 psia，207 mmHg）压力，以使总压达到157 kPa水平。

影响乘员减压病治疗计划的因素包括减压病的特殊诊断和治疗程序，例如对应急返回决定的指导。此外，如果在飞行中乘员的减压病得不到适当的治疗，则需要对返回乘员做出减压病地面治疗计划。

延迟或严重的减压病要求较高压力治疗。为了保证最好效果，出现症状后必须尽可能快地进行加压治疗。某些情况下航天器压力不能维持，如舱压意外失压（120小时）失控，那么157 kPa（22.7 psia，1 174 mmHg）减压病治疗压力将不能获得。在这种情况下，应规定提供比周围压力至少高55.2 kPa（8 psia，414 mmHg）的最小压力，并至少持续6小时。

6.2.2.1.1.1 减压病研究需求

虽然国际空间站内的DCS的风险已经缓解，但航天飞行引起的DCS的机制仍然没有得到很好的理解。需要研究确定为什么与在月球或火星的地面重力环境相比，在微重力环境生活和进行 EVA 的 DCS 风险较低。这种风险降低可能包括气核机制或氮冲洗的差别。新的探索体系结构包括不同的飞船、EVA 服装和压力/气体混合物，因此将需要对这些新系统的审批和安全验证进行新的研究。将间歇再加压与更短、更频繁的 EVA 相结合已经被提议作为 DCS 的缓解策略，但还需要评价。

6.2.2.1.2 气压性损伤

当贮留在身体组织和体腔里的气体受到舱内压力变化影响，并且与体腔壁的压差引起疼痛和组织损伤时，便发生气压性损伤。气压性损伤可发生在气压差相对较低、减压和复压速率相对较慢的情况，特别容易发生在耳腔、鼻窦、龋齿或补牙的部位。

为了预防乘员在航天器减压和复压期间耳和肺部受到损伤，在完成规定的操作时，航天器内总压的变化率必须限制在－207 kPa（－30 psi，－1 552 mmHg）/min～93.1 kPa（＋13.5 psi，698 mmHg）/min 之间。在微重力条件下，由于头部和鼻窦可能已经充血，气压性损伤的危险性将更大。因此，增压速率限值相比美国海军潜水手册规定的增压速率 310 kPa（45 psi，2 327 mmHg）/min（100 ft/min）更加保守。减压速率的限值与美国海军潜水手册规定的 66 ft/min 限值一致。在航天器上，座舱额定减压和复压期间最大压力变化率，对于出舱活动准备是 0.1 psi/s，对于紧急复压的速率限值是 1.0 psi/s。气压变化造成的耳部问题详见表 6.2－2。

表 6.2－2 气压变化时耳部出现的症状

压差/mmHg	压差/psia	症状
0	0	无感觉
3～5	0.06～0.12	耳有胀满感
10～15	0.19～0.29	胀满感增强，声强变小
15～30	0.29～0.58	耳部胀满不适，发生耳鸣；空气离开中耳时耳有爆破声；产生清理耳道意愿——完成时，症状消失
30～60	0.58～1.16	疼痛、耳鸣、眩晕恶心增强
60～80	1.16～1.55	严重的放射性疼痛、眩晕和恶心
～100	～1.93	主动清理耳道变得困难或不可实现
200＋	3.87＋	耳膜破裂

减压速率过快时，可能会发生很严重的损伤，特别是肺和其他充满气体的体腔。快速减压引起的损伤程度取决于压力变化的速率大小、初始和最终压力水平和肺部以及整个身体的气体总量。快速减压的原因可能是航天器被空间碎片（在轨或高空发射和再入期间）穿破，舷窗和舱口损坏，或者发射或再入逃逸系统的展开。在早期包含有弹射逃逸系统的航天飞机飞行任务中，突然失压问题受到关注。因为涉及减压问题，对未穿着航天服乘员的最大弹射高度是有限制的。

在高压治疗期间，增压速率必须不能引起乘员胸腔壁压差超过 80 mmHg（1.55 psia），或超过 40 mmHg（0.77 psia）的持续时间长于 5 s。减压程序和舱内的气体成分变化取决于环境大气成分。在高压治疗期间，氧中毒是主要关注的问题。

6.2.2.1.3 总压限值

为减小减压病风险，整个任务期间必须满足探索大气工作组制定的表 6.2－3 总压限值。

表 6.2－3 乘员总压暴露生理限值

总压（kPa）	总压（mmHg）	总压（psia）	暴露时间
压力≤20.7	压力≤155	压力≤3.0	不允许
20.7<压力≤29.6	155<压力≤222	3.0<压力≤4.3	12h
29.6<压力≤51.7	222<压力≤387	4.3<压力≤7.5	14d
51.7<压力≤103	387<压力≤776	7.5<压力≤15.0	无限
103<压力≤117	776<压力≤879	15.0<压力≤17.0	12h
压力>117	压力>879	压力>17.0	仅限紧急状态

6.2.2.2 氧气[⑩]

在地球海平面，大气的氧分压为 158.3 mmHg（3.06 psia），在肺泡进行气体交换时压力减小到 104.0 mmHg（2.01 psia）。尽管人们可以持续居住在肺泡氧分压为 54.3 mmHg（1.05 psia）的 3 658 m（12 000 ft）高度处，但这只是经过环境适应的人才有可能的，并且其操作能力减弱。过少的氧（缺氧）可引起嗜睡、头痛、丧失简单任务的操作能力和意识丧失。过多的氧（高氧）也会引起损害。在海平面压力（甚至在低气压）下，长时间呼吸纯氧最终能引起肺部炎症、呼吸功能紊乱、各种心脏症状、失明和意识丧失等。图 6.2－1、6.2－2 显示了缺氧和高氧可能出现的大气压和氧百分浓度的关系。

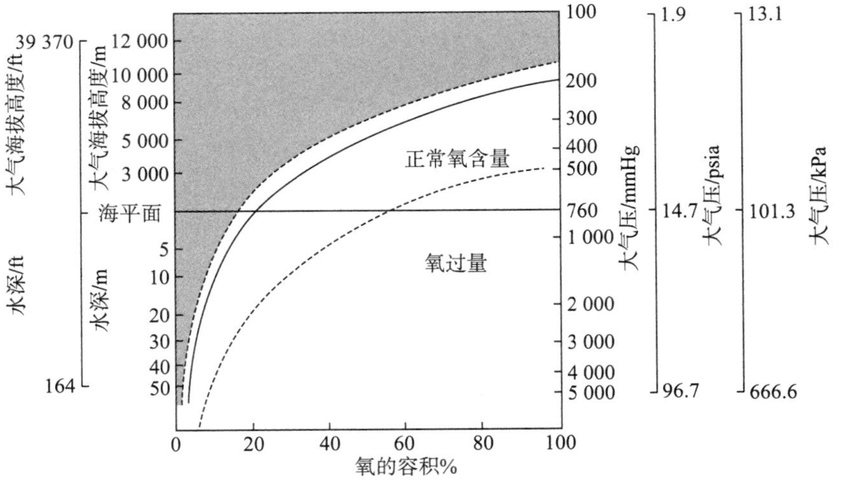

图 6.2－1 高海拔和低海拔环境下不同氧浓度的缺氧和高氧危险区域（Woodson，1991）

⑩ 这部分信息仍在评估中，具体内容的更新计划在本文件修订版中体现。

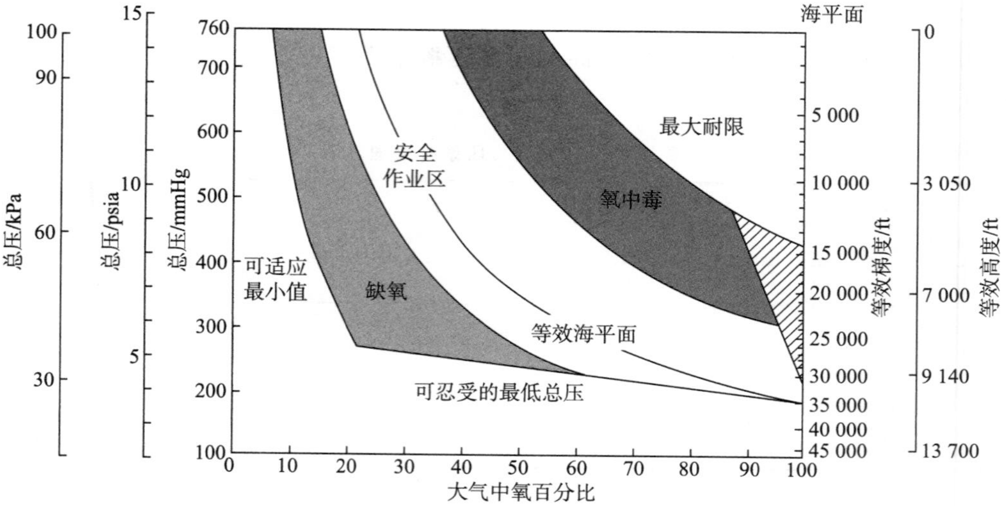

图 6.2-2　不同氧浓度和总压的大气环境缺氧和氧中毒危险区域（Tobias，1967）

6.2.2.2.1　缺氧[11]

氧气不足可能会使肺泡氧分压降至 85 mmHg（1.65 psi），此时人体开始出现低照度彩色视觉减弱；低于这个水平，氧分压进一步下降至约 69 mmHg（1.33 psi）时，会出现智力操作能力下降，如学习新任务能力。随着氧分压水平不断下降，人体的视觉、心理和运动障碍不断增加，当肺泡氧分压下降至大约 35 mmHg（0.67 psi）时，人体的意识开始受到影响（Waligora et al.，1994）。

任何大气的人体肺泡氧分压可用下列公式进行计算：

$$PAO_2 = FiO_2\ (Pb - 47) - PCO_2 \times (FiO_2 + 1 - FiO_2/0.85)$$

式中　PAO_2——肺泡氧分压；

FiO_2——吸入氧气浓度；

Pb——吸入的混合气大气压力；

0.85——假定的呼吸气交换率；

PCO_2——二氧化碳分压。

表 6.2-4 列出了在接近大气氧分压的条件下，某些缺氧对人体产生的生理影响。

表 6.2-4　缺氧对机体的影响

氧分压/mmHg	氧分压/psia	影响
160	3.09	正常（海平面大气水平）
137	2.65	可接受的警告限度，夜视丧失，早期症状是瞳孔扩大
114	2.20	操作能力严重下降，出现幻觉，兴奋，冷漠

⑪　同⑩

续表

氧分压/mmHg	氧分压/psia	影响
100	1.93	身体协调损伤，情绪失调，瘫痪，记忆力下降
84	1.62	最终出现不可逆的意识丧失
0～46	0～0.89	立即缺氧症状，意识丧失，痉挛，瘫痪，在 90～180 s 内死亡

注：氧分压下降能产生潜在危险，如大脑迟钝以及对危险意识的降低。

人类的视功能对缺氧特别敏感，视网膜是缺氧最敏感的人体组织。图 6.2－3 显示了视功能测定的一些阈值。

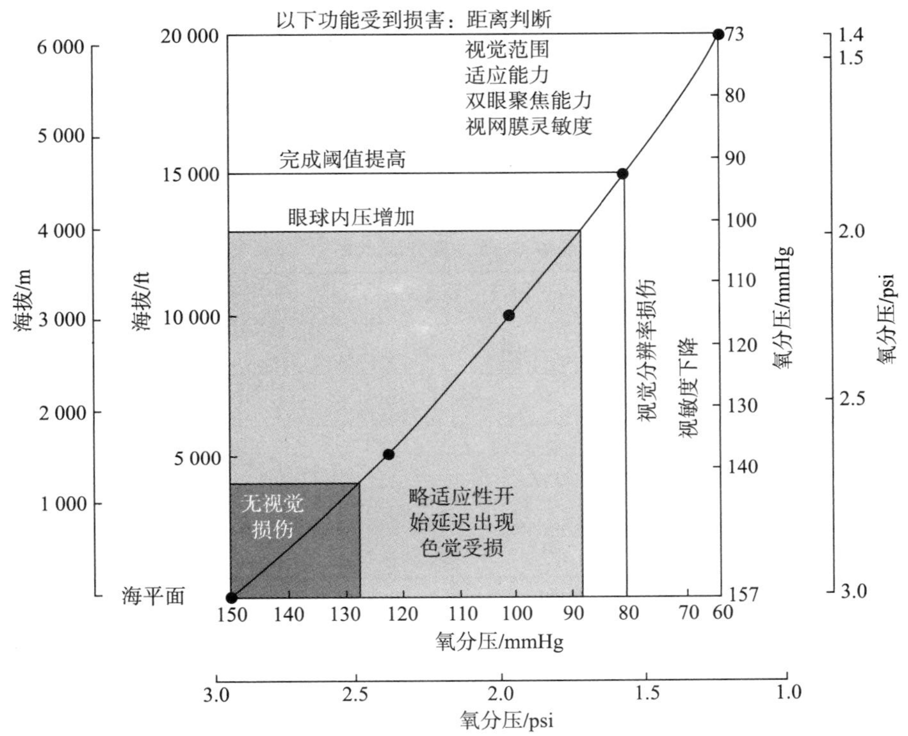

图 6.2－3　缺氧引起的视功能损伤（引自 Roth and Benjamin，1968）

航天飞机内维持的氧分压为 165.5 mmHg [（3.2±0.25）psi]，如果氧分压下降至 121.0 mmHg（2.34 psi）以下，则需戴上氧气面罩。

6.2.2.2.2　氧毒性（高氧）

在高氧分压条件下，氧气分子也会显示出毒性。图 6.2－4 显示了不同高氧分压下开始出现氧毒性症状的时间，在这些区域一般出现呼吸症状。已有报道，长时间暴露在大约 251 mmHg 氧分压条件下，红细胞的脆性和细胞壁的通透性会发生变化。

6.2.2.2.3　氧分压限值

航天器必须采用表 6.2－5 中限定的大气氧分压值，以确保吸入足够的氧气转运到肺泡，减小缺氧的危险性。

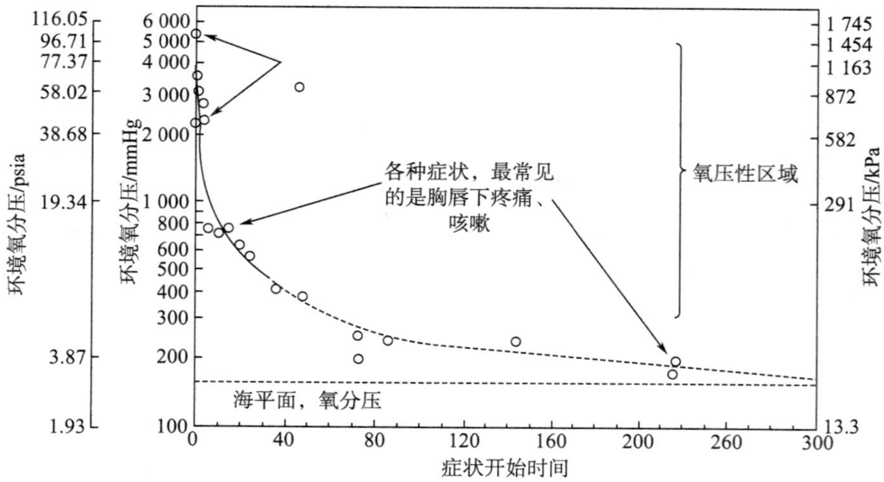

图 6.2-4 环境氧分压与高氧症状出现时间的关系（引自 Parker and West，1973）

表 6.2-5 氧分压水平

ppO_2/kPa	ppO_2/mmHg	ppO_2/psia	最大允许暴露时间
$ppO_2>82.7$	$ppO_2>620$	$ppO_2>12.0$	≤6 h
$70.3<ppO_2\leqslant 82.7$	$527<ppO_2\leqslant 620$	$10.2<ppO_2\leqslant 12.0$	≤18 h
$60.7<ppO_2\leqslant 70.3$	$456<ppO_2\leqslant 527$	$8.8<ppO_2\leqslant 10.2$	≤24 h
$33.1<ppO_2\leqslant 60.7$	$251<ppO_2\leqslant 456$	$4.8<ppO_2\leqslant 8.8$	≤48 h
$23.4<ppO_2\leqslant 33.1$	$178<ppO_2\leqslant 251$	$3.4<ppO_2\leqslant 4.8$	≤14 d
$18.6<ppO_2\leqslant 23.4$	$139<ppO_2\leqslant 178$	$2.7<ppO_2\leqslant 3.4$	正常生理范围，不确定非可测量的行为能力下降
$17.2<ppO_2\leqslant 18.6$	$126<ppO_2\leqslant 139$	$2.5<ppO_2\leqslant 2.7$	在完全适应（3 天后）前，不确定将出现的可测量的行为能力下降
$15.2<ppO_2\leqslant 17.2$	$112<ppO_2\leqslant 126$	$2.2<ppO_2\leqslant 2.5$	1 h，除非完全适应，否则将有急性高山病的风险
$ppO_2\leqslant 15.2$	$ppO_2\leqslant 112$	$ppO_2\leqslant 2.2$	不允许，执行任务时必须额外供氧以防产生明显的损害

氧分压限定值规定不低于 2.5 psia 是为了预防缺氧，规定不高于 3.4 psia 是为了预防高氧。

氧分压低限值是指维持肺泡氧分压的最低氧分压水平，相当于 3 000～10 000 ft（914～3 048 m）高度时吸入的空气。在这个高度，操作能力将会急剧下降。

维持氧分压处于 2.7～3.4 psia（139～178 mmHg）能确保乘员处于舒适状态，以较高的警觉度和注意力执行在轨任务，并能维持对抗运动或出舱活动时心肺和肌肉负荷的生理需要，不会因缺氧或氧分压过高而引起操作能力下降或氧中毒。美国职业安全与保健管理局（OSHA）规定进入封闭空间的最低氧水平是海平面氧分压的 19.5%（氧分压为 148 mmHg，等效于 2 000 ft/609 m），地球上超过 80%的人口呼吸的氧分压范围在 145～178 mmHg，等效于海拔 3 000 ft/914.4 m 高度的氧分压水平。这一氧分压是几家航天生物医学机构推荐的航天飞行操作的氧分压值。美国和俄罗斯航天生物医学研究资料均推荐航天器氧分压应高于 128 mmHg（低于大约 6 000 ft/2 000 m 等效飞行高度），以维持失重条件下心血管功能和前庭功能受到影响时体力负荷的操作能力。

没有适应时，氧分压最小限值设定为 16.8 kPa（2.44 psia，126 mmHg），等效于约 9 000 ft（2 743 m）高度。该水平低于 10 000 ft 高度水平，根据联邦航空管理部门（FAA）和国防部（DoD）要求，需使用氧气面罩吸氧，以减小急性缺氧，如急性高山病，发生的可能性。持续暴露低于表中限值的氧水平的环境下，特别是伴随运动负荷增加，可能导致急性高空病的发生。该限值依据的是国际标准，并随着影响氧分压水平的总压不同而变动。俄罗斯允许暴露的氧分压限值范围为 16.0 kPa（2.32 psia，120 mmHg）～18.7 kPa（2.71 psia，140 mmHg），最长时间为 3 天。

表 6.2-5 中最低氧分压水平表示的氧分压等效于 10 000 ft 高度（呼吸空气）水平。快速上升到 10 000 ft，有 20%～40%高空暴露者发生轻至中度的高空病。高空病风险增加的主要原因是环境气压下降而引起肺泡氧分压降低到较低的程度。10 000ft 高度的等效氧分压（14.8 kPa）代表国防部和联邦航空局商业规定的飞机员不用补充供氧的飞行最大高度（可接受的面罩供氧水平）。

值得注意的是，富氧大气（>21%）的使用在维持肺泡氧分压的同时，也将增加火灾危险，因为它增加了舱内典型的非金属材料的可燃性。

6.2.2.3 二氧化碳

在地球海平面二氧化碳浓度大约为 0.04%。由于二氧化碳是人体呼吸的产物，在有限区域内其浓度将会增加，特别是通风不良的区域。

6.2.2.3.1 二氧化碳效应

没有设定人生存区域的最小二氧化碳浓度的大气要求，但过多的二氧化碳能引起如头痛、恶心、呼吸加快和心率加快等症状。图 6.2-5 显示了二氧化碳浓度增加对通气量、呼吸频率和脉搏频率的影响。已经注意到通气量相对较大且呼吸频率较慢的个体出现呼吸减少和交感神经系统反应，同时呼出低浓度的二氧化碳气体。暴露在非常高的二氧化碳水平的环境中能引起思维混乱、肌肉抽搐和意识丧失。

二氧化碳暴露中止后，可能出现二氧化碳脱瘾综合征，甚至能导致比二氧化碳暴露本身还大的功能损害。不同严重程度的头痛是二氧化碳暴露取消的常见症状，这可能与失重操作相关的体液头向转移生理效应有关，更高水平的二氧化碳暴露取消可引起晕眩。5%～10%二氧化碳的急性暴露引起的脱瘾综合征比低于3%二氧化碳的慢性暴露引起的脱

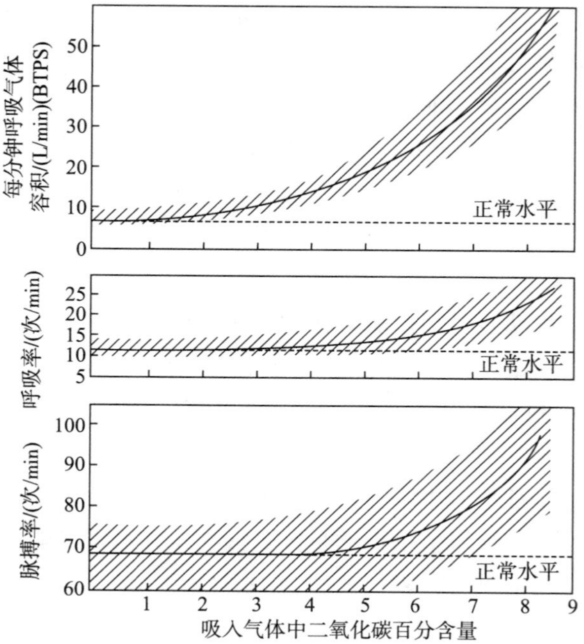

图 6.2－5　吸入高二氧化碳对机体的影响（引自 Tobias，1967）

瘾综合征更加明显。在极端条件下，可能出现重度高血压和严重的心律失常。据观察，呼吸氧气比呼吸空气能使二氧化碳暴露症状恢复得更好。

航天飞机的二氧化碳分压的限值为 7.76 mmHg（0.15 psia），如果二氧化碳分压高于 15.51 mmHg（0.30 psia），则乘员需戴呼吸面罩。由于微重力条件下缺少气体对流，有可能在航天器舱内大气循环弱的地方蓄积二氧化碳，导致局部区域二氧化碳浓度增高。此外，燃烧事件会对航天器内二氧化碳的总体水平产生一定影响。

在图 6.2－6 中，肺泡二氧化碳分压是以对应的肺泡氧分压作图，图中显示了大气 CO_2-O_2成分和人类操作能力之间的关系。正常 36 mmHg（0.7 psia）的肺泡二氧化碳分压对应舱内近似 3 mmHg（0.06 psia）水平的二氧化碳分压。

6.2.2.3.2　二氧化碳限值

二氧化碳水平必须限制在表 6.2－6 范围内，这是由约翰逊航天中心（JSC，Johnson Space Center）发行的《航天器大气污染物最大允许浓度》（SMAC）（JSC 20584）确定的。

表 6.2－6　航天器内二氧化碳分压最大允许值

时间	限值/mmHg	限值/psia
1 h	15	0.29
24 h	9.9	0.19
7～180 d	5.3	0.10
1 000 d	3.8	0.07

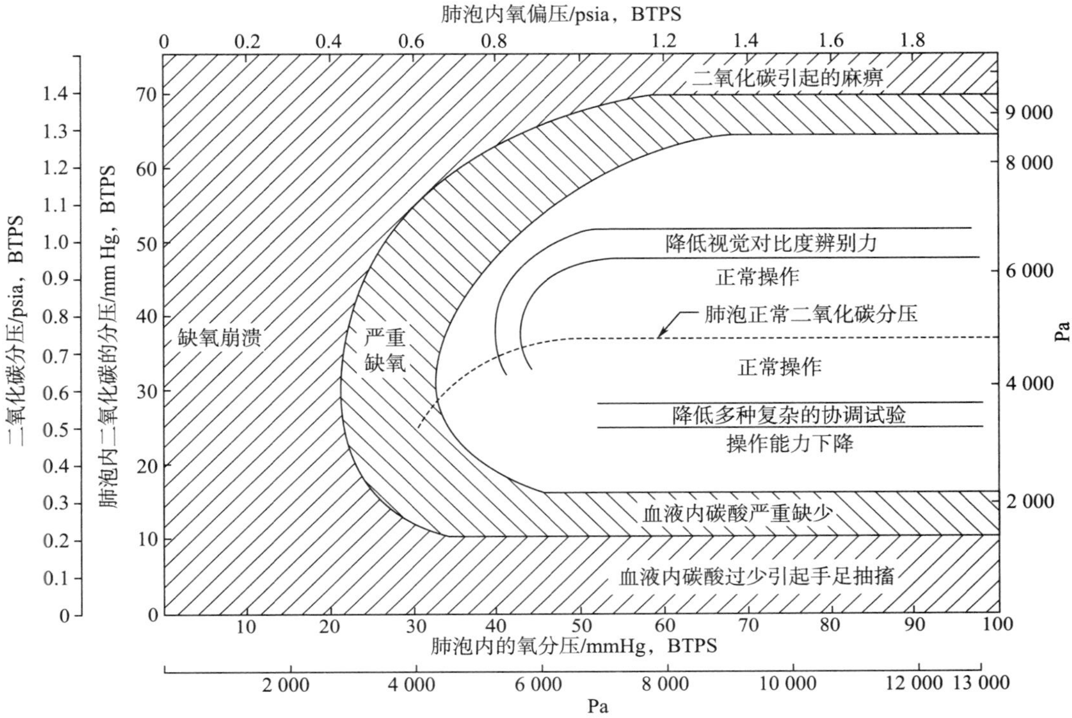

图 6.2-6 肺泡氧和二氧化碳成分与机体操作能力的关系表

SMAC 稍低于其他基于地面应用的限值，详情见表 6.2-7。

表 6.2-7 工业与美国海军推荐的二氧化碳限值

来源	时间	限值/mmHg	限值/psia
(Cable，2004)-IDLH	短暂	30.4	0.59
(Cable，2004)-STEL	15 min	22.8	0.44
NRC (2004)-EEGL	1 h	19.0	0.37
EEGL	24 h	19.0	0.37
CEGL	90 d	6.1	0.12
(Cable，2004)-REL	工作寿命	3.8	0.07
OSHA-PEL	工作寿命	3.8	0.07
(Cable，2004)-TLV	工作寿命	3.8	0.07

注：ACGIH—美国政府工业卫生协会；CEGL—连续暴露指导水平；EEGL—紧急暴露指导水平；IDLH—对生命和健康紧急危险；NED—美国国家研究委员会；PEL—容许暴露限值；REL—推荐暴露限值；STEL—短期暴露水平；TLV—阈限值。

乘员在太空飞行期间可能比在地球上对二氧化碳或其他大气污染物更敏感。这可能与人体对微重力适应而发生的生理改变有关，因此，其限值设定有必要比地面应用更保守。1 000 天二氧化碳的 SMAC 是基于高于该水平情况下的敏感者可能由于轻度头痛引起出现的微妙行为恶化的观察。对于短期、近地飞行任务，出现这种行为问题被认为是不可取的，但它们不能被长期探测飞行任务所接受。

基于航天器舱内人体呼吸速率和乘员数量的计算，航天器舱内二氧化碳水平升高将是缓慢且可预测的。通常情况下不会迅速出现高浓度的二氧化碳，除非发生异常事件（如失火）时，将与其他有毒化合物一起释放到大气中。人通常能适应二氧化碳浓度的缓慢升高，因此可以观察到暴露的症状减少及严重性减轻。表 6.2－6 中的 SMAC 值是时间计权均值，超出均值 10％以上的情况极为少见，并可被远低于二氧化碳限值要求的阶段完全代偿。

航天器设计必须尽量减少二氧化碳可能累积的区域的数量；然而，已认识到各种操作活动可以导致局部二氧化碳累积、引起轻微症状。如果症状与二氧化碳暴露有关，那么必须采取措施维持可疑区域气流通畅。如果二氧化碳超过表 6.2－6 列出的 SMAC 水平，那么症状的危险性和/或操作能力下降是不能被接受的。

星座计划的二氧化碳限值是基于 SMAC 水平和俄罗斯的国家标准，简称为 GOST 认证（表 6.2－8 所示内容）。这些限值是基于浓度和传感器位置而变化的多个时间加权平均值，可能由于传感器位置和浓缩倍数不同而不同。

因为航天器舱内局部区域二氧化碳可能蓄积，局部传感器测量允许的时间可能与舱段传感器允许的时间不同。因此，舱段传感器位置所测量的二氧化碳值和乘员所在位置呼吸的实际值之间可能存在不确定的不一致性。

采用舱段传感器测量值是为了提供日平均值。对于吸入的二氧化碳分压，舱段传感器比 24 小时时间计权均值更加具有时间敏感性：其数值可取每小时，最差也是每 8 小时进行读取。

表 6.2－8　星座计划乘员二氧化碳分压暴露限值

$ppCO_2$/kPa	$ppCO_2$/mmHg	允许吸入二氧化碳时间①	舱段传感器测量时的允许时间②
额定值			
0.0～0.67	0.0～5.0	无限制	无限制
非最佳值			
0.67～0.71	＞5.0～5.3	30 天	7 天
0.71～0.80	＞5.3～6.0	7 天	24 小时
0.80～1.01	＞6.0～7.6	24 小时	8 小时
1.01～1.33	＞7.6～10	8 小时	4 小时
非正常 & 紧急值			
1.33～2.00	＞10.0～15	4 小时	1 小时
2.00～2.67	＞15.0～20	2 小时	30 分钟
2.67～4.00	＞20.0～30	30 分钟	不允许暴露
4.00～5.33	＞30.0～40	不允许暴露	不允许暴露
5.33～10.1	＞40.0～76	危险区	危险区
＞10.1	＞76.0	紧急	紧急

注：① 局部传感器是用于测量人体所在区域呼吸的二氧化碳分压；

② 舱段传感器所处位置可能不与乘员当时所在位置相同。

6.2.2.4 稀释用气体

地球的大气提供的生理无效应气体——氮气，占空气体积的 78%，其分压值为 594 mmHg (11.5 psi)，最理想的大气应含有一种或多种下列生理惰性稀释用气体：氮气、氦气、氖气、氩气、氪气或氙气。稀释用气体有以下功能：

• 它可以用来增加舱内总压，而不必增加氧分压导致氧中毒及火灾风险增加。这在航天器高绝对压力的操作环境中是重要的，例如潜水钟。

• 乘员身体密闭的气腔可能出现塌陷。如果中耳不定期的通风（耳清洗），这种情况可能出现在中耳。在高压力期间，这种情况也可能出现肺部的小叶上，因为气腔中的氧和二氧化碳很快地会被吸收。添加稀释气体的混合气将使气体吸收减慢，有助于预防这种塌陷，这种塌陷就是所谓的肺泡萎陷。

• 实验，特别是生命科学实验，可能对大气参数更加敏感。选择标准的地球大气（例如，气压为 760 mmHg，包含 79%的氮气、21%的氧气及其他少量成分）通常可提供比纯氧气体环境更简单的实验室测试环境。标准大气允许使用标准实验室设备。

• 稀释用气体是预防肺不张的长期呼吸所必须的理想气体。

• 一旦出现火灾，除了氢气外，座舱大气中的稀释用气体可以作为有效抑制火灾蔓延的气体。

选择含有不同于氮气的稀释用气体的大气成分可能会对航天器乘员产生一定的副作用。以下各节将讨论代谢、热和声音因素可能对乘员操作能力产生的影响。

6.2.2.4.1 代谢因素

要考虑用于稀释大气作用的所有气体必须是生理惰性气体（也就是说在正常情况下人体必须对稀释气体有相对小的代谢反应）。

6.2.2.4.2 热因素

除氦气外，考虑用于座舱大气的稀释用气体不应在热调节方面造成困难。

氦的热传导性是氮气的六倍，对此已有相关经验表明，为维持休息个体的热舒适区，空气维持的温度必须比正常温度至少高 2～3 ℃。

6.2.2.4.3 声音因素

低密度氦-氧混合气能使人的声音频率增加。高百分比的氦混合气可能会遇到具体的语音清晰度问题。在这种情况下，采用将氮气或者氖气加入氦（氦-氧）混合气的方案对我们是有利的，也可采用电子化处理改善交流的清晰度。

6.2.2.4.4 毒性因素

在更高的气压下，稀释用气体能表现出毒性效应。使用氮气以外的稀释用气体用于飞行器大气将需要进一步研究。

6.2.2.4.5 减压病的影响因素

每种稀释用气体具有不同的组织饱和度和洗脱速率。使用氮气以外的气体作为飞行器大气的稀释用气体将需要进一步的研究。

6.2.2.5　舱内大气成分和压力监测与控制

乘员必须有能力监测大气参数，包括总压、氧分压、二氧化碳分压、温度和湿度，以确保航天器状态良好、预防对乘员健康的潜在威胁。乘员还必须有能力审查以往的大气数据并进行分析，如变化趋势。各种操作程序，包括开关闸门，出舱活动吸氧排氮和失压过程的相关数据均需乘员了解。

当大气参数超过高、低限值时，除了有被动监测能力外，还必须有报警功能提醒乘员。某些程序（例如紧急失压）将以航天器内大气主要成分的值作为启动基础。当乘员与地面没有联系时，报警功能使乘员无需持续监测航天器的大气参数。

虽然航天器的环境控制系统可自动控制大气参数在安全限值内，乘员也必须有能力控制某些特定参数，包括总压和氧分压。例如，出舱活动吸氧排氮可能要求降低舱压或改变舱内氧分压；此外，传感器意外出现事故或损坏也可能需要乘员手动控制某些大气参数。

6.2.2.6　与飞行任务相关的舱内大气成分和压力

各种飞行制度可能会对设计师进行大气选择产生影响，需考虑的因素如下：

- 发射前——登机期间周围环境的大气污染可能影响舱内大气加压或减压程序时间表，低压舱可能需要进行吸氧排氮。
- 发射——在高 G 压力下吸 100％氧期间有可能出现氧肺不张，建议在混合气中加入稀释用气体，高 G 负荷引起的浅呼吸可能要求较高氧浓度或增加通风。
- 短期飞行——具有较大范围的大气参数（如二氧化碳分压和纯氧大气）在短期飞行中可被接受，其不利影响取决于时间长短。
- 长期飞行——长期飞行中，刺激性或有毒物质的耐受性下降，微量污染物变得更加重要，乘员舒适性也受到更多关注。
- 再入和着陆——与发射段相同。如果在非陆地环境着陆，需要考虑周围环境。
- 着陆后——如果在地球上着陆，在等待登陆期间需设计适当的程序表以再次建立大气环境。如果不在地球上着陆，环境条件、出舱操作和实验等都可能影响大气的设计。

6.2.3　大气温度、湿度和通风

大气温度、湿度和通风等参数之间通过保持适当的平衡，共同调节着热舒适性。在湿度较高且通风较低的条件下，设定的温度并不会让人感觉舒适，但是当其中一种或所有的参数发生一点点的变化，上述设定的温度就会变得可以接受了。

6.2.3.1　温度

维持一个合适的大气温度对于保持体核温度处于安全水平、维持人体的舒适性而言非常重要。人能在一个很宽的大气温度范围内生存很长的时间，但是在不使用热防护服的情况下维持人体舒适所要求的温度范围却非常窄。航天飞机的温度能控制在 18～27 ℃范围内。直接接触热或冷的物体对人产生的影响在 9.12 节中予以讨论。

6.2.3.1.1　热环境

当环境温度上升时，身体通过增加外周循环、血管舒张和出汗等反应达到机体散热的目的。然而，如果不能很快散热，人体体核温度将会上升，从而导致机体出现认知和生理

上的损害。表 6.2-9 描述了体核温度的变化和相关的操作能力下降的对应关系。

表 6.2-9 体核温度波动范围和相关的操作能力下降

体核温度/℃（℉）	等效热积/kJ（BTU）	医疗健康状态
37.7～38.2（99.9～100.8）	317～422 （300～400）	认知任务能力开始下降 手部灵活性降低不舒适 体温过高（热应激）
38.2～39.2 （100.8～102.6）	422～633 （400～600）	认知功能减缓 判断错误增加 跟踪技能丧失 热致死风险为 25% 可能出现热衰竭
39.2～39.6 （102.6～103.3）	633～844 （600～800）	生理功能受限 热致死风险为 50% 很可能出现热衰竭 可能热休克
>40（>104）	>844（>800）	热致死风险为 100% 很可能热休克

如果航天器舱内热负荷非常大，会迅速达到航天员的耐受限值，造成航天员绩效和健康受损。当皮肤温度上升超过 1.4 ℃、体核温度上升超过 0.6 ℃或心率大于 140 bpm 时，便会发生航天员绩效和健康受损。由于无法在再入地球期间准确预测航天员的耐受情况，因此必须控制环境温度。

用特制的制冷服装可以减缓过量的热积，比如航天飞机上使用的液冷通风服。

6.2.3.1.2 冷环境

在冷应激环境下，机体会迅速减少外周循环以达到保存体内热量的目的。当体核温度和皮肤温度持续下降时，机体便开始出现颤抖，人会感觉不舒适。最终颤抖将变得非常强烈，并无法控制。

当手部的皮肤温度降至 12～14 ℃（54～57 ℉时），操作能力便开始下降。当手部温度下降更低时，操作能力将丧失得更加严重，一部分原因是僵硬导致的，另一部分原因是由于触觉功能下降。最终的损害是由于体核温度降低造成的脑功能受损。如果体核温度低于 34～35 ℃，即使机体仍能对指令做出反应，大脑也将丧失认知功能。

当身体持续丧失热量，颤抖会越来越少，最终完全停止。此时，体温调节能力将完全丧失，但并不会马上死亡。核心温度会剧烈下降至 26 ℃（78.6 ℉）或更低，此时人仍然处于存活状态。然而，经过极冷环境后，即使采取复温措施，人仍会死亡，导致死亡的普遍原因是心脏纤颤。

隔热服能在一定程度上减缓过量的热量丧失。图 6.2-7 显示了添加各种不同程度的热防护服对低温和风的耐受性的影响。

6.2.3.1.3　热环境限值

在所有的任务阶段，必须满足图 6.2－7 中的舒适带内的热环境。舒适带指的是环境条件的变化范围，在此范围内人能达到热舒适、日常活动绩效不会受到热应激的影响。热舒适受到工作负荷、着装和环境适应性状态等影响。

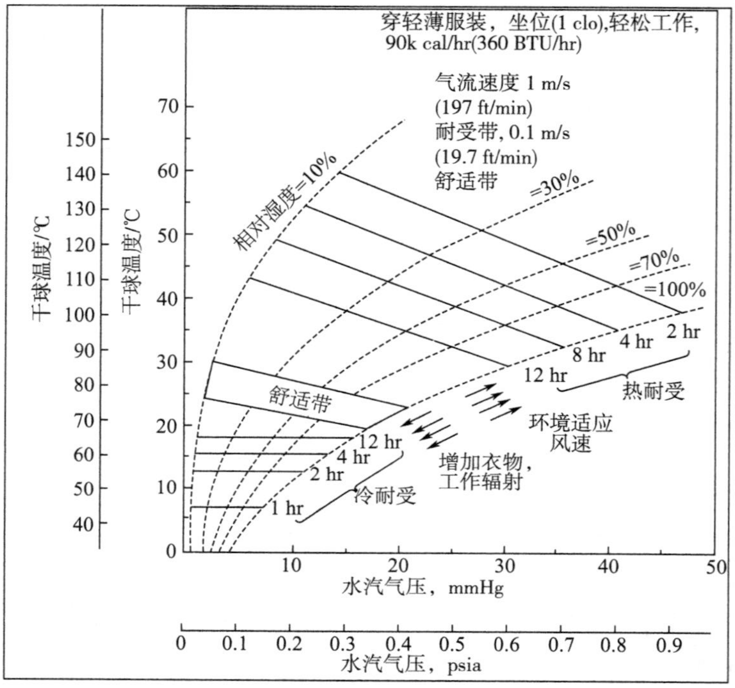

图 6.2－7　环境舒适带

舒适带不包括人可在其中无限生存的环境条件的全部范围。无限期生存带的范围更宽，且在无限期生存带内生存时，体核温度升高或降低可能引起出汗或颤抖。在舒适带以外进行的操作可能会伴随着乘员绩效的下降。该图默认最小风速，并假设环境辐射温度与干球温度一致。图中箭头表示了环境适应性、工作负荷、服装加厚等变化趋势对热舒适带的影响。舒适带划定的温度范围为 18 ℃（64.4 ℉）～27 ℃（80.6 ℉），该参数成功应用在航天飞机和国际空间站的正常飞行程序中，并推荐在后续航天器中应用。

在发射、再入、着航天服、体能锻炼和偏离正常工况等飞行操作中，可能会发生短暂的温度超限的情况。此时，可以计算身体的热蓄积量，而不是去规定超限温度绝对值。热舒适的目标是使人体热蓄积维持在舒适带内，热蓄积可通过下列公式计算

$$\Delta Q_{\text{stored}} = \frac{MR - 278}{13.2} \pm 65(\text{BTU})$$

式中，MR 为代谢率，单位为 BTU/h；ΔQ_{stored} 为热蓄积量，是人体在休息状态、体

温正常时所储存的热量的变化值。将 ΔQ_{stored} 除以 154 lb（即公认的标准人的体重）可以将上述计算的单位转化为 BTU/lb。根据 1BTU＝1 055.056 J 和 1 lb＝0.4 535 924 kg 的换算关系可以进一步将上述值的单位转换为 kJ/kg。

热积或热债的公认计算方法是用 41 -体节人体模型或 Wissler 模型。41 -体节人体模型被纳入了 NASA 的测试实验中，并得到应用。20 世纪 60 年代以来的测试实验表明该模型的精度在 5%之内。

在飞行任务的一些时段内，当座舱环境条件不能维持在额定的限值范围时，航天员可以通过热积或热债的方式在较短的时间内适应超出舒适带的情况，但热积和热债不能超出认知功能受损的阈值范围，即

$$4.7\ \text{kJ/kg}\ (2.0\ \text{BTU/lb}) > \Delta Q_{stored} > -4.1\ \text{kJ/kg}\ (-1.8\ \text{BTU/lb})$$

热蓄积量如果超出该范围则会发生认知功能受损。认知受损区域以外的区域是耐受区域，在耐受区域内会导致基本技能（如跟踪作业）丧失，并可能出现损伤。维持基本技能的热蓄积量的限值范围如下：

$$6.0\ \text{kJ/kg}\ (2.6\ \text{BTU/lb}) > \Delta Q_{stored} > -6.0\ \text{kJ/kg}\ (-2.6\ \text{BTU/lb})$$

图 6.2-8 表示出了热蓄积量的舒适范围、绩效受损范围和耐受范围，垂直轴为身体热量蓄积的变化值。耐受带的热量蓄积值为－6.0 kJ/kg（身体冻伤风险大于 50%）～＋6.0 kJ/kg（身体热损伤风险大于 50%）。认知绩效受损带的热蓄积量为－4.1 kJ/kg（感到冷）～＋4.7 kJ/kg（感到热）。该图同时描述了代谢率的变化所对应的人体热舒适带。例如，当航天员的代谢率为 1 705 BTU/h 时，舒适带中间点的热蓄积值量大约比休息状态热蓄积量高 1.6 kJ/kg（0.7 BTU/lb）。

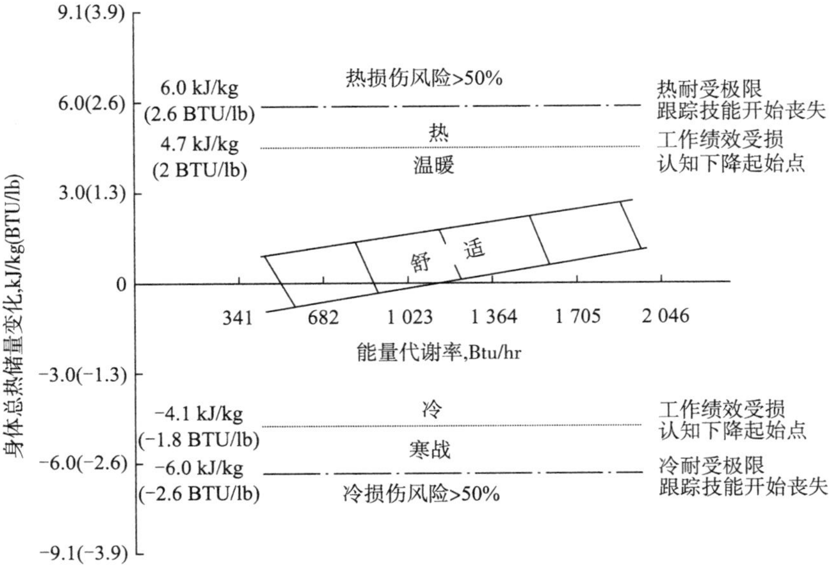

图 6.2-8 舒适、绩效受损和耐受的热蓄积带

如果航天员的热蓄积量保持在绩效受损区域之内，则航天员能完成复杂的任务，且不会出现因热而导致的绩效下降。对于未适应的个体而言，体液的丧失量约为每小时 0.95 L (32 oz)，盐分的丧失量约为每小时 2～4 g (0.004～0.007 lb)。在微重力和高湿环境下，汗液在全身形成一个隔热层，进一步加强了热应激，而不起缓解的作用。如果航天员穿着航天服，热负荷会迅速增加。约翰逊航天中心的热调节模型（即 Wissler 和 41 -体节模型）预测了航天员全身制冷机制丧失的情况，该模型模拟了航天员穿着具有先进的乘员逃生服（ACES，Advanced Crew Escape Suit）特性（厚度、导率、吸水能力、发射率）的发射和再入航天服进入一个高温的座舱的情况。军用飞行员防护服的研究数据表明：与着短袖相比，穿着 ACES 后随着时间的推移，体温上升得更加迅速。

如果航天员的热损失值维持在绩效受损区域之上（图 6.2 - 8），航天员可以在不会出现因为冷而导致绩效下降的情况下执行任务，因为冷导致的绩效下降大致发生在－280 kJ (－265 BTU)。

总之，热舒适的目标是：

1）机体热蓄积量应该在舒适带范围内；

2）蒸发散热仅限于无感蒸发作用，而水汽仅是由呼气和没有明显汗液的皮肤扩散而生的；

3）不发生产热性的颤抖；

4）体核温度维持在接近正常休息状态的值，约 37 ℃ (98 ℉)；

5）在未使用液冷服时，皮肤温度维持在接近正常休息状态的值，约 32.8～34.4 ℃ (91～94 ℉)；如果使用液冷服，则皮肤温度将明显降低。

6.2.3.1.4 预期代谢负荷

为了计算航天器环境控制系统的能力，必须了解航天员预期的代谢负荷，该代谢负荷受当时的工作强度的影响。表 6.2 - 10 和表 6.2 - 11 给出了代谢产生的热量（第 5 行）、水汽（第 6 行）和二氧化碳（第 9 行）的估算值。表中的数据来源于生理测量变量以及 41 -体节人体模型的模拟数据。这些预期的航天员代谢负荷均基于文中描述的假设和条件，因此其中任何条件发生改变，代谢参数将随之变化。

这些数据指的是由单个航天员产生的负荷。飞行器内热负荷除了来自飞行器和设备本身产生的以外，还包括所有航天员产生的热负荷。每一名航天员必须至少能每天按表 6.2 - 10 所示的负荷水平锻炼一次。

一名航天员的总产热量是显热（干热）和湿热的总和。显热（干热）的组成仅包括航天员的直接辐射热和对流热。总湿热由两个成分组成：1）潜热，包括呼吸产生的水汽和直接由皮肤蒸发产生的水汽；2）以液态形式散失的汗液所包含的热量。

为了航天器模型设计，在体能锻炼期间的氧耗量和二氧化碳的排出量设定为最大氧耗的 75%，当锻炼停止后氧耗量和二氧化碳排出量恢复至额定值。水、氧气和二氧化碳的消耗用千克和磅表示，氧气和二氧化碳是从标准温度、标准压力和干燥气体（STPD）转换而来的。表中的数据假设条件如下：

- 航天员体重 82 kg (181 lb);
- 30 min 的体能锻炼时间;
- 最大氧耗率=45 ml · kg^{-1} · min^{-1} (1.25 in^3/lb/min), STPD;
- 锻炼设备工作效率为 5%;
- 空气和舱壁温度为 21 ℃ (70 ℉);
- 气流速度为 9.1 m/min (30 ft/min);
- 露点温度为 10 ℃ (50 ℉);
- 航天器的压力为 70.3 kPa (10.2 psia);
- 微重力环境;
- 呼吸商为 0.92 (体积比);
- 航天员着装为短裤与 T 袖;
- 睡眠代谢率为 300 BTU/h;
- 额定代谢率为 474 BTU/h;
- 体能锻炼结束后紧接着一个小时内的代谢率为 500 BTU/h。

上述分析的可变性为 5%。如果上述条件或假设中任意一项发生改变，则描述的负荷值也将改变。

表 6.2-10 标准飞行日内包含体能锻炼航天员产生的代谢负荷

乘员活动状态	睡眠	额定作业	75% 最大氧耗的锻炼 0~15 min	75% 最大氧耗的锻炼 15~30 min	75% 最大氧耗的锻炼后恢复 0~15 min	75% 最大氧耗的锻炼后恢复 15~30 min	75% 最大氧耗的锻炼后恢复 30~45 min	75% 最大氧耗的锻炼后恢复 45~60 min	每天总计③
2 活动持续时间/h	8	14.5	0.25	0.25	0.25	0.25	0.25	0.25	24
3 显热（干性）产热率/(kJ/h) (BTU/hr)	224 (213)	329 (312)	514 (487)	624 (591)	568 (538)	488 (463)	466 (442)	455 (431)	7 351 (6 967)
4 湿热产热率（含潜热和汗液蒸发散热）/(kJ/h) (BTU/h)	92 (87)	171 (162)	692 (656)	2 351 (2 228)	1 437 (1 362)	589 (559)	399 (378)	296 (281)	4 649 (4 410)
5 总产热率/(kJ/h) (BTU/h)②	317 (300)	500 (474)	1 206 (1 143)	2 974 (2 819)	2 005 (1 900)	1 078 (1 022)	865 (820)	751 (712)	12 000 (11 377)
6 水汽排出率/(kg/min * 10^{-4}) (lbm/min * 10^{-4})	6.30 (13.90)	11.77 (25.95)	46.16 (101.76)	128.42 (283.13)	83.83 (184.82)	40.29 (88.82)	27.44 (60.50)	20.40 (44.98)	1.85 (4.07)

续表

7 汗液排出率/（kg/min* 10^{-4}）（lbm/min* 10^{-4}）	0.00① (0.00)①	0.00① (0.00)①	1.56 (3.43)	33.52 (73.90)	15.16 (33.43)	0.36 (0.79)	0.00 (0.00)	0.00 (0.00)	0.08 (0.17)
8 氧耗率④/（kg/min* 10^{-4}）（lbm/min* 10^{-4}）	3.60 (7.94)	5.68 (12.55)	39.40 (86.86)	39.40 (86.86)	5.68 (12.55)	5.68 (12.55)	5.68 (12.55)	5.68 (12.55)	0.82 (1.80)
9 二氧化碳排出率④/（kg/min* 10^{-4}）（lbm/min* 10^{-4}）	4.55 (10.03)	7.20 (15.87)	49.85 (109.90)	49.85 (109.90)	7.2 (15.86)	7.2 (15.86)	7.2 (15.86)	7.2 (15.86)	1.04 (2.29)

脚注见表 6.2－11 脚注。

表 6.2－11　标准飞行日内不含体能锻炼的航天员产生的代谢负荷

1 乘员活动状态	睡眠	额定作业	每天总计③
2 活动持续时间/h	8	16	24
3 显热（干性）产热率/（kJ/h）（BTU/h）	224 (213)	329 (312)	7 056 (6 696)
4 湿热产热率（含潜热和汗液蒸发散热）/（kJ/h）（BTU/h）	92 (87)①	171 (162)①	3 472 (3 288)
5 总产热率/（kJ/h）（BTU/h）②	317 (300)	500 (474)	10 536 (9 984)
6 水汽排出率/（kg/min* 10^{-4}）（lbm/min* 10^{-4}）	6.30 (13.90)	11.77 (25.95)	1.43 (3.16)
7 汗液排出率/（kg/min* 10^{-4}）（lbm/min* 10^{-4}）	0.00 (0.00)①	0.00 (0.00)①	0.00 (0.00)①
8 氧耗率④/（kg/min* 10^{-4}）（lbm/min* 10^{-4}）	3.60 (7.94)	5.68 (12.55)	0.72 (1.59)
9 二氧化碳排出率④/（kg/min* 10^{-4}）（lbm/min* 10^{-4}）	4.55 (10.03)	7.20 (15.87)	0.91 (2.00)

* lbm，磅

注：① 不包含汗液流失的成分，因为不期望出汗；

② 该列表明代谢率和产热变化之间存在延迟；

③ 总计行与上述各行没有倍数关系；

④ 呼吸商 0.92 是为了确定氧耗量和二氧化碳排出量而设定的。

6.2.3.2 相对湿度

除了执行少于4小时的着航天服操作和进行着陆后活动外，在其他所有的任务时段内每24小时周期的平均相对湿度必须维持在25%～75%。理想上，所有的任务时段内每24小时周期的平均相对湿度应维持在30%～50%。在少于4小时的着航天服操作以及额定的着陆后活动期间，湿度必须限制在表6.2-12所示的水平。需要注意的是：额定的湿度范围（30%～50%）是航天员舒适的最佳范围，同时也是确保航天员健康的可耐受范围，但仍可能超出了一些航天员的舒适带。

表6.2-12 相对湿度暴露时间

平均相对湿度	允许暴露时间
≤5%	1 h
>5%～15%	2 h
>15%～25%	4 h
>30%～50%（正常范围） >25%～75%（可耐受范围）	无限制①
>75%～85%	24 h②
>85%～95%	12 h②
>95%	8 h②

注：为了数据的完整性，额定的湿度范围也在表中。

① 假定温度在额定的范围内。

② 仅适用于着陆后脱掉航天服的情形；如果温度超出了额定的范围，则耐受时间将更短。

相对湿度是指，在某温度下，大气中水汽的实际含量与最大水汽含量的比值。湿度较低会导致眼睛、皮肤及鼻腔和咽部黏膜干燥，继而导致呼吸道感染的发生率增加（Carlton，1971）。相对湿度较高会造成物体表面形成冷凝水，从而导致细菌和真菌的滋生。理想的水汽压力为0.19 psi（10 mmHg）。航天飞机的环境控制系统将水汽压力控制在0.12～0.27 psi之间。如果热平衡维持得很好，那么湿度的变化对舒适性几乎没有影响；但是，如果温度在舒适温度的上限，则其影响会变得非常明显。

6.2.3.3 通风

如果没有合适的通风，航天员和设备所产生的热量、水汽和二氧化碳会致使舱室的参数远远偏离环境控制要求，尤其是在自然对流作用不存在的微重力环境下。为确保不会形成停滞的气阱，且维持温度、湿度和大气成分在合适的范围内，舱内的大气必须保持适当的流通。

在微重力条件下，舱内大气的额定通风速率必须为2/3的大气流速，应处于4.57 m/min（15 ft/min，0.08 m/s）～36.58 m/min（120 ft/min，0.6 m/s）之间。国际空间站采用了类似的数值。经验证明2/3的大气流速能在能耗、噪声和安全等设计限制方面起到适当均衡作用。4.57～36.58 m/min的有效空气流速为乘员居住的空间内时间加权的速度值，测量数据为足够长时间内达到稳定的平均值。这个范围的风速可提供必要的通风，有效避免二氧化碳和热量局部蓄积。在着航天服操作期间，座舱内无需通风，因为服装自身能提供必要的通风。某些情况下，譬如着火或有毒物质释放到空气中时，上文提及的通风速率对于空气质量和航天的安全并不是最有利的。在上述情况下，通风系统应该关闭，以保护航天员的安全。

以下是通风系统设计的特殊考虑因素（在生存环境中的特殊通风区域的设计详细要求见第 7 章，适居功能）。

• 锻炼区域：锻炼区域应适当提高空气流速，以便于热传递和减少汗液的局部聚积。带有空气温度控制功能的单独的气流发生装置有助于航天员调节空气流速使其与活动水平相适应。气流的方向不应将汗液吹至其他的区域，尤其是就餐区或睡眠区，并且空气不应仅仅吹一个局部，而是全身（见 7.5 节）。

• 睡眠区域：应考虑设置单独的可调的气流控制器（见 7.10 节）。

• 就餐区域：气流不应将松散的小块食物吹离航天员。

• 通风口：通风系统入口应便于航天员靠近，以便找寻遗失的物品。入口附近的气流速度不应超过 0.2 m/s（见 6.2 节）。

• 维护区域：航天员往往需要在仪表板后面的区域完成维护操作。而该区域通常不是正常的生活空间，并且没有有效的通风。为了在日常生活空间之外的区域进行临时维护作业，必须对局部的氧分压、二氧化碳分压和相对湿度进行控制。这是为确保不形成停滞气阱，并将大气温度、湿度和气体成分保持在适当范围内的必须措施。以往通风技术的范例有柔性的管道、便携式的风扇和分流器等。

6.2.3.4　温度、湿度和通风的监测与控制

大气环境参数，包括湿度、温度和通风，应该具备无需航天员照料的自动控制能力。

系统应具备监视和记录的功能，以便不断量化总体的大气参数（包括湿度和温度），并在需要修正参数以确保航天员健康和舒适时向系统自动反馈信息。航天员必须能够获得每一个隔离舱段（如气闸舱）的大气参数数据。

6.2.3.4.1　温度

• 温度显示：系统必须显示温度数据，显示的准确度不低于 1 ℃。

• 温度调节增量：为保证航天员的舒适度，系统应具备足够的调节能力，温度设置增量不大于 1 ℃。

• 温度调节范围：系统应满足航天员能在 21～27 ℃区间内调节大气温度，并根据个人的舒适倾向和负荷的差异进行调整。

• 温度设定点误差：设定点的温度应控制在±1.5 ℃范围内。该精度足以维持航天员的舒适性。

• 温度调节的可达性：应确保在所有正常操作情况下至少有一名航天员可以实现温度设定控制，包括航天员活动受限的情况（如在发射前和返回期间）。

• 温度记录：必须记录温度数据，以便航天员和地面人员适时分析数据，了解变化

趋势，避免温度超出耐受的限值。

6.2.3.4.2 相对湿度

必须显示和记录湿度数据，以便航天员和地面人员适时分析数据，了解变化趋势，避免湿度超出耐受的限值。

6.2.3.4.3 通风

一些出口处的通风速率和风向应该能由航天员控制和调节，尤其是航天员活动受限的区域。通过调整气流的风向控制局部舱室的通风，既能确保呼出的富含二氧化碳的空气不在头部蓄积（例如，通风流量太小进行调整），又能防止面部黏膜干燥（例如，通风流量太大时进行调整）。

6.2.4 大气污染

飞船空气会被物质污染，对乘员造成危害，因此需要考虑下列对污染物的预防、监测和保护。

1）生物。

- 真菌；
- 细菌。

2）颗粒物（包括月尘）。

3）毒性物质（包括燃烧产生的物质）。

为了提醒乘员污染物的存在，或为了确保清除措施的有效性，必须具备监测会对乘员造成潜在危害的污染物的能力。

因为飞船和系统设计需要尽量减少舱内空气中污染物的存在、流体的泄漏、载荷和系统的污染物释放、化学品的使用、出舱活动后推进剂的进入以及火灾导致的污染物，监测污染物的能力对确保乘员的安全是十分重要的。

监测的目的之一是监测影响大气的潜在威胁（如火灾、毒释放和系统泄露），另一目的是对空气质量进行广谱分析以警示乘员可能存在的风险。

为保证安全，需提供下列功能：

- 警示乘员异常状况；
- 提供有效正确处置的足够时间；
- 提供足够的信息以便及时处理（包括在必要时提供趋势数据）。

必须提供个体防护装备（PPE，personal protective equipment），以保护乘员暴露于污染物中，例如液体泄露、气体泄露和烟雾。PPE需针对污染物种类提供防护：暴露于最低毒性的污染物（氯化钠，眼睛刺激）时只要求提供护目镜、腈纶手套和清洁布；然而，如果乘员暴露于毒性更大的污染物中，例如乙腈，则需要提供护目镜和化学防护手套以保护乘员。污染物清除要求使用化学防护袋和手套。ISS上，乘员污染物防护组件（CCPK，Crew Contamination Protection Kit）包含乘员对大部分污染物都能使用的防护用具，包括用于眼睛防护的护目镜、呼吸防护的面罩、皮肤防护的手套、污染物废物收集袋、标示污染物收集袋的标签纸和空间站眼睛清洗设备（见图6.2-9）——通过持续的水流清洗眼睛中的异物。CCPK 中的 PPE 不能对高挥发性物质（例如氨）提供足够的防护，为乘员避免暴露于此类物质，必要时可从被污染的舱段撤离。

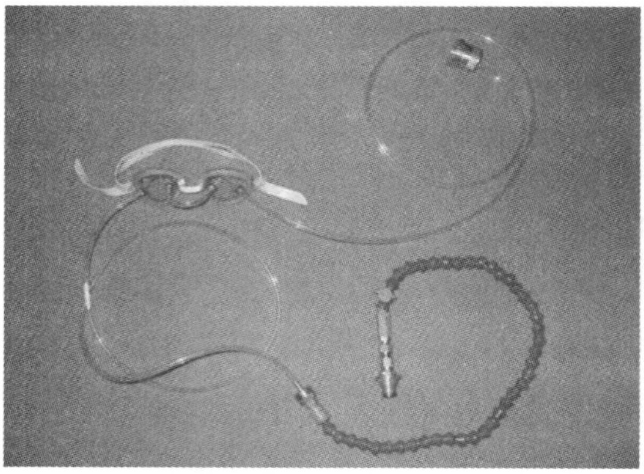

图 6.2-9 空间站眼睛清洗设备

6.2.4.1 生物污染

微生物污染物必须限制在表 6.2-13 规定的值以内。

表 6.2-13 微生物污染限值

污染物	限值
真菌	在乘员产生 1 640 CFU/人-min 的情况下必须低于 100 CFU/m^3
细菌	在乘员产生 1 640 CFU/人-min 的情况下必须低于 1 000 CFU/m^3

注：CFU：菌落计数单位

虽然人类持续暴露于多种微生物环境中，但其中只有很小一部分会导致健康人群产生疾病。事实上，疾病是感染后较少见的结果。通常宿主体内外的微生物的存在和增殖不会导致临床疾病，然而一些细菌、真菌、病毒和原生物可能导致传染性疾病和过敏反应发生。因此在航天任务中，必须采用合理的预防手段防止临床疾病发生。

微生物还可能导致其他负面影响，包括：材料降解及产生毒素和过敏源，飞行器微生物评估的首要目的是防止乘员在任务中生病、损伤或因传染性疾病而死亡。本节中提到的传染性疾病包括人暴露于微生物引起的所有负面效应，包括毒性和过敏源暴露。航天任务传染性疾病的风险包含以下几个要素：1）乘员的易感性；2）乘员暴露于传染病源；3）传染病源的浓度；4）传染病源的性质。

航天飞机上的微生物作用也应引起相关毒性方面的注意。在哥伦比亚号航天飞机的第 14 次太空飞行任务期间，废弃物储存容器里的储存废物意外地使微生物产生了几种烷基硫化物，这是极其有毒的化合物。由于对这些小的、挥发性的化合物来说塑料袋有通透性，因此这些化合物能溢到舱内。另一方面，残留的乙二醇不会轻易地被清除，它是有助于微生物生长的培养基。在生长过程中，微生物氧化乙二醇，使之成为比乙二醇更能给皮肤造成毒性的有机化合物。因此，保持飞船的无微生物滋生状态非常重要。

由于受长期居住、相对拥挤的条件以及可能改变了的宿主-微生物间相互作用等因素，监测、鉴定并对飞船组件的微生物群落特征进行定性是十分重要的。在监测、测量和控制微生物污染时，以下三点非常重要。

• 环境控制与生命保障系统（ECLSS）通过良好的通风和过滤装备维持空气质量。由于受设计约束，污染事件发生后的补救能力是有限的。

• 微重力环境特性影响飞船微生物的分布。地球上，重力是减少空气中气溶胶的一个重要物理因素，可有助于控制一些传染性疾病的蔓延。在 1 *g* 环境中，大颗粒和液滴中含有的微生物几分钟内即可去除，而在微重力环境中，这些气溶胶可以保持无限悬浮状态。

• 航天员的免疫功能可受到应激、长期微重力环境生存带来的生理效应所损害。

截至目前，减轻微生物风险最重要的策略就是预防，其包括一系列防止微生物的积聚和转移的飞船设计和运作方式。在任务中，将乘员暴露于致病微生物的时间控制在感染剂量范围内，可使乘员感染几率最小化。

应当采用高效微粒清除设备过滤再循环的舱内空气。这些控制多数不只针对航天任务，在地球上也是通用的，例如空气系统中高效空气颗粒（HEPA，high - efficiency particulate air）过滤器的使用。飞行期间，若过滤与操作控制同时进行，即使飞行时间延长，微生物污染的蔓延也将处于最低水平。国际空间站采用微生物空气过滤器，将空气中的微生物浓度降低到非常低的水平。特别的是，国际空间站空气系统上使用了一个 HEPA 过滤器，可以去除航天飞机上至少 99.97%的、直径≥0.3 μm 的空气播散性颗粒。该装置的应用降低了飞行中进行微生物监测的需求。

此前，可采用空气撞击式装置监测空气微生物质量。该装置可以把空气吸到一个含有培养基的底盘上，经过培养后的微生物可被计数和鉴别。监测频率取决于系统的类型和任务周期的长短。短期任务，如航天飞机任务，不要求监测；长期居住，如国际空间站任务，要求具备空气监测的能力。采样频率是变化的，早期采样比较频繁，以确保 ECLSS 按照设计运转。在国际空间站上，采样频率是每三个月一次。当系统显示正常运转时，采样的周期可以延长，只有在可能有潜在污染物事件期间才需要进行采样。

6.2.4.2 微粒

在航天器舱内大气中空气动力学直径小于 10 μm 的物质密度必须低于 1 mg/m^3。

舱内大气中浓度小于 0.2 mg/m^3、直径在 0.5～100 m 的颗粒物质，乘组人员产生此种颗粒的速率为 0.3 mg/（人·min）。

这些限值是基于 OSHA 标准而设定的。在地球上这些粒子来源众多，包括脱落的皮肤细胞、毛发、尘埃、食物和织物，这些粒子通常沉积在地板或其他水平面上，从大气中分离和清除非常容易。在微重力中，这些粒子不沉积，在空气中保持悬浮，直到被空气再生系统过滤。吸入这些微粒将刺激呼吸系统，接触这些微粒将刺激眼部。

阿波罗航天员曾报道，当 EVA 服上的土壤被带入飞行器中后，就出现了月尘刺激。尽管月球上 1/6 *g* 环境通常可将月尘沉积在地板上，但一旦进入月球轨道达到微重力状态时，这些尘埃就悬浮在空气中，对航天员造成影响。还需开展其他研究以了解月尘对人造成的影响，但基于目前的理解，必须将月尘所致的大气污染降低到最低水平。建议舱内大气中，空气动力学直径＜10 μm 且≥0.1 μm（TBR）的月尘污染物浓度应低于 0.05 mg/m^3。这一限值是 180 天飞行（6 个月短暂暴露）的限值要求，是基于当前预测的可允许限值而提出的，并由月球空气尘埃毒性指导小组进行了评估。

只要高效空气颗粒过滤器能正常工作，且空气流通能保证微粒材料被传送到过滤床，那么监测一般的微粒就不必作为常规工作。然而，如果微粒有反应面（例如新的月尘），那么航天员可能在微粒表面被钝化前受到明显的照射，因此必须进行监测。

乘员舱内的空气通过过滤（例如 HEPA 过滤）再生，不仅可以去除微生物污染，也可去除非常小的非微生物微粒。较大的微粒必须通过真空净化器去除，这与航天飞机和 ISS 中使用的设备相似。

6.2.4.3 有毒物质

约翰逊航天中心的毒理学研究组与美国国家研究委员会（NRC）毒理学委员会合作，专门为额定人员的飞船建立了空气污染安全水平。《空气播散性污染物的飞船最大容许浓度》(JSC 20584) 明确了毒性化合物不能超出的限值。

在 NASA/TP－1998－207978（1998）——《飞船舱内空气质量设计因素》中概述了为达到 SMAC 要求的设计考虑因素和早期进行的分析。以往为满足要求而采用的方法包括空气涤气、材料控制（例如：采用 NASA－STD－6001）和系统化学物质含量的控制。

除 SMAC 外，还回顾了一些可致突然大气环境污染的材料的毒性风险，该毒性风险水平的分类列在表 6.2－14 中。居住空间内只能容许风险水平为 3 及其以下的化学物质，必须防止毒性风险水平为 4 的化学物质进入居住空间。毒性风险水平的确定取决于材料的固有毒性、能释放到空气中的材料量、释放空间的体积、损伤的性质（接触或全身）和有效的清除方法。例如，相对无毒的材料，如氨，释放量比较大时，其毒性风险水平为 4；而毒性风险很高的材料，如亚硫酰（二）氯（来源于一些电池），即使释放量较小，其毒性风险水平也能到 4。

表 6.2－14 毒理学损害水平评定标准

损害水平	刺激	全身效应	污染程度与净化
0（无损害）	轻度刺激，持续时间＜30 min，无需治疗	无	出现受控或不受控的气体、固体或液体
1（严重）	轻度到中度刺激，持续时间＞30 min，需要治疗	影响很小，无潜在的内脏组织的永久损伤	出现受控或不受控的气体、固体或液体。然而，航天员可使用外科口罩、手套和护目镜进行防护
2（灾难性）	中到重度刺激，可能导致长期工作能力下降，需治疗；眼睛刺激：可引起永久性损伤	无	固体或非挥发性液体可通过清除程序和处置程序进行控制。航天员可使用 5－μm 外科口罩、手套和护目镜进行防护

续表

损害水平	刺激	全身效应	污染程度与净化
3（灾难性）	刺激本身不会达到3级危险水平	协调、感知和记忆等有明显影响，可能导致长期的（延迟的）严重的损伤（例如癌症），或可能导致内脏组织损伤	固体或非挥发性液体可通过清除程序和处置程序进行控制。外科口罩、手套无法防护，需快捷-佩戴式口罩或紧急呼吸系统和手套
4（灾难性）	中到重度刺激，可能导致长期工作能力下降（眼睛刺激：可引起永久性损伤）。 注意：如果乘员暴露其中，则需要治疗	协调、感知和记忆等有明显影响，可能导致长期的（延迟的）严重的损伤（例如癌症），或可能导致内脏组织损伤	出现无法控制的气体、挥发性液体或烟。使用大气净化系统去除污染，需使用快捷-佩戴式口罩，或者从被污染的舱段撤离

人类航天飞行中发生过很多中毒事件，严重程度从轻度到威胁生命。经验显示，飞船单次飞行期间这些事件的典型频率如下：潜在的灾难事件每10年一次，严重事件一年一次，轻微事件每年数次。潜在的灾难事件包括阿波罗太空舱推进剂的加注（1975）、和平号空间站氧发生器固体燃料（SFOG）火灾（1997）、和平号空间站痕迹污染物火灾（1998）和国际空间站金属氧化物（Metox）CO_2 吸收罐再生释放有毒烟雾（2003）。危险事件包括所有小型电子设备热分解事件，如和平号空间站乙二醇系统泄露和航天飞机STS－55有害气体的微生物释放。典型的轻微事件集中于乘员监测到的意外气味。

除监测预期的有毒物质，也必须监测预期之外的有毒物质。在处理非预期事件时，空气污染物的广谱分析仪很有应用价值，应该被考虑。不知情的情况下，金属氧化物（Metox）CO_2吸收罐被放在国际空间站的烤箱里储存了6个月，污染物蓄积在罐内活性炭床上。当乘员试图通过加热复原吸收罐时，污染物快速排出，乘员随即报告出现有害气味。由于飞船上没有可用的工具来评估大气毒性，乘员便到俄罗斯舱段避难，给ECLSS30个小时来清除大气中的污染物。随后再按计划实施吸收罐再生时，挥发性有机物分析仪检测结果显示因吸收罐再生增加的污染物较少。

6.2.4.3.1 衍生的有毒物质

飞船上仅可使用在任何时候释放到居住舱中都不能分解成威胁乘员健康的有害化合物的化学物质。

航天飞机飞行中按计划开展的大气再生系统运行时，有少量化合物可分解成有害物质，如果有害物质的数量足够多且有危害，就会有中毒的危险。Halon就是这样一种化合物：正常时作为火灾抑制剂使用，但如果受到充分加热，就会分解成为高毒性的化合物。当然，这是大火时才能发生的情况，例如和平号空间站上的SFOG火灾。ECLSS专家通过环控系统来确定一种化合物释放到大气中是否会威胁整个系统，或者其能否转化成更具毒性的化合物。ECLSS中可能的非常规的操作也应纳入考虑范围。例如，1963年NASA

地面试验中，ECLSS 的温度偏离操作引起了三氯乙烯转变为二氯乙炔。二氯乙炔是一种极具毒性的化合物，能很快影响乘员的健康，并导致试验终止。

6.2.4.3.2　流体系统

流体系统必须使用无毒的液体，避免由于泄露而引起的污染。和平号空间站上毒性不强的乙二醇的持续泄露，也引起了乘员的眼部和呼吸系统刺激。国际空间站上的热传导液体乙二醇被三元醇（毒性小得多）所替代，其他的液体也应予以此类考虑，如氨。

6.2.4.3.3　燃烧事件

航天员应监测燃烧衍生产物，以便在燃烧事件之后做出正确的反应，以降低其对乘员健康带来的风险。监测系统应提供实时监测，显示大气中有毒燃烧产物的浓度，其监测范围为：

- 一氧化碳（CO）范围：5～500 ppm；
- 氰化氢（HCN）范围：1～50 ppm；
- 氯化氢（HCl）范围：1～50 ppm。

此外，当 CO 浓度超过 5 ppm 时系统必须对航天员发出警示。

火灾及其导致的烟雾是航天环境中最难应对的危害之一。从首次建立飞行任务理念开始，就分析了火灾风险和飞船配置的相互关系。除了火灾本身的危害外，另一个危害就是导致航天员吸入有毒燃烧产物，例如 CO、HCN 和 HCl。在发生火灾期间或之后，由于逃逸选择受限、大气环境很容易受到火灾影响，而航天员每时每刻都需要安全的空气，因此燃烧产物会立即对乘员的生命构成威胁。

国际空间站上针对燃烧产物的化合物专用分析仪，可以检测 CO、HCN 和 HCl。和平号空间站的 SFOG 火灾说明发生大规模的、高温的、氧气充足的火灾并不一定产生很多的有毒产物，而和平号空间站上控制微量污染物的火灾说明小火灾也能产生大量可对乘员健康产生严重的、隐匿效应的 CO。少量的火灾事件说明，当乘员闻到燃烧产物的气味时，就应该立即得到保护，以避免对其健康产生威胁。这需要一个周详的监测方案，包括对像烟雾一样的挥发性气体的监测。

6.2.4.3.3.1　防火

当航天器舱内潜在的火灾无法消除时，可以通过维持氧浓度在危险水平以下、谨慎选择适用于氧气环境的材料等措施，降低火灾发生的可能性。

氧分压必须保持在总压的 30%以下，同时需要足够的氧气浓度维持呼吸。氧气由于能够加速燃烧而具有危险性。氧分压的正常生理范围为 2.7～3.4 psia（19～23 kPa）。然而，这一限值在一定的时间内也可被超出（见 6.2.2.2.3 节）。在氧浓度高于 23%的大气环境中，一些在空气中不燃烧的材料也变得易燃，高氧分压更具危险性。阿波罗 1 号在 15 psi、100%氧气环境中由于一个火花而引起了火灾，并很快就毁灭了指令舱。

飞船增压座舱必须使用燃点高、燃烧速率慢和爆炸风险低的材料。燃烧风险低并能在航天飞行中使用的一些材料有 Nomex 和 GORE－TEX®。降低火灾风险的次选方法就是增加一些设计，一旦火灾发生，可以使其局部化并控制火情。隔板、内部火灾分隔设备和通道孔洞的使用可以消除和控制一些内部的火灾，国际空间站的增压舱就采取了这些设计。

6.2.4.3.3.2 火灾探测

火灾一旦发生，要保护乘员，第一步就是探测火灾。在微重力环境下，由于缺乏自然对流下的气流移动，烟雾和其他燃烧产物无法移动到传感器附近或者直接被乘员所探测。密闭且远离视线的区域，例如设备区，正是如此。即使在重力环境下，气流、火灾或烟雾传感器的位置也是十分重要的。

火灾探测系统的设计，需要考虑以下问题：

• 设备区、座舱和通风回路管道处应安放烟雾探测器；

• 气流必须能够使烟雾移动，以便其能够被看见和/或闻到；

• 电力系统或其他相关系统发生故障时，火灾探测系统必须能够独立于其他警报系统工作；

• 火灾事件极其危险，因此报警系统发生故障必须要告知乘员；

• 发生火灾时，就近的乘员可以看见或闻到，因此火灾探测系统必须能手动激活以便警告其他的乘员。

6.2.4.3.3.3 灭火

一旦探测到火灾，乘员需要快速灭火。飞船灭火系统的选择也是一个特有难题。在微重力环境下，灭火系统应该无需重力环境的辅助就可以使用。

选择的灭火剂必须不能：

• 在一个氧气充足环境下有助于燃烧；

• 包含有毒成分；

• 释放有毒产物；

• 妨碍目视观察；

• 启动有难度或者花费很多时间。

需提供便携式呼吸装备保护乘员免受烟雾和燃烧产物造成的危险，并且乘员间、乘员与地面工作人员之间必须能够进行交流。

如果没有氧气（或其他氧化剂），火灾就不能持续，因此必须能够阻止氧气进入舱内。如果有无人区域或隔离舱段可以允许氧损耗，那么可以考虑用泄压的方式来控制或消除火灾。然而，火灾和助燃剂的性质也决定了如何通过泄压和气流分配来处理火灾。处理火灾时，座舱泄压是有效的，但也可能在起初会加速火焰的蔓延，这主要取决于泄压阀的位置（即可以增加着火部位的气流）和其他一些情况。但座舱泄压可能是不切实际的，理由如下：

1）乘员需穿着航天服，这不仅需要时间，还可能要在光线或可见度不好的情况下进行；

2）飞船上氧气总量不足以补充大气。

飞船及其组件的设计必须能够使乘员快速取到灭火设备（例如，放置手动灭火材料的窗口可以达到所有潜在的火源）。便携式灭火器必须提供能在开放区域和仪表板后方灭火的功能。

火灾后的恢复支持必须包括从大气中去除污染物，以及帮助乘员确定大气是否足够安全、能否去除呼吸装置的功能。

不同的飞船上灭火的方式是不同的，实例如下。

1）航天飞机：在航天飞机上，灭火材料中含有 Halon。然而，Halon 可产生一种扩散之后很难清理的有毒气体，需要飞船通风或返回地球。Halon 也没有任何的制冷特性可降低火灾的温度和预防飞船结构及设备的熔化；

2）国际空间站：国际空间站上美国舱段有一个便携式的 CO_2 灭火器可供使用，在俄罗斯舱段有两种水溶液灭火器。

• 美国的便携式灭火器（PFE，Portable Fire Extinguisher）用于消除明火及行李舱或开放区域的火灾隐患，被设计为单手操作。PFE 包括一个大的增压圆柱气瓶、触发机构、手柄和喷口附件。PFE 既可插入针对架式灭火器端口设计的管状喷嘴，又可插入用于开放区域灭火使用的圆锥形喷嘴。PFE 使用了增压（850 psi）式 CO_2 气体作为灭火介质，完全释放后，美国行李舱将会充满 CO_2，氧分压将降至 10%或更低。CO_2 通过国际空间站的 ECLSS 清除。

• 俄罗斯的 ОСП－4 灭火器是一个背包式的灭火器，用于控制和熄灭国际空间站的局部火灾。ОСП－4 固定在一个支架上，当被移动时可自动激活。灭火剂是含有 3%的发泡剂（PO－3A1，仲烷基硫酸盐溶液）和 97%蒸馏水的溶液，重为 2.5 kg。当其释放时，灭火剂产生一种无毒的泡沫，这种泡沫相当于其初始体积的 40 倍。灭火剂由 0.3 kg 被压缩的六氟化硫（SF6）进行补给。灭火器持续作用时间大约为 1 分钟，如果没有完全用完也不能再次使用。灭火剂可以以液体喷雾和泡沫两种不同的模式进行释放。开放舱室的火灾可以用液体喷雾模式灭掉；如果没有火苗仅有烟，也可以采用泡沫模式。

• 俄罗斯的 OKP－1 是一种手持式灭火器，用于控制和熄灭国际空间站上的局部火灾。OKP－1也是固定在一个支架上，用含有 6%发泡剂的蒸馏水溶液作为灭火剂（OTB）。OTB 的发泡产物，及其与火灾相互作用产生的物质都是无毒的。泡沫停留在材料表面直至其破裂（蒸发），并且过程中不会变硬，如有需要也可以用毛巾擦掉。OTB 也不会和内部的材料和硬件发生化学反应。泡沫至少在 5 分钟（50%的泡沫稳定所需时间）之内是稳定的。OTB 及其分解产物不会干扰再生系统的运行。图 6.2－10 为OKP－1的示意图。

CO_2 灭火器和水溶液灭火器的联合使用是非常有效的。在火灾事件中，CO_2 几乎可以灭掉所有类型的火灾，在国际空间站上也有 CO_2 过滤器，可用来清除大气中的 CO_2。然而，在和平号空间站发生火灾时，火灾有其自己的氧气来源，致使美国的 CO_2 灭火器失去作用。因此，俄罗斯的水溶液灭火器起到了关键性的作用，并且使和平号空间站的舱壁降了温，消除了其结构熔化以及舱体泄压的风险。

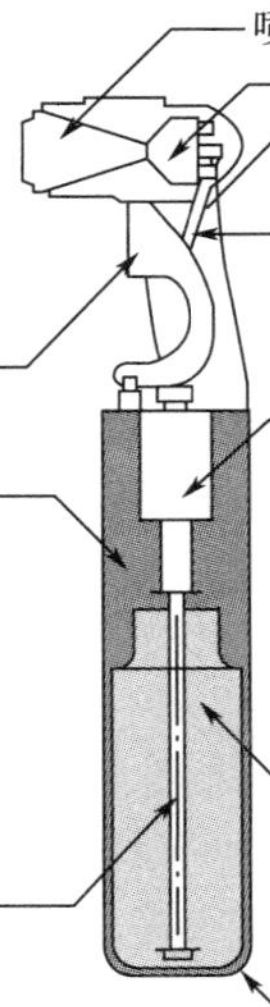

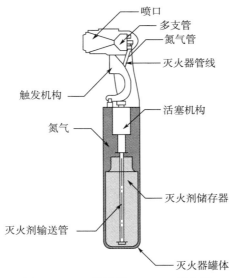

图 6.2-10 俄罗斯 OKP-1 灭火器

6.2.4.3.4 气体脱出

需航天员进入的、第一次进行航天飞行的航天器，例如对接到国际空间站的新舱段，必须检测其气体脱出情况，以确保航天员首次进入舱内时不会对乘员造成危害，并评估其对 ECLSS 带来的额外负荷。

经验表明，对于节点舱 1 的初次检查，任何新使用的胶黏剂和类似的需要硬化的材料，都可能会使该舱段测试不合格。在进行准备和清理舱内时要慎重选择溶解性和挥发性材料，以避免首次进入时带来的挥发性污染。

6.2.4.3.5 推进剂

由于出舱活动的出舱路径或作业点可能位于飞船的外表面，飞船的设计和出舱路径的定位必须能够防止其与潜在污染源的接触，比如推进剂。

在着陆和出舱时，乘员也绝对不能带进任何残留的推进剂。唯一一次推进剂严重影响航天员健康的事件，发生在阿波罗-联盟试验飞行中。由于疏忽，反应控制系统的喷嘴工作、且压力阀门处在对外开放的状态时，四氧化二氮推进剂就进入到了飞船内。着陆时，反应控制系统隔离阀关闭，乘员戴着供氧面罩。当舱体开放后，一个乘员失去意识。乘员抱怨眼睛灼热、皮肤灼热瘙痒、胸部难受并呼吸困难，但是所有的症状在着陆后 4 周内消失。研究证明，推进器不能被放置在其产物能进入到飞船居住区域的地方。

对推进剂进入舱外服和被无意带入气闸舱的可能性的关注相对较少，目前这些问题也被写进了飞行规则。如果服装内有可疑的污染物，就需要对服装进行刷洗和烘干，并且在气闸舱对推进剂进行监测。出舱活动乘员应该保持警觉，远离蓄积在国际空间站推进器喷嘴周围的燃料氧化剂残留物。

6.2.5　后续研究需求

挥发性污染物的缓慢积累、用于硬件设备保养（例如：Elektron）的挥发性化合物的意外释放、小型热解事件或者诸如 Metox 再生等未知事件都发生的可能性，因此进行广谱监测是很有必要的。分析仪器需要检测并对乙醇、甲酮、醛类、芳香族化合物、氟利昂和硅氧烷定量分析。一般而言，0.1 mg/m^{3}波动在两个数量级的动态范围内的物质都需要检测。该设备具有可靠性（>1 年无照料运行），尺寸<250 in^3（<4 097cm^3），能够简单而直观地显示污染物的水平，且需在意外释放、大气污染超出正常水平 10 倍的状态下正常工作。

6.3　水

6.3.1　引言

水是关键的航天飞行资源，需要非常谨慎的处理，因为其关系到乘员的健康和安全。在人类航天飞行的篇章中，在支持乘员健康方面，水的使用具有多样性，包括水合作用、食物复水和个人卫生用水；水也用于技术工艺方面：作为不同系统的冷凝剂，作为清洁目的的冲洗水，甚至作为氧气的源材料。

这一部分将讨论各种用水的质量、数量，以及确保航天飞行水质的措施，包括定义污染物的限值、监测和缓解，关注点包括维持饮用水供给的质量中与乘员健康相关的毒理学和微生物学参数。

这一部分也阐述了提供安全可用且可口的水的运作考虑，包括水的来源、存取、流速和温度的指导方针。

与水相关的其他内容见第 11 章。

6.3.2　水质

水质是可变的，它取决于水是否经过过滤和净化，以及如何进行过滤和净化。人类摄入的有质量保证的水被称为饮用水。在无法预知用于何种目的的水量的情况下，为了确保乘员健康，乘员使用的饮用水和个人卫生用水必须都是饮用水。在描述水质时，重点关注污染物的鉴定、安全暴露水平的确立以及监测的必要性，以确保维持这些暴露限值。

6.3.2.1　水污染

航天飞行所关注的污染物类型不同于可导致地球地面水或地下水的污染物类型。在飞船冷凝水作为饮用水循环使用方面提出了不同的风险因素，对该技术前景也提出了改进。图 6.3-1 表明了航天飞行中在进行水质鉴定时，应当考虑可能的水污染的来源。

表 6.3-1 显示了可能的水污染物来源、污染物的发生过程和某些特定的化学污染物。

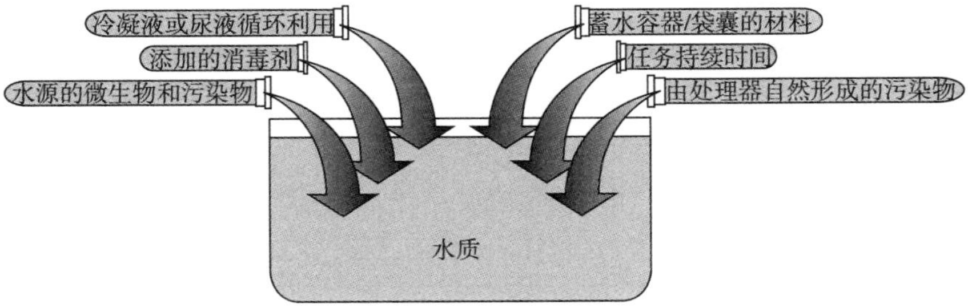

图 6.3-1 航天飞行中对水质的多种挑战

表 6.3-1 水污染物可能来源

水污染物来源	污染物发生过程	特定污染物
地面供给水的污染物	• 存在于水源中； • 加工处理过程中无意带入的； • 来源于组成储存囊和/或在轨递送容器的材料，或调剂系统转送	
飞行中的污染物	循环冷凝水可能含有的从飞船气体环境而来的水溶性化学物质	• 从含有多样化学物品的飞船有效载荷和材料而来的污染物； • 空气散播的微生物、化学物品
	人体代谢产物	• 有机酸和酯类； • 药物因子； • 药物代谢副产品
特意添加到飞船用水的化合物	特意添加到飞船用水的化合物	• 因为具有消毒特性而添加的碘和银； • 为改善口味和增加食欲而添加的矿物质（例如：钙、镁）

6.3.2.1.1 化学污染物

表 6.3-2 为出现于最近的航天飞行水源中的主要化学污染物清单。在国际空间站上，该清单主要针对未处理过的冷凝水。未经处理的冷凝水不能供乘员使用，此种冷凝水处理对去除污染物十分有效。

表 6.3-2 不同饮用水源中所关注的化学污染物对比

国际空间站美国实验室冷凝水	航天飞机用水（燃料电池用水）	地面供给的俄罗斯 Rodnik 用水（无人飞船运输）
苯甲醇	镍①	三氯甲烷
乙醇	乙醇②	锰
甲醇	碘②	银②
醋酸盐	游离气体	浊度
甲酸盐	镉①	
丙酸盐	铅①	

续表

国际空间站美国实验室冷凝水	航天飞机用水（燃料电池用水）	地面供给的俄罗斯 Rodnik 用水（无人飞船运输）
锌[①]	己内酰胺[③]	
镍[①]		
甲醛		
乙二醇		
丙二醇		

注：[①] 通常来自于金属热交换器涂料或分发器的释放；

[②] 与抗微生物添加有关；

[③] 由膀胱物质漫出造成。

6.3.2.1.2　微生物类污染物

飞行中，饮用水的摄入被认为是一个可能的传染病来源。饮用水作为媒介，为微生物的生长提供了机会，同时也是一个多种影响乘员健康的病原体的潜在传染途径。飞船设计应该包括弥补风险控制，且大多数控制不是只针对飞行任务，陆地上也可使用，例如过滤器和残渣消毒剂在饮用水系统中的应用。飞行中，当这些控制与操作控制相组合时，即便在长期飞行任务中微生物污染物的播散也应该降至最小。

飞行任务中，感染传染性疾病的风险是由多重因素引起的，包括传染源的浓度和特性。尽管采取严格的步骤使得飞船中潜在病原体的传播最小化，然而若干有医学意义的有机体也已从飞船饮用水中分离出来。如嗜麦芽寡养单胞菌和绿脓杆菌等机会致病菌都已从国际空间站的饮用水中分离出来。飞船设计需要包括一些有医学意义的微生物污染物和有机体的浓度最小化的处理办法。飞行任务中，当乘员暴露于有效控制的微生物环境时，单个乘员遭遇感染计量的有医学意义的有机体的机会就被最小化。

6.3.2.2　水质限值

飞船饮用水中被关注的污染物和化合物一旦被鉴定出来，就有必要针对该化学成分设定一个适当的保护性水质限值。并且由于微生物具有多样性，必须建立适当的微生物要求。在水质限值设定时会存在两类错误：

• 限值过高导致对乘员健康造成即刻的（急性的）或长期的（慢性的）风险；

• 限值过低导致系统设计进行不必要的改变（例如，通过整合特殊设计的过滤器或不必要地在构造中排除某些材料的使用），重复处理或丢弃珍贵的水源，或将有限的乘组及地面支持的时间和资源不正确地集中到不重要的事项上。

尽管这两种类型的错误均要避免，然而在设定暴露限值时，当数据稀少且假设还需要进一步证实时，限值的设定更倾向于保护乘员健康。

本手册中没有全面地介绍在设定水质限值时，各种风险评估的考虑因素以及毒性和微生物评价策略。《航天器水质暴露限值指南制定方法》是极好的探讨毒理学问题资源。

6.3.2.2.1　化学物限值

对于时长为 100 天至 1 000 天的飞行任务，水质必须达到表 6.3－3 中的限值。对于其他时长的飞行任务，表 6.3－3 中列出的化合物必须采用 NASA 飞船水暴露指南（SWEGs，Spacecraft Water Exposure Guidelines）来确定限值。对于超过 1 000 天的乘员暴露，需要进行额外的研究以确保乘员的健康保护。表 6.3－3 用于提供指南，并不需包括各类航天飞行中用水需关注的所有化合物。如果预测到有另一种化合物存在，为了保护乘员的健康，通常必须确立其限值。美国环境保护局制定的最大污染物浓度一般作为保守的使用指南，但是对于许多化合物来说，可能过于严格（http：//www.epa.gov/safewater/contaminants）。相应地，NASA 进行水质技术监测时，对于任何有疑虑的特异化合物都制定了更详细的限值，通常也被推荐用于参照。

在评估地球水质时，美国环境保护局对多种污染物和化合物进行了最大污染物水平或建议健康水平限值的设定。NASA 已和国家科学研究委员会（NRC，National Research Council）建立联系，形成了航天暴露指导分会。NRC 分会和 NASA 合作制定水质限值，即 SWEGs，其制定基于了航天员和航天任务的独特性。在制定 SWEGs 时，有如下假设：

- 航天员是健康人群，并且经过选拔；
- 暴露时间比地面终生限值要短得多；
- 必须考虑与航天飞行相关的独特的生理学改变和挑战，例如，航天飞行会导致乘员的红细胞质量下降，当确定某个污染物的水质限值时，应该考虑其是否可能引起贫血；
- 乘员平均体重为成人标准，即 70 kg；
- 每个乘员平均每天消耗 2.8 L 的水（包括食物复水的使用量等）。

SWEGs 是为确定的暴露时间（1 天、10 天、100 天和 1 000 天）而制定的。100 天和 1 000天的限值用于额定的飞行计划，1 天和 10 天的限值用于意外事件。

对于当前大多数的 SWEGs 数据，都是参考 JSC 63414 的最新版本。

对一个确定的飞船设计，预期的暴露的化合物种类和最大时长都应该是确定的，根据 SWEGs，其生理化学限值也是确定的，一些化合物短期内可以被允许到达一个较高的水平。应用这些限值时应该注意，当水被递送时，乘员暴露于水的时间可能超过短期暴露周期。例如，国际空间站的一个任务可能仅持续 1 周，但是通过任务把水递送到空间站可能在飞船要花上几个月。

表 6.3－3　饮用水生化限值

化学物品	限值	单位
氨①	1	mg/L
锑①	2	mg/L
钡①	10	mg/L
镉①	0.022	mg/L
锰①	0.3	mg/L
镍①	0.3	mg/L
银①	0.4	mg/L
总碘②	0.2	mg/L
锌①	2.0	mg/L

续表

化学物品	限值	单位
总有机碳①	3	mg/L
丙酮①	15	mg/L
烷基胺（双）①	0.3	mg/L
烷基胺（单）①	2	mg/L
烷基胺（三）①	0.4	mg/L
苯酚①	0.07	mg/L
己内酯①	100	mg/L
三氯甲烷①	6.5	mg/L
邻苯二甲酸二（2-乙基）己酯①	20	mg/L
邻苯二甲酸二正丁酯①	40	mg/L
二氯甲烷①	15	mg/L
乙二醇①	4	mg/L
甲醛①	12	mg/L
甲酸盐①	2 500	mg/L
2-巯基苯并噻唑①	30	mg/L
甲醇①	40	mg/L
丁酮①	54	mg/L
苯酚①	4	mg/L
n-苯基-β-萘胺①	260	mg/L
丙二醇①	1 700	mg/L

注：① 1 000 天 SWEGs；

② 根据飞船飞行条例 A13-30 制定的总碘摄入限值。

6.3.2.2.2 微生物限值

微生物广泛存在于自然界，具有群集的生成机制，甚至在不利的条件下也能生长。因此，微生物也已从水系统中被分离出来。在每次航天飞行任务中，不同的飞船可接受的微生物（例如细菌、真菌及原虫）限值浓度和取样的位置是不同的。其他影响微生物限值的因素包括任务时间、乘员组对感染性疾病的易感性和环境因素（微生物特性和乘员组对感染源的暴露）。下面给出了两次任务中目前接受的限值示例。未来的要求可能会变化，这取决于任务架构以及检测的技术进展。

对于少于 30 天的飞行任务，饮用水中的微生物必须控制在表 6.3-4 中的限值以内。

表 6.3-4　饮用水微生物限值（少于 30 天的飞行任务）

特性	最大容许限值	单位
细菌计数	50	CFU/mL
大肠杆菌	每 100 mL 未被检测出	-
真菌计数	每 100 mL 未被检测出	-
寄生原虫（例如：贾第虫属和隐孢子虫属）	0	-

表 6.3－5 为国际空间站饮用水微生物要求，引自空间站计划（SSP）50260 国际空间站医学运营要求文件。国际空间站通过使用一个 0.2 μm 的过滤器和一个残余杀菌剂来实现这些技术指标。

表 6.3－5　国际空间站饮用水微生物限值

参数	单位	俄罗斯地面供给饮用 SVO－ZV	再生饮用 SRV－K	卫生学	航天飞机供给饮用 CWC	航天飞机供给技术 CWC
细菌计数	CFU/mL	50	50	1000	50	50
大肠杆菌计数	CFU/100 mL	未被检测出	未被检测出	未被检测出	未被检测出	未被检测出
原虫	－	TT	TT	TT	TT	TT

注：CWC（Contingency Water Container，应急水容器）；CFU（colony－forming unit，集落形成单位）；TT（treatment technique，处理技术）。水源水通过 1μm 的过滤器过滤。不必进行分析。

6.3.2.2.3　感观限值

饮用水必须达到表 6.3－6 中的限值。为了水的口感，制定这些水质限值是必须的。如果乘员不饮用足够的水，会明显地对乘员健康造成风险。因此，应该采取所有合理的步骤，以确保乘员对水的口感满意。

表 6.3－6　饮用水感观限值

质量	限值	单位
口感	3	TTN
气味	3	TON
浊度	1	NTU
颜色	15	PCU
游离气体和溶解气体①	0.1	%
酸度	4.5～9.0	N/A

注：TTN（threshold taste number，味觉阈值数）；TON（threshold odor number，气味阈值数）；NTU（nephelometric turbidity unit，比浊测量法的浊度单位）；PCU（platinum－cobalt units，铂-钴单位）；N/A（不适当）。

① 游离气体在飞船大气压力和 98.6 ℉（37 ℃）的环境下，溶解气体在飞船大气压力和 98.6 ℉（37 ℃）环境下达到饱和状态。

一些证据显示，特定矿物质（例如：钙、镁、钠）的添加可以改善饮用水的口感。所有商业销售的瓶装饮用水都是含有矿物质的，也可说明这个问题。然而，非可靠性证据表明，饮用不含矿物质的水会引起健康问题。飞船餐饮需要严格的控制和评估，以确保在乘员饮食中提供足够的矿物质总量。

低碘残留系统（LIRS，The Low Iodine Residual System）被设计用来降低航天飞机用水中的碘和碘化物，并且作为航天运输系统（STS）－95 的一个试验目的而被运用。STS－95 飞行任务在轨应用了 LIRS 后，报道出水中出现了难闻的味道。随后对飞行中的样品和为飞行准备的 LIRS 装置样品进行了分析，从中检测出了三丙胺和三丁胺。进一步分析表明，这些三烷基胺是在对 LIRS 树脂材料进行伽马消毒的过程中释放出来的，导致水口感变差。尽管这些化合物不会对健康直接产生损害，但是不好的口感会造成乘员的饮水量减少，在长期飞行中，这可能导致脱水和其他健康问题。在验证过程中，由于 LIRS 没有作为一个关键硬件被分类，因此 LIRS 在伽马消毒后没有进行完全的测试。从中得到的经验教训是，所有与生命保障系统相关的硬件（系统或有效载荷）都必须作为关键硬件进行分类。最终的飞行配置需要进行硬件鉴定试验。

6.3.2.3　贮存期限

当地面供给用水需要装存时，为了便于操作和减少设计约束，在周围舱体温度下，地面供给用水的贮存期限至少为 6 个月。根据地面测试结果可知，当前的应急水容器的水的贮存期限仅为 64 周。火星任务可能需要更长的贮存期。

6.3.3　水量

表 6.3－7 中的水量必须能够确保乘员健康。需要足够的水量以满足人的消耗和卫生需求。对水的要求如下：

- 水合作用（饮用）；
- 食物和饮料复水；
- 个人卫生；
- 医学用途；
- 任务结束时的流体载荷；
- 着陆地球后或前乘员恢复的水合作用；
- 飞行中或书面监测以确认水质和保护乘员健康；
- 出舱活动需求。

表 6.3－7　饮用水最小需求量

目的	数量	原理
水合作用（饮用）	每位乘员每个飞行日为 2.0 kg（4.4 lb）	根据体重、体力活动和其他因素，个人水合作用的水需要量因人而异。目前，国际空间站每人每天需水量为 2 kg
食物复水	每位乘员每个飞行日大约为 0.5 kg（1.1 lb）	0.5 kg 的食物复水用水量，是依据于当前（2007 年）的热稳定率、冷冻干燥和国际空间站食谱的天然食物而改定的。如果修改热稳定率、冷冻干燥和天然食物，用水量也必须进行调整
个人卫生	每位乘员每天 0.4 kg（0.88 lb）	对于保持乘员皮肤、头发和牙齿健康，清洁水是必须的。部分水量用于湿巾更湿
流体载荷	每位乘员为 1.0 kg（2.2 lb）	为输入流体载荷，1.0 kg 的水量是依据航天飞机航天医学飞行规则而改定的，初期流体载荷要求为 1.5 L，多出的这 0.5 L 来自于每位乘员未消耗的每日分配用水。这种分配能够保证除整个任务的流体载荷以外，还有额外的水分配；如有需要，还可以继续提供 24 h。假如登月任务没有额外的水分配，乘员可能没有足够的水，导致在轨期间和返回后都可能对血液造成损害。没有足够的流体载荷会对多数乘员引起某些生理障碍
着陆地球后的水合作用	每位乘员为 4.5 kg（9.9 lb）	乘员着陆后的恢复时间为 36 h，每位乘员每 8 h 需要 1.0 kg，总计 4.5 kg

续表

目的	数量	原理
医学用途	5 kg（11 lb）＋每人 0.5 kg（1.1 lb）	处理医疗突发事件需要 5 kg，包括对眼睛和 2 级毒物暴露后的伤口冲洗。0.5 kg 可以提供正常颗粒（例如：灰尘、异物）暴露的眼冲洗
出舱活动水合作用	每小时 0.24 kg（0.5 lb），超过额定用水供给	与改善乘员舒适性一样，在穿着服装操作时，为防止由于排汗和隐形失水导致的脱水，饮用水是必须的。额外 240 mL 用水是依据着装操作时由呼吸和排汗造成的水丢失量而设定的。在登月出舱活动（EVA）期间，乘员极有可能着装 10 h，其中在月球表面消耗体能时间大约持续 7 h。阿波罗任务的决策层强烈推荐，这一水量对于月球出舱活动的消耗是有效的

对于某些任务（包括出舱活动和锻炼），水合作用的额外供水还是有需要的。

6.3.4　水温

表 6.3－8 中的水温范围必须能够确保乘员的健康和舒适。在飞行任务期间，为满足食物和饮料复水、个人卫生和医学任务，需要不同的水温。乘员的口味和偏好各不相同，对于长期飞行任务来说，饮料的冷热变得更为重要。

表 6.3－8　水温

用途	温度范围	限值及原理
冷饮复水	最高 15.6 ℃。 冷水温度在 2～7 ℃之间	对于超过 3 天的飞行任务
食物和热饮复水	68.3～79.4 ℃之间	温度的选择是为了食物和饮料更好的复水，同时在复水的过程中保持温度，以便不需要进行额外加热就能制作食物。79.4 ℃的水温也是认可的食物温度，同时保持在 68.3 ℃以上可以防止微生物的生长
个人卫生	29.4～46.1 ℃之间	支持身体清洁
医学用水	18～28 ℃之间	在冲洗时，这个温度可以防止热损伤

6.3.5　水质监测

保持水质需要及早的鉴别并减轻潜在的水质影响。飞行前、中、后检测程序支持对水质、趋势评估和潜在暴露的文件进行查证。

6.3.5.1　飞行前材料的评估和试验

飞行前努力确保水质是很关键的。国际空间站采用的方法如下，其对其他项目也是十分必要的。

- 容器系统评估——水容器的材料和载荷，需要水质工程师、NASA 毒理学专家和其余的安全委员会人员的仔细评估，以确保任何的水质负面效应都被预判和处理。
- 回收系统试验——广泛的地面试验中，要求水回收系统能够清楚地显示其性能。
- 容器使用寿命评估——用来传送饮用水的容器需要进行寿命研究，并且设计试验来揭示不合格的元器件。
- 额外的分析研究（例如：选取材料时，确保混合使用的兼容性）。

6.3.5.2 飞行前的监测

必须在地面准备阶段和装载之前就进行飞行饮用水的综合水质取样管控。这极为关键，因为在这一过程中可以尽早发现问题，从而增加应对的灵活性。因此，如果发现任何问题，取样时就可以采取应对措施。航天飞机飞行前的广泛水质取样，收集了发射前15天和3天（L-15和L-3）的样本。尽管取样时间安排是为航天飞机计划制定的，但这些样本准确的取样时间还是具有一定的灵活性的。样本应该尽可能晚些收集，使收集后发生改变的可能性最小化，同时委员会可坚信样本就是发射水质的代表。相反，任何异常现象都应该被尽早地处理，以便合理地改进或缓解。因此，收集样本的准确日期需要进行权衡，同时日期可能还要取决于飞船进度。当前的L-3样本是有用的，但是当其被用来确保水质是否达标健康要求时，提供的水质数据仅在发射后才能真正被考虑（Hwang et al.，2006）。俄罗斯地面装载的水也在发射前进行试验和评价。

必须在添加杀菌剂前后都执行水质取样，以确保在飞船水系统运转之前的地面服务设备的质量，具体如下：

• 罐体消毒和开始罐装后立即监测；

• 发射延迟后，样品认定不合格，或者设备发生故障后维修期间和发射前进行最后一次取样（样品最少每90天收集一次）；

• 发射前15天；

• 发射前3天。

飞行前水质取样的需要要求该系统设计时需考虑这一需要。任何储存的地面供水应该尽可能容易使用，飞行前的操作时间安排应该考虑到取样时间。

6.3.5.3 飞行中的监测

所有任务飞行中的水质监测标准如下：

• 必须提供飞行期间收集样品的能力；

• 水系统体积可以满足飞行中至少500 mL的取样；

• 能贮存飞行后用于分析的样品。然而，对于登月和火星计划，还应考虑到飞行中进行分析，因为其返回质量是有限的；

• 可以与技术专家进行通信以解决任何质量问题。

实时监测包括使用能在飞行中对生成特定污染物数据进行快速评价的技术。理想情况下，所有监测信息都可以即时获取，以便快速地做出健康和安全判断。

目前还没有特定的方法来鉴别所有的污染物，总有机碳（TOC，total organic carbon）是一个常用的用来评价飞船环境水质的化学参数，至少对于有机化合物而言是这样的。同时，对于非明确的混合物（TOC反映的是样品中所有的有机碳），TOC可以作为有用的筛选工具。通过设置一个恰当的筛选限值（假设一个合理的最糟糕的化合物构成TOC），NASA能对有机污染物载荷是否足够低至不影响乘员健康而做出实时判断。然而，对于没有确定数据的单个污染物，这种筛选方法就可能发生假阳性（例如：低毒性的混合物也可导致TOC提高）。

此外，对于持续时间为2～4周以及那些从循环湿气冷凝水或尿液消耗用水的任务，飞行中的储存水必须做pH值、TOC和杀菌剂水平的测试。4周是根据需要利用再循环方式回收饮用水的飞行时长评估做出的。飞行中的监测方法之一是使用TOC分析仪（Total Organic Carbon Analyzer），该仪器曾在国际空间站上使用过，且新的一代已被运至国际空间站。长期任务要求自主监测或最小消耗样品的硬件。

6.3.5.4 档案监测或飞行后监测

尽管飞行前的评估很重要，然而这些方法并不意味着要取消作为航天飞行安全基础的发射后水质监测。作为次级监测，档案样品的收集是当前使用最多的方法，其存在一系列的优点和缺点。飞行中和返回地球时水样随着档案样品一同收集，需要特别设计采样袋以确保样品的完整性。对于一个给定的飞行任务，供水系统应能提供至少1 L的档案样品。随后在地面支持的实验室对这些样品进行分析。这一方法主要的缺点有：

- 不能依据数据做出实时的判断；
- 对于长期或远距离任务，回收样品用于分析不具可操作性。

然而，完整的可被测试的分析物清单则比实时监测更具操作性。档案样品较定期返回样品在分析方面具有更重要的意义。因为要占用乘员的时间（影响样品收集时间表）和工作强度，这就要求值夜班以确保获得足够的数据，从而对乘员的健康做出准确决策。最理想的就是饮用水可以严格通过档案监测来实现，例如国际空间站CWC饮用水将被测试的水储存起来，直到地面的分析结果被证实其可以饮用后才能饮用。对于长期飞行任务，没有机会返回档案样品或返回有局限性，就会导致随着饮用未检测水的增多，乘员的风险增加。原位分析的能力的提高会使此类任务受益。

来自国际空间站水储存系统的档案样品，是通过俄罗斯SVO－ZV系统来执行的，该系统返回并分析了一系列的污染物（Straub et al.，2006）。镉曾被检出，虽然检测值尚未达到威胁健康的水平，但是高于国际空间站上观察到的值。该系统对水源水（地面装载的Rodnik水）的监测显示镉低于分析探测限值，发现该系统由于剂量调配器（水在这个系统中要停留一段时间）引入了低水平的镉，最初来自于剂量调配器的“冲洗”水中的镉水平比最后冲洗水中高很多。因此，替换SVO－ZV水分配器的决定是合理的。

6.3.5.5 水中微生物监测

虽然对于控制水中微生物污染，预防是主要的方法，但是能否成功预防及应对危险取决于水中真实的微生物浓度及其特性（通常由种属确定）。既往，这些变量可以通过在培养基的生长和生物化学试验中被测量。尽管技术改进可以提高数据的质量和数量、改善危险率评估，但之前的飞行经验和研究经验也为未来的监测策划和当前的风险评估奠定了坚实的基础。依靠飞船设计，监测必须包括飞行前的取样和分析，还应该包括飞行中和飞行后的取样和分析。虽然可用的资源和时间有所限制，但是其对于监测微生物浓度和特性更为合适。

从饮用水系统中收集和分析的样品足够多以准确反映该系统中的细菌浓度。为了避免取样太少，可将稳定的支架与样品收集管和活瓣联用，在样品收集之前进行初期流动量收集及处理。收集流动量以确保从供水系统中收集一个具有代表性且同质的样品。初期的流动量至少应与死区的体积相同，死区的体积随着系统的设计而改变。既往，初期流动量被收集后，至少从各自的取样点收集100 mL的取样量。设计结合泵环路能够消除停滞区域，并能提供更好的混合杀菌剂。因此，当确定一个任务需要的水量时，也应该考虑取样的需求。

其他的监测考虑如下。

1）在长期任务或者水源风险较高的任务期间，应该考虑进行饮用水的定期试验以监测水质。单一供水系统或开环系统的短期任务则不要求大范围的微生物取样和分析。然而，当任务时间和系统的复杂性增加时，微生物污染的风险也将增加。长期的供水系统，例如在远距离的栖息地，就可能发生污染事件。发射后不受控制的饮用水源，其微生物污染的风险较大。这些来源包括环境来源（例如湿气冷凝水）或乘员（例如尿）。通常，对于有医学意义的有机物，更有可能来自乘员来源。出于这一原因，在飞行之前就被装载的水源水相对于从环境回收的水分析的需求更少；相对于从乘员回收的水，其分析的需求更低。从乘员回收的水要求特定试验以限制有医学意义的有机物的转移。监测频率是任务周期和水源的一个功能。

2）飞船必须监测适合飞行中可用的有限资源的饮用水系统。历史上，例如乘员时间、功率、质量和体积等资源推进了对小的、简易的硬件装置的需求。长期驻留任务需要自动监测或使消耗最小化的硬件设备。

在水即将分配前，和平号上SRV-K水再生单元对水进行了巴氏消毒。这一“热”水通道的监测显示含有非常低的细菌数量。然而，巴氏消毒之后，相同的水也能够通过一个热交换器管道运送，在热交换器中，水温被降低，然后经过一个“暖”端口分配。在该端口中细菌浓度非常高，与“热”通道相比，显示出很高的多样性。可能的原因是，细菌生成的生物膜能够保护细菌在巴氏消毒后幸存，并在热交换器中生长。因此，在飞船研制阶段，应该认识到可能产生在系统内任何部位的污染。

6.3.6 水污染控制和补救措施

监测提供了一种确保水的安全和可用性的方法，但是，一旦水被运送到飞船也能通过控制来预防水污染。与来自飞船颗粒物（例如，粉尘）的物理污染一样，尽管也存在化学污染的可能性，然而水的污染是典型的生物学范畴。

飞行中通用的控制措施是使用水消毒剂。在地球的用水体系，消毒剂被广泛地用于防范饮用水中的微生物。相应地，NASA在所有的饮用水系统自阿波罗任务以来都使用同一种消毒剂。目前已成功地使用了不同种类的消毒剂，包括氯、碘和银。每一种消毒剂都有其优点与缺陷。在阿波罗任务期间，指令舱曾使用了氯，它有腐蚀作用，可促使杀菌剂失效。但是后来因为它与供水系统不相容减少了使用。在航天飞机饮用水系统中，虽然碘被成功地使用了好多年，但是一项关于过量碘对甲状腺功能有害作用的研究揭示，其对乘员健康有潜在危害（Wiederhoeft et al.，1999）。乘员摄入的碘量是有限值的，这极大地限制了消毒剂的浓度。国际空间站，包含俄罗斯供水系统，很好地将银作为一种消毒剂使用。先前非饮用水系统的经验（例如国际空间站的热量控制系统）建议将银外电镀到系统的金属表面，能够快速地降低消毒剂浓度。通过正确地选择材料，以及确保其与系统接口有足够的分离，可以很好地防范化学污染和物理污染。

一旦监测到发生化学污染或微生物污染，飞船上必须有补救技术才能重新恢复水质。此类补救能力以几个因素为基础，例如任务持续时间及有医学意义的微生物或化学物质污染水体的潜在性。假如微生物或化学污染的风险影响此次任务，飞船必须能够提供一个装置来补救一般的饮用水和供水系统。补救措施包括重新使系统中的水达到最初状态的技术，或使离开系统的水重新转化的技术。

国际空间站上的俄罗斯供水系统（SVO－ZV），使用0.5 ppm的银消毒剂来补救微生物污染。不幸的是，SVO－ZV的多重水体监测结果显示其已超过每100 mL水中含100个菌落形成单位的技术指标。为补救系统，需向系统内部冲入10 L 10 ppm的银消毒剂。这一措施暂时缓解了细菌污染，但是最终的水平再一次上升到可接受限值之上。这被称作“再生”的效应与地球用水体系相同，建议在该系统中添加防护微生物被膜。通常飞行中的补救措施是使用杀菌剂重复处理或替换系统部件。

当湿气冷凝水被回收和处理用于饮用水或技术用水时，飞船的“闭环”性能便提出一个挑战。这是因为水溶性的易挥发性化学试剂（例如，低分子量的乙醇）可从飞船的大气环境转移到冷凝水中。这些化合物可引起毒理学的问题（例如甲醛），甚至高浓度的相对低毒性的化合物（例如，乙醇）增加了水回收系统的载荷（影响性能和消耗率）。出于这一原因，在国际空间站上确立了易挥发性化学试剂的使用限值。尽管谨慎地控制，化合物释放到大气中的可能性还是相当大的，尤其是飞船的化学物品载荷和材料存在多样性。人体代谢产物（例如，有机酸和酯类）也是重要的大气污染物来源（通过挥发和溶解到湿气冷凝水中或通过排汗直接进入水体），药物学因子和药物代谢动力学的影响也被考虑在内。通过对这些进行控制，飞船大气污染物对飞船水源的影响可被最小化。

6.3.7 其他考虑

航天飞行任务应当考虑水的补给、使用和监测方面的实际操作，具体如下：

- 如何补给充足的水量（水源）；
- 飞行前、中、后水取样的方法；
- 水的流速和分配量。

6.3.7.1 水源

水源可包括带来的水，通过燃料电池、原位资源利用制成的水或循环水（卫生用水、尿、湿气）。关于使用何种类型的水源的考虑远远大于对水质的考虑。使用地面供给储存水的一个优点就是有更多的机会去测试和调整发射后的水体，这可以减少水质的不确定性。然而，对于长期飞行任务，很难克服发射储存水的耗资和物流保障。和平号空间站和国际空间站的经验显示，可以使用循环水（来源于湿气冷凝水或尿）作为高质量的饮用水。然而在验证系统性能方面，还需进行谨慎的监测和其他控制。并且在一个闭环飞船环境中，因为空气和水的相互作用，可能还存在一些额外的风险。

6.3.7.2 水的获取

饮用水系统的获取必须能够满足飞行前、中、后的分析。应该在发射前尽可能晚地提供获取，并在发射后尽快获取，以确保任务前后饮用水系统的功能正常。对于飞行中的获取，必须可使用多种获取端口，以确保提供准确的，包括可能积水部分的饮用水样品。

6.3.7.3 水的分配

因为乘员时间是宝贵的，应该考虑限定分配饮用水的速率。为了乘员准备和执行任务，要求饮用水在一个合理的时间内，必须以 500 mL/min（16.9 oz/min）或更大的速率进行分配。这是依据 30 s 装满的最大量计算的。

为防止溢出，水的分配应当有具体与食物和饮料袋匹配的增量。对食物和饮料的复水也设计了明确的水量需求，以确保预期的质感和口感。

6.3.8 研究需求

由于多种因素，实时监测能力在当前是受限的，这说明当前不能进行实时的水质数据监测。如果未来的技术能够应用到飞行中的实时监测，那么以下问题值得思考：

- 技术能达到要求的分析检测限值吗？
- 这种技术需要消耗品的再补给吗？
- 在闭环的飞船环境中，这种技术使用的化学试剂会影响乘员健康吗？
- 在不影响个人结果可靠性的情况下处理污染物混合物，这种技术有特殊性吗？
- 这种技术能适应微重力或部分重力环境吗？在这种环境中操作有困难吗？
- 这种技术能使乘员时间最小化吗？
- 质量和功率在实际的限值内吗？

需要提高能提供水中特殊的有机和无机化合物实时数据的相关技术，这些技术（例如，能提供碘、银和其他化合物数据的比色法）正在研发过程中。对水-气分离监测技术的敏感性是一个重要的考虑因素，其关注的重点为研发有效的气泡消融技术以供分析之用。

当地面供给的水被储存时，为增加操作灵活性和减少操作约束，需要研究如何在舱温下延长储存期限，这对于火星任务是必须的。

更好地了解发生在飞船上的微生物变化，航天员对疾病的易感性如何改变，以及有机体如何影响飞船对于充分了解航天飞行期间微生物的风险十分必要。此外，对于未来的任务，确定微生物浓度和有机体特性的技术也将是必须的，尤其是任务的成功更需要乘员的自主性。

6.4 污染

6.4.1 引言

污染是一个通用术语，指某种环境成分的存在会造成潜在的健康风险，引起飞船损害，或者致使任务失败。交叉污染是指污染物从一个地方到另一个地方的转移。航天飞行中乘员污染的暴露包括化学污染、生物污染或物理污染。乘员通过接触空气、水、食物或飞船和设备的表面而暴露于污染物。很多成分，例如粉尘或微生物，通常是以很小的数量存在的，当其浓度增加和其存在成为一个问题时，这些成分才被考虑为污染。因此，很多成分的可接受限值的设定就是使其对乘员的健康风险最小化。

为了确保乘员的健康和安全，了解潜在污染物的种类、暴露途径和对乘员的潜在危害都是非常重要的。此外，飞船设计需要包括监测和测试污染物的能力、预防和减轻污染的能力以及清理受影响的表面和系统的能力，从而确保一个安全的环境。

6.4.2 污染类型

飞船系统（氟利昂 218）的泄漏、公共化学试剂（润滑剂）的使用、人体活动（二氧化碳）、微生物活动（烃基硫）、高温分解（一氧化碳）、有效载荷中化学试剂（固定剂）的使用或泄漏、药物（血管扩张剂）的使用或外部的活性粉尘（新的月尘）等都可能导致化学污染。其中有一些污染可被预判，但还有一些则几乎无法预料。

生物污染包括微生物，诸如真菌、病毒和细菌。这些微生物的来源主要有食物、有效载荷、饮用水、飞船表面以及乘员自身。微生物是很容易扩散的，任何不受控制的交互都有引起污染的风险。飞行前的筛查和检疫能降低携带致病微生物的风险。航天食品也是微生物生长的极好介质。不适当的航天食品准备和包装都能快速引发食品污染和通过食物传染疾病的可能性。飞船内微生物可通过正常的活动进行传播。在没有进行微生物控制的通风系统和供水系统中，微生物能逆流向繁殖，甚至在微生物消毒剂中，微生物也能生长繁殖；生物有效载荷也会受到来自乘组的细菌影响，同时也会污染乘组。

物理性的污染物可能包括不带电的灰尘、粉尘、金属屑、碎玻璃，还包括能危害乘组的其他微粒。当新舱体首次在轨运行时，微粒的存在是普遍的，同时也会努力使得异物碎片的危害最小化。在阿波罗任务期间，由于与乘组和设备硬件的接触，月尘造成了一个难题。据报道，由于月尘进入航天服拉链和 O 型环，使其变得难以操作。在早期航天飞机任务中，乘员舱中的碎片引发了对乘员健康的关注及乘员的生理不适（如眼部问题、吸入碎片和阻碍呼吸），还引起了硬件失效（如计算机失灵、硬件阻塞）。引起污染的原因包括：飞行器和地面支持设备选用了次等的材料；在入口通道处未能充分清洁并管理鞋及衣服；地面清洁不充分；航空电子及其他硬件设备过滤不充分引发的问题。飞行中的碎片已被分析量比和评估以确定其来源。1988 年 STS－26 重新飞行之前，在肯尼迪中心的转场操作完成后从设备设施、材料使用、材料控制方面，提出碎片分析结果，进而尽力降低污染程度，这最终使飞行器非常洁净。为使飞行器污染降至最低，必须关注这些事情。

6.4.3 污染物危害

根据接触乘员的方式不同，暴露在污染物环境中的效应在类型和严重程度上也会有所变化。

接触和暴露在化学污染物中可引起皮肤和眼部损伤，吸入可损伤肺部，摄入可损伤消化道——任何方式的暴露都可引起一系列的效应，依据其化学性质和剂量，可造成不同的危害。

乘组暴露在生物污染物中的影响包括感染和患病。微生物污染的一个结果就是食物中毒，其可引起恶心、呕吐、腹泻等症状。在特定情况下，也可致死。

物理性的污染物可引起眼睛刺激症状、皮肤的刺激症状和皲裂，也可能影响设备的物理性能（阿波罗任务时，月尘对舱外航天服的影响），最根本的影响是对乘组健康和操作能力的影响。

6.4.4 污染监测与控制

污染（包括交叉污染）的监测和控制主要取决于暴露源——大气、饮用水、食物、飞船或有效载荷表面，以及内置的污染管理系统。暴露通常可以通过诸如污染物分层、过滤、生活管理和消毒剂等途径进行控制。当污染水平超过环境控制系统的正常界限时，可造成乘组暴露损伤。在很多情况下，乘组可使用 PPE 来控制个人对有害污染物的暴露。

大气污染物具有很强的危害性，因其会很快地污染飞船的整个居住区域。乘组必须要有能力快速保护自身皮肤、眼睛和肺；随后确定化学释放，控制释放污染物；同时要监测大气，确保吸入大气的安全性。如果大气发生生物性污染，空气可作为媒介。生物污染物通常在潮湿的表面、食物或水中生长。空气中的物理性污染物几乎仅存在于微重力环境，任何类型的微粒都可在空气中形成并存留。然而，像月尘这样的小微粒，在月球重力环境也同样构成问题。因为物理性污染物的来源不同，通常无法对其进行监测。对微粒金属的控制主要是通过循环和过滤来完成的。然而，类似玻璃碎片或其他材料的污染物扩散时，需要立即采取保护和补救措施，此时可能还需要使用一个真空吸尘器。

水污染可以由生物的、化学的或物理的污染物引起的，这些污染物来源于乘组或其他与液体分配阀的生物性接触，或系统修复期间。如果对微生物的控制方法失效，比如当过滤器损坏或微生物对抗消毒剂生长，也可能发生水污染。水中的化学污染物可以来源于污染的冷凝水、供水系统的材料浸出到水中，或者是水净化系统的运作失效。其结果直接影响乘组的健康或水的口感，后者引起乘组水摄入量的减少，从而间接影响乘员的健康。硬件表面的化学污染物可能由溅出产生，而且可能看到或看不到。系统损坏则可将微粒引入水中，这可导致物理性污染的发生。

食物也可发生化学的、物理的或生物的污染。既往通过仔细进行飞行前处理和大量分析随机的抽样，可使这些类型的污染最小化。因此，飞行期间的食物污染风险是最低的。然而，由于食物污染会导致严重的后果（例如食物中毒和感染性疾病），适当的包装、准备和监测是必要的。

硬件表面的生物性污染可发生在高凝区域，也能发生在食物和废弃物的污染暴露中。适当的温度控制和空气流动有助于预防冷凝水形成。生物性污染通常可像材料变色一样被发现。更重要的是，必须通过适当的清洁材料和方法来清理和控制硬件表面上的污染物。

在飞船中，首先可通过限制资源的使用减少乘员与任何污染物接触的可能性。某些情况下，这是不可能也是不可行的，因为需要使用一些具有潜在危险的元素。为减少接触污染物，第二个被考虑的是提供冗余的污染水平，即使一个或多个污染水平不达标，乘组仍能得到保护。尽管可以使用操作规程避免与这些材料接触，然而首先要研究设计上的解决方案。

监测污染物，尤其是飞行中的监测，是有难度的。因此大多数化学污染、物理污染或生物污染不能进行连续监测。但可以使用一些试剂作为其他潜在污染物的指示剂。例如，一氧化碳可作为潜在火灾的指示剂；饮用水中，大肠细菌可作为有医学意义的微生物的指示剂。为快速鉴别飞船中的潜在污染物，在整个任务期间，对所有的毒理学和环境危险信息［例如，材料安全数据手册（MSDS，Material Safety Data Sheets）］的监测必须贯穿始终。潜在的污染模式及对其的监测和控制，在以下章节中做进一步论述：

- 6.2.4　大气污染；
- 6.3.2.1　水污染；
- 7.4　人体废弃物处理；
- 7.6　医学；
- 7.12　站务管理。

为使被污染的飞船恢复到安全的环境，必须有可清理污染的硬件表面的材料，例如上文提到的国际空间站乘组污染保护装备。要跟据污染类型和污染程度来选择材料的类型。

6.4.5　生物有效载荷

生物材料分为无危害的和有危害的。有害的生物材料包括细菌、真菌、原生生物、病毒、细胞培养物和重组 DNA 等。植物、动物和其他无害生物等也可被其污染。

对于航天飞行应用，表 6.4－1 中列举了有害的生物材料。由于飞行的特殊环境和条件，生物安全级别 2（BSL－2）被分为两个级别，BSL－2（中度风险）和 BSL－2（高度风险）。这体现了美国疾病控制中心/美国国家卫生研究院和世界卫生组织手册使用的分类系统的差异。然而，微生物气溶胶在微重力环境中比地球 1 g 环境中更具危险性。较大的微粒和液滴作为气溶胶，处于悬浮状态的时间比在 1 g 环境中更长。此外，载人飞船上不允许存在 BSL－3 和 BSL－4 物质，因为其会导致非常危险的健康后果。

表 6.4－1　NASA 飞行中的生物安全级别（JSC 63828）

	BSL	说明
可接受	1	是否可致健康成人患病未知
	2（中度危险）	与人类疾病相关的中度危险
	2（高度危险）	与人类疾病相关的高度危险。 风险随污染物的数量增加、所需感染剂量的降低、气溶胶的可能性及其他因素而增加
不允许	3	潜在的空气传播性污染物。可引起对生命有威胁的疾病
	4	对生命具有高度威胁的疾病。存在气溶胶传播的高度潜在性，并且没有有效的预防和治疗措施

6.4.6　研究需求

保留。

6.5 加速度

6.5.1 引言

本节关注在平移和旋转加速度期间确保乘组健康的设计考虑。关于加速度期间显示器和控制器使用方面的附加讨论见第 10 章。航天飞行期间所经历的加速度环境有可能引起疾病和损伤，以及影响乘组执行任务能力。加速度对乘员的影响取决于加速度的类型（平移的或旋转的）、持续时间（持续性的或瞬时性的）以及相对于乘员的方向（即通过头、胸或肩）。

- 平移的或旋转的持续性加速度，是一些持续时间大于 0.5 s 的事件。
- 平移的或旋转的瞬时性加速度，是一些持续时间小于或等于 0.5 s 的事件。

全身加速度惯性合矢量的幅值用重力加速度（g=9.806 65 m/s^2）的倍数来表示。方向用大写字母 G 表示，如表 6.5－1 所示。

表 6.5－1　身体加速度惯性力

平移运动	生理性描述	生理学标准	俗语
向前的	横 G，胸到背	$+G_x$	眼球向内
向后的	横 G，背到胸	$-G_x$	眼球向外
向上的	正 G	$+G_z$	眼球向下
向下的	负 G	$-G_z$	眼球向上
向右的	侧 G	$+G_y$	眼球向左
向左的	侧 G	$-G_y$	眼球向右

从历史观点上来说，NASA 太空舱着陆载荷主要是 $+G_x$（眼球向内）和 $+G_z$（眼球向下）。$+G_x$ 分量主要是由于太空舱的垂直速度引起的，并且取决于降落伞的性能。在两伞着陆情况下，垂直速度会较大，导致较高的 $+G_x$ 载荷。$+G_z$ 分量为两个因素所驱动：首先，水平风速影响舱的水平速度，在高风速时，$+G_z$ 载荷大幅增高；其次，每个太空舱均设计有固定的悬挂角度，这是为了使舱的底部先接触水面而倾斜整个舱体，因此即使在没有水平风的情况下，这种悬挂角度会在垂直速度的基础上给予一个 $+G_z$ 轴向载荷（见图 6.5－1 和图 6.5－2）。此外，水上着陆期间波浪斜面以及地面着陆期间地形的变化，都会引起有效冲击角度。

虽然这些矢量主要是着陆载荷，但是载荷的方向是由舱体接触水面的特殊方位决定的，要维持这个方位在舱上必须具有滚动控制系统。如果没有滚动控制系统，那么在冲击的基础上舱体还会旋转（由于悬挂角度），这将在其他方向上产生载荷。着陆载荷是相当复杂的，需要从整个舱的动力学来考虑。

6.5.2 旋转速度和加速度

6.5.2.1 旋转速度和加速度体系

低量级的旋转运动可能在轨道机动期间遇到，但是涉及乘员健康和工作能力的高量级

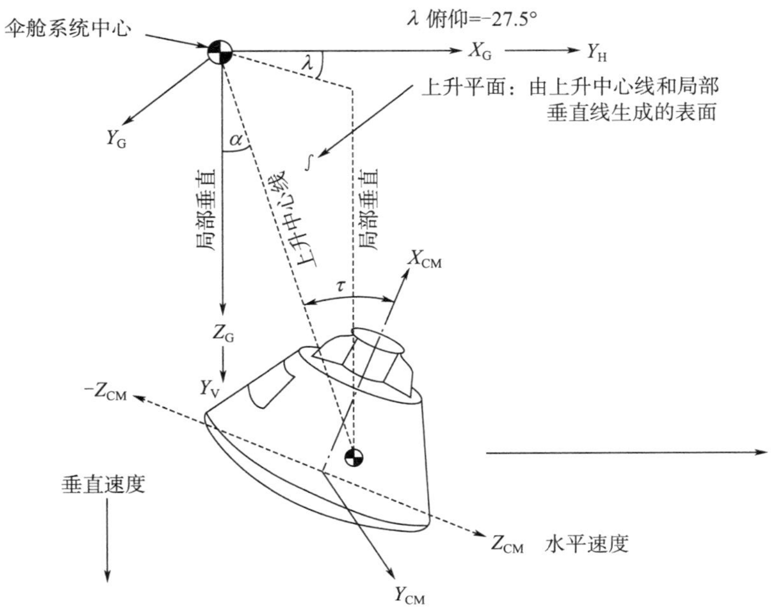

图 6.5-1 阿波罗悬挂角实例（引自 Whitnah 和 Howes，1971）

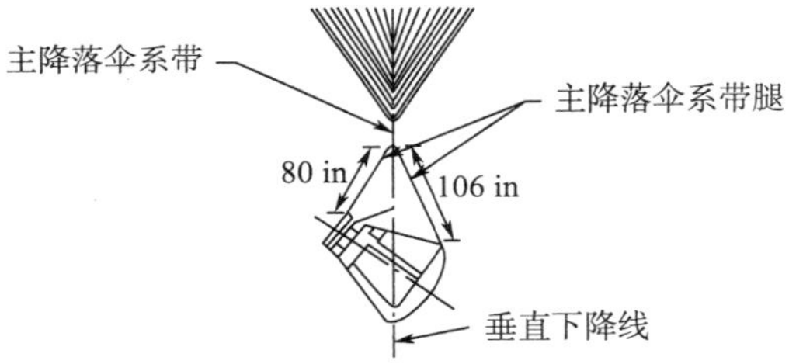

图 6.5-2 双子星座悬挂角度实例（引自 Vincze，1966）

旋转只在典型的偏离事件中出现，比如飞船失去控制或者中止飞行。旋转运动环境必须根据角加速度（α）和角速度（ω）评估。在空间操作中遇到任意轴向的旋转运动，其幅值如表 6.5-2 所示。

表 6.5-2 航天飞行期间的角运动

飞船运动	角速度和角加速度
轨道机动	α -上限约 1.5（°）/s^2（0.026 rad/s^2）
	ω -上限约 34.4（°）/s（0.6 rad/s）
上升、再入、应急中止机动	α -超过 10（°）/s^2（0.18 rad/s^2）
	ω -超过 360（°）/s（6.28 rad/s）
逃逸机动	α -超过 5 730（°）/s^2（100 rad/s^2）
	ω -上限 720（°）/s（12.6 rad/s）

6.5.2.2 旋转运动对人的影响

旋转运动的耐受性既要考虑旋转加速度，又要考虑旋转速度。对于飞船乘员来说，飞船中每个乘员位置的平移和角运动都必须进行评估。乘员运动的角分量效应将随着复合的平移加速度变化。

对于没有平移的旋转加速度，人的最重要的急性效应可以通过考虑头部承受的加速度来评估，同时要认识到可能存在惊人的加速度梯度。

对旋转加速度的耐受性取决于至少三个因素的相互作用：1）相对于身体的旋转中心位置；2）旋转轴（俯仰、偏航、滚转）；3）旋转速率。

受轴、方向和旋转速率影响，旋转效应的变化范围很大。在双子星座飞船Ⅷ任务期间，一个停滞的助推器引起左滚和偏航长达几分钟，太空舱旋转速率达到 300（°）/s（50 rpm），持续了 46 s（Mohler et al. 1990）。乘员头晕眼花、视力模糊且接近黑视点，这使得他们很难看到头顶上面板刻度。当他们从旋转中恢复时，停滞的助推器和恢复已使用了大量的推进剂，导致飞行任务提前终止。

表 6.5－3 总结了不同暴露水平下不同类型的旋转运动对人已知的影响。

表 6.5－3　旋转运动对人的影响

旋转轴	暴露水平	对多数人的影响
任意轴	6 rpm	没有先前经历的大多数人能忍受这种任意轴或复合轴旋转
	＞6 rpm	大多数人很快感到恶心并失去方向感，通过逐渐暴露计划仔细准备过的人除外
	12～30 rpm	大多数人一开始就不能忍受的旋转
	任意翻跟头	严重的方向知觉感丧失；伸手操控能力降级，最终影响做出正确决定的能力
俯仰 	6 rpm	某些人能够耐受 60 min
	80 rpm	一般不能耐受；旋转中心在心脏水平位置时，表现为后向加速度（$-G_x$）症状，只能忍受几秒钟
	90 rpm	某些前向加速度效应（$+G_x$），即腿部麻木和受压迫，还可观察到缓慢进行性疼痛；没发现意识混乱和意识丧失，但在暴露几分钟后某些人在几分钟内出现方向知觉感丧失、头疼、恶心或精神抑郁
	160 rpm	以心脏为旋转中心，3～10 s 后由于循环效应仅出现意识丧失
	180 rpm	以髂骨嵴（髋骨）为旋转中心，3～10 s 后由于旋转效应仅出现意识丧失
偏航 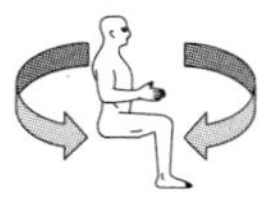	60～90 rpm	当头和躯干向前倾斜偏离 Z 轴时，4 min 的旋转接近已极限，虽然某些受过刺激的人在相同模式下能忍受 90 rpm。除了极度脆弱的人外，耐受性随着暴露而趋向改善
	90～100 rpm	不可耐受
滚转 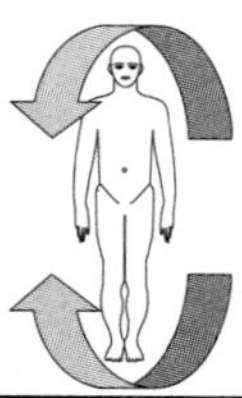	TBD	

6.5.2.3　旋转速度和加速度暴露限值

为了避免出现严重不舒适和方向知觉感丧失，在偏航、俯仰或滚转下的持续性旋转加速度决不能超过 115（°）/s^2。较高的旋转加速度水平的短暂暴露可以被忍受。大多数关于高旋转加速度的效应研究集中在旋转后的头部撞击上。一项研究建议在矢状面内朝前方向加速度约为 10 000 rad/s^2 的脉冲时间应小于 10 ms，并且脉冲下降时间应更短（Depreitere et al.，2006）。在这项研究中损伤的原因是在头部碰撞后脑的桥静脉撕裂。

在偏航、俯仰和滚转下的旋转速度绝对不能超过图 6.5－3 规定的限值。这些旋转限值适用于旋转中心在心脏或心脏外。但是，对于心脏外的旋转，平移加速度对心脏的作用（通过旋转加速度和速度）必须要包括在平移加速度考虑中。

图 6.5－3 中数据适合于乘员在适当的训练、束缚和使用加速度防护的情况下。该图提供了三种限值条件：

• 实线代表在发射中止或应急再入期间，乘员允许的最大持续性加速度水平。在这些极端条件下，暴露于乘员的加速度比正常经历的（虚线）严格是有必要的，但是乘员决不能暴露于超过图中实线的加速度。超过这些上限会大大增加乘组能力丧失的风险，从而威胁乘组生存。每个轴向均应单独分析，并且每个轴向限值的保守性包含了多轴加速度所有的累积效应。

• 虚线代表身体健壮的乘员在额定条件下的最大持续性加速度水平。暴露于超过这些限值的 g 力会严重影响人的操控性能以及与飞船的相互配合。每个轴向均应单独分析，并且每个轴向限值的保守性包含了多轴加速度所有的累积效应。处于这些限值内可以保证乘员能够阅读显示器、通信及利用上肢完成大体的运动技巧（例如拨开关）。

• 点线代表在连续暴露于减重或 0 g 环境之后、受伤之后或生病期间，乘员的最大持续性加速度暴露限值。在任务结束工作之后，因为暴露于减重引起的病理生理学失调使得乘员能力退化，所以决不能使乘员暴露于超过图中点线所描述的加速度。较大的 g 力暴露会严重影响人的工作能力和安全。较低的点线限值也适用于返回的生病或受伤的乘员。每个轴向均应单独分析，并且每个轴向限值的保守性包含了多轴加速度所有的累积效应。

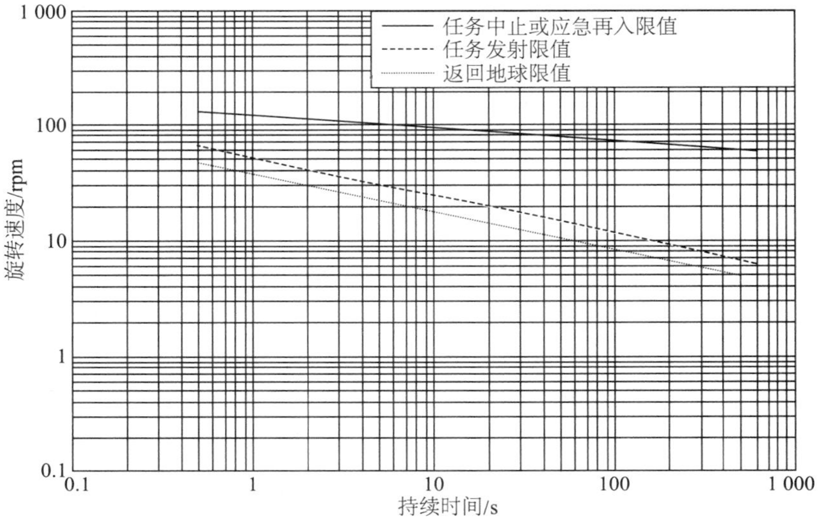

图 6.5－3 角速度限值

6.5.2.4　旋转速度和加速度的对抗措施

基于旋转运动的幅值和持续时间，对抗措施可能包括使用抗 g 服以防止过多的外周血流，使用束缚以防止甩打，以及使头部运动最小化以减少前庭系统的科里奥力刺激，这种刺激能够引起严重的方向知觉感丧失。

6.5.3　持续性平移加速度

6.5.3.1　持续性平移加速度体系

对航天系统来说，持续性平移加速度所包含的内容见表 6.5－4。

表 6.5－4　持续性平移加速度体系

重力/加速度	场所	观察值
0 g	• 轨道； • 星际飞行	大约 $10^{-6}\sim10^{-1}$ g，任意方向
部分重力（减重）	行星表面	<1 g： • 0.17 g 月球表面； • 0.38 g 火星表面
地球重力	地球表面	1 g
超重	• 发射； • 再入	>1 g： • 航天飞机发射最大 3 g； • 航天飞机再入 1.5 g（最大持续时间 17 min）； • 水星号飞船发射 6.4 g（持续 54 s）； • 水星号飞船再入 7.6～11.1 g； • 双子星座飞船发射 6 g（持续 35 s）； • 双子星座飞船再入 4.3～7.7 g； • 阿波罗飞船发射最大 4 g； • 阿波罗飞船再入 8 g

6.5.3.2　持续性平移加速度对人的影响

航天飞行能够引起心血管系统的重大变化。这些变化从发射时开始一直延续到轨道阶段，但最令人关心的是再入和着陆阶段的变化，此时航天员被再次引入重力和加速度。

0 g 环境由于心脏和血管系统负荷降低可引起心血管失调，其原因是心脏不需要克服重力泵血，并且身体工作负荷明显降低。此外，在 0 g 下发生体液头向转移，身体感知到流体压力增加并且通过排出血管中的液体来减压。这导致在 0 g 下血浆量总体上降低。虽然人体能够适应 0 g 环境，但是再次暴露于重力和加速度时会产生不适。带有乘员竖直座椅的航天飞机再入期间，体液被拉向腿部，但随着血量减少和心血管功能降低，会发生血压过低，这是重力导致意识丧失（G－LOC，gravity－induced loss of consciousness）的主要原因。G－LOC 的发生常以视觉症状的发展为先兆，从视力变窄到黑视前的灰视，并且伴随着运动和认知功能的缺失。如果没有减轻这些问题，其能够在飞行期间产生降低乘组完成驾驶任务的能力的危险。虽然对目前的航天飞行来说它不是问题，但是 G－LOC 的潜在性仍需要被考虑，尤其是当航天员从行星际任务返回时，其受到干扰比航天飞机轨道飞行期间承受的再入减速度还要强。航天飞机再入力不超过 1.5 g，但持续时间达 17 min，其跟正常情况下相比更具挑衅性，因为需适应 0 g 引起的心血管失调。

持续性平移加速度也能够引起损伤，其取决于幅值、持续时间和相对方向。在 1975 年联盟-18A 发射期间，第三级助推火箭分离失败，乘组暴露于 20.6 g 再入加速度，结果造成内伤。在 1983 年联盟 T-10A 发射前发生火灾，发射逃逸系统工作，使得乘组经历了 14～17 g 的加速度，持续时间 5 s，但他们并未受伤。

航天飞行返回段同样倍受关注的还有立位耐力不良，其特点是站立时出现多种症状，包括头晕眼花、心率增加、血压改变和晕厥。如果没有适当的对抗措施，这种情况下会使得乘员从飞船中快速出来变得困难。

持续性平移加速度也和前庭系统的效应相联合。当在飞行中头部倾斜时，对内耳中的耳石刺激能够产生失去方向的感觉。当一个人在超重下移动头部时，会产生比实际姿态变化更大的耳石信号。恶心、头晕、翻跟头及表面上的姿态变化，也是由加速度期间头部运动引起的。由于 0 g 适应引起前庭的耳石敏感性增加，这些效应在航天飞行的返回段更为明显。关于加速度对前庭系统影响更多的信息见 5.3 节。

下面给出人对具体的持续性平移加速度矢量综合响应的概要描述，这里的对象是指放松的、无防护的、对地球重力适应的个体。对于 0 g 适应的航天员从太空返回来说，持续性加速度的生理效应将被扩大，并且阈值下降（下面没有考虑），注意到这些很重要。对部分重力的适应，如月球和火星，是如何影响加速度耐受性尚不清楚。加速度可能伴有复杂的摆动和振动。对下面所描述的生理效应取决于增长率（渐进增长率＜1 g/s，快速增长率 1～2 g/s，高速增长率＞6 g/s）的关注是重要的。表 6.5-5 中的信息主要来自于与渐进增长率暴露相关的研究（Kumar and Norfleet，1992）。

表 6.5-5　持续性平移加速度的生理效应

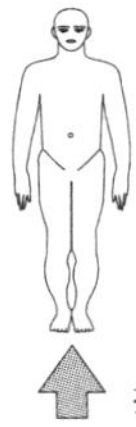

持续性+G_z 加速度效应（眼球向下）

+1 g	相当于直立或坐位陆地姿势
+2～+2.5 g	重力增加；臀部压力增加；面部和身体组织下垂；血压过低；2.5 g 时自行站立困难
+3～+4 g	不可能自行站立；抬起上下肢困难；直角运动极其困难；3～4 s 后视觉进行性变暗（灰视）；进行性管状视力
+4～+6 g	大约 5 s 后视力全部丧失（黑视）；如果继续暴露，则听力、意识丧失；大约 50% 的被试者无意识后出现中度到重度抽搐；频繁做梦；偶尔感觉异常（异常神经感觉，如麻刺感或灼热感）；混淆状态；疼痛不普遍，但下肢紧张和充血，带有抽筋和麻刺感；吸气困难；加速度后 15 s 内时间和空间感丧失；无意识后，平均需要花费 24 s 恢复到有意识的活动
＞+6 g	为维持健康，需要保护

续表

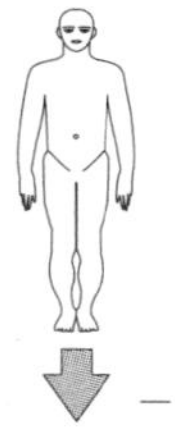

$-G_z$ 持续性加速度效应（眼球向上）

$-1\ G_z$	可忍受；头部有压力感和充满感；眼睛充血
$-2\sim-3\ G_z$	严重的面部充血；心搏徐缓；节律失常；头跳痛；5 s后视力模糊，灰视，或偶尔红视；充血消失缓慢；可能留下瘀斑，眼睑肿胀
$>-3\ G_z$	5 s的耐受限极少达到；引起精神错乱和意识丧失

$+G_x$ 持续加速度效应（眼球向内）

$1\ G_x$	腹压轻度增加；呼吸频率增加
$+2\sim+3\ G_x$	空间定向困难；$+2\ g$ 可忍受至少 24 h
$+3\sim+6\ G_x$	进行性胸腹紧密感；心脏节律紊乱；周边视力丧失；呼吸和说话困难；视觉模糊；努力集中注意力；$+4\ g$ 可忍受至少 60 min
$+6\sim+9\ G_x$	胸部疼痛、压迫感；浅呼吸；加速度期间氧耗量减低；胸部背侧肺血管压力增加，并且腹侧肺泡压下降；动脉氧饱和度降至85%以下，这可导致认知损害；视灵敏度和深度知觉进一步降低，视力模糊、偶尔管状视、需要很大努力维持集中力；偶尔流泪；身体、腿、臂不能在 $+8\ g$时上举；$+9\ g$ 不能抬头；精确的手动控制受到影响
$+9\sim+12\ G_x$	症状的严重性增加；严重呼吸困难，胸痛增加；显著疲劳；周边视力丧失；中心视敏度降低；流泪
$>+12\ G_x$	呼吸和说话极其困难；严重胸痛；触感丧失；可能视觉全部丧失

$-G_x$ 持续性加速度效应（眼球向外）

所有水平	类似于向前加速度效应，由于力矢量作用方向相反而需要修改；肺血管压与$+G_x$ 下的相反；整个身体束缚系统是至关重要的，并且直接关系到对后向加速度暴露的耐受能力

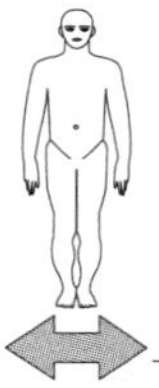

$+/-G_y$ 持续性加速度效应（眼球向左/右）

$+/-1\sim2\ G_y$	无束缚下维持头部和肩部直立困难；精确手动控制困难

续表

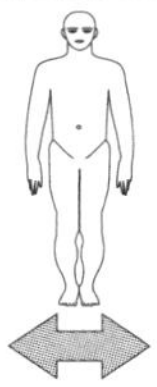

+/−3 G_y	10 s 后不舒适；压力作用到束缚系统上；感觉所有重量由锁骨支撑；臀部和腿部惯性运动；头部向着肩部偏摇和旋转；出现淤血点和挫伤；肘部充血疼痛；整个身体的束缚系统至关重要
+/−5 G_y	曾报道眼结膜出血；暴露后严重头痛

6.5.3.3　持续性平移加速度暴露限值

必须要满足图 6.5－4～图 6.5－8 所示的持续性平移加速度限（Eiband，1959）。

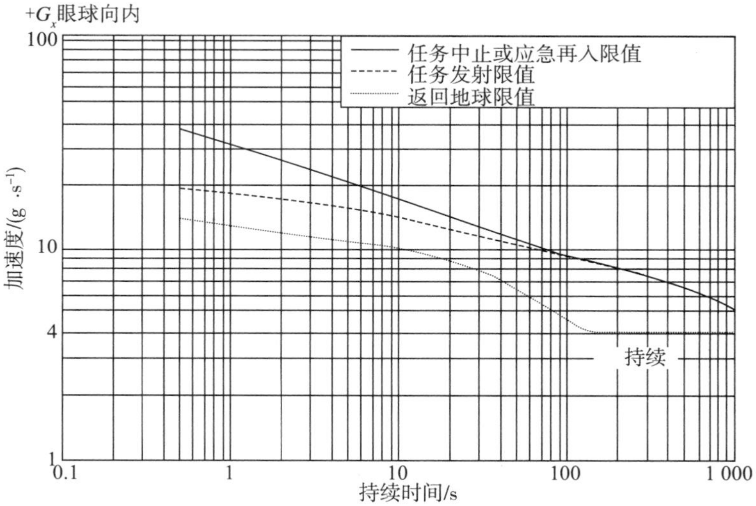

图 6.5－4　+G_x 持续或短期线性加速度限值

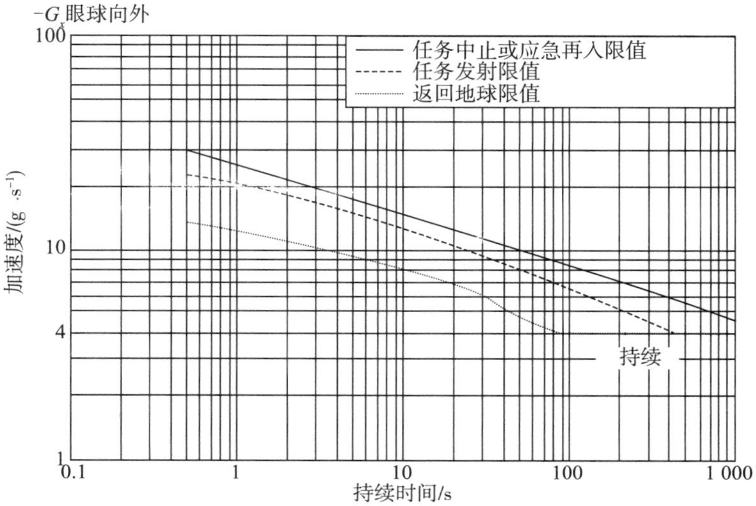

图 6.5－5　−G_x 持续或短期线性加速度限值

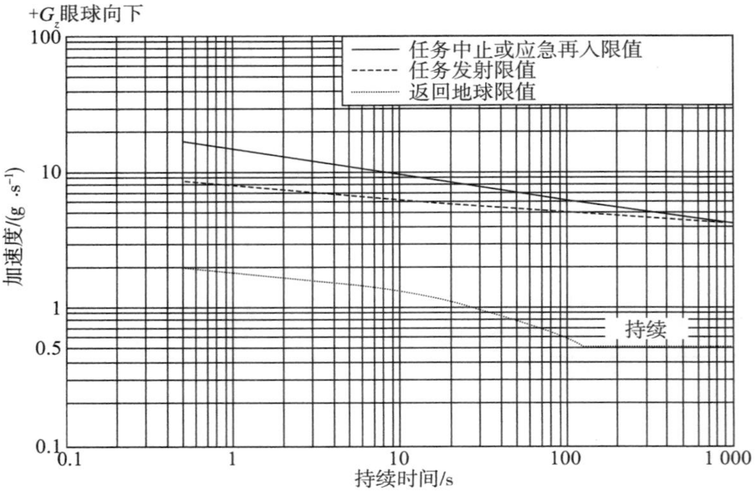

图 6.5－6　＋G_z 持续或短期线性加速度限值

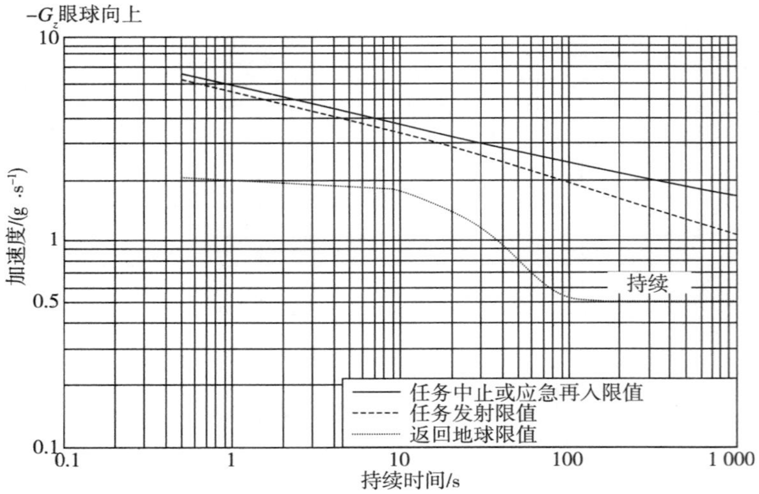

图 6.5－7　－G_z 持续或短期线性加速度限值

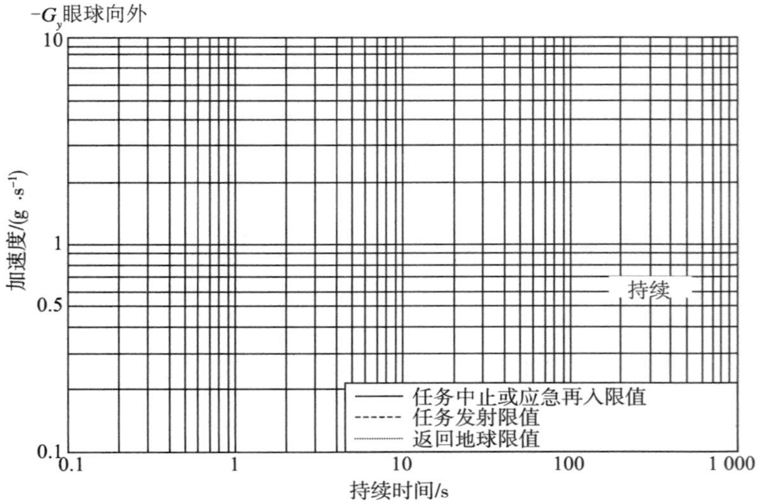

图 6.5－8　＋/－G_y 持续或短期线性加速度限值

在使用图 6.5－4～图 6.5－8 时，由旋转加速度或心脏外的速度引起的平移加速度应当给予考虑（见图 6.5－3 文本中实、虚、点线的描述）。在乘员经过适当的训练和束缚、以及使用加速度防护的情况下，才能应用这些图中的数据。

正如上面的加速度限值所表明的那样，人能够经受住较长持续时间且较高 $+G_x$ 加速度。因此，设置乘员的体位，使得较高的加速度穿过胸部是满足这些限值的关键考虑之一。依靠飞船设计及所遇到的高加速度飞行状态，可导致斜躺体位，即乘员背部相对于速度矢量倾斜，这就是国际空间站上长期飞行乘组乘航天飞机返回时所采用的体位。

为了减少能力丧失的风险，在任何持续性加速度事件期间，必须防止乘组暴露的加速度变化率超过 500 g/s。

6.5.3.4 持续性平移加速度的对抗措施

为确保乘组安全，除了满足前述的加速度指导以外，还应考虑下列对抗措施。如果预期的加速度在限值附近，采取下列对抗措施就显得更为重要。

1）抗－g 服（AGS）——AGS 是航天飞机航天员穿着的 NASA－ACES 的一部分，被用来防止 G－LOC 及其相关的顾虑。AGS 对下躯干提供正压力，可防止血液汇聚在腿部，并帮助增加静脉回流。静脉闭塞和不舒适可能是难以解决的，并且研究表明虽然 AGS 对短持续时间的 g 暴露有好处，但它实际上降低了对于超过几秒的持续时间的耐受性（TRIPP，2007）。美国空军已经研制出改进的 AGS，它能对更多的身体区域提供增强的保护，并且具有根据 g 力的变化而较快调整的能力。

• 组合先进技术增强设计 G 整体效果（COMBAT EDGE，或 CE）——正压呼吸一体化来降低与抗 g 动作相关的疲劳，以及一个胸部气囊/背心来增加胸内压以防止肺过度胀大。然而，CE 背心增加的身体表面覆盖曾戏剧性地被报道大幅度地增加了体温及体液流失，尽管研究表明并没有这样上升的热应力发生（Balldin et al，2002）。Balldin 等（2005）对穿 CE 背心时热应力抱怨的回应表明对于增加 g 耐受性而言背心并不需要。

• 先进战术的抗－g 服是一条完整的可充气且覆盖整个腿的裤子。它和 CE 一起被空军 F－22 飞行员使用。

• Libelle G－Multiplus 是一套充满液体的全身服，其利用液体对身体的反压力来维持血液在加速期间仍流向头部。Libelle 服的独特优点是其对 g 力变化的即刻反应，消除了对 AGSM 的需求，有助于连续的不费力的肢体运动，以及减少加速度引起的上肢疼痛。液体服技术也可以改善为乘员供热制冷的特性。但是，仍有一些关于 Libelle 服的抱怨，包括来自那些过去有使用充气服经验的乘员的消极训练挑战，以及与先进的充气服相比削弱的抗－g 能力（Eiken et al.，2002）。

2）肌肉收缩——变形和紧张的肌肉提升了 G－LOC 的阈值，其通过给身体的血管加压从而在竖直体位时防止了血液离开头部。在某些早期的飞机实验中，发现所有骨骼肌持久性收缩增加了大约 2 g 的耐受性，这种情况下短时间暴露是可以接受的（Von Diringshofen，1942）。

3）下体负压（LBNP，Lower－body negative pressure）——LBNP 是一种有潜力的

对抗措施，其在轨道上通过在上下身体之间制造一种可控制的压差，从而给心血管系统施加应力。这种方法模仿了 1 g 的情况，因为心脏是通过增加血压以维持适当的血液流向头部和上肢的。周期性暴露于 LBNP 可能减少心血管失调的次数，从而增加在返回期间的立位耐受性。

4）L－1 AGSM（抗荷动作）——这是一套包括肌肉收缩、重复性的瓦尔萨尔瓦动作以及每 3～4 秒一次短的深呼吸的程序。其能够通过提升头部水平的血压给出实质性的保护。但是其使飞行员趋于极度疲劳，并在其他任务中分心。

5）正压呼吸——这也是一种曾被发现能够改善抵抗高量级持续性加速能力的对抗措施。虽然其易导致疲劳，但是和完成 L－1 动作或使用 AGS 相比，其产生的疲劳要轻得多。但当乘员试图通信时，这种方法会引起困难。

6）结合 AGS，L－1 AGSM 及正压呼吸——L－1 AGSM 结合 AGS 和正压呼吸一起使用，似乎可提供最好的机械或物理活动以对抗 g 增长引起的认知功能退化（Alberry and Chellete，1998）。这种方法最明显的负面特征是分散注意力及对其他乘员的干扰。

7）再入补液——为防止再入期间的 G－LOC 以及出舱时的立位耐力不良，航天飞机乘员在再入前喝 1～2 L 高钠液体，以补充飞行期间损失的循环量。在 26 个乘员样本中，17 人进行了补液，他们心率较低、血压维持较好且没有有关虚弱的报告；相比之下，在 9 个没有使用对抗措施的乘员中有 33％的虚弱发生率（Bungo et al.，1985）。但是，似乎补液的有效性随着任务持续时间的增加而减弱（Charles and Lathers，1991）。

8）药物治疗——某些药物可以通过增加外周血管收缩、血浆容量或心肌收缩力改善立位耐力不良。

此外，持续的发动机燃烧，比如轨道补给或月球轨道传输，可能导致幅值低但增长率快，此时需要把乘员以某些方式束缚起来。还需要评估加速度相对于乘员的方向。如果乘员面部背离行进的方向，这种现象会在月球变轨中发生，则可能产生较低耐受的眼球向外加速度。

在长期 0 g 任务期间，应该考虑把人工重力的使用作为一项预防性的对抗措施，其目的是为了确保乘员对返回重力环境时的再适应，比如 1 g 的地球重力和 3/8 g 的火星重力。人工重力可通过飞船旋转或安装在飞船上的离心机来实现（Tsiokovsky，1954；Lackner and DiZio，2000）。通过产生 1 g 或部分 g，长期航天飞行的环境会减少大部分失重导致的心血管、肌肉骨骼及前庭系统的负面效应。因此，这种方法使多种已提出的设计措施被撤消，并解除了由此导致的对人的约束。但是，这种技术仍面临着无数挑战，并且在其成为切实可行的措施之前需要更多的研究。如果使用旋转来产生人工重力，则应考虑如下的基本原理，其目的在于把旋转加速度对人的影响降到最低。

1）应保持最少径向通行；

2）乘员不应该横穿旋转轴，除非毂不旋转；

3）生活区和工作区应尽可能地远离旋转轴；

4）小隔间应该设定方向，使其主要通行路线与飞船旋转轴平行；

5）工作站的位置应该设定方向，使得在正常活动期间通过乘员耳朵的横向轴与旋转轴平行。与此同时，设计控制器和显示器时应该使得头部左右旋转及上肢的上下运动最小化。

在星座计划中，猎户座飞船要求规定在 3 *g* 以上的加速度期间所使用的控制装置具有无需接触的可操作性，在 2～3 *g* 之间时操作者可以利用手/腕运动产生控制输入，并可到达前向＋/－30°圆锥范围。猎户座飞船还要求在暴露于 2 *g* 以上的预期加速度期间，执行所有控制任务时为操作者肢体提供稳定支撑。这些要求整合时，在支撑需求与 2 *g* 情况下前向到达能力是否相互矛盾方面产生了混淆。有一种解释澄清了上述问题，在 2～3 *g* 之间乘员的动作既可以通过 30°圆锥范围内的不连续接触完成，也可以使用侧边/手腕控制器通过手动控制来完成。虽然快速到达是不鼓励的（即危急时刻动作应该是利用侧控制器），但要求的措施允许任何一种途径提供肢体支撑来不阻滞这种到达。其目的是提供适当的臂/手腕支撑以确保任何侧控制器不被 2 *g* 以上的 *g* -载荷所妨碍，因为连续控制动作容易受到无意输入的影响。因此，在 2～3 *g* 之间时，如果/当侧控制器在 2 *g* 以上的载荷下被使用时，必须使用适当的支撑。

6.5.4 瞬时平移加速度

6.5.4.1 瞬时平移加速度体系

瞬时平移加速，包括冲击，是指突然发生的、短持续时间、高幅值的事件。一般认为这种类型的运动主要涉及对乘员持续时间不超过 0.5 s 的瞬时响应。航天乘员可能暴露的某些瞬时平移加速的情形为：飞船发射段、推进器点火、弹射座椅/弹射舱点火、逃逸装置展开、飞行不稳定、空气湍流和降落伞展开及着陆。飞船的加速度水平在表 6.5－6 中列出。

表 6.5－6 飞船瞬时加速度水平

事件	加速度水平
飞船弹射座椅点火	上限至 17 G_z *
碰撞着陆	10 *g*～>100 *g*（任意方向）
猛烈的机动飞行	2～6 *g*（任意方向）
降落伞打开冲击	大约 10 G_z

注：* 美国海军规范 MIL－S－18471 Rev. G.（工程规范和标准化局，1983）。

阿波罗太空舱以 9 m/s 的速度碰撞海水，而联盟号飞船以大约 7 m/s 的速度碰撞地面。在阿波罗航天飞行的经历中，最严重的冲击发生在阿波罗 12 号任务中。据估计，指挥舱以 20°～22°入水，而不是额定的 27.5°，这导致了 15 *g* 的冲击。这种偏离冲击仅当表面风引起飞船摆动并遇到波浪较竖直的斜坡时才出现。虽然阿波罗 12 号 15 *g* 的冲击被乘组描述为“很硬”，但是乘员的身体并没有大碍（Johnston，1975）。还有在一次阿波罗 15 号着陆过程中，3 个降落伞中的 1 个未能打开，导致降落速度达到 32 ft/s（9.8 m/s），而不是额定的 28 ft/s（8.5 m/s），但乘组未受到伤害。联盟号着陆期间的冲击大约为 4 *g*。

在飞船发射级转换期间也可能出现突然的 g 载荷。

6.5.4.2　瞬时平移加速对人的影响

在动态飞行事件期间有很多因素影响发生损伤的可能性，包括外在因素，比如 g 载荷、速度变化、加速度增长率、加速度上升时间、骨和软组织压缩、过伸，剪切力幅值和方向和体成分的偏差，以及内在因素，比如年龄、性别、身体状况及肌肉紧张程度。

对冲击的耐受性通常建立在骨骼骨折水平的基础上，对脊椎骨的损害是最常见的损伤。两个主要因素结合加速度的幅值一起决定了耐受性：1）暴露于加速环境的持续时间；2）身体相对于加速度的方向。人体对穿过胸部（$+G_x$）的冲击载荷承受能力最大。在没有严重损伤的情况下，人对冲击的耐受性汇总在表 6.5－7 中。

表 6.5－7　人对冲击的耐受性

方向	幅值	增长率
$\pm G_x$（胸部）	20 g	1 000 g/s＊
$\pm G_y$（体侧）	20 g	1 000 g/s
$\pm G_z$（脊柱）	15 g	500 g/s
45°偏轴向（任意轴）	20 g	1 000 g/s

注：＊原英文版中有错误，增长率不应该为 10 000 g/s（译者注）。

然而，在适应 0 g 以及最可能出现的部分重力后，这些对冲击的耐受性将会降低。负责维持姿态和平衡的下背部、腹部和腿部的肌肉和骨骼由于暴露于失重环境而强度大大降低。历经 6 个月航天飞行后，在某些航天员中发现骨丢失高达 20%，这可能导致返回到 1 g 中骨折风险大幅度增加。

由于人对冲击的耐受性取决于方向，所以为降低损伤的可能性应考虑乘员的体位，使得冲击穿过胸部从而提供最大的保护。例如，对于带降落伞的太空舱，其着陆冲击和开伞冲击都很严重，所以使乘员背部着陆可能是最佳的选择，正如水星号飞船、双子星飞船、阿波罗飞船以及仍在使用的联盟号飞船那样。

6.5.4.3　瞬时平移加速度的暴露限值

本节包括两种建议的适合维持乘员健康和安全的保护方法：Brinkley 动态响应方法和 NASA 当前正在考察的新方法。

6.5.4.3.1　Brinkley 动态响应方法

Brinkely 动态响应模型能够提供瞬时平移加速度损伤风险的评估。其具有包括自愿样本、人尸体试验、事故损伤以及飞机应急逃逸期间发生的损伤试验基础，因此能够在加速度时间历程的基础上提供损伤概率的点估计。

飞船弹射座椅和飞船座椅的人体试验，以及应急逃逸系统的实际运行经验使得利用 Brinkley 模型进行 $+G_z$ 轴向损伤预测具有最高的逼真度。损伤概率的评估是基于重复试验的组平均值及实际弹射结果的。概率是通过按正态分布均值的最佳拟合以及随后计算的每组条件下的 95%置信区间决定的。$+z$ 轴 50%损伤概率（P）根据 $n>100$，计算所得 95%置信区间（$P=0.5$，$n=100$）是 $0.402 \leqslant P \leqslant 0.598$。当 $P=0.11$ 且 $n=89$，95%置信区间是 0.045≤P≤0.175。+z 轴平均置信区间在低风险值的情况下将变小（5%及以下，见表 6.5-8）。但是，对于其他轴具有统计不确定性。因此，作为相对比例的损伤概率提供如下。

表 6.5-8　Brinkley 模型近似风险值

类别	近似风险
低	0.5%
中	5.0%
高	50%

这些乘员损伤风险值来自于实验数据，在这些试验中乘员通过安全腰带、肩带及负 g 带，或控制骨盆运动（即骨盆的下潜）的带子束缚固定在座椅和椅背上；或来自于实际的逃逸统计数据，其中乘员使用相似的束缚系统（Brinkley et al. 1990）。在实验期间，这种束缚系统预先被充分地张紧以消除松弛。火工品为动力的惯性筒被用来固定逃逸系统乘员位置，并消除束缚系统中的松弛。

使用 Brinkley 动态响应模型的假设和标准如下列出。Brinkley 动态响应模型是备有文档的，关于进一步的细节，详见航天研究与开发咨询组的文件（Advisory Group for Aerospace Research and Development，AGARD）CP-472《先进逃逸系统加速度暴露限值的发展》。

1）加速持续时间小于或等于 0.5 s 的加速（比如，离地升空、发射中止、着陆冲击和降落伞展开）。

2）束缚系统至少应包括骨盆束缚、躯干束缚以及抗下潜束缚等，提供乘员的束缚不少于传统的 5 点束缚。

3）合适的预先拉紧束缚以消除松弛。

4）座椅和人体之间没有间隙（或者束缚系统和人体之间，包括服装充气的情况）。

5）座椅填充物或坐垫应避免将传递给乘员的瞬时平移加速度放大。

6）服装不能改变人体的自然频率和阻尼。

7）座椅乘员的头部通过飞行头盔来保护。头盔质量必须小于 2.3 kg，且包含衬垫并通过 ANSI Z-90 或与其相当的标准（美国国家标准学会，1992）。

8）要求应用 Brinkley 模型的所有事件期间全部乘员都采用类似的束缚。

如果满足这些标准，Brinkley 动态响应模型就可以有效使用；损伤风险标准 β 必须限定为不大于 1.0，且按照式（6.5-1）计算

$$\beta=\sqrt{\left(\frac{DR_x(t)}{DR_x^{\lim}}\right)^2+\left(\frac{DR_y(t)}{DR_y^{\lim}}\right)^2+\left(\frac{DR_z(t)}{DR_z^{\lim}}\right)^2} \tag{6.5-1}$$

式中，$DR_x(t)$、$DR_y(t)$、$DR_z(t)$ 需使用 Brinkley 动态响应模型计算。三个轴中每个轴的无量纲动态响应由式（6.5-2）给出

$$DR=\omega_n^2(x/g) \tag{6.5-2}$$

这里，x 是动态系统（座椅和人体组成的）沿每个轴的弹性变形，并且通过解式（6.5－3）得出；g 是重力加速度。

$$\ddot{x}+2\xi\omega_n\dot{x}+\omega_n^2x=A \tag{6.5－3}$$

式中　A——每个轴向测量的加速度，座椅的临界点如图 6.5－9 所示。因为座椅的轴不是惯性坐标系，所以必须根据角运动的平移成分考虑旋转加速度；

$\ddot{x}$——在惯性坐标系中乘员的加速度；

$\dot{x}$——乘员在图 6.5－9 所示的座椅坐标系中临界点的相对速度；

x——乘员身体相对于图 6.5－9 所示的座椅坐标系中临界点的位移（正值代表身体压缩）；

ξ——表 6.5－9 中定义的阻尼系数比；

ω_n——表 6.5－9 中定义的动态系统的无阻尼自然频率。

表 6.5－9　Brinkley 模型系数

	X		Y		Z	
	眼球向外	眼球向内	眼球向左	眼球向右	眼球向上	眼球向下
	$x<0$	$x>0$	$y<0$	$y>0$	$z<0$	$z>0$
ω_n	60.8	62.8	58.0	58.0	47.1	52.9
ξ	0.04	0.2	0.09	0.09	0.24	0.224

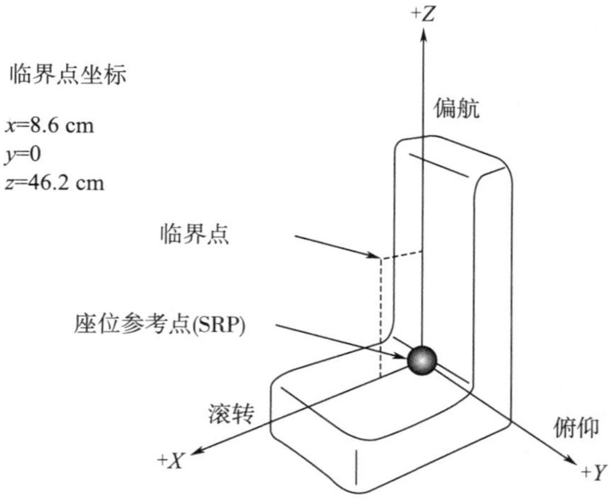

图 6.5－9　坐姿乘员的临界点定义

为了确定损伤风险标准，β 作为时间的函数，按如下程序进行计算：

- 寻找临界点沿每个轴 t 时刻的加速度；
- 求解二次微分方程得到乘员的位移 x［式（6.5－3）］；
- 利用方程（6.5－2）得到每个轴 t 时刻的动态响应［$DR(t)$］；
- 先使用表 6.5－10 中的低 DR 限值（失调或者非失调）；
- 使用方程（6.5－1）低 DR 限值及每时刻的动态响应计算 β；

• 按时间增量重复计算，直到得出 β 最大值为止；

• 如果 $\beta \leqslant 1.0$，那么加速度满足 Brinkley 低风险标准；如果 β 最大值大于 1.0，则选择应用表 6.5－10 中的中风险 *DR* 限值，并重复步骤 5 和 6；

• 如果 $\beta \leqslant 1.0$，那么加速度满足 Brinkley 中度风险标准。如果 β 最大值大于 1.0，则选择应用表 6.5－10 中的高风险 *DR* 限值，并重复步骤 5 和 6；

• 如果 $\beta \leqslant 1.0$，那么加速度满足 Brinkley 高度风险标准。如果 β 最大值大于 1.0，则加速度超过 Brinkley 高风险标准。

表 6.5－10 动态响应限值

DR 水平	*X*		*Y*		*Z*	
	眼球向外	眼球向内	眼球向左	眼球向右	眼球向上	眼球向下
	$DR_x<0$	$DR_x>0$	$DR_y<0$	$DR_y>0$	$DR_z<0$	$DR_z>0$
低（失调）	－28	35	－14 [－15]*	14 [15]*	－11.5	13
低（非失调）*	－28	35	－14 [－15]*	14 [15]*	－13.4	15.2
中（失调）	－35	40	－17 [－20]*	17 [20]*	－14.1	15.4
中（非失调）*	－35	40	－17 [－20]*	17 [20]*	－16.5	18.0
高（失调）	－46	46	－22 [－30]*	22 [30]*	－17.5	19.5
高（非失调）*	－46	46	－22 [－30]*	22 [30]*	－20.4	22.8

注：表中的数值假定使用了侧向支撑（限制侧向身体运动）。

表中的值根据下列评论推出：AGARD CP－472，NASA－TM－2008－215198，NASA－TN－D－7440 及 NASA－TN－D－6539（Brinkley, et al., 1990；Lawrence, et al., 2008；Drexel 和 Hunter，1973；Thomas，1979）。

* 适用于健康的、非失调的乘员（比如，发射段中止情况）。

在该模型中，假定作用在脊椎骨上且引起变形的整个身体的质量可以用单个质量表述。

持续时间小于或等于 0.5 s 的加速（比如，正常的上升段、发射中止、着陆冲击及降落伞展开）使用动态响应模型限值填补了针对健康的失调乘员安全评估的空白。动态响应模型将提供一种针对正常的或偏离正常的故障或多种故障事件中的损伤风险评估。在所有情况下期望动态响应限值应处于低水平（大约 0.5%）。如果乘员保护原则没有被适当地应用，且/或多重偏离正常的故障发生，那么载荷可能产生中度风险（大约 5%）和高风险（大约 50%），从而造成持续的严重损伤或丧失能力的损伤。

6.5.4.3.2 NASA 新的乘员保护方法

NASA 现在正在研究更新乘员保护评估方法。下面给出的方法正在进行中，没有被完全确认和核准，但是代表了 NASA 在乘员保护设计和验证方面新的研究方向。这里所描述的乘员保护，包括适用于保护乘员免受瞬时载荷（不管是平移的，还是旋转的）伤害的方法和最佳手段。

需要可靠的损伤预测工具和损伤标准来确保载人飞船的设计具有适当水平的乘员保

护。保护乘员不受伤害是很重要的，把太空舱设计成没有多余防护也同等重要，因为多余的防护导致增加不必要的质量和复杂性。像商业航空和汽车工业所使用的那些保证安全的途径为新的载人航天器航天飞行奠定了基础，但是其应用需要修改和研究。

Brinkley 动态响应模型着眼于由外力引起的加速度，如着陆载荷，其作用在代表人体的集中质量上。需要更详细地计算分析，并联合 Brinkley 动态响应模型一起了解这些力和加速度变化如何影响人体的具体部位。例如，躯干可以被装具束缚到座椅上，但是肢体可能是未被固定的。这种情况下，需要减少肢体和太空舱之间的接触力，以确保对乘员的损伤最小。

身体各部分适当的支撑和束缚能够降低损伤风险，并且需要可用于太空舱和飞行服系统（如果包括）。在动态飞行事件期间，许多参数影响损伤的可能性，包括 g 载荷，速度变化，加速度增长率，加速度上升时间，骨和软组织压缩、拉伸、伸展、弯曲，剪切力幅值和方向，身体组成部分的变形等外部因素，以及诸如年龄、性别、身体条件、航天飞行引起的失调、肌肉张紧的程度等乘员的内部因素。可靠的损伤预测工具和损伤标准是需要的，其目的在于保证载人飞船被设计成具有适宜水平的乘员保护。

在载着人类进行低地球轨道（LEO）或更远的轨道、并且使他们安全地返回地球的飞船设计中，提出了独一无二的挑战，因为飞船必须经受住上升、下降和着陆阶段的变化环境的考验。不像其他工业那样有检验乘员安全性的高度标准化的方法，比如商业航空和汽车工业，飞船的安全必须是由飞船设计和预期环境的函数来确定的。在飞行的所有阶段期间，乘员将被暴露于强度、时间和方向不断变化的加速度中。因此，简单采用其他工业（如商业飞行器）损伤评价的标准化方法对任何飞船都是不可能的。

6.5.4.3.2.1 Brinkley 局限性

NASA 为什么放弃只采用 Brinkley 动态响应模型的方法，而使用其他的乘员保护评价方法，存在几个原因。Brinkley 动态响应（BDR）模型是一个简单的、集中参数的单自由度模型，它能够预估全身对所施加的加速度的响应。虽然该模型给出了损伤风险范围，但是只有 DR_{+z}（原先称为动态响应指数，简称 DRI）与损伤风险相关，并且只适用于弹射期间的胸腰椎损伤。对于其他轴，损伤风险是近似的，并且 β 值不应该与特定损伤风险相关。此外，该模型是建立在几个假设基础上的，模型的正确使用必须满足所有假设条件。

研制模型中使用的座椅是一种简单的、带侧支撑的普通座椅，并且受试者和座椅之间没有间隙。使用的束缚相当于现代 5 点赛车束缚装具。Brinkley（1985）曾希望对于不同的座椅和束缚构型的评估应使用不同的动力学模型。因为该模型把整个人体视为一个集中质量，所以不同测试数据的座椅的几何结构和使用的束缚对得到相同的结果十分重要。这些局限性具有双重含义：要么不准确的损伤风险预测，可能导致不必要的太空舱质量；要么更坏的情况，发生乘员损伤。自从该模型不能解决在过去 25 年来一直认为有意义的束缚系统的改进或者座椅设计改进以来，基于 BDR 的设计要么过于保守，要么不能提供尽可能的保护。如果该模型不能适当地反映真实的损伤风险，那么即使设计者认为设计是安全的，损伤也可能发生。英国空军真实弹射损伤率不能由 DRI（Anton，1986；Lewis，

2006）预测可以说明这一事实。还有，如果脊柱方向和载荷矢量夹角大于 5°，损伤风险将急剧地增加。在 F-4 弹射座椅实际操作中，脊柱方向偏离大约 12°，导致损伤率为 34%，而 BDR 模型预测的损伤风险只有 5%（Brinkley & Schaffer，1971；Mohr et al，1969）。最后，由于该模型被研发适合于在身体和束缚之间具有最小或无间隙坐姿的人员，所以该模型带有以下假设：在飞船座椅和束缚系统设计中要防止间隙。可允许的超过原始数据中的间隙可能增加接触力及损伤风险。

另外一个与航天飞行相关的是压力服。由于 BDR 模型是在没有压力服的情况下建立的，因此必须考虑压力服以保证 BDR 基本假设是成立的。首先，原始的 BDR 模型被研发时具有最小的头部支撑质量（头盔重小于 5 磅）。由于 $+Z$ 加速度期间压缩载荷的作用，增加头部支撑质量造成颈部实际风险。这些问题在 BDR 模型中没有被考虑（Radford et al.，2011）。其次，附加的头盔和分布的服装质量（NASA 现在的设计可能会给出）可能引起人的自然频率和阻尼参数的变化，这些使得该模型失效。第三，最近 NASA 在俄亥俄州立大学（OSU）进行的人尸体（PMHS，post-mortem human subject）研究调察了刚性服装单元在着陆冲击期间的效应（Dub & McFarland，2010）。虽然 PMHS 试验次数少，但其结果清楚地表明，不正确地放置服装单元的损伤率急剧地增加了损伤风险，并且 DBR 模型不能像预期的那样在试验期间预测损伤。

BDR 模型是基于军人志愿者的试验，这些志愿者主要是青年和健康男性［（25±5）岁，身高（178±6）cm，体重（75±10）kg，Stapp & Taylor，1964］。由于性别和年龄影响冲击耐受性，所以该模型不适合用于上述范围外的人口损伤风险评估。正如 2011 年 9 月的报告中指出的，航天员人口构成为年龄（46±4）岁，身高（175±6）cm，体重（75±10）kg，女性占 24%，男性占 76%。最近研究表明，女性损伤风险更大，且当使用 DBR 模型计算时，第 5 百分位的女性便可能处于最高风险，但该模型不能充分预测这种增加的风险（Buhrman，et al.，2000）。

最后，BDR 模型是基于简单的加速度波形研发的，其不能代表现在太空舱和其他未来飞船预期的复杂载荷。

6.5.4.3.2.2 损伤评价参考值

除了 Brinkley 动态响应模型外，汽车工业的新进展已经提供了用于冲击和动态载荷期间评估损伤风险的附加工具。对其他工业及他们各自的风险情况进行评估是有益的，可以洞察 NASA 损伤风险应有的情势。

就汽车工业来讲，尤其是客车，大多数损伤限值是基于简化损伤等级（AIS，Abbreviated Injury Scale）3+损伤的 5%～50%风险，该损伤是严重损伤（Association for the Advancement of Automotive Medicine，2005）。虽然这似乎是有异议的风险限值，但是存在两个主要原因使这种情况可以接受：一是，这些限度是建立在标准试验基础上的，代表了最坏的情况而不是典型的碰撞。二是，对于客车来说，任何时刻一名乘客进入车辆内受伤的可能性是很低的（1/120 000）（National Center for Statistics and Analysis，2009；Bureau of Transportation Statistics，2007）。因此，总的损伤风险非常低。

虽然涉及的风险较高，但军用飞机的情况类似。军用飞机的设计允许比 NASA 期望的风险态势高。再有，由于每次突围的损伤风险是 1/670 或更好些，这些较高水平的风险被认为是适宜的，即使这与客车相比已非常高（Mapes，2006；Somers，et al.，2010）。

对 NASA 来说，情形很不同。对于客车，每年以相对低的碰撞或损伤风险驾驶数百英里。对大部分情况来说，在整个旅行或“突围”期间风险是个常数。类似地，军用飞机几千个飞行时算在一起处于低损伤风险。像军用飞机一样，在整个任务期间（敌方开火、机械故障、飞行员失误等）具有重大风险，在起飞和着陆期间风险更高。对 NASA 来说，由于瞬时加速度导致的乘员损伤风险集中在发射和着陆期间，这些飞行阶段在航天器上会产生最大的载荷。航天器不像客车和军用飞机一旦进入稳定的轨道损伤风险就非常低，因为施加给航天器的载荷非常小。NASA 的发射、中止飞行、着陆环境与推进或飞行阶段额定环境相比起来是极端情况。因为如此，把这些极端环境比作汽车碰撞、军用飞机偏离规定的动作（弹射、应急着陆等）是适宜的。因为 NASA 的航天器每次飞行都要遭遇这些环境，所以风险形势必须是保守的，才能达到低的总风险。表 6.5－11 给出这些情况下 NASA 可以采用的风险定义。

表 6.5－11　可接受的风险定义

损伤描述	损伤级别	总损伤概率
轻度	Ⅰ	5%
中度	Ⅱ	1%
严重	Ⅲ	0.03% [0.3%]*
威胁生命	Ⅳ	0.03%

注：* 括弧中的数值假定搜寻和营救力量在不幸发生的 30 min 内能够到达乘员。

为了评估损伤风险，有几种方法可以使用。因为损伤风险不能被直接测量，必须用其他的方法来估计风险。图 6.5－10 中给出了多种有效的方法。

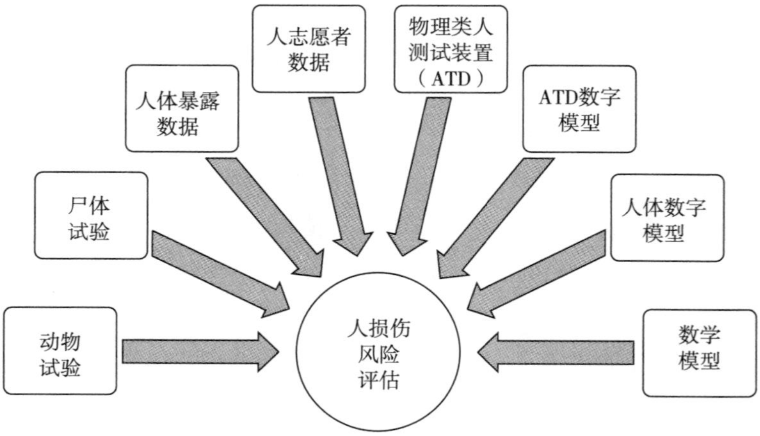

图 6.5－10　估计和评价人体损伤风险的方法

表 6.5-12 人损伤风险方法的比较

方法	优点	缺点
动物试验	• 能够测试损伤加速度； • 能够试验后处死动物以确定损伤病理学	• 不能直接测量人的响应； • 动物对冲击的响应各不相同
尸体试验	• 能够测试损伤加速度； • 能够完成试验后尸检以确定损伤病理学； • 能够在人体测量学范围测试男性和女性被试者在	• 不能代表活人（肌肉张力等）； • 被试者间的可变性大； • 在年龄、骨骼强度等方面不能代表乘员人员
人体暴露数据	• 包含人的非损伤和损伤数据； • 在轨事件数据记录器可能包括高质量的加速度数据测量	• 不能代表飞船环境； • 不能很好地控制冲击（不知道对象的位置、束缚使用或张力）； • 对象间的可变性大
人志愿者数据	• 能够测试精密的飞船系统、方向和设备； • 能够得到不舒服的定性数据； • 通过充分有序的人体试验直接验证设计； • 能够在人体测量学和可能的年龄范围内测试男性和女性受试者	• 不能进行超过人耐限的试验； • 需要大样本验证低损伤风险水平； • 较高的可变性； • 不能测试准确的加速度波形（只有在近似实验室环境下）
物理拟人化测试装置（ATD）	• 可重复性（无实验之间的可变性）； • 在某些情况下具有生物逼真性； • 允许损伤性的测试； • 响应能够和损伤风险关联	• 不是人，因此不能严格地像人一样响应； • 不能测试或报告特殊仪器之外的损伤风险； • 有限的人体测量学选择。
ATD 数字模型	• 与物理 ATD 具有相同的优点； • 也能够在复杂加速度环境仿真中使用； • 允许测量辅助参数以帮助了解着陆行为	• 与物理 ATD 具有相同的缺点； • 不能够像物理 ATD 一样响应； • 对初始条件敏感
人体数字模型	• 在解剖学上精细的模型，包括软组织、骨骼和器官	• 有限的人体测量学尺寸； • 有限确认性（在 $+G_x$ 和 $+G_z$ 中无确认性）
数学模型	• 简便执行	• 未考虑人体各部分之间的相互作用或与座椅之间的复杂相互作用； • 未考虑座椅设计的变化

基于这些选择，NASA 正在追求一种适合于人类乘员束缚的创伤设备（THOR，Trauma device for Human Occupant Restraint）改进工具包拟人化测试装置（ATD，Anthropomorphic Test Device）来预测损伤风险。THOR ATD 是由国家公路交通安全管理局（NHTSA）研制的最新一代碰撞试验假人，并且将允许用来进行乘员损伤风险评估，确定其是否满足表 6.5-11 中关于损伤严重度的水平。这些值将使用 THOR 改进工具包 ATD 依据 SAE J211/1 和 J1733 标准（Society of Automotive Engineers 2007a，2007b）进行评估。

为了使用ATD评估损伤风险，在人体模型上测得的度量参数被用来评估损伤风险。需识别下列损伤参数以保护乘员：

- 头部损伤标准（HIC），15 ms；
- 旋转脑损伤标准（BRIC）；
- 上颈部轴向拉力峰值；
- 上颈部轴向压力峰值；
- 最大胸部压缩位移；
- 踝关节背屈力矩峰值；
- 踝关节内/外翻力矩；
- 接触力。

此外，乘员暴露在低重力下的失调因素是需要被考虑的。为载荷和变形等设定了额定的着陆限值，以保持低损伤风险。由于长期航天飞行导致乘员失调，所使用附加的耐受性也要降低。因此，对于非发射段中止着陆情况需要一个比例因子，以失调系数的形式来调整减少的乘员克服飞行/着陆载荷的能力，需假定在发射段中止着陆情况下没有发生失调。

可用失调因子乘以强壮状态的载荷限值来考虑在太空发生的椎骨强度丢失。为了分析方便，假定失调因子是一个比例系数，即允许的飞行前骨骼载荷和BMD丢失失调后允许的飞行后骨骼载荷的比。失调因子是从典型的长期任务（约6个月）发生的BMD变化中计算出来的。但是，由于有限的任务持续时间，这个失调因子更适合于不超过6个月的任务。相关失调因子如下：

φ——失调乘员股骨和胫骨的系数，$\varphi=0.75$；

ξ——失调乘员脊柱和头的系数，$\xi=0.86$。

为设定每个损伤参数的损伤限值，进行人志愿者试验将确保通过ATD获得的任何限值都是安全的。

6.5.4.3.2.2.1　头损伤标准

为计算头损伤标准（HIC，Head Injury Criteria）15，需使用下面的方程（National Highway Traffic Safety Administration，1995）

$$HIC_{15}=\max_{0\leqslant t_2-t_1\leqslant 0.015}\left\{(t_2-t_1)\left[\int_{t_1}^{t_2}a(t)\mathrm{d}t\,\frac{1}{t_2-t_1}\right]^{2.5}\right\}$$

式中$a(t)$是在THOR头部模型质心（CG）处测量的头部合加速度。注意HIC是用0～15 ms的所有窗口对每个时间点计算得出的。

6.5.4.3.2.2.2　旋转脑损伤标准

为了计算旋转脑损伤标准（BRTC，Rotational Brain Injury Criteria），需使用如下方程（Takhounts，et al.，2011）。

$$BRIC=\frac{\omega_{\max}}{63.5}+\frac{a_{\max}}{19\ 500}$$

式中$a_{\max}$是最大合成头部旋转加速度（rad/s^2），$\omega_{\max}$是最大合成头部旋转速度（rad/s）。这两个参数都是在THOR头部模型内CG处测量的。

6.5.4.3.2.2.3 颈轴向拉力

自上颈部载荷单元（Z 轴力）测量颈轴向拉力。测量、极性和滤波按照 SAE J211/1 执行。

6.5.4.3.2.2.4 颈轴向压力

自上颈部载荷单元（Z 轴力）测量颈轴向压力。测量、极性和滤波按照 SAE J211/1 执行。

6.5.4.3.2.2.5 最大胸部压缩

对于胸部压缩，采用四个胸部变性传感器测量值中的最大值。测量、极性和滤波按照 SAE J211/1 执行。

6.5.4.3.2.2.6 脚踝力矩

对于脚踝的旋转，采用测量每个踝关节力矩中的最大力矩。测量、极性和滤波方法按照 SAE J211/1 执行。

6.5.4.3.2.2.7 接触力

接触力限值是指作用在四肢（肩、手、腿和脚）和头部的力。如果四肢和头部在冲击前没有接触面，或者冲击前有接触面但冲击中离开接触面，那么在此后又发生的接触适用此限值。例如，如果头部开始时接触头盔的背衬而在冲击时反弹离开，再次发生接触产生的力便可对比是否超过该限值。但如果始终没有离开接触面，则要检查确认接触力限值是否适用。

6.5.4.3.2.3 损伤评估参考值

根据损伤概率（表 6.5－11），损伤风险函数可分析计算出损伤评估参考值（IARVs，Injury Assessment Reference Values）。损伤风险函数给出的危险级别和标准值均基于 ATD 假人试验和人志愿者试验的数据。IARVs 目前还在开发中，在表 6.5－13 中列出了样本值。一旦正式确定 IARVs 后，飞行中各动态阶段都不能超过 IARVs 规定的限值。

表 6.5－13 THOR IARVs 样本

	无失调	失调
HIC 15	100	100
BRIC	0.48	0.48
颈部轴向拉力/N	870	750
颈部轴向压力/N	830	710
胸部最大变形/mm	30	30
脚踝背屈力矩/Nm	18	14
脚踝内翻力矩/Nm	17	13
脚踝外翻力矩/Nm	17	13
接触力/N	170	130

6.5.4.3.2.4 确定评估样本

鉴于制造新的飞行器的复杂性和巨大花费，评估飞行器着陆时整体结构和乘员冲击安全的大部分工作都是通过分析法完成的。由于环境因素固有的不确定性影响冲击条件，着陆冲击评估经常使用统计方法，而且会考虑最差情况。为详细评估乘员损伤，要根据环境因素和随后选择所产生的样本集建立着陆条件，本节将简要概述这一过程。

为保证着陆统计的准确性，进行着陆统计分析时应包括影响着陆方向和速度的因素。分析中要考虑许多参数，包括返回姿态、降落伞性能、悬挂角度、风速和海面（例如：海浪高度、频率、角度、形状、方向等）或地面情况（例如：斜度、土壤条件等）。因为有些参数是相互关联的（如水平风速和海面情况），采用统计方法有利于减少可能的着陆情况的种类。分析的结果将描述出飞行器的飞行方向初始条件与水面或陆地情况相关的动力学初始条件。这些参数包括正常速度，冲击、翻滚、俯仰和偏航的相关角度，水平和垂直速度。按照全部正常和所选的非正常着陆情况进行分析。非正常着陆情况包括降落伞故障、偏离目标着陆区域、发射-上升段中止着陆等。

当分配好着陆参数后，需要利用系统方法选择关键的着陆样本进行更深层的分析。相关方法有多种，本节选两种来进行讨论。对于任何一种方法而言，成功标准根据每个条件下发生概率和承担风险而改变。

6.5.4.3.2.4.1　边界选择法

边界选择法定义了一个包括可接受和不可接受着陆样本分布规律的边界。假设边界一边所有样本是可接受的，满足所有成员损伤要求，则另一边是不满足要求的。为证明边界满足此假设，需要进行补充分析。若定义的边界是适合的，则要选择两边边界的样本进行下一步分析。选择样本的方法应合理，样本的数量应具有统计意义。

6.5.4.3.2.4.2　响应面模型

响应面模型是另外一种选择样本进行分析的方法，其可单独使用或用于定义边界选择法中的边界。该方法是从总分布中统一选出具有统计意义数量的样本。这些样本模型在下一节进行介绍。分析结果被用于评估响应面选出的所有着陆样本的损伤响应。评估方法（Horta et al.，2009）参照附录 NASA/TM－2009－215704。进行分析时，可在临近不满足要求的限值区域上选出附加的关键着陆样本。

6.5.4.3.2.4.2.1　外部动态模型

确定了关键着陆样本，就需要建立整个飞行器的着陆仿真，其能提供驱动乘员接触面子系统模型所必须的负荷和动力信息。该模型考虑后续设计阶段更详细的结果，能在设计阶段提高逼真度。

6.5.4.3.2.4.2.2　乘员模型

当估算出飞行器着陆动力学时间历程后，下一步需建立乘员-接触面模型（即乘员姿态）。模型演化过程仍旧是在早期设计过程使用低保真度的模型，在设计成熟后再由高保真度模型代替。利用这些模型，通过关键着陆样本获得的载荷和动力学信息将可仿真乘员响应。

最初的低保真模型允许使用最低的 Brinkley 标准评估。要达到此要求、正确预测每个位置乘员的加速度，模型必须解决能量衰减问题。

对中保真度模型，需要对乘员接触面建模，包括座椅和其他缓冲系统。这类保真度模型也需要约束在座椅上的真人替代模型。如果合适，应考虑加上服装模型，即使他们是低保真类的。拟人化测试装置（ATD）相比于最后的高保真模型，逼真度较低。

类似于中保真度模型，高保真模型应该包括乘员接触面的所有方面和飞行器结构的所有细节。除此之外，ATD 也应成为一个能提供准确的乘员损伤参数的高质量模型。

6.5.4.3.2.4.3　物理测试

因为以上分析都高度依赖有限元（FE，Finite Element）模型的响应，因此需要物理测试来验证分析的正确性。仿真必须进行物理测试数据在模型的响应与系统真实结果的对照验证。

6.5.4.3.3　乘员防护考虑因素

6.5.4.3.3.1　失调

飞行过程中，乘员为适应微重力会发生生理变化（见 HIDH 第 5 章）。针对冲击耐受性，发生生理变化的主要是骨骼和周围的肌肉组织。失重造成的骨密度和肌肉质量减少，特别是脊柱区域，和冲击耐受性的具体关系并不清楚，还需要深入研究。

6.5.4.3.3.2　性别和人体测量学

和以往太空舱设计不同，未来 NASA 飞行器必须适合大范围人体测量学的男性和女性乘员。现在 NASA 规定飞行器必须适应第 1 百分位的女性到第 99 百分位的男性。这么宽范围的适应要求是个挑战，因为绝大多数乘员防护数据不是基于年轻的男性军人就是老年的男性尸体样本。因此，整个航天员团队的风险确定是个挑战。

6.5.4.3.3.3　压力服

NASA 太空飞行环境中采用的一种独特防护措施是压力服或航天服。这套服装能在身体周围产生压力环境，提供呼吸空气、热保护和微小陨石防护（在飞行器外），来保护太空真空环境中的乘员。服装的设计也考虑了乘员在中止任务和着陆时的安全。乘员穿着压力服对乘员损伤危险有潜在的不利影响，主要是由于以下几方面：头盔的设计、压力服适应条件（包括充气膨胀状态）和服装的刚性元件。

（1）头盔

1）当乘员受到 $+Z$ 方向（眼球向下）加速度时，头支撑质量会成为关注点，因为其会增加颈椎的轴向载荷和弯曲力矩。

2）设计不当的头盔可能在头部和头盔之间发生二次冲击时造成乘员损伤。哥伦比亚号幸存者调查报告中指出服装上头盔设计时不应仅作为压力服的一部分，还应考虑其保护头部的功能。服装应将头盔和颈部限制装置像职业赛车手使用的头盔/头部限制装置那样进行保角合并（NASN，2008）。

3）冲击防护应该满足或超过《联邦机动车辆安全标准 218：摩托车头盔》所提要求（National Highway Traffic Safety Administration，2012）。

（2）压力服

1）服装可能在乘员和限制装置及（或）座椅间产生间隙。限制装置能有效约束服装，但乘员在服装内仍会移动，当乘员撞击服装内部时可能会引起损伤。

2）即使在意外压力（船舱减压情况）时服装可能没有膨胀，但设计者仍必须考虑环境控制和生命保障系统的剩余压力，因为其能产生足够的压力（甚至低于1 psi）阻碍乘员充分紧固限制装置。

（3）刚性元件

对刚性元件的测试表明，即使在加速度值（Brinkley $\beta_{\text{Low}}<1.0$）不应造成损伤的情况下，刚性元件还是可能会引起严重损伤（Dub & McFarland，2010）。对刚性元件实际需要考虑的是：

防止刚性元件在身体上产生集中载荷，特别是在限制装置、座椅系统和乘员身体之间。例如，在冲击过程中，腰环接触座椅在脊柱局部区域引起负荷集中。另一个例子是肩部限制器下面的肩部轴承无法约束上半身躯干，并且因为躯干和轴承在加速期间的咬合引起集中载荷。

在运动过程中要防止大质量物体冲击身体。服装上刚性或大质量的元件可能会引起损伤。例如服装上的脐带连接安装在胸部，采用的是柔性材料，动态载荷会使其撞到身体造成损伤。

6.5.4.4 瞬时平移加速度的对抗措施

因为所有美国现用的飞船在再入和着陆期间都是无动力飞行，所以减少水平和垂直的速度以降低着陆冲击一直是重要的设计考虑。航天飞机像滑翔机一样在跑道上着陆，承受的冲击载荷是最小的。然而，对于像太空舱或宇航高空两用机之类的设计，这种着陆方式是不可能的。因为它们的升力系数较低，所以这些类型的飞船需使用其他的方法让飞船慢慢地充分减速把冲击力降到最小。除了1967年联盟1号降落伞失败之外，到目前为止，航天飞行返回中的冲击力通常令人满意地处在人的耐受限值之内（表6.5-7）。当设法减少瞬时载荷对乘员影响时，应该考虑对0 g 或部分重力的适应性问题，因为适应性将使耐受性下降。着陆在地面上或水上也将影响冲击力。为使瞬时平移加速度造成的损伤最小化，设计考虑概括总结如下。

• 束缚系统：抵抗减速的能力也与乘员束缚系统的设计有关。缺乏合适的束缚，可能发生脊柱的挥鞭伤和下潜伤。Stapp（1951）曾成功地示范了通过使用一套包括覆盖肩部、躯干、膝盖的束缚、头盔以及下潜腰带的特别的束缚系统，他能够忍受＋X（胸）的加速度水平高达45.4 g，上升时间0.11 s，且速度变化将近56 m/s。但是，这套束缚系统会影响操作，因为其穿戴复杂并且限制乘员的活动性。此外，现代赛车表明带有头颈支撑（HANS ®）装置的5-，6-和7-点赛车束缚装具能大幅降低损伤，甚至当驾驶员被暴露于极高载荷时（Somers，et al.，2011）。

• 躺椅：当人体和束缚系统的接触面积较大时，人对冲击的耐受性会得到改善（NASA，2007）。一个提供身体支撑和保护的概念是采用刚性的、个体赋形的躺椅，就像早期的美国航天计划及现今俄罗斯联盟号太空舱中使用的那样。这种方法保证每个外部身体节段在着陆过程中同时减速，并且保证施加给身体表面的支撑压力梯度达到最小。某些先前的设计不舒适，是因为只有一种体位和座椅的轮廓相匹配，这也造成不同类型的运动困难。在设计这种躺椅时，应该考虑适当的飞船控制。

• 可压碎结构：利用结构设计和材料在压碎过程中吸收能量，飞船本身能够减少冲击力，这点考虑很重要。

• 缓冲座椅：为了削弱水上着陆和中止飞行期间可能的硬着陆，阿波罗指挥舱内设有缓冲座椅/框架，该座椅用缓冲杆支撑，并且设置有 $Y-Y$ 方向的缓冲杆。但是，这种处理增加了设计的复杂性，并且产生了不可预知的二次动力学问题。

• 制动火箭系统：俄罗斯的联盟号飞船将制动火箭附加到赋形座椅。再入后弃除防热层，暴露 6 台发动机，大约离地面 1 m（约 3 英尺）高度时其中的 4 台发动机自动点火，另外两台发动机为防偏离正常的再入可能被激活。这种制动火箭系统帮助阻滞着陆载荷作用于乘员。

• 气囊：在海中溅落之前，水星号太空舱防热层落下，拉出着陆气囊或冲击裙，以阻滞着陆载荷作用于乘员（图 6.5 - 11）。

图 6.5 - 11 水星号太空舱着陆气囊（冲击裙）

6.5.5 研究需求

1）了解部分重力（月球、火星）适应对人的加速度耐受性的影响（持续的、瞬时的和旋转加速度）；

2）了解 0 重力和加速度及振动的相互作用；

3）通用的束缚和冲击削弱技术；

4）了解航天飞行失调对冲击耐受性的影响；

5）了解压力服对冲击损伤风险的影响；

6）了解低严重性冲击期间冲击损伤风险。

6.6 声学

声学是关于声音的科学和技术，其包括声音的产生、传播和效应。一般所说的声音是指在空气或其他物质媒介中足以刺激听觉的振动或压力波动。在这里，我们主要关心的问题是传播到航天员耳朵里的声音，这些声音分为需要的信号和不需要的噪声。本节列出了航天器要求的基本原则，以限制允许的信号声强并控制噪声。

本节讨论了：航天器声环境、噪声的人体效应、人体暴露和居住的限值、声学要求的确认、航天器的声学监测、声学对抗措施。本节中的定义和术语见 6.6.8 节。

6.6.1 航天器的声环境

航天器在动力飞行阶段噪声最大，例如发射、再入和在轨引擎起动。这些短期事件的高声强噪声是由飞行性质和需要的推进力产生的，应该考虑并控制这些固有的高声强噪声。为此，在这些任务阶段需要制定并执行声学要求以保护乘员听力，并且必须确保关键的通信，因此需要听力保护装置来协助实现这些目标。

与上述极端的声学环境相比，在混响的适于居住的航天器内，航天器和所有其他设备（如实验和政府供应设备）产生的声音在太空飞行的绝大多数时间内都是低声压级噪声。在这些可居住环境中，要求的重点在于保证乘员顺畅地通话并能专注于工作任务。如果实现了这些目标，那么环境就不会对乘员的听力造成危害。为此，航天器声学要求提供舒适的声环境，以增强乘员的交流、工作效率和幸福感。同时，应该最小化个人听力保护的必要程度，因为长期佩戴这些装置会有不适感，并且某些情况下会促进感染。为了实现这些目标，在设计、开发和制造期间，就需要利用声学设计和噪声控制实验（例如早期部件测试、声学模型和噪声控制计划的应用）控制由航天器产生的噪声。最后，必须通过试验或基于支持试验数据的分析验证声学要求。

6.6.1.1 发射段

在发射段，火箭引擎内的燃烧过程、引擎喷射流混合、不稳定的空气动力边界层压力和不断变化的冲击波会产生巨大的噪声。尽管这些声源功率非常大，并且产生了很高的声压，但是它们存在的时间相对短。这个短期的噪声暴露持续时间通常不会超过 5 min。这个飞行阶段噪声控制的主要焦点在于对乘员听力的保护和关键通信的保留。在发射段，乘员通常穿着带有头盔的航天服，这样可以降低噪声保护听力。此外，在服装内佩戴了通信耳机以支持噪声环境下的通话。

空间航天器内的噪声环境，最初来源于助推火箭的高空喷射流噪声冲击机身表面，并通过座舱结构传播到航天器内部。当航天器从发射台加速后，噪声随着地面反射的减少和速度的增加而降低。然而，随着速度增加，乘员舱将接收到由边界层湍流和机身外表面的冲击结构产生的空气动力噪声。这种空气动力噪声在航天器穿过最大动态区时达到最大，然后逐渐减小。在发射大约两分钟以后，空气动力噪声已经很微弱了。乘员舱内的噪声级也取决于发射运载工具的尺寸、形状、引擎和乘员舱的设计。例如，图 6.6－1 显示了发射段航天飞机轨道器乘员舱外部和内部的最大噪声。图 6.6－2 显示了发射段 A 计权声级的分布图。由于服装和头盔对噪声的削弱，乘员的噪声暴露水平要低于内部噪声水平（NASA－STD－3000，1995）。

航天噪声源还能产生大量的次声和超声能量，这些声源也应被予以考虑。由于可能的声疲劳和相关的振动问题，发射段产生的噪声还会对航天器的有效载荷和航天器自身造成威胁。除了被认为是很严重的噪声，或者控制噪声以削弱航天器及其有效载荷的威胁以外，本章不对其产生的其他效应进行讨论。

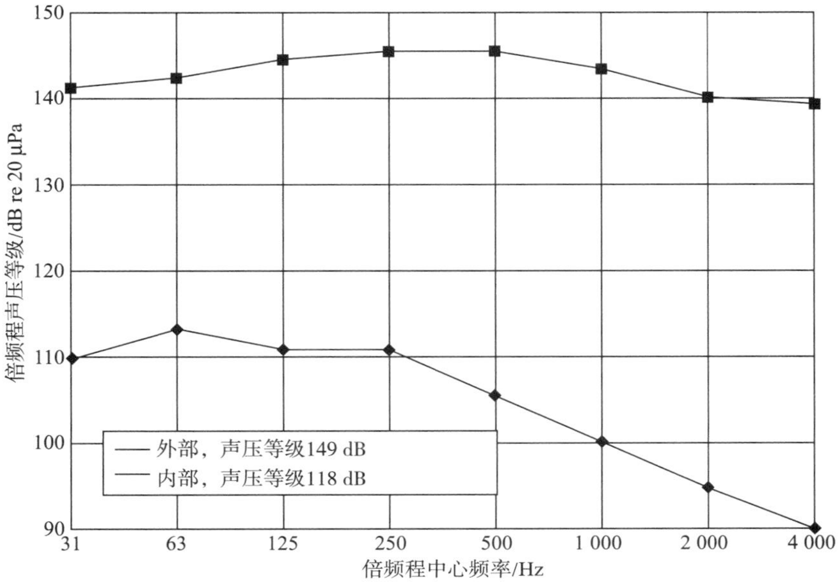

图 6.6-1 发射段航天飞机轨道器乘员舱测得的最大噪声（NASA-STD-3000，1995）

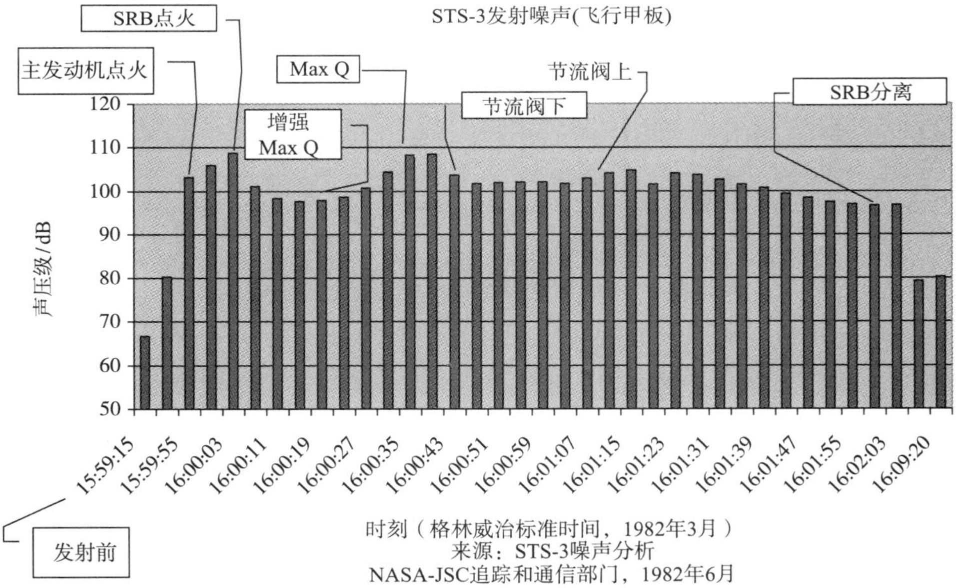

图 6.6-2 航天飞机轨道器内部噪声。大气层发射阶段飞行甲板内噪声的时间曲线，时间间隔为 4 s（Nealis，1982）

必须考虑发射中止系统产生的噪声，其可能是所有噪声中最强烈的。在这种情况下，火箭引擎离乘员很近，将乘员舱与已经启动的航天器剩余部分分离所需的加速度需要极大的推力和能量，从而产生很高的噪声级。

6.6.1.2 大气再入段

在大气再入期间，湍流的边界层、随之带来的冲击波和航天器外表面的超声膨胀风扇会产生空气动力噪声。由这种空气动力噪声主导的环境噪声包含高强度的宽带噪声。再入期间的声压级不亚于发射段最大动压期间产生的声压级，而且再入段的高强噪声可能持续很长一段时间。

与发射段的空气动力噪声相比，与再入有关的空气动力噪声源还会产生大量的次声和超声能量。

6.6.1.3 在轨引擎燃烧

除了发射和再入噪声，噪声还与引擎“燃烧”或“推进”操作有关，包括姿态控制机动和将航天器从近地轨道推向月球的再入燃烧。尽管典型燃烧和推进操作的噪声通常远远低于发射和再入噪声，但是乘员可能因没有穿航天服而降低了听力保护能力。存在相关振动通过结构传播进乘员舱并像噪声一样传播的可能性。由于从未测量过与引擎燃烧相关的噪声级，因此不能完全熟悉这种噪声，但是基于先前计划的乘员报告，这种噪声由于持续时间短，而且提供有发射噪声削弱设备而没有被予以考虑。一些趣闻报道讲述了乘员是如何感受引擎的振动或声音水平，但当前没有具体数据。

6.6.1.4 在轨、月球或行星的声环境

在引擎停止的在轨、月球或地球外行星运行期间，声环境的重点不是保护乘员听力，而是要保证令人满意的通信、警报的清晰度、乘员的工作效率和适居性。因此，最大可允许声压级要低于发射段和再入段要求的声压级。满足这些较低水平的噪声要求就能兼顾对听力的保护。这些环境被认为是“听力舒适”环境，乘员在进行计划工作期间不佩戴听力保护装置。

例如，测得天空实验室舱段（航天飞机飞行 STS-40 期间飞机货物舱内的研究舱）的日平均声压级为 68 dBA，但是有时可上升到 75.5 dBA，在功量计工作期间上升到 84 dBA（Goodman，1991）。结果，乘员与地面之间、乘员彼此之间都遇到了严重的通话问题。天空实验室内的通话能力被实验硬件剧烈的环境噪声所掩盖，乘员不得不进入气闸通话（远离他们进行的实验）。天空实验室内的通话需要不断地重复，“再说一遍”这句话重复了一遍又一遍，乘员也变得非常沮丧（Briefing，1991）。STS-40 期间航天飞机轨道器乘员舱内的噪声级也非常高，与实验舱内 73.5～75.5 dBA 相比，乘员舱内的日平均声压级高达 71～73 dBA。乘员在工作和睡眠期间都非常烦躁，并且过高的噪声级导致乘员头疼（Briefing，1991）。这是一个短期任务的例子，高噪声级由于影响通信和适居性而成了难题。

对于长期飞行，俄罗斯的和平号空间站和国际空间站也为高噪声级提供了文献证明（Bogatova，2008；Goodman，2003）。文献报道了许多乘员永久性和暂时性听力损失的例子，尤其是在和平号任务中（Clark and Allen，2008）。考虑到国际空间站，航天员办公室和空间生命科学理事会在早期增量任务期间就把噪声环境确定为最重要的适居性顾虑之一和改进的关键区域。相关的顾虑包括乘员与地面之间、乘员彼此之间无法通话以及无法

听到紧急事件和报警。由于某些舱的高强噪声，国际空间站乘员在工作时间内始终需要佩戴听力保护装置，有时在睡觉期间也要佩戴。国际空间站乘员任务报告中汇编的评论包括以下内容。

• 舱内的噪声级太高，感觉不舒服，非常讨厌。

• 国际空间站上的噪声级影响特定乘员通信能力。

• 佩戴听力保护装置时，乘员彼此之间交流困难。

• 总的来说，乘员需要全天佩戴耳塞，晚上睡觉时摘掉。有些乘员在睡觉时也不摘耳塞，这取决于他们睡觉的位置和相应的噪声级。

• 要求乘员连续一整天佩戴听力保护装置是不切实际的，因此将来需要在设计阶段考虑降低噪声。

• 曾经发生过乘员被舱内噪声吵醒的情况。

• 许多乘员建议我们继续尝试降低空间站上的噪声。

• 在设计到月球和火星的新舱时，需要更安静的设备。我们需要考虑所有噪声源的累积效应，而不是孤立地考虑每个硬件。

• 我们使用的噪声削弱产品并不是解决办法；需要找到更好的设计方法，产生最小的噪声输出。

控制航天器内的声学环境是一项挑战。由于很难控制噪声环境，因此在选择主要噪声源（例如风机和泵）期间和航天器设计阶段，明确声学要求和测量方法对控制噪声至关重要。在系统研制阶段必须建立噪声控制计划，该计划应包含以下要素：

• 选择安静的声源——许多系统在正常工作期间产生噪声。这些声源包括一直运转或仅间歇运转的机械部件，例如泵、风机、压缩机和发动机。选择安静的噪声源对于降低噪声级非常重要；

• 噪声控制设计——在噪声源与受者传播路径上，采取消声或隔声的措施控制噪声(如在设备设计阶段对其进行降噪设计)。在设备设计的过程中考虑噪声控制，设计人员可以避免设计的后期影响。比如，在风机的出风口和进风口安装消音装置，可有效的掩盖风机工作时产生的噪声。覆盖在风机外壳上的吸收和防潮材料可以显著降低风机辐射噪声。

• 分配要求——系统和子系统的分配要求非常重要，该要求可以独立评估和控制组件，以确保整个系统不超过限制要求。同时，声学建模技术可以用于复杂独特的几何模型的声学预测，并且在硬件的设计集成方面，是一种非常有用的工具。

• 进行声学测试——在初期经常对部件和系统进行定期测试是确定噪声问题最有效的方法之一。

详见 6.6.4 节

6.6.1.5 舱外活动的声环境

舱外活动通常是一项关键的任务，其不仅会给乘员安全带来很大的风险，还关系着整个任务的成败。因此，保证语音通信清晰、言语可懂度高以及能听到来自舱外活动生命保障系统的报警信号是至关重要的。

在舱外活动阶段，乘员暴露在由航天服生命保障系统产生的噪声环境中。噪声在极大程度上来源于风扇、泵和气流。当航天服与航天器连接时，噪声从脐带连接或打开的面罩中传入。

头盔内极小且高度混响的声学空腔导致噪声级升高，并且会引发驻波。乘员佩戴通信头戴是为了通话清晰，然而头戴内的噪声级却足以干扰通话。同时，服装麦克风会获取高强噪声而使通话模糊，从而地面人员很难听懂他们的言语。更多与舱外活动有关的噪声问题见 11.3.9 节。

下面叙述每个任务阶段（包括发射、再入、在轨和舱外活动阶段）声学要求的制定。但是在讨论之前，首先要介绍一些有关人对噪声的反应的信息。

6.6.2　人对噪声的反应

6.6.2.1　生理效应

通常认为噪声暴露会影响听力，但是噪声暴露还会引起其他生理效应。噪声会降低睡眠和放松的质量，以及特殊活动的效能（例如工作和语言通信）。由于噪声级的提高，乘员对噪声逐渐不敏感，因此乘员并未察觉噪声对其产生的影响（例如宽频带、超声和次声噪声）。比方说，人体只能察觉 3dB 噪声的变化，这只相当于加倍或减半声功率。由于对于声压级的变化不灵敏，因此在设计设备和确定飞行器声学特性时，依靠定量的噪声测量方法非常重要。

6.6.2.2　效能效应

6.6.2.2.1　对语音通信的影响

噪声干扰声音通信时会削弱乘员的工作效能。当这种情况发生时，需要及时通过慢速的、更细致的口头交流（如果可能的话）完成通话。由人因失误产生的遗漏或误解的言语会引发重大的安全问题。

用于言语的频率范围是 200～7 000 Hz，主要的能量区域是 500～2 000 Hz。表 6.6－1 显示了基于声音效果的不同言语级别（Berger，2003）。由于发音人将自身的声音提高到他们自己可以听到的水平（称为伦巴底效应），因此噪声环境中会出现连续提高的、大声的或喊叫的言语。

表 6.6－1　1 m 距离男女声的言语级别

声音效果	男/dBA	女/dBA
低	52	50
正常	58	55
提高	65	62
大声	76	71
喊叫	89	82

注：平均 A 计权声压级（Berger，2003）。

6.6.2.2.1.1 信噪比

信噪比（以 dB 表示）的概念是与言语可懂度相关的理解一般语句的基本原则。

发音人到听音人距离为 1 m 时，正常语言的声压级是 58 dBA。如果听音人头部位置的背景噪声为 52 dBA，那么就存在+6 dB 的信噪比。

一般来说，在言语频率范围（200～7 000 kHz）内，至少 10 dB 的信噪比才能使言语可懂度最佳（接近 90%的词语识别率）。

6.6.2.2.1.2 可懂度测试

较低声压级的言语是可以察觉的，但并不是可懂的。换句话说，在信噪比低于 10 dB 时，听音人可能只能听到言语而听不懂。可懂度测试是一项更精确的词语识别率测定。有或没有受试者都可以完成可懂度测试。下面列出了采用受试者的标准言语可懂度测试。ANSI S3.2－1989 提出并描述了测试标准。

• ANSI S.3.2－1989 中改进的押韵测试是采用受试者测试的首选方法。它是一项含 300 个单音节英语单词的测试。给受试者出示 6 个单词，然后让受试者识别发音人说的是 6 个单词中的哪个。这些单词的首字母或最后的辅音字母不同。

• 诊断押韵测试是一项含 192 个单音节单词的测试，其也需要受试者。给受试者出示一对单词，然后让受试者识别发音人说的单词。

• 语音平衡单音节可懂度测试是一项需要在高精确度和灵敏度时进行的测试。

采用受试者反复测试的缺点是浪费人力物力，尤其是在做反复的设计程序时。

与测量言语可懂度相反，ANSI S.3.5－1987 系统是不依赖于人的、包含频带信噪比的测量。尽管这项测试不采用受试者，但是在测试中（例如改进的押韵测试或诊断押韵测试）人如何得分方面时，它能很好地跟踪记录，也可以根据佩戴高度衰减的听力保护装置的人和视觉暗示进行调整。

6.6.2.2.1.3 言语干扰级

言语干扰测试典型地应用于定义、描述和验证言语通信系统。言语干扰级也用于设计和评估与乘员通信能力有关的声环境。

信噪比较低时会发生语言掩蔽，即存在一种声音（例如噪声）时，就会抑制言语的理解。言语干扰级（SIL，Speech Interference Level）定义为倍频带噪声的算术平均值，从 500～4 000 kHz（4 频带方法）或者 500～2 000 kHz（3 频带方法）。

SIL 可与图 6.6－3 一起使用，以确定发音人与听音人之间距离的影响和通话所需要的语音功率级别。图 6.6－3 中每条曲线内的区域显示了面对面通话清晰时发音人到听音人的距离和噪声级之间的关系。

根据 ANSI S3.2－1989（ANSI S12.65－2006），清晰的通话应满足可懂度得分在 70%以上。以前的飞行标准要求可懂度在 75%以上（MSIS，1995）

图 6.6－3 中每条曲线上的参数表示相关的语音级。期望的语音级表示人们在背景噪声下有提高说话声音的趋势。如果发音人是女性，那么图 6.6－3 中的输出语音级应该降低 4～5 dB（Crocker 1998，Beranek 1992）。

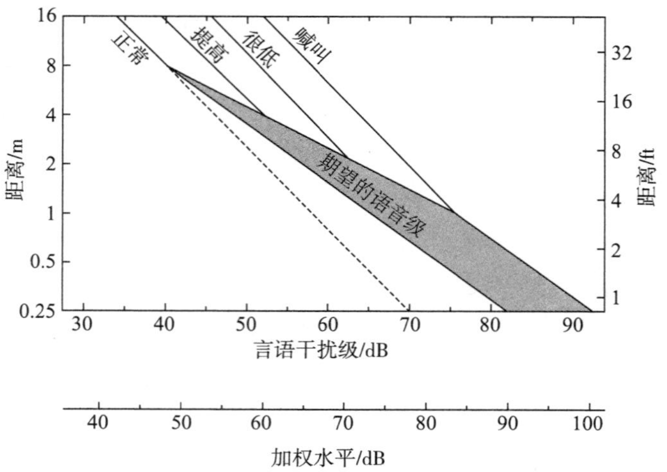

图 6.6－3　清晰通话时发音人到听音人的距离

注：横坐标下面的 A 计权声级是近似的，语言干扰级和 A 计权声级取决于噪声的频谱（ANSI S12.65－2006）

表 6.6－2 以表格形式列出了不同 SIL 值对人与人通话的影响（NASA－STD－3000，1995）。

表 6.6－2　言语干扰级（SIL）及其对通话的影响

语言干扰级/dB	人与人通话
30～40	正常语音能满意的通话
40～50	1～2 m（3～6 ft）正常语音能满意的通话；2～4 m（6～12 ft）提高语音能满意的通话，满意地使用电话通话稍有困难
50～60	30～60 cm（1～2 ft）正常语音能满意的通话；1～2 m（3～6 ft）提高语音能满意的通话，使用电话稍有困难
60～70	30～60 cm（1～2 ft）提高语音能满意的通话；1～2 m（5～6 ft）使用电话有困难，可佩戴对通信无不利影响的耳塞和/或耳罩
70～80	30～60 cm（1～2 ft）提高语音通话稍有困难；1～2 m（3～6 ft）喊叫通话稍有困难，使用电话非常困难，可佩戴对通信无不利影响的耳塞和/或耳罩
80～85	30～60 cm（1～2 ft）喊叫通话稍有困难，使用电话非常不满意，可佩戴对通信无不利影响的耳塞和/或耳罩

除噪声级之外的其他因素也会影响言语的可懂度，在制定航天器要求时也应考虑在内。

- 噪声下视觉线索（唇读）能提高可懂度。但是在零重力环境中，方向不同可能会使效果失效。
- 混响、大量的反射和回声会对语音通话产生正面或负面的影响。这些影响在航天器中很重要，在高度混响的体积内影响很小。当发音人和听音人有不同的母语、方言和口音时，也会降低通话可懂度。

6.6.2.2.2 对作业能力的干扰

噪声会对作业能力产生正面和负面的影响。噪声刺激听者，但激励可导致注意力收缩(Butler，TBD)。随着噪声强度增加，增加的激励可使作业能力集中到一点；超过一定强度后，过度的刺激会降低作业能力。

伴随着作业能力的降低，噪声引起的心理效应还包括焦虑和无助。

在一些情况下，噪声可能传达的是重要的信息内容，例如与机械装置（例如风扇）操作有关的反馈。

考虑以下因素很重要：人对工作的熟悉程度、语音通信的必要程度、任务的几个相冲突部分对注意力不同程度的要求以及噪声或任务的持续时间（Jones，1991）。

高达 100 dBC 的连续噪声不会影响简单任务、视觉灵敏度、工具的使用或短时脑力功能，在容易区别、没有时间压力，或者可以预测响应方式或时间时更是如此。下面是噪声确实造成影响的特定作业能力领域。

- 短时记忆力——如果几个需要短时记忆力的操作联合（例如解答短暂显示的数学题），那么噪声就会造成影响。
- 比较和区别——在声级为 85 dBC 时，可能影响对意外视觉信号的信心，这些信号很难区分，或者任务需要记住和比较信号。
- 多任务处理——连续噪声会对包含“多任务处理”的认知能力产生不利影响。如果采用超过一种方法分析同样的材料，那么在连续噪声期间将采用最占优势、最明显的方法。在相对较高的连续背景噪声（75～100 dBC）下给定两个记忆任务，噪声甚至可以提高主要任务的效率，但是会相应地降低次要任务的效率。
- 空间记忆——包含目录学习的任务（例如维修手册）可能包含口头或空间的记忆任务，噪声会妨碍这些利用空间策略的任务。
- 视觉跟踪——连续规律的周期和非周期噪声会降低复杂视觉跟踪任务的绩效。对于 50 dB、70 dB 和 90 dB 的白噪声，噪声越高，绩效下降越多。

偶发的短期声级变化会对绩效造成 2～30 s 的暂时干扰，效率的下降与声级的变化成比例。这会影响反应时间、视觉任务集中能力、从视觉显示获取信息的能力或其他认知行为。不可控的、无规则的、不可预见的突发噪声比那些为受试者感知可控的噪声（即使在受试者不可控时）对绩效的干扰更大。

6.6.2.3 烦扰效应

背景噪声或声级恒定的中等噪声暴露之上的高噪声会延长进入睡眠状态的时间，把人从睡眠中吵醒，妨碍乘员休息，以及干扰乘员对想听声音的接收能力。在以前的飞行任务中，乘员对令人烦恼和愤怒的噪声有很多意见。

由于可能存在间歇和脉冲噪声事件（例如泵的开启），吵醒是航天器内最直接的噪声烦扰问题。在某种程度上，这些事件会被相对较高的背景噪声掩盖。

在睡眠期间会对噪声事件产生适应性。研究表明，在相同的夜晚，吵醒的次数随着每天夜里噪声暴露次数的增加而降低，至少在前 8 个夜晚被噪声吵醒的频率会降低。尽管适应了噪声，睡眠质量、情绪和绩效还是会受到影响（Ohrstrom，1988）。睡眠不会减轻任何噪声的生理效应（例如血压上升）。

纯音或窄带噪声会令人愤怒并分神。另外，声级起伏或产生差拍现象（当与另一种类似频率的纯音叠加时）的纯音噪声尤其会让乘员分神。

6.6.3 人体暴露和声环境限值

本节的指导原则是为保证航天器能为乘员提供舒适的声环境，这种声环境不会造成损伤或听力损失、干扰通话或引起疲劳，即无论如何都不会降低所有人机系统的效率。应该制定和执行的特殊任务和行为有关的要求。航天器的所有设计方案应该包括声学设计，以提供适宜的噪声环境。声学设计应包含任务目的、持续时间、乘员数、居住空间的尺寸、外部支持和乘员之间的距离等因素。

6.6.3.1 固有高噪声级或非额定和偶然情况的噪声暴露限值

连续8小时大于85 dBA的等效噪声暴露会增大噪声性听力损失的风险（NIOSH，1998）。NIOSH是24小时周期内通过计算得到的乘员耳朵噪声暴露级的推荐量，其不得大于85 dBA，采用3－dB的能量交换率。下面的公式可以用于计算24小时的噪声暴露剂量D。为了满足要求，D必须小于等于100

$$D = 100\sum_{n=1}^{N}\frac{C_n}{T_n}$$

式中，N是24小时周期内噪声暴露事件的个数，C_n是以分钟计量的暴露时间持续时间，T_n是基于暴露时间的特定声级L_n（dBA）的最大允许噪声暴露持续时间，用以下公式计算

$$T_n = \frac{480}{2^{(L_n-85)/3}}$$

噪声剂量计能测量噪声级并进行这些计算。

通过适当地选择听力保护装置或通信头戴可以满足这些要求。

噪声剂量限值必须在任务阶段（例如发射和再入）用于规定设计要求，在这些任务阶段噪声源声级高，是乘员听力保护主要关注的问题。对于主要关注通话、绩效和适居性的在轨和行星运行阶段，对噪声剂量的考虑不能确定声学要求。由此得到的允许限值对于这些行为来说偏高，而且没有考虑频谱。

注意到噪声暴露限值是以A计权声压级表示的，以包含所有听得见的声音频率范围内的效果，但也加权了人耳对高噪声级的频率响应（噪声计权的详细解释参见Beranek，1992）。噪声暴露主要由连续和间断的噪声源造成。尽管目前的噪声剂量计可以测量脉冲噪声峰值，但脉冲噪声持续时间太短，对噪声剂量贡献甚微，还需要另外的限值来限制高强脉冲噪声造成的外伤。详见6.6.3.9节。

6.6.3.2 固有高噪声级或非额定和偶然情况的危险噪声限值

利用上述噪声剂量限值控制噪声暴露在降低噪声性听力损失方面是非常有效的。但是，由于6.6.3.1中给的T_n公式的渐近特性，必须设定限值规定短时间暴露的最大噪声

暴露级以保护乘员。根据 6.6.3.1 节的噪声剂量限值，必须使用这条原则规定噪声源声级高的任务阶段的设计要求，其主要关注的是乘员听力保护。

如果通话和警报可听度不重要，（例如在火箭点火后发射中断期间）乘员耳边的噪声在任意任务期间不得超过 115 dBA，以防造成乘员听力损伤（NIOSH，1998）。这就是危险噪声限值。

为了乘员在发射、中止、再入和压力安全阀操作期间听到通话和警报，危险噪声限值必须允许通话信号和警报音在头顶净空放大，但不能损伤乘员听力。在 6.6.3.3 节中，乘员耳边来自通信设备的噪声限值不得大于 115 dBA。为了保留 10 dB 的信噪比，乘员耳边噪声环境的最大限值必须强制性设为 105 dBA。

6.6.3.3 个人通信设备的噪声限值

由个人通信设备产生的声级可以很高，从而可克服发射段和返回段产生的噪声。但是大于 115 dBA 的噪声级会导致噪声性听力损失（NIOSH，1990）。乘员耳边来自个人通信设备的 A 加权声级必须限制在 115 dBA 以下，以防乘员听力损伤。

另外，个人通信设备必须配有音量调节器，在不需要高声级时可以手动降低噪声级。

个人通信设备可以集成在 EVA 头盔或独立的通信头戴中。

6.6.3.4 额定运行期间的连续噪声的声压级限值

为了在在轨、月球或地球外行星运行期间允许语言交流并提高适居性，噪声级不得超过指定的限值。另外，睡眠区需要更低的噪声限值，以保障听觉的休息和恢复。

连续噪声的声压级要求基于 Beranek 为办公楼声学设计研制的“噪声标准”，NC 族曲线。这些 NC 曲线如图 6.6－4（Beranek，1992）所示，是在 63～8 000 Hz的范围内利用倍频带声压级作为频率的函数确定的。每条曲线的 NC 标识（例如 NC－40）最初对应于每条曲线的（rounded）SIL 值（见 6.6.2.2.1 节）。但是，NC 曲线之后制定了新的倍频

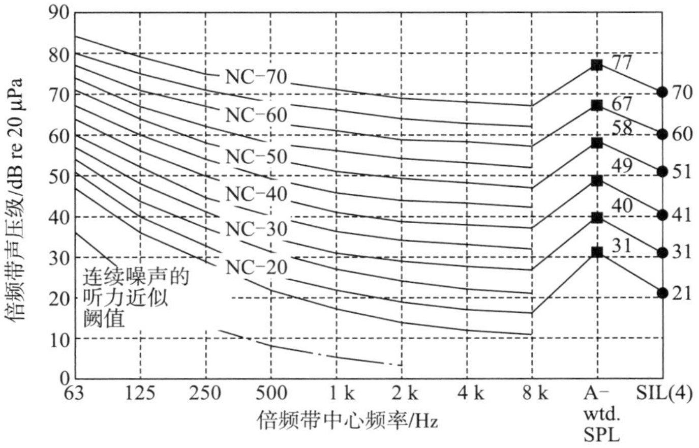

图 6.6－4 噪声标准（NC）曲线

注：对应的 A 计权声压级和语言干扰级仅作为参考（Beranek，1992）。SIL（4）是语言干扰机，4 频带方法

带标准，稍微改变了 NC 曲线所处的频率范围（Crocker，1998）。结果导致不是所有的 NC 标识都能与对应的 SIL 值精确匹配，但它们的值相近。NC 曲线的 A 加权声压级与 NC 标识和 SIL 值的差值为 7～11 dB。这些对应的值也显示在图 6.6－4 中作为参考，但其不是 NC 曲线定义中的内容。

在航天器的生活区域，需要保证良好的通话，连续噪声的声压级应该限制为 NC－50 曲线给定的值。该限制最初被推荐给航天飞机计划（CHABA，1987），随后被国际空间站采用并验证（Fotedar，2001）。如图 6.6－5 所示，对于发音人距离听音人 5～8 ft 的情况，在 NC－50 的背景噪声级下可以正确理解 75％的关键词，而 NC－55 就只能理解 30％的关键词（Person，1975）。

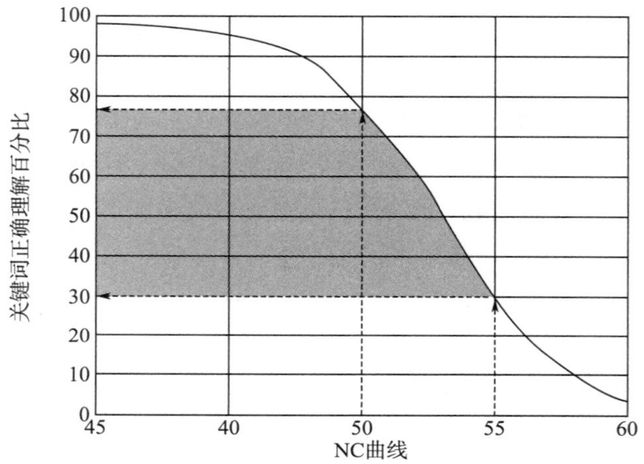

图 6.6－5　句子中关键词正确理解的百分比

注：航天飞机上发音人采用正常语音，5～8 ft 距离处句子中关键词正确理解的百分比与 NC 曲线的关系

对于言语可懂度不重要或乘员短暂停留的区域（例如贮藏区域）的噪声限值，设计者意识到急需设计更宽松的声学要求。这种方法现用在海运船上（ABS，2003），但是对于航天器，由于可用的居住空间经常用于无计划的目的，并且居住空间的设计用途可能随着时间的推移而发生变化，因此推荐整个系统采用一致的要求。例如，在空间站上，参观的航天飞机乘员有时会用对接舱或不使用的居住区域作为睡眠区。

对于乘员舱和睡眠区，连续噪声的声压级应该限制在 NC 给定的值。另外，还建议采用 NC－25 的最小噪声限值。这些限值能提供舒适的睡眠和休息环境并且使乘员的耳朵得到休息。在该区域，间歇、脉冲噪声和纯音的压级不可超过 10 dB，以保证其不会影响睡眠。

应该清楚的是，工作和睡眠的连续噪声限值应该包括航天器内所有对声环境有贡献的连续噪声源的复合声级。必须给系统和子系统分配工作或睡眠噪声限值额度，这样使所有分配额在组合后仍然在限值范围内。表 6.6－3 分别给出了对应于 NC－50，NC－40 和 NC－25曲线的工作区噪声限值、睡眠区最大和最小噪声限值。表 6.6－3 增加了给定频率范围之上的倍频带声级，以扩展 NC 曲线的频率覆盖范围（Goodman，2008）。这些限值为限制在可听范围内的、可产生超高频的高声压级噪声源的效应曾被扩展。

表 6.6-3 连续噪声的倍频带声压级/dB re 20 μPa

倍频带中心频率/Hz	63	125	250	500	1 000	2 000	4 000	8 000	16 000	NC
工作区域	71	64	58	54	51	49	48	47	46	50
睡眠区域最大值	64	56	50	45	41	39	38	37	36	40
睡眠区域最小值	54	44	37	31	27	24	22	21	20	25

6.6.3.5 计划运行期间间歇噪声的声压级限值

对于本身噪声大但工作时间短的特殊硬件（例如厕所）产生的间歇噪声，可选的噪声控制方法非常昂贵或不切实际，表 6.6-4 给出了推荐的 A 加权声压级。这些声级和工作时限（每 24 小时周期）是基于 ISS 经验（SSP 57000，2000）确定的，优先于航天飞机计划。

表 6.6-4 间歇噪声的 A 计权声压级和与其对应 24 小时周期内的工作时限

每 24 小时周期内的最大噪声持续时间	A 计权声压级* /dBA re 20 μPa
8 h	≤49
7 h	≤50
6 h	≤51
5 h	≤52
4.5 h	≤53
4 h	≤54
3.5 h	≤55
3 h	≤57
2.5 h	≤58
2 h	≤60
1.5 h	≤62
1 h	≤65
30 min	≤69
15 min	≤72
5 min	≤76
2 min	≤78
1 min	≤79
不允许**	≥80

注：*在距声源 0.6 m 处测量；

**85 dBA 的危险噪声限值。

应该限制这些要求的使用，使用这些要求应该基于如下理解：多个间断声源不得同时工作，避免妨碍需要的通话或引发危险情况。对特定的硬件使用这些要求时必须具体问题具体考虑。例如，必须由乘员操作并产生很大噪声的真空吸尘器就可以使用该要求。同时还必须考虑使用该要求的设备工作期间警报的可闻度。在乘员睡眠期间应该使间歇噪声最小化。

6.6.3.6 额定运行期间的危险噪声级

对于额定的在轨、月球或地球外行星运行，85 dBA 的 A 计权声压级规定了危险噪声限值，对此必须采取行动降低噪声级，以便不增加听力损失的风险。

同时建议使用 85 dBA 的 A 计权声压级作为广播警报音和封闭板为通行被移走处头部维持操作的限值。

6.6.3.7 纯音和窄带噪声限值

为了避免令人愤怒和分神的噪声，窄带噪声成分和纯音的最大声压级应该比包含该成分或纯音的倍频程宽带声压级低至少 10 dB。该要求来源于 MSC 8080 规范，并且不适用于警报音或有用的声信号。

建议使用 85 dBA 的 A 计权声压级作为广播警报音的限值（见 10.8.8 节）。

6.6.3.8 混响时间

房间内声音的混响会降低言语可懂度。通过航天器的形状和内部使用的材料控制混响时间能降低这种负面影响。1 kHz 倍频带的混响时间不得超过 0.5 s（允差为－0.3～＋0.1 s），并推荐 500 Hz 和 2 kHz 倍频带的混响时间也不超过 0.5 s（允差为－0.3～＋0.1 s）。验证倍频带时应采用房间的特定自然频率测量混响。这些混响限值能避免言语可懂度下降，在大于 30 dB 的理想信噪比时下降不超过 10%，在 3 dB 的信噪比时不超过 15%（Harris，1998）。这些混响时间限值适用于 100 m^3 的房间。对于其他房间体积，必须根据图 6.6－6 给出的交谈语音准则调整航天舱的混响时间（NASA－STD－3000，1995）。

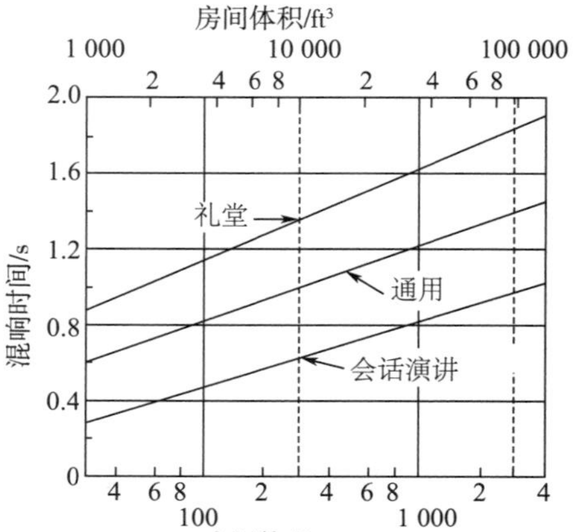

图 6.6－6 房间体积和混响时间的关系（Farrell，1975）

6.6.3.9 脉冲噪声限值

航天飞行硬件必须限制到达乘员耳边的脉冲噪声，其峰值声压级应在 140 dB 以下。

该限值能防止脉冲噪声引起听觉器官损伤（MIL－STD－1474D，1997）。需要该脉冲噪声限值以防止一个或多个脉冲引起的声学损伤。该限值覆盖了与短波和长波脉冲有关的A脉宽和B脉宽波形图（MIL－STD－1474D，1997），以进行脉冲噪声持续时间和测量技术的讨论。

根据乘员活动或任务的强制噪声暴露，可能授权更严格的脉冲噪声要求。在乘员睡眠期间，需要较低声级的脉冲噪声或完全没有脉冲噪声以免乘员被吵醒。预期的脉冲噪声不应超过背景噪声10 dB。

为避免乘员受到惊吓，突发脉冲噪声的峰值声压级在乘员耳边不应超过120 dB。即使低于120 dB的突发脉冲噪声也有可能使乘员受到惊吓，因此，应尽可能地避免突然的脉冲噪声。

注意到用于控制脉冲噪声的峰值声压级没有经过计权，因此低频声能量的强度没有降低。

6.6.3.10 次声噪声限值

乘员头部区域1～20 Hz的次声声压级应限制在150 dB以下。该限值能防止恶心、头晕以及其他与高次声级有关的不良反应（American Conference of Governmental Industrial Hygienists，2001）。应该注意，在次声的频率范围内，听力保护不能有效降噪，因此不能用听力保护来满足限值要求。

6.6.3.11 超声噪声限值

超声噪声应该限制在表6.6－5（MSIS，1995）给出的值内。

表6.6－5 按1/3倍频带声压级给出的超声限值

1/3倍频带中心频率/kHz	限值（1/3倍频带声压级/dB）	
	不超过	8小时时间计权平均值
10	105	89
12.5	105	89
16	105	92
20	105	94
25	110	—
31.5	115	—
40	115	—
50	115	—
63	115	—
80	115	—
100	115	—

6.6.3.12 扬声器的警报能听度

在警报存在的一个或多个1/3倍频程中，用于警报的扬声器必须产生高于掩蔽阈值至少13 dB的非语言音频通告（在乘员期望的工作和睡眠处的头部位置测量）。13 dB的信噪比确保了非语言音频通告足够清晰并且可以理解（ISO，2003a）。

警报能听度是与安全有关的重要声学要求。在考虑最大暴露限值时需要考虑声音警报的声压级。这些声压级与声学要求固连，尤其是确定复合的航天器噪声环境的连续噪声限值。

“音频显示”章节涵盖了该警报的能听度限值，但在这也有所提及。因为对相关要求的验证需要声学测试和连续噪声限值的协作。

6.6.4 航天器的噪声控制

在在轨、绕月、星际飞行期间对乘员舱的噪声暴露级进行限制，被认为是非常有必要的。航天员可因此获得安全、实用、高效及舒适的声环境。因此，制定一个满足声学要求的噪声控制计划很有必要。目前，还需要指导噪声控制计划的发展，通过限制噪声、找出在早期设计工程中的重点及时采取补救措施，以确保通信的顺畅（Goodman & Grosveld，2008）。本节重要的文字、图片和表格来自参考文献 Goodman 和 Grosveld（2008）。

6.6.4.1 噪声控制计划

噪声控制计划最少应包括以下几点：

- 总体噪声控制策略；
- 配套声学分析方法；
- 系统及设备的测试验证程序。

6.6.4.1.1 噪声控制策略

声源辐射能量是指在接受者位置感知到的本地环境压力差。声源的特性由单位时间的声能或声功率表示，接收者测量压差声压级。声能可以沿着各种路径进入舱内。在乘员接收位置处的容许声级应遵循可居住环境的声学要求。无用的声音被定义为噪声。噪声控制主要通过在声源处、传播路径上和接受者位置处限制噪声，使噪声降到可接受的程度（Goodman & Grosveld，2008）。

6.6.4.1.2 噪声源

由于噪声源会向乘员舱或飞行器居住区提供声能，因此识别和控制噪声源相当重要。噪声源需要被分为间断噪声或连续噪声，因为在太空操作中会根据不同的噪声源采取不同的环境限值。风机、水泵、电机和压缩机通常是连续噪声源的主要贡献者。下面是另外两个基本的噪声源控制方法：

- 选择或研制噪声小的设备；
- 制定和选择可使设备相对安静工作的活动，且保证设备工作于其需要的程度。

噪声源应该根据声功率输出级划分。该信息应由设计者或供应商提供，并且应按照国际标准（ISO，2003b）进行测量。

6.6.4.1.3 噪声传播路径

三个基本噪声传播路径需要被解决：

- 空气传播；
- 结构噪声；
- 密闭辐射。

空气传播的声音主要来源于通风管道的进气和排气口、暴露在外的设备或者空气通道线缝隙泄漏的声音。对于这类噪声，消声器可以控制宽带噪声，谐振器可以控制窄带噪声。另外，在管道内安装主动噪声控制系统和吸声材料，以及在缝隙处使用合适的材料都可以控制此类噪声。

结构噪声是由结构振动所产生的噪声，噪声产生的能量通过结构表面、固定处和连接处传播。使用减震器、主动振动控制系统、被动或主动阻尼材料设备，以及通过线性耦合减小振动传播等方式可以控制这类结构噪声。

密闭辐射噪声通过密闭结构、面板、货架，以及其他类型的收尾材料传播。对于这类噪声，通过增加障碍或加固材料来减小传播、增加阻尼或粘弹性材料来减低声辐射、增加吸声材料来吸收密闭空间内的声能，或者采用主动结构声控制等改变材料的方式降低噪声。

6.6.4.1.4 接收者处噪声

噪声接收处的声环境受到该空间的体积、表面积、相对声波波长的尺寸、尺寸的比例、混响时间和乘员舱的吸声属性等因素影响。频率较高时，混响场中的声压级可以被假定为常数，因此，在接收处的噪声可以通过增加表面的吸声率被有效地控制。

由于易燃性、排气、耐磨损性以及其他一些材料属性，将这些吸声材料应用到乘员休息区的内表面时会受到限制。尽管有气孔的声学材料对于吸声有很好的效果，但并不适合装在乘员舱内。因为这些材料会聚集微粒、水、尘埃或是其他的有害物质，这些物质会危害乘员健康以及设备的工作性能。如果必须采用这种材料，那么需要将其覆盖起来，这样既可以防止上述危害，也可以维持良好的吸声性能。

对于低频噪声，噪声控制策略可以基于主动声音控制，采用可靠的硬件及鲁棒性控制软件，使主动声音控制设施产生实际用途。这项设计应该利用冗余和缓解措施，解决主动控制系统可能出现的故障。乘员舱和居住区所有潜在的接收者位置，都应控制其声环境。在乘员的接收位置，其他降低声压级或改变所述因素影响的方法是被限制的。接收者可以选择被围住、移动接收位置或者佩戴听力保护装置。

如果因为预测的声级或测量的声级被低估或者未被充分理解而造成接收者声级过高的情况，则补救措施应改为降低噪声源的辐射噪声或是在噪声传播路径上降低噪声。这就是安装基本系统的乘员舱应该开展早期测试更正当的理由。这样可以确保发现问题并量化问题，及时地实施有效的解决方案。如果噪声评估被推迟到流程表后期，届时任何不符合规定的行为都将严重地影响设计及交付时间。这时，补救措施也变得更加困难和昂贵。因此，噪声控制计划和程序流程表应该为噪声评估预留时间，并尽可能早地进行噪声评估。

选择移动接收者时，只有接收者迁至高噪声级噪声无法影响的区域时才有效。乘员可以通过独立的睡眠区与噪声隔离，否则噪声可能会影响乘员休息或打乱乘员的作息时间。由于只有在使用听力保护装置的情况下噪声级才被认为是可以接受的，所以直接在接收者耳边控制噪声通常是不允许的。但一些短期事件除外，比如舱体减压、发射序列或者飞行器下降段。

6.6.4.1.5　声学分析

声学分析是噪声控制计划的重要组成部分，因为声学分析可以在乘员舱居住区的整个设计阶段提供合成噪声级的预估值。声学分析应基于半经验法，即在估算分析中，所有可能不准确的假设、计算或程序都应由已验证的测试结果代替。声源的构成和等级及噪声传播的路径都应进行声学分析。因为声环境需要符合要求，所以半经验的声学分析的目的是对声学环境不断更新和记录评估，并提供基层的声学原理的观察和理解，从而实现有效的噪声控制。

评估噪声环境的第一步是确定噪声源的声功率，以确定哪些测量需要沿着噪声传播路径来实现，并建立噪声控制工作的优先级。应该为分析和测试最大程度地提供声源种类、噪声传播路径特性和接收者特征的更新信息。主要噪声源子系统的试验板测试或背负式测试应该用于暴露声学效果，实际噪声级应该用于更新分析。

许多工具可用于声学分析，每一种都有其优点和缺点，这取决于需要的频率范围、可用的计算资源和财政资源、所需要的测量精度、声源的类型、噪声路径的性质和接收空间的特点。这些工具包括使用解析公式、几何计算机辅助设计（CAD）模型、有限元和边界元编码、声射线追踪程序（Pilkinton & Denham，2005）、统计能量分析程序（Chu & Allen，2011）、技术和数学计算语言，以及传统的编程语言。

6.6.4.1.6　试验和验证

直接测量噪声源以及声功率的结果，可用于决定可能的安静使用方法。使用简易的模型或原型可以确定消声器和其他降噪装备的性能，同时非常节省成本。对设计和设计方法的试验应尽可能早于正式验证试验，这样可以将无法预料的结果的发生概率降到最低，为所需的补救提供时间和解决措施，并提供更新测试分析的基础以反映测试结果。系统的试验板测试应包含声学测量，比如环境控制系统。

对每一个仪器进行独立的操作都是非常重要的，如何操作可决定噪声贡献和频率组成，从而影响总噪声级。这就提供了在不同频段噪声贡献的排名情况，有助于决定优先进行的工作。试验的设置、条件、设备、过程和结果都应包括或引用在噪声控制计划中，并相应地实施。如前所述，建议开展早期的试验，以便有时间实施补救措施，并使故障的影响最小化。验证是非常重要的，其定义了如何证明已达到要求，以及需要做什么来证明达到要求。验证时需要解决在试验过程中测试、演示、分析，以及在验证过程中设备和程序使用的问题。

6.6.4.2　噪声控制设计中的应用

噪声控制计划应该定义控制噪声源、传播路径和接收者所使用的办法及所需努力。一个好的方法可以识别所有连续噪声源，确定传播路径，预估系统噪声，确定每个噪声源相对于总噪声的贡献，并指定适用的噪声标准。

如图 6.6－7 中的流程图（Hill，1992；Hill，1994）所示，航天飞机风机辐射的噪声，来源于进气口和排气口的气动噪声、安装表面的结构振动噪声，以及从设备外表面的辐射噪声。

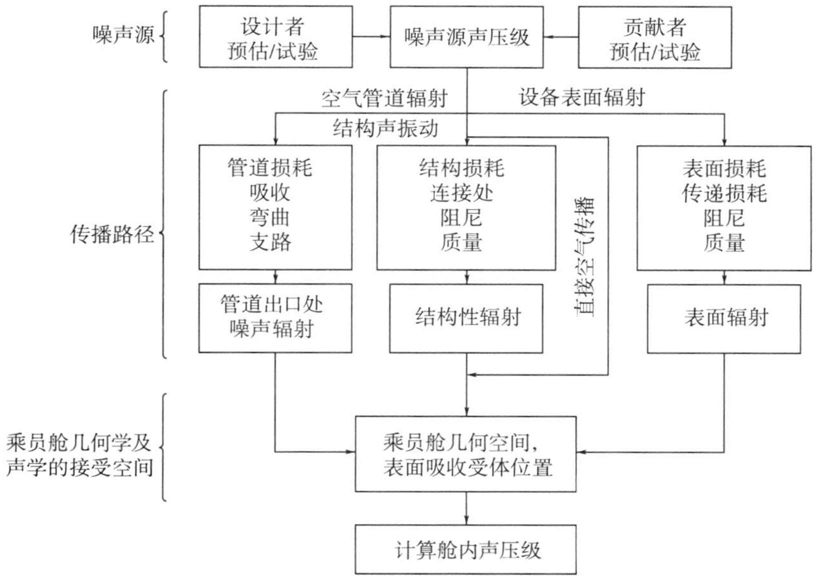

图 6.6-7　航天飞机中估计乘员舱连续噪声的方法

流程图表明，由于管道的吸收和管道弯曲的结构设计，噪声在管道出口已经被降低，结构振动受到结构损耗、结构连接，以及结构的阻尼和质量因素影响。最后，噪声源表面辐射取决于表面损耗、传输损耗、质量、刚度和表面阻尼等因素。

典型的航天飞机的噪声传播路径如图 6.6-8 所示（Hill，1992）。在航天飞机和空间

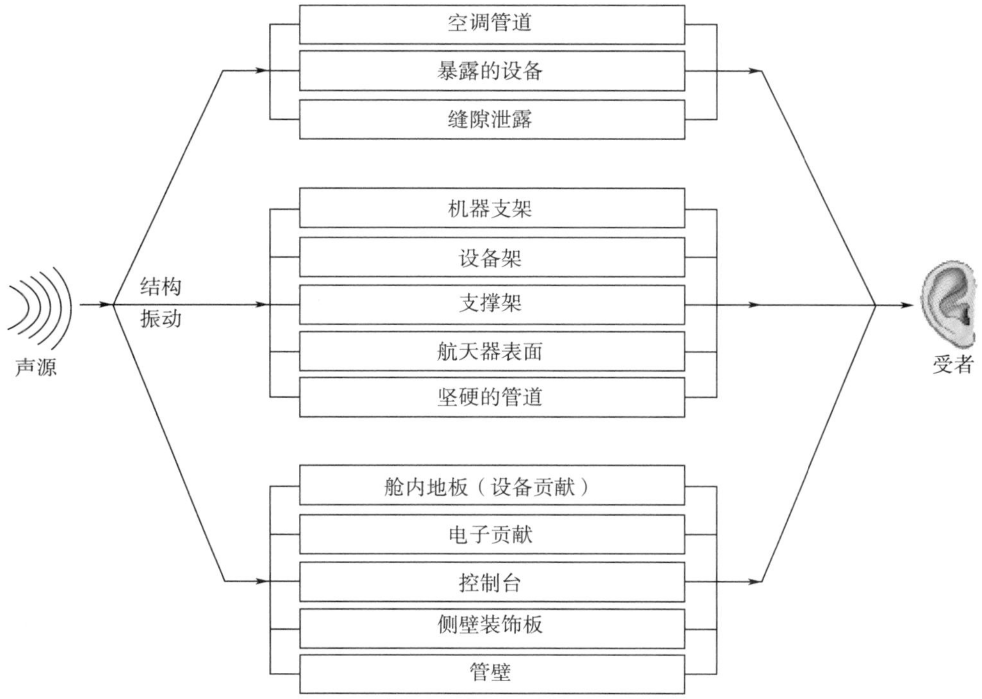

图 6.6-8　航天飞机噪声传播路径

站中，通过预算设备源的噪声和噪声路径的分配来控制居住区的噪声。国际空间站的欧洲舱使用的方法稍微不同：预估硬件系统允许的声功率，然后确定这些声源的声功率，使用测试或先前测试得到的数据库减小路径传播的噪声。舱体系统测试是用来验证符合性的（Destafanis & Marucchi - Chierro，2002）。

6.6.4.2.1　声源处噪声控制

风机是空间飞行器和居住区的主要噪声源。风机的设计涉及许多因素，其必须与风机噪声源、功率和频率要求以及速度函数的大小相匹配（O'Conner，1995）。对风机平衡点、叶片形状、轴承以及电机进行一些设计上的改进，可以降低噪声。减小风机速度或电压已成为有效的降噪措施。

泵、压缩机和其他显著的噪声源需要采用同样的降噪方式。在任务的早期使用技术研制安静的噪声源是被提倡的。

6.6.4.2.2　控制噪声路径

风机在排气管道的进气口和排气口产生大量的空气噪声并传播到乘员舱。国际空间站通常在进口和出口处安装消声器以降低风机产生的噪声。用于国际空间站美国舱的通风设备的进口和出口处的消声器如图 6.6 - 9 所示。消声器里面摆满了覆盖了泡沫吸声材料的毡质（微米级纤维熔结成毡状物）金属罩。欧洲舱也使用了类似的消声器。

图 6.6 - 9　国际空间站美国舱通风设备消声器

航天飞机首飞之前存在相当大的噪声问题，政府提供的消声器用于解决最主要噪声源［惯性测量单元风机（图 6.6 - 10）］的噪声问题。

使用政府提供的泡沫内衬的反应耗散型消声器的声学效应如图 6.6 - 11（Hill，1994）所示。这些政府提供的消声器随后从四个独立的消声器（三个入口和一个出口）改为一个统一的消声器。

对于国际空间站的功能货舱，NASA 开发了一个独特的消声器（如图 6.6 - 12），其结合了改进流量、隔声板、吸声以及海姆霍兹谐振器的概念，以降低宽带和窄带噪声（Grosveld & Goodman，2003）。空间系统的设计应该考虑未来增加消声器而预留封套，从而使得增加所需风机时不会造成大的影响。风道噪声可以通过改进管道设计、弯曲设计、吸声层设计及进气和排气扩散器的设计等方式降低噪声。

由于约束和湍流，风机的气流会产生噪声，因此其会提高风机总的噪声量。声学处理

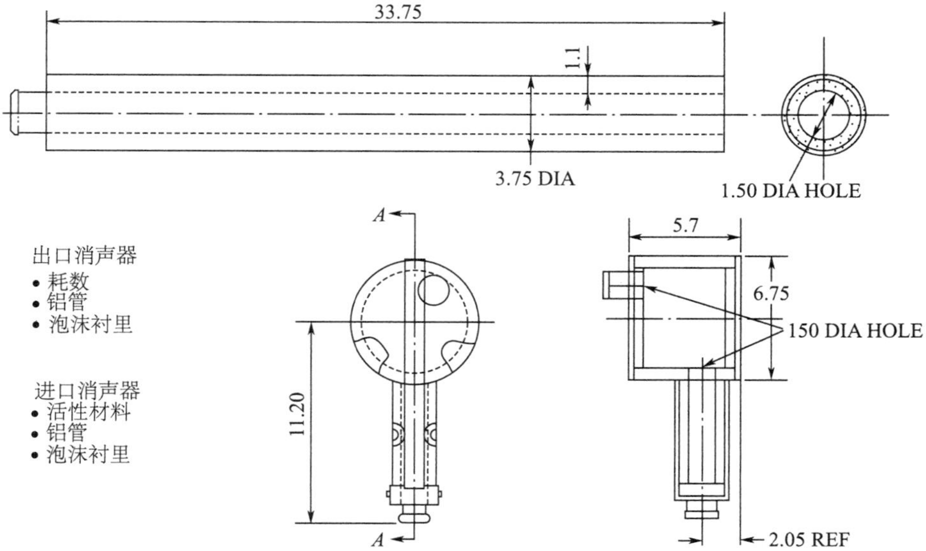

图 6.6-10 惯性测量单元冷却风机消声器

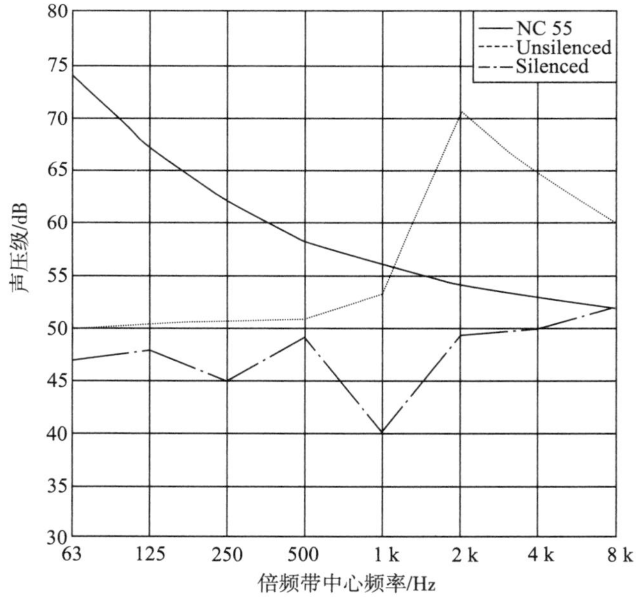

图 6.6-11 航天飞机惯性测量单元消声器噪声衰减量

设备的学称为分离器，利用海姆霍兹谐振器衰减风机进口和出口的噪声，可以降低管道噪声（Denham & Kidd，1996）。

如果一个声源无法通过设计使其噪声减小，比如风机，那么应该考虑使用一个统一的方案：使用消声器降低气动噪声，使用隔音板减低噪声辐射，使用隔离或抗振装置降低结构噪声。在美国天空实验室中，电子设备空调组件（AAA，Avionics Air Assembly）的风机实现了大部分特性（图 6.6-13）。

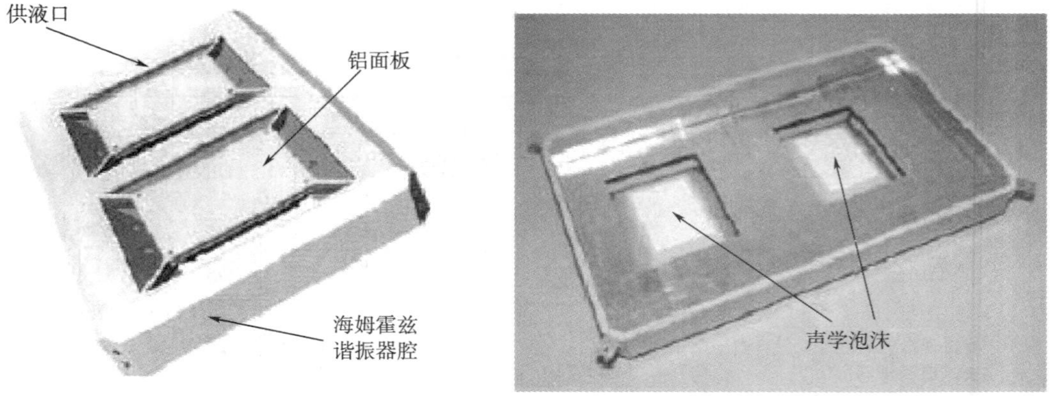

图 6.6－12　NASA 功能货舱消声器

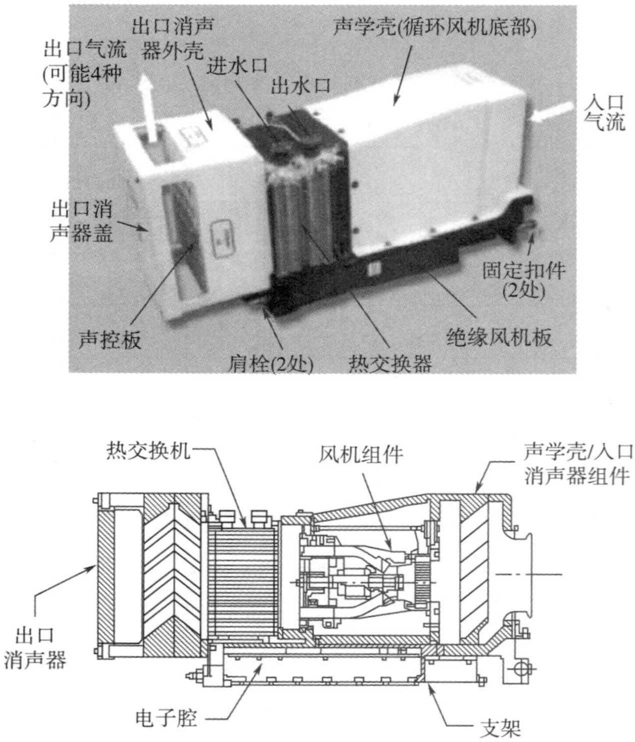

图 6.6－13　国际空间站电子设备空调组件的风机和包装

强烈推荐使用振动隔离来控制结构噪声，对风机、电机、泵、压缩机和其他主要噪声源机械隔离，并为其连接管道。使用橡胶连接，在管道到管道或风机到管道的连接处的振动路径被减少。振动隔离器被广泛应用于航天飞机和空间站。

为了减少表面噪声辐射，声学泡沫已经大量地使用在国际空间站各个舱和有效载荷支架内，其可以有效地吸收噪声并降低支架的噪声级。如图 6.6－14 所示，泵组结构（Pump Package Assembly）支架内门和泵组结构底部固定支架添加声学泡沫，以及支架门的内表面添加阻尼材料，以减少振动。

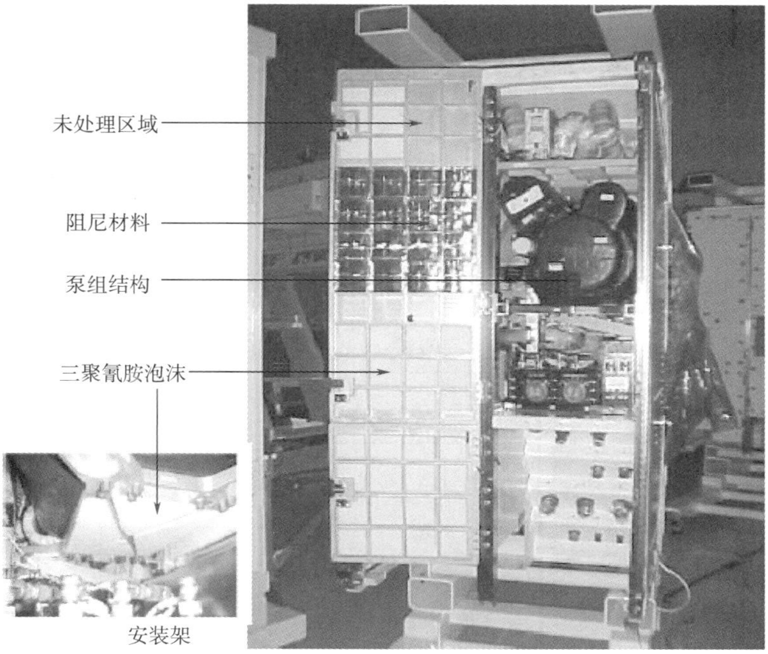

图 6.6-14 国际空间站泵组结构

隔声板用于管道外壳或包裹管道，以降低辐射噪声。这已被用于－80 ℃天空实验室冰箱负载架的消声管道上（图 6.6-15；Tang，Goodman，& Allen，2003）。

图 6.6-15 －80 ℃天空实验室冰箱的包裹管道

不同的材料已经被用于降低通过支架正面或结构性收尾（简称收尾）的噪声辐射。材料在声学应用中是非常重要的，拥有良好声学性能的空间合格材料是必不可少的。

6.6.4.2.3 接收区噪声控制

美国天空实验室考虑应用泡沫末端椎体缓冲垫来改变舱体的吸声特性和相关房间系

数，从而降低声级，结果如图 6.6－16 所示。这种方法虽然有用，但因为考虑到在轨操作期间缓冲垫被损坏或是损坏的碎片四处飞散，这种方法并没有被使用。如果表面是耐用和可靠的，那么这个想法值得进一步考虑，以改善表面吸声效果。

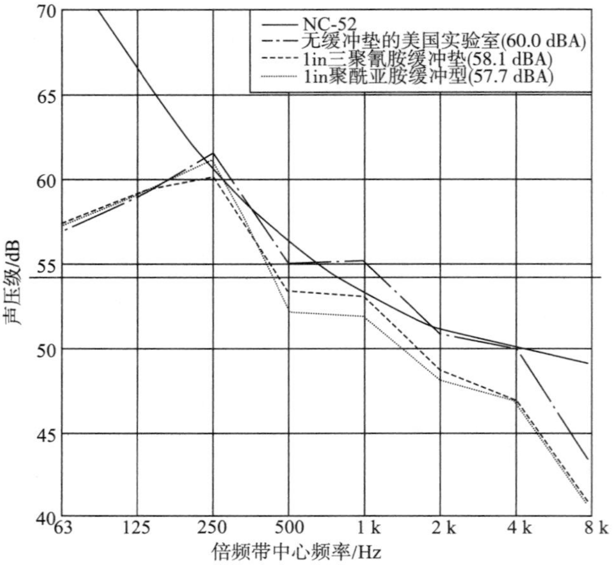

图 6.6－16　美国天空实验室三聚氰胺和聚酰亚胺材料缓冲垫的应用

在接收处提供可接受的声压级是指，在乘员休息和睡眠期间为乘员提供一个像睡眠站一样的特殊隔离外壳。这种方法被用于航天飞机和国际空间站。这样的外壳，一般设计在乘员舱内或是作为添加的装备，以适应休息和睡眠时所需的低噪声级。为运动区域提供特殊的、封闭环境是一种降低未锻炼乘员噪声暴露的方法。在其他情况下，如果调整是可以接受的，可以关闭系统或减少流量。在发射段、进入段和限制应用程序期间，使用听力保护装置也是一个可行的、在接收处控制噪声的方式，但其持续时间相对较短。这样的听力保护装置已经被用于阿波罗计划、航天飞机、国际空间站和其他一些太空计划中。从这些例子可以看出，选择在接收处减少噪声的效果是有限的，这就是为什么要集中精力和财力致力于解决噪声源和传播路径的降噪问题。

6.6.4.2.4　设计后缓解

噪声控制只有当其作为正常设计的一部分被实施时，才能发挥最大功效，且应该按照这种方式对其进行处理。这方面有一个很好的例子，叫做 Amine Swingbed 有效载荷降噪（Welsh，Smith，Wang，& Allen，2011）

在设计完成后，当需要对一个不可接受的噪声环境做减小噪声排放补救时，对于开发、成本和进度（Tang，Goodman，& Allen，2003）都会产生相当大的影响。由于设计或影响妨碍有效的补救措施，缓解措施只是部分有效。如果飞行器在轨或是在途中，而噪声缓解必须实施时，那么这就变成了一个非常困难的和昂贵的工作，其解决方案也可能不是一个最优结果（Allen & Denham，2011）。为了避免这些问题，在早期空间飞行器研制阶段，就应该考虑空间飞行器的乘员舱和休息区的声学问题并应用到设计当中。

6.6.5 声学要求的验证

保留。

6.6.6 航天器的声学监测

为了用硬件监测、检修并纠正航天飞行任务期间可能出现的问题，必须对声环境进行监测，并且声学测量设备必须是有效的。其需要有声级计和个人噪声剂量计的功能。

声级计的用途是测量和监控短期平均时间内（例如 20 s）特定位置的噪声级，这样可以与连续噪声进行比较，并且可以满足其他要求。评估噪声控制措施也可同时进行。声级计同时测量 A 计权声压级和未计权声压级，并把它们作为频率的函数。

声级计必须能测量可听频率范围（31.5～10 000 Hz 倍频程）的时间平均等效声压级，精度为 1 型，如 ANSI S1.43－1997（R2002）《积分平均声级计规范》或 IEC 61672－1《电声学——声级计第 1 部分：规范》中规定的。

声级计还应该有分数倍频程滤波功能，并要满足 ANSI S1.11－1986（ASA 65－1986）中《倍频程和分数倍频程模拟及数字滤波器的规范》所规定的等极 3.1－D 型或更高的分类要求，或 IEC 1260－1995《电声学——倍频程和分数倍频程滤波器》中规定的 1 类或更高的分类要求。

个人噪声剂量计的用途是测量和监控乘员长期（例如 24 h）的噪声暴露级，还可以获得长时间周期内特定位置的噪声暴露测量。噪声暴露测量可以对包括所有噪声源在内的整个环境进行评估（例如连续的、间断的、语音通信）。噪声暴露级与飞行准则的比较经常用于确定是否需要听力保护装置或者是否必须采取措施降低噪声级。

个人噪声剂量计可以依据 ANSI 1.25.1991《个人噪声剂量计的 ANSI 规范》中的 2AS 或更高的精度测量时均等效 A 计权声压级。建议采用可记录的噪声剂量计，因为这种剂量计可将声压级记录为时间的函数，而该信息可用于确定喧闹（或安静）的行为、位置或硬件操作。

6.6.7 声学对抗措施——听力保护

保留。

6.6.8 声学定义

在定义或讨论声环境时通常采用以下术语。更多的术语和定义参见 S1.1－1994。

• 频带声压级——特定频率范围内未计权的声压级，例如倍频带声压级和 1/3 倍频带声压级。

• 宽带噪声——能量分布在很宽的频率范围内的声音，例如白噪声、粉红噪声。

• 连续噪声——24 小时周期内持续 8 小时或更长时间的稳态噪声。典型的连续噪声源包括环境控制设备和航空电子设备（例如风机、泵、通风系统）。

• 脉冲噪声——持续时间小于 1 s、高于背景噪声 10 dB 的突发性噪声。

• 间断噪声——24 小时周期内持续时间小于 8 小时的噪声。典型的间断噪声源是废弃物控制系统组件（泵、风机、分离器、阀）、训练设备（脚踏车、自行车功量计）、用餐区风机、个人卫生站组件（泵、风机、阀）和压力调节阀。

• 声级——等同于计权声压级或计权声级。无条件限制时，声级等同于平均 A 计权声压级。

• 声压级——未计权的声压级。等同于 ANSI S1.1－1994《声学术语》中的旧术语“总声压级”。

• 信噪比——信号功率与噪声功率的比值的对数（以 10 为底）的 10 倍。以分贝计，信噪比是信号和噪声声压级的差值。

• 纯音和窄带噪声——能量在单一频率或分布在相对较小的频率范围内的声音，与宽带噪声对应。

6.6.9　研究需求

• 先进、自动化声学监测系统与远程操作控制和数据传输。

• 实时声学监测与高级警报功能。

• 安静的风机和泵的设计以及开发技术。

• 改善吸收壁吸声性能和改进其他声学材料，以满足航天需求（如废气、易燃性、易生成微粒、易碎性）。

6.7　振动

6.7.1　背景

6.7.1.1　范围

这部分提供了航天飞行环境下振动的设计考虑、要求和示例。Webb（1964）、Roth 和 Chambers（1968）、Guignard 和 King（1972）、Hornick（1973）、Boff 和 Lincoln（1988）、Griffin（1990）、Mansfield（2005）和 Smith 等（2008）根据有关航天和其他职业应用中大量的人类健康、工效和感知的研究文献提出了全面的评述。当前（如 MIL－STD－1472G，2012）和前期（如 MSFC－STD－267A，1966）标准列举了振动环境下建筑物和系统使用的限值和建议指南。本章修订改编了 NASA 的人-系统综合标准（NASA－STD－3000，1995）的内容，合并了涉及人体振动的当前标准和执行指南。

这部分包括振动环境、振动能量传输、人体对振动的响应以及暴露标准，分别给出了包括从 0.1～0.5 Hz 的较低频振动范围和 0.5～80 Hz 范围内的较高频率振动范围。较低频率振动范围与运动病有关，并且影响到工效。较高频率振动范围被认为影响到乘员健康和安全，也影响到其知觉和操作工效。对振动的控制和防护也包括在内。

6.7.1.1.1　术语

机械物体或系统（包括人体或体节）遭受振动时进行上下或往复方式的运动。这样的受外力直接作用于物体或系统、或者被相连接的结构传递到物体或系统上，随时间变化的运动响应是机械耦合。

如图 6.7-1 所示，振动可能是简单的，包含 1 个正弦振动；也可能是复杂的，由多个单一频率正弦曲线组成；还可能是不可分辨的随机信号。振动也可能由正弦振动、复杂和随机波共同构成。

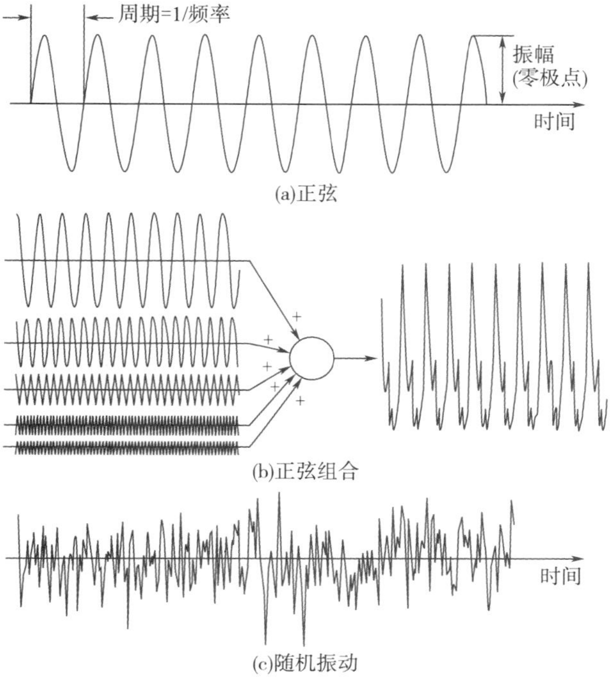

图 6.7-1 正弦、正弦组合和随机振动波形

图 6.7-1（a）描述了振荡运动的正弦波形，其作为时间的函数在每个摆动周期重复，单个循环的时间是以时间为单位的摆动周期（秒，简写 s），时间频率是摆动周期的倒数，过去称为每秒多少次（cps），等价于当前的定义单位赫兹（Hz）。正弦振动的量级可以简单地通过正弦波的振幅确定。平均值为零的振动用“零极点”振幅表示摆动的量级，对于均值不为零的过程，可以使用最小值（负极点）到最大值（正极点），或者说“极极点”振幅表示。零极点振幅有时被称为“半振幅”，极极点振幅被称为“双倍振幅”。

复杂波是由和时间相关的、多样的频率和振幅的单一正弦曲线组成的。例如图 6.7-1（b）所示由 5 个不同频率、振幅和相对时间周期的正弦曲线组成的复杂波。

单个正弦成分的振幅可以是常数或者时变量（振幅持续增长或缩小），也可以在给出的时间区间内通过公制平均描述任一波形的量级。随时间变化或者不变的正弦、正弦组合和随机过程的量级可以根据均方根（RMS）振幅来表示。典型情况下，计算 RMS 振动量级必须首先减去代表移动变量信号的均值，使之变成一个平均值为 0 的过程，$x(t_k)(k=1, \cdots, N)$ 代表移动变量；然后对每一瞬时 t_k 抽样点振幅进行平方，在关心的 $t_1 \sim t_N$ 区间内对 N 个平方抽样点进行平均；最后计算整个平均数的平方根，如式（6.7-1）所示。

$$\mathrm{RMS}=\sqrt{\frac{1}{N}\sum_{k=1}^{N}\left[x(t_k)\right]^2} \tag{6.7-1}$$

振动或摆动可以被平移（如线性）或者旋转。旋转摆动在旋转中心一定距离处产生平移分量（如旋转轴）。在旋转中心（旋转轴 0 距离）没有因旋转产生的平移运动。

振动可以用加速度、速度或位移直接测量。加速度、速度或位移可以通过对时间的积分或微分互相转换。在这一节，振动量被表示为加速度，小写字母“g”代表振动或摆动加速度的测量单位，1.0 $g=9.80665\ \mathrm{m/s^2}$。大写字母“G”代表加速度不变或者非常缓慢变化的、均值为 0 的振动过程的 G 偏差加速度的单位。大写字母“G”意味着太空交通工具发射或者高精确飞行器的特技飞行机动时产生 G 过载的关联加速度。

振动可能含有多重空间成分，每一个成分可能是正弦曲线、复杂或者本质上随机的。这些空间成分可包括直接沿着三维笛卡尔轴平移的空间成分，也包括这些三维轴的旋转成分。根据两个成分的相对时间（或相位）建立了振动运动模式的空间形状。例如，特定情况下所有轴向的振动是同样且同相的，振动物体会沿直线向前移动。然而，如果每个轴的正弦曲线是异向的，则振动物体将以椭圆方式移动。如果出现复杂异向波形，物体则可能沿着一个复杂的多种重复（或者如果是随机，不重复）的轨线循环。

6.7.1.1.2　坐标系

振动的空间成分可以用多种坐标系描述。这些坐标系可以与固定基础（如地球）固连，运动的坐标系也可以固连在航天器或者人体上。图 6.7-2 表示这一部分使用的坐标系术语。此坐标系是根据身体器官（如心脏）与加速度方向的关系绘制的。表 6.7-1 解释了最常使用的名词。

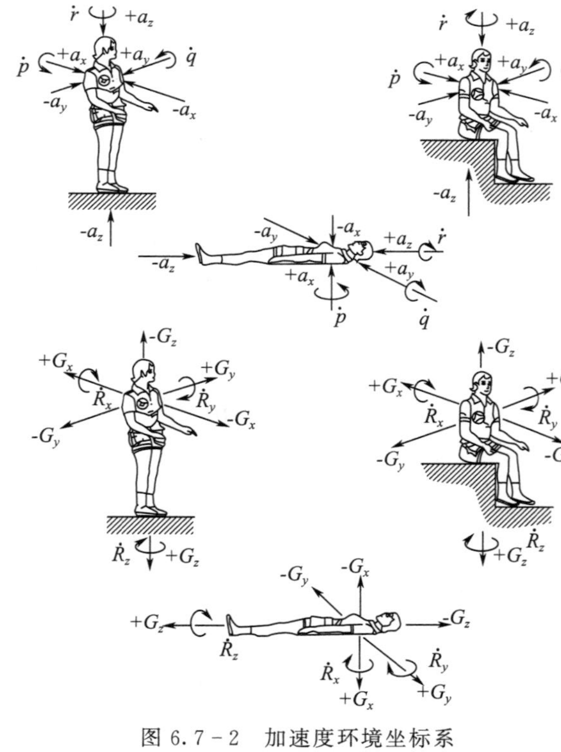

图 6.7-2　加速度环境坐标系

表 6.7-1 常用术语

线性运动	加速度方向		人体加速度的惯性合力	
	作用力	加速度描述	反作用力	眼球的描述
向前	$+a_x$	前向加速度	$+G_x$	眼球向内
向后	$-a_x$	背向加速度	$-G_x$	眼球向外
向上	$-a_z$	头向加速度	$+G_z$	眼球向下
向下	$+a_z$	脚向加速度	$-G_z$	眼球向上
向左	$+a_y$	右侧向加速度	$+G_y$	眼球向左
向右	$-a_y$	左侧向加速度	$-G_y$	眼球向右
角运动				
向右旋转	$+\dot{p}$		$-\dot{R}_x$	滚转
向左旋转	$-\dot{p}$		$+\dot{R}_x$	
向上仰	$+\dot{q}$		$-\dot{R}_y$	翻筋斗
向俯下	$-\dot{q}$		$+\dot{R}_y$	
向右偏	$+\dot{r}$		$+\dot{R}_z$	旋转
向左偏	$-\dot{r}$		$-\dot{R}_z$	

注：大写字母 G，用做表示全身加速度惯性合力的单位，G 是重力加速度数值大小的复合值。重力加速度 $g=980.665\ cm/s^2$。

6.7.1.2 航天飞行环境下的人体振动

空间运行中的振动环境涉及的振幅和频率范围很宽。必须考虑由太空舱助推器和控制火箭、空气动力负荷、舱内机器以及设备引起的所有振动。除此之外，不牢靠的装载器件也可能是振动的来源。

在运行情况下，振动极少作为一种孤立的变量发生。其他环境变量诸如失重、直线加速度等可与振动相互作用，对其产生减弱或增强作用。设备变量包括仪表分级或照明程度、膨胀的压力服等；程序变量包括工作负荷、操作时改动等；而最后是人的变量，诸如疲劳和失调。目前可预测这些变量中某些变量的作用，而另一些变量的作用有待于进一步研究。

在现场环境和复杂的实验室模拟中进行了人体振动响应的研究，然而大多数现有资料都来自于实验室的实验结果。

最有用的资料表明了改变振动特性（幅值、频率等）的影响，改变振动到身体传递（通过座位设备和姿势的变化）过程的影响，每个变量的来源和程度以及改变操作者工作任务的影响。

6.7.1.2.1 振动环境的设计考虑

全身的振动作用通常以身体与振动表面之间的界面上所测的振动来表示，而且也应当同时评定显示器和手控器的振动。

来自于总支撑表面的垂直振动通常是最受关注的，然而其他的轴向振动和输入位置也可能是重要的。

振动造成的全部影响主要取决于振动频率。有些影响局限于很窄的频率范围。

临床观察资料主要集中于长期的低水平的职业暴露，例如多年每天多小时。航天飞行中振动典型事件是发射和再入，振动显著的高强度、短暂和稀有性十分值得注意。振动持续时间的影响，特别是短时间，尚未作充分的研究。最新资料表明，持续时间对工作执行的影响很小或者不一致。振动间期可引起基于频谱的不舒适或运动病的发作。

振动环境是复杂的运动，其幅值、频率、方向和持续时间差异很大。在考虑运动作用时，需要仔细分析这些运动（包括谱分析）。这些运动可产生若干不同效应或一个主效应。

6.7.1.2.2　发射前振动环境

垂直的车辆塔架结构对发射台的风力载荷敏感，因此产生水平偏转。根据天气情况和系统结构特点，塔架顶部包括发射台控制系统的乘组处的偏转可能相当大且持续很久。典型考虑重点是周期性的偏转或者摇摆，低频（0.1～0.5 Hz）成分可能引起乘组等待发射时的运动病。

6.7.1.2.3　发射段振动环境

太空舱运行时较高振动水平通常发生在推进期间，例如发射到轨道。乘组的经验表明振动是由空气声学载荷、推进系统和飞船结构在发射时的交互作用。空气声学振动载荷在上升段空气动压最高时最大。振动与大的直线加速度偏移相关。

水星计划中全部的火箭在发射时产生的振动可能影响乘组的视觉能力。水星号航天员抱怨道，推进期间的振动干扰了他们的视觉。使用液态氧的大力神 2 火箭产生沿着发射纵向轴的 11 Hz 的振动和半仰卧位的航天员的身体 x 轴相重合，这种情况称为 POGO（后被称为弹簧单高跷）振动。

阿波罗飞行时，振动明显地随飞行阶段而异。无人土星 5 试验飞行（阿波罗 4 和 6）测出大振幅的 5～7 Hz 的 POGO 振动，因而 1968 年地面乘组（1 - G 偏离）进行了测试，结果表明阿波罗航天员需承受的振动过于严酷。这些试验使得在该年末土星 5 首次发射前对第一级发动机上的 LOX 传输系统进行了改进。然而在随后阿波罗飞行中，在第二和第三阶段飞行时出现了更高频率（16～20 Hz）的 POGO 振动（Fenwick，1992）。

虽然飞船上已经消除了 POGO 振动，但是发射时所有前述系统在乘员座位处产生了显著的宽带多轴振动，振动开始于主发动机点火，在脱离发射架时由于和地面相互作用最为显著，然后逐渐减小，在动压（最大 Q）最大时轻微增加，固体火箭助推器分离时减小。乘组的视觉缺陷发生程度显著不同，一个可能的解释是任务中有效载荷质量和质量分布是不同的。

通常，发射瞬间发射架上火箭抖动时，低频振动是最大的，但持续时间十分短暂。这种振动的频率随着火箭的长度和质量而异。

使用固体火箭发动机助推器时，如星座计划的阿瑞斯 1 运载火箭，发动机排空后谐振燃烧产生有节奏的压力变量，称为强迫摆动，其产生了飞行器纵向窄频振动。因为发动机共振腔尺寸随着固体推进剂消耗增加，强迫摆动振动频率在固体火箭飞行阶段趋向稳定减少。

所有过往案例表明，发射段伴随着很高的、持续时间长且变化的加速度。因为乘组通常处于半仰卧位坐姿，身体 x 轴与飞行器飞行方向（航空 x 轴）相连，发射时他们承受的胸背向 G 过载将他们推到座位上。然而航天飞行器最大 G 过载（$+3.0\ G_x$）发生在空气声学载荷结束最大振动之后的入轨时，阿瑞斯 1 的最高 G 过载（$+3.8\ G_x$）发生在第一阶段飞行结束时，预计这时强迫摆动是最严重的。

由于短暂燃烧脉冲引起的共振机械响应，指南修正了发射和火箭分离时可能增加的低频摆动。

6.7.1.2.4　轨道段振动环境

轨道飞行期间振动最小。内部增压马达、空调以及泵系统是潜在的振动源。轨道飞行期间其他来自结构的振动难以预料。此外，乘员没有同发射段时一样被安全带和 G 过载紧紧束缚在轨道飞行器上。因此，这种最小的振动不太可能传递到乘组身上。

6.7.1.2.5　再入、下降和着陆段振动环境

就像发射段一样，当进入大气时飞行器遭受大量的空气动力载荷，这可能引发振动。大型的振动发生在再入时，其水平不像发射段的那么强。然而，显著的平移减速使得太空飞船类型乘组再入时的振动引起 G 偏移眼球内陷（胸背向），航天飞机类型短期飞行垂直座椅乘组再入时振动导致 G 偏移眼球向上。

自动控制上升式飞行器（如双子座、阿波罗、航天飞机）与弹道式进入（如水星项目）相比通常更平稳（Guignard & King，1972，p. 20）。然而，若再入方向过于倾斜可发生低频摆动（NASA - STD - 3000，1995）。阿波罗登月返回跳跃再入模拟表明上升式飞行器中人在回路控制时会产生严重的振动的隐患（Graves& Harpold，1972）。

太空飞船再入后会紧接降落伞下降。虽然降落伞下降被称为是典型的自由摆动（Guignard & King，1972，p. 20），但任务总结揭示几艘阿波罗在下降期间，在风向指示桶斜道展开时遭遇了中等剧烈程度的振动。历史上，NASA 降落伞下降在水上着陆后结束，由于飞行器被海浪驱动，航天员面临潜在的晕船风险。

6.7.2　健康、舒适和感知

6.7.2.1　人体振动响应

振动可影响乘员的操作能力，也可产生生理作用和生物动力学作用，以及主观和烦恼效应。全身振动可与噪声协同作用，引起应激效应和疲劳，以及降低警觉和操作能力。

6.7.2.2　振动的生理效应

身体是由分散的惯性（质量）和非线性耦合阻抗（弹性、阻尼）组成的复杂系统，其物理响应主要是其在低频范围（上限为 50 Hz）内的作用结果。身体及其组成部分和器官的阻抗在一定频率范围内阻抑着振动，而在其他频率范围内则可使身体的不同部分或全身振动增大。

从支撑结构传至乘员的振动能量是人体影响的主要决定因素，由此进而引起生理效应、操作能力降低和不舒适。器官及肢体的共振频率导致共振，使得身体部位振动增大。表 6.7 - 2 列出了 1 G 时身体各部分及其发生机械共振的大致频率（Webb，1964；

Hornick，1973；Boff & Lincoln，1988，pp. 2076 - 2081；Brauer，2006）。此外，共振频率可能受 G 矢量方向和身体及身体抑制系统的影响。

表 6.7 - 2　身体部位和共振频率

身体部位	共振频率/Hz
全身，直立	5～12
全身，放松站立	4～5
全身，俯卧	3～4
全身，横向	2
全身，垂直坐姿	5～6
头部，相对于身体	20～30
头部，坐姿	2～8
头/肩部，站姿	5 & 12
头/肩部，坐姿	4～5
眼球	40～90
鼓膜	1 000
肩/头，横向筋	2～3
主躯干	3～5
肩，立姿	4～6
肩，坐姿	4
肢体运动	3～4
手	1～3
手和手指	30～40
胸	3.5
胸壁	60
前胸	7～11
脊柱	8
胸腹内脏（半仰卧位）	7～8
腹部包块	4～8
腹壁	5～8
腹部内脏	3～3.5
骨盆区，半仰卧位	8
臀部，立姿	4
臀部，坐姿	2～8
脚，坐姿的人	＞10

6.7.2.3　振动的不舒适/烦恼效应

过度的振动可能令人不愉快、疼痛甚至危及健康。在严重的振动环境中，因疼痛或不舒适可损害操作能力。

运动病常由≤0.5 Hz 频率的垂直振动引起。振动加速度的最大敏感性约为 0.1～0.3 Hz。人体 z 轴垂直振动加速度值与呕吐发生率和疾病之间是相关的，且分析中含有其他轴向振动时，这种相关性略为增大。人体发生运动病的比例和暴露时间成正比。

对于所有轴向和身体的多数方向的全身振动来说，对 2～100 Hz 振动的感知阈约为 0.015 m/s^2 RMS（Griffin，1990，Sec. 6.2；MIL－STD－1472G，2012，p. 160）。根据 6.7.2.4 节的频率计权程序，当振动是 W_k 计权时，25%的人的感知阈保持在这一水平。振幅高于阈值时，不舒适感（即主观大小）随振幅增加而增加。

全身暴露或身体部分直接或间接暴露（例如肢体）于高幅值的连续振动或机械冲击中可引起损伤。允许幅值取决于若干因素，包括振动频率、方向、持续时间以及与身体的接触点。虽然现在有一般性指南，但不能算出由某一定条件引起的特定损伤的概率。

图 6.7－3 显示了短期振动暴露界限与加速度和 1～1 000 Hz 的频率之间的关系（Webb，1964）。除非另有说明，该振动界限是对于暴露时间 5～20 min 的，该时间包含飞船发射段或返回段的时间。

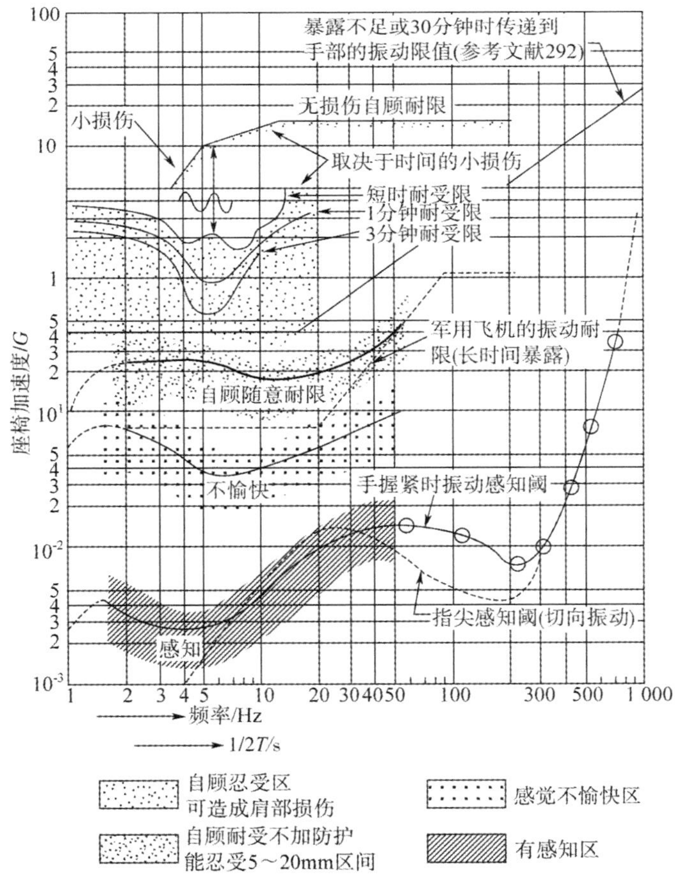

图 6.7－3　对短期振动的耐受性

图 6.7－3 中，短期、1 min 和 3 min 的暴露曲线来源于 20 世纪 50 年代末和 60 年代初期的 1 *G* 条件下垂直坐姿 *z* 轴振动最大耐受研究（Magid et al.，1960），且之后没有重复的研究。这些研究中最大耐受性定义为志愿者由于严重的不适、疼痛或者担心受伤而中止指定频率正弦振动暴露时的振幅。2 个阿波罗候选人半仰卧位座椅设计评定研究表明，1 *G*条件下半仰卧位人体 *x*－、*y*－和 *z*－轴最大振动耐受值（Temple et al.，1964）与上述研究数值相似。

这些历史上的短期最大耐受性数据是国际标准化组织（ISO 1997a）当前振动暴露和健康指导的频率计权函数的基础。ISO 计权和健康指导的计算过程在 6.7.2.4 节讨论。

有限的离心机过载和复合振动研究表明，当 *G* 过载增加时身体部位和器官共振频率明显增加（Vykukal，1968；Vogt et al.，1968，1973）。这种改变导致不同的振动敏感性，使过去的以最大耐受性曲线为基础制定的 ISO 频率计权发生改变（ISO，2001）。需重点注意的是，由发射和再入引起更高的 *G* 过载或者在轨微重力时，最大振动耐受数据从未被收集。因此，*G* 过载对人类振动频率的耐受值改变的影响未被很好地理解。例如，*G* 负载可能增强一些频率段的振动耐受程度，而在其他的频率可能会增加振动的生理效应。

表 6.7－3　不舒适症状的振动频率

症状	频率/Hz
一般不舒适	1～50
运动病	0.1～0.5
腹痛	3～10
胸痛	3～9
骶椎痛	8～12
骨骼肌不舒适	3～8
头部症状	13～20
下颚症状	6～8
影响语言通话	12～20
咽喉肿块感	12～16
尿意	10～18
呼吸影响	4～8
肌肉收缩	4～9
肌肉伸缩能力	13～20
瓦尔萨尔瓦动作	4～10
睾丸痛	10
呼吸困难	1～4
其他呼吸影响	4～9

表 6.7－3 列出了 1 *G* 条件下一些振动不舒适症状和最低耐受性的频率范围（Rasmussen，1982，p.13；Webb，1964；Roth，1968；Smith et al.，2008；Begault，2011）。表

中的不舒适症状和特定的窄带频率范围相关，这是由早期的人体振动耐受研究中参与者的抱怨得出（例如，Magid et al.，1960；Temple et al.，1964）。这些不舒适症状数据结果决定了图 6.7－3 所示的耐受曲线形状。此外，不舒适症状频率也可能和表 6.7－3 列举的身体部位共振相关。

6.7.2.4 健康限值、不舒适和运动病的计权振动值

鉴于身体部位的共振频率不同和对共振的振动敏感性不同，人体的振动耐受值和振动频率有关。这些频率耐受值也与振动暴露时长相关。在 24 小时期间内，全部累积的有效振动采取 1 天计量形式表述。与频率和持续时间相关的敏感程度随振幅进行非线性的变化。

敏感度关于频率的函数可由过去的耐受性数据描绘（如，Magid et al，1960；Temple et al.，1964），例如受试者在要求暴露中止前自愿接受的最大振幅和时间。从这些身体 z 轴振动研究产生的数据总结出如图 6.7－3 的耐受性轮廓线。根据水星项目的体型躺椅和阿波罗航天器的可调整的座位振动耐受研究项目，收集了半仰卧姿态的身体 x－，y－，和 z－轴的类似数据。

上述过去的耐受限值与后来的舒适和疲劳数据的结合，是现代标准中与频率相关的人体振动敏感度和耐受限值现今理解的基础。

在 ISO 标准的早期版本中，Griffin（1990）和 Rasmussen（1982）总结了“人体全身振动暴露的机械振动和冲击评估”。早期 NASA 标准（NASA－STD－3000，1995；Wheelwright，1981）中也有用来表示“疲劳导致熟练程度降低界限”仅随频率变化的曲线组来描绘这些耐受限值。以基于频率的波特格式绘制单个曲线形状，使用一组极点和零点获取简单的熟练界限的基本形状。特定的曲线形状是在一段暴露时间范围内的疲劳导致熟练程度降低界限组。在每一组内，基础曲线的幅值上移表示对短时间暴露可以耐受更大振幅的振动，下移表示对较长时间暴露耐受的振幅较小。

现代描述这些与频率相关的熟练程度降低界限时使用权重函数，权重是限值曲线的倒置［即权重＝（1/限值），是频率的函数］。通过权重与振动原始加速度幅值（无论测量的或模拟的）相乘来评估受试者主观影响结果。这同声压水平的“A－权重”观念相似，该权重考虑听者对不同音频的敏感性（耐受性）。因此，图 6.7－4 中有 3 个不同权重曲线（W_k，W_d，和 W_f）。在人对振动最敏感（即最不能耐受）的频带内权重是最大级别（即 0 dB)。其余频率对人主观影响较小，所以相同振动加速度级别要乘以一个较低的权重。同样因为这些频率的权重较低，获得同样的人主观影响水平可以使用更大原始振幅的振动。权重函数 W_k和 W_d适用于 0.5～80 Hz，而 W_f适用于 0.1～0.5 Hz。

为评估健康舒适限值，权重函数 W_k被用于人体 z 轴 0.5～80 Hz 的振动。W_d是评估健康舒适限值在人体 y 轴或 x 轴方向 0.5～80 Hz 的振动。另外为评价最小感知阈，在人体 3 轴方向上都使用 W_k。

对竖直坐姿的乘员，评估潜在运动疾病（运动病）的权重函数 W_f用在 0.1～0.5 Hz 间的人体 z 轴运动。对半仰卧姿态的乘员，身体 3 轴方向的振动都需要被检查，且使用相

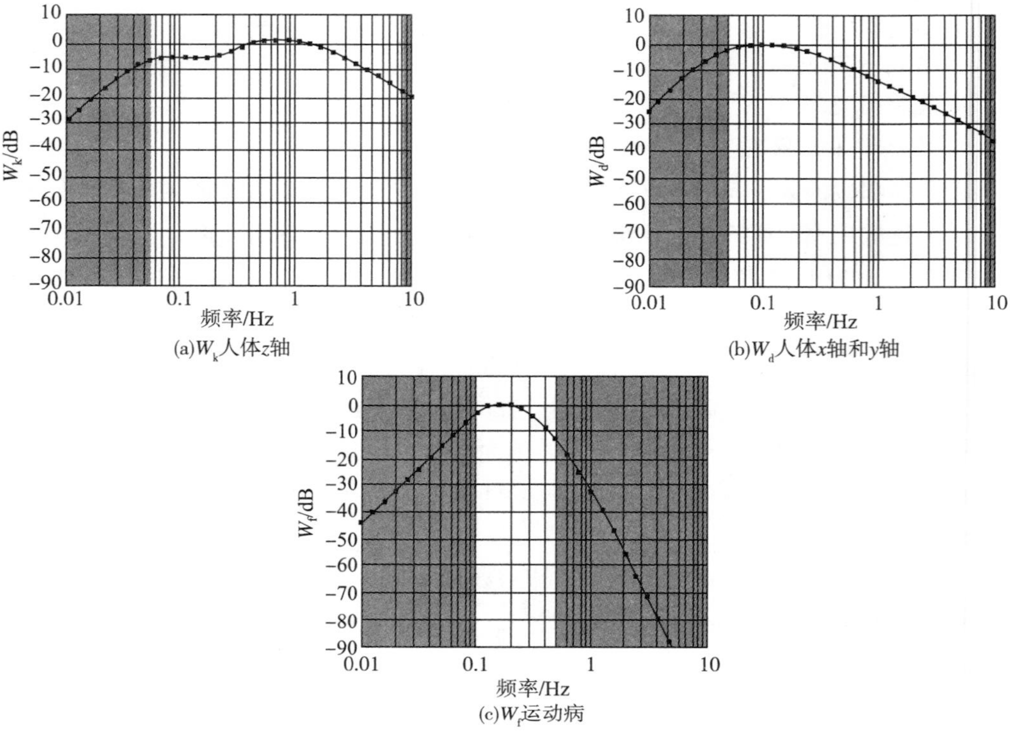

图 6.7－4　频率权重函数

注：图中无阴影区域是对每个权重函数适用的频率范围［ISO 2631－1：1997，figure 2 on page 11，with the permission of ANSI on behalf of ISO. © ISO2013－All rights reserved］

同权重函数 W_f。

图 6.7－4 中权重函数 W_k，W_d和 W_f的数值，在 ISO 2631－1 中作为 1/3 倍频带的函数列出（ISO，1997a）。计算这些权重函数的数学公式和有效传递函数也在 ISO 2631－1 中列出。

使用 ISO 中的权重因子计算时，首先用谱分析或其他方法将人体每个轴向的输入振动分解成 1/3 倍频带的加速度 RMS。可选择传递函数公式计算每个频率成分。任一计算结果是各频带的加权加速度 RMS，其在全部频带是平方的、集成的，平方根为特定人体单轴方向的振动提供了总体加权的加速度 RMS。

振动强度变化包括振动期间发生的任何间歇和中断，其都会对乘员的日暴露产生积累效应（即超过每个相邻 24 小时周期）。如果在工作日期间振动暴露被中断而暴露强度维持不变，那么有效的总日暴露时间等于各暴露时间之和。如果加速度幅值均方根随时间有明显变化，或是总日暴露时间由若干段单个暴露时间组成，则等效总暴露时间由以下方法确定。当振动的大小和频率不变时，采用振动级别均方值（RMS 平方）的时均平方根。另一些情况下，随着瞬间峰值（即波峰因素为 9 或更大）变化，振动量计算方法则采用振动级别均方值（RMS 平方）的时均四次方根。

计算出每个轴的平均加权振动后，根据评估要求（即健康、舒适或感知）和受试者是站、坐或是斜卧的姿态，在各轴方向上要再乘以权重因子 k。例如，要评估坐姿乘员的健康效果，包括在发射段半卧姿态，需在人体 x 轴和 y 轴方向上的 W_d 乘以 $k=1.4$，在人体 z 轴方向上的 W_k 乘以 $k=1$。k 因子强调敏感性，其有效地增加了对人体 x 轴和 y 轴方向的健康考虑。当评估舒适性时，各轴方向使用 $k=1$，也就是人体各方向等同重要的。为人体轴向和姿态的函数选择合适的权重因子的方法参见 ISO 2631－1（ISO，1997a）。

在感兴趣的频带范围内将人体 3 个轴向的适当的加权平均 RMS 振动算出后，三者的和的平方根就是总振动值（ISO，1997a）。用总振动值的合成信号来评估测量或模拟的时间-空间振动关于健康、舒适、身体感知和运动病的限值。图 6.7－5 是 0.6 g（RMS 加权）暴露 10 min 的情况，常量 $a_w^2 \cdot t=0.06\ g^2/\mathrm{h}$ 可用于计算更长日暴露所对应的更高振动限值界限。

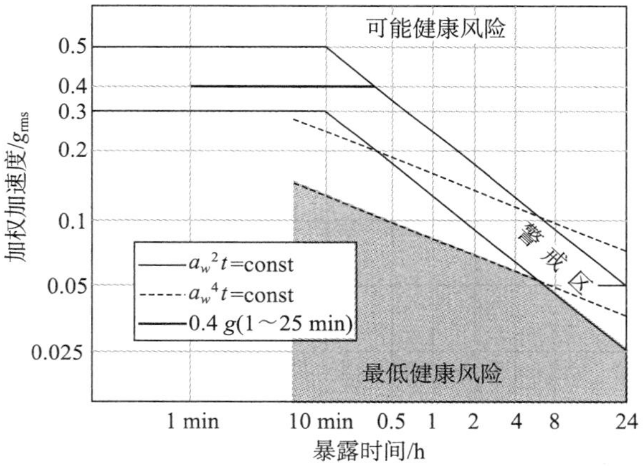

图 6.7－5　振动暴露健康指导［ISO 2631－1：1997，figure B.1 on page 22，with the permission of ANSI on behalf of ISO. © ISO 2013－All rights reserved］

健康相关数据的优势来自对每天持续 4～8 小时的可延长的职业性振动暴露的研究。鉴于短暂（即每天少于 10 分钟）强烈振动暴露的经验数据只有少数耐受性限值（瞬间不适和疼痛限值）研究，ISO 2631－1 建议“应该非常谨慎地处理持续时间很短的振动”。为支持阿波罗乘员座椅（Temple et al.，1964）而设计进行的地面（1－G bias）测试数据表明，持续 1～10 分钟的短时间振动暴露应该降到 0.4 g，即图 6.7－5 中从 1 分钟到约 25 分钟的粗线。

另外在 6.7.2.4 节中提到的一些情况表明，等效振动剂量值可以用时间乘以加权加速度 4 次方的函数计算，即 $a_w^4t=$常数（ISO，1997a）。图 6.7－5 中斜线是根据 4 次方公式计算出的低健康度和高健康度的界限。在每日暴露 4～8 小时的情况下，平方和 4 次方计算方法得到的振动边界非常相似。MIL－STD－1472G（2012）采用 a_w^2t 和 a_w^4t 曲线中最小值作为健康危险最小（图 6.7－5 中阴影区域）的边界，低的和高的 a_w^2t 曲线的中间区域作为潜在健康风险的警戒区。

6.7.2.4 节以上内容描述了基于权重、时均和轴的总流程，在所有情况下的全身振动界限等级的健康、舒适和感知阈的对比。

如美国国家标准 S2.70－2006（ANSI，2006）也采用类似步骤计算评价手传振动的健康影响。该标准是针对有动力的手动工具（用于舱外活动和舱内的维护、修理和装配等活动）产生的振动，这类振动在飞行的动力阶段中不像全身振动那样受关注。

6.7.2.4.1　历史暴露标准术语

以下资料是关于目前健康和舒适术语与早期 NASA 和 ISO 标准中使用的术语的对比。

• 暴露限值——以前，振动加速度暴露限值设定在约为痛阈水平的一半上。该限值相当于现代标准 ISO－2631－1 健康指导中“可能健康危险”的振动级别。

• 疲劳/熟练程度下降界限——超过振动加速度限值，则认为该暴露在许多种工作任务中具有损害工作效率的巨大危险，而在限值内疲劳会使作业能力降低。疲劳或熟练程度下降界限是频率和暴露时间的函数，并且是所定暴露限值的加速度值的一半。因此该界限相当于现代标准 ISO－2631－1 健康指导中“健康影响还没明确记录和/或被客观观测到”的振动水平。

请注意，术语疲劳/熟练程度下降不意味着所有作业能力都因生理疲劳而受到损害，也就是说，因持续振动暴露而引起的与时间有关的负面影响。很多作业和行动在振动出现时立刻受到影响。

• 舒适性下降界限——该振动加速度限值是与舒适以及像吃、读、写这样的活动相关的。舒适性下降界限是疲劳-熟练程度下降界限值的 1/3。在 6.7.2.5 节中讨论了振动暴露时舒适性的问题。

6.7.2.5　舒适限值（0.5～80 Hz）

乘员不舒适度没有绝对的尺度来量化。根据公共交通乘客数据制定了一套全身振动舒适反应的标尺，见表 6.7－4（ISO，1997a）。该表中使用 6.7.2.4 节里的频率加权、时间平均加速度 RMS 来分级。因此这些加权振动级别的频率分布范围较宽，也就是说，它们对应一个宽频带（即 1～50 Hz）。在表 6.7－3 列出的一般不适的频带范围要比集中在窄频带的特定不适宽。

表 6.7－4　不适级别（ISO，1997a）

RMS 振动（加权/ISO－2631－1）	等级
＜0.032 *g*	无不舒适
0.032～0.064 *g*	稍有不舒适
0.051～0.101 *g*	轻度不舒适
0.082～0.163 *g*	不舒适
0.127～0.255 *g*	十分不舒适
＞0.204 *g*	极端不舒适
＞0.4 *g*（10 分钟或更短） ＞0.6 *g*（1 分钟或更短）	可能的健康危险

例如，艾姆斯研究中心（ARC，Ames Research Center）在2008—2010年进行了一系列研究，包括普通群众和航天员参加的座椅驱动的幅值到0.7 g_x（零极值）、12 Hz的全身振动试验。这些振幅等价于0.117 g RMS（ISO-加权），级别对应于表6.7-4中的“不舒适”。

6.7.2.6 低频振动限值（0.1～0.5 Hz）

低频振动，特别是在0.1～0.5 Hz间，有可能引发运动病，甚至在相对很短暴露时间里。运动病的症状，从脸色苍白和头昏眼花到恶心、呕吐和完全失去工作能力。

当乘员乘坐的飞行器在发射前期或在支撑塔架上时，其可能受到这样的低频振动，因为飞船在高的塔架上容易产生往复摆动。除了运载火箭系统和支架结构设计，摆动还受风环境影响。水面着陆和回收的情况下，根据海面情况也会发生类似摆动频率振动。

在发射前期，减小摆动可以防止运动病的发生。避免恶劣海面情况或减少暴露时间可以减轻水面着陆时发生的运动病。

在0.1～0.5 Hz之间，不舒适界限是一个振动加速度限值，达到此界限开始产生不同种类的不舒适感。熟练程度下降界限是一个振动加速度限值，达到此界限动手能力受损。可允许的损害程度和相应的加速度水平将随着工作性质而明显变化。

6.7.2.6.1 严重不舒适界限（0.1～0.5 Hz）

为评价0.1～0.5 Hz间的振动，运动病剂量（MSDV）计算公式是 $MSDV=a_w t^{1/2}$，其中 a_w 根据6.7.2.4节中加权因子 W_f 计算的3轴向的每轴时均加速度RMS，t 是暴露时间（ISO，1997a）。关于MSDV需注意，为保持MSDV是常数值，a_w 和 t 有可能交换。

发生呕吐的百分比是 $K_m \cdot MSDV$，其中 $K_m=1/3$。该公式适合暴露时间在20分钟到6小时之间的情况，呕吐发病率高达70%。例如在这个频带内，$a_w=0.5\ m/s^2$，RMS超过1小时的加权运动，呕吐发病率大约为10%。

以下参照早期NASA标准（NASA-STD-3000，1995），在1-G偏置条件或在轨微重力环境下当发生俯仰和翻滚模式振动时，MSDV-基础加速度限值必须减少25%，由于发射段G偏置增加，0.1～0.5 Hz振动一定不能超过1 G偏置时的MSDV-基础加速度限值的90%。

6.7.2.6.2 熟练程度降低界限

因缺少数据，仍未规定各种任务的频率在0.1～0.5 Hz之间的 x 轴、y 轴和 z 轴的熟练程度降低界限。

6.7.2.6.3 舒适性降低界限

因缺少数据以及出现各种降低舒适性症状的可变性，目前未规定在0.1～0.5 Hz之间运动的界限。

6.7.3 操作

6.7.3.1 振动对操作的影响

振动通过改变感知或影响操纵动作而影响操作。表6.7-5给出了影响操作的频率（NASA-STD-3000，1995；Roth，1968；Boff & Lincoln，1988；Griffin，1990）。

表 6.7-5 影响人操作的振动频率

活动	频率范围/Hz
平衡	30～300
触觉	30～300
语言	1～20
头部运动	6～8
阅读（文本）	2～50
视觉跟踪	0.25～30
判读错误（仪表）	5～12
手动跟踪	3～8
深部感觉	25～40，40～60
手紧握手柄（有触感）	200～240
视觉作业	9～50

6.7.3.2 视觉功能影响

振动对操作的影响取决于运动来源、运动类型、环境条件、个体的响应和对个体所定的工作要求。

无论是观察的物体移动而观察者不动，还是相反情况下，振动导致图像在视网膜上的运动都会引起图像模糊。眼睛相对于头部和头部相对于外界的运动均来自支撑面振动的直接机械传播，这会引起图像在视网膜上运动，并可能扰乱视觉功能。

低频振动时，观察者采用视动（optokinetic，OKN）反射（即视网膜图像反馈），慢慢跟踪运动目标，保持图像在视网膜上位置稳定。根据视觉目标运动的幅度和趋势，观察者可以追踪 1 Hz 以下的图像运动，更快的扫视运动能追踪 2～3 Hz 的图像运动。

振动增高到 8 Hz 时，利用测量头部运动的前庭感觉装置驱动眼睛相对于头部做与之反向的转动，经前庭眼球反射（vestibulo-ocular reflex，VOR）到地球坐标下的稳定视线方向。当振动频率超过以上规定值时，相应的反射机制开始失效，图像将在视网膜上振动，出现视觉模糊。一定程度（频率、幅值和方向）的全身振动会对神经系统完好的人产生前庭感知输入，来取代稳定视线。这种输入会引起降低视觉功能的伪眼动。例如，当枕骨处受到大约 100 Hz 振动时，不同类型前庭损伤的人和健康的人都会出现眼震（无意识眼动），这是对这类损伤差别的诊断试验。

对于移动 Landolt-C 目标，动态视敏度大约为 2 弧分，或对移动慢的目标和速度增加变缓（也就是变大）的目标来说动态视敏度更小，符合振动目标最低±1 弧分的检测阈。振幅超过±2 弧分时，根据任务要求可能会影响阅读能力。动态视敏度对移动的观察者和静态目标具有相同的阈值。对给定角度的振动量，受到振动的观察者观察静态物体，一般要比静态观察者观察振动物体更容易出现视觉功能下降。（相反情况，在低频振动时，视线稳定的较高 VOR 宽频带的振动观察者要比主动跟踪相同角度振动幅度 OKN 的静态观察者更不容易出现视觉功能下降。）

预测由于单轴向平移全身振动引起的视觉功能下降很复杂，因为生物动力从支撑面经身体的传递会使头部绕不同轴向转动；另外，头部还会有沿原始振动信号方向的运动。决定头部、身体和支撑面之间的生物动力传递因素有：座椅（几何结构、柔软度）、身体和头部束缚系统、每个座椅内乘员身高、质量分布和身体各部分形态，还有身体部分赋形。身体部分赋形会在飞行动力段（包括发射段和再入段）随 G -偏置振动负荷变化而变化。因执行任务功能要求以及振动本身引起的不随意肌的运动也会改变身体部分赋形。

在多轴向头部复合振动、多轴目标（如显示器）振动，或两种都有的情况下，评估对视觉功能的影响比较困难。因为振动的相位或频率成分会产生图像模糊，或是由于运动模式太复杂而不能与原始信号方向的振动数据进行区分。特别的是，在报告研究里输入运动能很好受控，而单个观察者头部和眼睛的实际运动方式是不明确的。某些情况下，头部和/或目标运动会产生同一信号频率的水平和垂直图像运动。如果 Lissajou 类似椭圆运动追踪眼睛轨迹足够慢，或者它们的复合幅值较小没有超过视觉模糊阈值，那么这种运动方式容易判读。沿着或穿过身体、头部或显示器的方向的复合频率成分会造成图像运动模式太复杂而无法追踪，即使当单个频率或方向的振动分量小到可以视觉跟踪。在一项研究（Moseley et al.，1982）中发现全身正弦振动要比相同 RMS 幅值的更宽调谐（1/3 倍频）随机振动更容易发生视觉功能下降。

Griffin（1990，4.2 节）、Boff 和 Lincoln（1988）全面概括了以上所述的和其他振动时视觉功能特点的研究结果。

6.7.3.3 手动操作能力影响

由振动引起的无意识或肢体不精确运动，使得手动操作能力下降。无意识的运动可能是振动源处的振动通过肢体的直接生物力学传播造成的。全身或局部肌肉和肌肉群振动会改变脊柱反应特性（如，Martin et al.，1984）或改变肢体运动和体位的感知（如，Craske，1977），从而影响手动操作准确性。

躯干低频振动会影响行动，包括像伸手触及控制面板这类上肢无支撑运动。若系统响应振动频率，则振动传递到手动控制界面会进一步使系统功能下降。

针对手和臂相互影响的振动及每种不同的敏感性，手动任务可以有效分为三类（Seagull & Wickens，2006，p.10，引用 McLeod & Griffin，1986）。A 类任务是手无支撑的持续操作，如触碰和点击。B 类是对空间固定物体的持续操作，如操控杆、方向盘或拨号盘。C 类是包括断开空间固定物体的连接，如按压按钮或搬动开关。一般认为振动对 A 类任务影响最大，对 B 类有些影响，对 C 类影响很小。A 类和 B 类任务的振动幅值和任务执行效果的扰乱之间趋于线性关系。

B 类任务执行效果取决于所需物体的运动方向与振动方向的结合。当物体运动方向（如操控杆转动）和振动方向一致时，对任务完成影响较大；当物体运动方向和振动方向相互垂直时，影响较小。

6.7.3.4　振动暴露耐受性限制

6.7.3.4.1　双子星任务

由于对大力神 2 火箭引起的 11 Hz POGO 的特别关注，1963 年在确定双子星任务乘员振动要求时，开展了一系列离心机和地基研究。在模拟的相当于发射时的 11 Hz、x 轴振动幅值 3.8 G_x 的载荷下，航天员评估粗刻度（c）和精细刻度（f）的显示（V）和手动（M）执行能力下降（Vykukal & Dolkas，1966）。航天员的等级分为 0～10 级（见图 6.7－6），图中自我报告能力下降出现在 0.3 g（0－峰值）处，所以双子星乘员振动限值规定不得超过 0.25 g。

动作精度	动作（N=7 名航天员） * 对应的显示和操作不包括振动的模拟评估影响	不同振动水平的飞行等级（$g_{0-峰值}$）				
		0.14	0.30	0.53	1.36	1.65
V－f	1. 指针判读率能力（±2°/s）	2	4	6	8	9
V－f	2. 数字时间判读能力	2	5	6	9	10
V－f	3. 加速度判读能力	2	4	5	8	9
M－c	4. 关闭助推器动作	1	2	3	4	6
M－c	5. 中级指导动作	1	2	3	4	6
S－	6. 讲话能力	1	3	4	7	9
V－c	7. 发现中止、超量程和操作指示灯	1	2	3	4	5
M－f	8. 启动触发器和电流断路开关	3	4	6	8	9
V－f	9. 船舱、发动机、燃料区和推进的压力值判读能力	2	4	5	8	9
M－f	10. 判断适合的流量控制	2	3	5	8	9
V－f	11. 发射姿态误差判读	2	4	6	8	9
V－f	12. 其他重要振动和助推运动轨迹	3	4	7	9	10
	所有中间等级	2	4	5	8	9

（浅灰—无、轻微；中灰—中等；深灰—严重）

图 6.7－6　11 Hz，x 轴振动幅值 3.8 G_x 的负荷下航天员操作能力下降等级（Vykukal & Dolkas，1966）

在离心机上开展的相同试验研究表明（图 6.7－7），精密刻度指示表判读的客观错误率在 11 Hz（排除谐波失真）的振动下从 0.4 g（最低非零振动水平测试）开始明显变大。

6.7.3.4.2　阿波罗任务

NASA 标准（Wheelwright，1981）中关于阿波罗发射阶段的关键显示视觉监视和视觉活动及拨动开关操作的 x 轴方向振动限值如图 6.7－8（0～35 Hz）和图 6.7－8（35～1 000 Hz）所示。

6.7.3.4.3　星座任务

由于战神 1 火箭存在潜在的严重的推力振动，在 2005—2010 年间的星座任务中窄带谐频振动影响又引起了关注。尽管战神 1 的推力振动频率（中心频率 12 Hz）和 1960 年 POGO 研究相似，但双子座上使用过的蒸气压力表、白炽灯和滚轮接口都被现代数字化的、可显示文字和图形的平板显示屏代替。

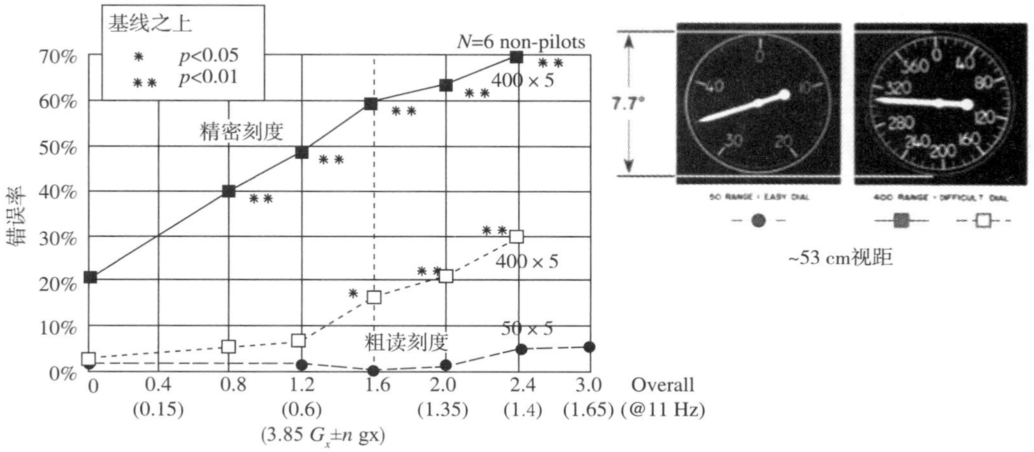

图 6.7－7　一般观察员读精密刻度表和粗读刻度表时的错误率与

3.8－G_x 偏置振动（11 Hz 排除谐波失真）振幅叠加的函数

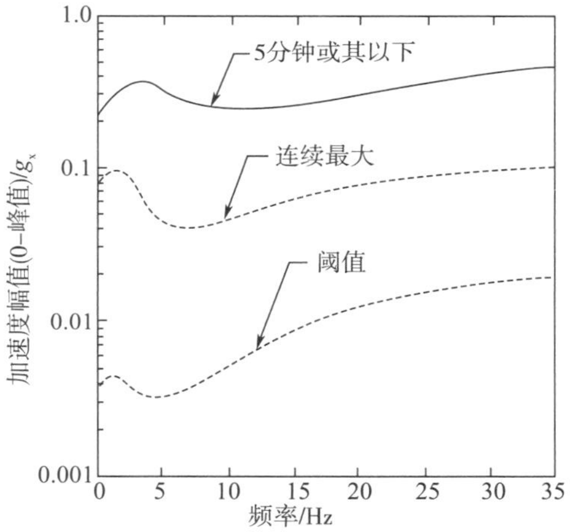

图 6.7－8　发射阶段关键显示的视觉监视时等效正弦振动（g_x）的耐受性限值

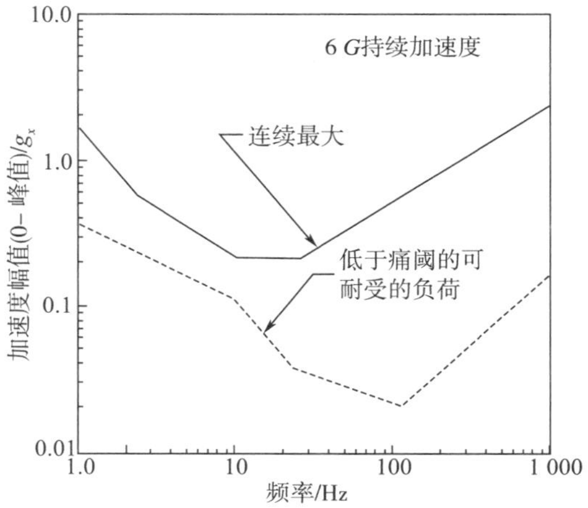

图 6.7－9　发射阶段视觉活动和拨动开关操作时振动（g_x）的最大耐受性限值

为评估现代显示技术在振动环境的可用性，在实验室振动台（1 - G_x 偏置）和离心机（3.8 - G_x 偏置）上对包括航天员和年龄匹配的普通受试者进行了一系列的研究。误差率和反应时间如图 6.7 - 10 所示，在 3.8 - G_x 载荷振动平台上进行了大量阅读和操作任务，结果表明受试者在大于 0.3 g_x 的 12 Hz 振动（无负重，0 -峰值）时首先经历显示可用性下降，现代平板显示器上呈现视图混乱、高密度的文字样式（Adelstein et al.，2009b）。在 0.7 g_x 的相同频率振动下，一臂距离的 10 pt 和 14 pt（～50 cm）文字显示的错误率和反应时间呈统计学意义的大幅增加（星号表示）。同样，连续暴露 145 s 即刻停止，各振动水平的性能和 0 振动基线差别不大。这意味着对特殊阅读任务和实验条件没有明显的振动余波影响。

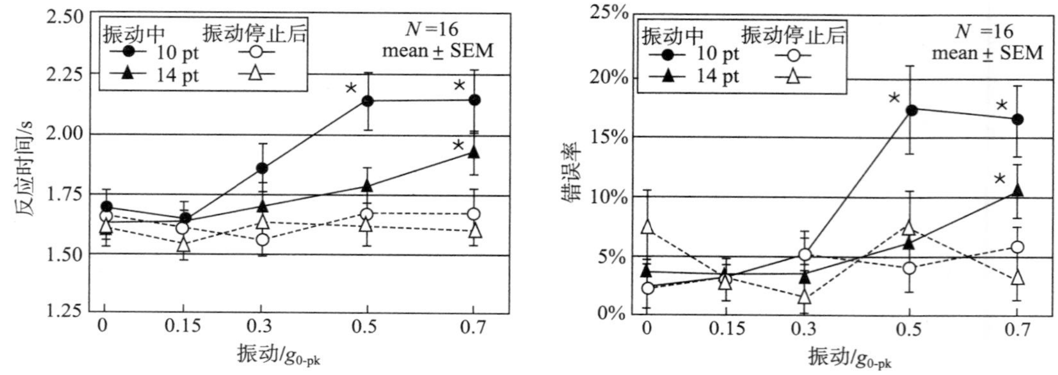

图 6.7 - 10　五种振动水平下普通受试者在振动中（实心符号和线）和振动停止后即刻（空心符号和虚线）的平均反应时间（左图）和错误率（右图）

文字大小分为 10 pt 和 14 pt 两种，振动幅值在 1 G_x 和 3.8 G_x 间有规律的增加和降低，振动频率根据经验 10 Hz 转变到相应 12 Hz，参与该显示可用性试验的航天员给出了主观视觉能力下降评估（Adelstein et al.，2012，in preparation）。不采用明确的等级(cf. Vykukal and Dolkas，1966)，参与者标志判断视觉能力下降的振动水平来是通过轻微到适中到严重和恢复。图 6.7 - 11 增加了航天员客观的测量误差率（mean±SEM）在 12 Hz 振动的可用性级别的边界（mean±SEM），从平均值上看，在 0.3 g_x 振动水平他们只有轻微下降。10 pt 文字在 0.5 g_x 振动水平时可用性下降严重，10 pt和 14 pt 两种文字大小在 0.7 g_x 振动水平时可用性下降严重。

在阿瑞斯 1 运载火箭推力振动期内，由于 145 s、12 Hz 的恒幅持续振动不具有典型性，在 1 G_x 试验中，对持续时间为 10 s 的时变振动冲击内发生的飞行代表故障检测任务进行了测试。尽管研究中随着振动的平均和峰值幅度增加，航天员可以保持较低的任务出错率，但这是以显著增加相应时间和工作负荷为代价的。图 6.7 - 12 的堆积条形图显示了在五个考察等级中，随着振动峰值与均方根值的增加，贝德福德量表工作负荷等级（Roscoe，1984）发生偏移，振幅中值百分比随之提高。

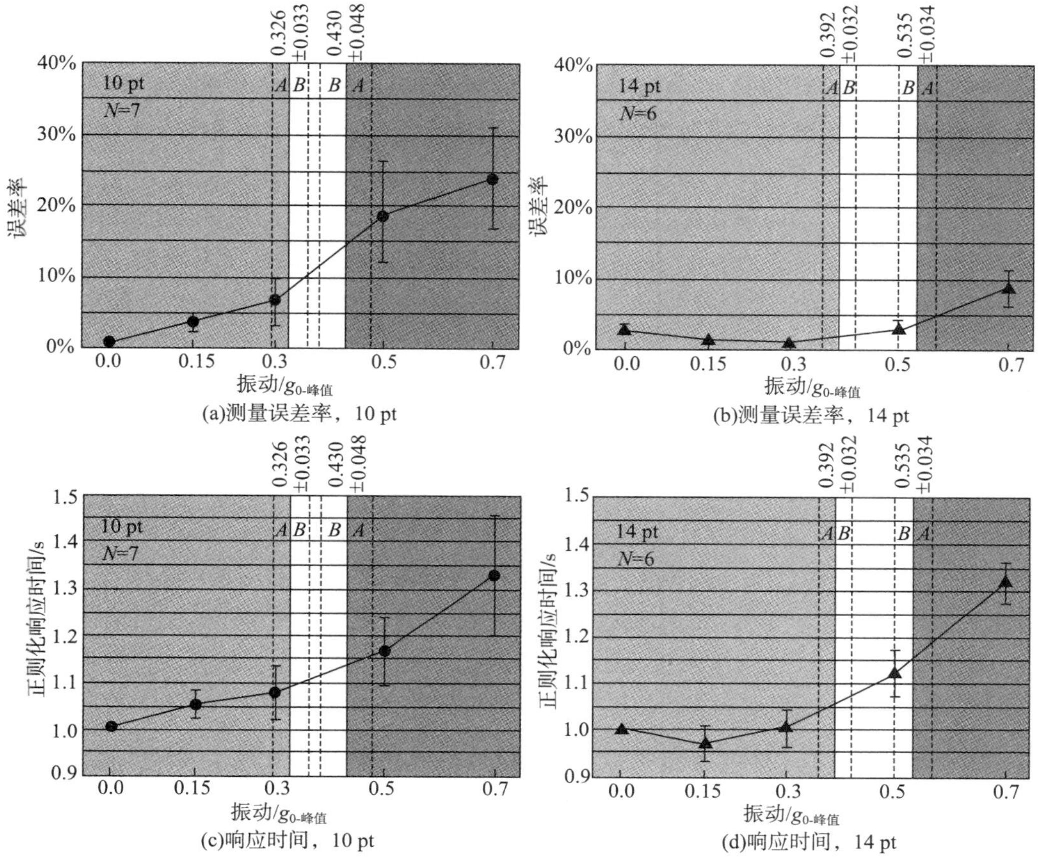

图 6.7-11 太空飞行参与者的客观测量误差率和响应时间变化曲线，分别对应 10 pt 和 14 pt 字体大小的显示叠加超出主观显示可用性判断边界的情况

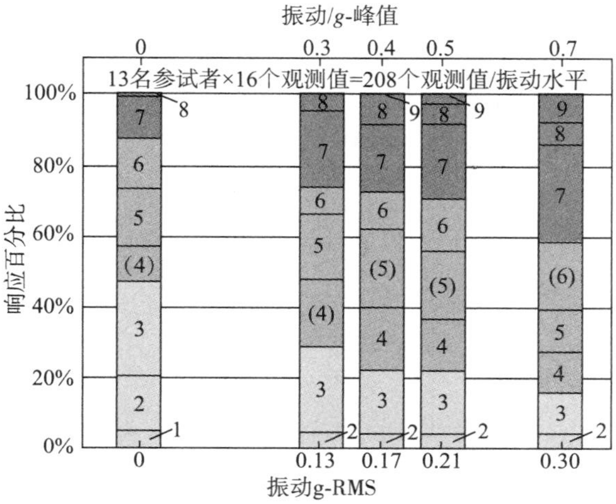

图 6.7-12 按序数分类（1～9）的贝德福德等级响应百分比。彩色表示主要的贝德福德负荷类别（绿色：令人满意的负荷；黄色：不太满意但可忍受的负荷；红色：难以忍受的）。括弧内的数字表示所有试验对象在该振动水平上的中值百分比（见彩插）

根据上述研究结果，星座计划将乘组性能耐受性限值设置为：在 5 s 平均窗口内，均方根值为 0.21 g_x（等效于 0.3 g_x 的恒幅正弦曲线从 0 到峰值）；在阿瑞斯 1 运载火箭推力振动引发的 10～13 Hz 振动环境中，瞬时峰值为 0.7 g_x。尽管这些根据经验得出的限值非常类似于双子星座计划的 11 Hz 规范集，但必须注意到对于胸背向单轴振动和指定的 G 偏置水平，历史及近期的研究结果均有严格的频带限制。此外，从显示硬件不产生振动的系列研究中获取到最新的支持数据。空间发射过程产生的复杂的时变随机振动，将导致人员与界面硬件出现多方向并发性晃动，同时飞行期间潜在的 G 载荷也发生改变。

6.7.4 振动设计注意事项

6.7.4.1 人体对振动与 G 载荷的叠加响应

已经有部分研究综合考虑了振动与其他环境压力因素，如加速度、噪声和海拔等。加速度为 3.5 G、11～12 Hz 振动的振动水平超过 0.3 g_x 时将影响乘员操作能力（Vykukal & Dolkas，1966；Clarke et al.，1965）。较高的 G 偏置水平能显著改变身体某些部位的振动共振，并会降低耐受限值。当加速度为 1 G 时，腹部肿块产生 4～8 Hz 的共振。由于身体结构与内脏器官的刚度在 G 载荷的压缩作用下增大，其共振频率随着 G 偏置水平上升。例如，加速度为 2.5 G、振动频率为 9.5～12.5 Hz 时，可以感觉到胃部振动愈发明显（Vykukal，1968）。此外还需针对火箭发射期间产生的更高的 G 偏置水平展开研究，明确增大振动量级对阻抗的影响规律。

表 6.7-6 总结了振动与多种环境因素的相互作用关系（Murray & McCally，1973）。

表 6.7-6　复合应力——振动及其他环境要素

应力	测试对象	指标	效应	生理学交互作用
振动＋加速度	人	全身机械阻抗	振动（＋0.4 g，2.5～20 Hz）与线性加速度（1 G，2.5 G，4 G）复合作用使身体刚度增加，阻尼降低，传递至脏器的能量提高	叠加
振动＋加速度	人	补偿追踪任务	振动（0～3.0 g，11 Hz）与线性加速度（1～3.5 G）复合作用使操作能力减弱，与振动单独作用的差别不显著	无
振动＋热环境	大鼠	死亡率	暴露于热环境（46.1 ℃）和随机振动环境（5～800 Hz，均方根为 17.5 g）20 分钟后的死亡率（62%）高于单一环境的死亡率	叠加
振动＋缺氧环境	大鼠	死亡率	＋G_x 振动条件下（60 Hz，加速度峰值 15 g），受限大鼠的死亡率随缺氧水平（海拔 8～18 000 ft）增加而增加	叠加
振动＋加压呼吸	小鼠	死亡率，组织变化	小鼠暴露于 20 Hz 随机振动环境（均方根值 7.0 g）10 分钟后，加压呼吸降低死亡率	拮抗
振动＋加速度	人	视觉性能	加速度（＋3.85 G_x）和振动（11 Hz，g_x）增大视觉性能衰减幅度	拮抗
振动＋二氧化碳	人	空气流通	＋G_z 振动（40 Hz）和增加二氧化碳吸入量均会增进空气流通，但二者联合作用时无累加效应	无

续表

应力	测试对象	指标	效应	生理学交互作用
振动＋噪声	人	生理指标，操作性能	$+G_z$ 半随机振动（均方根值为 0.16～0.4 g）条件下，噪声（约 112 dB）对多个性能指标或直升机模拟飞行生理响应无显著影响	无
振动＋噪声＋温度	灵长类动物，人	睡眠阶段 EEG，操作能力	$+G_z$ 振动（均方根值为 0.7 g）条件下，噪声（102 dB）和热环境（90 ℉）的累加作用，导致显著的睡眠紊乱和操作性能降低（避免冲击）	叠加
振动＋噪声	人	操作能力（补偿追踪和反应时间）	在补偿追踪任务的垂直分量中，噪声（100 dB）和振动（0.25 g_z，5 Hz）产生累加衰减	叠加
振动＋药物	小鼠	死亡率，组织损伤	在 CNS 镇静剂作用下，死亡率显著降低；在 CNS 兴奋剂作用下，死亡率显著增加	未测试

6.7.4.2　振动设计指南

空间飞行器的振动环境设计的目的是，在整个任务周期内保护乘员，并保证乘员具有高效的操作和完成任务的能力。

下文将详细讨论乘员组空间站及太空舱内其他可居住的舱段采用的环境设计基本原则和标准，其包括一个完整的任务期间影响乘员安全性与舒适性的多个重要环境振动参数。

6.7.4.2.1　通用振动设计指南

必须严格遵循下列通用振动设计准则。

1）通用振动设计：在一定程度上需要控制振动的产生和传播，使其能量不至于在乘员操作期间对人员造成损伤、干扰任务开展、导致疲劳或降低人体系统效能。考虑到损伤与健康风险，必须控制振动量级及持续时间。

需要注意的是，在多种情况下任务和设备更改可能削弱振动诱发的任务性能、疲劳与整体效能。

2）设备振动

• 所有可能成为潜在振动源的舱内设备必须摆放安置妥当，以减轻其在乘员组空间站内的振动；

• 系统设计必须包含振动控制措施；

• 必须具备便于周期性测量振动水平的相应措施，以确保不超过振动暴露限值。

3）在不影响关键任务性能的前提下，乘员接口与程序设计必须适应预期的振动水平。

除上述通用准则外，MIL-STD-1472G（2012）还为振动环境中的用户接口开发与配置提出了一些特殊的设计要求。在该标准中，不允许使用触摸屏、基于眼部或头部的输入设备；要求手及手臂支撑物的安放位置靠近控制设备，包括要求依靠拇指尖和手指尖操控的手柄控制杆能够作为固定中心架减轻振动并提高精度；在振动导致视觉功能降低时，建议采用声频显示设备。

6.7.4.2.2　振动设计方案案例

振动控制措施包含三大相互依存的要素：1）振动源控制；2）振动传播路径干扰或吸

收；3）振动接收端防护。在某些情况下，振动不能或很难被削弱，或控制振动需要高昂的代价，需要其他代偿性技术来保障设备便于使用和乘组任务更容易开展。

适用于太空舱的振动控制技术同样可用于工业和建筑领域。然而，空间飞行不同阶段的 G 偏置水平会对空间飞行器系统组件的振动特性产生影响。

6.7.4.2.3　振动对抗措施

6.7.4.2.3.1　振动源控制

首先，空间飞行器/设备及其振动控制的设计，可通过提出设备采购规范，以及远离乘员工作区或睡眠休息区放置控制设备来实现。振动源包括：

- 扭转振动；
- 弯曲振动；
- 屈曲与平板模式振动；
- 平移、轴向或刚性体振动；
- 间歇振动；
- 随机与混合振动。

图 6.7－13 列举了振动源实例（Peterson，1980，p. 11）。不同振动源的控制方法列举在图 6.7－14 中（Peterson，1980，pp. 241，247－249）。

扭转振动

往复运动机构
- 阀门
- 压缩机
- 泵
- 引擎

旋转机构
- 电动马达
- 风扇
- 涡轮
- 齿轮
- 可旋转设备

弯曲振动
- 马达旋转轴
- 弹簧类
- 皮带类
- 管道类

屈曲与平板模式振动
- 外壳与舱盖
- 涡轮叶片
- 齿轮
- 地板
- 舱壁

平移、轴向或刚性体振动

往复运动机构
- 引擎
- 压缩机
- 振动器

马达

振动支座上的设备

间歇振动
- 地板撞击
- 舱壁撞击
- 舱体外壳撞击
- 打字机
- 步进马达
- 继电器

随机与混合振动
- 火箭点火
- 空气动力学湍流
- 管道内气体与液体流动交互作用

图 6.7－13　振动源实例

振动问题案例：大力神 2 火箭产生了 11 Hz 的强烈振动，在早期的萨杜恩号 5 型火箭测试中也曾出现类似问题。燃料泵和引擎逐步改造可将振动强度降低至可接受范围。

气液流振动

降低流率
采用低压力
使用安静阀门
调整叶轮
使导管平整
导管滞留
在弯曲处使用导向叶片

齿轮振动

使用适当润滑
降低速度
平衡齿轮
更换磨损/损坏齿轮
使用高质量齿轮
使用其他材料齿轮

转子振动

平衡转子/耦合连结
调整力或速度
更换转子轴承
减少移动部件数量

轴承振动

适当润滑
调整轴承准线或安装
降低速度
更换磨损/损坏轴承
使用其他类型轴承

磁性振动

使用安静马达，扼流线圈和变压器
隔离或封闭
重新安装

皮带/链条振动

调整松紧
调整准线
使用适当润滑
降低速度
改变材料或类型

泵噪声

降低速度
降低压力
改变压力环
隔离

点火噪声

正确调整燃烧室
使用低压屏蔽

冲击振动

尽量避免
尽量缓冲
采用阻尼

图 6.7-14 振动源控制措施

6.7.4.2.3.2 振动控制——路径传输

太空舱结构振动可通过机械激励或空气噪声（气动噪声）产生。提高振动传输过程的损耗是降低接收端振动水平的常见方式。

在发声源利用噪声控制，或者对结构采用吸声材料或声阻材料，可以降低舱壁、地板和舱顶等结构的振动激励。

通过干扰传输路径或在振动源与接收端间采用具有振动弱化功能的元件，可使振动的机械耦合传输得到控制。图 6.7-15 列举了降低振动传输路径传递效率的常见方式。

6.7.4.2.3.3 振动防护

对乘员进行振动效应防护的最佳手段是从源头控制振动产生，或沿振动传递路径控制振动量级。乘员组太空站内残余的超限值振动需要特别关注乘员身体姿态及支撑物。

1）身体姿态——通常认为半卧姿是应对 x-、y-、z-轴剧烈振动的最佳姿态，尤其在发射和再入阶段等高 G 偏置载荷条件下。坐姿最不利于减轻 z-轴振动，立姿则最不利于减轻 x-、y-轴振动。

地板、舱壁和框架振动
减小振动面积
增大质量
改变刚度
共振调谐
增加阻尼材料
气液流振动
使用弹性管道连接器
使用弹性管道悬架和支撑物
设备装配振动
使用软悬挂分段隔离
锁紧振动节点内部零件
共振免调谐组合
振动源/接收端定位
将振动源或接收端放置在振动节点处
改变振动源、接收端或二者位置
增大振动源与接收端间距离

图 6.7－15 振动路径控制措施

2）乘员支撑物——乘员支撑物表面的共振频率应为最低振动频率的一半。能提供振动防护的支撑物包括：

- 赋形座椅；
- 赋形和可调躺椅；
- 弹性座垫；
- 悬浮座椅；
- 人体束缚机构；
- 刚性或半刚性身体围挡；
- 头部束缚机构；
- 有振动吸收功能的缓冲垫。

需要注意的是，用于减轻振动的弹性柔顺支撑物设计指南可能会与较高的瞬时加速度（如机械冲击）乘员防护设计指南冲突，该指南还涉及硬着陆或发射中止系统。在某些情况下，为应对机械冲击而嵌入软物质可能产生使振动响应恶化的共振效应（MIL－STD－1472G，2012，p. 160）。

设定结构节点的乘员站位置可能降低对乘员人体支撑系统的需求。

对视觉显示而言，通过更佳的信息设计可以减轻振动效应。例如，在剧烈振动期间，图形图像信息显示比文本显示效果更为实用（Adelstein et al.，NASA TM in preparation）。若必须采用文本显示形式，应调整字体、字体大小、字体颜色和显示屏幕亮度与对比度，以提高文本可读性。同样地，屏幕上信息的频闪照度与受试者全身振动同步是一种有效的对抗措施，其可以将显示可读性恢复到非振动情形的基本水平（Adelstein et al.，2012）。

6.7.4.3 振动要求的制定与确定

空间飞行期间乘员健康与操作性能对振动要求的制定以及要求确定的方法可由早期数据和据此建立的标准产生形成，该部分内容已在6.7节其他部分加以讨论。然而，由于振动通常与其他环境和生理要素交互作用（如表6.7-6所示，且不限于此），而这些标准的数据是在地球环境中采集获得的，对空间飞行的严酷程度必须谨慎对待。

例如，航天员可能遭遇与振动效应同时作用的超重力（微重力）环境和持续变化的光照条件。此外，航天员需按要求执行空间飞行环境特有的任务，同时还需要消除长时间任务带来的不良反应，并克服安保系统和笨重航天服的制约。由于所有因素均会影响操作能力，各因素间亦存在潜在交互作用，因此不能孤立地对可接受的振动水平进行确定。

因此，概括来说（如商业飞行）或单一设计布局的评定，经验评估不应只注重振动效应，还应尽可能全面地将其他影响因素考虑进来。例如，根据6.7.3.4节中概述的研究内容建立了双子星计划与星座计划的振动需求，并充分考虑了乘员在简化环境中执行典型任务的能力。

不论是针对要求制定、分析确认，还是其他方法的确定，都需要在多个机构及学科参与下实施此类评定。这些机构和学科不仅应协作来确定相关研究和关键研究内容，还需要被纳入研究设计与实施过程，并对获得的数据进行分析和解释。最后，利益相关者必须共同评估和权衡这些研究成果对规划带来的潜在纲领性影响。

例如，为了制定星座计划的推力振动限值（6.7.3.4.3节），需包含下列人群所获得的研究贡献：

- 研究振动载荷的推进系统与结构系统工程师；
- 座椅原型结构工程师；
- 从事典型任务开发的接口、显示、制导、导航与控制工程师；
- 具有空间飞行相关经验的航天员；
- 开展实验设计、研究实施与相应结果分析的人因系统科学家，包括人体振动论题专家。

同时，参与者和利益相关方（包括多种工程要素、人因科学家、航天员办公室代表人，以及项目管理部门）通过协商并同意研究所陈述的预期飞行环境的多个方面问题。比如在双子座计划中（6.7.3.4.1节），星座计划对航天员的特需技能和以航天员为参与研究对象的任务的专家意见进行了研究（其他未对飞行专家意见作要求的研究，如振动条件下的文本可读性，则从年龄匹配的总人群中遴选参与者，以保证具备与航天员相媲美的视力）。在客观获取的性能测试数据及乘员经验的基础上，航天员办公室与人因振动论题专家制定了乘员座椅上推力振动幅度不得超过的标准，并应用于星座计划中。

6.7.5 研究所需条件

1）振动如何诱发视觉性能减退的经验知识或理论解释。

需要特别注意平移和旋转的前庭眼动设备的作用，以及在振动或振动与较高G载荷相互叠加的空间飞行环境中，稳定凝视导致的眼部和头颈系统的生物动力学响应。要以充足的范围与间隔尺寸评价整个空间任务中振动方向、频率、幅度和 G 载荷范围，尤其需要考虑到交互过程强烈的非线性特性。

2）振动与 G 载荷如何同时影响操作性能的经验知识或理论解释。

需要全面测试视觉诱导与视觉开环的手动控制之间的差异，包括自由运动（肌肉等张收缩）和约束力使用（肌肉等长收缩）。在振动与 G 载荷叠加作用的环境中，手臂、手、手指（脚）的活动机能与输入设备的设计与成功使用紧密相关，因此需对这些机能加以考虑。整个空间任务中的振动方向、频率、幅度以及 G 载荷范围也应根据充足的范围和间隔尺寸进行评价。

3）如何根据所有体轴方向、不同暴露时长以及 ISO 权重频率的全范围内的不同 G 载荷水平，改变既有振动耐限和舒适度标准的经验知识理解。

目前仍然缺乏主观数据（调查回复）与客观数据（如应力激素水平、神经系统自动响应），这些数据在确定特殊的空间飞行人体限值时是必要的，因为空间飞行环境不同于地球上的工作和运输环境。根据经验知识确定的空间飞行限值可以为座椅及其束缚系统、航天服、手动输入设备和乘员任务的设计提供帮助。该领域研究工作可用于阐述短期大振幅暴露涉及到的损伤类型、生理应力响应和其他健康问题，以往的研究文献对该问题关注较少（大多数研究侧重于长期低水平的职业性暴露）。逆转与不可逆转损伤对动物前庭系统影响需要开展研究。

4）与空间飞行相关的大幅度突发性振动可能引发的认知影响评估。

一些历史文献（Magid et al.，1960；Temple et al.，1964）注重对如瞬时混乱、定向障碍和剧烈振动期内焦虑症的心理学冲击研究。上述因素可能降低辨识能力，对回路中乘员在关键阶段的决策制定（如任务中止）构成障碍。

5）在上文阐述的经验研究中（标题 1～4），数据作为其组成部分需要进行采集，从而保证单一频率和单个方向（如 x、y、z 轴方向）振动的影响与多频率多方向振动具有可比性。

当前的标准将发生于多个时间频率和空间维度的并发振动影响视为单一频率或空间分量的总和（或平方和）。由于多种现实环境（包括空间飞行环境）中振动输入既非单频正弦曲线也非单一轴向，采集和分析此类数据将使线性叠加假设有效性评估成为可能。

6）构建多种 G 载荷制度下的人体振动响应分析模型，用以预测生物动力学、感官系统和运动神经系统对振动的响应。

感知系统影响应包含视觉、触觉和听觉。运动神经响应包含手动作业和言语产生。经过确认后，这些模型可以预测多轴多频时在变振动与空间飞行各阶段 G 载荷的复合作用下，人体感知、运动效能以及言语可懂性的降低程度。结果模型可为高精度数值模拟系统的开发及部署提供分析工具，进而减少设计周期内对人体测试的需求。最后，这些模型通过分析工作进行需求确认，无需采用代价高昂的测试。

7）拓展多种振动与 G 载荷制度下建立的航天器驾驶员性能标准经验知识数据库。其包含一系列典型的正常与异常的多任务处理情形，视觉与多模信息显示格式，携载设备自动化水平和乘员与地面系统接口形式。

旨在修正从研究标题 1～6，以及 NASA 载人飞行应用指定的操作环境、任务、流程和系统中获取的一般性知识。

8）制定以乘员为核心的空间飞行系统振动对抗新措施。

振动环境对抗措施应着眼于信息显示、手动控制接口、座椅及其束缚装置，以及航天服和头盔的设计。以乘员为核心的成功的对抗措施能减缓乘员与邻近接口装备之间振动的机械传导，并且/或者将未能减弱的振动对乘员性能的影响程度最小化。低功率、小质量的、以乘员为核心的对抗措施（包括接口与 ops 理念设计）将拓宽空间飞行系统减振设计与实施的可选范围，并避免了对运载火箭推进器和/或结构部件进行代价高昂的改造。

6.8 电离辐射

6.8.1 引言

本节描述了空间电离辐射环境及来源，还阐述了其对生理机能、辐射剂量限值制定、对抗措施和辐射监测的影响。电离辐射是指那些可以引起物质原子电离的辐射（电磁场或粒子）。例如高能质子、中子、β 射线以及空间等离子体等。由于吸收辐射剂量、剂量率、电离辐射类型以及器官和组织的不同，电离辐射可能导致生物系统的确定性效应和随机性效应。空间辐射引起的不同生物效应以及变化的电离辐射是人类太空飞行时对航天员的防护必须面对的挑战。因此，在设计载人航天器和制定飞行计划之前，美国国家航空航天局（NASA）必须定义一个标准的辐射环境。

6.8.2 空间电离辐射环境

空间电离辐射环境主要由带电粒子、中性粒子和高能光子组成。带电粒子主要有电子、质子、α 粒子以及高能重离子，中性粒子主要为中子。粒子的核电荷和质量决定了其与物质快速反应时的能量损失情况。对于同样能量的粒子，X 射线在铝中的射程最大，电子的射程比质子的射程大。同时，对于不同的飞行任务，飞船遭遇的辐射环境也不尽相同（包括粒子通量、粒子类型和能量等），这些辐射源类型和分布区域（近地或太阳系内）将在下面的章节中详细论述。

6.8.2.1 单位

在讨论空间辐射源以及辐射效应之前，首先系统地论述一下辐射剂量学的量和单位。经常使用的量是吸收剂量和剂量当量（H）。吸收剂量是单位质量内所沉积的电离辐射能，国际标准单位是 Gy，其定义为 1J 能量在 1 kg 物质中的沉积情况。因为人体大部分为水，并且各器官和组织密度与水接近，因此在辐射剂量学中，通常定义的材料为水，在组织中由探测器得到的数据需转化为 Gy。

在人体组织中不同的能量沉积分布情况产生的生物效应是不同的。同样的能量辐射，沉积在小尺度内比沉积在大尺度内对生物体产生的损伤更大。传能线密度（LET）是指单位长度内的沉积能量，单位是 keV/mm。用剂量当量旨在以通用统一的物理量来描述不同感兴趣的辐射的生物效应。剂量当量由吸收剂量乘以品质因数 Q 得到，单位是 Sv。品质因数 Q 与 LET 有关，它们之间的关系如表 6.8－1 所示。

表 6.8－1　Q－LET 的关系（NCRP 142，2000）

无限制的水中 LET、L	$Q(L)$
＜10	1
10～100	$0.32L \sim 2.2$
＞100	$300/L^{1/2}$

NCRP 132（2000）报告采用了等效吸收剂量（Gy－Eq）的概念来描述辐射对个体器官的潜在损伤，其由吸收剂量乘以一个类似于品质因数 Q 的因子获得，因此这个量类似于剂量当量。

表 6.8－1 展示了基于生物学研究的品质因数与 LET 的关系。表明了当辐射沉积能量在 100 keV 到 200 keV 每微米的时候，对 DNA、细胞以及组织的潜在危险最大。尽管如此，现在已经广泛接受这样一个事实，LET 不是一个充分的量用来反映所有类型辐射的潜在损伤，特别是对于重离子而言。然而，就目前研究而言，还没有一个有效的量可以来替代 LET。例如引起红斑和呕吐效应等的 RBE 值就应该根据研究的结果进行不断修正。另外，相对生物效能（RBE）也已经被推荐应用在关键组织和器官的确定性效应限值的制定中（NCRP 132，2000）。一些基于详细生物学终点研究的 RBE 值，在它们可以应用的时候，应该包含在此手册中。

6.8.2.2　辐射源

空间电离辐射源主要包括以下四类：

- 太阳粒子；
- 银河宇宙辐射；
- 地磁捕获辐射；
- 设备辐射。

空间天然的辐射环境主要由质子组成。空间天然辐射源的能量和强度分布如图 6.8－1（Schimmerling & Curtis，1978）所示。一些通量较低（粒子 • cm^{-2} • s^{-1}）或易被飞船

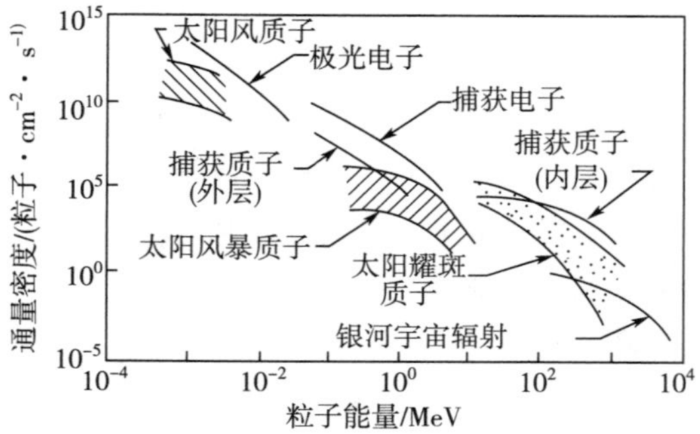

图 6.8－1　空间天然辐射源的能量分布

材料吸收的粒子无法穿透飞船舱壁，因此可以忽略它们对航天员的潜在辐射损伤。而一些重离子，尽管其通量很低，但是可能在人体内形成相当大的能量沉积，因此需要考虑其对航天员造成的辐射损伤。

空间辐射水平与太阳活动周期以及距离地球表面的距离密切相关。因此，不管在任何情况下，在空间飞行期间使航天员所受到的辐射剂量最小化，在制定飞行计划时也应着重考虑空间辐射在时空分布上的差异。

6.8.2.2.1 太阳辐射

太阳辐射有两种：太阳风和太阳粒子事件（SPEs，solar particle events），SPEs 与太阳耀斑和日冕物质抛射（CME，coronal mass ejections）相关。太阳辐射的粒子能量和原子数都比银河宇宙辐射（GCR，galactic cosmic rays）低，因此，其生物学效应也相对较小。

太阳风由约 95%的质子、4%的 α 粒子和 1%的其他粒子组成（主要是碳、氮、氧、氖、镁、硅和铁）。这些粒子有高速（～800 km/s）和低速（～400 km/s）两种。通常，低速太阳风中重离子所占的比重是高速太阳风中的三倍。太阳风的成分和速度随太阳活动 11 年的周期进行着相应的变化。

太阳耀斑和日冕物质抛射（CME）起源于太阳表层，通常与太阳黑子有关。尽管这些事件比太阳黑子出现概率低很多，然而在太阳活动极大年出现的概率比太阳活动极小年的概率大。伴随着太阳耀斑的 SPEs 会发射高强度的电磁辐射，其主要成分是质子、电子和等离子体（从氦核到铁核），通常持续几天。尽管每次事件中的成分不尽相同，但主要成分是 97.8%质子和 2.1%氦。太阳耀斑的产生、持续时间以及强度都是不可预测的，这是由于事件形成后的磁流体力学物理过程和粒子在太阳内部的输运。因此，一个高密度的太阳粒子事件（SPEs）可以在几个小时内到达地球，也可以持续超过 1 周，在此期间，可能会爆发持续几小时的大事件。1989 年大型的 SPEs 能谱如图 6.8－2 所示。

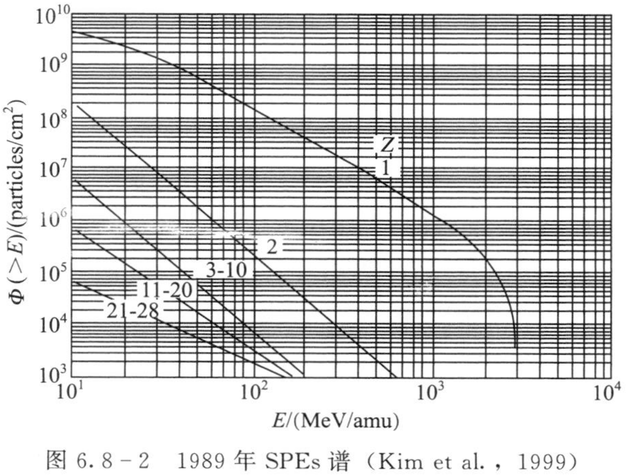

图 6.8－2 1989 年 SPEs 谱（Kim et al.，1999）

从图 6.8－2 中可以看出，SPEs 的主要成分是质子（＜10 MeV/粒子），飞船外很容易将其屏蔽掉。如图 6.8－2 所示，随着能量的增加，粒子通量迅速下降。但在出舱活动时，需要考虑能量大于 10 MeV 的高通量质子；粒子能量超过 30 MeV 时，较薄舱壁的飞船也应考虑其影响。图 6.8-3 为不同能量的质子在铝中的射程。

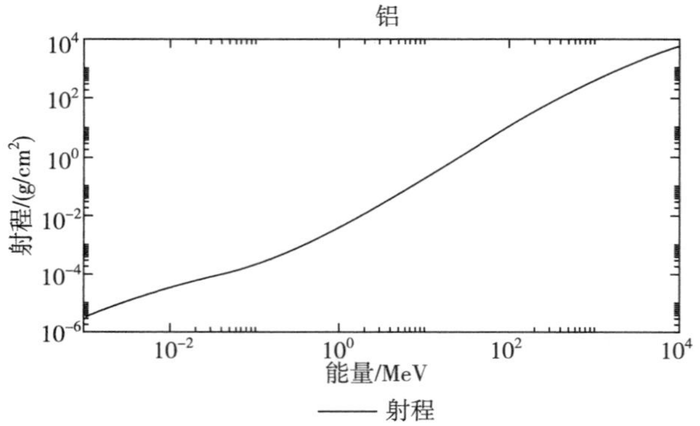

图 6.8-3　不同能量的质子在铝中的射程

太阳活动的周期约为 11 年，太阳活动周期由太阳黑子数量的交替增减划分。将每月都发生变化的太阳黑子数进行统计，并做平滑处理，得到图 6.8-4。

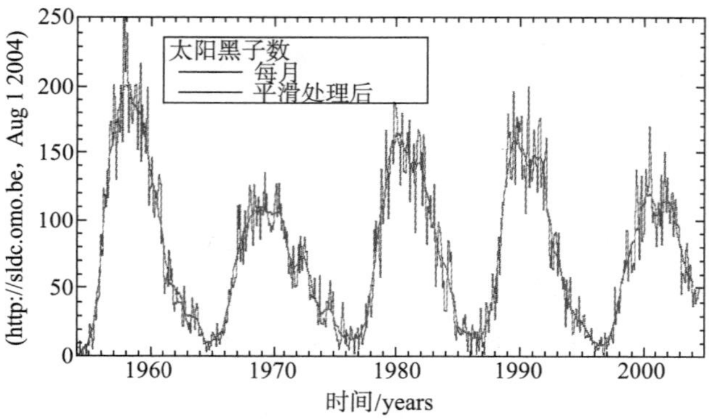

图 6.8-4　11 年周期的太阳活动（http://sidc. oma. be/imdex. php）

准确地预报 SPEs 的发生时间和强度目前是无法实现的，但是可以根据太阳活动的周期性做出相对可靠的预报（Hathaway et al.，1994）。这类预测借助的是已总结出下次太阳活动极大年、前次周期极大年、最小太阳黑子数、前次最大幅值和活动、极小年期间及其后的地磁变化之间的关系。尽管无法预报 SPEs 发生的概率和密度或者准确的太阳耀斑时间，但是可以预报长期飞行期间可能遭遇的 SPEs 的次数（Kim et al，2006）。在第 24 个太阳活动周期中对太阳黑子的预估情况如图 6.8-5 所示。

从 1956 年（第 19 个太阳周期）开始统计的 SPEs 数据表明，在一个太阳活动周期内，会发生 30～50 个主要的 SPE 事件，大部分发生在一个太阳周期的中间 5 年，并对应于太阳活动极大年。需要特别关注的是特大 CMEs，其是影响航天员健康的潜在危险。1972 年 8 月的 SPE 事件，是有记录以来的最大事件。尽管一般这次事件的能谱用来进行未来 SPEs 事件的防护设计，但是其可能并不是最糟糕的情况。通过检测极地冰层中硝酸盐的

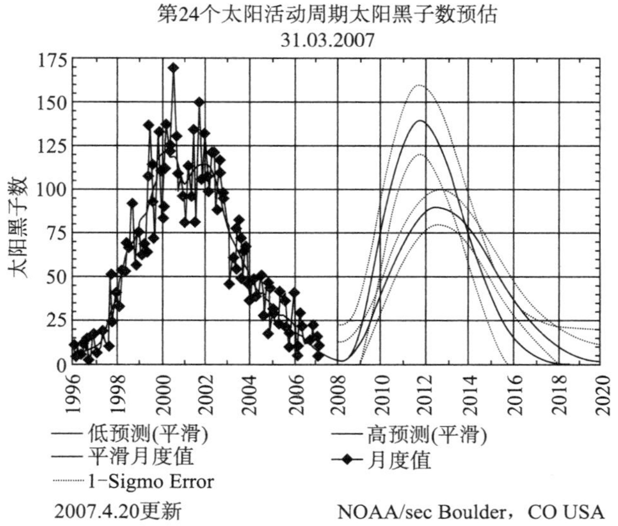

图 6.8-5 第 24 个太阳活动周期太阳黑子数的预估（见彩插）

含量发现，在过去的500年中，最大SPEs的通量是1972年事件的10倍（Shea & Smart，2004）。图6.8-6是在这次事件中，不同铝屏蔽厚度下皮肤、眼睛和造血器官（BFO，blood-forming organs）的吸收剂量。

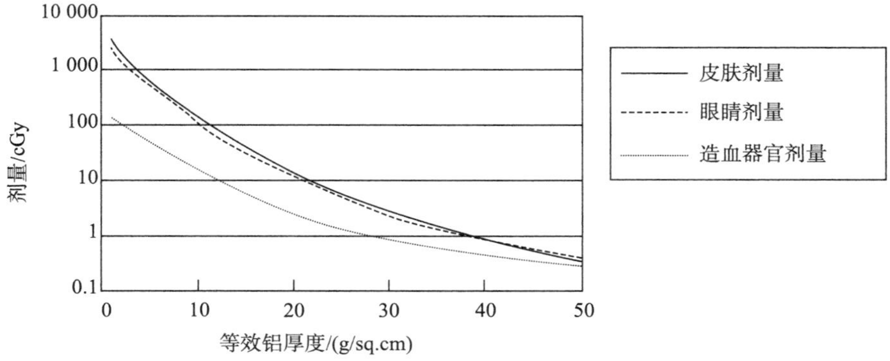

图 6.8-6 不同铝屏蔽厚度下器官的吸收剂量

6.8.2.2.2 银河宇宙辐射

银河宇宙辐射（GCR）起源于太阳系外，包括从质子到铀的各种带电粒子，能量（速度很高）很高，分布为近似各向同性（尽管太阳起了调节作用）。GCR的主要成分是约87%的质子和12%的α粒子，其余大部分为原子序数从3～30的重离子（Simpson et al.，1983），以及极少量的原子序数大于30的重离子（其丰度大概是铁的10^{-4}）。GCR中有约1%的电子和正电子，但是由于其很容易被屏蔽，因此对航天员的危害小。与其相反，一旦如铁离子这类的重离子穿透飞船外壁，便可以沉积大于质子或电子的能量，因此虽然铁离子的丰度相对质子很小，但是它们对生物体的损伤比质子严重。

GCR在太阳系内的变化受到太阳风的调制。一个周期内，太阳粒子的外流数量与观察到的太阳风事件直接相关。太阳活动极大年时，太阳风强烈，受太阳风磁场减弱作用，GCR 强度最低；反之，太阳活动极小年时，强度最高。在太阳活动极小年，GCR 的剂量是太阳活动极大年的 2～3 倍。越靠近太阳的地方，由于太阳风密度变大，GCR 受太阳风的调制现象越明显。太阳活动极大年、极小年和 1972 年 8 月太阳质子事件的粒子通量比较如图 6.8－7 所示。

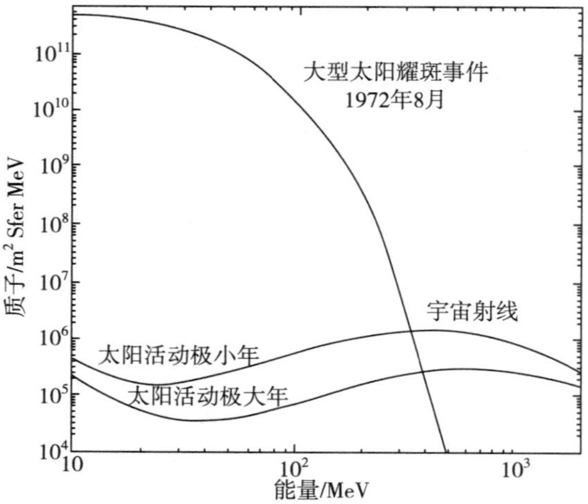

图 6.8－7　太阳活动极大年、极小年和 1972 年 8 月太阳质子事件的质子通量

太阳活动周期与南印度洋克尔格伦群岛的中子测量数据的相应关系如图 6.8－8 所示。GCR 与地球大气发生反应，产生中子，因此中子水平测量可以间接反映出 GCR 的辐射强度。行星际飞行期间 GCR 造成的辐射剂量在太阳活动极大年为 0.3 Sv/yr；太阳活动极小年为约 1 Sv/yr（Townsend et al.，1992）。

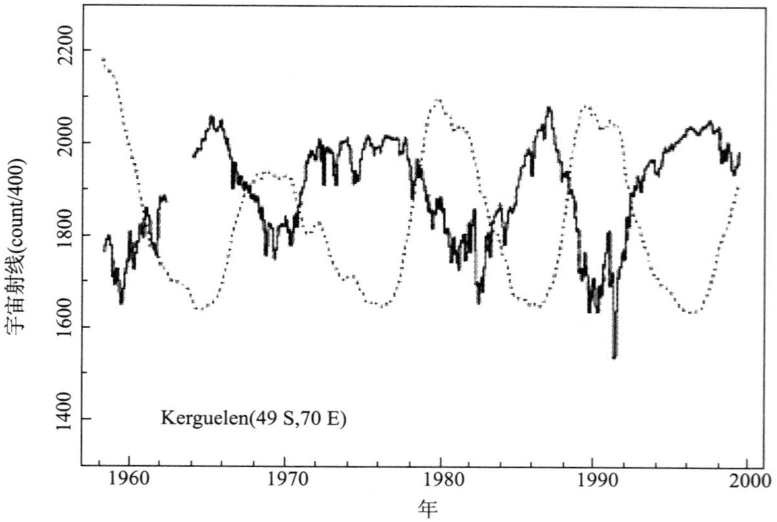

图 6.8－8　太阳活动周期（点线）与 Kerguelen 岛的中子测量数据的关系（实线）

NASA 一般使用 Badhwar - O'Neill 模型（Badhwar & O'Neill，1991）来估算 GCR 的强度。根据高级复合探测卫星探测数据和位于科罗位多的地面中子探测设备的数据，在 2007 年对该模型进行了修正（O'Neill，2007），以评估太阳调制参数［$\Phi(t)$］。该参数与 GCR 在太阳系的传播相关，单位是伏特。

6.8.2.2.3 地磁捕获辐射

地心物质中含有铁元素，同时由于自转，在地球周围形成了一个绵延数千千米的磁场。空间带电粒子与地球磁场相互作用，其原始方向根据其速度（能量）、电荷和质量在地球磁场中发生改变。

地磁捕获辐射带的粒子主要是质子和电子。由于质子具有相对较高的能量，可以穿透飞船舱壁，是航天员空间辐射剂量的主要来源，因此需要着重处理；而电子能量相对较低，可以很容易地被舱壁屏蔽掉。另外，也存在一些离子（如氦、碳和氧），但因为它们的通量很低，所以不需要重点考虑。

由于地磁场轴与地球自转轴存在倾斜，因此在南大西洋上空形成了一个负磁异常区（SAA）。SAA 大概位于东经 35°、南纬 35°（如图 6.8-9），但向西北方向漂移，漂移速度近似为 0.19°W/yr、0.07°N/yr°。

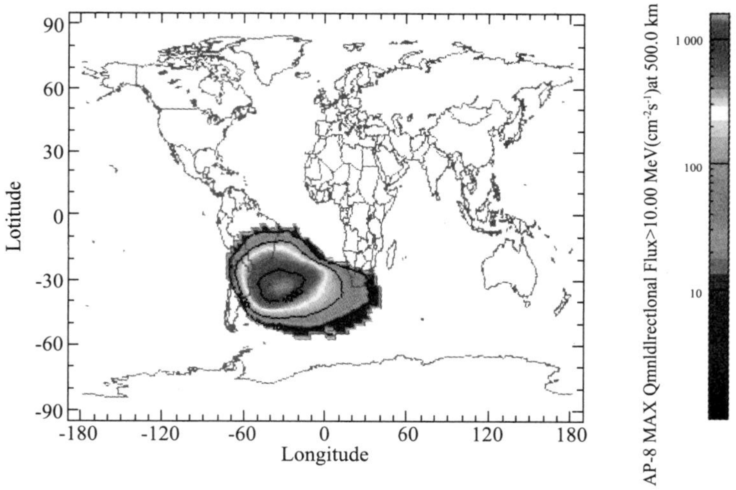

图 6.8-9 南大西洋异常区（SAA）（见彩插）

在 SAA 中，内捕获辐射带下降到大约距离地球表面 200 km 处，这样造成的两个结果使其需要得到重视。第一，因为高度低，一些质子会被大气吸收，并且由于质子和电子沿着各自磁力线回旋运动，导致了在近地轨道（LEO）粒子通量的各向异性分布，在东西方向质子通量存在差异；第二，这个区域的质子通量比地球上相同高度的其他区域要高（磁力线集中），因此经过该区域时会产生额外的辐射剂量。除了高度和轨道倾角外，太阳活动对地磁捕获辐射也有影响。活跃的太阳活动使大气膨胀，从而增加质子流失，因此地磁捕获辐射在近地轨道造成的辐射剂量在太阳活动极大年变小、在极小年变大。

目前，NASA 使用 AP-8 和 AE-8 分别估算地磁捕获辐射带质子和电子的能谱。通常，AP－8的估算值较测量值大，一般在2倍左右。在外辐射带，由于地球磁场的相对不稳定性，模型和测量值的差异可能达到10倍。相对来说，AE－8的结果更加复杂。由于SPEs和一些电子源区域的影响，模型和测量值的差异可能达到10～50倍。在近地轨道，AE－8的精度相对较高，与测量值的误差可以控制在2倍以内；而在内带边缘，最大误差可能达到10倍（Armstrong & Colborn，2000）。

6.8.2.2.3.1　近地轨道（LEO）

由于近地轨道的辐射环境模型相对准确，飞船空间辐射剂量预估值的误差可以控制在25％以内（Cucinotta et al.，2003）。对于近地轨道飞行（例如航天飞机），地磁捕获辐射（特别是SAA区域）和GCR是两个最主要的辐射源。通常来说，近地轨道的辐射剂量60％来源于SAA，40％来源于GCR和太阳宇宙辐射。然而，SPEs还可以提高捕获粒子辐射。此外，在磁暴期间，由于CMEs，地球磁场被压缩，更多的质子和电子流将达到更低的高度，使得舱中或EVA的乘员暴露在更强的辐射下。低倾角的飞行轨道，飞船不经过SAA的最大密度区；高倾角的飞行轨道，虽然飞船穿过SAA区，但高倾角轨道经过SAA的时间比低倾角轨道短，因此，对于同样的高度，高倾角飞行接受的来自SAA的捕获辐射比低倾角飞行少。

对于飞船，由于地球磁场的存在，飞船的高度和轨道的倾角对确定从GCR吸收的辐射剂量率也将产生很大的影响。图6.8－10展示了不同倾角轨道GCR的剂量当量。主要影响为地球磁场产生的屏蔽使来源于GCR的带电粒子发生偏离。对于近地飞行，300 km的曲线可以用来估算飞船的辐射剂量。达到6个地球半径的高度后，这种地球磁场对GCR的防护不起任何作用。

对于长期飞行，轨道高度越高，大气对飞船的阻力越小。在相对较高的近地轨道，高度每增高100 km辐射剂量大概增加1倍。另外，在太阳活动极大年和极小年，捕获辐射带的质子通量也相差2倍。

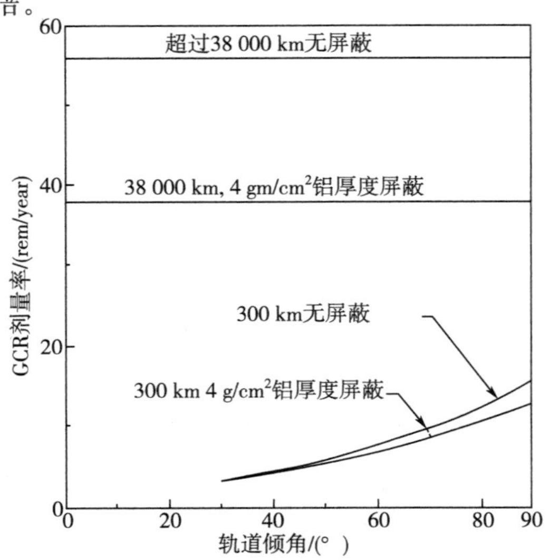

图6.8－10　不同倾角轨道GCR的剂量当量

6.8.2.2.3.2 高地球轨道

飞船在飞向月球和火星的过程中，将在近地轨道被加速到逃逸速度，然后穿过内辐射带和外辐射带。其中内辐射带（≤20 000 km）是需要重点考虑的辐射源，因为内辐射带主要是质子，高能质子可以穿透飞船舱壁对航天员造成辐射损伤。随着轨道高度的增加，捕获质子的能量也在增加，正常的飞船舱壁无法提供有效的防护。幸运的是，在阿波罗任务中，飞船穿过辐射带的时间较短，因此捕获辐射造成的剂量很小。在这些任务中，航天员的平均皮肤剂量是 4.1 mGy，其大部分是由于辐射带造成的（Bailey，1976）。

6.8.2.3 登月任务

地球磁场可以偏转大部分空间的带电粒子，保护我们的地球。在登月中，飞船将穿过辐射带，使得航天员和飞船暴露在高通量的捕获辐射粒子中。除了捕获辐射，飞船和航天员还将暴露在无地磁场防护的太阳粒子和更高能量级的 GCR 中。然而当处在月球表面时，月球自身为航天员提供了 2π 的防护，但是同时也失去了大气和地球磁场的防护。

目前，NASA 计划在 2020 年实施下次载人登月，这一年是预测的下一个太阳周期的太阳活动极小年（第 25 周期）。尽管在太阳活动极小年遭遇 SPEs 的概率较小，但是随着任务持续时间的增加，遭遇 SPEs 的概率也随之增大。另外，在太阳活动极小年，GCR 剂量率也将处于高水平。当 GCR 的高能粒子撞击月球表面后，会产生次级粒子，从而增加了航天员的辐射剂量。需要特别考虑这些次级粒子中中子的存在，因为中子的穿透性很强，可以穿透高密度材料，但是一旦与水（人体组织）发生反应，其会很快损失大量能量。这是由于中子和 H 相近的质量增加了能量转移的效率。阿波罗任务中辐射剂量不高是因为其飞行时间短，还有就是运气好。为了对月球辐射环境进一步深入了解，于 2009 年发射了携带宇宙辐射望远镜、用来分析月球表面粒子谱的月球探测器。

6.8.2.4 行星任务

磁场和大气为地球提供了防护。其他行星，例如火星，没有磁场可以偏转空间的带电粒子以提供屏障。火星存在稀薄的大气，其主要成分是二氧化碳，其提供了一些对 SPE 和 GCR 的防护。除了这些，火星其余辐射环境与月球相似。在化学推进下，通过辐射带时的辐射剂量占很小一部分。然而由于从地球到火星的飞行时间长且与太阳周期密切相关，也必须着重考虑 GCR。同时，还应该考虑由高能粒子与大气和火星表面反应产生的中子的辐射。

同时，还应该考虑由高能粒子与大气和火星表面反应产生的中子的辐射。与载人登月不同，火星往返需要 600 天，这意味着需要同等考虑其 SPE 和 GCR。（Campbell，1992）火星任务的辐射剂量与持续时间、辐射环境和飞船的屏蔽密切相关。更长时的飞行，但不包括重要的低空飞行，将使乘员暴露在更大剂量的 GCR，使乘员更接近太阳，且 SPEs 更强烈，到达得更早，但是，如果提供 25 g/cm^2 的保护层，则可使来自太阳闪耀的剂量减至最低。

2001 年发射的火星探测器上的火星辐射环境实验装置（MARIE）进行了很多直接测量。MARIE 测量结果显示，2002 年 12 月，在太阳活动非常低时，GCR 的剂量率为

21 mrad/d，这与模型预估的差异在10%内。2002 年 7 月是 SPE 的增强时期，剂量率超过 1 000 mrad/d。美国火星科学实验室将会指导表面测量。

为了更精确地对行星际空间飞行中的辐射剂量进行预估，已经对行星际空间详细的 SPE 剂量率进行了估算（Parsons et al.，2000）。在 1972 年的 SPE 中，在典型的飞船屏蔽条件下，没有地球磁场的防护，红骨髓剂量率和皮肤剂量率为 6 cGy/h～20 cGy/h。这可以引起强烈的生物效应（详见 6.8.3 节），飞船远远无法对其提供有效的防护。

6.8.2.5　出舱活动

在出舱活动时，航天员不像在任务的其他时间内可以由飞船提供防护。因此，出舱活动带来了特有的危害，需要单独进行评估。尽管飞船的防护不是很厚，但是 GCR 中的低能粒子，捕获带质子和电子以及 SPEs 无法穿透飞船，因此这些粒子对航天员造成的影响不需要去考虑。然而，航天服的厚度无法防护上述粒子。正如 6.8.2.1 中描述的那样，SPE 的爆发及其密度无法预报，并且 SPE 可以增加近地轨道捕获带质子和电子的密度，增大航天员的辐射风险。所以，在 EVA 期间，SPEs 是需要重点考虑的辐射源，需要对 EVA 期间的空间辐射进行实时监测，并且制定相应的出舱活动计划，确保航天员 EVA 期间的辐射安全。详细的论述见 11.4.2 节。

6.8.2.6　具有放射性的设备

飞船上有放射性的设备主要有以下 3 种类型：

- 密封放射源；
- 功率源；
- 感应射线。

6.8.2.6.1　密封放射源

密封放射源主要是指一些小的放射性同位素（物理体积和放射量都很小），通常用在仪表等设备上作为校准源。目前，仅有两种密封放射源被应用于载人航天中，分别是 Cm－244和 Am－241，用来作为 ISS 上组织等效正比计数器（TEPC，Tissue Equivalent Proportional Counter）的校准源和烟雾探测器的组成部件。这些辐射源的放射性很低，远低于空间其他的辐射源，并且数量很少，因此很容易防护。需要特别注意的那些没有密封的且易碎的放射性的物质，例如放射性试剂等。通常，许多这些辐射源对航天员仅仅造成外照射，但是一旦进入人体，就会对人体组织造成较大的长期或短期的辐射损伤，因此需要重点考虑。值得注意的是造成上述影响的剂量水平要比来自单个密封辐射源偶发暴露的水平要高，因此应考虑列入常规危害中。

6.8.2.6.2　电源

电源有两种，分别是放射性同位素和核反应两种类型。最常见的同位素电源是同位素热电发电机（RTG，radioisotopic thermoelectric generator）。RTG 运用高放射源在介质中存储热能，然后利用活塞运动或者加热一个热电偶结去产生电能。在阿波罗 12～17 任务中，利用 Pu－238 源进行了一些月球表面的实验（English & Liles，1972），其导致一些少量的中子剂量的增加。在阿波罗 13 号任务中探测到了较高的中子剂量：因为在该任务中终止了登月任务，因此没有将探测设备发射到月表，既而在往返月球的过程中航天员都受到了额外的功率源辐射。核反应产生的能量是巨大的，比同位素电源的效率大很多。这两种反应器如果没有合适的防护，对航天员造成的辐射损伤都将是致命的；甚至核反应停止后，其放射性仍然存在。核反应电池在启动前辐射水平很低，而RTG则在电池刚工作时辐射量很高。但是其可诱导周围材料产生辐射，如果没有合适的防护，其对航天员造成的辐射损伤是致命的。甚至核反应停止后，其放射性仍然存在。核反应还能导致设备附近的材料具有放射性。根据辐射防护最优化原则，在航天员面对功率源的一侧，应该提供足够的防护厚度。

另一个概念通过一个吊杆将发生器伸到飞船外部，由于其对航天员活动立体角范围影响变小，因此可以减少对辐射防护的需求。将发生器放置在行星表面时也可以利用行星自身提供一定的防护。利用行星表面的地形或者通过挖洞进行空间辐射防护，可以减少从地球上运输进行行星表面的辐射防护建设的材料。

6.8.2.6.3 感生射线

感生射线是由空间高能辐射与某些飞船材料反应引起的。当粒子（或者光子）具有足够高的能量时，其可以和原子的原子核发生反应，产生不稳定的原子。不稳定的原子可能放射电子、正电子、光子、中子、质子或α粒子，从而回到稳定状态。在空间，较高能的GCR是主要的激活源。即使很多粒子可激发飞船部件，但由于空间高能GCR的通量不大，因此感生射线产生的辐射剂量仅仅占空间辐射剂量的很小一部分。GCR的一次对不同部件和各种可吸收物品的对比研究（Plaza－Rosado，1991）表明，感生射线产生的辐射剂量低于地球上的可接受水平。

6.8.3 电离辐射照射的生理效应

空间中的辐射照射可以给航天员带来即刻的损伤，也可以影响其后续的生活。很难对这些效应进行完全充分地定量评估。即便假定可以准确测量辐射照射值，由于对不同类型的辐射个体的敏感性不同，因此损伤的效能也存在差异。此外，尚对部分结果的全面性生物学效应知之甚少。对于辐射照射通常仍采用两种主要的分类方法，确定性（非随机）效应和随机效应。在相对较大剂量的辐射照射后，可产生确定性效应，即效应的出现存在一个影响阈值。随机效应被认为是对单个细胞的损伤结果，并认为该损伤的表现（严重程度）与辐射照射的剂量无关，但损伤的可能性随着剂量的增加而增大。因此，对于个体而言，发生随机效应的风险与最小可测量的照射剂量有关。在这使用了“辐射品质”这个术语，以描述辐射能量和粒子类型等对于组织和细胞损伤的共同影响。

6.8.3.1 人的反应

正如由于不同类型的辐射具有不同的影响，不同的组织对于辐射侵入的反应也不相同。此外，个体的性别、年龄以及健康对于辐射照射的敏感性均具有一定的作用。在此，这些辐射作用根据其对任务的影响被分为早期效应和迟发效应。下面将综合讨论辐射照射的部分影响，列出了考虑辐射照射制定计划时应考虑的因素。这些列举绝不是全面的，对于不同的器官和组织存在不同的随机效应的可能性。为了评估辐射剂量，不同组织被分配了相应的权重因子。相对于以往描述的剂量当量，这些组织权重因子（w_T）试图把个体组织对整个人体系统的影响效应列出等式。组织权重因子如表 6.8－2 所示。这些权重因子反映了辐射对每种组织致癌的相对可能性（NCRP 132，2000）。对于需研究的组织，如式（6.8－1）所示，将剂量当量乘以其权重因子，所得结果即为有效剂量当量（EDE，effective dose equivalent）

$$\mathrm{EDE} = \sum_T w_T H_T \tag{6.8-1}$$

有效剂量当量（EDE）试图说明个体整体的辐射敏感度，并用于评估死亡风险。

表 6.8－2　不同组织的权重因子

骨表面、皮肤	膀胱、乳房、肝、食道、甲状腺、其他*	骨髓、结肠、肺、胃	生殖腺
0.01	0.05	0.12	0.20

注：*其他部分包括肾上腺、脑、小肠、大肠、肾、肌肉、胰、脾、胸腺及子宫。当其他器官中的一个受到的辐射剂量超过表中 12 个器官中的任何一个时，则采用 0.025 作为该器官的权重因子，剩余的 0.025 作为其他器官的权重因子（NCRP 132，2000）。

6.8.3.1.1　早期效应

早期效应是指在最初的辐射照射后几小时到几天的时间内出现的反应。通常发生于急性暴露于大于阈剂量的辐射后，会出现细胞或组织明显的断裂。作为辐射损伤的直接或间接结果，其多数可能影响任务的执行，甚至威胁生命。出现的早期效应都认为是不可接受的。太阳粒子事件（SPEs）被认为是导致早期效应的主要来源。在早期效应中，疲劳、恶心、呕吐、腹泻和失去食欲是可以观察到的、最有可能发生的症状，特别是当 EVA 或表面作业时出现预料之外的辐射照射时。下面将介绍发生大型太阳粒子事件时应关注的问题。一般而言，维持辐射剂量低于 0.5～1.0 Gy 便可以控制住短期照射的有害效应，正如 1972 年 8 月的事件一样。然而有一点很重要，就是要记住辐射照射早期效应的“安全水平”是一个很宽的范围。这主要是由于体重、性别甚至遗传倾向使得个体的敏感度有很大的差异。其他还有很多因素可以增加或降低个体的敏感性。表 6.8－3 中对早期效应进行了总结。其中列出的效应的阈值是根据地球上的人群得出的。NASA 提出了短期限值以保护航天员健康和任务免受早期效应的影响。由于航天飞行中存在复合效应，包括免疫系统功能下降、营养、微重力及其他因素等，这一限值并不能完全保护航天员。当前，尚无足够的资料可用于判断复合因素对辐射敏感性的影响。

前驱症状：术语“前驱症状”常用于描述伴随着大剂量照射而导致的恶心、呕吐、腹泻及失去食欲等短期表现。症状的严重程度与超出阈值的剂量有关。全身吸收剂量分别为 1.08 Gy、1.58 Gy 和 2.4 Gy 的人群中 50% 的人出现食欲下降、恶心及呕吐（Ricks，1975）。在地球上，低于 0.5 Gy 时尚未发现有前驱症状。除了 LET 不能很好地预测生物效应外，对于辐射类型的变化也还未很好地了解。

血液学变化：骨髓对于辐射损伤十分敏感，但生成红细胞和白细胞的细胞系（造血干细胞）越特异，对辐射损伤的抵抗力就越强。对骨髓的损伤将对全身大面积区域内的众多细胞系产生影响。基于这一原因，NASA 制定了短期飞行造血器官剂量限值。据 NCRP 132（2000）报道，初期休眠的、具有分化能力的多能干细胞相对而言对辐射具有一定的抵抗力，在 0.9～1.1 Gy 间大约有 37％的细胞（D_o）被破坏；相对活跃成熟的，但能在 7 天内分化成多种克隆形成的单位对辐射更为敏感，在 0.5～0.9 Gy 间具有一定的抵抗力；而仅限于巨噬细胞克隆形成细胞系所生成的、更成熟活跃的循环细胞对于辐射具有更强的抵抗力，其 D_o 超过 1 Gy。所有给出的吸收剂量是针对低 LET 辐射给出的。急性照射的主要效应是血小板及白细胞的破坏。产生明显效应的阈值约为 1.5 Gy，但白细胞计数的变化可以在更早期检测到（National Research Council，1996）。

皮肤变化：对航天员而言，由于物理刺激和因看见这一效应引起的精神紧张，使得皮肤效应成为一个值得特别关注的问题。随着剂量的增加，出现的四种主要反应是红斑、干性脱屑（表面脱落）、湿性脱屑以及皮肤感染。出现红斑的阈值约为 2 Gy；5～6 Gy 辐射照射 4～6 周后，出现干性脱屑；出现湿性脱屑以及皮肤感染的阈值约为 20 Gy。

中枢神经系统及行为学变化：辐射可引起中枢神经系统效应。然而迄今为止，尚无足够的数据可得出发现可能的效应或找出诱发这些效应的剂量阈值的结论。在 0.2 Gy 剂量下可在小鼠身上观察到行为学变化，铁离子在反映这些效应时更为明显。在极高的剂量（20 Gy）下，辐射直接损伤中枢神经系统，几小时内就会死亡。

表 6.8-3 不同早期效应的剂量水平

效应	剂量
血细胞计数变化	0.5 Gy
神经性厌食	1.0 Gy
呕吐（阈值）	1.0 Gy
恶心	1.5 Gy
疲劳	1.5 Gy
死亡（阈值）	1.5 Gy
骨髓衰竭	3.0 Gy
$LD^{*}_{50/60}$（最低医疗支持）	3.2～3.6 Gy
皮肤损伤	5.0 Gy
$LD_{50/60}$（中度医疗支持）	4.8～5.4 Gy
100％致死（最有效医疗支持）	8.0 Gy
中枢神经系统——几小时内死亡	20 Gy

注：* $LD_{50/60}$为 50％的受照射人群在 60 天内死亡的剂量（From NCRP 98，1989）。

6.8.3.1.2 迟发效应

文中所述的迟发效应是指飞行任务后以及航天员终生可能出现的效应，对于个体而言需要几年的时间证实。对抗迟发效应采取的保护措施对于执行任务的时间及乘组的选拔均有重要影响。

眼：尽管已经发现了众多辐射照射引起的眼部效应，诱发白内障是其中最常见的效应。这是因为该辐射损伤易于检测，对于单次照射而言，其诱发阈值约为 2 Gy，这是所有观察到的眼部效应中的最低剂量。人们并不认为诱发白内障可能对任务产生影响。迄今为止，白内障是唯一空间辐射照射所致的健康损害（Cucinotta et al.，2001）。

心血管系统疾病：辐射照射与心血管系统疾病发生的潜在可能性之间已经建立了一种关联性。动物研究表明，在照射剂量达到0.5 Gy时开始出现血管系统的变化。已经明确建立了低LET辐射与心血管系统疾病之间的联系，然而高LET辐射的定量效应尚未建立。

不育：精原细胞及卵母细胞对辐射损伤特别敏感。或许在2个月内观察不到对这些细胞的影响，但如果要恢复，大约需要2年的时间。由于男性和女性的生殖腺在体内的位置及其固有的敏感性不同，其反应也不同。通常认为，0.5～1 Gy的照射可能导致暂时性不育，女性受到1.5 Gy、男性受到6 Gy的照射可导致永久不育。对于女性而言，风险随年龄增长。由于辐射照射的效率不同及辐射品质未知，因此上述数字存在着相当大的不确定性。将照射剂量分成若干部分且间以短暂的恢复时间，似乎并不能降低不育的发生率（NCRP 132，2000）。

癌症：目前收集了大量资料，明确建立了大剂量辐射照射与致癌间的关联性。然而，无论长期低LET辐射照射诱发工人癌症还是增加其癌症发生率的数据，与癌症自然发生率相比时，都出现了矛盾（Howe et al.，2004）。不幸的是，由于尚不了解空间辐射环境致癌的风险，因此，风险水平是通过模型（源于动物和人群的研究）进行计算的，辐射剂量测量是基于地面经验开展的。总体上看，对于同一辐射场的辐射照射，每种类型的癌症均有不同的发生率，部分是由于不同细胞固有的敏感性不同，部分由于其在身体中的位置不同（有些部位受到了较好的屏蔽）。鉴于上述原因，男性和女性癌症发生风险不同，因此NASA在风险模型中引入了年龄和性别因素作为独立变量。这些开发出的模型包括了各种类型癌症的致死率。

遗传效应：对果蝇和小鼠的进一步研究表明，动物基因的改变可以传递到后续几代。在小鼠的研究中发现，1 Sv的剂量可引起受照射个体的后裔致畸的发生率为自然发生率的2倍；外推到人，这一剂量可能将接近2 Sv。然而迄今为止，对于原子弹爆炸幸存者的研究尚未建立起任何辐射剂量与基因损伤间的关系（Preston et al.，1997）。

6.8.3.1.3 剂量率

剂量率这一概念被广泛应用于放射治疗中，在太空旅行中也会有应用前景。首个应用为受到的辐射照射比率。人体如果受到低剂量率的照射，则可耐受较大剂量的辐射剂量。为了说明剂量率的大小，在NASA的风险模型中引入了剂量及剂量率效能因子（NCRP 132，2000）。效能因子为2时表明，以低剂量率射入的低LET辐射与高剂量率辐射相比，其死亡的可能性为后者的一半。尽管这些研究是在低LET辐射中进行的，但对于高LET辐射和空间辐射中剂量率而言也可能存在相似的结果。然而，这些因子仍存在很大的不确定性。

6.8.3.1.4 风险与脱敏

癌症致死风险及脱敏作用与辐射剂量有关。风险随观察到的节点、个体年龄和性别不同而变化。与航天飞行中大多数危险不同的是，长期辐射危险并不因返回地球而减少。

个体出现的特定的辐射相关症状的概率或风险随时间而变化。有必要指出，我们并不了解辐射照射可能引起的所有的风险。NASA 当前使用了以性别为基础的风险模型，但这些模型有很大的不确定性，部分是由于一些数据是从动物试验外推到人体的。大约 40%的原子弹爆炸后幸存者仍然存活着，并不断为辐射照射后的长期效应研究提供数据。

并发风险评估就是有一些长期低剂量辐射照射存在有利效应的证据，这一效应被称为毒性兴奋效应。研究（Ducoff，2002）表明，当辐射剂量达到美国平均背景辐射剂量的3～4倍时，会激发人体免疫系统发挥超常功能，在低水平辐射侵入时给予机体额外的保护。除了毒性兴奋效应外，不同剂量的分级给受损细胞提供了不同照射间的恢复时间，这对预期外的长期 SPEs 中乘组的轮换具有一定的意义。

锡德（Seed）等于 2002 年报道了辐射照射的又一重要补充，即动物中使特定血细胞部分致死所需的剂量随照射时间延长而增加。这表明在长期辐射应激下细胞适应了环境，能够更好地进行修复。此外，辐射照射中止后，这些保护效应出现了完全性的翻转。这些细胞免疫反应可能被传递到整个个体，但这一现象还有待于进一步观察。

6.8.4 电离辐射暴露限值

6.8.4.1 ALARA 原则

航天乘组对于辐射的暴露应坚持尽量低（ALARA，as low as reasonably achievable）的原则。这是为了确保每次辐射暴露都是合理且受限的，使得航天员受到的辐射不会达到限值，这些限值并非耐受性限值。NASA ALARA 方案是为了降低可能威胁任务的风险，以及基于道德和经济因素尽可能地降低长期飞行中的风险水平。由于辐射暴露和风险模型存在不确定性，因而确保辐射维持在 ALARA 内的成本效益方案是非常重要的。

6.8.4.2 早期效应剂量限值

表 6.8－4 列出了最小化短期辐射照射效应的 30 天和 1 年剂量限值。

表 6.8－4 短期飞行或职业生涯非癌效应剂量限值

器官	30 天限值	1 年限值	职业生涯限值
眼晶状体* /mGy－Eq	1 000	2 000	4 000
皮肤/mGy	1 500	3 000	6 000
造血器官/mGy	250	500	非正常值
心脏** /mGy	250	500	1 000
中枢神经系统*** /mGy	500	1 000	1 500
中枢神经系统***（$Z\geqslant 10$）/mGy－Eq	－	100	250

注：如上所述，特定风险的相对生物效应各不相同。

*眼晶状体限值是以防止早期（<5 年）严重的白内障（如太阳粒子事件造成的一样）为目的而设定的。对于亚临床白内障患者，宇宙射线长期低剂量照射引起的额外的白内障风险仍然存在，经过较长的潜伏期（>5 年）后可能发展成为严重的白内障，且通过现有的缓解措施不能起到预防作用。然而，其对于飞行而言仍被认为是可以接受的风险；

**心脏剂量按照整个心肌和邻近动脉的平均剂量进行计算；

***中枢神经系统限值应以海马部位为基准。

制定短期剂量限值可防止辐射暴露的早期效应（例如致死性、呕吐以及恶心）。目前这些限值采用了空间辐射高能重离子的地面限值，且忽略了个体间的差异。由于缺乏人体数据、采用从动物外推到人的方法、个体间存在着差异（特别是不同性别间的差异）且对于混合辐射场的反应也不同，因此制定这样一个限值是非常困难的。通常认为，这些评估并未给出适宜的保护等级，还需要更多的相关数据支持。

传统上，以造血器官作为短期效应剂量计算的重要器官是由于其是较敏感的器官之一，对造血器官的影响将见诸于全身，特别是导致免疫系统功能下降，且造血器官遍布全身大部分区域。唯一的比造血器官对辐射更敏感的器官是乳房和甲状腺，但由于造血器官对于飞行任务而言更为重要，故通常仍计算造血器官的辐射剂量。遵循造血器官的剂量限值可限制所有使短期飞行任务对人体的影响效应。

6.8.4.3　迟发效应剂量限值

辐射照射的长期效应为致癌、非癌致死性以及遗传效应。然而，我们并未确切地了解与辐射相关的风险，因此，我们坚持 ALARA 原则，采用了较为保守的剂量限值。基于对动物和人体的研究，并考虑了大部分低 LET 辐射，制定了辐射限值。对于空间辐射环境将直接执行这些剂量限值。当前，有 3%额外的辐射导致的死亡风险（REID，risk of exposure - induced death）来自于恶性癌症，基于该情况制定了全身剂量限值。NASA 的政策是在风险预测计算中，采用统计学不确定性评价方法，确保风险限值不超过 95%的置信水平，以限制航天员在终生职业生涯中受到的累积效应剂量（以 Sv 为单位）。使用这一较为保守的测量水平（95%置信区间）用以说明流行病学数据、剂量率因子、个体生物学反应、器官剂量评估误差，以及与测量和环境等相关的各种不确定性所占比例。REID 可用式（6.8 - 2）得出

$$\text{REID} = \sum S_a \times r_a \tag{6.8-2}$$

其中，S_a 表示生存到 a 年龄时存活的可能性（双重消耗），r_a 用于预测受到假定辐射照射后，在 a 年龄时由于罹患辐射相关的癌症而濒临死亡的风险。表 6.8 - 5 中给出了在 1 年飞行任务中，在 3%的 REIDZ 中限制辐射致癌作用的职业有效剂量限值示例。

表 6.8 - 5　1 年飞行任务男性、女性职业有效剂量限值示例（95%置信水平）

女性			
年龄/岁	中值剂量限值评估/mSv	95%置信水平 SPE 照射限值/mSv	95%置信水平 GCR 照射限值/mSv
30	470	174	124
35	550	204	145
40	620	230	163
45	750	278	197
50	920	341	242

续表

男性			
年龄/岁	中值剂量限值评估/mSv	95%置信水平 SPE 照射限值/mSv	95%置信水平 GCR 照射限值/mSv
30	620	230	163
35	720	267	189
40	800	296	211
45	950	352	250
50	1 150	426	303

还应制定白内障、心脏疾病和中枢神经系统损伤的终生限值，以限制并保护上述器官出现退行性组织病变（例如中风、冠心病、纹状体老化）的风险。对于心脏而言，用于限制心脏疾病的职业限值的 REID 低于 3%～5%，且该限值很大程度上并不受年龄和性别的影响。皮肤、白内障、心脏疾病和中枢神经系统损伤的限值列于表 6.8-4 中。REID 并未给出辐射照射对增加癌症风险的总影响。因此，有必要引入与 REID 共同作用的第二个量化概念，其总结了每年死亡的平均数量。表 6.8-6 给出了对应于 3% REID 的辐射剂量，给定年龄的男性和女性一年中由于辐射照射造成的年死亡平均数量。

表 6.8-6 对应于 3% REID 的辐射剂量，平均每年死亡的数量

	E/mSv 3% REID 的辐射剂量（平均死亡数量/年）	
年龄/岁	男性	女性
25	520 (15.7)	370 (15.9)
30	620 (15.4)	470 (15.7)
35	720 (15.0)	550 (15.3)
40	800 (14.2)	620 (14.7)
45	950 (13.5)	750 (14.0)
50	1 150 (12.5)	920 (13.2)
55	1 470 (11.5)	1 120 (12.2)

6.8.5 电离辐射防护

减小剂量的最有效的措施是在照射前通过精确的辐射环境知识、工作计划、航天器设计、个体的教育以及明确的规定和政策等。辐射环境的特点是其处于不断的发展变化中。在 SPEs 中，这些事件发生的时机和强度仍然是不可预测的，且对于航天器和行星而言，要么由于缺少不同粒子与材料间相互作用的数据，要么由于环境本身还未进行可靠的测量（低密度高原子序数粒子正是这种情况），以至于这些环境的特点仍未明确。

NASA 制定了 3%的额外终生致死性癌症风险作为航天员辐射暴露的上限，并设计了一系列对抗措施以尽可能降低其风险，使风益水平远低于该水平，并防止出现严重的短期健康效应，包括绩效的下降、生病和死亡。

6.8.5.1 规划

为确保满足 ALARA 原则，辨明辐射环境并进行规划是很重要的一个环节。在航天探索中，由于乘组人数较少，辐射照射似乎是易于管理的。据此认为，航天飞行的优点超过了个体承受的风险。对航天辐射的规划必须提前几年开始，并包括以下项目：

- 对乘组进行选拔，以确保飞行计划不会超过 2007 年公布的 NASA - STD - 3001 第 1 卷中允许的暴露水平；
- 每次任务前向乘组公布对辐射危险的评估，并进行交流；
- 事先计划飞行路径及任务，以使乘组暴露于辐射危险中的时间最小化；
- 事先计划 EVA 活动，使之符合减少辐射暴露的原则，在近地轨道时，应进行预先设计以避免 EVA 活动经过南大西洋异常区；
- 对乘组进行适当的训练，使其了解辐射危险，并能通过个体活动尽可能减少这些危险；
- 在持续监测辐射剂量的重要性和紧急辐射事件提示等方面对乘组进行训练；
- 制定能够涵盖辐射照射事件应急处置计划的规则，包括事件等级和突发事件掩体等；
- 定期回顾规划，以确保最低的辐射、适宜的计划以及获取当前的信息；
- 分析并记录可能对未来类似活动有用的信息；
- 恰当地描述航天器的辐射环境特征。

一旦达到了预先确立的活动水平，应采取措施确保风险最低，不会达到辐射限值。对于活动水平需进行再评估，因为这些活动可能妨碍人类飞向火星的任务。总体上来说，应当将这些活动水平设置得足够低，以警示任务控制中心避免发生有害的早期效应，但也不能低到经常引发警报从而影响任务。在方案开发过程中，应尽可能早地建立辐射标准，并计划好其执行方法。

6.8.5.2　屏蔽

当前，屏蔽（通常作为飞行器设计过程的一大组成部分）是确保满足 ALARA 原则的最有效的方法，同时在实现上最为灵活。研究了多种屏蔽材料和屏蔽设计后，得出的总体趋势对于飞行器设计人员是有价值的。进行屏蔽设计时应考虑到辐射是从各个方向射入航天器的，就此认为富氢材料可能是最有效的屏蔽材料。质子和氢的质量几乎相等，这使得大部分能量可通过单次碰撞传递。高原子序数的材料可以将辐射从被照射物体有效地散射开，而其屏蔽厚度比富氢材料要小。然而，航天辐射最大的问题之一是碎裂，即当高能粒子与目标原子相撞时，通常引起目标原子碎裂成更小的原子，从而可形成多种类型的粒子，包括质子、中子、更小的原子碎片及伽马射线。这些碎裂的小粒子通常有较高的能量，比最初的粒子具有更强的穿透力（由于它们尺寸更小），并沿着与入射原子相似的方向行进。随着起源粒子和派生粒子向下游行进，其通量增加（Armstrong，1991），使得其对航天员的影响也增加。这一特性使得高原子序数的金属具有较差的屏蔽能力，例如铅。如图 6.8 - 11 所示，可以看出其为典型 GCR 能谱的防护，在降低辐射剂量前，屏蔽材料的起始密度应为 20 g/cm^2，而同样数量的液氢可降低约 10% 剂量。这主要是由于铅屏蔽时下游产生的碎片数量造成的。

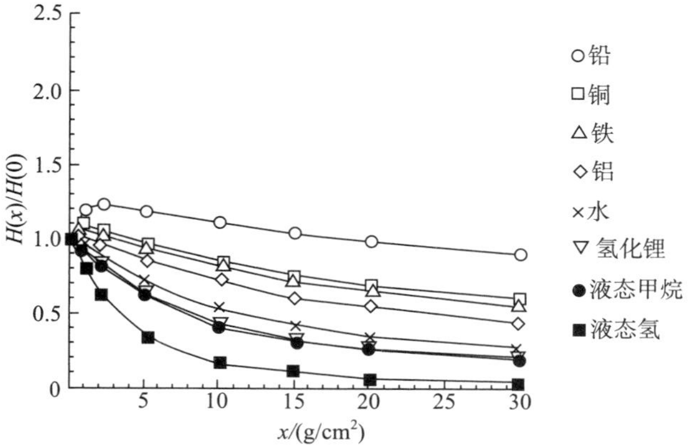

图 6.8－11 不同屏蔽后的剂量值

注：$H(x)$ 为密度为 x 的屏蔽后的剂量值；$H(0)$ 为无屏蔽时的剂量值（Wilson et al.，1995）

NASA 的一个工作组（Wilson，1997）发现，对于原子序数（Z）小于 12 的放射物质，作为屏蔽的聚合体间没有区别。对于原子序数大于 12 的放射物质，聚乙烯是所检测过的物质中最有效的厚屏蔽（大于 18 g/cm^2）聚合体，而聚四氟乙烯是最有效的薄屏蔽物质，用术语来讲，即次级辐射产物。事实上，聚乙烯对于高于平均水平的辐射可起到屏蔽作用，在保护乘组 ISS 上的居住区方面是有一定成效的（Shavers et al.，2004）。

研究发现，掺杂了硼 10 的聚合体可以对中子进行有效的屏蔽，因为硼 10 有很高的中子捕获横截面。尽管试验发现硼掺杂可能会减少中子的组成，但它吸收高重能粒子的效果不佳。总体上讲，由于大多数中子可以由行星表面的土被生成，因此硼掺杂作用不大，且高能重粒子数量巨大，对其的屏蔽值得高度关注。

随着飞行任务时间的延长，GCR 的剂量变得更加明显，其将成为职业限制的重要部分。飞行器对 GCR 防护的安全设计使得飞行器体积巨大难以实现。实际上，航天器的设计是为了对已知的大型 SPE 事件提供适当的屏蔽。当前，在 NASA 的探索计划中，采用 1972 年 8 月的事件作为 GCR 防护提供的额定范围。通常，能量小于 10 MeV 的中子或强度小于 3×10^7/cm^{2}的离子不是航天器内航天员关注的重点。然而，在火星任务中，1956 年 2 月事件中的能谱，由于其高能粒子的高通量，其可能代表了火星表面的最大剂量，即使其中大于 10 MeV 的质子数只是 1972 年事件中的 10%（Wilson，1997）。保护航天员需屏蔽的总量取决于任务的长度及任务所处于太阳周期中的时间点。

一个强烈推荐的、有实用意义的屏蔽方法是使乘组停留时间最长的区域即为屏蔽厚度最大的区域。如果该区域相对较小，那么所需质量可以达到最小。另外，便携式屏蔽装置和水可在不增加发射质量的条件下在遇到紧急 SPEs 时形成极好的、临时可移动的屏蔽掩体。设计师们应当考虑到 SPEs 可能持续数天或数周，安全狭小的航天员应急区可能引发其他问题。在 SPE 持续期间，乘组隔间布置应使航天员可得到食品和饮水，具备卫生区，并使乘员能完成飞船的必要操作。

其他几种实验性屏蔽类型也被提出，可采用库仑力或磁场力保护航天员免受航天辐射照射。然而，当前尚未证明这些技术的可行性（Wilson et al.，1997）。

6.8.5.2.1　月面辐射分析

由于月壤与铝的原子质量相近，因此两者的屏蔽特性也十分相似。表 6.8－7 中列出了月球土被层的组成。不幸的是，在月球土被层中比铝原子大的原子部分比铝产生的碎裂数多，20 g/cm^{2}的月球土被层屏蔽后的剂量中，约 90％由次级核产生（为了消除随着温度变化而引起的密度变化，常用 g/cm^{2}表示厚度）。图 6.8－12 中的研究结果表明，在月球土被层厚度达到 30 g/cm^{2}时，每单位质量的屏蔽衰减可达到最大。在月球土被层中加入环氧可增加其减少 HZE 粒子的能力，同时也能减少产生的碎裂粒子数。这种复合材料对乘组的屏蔽可以达到最大，同时保证运输费用最小。

表 6.8－7　月球及火星土被层组成

	成分，质量百分比	密度/（g/cm^3）
月球土被层	52.6％ SiO_2	0.8～2.15
	19.8％ FeO	
	17.5％ Al_2O_3	
	10.0％ MgO	
火星土被层	58.2％ SiO_2	1.0～1.8
	23.7％ Fe_2O_3	
	10.8％ MgO	
	7.3％ CaO	

注：引自 Wilson et al.，1997。

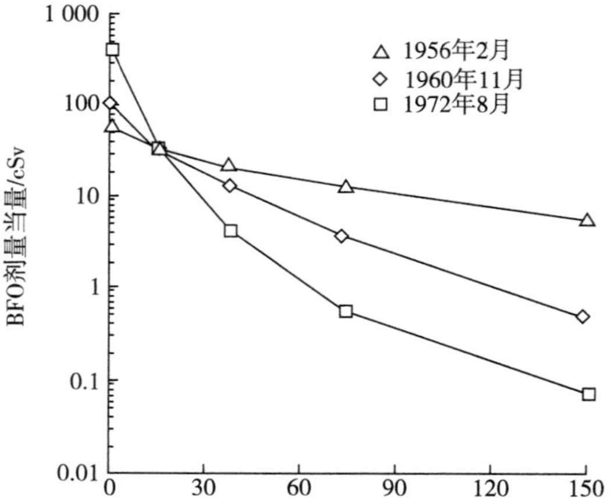

图 6.8－12　月球土被层屏蔽的有效性（Wilson et al.，1997）

在选择最优的厚度和屏蔽策略时，必须首先详细研究完整的任务方案。另一个减少额外屏蔽需求的技术是让航天员居住在悬崖附近，据估计这可以大大降低辐射剂量，特别是在遇到意外的 SPEs 时。

6.8.5.2.2 火星辐射分析

与月面不同，火星表面可通过火星大气层（主要由 CO_2组成）提供一些辐射保护，表 6.8-8 给出了火星表面正上方不同高度处 CO_2的厚度。火星大气（低密度 COSPAR 模型；Smith and West 1983）提供了在直上方向 16 g/cm^{2}的 CO_2保护，在 0 km 高度较大的天顶角（朝向地平线）的保护力度可增大到大于 50 g/cm^2。表 6.8-9 给出了几种不同高度和辐射事件时火星大气对 BFO 剂量的影响。表中参数是剂量为 1 AU 时，在 1.5 AU 可能更低，并受到大气和飞行器额定屏蔽设计的影响。低密度模型及高密度模型分别假设了表面压力为 5.9 mb 和 7.8 mb 的情形。

表 6.8-8 火星不同高度时 CO_2的厚度

高度/km	低密度模型/（g/cm^2）	高密度模型/（g/cm^2）
0	16	22
4	11	16
8	7	11
12	5	8

注：引自 Wilson et al.，1997。

表 6.8-9 火星表面只有大气和最小航天器屏蔽设计时的 BFO 剂量（cSv）

辐射源	0 km BFO 剂量	4 km BFO 剂量	8 km BFO 剂量	12 km BFO 剂量
太阳极小年 GCR（每年）	10.5～11.9*	12.0～13.8	13.7～15.8	15.6～18.0
太阳极大年 GCR（每年）	5.7～6.1	6.2～6.8	6.7～7.4	7.3～8.1
1956 年 2 月太阳耀斑	8.5～9.9	10.0～11.8	11.7～13.6	13.4～5.3
1960 年 11 月太阳耀斑	5.0～7.3	7.5～10.8	10.6～14.8	14.4～19.1
1972 年 8 月太阳耀斑	2.2～4.6	4.8～9.9	9.5～18.5	17.4～30.3
1989 年 8 月太阳耀斑	0.1～0.3	0.3～0.6	0.6～1.3	1.2～2.6
1989 年 9 月太阳耀斑	1.0～2.0	2.0～3.8	3.7～6.5	6.1～10.6
1989 年 10 月太阳耀斑	1.2～2.7	2.8～5.9	5.7～11.4	10.6～20.5

注：* 高密度模型评估～低密度模型评估。

表 6.8-8 中列出了火星土被层的成分，图 6.8-13 中列出了基于不同的火星土被层厚度，BFO 剂量的下降情况（Simonsen et al.，1990）。这些增加的土被层并没有比已有的大气层提供更多对 GCR 的保护。研究表明，土被层屏蔽的有效性大约为下降 20 g/cm^2。正如在月球环境中一样，为了进一步降低辐射剂量，可以让航天员在悬崖附近居住，悬崖可以降低 GCR 时 2～3 cSv/年的 BFO 剂量，大型的太阳事件时可降低大约 1 cSv（Simonsen et al.，1990）。因此，如果还需额外的屏蔽，除非使用材料数量巨大，否则几乎不会超过20 g/cm^2。

6.8.5.3 辐射分析与设计

当前，NASA 采用并要求使用 HZETRN 2005 模型以评估航天飞行中的辐射环境。尽

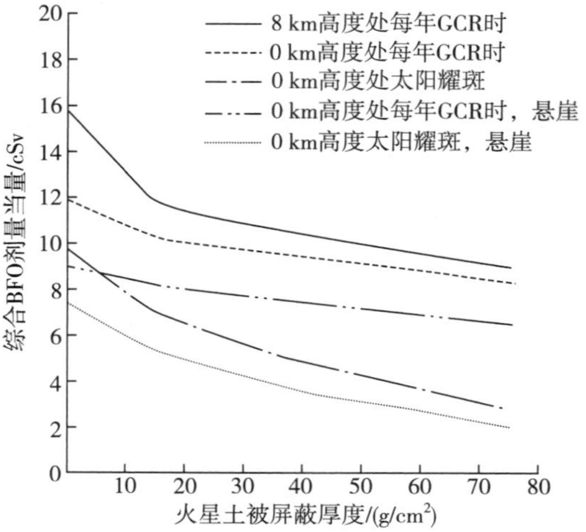

图 6.8-13　居住区内 BFO 剂量作为土被层屏蔽厚度的函数

管该模型只是一维的，但仍然开展了研究以确定其有效性（Wilson et al.，2005）。采用这一模型时应当使用从 50 GeV/amu 到低于 10 MeV/amu，电荷数至少在 1～28 的 GCR 能谱。对于太阳极小年的 GCR，太阳调制电压应当为 430 MV。应当在设计和计划时考虑太阳粒子事件最恶劣的情况，设计和计划中可能将包括太阳风暴掩体。作为分析工具，HZETRN 2005 提供了几种大型的太阳粒子事件的模型输入（例如，1956 年 2 月、1972 年 8 月和 1989 年 10 月）。航天器屏蔽性能可以按照 1972 年 8 月事件时的强度、1956 年 2 月事件的刚度进行设计，或者是综合上述事件考虑。屏蔽设计也可根据航天器在太空中的定位而改变（LEO，自由太空或火星表面）。对可保护人体、对抗 GCR 的屏蔽材料的优化取决于对生物效应的进一步理解，以及开发充足的中心横截面数据库。

不幸的是，模型的精确性取决于输入数据。目前，对于剂量率和粒子类型的变化如何影响对人类的风险的认识仍存在着差距。在独特的太空辐射环境中，对于粒子通量以及相互作用的可能性的认识，NASA 也存在着差距。即使相对稳定的 GCR 环境，其不确定性也约为 25%。仍需努力扩大相互作用的横截面及 HZETRN 的能力。

6.8.5.4　防护措施

目前最熟悉的且研究较为成熟的辐射保护剂是类维生素 A 和维生素（维生素 A，维生素 C，维生素 E），但是作为个体（包括航天员）受到过度照射后的膳食补充剂的激素（如褪黑素）、谷胱甘肽、超氧化物歧化酶、植物提取物中的植物化学成分（包括绿茶和十字花科蔬菜）以及金属（特别是硒、锌及铜盐）等也在研究中（Durante and Cucinotta，2008）。对于密集的电离辐射，例如 HZE 原子核，抗氧化剂只能提供较少的或几乎不能提供保护作用。因为在遭受高 LET 损伤时，直接效应比由自由基引起的非直接辐射效应更重要，而抗氧化剂阻抗的是自由基。然而，使用抗氧化剂存在一些有利之处，可以抵消持续的与炎症和免疫反应有关的氧化损伤（Barcellos-Hoff et al.，2006）。最近的一些实验表明，利用膳食补充剂至少可以对于急性高剂量辐射进行有效的辐射防护，即使在高 LET 辐射照射的情况下。证据表明，食品抗氧化剂（特别是草莓）可以保护中枢神经系统，消除高剂量 HZE 粒子的有害作用（Rabin et al.，2005）。然而，由于低剂量时的生物效应的机制不同，因此还需开展更多的研究。

6.8.6 辐射监测与预警

为理解辐射对于航天员健康的短期和长期影响，记录及遵循辐射剂量限值，并与 NASA 授权的维持乘组辐射“尽量低”的原则相一致，必须一直监测多个位置的辐射环境。此外，必须为航天员提供辐射水平超出设定限值时的警示功能。

不同类型的电离辐射根据其能量和质量的不同，具有不同的生物效应。此外，由于航天器复杂的几何形状、短暂的辐射事件及动态的设备配置，因此随位置的不同，其辐射剂量率也不相同。当前，监测要求采用不同类型的、主动和被动兼有的探测器，恰当地描述所有存在的辐射类型的时序行为、生物效能（辐射质量）以及周围辐射环境的多相性等特性。这些装置还有其他重要的长期功能，可提供信息以减少未来任务的危险，并验证当前的模型。

当前在 LEO 环境中，主要的关注点是质子和高原子序数离子。在月球和火星表面也应对其保持持续关注，但这些粒子与月球和火星表面物质的相互作用，以及与航天器相比航天服防护效能的下降，均意味着电子、中子以及高能核碎片可能成为影响重大的危险源。当前，乘组并不对所有这些风险进行常规监测。因此，长期的策略需包括使用装置监测所有辐射，且这些装置可以应对更恶劣的表面环境。应当考虑长期固定位置放置这些探测器。探测器必须对长期辐射的破坏作用不敏感，并能在长期任务中进行适当的校正。

固定的探测器不需要实施有效的监测策略，便携式装置可能需提供减少其监测的、飞行中的航天器的总发射质量的有效方法。

6.8.6.1 主动辐射监测

主动探测器的主要优点在于，其能对周围辐射的强度作出快速反馈。居住区的主动监测可以识别航天员应避开的高剂量率区域，减少最终的乘组风险鉴定计算的不确定性，在尽可能减少辐射剂量的条件下为 ALARA 的实践提供支持，并验证航天器屏蔽数值模型。这些主动监测器应当有足够的响应时间，可以识别危险瞬时辐射区域。此外，还要求主动设备能记录时间分辨 LET 谱或作为线性能谱分布的代用品。LET 谱随轨道位置和局部太阳气象状态而变，因此，需获取对这些参数的实时反馈。

必须为航天器提供接收评估行星际空间（空间气象）辐射环境强度数据的能力。当前空间气象监测通过向地面下传 LEO 或拉格朗日 1 点卫星数据实现，这些数据将由空间气象专家进行分析。LEO 外的任务可能需要飞行中空间气象监测。

6.8.6.1.1 剂量率监测

对于 LEO 以外的飞行任务，特别重要的是乘组对辐射环境具有实时反馈能力。这不仅要求剂量率的数据显示简单易读，而且对高剂量率具有报警特性。可导致航天员受到额外照射的辐射环境可在 1～5 分钟内变化。

对于更远的飞行任务，与任务控制中心的通信丢失或延迟均可能导致乘组在 EVA 或 SPEs 时易受瞬时环境变化影响。因此，重点推荐可以耐受高辐射的主动报警式探测器，其可通过编程具备多类警告及对即将发生的危险报警设置。当前 ISS 的要求中将报警剂量率设置在 0.02～10 mGy/min，提供三档连续的指示。然而，由于辐射环境和/或任务目标的不同，有可能需调整 LEO 外飞行任务中的报警水平。应当考虑空间极端辐射环境，因为其会极大地超出其他主动 LET 或带电粒子谱仪可精确测量的水平。探测器系统还应轻、小且表面粗糙，这些很重要。便携式探测器是很有必要的，可在航天器内或航天器间移动，记录整个环境。

高剂量报警系统的存在不会否认向任务控制中心持续传输辐射环境数据的需求。可能的情况下，任务控制中心的反馈对于识别辐射环境的细微变化、警示即将发生的辐射事件是十分重要的，并将作为执行适宜的剂量管理措施的基础，同时还可作为剂量率监测的冗余措施。

6.8.6.1.2　EVA 监测

航天器内的设备不能监测外部辐射环境的重要部分，尤其是电子和低能高电荷粒子，但其对于 EVA 出舱活动乘组辐射暴露而言十分重要。由于这些粒子易被航天器材料屏蔽，因而在航天器内没有对其监测，但其对于执行 EVA 的航天员十分危险。外部主动和/或便携式（航天器表面）监测器可提供 EVA 时乘组所经历的近实时的动态辐射环境信息，并可验证乘组健康风险评定程序。外部监测必须包括对电子以及其他低能辐射的监测，这些辐射通常不是航天器监测考虑的内容。空间恶劣环境也是这些监测器设计的关键因素。

6.8.6.1.3　带电粒子监测

对原子序数 $Z<3$、能量范围在 30～300 MeV/核的粒子和 $3\leqslant Z\leqslant 26$、能量范围在 100～400 MeV/核的粒子的外部影响必须进行监测。这一范围包含了太阳粒子事件、捕获辐射和 GCR 能谱。带电粒子监测获取的数据是辐射传输计算和乘组辐射暴露评估所需的基本环境信息。所有其他物理量（例如 LET 谱和吸收剂量）都不是特异的，因而是模糊的结果增加了乘组健康风险评估的不确定性。如果可以精确地测量 SPE 时航天器内的入射能谱，就可以评估具体的航天员的器官暴露剂量和产生的风险。采用包括带电粒子探测器的多种监测策略，将限制航天飞行中乘组辐射暴露剂量测量的不确定性。这些测得的带电粒子能谱也可用于验证当前的环境模型。在放置这些传感器时，必须考虑其所有可能的方向性和大小限制。

6.8.6.1.4　吸收剂量及等效剂量监测

对于吸收剂量和等效剂量必须监测的线性能量转移范围为 0.2～1 000 keV/μm。这是包含 SPEs 的初级和次级辐射、GCR 和地磁捕获辐射的完整范围。为满足该要求，组织等效微剂量仪已广泛用于监测航天飞行中乘组辐射暴露情况。这些装置大约相当于组织的厚度，可对乘组人员各种类型的辐射能量沉积数量进行预测。该探测器也可用于高剂量率报警，如 6.8.6.1.1 节所述，能谱仪可提供存在的辐射类型的有限信息。

6.8.6.2　被动式辐射监测

应当为每个航天器提供被动式辐射测量仪，其能够测量整个时间内吸收的剂量，评估以 LET 为基础的品质因子，而这些都是在航天器上必须提供的。目前航天计划中使用的被动式监测仪，例如热释光探测器和核径迹探测器等都很有用，因为其能够提供较好的长期且综合的航天员剂量，而且在某些情况下比主动性监测设备能更好地体现出辐射环境的特征。由于其无需供电，被动式剂量仪能够在其他设备失去供电的情况下继续收集数据，其对于确认主动式探测器的结果也是很重要的。缺点是这些设备需使用特殊的处理技术进行读取，这些处理技术需要进行特别的训练和特定的设备。也就是说，直到航天员返回地面才能获取相关的结果，而且这些设备不能跟踪外部影响或航天器内部改变（例如存储物资重新配置）而引起的环境的动态变化。

即便如此，被动式装置的结果对于验证计算机模型十分有用，可以更精确地评价辐射环境对于每名航天员的潜在危害（辐射质量因子），更好地表现航天环境的特征以确保未来航天任务更为安全。此外，所有目前使用的被动式探测器体积和质量都很小，因此几乎不影响航天器的质量，而且灵活可用，几乎不需要维修。

6.8.6.3 个体辐射剂量测定

必须为每名航天员提供个体辐射剂量仪。目前，在所有的载人飞行任务中，已为每名航天员提供了被动式个人辐射剂量仪，以在任务中持续进行监测。如果航天员在飞行任务中一直佩戴个人辐射剂量仪，则这些剂量仪可记录航天员的个体辐射暴露情况，并将该数据与暴露限值进行比对。将剂量仪记录的数据与局部辐射监测和分析计算的结果结合起来，可以确保任务限值与职业辐射暴露限值相符。若不佩戴个人剂量仪，则风险预测的不确定性将明显增加。个人剂量仪可以是主动式的，也可以是被动式的。

6.8.6.4 生物剂量测定

生物剂量测定是监测人体系统的变化，将其作为个体辐射风险的指示器。目前是通过对受照射个体血样中染色体的变化进行定量分析来实现的。由于不同个体对辐射的反应不同，这一技术在评估个体剂量时尚不成熟。然而，作为个体辐射暴露的定性评估，该方法特别有用，尤其是在航天员个体剂量仪失效的情况下。此外，其可以作为鉴别个体辐射敏感性或飞行任务后对个体可能的健康影响的筛选工具。然而，不同的血样采集和分析技术可能得出不同的结果。对于未来人类探索太空，包括这一形式的辐射监测将促使生物剂量测定发展为精确评估个体辐射风险的常规工具（Durante et al.，2001）。

6.8.7 辐射数据报告

应根据以下原则向乘组显示辐射数据，并向任务控制中心报告辐射情况：

• 对于每分钟的辐射，当其潜伏时间小于 5 分钟时，测得的每分钟累积吸收剂量应用平均剂量率；

• 对于每分钟的辐射，当其潜伏时间小于 5 分钟时，测得的每分钟累积有效剂量应用平均等效剂量率。

辐射数据对于量化乘组飞行的风险是非常重要的。在乘组与任务控制中心不联系的阶段，乘组需要确定航天器内的辐射状态，并在必要时采取适宜的措施。可能引起额外乘组暴露的辐射环境变化可以在 1 分钟内发生。当与地面联系时，向任务控制中心提供数据可使地面工作人员对于 SPE 这样的事件做出反应，向乘组提出合理的建议，并跟踪航天员在整个飞行任务中的健康水平。

每名航天员个体剂量仪测量的记录应由辐射健康办公室进行编辑和保存。这些辐射暴露的记录对于下列情形是很有必要的：

- 通知乘组人员其任务及累积辐射剂量；
- 为乘组选择合适的决策，提供计划内飞行任务的预报；
- 为飞行计划决策提供信息；
- 评估可用的辐射安全方案，以进行有效的方案操作；
- 证明辐射活动水平及剂量限值间存在一致性；
- 提供流行病学研究资料；
- 为辐射所致损伤的索赔或赔偿质疑提供资料。

由于获取的详细辐射剂量和粒子的数据量非常庞大，而设备的数据存储能力是有限的，因此有必要经常将设备中的数据传回地面，以确保数据不会丢失。我们将定期利用详细的粒子数据更新对每名航天员累积辐射风险和操作的评估，并对实时飞行提供支持。这将使得飞行控制工作人员可以准确地洞察航天员经历的辐射环境，特别是在辐射环境更为恶劣的阶段。传输到地面的外部剂量率数据是用于决策是否实施 EVA 的部分重要信息，需要对带电粒子、等效剂量以及任务中采用的吸收剂量数据进行存档，以便进行任务后辐射剂量及风险的鉴定。这些数据将用于确定航天员的最终剂量记录，与航天员暴露限值进行比对。

6.8.8 应开展的研究

关于辐射与人之间的相互关系还有许多不解之处。一旦发现了损伤的机制，就很有可能开发出辐射防护的有效方法。至少，改进后的知识可以使风险评估的不确定性减至最小。以下列出了有助于理解辐射生物学影响所需要的信息。

- 需准确了解当前辐射环境，以改善当前的不确定性限制。

准确的辐射输运计算需要辐射粒子类型和能量的准确输入。目前缺少关于 GCR 能谱组成的详细信息。

- 需更新输运模型程序，以说明粒子的三维散射。

目前所有的剂量评估依靠的是一维模拟（HZETRN）模型的输运流量。需要更详细的入射角和断裂反应信息，特别是在月面和火星环境中。应当拓展模型，使其涵盖空间辐射环境中的所有初级和次级成分，及其相互作用有效截面的扩展数据库。

- 需开发 SPE 模型以评估事件发生的前兆及能谱强度。

改进后的模型以及遥感功能可改善对感兴趣的离子的加速度和注量的预测，还可用于精确预报太阳活动的静止期，对太阳系内不同位置 GCR 剂量率的预测也将得到改善。

- 需开发对中子进行精确反应的探测器。

对于辐射能谱中的中子成分，特别是月面和火星表面上的，目前仍不了解。

- 需进行粒子或靶分裂物目标生物学效应研究。

需建立地面等效环境以研究重离子的长期和短期辐射效应。仍无法确定是否需制定这一剂量限值，因为与根据地球辐射环境制定的剂量限值相比，不清楚应根据较高的 LET 增加还是较低的剂量率减小。还需要更多的辐射人体致癌的流行病学数据。

目前，还不能较好地定义重离子照射致癌的几率特性。例如，细胞修复机制是否可降低整体风险尚不明确，也不知道重离子产生的高能次级电子是否可增加致癌风险。

• 长期低剂量空间辐射照射对不同生物系统的效应，特别是免疫系统、血管以及消化系统，仍需了解。

航天飞行中影响健康的多种因素共同作用将增加辐射照射的风险，这是一个合理的假设。然而，这一假设尚未被证实，还需开展相关研究以证实人可以很好地适应低水平辐射照射，正如在地球环境中一样。

• 现有的以离子为基础的治疗需检查对其的各种短期和长期反应。

增加人如何对重离子照射反应的相关知识的了解是必要的，从而可确定这一照射是否影响任务或特殊健康关注条件下航天员的长期健康保障。世界范围内许多设施都使用质子或重离子治疗癌症患者，因此可在这些患者身上得到关于空间辐射短期和长期影响的数据。

• 需开发出识别个体受到辐射照射后表明影响健康的风险增加的生物标志。

这一技术可达到一箭双雕的效果：首先可以剔除航天飞行中比一般人对辐射影响更加敏感的个体；其次，飞行后可更密切地观察风险增加的个体，以阻止任何辐射照射的病理影响。

• 需检查防护的能力，以预防辐射照射的不良影响。

当前尚无有效的防护措施可防止辐射损伤或辐射的副作用。然而，抗氧化剂有可能可以降低长期致癌风险。此外，还开发了止吐的药物。

6.9 非电离辐射

6.9.1 简介

非电离辐射（NIR，non－ionizing radiation）是指没有足够能量电离原子或分子的任意形式的电磁辐射，其由波长范围为 $10^8 \sim 10^{-7}$ m 的宽波段的电磁辐射组成（图 6.9－1）。本节描述了非电离辐射的环境、来源、生理效应、限值和对策。

出于保护健康的目的．非电离辐射可以分成多个波长范围，如表 6.9－1 所示。

表 6.9－1 非电离辐射的波长范围

种类		波长
光辐射	紫外线辐射（UV）	100～400 nm
	可见光辐射	400～760 nm
	红外线辐射（IR）	760 nm～1 mm
微波辐射		1 mm～33 cm
无线电辐射		33 cm～3 km
甚低频辐射		＞3 km

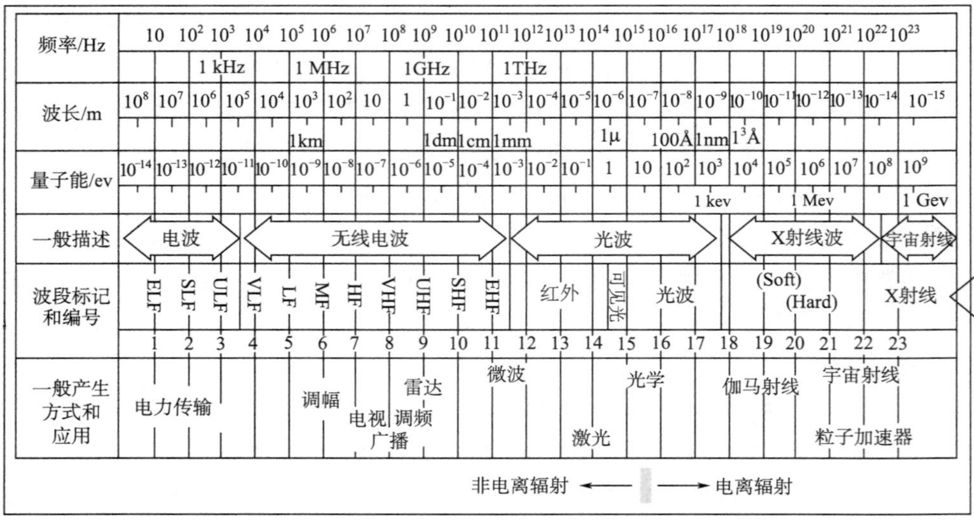

图 6.9－1　电磁频谱（Graf，1974）

6.9.2　非电离辐射源

根据太空任务的经验，非电离辐射源有两种形式：天然和人造的。

6.9.2.1　天然的非电离辐射源

连续的太阳发射——太阳发射出广谱电磁辐射（图 6.9－2）。太阳射线的强度从远紫外线（波长约 100 nm）到可见光（波长约 760 nm）迅速地增强，并且在可见光区达到峰值（波长约 550 nm）。太空的紫外线、可见光和红外线的强度比地球表面要强烈得多，这是因为太空缺少地球大气层这样的防护罩来抵挡太阳辐射。太阳也发出无线电频率的电磁辐射，但其强度很低。地球上记录到的无线电辐射通量典型值是 2 800 MHz。

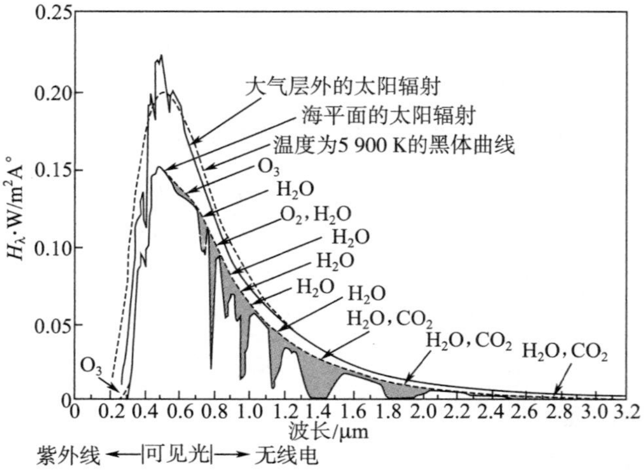

图 6.9－2　太阳光辐射击的光谱分布曲线（Thompson，1986）

太阳耀斑——在太阳耀斑爆发期，太阳释放出剧烈的光和无线电辐射。较小的太阳耀斑不能发出太阳宇宙射线但能发出这些电磁辐射。多种多样的无线电辐射频率是由不同高度的太阳大气层产生的（比如，微波爆炸是由日冕的较低部分产生的）。太阳辐射通量的单位（sfu）是 10^{-22} W·m^{-2}·Hz，并且峰值可能会达 105 sfu。这些无线电频率的爆炸波不直接影响太空旅行者的生理机能，但可以通过干扰舱上电子设备，包括通信系统和其他仪器产生间接影响。在太阳耀斑爆发期间，可见光和紫外线强度的很小的波动都应该被认为是连续的太阳喷发的一部分。

磁场——与太阳系中各种天体联系起来的太阳磁场的变化可超过很高的数量级。在太阳黑子中心发现了上千倍于地球的磁场，尽管太阳安静表面的磁场只是太阳黑子磁场的1%。月亮、恒星和金星的磁场是地球磁场的 1%～10%，而木星磁场是地球磁场的1 000倍。

6.9.2.2 人造非电离辐射源

- 通信设备（雷达、无线电收发装置、微波发射机、微波接收机、天线等）；
- 激光；
- 光（紫外线、可见光、红外线）；
- 电力设备。

6.9.3 非电离辐射人体效应

非电离辐射通常通过产生热造成损伤。光辐射损伤主要限于皮肤和眼睛。紫外线辐射可通过光化学作用改变 DNA 及其他受影响细胞的分子对组织造成损伤，进而增加了某些癌症的长期风险。红外线激光可产生较高的辐照度，可同时引起皮肤和眼睛灼伤。表6.9－2总结了 NIR 对人的影响。

表 6.9－2 NIR 对于人的影响

	波长	频率	生物效应
短波紫外线（UVC）	100～280 nm	1 075～3 000 THz	皮肤：发红、炎症 眼睛：角膜炎
中波紫外线（UVB）	280～315 nm	950～1 075 THz	皮肤：发红、炎症、皮肤癌、皮肤光敏反应、产生维生素 D 眼睛：角膜炎
长波紫外线（UVA）	315～400 nm	750～950 THz	皮肤：发红、炎症、皮肤癌 眼睛：白内障
可见光	400～780 nm	385～750 THz	皮肤：光老化 眼睛：视网膜光化学及热损伤
IR－A	780 nm～1.4 μm	215～385 THz	皮肤：灼伤 眼睛：视网膜热损伤、热性白内障
IR－B	1.4～3 μm	100～215 THz	皮肤：灼伤 眼睛：角膜灼伤、白内障
IR－C	3～1 mm	300 GHz～100 THz	皮肤：发热 眼睛：角膜灼伤、白内障

续表

	波长	频率	生物效应
微波	1 mm～33 cm	1 GHz～300 GHz	皮肤：发热
射频辐射	33 cm～3 km	100 kHz～1 GHz	皮肤：发热，有效肤深达 10 mm，体温升高
低频 RF	＞3 km	＜100 kHz	身体表面积蓄电荷，神经和肌肉反应受到影响
静电场	无限	0 Hz	磁场：眩晕、恶心 电场：身体表面积蓄电荷

注：改编自 Martin & Sutton，2002。

6.9.4　人员在非电离辐射中的暴露限值

无论是对从业人员还是公众，非电离辐射都是一个关系到人员健康和安全的重要因素。关于非电离辐射生物效应，已有大量研究和临床实践中获得的数据资料可供参考。NASA 直接引用或修订已建立及审核过的地面标准作为非电离辐射标准。目前尚无数据表明在太空飞行环境下非电离辐射暴露效应会与地面不同，这确保了直接引用地面标准的可行性。对地面标准进行修改时，一般不考虑与公众暴露安全限值的差异或时间平均的差别（即不采用每天 8 小时工作制的假设）。

地面标准会不定期地更新以反映对非电离辐射暴露的最新认识。运用最新地面标准的时候必须将最好的航天乘组保护与给工程和实际操作造成最小的限制结合起来。采用最新标准可以最大限度地运用当前全球科学家、医生和决策者的工作成果，并且使其直接应用于 NASA 的人类航天飞行任务成为可能。这些标准的大多数更新变化很小并且不影响当前使用航天器的硬件或操作流程。如果标准的某个更新使得当前在用的硬件或操作流程变得不适用，就要进行风险评估，以判断风险是否可控以及更改是否必要，或者安全限值的降低是否可接受。在第二种情况下，更新的危险分析应该作为使航天器硬件或操作流程免受新法规限制的依据。

6.9.4.1　射频辐射限值

航天乘员射频辐射暴露应低于安全标准，该安全标准修改自最新电气和电子工程师协会（IEEE）的 C95.1 版本《3 kHz～300 GHz 射频电磁场下人体暴露的安全标准》，尽管应用到太空飞行时新版的 IEEE C95.1 标准必须进行必要的修改。基于说明的需要，表 6.9－3 列出了 2005 版的较低限值，见图 6.9－3（摘自 IEEE 国际电磁安全委员会，2005）。

C95.1 标准必须进行修正以删除在 2005 年版标准中补充的一个特定安全限值。该限值是一个功率密度限值，增加其是基于理论上有可能使得儿童的全身平均吸收率超出 0.08 W/kg 的基本限值的考虑。关于这方面的更多信息，可参考《IEEE 国际电磁安全委员会（2005）》（95.1－2005）第 92～93 页。如下所做的修正，对于成年人来说需保持一个最小的安全因子 50，并且与 C95.1－1999 类似，不考虑时间平均。

IEEE C95.1 中提出了两个水平最大允许暴露值。低限值适用于公众（不可控的环境），即生活、工作在射频辐射场附近，但并没有意识到或者无法对其控制的人群。这个

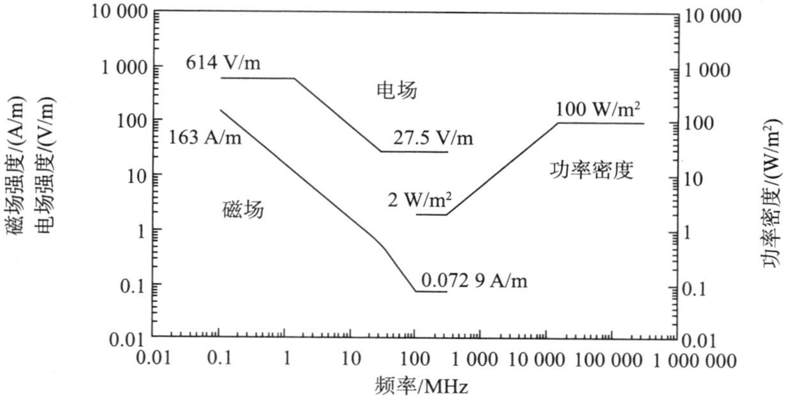

图 6.9－3 射频电磁辐射暴露限值（表示了 100 MHz 频率附近的全身共振效应），修改自 IEEE 国际电磁安全委员会（2005）

限值也是更典型的射频辐射场暴露值的国际标准，该国际标准在大多数情形下比美国标准更严格。高限值用于可控的环境，在该环境下已经确立了相应的射频安全措施。这两个水平的限值共同构成了安全限值。在航天器中居住的人将会意识到射频辐射场的存在并经受严格训练，但他们需要所有时间都生活在航天器内而无法避开射频辐射场。出于这个原因，并保持与国际标准同步，IEEE C95.1 最新版本的低限值必须被满足。

表 6.9－3 射频电磁场最大允许暴露值（MPE）的低限值

频率范围/MHz	均方根电场强度（E）[a]/(V/m)	均方根磁场强度（H）[a]/(A/m)	均方根功率密度（S）电场，磁场/（W/m²）	平均时间[b] $\|E\|^2$，$\|H\|^2$，或 S /min	
0.1～1.34	614	$16.3/f_M$	$(1\ 000,\ 100\ 000/f_M^2)$[c]	6	6
1.34～3	$823.8/f_M$	$16.3/f_M$	$(1\ 800/f_M^2,\ 100\ 000/f_M^2)$	$f_M^2/0.3$	6
3～30	$823.8/f_M$	$16.3/f_M$	$(1\ 800/f_M^2,\ 100\ 000/f_M^2)$	30	6
30～100	27.5	$158.3/f_M^{1.668}$	$(29\ 400\ 000/f_M^{3.336})$	30	$0.063\ 6 f_M^{1.33}$
100～300	27.5	0.0729	2	30	30
300～5 000	–	–	$f/150$	3	
5 000～15 000	–	–	f/150	$150/f_G$	
15 000～30 000	–	–	100	$150/f_G$	
30 000～100 000	–	–	100	$25.24/f_G^{0.476}$	
100 000～300 000	–	–	100	$5\ 048/[(9f_G-700)\ f_G^{0.476}]$	

注：摘自 IEEE 国际电磁安全委员会（2005）。f_M指频率以 MHz 为单位；f_G指频率以 GHz 为单位。

[a]如果辐射环境相对身体是均匀分布的，比如某种远场平面波暴露、暴露场的场强和功率密度与表中的最大允许暴露值相比较。对于非均匀的辐射环境，该辐射场的平均值要通过求场强平方的空间平均值或求等价于人体的垂直横截面面积（投影面积）或根据频率取面积更小［更多细节见 IEEE 国际电磁安全委员会（2005）的表 8 和表 9 的注释］的某一个区域的功率密度平均值来获得，再与表中的最大允许暴露值相比较；

[b]左列是关于 $|E|^2$ 的平均时间，右列是关于 $|H|^2$ 的平均时间。对于频率大于 400 MHz 的，平均时间是关于功率密度 S 的；

[c]这些平面波等效的功率密度值一般与较高频时最大允许暴露值相比较，并且与在某些使用中的仪器上显示。

除主要的射频辐射效应（如身体组织加热）之外，次级危险也应该予以考虑。这些次级效应可能包括感应电流和电荷表面累积导致的电击危险。电击危险的讨论在 9.12 节进行。

6.9.4.2　相干射线——激光

激光具有与普通光源不同的性质：单色（波长范围很窄）、定向并且相干。一束激光的破坏力取决于以下几个因素：功率密度、波长和持续时间。激光以可达到的发射限值（AEL，accessible emission limits）为基础分为以下几类，分类直接与其造成伤害的能力有关。

• 1 类激光：具有相对较低的能量，在大多数情况下（包括视觉辅助的情况），不会引起伤害。这类激光具有最低的 AEL。

• 1M 类激光：具有与 1 类激光相同的 AEL，但当用光学放大镜观看时，这类激光能够超出 1 类激光的 AEL。使用视觉辅助装置观看 1M 类激光不能超出 3B 类激光的 AEL。

• 2 类激光：具有低能量，但超出了 1 类激光的发射限值。2 类激光定义是发出可见光，并且当裸眼观看或戴着光学辅助装置观看时，在人眼的自然排斥反应必须的时间内（0.25 s）不会造成眼睛伤害。

• 2M 类激光：可发出可见光，并且当戴着光学辅助装置观看时，在人眼的自然排斥反应必须的时间内（0.25 s）不会造成眼睛伤害。2M 类激光与 2 类激光有相同的 AEL，但当戴着光学放大镜观看时，2M 类激光能超出 2 类激光的 AEL。使用光学辅助装置观看 2M 类激光不能超出 3B 类激光的 AEL。

• 3R 类激光：非 1 类或 2 类的激光，波长范围为 0.302 5～10^3 μm，但不能发出比 2 类激光 AEL 大 5 倍的可见光（0.4～0.7 μm），而且不能发出比 1 类激光 AEL 大 5 倍以上的所有波长的光。人眼的排斥反应无法阻止 3R 类激光造成伤害。

• 3B 类激光：非 1 类或 2 类的激光，在 0.25 s 内可有效地发出小于 500 mW 的能量，对于脉冲调制系统也有一个基于波长的每脉冲能量限制。如果直接观看这类激光会造成伤害，包括观看镜面（直接）反射的光线。通常从粗糙的目标上散射的 3B 类激光不会造成危害。

• 4 类激光：是非 1、2、3 类的高能激光，4 类激光的发射没有上限。这类激光不仅直射或反射会造成伤害，而且散射时也会造成伤害。这类激光可能造成显著的就像烧伤一样皮肤伤害。

关于激光分类的更多信息请见美国激光学会的出版物 ANSI Z136.4《美国国家标准推荐用于危害评估的激光安全测量实践》。

太空作业期间激光的应用创造了多种独特情况，超出了典型的基于地面的激光危害，需要对其进行大量的创造性的分析。决定安全使用激光时应考虑以下一些因素。

• 可适用的程序上的限制：太空作业可能要求在非正常情形下使用激光。当激光系统启动时，所有操作流程需要针对危险状况的发生进行评估。太空环境的其他限制（比如禁飞区和缺少窗口暴露）可以提供对于激光暴露的必要的保护。

• 故障模式：任意激光系统的所有故障模式都应该详细地进行考虑，特别是对于在任何位置都可能冻结的扫描系统，其一旦冻结将引起无意的、在某一区域长时间的能量聚集。

• 伴随使用光学放大仪器：当激光工作时，使用直接观察照相机、双筒望远镜或其他光学仪器会显著地增加眼睛损伤的风险。这些仪器所有的调焦或放大操作都应该予以考虑。在做安全性分析时，应该考虑玻璃、透镜涂层、目镜和其他光学仪器内部构件的衰减作用。

• 空间关系：装备了激光器的宇宙飞船的相对运动使得设计者必须考虑可变的空间关系。激光可被认为是点光源或线光源，这取决于观察者的位置。同样还应该考虑扫描角度随位置的变化，以及光束的发散。

• 分类：激光系统必须按照 ANSI Z136.4 的定义适当地分类和辨别。商业化生产的现货激光器产品可以用在空间激光系统中，但如果该激光器在任何方面进行了修改，就必须就其预期的操作用途进行重新分类和辨别。

• 在做安全性分析时应该考虑宇宙飞船舷窗、增压服头盔和护目镜对光线的衰减作用。

• 所有的激光器系统都应考虑反射和散射。

• 次级影响：安全性分析不仅应该包括激光照射航天员造成的现实伤害影响，还应该包括在任务-危急或安全-危急活动期间的惊吓和余象的影响。

• 综合：激光器系统的安全性分析应该由激光器系统专家、激光安全专家、任意光学系统专家和航天员，特别是照相机操作或其他光学设备的专家共同完成。

6.9.4.2.1 眼睛激光暴露限值

若航天员眼睛暴露于激光中，在不使用个人防护装备的情况下，激光必须保持低于在最新版的美国激光学会出版物《美国关于安全使用激光的国家标准》（ANSI Z136.1）中规定的限值。

虽然必须应用最新版的 ANSI Z136.1，但为了举例说明，本书将 2007 版的最大允许暴露值列于表 6.9-4 和表 6.9-5。必须使用 ANSI Z136.1 中提出的方法正确评估激光环境。表中的注释涉及到 ANSI Z136.1 2007 的表和章节。

表 6.9-4 激光束点光源眼睛暴露的最大允许值（MPE）（ANSI Z136.1 2007）

波长/μm	持续时间 t/s	MPE		注释
		(J·cm^{-2})	(W·cm^{-2})	
紫外线辐射： 限制 λ 介于 0.180～0.400 μm				在限制波长区间（0.180 ～ 0.400 μm）内，必须选择较低的、考虑了光化学和热效应的 MPE 值。
热效应				
0.180～0.400	10^{-9}～10	$0.56t^{0.25}$		
光化学效应				
0.180～0.302	10^{-9}～3×10^{4}	3×10^{-3}		
0.302～0.315	10^{-9}～3×10^{4}	$10^{200(\lambda-0.295)}\times10^{-4}$		
0.315～0.400	10～3×10^{4}	1.0		
可见光				
0.400～0.700	10^{-13}～10^{-11}	1.5×10^{-8}		
0.400～0.700	10^{-11}～10^{-9}	$2.7t^{0.75}$		
0.400～0.700	10^{-9}～18×10^{-6}	5.0×10^{-7}		
0.400～0.700	18×10^{-6}～10	$1.8t^{0.75}\times10^{-3}$		

续表

波长/μm	持续时间 t/s	MPE		注释
		(J • cm^{-2})	(W • cm^{-2})	
0.500～0.700	10～3×10^4		1×10^{-3}	限制光圈见表 8a 和表 8b，测量光圈见表 9。 在波长区间（0.400～0.500 μm）内，T_1 决定了光化学或热效应 MPE 是否是低限值。 对于在视网膜伤害区间（0.400～1.400 μm）的扩展光源，见表 5b。 修正系数 C_A、C_B、C_C、C_P、C_E 和时间 T_1、T_2 的定义见表 6 和图 8、图 9。 对于重复的（脉冲）暴露见 8.2.3 节，修正系数 C_P 适用于热效应限制，不适用于光化学效应限制。 波长区间 λ_1～λ_2 意味着 $\lambda_1 \leqslant \lambda < \lambda_2$，例如，0.180～0.302 μm 意味着 $0.180 \leqslant \lambda < 0.302$ μm。
热效应				
0.450～0.500	10～T_1		1×10^{-3}	
光化学效应				
0.400～0.450	10～100	1×10^{-2}		
0.450～0.500	T_1～100	C_B×10^{-2}		
0.400～0.500	100～3×10^4		C_B×10^{-4}	
近红外线				
0.700～1.050	10^{-13}～10^{-11}	1.5C_A×10^{-8}		
0.700～1.050	10^{-11}～10^{-9}	2.7$C_A t^{0.75}$		
0.700～1.050	10^{-9}～18×10^{-6}	5.0C_A×10^{-7}		
0.700～1.050	18×10^{-6}～10	1.8$C_A t^{0.75}$×10^{-3}		
0.700～1.050	10～3×10^4		C_A×10^{-3}	
1.050～1.400	10^{-13}～10^{-11}	1.5C_C×10^{-7}		
1.050～1.400	10^{-11}～10^{-9}	27.0$C_C t^{0.75}$		
1.050～1.400	10^{-9}～50×10^{-6}	5.0C_C×10^{-6}		
1.050～1.400	50×10^{-6}～10	9.0$C_C t^{0.75}$×10^{-3}		
1.050～1.400	10～3×10^4		5.0C_C×10^{-3}	
远红外线				
1.400～1.500	10^{-9}～10^{-3}	0.1		
1.400～1.500	10^{-3}～10	0.56$t^{0.25}$		
1.400～1.500	10～3×10^4		0.1	
1.500～1.800	10^{-9}～10	1.0		
1.500～1.800	10～3×10^4		0.1	
1.800～2.600	10^{-9}～10^{-3}	0.1		
1.800～2.600	10^{-3}～10	0.56$t^{0.25}$		
1.800～2.600	10～3×10^4		0.1	
2.600～1 000	10^{-9}～10^{-7}	1×10^{-2}		
2.600～1 000	10^{-7}～10	0.56$t^{0.25}$		
2.600～1 000	10～3×10^4		0.1	

注：MPE 值必须使用同一单位制。

表 6.9-5 激光束扩展光源眼睛暴露的最大允许值（MPE）（ANSI Z136.1 2007）

波长/μm	持续时间 t/s	MPE（$J\cdot cm^{-2}$）（除“注”之外）	MPE（$W\cdot cm^{-2}$）（除“注”之外）	注释
可见光				
0.400～0.700	10^{-13}～10^{-11}	$1.5C_E\times10^{-8}$		
0.400～0.700	10^{-11}～10^{-9}	$2.7C_Et^{0.75}$		
0.400～0.700	10^{-9}～18×10^{-6}	$5.0C_E\times10^{-7}$		
0.400～0.700	18×10^{-6}～0.7	$1.8C_Et^{0.75}\times10^{-3}$		限制光圈见表 8a 和表 9。
当暴露在波长限制在 0.400～0.600 μm 之间的可见激光中的时间 $t>0.7$ s 时				
光化学效应				
当 $\alpha\leqslant11$ mrad，MPE 值按发光和辐射照度表述。*				
0.400～0.600	0.7～100	$C_B\times10^{-2}$		
0.400～0.600	100～3×10^4		$C_B\times10^{-4}$	
当 $\alpha>11$ mrad，MPE 值按辐射和综合辐射表达。*				
0.400～0.600	0.7～1×10^4	$100C_B$（$J\cdot cm^{-2}\cdot sr^{-1}$）		限制光圈见表 8a 表 9。
0.400～0.600	1×10^4～3×10^4		$C_B\times10^{-2}$（$W\cdot cm^{-2}\cdot sr^{-1}$）	
热效应				
0.400～0.700	0.7～T_2	$1.8C_Et^{0.75}\times10^{-3}$		
0.400～0.700	T_2～3×10^4		$1.8C_ET_2^{-0.25}\times10^{-3}$	
近红外线				
0.700～1.050	10^{-13}～10^{-11}	$1.5C_AC_E\times10^{-8}$		限制锥角 γ 见表 8a 和表 9。
0.700～1.050	10^{-11}～10^{-9}	$2.7C_AC_Et^{0.75}$		
0.700～1.050	10^{-9}～18×10^{-6}	$5.0C_AC_E\times10^{-7}$		
0.700～1.050	18×10^{-6}～T_2	$1.8C_AC_Et^{0.75}\times10^{-3}$		
0.700～1.050	T_2～3×10^4		$1.8C_AC_ET_2^{-0.25}\times10^{-3}$	限制光圈见表 8a 和表 9。
1.050～1.400	10^{-13}～10^{-11}	$1.5C_CC_E\times10^{-7}$		
1.050～1.400	10^{-11}～10^{-9}	$27.0C_CC_Et^{0.75}$		
1.050～1.400	10^{-9}～50×10^{-6}	$5.0C_CC_E\times10^{-6}$		
1.050～1.400	50×10^{-6}～T_2	$9.0C_CC_Et^{0.75}\times10^{-3}$		
1.050～1.400	T_2～3×10^4		$9.0C_CC_Et^{-0.25}\times10^{-3}$	

注：修正系数 C_A、C_B、C_C、C_P、C_E和时间 T_1、T_2的定义见表 6 和图 8、图 9。

* 对于对角大于 11 mrad 的光源，限制值也可以用综合辐射来表述。

在限定的锥角 γF，当 0.7 s$\leqslant t<10^4$ s 时，$L_p=100\ C_B$（$J\cdot cm^{-2}\cdot sr^{-1}$）；当 $t\geqslant10^4$ s 时，$L_e=C_B\times10^{-2}$（$W\cdot cm^{-2}\cdot sr^{-1}$）；当 10 s$\leqslant t<100$ s 时，这些值对应 $J\cdot cm^{-2}$；当 $t\geqslant100$ s 时，对应 $W\cdot cm^{-2}$。

$\gamma=11$ mrad 当 0.7 s$\leqslant t<100$ s

$\gamma=1.1\times t^{0.5}$ mrad 当 100 s$\leqslant t<10^4$ s

$\gamma=110$ mrad 当 10^4 s$\leqslant t<3\times10^4$ s

γ 取值见图 3，例子见附录 B7.2。

1）对于重复的（脉冲）暴露见 8.2.3 节。

2）波长区间 λ_1～λ_2意味着 $\lambda_1\leqslant\lambda<\lambda_2$，例如，1.180～1.302 μm 的意思是 $1.180\leqslant\lambda<1.302$ μm。

3）双重限制应用：在波长的双重限制区间（0.400～0.600 μm）内，暴露限制是起决定作用的光化学效应或热效应的暴露限制值的低限值。

4）MPE 值必须使用同一单位制。

这些限制保护眼睛免受连续和重复脉冲激光的伤害。术语“激光系统”包括激光、激光发生器和控制器。所有激光的安全性分析在 ANSI Z136.1 标准中定义。

航天飞机上用于对接操作的轨道控制传感器使用的是 3B 类激光，其同时采用连续波和脉冲波两种工作模式。在轨道飞行器机械手传感器系统中使用的激光照相系统也用的是 3B 类激光。激光动态区域成像仪中包含了一个 4 类激光源，但是集成在系统中的散射屏有效地将发射值减少到了 1 类激光系统的水平。

6.9.4.2.2　皮肤暴露于激光下的限值

航天员在激光环境中的皮肤暴露，在不使用个人防护装备情况下，必须保持低于在最新版的美国激光学会出版物《美国关于安全使用激光的国家标准》（ANSI Z136.1）中规定的限值。虽然必须采用最新版的 ANSI Z136.1，但为了举例说明，将 2007 版的皮肤最大允许暴露值列于表 6.9－6。必须使用 ANSI Z136.1 中提出的方法正确评估激光环境，表中的注释涉及到 ANSI Z136.1 2007 的表和章节。

表 6.9－6　皮肤暴露在激光束下的最大允许暴露值（MPE）

波长/μm	持续时间 t/s	MPE		注释
		$J \cdot cm^{-2}$（除“注”之外）	$W \cdot cm^{-2}$（除“注”之外）	
紫外线辐射				在限制波长区间（0.180～0.400 μm）内，较低的、考虑了光化学和热效应的 MPE 值必须被选。 3.5 mm 限制光圈适用于所有波长和暴露时间，见表 8a。 波长区间 $\lambda_1 \sim \lambda_2$ 意思是 $\lambda_1 \leqslant \lambda < \lambda_2$，例如，0.180～0.302 μm 意思是 $0.180 \leqslant \lambda < 0.302$ μm。 时间区间 $t_1 \sim t_2$ 意思是 $t_1 \leqslant t < t_2$，例如，$10 \sim 10^3$ s 的意思是 $10\ s \leqslant t < 10^3$ s。 大光束截面区域见 8.4.2 节，修正系数 C_A 的定义见表 6。
限制 λ 介于 0.180～0.400 μm 两者之间				
热效应				
0.180～0.400	$10^{-9} \sim 10$	$0.56t^{0.25}$		
光化学效应				
0.180～0.302	$10^{-9} \sim 3\times10^4$	3×10^{-3}		
0.302～0.315	$10^{-9} \sim 3\times10^4$	$10^{200(\lambda-0.295)}\times10^{-4}$		
0.315～0.400	$10 \sim 10^3$	1.0		
0.315～0.400	$10^3 \sim 3\times10^4$		1×10^{-3}	
可见光与近红外线				
0.400～1.400	$10^{-9} \sim 10^{-7}$	$2C_A\times10^{-2}$		
0.400～1.400	$10^{-7} \sim 10$	$1.1C_At^{0.25}$		
0.400～1.400	$10 \sim 3\times10^4$		$0.2C_A$	
远红外线				
1.400～1.500	$10^{-9} \sim 10^{-3}$	0.1		
1.400～1.500	$10^{-3} \sim 10$	$0.56t^{0.25}$		
1.400～1.500	$10 \sim 3\times10^4$		0.1	
1.500～1.800	$10^{-9} \sim 10$	1.0		
1.500～1.800	$10 \sim 3\times10^4$		0.1	
1.800～2.600	$10^{-9} \sim 10^{-3}$	0.1		
1.800～2.600	$10^{-3} \sim 10$	$0.56t^{0.25}$		
1.800～2.600	$10 \sim 3\times10^4$		0.1	
2.600～1 000	$10^{-9} \sim 10^{-7}$	1×10^{-2}		
2.600～1 000	$10^{-7} \sim 10$	$0.56t^{0.25}$		
2.600～1 000	$10 \sim 3\times10^4$		0.1	

注：摘自 ANSI Z136.1 2007。

这些限值保护皮肤免受连续和重复脉冲激光的伤害。术语“激光系统”包括激光、激光发生器和控制器。所有激光的安全性分析必须在 ANSI Z136.1 标准中定义。

6.9.4.3 非相干辐射——紫外线、可见光和红外线

航天员暴露在从紫外线（180 nm）到远红外线（3 000 nm）环境的电磁频谱限制来自于美国政府工业卫生学者协会出版的《基于化学物质、物理因数和生物暴露指标的阈限值文件中的阈限值和生物暴露指标》中给出的方法。该方法可以提供四种可能的损伤途径的每一种源强度与可接受的暴露时间之间的量化关系，四种可能的损伤途径分别是：由可见光引起的视网膜可能的热损伤、由持续处于蓝光环境下引起的视网膜光化学伤害、由红外线引起的眼球晶状体和角膜的热损伤，以及处于紫外线辐射环境下未保护的皮肤和眼睛伤害。这些限制不适用于激光环境（见 6.9.4.2 节）。NASA 修正了 ACGIH 使用的数值，在每个计算公式的源项中插入一个 0.2 的因数，除计算紫外线暴露值的公式以外。修正去除了 ACGIH 加给普通大众过度的安全裕度。

任何在非电离辐射环境中的暴露，在航天员接触到之前，就应该考虑相关突发事件的各种途径，包括任何聚焦、散射或滤波。例如，当评估影响乘员的最终辐射事件时，需要考虑通过光学仪器对源辐射的聚焦效应和宇宙飞船窗户系统或太空舱外活动所戴护目镜的衰减效应。通过减少有效辐照度或限制暴露时间可以实现保护航天员免受非电离辐射伤害。任何提供非电离辐射保护的方法必须保证光学系统的能力以实现其预期功能。通过使用临时滤镜、选择合适的材料、光圈、快门或分光镜及其他适当的方法，可以同时满足窗户、护目镜和其他光学设备的透射要求和保护航天员不受非电离辐射伤害的要求。

为视网膜损伤途径的大、小光源设定了不同的限值。大光源照亮大面积的视网膜，并且不允许局部冷却或细胞修复。小光源照亮较小面积视网膜，并且眼球不断地自然运动以改变照亮的区域，从而有效地减少暴露。出于这个原因，对小光源的暴露限制相对缓和。

6.9.4.3.1 可见光和近红外线光源的视网膜热伤害限值

必须限制航天员暴露在波长为 385～1 400 nm 光的光谱辐射能 L_λ

$$0.2\sum_{385}^{1\,400}[L_\lambda R(\lambda)\Delta\lambda] \leqslant \frac{5}{\alpha t^{1/4}}$$

式中 L_λ——光源的光谱辐射能，W/（cm^2 · sr · nm）；

$R(\lambda)$——视网膜热危险函数，由最新版的《基于化学物质、物理因数和生物暴露指标的阈限值文件的临界值和生物暴露指标》给出；

t——观看持续时间，s；

α——光源的角度，rad。

这个限制是为了防止由波长为 385～1 400 nm 的可见光和近红外线光源引起的视网膜热伤害。

6.9.4.3.2 可见光的视网膜光化学伤害

6.9.4.3.2.1 小光源可见光辐射限值

对应一个小于 11 mrad 的角，其波长在 305～700 nm 之间的可见光源的分光照度 E_λ

必须被限制，限值按下式计算

$$0.2\sum_{305}^{700}[E_{\lambda}tB(\lambda)\Delta\lambda] \leqslant 10(\mathrm{mJ/cm^2}) \quad t < 10^4\ \mathrm{s}$$

或

$$0.2\sum_{305}^{700}[E_{\lambda}tB(\lambda)\Delta\lambda] \leqslant 1(\mu\mathrm{W/cm^2}) \quad t > 10^4\ \mathrm{s}$$

式中　$B(\lambda)$——蓝光危险函数，由最新版的《基于化学物质、物理因数和生物暴露指标的临界值文件的阈限值和生物暴露指标》给出；

t——观看持续时间，s。

这个限制是为了防止由波长 305～700 nm 的光源引起的视网膜光化学伤害。当在地球上观察时，太阳对应一个约 9 mrad 的角，此时可以认为太阳是一个小光源。

6.9.4.3.2.2　大光源可见光辐射限值

对应一个大于等于 11 mrad 的角，其波长在 305～700 nm 之间的可见光源的分光照度 L_{λ}必须被限制，限值按下式计算

$$0.2\sum_{305}^{700}[L_{\lambda}tB(\lambda)\Delta\lambda] \leqslant 100[\mathrm{J/(cm^2 \cdot sr)}] \quad t \leqslant 10^4\ \mathrm{s}$$

或

$$0.2\sum_{305}^{700}[L_{\lambda}tB(\lambda)\Delta\lambda] \leqslant 10^{-2}[\mathrm{W/(cm^2 \cdot sr)}] \quad t > 10^4\ \mathrm{s}$$

式中　$B(\lambda)$——蓝光危险函数，由最新版的《基于化学物质、物理因数和生物暴露指标的临界值文件的阈限值和生物暴露指标》给出；

t——观看持续时间，s。

这个限制是为了防止由波长 305～700 nm 的大光源引起的视网膜光化学伤害。

6.9.4.3.3　红外线辐射引起的热伤害限值

当航天员暴露在波长在 770～3 000 nm 之间的光源中的时间大于 1 000 s 时，光源的分光照度 E_{λ}必须被限制到 10 mW/cm²；当航天员暴露时间短于 1 000 s 时，必须按下式计算分光照度 E_{λ}

$$0.2\sum_{770}^{3\,000}(E_{\lambda}\Delta\lambda) \leqslant 1.8t^{-3/4}(\mathrm{W/cm^2})$$

式中　t——观看持续时间，s。

这个限制是为了防止过度暴露在红外线辐射中引起的眼睛伤害，包括对晶状体的延迟性影响（比如引起白内障）。这些阈限值应用于周围温度为 37 ℃的环境，并且当整体温度低于 37 ℃时可以增加 0.8mW/cm² 。

6.9.4.3.4　无防护的眼睛和皮肤暴露在紫外线辐射中的限值

航天员暴露在波长为 180～400 nm 之间，由光谱效能函数 S_{λ}加权所得的光源的分光照度 E_{λ}（由最新版的《基于化学物质、物理因数和生物暴露指标的临界值文件的临界值和生物暴露指标》给出）必须被限制，限值按下式计算

$$\sum_{180}^{400}(E_{\lambda}S_{\lambda}t\Delta\lambda)\leqslant 3(\mathrm{mJ/cm^2})\quad \text{在任意 24 小时内}$$

式中　t——暴露持续时间，s。

这个限制是为了防止过度暴露在紫外线辐射中引起的眼睛和皮肤伤害。

6.9.5　非电离辐射效应危险控制

受到NIR过度照射的危险控制取决于NIR的类型和来源及任务要求。NIR的危险控制可以通过工程或操作的方法实现，也可以是两者的结合。表6.9－7定义了辐射源及其相应的危险控制方法。

表6.9－7　非电离辐射危险控制方法

辐射源	危险控制
射频辐射	航天器内及周围射频环境的全部特性与限值、训练、标识、限制暴露时间的操作程序
激光	射束阑及衰减器、全密闭式光束通路、可抽取式滤波器、光学设备上安装的滤波目镜、训练、标识、操作程序
非相干辐射	可抽取式滤波器、光学设备上安装的滤波目镜、标识、反光控制、着装、压力服（UV）、限制暴露时间的操作程序

如果其他控制危险的措施不可行或完全不切实际，则必须提供PPE。PPE一般舒适度很低，且对航天员操作能力有负面影响，将导致违约行为。例如，在进行高分辨率的直视相机摄影操作时，不能佩戴防护激光的护目镜。即便在最佳假设中，视野及色觉也可能受到影响。

太空操作过程中对NIR的监测和警报应包括以下活动：

- NIR（激光、强烈的非相干光源，射频发射器）发射前的警报灯或事件通报；
- 接近日出（非相干光源）的监测与报警；
- 监测航天器内及周围的射频区域。

考虑到会采用多种形式的NIR对于保证任务目标的完成是十分必要的，因此，对于过度NIR暴露的防护可能需要创造性的解决方法。例如，如果操作方案中要求在航天器内使用IR激光，则在舷窗上使用永久性涂层阻断IR就是不可取的。类似的，如果观测活动要求使用UV波长，那么一成不变地使用UV滤波器也不是一个恰当的解决方案。出于摄影和心理需求，必须保留通过航天器舷窗进入舱内的自然光进行色彩平衡。任何保护乘组免受NIR过度暴露的方法必须不能影响航天员的操作能力，或妨碍航天飞行中设备的使用。

6.9.6　研究需求

NASA对于NIR的生物效应无特定研究需求，因为已在普通工业和人群中开展了大量工作。然而在独特的太空飞行环境中，大量执行领域的工作仍在进行中。一些看起来互相矛盾的要求使得这一工作极具挑战性（例如，舷窗系统必须满足较高的光学品质要求以及传播规格，而同时仍需为乘组提供NIR保护）。

参考文献

[1] Adelstein, B. D. , Beutter, B. R. , Kaiser, M. K. , McCann, R. S. , & Stone, L. S. (2009a). Effects of Transverse Seat Vibration on Near - Viewing Readability of Alphanumeric Symbology. NASA/TM 2009 - 215385.

[2] Adelstein, B. D. , Beutter, B. R. , Kaiser, M. K. , McCann, R. S. , Stone, L. S. , Anderson, M. R. , Renema, F. , & Paloski, W. H (2009b). Influence of Combined Whole - Body Vibration Plus G - Loading on Visual Performance. NASA/TM 2009 - 2153.

[3] Adelstein, B. D. , Kaiser, M. K. , Beutter, B. R. , McCann, & Anderson, M. R. (2012). Display strobing: an effective countermeasure against visual blur from whole - body vibration. Acta Astronautica, (In Press). DOI:10. 1016/j. actaastro. 2012. 07. 003.

[4] Adelstein, B. D. , Beutter, B. R. , Kaiser, M. K. , McCann, R. S. , Stone, L. S. , Holden, K. L. , & Root, P. J. (2012, in preparation) et al. Determining Subjective Thresholds for Display Usability Under Combined Whole - Body Vibration Plus G - Loading. NASA/TM in preparation. [SHFE DRP 2008 final report not publicly available.]

[5] Albery, W. B. & Chelette, T. L. (1998). Effect of G Suit Type on Cognitive Performance. Aviat Space Environ Med, 69(5), 474 - 9.

[6] Allen, C. S. & Denham, S. A. (2011). International Space Station Acoustics, A Status Report, Proceedings of International Conference on Environmental Systems, AIAA 2011 - 5128.

[7] American Bureau of Shipping(ABS)(2003). Guide for Crew Habitability on Ships, American Bureau of Shipping, Houston TX.

[8] American Conference of Governmental Industrial Hygienists(ACGIH) Current Version. TLVs © and BEIs © Based on the Documentation of the Threshold Limit Values for Chemical Substances and Physical Agents & Biological Exposure Indices. ACGIH, Cincinnati, OH.

[9] American Conference of Governmental Industrial Hygienists(ACGIH)(2001). Threshold Level Values (TLVs), Infrasound and Low - Frequency Sound, 2001. ACGIH, Cincinnati, OH.

[10] American Conference of Government Industrial Hygienists(ACGIH), Threshold Limit Values & Biological Exposure Indices(BIEs), 2004.

[11] ANSI(2006). Guide for the Measurement and Evaluation of Human Exposure to Vibration Transmitted to the Hand. American National Standard S2. 70 - 2006. American National Standards Institute.

[12] ANSI S1. 1 - 1994, Acoustical Terminology, 1994. American National Standards Institute, New York, NY.

[13] ANSI/ASA S12. 2 - 2008. American National Standards Institute, American National Criteria for Evaluating Room Noise, New York, NY.

[14] ANSI S12. 65 - 2006, American National Standards Institute, American National Standard for Rating Noise with Respect to Speech Interference, New York, NY.

[15] ANSI Z136. 1, American National Standards Institute, Current Version. American National Standard for Safe Use of Lasers. American National Standards Institute, New York, NY.

[16] ANSI Z136. 4, American National Standards Institute, Current Version. American National Standard Recommended Practice for Laser Safety Measurements for Hazard Evaluations. American National Standards Institute, New York, NY.

[17] ANSI Z90, American National Standards Institute, American National Standard Specification for Protective Headgear for Vehicular Users, American National Standards Institute, New York, NY.

[18] Anton, D. J. (1986) The Incidence of Spinal Fracture on Royal Air Force Ejections 1968 - 1983. (Aircrew Equipment Group Report No. 529). RAF Institute of Aviation Medicine Aircrew Equipment Group.

[19] Armstrong, T. W. & Colborn, B. L. (2000). Evaluation of Trapped Radiation Model Uncertainties for Spacecraft Design. Technical Report, NASA/CR - 2000 - 210072; NAS 1. 26: 210072; M - 970.

[20] Armstrong, T. W. & Colborn, B. L. (1991). Cosmic Ray and Secondary Particle Environment Analysis for Large Lunar Telescope Instruments. Science Applications International Corporation Report SAIC - TN - 912.

[21] Association for the Advancement of Automotive Medicine. (2005). Abbreviated Injury Scale 2005. Barrington, IL. Balldin, U. I., O'Connor, R. R., Werchan, P. M., Isdahl, W. M., Demitry, P. F., Stork, R. L., & Morgan, T. R. (2002). Heat Stress Effects for USAF Anti - g Suits with and without a Counter - pressure Vest. Aviat Space Environ Med, 73(5), 456 - 9.

[22] Badhwar, G. D. & O'Neill, P. M. (1991). An improved model of galactic cosmic radiation for space exploration missions. In Proceedings of the 22rd International Cosmic Ray Conference, (Dublin, OG - 5. 2 - 13. pp. 643 - 646). Dublin, Ireland: Elsevier Ltd.

[23] Badhwar, G. D., Keith, J. E., & Cleghorn, T. F. (2001). Neutron measurements onboard the space shuttle. Radiation Measurements, 33(3), 235 - 241.

[24] Bailey, J. V. (1976). Dosimetry during Space Missions. 1976. IEEE Transactions on Nuclear Science. 23(4).

[25] Balldin, U. I., O'Connor, R. B., Isdahl, W. M., & Werchan, P. M. (2005). Pressure Breathing without a Counter - pressure Vest does not Impair Acceleration Tolerance up to 9 G. Aviat Space Environ Med, 76(5), 456 - 62.

[26] Balldin, U. I., O'Connor, R. R., Werchan, P. M., Isdahl, W. M., Demitry, P. F., Stork, R. L., & Morgan, T. R. (2002). Heat Stress Effects for USAF Anti - g Suits with and without a Counter - pressure Vest. Aviat Space Environ Med, 73(5), 456 - 9.

[27] Begault, D. R. (2011). Effect of whole - body vibration on speech, part II: effect on intelligibility. Audio Engineering Society 131st Convention, New York, paper no. 8582.

[28] Beranek, L. L. & Ver, I. L. (1992). Noise and Vibration Control Engineering, Principals and Applications. Wiley - Science, New York., NY.

[29] Berger, E. H., et al. (2003). The Noise Manual(5th ed.), AIHA Press, Fairfax, VA.

[30] Boff, E. R., & Lincoln, J. E. (1988). Vibration(Section 10. 4), in Engineering Data Compendium: Human Perception and Performance. Armstrong Aerospace Medical research Laboratory, Wright - Patterson AFB, pp. 2064 - 2136.

[31] Bogatova, R. I., Allen, C. S., Kutina, I. V., & Goodman, J. R. (2008). The Habitable Environment of the ISS, Section 1, Microclimate, Acoustic Environment, and Lighting Conditions. (incomplete reference)

[32] Brauer, R. L. (2006). Safety and Health for Engineers, 2nd Edition. Hoboken, NJ: Wiley.

[33] Brinkley, J. W. & Raddin, J. H. (2002). Transient Acceleration. In R. L. DeHart & J. R. Davis (Eds.), Fundamentals of Aerospace Medicine. New York, NY: Lippincott, Williams, & Wilkins.

[34] Brinkley, J. W., Specker, L. S., & Mosher, S. E., (1990). Development of Acceleration Exposure Limits for Advanced Escape Systems, In Implications of Advanced Technologies for Air and Spacecraft Escape, (NATO Advisory Group for Aerospace Research and Development Proceedings AGARD - CP - 472).

[35] Brinkley, J. W. (1985). Acceleration Exposure Limits for Escape System Advanced Development, SAFE Journal, Vol. 15(2), 10 - 16.

[36] Bruce, R. J., Ott, C. M., et al. (2005). Microbial surveillance of potable water sources of the International Space Station. 35th International Conference on Environmental Systems, Rome, Italy.

[37] Buhrman, J. R., Perry, C. E., & Mosher, S. E. (2000). A Comparison of Male and Female Acceleration Responses During Laboratory Frontal - Gx Axis Impact Tests. (AFRL - HEWP - TR - 2001 - 0022). Wright - Patterson Air Force Base, OH: Air Force Research Laboratory.

[38] Bungo, M. W., Charles, J. B., & Johnson, P. C. Jr. (1985) Cardiovascular Deconditioning During Space Flight and the Use of Saline as a Countermeasure to Orthostatic Intolerance. Aviat Space Environ Med, 56(10), 985 - 90.

[39] Bureau of Transportation Statistics. (2007). Trends in Personal Income and Passenger Vehicle Miles. SR - 006, U. S. Department of Transportation, Research and Innovative Technology Administration, Washington, D. C.

[40] Butler, J. (TBD). The Psychological Effects of Noise: Recommendations for ISS. Unpublished white paper, Columbia University, College of Physicians and Surgeons, New York, NY. (incomplete reference)

[41] Cable, J. 2004. NIOSH report details dangers of carbon dioxide in confined spaces. Occupational Hazards, 12/30/2004.

[42] Campbell, P. D. (1992). Crew Habitable Element Space Radiation Shielding for Exploration Missions. LESC - 30455, prepared for Flight Crew Support Division, Johnson Space Center. (incomplete reference)

[43] Carleon, W. M. & Welch, B. E. (1971). Fluid balance in artificial environments: role of environmental variables (NASA CR - 114977). Brooks Air Force Base, TX: School of Aerospace Medicine.

[44] CHABA (Committee on Hearing, Bioacoustics, and Biomechanics) (1987). Guidelines for Noise and Vibration levels for the Space Station, Report Number: NAS 1. 26: 178310; NASA - CR - 178310.

[45] Charles, J. B. & Lathers, C. M. (1991) Cardiovascular adaptation to spaceflight. J. Clin. Pharmacol, v. 31, p. 1010 - 1023, 1991.

[46] Chu, S. R., & Allen C. S. (2011). Spacecraft Cabin Acoustic Modeling and Validation with Mockups, Proceedings of International Conference on Environmental Systems, AIAA 2011 - 5112.

[47] Clark, J. B. & Allen, C. S. (2008). Acoustics Issues, In Principles of Clinical Medicine for Space

Flight, 24, New York, NY, Springer.

[48] Clarke, N. P., Taub, H., Scherer, H. F., Temple, W. E., Vykukal, H. C., & Matter, M. (1965). Preliminary Study of Dial reading Performance During Sustained Acceleration and Vibration. Aerospace Medical Research Laboratories, Wright Patterson AFB, AMRL - TR - 65 - 110.

[49] Craske, B. (1977) Perception of impossible limb positions induced by tendon vibration. Science, 196 (4285), 71 - 73.

[50] Crocker, M. J. (1989). Handbook of Acoustics, Chapter 23, 24, and 25. New York, NY. John Wiley and Sons Inc.

[51] Cucinotta, F. A., Manuel, F. K., Jones, J., Iszard, G., Murrey, J., Djojonegro, B., & Wear, M. (2001). Space radiation and cataracts in astronauts. Radiat Res, 156, 460 - 466.

[52] Cucinotta, F. A., Kim, M. Y., & Ren, L. (2005). Managing Lunar and Mars Mission Radiation Risks Part I: Cancer Risks, Uncertainties, and Shielding Effectiveness (NASATP - 2005213164). Houston, TX: National Aeronautics and Space Administration.

[53] Cucinotta, F. A., Schimmerling, W., Wilson, J. W., Peterson, L. E., Saganti, P., Badhwar, G. D., & Dicello, J. F. (2001). Space Radiation Cancer Risks and Uncertainties for Mars Missions. Radiat Res, 156, 682 - 688.

[54] Cucinotta, F. A., Shavers, M. R., Saganti, P. B., Miller, J. (Eds.). (2003). Radiation Protection Studies of International Space Station Extravehicular Activity Space Suits, (TP - 2003 - 212051, pp. 196). Houston, TX: National Aeronautics and Space Administration.

[55] Denham, S. A. & Kidd, G. (1996). US laboratory architectural control document. Volume 14: Acoustics. NASA D683 - 149 - 147 - 1 - 14. Houston, TX: NASA Johnson Space Center.

[56] Depreitere, B., Van Lierde, C., Vander Sloten, J., Van Audekercke, R., Van der Perre, G., Plets, C., & Goffin, J. (2006). Mechanics of acute subdural hematomas resulting from bridging vein rupture. J Neurosurg, 104(6), 950 - 956.

[57] Destafanis, S. & Marucchi - Chierro, P. C. (2002). Node 3 audible noise/human vibration environments analysis and budget report. Report N3 - RP - AI - 0014. Turino, Italy: Alenia Aerospazio, Space Division.

[58] Drexel, R. E. & Hunter, H. N. (1973) Apollo Experience Report: Command Module Crew - Couch/Restraint and Load - Attenuation Systems. (NASA TN D - 7440). Houston, TX: National Aeronautics and Space Administration.

[59] Dub, M. O., & McFarland, S. M. (2010). Suited Occupant Injury Potential During Dynamic Spacecraft Flight Phases. NASA, Johnson Space Center. Houston: National Aeronautics and Space Administration.

[60] Ducoff, H. S. (2002). Radiation Hormesis: Incredible or inevitable? Kor J Bio Sci, 6, 187 - 193.

[61] Durante, M., Bonassi, S., George, K., & Cucinotta, F. A. (2001). Risk Estimation based on Chromosomal Aberrations Induced by Radiation. Radiat Res, 156, 662 - 667.

[62] Eiband, M. (1959). Human Tolerance to Rapidly Applied Accelerations: A Summary of the Literature. (NASA Memo 5 - 19 - 59E). Washington, D. C.: National Aeronautics and Space Administration.

[63] Eiken, O., Kölegård, R., Lindborg, B., Aldman, M., Karlmar, K. E., & Linder, J. (2002). A New

Hydrostatic Anti - g Suit vs. a Pneumatic Anti - g System: Preliminary Comparison. Aviat Space Environ Med, 73(7), 703 - 8.

[64] Engineering Specifications and Standards Department(1983). Military Specification, System, Aircrew Automated Escape, Ejection Seat Type: General Specification for (08JUN 1983). (MIL - S - 18471 Rev. G.). Lakehurst, N. J.: United States Naval Air Systems Command.

[65] English, R. A. & Liles, E. D. (1972) Iridium and Tantalum Foils for Space - flight Neutron Dosimetry. Health Physics 22(5), 503 - 507.

[66] Farrell, R. J., Booth, J. M., (1975) Design Handbook for Imagery Interpretation Equipment, D180 - 19063 - 1, (2 - 84) Boeing Aerospace Co.

[67] Fenwick, J. (1992) POGO, Threshold: Pratt & Whitney Rocketdyne's engineering journal of power technology. Retrieved at http://www.pwrengineering.com/articles/pogo.htm(6/28/2012).

[68] Fotedar, L. et. al., (2001). Independent Assessment Report, Review of the ISS Acoustic Requirements, JS - 1027. Houston, TX: National Aeronautics and Space Administration.

[69] Goodman, J. R. (1991a). STS - 40 Acoustical Noise Results and Summary. Memorandum from Germany, Daniel, Manager, Orbiter and GFE Projects to distribution.

[70] Goodman, J. (1991). Presentations at the Acoustics Working Group: Specifications and Orbiter Elements Subgroup Status.

[71] Goodman, J. R., (2003) International Space Station Acoustics, Proceedings from NOISECON, Cleveland, OH. Inst. of Noise Control Engineering of the USA, Inc., Washington, DC.

[72] Goodman, J. R. & Grosveld, F. W. (2008). Part III - Noise Abatement Design, Safety Design for Space Systems, Ed. Gary Musgrave, Axel Larsen and Tommaso Sgobba, Elsevier Publishing Company.

[73] Goodman, J. R. & Grosveld, F. W. (2008). Acoustics, In G. Musgrave, L. Larsen, T. Sgobba(Eds.), Principles of safety design for space systems, Oxford, Elsevier Science and Technology Books.

[74] Goodman, J. R. & Villarreal, L. J. (1992) Space Shuttle Crew Compartment Debris/Contamination, SAE Technical Paper Series #921345. Warrendale, PA.

[75] Graf, R. F. (1974). Electronic Databook: A guide for designers, 2nd ed. New York, NY. Van Nostrand Reinhold.

[76] Graves, C. A., & Harpold, J. C. (1972). Apollo Experience Report - Mission Planning for Apollo Entry. NASA TN D - 6725.

[77] Griffin, M. J. (1990). Handbook of Human Vibration. London: Academic Press.

[78] Grosveld, F. W. & Goodman, J. R. (2003). Design of an acoustic muffler prototype for an air filtration system inlet on International Space Station. Proceedings of NOISE - CON 2003. Washington, DC: US Institute of Noise Control Engineering.

[79] Guignard, J. C., & King, P. F. (1972). Aeromedical Aspects of Vibration and Noise. AGARD - AG - 151. London: Technical Editing and Reproduction, pp. 1 - 113.

[80] Harris, C. M., (1998). Handbook of Acoustical Measurements and Noise Control (3rd ed.). C. M. Harris(Ed.) Acoustical Society of America, Woodbury, NY.

[81] Hathaway, D., Wilson, R., & Reichmann, E. (1994). The shape of the sunspot cycle. Solar Physics, 151(1), 177 - 190.

[82] Heimback, R. D., & Sheffield, P. J. (1996). Decompression Sickness and Pulmonary Overpressure

Accidents. In R. L. DeHart (Ed.) Fundamentals of Aerospace Medicine, (2nd ed., Chapter 7, pp. 131 - 161). New York, NY: Williams & Wilkins.

[83] Hill, R. E. (1992). Space Shuttle crew module prior noise reduction efforts. Presentation to the Acoustical Noise Working Group. Houston, TX: NASA Johnson Space Center.

[84] Hill, R. E. (1994). Space Shuttle Orbiter crew compartment acoustic noise - environments and control considerations. Report 94SSV154970. Houston, TX: Rockwell International.

[85] Hornick, J. (1973). Vibration, in Bioastronautics Data Book, 2nd Edition. J. F. Parker, & V. R. West, eds. NASA - SP - 3006, Office of Naval Research/NASA, pp. 297 - 348.

[86] Horta, L. G., Mason, B. H., Lyle, K. H. (2009) A Computational Approach for Probabilistic Analysis of Water Impact Simulations. (NASA - TM - 2009 - 215704). Hampton, VA: National Aeronautics and Space Administration.

[87] Howe, G. R., Howe, L. B., Zablotska, J. J., Fix, J. E., Buchanan, J. (2004). Analysis of the mortality experience amongst U. S. nuclear power industry workers after chronic lowdose exposure to ionizing radiation, Radiat Res, 162, 517 - 526.

[88] Hwang, M., Schultz, J., & Sumner, R. (2006). Shuttle Potable Water Quality from STS - 26 to STS - 114. In Proceedings from the 2006 International Conference on Environmental Systems, Norfolk, VA. Society of Automotive Engineers.

[89] IEEE International Committee on Electromagnetic Safety(2005). Current Version. IEEE Standard for Safety Levels with Respect to Human Exposure to Radio Frequency Electromagnetic Fields, 3 kHz to 300 GHz, C95. 1 - 2005. New York, New York.

[90] ISO (1997a) Mechanical vibration and shock—Evaluation of human exposure to whole body vibration—Part 1: General requirements. International Standard ISO 2631 - 1, Second Edition. (Including ISO 2631 - 1, Amendment 1, 2010.) International Standards Organization.

[91] ISO(1997b) Mechanical vibration and shock—Human exposure - Vocabulary. International Standard ISO 5805, Second Edition. International Standards Organization.

[92] ISO (2003). Danger signals for public and work areas - auditory danger signals, ISO 7731 - 2003. International Organization for Standardization, Geneva.

[93] ISO(2003b). Acoustics - Determination of sound power levels of noise sources using sound pressure - Precision methods for anechoic and hemi - anechoic rooms. ISO Standard 3745: 2003E. Geneva, Switzerland: International Standards Organization.

[94] Johnston, R. S., Dietlein, L. F., & Berry, C. A. (1975). Biomedical results of Apollo. (NASA - SP - 368; LC - 75 - 600030). Houston, TX: National Aeronautics and Space Administration.

[95] Jones, D. M., & Broadbent, D. E. (1991). Human Performance and Noise. In C. M. Harris (Ed.), Handbook of acoustical measurements and noise control, 3rd ed. New York, NY: McGraw - Hill.

[96] JSC 20584. (2008). Spacecraft Maximum Allowable Concentrations for Airborne Contaminants. Houston, TX: National Aeronautics and Space Administration.

[97] JSC 26895(1997). Guidelines for Assessing the Toxic Hazard of Spacecraft Chemicals and Test Materials. Houston, TX: National Aeronautics and Space Administration.

[98] JSC 63414, Johnson Space Center, Spacecraft Water Exposure Guidelines(SWEG). Houston, TX: National Aeronautics and Space Administration.

[99] JSC 63828,Biosafety Review Board Operations and Requirements Document. Houston,TX:National Aeronautics and Space Administration.

[101] Kim, M. - H. Y. , Cucinotta, F. A. , & Wilson, J. W. (2006). Mean occurrence frequency and temporal risk analysis of solar particle events. Radiation Measurements,41(9 - 10),1115 - 1122.

[102] Kim,M. Y. , Wilson, J. W. , Cucinotta, F. A. , et al. (1999). Contribution of high charge energy (HZE)ions during solar - particle event of September 28,1989. NASA/TP - 1999 - 209320. NASA, Washington,D. C.

[103] Kumar,K. V. & Norfleet,W. T. (1992). Issues on Human Acceleration Tolerance after Long - Duration Space Flights (NASA Technical Memorandum 104753). Houston,TX:NASA,JSC.

[104] Lackner,J. R. & DiZio,P. (2000) Human orientation and movement control in weightlessness and artificial gravity environments. Exp Brain Res 130:2 - 26.

[105] Lawrence,C. ,Fasanella,E. L. ,Tabiei,A. ,Brinkley,J. W. ,& Shemwell,D. M. (2008)The Use of a Vehicle Acceleration Exposure Limit Model and a Finite Element Crash Test Dummy Model to Evaluate the Risk of Injuries During Orion Crew Module Landings. (NASA - TM - 2008 - 215198). Cleveland,OH:National Aeronautics and Space Administration.

[106] Lewis,M. E. (2006)Survivability and injuries from use of rocket - assisted ejection seats:analysis of 232 cases. Aviat Space Environ Med. 77:936 - 43.

[107] Macmillian, A. J. F. (1999). Sub - atmospheric decompression sickness. In J. Ernsting, A. N. Nicholson,& B. H. Rainford(Eds.)Aviation Medicine,(3rd ed. ,Chapter 3,pp. 19 - 25). New York,NY:Professional Publishing Group,Ltd.

[108] Magid,E. B. ,Coermann,R. R. ,Ziegenruecker,G. H. (1960). Human tolerance to whole body sinusoidal vibration short - time, one - minute and three - minute studies. Aerospace Medicine, 31, 915 - 924.

[109] Mansfield,N. J. (2005). Human Response to Vibration. Boca Raton,Florida:CRC Press.

[110] Mapes,P. (2006). USAF Helicopter Mishap Data. AFRL - WS 06 - 2221,United States Air Force, The Human Effectiveness Directorate.

[111] Martin,B. J. , Roll, J. P. , & Gauthier, G. M. (1984). Spinal reflex alterations as a function of intensity and frequency of vibration applied to the feet of seated subjects. Aviation,Space,and Environmental Medicine,55,8 - 12.

[112] Martin,C. J. & Sutton,D. G. (Eds.)(2002). Practical Radiation Protection in Health Care. Oxford: Oxford University Press.

[113] McLeod,R. W. ,& Griffin,M. J. (1986). A design guide for the visual displays and manual tasks in vibration environments,Part II:Manual Tasks. Report ISVR - TR - 134,Southampton,England:Institute of Sound and Vibration Research,University of Southampton.

[114] Mertz,H. J. ,Prasad,P. ,& Nusholtz,G. (1996). Head Injury Risk Assessment for Forehead Impacts,(SAE Technical Paper Series No. 960099). Warrendale,PA:SAE International.

[115] MIL - STD - 1472G(2012). Department of Defense Design Standard Criteria: Human Engineering. US Department of Defense.

[116] MIL - STD - 1474D(1997). Noise Limits. DoD.

[117] MIL - S - 18471 Rev. G. (1983). Military Specification,System,Aircrew Automated Escape,Ejection

Seat Type: General Specification for(08JUN 1983). U. S. Naval Air Systems Command. DoD.

[118] Mohler, S. R. , Nicogossian, A. E. T. , McCormack, P. D. , & Mohler, S. R. , Jr. (1990). Tumbling and spaceflight: the Gemini VIII experience. Aviat Space Environ Med, 61, 62 - 6.

[119] Mohr, G. C. , Brinkley, J. W. , Kazarian, L. E. , & Millard, W. W. (1969) Variations in Spinal Alignment in Egress Systems and Their Effect. Aerospace Med. 40(9): 983 - 988.

[120] Moseley, M. J. , Lewis, C. H. , & Griffin, M. J. (1982) Sinusoidal and random whole - body vibration: comparative effects of visual performance. Aviation, Space, and Environmental Medicine, 53, 1000 - 1005.

[121] MSFC - STD - 267A(1966). Human Engineering Design Criteria. George C. Marshall Space Flight Center, pp. 261 - 270.

[122] Murray, R. H. , & McCally, M. (1973). Combined environmental stresses, in Bioastronautics Data Book, 2nd Edition. J. F. Parker, & V. R. West, eds. NASA - SP - 3006, Office of Naval Research/NASA, pp. 881 - 914.

[123] National Academy of Sciences. (1996). NAS. National Academy of Sciences Space Science Board, Report of the Task Group on the Biological Effects of Space Radiation. Radiation Hazards to Crews on Interplanetary Mission. Washington, DC: National Academy of Sciences.

[124] National Aeronautics and Space Administration, Langley Research Center, Hampton, VA, 1997. [available online at techreports. larc. nasa. gov/ltrs/PDF/1997/cp/NASA - 97 - cp3360. pdf]

[125] National Aeronautics and Space Administration(2008)Columbia Crew Survival Investigation Report. (NASA - SP - 2008 - 565) Houston, TX.

[126] National Aeronautics and Space Administration(1995) Man - Systems Integration Standards(MSIS), Revision B, (NASA - STD - 3000) Houston, TX: NASA, JSC.

[127] National Aeronautics and Space Administration(2007). Space Flight Human System Standard, Volume 1, Crew Health. (NASA - STD - 3001 Volume I) Houston, TX.

[128] NASA/TP - 2010 - 216134. Recommendations for Exploration Spacecraft Internal Atmospheres: The Final Report of the NASA Exploration Atmospheres Working Group. Houston, TX: NASA, JSC.

[129] National Center for Statistics and Analysis(2009). Motor Vehicle Traffic Crash Fatality Counts and Estimates of People Injured for 2007. (DOT HS 811 034). Washington, D. C. : U. S. Department of Transportation, National Highway Traffic Safety Administration.

[130] NCRP 98(1989). National Council on Radiation Protection and Measurements, NCRP. Guidance on Radiation Received in Space Activities. NCRP, Bethesda, MD.

[131] NCRP 132(2000). Protection Guidance for Activities in Low - Earth Orbit. National Council on Radiation Protection and Measurements, Bethesda, Maryland.

[132] NCRP 142(2000). Operational Radiation Safety Program for Astronauts in Low - Earth Orbit: A Basic Framework. National Council on Radiation Protection and Measurements, Bethesda, Maryland.

[133] National Highway Traffic Safety Administration (1995). Final Economic Assessment, FMVSS No. 201, Upper Interior Head Protection. (Federal Motor Vehicle Safety Standard No. 201) Washington, D. C. : U. S. Department of Transportation.

[134] National Highway Traffic Safety Administration(2012) Motorcycle Helmets. (Federal Motor Vehicle Safety Standard No. 218) Washington, D. C. : U. S. Department of Transportation.

[135] National Research Council. (1996). Biological Issues and Research Strategies. In Radiation Hazards to Crews of Interplanetary Missions. Washington,DC:National Academy Press.

[136] Nealis,G. D. (1982). Acoustic Analysis for STS - 3,Houston,TX:NASA,JSC.

[137] NIOSH. (1998). National Institute for Occupational Safety and Health,Criteria for a Recommended Standard:Occupational Noise Exposure,NIOSH Publication No. 98 - 126.

[138] NIOSH. (1990). Occupational Noise and Hearing Conservation Selected Issues,NIOSH comments on the 115 - dBA ceiling limit,http://www. cdc. gov/Niosh/noise2a. html#PAR3,1990.

[139] O'Conner,E. W. (1995). Space vehicle fan package acoustic characteristics. SAE Technical Paper 951647. Society of Automotive Engineering.

[140] O'Neill,P. M. (2007). Badhwar - O'Neill 2007 Galactic Cosmic Ray(GCR)Model Using Advanced Composition Explorer(ACE) Measurements For Solar Cycle 23. (NASA Doc ID 20070009876). Houston,TX:National Aeronautics and Space Administration.

[141] Öhrström,E. & Björkman,M. (1988). Effects of noise - disturbed sleep - a laboratory study on habituation and subjective noise sensitivity. J Sound Vibration,122,277 - 290.

[142] Park,H. ,Shin J. ,& Shim,D. (2007). Mechanisms of vibration - induced nystagmus in normal subjects and patients with vestibular neuritis. Audiology & Neurootology. ,12,189 - 197.

[143] Parker,J. F. & West,V. R. (1973). Bioastronautics Data Book (2nd ed. ,NASA SP - 3006). Washington,DC:NASA Scientific and Technical Information Office.

[144] Parsons,J. L. & Townsend,L. W. (2000). Interplanetary Crew Dose Rates for the August 1972 Solar Particle Event. Radiat Res,153(6),729 - 733.

[145] Pearsons,K. S. (1975). Recommendations for Noise Levels in the Space Shuttle. Bolt,Beranek and Newman Job No. 157160.

[146] Peterson,A. F. (1980). Handbook of Noise Measurement - 9th. Edition. General Radio,Inc.

[147] Pilkinton,G. D. & Denham,S. A. (2005). Accuracy of the International Space Station acoustic modeling. Proceedings of NOISE - CON 2005. Washington,DC:US Institute of Noise Control Engineering.

[148] Pilmanis,A. A. & Webb,J. T. (1996). The Effect of Gender on Susceptibility to Altitude Decompression Sickness. Defense Technical Information Center. Brooks Air Force Base, San Antonio, TX. Ascension Number ADA328256. [available online at http://handle. dtic. mil/100. 2/ADA328256]

[149] Plaza - Rosado,H. (1991). Naturally induced secondary radiation in interplanetary space:Preliminary analyses for gamma radiation and radioisotope production from thermal neutron activation. NASA Doc # 19920004637,NASA(non Center Specific).

[150] Preston,D. L. ,Shimizu,Y. ,Pierce,D. A. ,Suyumac,A. & Mabuchi,K. (2003). Studies of Mortality of Atomic Bomb Survivors. Report 13: Solid Cancer and Non - cancer Disease Mortality: 1950 - 1997. Radiat Res,160,381 - 407.

[151] Radford, T. , Ji, H. , Parthasarathy, M. , Kosarek, P. , Watkins, R. & Santini, J. (2011) Next Generation Space Suit Injury Assessment. (AIAA 2011 - 5107). Proceeding of the 41st International Conference on Environmental Systems,Portland,OR:1365 - 79.

[152] Rasmussen,G. (1982). Human Body Vibration Exposure and its Measurement Technical Review

Bruel & Kjaer Instruments, Inc. 1982.

[153] Ricks, R. C. & Lushbaugh, C. C. (1975). Radiosensitivity of Man: Based on Retrospective Evaluations of Therapeutic and Accidental Total - body Irradiation, Final Unclassified Report. Ridge Associated Universities.

[154] Roscoe, A. H. (1984). Assessing Pilot Workload in Flight: Flight Test Techniques. NATO Advisory Group for Aerospace Research and Development, AGARD - CP - 373.

[155] Roth, E. M. & Benjamin, F. B. (1968). Compendium of Human Responses to the Aerospace Environment, Volume Ⅲ. NASA CR - 1205(Ⅲ). Lovelace Foundation for Med Ed & Research, Washington, D. C, Government Printing Office.

[156] Roth, E. M., & Chambers, A. N. (1968). Vibration, in Compendium of Human Responses to the Aerospace Environment: Vol. II, E. M. Roth editor. NASA CR - 1205(II), pp. 8 - 1 to 8 - 112.

[157] Rupert, A. H., Guedry, F. E., & Reschke, M. F. (1994). The use of a tactile interface to convey position and motion perceptions. In AGARD, Virtual Interfaces: Research and Applications, NATO Advisory Group for Aerospace Research and Development, (pp. 1 - 7).

[158] Salerno, M. D., Brinkley, J. W. & Orzech, M. A. (1987). Dynamic Response of the Human Head to +Gx Impact. SAFE Journal, 17(4), 74 - 79.

[159] Schimmerling, W. & Curtis, S. B. (1978). Workshop on the Radiation Environment of the Satellite Power System. Lawrence Berkeley National Laboratory. Paper LBL - 8581. [available online at: http://repositories.cdlib.org/lbnl/LBL - 8581]

[160] Schultz, J., Plumlee, D., & Mudgett, P. (2006). Chemical Characterization of U. S. Lab Condensate. In Proceedings from the 2006 International Conference on Environmental Systems, Norfolk, Virginia.

[161] Seagull, F. J., & Wickens, C. D. (2006). Vibration in command and control vehicles: Visual performance, manual performance, and motion sickness: A review of the literature. Technical Report HFD - 06 - 07/FEDLAB - 06 - 01, Human Factors Division, Institute of Aviation, University of Illinois at Urbana - Champaign.

[162] Seed, T. M., Fritz, T. E., Tolle, D. V. & Jackson W. E. (2002). Hematopoietic responses under protracted exposures to low daily dose gamma irradiation. Adv Space Res., 30(4), 945 - 55.

[163] Shavers, M. R., Zapp, N., Barber, R. E., et al. (2004). Implementation of ALARA radiation protection on the ISS through polyethylene shielding augmentation of the Service Module Crew Quarters. Adv Space Res, 34(6), 1333 - 1337.

[164] Shea, M. & Smart, D. (2004). The Use of Geophysical Data in Studies of the Historical Solar - Terrestrial Environment. Solar Physics, 224(1), 483 - 493.

[165] Silberberg, R., Tsao, C. H., Adams, Jr., J. H., & Letaw, J. R. (1984). LET - Distributions and Doses of HZE Radiation Components at Near - Earth Orbits. Advances in Space Research, 4(10), (143 - 151) Oxford, Elsevier Science.

[166] Simonsen, L. C., Nealy, J. E., Townsend, L. W., & Wilson, J. W. (1990). Space Radiation Shielding for a Martian Habitat (SAE Technical Paper Series 901346). Warrendale, PA: SAE International.

[167] Simpson, J. A. (1983). Elemental and Isotopic Composition of the Galactic Cosmic Rays. Annual Review of Nuclear and Particle Science, 33(1), 323 - 382.

[168] Smith, S. D., Goodman, J. R., & Grosveld, F. W. (2008). Vibration and acoustics, in Fundamentals of Aerospace Medicine, 4th Edition. J. R. Davis, R. Johnston, J. Stepanek, J. A. Fogarty editors, Philadelphia: Lippincott, Williams & Wilkins, pp. 110 - 141.

[169] Society of Automotive Engineers(2007a) Instrumentation for Impact Test - Part 1 - Electronic Instrumentation. (SAE Standard J211/1). Warrensdale, PA.

[170] Society of Automotive Engineers(2007b) Sign Convention for Vehicle Crash Testing (SAE Standard J1733). Warrensdale, PA.

[171] Somers, J. T., Granderson, B., & Scheuring, R. (2010). Occupant Protection at NASA. JSC - CN - 21380, NASA Johnson Space Center, Houston, TX.

[172] Somers, J. T., Granderson, B. G., Melvin, J. W., Tabiei, A., Lawrence, C., Feiveson, A., Gernhardt, M., Ploutz - Snyder, R., Patalak, J. (2011) Development of Head Injury Assessment Reference Values Based on NASA Injury Modeling. Stapp Car Crash Journal. Nov; 55: 49 - 74.

[173] Space Shuttle Flight Data Briefing, August 1991. (incomplete reference)

[174] SSP 57000 (2000). Pressurized Payload Interface Requirements Document, Rev. E. ISS Program, Houston, TX: National Aeronautics and Space Administration.

[175] Stapp, J. P. & Gell, C. F., (1951). "Human exposure to linear declarative force in the backward and forward facing seated positions." Military Surgeon 109(2), 106 - 109.

[176] Straub, J., Plumlee, D., & J. Schultz, J. (2006). ISS Expeditions 10 &11 Potable Water Sampling and Chemical Analysis Results. In Proceedings from the 2006 International Conference on Environmental Systems, Norfolk, Virginia.

[177] Striepe, S. A., Nealy, J. E., & Simonsen, L. C. (1992). Radiation Exposure Predictions for Short - Duration Stay Mars Missions. J Spacecr Rockets, 29(6), 801 - 807.

[178] Takhounts, E., Hasija, V., Ridella, S., Rowson, A., & Duma, S. (2011). Kinematic Rotational Brain Injury Criterion(BRIC). Proceedings of the 22nd International ESV Conference, 11 - 0263.

[179] Tang, P., Goodman, J., & Allen, C. S. (2003). Testing, evaluation, and design support of the Minus Eighty Degree Laboratory Freezer (MELFI) payload rack. Proceedings of NOISE - CON 2003. Washington, DC: US Institute of Noise Control Engineering.

[180] Temple, W. E., Clarke, N. P., Brinkley, J. W., & Mandel, M. J. (1964). Man's short - time tolerance to sinusoidal vibration. Aerospace Medicine, 35(10), 923 - 930.

[181] Thomas, W. E. Jr. (1971) A Fortran V Program for Predicting the Dynamic Response of the Apollo Command Module to Earth Impact. (NASA TN D - 6539). Houston, TX: National Aeronautics and Space Administration.

[182] Thompson. (1986). Space Station Advanced EVA Systems Design Requirements, D180 - 28806 - 3. Boeing Aerospace Company, Houston, TX: NASA, JSC.

[183] Tobias, L. (1967). Apollo Applications Program Payload Integration Technical Study and Analysis Report, ED - 2002 - 210. Bendix Corp.

[184] Townsend, L. W., Cucinotta, F. A., & Wilson, J. W. (1992). Interplanetary Crew Exposure Estimates for Galactic Cosmic Rays. Radiat Res, 129, 48 - 52.

[185] Townsend, L. W., Stephens, Jr., D. L., Hoff, J. L., et al. (2006). The Carrington event: Possible doses to crews in space from a comparable event. Advances in Space Research, 38(2), 226 - 231.

[186] Tripp, L. (2007). Assessment of Gravito - Inertial Loads Environment (AGILE) Workshop. Houston, TX.

[187] Tsiolkovsky, K. E. (1954) The investigation of space by means of reactive devices. In: Sobranie sochinenii K. E. Tsiolkovskogo, vol. 2Academy of Science of the USSR, Moscow, p. 127 (Translated in: Collected Works of K. E. Tsiolkovsky Volume Ⅱ - Reactive Flying Machines. Ed: Blagonravov, A. A. NASA TT F - 237, 1965)

[188] Ullrich, R. L. (1983). Tumor induction in BALB/c female mice after fission neutron or gamma irradiation. Radiat Res, 93(3), 506 - 15.

[189] Vincze, J. (1966). Gemini Spacecraft Parachute Landing System. Washington, D. C. : National Aeronautics and Space Administration.

[190] Vogt, H. L., Coermann, R. R., & Fust, D. D. (1968). Mechanical impedance of the sitting human under sustained acceleration. Aerospace Medicine, 39, 675 - 679.

[191] Vogt, H. L., Krause, H. E., Hohlweck, H., & May, E. (1973). Mechanical impedance of supine humans under sustained acceleration. Aerospace Medicine, 44, 675 - 679.

[192] Von Diringshofen, H. (1942). Luftfahrtmedizin. 6, 152 - 65.

[193] Vykukal, H. C. (1968). Dynamic response of the human body to combined vibration when combined with various magnitudes of linear acceleration. Aerospace Medicine, 39, 1163 - 1166.

[194] Vykukal, H. C., & Dolkas, C. B(1966). Effects of combined linear and vibratory accelerations on human body dynamics and pilot performance capabilities. Presented to the 17th International Aeronautical Congress, Madrid, Spain, October 9 - 15.

[195] Waligora, J. M., Powell, M. R., & Sauer, R. L. (1994). Spacecraft Life Support Systems. In A. E. Nicogossian, C. L. Huntoon, & S. L. Pool (Eds.). Space Physiology and Medicine (3rd ed.). Philadelphia, PA: Lea & Febiger.

[196] Webb, P. (1964). Impact and vibration in Bioastronautics Data Book. P. Webb, ed. NASA - SP - 3006, Office of Naval Research/NASA, pp. 63 - 85.

[197] Welsh, D. A., Smith, H. A., Wang, S., & Allen C. S. (2011). Acoustic noise prediction of the Amine Swingbed ISS EXPRESS rack payload, Proceedings of International Conference on Environmental Systems, AIAA 2011 - 5103.

[198] Wheelwright, C. D. (1981). General Specification: Environmental Criteria for Crew Compartment Design, JSC - 07387B, SC - E - 0010, NASA - JSC.

[199] Whitnah, A. M. & Howes, D. B. (1971) Statistics Concerning the Apollo Command Module Water Landing, Including the Probability of Occurrence of Various Impact Conditions, Successful Impact, and Body X - Axis Loads (NASA TM X - 2430). Washington, D. C. : National Aeronautics and Space Administration.

[200] Wickens, C. D., Sandry, D., & Vidulich, M. I. (1983). Compatibility and resource competition between modalities of input, central processing, and output: Testing a model of complex task performance. Human Factors, 25, 227 - 228.

[201] Wiederhoeft, C. J., Schultz, J. R., Michalek, W. F., & Sauer, R. L. (1999). Reduction in the Iodine Content of Shuttle Drinking Water: Lessons Learned, International Conference on Environmental Systems, paper number 1999 - 01 - 2117. [available online at http://www. urc. cc/pubs/URC -

1999c. pdf]

[202] Wilson, J. W., Badavi, F. F., Cucinotta, F. A., et al. (1995). HZETRN: Description of a Free-Space Ion and Nucleon Transport and Shielding Computer Program (NASA Technical Paper 3495). Houston, TX: National Aeronautics and Space Administration.

[203] Wilson, J. W., Kim, M., Schimmerling, W., et al. (1995). Issues in space radiation protection: Galactic cosmic rays. Health Physics, 68, 50-58.

[204] Wilson, J. W., Miller, J., Konradi, A., & Cucinotta, F. A. (Eds.) (1997) Shielding Strategies for Human Space Exploration. (NASA Conference Publication 3360),

[205] Wilson, J. W., Nealy, J. E., Wood, J. S., et al. (1995). Variations in Astronaut Radiation Exposure Due to Anisotropic Shield Distribution. Health Phys, 69, 34-45.

[206] Wilson, J W., Tripathi, R K., Mertens, C. J., et al. (2005). Verification and Validation High Charge and Energy (HZE) Transport Codes and Future Development (NASA TP-2005-213784). Houston, TX: National Aeronautics and Space Administration.

7 适居性功能

7.1 引言

本节介绍了在飞行器中对乘组的日常活动的设计考虑因素，包括进餐、睡眠、卫生、废弃物处理以及其他保证环境适居性的活动。

7.2 食品与营养

7.2.1 引言

本节讨论了飞行期间乘组的营养需求，以及对食品系统设计的考虑因素，以确保营养、安全和可接受性。食品提供维持基本生命活动和体力劳动所需的能量和营养素。在轨飞行能量的需求与地面相似，它们取决于性别、年龄、体重、身高以及整体活动水平。

7.2.2 营养

从罹患坏血病的航海者到20世纪死于营养不良或营养素中毒的极地探险者，营养素在地面探索活动的各个阶段都很重要。在空间探索中，营养素的作用并没有什么不同，只是在空间探索期间没有机会从周围环境中获得食物。

7.2.2.1 总体考虑

和平号和国际空间站乘员的营养评估揭示了一系列问题：能量摄入不足，体重下降，以及个体营养状况下降（甚至在营养素摄入足量时）。有些营养素（比如钙）在飞行中出现下降，而另一些则出现过量趋势（例如蛋白质、钠、铁）。

长期飞行期间和探索任务中，乘员健康关注的关键领域包括体重下降（食物摄入不足）、骨丢失和肌肉萎缩、辐射暴露增加，以及由于食物摄入不足和代谢增加而导致体内储备物质消耗。飞行中和返回后心血管和免疫系统的变化也可能和营养问题有关，但尚未有可用的结论性数据。

营养素供应不足或稳定性差、代谢增强以及营养素排出增加均会引起营养缺乏，进而可导致疾病并影响工作绩效。飞行前乘组必须具备良好的营养状态以保证乘组在飞行任务开始阶段保持健康。

通常，基本的营养要求是具备一个可行而稳定的、乘组愿意吃且能吃得下的食品系统。食品系统不仅能供应可以食用的食品，而且需要确保食品营养丰富、合理，以保障整个任务期间乘员健康。另外，乘组进食意愿也受到食品种类和风味的影响。太空飞行营养问题的风险因素分列如下。

1）食品提供的营养素不足是主要风险。食品可能会因以下几方面的原因而缺乏充足的营养素含量：首先，开始提供给乘组的食品就缺乏足够的营养；其次，食品经过一段时间后一些营养素会由于不稳定而损失掉；再次，一些太空环境因素，尤其是辐射，可能会影响食品和营养素。已知地基辐射（用于食品保存）会破坏某些维生素、脂肪以及氨基酸。

2）乘员进食不足也是一个关键的风险。许多乘员在长期空间飞行任务中没有摄入足够的食品。在探索类任务中，食品新鲜度、食谱疲劳、压力以及其他因素均对进食有重要的影响，这将进一步影响乘员健康和工作绩效。在轨飞行中诸多因素影响食品摄入，通过提高食品感官接受性来提高食品摄入变得很重要。目前，应用定量的九分法来评估每种飞行食品的多种质量因素（Meilgaard，Civille，& Carr，1999）。新设计的食品必须经过30个评价者品尝评价，且必须得分在6.0及其以上才可以纳入飞行食品行列。每个批次的飞行食品在飞行任务前必须经过至少4个评价者的评估。

以下因素影响食品的可接受性和乘员的食欲。

• 过去经验以及个人喜好——一般来说，对新食品的味道有一个慢慢接受的过程。这对于国际乘组是个很重要的考虑因素。

• 多样化——食品如果频繁地被食用就会失去可接受性，多样化的食品才令人满意。食品可以在形状、结构以及风味等方面在不影响营养含量的前提下做一些变化。利用颜色、形状、装饰、调味品以及分餐方式，还有包装颜色、餐具形状和大小、托盘的样式都可能促进食欲。国际空间站长期飞行乘组指出8天的食谱周期缺乏多样性，其更愿意使用混合美俄的食谱。最近在国际空间站，NASA负责为3名乘员提供食物，俄罗斯负责为其他3名乘员提供食品。这些食品均按照8天食谱周期配置，另外，允许乘组之间自由分享食品。

• 使用效率——零食应该能够快速地获取并且尽量减少准备时间。这在某些高负荷的任务中特别重要，例如出舱活动。

• 食品形状——食品特性越接近地面食品，就越容易被接受。这包括对新鲜水果与蔬菜的要求。

• 进餐安排——乘员作息制度中缺乏稳定的进餐计划可能导致进餐遗漏和营养不良。

• 0 *g* 环境——一些美俄航天员报告说，在飞行中他们对食品的味觉和嗅觉发生了变化。这可能是由于体液头向转移导致头部充血引起的。另一个可能的原因是 0 *g* 环境下空气循环降低及密闭环境下其他气味影响了乘员的嗅觉。约85%的食品风味依赖于香味。由于对食品风味变化的感觉存在个体差异，因此允许乘员自己使用调味品来调配食品。

• 废弃物处理设备——在过去，废弃物处理设备不足导致了进食意愿的下降（参见7.4节）。

• 空间运动病——控制空间运动病的发生对保持良好的食欲很重要。

• 空气污染——任务中环境气味的积累会潜在地影响食欲和进食，随之导致疲劳和适应性问题。

营养需求指南见《JSC 63555，探索任务营养需求、标准以及操作约束》，JSC NASA营养生化组，2005年11月第一版。其中许多数据来源于2005年3月23～24日在得克萨斯州休斯顿举行的营养标准/操作约束研讨会。这些资料包括 1991 年为空间站飞行制定的营养要求，以及 1995 年为和平号飞行（与俄罗斯合作）修改的内容。该研讨会还评估了有限的航天飞机短期飞行和较长时间的和平号以及国际空间站飞行的数据。国际空间站数据包括了对前 10 次国际空间站飞行任务医学需求［MR016L，（JSC 28913，2005）］进行"临床营养评估"的发现，其提供了 4～6 个月飞行中变化的背景信息（每次任务至少有一次进步号航天器物资补给）。在 2005 年这次研讨会中，为建立营养指南，与会专家对地基模拟空间研究的结果进行了推导，其他部分也只有地基营养文献可以作为支持。提供的食品必须具备品质合格、数量和营养素含量充足的特点，以满足不同活动的能量要求，同时还要满足乘员的个性化需求和意愿。

7.2.2.2 代谢摄入量

太空飞行航天员的能量需求估算（EER，estimated energy requirements）必须基于总的能量消耗（TEE，total energy expenditure），活动因子按 1.25 计，同时考虑个体年龄、体重（kg）和身高（m）的影响。详见表 7.2－1。

表 7.2－1 能量需求估算公式

19 岁及其以上男性的 EER：

EER（kcal/day）＝622－9.53×年龄［y］＋1.25×（15.9×体重［kg］＋539.6×身高［m］）

19 岁及其以上女性的 EER：

EER＝354－6.91×年龄［y］＋1.25×（9.36×体重［kg］＋726×身高［m］）

对于舱外活动操作，必须为每名出舱航天员每小时额外补充 200 kcal 的能量。舱外活动期间，额外能量和营养补充很必要，因为在这些活动中乘员能量消耗较大。维持无脂体重（特别是肌肉）是任务中保持乘员健康和保证完成任务所需要工作绩效的关键要素。摄入额外 200 kcal 的能量，其余营养含量与静息状态饮食类似，将能保证出舱航天员在出舱活动期间维持无脂体重。这是为了满足重度负荷 EVA 任务的代谢能量补充需求。

7.2.2.3 常量营养素

每个乘员的日膳食必须包括的常量营养素量见表 7.2－2。常量营养素是指提供能量的营养素：碳水化合物、蛋白质和脂肪，它们是乘员健康的必须营养素。

表 7.2－2 太空飞行常量营养素指南

营养成分	每日营养摄入
蛋白质	0.8 g/kg
	≤每日总能量摄入的 35％
	2/3 是动物性蛋白质，1/3 是植物性蛋白质
碳水化合物	占每日能量摄入的 50％～55％
脂肪	占每日能量摄入的 25％～35％
Ω－6 脂肪酸	14 g

续表

营养成分	每日营养摄入
Ω-3 脂肪酸	1.1～1.6 g
饱和脂肪	＜总能量摄入的 7%
反式脂肪酸	＜总能量摄入的 1%
胆固醇	＜300 mg/天
膳食纤维	10～14 g/4 187 kJ

7.2.2.4 微量营养素

每日为成员提供的膳食必须包括的微量营养素详见表 7.2-3。

虽然常量营养素非常重要，但其并不是生存所需的全部。人体还需要水（每天 6～8 杯，见 6.3 节）。

微量营养素是人体所需量较少的营养成分，包括维生素和矿物质。

表 7.2-3 太空飞行微量营养素指南

维生素和矿物质	日摄入量
维生素 A	700～900 μg
维生素 D	25 μg
维生素 K	女性：90 μg 男性：120 μg
维生素 E	15 mg
维生素 C	90 mg
维生素 B_{12}	2.4 μg
维生素 B_6	1.7 mg
维生素 B_1	女性：1.1 μmol 男性 ì：1.2 μmol
维生素 B_2	1.3 mg
叶酸	400 μg
烟酸	16 mg 烟酸当量
维生物素 H	30 μg
维生物素 B_5	30 mg
钙	1 200～2 000 mg
磷	700 mg 且≤1.5×钙摄入量
镁	女性：320 mg 男性：420 mg 且外源补充量≤350 mg
钠	1 500～2 300 mg
钾	4.7 g

续表

维生素和矿物质	日摄入量
铁	8～10 mg
铜	0.5～9 mg
锰	女性：1.8 mg 男性：2.3 mg
氟	女性：3 mg 男性：4 mg
锌	11 mg
硒	55～400 μg
碘	150 μg
铬	35 μg

注：依据《JSC 63555，空间飞行的营养需求，标准以及操作约束》，JSC NASA 营养生化组，2005 年 11 月，第一版。

国际空间站食品系统包括常规配置维生素 D 片剂，因为维生素 D 缺乏是航天员长期飞行中普遍存在的问题。提供任何其他维生素需要经过航天员本人和其飞行医师的同意。

储存温度对食品寿命和食品营养品质有直接的影响。例如，0 ℃时，食品可以长时间地保持品质；0 ℃以上，腐败和降解现象略有增加。

国际空间站的食品是真空包装的，因为减少包装内氧气对于减少腐败变质是必不可少的。氧含量增加会加快食品腐败速率和营养成分的流失。

7.2.3 食品系统

本节讨论食品系统，包括食品和包装种类、储存、准备以及清洁。相关论题见以下章节：6.3 节，11.2.3 节。

7.2.3.1 进餐区

进餐区和食品装备放置区域的设计，必须满足所有乘员同时进餐的空间需求。国际空间站以及航天飞机在可能的情况下，乘组人员更愿意同时进餐以促进团结。有时在乘组轮换时，乘员人数会多于平常。

0 *g* 环境下，通过设计合理的食品储存、加热装置和复水设备的摆放，有限表面的科学使用，充分利用好舱内狭小空间，很小的空间便可用来进行食品准备和进餐。

7.2.3.1.1 位置

进餐区应便于乘组交流和放松，且不能位于高人员流动通道。国际空间站服务舱的进餐区由于工作、锻炼和风扇的噪声被认为太嘈杂。必须提供适宜的照明，确保完全看清食品，及时发现溢洒。与废弃物处理和卫生清洁区域的距离也很重要。国际空间站乘组注意到，出于卫生和心理的角度考量，进餐区与废弃物处理和卫生清洁区域毗邻并不完全合理。阿波罗乘员也认为进餐区与废弃物处理系统太靠近了，那里的气味会影响食欲。进餐区必须与废弃物处理及卫生清洁区域隔离开，防止气味扩散以外，还要防止食品受到那些区域微生物的污染。

7.2.3.1.2 污染

食品系统以及食品储存应确保不会受到废弃物处理及卫生清洁区域的污染。食品的微生物污染将危害乘组健康。这可以通过对食品进行正确的处理以及对食品系统和飞行器进行相应设计来避免。地面加工食品后应进行微生物检测，以确保食品中微生物水平不超过相关规定：SD－T－0252，商业无菌食品的微生物学规范和检测程序；SD－T－0251，非商业无菌食品的微生物学规范和检测程序。舱内环境的清洁和消毒能够帮助降低食品系统的微生物污染。舱内任何化学品的存放必须避免对食品储存和进食造成污染。碎屑对食品的污染会危害乘组安全与健康。失重环境下，必须对例如灰尘、浮土、木屑、塑料、金属以及小颗粒等碎屑进行处理以避免对食品造成污染。

表 7.2－4 航天食品微生物限值

区域/项目	微生物限值	
食品生产区域	采集的样本*	限值
表面	3 样本/天	3 CFU/m² （总耗氧菌数）
包装膜	最初使用前	
空气	320 L/1 样本	113 CFU/m² （总耗氧菌数）
食品	因素	限值
非高温处理**	菌落总数/总耗氧菌数	20 000 CFU/g 对于任何单一样本（或者任何 2 个样本超过 10 000 CFU/g）
	大肠菌类	100 CFU/g 对于任何单一样本（或者任何 2 个样本超过 10 CFU/g）
	凝固酶阳性葡萄球菌	100 CFU/g 对于任何单一样本（或者任何 2 个样本超过 10 CFU/g）
	沙门菌属	0 CFU/g 对于任何单一样本
	酵母菌和霉菌	1 000 CFU/g 对于任何单一样本（或者任何 2 个样本超过 100 CFU/g，或者任何 2 个样本黄曲霉超过 10 CFU/g）
商业消毒产品（高温/辐照）	无交付微生物分析的样本	100%检查包装完整性

注：* 在食品加工过程中一天采集 3 个样本。在当天开始和午餐后食品包装采 3 个样。

** 食品样本被认为是成品，不需额外再次包装后检测菌落总数。

该表汇总了 SD－T－0252（商业无菌食品的微生物学规范和检测程序）、SD－T－0251（非商业无菌食品的微生物学规范和检测程序）以及 FPS－149（加工航空航天食品准备标准）。

7.2.3.2 食品准备、进餐及清洁

7.2.3.2.1 加热和冷却

对于超过 3 天的飞行任务，正常供应的食品和饮水必须加热到 155 ℉（68 ℃）～175 ℉（79 ℃）。加热可以提高一些食品的适口性，确保乘员食用足够的食品，有利于其健康。如果食品不适口，乘组可能不会全部吃完，进而导致能量和营养摄入不足。设备包括加热水箱和食品加热器，可以实现加热饮品、复水食品、热稳定袋装食品和罐头以及辐照食品等功能。根据阿波罗和当前航天员所述，为饮料和适合含水食品提供热水非常必要，尤其是热咖啡（必需的物品之一）。ISS 乘组指出长期飞行任务中食品加热器的重要性。目前 ISS 乘组加热食品的包装和食品加热器不完全匹配，进而导致加热器门闩和折叶损坏。如果食品加热器适用于乘员所想加热的不同形状大小的食品，其应更加持久耐用。

设备应具备将某些需正常供应的食品和饮料冷却到 35.6 ℉（2 ℃）～44.6 ℉（7 ℃）的功能。冷却可以提高一些食品的适口性，这对乘组饮食和行为健康很重要。同时，应考虑提供食品在被打开后但没有吃完时的冰箱存贮食品能力，以备稍后食用。这时必须考虑到食品的储存期限和安全食用标准，其决定了食品在冰箱中的最大存放时间。

加热食品和液体需要航天器提供功耗，这可以通过几个途径将航天器产生的热量用于用餐区，而不是散发到外太空中。

另一方面，冷却也可能需要更多的能量。

7.2.3.2.2 准备时间

食品系统设计应尽量减少食品准备时间以有效地利用乘员时间。一般情况计划所有乘员在 1 小时内进餐完毕。1 小时进餐时间不仅包括进食，还包括取出器具、食品准备、清洁、垃圾处理以及其他相关事项。食品加热器应足够大且加热迅速，并适用于任何类型的食品，从而确保所有乘员能够同时进餐。一些食品准备技术，例如煮沸和对流加热，在失重环境下是不可能的。

7.2.3.2.3 进食

伺服和进食设备类型会影响到食品系统的设计。设备可包括固定手段、进餐台面（含托盘、支架、餐桌等）和器具。在失重环境下，必须提供乘员、食品、器具及其他设备固定手段。

7.2.3.2.4 清洁

必须提供收集食物颗粒和溢洒物的能力。失重环境中，粉末状或小片的食品会分离扩散开，而具有高表面张力的食品不会扩散到舱内。

食品系统必须使用一些有利于清洁的材料。进餐区的尼龙可以收集食物颗粒但难以清洁。必须提供餐具和进餐台面的消毒能力。

因为遗留在清洁材料和包装上的食品物质会腐败，对食品系统内湿的废弃物材料必须进行适当处理和容纳，以防微生物污染。

食品系统产生的废弃物包括湿的和干的物质。干物质包括无水食品的包装，湿物质可能包括剩余食物、清洁材料以及含水食品的包装材料。

7.2.3.3 食品包装

为确保飞行任务期间食品的品质，不同类型的食品需要不同类型的食品包装。包装的类型取决于任务的持续时间。NASA 空间计划中使用了几种类型的食品和饮料包装。延长食品保质期考虑的关键是避免与氧和水的接触，以防氧化和腐败。

通过防止水份和氧气的渗透，食品包装材料保护食品不受环境影响而发生腐败，并能防止微生物污染。表 7.2－5 给出当前食品包装材料的水份和氧气渗透性数据（Cooper，Douglas，& Perchonok，2011）。

表 7.2－5　当前食品包装材料的水分和氧气渗透率

	氧气渗透率@73.4 ℉（23 ℃），100%RH (cc/100 in^2/day)［ASTM F－1927］	水分渗透率@100 ℉（38 ℃），100%RH (g/100 in^2/day)［ASTM F－1249］
外包装	0.006 5	<0.000 3
热稳定 & 辐照食品袋	<0.000 3	0.000 4
复水食品盖（帽）& 自然型食品包装袋	5.405	0.352
复水食品袋（热成型）	0.053	0.178 4

当前国际空间站食品系统也使用罐头贮存一些蒸煮类食品，包括所有俄罗斯蒸煮类和少量欧洲及日本的食品。在太空食品系统中使用金属罐头存在一些缺陷，尽管罐头能够有效阻挡氧气和水份的渗入。首先，金属罐比类似阻隔特性的软包装材料密度更高，增加了食品系统的总重；其次，在食品贮存和处理时，其坚硬的特性使其体积不像软包装材料那样容易被压缩，这就要求更大的食品贮存和食品垃圾处理的空间。

7.2.3.4　食品类型

为保持整个任务期间的食品质量，必须仔细考虑食品类型。没有任何一种食品能够满足所有营养素和个性化的需求。可通过食品选择、加工和包装保持营养素的含量和适口性。除了天空实验室，NASA 再没有其他计划使用食品冷藏或冷冻设备。因此，食品应该是保质稳定。这要求飞行前在地面对微生物进行失活处理。

保持稳定的航天食品的类型包括：

- 热稳定食品；
- 辐照食品；
- 复水食品；
- 自然食品；
- 延长贮存期面包产品；
- 新鲜食品；
- 饮料。

7.2.3.4.1　热稳定食品

热稳定食品是通过加热消除病原体、腐败性微生物以及酶活性的食品。将食品放入罐头或袋子内，经过一定温度和时间加热，利用高压空气或高压水汽清除多余的空气和氧气。

国际空间站和航天飞机中的热稳定食品有：炖牛肉、摩卡酸乳、巧克力布丁、豌豆汤、鲔鱼砂锅和红豆米饭。热稳定食品的贮存期为 2 年。这同美国军方使用的即食食品（MRE，Meal Ready－to－Eat）类似。

国际空间站热稳定食品的包装是一个四层（聚烯烃、铝箔、聚酰胺、聚酯）的袋子。

这个包装的最大尺度（标准主菜尺度）是 8.12 in×4.75 in（20.62 cm×12.06 cm），最大厚度是 0.91 in（2.3 cm）。一个装满热稳定食品袋子的质量是 3.07～8.32 oz（87～236 g），平均质量是 6.73 oz（191 g）。

7.2.3.4.2　辐照食品

NASA 得到食品药品管理局的特许，可对九种肉类食品辐照以达到商业无菌水平（联邦规章代码）。辐照包括使用 γ、X 射线或者质子，其能量水平应确保辐照产品的辐射性为阴性。辐照能控制未熟水果和蔬菜的熟化过程，而且对腐败和致病微生物灭活是有效的。很多产品都可以应用这一技术，虽然目前 NASA 仅用它来保存肉类。

国际空间站辐照食品有：铁板牛肉和熏火鸡。虽然辐照已应用多年，但仍需更多的数据证明其效果。辐照食品贮存期为 2 年。

国际空间站辐照食品的包装使用的是一个四层（聚烯烃、铝箔、聚酰胺、聚酯）的袋子。这个包装的最大尺度是 8.12 in×4.75 in（20.62 cm×12.06 cm），最大厚度是 0.79 in（2 cm）。一个装满辐照食品袋子的质量是 3.03～6.94 oz（86～197 g），平均质量是 4.37 oz（124 g）。

7.2.3.4.3　复水食品

有一系列的技术可以进行食品脱水，例如加热脱水、渗透脱水和冻干。这些过程能够减少食品的水活性，使微生物无法生存。这些食品可以通过复水近似恢复到脱水之前的结构。国际空间站复水食品有：芦笋、奶酪花椰菜、鸡肉沙拉、玉米面包调料、香肠馅饼和什锦虾仁。

国际空间站复水食品包装由以下材料制成：

- 基础材料是 Combitherm PAXX230［尼龙、中密度聚乙烯（MDPE）、乙烯树脂乙醇、低密度聚乙烯等的混合挤压物］；
- 盖子材料是 Combitherm PAXX115（复合挤压的尼龙、EVOH、尼龙、LF 粘结剂、HV 聚乙烯、线型低密度聚乙烯等的混合挤压物）；
- 隔膜连接器由低密度聚乙烯制成；
- 隔膜由硅橡胶制成，用一个聚酯、铝箔、聚乙烯制成的薄片密封在连接器中。

注：复水食品由白色包装袋进行包装，袋子厚度为 0.003 mm，是由聚酯、聚乙烯、铝箔和树脂组成的复合膜®。该包装袋在食品准备和加热前去掉。

复水食品的最大包装尺寸是 6.10 in×5.60 in（15.49 cm×14.22cm），最大厚度是 1.44 in（3.65 cm）。充满复水食品的包装袋平均质量是 1.78 oz（50.6 g），质量范围是 0.88～3.40 oz（25.0～96.6 g）。

7.2.3.4.4　自然食品

自然食品是指可商用的保质稳定食品。这类食品含水量从低（如杏仁和花生）到中等（如布朗尼）。这类食品通过减少水活性来抑制微生物活性。国际空间站配备的自然食品有：杏仁、布朗尼、饼干和麦片棒等。

一口吃大小的自然食品的包装由 Combitherm PAXX115（尼龙、乙烯树脂乙醇、粘结剂、低密度聚乙烯等）制成。这种一口吃食品包装被卷起来贮存在白色袋子内，这种包装用膜厚为 0.003 mm，由聚酯、聚乙烯、铝箔和树脂组成的复合膜®制成。其包装尺寸是 7.3 in×3.5 in（18.54 cm×8.89 cm）。装满一口吃食品后的包装袋的平均总质量是 1.76 oz（50 g），质量范围是 0.74～2.43 oz（21～69 g）。

7.2.3.4.5　延长贮存期面包产品

玉米饼、司康、蛋饼和餐卷在真空包装内的保质期可达一年。必须将这些产品的含水量降到足够低以抑制厌氧致病菌的生长。玉米饼贮存在白色袋子内，这种包装用膜厚为 0.003 mm，由聚酯、聚乙烯、铝箔和树脂组成的复合膜®构成，可防止霉菌生长。其他产品购买于专门的食品防护机构。

7.2.3.4.6　新鲜食品

贮藏期很短的食品，例如新鲜水果、蔬菜，只被少量提供。这样做更多是为了满足心理保障需求而非膳食需求。这些新鲜食品仅在飞船入轨后近 1 周时才能品尝到。

7.2.3.4.7　饮料

当前，国际空间站和航天飞机上使用的饮料是冻干的饮料混合物（如咖啡、茶）或者风味饮品（如柠檬水、橙汁）。饮料混合物，例如咖啡和茶，被预先真空包装在小袋内，其中可能添加了糖、人造甜味剂或奶油粉末。同时也提供空的饮料袋用于饮水。

饮料袋配备了吸管和夹子，以用来插入隔膜喝饮料和夹紧吸管以防液体从袋中泄露扩散到舱内。饮料包装由三层材料（聚酯、铝箔和聚乙烯）制成。饮料袋配有一个低密度聚乙烯隔膜适配器，适配器内密封有一个硅胶隔膜和一个用包装材料裁剪成的圆盘。饮料包装最大尺寸是 8.8 in×3.6 in（22.35 cm×9.14 cm）；在复水前最大厚度是 0.52 in（1.27 cm），复水后平放时最大厚度为 1.18 in（3 cm）；充满液体的饮料袋平均质量是 0.92 oz（26.1 g），其变化范围是 0.42～1.90 oz（12.0～54.0 g）。这些饮料包装要求额外的 6～8 oz（180～240 mL）的饮用水。

表 7.2-6 汇总了 NASA 在国际空间站食品系统使用的食品种类和包装。

表 7.2-6　航天食品类型和包装

包装材料	国际空间站应用	参数
热稳定食品	炖牛肉	贮存寿命：2 年 包装：四层袋子 准备：不需加热或加热
	摩卡酸乳	
	巧克力布丁	
	豌豆汤	
	烤金枪鱼	
	红豆米饭	
辐照食品	铁板牛肉	贮存寿命：2 年 包装：四层袋子 准备：不需加热或加热
	土耳其烤肉	

续表

包装材料	国际空间站应用	参数
复水食品	蔬菜	贮存寿命：有外包装 1.5 年；无外包装 1 年 包装：带复水适配器的 Combitherm 包 准备：使用热水/冷水复水
	鸡肉沙拉	
	玉米面包	
	香肠馅饼	
	什锦虾仁	
自然食品	饼干	贮存寿命：有外包装 1.5 年；无外包装 1 年 包装：Combitherm 包 准备：无
	布朗尼	
	坚果	
	麦片棒	
延长储存期的面包类产品	华夫饼	贮存寿命：1 年 包装：四层包装或专门防护机构包装 准备：无
	玉米饼	
	白面包	
新鲜食品	新鲜水果	贮存寿命：1 周 包装： 准备：无
	生蔬菜	
	新鲜玉米饼	
饮料	冻干粉末（咖啡、茶）	贮存寿命：3 年 包装：三层包装袋，复水适配器，吸管 准备：复水所需热/冷水
	果汁（柠檬水）	
	水	

7.2.4 长期飞行任务中食品系统供应不足的风险

目前 NASA 进行的空间飞行任务都是采用的处理好和预包装好的食品系统，包括目前的 6 个月的国际空间站任务。在轨食品系统是飞行乘组营养的唯一来源，并且可以通过一种熟悉的方式在一个不熟悉或不利的环境中提高乘员心理健康水平。食品营养成分损失，既包括食品加工、储存过程中的成分丢失，也包括由于低的食品感官接受性、可食性和种类导致的进食减少，这都将严重影响乘员健康和操作能力。近期研究表明，在近地轨道（LEO）以外的长期航天飞行任务中，目前的食品供应系统是不能满足乘员营养感官接受性或资源需求的。超过 5 年保质期的食品某些关键营养素减少，且对于目前食品 1.5 年保质期的包装，从食品质量、体积以及垃圾废物处理上面都存在重大问题。

另一种可以考虑的策略是，采用生物再生食品系统，如此可减少任务之初携带的食品质量，还可提供有利于乘组健康的新鲜食品。但是，该系统需要增加座舱空间并占用乘组时间，也可能会增大食物中毒或者食品供应匮乏的风险，这些直接影响任务成功。目前采用的预处理和包装好的食品供应体系是安全有效的，而生物再生食品系统尚需相应技术进行充分的试验测试和验证。目前研究策略还是围绕进一步延长食品保质期、减少使用有限的在轨资源，来决定平衡资源和食品供应的关系的最有效方式。更多信息参见《由于食品供应不足导致乘员绩效下降和疾病的证据文档》：http：//humanresearchroadmap.

nasa. gov/evidence/。

7.2.5　空间辐射

国际空间站持续9个月的飞行未发现空间辐射对食品及包装的品质有影响，但在登月和登火星任务中乘员可能受到更多的辐射。因为在行星际飞行中将面对不同类型和水平的辐射，辐射对食品及包装品质的影响必须加以考虑。食品中添加抗氧化剂可以预防自由基的形成，自由基是促进食品腐败的因素。如果在月球或火星表面种植植物作为食物来源，那么对种子必须进行辐射防护以避免其生长和营养成分出现问题。

7.2.6　研究需求

- 确定长期飞行任务食品运输供给时如何保证营养成分水平；
- 理解加工、时间和储存条件对食品营养成分的影响；
- 确定适于营养需求的运输技术；
- 确定如何在任务期间保持食品营养和可接受性；
- 理解空间辐射对食品营养和可接受性的影响；
- 理解时间和储存条件对食品营养和可接受性的影响，以及如何整合合理的生产加工、包装和储存环境等因素来减轻上述影响；
- 测试能够提供比热稳定和辐照食品更好的提高食品的品质的保存技术；
- 确定长期飞行中如何保持食品系统的可接受性；
- 确定不同任务周期对食品系统种类、可接受性和可用性的影响；
- 理解失重环境中感知觉变化；
- 确定可以更加合理高效地分配在轨资源（质量、体积和乘组时间）的技术；
- 为NASA未来长期任务研发更加高级、灵活、清洁的、具备更好阻氧阻湿性能的包装材料，将食品保质期延长到5年；
- 在不影响食品品质的情况下减少包装质量和体积；
- 对推荐的预包装和生物再生食品体系的效率和充分性进行商业化研究；
- 设计和测试几种食品加工的设备和程序，为舱内厨房配置食品研发安全和高品质的营养材料；
- 设计和试验几种高效的（电、水及清洁消耗最小）食品准备设备和程序，以研发安全且高品质的舱内厨房烹饪方法；
- 研发作物处理程序来确保生食的安全性；
- 理解种子处理和储存时间的影响，确保种子活力、作物产量以及食物品质和营养价值的长期安全；
- 理解延长食品保质期对食品功能、食物品质和营养价值的影响；
- 理解有益菌群在空间飞行环境中的作用，并开发程序确保其保质稳定性和对空间食品系统的安全使用；
- 确定维生素D补充量的合适剂量范围；

- 确定空间飞行期间营养需求和营养状态如何变化；
- 确定改善营养状态的方法；
- 确定检测骨钙变化的简便方法；
- 确定空间环境氧化性损伤的影响；
- 确定运动锻炼和营养在改变负重的环境下对减缓肌肉萎缩的作用；
- 确定运动锻炼、营养和/或药物对于减缓骨丢失的作用；
- 确定营养素是否可以减少氧化辐射损伤的作用；
- 确定空间飞行中是否存在促使肌肉萎缩的潜在因素（如放射、炎症、水合氧化平衡、能量平衡）。

7.3 个人卫生

7.3.1 引言

个人卫生对保持良好的健康状态很重要，因为它可以消除微生物危害、抑制疾病扩散，也有利于提高乘组的舒适性。个人卫生是指对整个身体的清洁，包括对皮肤、毛发和牙齿的清洁。本节包括对个人卫生的设计指导。

7.3.2 总体思路

皮肤死细胞、毛发、汗液以及油脂会促进细菌的生长，但其也容易用肥皂和水清洗干净。短期飞行乘组，例如航天飞机飞行，乘组通常仅使用少量洗发剂和一次性手纸清洁。对于较长的飞行任务，要同时满足卫生清洁和舒适性的要求，乘组更愿意使用可重复使用的浸水毛巾。长期飞行任务中全身清洁对于个人卫生很有必要，只进行局部清洁是难以满足要求的。每一名乘员都有一个个人卫生工具箱，内有牙刷、牙膏、刷子、除臭剂、剃须用品、指甲钳、卫生棉条和隐形眼镜。

关注个人卫生的文化差异很重要，在国际飞行乘组中要认真考虑到这一点。一些乘员的文化传统习惯是每天至少洗一次澡，并使用除臭剂。这部分人觉得没有这种习惯的乘员散发出难闻的味道。由于空间狭小、全身清洁有限，气味在空间飞行中变得越来越明显。

所有飞行任务均应具备个人卫生清洁能力。个人卫生指身体清洗（全身或局部）、口腔清洁以及仪容整饰。进行个人卫生设计时需考虑以下的重要因素。

1）心理影响——良好的整饰可提升自我形象，提高士气，提高乘员的工作效率。恰当且舒适的洗浴及身体废弃物处理设施是各种任务中需重点考虑的。因为受到设备设计和用水的限制，改变一些个人卫生方法与程序很重要，但应尽量减少变化。

2）隐私性——在进行全身和局部清洁时（包括穿脱衣服时）必须提供隐私保护。

3）气味——令人不舒服的身体气味在缺乏充足的个人卫生设施时会快速产生，这是导致个人冲突的一个因素。

4）个人用品——必须为每一个乘员提供个人卫生用品。整个任务期间，每个人都需要进行身体清洁、口腔清洁和仪容整饰。个人卫生设备和用品必须与微重力环境下男性和女性的生理不同相匹配。这些用品必须最大程度上满足个人需求和乘员舒适性要求。

5）有效使用设计——天空实验室淋浴设计的经验表明，不好用的、不舒适的或者耗用大量时间的个人卫生设施很少被使用。

6）反馈——不熟悉和不适当的设施和环境会导致乘员无法进行正常的卫生清洁。这很可能会引起个人冲突和工作效率降低。应考虑提供全身镜或其他反馈方式来维持个人形象和卫生习惯。

7）清洁——为保持卫生，个人卫生设备应易于对其进行清洁处理、消毒和保持。

8）任务时间——较短的飞行任务一般需要较少的个人卫生设备。下面一节“结构设计考虑”讨论了决定设备需求的其他指导原则。为了安全和健康，在完成以下项目前后，卫生设备必须适合进行局部或全身清洁：

- 排尿排便；
- 锻炼；
- 医学活动；
- 实验或其他需要专门清洗的工作；
- 进餐；
- 对有毒物质的偶然接触；
- 眼部沾染。

9）失重。

- 清洁——设计应尽量缩短使用卫生设备的时间。失重环境中，水和残渣，例如毛发，不像在地球上会在固定的表面（如地板）上落定。地面上需要很少时间的一些事情，例如淋浴，在失重环境中会耗费较长的时间。这对飞行任务计划和个人使用这些设备的欲望都有不利影响。
- 束缚——失重环境下，乘员为了保持稳定性，应在卫生区域提供束缚措施。

卫生设备还应对表 7.3－1 中所列的个人卫生副产品适用。

表 7.3－1　个人卫生副产品

卫生副产品	质量/（g/人/天）	体积/（mL/人/天）
头发生长	0.03（每日 0.3～0.5 mm）	
皮屑	3	2
脱毛	0.03	0.03
胡须	0.3	0.28
指甲	0.01	0.01
汗中盐分	3	3
皮脂排泄	4	4.2
唾液盐分	0.01	0.01

身体清洁可以用水，也可以不用水。如果使用水，则在硬件设计时要注意：

- 洗手和脸的水的应用；

- 从身体上清除多余的水（包括设备和清洁辅助用具）；
- 对水温、流速和用法的控制；
- 防止水分散发到舱内环境中。

个人卫生设备位置应进行如下考虑：

- 最大程度保障隐私性；
- 靠近个人空间；
- 远离厨房和进餐区；
- 不要在人员来往的通道；
- 易于（频繁）接近；
- 与废弃物处理系统协同使用；
- 混合性别乘组。

设备尺寸和起始布局应基于以下特性：

- 主要要素：清洗辅助设备、洗涤槽、贮存柜、洗浴；
- 用品存放：刷子、牙刷、手纸、头发修剪工具、镜子、牙膏、肥皂、碎屑收集；
- 身体姿态、关节活动度（见图 7.3－1）；
- 乘员数量：飞船内可能同时有众多乘员，要求有多套设备；
- 隐私性。

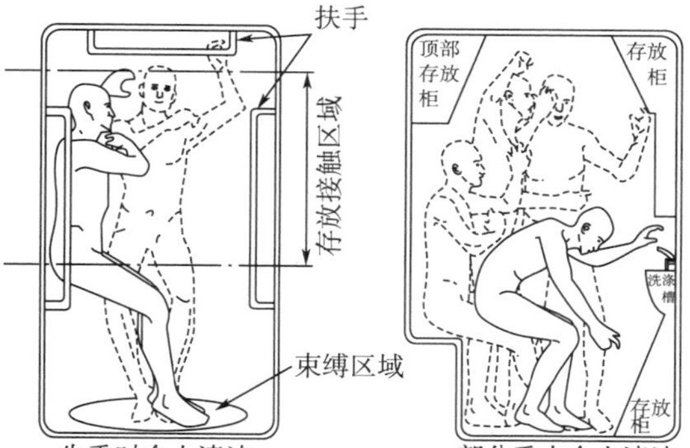

图 7.3－1 个人卫生设备空间

天空实验室研制了一套淋浴设备（图 7.3－2），但它在安装和操作上花费的时间太长，被认为在航天飞机上会带来太多的问题。

航天员需要站在一个地板上的环形区域，从一个铁环上拉起由防火布制成的帘子到天花板。在每次淋浴时，一个带有按钮的软管可以从个人卫生水箱中喷出 2.8 L 水。用过的水必须从淋浴区真空吸入一个处理包中，然后流入废水箱中。（链接：http：//www. astronautix. com/project/skylab. htm）

俄罗斯和平号空间站有一个刚性的防水淋浴设备，可以提供 10 L 水，这些水可以循环利用。

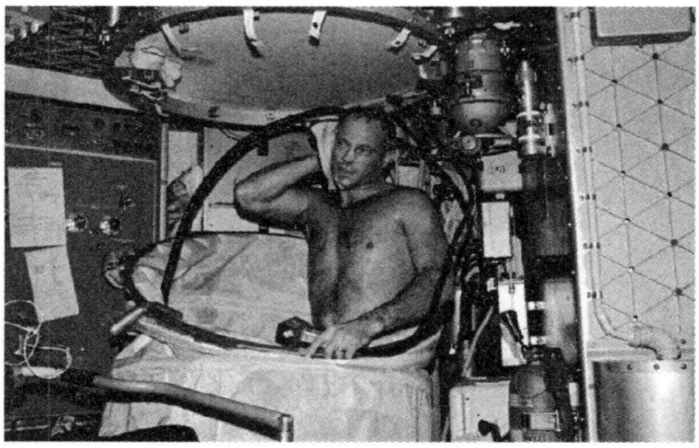

图 7.3-2　天空实验室淋浴设备

7.3.3　研究需求

保留。

7.4　人体废弃物处理

7.4.1　引言

空间飞行中，对废弃物，包括大小便、月经、呕吐物以及与其相关的卫生处理是非常重要的。身体废弃物中的污染能够从鼻子、嘴、耳朵和皮肤伤口进入人体，从而引起一系列的疾病和感染。本节提供了身体废弃物处理的设计指导。

7.4.2　总体考虑

以下是在废弃物处理系统设计中需要考虑的因素。

1）维修性——系统服务和维修任务既不愉快也影响工作效率。因此，系统应尽可能可靠，只需花费最少的维修时间。日常维护时间，包括卸装、翻新应尽可能少。这包括控制微生物生长的定期清洗。

2）易于使用——系统应能被简便且快速使用。系统应能够迅速应对突发事件，如呕吐或腹泻。作为一个设计目标，设备的使用时间应和地面近似相同。

3）可接受性——身体废物处理系统应从生理和心理上都能够被乘员接受。一个不被接受的系统会导致乘员有意约束或修改饮食，这可能导致营养缺乏。

4）重力——在 1 g 环境下，重力在排便过程中起到很重要的作用。在失重环境下应提供辅助排便的方法。气流法曾成功地在失重环境中被应用。另外，必须提供身体束缚，而且应该能够容易和快速地被使用。

5）气味——处理过程中气味必须控制在最小。

6）污染——系统必须防止排泄物污染到食品系统。

7）隐私性——必须为排泄行为提供全身的隐私保护。听觉和嗅觉的隐私应尽可能地被保护。

8）用品贮存——废弃物处理用品必须在乘员进行处理时易于取到。

9）排泄后清洁——失重环境下，因为没有辅助粪便与身体分离的重力存在，排便后清洁肛门周围需要使用更多的纸巾。而且，由于没有重力，未压实的手纸体积是地面1.5～3倍。

10）身体产生废物的体积与质量。

• 废弃物处理系统必须能够收集处理每天每名乘员平均两次、每次150 g（质量）和150 ml（体积）的粪便。正常成年人的粪便长为100～200 mm，直径为15～40 mm，重为100～200 g。每天排便次数有个体差异，从每周2次到每天5次不等，设计上考虑平均每天2次。废弃物处理系统一次最大收集处理能力必须达到500 g（质量）和500 ml（体积）。这是基于正常成年人平均一次最大的排便量。

• 废弃物处理系统必须能够一次收集和处理1.5 L单次腹泻物；1.5 L是基于医学文献对人体发生病原性最大程度的腹泻的评估。乘员可能发生一天8次、持续2天的腹泻（平均每次排泄0.5 L）。从废物处理系统的立场看，当发生腹泻时，就不需另外考虑正常的排便量了。

• 废弃物处理系统必须有能力收集和容纳每名乘员数日任务期的最大总尿量（L）：$V_V=3+2t$，式中t为任务时长。每名乘员在发射后第一天尿量是3 L。不同飞行阶段的尿量略微有所不同（与重力转换有关），其与摄水量也密切相关。必须具备连续收集所有航天员排尿的能力：平均每次排尿是100～500 ml。个别情况，一次尿量会达到1 L，所以系统必须能够适应这种最大情况。此外，必须具备1小时内每名乘员1 L尿量的处理能力。排尿流速存在性别差异（女性较高，因尿道阻力较低），但平均流速是10～35 ml/s。在腹部受压时，女性最大排尿流速可在几秒内达到50 ml/s，对这种情况系统也必须可以应对。排尿次数也存在个体差异，平均是6次，这必须被加以适应。

• 废弃物处理系统必须能够收集处理最多8次、每次500 ml的呕吐物。胃部充满时，呕吐物的最大体积可达1 L，包括固体和液体，平均呕吐体积是200～500 ml。

• 其他废弃物详见表7.4－1。

表7.4－1 废弃物

废弃物	质量/（g/人/天）	体积/（mL/人/天）
粘液	0.4	0.4
月经[①]	113.4	113.4
胃肠排气	—	2 000
干粪便	20	19
粪便水分	100	100
尿液盐分	70	66
尿液水分[②]	1 630	1 630

注：① 每26～34天可能发生一次，每次持续4～6天，80%在飞行前三天会发生；

② 基于天空实验室数据。

11）解剖学考量——身体尺寸必须在设计废弃物处理设备时加以考虑，见表 7.4－2 和图 7.4－1。在 1 *g* 环境下，骨盆和坐骨隆起以保持坐姿。在微重力环境中，椅子外形和束缚物可以帮助乘员定位坐骨结节，进而将肛门和尿道定位在与收集装置适当的位置。如果在大小便收集中使用了气流，应尽量减小导气管和收集器的开口。在 1 *g* 和失重环境中，即使小的开口也会导致重大的问题，但使用 10 cm 开口进行排泄是可行的。当然性别的差异也应该被考虑进去。

表 7.4－2　身体废弃物处理设备结构尺寸

概述	尺寸	男性/cm	女性/cm
A	坐骨结节横向间隔	10～14	11～16
B	会阴沟部宽度	7.5～9	7.5～9
C	结节与尿道口间隔	13～27	6～9
D	肛门和尿道口间隔	15～30.5	9～11.5

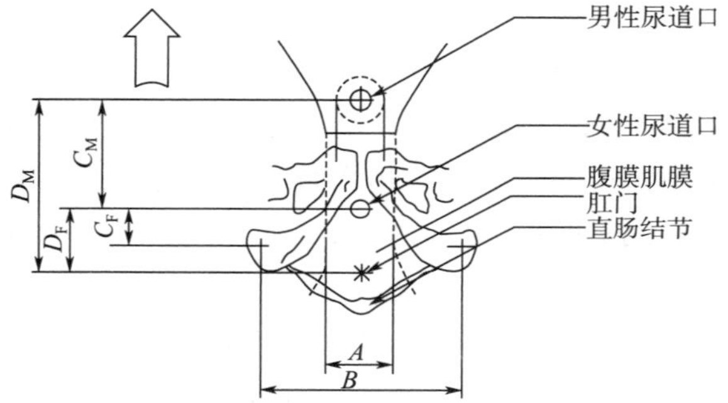

图 7.4－1　身体废弃物处理设备设计解剖学尺寸

12）身体姿势——因为排便行为需要运用腹部肌肉，需要身体处于恰当姿势，以便肌肉被支撑且不被约束，例如坐姿是可取的。没有证据表明该姿势对排尿有影响。

13）排尿排便同时进行——需要具备该能力，以便应对乘员同时排尿和排便。这是为了确保不会有一种或两种意外释放的排泄物进入居住空间。因为在不放松尿道括约肌时放松肠胃括约肌非常困难，反之亦然。为达到对乘员操作的影响最小，要做到无需完全脱去衣服即可完成排泄物清除。

废弃物处理设备的放置应基于以下考虑：

- 最大限度视觉和听觉的隐私性保护；
- 靠近乘员个人空间；
- 远离食品准备和进餐区域；
- 位于人员低流通量通道；
- 易于频繁接近；
- 与个人卫生设备配合使用；
- 混合性别乘组。

设备尺寸和起始布局需基于以下特性考虑：

- 最主要特性：厕所、小便器、束缚；
- 存放和用品：手纸、垃圾；
- 身体姿态和活动范围；
- 乘员数量：飞船内可能同时有众多乘员要求不只一套设备；
- 隐私性。

7.4.3 研究需求

保留。

7.5 锻炼对抗措施

7.5.1 引言

为保证乘员可以在回到重力环境后执行正常的任务（包括出舱活动）、应对例如应急着陆的非正常的事件以及保持长时间的生活水平，乘员需要在整个任务中一直保持合适水平的体能。失重对抗措施包括锻炼（器械锻炼及徒手锻炼）、化学（药物、饮食）以及两者结合。本节主要集中讨论锻炼对抗措施。

正如 5.2 节所描述的，在轨应用锻炼设备将会缓解失重飞行所导致的心血管功能和肌肉骨骼健康状态的下降。在空间飞行中通过对抗措施维持心血管功能和肌肉骨骼的力量，对乘组在飞行中和返回后的健康和工作效率非常重要。

为满足任务对身体素质的要求，在飞船中应能够具备锻炼器械、提供相应资源及乘员活动空间。超过 30～60 天的飞行任务，飞行中采取的对抗措施都比较类似，正如目前国际空间站项目一样（ISS 飞行原则 B13－113)。较短时间的任务根据小于重力环境的情况适当减轻运动强度。本节涉及飞船中生理操作能力和防护对抗设备的设计，包括尺寸、位置、结构系统、环境控制、操作界面、软件和数据系统以及安全可靠性。

7.5.2 任务规划考虑

为有效计划所需锻炼设备的类型和数量，需要定义清楚整个任务规划。飞行乘组的人数、乘组轮换次数、任务时长、乘组人数变化、乘组个人需求等，都将作为决定锻炼设备类型、布局和数量的考虑因素。

7.5.2.1 设备数量

可有效提供的锻炼对抗措施、锻炼设备的数量和类型，取决于每次的任务特定参数的评估（比如，飞行乘组的人数、乘组轮换次数、生理性能需求）。

7.5.2.2 任务适应水平

要决定任务中体能的需求，需要了解飞行环境（失重或行星表面）和任务需要。然后，根据任务和飞船的约束条件确定适合的对抗措施。

- 重力环境——重力水平及作用时间影响着对环境生理适应的程度和快慢。任务可能会经历不同的重力环境，从地面 1 g 开始，经过发射的超重、入轨的失重，到月面的 1/6 g，所有这些对生理适应及人的操作能力均有不同作用。

- 飞行任务——一些具体任务（如出舱活动）或者特殊时段（如着陆）要求有更高的体能。任务对体能要求决定了乘组适应性的水平和类型。例如，由于在压力服中手操作困难，出舱航天员在任务前要重视提高手和前臂的力量。

7.5.2.3 锻炼计划

在国际空间站上，锻炼计划安排每名乘员每天进行 1 小时的有氧运动和 1.5 小时的抗阻锻炼，合计 2.5 小时的锻炼（详见 7.5.4.1 节）。

在轨锻炼计划安排取决于很多因素，比如锻炼设备的类型和数量、乘员一天的时间长短和乘组对于不同类型的锻炼设备的需求等。另外，锻炼安排上还要考虑时间上的限制，比如饭后等不宜进行运动等。

如果整个飞行计划包含多次乘组轮换，就潜在减少了运动锻炼设备数量的需求，因此在载人飞船上应安排相对较少数量的锻炼设备。

7.5.3 生理和性能需求

失重引起的部分生理问题可以依靠在轨锻炼减轻（见 HIDH 第 5 章），并就此提出了锻炼硬件性能需求。本节针对性地对其加以介绍。

充足的营养和水分对体能也很重要，必须保证提供。不仅身体需要额外的能量用于锻炼，还需要保持碳水化合物、蛋白质和脂肪的平衡（见 7.2 节）。此外，需要补充水分来弥补锻炼中失去的水分（见 6.3 节）。

7.5.3.1 有氧运动能力

为维持心血管功能，心血管系统必须在任务中进行充分的锻炼。每名乘员飞行前的最大耗氧量和心率对制定合适的在轨锻炼方案十分重要。锻炼强度、频率以及时间对维持正常飞行任务的能力和提供应急事件的应急能力非常重要，需要认真考虑，其中锻炼强度是最重要的因素。

正如 5.2.2.1 节、5.2.3.1 节、5.2.4.1 节所述，有氧运动的维持对于乘组健康和非疲劳状态工作十分重要。

有氧运动的效果取决于锻炼时间、锻炼强度和锻炼间隔，其中锻炼强度是最重要的因素（如前研究）。

7.5.3.2 肌肉系统

如 4.7 节和 5.2.3.2 节所述，为了维持代谢和完成任务工作量，肌肉系统的维持和保护十分重要。

抗阻运动依赖于自体做功，或外部提供的力（质量）。在 1 g 环境下（地球上），这个外力便是重力。然而，在 0 g 环境下，体重的概念是无意义的，抗阻必须借助机械阻力或外部器械来实现。在部分重力环境下，重力可以被用来提供所需的阻力，主要体现在锻炼装置的设计上。在地球环境，美国运动医学院提出了个人锻炼建议。这些建议可能会与 0 g 环境有所不同，但究竟差别多大仍然是一个现阶段研究的热点。

在微重力环境中需要给予适当的肌肉阻力，这不仅有利于帮助肌肉生长或维持力量，还可以抵消失重造成的重力缺失。例如，在地球上深蹲 100 lb（45 kg）和在轨等同的是 100 lb（45 kg）加上一个人的体重。在轨抗阻运动借鉴了地基抗阻训练活动，如蹲、提踵和蹲举。

除了最大的负载，在任何给定的锻炼中如何应用负载的变化来提供有效抗阻锻炼也是至关重要的。同轴偏心加载的最优比率大约是 1 或略大。向心收缩是一种通过肌肉缩短而产生力量的收缩方式。在离心收缩期间，由于反向的张力大于肌肉收缩的力，因此肌肉被拉长（有关更多信息，请参见 5.2 节）。

7.5.3.3 骨骼系统（骨质丢失）

骨质丢失是载人航天的重要风险之一。维持骨骼系统和防止骨质丢失（见 NASA-STD-3001 卷 1：4.2.9 节和 F.7；本文献 5.2.4 节）对保护乘员健康是至关重要的。观察表明，当内部骨基质重建时，其在航天环境下密度很低。虽然研究也表明，最好的骨质丢失预防措施是抗阻锻炼，但地面反作用力（地面外力施加于身体）和抗阻锻炼高负荷被认为最有助于减缓骨质丢失。

7.5.3.4 感觉运动系统

推持感觉运动系统对于在轨安全高效地执行任务十分重要（见 NASA-STD-3001 卷 1：4.2.4 节，卷 2：5.1.3 节，SP-2010-3407：5.3 节）。由于空间运动的差异及失重和活动对内耳的影响，已证明身体的协调性和反应在不同重力环境转换时需要适应时间。为减少适应时间，诸如应力平衡、前庭脊髓反射和前庭眼球反射之类的活动是很有帮助的。例如，跑步机锻炼对于长期飞行任务返回时平衡和定位能力的恢复十分有好处。

7.5.3.5 预防减压病（DCS）

通过吸氧排氮的方法来防止 DCS（见 6.2.2.1.1 节）。EVA 之前，其中一个降低 DCS 的方法就是，进入低压环境前通过乘员进行有氧运动，并呼吸高氧分压的混合空气来减少氮气泡产生。

7.5.3.6 心理支持

保留。（详见 NASA STD 3001，卷 1：4.4.3.5 节和卷 2：8.1.4 节）

7.5.4 座舱和操作资源的考虑

在轨锻炼能力受到座舱设计的影响。反过来，飞船座舱资源能力规划时应考虑锻炼器材设计和操作功能，做好适合的质量和体积约束。

出于生理功能需要，在在轨有限空间内，锻炼设备应具有尽可能全面综合的功能参数。经验表明，如果锻炼器材、操作空间、环境控制和硬件支持没有很好地与座舱设计相匹配，其所提供锻炼的能力（如活动范围、功能）将大打折扣。

7.5.4.1 操作时间、用法及布局

锻炼操作规划应包括时间设置、准备、运动方案设置、清理以及硬件装载。为提高锻炼的时间效率，设备设计时应尽量减少访问时间、初始化时间（硬件、软件、人员调整）和关机/待机及重启时间。基于国际空间站的经验，超过 30～60 天的任务，每名乘员每天锻炼时间约为 2.5 小时，分别进行 1.0 小时有氧运动和 1.5 小时抗阻锻炼。这些模块还包括（每个约 30 分钟）准备、设置、堆放和清理时间。

硬件在航天器内的位置可影响对其的使用。硬件的运行包线可能影响在轨的某些更高级别的活动。使用锻炼设备可能妨碍在轨乘员和设备的通行。比如，高级阻抗锻炼设备（ARED，Advanced Resistive Exercise Device）、带有隔振和固定功能的自行车功量计（CEVIS，Cycle Ergometer with Vibration Isolation and Stabilization）和跑步机（Treadmill 2，T2），在国际空间站上调度这些设备必须不能与其他乘员移动空间冲突。锻炼硬件的使用也可能受到一些其他限制，包括加速运动和振动载荷限制。

虽然在轨锻炼可以在很多位置，但是某些位置比其他位置更适合，主要由于：

- 取决于锻炼设备，由于座舱加速活动可能产生诸多限制。
- 在锻炼的区域必须适当控制由锻炼产生的热量、二氧化碳和湿度（见 6.2.3.1.4 节）。
- 在锻炼区域氧分压必须维持在正常水平；否则，乘员所需生理功能可能会受损（见 6.2.3.1.4 节）。
- 鉴于存在狐臭和汗水污染的可能性，锻炼应尽可能远离食品准备和用餐区域，或使用其他污染防护方法，如物理屏障。
- 如果由于锻炼活动、锻炼设备或环境控制会产生噪声，那么锻炼区域应远离睡眠区和通信区。如果乘员在上述区域锻炼，应确保这些区域未被使用。
- 因为锻炼和相关的设备需要一定的空间，锻炼区的位置应设在对于工作和其他任务影响最小的区域。
- 出于医疗隐私的考虑，锻炼设备应该位于任何监控视野、公共视频会议视频范围之外。

根据飞船的大小和布局，在轨锻炼仅能在某些特定区域进行。如果有多个可能进行锻炼的地点，那么最现实的选择是选择一个位置进行所有或者大部分的锻炼，以减少干扰、专注环境控制、且利于座舱布局设计。国际空间站乘组曾经提出过有关锻炼区域和就餐、睡眠区在一起出现的问题。

7.5.4.2 空间

任何给定的锻炼器材所需的空间通常被分为三类：操作空间（包括乘员运动和设备展开）、安装空间（设备在甲板上的空间）和收纳空间（如配件、维修工具等），所有这些应该在座舱设计中有所体现。

操作空间通常包括人运动所需的空间，也包括设备展开所占用的空间。失重环境下，这一空间的最小尺寸可以是任意方向的；但在月球或火星的重力环境中，必须考虑人直立方向的尺寸。国际空间站的锻炼器材的安装和操作空间（不包括配载）需要大约24 m^3。表 7.5-1 提供了各类型锻炼设备的体积。

表 7.5－1 锻炼空间示例（有代表性的 ISS 设备硬件体积）

	跑步机锻炼 & 设备	抗阻锻炼 & 设备	自行车功量计锻炼 & 设备
乘员运动 & 心理空间* 操作尺寸/m	2.3 H×1.0 W×1.8 D（包含动态运动）	2.3 H×2.3 W×1.8 D	2.0 H×1.5 W×1.3 D
乘员运动 & 心理空间操作体积/m^3	4.1	9.1	3.9
硬件操作展开空间/m^3	0.4	10.2	4.2
安装空间范围/m^3	0.6～2.8	无	无
收纳空间范围/m^3	TBD	TBD	TBD
总空间范围/m^3	>5.3～7.5	>11.6**	>4.4（考虑到乘组活动与设备展开所需空间）

注：* 心理空间，乘组进行锻炼所需要的空的空间，如脸部高度水平无阻碍等。

* * 总空间不含 ARED 操作空间，ARED 操作空间不代表乘员活动的空间宽度。

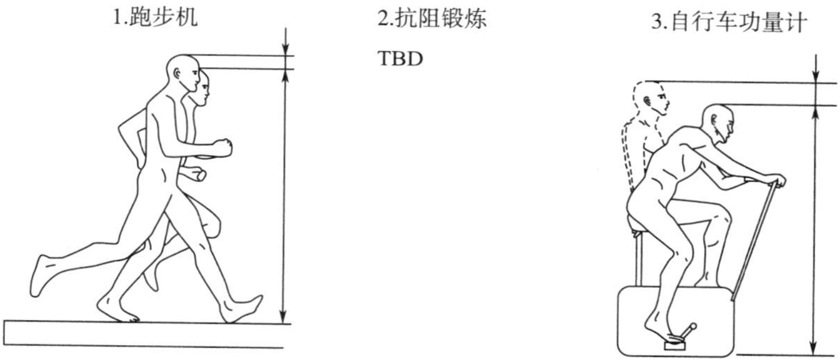

图 7.5－1 锻炼包络面高度

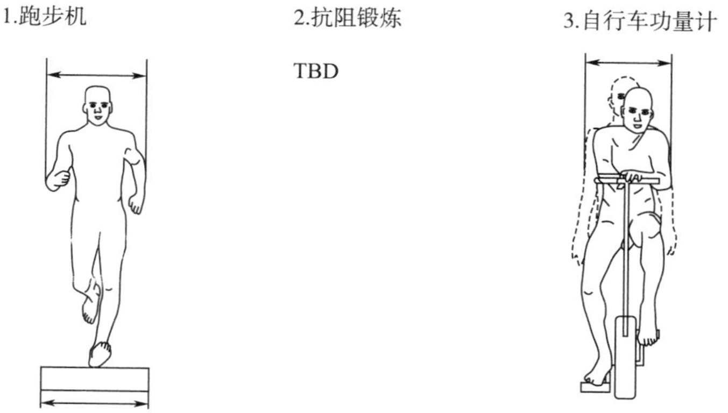

图 7.5－2 锻炼包络面宽度

对于锻炼空间，以下是人体 Z 轴（头盆向）的考虑因素。

• 如果需要跳跃或奔跑，例如跑步机，则必须适应乘员跳跃或跑动时的最大高度。这与重力环境密切相关（重力越小，跳得越高）。任何振动隔离系统和束缚系统将限制这些动作。

对于锻炼空间，以下是 X 轴（胸背向）和 Y 轴（肩部-肩部）的考虑因素。

• 如果锻炼需要弯腰、向前或向侧面伸胳膊和腿，必须考虑相应空间；

• 并不一定要提供容纳所有动作的空间，可以通过扭转身体约束一些锻炼动作所用空间。例如，如果一个动作是向前伸而另一个动作是向侧面伸，则可以让乘员在两个动作之间转体 90°，而不是提供允许同时完成两个动作的空间。

• 如果锻炼时需要操作另一个装置，则要考虑同时提供相关装置的空间。

隔振系统的动态运动（或悬挂系统）还应该包括：进行所有操作中人在锻炼时产生的动态运动。

展开空间是座舱中甲板上所占乘员操作环境的硬件体积。展开空间包括所有的操作空间。

硬件的安装空间只包括甲板下面的操作环境的硬件体积。安装和展开空间内包括：

• 主要锻炼设备；

• 乘员固定硬件（扶手、座椅等）；

• 控制面板（如笔记本电脑）；

• 乘员监视设备（如心率监视器等）；

• 隔振系统或支架系统。

收纳空间包括不是永久固定在舱体的结构和配件，可能需要与锻炼器械协同工作。收纳空间通常在一个任务中根据使用和补给率的变化而变化。收纳空间包括的运动设备有：

• 维护设备（如独特的工具、校准设备和清洁材料）；

• 额外的锻炼组件（如金属条、手柄、肩带、夹子、吊带、绳索、弹力绳、胶垫、计算机接口）；

• 私人设备（如鞋、运动服）；

• 应急备件。

锻炼设备总的空间体积包括操作空间（乘组空间和设备展开）、安装空间和收纳空间。

7.5.4.3　质量

锻炼器材的质量往往是由结构强度、振动隔离要求以及锻炼载荷类型和频率所决定。为了减少振动隔离系统设计的复杂性，一种方法就是增加质量。国际空间站上的最大质量的锻炼器材［2 350 lb（1 066 kg）］是出于在有限的空间内减少跑步时的振动而设计。

7.5.4.4　安装和结构系统

在任何飞船上，锻炼都可能需要隔振系统，其需要安装在锻炼设备和主体结构之间，以防止在锻炼过程中与周围环境的意外接触。根据运动类型和保持相对静止环境的需要，隔振系统也需要防止锻炼动作振动和载荷传递到飞船上。座舱设计要么考虑可支持运动载荷和锻炼行为，要么具备充足的空间容纳隔振系统来减少运动对座舱结构带来的影响。隔振系统可以是被动的或主动的模式，其设计往往取决于运动的类型和座舱的隔离设计需要。

安装位置的另一个因素是由乘员运动带来的结构共振。根据座舱的设计，锻炼器材放置时应避免对船体重要设备和机构造成影响。由于锻炼的频率会耦合结构的固有频率，因此某些地方可能无法使用这些设备。随着飞船结构随时间的变化，结构的固有频率也可以改变。同样，可能需要对某些设备“调频”，防止在一定频率时共振。例如，抗阻锻炼装置和跑步机在使用时均有不被允许的节奏或速度范围，而这正是出于上述考虑。

7.5.4.5 局部环境控制

鉴于锻炼的影响，局部环境必须提供充足的氧气，去除二氧化碳，保持适当的湿度水平，提供气流，最大限度地提高散热以及减少气味，这些要求均应纳入运动装置的位置规划（见 NASA-STD-3001 卷 2，7.4.4 节和本文献 6.2.3.1.4 节）。

7.5.4.6 电力系统

电力的需求取决于所使用的锻炼设备的类型，通常某一程度的电力是必须的——如果只是传输设备如何使用的数据。此外，基于用户数量、使用频率或功率循环的硬件的可预知的不便，乘员可以选择离开持续动力的设备。尽管抗阻锻炼设备需要最小电量，然而电动跑步机在使用时需要最大供电量（900～2 400 W）。

如果运动可以发电，则后期可以设计在轨发电子系统。

7.5.4.7 软件和数据系统

为了对监测乘员健康、收集医学数据和监控设备参数（见 NASA STD 3001 第 1 部分 4.4.3.1 节、4.4.2.6.2 节、4.4.3.10.1 节、4.4.3.10.2 节和第 2 部分 10.1.6.1 节），某些类型的电子数据系统和显示系统通常集成在锻炼设备上。关于显示界面的讨论，参见第 10 章。

显示器的设计应包含在乘员使用时的动作设计中（例如，按钮位置的设计应满足锻炼的乘员不需停下就可以选择的需求）。

7.5.4.8 可靠性与维修性

根据任务的持续时间、锻炼设备的关键特性以及维修和补给设计，可靠性已成为一个重要因素。如果可能的话，可设计设备故障操作（即使在有限的能力水平）。

锻炼设备需要定期维护。维护的类型和频率取决于设备类型、使用频率以及使用方式。对设备的定期维护应设计得尽可能少。

7.5.5 以往的在轨锻炼设备类型

锻炼设备通常可对抗一个以上生理系统的变化（如心血管、骨骼和肌肉），然而，大多数设备往往最适合其中某一个生理系统。

7.5.5.1 跑步机

跑步机主要针对心血管系统（有氧健身）。目前，已经有六种跑步机曾经在轨使用或正在使用。

在天空实验室 4 的任务中，首次安排了跑步机锻炼以改善有氧运动和血容量状况。跑步机表面覆盖了特氟龙的铝，用一个可以提供 176 lbs（80 kg）的载荷的拉力系统连接在地板上。运动与登山相似，会造成肌肉疲劳，因此不能长时间地进行。

NASA 和平号空间站使用的跑步机 BD－1，位于核心舱。

下一代美国操作段跑步机是无动力的（需要乘员自己带动），乘员用一个皮筋拉力系统系在跑台上。这种跑台只是出于实验目的在航天飞机上使用。

国际空间站的第一个跑步机带有隔振系统（TVIS，Treadmill with Vibration Isolation Stabilization），其上安装了一个主动机动的隔振系统；因此，跑步机可进行主动模式（高达 10 mile/h）或被动模式隔振的运动。TVIS 是一个早期的 ISS 的锻炼设备，其功率和体积均十分有限。

俄罗斯对 BD－1 做了进一步类似于 NASA/和平号空间站的被动设计改进，打算在 BD－1 的基础上增加一个隔振系统以预防意外事件，然而，BD－1 最终未被安装。

第二代 USOS 跑步机，生产和飞行支持增加到 6 人乘组。当时，TVIS 分配给俄罗斯乘员使用。第二代 ISS 跑步机（T2）依据波音国际标准载荷架标准，对商业设计的伍德威跑步机稍加修改，并另加了振动隔离系统。乘员运动跑步速度可达 12 mile/h。由于被动隔振系统的限制，允许的最低速度大约为 3 mile/h。T2 还具有较宽的跑步平面，增加了运动处编程功能。

俄罗斯目前正在研制 BD－2，用以取代目前的 TVIS。

7.5.5.2 自行车功量计

自行车功量计被用来维持有氧运动能力，其被运用在航天飞机和国际空间站的长期飞行任务中，成功改善了乘员有氧运动能力。乘员依据自己的喜好选择通过跑步机或自行车来维持有氧运动能力。

航天飞机自行车功量计（SCE）曾难以直接安装在航天飞机上，被设计了 25 W 的增量调整，但没有提供数据记录能力。

国际空间站自行车功量计（CEVIS），设计允许 1 W 的增量调整，有一个操作程序和数据记录的计算机接口，并安装使用了被动隔振系统。

俄罗斯自行车功量计（VELO）具有 25 W 的增量调整，用来调整工作负载。

7.5.5.3 抗阻设备

为维持骨矿盐密度和肌肉力量，在力量训练项目中同时进行肌肉的三种收缩很重要（向心收缩、离心收缩、等长收缩）。肌肉骨骼的适应性对完成关键任务和出舱活动（行星表面出舱搬运大型物体，着陆后出舱）非常必要。同时也有利于穿着航天服，克服其操作阻力。

抗阻训练，主要是对肌肉和骨骼施压，被用来提高肌肉骨骼的适应性。强度、频率以及持续时间对肌肉质量、力量和骨矿盐密度有影响。1 g 环境中，人体重力通过每日活动和锻炼，如蹲起、俯卧撑和仰卧起坐等动作提供了充分的负荷来维持肌肉骨骼。而在月球 1/6 重力和火星 3/8 重力环境中则无法提供充分的负荷，这点要在锻炼装置设计时予以考虑。

从双子星任务开始提供锻炼对抗措施，并且不断改进以适应不同飞行任务时间、操作限制和设备效能。在阿波罗计划中乘组使用基于摩擦的同心设备 Exer－Genie 后出现了锻炼耐受性下降和肌萎缩（Dietlein，et al.，1975），故天空实验室-2开始使用臂力功量计，但臂力功量计不能对下体肌肉力量损失形成保护。

天空实验室-3研制了MK1和MK2（小型健身系统）。两者提供了传统划船器功能以增强有氧运动能力，还配有无氧阻抗锻炼的附件。天空实验室-3任务后观察到了肌肉质量和力量的下降（Thornton，et al，1977）。

国际空间站抗阻锻炼是为了维持肌肉力量，包括上身和下身肌肉的锻炼，每周6次，每次1.5小时。

应急抗阻训练系统（CRES）用橡皮筋束提供运动阻力。然而，橡皮筋束不能均匀提供载荷，也不能提供足量载荷的锻炼能力，一般将其作为应急备份装置来使用。

俄罗斯航天员使用被动式的锻炼装置，包括通过反向运动向大肌群提供被动应力的企鹅服。虽然感觉具有一定效果，但其具体效果难以测试，因为集成的拉力带没有精确刻度，而且为了个体舒适每套服装都进行了不同调整。

阶段性阻力锻炼装置（iRED）曾被引入国际空间站使用。这一装置可以通过两罐软橡胶带提供最高可达300 lb的阻力水平。300 lb的限值和偏心截荷：同心载荷比被认为不能满足所有乘员的需求。乘员通过一个绳束系统与iRED相连。根据乘员抗阻锻炼的频次和使用情况，iRED的罐线和橡胶需要定期更换。iRED直接安装到国际空间站上，使用时的载荷可直接传输到舱体。使用时，谐振频率曾被发现与标准的运动频率一致，因此需要用户调整运动节奏以避免对飞船造成伤害。

其他飞行抗阻锻炼设备地面研究结果表明，该设备可提供一种更大载荷且更有效的对抗措施（如高级抗阻锻炼装置，ARED）。

ARED通过升降杆或绳索提供了多达35种的抗阻锻炼模式。通过真空滚轴，升降杆锻炼可以提供600 lb的载荷，绳索锻炼可以提供150 lb载荷。乘员通过反压力在ARED操作台和接触界面保护固定自己（例如，加载的升降杆或缆绳的把手）。由于对抗真空的空气压力被用来创建阻力，因此降低航天器的总压力会导致锻炼阻力随之成比例地减少。ARED被纳入被动隔振系统，限制了乘员3个维度（2个平移和1个旋转）的运动。

[保留——在此处插入力装载器（HC-1）的描述]。

7.5.5.4 其他锻炼设备

（保留——在此处插入俄罗斯反压服抗阻装置描述）。

[保留——在此处插入航天飞机划船机（Rower）描述]。

表7.5-2 航天飞行锻炼装置（Rucker，2004）

锻炼	项目							
	双子星	阿波罗	天空实验室-2	天空实验室-3	天空实验室-4	航天飞机	和平号	国际空间站
等长收缩	×	拉力器			×			
阻力锻炼	橡皮筋		MKI	MKI MKII	MKI MKII		企鹅服* 橡皮筋	iRED ARED 企鹅服*

续表

锻炼	项目							
	双子星	阿波罗	天空实验室-2	天空实验室-3	天空实验室-4	航天飞机	和平号	国际空间站
自行车功量计			×	×	×	×	Velo	CEVIS VELO*
跑步机					Teflon ®	×	UKTF-2	TVIS* T2 BD-1*
划船器			MKI	MKI MKII	MKI MKII	×		

注：* 为俄罗斯系统。

7.5.5.5 非锻炼的对抗装置

虽然算不上严格的锻炼装置，但下体负压真空服曾在和平号空间站上使用，用来提供下体负压，结合在轨体液载荷和心脏负荷进行调节，补充任务期间损失的体液以提高返回地面后的立位耐力。

（保留——在此处插入“Bracelet”的描述。）

（保留——在此处插入“Kentavr”的描述。）

7.5.6 研究需求

研制对抗防护技术，用于监测、预防以及减轻相关的健康危害和操作风险：

- 肌肉质量、力量和耐力下降导致的工作能力下降；
- 骨折；
- 有氧运动能力下降导致的生理机能下降；
- 飞船及其他复杂系统操控能力的下降。

7.6 医学

7.6.1 引言

本节涉及医学区域的布局和设计，包括整体尺寸、医学接口和储存。医学区必须能够支持健康状态监测和疾病与损伤的诊断与治疗。

7.6.2 总则

任务期间，飞行轨道（近地、月球、火星）以及空间环境是决定在航天器上配置医学诊断和治疗能力类型的关键因素。需要确定具体损伤的可能性、风险水平和医保措施的可行性，以明确在飞行任务中所需要的医疗保障能力。特定飞行任务的运营规划有助于确定预期疾病和损伤的处理能力。NASA-STD-3001 第 1 卷列出了飞行中必须提供的医学保健水平。

很多健康风险可以被预测，从而进行预防或在轨治疗。

划伤、擦伤以及轻微感染仅仅需要小型设备和医疗处理培训即可。然而，紧急的医疗问题不可预料且很难治疗，可能需要比较先进的医疗设备和培训，而这在太空飞行中难以做到。国际空间站和航天飞机上的医疗处理依赖于地面专家的远程通信医疗支持，必要时可返回。然而，对于探索任务，返回地面和与地面通信延迟将极大降低地面人员的支持能力，因此乘组需要能够自主处理主要的医疗问题。由此，健康管理设施应支持自主医疗保健，即在无地面实时支持情况下具备治疗和保持健康的能力。

7.6.3 尺寸和布局

专用医监医保区或者医疗活动支持区域的规模，取决于乘员数量、飞行时间、乘组活动以及多名乘员出现疾病损伤并需要同时处置的可能性。至少，医疗处理系统必须具备足够的空间来处置患者，并且具有治疗人员和设备。

7.6.4 医学接口

在轨失重状态下，需为患者、治疗人员和设备提供束缚。

• 对患者的束缚必须能够防止其手臂和腿部的移动，将头部、颈部和脊柱固定在舱体上。

• 对治疗者的束缚需确保治疗者能够接近患者进行治疗，但束缚应易于移除或接近附近设备。

• 对设备的束缚需能安全地束缚住较大的设备，如医疗箱、剪刀和注射器等个人物品。

如果在飞船加速期间进行医学处置，设备必须束缚在患者附近。

饮用水、高压氧、电源以及相关资料必须在医疗区附近，以确保在需要时医疗设备能够使用这些资源。患者病历和医疗规程也必须放在附近。如果需要心脏除颤，患者与舱体间需进行绝缘隔离，以保护舱内电子设备和其他乘员。

对于长期飞行任务，由于医疗用品和药品的数量及使用寿命的限制，因此必须提供清单以记录相关使用情况。

当医疗人员对乘员进行处理时，需要用实时下传方式或存储转发方式与地面控制中心保持双声道语音和视频通信。

遇到医疗处理需是专业医师航天员的情况，非专业医师的乘员也应能够使用医疗设备。因此医疗设备要求简单、易用，且仅需简单训练即可使用。

7.6.4.1 决策支持

决策支持是利用特定的形式来指导使用者进行各种操作过程。决策支持可以提高应急医疗事件中医疗设备的操作效率。这对只经过简单医疗训练的乘员特别有帮助。

开发决策支持系统时，参考人因原理的概念非常重要，需要考虑到所需要的信息流和所需包含信息的详细程度。在开发决策支持系统时应考虑以下事项。

• 明确界定程序的开始和结束以及所需的步骤数，这将帮助使用者了解程序何时开始及何时结束。

• 在考虑结论中使用图表或图片时，要确定其足够大且有效，同时避免不必要的细节以免造成干扰。

• 推荐使用编号或者在重要细节处给出醒目标记。编号可以使用彩色和/或不同字体字形（例如粗体或下划线）。然而，不要过度使用色彩以及违反色彩搭配规范（例如：在危险状况之处使用绿色进行标记，正常状况使用红色）。

决策支持开发是一个反复迭代的过程，其概念需要通过正式和/或非正式可用性测试。概念需要用成功的标准来检验，包括程序执行时间及相关操作错误（例如关键步骤的忽略、错误的操作、成功前的尝试次数等）。

国际空间站使用呼吸支持包（RSP，respiratory support pack）提示卡片是医疗决策支持的一个成功例子。JSC 可用性检测及分析机构评估了 RSP 提示卡片的初始设计，并提出了一个新的基于人因原理的设计建议。重新设计的提示卡片将内容以线性流程的方式组织起来，并删除了应急情况发生后的内容。新提示卡片突出了 RSP 图例的特性，包括用色彩标记设备位置和边界（图上给出了项目名称）、增加字体大小，并且简化了信息流。经过上述改进，RSP 的完成时间减少了约 3 分钟。在应急情况下 3 分钟将提高挽救生命的概率。

7.6.5 储存

需为包括药品、绷带和静脉注射液在内的医保用品提供存储空间。部分用品需要对环境条件进行控制以确保其有效性。

生物学风险，如必须收集血液和其他体液并安全处理，以将对乘员的污染最小化。注射器针头等尖锐物体必须被安全处理以防止意外伤害其他乘员。

某些医疗设备、用品和药品必须存放在易于获取的区域，在发生应急事件时可以迅速拿取。国际空间站乘员指出了从机柜和箱子中便捷地取出医疗设备、用品和药品及其有序摆放的重要性。

7.6.6 研究需求

保留。

7.7 储存

7.7.1 引言

本节讨论飞行器内储存系统的布局和设计需考虑的因素。

7.7.2 总则

储存系统可以和乘员工作生活区域相结合，或是从工作生活区域中独立出一片区域。储存区域应与库存管理和移除计划无缝链接。储存系统会影响乘员操作的各个方面，而且储存空间不足会对乘员操作和效率产生严重的负面影响。

高效储存系统对将货物存储在固定位置，避免与尚未使用的物资和工具产生不必要的冲突十分关键（图 7.7-1）。储存系统有助于在空间站内部保持物资和硬件摆放有序，同时也可视为是一种积极的心理特征。储存管理较差或未进行存储管理将会导致内部混乱无序，给乘员带来压力并激发不良情绪（图 7.7-2）。某些货物位置信息了解不足，会导致花费不必要的时间寻找货物，进而降低乘员作业效率、增加任务作业时间，在应急情况下这将会带来危险。

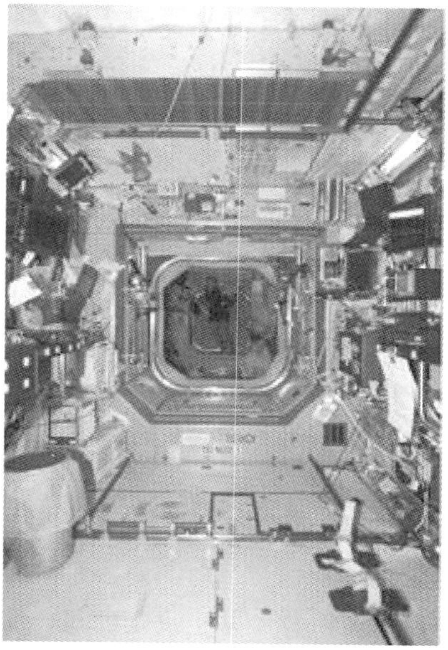

图 7.7-1 ISS 美国实验舱机柜前存放物最少的最佳转移路径

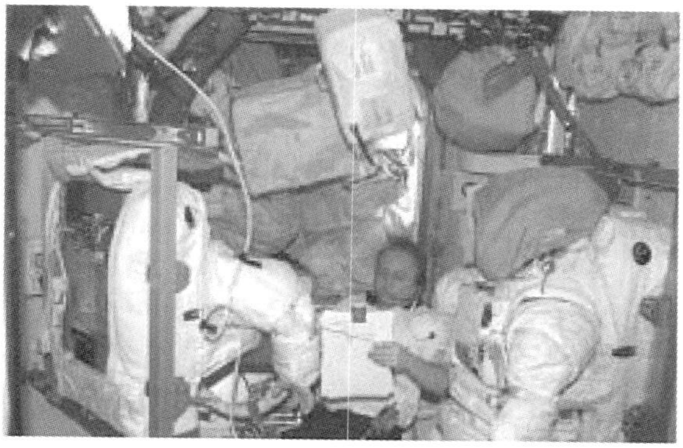

图 7.7-2 ISS 气闸舱的存放状态

在轨储存条件能对适居性、操作和安全产生消极或积极影响。必须基于任务方案、任务持续时间、乘组规模和特定任务作业来确定未来任务的储存量和类型需求。必须给出禁止储存区域，强制保证如防火通道等关键设备和控制功能的可达性。不良的储存带来的负面影响包括增加乘员每日作业所需的时间、违反在关键设备和控制机构附近禁止储存的安全限制（如防火通道、光源和通风源）。

之前国际空间站曾出现过硬件存放需求超出预定的装载能力，以至存在发生违反安全限制的风险。用于乘员补给、装备和备份轨道更换单元所需的在轨硬件要求可能已经超出了在轨存放管理极限。ISS上存放位置的不足导致了通道用于储存的现象，影响了操作面板和乘员人机界面的可达性，而且有时过多装载物妨碍了乘员在舱段间的转移。为避免违规装载及其带来的影响，建议对所有货物都进行装载位置分配，适当的查找流程要体现在货物清单上，以便入轨后能方便地找到。必须不间断地对在轨存放情况进行在轨和地面监视，以确保存放物在可控制范围内。

储存系统的性能应能够进行扩展和调整。设计方必须预估可能出现的变化，例如舱段增加、机柜旋转和硬件维护时货物的移动和暂存需求，以及某些货物因无法运送回地面而需在轨存放。

根据《通用地面条例，需求和约束》SSP 50261（SSP，2005），必须设计标准存储区域用于标准和非标准货物存储。必须研制相关设备用于存储不同等级的非标准存放，非标准存放能力应涵盖可以安全存放货物的所有区域，尽管这些区域并非是专门设计用于货物存储的。需要制定用于与货物存放波动及居住舱体积变化相应的非标准存放的不同等级。需要注意的是，由于与设备和/或操作的冲突，有些看似理想的位置其实是不可接受的。根据以往经验，如果安装/拆卸所需时间太长，乘员更可能不去锻炼。因此，乘员锻炼设备应无需事先移去存放的货物就可达/可操作。然而，这些短时、临时或永久性突出物综合起来的栈道应低于最小应急转移通道的尺寸 32 in×45 in（81 cm×114 cm）。乘员工作位置的操作空间、维修操作、暂时突出物、乘员决定的操作突出物以及国际空间站计划批准的临时非标准存放空间也有可能影响正常的乘员转移通道。

在设计储存系统应考虑如下因素：

1）体积——储存系统必须满足所有可重新放置货物的大小和尺寸。

2）种类和位置——货物应尽可能就近存放在使用位置附近。下面给出了乘员货物清单和应就近存储的设备类型：

- 个人货物存放——服装、个人装备和所有物、个人卫生用品；
- 工作站——书写设备、摄像器材、记录设备、应急设备（例如，灭火器、急救设备）；
- 个人卫生用品——个人卫生消耗品（纸巾、抹布、毛巾、肥皂）；
- 厨房货物——食品、食品说明书、餐具、抹布、家政物资；
- 娱乐设施——娱乐用品（游戏、读物、视听设备）；
- 会议区域——书写材料、汇报辅助设施；
- 医疗处理区域——医学设备、医药品、医护室物资；
- 锻炼设施——锻炼设备；
- 人体废物管理系统——抹布、尿收集装置；
- 垃圾管理系统——湿性和干性垃圾容器、垃圾袋。

3）重力——失重环境中，必须对储存物进行束缚以防止漂移。在重力环境中，不能在头顶上方进行储存，并随时尽可能避免在地板上储存。当储存系统在多种重力环境中使用时，设计师应考虑这些限制条件可能会因为任务阶段不同而发生变化。同时，在高 g 值和振动飞行阶段，必须对储存物进行束缚以防止储存物散落伤害乘组。

4）非标准存放——为适应非标准存放应考虑以下因素：

- 必须在飞行安全和操作要求、束缚和限制的基础上设计非标准存放位置；
- 居住空间可能会临时被突出物、乘员作业和维护操作侵占；
- 乘员锻炼设备应在无需移动任何硬件突出物或非标准存放货物的情况下可达到且可操作；
- 锻炼中航天员应能无阻挡地观察锻炼设备的显示；
- 需要成员可达或可视的、与安全相关的关键/应急设备前的区域应清除障碍物（例如，硬件突出物和非标存放物）。

5）居住地再补给——对居住地（即 ISS 和月球基地）再补给时，通常会有一定量的储存物没有归位或移开，从而导致储存货物的堆积。储存系统应考虑全寿命周期内可以预见的再补给/归位存放设计。

6）灵活性——为适应任务变化的需求，设计时应考虑：

- 容器和盖子的尺寸及设计标准化；
- 可调的货架和机柜；
- 用锁或皮带固定的存储机柜或容器；
- 用于整个飞行器存储安装的规定。

7）集中存放与分布式存放对比——货物应尽可能靠近其使用位置存放。然而事实上，有些情况下并不太实际。部分货物的集中存储使库存跟踪变得更简单，其中包括一些利用率较低的货物或需在不同岗位使用的货物。很多时候，集中和分布式存放可以进行组合。例如厨房：单餐食品存放在食品柜中，但所有补给食品却是集中存放的。

8）可操作性——为最大程度利用乘员时间，应无需使用工具即可完成对存放容器的操作。对于失重环境中的操作，存放盖必须能在敞开的位置移除或固定。

9）可达性——储存系统设计必须保证任务中关键和经常使用的货物易于取用。

10）干扰——储存系统禁止妨碍货物转移或其他操作。

11）标识——储存区域和货物必须标识清楚，易于定位、复位和库存清点。

12）库存管理——储存系统必须与库存管理系统协调匹配。

7.7.3 研究需求

保留。

7.8 库存管理

7.8.1 引言

本节给出了成功的舱内库存管理系统设计所应具备的特点，该系统能够跟踪库存货物的数量、位置和状态（例如剩余寿命）。

库存管理是舱内信息管理的主要功能之一，与 7.7 节中说明的储存设计考虑因素直接相关。

7.8.2 总则

建立和维护舱内库存管理系统（IMS，inventory management system）至今仍是载人航天飞行数据管理中最难以解决的问题之一。IMS 跟踪如乘员装备、消耗品、食品和实验器材等的库存及其存储位置。

以前 ISS 上利用条形码跟踪货物库存的方法并不一致（见 SSP 50007 -国际空间站库存管理系统条形码标识需求及说明）。有时，货物移动后没有复位到其指定位置，而 IMS 并不能适时更新其位置。这导致乘员查询每日作业所需货物时花费更多的时间。低效的数据录入使得货物的跟踪变得非常困难。在设计 IMS 时，系统应提供一种可靠的货物跟踪方法，并确保能轻松地将货物存放在指定放置。IMS 使用的工具，无论是显示界面或是扫描设备，都应易于使用并为乘员和地面人员提供准确信息。一旦优化设计完成后，应对乘员进行培训，以确保对库存的有效跟踪，并避免出现差错。在 ISS 上，货物经常在未更新 IMS 时就已经进行了转移。临时存放货物可能并不需要更新 IMS，但货物存放或转移时，应记录其初始和最终存放位置。

在开发 IMS 时应考虑以下因素：

1）标准化——有必要将硬件和设备命名标准化。库存管理系统的命名方式必须与程序和标识一致。

2）易操作——快捷和易于使用的数据录入和货物跟踪对于 IMS 来说非常重要，也是必须具备的。ISS 乘员曾抱怨 IMS 过于复杂。

3）高效——乘员完成库存管理所需时间应最小化。

4）唯一命名——IMS 追踪的每件货物的名称应具有唯一性，以便于能被唯一地跟踪。ISS 操作命名程序为 ISS 计划实现了这一点。具有唯一的名字、零件号码和序列号的条形码标签可以帮助跟踪硬件和消耗品。

5）促进与地面人员的协调——舱上库存管理数据在无乘员参与的情况下就能被下传到地面，或由地面进行更新，以减少占用乘组时间。ISS 乘员经常提到，对于他们来说，在移动货物时，通知地面比他们在轨花时间往 IMS 中输入数据更容易。

6）灵活性——系统应具有灵活性，以频繁地获取货物存储位置及状态和数量的变化情况，这些可能发生在发射前、在轨和返回前。

7）准确性——存放方法应是一致且通用的，以确保 IMS 的准确性。ISS 上美国和俄罗斯不同的存放方法背离了一致且通用的原则。因此，在同一飞行器各个舱段和模块中，IMS 应精确且类似。

8）培训——根据 ISS 乘员的建议，地面开展的 IMS 培训应包括 IMS 维护的实际操作，以开发在轨必须的复杂技能。在轨期间，应在乘组交接或访问乘组到来时，对新乘员应适当地描述 IMS。

9）IMS 任务时间——应提供适当的时间让乘员熟悉 IMS 界面。ISS 乘员反映 IMS 相关任务的操作时间经常超出分配时间。

10）货物位置和识别信息——库存管理数据库应包括以下数据要素：

• 货物编号——在数据库中用于表示每件货物的编号；

• 货物名称——用于描述货物及其功能的标准名称（与标识和程序一致）；

• 别名——乘员经常使用的非标准（俚语）名称。数据库应能建立标准和非标准名称之间的索引，由乘员或地面进行更新；

• 货物功能标识——易于理解的代码，能指出货物的功能用途；

• 质量单位——单位货物的质量单位，kg（或 lb）；

• 体积单位——表明装载一单位货物的包装尺寸大小，以 cm^3 计（或 in^3）；

• 单位尺寸——装载货物所需包络的长、高和宽；

• 物理识别特征——例如颜色；

• 储存位置——各任务阶段（例如发射、在轨、返回）储存货物的储存位置代码；

• 各位置的存储数量——不同任务阶段各存放位置存放货物的数量；

• 总量——每个任务阶段中各类货物的数量；

• 取出位置——如果具有适用性，在飞行中各任务阶段，货物取出位置的储存位置编码；

• 放入位置——如果具有适用性，在飞行任务各阶段，货物要送到的位置的储存位置编码；

• 转移数量——飞行任务阶段从一个位置转移到另一个位置的货物数量；

• 性能记载——提供记录乘员对任务飞行阶段货物性能和情况的评价；

• 储存位置图——货物定位或转移有困难时，需要额外数据来支持乘员工作程序，就需要储存位置示意图；

• 剩余寿命——消耗品的剩余保质期和工作硬件的可用寿命；

• 数量限制——可能约束任务实施的货物数量，如消耗品的数量；

• 乘员识别——用于个人用品，具体指的是乘员姓名。

7.8.3 库存管理系统技术

舱内计算机、数据存储设备、软件、条形码系统和通信数据链路的进步使得计算机化的 IMS 的成本更低，且更易于实现。自动化系统证实了其在解决多个库存问题方面的有效性。相比人工录入系统，条形码扫描仪大大减少了错误和所需时间，当前其已用于 ISS。射频辨识（RFID，radio frequency identification）标签不需要乘员使用条形码扫描仪，就能实现关键设备的自动化位置监测，甚至实现飞行器上设备的三维空间定位。

条形码——ISS 乘组指出使用条形码阅读器进行 IMS 货物跟踪非常有效。如果使用了条形码标签，则应考虑以下因素：

• 在管理消耗品时，没有必要对每件货物进行条形码标识，这将消耗额外的时间，对哪些货物进行编码需要经过谨慎地评估；

- 必须依靠地面支持跟踪和更新数据库，这可为飞行期间的乘组减负；
- 由于某些标识的反射特性、曲面曲率或尺寸，有时难以扫描条形码；应避免使用带反射特性的标识。

报告——库存管理系统必须可分及查询，以便于能在数据库中查找某个货物和/或准备不同的报告。ISS 乘员指出，舱上 IMS 需要提供当前数据而不是历史数据，并且在轨数据无需复制地面维护的 IMS 数据。这避免了在轨 IMS 的超负荷。信息必须易于获取、过滤和压缩。作为最低限度，应考虑以下类型的报告。

- 货物状况——根据货物号码或货物名称显示所选货物的位置。该报告必须包括存贮在每个位置的货物数量。
- 位置状况——显示在某一具体储存位置储存的货物（以货物编号和货物名称的形式），也应提供在这一储存位置中每种货物的数量。
- 限额警告——当消耗品和其他货物的数量低于预定限值时应提供警示信息。

7.8.4 研究需求

确定 RFID 标签技术空间应用的可行性。

确定乘员、地面和自动控制之间库存管理的功能分配。

7.9 垃圾管理

7.9.1 引言

本节将讨论飞行器垃圾管理系统的设计。讨论内容包括垃圾的数量和类型（具有生物学活性和不具生物学活性），以及有害垃圾的气味和污染控制及密封。其不包含代谢废物和身体废物。和库存管理类似，垃圾管理对于提高乘员操作效率非常重要。设计原则适用于各种重力环境下的收集、密封和存放。

7.9.2 总则

有效的垃圾管理系统设计能够使垃圾产生量最小化，控制气味和污染，并对危险垃圾进行密封。

所有飞行器、居住系统和任务都应配置存储和处理垃圾的设备和手段。必须为每一次任务定义和分配预计的垃圾存储空间，并通过库存或储存管理系统进行适当管理。垃圾储存体积应考虑居住场所的存储限制、飞行器分离后的后勤保障（如果其是垃圾处理计划的一部分）以及乘组人数（即垃圾产生率）。ISS 乘组人员指出，垃圾需要适当储存，从而在应急事件期间不会影响面板使用或人员转移（图 7.9－1）。

每个飞行项目必须提供垃圾的飞行前计划、在轨操作和处理的能力，以确保飞行乘组和地面操作人员的安全和健康。SSP 50481 修订版 B 就是国际空间站开发和实现的垃圾管理项目的范例。

难以接受且耗时较长的垃圾处理方法将会产生垃圾堆积，使乘员处于不健康的环境，

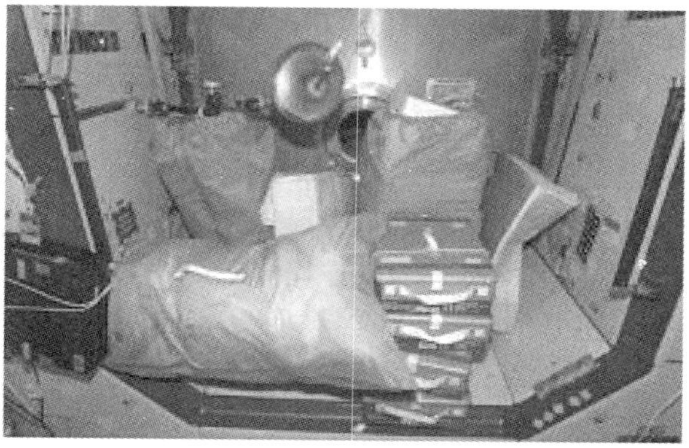

图 7.9-1 ISS 美国节点舱 1 存储的设备垃圾袋和空的食品容器

导致工作效率下降以及可用货物的丢失。

飞行器垃圾管理系统的设计需考虑以下因素。

1）垃圾数量和类型——垃圾的数量和类型取决于任务时间、乘组人数和任务活动。垃圾包括食品包装、残余食品、飞行器清洁用品、废弃物、卫生用品和载荷材料。乘组必须清楚哪些货物是普通垃圾。部分 ISS 乘员指出普通垃圾的操作概念并不明显。应向乘员提供能作为普通垃圾处理的清单或通用准则。

2）监控——必须由乘组或地面支持人员监控垃圾管理计划，便于比较垃圾的实际体积和计划体积，从而对所需采取的应急行动进行决策。

3）分离——根据所使用的垃圾管理系统的不同，垃圾可能需要被分为干性垃圾和湿性垃圾，以使用单独的容器进行收集和储存。例如抹布和食品废弃物等湿性垃圾可能会产生气体和泄漏，需要密封的容器储存。

4）危险垃圾的分离——为保护乘员和飞行器，需根据需处置的危险废弃物的类型进行隔离处理。在 ISS 上，危险废弃物的隔离也是为了保护地面人员。

5）垃圾收集装置的位置——垃圾收集装置类型和位置的选择应考虑乘员的工作效率。在单个舱内布置多个小型垃圾收集装置起初似乎能节省乘员的时间，但如果乘员还需收集小型垃圾收集装置中的垃圾并转移到集中容器，那么其将耗费更多时间。

6）处理——为维持舱内环境卫生，垃圾和相关副产品舱内存放时间不应超出需求。垃圾不应储存在乘员主要生活和工作区域（见 6.4 节），而且实际上应尽可能远离。数量有限的垃圾能重新堆装在设备或消耗品移除后的空间内。

7）干扰——垃圾储存系统（例如容器）不能干扰转移或其他操作。

8）污染——垃圾管理系统应预防包括锋利物、化学和生物废弃物等垃圾物质溢出，避免污染乘员和其他系统。

9）清洁——在乘员健康和安全不受影响的前提下，垃圾系统在任务期间应可进行清洁处理。

10）气味——垃圾管理系统必须控制气味。

11）自动化——垃圾管理系统不应降低乘员的工作效率。尽可能实现垃圾管理的自动化，减少手动操作。

12）设备和用品：

- 垃圾管理设备必须适用于所有身高和体力范围的乘组人群；
- 失重环境下必须进行适当的束缚；
- 垃圾处理用品（例如抹布、口袋、包装带、标签）应选择易于取用的位置；
- 产生噪声的设备（如压缩机）应与噪声敏感区隔离。

7.9.3　垃圾种类和来源

垃圾分类定义如下。

- 乘员公共垃圾——整个乘组共同产生的垃圾。其主要是使用过或过期的干性或湿性消耗品，包括个人卫生用品、食品、服装和人体废物。此类垃圾可能是危险垃圾，也可能是非危险垃圾。
- 硬件垃圾——所有使用过的、有缺陷的或过期的硬件。有限寿命的硬件按既定周期，或者在其意外故障之后更换。
- 载荷垃圾——所有载荷运行过程中产生的垃圾。
- 发射束缚垃圾——所有飞行器发射时用于货物束缚、入轨后没有其他用途的东西。

垃圾来源包括以下几个方面：

- 乘员飞行装备和用品；
- 系统和子系统；
- 载荷硬件和实验；
- 飞行作业材料；
- 包装和包装材料；
- 损坏或不能使用的物品。

7.9.4　垃圾分级

7.9.4.1　危险废弃物

危险废弃物根据处置方式的命名分类见表 7.9－1。

表 7.9－1　危险废弃物分类

废弃物种类	危险废弃物定义
电池	所有类型的电池（如镍镉电池，碱性电池）
生物/生物医学	任何可能造成人类感染的液态或固态物质，包括非液态组织、身体部位、血液、血液产物、体液和包含可能导致人类疾病的实验室废弃物。还包括吸收了血液、血液产物、体液、排泄物或被可见血液或干化的血液产品污染的分泌物
锋利物	有效载荷和乘员带来的针、注射器，或任何完整的或坏掉的货物，其可能刺破、割裂或刺入皮肤（例如玻璃、解剖刀、断裂的硬塑料、注射器等）
化学危险品	在处置过程中，任何需要特殊处理的、化学物质污染的固态、液态或半固态的废弃物
放射性物质	具有放射性的，或因变成放射性而不再使用的固态、液态或气态物质

7.9.4.2 非危险废弃物

不符合上述所有分类的任何废弃物（湿性或干性）都为非危险废弃物。对于地面处理而言，非危险废弃物指的是确定被废弃，但不满足任何联邦、政府或地方管理机构定义的受管控的废弃物的定义和/或标准的废弃物。

7.9.4.3 有毒废弃物

有毒废弃物对于乘组来说是非常危险的。废弃物的毒性程度可分为 5 个毒性危害等级，其定义详见表 6.2－14。

7.9.5 密封、处理和标识

下文给出电池、生物学/生物医学废弃物、锋利物、化学物质、放射性物质和非危险废弃物的密封、处置和标识要求。

所有储存在可返回飞行器（例如航天飞机）上的废弃物收集装置需要用于识别废弃物类型的标识。标识应在容器的最外侧被看见，以提醒乘员或地面人员如何正确处理或处置废弃物。通过飞行器销毁处理的废弃物容器不需要标识。在将垃圾容器转移到返回式飞行器前，需要对标识的合理性进行验证。为了保证地面处理的安全，废弃物收集装置标识的准确性和完整度非常重要。当多种危险性废弃物堆积在同一个危险废弃物收集装置中时，最外层的标识必须说明容器内废弃物毒性的最高级别（表 6.2－14）。

SSP 50094 中，ISS 俄罗斯舱段的 NASA/RSA 联合规范标准文档提供了一份来自 ISS 计划的标识标准的范例。

对于危险废弃物，最外部的安全壳屏障上的废弃物标识必须能识别所有的电池（BA）危险、生物/生物医学（BB）危险、锋利物（SH）危险、化学（CH）危险和/或放射性危险：

1）电池危险——在废弃前必须检查电池损坏程度。如果已损坏，则电池的两极必须用胶带缠绕。

2）生物/生物医学危险——具有生物/生物医学危险的物品，必须使用袋子密封后，再使用二次容器保存。

3）锋利物危险——所有具有锋利物危险的物品必须被丢弃在经认可的锋利物容器内。锋利物容器必须具有抗针刺、防泄漏和可密封的特性。

4）化学危险——每一种类的化学物（根据化学属性而不是根据危险等级）在处理时，必须分别存放在单独的可密封废弃物容器中。需接触存放的各种化学物质必须相容，否则可能需要二级隔离措施。

5）放射性危险——放射性废弃物必须根据肯尼迪航天中心（KSC）辐射保护办公室或 JSC 辐射健康办公室提出的要求进行包装、标识和处理，并需要通过安全检查小组的认证。这些危险的评估必须在具体分析的基础上开展。

• 对任何识别为辐射发射源的废弃物，在确定能在销毁式飞行器上废弃前，需由 NASA 首席辐射安全官员进行评估。对于美国的硬件或载荷，需要提交 JSC 表 44，电离辐射源数据表格——飞行硬件和应用，以确定放射性材料和处理程序（标识，隔离，移除等）。该表格是安全数据包的一部分。

• 根据核管理委员会（NRC，Nuclear Regulatory Commission），如果放射性废弃物的排放浓度不超过 NRC 规定的浓度，那么尿液收集装置可以丢弃。根据放射性物质的种类不同，浓度的限制值在 $10^{-6} \sim 10^{-3}$ Ci/mL 之间，其中 1 Ci 等于 3.7×10^{10} 裂变/s，或 3.7 Bq（贝可，SI 单位）。如果排出浓度低于限值，则废弃物能被烧毁。

6）非危险废弃物——对于非危险废弃物没有特殊的在轨处理要求。标识应可识别废弃物的湿性或干性状态。

7.9.5.1　垃圾容器

为避免乘员暴露在危险中，安全评估小组要求包装程序必须包括密封处理。垃圾容器可能用于存贮干性或湿性的非危险废弃物、危险废弃物、尿液、固体废弃物，或上述类型的混合物。垃圾容器并不能保护乘员免受危险，其仅仅为垃圾的储存和处理提供了一个容器。

必须为每次任务评估产生垃圾的体积和类型，以确定需提供的用于垃圾存贮的标准垃圾容器的类型和尺寸。垃圾容器应尽可能保证存贮的气味不扩散。

受尺寸、形状或其他属性限制而不能使用标准垃圾箱的垃圾，需储存在特殊处理硬件中。该硬件由产生垃圾的责任系统或载荷组织提供。应对在任何可用航天器上所有安排的非标准垃圾容器进行鉴定。

7.9.5.2　垃圾处理规划

所有飞行器和居住系统必须有垃圾处理规划。必须为返回地球的垃圾提供预定的空间，以确保舱内垃圾返回时储存和处理的安全。对于 LEO 上访问飞行器的长期任务来说，必须制定出返回地球规划，其包括排序优先级和装载空间的规划。可通过返回式航天器（从 ISS 返回的航天飞机）或销毁式飞行器（从 ISS 返回的进步号飞船）完成垃圾返回。对长期飞行任务来说，必须提供充足的装载空间；或者如果可能的话，应提供在轨垃圾处理方法。必须牢记不同类型垃圾处理（例如危险物、放射性物质）的约束条件。

为使舱内留存垃圾量最小，某些垃圾可以从飞行器上移除。出于乘员健康的考虑，垃圾移除的优先排序如下：

• 危险废弃物；
• 尿液；
• 人体固体废弃物；
• 湿性非危险废弃物；
• 干性非危险废弃物（包括损坏或不能使用的货物）。

对于 LEO 之外的飞行任务，受限于所需的推进能量，基本上垃圾返回地球是不可能的。在行星表面或深空（例如前往火星）处理垃圾是首选的方法。此外，在上述任务中，某些类型的垃圾可能作为未来其他用途的资源。尽管被丢弃的设备可视为垃圾，但其也可能包括维修某些其他物件的备用零件。虽然所有这些垃圾不可能都存放在居住系统内，但在月球表面建立一个废弃设备存放场也许是可行的。这些实践的概念和指导原则，包括库存控制和安全储存，目前还不存在，但可预见到这是一条减少零部件后勤补给的途径。零部件后勤补给可能是前沿保持活力的必需条件。

7.9.6 研究需求

待定。

7.10 睡眠

7.10.1 引言

本节提供了睡眠区域设计与布局的指导，包括在不同飞行任务和不同重力环境中的应用。

7.10.2 睡眠考虑总则

睡眠是维持乘员在不眠时身心愉悦、注意力集中以及警觉性的重要因素。睡眠质量不好或睡眠不足在短期飞行任务中尚可忍受，但在长期的飞行任务中对乘员情绪及行为方面会产生负面影响。

影响睡眠的因素有：

- 环境状况（温度、光照、噪声、通风）；
- 疾病及用药；
- 心理压力；
- 工作负荷；
- 睡眠方式；
- 舒适性；
- 进餐时间；
- 睡眠系统设计；
- 为了适应乘组或任务日程计划而进行的睡眠轮换。

少于 8 小时的睡眠将导致乘员认知能力下降（Van Dongen et al.，2003）。国际空间站乘员指出，在特殊任务时期或者由于个人问题的干扰，总是无法保证睡眠 8 小时。

任务计时需要在发射时从地面时间转换到预定发射窗口时间，这可能干扰乘组正常的生物节奏。对于正常操作，为了每提前 1 小时或推后 2 小时的睡眠轮换，乘员需要 1 天的时间进行节奏调整。国际空间站上的经验表明，时间提前会导致乘组疲劳，乘员们更愿意逐渐后推。时间提前更有可能导致睡眠剥夺，因为下一个工作日提前开始，但乘员可能在前一晚上还是在正常时间的时段入睡。

7.10.3 睡眠区设计考虑

飞行器必须能够提供充足的空间、睡眠表面区域以及环境控制（光照、噪声、通风、湿度以及温度）来支持睡眠。失重环境中，平坦的表面区域可能对乘员在睡觉时束缚自己尤为重要。在部分重力环境中，睡眠区域必须水平。登月舱中，阿波罗 14 号的乘员睡得很少，因为其很难找到一个合适的地方进行脑力休息：压力服不舒服，并且登月舱有 7°的倾角（Strughold and Hale，1975）。在国际空间站上，可保证乘员睡在其乘员睡眠区内一垂直方向的睡袋中。

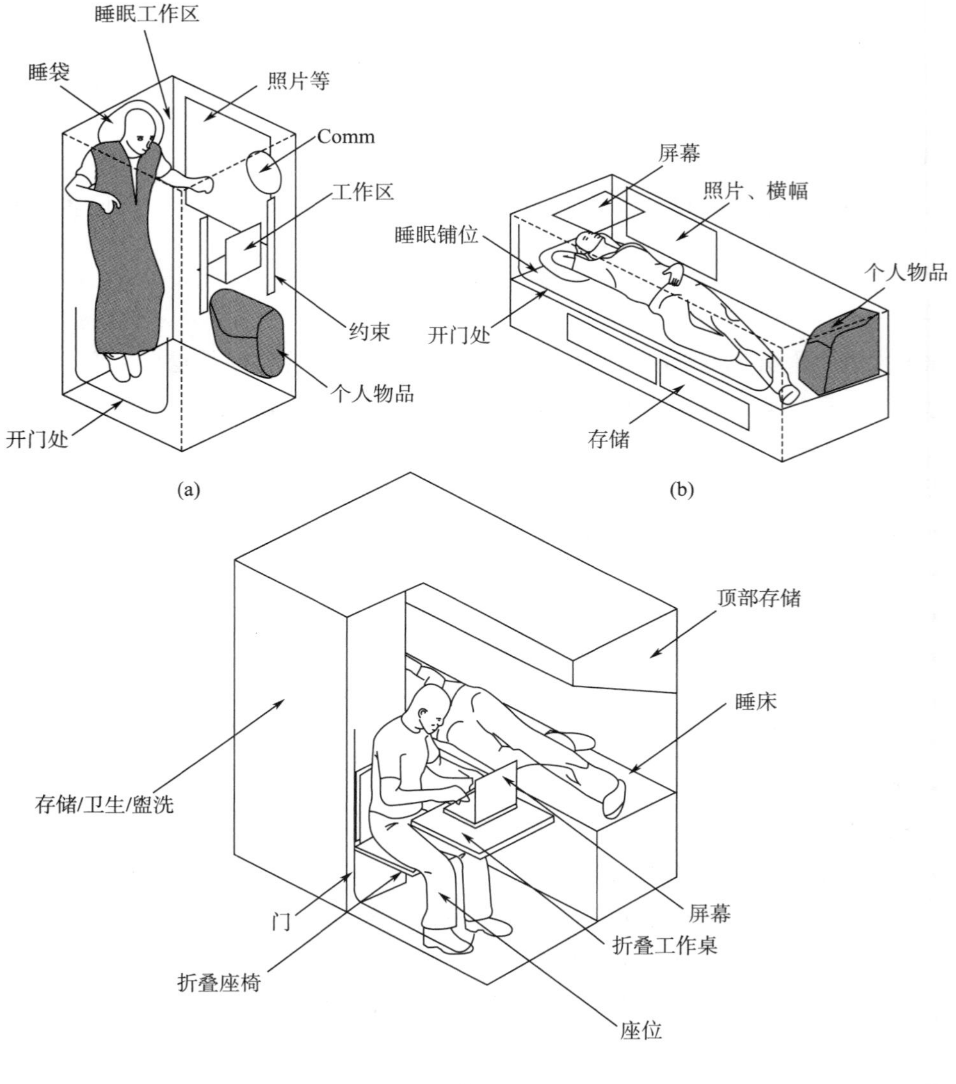

(c)

图 7.10－1　睡眠区域示例

注：a：在失重环境下乘员睡眠区，在中等周期任务中，使用最小的空间完成睡眠、工作和休息；

b：部分重力环境下乘员睡眠区，在中等周期飞行中，提供最小的睡眠和休息空间；

c：部分重力环境下乘员睡眠区，对于长期飞行任务，提供大空间供乘员工作、就坐、站立、睡眠，同时充当清洁、存储和废物管理空间

睡眠系统必须具备充足的表面区域和空间，以满足最多乘员使用，并且包括以下预计的体位及活动范围：

- 睡眠；
- 操作和个人设备的存放；
- 穿脱衣服；
- 休闲娱乐（读书、使用计算机和其他个人项目）。

睡眠系统可由专用的隔离空间构成，在短期任务中，乘员个人空间可提供额外的隐私保护或简单的垫充和束缚。除此之外，国际空间站乘员始终强调为每一名舱上乘员提供专用睡眠空间的重要性。睡眠系统必须允许乘员控制光照、通风和温度。

睡眠系统类型和体积的选择取决于飞行时间、任务方案和可提供的空间大小。睡眠系统的安装应分成不同的规模水平，其包括睡眠区、床、个人空间、共用空间以及更大的、包含废弃物处理和卫生处理的私人空间。通常，短期飞行任务，例如近地轨道飞行或奔月飞行，可能只需要临时睡眠区。超过 30 天的飞行任务必须有专用个人空间来提供隐私保护。

表 7.10－1 给出了乘组个人空间设计时推荐的考虑总则。

表 7.10－1 不同任务时间的失眠系统考虑因素

飞行时间	任务实例	乘组空间类型	备注
短期（约 2 周）	近地轨道飞行，月球传输	睡袋，开放睡眠空间	
中等周期（<6 个月）	空间站，和平号	共用空间，私人空间	私人空间中无废弃物处理或卫生设备
长期（>6 个月）	登月及火星飞行	私人空间	私人空间中含废弃物处理和卫生设备

短期飞行中的非专用睡眠区应该易于安装和拆卸（如睡袋）。睡眠准备时间过多则会导致睡眠时间的减少，从而乘员工作效率下降。所有睡眠区域应该方便进出。

乘组个人空间在心理上也很重要，特别是长期飞行任务中的隐私保护可帮助避免组内关系紧张、提升乘组士气、减轻其压力。个人空间可作为一个“家”，因此其设计时应考虑安全感、舒适性、私密性、个体性、休闲以及其他方面的行为健康。

睡眠区的设计和布局取决于其要执行的功能。表 7.10－2 给出了睡眠系统可能需要的功能以及相应的设计考虑因素。

表 7.10－2 睡眠系统功能及相应设计考虑因素

功能	设计考虑
起床	闹钟或信号器
	充分照明
穿脱衣服	足够空间
	私密性（即，门）
	束缚
	衣服及其他个人物品存放
整饰	充分照明
	镜子
	整饰用品存放
	靠近个人卫生设备

续表

功能	设计考虑
休闲	与亲友与家庭的通信
	娱乐材料：书籍、音像和游戏等
	光线调节
	舷窗
	通风和温度控制
	失重情况下的束缚
	辐射防护
	审美上舒适的环境
睡眠准备	衣服存放
	靠近身体废弃物处理和个人卫生设备
	私密性
睡眠	最低限度噪声
	私密性
	光线调节
	被褥
	束缚
	通风和温度控制
	辐射防护
	最低水平振动
应急	警报
	与其他乘员或地面的双向通信
	应急照明
	合适的舱门和通道
工作	私密性
	工作站

7.10.4 研究需求

保留。

7.11 服装

7.11.1 引言

为确保乘员舒适性，必须配有合适的服装。服装的类型和数量取决于多方面因素，包括任务作业和任务时间，下文将对其展开讨论。

7.11.2 总则

在考虑乘员服装类型和数量时，需要评估下列任务参数：

- 任务时间；
- 质量和体积限制；
- 乘组人数；
- 大气气体和压力；
- 大气温度和表面温度；
- 最高露点；
- 通风；
- 设备操作、维护和维修作业；
- 可能暴露的危险环境，例如有毒物质或电击；
- 乘员代谢率（工作、锻炼、睡眠）；
- 乘员人群人体测量学。

此外，所有舱内活动 IVA 服装的设计和供应必须遵循以下原则。

1）专用性——必须为每名乘员提供专用服装。

2）舒适性——服装应大小合适，穿着舒适，并与穿着环境相符（例如温度和湿度）。

3）独立穿脱——服装设计应能保证乘员在正常和应急情况下不需他人辅助独立穿脱服装。

4）清洁和耐用性——服装一定是耐用的、可清洗的或可替换的，这是维持组员健康和舒适所必须的。

5）人体影响——在服装设计和材料选择时，应考虑穿着者身体毛发生长、皮屑和头发脱落，以及出汗的影响。

6）材料和纤维织物——服装的材料在有限空间内必须是无味无毒的。此外，材料的选择应考虑其化学稳定性、吸湿性、水相容性、强度、耐磨损、耐弯折、皱褶/形态恢复、易于清洁、防静电特性、抗折痕和免绒毛。

7）尺寸——无需采用定制服装，可选的服装尺寸范围必须能为每位乘组人员提供合体的服装，并对人员活动无限制。必须考虑失重对以下身体测量参数的影响（见 4.3 节）：

- 由于脊椎延长导致的高度增加；
- 由于体液转移导致胸围和腰围增加，肢体体积减少；
- 由于体液丢失和代谢变化导致的体重下降；
- 中性体位的采用。

如果服装需要在多种环境下穿着（飞行前、失重、部分重力、飞行后），那么应灵活按需设计以适应上述变化。

8）个人选择——应允许乘员选择不同的服装款式、服装组合、不同的颜色和不同款式的口袋和袖口。

- 存放——服装应设计得易于堆装，允许乘员在工作或在飞行器内移动时将其临时储存。维可牢（Velcro）或其他附着方法能辅助临时限制。

• 外衣危险——在所有外衣的外表面上不应加绳圈、皮带和其他会绊在设备上的物件。

• 内表面危险——所有服装的内表面都不应有刮划或擦伤穿着者，或有碍自由活动的物件。

7.11.3 一次性服装与可重复使用服装

衣服可以是一次性或是可重复使用的。可重复使用服装是指在任务期间能进行清洗的抗微生物服装。对特定任务来说，在选择一次性服装还是可重用服装时，需要权衡评估包括成本、任务时间、飞行器资源限制（质量、体积、功耗）以及洗衣系统技术的可行性和可靠性等因素。

7.11.4 服装数量和更换频率

必须提供充足数量的服装以满足乘员需求。根据乘员个人偏好和卫生要求，任务期间需按不同的周期更换服装。由于飞行器内环境控制良好，因此不需每天完全更换服装。并且，为在较大环境范围内（例如温度）保障舒适性，应允许从多种服装内选择每日的服装，其中包括短裤、长裤、短袖或长袖衫衣和夹克。这些服装相互间应搭配协调，并具有统一的职业外观。服装的实际配置量是乘员个人偏好和任务限制的共同产物。

服装更换率取决于任务详情，例如：持续时间、存储和洗衣能力等。执行短期任务和长期任务的乘员在服装的约束上有所不同。长期任务要求服装穿得更长久，需采用非常轻质的抗菌织物。短期任务中服装更换更频繁，织物的选择也更多样化。

ISS 的乘员货物的实例，包括服装，详见 Joint Crew Provisioning Catalog，SSP 50477（SSP，2000）。关于 STS 乘员服装的全面描述参见 JSC－12770（Space Shuttle Program，1984）。

7.11.5 服装包装和堆装

所有舱内活动服装（外衣、内衣、脚套、手套和头部遮盖物）的设计、包装和贮存都应考虑以下因素。

1）识别和从存放处取用。

• 在可行的情况下，服装的包装和存放应便于识别服装的种类、尺寸和所有者；

• 服装的包装和存放设计应遵从服装易于移除原则。

• 保持服装外观干净——服装的存放和包装设计必须能保持衣服的外观。

• 脏衣服的存放——必须提供脏衣服的存放方法。

• 存放——必须设计服装简单易行的存放方法。

• 服装应可以通过标识区分使用者。

7.11.6 研究需求

保留。

7.12 站务管理

7.12.1 引言

站务管理是适居性至关重要的一部分。其在维持飞行器清洁方面起主要作用，并且保证乘员健康和安全，从而增强乘员的士气和舒适感，提高工作效率。

7.12.2 总则

本节的重点在于去除飞行器内多余的灰尘、绒毛、液体及其他残渣和污染物等。这些可能来自空气或空气过滤器，或乘员生活区、工作设备和太空环境中其他可居住的区域中乘员可达的表面，包括飞行器、其他行星和行星卫星的表面，如火星和月球。应重点关注太空环境中的各种污染物，以及如何通过例行的站务管理活动安全高效地将其从乘员居住环境中去除。站务管理不需要与地面通信或使用非站务管理工具及复杂的程序。典型的乘员站务管理任务包括空气过滤器的周期性清洁和使用微生物或消毒剂湿巾擦拭扶手、厨房区域、墙壁、盥洗室和锻炼设备等经常被使用的物体表面，以防止灰尘、细菌或真菌聚集生长。需开展的站务管理活动的频率和类型取决于许多独特的因素，例如：

- 任务周期；
- 重力环境；
- 飞行器配置和尺寸；
- 环控系统效率；
- 可达表面原材料组成；
- 存贮分配；
- 可行的废物处理方法；
- 乘员操作；
- 乘组人数。

显然，上述各项因素都没有详细说明其与站务管理相关，但是其有助于识别潜在的污染源，通过良好的设计特征减轻站务管理量，并获得过去的实际操作站务管理经验。站务管理的其他方面，例如货物及设备的组织和存放，将在本手册的其他相关章节中进行说明。

7.12.3 污染物来源

关注灰尘、绒毛、液体及其他碎片和污染物的源头能减轻飞行器和设备的站务管理工作量，进而可设计和运行相关系统来控制这些源头，减少站务管理耗费的时间。下面是一些主要引起站务管理问题的微生物、化学物质和碎片来源。

- 乘员——剪下的指甲、头发、死皮、指纹、体液；
- 服装——脱落的绒毛、线、纽扣、按钮；
- 进餐和食品准备区域——食品碎屑、溢出物；

• 维护——松动零件、锉屑、断开阀门处的泄漏物、泄漏液体；

• 载荷——动物、植物、化学物质、废液；

• 液体——水、饮料、用于站务管理的清洁液体；

• 身体废弃物和卫生区域——肥皂、水、尿液、粪便、呕吐物、月经；

• 垃圾——湿性、干性和危险废弃物；

• 潮湿表面——冷凝水、溢出物，或有利于霉菌生长的不良排水装置（如表面通风或照明不良，这将会成为一个特殊问题）；

• 行星土壤和灰尘——行星际任务将包括可居住区域和操作系统内的月尘（风化层）和火星尘管理；

• 尼龙搭扣——尼龙搭扣自身脱落绒毛的同时还会与其他东西黏合，如食品和液体，真菌和细菌易在这种环境中生长。

7.12.4　站务管理工具

清洁材料——清洁材料必须可有效安全地使用，并与飞行器水再生利用系统、空气更新系统和废物管理系统兼容。所有清洁用品、材料和液体必须和其接触的物体表面相容，并满足程序设计对溢出气体和有害气体的要求。

抹布——有多种抹布：浸透溶液的、用于一般身体清洁或站务管理的抹布，浸透阳离子洗涤剂的消毒抹布/药巾、吸水手套和用于一般站务清洁的干纸巾。乘员更喜欢单步式生物杀菌剂，其无须冲洗。由于当前的杀菌剂会弄脏手，因此乘员更喜欢利用手柄、支架或手套使用生物杀菌抹布。乘员曾经要求提供芳香型消毒剂。虽然用生物灭菌布能清洁溢溅出的尿液，但更重要的是需要去除尿液的气味。吸水手套用于化学溢出物的处理，例如当俄罗斯废弃物收集系统发生泄漏时进行的处理。对于高毒性或高浓度的化学溢出物，应使用镀银手套和袋子。这些手套和口袋具有可长期存放有害物质的突破性价值。

真空吸尘器——真空清洁系统应具备以下特征：

• 乘员使用界面友好；

• 便携；

• 易于维护维修；

• 配有易于替换的垃圾袋；

• 配有适于有效清洁过滤器的附件；

• 具有用真空吸尘器清除干性和湿性颗粒的能力；

• 小型化，以最小化存放需求；

• 静音，以最小化噪声问题。

已在天空实验室、和平号空间站和国际空间站上使用了吸尘器，有效地去除了表面和空气过滤器上的灰尘、绒毛、液体和碎片。在天空实验室上，真空吸尘器也用于去除淋浴墙上的水滴。国际空间站干湿两用吸尘器（含袋子）配有一个 HEPA 过滤器，用于捕获微小颗粒。其也能容纳湿性（24 oz）和干性无毒碎片（可达 100 in^3），额定运行寿命长达 10 000小时。然而在国际空间站上，吸尘器并不像乘组人员所期望的那样有用。航天飞机的环境控制和生命保障系统最初没有提供足够的气流和过滤器来控制微小颗粒。补充轨道舱空气过滤器后，其空气质量得到了显著改善。

行星表面灰尘控制流程——针对灰尘和碎片污染的处理方法，包括服装和飞行器设计以及具体操作，当乘员从行星表面再次进入月球或火星居住系统时，需为其安排站务管理流程，并在其进入乘员居住环境前执行最后一道清洁程序。

7.12.5 通过系统设计使站务管理工作量最小化

最初应通过适当的系统设计特性将站务管理量最小化。为减少污染物带来的危害及开展站务管理所需的时间和资源，飞行器/居住系统设计时应考虑以下因素。

1）表面材料——暴露的内表面材料的选择必须使颗粒和微生物污染最小化，并其易于清洁（例如光滑、固态、无孔材料，例如塑料或金属、浸渍杀菌剂的纤维）。选择不当的物体表面如图 7.12－1 所示。

图 7.12－1 第 9 长期考察组任务期间 ISS 面板上生长的微生物

2）栅格与不平整面——不应该采用栅格和不平整表面，或其应该拆卸方便、易于清洗（例如网格地板）。

3）狭缝和裂隙——所有内部结构的表面和设备应该避免狭缝和裂隙，因为其可导致液体或者微粒聚集，需使用专用工具进行清洗。

4）封闭装置——任何不易清洗的部位都应该采用封闭装置。

5）流体和碎屑收集/贮存——在系统运行以及部件更换、维护、保养或修理过程中，可能会流出液体或碎屑，应该采取措施对其进行收集/贮存。

6）冷凝水——为减少细菌生长，应防止在物体表面长时间留有冷凝水。

7）内置溢出控制——任何日常使用的、含有液体或微粒物质容器的子系统或硬件，都应具有如下内置设备或处理方法：

- 捕获液体或微粒物质；
- 防止液体蒸发到大气中；
- 使用期间防止物质溢出；
- 允许清除溢出物。

8）转移容器——如果需要的话，转移容器必须防止转移和处置过程中的污染。

- 过滤器——过滤器应易于接近并可通过机械方法（例如真空吸尘器）或手动（例如灰色胶带纸）清洁，而且便于找回丢失的小件物品。空气净化系统和空气冷却设备的过滤器能够收集不同类型的碎片，包括胶带、绒毛、头发、小零件、织物、指甲碎屑和食物碎屑。
- 垃圾管理——见 7.9 节；
- 身体废弃物和卫生区域——身体废弃物和卫生区域的设计要注意结合维护和清洁。有效地设计这些区域能大大减少清洁释放进入环境的液体和体液数量，并允许乘员在进行个人卫生活动时减少额外的站务管理需求。
- 进餐和食品准备区域——这些区域的设计必须能够防止霉菌和细菌的生长，同时易于维护和清洁。

7.12.6 过去和现在在轨站务管理操作总结

关于 ISS、和平号空间站、天空实验室和航天飞机的站务管理子系统的信息，源自航天和生命科学飞行乘组保障部门的文件《和平号、航天飞机和 ISS 适居性的比较》(Campbell，1995)。

1）ISS 美国舱段——ISS 美国舱段站务管理子系统支持使用便携式的湿/干吸尘器、六种抹布（消耗品，每次任务需进行补给）、清洁剂、抹布筒和用于装载清洁剂及抹布筒的分配器进行例行的清洁。所有乘员按需执行站务管理作业或每周 4 小时的预定站务管理活动。表 7.12-1 给出了 ISS 上每项计划的站务管理作业的示例，详见 SSP 50261-01 (SSP，2005)，《需求和约束》第 2 部分。

表 7.12-1 ISS 站务管理作业

位置	站务管理作业	使用的方法或设备	作业间隔	乘员时间/min
所有	擦拭经常接触的表面（例如扶手、公用插座面板、常规照明部件、音频终端）	器皿漂洗抹布或微生物生长抹布	每周一次	按需

续表

位置	站务管理作业	使用的方法或设备	作业间隔	乘员时间/min
所有	检查货物表面，观察是否有可见的微生物生长；通报任务控制部门	抑真菌剂或消毒抹布，橡胶手套抹布	每周一次	按需
所有	目视检查，包括已知的灰尘和冷凝水收集区域	器皿漂洗抹布或微生物生长抹布	每周一次；按需	按需
所有	清洁垃圾存储的表面	微生物生长抹布或消毒抹布	每周一次或每次垃圾转移的时候	5
实验室，节点舱 1，A/L	通风空气格栅消毒	消毒抹布，橡胶手套抹布	每周一次	10
节点舱 1，实验室，A/L	回风空气格栅消毒	消毒抹布，橡胶手套抹布	每周一次	10
节点舱 1，实验室，A/L	用品分配器消毒	消毒抹布，橡胶手套抹布	每周一次	10
节点舱 1，实验室，A/L	清洁空气采样探针	真空吸尘器或灰色胶带	每周一次	5
实验室	污染跟踪和控制系统的入口清洁并消毒	消毒抹布，橡胶手套抹布	每周一次	5
节点舱 1	清洁细菌过滤器	棘轮扳手，1/4 in 手柄，5/32 in 六角头；真空吸尘器或灰色胶带	90 天	15
实验室，A/L	清洁细菌过滤器	棘轮扳手，6 in 延长，1/4 in 手柄，5/16 in六角头；美国真空吸尘器或灰色胶带	90 天	20
SM，实验室	清洁睡眠区的墙面和经常接触的面板表面（照明、电源开关、通风手柄等）	微生物生长抹布	每周一次	20
SM	清洁自行车功量计和跑步机扶手和表面	微生物生长抹布	每 14 天一次	20
SM	清洁食品制备和进餐区域表面	湿抹布	每天	5
SM	清洁桌子、椅子和冰箱	微生物生长抹布	每 14 天一次	5
SM	清洁卫生间座舱墙壁，所有面板、物体表面以及小便收集口外表面	微生物生长抹布	每 14 天一次	15
SM，FGB，DC1	擦拭舱门和扶手	微生物生长抹布	每 14 天一次	按需
SM，FGB，DC1	真空过滤器和通风入口	俄罗斯真空吸尘器	每周一次	40
按需	清洁垃圾收集处的物体表面	微生物生长抹布或器皿漂洗抹布	每周一次	5

注：A/L—气闸；DCI—对接舱；FGB—功能货舱；SM—服务舱。

2）和平号——和平号空间站通常每周在星期六安排 1 天的常规站务管理时间。和平号上用于清洁和去除污染物的设备和消耗品包括一个真空吸尘器、一个表面活性剂/消毒剂和抹布。整个乘组都需参与每周的站务管理，使用抹布和抗菌液擦拭整个核心舱。并非和平号各个表面和所有位置都能用抹布和清洁用品进行清洁。在轨期间和平号上滋生了大量微生物，部分是由于环境系统的设计问题。而热控系统的冷点在停滞区域凝结湿气，也助长了微生物的生长。

3）航天飞机——航天飞机站务管理子系统的主要任务包括乘员舱内的污染物清洁。该子系统提供了一个真空吸尘器、干湿抹布、杀菌清洁剂（肥皂、来沙尔、酒精和水的液态清洁剂配方）、抹布和清洁剂的分配器及一次性手套。

• 在早期航天飞机任务中，从 STS－5 任务开始，就已经意识到碎屑问题。到 STS－7 任务，过滤器清洁已成为例行的维护活动。由于该任务包括移开飞行甲板的数个面板以清洁数个不同的空气过滤器和屏幕，因此其非常耗时（2 小时）。在 14 天的飞行任务中至少要执行该例行任务 3 次。

• 天空实验室——天空实验室上的站务管理主要负责飞行器内部污染物的清洁和移除。其包括一个真空吸尘器、四种抹布、一个杀菌剂和一次性塑料手套。天空实验室上典型的站务管理任务是对溢溅出的食品和饮料进行经常性清洁。由于湿抹布更具吸附性，其经常用于食品残渣和溢出物清理。在长期任务（28～84 天）中，为避免乘员由于空气污染得病，站务管理中的空气过滤问题显得尤为重要。

7.12.7　研究需求

需研究确定防止月尘或行星灰尘进入可居住空间以及其进入后如何将其清理的方法。

7.13　娱乐

7.13.1　引言

航天任务中，娱乐是保持良好士气的重要考虑因素，尤其对于长期飞行任务。本节给出了娱乐活动的指导原则。

7.13.2　总则

飞行器必须能支持娱乐活动的开展。娱乐活动的开展不能妨碍关键转移通道以及在用工作站。娱乐设施的种类和尺寸取决于乘组的人数、任务持续时间，以及乘组的综合娱乐偏好。在短期任务中，除了从舷窗观察外部景色或享受环境重力降低带来的快乐外，乘员很少能够有时间用于娱乐。然而在长期任务期间，必须考虑其他的娱乐活动。ISS 乘员曾经强调过给乘组和单个乘员提供充足的时间和条件进行娱乐的重要性。在可能的情况下，乘组预定的任务不应影响用于休息和娱乐活动的个人时间。

任务中经常上传书籍、CD、DVD 和乐器等娱乐用品，以向乘员提供正常工作和休息的感觉。随着任务时间的增加，业余时间提供休闲活动的重要性也随之增加。活动和用品也取决于单个乘员的个人偏好及乘组的互动。类似游戏等互动娱乐活动，在更长期的任务中显得尤为重要。

在设计飞行器内的娱乐时应考虑以下问题。

1）存放——应确保游戏、书籍、视听材料和其他娱乐用品的存放空间。

2）尺寸——娱乐空间应足够大，可供所有乘员同时参与同一活动。

3）位置——娱乐活动的位置必须不得干扰关键的飞行器功能，例如驾驶。

4）娱乐的选择——应考虑以下最受乘员欢迎的休闲活动：

- 和地球上的亲朋好友通信；
- 通过舷窗欣赏地球和太空；
- 浏览窗外的地球和太空；
- 听音乐；
- 看电影；
- 写信；
- 失重（和低重力）下的特技表演。

7.13.3 研究需求

保留。

参 考 文 献

[1] Campbell, P. & Stecyk, P. (1995). Comparison of Mir, Shuttle and International Space Station Habitability, In Human Factors and Ergonomics Society Annual Meeting Proceedings, pp. 953 - 953(1), Human Factors and Ergonomics Society.

[2] Constellation Program(CxP). (2005). Nutrition Requirements, Standards and Operating Bands for Exploration Missions. JSC 63555, Houston, TX. NASA JSC.

[3] Cooper M. , Douglas G. , Perchonok, M. 2011. Developing the NASA food system for longduration missions. Journal of Food Science. 76(2): R40 - 48.

[4] Dietlein, L. F. (1975). Summary and Conclusions. In J. F. Parker & W. L. Jones(Eds.), Biomedical Results from Apollo(NASA SP - 368, pp. 573 - 579). Washington, DC: U. S. Government Printing Office.

[5] JSC 28913. (2005). Medical Requirements Integration Documents(MRID). Space Medicine and Health Care Systems Office. Houston, TX. NASA JSC.

[6] Meilgaard, M. , Civille, G. V. , Carr, B. T. Sensory Evaluation Techniques, 3rd ed. Boca Raton, FL: CRC Press, 1999. Pp. 165 - 166, 243

[7] Microbiology Operations Plan for Spaceflight, JSC 16888. Houston, TX. NASA JSC.

[8] NASA- STD - 3001. (2007). Space Flight Human System Standard, Volume 1. Houston, TX. NASA JSC.

[9] OpsHab(Operational Habitability). 2001. Debrief Summary for ISS Expedition. Houston, TX. NASA JSC.

[10] Space Shuttle Program. (1984). Shuttle Flight Operations Manual. JSC 12770. Houston, TX. NASA JSC.

[11] SSP(Space Station Program). (2005). Generic On - Orbit Stowage Capabilities and Requirements: Pressurized Volume. SSP 50261. Houston, TX. NASA JSC.

[12] SSP(2007). Management Plan for Waste Collection and Disposal. SSP 50481. Houston, TX. NASA JSC. (incomplete reference)

[13] SSP(Space Station Program), (2000) . Joint Crew Provisioning Catalog, SSP 50477. Houston, TX. NASA JSC.

[14] Rucker, M. (2004). Exercise Countermeasures: A Baseline ISS Hardware Strategic Plan. NASA, JSC 62686. Houston, TX. NASA JSC.

[15] Strughold, H. & Hale, H. B. , (1975). Biological and Physiological Rythms. In Foundations of Space Biology and Medicine. Volume 2. Book 2. Nauka, Moscow.

[16] Thornton, W. E. & Rummel, J. A. (1977) . Muscular Deconditioning and Its Prevention in Spaceflight. In R. S. Johnston & L. F. Dietlein(Eds.), Biomedical Results from Skylab(NASA SP - 377, pp. 191 - 197. Washington DC: U. S. Government Printing Office.

[17] Van Dongen, H. P. , Maislin, G. , Mullington, J. M. , & Dinges, D. F. (2003). The cumulative cost of additional wakefulness: dose - response effects on neurobehavioral functions and sleep physiology from chronic sleep restriction and total sleep deprivation. Sleep 26, 117 - 126.

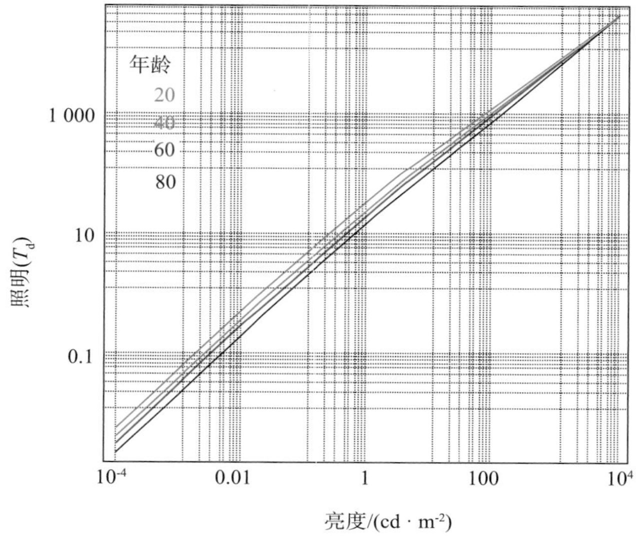

图 5.4－4　对于 4 个年龄组的光强度与视网膜照度之间的关系图（P88）

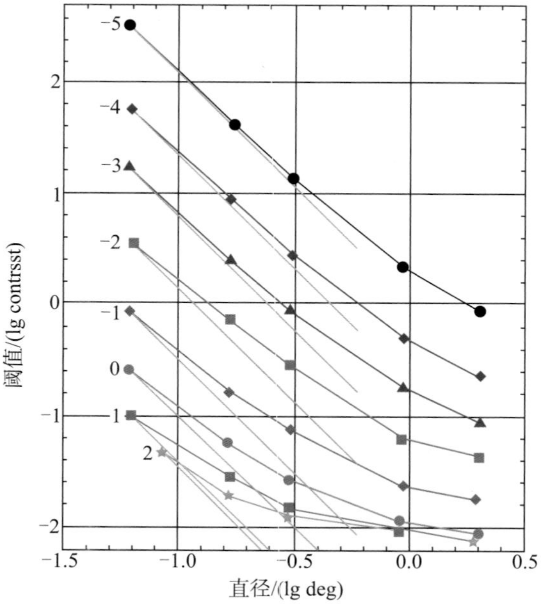

图 5.4－6　作为目标直径函数的对比度阈值（Blackwell，1946）（P90）

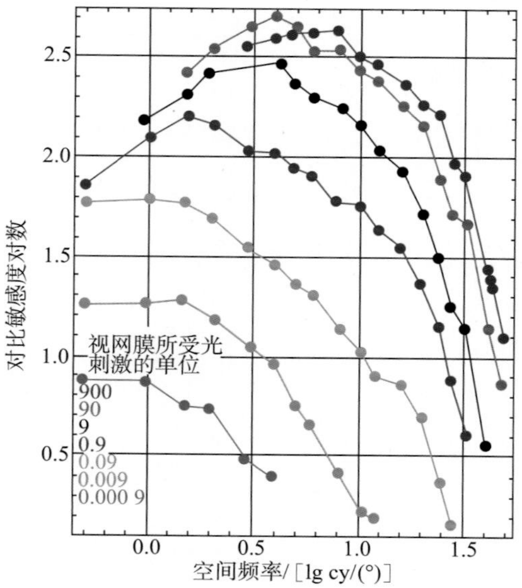

图 5.4-10　各种光线适应水平的对比敏感度（van Nes & Bouman，1967）（P92）

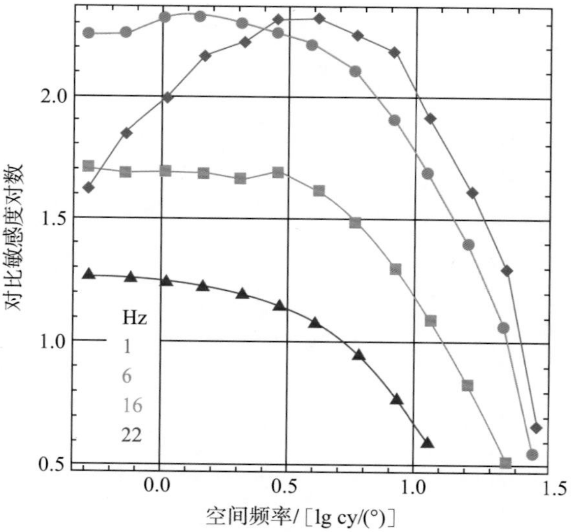

图 5.4-11　空间对比敏感度作为时频函数（Robson，1966）（P93）

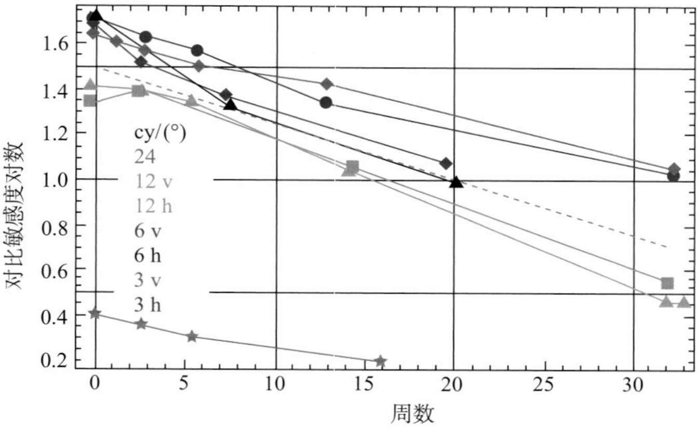

图 5.4－12　Gabor 模式的对比敏感度偏心率函数（Robson & Graham，1981b）（P93）

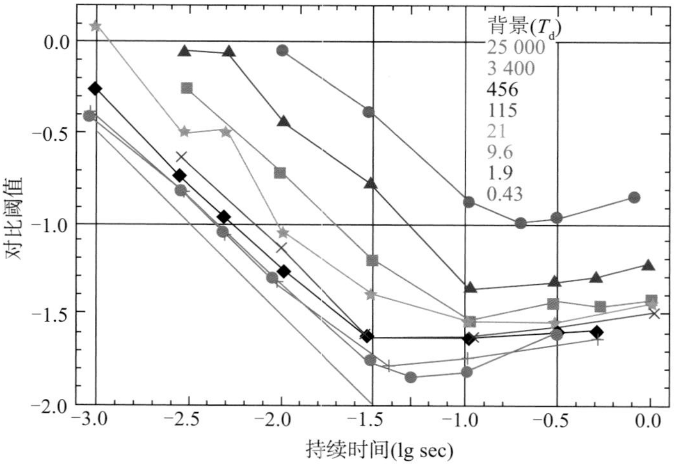

图 5.4－14　不同光水平背景下 1°圆盘状物的对比阈值与持续时间的函数关系（Roufs，1972）（P96）

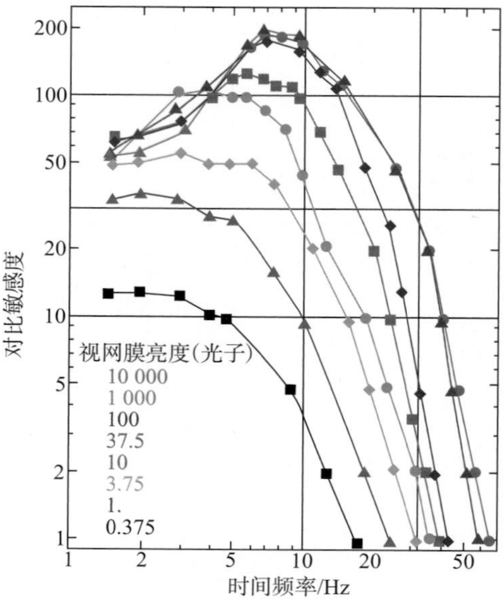

图 5.4－15　在不同光线水平下的时间对比敏感度函数（De Lange，1958）（P97）

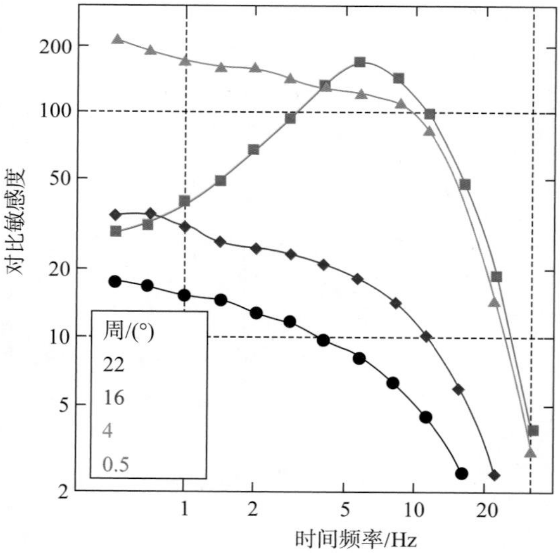

图 5.4－17　在不同空间频率下的时间对比敏感度（Robson，1966）（P98）

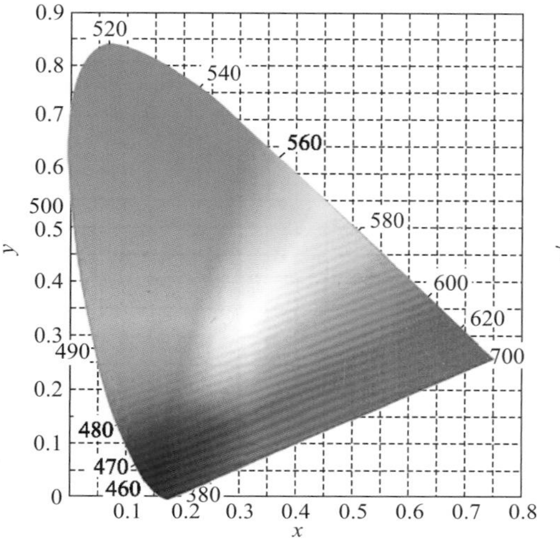

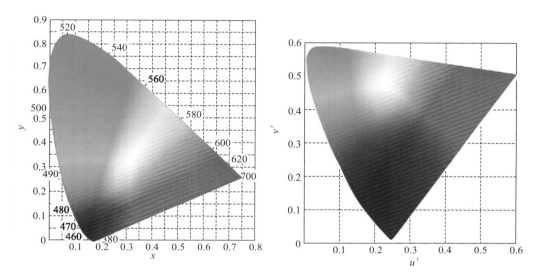

图 5.4－18　CIE 1931 和 1976 色品图（P100）

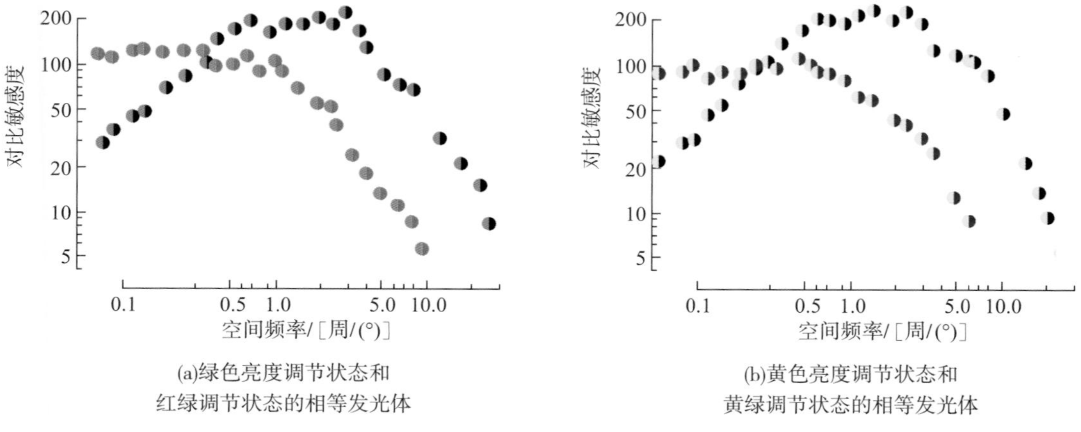

图 5.4－19　亮度和色彩调节的空间对比度（Mullen，1985）（P101）

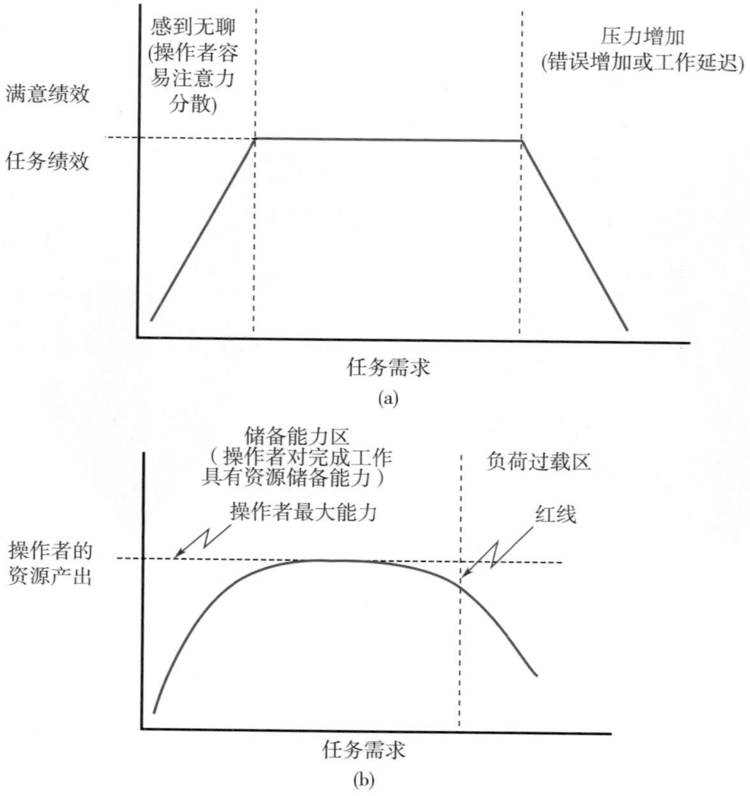

图 5.7－1　从左到右增加任务难点（或资源需求）
对任务绩效的影响（P148）

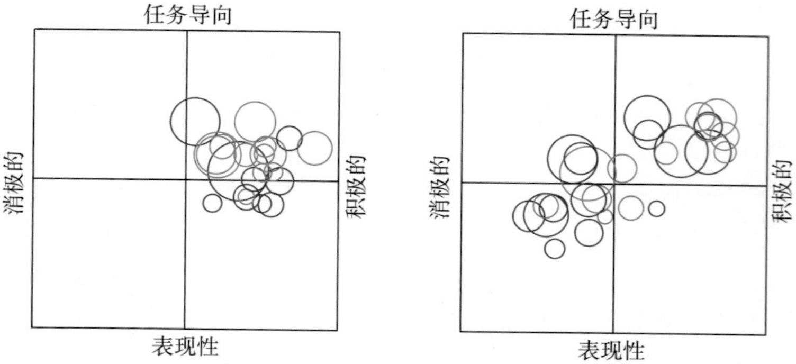

图 5.8－1　统一团队（左）和分化团队（右）的小组图表（P202）

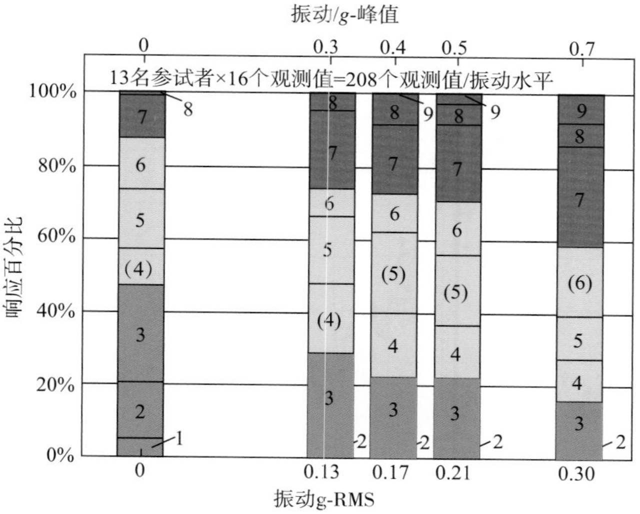

图 6.7-12 按序数分类（1～9）的贝德福德等级响应百分比。彩色表示主要的贝德福德负荷类别（绿色：令人满意的负荷；黄色：不太满意但可忍受的负荷；红色：难以忍受的）。括弧内的数字表示所有试验对象在该振动水平上的中值百分比（P381）

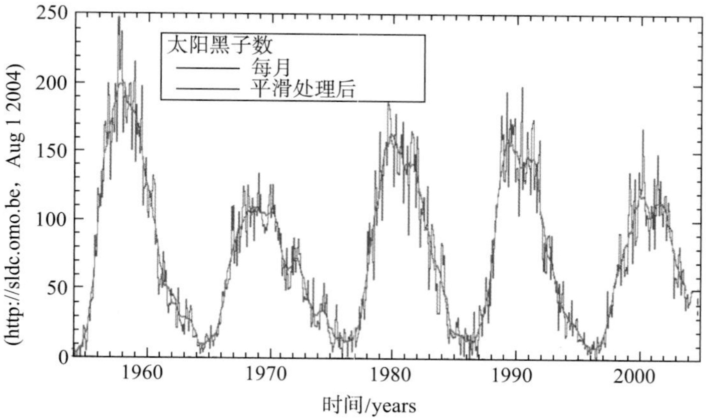

图 6.8-4 11 年周期的太阳活动

（http：//sidc. oma. be/imdex. php）（P392）

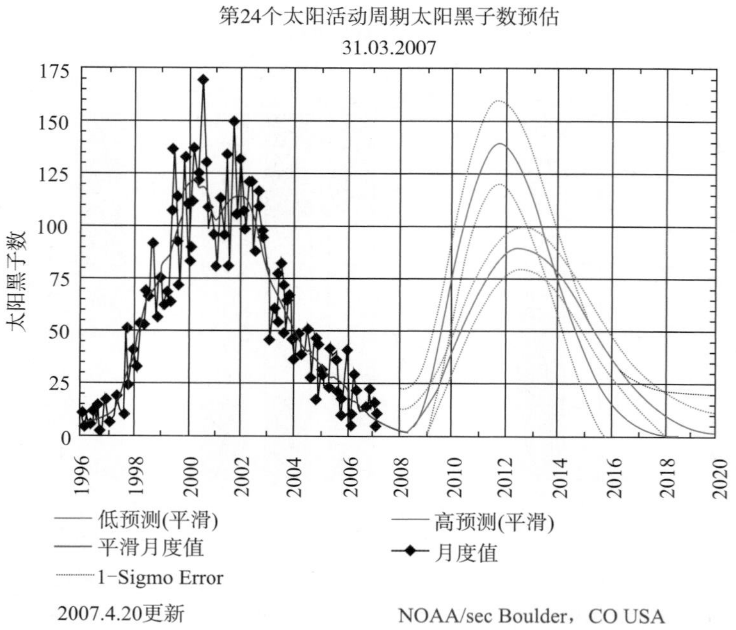

图 6.8－5　第 24 个太阳活动周期太阳黑子数的预估（P393）

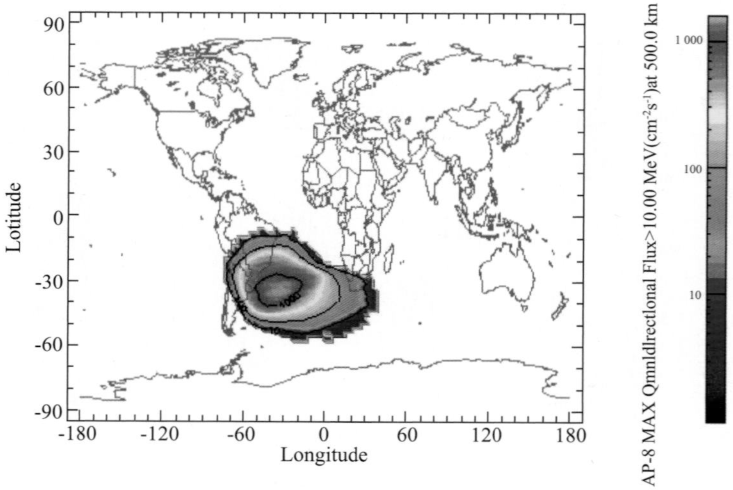

图 6.8－9　南大西洋异常区（SAA）（P395）

·NASA 人-系统整合标准与指南译丛·

人整合设计手册（下）

陈善广　姜国华　陈　欣　王春慧　编译

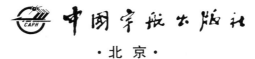

中国宇航出版社
·北京·

目　录

1　范围 ………………………………………………………………… 1

1.1　目的 ………………………………………………………………… 1

1.2　适应性 ……………………………………………………………… 1

1.3　如何使用本手册 …………………………………………………… 2

1.3.1　章节 ……………………………………………………………… 2

1.3.2　章节结构 ………………………………………………………… 3

2　适用文件 ………………………………………………………… 4

2.1　政府文件 …………………………………………………………… 4

2.2　非政府文件 ………………………………………………………… 4

2.3　优先顺序 …………………………………………………………… 5

3　概述 ……………………………………………………………… 6

3.1　引言 ………………………………………………………………… 6

3.2　具体项目要求的产生 ……………………………………………… 6

3.2.1　背景与准备 ……………………………………………………… 7

3.2.2　要求开发 ………………………………………………………… 8

3.2.3　验证要求 ………………………………………………………… 9

3.2.4　项目水平要求的评审和确认 …………………………………… 10

3.2.5　要求信息的来源 ………………………………………………… 10

3.3　本手册在系统设计和开发的应用 ………………………………… 11

3.3.1　引言 ……………………………………………………………… 11

3.3.2　设计过程概述 …………………………………………………… 11

3.3.3　概念阶段 ………………………………………………………… 12

3.3.4　初步设计阶段 …………………………………………………… 13

3.3.5　最终设计和生产阶段 …………………………………………… 13

3.3.6　试验和验证阶段 ………………………………………………… 16

3.3.7　操作、维修、更新、改进和出清存货阶段 ……………………… 16

3.3.8　以人为中心的设计（HCD） ……………………………………… 16

4　人体测量学、生物力学和操作力 ……………………………………… 21

4.1　概述 ………………………………………………………………… 21

4.2 引言 …… 21
4.2.1 概述 …… 21
4.2.2 用户人群 …… 21
4.2.3 使用身体尺寸的方法 …… 25
4.2.4 人群分析 …… 25
4.2.5 选择和计算用户人群的尺寸 …… 27
4.2.6 研究需求 …… 28
4.3 人体测量学 …… 28
4.3.1 引言 …… 28
4.3.2 人体测量学数据 …… 28
4.3.3 人体测量学在设计中的应用 …… 28
4.3.4 人体测量学数据的收集 …… 36
4.3.5 研究需求 …… 37
4.4 活动范围 …… 37
4.4.1 引言 …… 37
4.4.2 运动范围数据在设计中的应用 …… 39
4.4.3 影响运动范围的因素 …… 40
4.4.4 运动范围数据的收集 …… 42
4.4.5 研究需求 …… 43
4.5 可达域 …… 43
4.5.1 引言 …… 43
4.5.2 可达域包络数据 …… 43
4.5.3 可达域包络数据的应用 …… 44
4.5.4 影响可达域包络的因素 …… 45
4.5.5 数据的收集 …… 47
4.5.6 研究需求 …… 47
4.6 人体表面积、体积和质量属性 …… 47
4.6.1 引言 …… 47
4.6.2 人体表面积 …… 47
4.6.3 人体体积 …… 48
4.6.4 人体的质量特性 …… 49
4.6.5 研究需求 …… 53
4.7 操作力 …… 53
4.7.1 引言 …… 53
4.7.2 力量数据说明 …… 54
4.7.3 力量数据的应用 …… 54

4.7.4 影响力量数据的因素 …… 55
4.7.5 研究需求 …… 59
参考文献 …… 60

5 人的效能 …… 62
5.1 引言 …… 62
5.2 体力负荷 …… 62
5.2.1 引言 …… 62
5.2.2 有氧健康和心血管健康 …… 63
5.2.3 肌肉 …… 65
5.2.4 骨骼 …… 68
5.2.5 总结 …… 68
5.2.6 研究的需要 …… 69
5.3 感觉运动功能 …… 69
5.3.1 引言 …… 69
5.3.2 感知及运动性能 …… 69
5.3.3 空间失定向 …… 72
5.3.4 动眼神经控制和主动视觉 …… 77
5.3.5 手眼协调 …… 79
5.3.6 平衡和运动 …… 82
5.3.7 研究需求 …… 82
5.4 视觉感知 …… 83
5.4.1 引言 …… 83
5.4.2 眼睛与视觉 …… 83
5.4.3 视觉刺激 …… 83
5.4.4 阈值与灵敏度 …… 84
5.4.5 视觉光学 …… 85
5.4.6 灵敏度与波长 …… 87
5.4.7 光适应 …… 88
5.4.8 空间灵敏度 …… 89
5.4.9 时间灵敏性 …… 95
5.4.10 色觉 …… 99
5.4.11 其他视觉现象 …… 102
5.4.12 空间飞行中的视觉 …… 103
5.4.13 视觉校正 …… 105
5.4.14 过渡视觉 …… 105
5.4.15 研究需求 …… 105

5.5 听觉感知 …… 105
5.5.1 引言 …… 105
5.5.2 声音的特性 …… 106
5.5.3 声音强度的听觉响应 …… 108
5.5.4 音频的听觉响应 …… 114
5.5.5 听觉空间感知 …… 118
5.5.6 复杂多维声音的听觉感知 …… 120
5.5.7 研究需要 …… 123
5.6 认知 …… 123
5.6.1 引言 …… 123
5.6.2 一般认知 …… 124
5.6.3 人的认知能力 …… 124
5.6.4 太空飞行的应急源 …… 136
5.6.5 认知度量标准 …… 139
5.6.6 人类认知的定量模型 …… 141
5.6.7 研究需求 …… 145
5.7 认知负荷 …… 145
5.7.1 系统开发周期中的工作负荷评估和缩减 …… 145
5.7.2 工作负荷概述 …… 146
5.7.3 工作负荷的测量 …… 148
5.7.4 工作负荷预测方法 …… 162
5.7.5 建立工作负荷限值 …… 169
5.7.6 工作负荷和其他系统性因素 …… 171
5.7.7 研究需求 …… 175
5.8 乘组协调与合作 …… 176
5.8.1 引言 …… 176
5.8.2 团队有效协调与合作的组成部分 …… 178
5.8.3 高效团队的挑战 …… 184
5.8.4 有效团队合作的支持 …… 191
参考文献 …… 208

6 自然与诱导环境 …… 264
6.1 前言 …… 264
6.2 舱内大气 …… 264
6.2.1 引言 …… 264
6.2.2 舱内大气成分和压力 …… 264
6.2.3 大气温度、湿度和通风 …… 278

6.2.4 空气污染 …… 287
6.2.5 后续研究需求 …… 296
6.3 水 …… 296
6.3.1 引言 …… 296
6.3.2 水质 …… 296
6.3.3 水量 …… 302
6.3.4 水温 …… 303
6.3.5 水质监测 …… 303
6.3.6 水污染控制和补救措施 …… 306
6.3.7 其他考虑 …… 307
6.3.8 研究需求 …… 308
6.4 污染 …… 308
6.4.1 引言 …… 308
6.4.2 污染类型 …… 309
6.4.3 污染物危害 …… 309
6.4.4 污染监测与控制 …… 310
6.4.5 生物有效载荷 …… 311
6.4.6 研究需求 …… 311
6.5 加速度 …… 312
6.5.1 引言 …… 312
6.5.2 旋转速度和加速度 …… 312
6.5.3 持续性平移加速度 …… 316
6.5.4 瞬时平移加速度 …… 323
6.5.5 研究需求 …… 337
6.6 声学 …… 337
6.6.1 航天器的声环境 …… 338
6.6.2 人对噪声的反应 …… 342
6.6.3 人体暴露和声环境限值 …… 346
6.6.4 航天器的噪声控制 …… 352
6.6.5 声学要求的验证 …… 361
6.6.6 航天器的声学监测 …… 361
6.6.7 声学对抗措施——听力保护 …… 361
6.6.8 声学定义 …… 361
6.6.9 研究需求 …… 362
6.7 振动 …… 362
6.7.1 背景 …… 362

6.7.2　健康、舒适和感知 …… 367
6.7.3　操作 …… 375
6.7.4　振动设计注意事项 …… 382
6.7.5　研究所需条件 …… 387
6.8　电离辐射 …… 389
6.8.1　引言 …… 389
6.8.2　空间电离辐射环境 …… 389
6.8.3　电离辐射照射的生理效应 …… 399
6.8.4　电离辐射暴露限值 …… 403
6.8.5　电离辐射防护 …… 405
6.8.6　辐射监测与预警 …… 411
6.8.7　辐射数据报告 …… 413
6.8.8　应开展的研究 …… 414
6.9　非电离辐射 …… 415
6.9.1　简介 …… 415
6.9.2　非电离辐射源 …… 416
6.9.3　非电离辐射人体效应 …… 417
6.9.4　人员在非电离辐射中的暴露限值 …… 418
6.9.5　非电离辐射效应危险控制 …… 427
6.9.6　研究需求 …… 427
参考文献 …… 428
7　适居性功能 …… 441
7.1　引言 …… 441
7.2　食品与营养 …… 441
7.2.1　引言 …… 441
7.2.2　营养 …… 441
7.2.3　食品系统 …… 445
7.2.4　长期飞行任务中食品系统供应不足的风险 …… 451
7.2.5　空间辐射 …… 452
7.2.6　研究需求 …… 452
7.3　个人卫生 …… 453
7.3.1　引言 …… 453
7.3.2　总体思路 …… 453
7.3.3　研究需求 …… 456
7.4　人体废弃物处理 …… 456
7.4.1　引言 …… 456

7.4.2 总体考虑 …… 456
7.4.3 研究需求 …… 459
7.5 锻炼对抗措施 …… 459
7.5.1 引言 …… 459
7.5.2 任务规划考虑 …… 459
7.5.3 生理和性能需求 …… 460
7.5.4 座舱和操作资源的考虑 …… 461
7.5.5 以往的在轨锻炼设备类型 …… 465
7.5.6 研究需求 …… 468
7.6 医学 …… 468
7.6.1 引言 …… 468
7.6.2 总则 …… 468
7.6.3 尺寸和布局 …… 469
7.6.4 医学接口 …… 469
7.6.5 储存 …… 470
7.6.6 研究需求 …… 470
7.7 储存 …… 470
7.7.1 引言 …… 470
7.7.2 总则 …… 470
7.7.3 研究需求 …… 473
7.8 库存管理 …… 473
7.8.1 引言 …… 473
7.8.2 总则 …… 474
7.8.3 库存管理系统技术 …… 475
7.8.4 研究需求 …… 476
7.9 垃圾管理 …… 476
7.9.1 引言 …… 476
7.9.2 总则 …… 476
7.9.3 垃圾种类和来源 …… 478
7.9.4 垃圾分级 …… 478
7.9.5 密封、处理和标识 …… 479
7.9.6 研究需求 …… 481
7.10 睡眠 …… 481
7.10.1 引言 …… 481
7.10.2 睡眠考虑总则 …… 481
7.10.3 睡眠区设计考虑 …… 481

7.10.4 研究需求 …… 484
7.11 服装 …… 484
7.11.1 引言 …… 484
7.11.2 总则 …… 484
7.11.3 一次性服装与可重复使用服装 …… 486
7.11.4 服装数量和更换频率 …… 486
7.11.5 服装包装和堆装 …… 486
7.11.6 研究需求 …… 486
7.12 站务管理 …… 487
7.12.1 引言 …… 487
7.12.2 总则 …… 487
7.12.3 污染物来源 …… 487
7.12.4 站务管理工具 …… 488
7.12.5 通过系统设计使站务管理工作量最小化 …… 489
7.12.6 过去和现在在轨站务管理操作总结 …… 490
7.12.7 研究需求 …… 492
7.13 娱乐 …… 492
7.13.1 引言 …… 492
7.13.2 总则 …… 492
7.13.3 研究需求 …… 493
参考文献 …… 494

8 结构 …… 495
8.1 引言 …… 495
8.2 总体结构设计 …… 495
8.2.1 引言 …… 495
8.2.2 结构设计的驱动装置 …… 495
8.2.3 重力环境 …… 496
8.2.4 航天器内部尺寸和形状 …… 496
8.2.5 舱的布局和排列 …… 509
8.2.6 多用途和重复配置的空间 …… 511
8.2.7 协同定位和隔离 …… 511
8.2.8 重新配置和再使用 …… 513
8.2.9 太空舱设计的特别注意事项 …… 514
8.2.10 长期航天飞行对结构的影响 …… 519
8.2.11 研究需求 …… 521
8.3 位置和定向辅助设备 …… 521

8.3.1 位置编码 …… 521
8.3.2 定位 …… 523
8.3.3 研究需求 …… 528
8.4 转移路径 …… 528
8.4.1 引言 …… 528
8.4.2 总则 …… 528
8.4.3 限制器和活动辅助设施位置 …… 529
8.4.4 研究需要 …… 531
8.5 舱口和门 …… 531
8.5.1 通用设计 …… 531
8.5.2 研制需求 …… 533
8.6 窗户 …… 533
8.6.1 引言 …… 533
8.6.2 窗户设计和任务支撑 …… 534
8.6.3 窗户的位置和方位 …… 537
8.6.4 窗户框架和环绕结构方面的表面处理 …… 545
8.6.5 窗户表面的污染 …… 546
8.6.6 窗户污染和损坏的其他来源 …… 548
8.6.7 冷凝防护 …… 550
8.6.8 窗户穿透率和非电离辐射 …… 550
8.6.9 窗户的辅助设施 …… 551
8.6.10 研制需求 …… 552
8.7 照明 …… 553
8.7.1 引言 …… 553
8.7.2 照明术语和单位 …… 553
8.7.3 眩光 …… 562
8.7.4 灯及照明装置 …… 565
8.7.5 照明控制 …… 569
8.7.6 照明色彩 …… 570
8.7.7 生物节律变化 …… 571
8.7.8 适应暗适应和过渡视觉的照明 …… 572
8.7.9 信号灯和位置灯 …… 572
8.7.10 控制面板标识照明 …… 574
8.7.11 照明系统设计 …… 576
8.7.12 研制需求 …… 584
参考文献 …… 585

9　硬件和设备 …… 588
9.1　引言 …… 588
9.2　通用硬件和设备设计 …… 588
9.2.1　引言 …… 588
9.2.2　通用硬件和设备设计指南 …… 588
9.2.3　硬件和设备的安装 …… 589
9.2.4　排列 …… 589
9.2.5　研究需求 …… 590
9.3　可维修性 …… 590
9.3.1　引言 …… 590
9.3.2　预防性和补偿性维修 …… 590
9.3.3　可达性 …… 591
9.3.4　故障提示 …… 593
9.3.5　效率 …… 593
9.3.6　工具和紧固件 …… 593
9.3.7　电路保护 …… 593
9.3.8　流体 …… 594
9.3.9　研究需求 …… 594
9.4　工具 …… 594
9.4.1　引言 …… 594
9.4.2　工具挑选 …… 594
9.4.3　电动工具 …… 595
9.4.4　工具特性 …… 595
9.4.5　工具包装和存储 …… 596
9.4.6　工具的标签和辨识 …… 598
9.4.7　工具操作 …… 599
9.4.8　研究需求 …… 601
9.5　抽屉和货架 …… 601
9.5.1　引言 …… 601
9.5.2　抽屉和货架的一般特性 …… 602
9.5.3　储物抽屉 …… 602
9.5.4　设备抽屉 …… 602
9.5.5　研究需求 …… 603
9.6　连接器 …… 603
9.6.1　引言 …… 603
9.6.2　常规连接器 …… 603

9.6.3　液体和气体连接器 …… 604
9.6.4　电连接器 …… 604
9.6.5　结构连接器 …… 604
9.6.6　连接器的排列 …… 604
9.6.7　研究需求 …… 607
9.7　限制器和活动辅助工具 …… 607
9.7.1　引言 …… 607
9.7.2　活动辅助工具 …… 607
9.7.3　限制器 …… 612
9.7.4　研究需求 …… 624
9.8　电缆 …… 624
9.8.1　引言 …… 624
9.8.2　电缆设计和布线 …… 624
9.8.3　电缆标识 …… 625
9.8.4　研究需求 …… 625
9.9　乘员个人装备 …… 625
9.9.1　引言 …… 625
9.9.2　一般设计依据 …… 626
9.9.3　研究需求 …… 627
9.10　隔板和盖子 …… 627
9.10.1　引言 …… 627
9.10.2　常规事项 …… 627
9.10.3　研究需求 …… 628
9.11　紧固件 …… 628
9.11.1　引言 …… 628
9.11.2　通用紧固件 …… 628
9.11.3　包装 …… 633
9.11.4　研究需求 …… 634
9.12　安全风险 …… 634
9.12.1　引言 …… 634
9.12.2　机械风险 …… 634
9.12.3　热风险 …… 636
9.12.4　触电风险 …… 641
9.12.5　研究需求 …… 646
9.13　训练设计 …… 646
9.13.1　引言 …… 646

9.13.2　训练设计考虑 …… 647
9.13.3　训练一体化设计方法 …… 648
9.13.4　研究需求 …… 651
参考文献 …… 652

10　乘员界面 …… 654
10.1　引言 …… 654
10.2　通用原则 …… 654
10.2.1　可用性 …… 654
10.2.2　简单化 …… 655
10.2.3　一致性 …… 656
10.2.4　易读性 …… 658
10.2.5　研究需求 …… 659
10.3　视觉显示器 …… 659
10.3.1　显示器的度量 …… 659
10.3.2　观察条件 …… 660
10.3.3　显示技术 …… 692
10.3.4　研究需求 …… 705
10.4　控制器 …… 705
10.4.1　控制器设计与操作 …… 705
10.4.2　控制设备 …… 705
10.4.3　运动兼容性 …… 734
10.4.4　控制反馈 …… 736
10.4.5　停止器的使用 …… 736
10.4.6　意外触发防护 …… 737
10.4.7　编码的使用 …… 737
10.4.8　控制器操作的约束 …… 739
10.4.9　高 g 值下的操作 …… 739
10.4.10　振动情况下指针控制设备的使用 …… 740
10.4.11　戴手套操作指针控制设备 …… 740
10.4.12　指针运动类型 …… 740
10.4.13　研究需求 …… 740
10.5　显示器设备与控制器的布局 …… 741
10.5.1　双人操作 …… 741
10.5.2　重点查看的显示器和控制器 …… 741
10.5.3　经常使用的显示器和控制器 …… 741
10.5.4　显示器-控制器之间关系 …… 741

10.5.5 显示器和控制器的连续操作 …… 743
10.5.6 模糊控制器 …… 744
10.5.7 自发光控制器和显示器 …… 744
10.5.8 可达要求 …… 744
10.5.9 研究需求 …… 744
10.6 视觉显示器 …… 744
10.6.1 任务相关信息 …… 745
10.6.2 最小化信息 …… 745
10.6.3 语言和缩写 …… 746
10.6.4 有效和一致的术语 …… 746
10.6.5 显示器密度和层级 …… 746
10.6.6 可识别性 …… 747
10.6.7 分组 …… 747
10.6.8 辨别性 …… 747
10.6.9 间距 …… 748
10.6.10 排列 …… 748
10.6.11 滚动 …… 748
10.6.12 导航 …… 748
10.6.13 选项 …… 749
10.6.14 菜单 …… 749
10.6.15 工具栏和状态栏 …… 749
10.6.16 对话框 …… 749
10.6.17 模式 …… 750
10.6.18 图形的使用 …… 750
10.6.19 颜色的使用 …… 750
10.6.20 提示的使用 …… 751
10.7 听觉显示器 …… 752
10.7.1 使用时间 …… 752
10.7.2 总体设计 …… 753
10.7.3 信号设计 …… 753
10.7.4 音频输入设备和输出设备的设计 …… 754
10.7.5 音频接口设计 …… 755
10.7.6 语音通信控件 …… 756
10.8 乘员-系统交互 …… 756
10.8.1 反馈 …… 756
10.8.2 反馈的类型 …… 757

10.8.3 及时反馈 …… 757
10.8.4 系统状态 …… 758
10.9 乘员通知、注意和警告 …… 759
10.9.1 听觉警报功能 …… 759
10.9.2 听觉警报设计 …… 761
10.9.3 视觉与听觉警报 …… 765
10.9.4 研究需求 …… 766
10.10 电子程序 …… 766
10.11 硬件标识 …… 768
10.11.1 通用 …… 768
10.11.2 标准化 …… 769
10.11.3 识别 …… 769
10.11.4 避免危险 …… 770
10.11.5 标识视觉特性 …… 770
10.12 信息管理 …… 773
10.12.1 一般注意事项 …… 773
10.12.2 信息类型 …… 773
10.12.3 乘员可操作性 …… 774
10.12.4 数据有效性 …… 774
10.12.5 数据可用性 …… 774
10.12.6 数据分布 …… 775
10.12.7 数据备份 …… 775
10.12.8 信息管理系统需求 …… 776
10.12.9 电子通信 …… 776
10.12.10 研究需求 …… 777
10.13 自动化系统 …… 777
10.13.1 自动化 …… 777
10.13.2 一般的自动化乘员界面设计规则 …… 782
10.13.3 自动化的局限性 …… 784
10.14 移动系统 …… 785
10.14.1 定义 …… 785
10.14.2 移动系统界面的能力范围 …… 787
10.14.3 与其他用户界面的相似之处 …… 787
10.14.4 移动系统用户界面的重要方面 …… 787
10.14.5 半自治系统的用户界面 …… 792
10.14.6 操作限制和注意事项 …… 792

10.14.7 研究需求 …… 793
参考文献 …… 794

11 舱外活动 …… 802
11.1 引言 …… 802
11.2 生命保障功能 …… 802
11.2.1 引言 …… 802
11.2.2 航天服内大气环境 …… 803
11.2.3 营养 …… 806
11.2.4 饮水 …… 807
11.2.5 废物管理 …… 807
11.2.6 伤病治疗 …… 809
11.2.7 研究需求 …… 809
11.3 舱外活动绩效 …… 809
11.3.1 引言 …… 809
11.3.2 着服视觉绩效 …… 810
11.3.3 着服人体尺寸 …… 811
11.3.4 着服可达性和活动范围 …… 812
11.3.5 着服力特性 …… 815
11.3.6 着服机动性 …… 815
11.3.7 舱外活动航天员限制器 …… 816
11.3.8 舱外活动机动辅助装置 …… 817
11.3.9 舱外活动传输通道 …… 819
11.3.10 工作效能 …… 819
11.3.11 舱外活动声学和噪声 …… 820
11.3.12 舱外活动照明 …… 820
11.4 舱外活动安全性 …… 822
11.4.1 引言 …… 822
11.4.2 辐射 …… 822
11.4.3 化学污染 …… 822
11.4.4 减压 …… 822
11.4.5 紧夹 …… 825
11.4.6 电击危险 …… 825
参考文献 …… 826

附录 A 缩略语和定义 …… 827
附录 B 人体测量参数、生物力学和力量参数数据 …… 857
附录 C 视窗的基本光学理论 …… 908

附录D　载人太空飞行器视窗中光学性能的应用需求 …… 921
1.0　视窗光学特性 …… 924
1.1　细纹 …… 925
1.2　完成视窗性能 …… 925
1.2.1　平行 …… 925
1.2.2　楔形 …… 925
1.2.3　双折射 …… 925
1.2.4　反射系数 …… 926
1.2.5　透射比 …… 926
1.2.6　生物体视窗的透射比 …… 926
1.2.7　色彩平衡 …… 927
1.2.8　波阵面质量 …… 927
1.2.9　模糊度 …… 928
1.2.10　视觉一致与涂料 …… 929
1.3　合理缺陷 …… 929
1.3.1　包含物 …… 929
1.3.2　表面缺陷 …… 929
1.3.3　聚碳酸酯，丙烯酸树脂，通用含压层塑料 …… 930
2.0　视窗光学特性 …… 930
2.1　细纹 …… 930
2.2　完成的视窗性能 …… 930
2.2.1　平行 …… 930
2.2.2　楔形 …… 931
2.2.3　双折射 …… 931
2.2.4　反射比 …… 931
2.2.5　传导 …… 931
2.2.6　生命体上方视窗传导 …… 931
2.2.7　颜色平衡 …… 932
2.2.8　波阵面质量 …… 932
2.2.9　模糊 …… 933
2.2.10　视觉一致性和涂层 …… 933
2.3　合理性缺陷 …… 934
2.3.1　包含物 …… 934
2.3.2　表面缺陷 …… 934
2.3.3　聚碳酸酯，丙烯酸树脂和通用含夹层塑料 …… 935
3.0　视窗 …… 935

3.0.1 引言 …… 935
3.0.2 视窗设计和任务支持 …… 935
3.0.3 视窗位置和方向 …… 935
3.0.4 视窗框架和周围结构的表面加工 …… 937
3.0.5 视窗表面辐射污染 …… 938
3.0.6 视窗污染物和损害的其他来源 …… 939
3.0.7 压缩保护 …… 940
3.0.8 视窗传递和非电离辐射 …… 940
3.0.9 视窗支持 …… 940
3.0.10 研究需求 …… 940
3.0.11 参考文献 …… 941

8 结 构

8.1 引言

本章是属于概述性和指南性的内容，主要介绍了整体尺寸、配置、位置、定位辅助器、运输流和转移路径、舱口和门、窗户和照明等的开发和集成。本章内容支持NASA-STD-3001，第2卷，7节和8节。

8.2 总体结构设计

8.2.1 引言

结构是人-系统健康、安全执行任务、高效完成任务目标的关键。由于各项任务间可能存在转换，相邻任务间可能完全或暂时性相关和冲突，所以任何设计都必须包括统一解决方案。

本章提出了航天员在工作站、舱间、转移通道以及其他生活和工作空间的总尺寸、安放、布置和配置。它包括确定配置、航天器体积和表面积的特性的设计指南、协同定位和/或功能区域划分，多种用途和重新配置体积设计结果，以及预期不同重力环境对航天器结构设计影响的综合方法。它也包括在航天探索中处理体系架构相关的社会心理问题的设计指南。国际空间站已经强调适当的协同定位或为吃饭、锻炼、工作、卫生和睡眠划分合适的功能区域的重要性，来确保合适的在轨居住环境。不幸的是，国际空间站的一些舱的布局不一定适合这种类型的最佳结构设计或体积配置。

8.2.2 结构设计的驱动装置

满足在太空工作和生活的需要，这对航天器结构是独一无二的挑战。这些挑战包括，但不限于：

- 变化的重力环境；
- 任务目标；
- 乘组规模；
- 有限的质量和体积；
- 贮存；
- 最长任务持续时间；
- 行为健康因子；
- 医学考虑；
- 隔离。

图8.2-1示出了一个结构设计驱动装置间的高程度的交互式图形表示法，在确定体积、表面积和结构布局时如何综合考虑这些数据——当这些要素继续进行精确时如何将其

分解到设计过程。

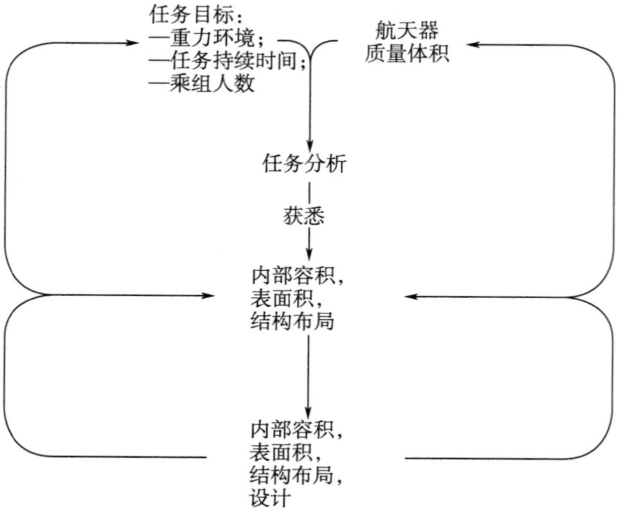

图 8.2-1　航天器结构设计驱动装置

8.2.3　重力环境

航天器必须适用于一种或更多种重力环境下的居住环境，从微重力（0 g）到 1 g，甚至更大。当设计航天器的整个布局时，应考虑下列通用要素：

• 通道——零重力和部分重力时可允许更大的通道去放置物品，而在 1 g 时将不被允许，比如“天花板（最高限度）”。相反的，较高的重力环境可能限制此类通道。

• 限制器——在微重力下，许多行动要求个体被限制、束缚或以其他方式固定。限制器放置的位置要能够保障乘员安全，并有助于乘员在合理的时间内便于操作（见 8.4.3 节）。

• 乘组活动——在微重力下，乘员主要使用手臂和手进行活动，使用双脚离开表面。设计活动辅助设备时需要考虑这些情况。在部分重力环境下，需要考虑乘组活动的差别。在某些情况下，对乘组活动会降低考虑，而其他情况考虑会增加。

• 定位——乘组接口定位时，需考虑从一个重力环境（如发射时 1 g）到另一个重力环境（如在轨微重力，入轨高 g）时航天器和乘组定位的变化。

8.2.4　航天器内部尺寸和形状

8.2.4.1　影响内部尺寸和形状的一般要素

当航天器外部尺寸和形状很大程度上是通过空气动力学和质量确定时，内部尺寸和形状就必须通过乘组执行任务的能力来完成。从过去的观点来说，航天器的设计指定了特定的体积和质量“不超出”个体系统，而且在设计理念上，航天器早期配套硬件努力使飞船具备推进能力，并能经受住发射和着陆的压力。此方法使内部居住空间像工件一样，在安装好所有其他硬件、存储和系统之后，无论打开什么位置，加压空间都保持不变。然而该方法还不完全适用，特别是当任务持续时间增加时。

必须提供足够的内部尺寸，尤其是体积和表面积，以确保乘员安全、高效和有力执行任务，包括工作、睡眠、吃饭、出舱（离开）、入舱（进入）和为了安全和任务成功必须的操作。

航天器的尺寸和形状的确定取决于它运转的重力环境。对于将被使用在部分重力环境下的航天器，水平面面积是比较好的测量尺寸，正如在地球上使用房屋面积评估建筑的尺寸一样。然而，在微重力下，由于所有表面可能被等同使用，因此面积不是最有意义的测量尺寸，体积也被代替使用。描述航天器体积的术语如下。

- 加压空间——加压舱内的总体积。
- 居住空间——在计算所有安装硬件和系统之后的加压体积内的剩余体积。有时这被叫做“沙粒体积”，硬件和系统被安装之后的体积与沙子填满航天器的体积是相等的，包括乘员不可达的缝隙（隐蔽处或缝隙）。
- 实际居住空间（NTV）——在计算配置设备、堆装物、垃圾和其他任何无效的结构和降低功能区域的缝隙（隐蔽处和缝隙）所浪费的空间之后，遗留下来的乘员可用的功能体积。

确定航天器内部尺寸和形状，应考虑的通用要素包括：

1）乘员数量——必须适应最大的可预计的乘员数量。例如，如果一个航天器曾经预期有8个乘员参与飞行，该航天器必须能适应8个乘员使用。国际空间站乘员曾指出当乘员数量增加时，需要提供额外的锻炼设备、增加废物储存系统，并增加改良的卫生区域。所需要的锻炼设备数量和类型，以及相应的容积是根据具体航天器和任务确定的。航天器设计也必须适应到访的航天员。在国际空间站，到访乘员的出现，使居住空间和资源（即生活、睡眠和卫生能力）变得更加紧张。

2）任务持续时间——航天器必须可适应最大可预计的任务天数，包括发生意外事故的天数。任务天数也影响航天器的尺寸。限制、隔离和压力通常伴随着航天任务，并且随着持续时间而增加，这引起对于更多空间的心理需要。私人感受也是个人空间需要，这在过长的持续时间里变得越来越重要。每个乘员实际居住空间的总要求和每个乘员总的补偿空间随着任务持续时间的增加而增加。

3）任务——乘员执行所要求的任务的体积和面积必须是充足的。应考虑乘员动作、选择、定位、排列、分组和乘组界面需要的设备布局。乘组任务和行为包括系统操作、乘组个人行为和系统维护任务。

4）乘组的身体维度和运动——航天器尺寸和形状设计必须适应乘员人群最小到最大的尺寸。设计也必须计算在功能区域内着航天服的乘员的身体维度和着压力服的乘员的维度（参见4.3节）。另外，航天器设计必须适应乘组执行任务所有的动作。

5）重力环境——设计必须适应所有预期的方向和重力环境。对于执行在轨任务，航天器的体积可能是足够的；但同样的体积可能在重力场下又太小，或者是在错误的方向执行任务。由于在轨，乘组可以假定任何方向为完成确定任务的方向。相反，比如发射的领航工作站，对于部分重力或 1 g 任务的体积是适合的，但对于在轨任务可能是不适合的。这可能也要求评估的尺寸对于每种重力环境是不同的：零重力体积和部分重力水平面体积。另外，可用性受每种重力环境的独特的动作和方向需求，以及在每个任务阶段期间执行不同的任务影响。因此，每种重力环境下，航天器的体验、独特约束性及每次提供的自主性，将被考虑在设计中。例如：

• 飞行前——对于着航天服的乘组来说，航天器将需要提供在 1 g 和部分重力下进舱和出舱的路径，座椅和束缚以耐受发射时的加速度，并在正确的位置和方向上提供显示和控制来支持发射任务。

• 在轨和运行阶段——乘组将在零重力下执行任务，他们在对自己的定位和定向上将有较大的灵活性。当确定零重力下航天器的尺寸和形状时，天花板和墙面更大的可用性将被考虑。

• 行星运转——在部分重力环境下，航天器可能需要支持所有任务。

8.2.4.2　在零重力下航天器的内部尺寸和形状

在零重力下，乘组不被约束在一个方向上，他们在所有方向上均可自由漂移，可接近航天器内任何位置表面。因此，零重力下航天器内部尺寸将基于体积设计，特别是 NHV，其是对乘客可到达的空间的衡量。

8.2.4.2.1　最小实际居住空间（NHV）的确定

航天器要求的最小 NHV 的确定必须确保乘组有充足的空间，能安全有效地完成职责。这首先基于对任务在持续时间、重力环境、乘员数量、设备体积和具体工作方面的理解。由于 NHV 最低限值将影响整个航天器尺寸，可能还会影响形状方面的设计，所以在设计阶段必须对最低限值进行评估。

同样的，当设计成熟时，通常子系统质量和体积的增加将引起子系统体积在居住空间内突显问题，所以设计者倾向于增加一个增长要素。然而，无论何时，一个子系统中出现了增长要素或其他不确定要素，设计将不再适用于内部的质量和体积的限制。人的因素分析人员的责任是确保满足所要求的 NHV，甚至当子系统增加时；或者能证明当该设计不满足要求时可能产生的风险。

可被考虑的两个确定最小 NHV 要求的方法：

• 任务分析法；

• 基本经验法。

下面描述支持该过程的每种方法和必要的数据。在许多实例中，使用两种方法可能更好。

8.2.4.2.2　任务分析法

当必须确定航天器总的体积要求时，任务分析法确定了在任务和连接、协同定位或相互重叠期间执行任务需要的体积。这要求设计方熟悉乘组人体测量参数尺寸和每次任务要求的动作。了解当乘组将着航天服和不着航天服时的测量参数尺寸和乘组动作也是非常重要的。在设计早期阶段，是否在任务期间执行特殊任务可能是无法得知的。然而，众所周知，航天器将不得不适应基本的人的操作，比如系统控制、食物准备、吃饭、睡觉、废物管理和卫生、维护和舱外活动等。通过这些基本已知的操作，将能推导出一套体积驱动装置，并评估出它们的体积，从而能估计出整个系统的体积。

本节中提到的许多分析方法在阐述时，采用单个乘员在单个乘组工作站内执行单一行为的示例。考虑多个乘员相互累加效应来确定体积是有效的过程。对于每个乘员的行为，需要增加体积来允许乘员的交互和乘员安全地进入工作站和离开工作站。设计者不应假设其他乘员的空间存在会妨碍乘员任何特殊行为所需要的空间。贯穿整个任务的交互式计划活动将被提交，内容涉及航天器内的活动空间和位置。彼此互为侵犯空间的活动将按时序安排，或通过工作空间尺寸和配置的设计来避免。

表 8.2-1 阐述了零重力下可能预计到的乘员进行不同操作的通用尺寸（参见 HIDH 7.5 节）。这些阐述的尺寸基于预计的航天员人群的最大身体尺寸。设计者将需要考虑人群的人体测量尺寸。设计者也需要考虑上述提到的用于多重目的的体积的使用。

表 8.2-1 在零重力下与操作有关的身体体积（穿轻便服装）

人体身体姿势和空间图形	适用功能	尺寸/m		空间体积/m³
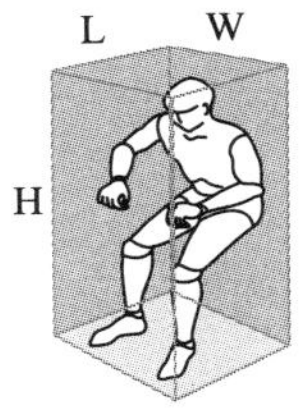	吃饭，睡眠，处理垃圾，个人事务，辐射躲避，会议	H	2.06	2.69
		L	1.06	
		W	1.23	
	剃须，修饰，口腔卫生	H	2.16	2.34
		L	0.88	
		W	1.23	
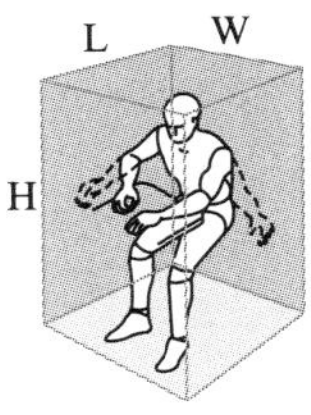	普通工作站，食物准备，身体部分清洁，站务管理	H	2.06	4.34
		L	1.06	
		W	1.99	
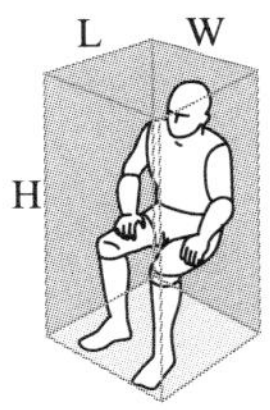	身体废物管理设备，上升和下降，航天器职责岗位	H	1.52	1.70
		L	0.91	
		W	1.23	

续表

人体身体姿势和空间图形	适用功能	尺寸/m		空间体积/m^3
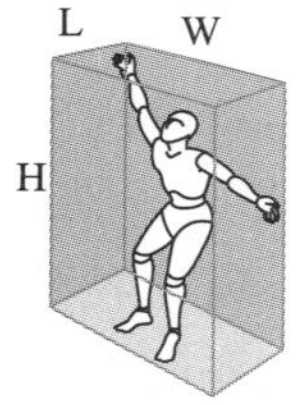	食物存储，乘员亲自上锁，访问物品贮存处	H	2.76	6.00
		L	0.88	
		W	2.47	
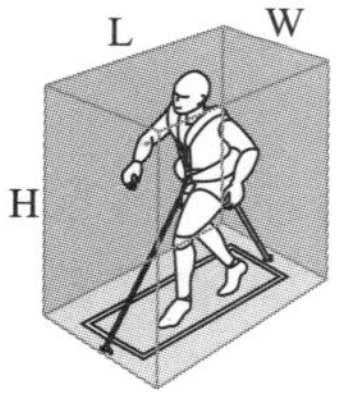	锻炼-1［使用隔振系统脚踏车（TVIS）］	H	2.10	6.12
		L	2.37	
		W	1.23	
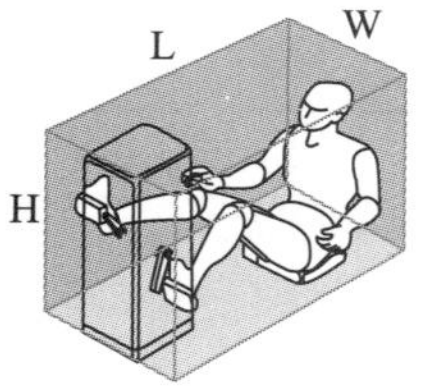	锻炼-2［使用隔振系统自行车功量计（CEVIS）］	H	0.97	1.70
		L	1.43	
		W	1.23	
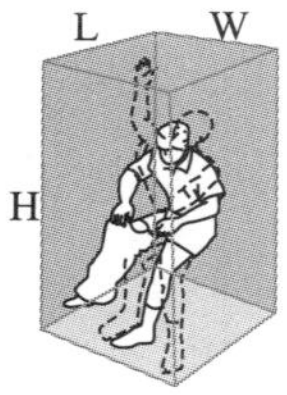	穿衣（穿上和脱下），EVA服装区域	H	2.20	6.35
		L	1.45	
		W	1.99	
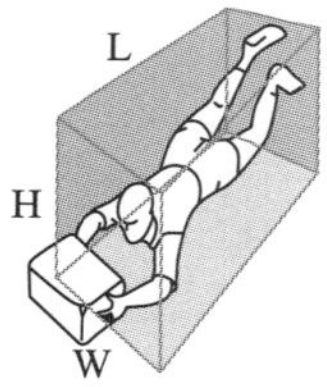	出舱，转移，出入	H	0.70	2.55
		L	2.96	
		W	1.23	
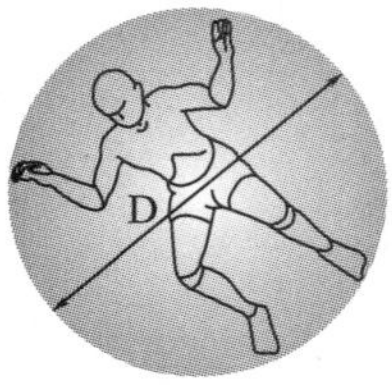	未受控状态下翻跟头	球形直径	2.44	7.61
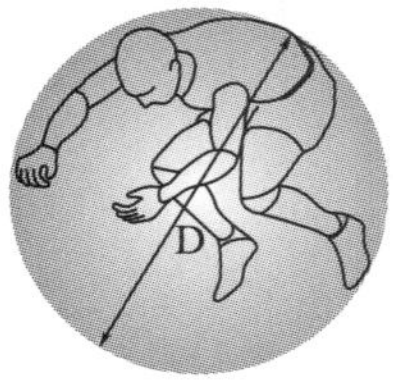	受控状态下翻跟头	球形直径	1.22	0.95

续表

人体身体姿势和空间图形	适用功能	尺寸/m		空间体积/m³
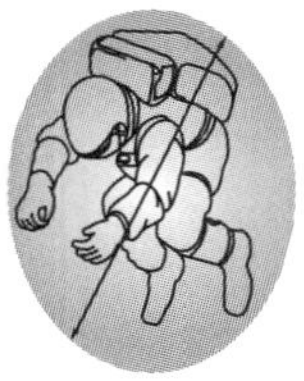	着舱外活动服装在控制状态下翻跟头	球形直径	2.05	4.53
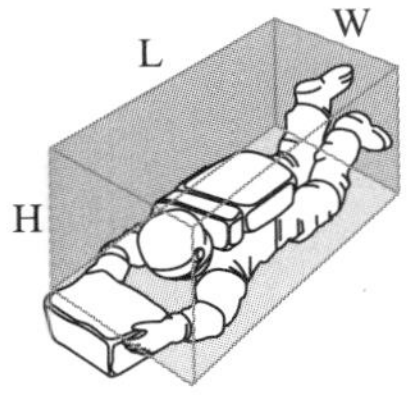	着舱外活动服装出舱，转移，通行，乘员逃离	H	0.84	4.64
		L	3.26	
		W	1.69	

注：粗体数值是长-宽-高尺寸值乘积的近似值。

8.2.4.2.2.1　基本经验方法

使用基本经验方法，设计者评估现有的或以前的航天器和乘员与任务的数量（包括相关的设备和垃圾），从而确定每个人的 NHV，然后外推到新的任务和航天器中。例如，要想确定 3 人在轨执行一周任务的航天器需要的 NHV，应对美国阿波罗指令舱（CM）和俄罗斯联盟号飞船进行评估。阿波罗 CM 加压空间（10.4 m^3）的 60%与 NHV（6.17 m^3）一样。联盟号的 58%（6.5 m^3）与 NHV（3.8 m^3）一样。（参见表 8.2-2 和图 8.2-2）。

表 8.2-2　NASA 航天器加压空间的历史数据

航天器	乘员	乘员驻留时间/天	加压空间/m³	实际居住空间/m³ **	加压空间/乘员/m³
水星号	1	1.4	1.4		1.4
双子星号	2	14	2.3		1.1
阿波罗 CM	3	10	10.4	6.17	3.5
阿波罗登陆舱（LM）	2	3	8.0	3.77	4.0
航天飞机轨道器（全部 ISS 配置）	7	16	74.8	16	10.7
航天飞机舱内（ISS 配置，7 名乘员，满员）	4	16	N/A	10	*
航天飞机飞行甲板	2	16	N/A	1.52	*
航天飞机飞行甲板	1	16	N/A	4.2	*

注：* 对于空间数值没有意义，因为乘员是从一个空间到另一个空间进行移动；

** 基于在休斯顿航天中心（阿波罗舱）和在 JSC 9 号航天飞机装配楼对模型的测量和图形分析。

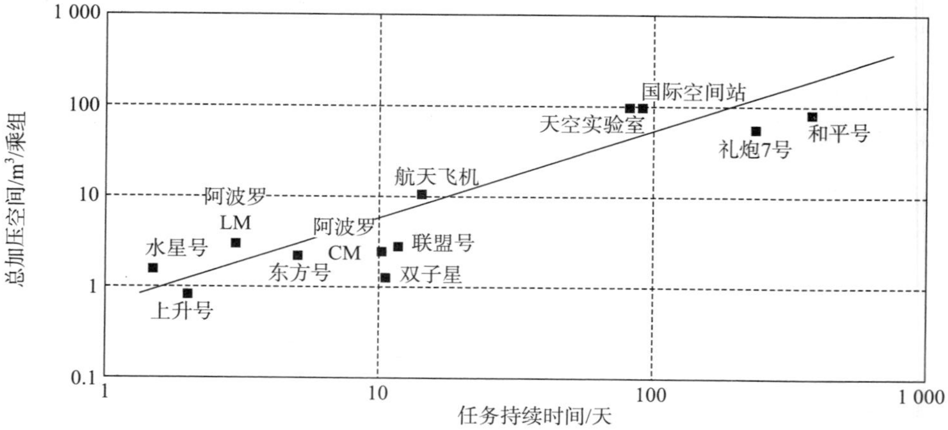

图 8.2-2 航天器加压空间的历史数据

尽管 1 g 环境与零重力环境不同，但两者在陆地上允许使用的数据有些相似之处：

• 给定一个适用于身高的最舒适的天花板，1 g 体积大概接近零重力体积的要求；

• 在 1 g 和零重力环境下，任务持续时间内所需增加的空间可能是相类似的。

对于航天器类似物的每个活动的测定体积尺寸和 1 g 数据显示在表 8.2-3 和表8.2-4（后面内容）中。

在图 8.2-3 中，居所的居住空间（m^3）趋于自然对数，计算的方程式如下

每个乘员的居住空间＝6.67（持续时间的天数）－7.79

这里给出：

180 天内每个乘员的居住空间＝26.85 m^3（948.2 ft^3）

7 天内每个乘员的居住空间＝5.19 m^3（192.3 ft^3）

这些数据能提供一个决定整个航天器内部尺寸的起始点，但实际尺寸将受到航天器的形状、内部和外部设备和功能区域布局的约束。

8.2.4.2.2.2 实际居住空间的测量方法

测量 NHV 需要：

• 确定系统占用的空间，为将来设计提供指导方针；

• 评估设计的进展，以满足 NHV 的目标。

NHV 的测量流程定义为从绘图和实际的硬件（完整的系统或仿制品）中获得测量程序。

该程序的基本步骤如下：

• 空间划分为最简单、最容易测量的若干空间，测量并总计这些空间的体积来确定总加压空间；

• 测量附加设备和装载产品所需的空间，从加压空间中减去这部分空间；

• 评估航天器内的空洞区和无效空间，从加压空间中减去不可使用的空间，最后的数据将是 NHV 的值。

表8.2-3 航天飞行和陆地相似物的体积尺寸示例

所有数值单位为"m"		航天飞行任务												DoD			地面应用和商用						其他		
		水星号	双子星	阿波罗CM	阿波罗LM	联盟号	航天飞机	ISS命运号实验室远征7号	ISS探索号气闸舱远征7号	ISS团结号节点舱1远征7号	天空实验室	ISS星辰号服务舱远征6、7、9号	ISS曙光号功能货船舱远征6、7、9号	乘组离岸安装适居性	乘组船上适居性	民兵、USAF-SAC指挥舱	乘客飞船	拉姆齐/睡眠者，2000	伍德森和蒂尔曼，1992	亨利/德赖弗斯联盟，1992	朱利叶斯·皮尼罗和尼娜·雷佩托，1997	朱利叶斯·皮尼罗，人设计和内部空间	类型170离岸救生船—救生船	类型120离岸救生船—救生船	类型130离岸救生船—救生船
航天器功能体积和尺寸：																									
进餐准备和进餐	体积	1.70	2.55	5.95	4.58	1.60	6.81	–	–	–	10.62	9.66	–	0.65	0.46	3.76	0.65	3.20	1.98	1.50	0.00	2.71	1.36	9.16	0.88
	长	**1.19**	**1.37**	**1.81**	**1.66**	**1.17**	**1.90**	–	–	–	2.29	1.95	–	0.43	0.38	1.18	0.43	0.92	0.91	0.97	0.03	1.63	0.76	0.85	0.86
	宽	**1.19**	**1.37**	**1.81**	**1.66**	**1.17**	**1.90**	–	–	–	2.44	2.62	–	0.74	0.61	1.26	0.74	1.59	0.91	0.71	0.02	0.91	0.84	5.44	0.48
	高	1.19	**1.37**	**1.81**	**1.66**	**1.17**	**1.90**	–	–	–	1.90	1.89	–	2.05	1.98	2.53	2.05	2.19	2.39	2.18	0.07	1.83	2.13	1.98	2.13
睡眠	体积	1.70	2.55	5.95	4.58	1.60	1.10	0.05	–	–	1.95	1.65	–	*	*	*	*	*	*	*	0.00	*	*	*	*
	长	**1.19**	**1.37**	**1.81**	**1.66**	**1.17**	1.91	0.25	–	–	0.92	0.91	–	*	*	*	*	*	*	*	0.04	*	*	*	*
	宽	**1.19**	**1.37**	**1.81**	**1.66**	**1.17**	0.76	0.43	–	–	1.07	0.91	–	*	*	*	*	*	*	*	0.05	*	*	*	*
	高	**1.19**	**1.37**	**1.81**	**1.66**	**1.17**	0.76	0.50	–	–	1.98	1.97	–	*	*	*	*	*	*	*	0.07	*	*	*	*
锻炼	体积	–	–	–	–	1.60	*	0.65	–	–	*	3.31	–	*	*	*	*	*	*	*	*	*	*	*	*
	长	–	–	–	–	**1.17**	*	**0.87**	–	–	*	1.62	–	*	*	*	*	*	*	*	*	*	*	*	*
	宽	–	–	–	–	**1.17**	*	**0.87**	–	–	*	0.88	–	*	*	*	*	*	*	*	*	*	*	*	*
	高	–	–	–	–	**1.17**	*	**0.87**	–	–	*	2.32	–	*	*	*	*	*	*	*	*	*	*	*	*
个人卫生	体积	–	2.55	5.95	4.58	1.60	1.76	–	–	–	2.42	1.13	1.95	2.48	1.14	6.21	2.48	4.40	4.52	7.48	0.00	6.63	4.83	2.81	3.44
	长	–	**1.37**	**1.81**	**1.66**	**1.17**	0.91	–	–	–	1.34	0.86	0.81	1.10	0.76	1.11	1.10	2.03	2.08	2.08	0.07	1.95	1.10	1.71	1.90
	宽	–	**1.37**	**1.81**	**1.66**	**1.17**	0.91	–	–	–	1.34	0.83	1.30	1.10	0.76	2.21	1.10	0.99	0.91	1.65	0.04	1.83	2.06	0.83	0.85
	高	–	**1.37**	**1.81**	**1.66**	**1.17**	2.13	–	–	–	1.34	1.89	1.85	2.05	1.98	2.53	2.05	2.19	2.39	2.18	0.07	1.83	2.13	1.98	2.13
医学处置	体积	–	–	–	–	1.60	–	*	–	–	*	*	–	17.07	0.55	0.20	0.55	*	*	*	*	*	*	0.42	0.82
	长	–	–	–	–	**1.17**	–	*	–	–	*	*	–	2.50	2.50	0.50	2.50	0.33	0.81	0.33	*	*	*	0.63	0.62
	宽	–	–	–	–	**1.17**	–	*	–	–	*	*	–	3.33	0.33	0.63	0.33	0.59	*	0.58	*	*	*	0.63	0.62
	高	–	–	–	–	**1.17**	–	*	–	–	*	*	–	2.05	0.67	0.63	0.67	*	*	*	*	*	*	1.05	2.13
服装穿脱	体积	–	–	5.95	4.58	1.60	6.81	–	–	–	2.42	3.50	3.50	1.53	1.48	1.99	1.53	*	*	0.77	*	2.61	*	*	*
	长	–	–	**1.81**	**1.66**	**1.17**	**1.90**	–	–	–	**1.34**	0.95	0.95	0.92	0.92	1.11	0.92	*	*	0.85	*	1.37	*	*	*
	宽	–	–	1.81	**1.66**	**1.17**	**1.90**	–	–	–	**1.34**	1.95	1.95	0.81	0.81	0.71	0.81	*	*	0.61	*	1.07	*	*	*
	高	–	–	**1.81**	**1.66**	**1.17**	**1.90**	–	–	–	**1.34**	1.89	1.89	2.05	1.98	2.53	2.05	*	*	1.49	*	1.78	*	*	*
休闲	体积	–	–	5.95	4.58	1.60	6.81	*	–	*	270.0	*	–	*	*	*	*	*	*	*	*	*	*	*	*
	长	–	–	**1.81**	**1.66**	**1.17**	**1.90**	*	–	*	**6.46**	*	–	*	*	*	*	*	*	*	*	*	*	*	*
	宽	–	–	**1.81**	**1.66**	**1.17**	**1.90**	*	–	*	**6.46**	*	–	*	*	*	*	*	*	*	*	*	*	*	*
	高	–	–	**1.81**	**1.66**	**1.17**	**1.90**	*	–	*	**6.46**	*	–	*	*	*	*	*	*	*	*	*	*	*	*

续表

所有数值单位为“m”

航天器功能体积和尺寸：		航天飞行任务												DoD			地面应用和商用						其他		
		水星号	双子星	阿波罗CM	阿波罗LM	联盟号	航天飞机	ISS命运号实验室远征7号	ISS探索号气闸舱远征7号	ISS团结号节点舱1远征7号	天空实验室	ISS星辰号服务舱远征6、7、9号	ISS曙光号功能货船舱远征6、7、9号	乘组离岸安装适居性	乘组船上适居性	民兵、USAF-SAC指挥舱	乘客飞船	拉姆齐/睡眠者，2000	伍德森和蒂尔曼，1992	亨利/德赖弗斯联盟，1992	朱利叶斯·皮尼罗和尼娜·雷佩托，1997	朱利叶斯·皮尼罗，人设计和内部空间	离岸救生船—类型170	离岸救生船—类型120	离岸救生船—类型130
个人的	体积	-	-	-	-	-	-	-	-	-	1.95	1.65	*	7.89	13.28	3.99	13.75	*	*	*	0.00	*	2.60	1.63	2.70
	长	-	-	-	-	-	-	-	-	-	0.92	0.91	*	1.68	2.59	1.42	2.59	*	*	*	0.05	*	1.37	0.99	1.38
	宽	-	-	-	-	-	-	-	-	-	1.07	0.91	*	2.29	2.59	1.11	2.59	*	*	*	0.03	*	0.89	0.83	0.92
	高	-	-	-	-	-	-	-	-	-	1.98	1.97	*	2.05	1.98	2.53	2.03	*	*	*	0.04	*	2.13	1.98	2.13
逃离&中止	体积	1.70	2.55	5.95	-	1.60	4.93	-	-	-	-	5.66	7.00	2.18	2.11	0.97	2.80	*	*	*	0.00	*	0.95	1.13	0.84
	长	1.19	1.37	1.81	-	1.17	2.03	-	-	-	-	8.62	10.67	1.50	1.50	0.50	1.50	*	*	*	0.02	0.91	0.50	0.50	0.67
	宽	1.19	1.37	1.81	-	1.17	1.14	-	-	-	-	0.81	0.81	0.71	0.71	0.95	0.92	0.76	0.61	0.61	0.02	0.91	0.89	1.14	0.59
	高	1.19	1.37	1.81	-	1.17	2.13	-	-	-	-	0.81	0.81	2.05	1.98	2.05	2.03	1.93	1.85	1.92	0.06	*	2.13	1.98	2.13
指挥&控制	体积	1.70	2.55	5.95	4.58	1.60	1.31	0.12	-	-	-	10.47	-	-	-	-	-	*	*	*	*	*	*	*	*
	长	1.19	1.37	1.81	1.66	1.17	0.91	0.91	-	-	-	3.48	-	-	-	-	-	*	*	*	*	*	*	*	*
	宽	1.19	1.37	1.81	1.66	1.17	0.91	0.91	-	-	-	1.46	-	-	-	-	-	*	*	*	*	*	*	*	*
	高	1.19	1.37	1.81	1.66	1.17	1.58	1.58	-	-	-	2.06	-	-	-	-	-	*	*	*	*	*	*	*	*
交会对接	体积	-	2.55	5.95	4.58	1.60	7.34	0.12	-	-	-	10.47	-	-	-	-	-	*	*	*	*	*	*	*	*
	长	-	1.37	1.81	1.66	1.17	1.94	0.91	-	-	-	3.48	-	-	-	-	-	*	*	*	*	*	*	*	*
	宽	-	1.37	1.81	1.66	1.17	1.94	0.91	-	-	-	1.46	-	-	-	-	-	*	*	*	*	*	*	*	*
	高	-	1.37	1.81	1.66	1.17	1.94	1.58	-	-	-	2.06	-	-	-	-	-	*	*	*	*	*	*	*	*
监测系统	体积	1.70	2.55	5.95	4.58	1.60	1.31	0.12	-	-	*	10.47	*	-	-	-	-	*	*	*	*	*	*	*	*
	长	1.19	1.37	1.81	1.66	1.17	0.91	0.91	-	-	*	3.48	*	-	-	-	-	*	*	*	*	*	*	*	*
	宽	1.19	1.37	1.81	1.66	1.17	0.91	0.91	-	-	*	1.46	*	-	-	-	-	*	*	*	*	*	*	*	*
	高	1.19	1.37	1.81	1.66	1.17	1.58	1.58	-	-	*	2.06	*	-	-	-	-	*	*	*	*	*	*	*	*
内务	体积	-	-	5.95	4.58	1.60	1.76	*	-	*	*	*	*	*	*	*	*	*	*	*	*	*	*	*	*
	长	-	-	1.81	1.66	1.17	0.91	*	-	*	*	*	*	*	*	*	*	*	*	*	*	*	*	*	*
	宽	-	-	1.81	1.66	1.17	0.91	*	-	*	*	*	*	*	*	*	*	*	*	*	*	*	*	*	*
	高	-	-	1.81	1.66	1.17	2.13	*	-	*	*	*	*	*	*	*	*	*	*	*	*	*	*	*	*

续表

所有数值单位为“m”		航天飞行任务												DoD			地面应用和商用						其他		
		水星号	双子星	阿波罗CM	阿波罗LM	联盟号	航天飞机	ISS命运号实验室远征7号	ISS探索号气闸舱远征7号	ISS团结号节点舱1远征7号	天空实验室	ISS星辰号服务舱远征6、7、9号	ISS曙光号功能货船舱远征6、7、9号	乘组离岸安装适居性	乘组船上适居性	民兵、USAF-SAC指挥舱	乘客飞船	拉姆齐/睡眠者，2000	伍德森和蒂尔曼，1992	亨利/德赖弗斯联盟，1992	朱利叶斯·皮尼罗和尼娜·雷佩托，1997	朱利叶斯·皮尼罗，人设计和内部空间	类型170离岸救生船一船	类型120离岸救生船一船	类型130离岸救生船一船
航天器功能体积和尺寸：																									
维护和维修	体积	–	–	5.95	4.58	1.60	6.81	*	–	*	*	*	*	*	*	*	*	*	*	*	*	*	*	*	*
	长	–	–	**1.81**	**1.66**	**1.17**	**1.90**	*	–	*	*	*	*	*	*	*	*	*	*	*	*	*	*	*	*
	宽	–	–	**1.81**	**1.66**	**1.17**	**1.90**	*	–	*	*	*	*	*	*	*	*	*	*	*	*	*	*	*	*
	高	–	–	**1.81**	**1.66**	**1.17**	**1.90**	*	–	*	*	*	*	*	*	*	*	*	*	*	*	*	*	*	*
训练	体积	–	–	–	–	–	7.34	0.12	–	–	*	*	–	*	*	*	*	*	*	*	*	*	*	*	*
	长	–	–	–	–	–	**1.94**	0.91	–	–	*	*	–	*	*	*	*	*	*	*	*	*	*	*	*
	宽	–	–	–	–	–	**1.94**	0.91	–	–	*	*	–	*	*	*	*	*	*	*	*	*	*	*	*
	高	–	–	–	–	–	**1.94**	1.58	–	–	*	*	–	*	*	*	*	*	*	*	*	*	*	*	*
出舱活动	体积	–	2.55	5.95	4.58	1.60	*	–	11.95	–	*	*	–	–	–	–	–	–	–	–	–	–	–	–	–
	长	–	**1.37**	**1.81**	**1.66**	**1.17**	*	–	**2.29**	–	*	*	–	–	–	–	–	–	–	–	–	–	–	–	–
	宽	–	**1.37**	**1.81**	**1.66**	**1.17**	*	–	**2.29**	–	*	*	–	–	–	–	–	–	–	–	–	–	–	–	–
	高	–	**1.37**	**1.81**	**1.66**	**1.17**	*	–	**2.29**	–	*	*	–	–	–	–	–	–	–	–	–	–	–	–	–
物资管理&贮存	体积	–	–	5.95	4.58	1.60	*	*	*	21.83	*	*	*	*	*	*	*	*	*	*	*	*	*	*	*
	长	–	–	**1.81**	**1.66**	**1.17**	*	*	*	**2.79**	*	*	*	*	*	*	*	*	*	*	*	*	*	*	*
	宽	–	–	**1.81**	**1.66**	**1.17**	*	*	*	**2.79**	*	*	*	*	*	*	*	*	*	*	*	*	*	*	*
	高	–	–	**1.81**	**1.66**	**1.17**	*	*	*	**2.79**	*	*	*	*	*	*	*	*	*	*	*	*	*	*	*
接近操作	体积	–	2.55	5.95	4.58	1.60	4.14	0.12	–	–	–	10.47	–	–	–	–	–	*	*	*	*	*	*	*	*
	长	–	**1.37**	**1.81**	**1.66**	**1.17**	**1.61**	0.91	–	–	–	3.48	–	–	–	–	–	*	*	*	*	*	*	*	*
	宽	–	**1.37**	**1.81**	**1.66**	**1.17**	**1.61**	0.91	–	–	–	1.46	–	–	–	–	–	*	*	*	*	*	*	*	*
	高	–	**1.37**	**1.81**	**1.66**	**1.17**	**1.61**	1.58	–	–	–	2.06	–	–	–	–	–	*	*	*	*	*	*	*	*
机械臂	体积	–	–	–	–	1.60	4.14	0.12	–	–	–	*	–	–	–	–	–	–	–	–	–	–	–	–	–
	长	–	–	–	–	**1.17**	**1.61**	0.91	–	–	–	*	–	–	–	–	–	–	–	–	–	–	–	–	–
	宽	–	–	–	–	**1.17**	**1.61**	0.91	–	–	–	*	–	–	–	–	–	–	–	–	–	–	–	–	–
	高	–	–	–	–	**1.17**	**1.61**	1.58	–	–	–	*	–	–	–	–	–	–	–	–	–	–	–	–	–

续表

所有数值单位为“m”

航天器功能体积和尺寸：		水星号	双子星	阿波罗CM	阿波罗LM	联盟号	航天飞机	ISS命运号实验室远征7号	ISS探索号气闸舱远征7号	ISS团结号节点舱1远征7号	天空实验室	ISS星辰号服务舱远征6、7、9号	ISS曙光号功能货船舱远征6、7、9号	乘组离岸安装适居性	乘组船上适居性	民兵、USAF-SAC指挥舱	乘客飞船	拉姆齐/睡眠者，2000	伍德森和蒂尔曼，1992	亨利/德赖弗斯联盟，1992	朱利叶斯·皮尼罗和尼娜·雷佩托，1997	朱利叶斯·皮尼罗，人设计和内部空间	类型170离岸救生船—救生船	类型120离岸救生船—救生船	类型130离岸救生船—救生船
		航天飞行任务												DoD			地面应用和商用						其他		
载荷支持	体积	–	–	–	–	1.60	6.81	17.05	–	*	270.0	*	–	–	–	–	–	*	*	*	*	*	*	*	*
	长	–	–	–	–	**1.17**	**1.90**	2.57	–	*	**6.46**	*	–	–	–	–	–	*	*	*	*	*	*	*	*
	宽	–	–	–	–	**1.17**	**1.90**	2.57	–	*	**6.46**	*	–	–	–	–	–	*	*	*	*	*	*	*	*
	高	–	–	–	–	**1.17**	**1.90**	2.57	–	*	**6.46**	*	–	–	–	–	–	*	*	*	*	*	*	*	*
任务操作	体积	1.70	2.55	5.95	4.58	1.60	7.34	0.12	–	–	–	10.47	*	*	*	*	*	*	*	*	*	*	*	*	*
	长	**1.19**	**1.37**	**1.81**	**1.66**	**1.17**	**1.94**	0.91	–	–	–	3.48	*	*	*	*	*	*	*	*	*	*	*	*	*
	宽	**1.19**	**1.37**	**1.81**	**1.66**	**1.17**	**1.94**	0.91	–	–	–	1.46	*	*	*	*	*	*	*	*	*	*	*	*	*
	高	**1.19**	**1.37**	**1.81**	**1.66**	**1.17**	**1.94**	1.58	–	–	–	2.06	*	*	*	*	*	*	*	*	*	*	*	*	*
实验	体积	–	–	–	–	1.60	6.81	17.05	–	–	270.0	*	–	–	–	–	–	–	–	–	–	–	*	*	*
	长	–	–	–	–	**1.17**	**1.90**	2.57	–	–	**6.46**	*	–	–	–	–	–	–	–	–	–	–	*	*	*
	宽	–	–	–	–	**1.17**	**1.90**	2.57	–	–	**6.46**	*	–	–	–	–	–	–	–	–	–	–	*	*	*
	高	–	–	–	–	**1.17**	**1.90**	2.57	–	–	**6.46**	*	–	–	–	–	–	–	–	–	–	–	*	*	*

注：* 数据无法获取。

— 功能在该飞行器/设施中是不适用的。

粗体数值是 *L-W-H* 尺寸值乘积的近似值。

8.2.4.3 重力环境下航天器的内部尺寸和形状

在重力领域，比如月球或火星表面，更多地强调水平面表面积而不是体积，因为许多工作和支撑表面是在水平面（椅子、桌子、书桌、床、地板）上开展的。假定天花板的高度是充足的，评估航天器可用空间的测量方法是测量地板面积。反之，传统的基于地面的建筑面积能通过总的地板面积（也就是平方英尺）来描绘出，这不是环境功能的准确且完整的表示法。考虑到整个布局和使用面积，2 000 平方英尺房子的功能区域是可能小于1 500平方英尺的房子的。然而，对于房子真实的功能区，中间的水平区域是被要求的，比如厨房的工作台面、桌子和其他提供的家具的可用表面。附加的家具可能减少可用地板面积的总量，但增加了总的水平面面积。

尽管月球和火星有足够的重力确定“地板”，但是对于天花板高度的需求一直不清楚。月球环境中活动图像显示一种脉动式的运动，“标准”天花板 2.4 m（8 ft）高度可能是不够的。然而，在阿波罗项目期间，一些航天员如何在月球移动方面的情况，将不适用于在月球或火星表面的航天器的内部。

- 在月球，向前运动不受围墙的制约；
- 航天服限制身体运动，这可能不得不采用整个身体“跳跃”的方式进行弥补；
- 服装的质量增加了运动的动量。

相反的，较低的天花板高度可能有助于人的灵活运动，因为可以用手推动一个表面。另外，需要研究确定最佳的月球航天器天花板高度。

8.2.4.3.1 重力环境下航天器尺寸的确定

零重力下，类似于确定需要的最小 NHV，确定最小的水平表面积和它的垂直高度是必要的，以确保乘员有足够的空间能安全有效地在航天器中移动，以及有足够的工作表面积执行他们的工作和任务。这始于对项目的持续时间、重力环境、乘员数量、设备体积和任务等对项目的基本理解和认识。由于最小的占地空间是设计整个系统尺寸、可能形状的主要要素，因此最小的占地面积必须在设计阶段的早期进行评估。

同样，当设计成熟时，子系统的质量和体积通常会增加，在可居住的面积中，这些问题将凸显出来。因此设计者倾向于增加一个可居住的面积的系数。然而，如果每一个子系统带有增加或产生不确定的因素，结果将是设计不能适应限定的质量和体积的需要。即使子系统增加或能阐明没有满足要求时的风险，确保所需要的空间满足要求仍是人因分析人员的责任。

确定最小要求的地面空间应考虑两种方法：

- 任务分析；
- 基本体验。

每种方法和支持程序的必要数据描述如下。在许多案例中，使用两种方法可能是最好的。

8.2.4.3.2 任务分析法

任务分析法包括确定在任务执行期间所要求的水平面积，包括占地面积和其他水平表面，必须组合和交叉使用它们，从而达到航天器总体积的要求。这要求熟悉和掌握乘组人体测量尺寸和每项任务所必须执行的动作。熟悉当乘员着服装时和不着服装时的状况也是很重要的。对于不同行为要求的占地面积的信息见表 8.2－3。

在设计阶段早期，任务期间将执行的特殊任务可能是未知的。然而，众所周知，航天器将不得不适应人的基本功能的需要，比如食物准备、吃饭、睡眠、废物管理和卫生等。从一些已知的有关航天器控制和 EVA 的基本任务中，能推测出一套地面空间驱动设备。同时，根据整个任务的时间安排能帮助设计者评估在任务期间不同的时间段人员将在哪里。这些能提供确定结构空间的基本内容。

8.2.4.3.2.1　基本体验法

使用基本体验法，设计者评估现有的或以往的航天器、乘组规模和任务，以确定每个人的水平面积；然后进行内推、外推，或对新任务和新航天器进行对比。在任何重大量值的重力领域出现相对熟悉的环境中，相对的“上”和“下”与重力以及物体在没有支撑时的下降有关。因此，当指望以前的经验对不熟悉的重力环境进行推断时，当与零重力航天器相反时，最合乎逻辑的方法是着眼于基于地球的相似体。月球和火星任务最佳的相似体将具有大体相似的尺寸、乘组数量、任务类型和月球任务的持续时间，并附有关于居住环境适居性的主观报告，从而确定航天器是否适合或是否需要改进以进一步提高适居性。这些相似体至少包括海底居住舱、潜艇、南极站和娱乐交通工具等一些关键要素。表 8.2－4 显示海底居住舱的体积和占地面积。

表 8.2－4　海底居住舱的体积和占地面积

居所	最大持续时间	加压空间/m^3	（居住舱的体积/乘员）/m^3	（占地面积/乘员）/m^2
Conshelf Ⅱ	21	78	12.8	5.4
水下实验室	14	22.1	4.6	2.2
Conshelf Ⅲ	21	78	12.8	5.4
海底实验室Ⅱ	30	178	15	5.75
BAH－1	14	18.8	7.9	4.2
陨石Ⅰ/Ⅱ	59	125	19.2	7.2
La Chalupa	14	97.5	16.5	5.4
宝瓶座	21	78	12.8	5.4

假定在月球表面 4 人乘组执行 180 天的任务，上述受最大持续时间限制的海底居住舱的任何一项比较数据都是确定的。超过 59 天的地面模拟数据将不能被使用，尚不清楚任务持续时间增加 3 次交迭将如何影响航天器的尺寸，因此需要慎重作出任何一项推断。然而，对于较短期的任务，比如 7 天的月球任务，内推法可能更准确。图 8.2－3 是海底居住舱每个乘员居住的占地面积与任务持续时间关系。

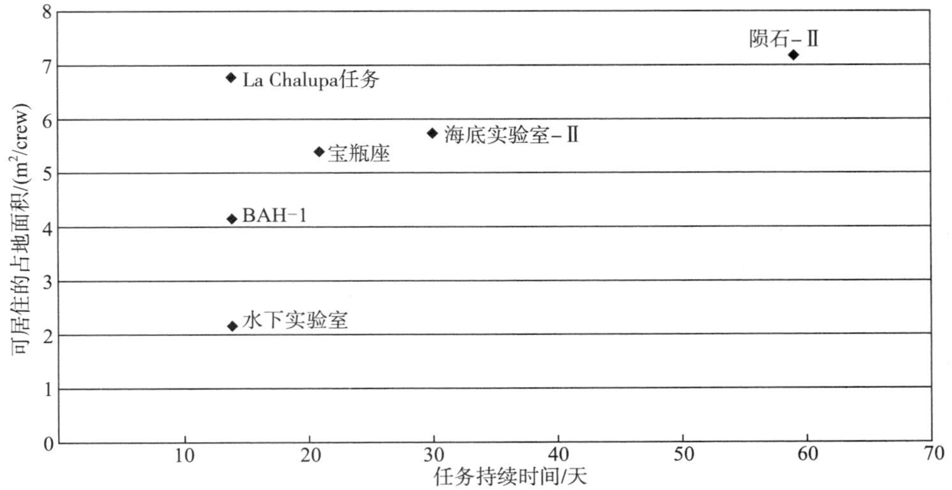

图 8.2-3 海底居住舱每个乘员居住的占地面积与任务持续时间关系

尽管我们知道海底居住舱中乘组数量和可居住的占地面积，但是我们仍然无法给出环境的主观可居住性指标，不论它们是不是可接受的。

海底居住舱可居住的占地面积数据的对数（自然对数）趋于直线，计算式如下

每个乘员可居住的占地面积＝2.27×ln（持续时间天数）－1.83

给出假设和限定，根据趋于直线的外推法可知

180 天每个乘员的占地面积＝9.96 m^2（107.2 ft^2）

7 天每个乘员的占地面积＝2.59 m^2（27.9 ft^2）

这些数据能提供一个确定航天器整个尺寸的起始点，但实际尺寸将受限于航天器形状、内部和外部设备、功能区域布局的约束。

8.2.5 舱的布局和排列

8.2.5.1 分析过程

当设计结构的特殊区域或轮廓时，若第一次没有考虑到高水平的需求和要求，则设计师通常比较难获知程序从哪开始。例如，如果设计师不确定基本的布局位置，除了通用的要求，比如窗户的尺寸外，在航天器内放置合适的窗户可能有困难。

设计过程层次如下：

- 任务要求（目标、持续时间、乘员数量、位置等）和任务定义；
- 整个航天器配置；
- 内部舱的设计；
- 详细的设备设计（窗户、乘员住处、饮食膳宿等）。

8.2.5.2 任务要求和任务定义

设备排列、分组和布局将提高乘组安全和相互作用，并促进有效的操作。舱的布局和排列应基于使用经过验证的人因工程技术的详细分析。这些分析过程应包括下列步骤。

1）功能定义——确定在任务中需要产生的系统功能。

2）功能分配——设备、乘员和乘组岗位的功能分配。

3）任务和操作定义——确定乘组执行功能的任务特点和操作要求，包括：

- 频率；
- 持续时间；
- 顺序；
- 空间要求；
- 操作中人的动作要求；
- 邻近或重叠操作中潜在的交叉或冲突；
- 特殊环境要求；
- 隐私和个人空间。

4）太空舱内布局——使用上述确定的信息，太空舱内布局应当

a. 使相关乘员岗位的通行时间减少到最小。

b. 在每个岗位上适应可预期的行为水平。

c. 保障乘员健康、安全、操作和隐私时需要的隔离地方。

d. 提供一个安全、有效和舒适的工作和生活环境。

e. 将航天器环境的影响降低到最少，包括：

- 由于窗户布置引起的眩光；
- 使用设备划分通风区；
- 使用设备划分照明区；
- 由于噪声设备的放置太接近居住区产生的高噪声；
- 由于热源的位置太靠近乘组位置产生过多的热量。

8.2.5.3　整个航天器结构

由于不同舱段很可能具有不同的活动，因此多舱段的航天器要求编制各舱组合的详细计划。正如上述定义的，需要安排活动用于支持航天器的任务。可能使用分区的概念以划分功能区域。推荐将航天器配置划分成定义一般高水平特征的区域，比如：

- 工作区域（生活科学、训练、工作站等）；
- 私人区域（乘组住处、个人卫生、私人通信、废物管理等）；
- 社会区域（餐厅、舱内厨房、通信、任务操作、娱乐等）；
- 污染区域（大修工程、行星 EVA 活动、垃圾存储等）；
- 清洁区域（乘组住处、生活科学、舱内厨房；通常，该类区域将不暴露在任何碎片下）；
- 安静区域（乘组住所、所有私人区域、娱乐等）；
- 噪声区域（繁重的工作、维修，如环境控制和生命支持的子系统、垃圾存储等）。

尽管这些区域和功能许多方面可能是交迭的，但通常应基于最佳的交通流量、协同定位和划分需要对其进行划分（例如，私人区域应靠近社会区域，私人区域应在或靠近身体

废物管理区域，乘员住所应远离噪声、繁重的工作区域)。

8.2.5.4 舱的内部设计

建立舱内设施的解决方案，设计者需要考虑所有的周围影响因素。这些因素可能不同，但很可能是一般性操作、身体的包络面、附近的交通流量、邻近的操作、邻近的设施和环境条件。

8.2.5.5 设备的详细设计

对于每个设备要建立详细的解决方案，设计者需要考虑所有的周围影响因素。这些因素可能不同，但很可能是设备的活动、设备的操作、身体的包络面、设备交通流量、附近的活动、邻近的设施和环境条件。

8.2.6 多用途和重复配置的空间

由于许多航天器有质量和体积的限制，设计者应考虑建立多用途或能重复配置的空间，以提高航天器内部利用率，允许在相同的空间执行不同的任务。对于国际空间站是相类似的，这些空间可能被用于存储或进行比如睡眠或卫生的活动。

协同定位活动应与人的空间要求和他们使用的设备空间和配置的要求相互兼容。同样，行为应能被预先安排，以便应对在不同时间内可能出现的冲突行为。然而，时间和技能要求展开、配置和重新配置，比如空间，应被最小化。例如，应不花费时间把会议区变为睡眠区。如果这样做，乘组将寻找可供选择的解决方案，产生低于理想状态的配置。

空间多重使用的局限性如下：

• 兼容性——任务应和周围环境区域在身体和心理上都相互兼容。例如，马桶应不提供第二种功能，比如成为一个座位，因为这两种使用要求可能相互抵触，且这从社会生理和污染的观点上都可能是不可接受的。

• 卫生和污染物——一个行为可能污染到另外一种行为，比如身体废物管理和食物的准备。

• 时间——可能花费太多时间进行从一种功能转换到另一种功能的有效空间转换。

• 侵犯隐私——一个行为可能侵犯到乘员的隐私。两人做不同的工作，轮换共享相同的住所，这可能成为隐私侵犯的主要反对理由。

8.2.7 协同定位和隔离

如果可能的话，执行相关联功能的工作站应是彼此相邻的。在工作站内，被执行的行为将与周围环境行为和设施（比如，考虑到身体、视觉或声学的非干扰性）相互匹配。如果要提高整个操作、安全或乘员的隐私度，工作站将被划分或隔离开。

空间环境提供了许多特殊的设计约束，但一些方面的结构设计是与环境无关的，这些方面的结构设计考虑因素应与地面使用的设计考虑因素一致。布局的确定将考虑协同定位的情况或功能区域的划分。在长期飞行任务中，某些功能区域的协同定位已经出现问题，包括在国际空间站上。睡眠处的位置邻近废物和卫生设施，由设备产生的噪声可能影响乘员的睡眠。吃饭设施的协同定位与锻炼设备和废物收集设施邻近，可能危及到食物的清洁卫生和乘员放松地进食。在国际空间站上，脚踏车被布置在邻近厨房/起居室桌子的位置，并邻近乘员舱（如图 8.2－4 和图 8.2－5 所示）。

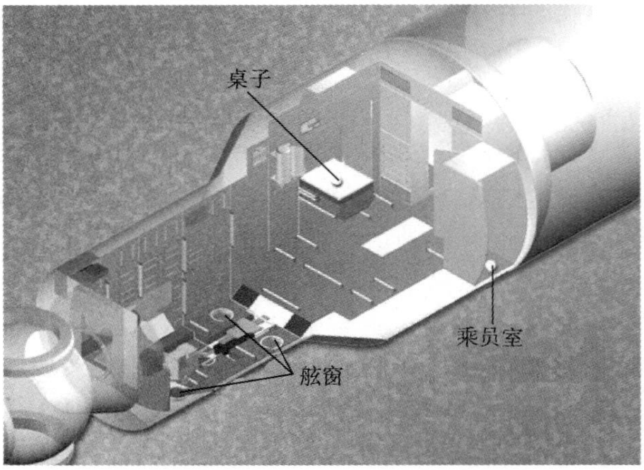

图 8.2－4　国际空间站星辰服务舱内部图示（JSC 2000－E－26922，2000）

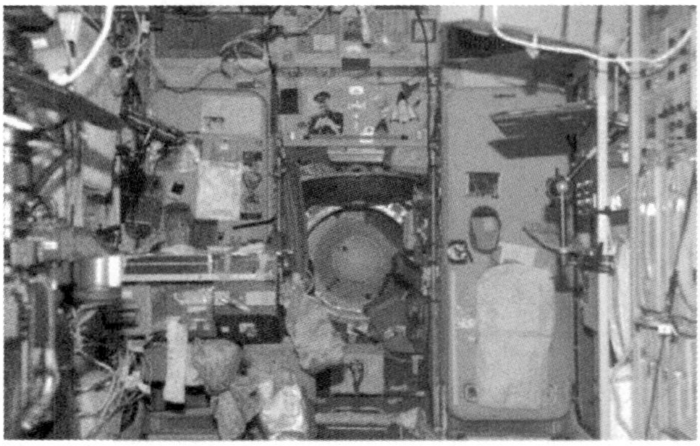

图 8.2－5　国际空间站俄罗斯服务舱的协同定位的餐桌（左）、跑步机（底部）、乘组睡眠区（左和右）和卫生间（距跑步机较远处）

就餐设施安排在邻近实验工作区的位置会危及到适居性和整个科研活动。由于食物残渣的进入和受控的实验环境的污染使整个科研实验结果大打折扣。频繁使用的传输通路已经被大的物品阻塞，比如锻炼设备。在高的交通流量区安置餐桌使得传输困难。在过去，这些区域由于可用的在轨居住空间和资源的缺乏已经被协同定位使用。然而，在空间的生存属性使得这个设计理念是次佳的。这个理念对于未来航天器的设计不是很有利，因为它可能导致许多操作危害。

需要考虑的协同定位要素包括：

- 相关联的功能——如果可能的话，相关联的功能区域应是彼此相邻近的。在国际空间站上，服务舱段的锻炼设备、卫生间、厨房和乘员居所的协同定位不理想。

• 持续功能——被用于执行持续职责的功能区域应被协同定位。相关的协同定位、持续性的职责工作区域能减少通行时间、通信错误和操作的延迟。例如，食物存储和食物准备区域应被放置在彼此相邻位置，使得重新获取食物进餐的时间可减到最少。

• 兼容性——在工作站的操作行为应与周围环境中的行为和设施（即没有妨碍到身体、视觉或听觉）相互协调一致。

• 邻近——当功能或执行的任务需要在邻近的位置完成时，功能区域应该被协同定位。例如，双领航工作站要求乘员之间相互作用，应该被协同定位；提供的食物应该在或靠近厨房区域位置，使得需要寻找物品去准备一顿饭的时间减到最少。

• 转换频率——乘组从一个功能转换到另一个功能的频率。

• 支持设备的共同状态——依据功能不同，共享支持设备的百分比。

• 交通干扰——一些乘组岗位要求高的进入和退出交通量的空间（人员或设备）。这些岗位的布置彼此相邻，可能导致交通拥堵和效率降低。

• 照明——来自一个活动中心的外界照明，可能干扰或者有助于活动，比如在一个相邻中心的实验、睡眠或光学设备。

如果可提高整体性能和/或乘员的安全，乘组工作站应被划分或隔离。

1）污染物——废物管理系统必须与厨房隔离，以减少食物残渣污染的风险。

2）物质冲突——一个站内的乘组交通流量、设备运转和活动限制了另一个站的活动。

3）环境冲突——一个站内的活动影响周围环境以致于相邻站内的活动被限制。这些环境影响包括照明、噪声、振动和热。

• 振动——某些活动，比如航天器控制、自动化操作和睡眠，将由于震动和摇晃而受到干扰。乘组工作站的这些活动区应该与重大的振动源相隔离。

4）噪声输出和敏感性——由乘员活动和伴随某种功能的支持设备产生的噪声，对执行另一种功能有潜在的干扰性。比如通信、睡眠和休息以及精神集中等行为受到噪声影响。产生明显噪声程度的活动或设施不应被放置在邻近乘组工作站的位置，在这些位置上这些噪声将影响乘组的活动。

5）隐私——某些个人行为，比如睡眠、个人卫生、废物管理和人员的交互作用要求一定程度的隐私。这些行为发生的私人区域不应被安排在通道或具有较高拥挤程度的活动中心。额外程度的隔离可能是非常需要的，特别是男女混合的乘组。当任务持续时间增加时，隔离和隐私的需要也增加。

6）机密性——一些事件（例如，医学会议）要求秘密通信，可能还需要视觉、听觉或数据的隔离。这些状况可能存在于乘员与乘员之间和乘员和地面之间的交互行为中。

8.2.8 重新配置和再使用

在航天器的生命周期内，功能可扩展和可变化的航天器可能被要求多次进行重新配置。高昂的发射代价限制了航天器进行替换的选择。结构设计应考虑重新配置的容易性和资源的再次利用。

保留——广博的见识，色彩和美学诉求的形象化描述的使用，文化的差异。

8.2.9 太空舱设计的特别注意事项

稳定的两舱构型是着陆舱设计时特别关心的，根据阿波罗任务的着陆数据，大约50%的时间会使用两舱构型构建着陆舱。稳定的两舱构型应与活跃的直立系统相对应。猎户座飞船采用的是乘员舱直立系统（CMUS），该系统中着陆伞的配置和展开可使航天器承担或保持稳定的单舱构型（直立状态）。

8.2.9.1 太空舱两舱构型的评估

JSC空间医学中心对猎户座两舱构型中乘员的身体姿势进行了评估。两舱内放置了着服、坐姿、束缚态俯卧（即面朝下）的乘员，一个周期内头部的位置取决于直立系统的功能、乘员从座椅和束缚装置中逃脱的能力和/或救援力量的到达时间。JSC空间医学中心通过地面模拟器，研究并考虑已知的生理变化和经历长期飞行后健康逐渐恶化的乘员的状态，评估了尚处于健康状态但健康状态逐渐恶化的乘员保持俯卧姿势的时长、由该姿势引起的束缚位置和生理变化结果。

根据医学文献调研，确定了几类地面模拟人群，其获取的数据可外推至航天员人群并给出相应建议。应用最多的和最类似的是通过D形环在背部中间固定悬吊，以进行全身摔落保护。这类装具用于特殊工作环境的安全保护，也可用于特定的娱乐休闲活动，包括高空工作人员或下潜人员（攀爬工人、建筑工人）、登山运动员、攀岩者、洞穴探险者和伞兵，在此不作介绍（Lee，2007）。这些装具的使用者都是年轻人或中年人，身体相对健康，可以与航天员人群形成较好的映对关系。另一个可能的模拟人群与航天员群体的相似性稍小一些，是由于外科手术（脊柱、肾、神经外科疾病）导致俯卧位休息的病人、术后恢复的病人（眼部黄斑孔闭合），或由于脓血症、急性呼吸困难综合症（ARDS）而需俯卧通风的病人。这类人群较不适合模拟航天员，因为病人的身体不够健康，且水平俯卧和偶尔轻微头朝下的姿势无法与两舱构型下坐姿引起的生理反应相匹配。

在职业医学和荒野医学文献中，描述了快速失能和潜在的致命医学综合征出现于受束缚且持续若干分钟到数小时保持静止不动的个体中（Orzech，1987；Roeggla，1996；Seddon，2002；Lee，2007；Roggla，2008；Turner，2008；Werntz，2008）。这类综合症有数个名称，如悬吊装具综合症、悬吊损伤、装具致病病理学（Seddon，2002；Lee，2007；Werntz，2008；Turner，2008）。这类综合症是由身体对静止不动姿势的生理反应引起的，身体不动姿势是指垂直还是半俯卧姿势，这要看装具的哪个部位与滑轮/绳索连接（Seddon，2002；Lee，2007），其主要的潜在机制是由直立位血压过低引发的。经美国职业安全与卫生管理局（OSHA）核准的标准下落保护装具在背部中间有悬吊点（Turner，2008），其身体姿势与两舱着陆舱构型的CEV座椅内束缚态乘员的姿势相似（图8.2-6）。受航天器尾部的质量所限，两舱构型并不是将单舱构型调转了180°，乘员的头部处于轻微上抬的位置。大多数文献中未详细说明受试者悬吊时的角度，背部中间安置D形环的全身悬吊装具的标准是悬吊后与垂线呈30°～50°（Seddon，2002）。图8.2-7即全身束缚后与垂线呈41°（引自Lee，2007）。

HHS用于描述悬吊状态的人处于静止不动或无意识状态5～30 min，由于腿部缺乏充

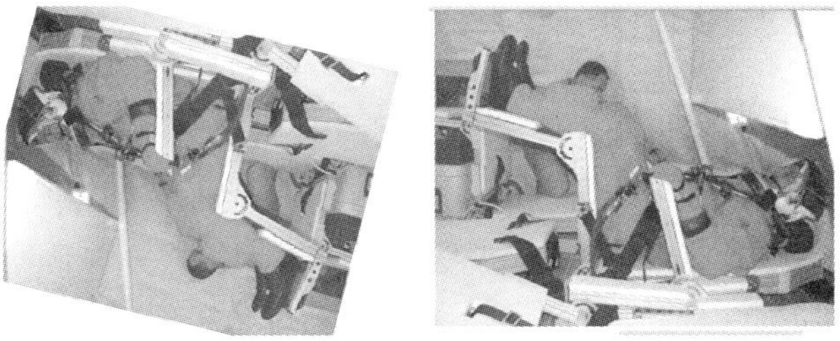

(a)两舱构型猎户座座椅的近似位置　　(b)是正常位置下猎户座座椅构造

图 8.2-6　两种猎户座座椅的对比情况

图 8.2-7　OSHA 核准的全身悬吊装具，D 形环连接点在背部中间，来自美国国立职业安全与健康研究所（NIOSH）开展的一项研究（引自 Turner 等，2008）

分的运动而导致静脉血液从腿部回流至心脏的动力不足（Seddon，2002；Turner，2008）。实验中此类症状很快会出现（3.5～10 min），初期表现之一为认知受损，使得被悬吊的人难以配合救援人员的行动（Werntz，2008）。症状从普通的不舒服发展到大量出汗、恶心、头晕、潮热、脑功能受损并迅速恶化，呼吸困难，心动过速，进而心律失常，伴随血压突然上升和意识丧失（Lee，2007；Werntz，2008）。如果受试者意识丧失后不能迅速将他们从装具上解除下来，那么估计受试者可能在几分钟之内死亡（Werntz，2008）。HHS 幸存者的个案报道还描述有急性肾衰竭、凝血障碍、拖延循环障碍和长期认知受损，然而这些症状可能由所报道案例中其他存在的伤害引起（Roeggla，1996；Werntz，2008）。

有针对在受控模拟环境中佩戴装具的受试者的研究，也报道了上述症状在 3.5～10 min内的快速出现，只有极少数受试者（极其健康）能佩戴装具 30 min 而不出现意识丧失的症状（Werntz，2008）。一般 7～30 min 后可能出现意识丧失（Lee，2007）。

在另一项研究中，Roeggla 等评估了使用胸部装具悬吊时的心肺反应，并注意到悬吊 3 min 后平均强力肺活量降低了 34%，平均强力呼吸量降低了 30%，平均呼气末 CO_2 增加了 12%（伴随着动脉氧饱和无变换），平均心率下降 12%，平均收缩压下降 28%，平均舒张压下降了 13%，平均心输出量下降了 36%（Roeggla，1996）。作者推测，所观测到的血液动力学和呼吸损伤的潜在机制并不仅是与重力关联的静脉血液，还主要由于胸部束缚压力导致的胸内压升高，同时伴有心脏内反射活化（比如 Bezold - Jarisch 反射），这也解释了心率下降的原因（Roeggla，1996）。

Orzech 等在阿姆斯特朗航天医学研究实验室（Harry G. Armstrong Aerospace Medical Research Laboratory）开展了 3 套下落保护装具的研究，包括全身装具，用以评估其生理学效应和长期、静止不动悬吊的受试者的主观反应（Orzech，1987）。当受试者使用全身装具悬吊的时间平均达 14.38 min 时（5.08～30.12 min），会出现头晕和恶心现象，这是引起实验中断的主要原因（Orzech，1987）。

Turner 等（Turner，2008）在美国国立职业安全与健康研究所（NIOSH）开展的一项研究中发现，受试者使用全身装具、束缚点在背部（如图 8.2 - 7 所示）悬吊后大腿中部围度增加了 1.9 cm，每分钟呼出量降低了1.5 L/min，心率变化了 21.6 bpm，平均动脉压降低－2.6 mmHg。95%的受试者可以忍受悬吊 11 min。80%的实验是由于医学指标容忍限值终止的，该指标定义为收缩压降低 20 mmHg 以上、舒张压降低 10 mmHg 以上、心率增加 28 bpm 以上、心率降低10 bpm以上、脉搏压力降低至 18 mmHg 以下，或有其他迹象和症状，如呼吸短促、恶心、头晕眼花（Turner，2008）。研究还发现体重对于个体可忍受的时长有统计学显著性，未发现性别差异的影响（Turner，2008）。

可能的悬吊装具综合症的生理学机制主要包括动脉威胁和呼吸威胁，如下所列。

（1）动脉威胁

在全身装具使用时发生的 HHS 不良影响的主要生理学来源被认为与由重力因素导致的下肢静脉血液回流不畅有关，这可导致有效血液循环量减少 20%和相关的功能性血容量降低（Seddon，2002；Lee，2007；Werntz，2008），进而引起立位血压降低（心率增加、血压降低）。腿部固定不动导致回流至心脏的血液减少，降低了心脏预载荷和输出量，导致对重要器官，如脑的血液灌注减少，从而引起缺氧性损伤（Seddon，2002；Lee，2007；Werntz，2008）。立位血压降低时由于意识丧失导致跌倒但平卧可使全身血液重新分布，与其不同的是，穿戴装具的受试者无法平卧，因此无法给重要器官重新提供足够的血液灌注（Seddon，2002；Lee，2007）。

此外，作为全身装具的一部分，大腿或腹股沟束缚带被认为压迫了股动脉，进而导致腿部静脉和淋巴部分血液回流减少（Seddon，2002；Lee，2007；Werntz，2008）。

（2）呼吸威胁

装具对腹部和胸部的压迫导致胸内压和腹内压增加，这将制约胸部和隔膜运动，引起换气能力降低，前面提到的肺功能降低也可以证明这一点（Roeggla，1996；Werntz，2008）。

（3）其他影响因素

外伤、血液流失、脱水和其他可引起意识丧失的因素都可导致下肢静止不动，并成为HHS中观察到的现象的影响因素（Seddon，2002；Lee，2007）。

8.2.9.1.1　救援时间和可能的对抗措施

参考文献中提到“静止不动且穿戴装具悬吊的人是处于医学紧急状态的，只有数分钟可用于实施救援避免HHS发生”，并且提及所有使用装具的工作场所都应该有“具体的可快速实施的救援计划”，因为“等待工作地点之外的救援人员，如消防局或救援组的到来，会使救援工作进展缓慢，因此这也是一个不充分的计划”（Werntz，2008）。NIOSH推荐“确保不超过5%的工作人员出现相应症状，救援必须在11 min内到达”（Turner，2008）。给使用装具洞穴探索者的建议是，在发现探索者出现不稳定情况或遇到无法解决的装备问题时，3 min之内开始救援计划。处于相对脱水状态、更容易受立位血压过低影响的健康状态恶化的乘员会比地面同类人群更容易出现症状。因为救援船有可能没有在CEV着陆后数小时内达到，所以直立系统能在数分钟内开始工作便显得至关重要了。

一份标题为“悬吊损伤/立位不耐受”的《OSHA安全与健康信息报告》中推荐，如果穿戴悬挂装具的工人无法及时获得救援，应训练工人保持频繁的腿部运动，通过活动腿部肌肉以减少静脉血淤积。这对不适应地面重力、健康状况恶化的乘员来说有些困难，此时乘员的脚被趾固或踝扎束缚在座位上，以着陆后难受的身体姿势忍受着前庭功能变化，及舱体落在水面上波动带来的运动病。

另一个可能的对抗措施是减少血液从腿部运动到心脏的距离以克服立位血压降低，例如假定乘员坐姿且腿部弯曲（Lee，2007），这与联盟号飞船上乘员坐姿相似（图8.2-8）。

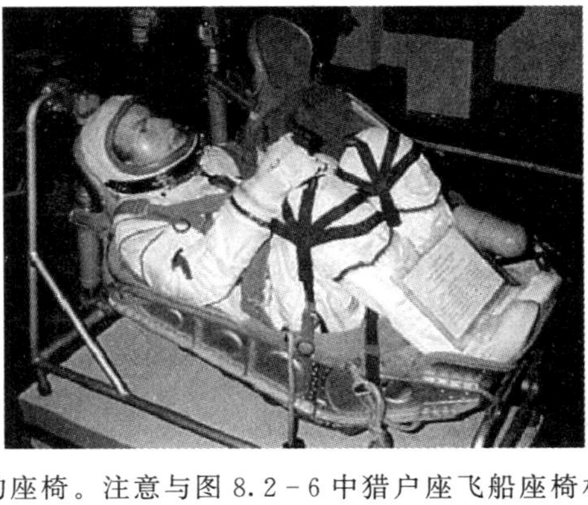

图8.2-8　联盟号飞船的座椅。注意与图8.2-6中猎户座飞船座椅相比，乘员的髋关节和膝关节屈曲角度更大

8.2.9.1.2　治疗注意事项

对于救援后如何接近佩戴装具悬吊着的病人，目前并没有一致意见。有些作者提倡对于悬吊不动超过30 min的病人，救援后应使其保持坐姿30 min而不是仰卧位。将被悬吊

者放置至仰卧位被认为可能会引起“救援死亡”，这种现象的原因可能是腿部血液重新进入循环系统后，由于血液缺氧引起缺血性心力衰竭。悬吊会导致右心室过载、器官发生再灌注伤害的症状出现，或从缺氧血液中释放毒素进而导致腿部血液淤塞，这些都可能导致“救援死亡”（Seddon，2002；Lee，2007；Werntz，2008）。如果飞行器和乘员较长时间地保持两舱构型，这也是乘员救援程序中须考虑的注意事项。

8.2.9.1.3 长期失重的影响

经历了长期飞行任务的航天员在返回地球时已处于健康恶化状态。其具体表现为立位耐力、肌力、需氧能力和骨密度下降，而且飞行后头部运动极易诱发前庭神经系统改变，进而引起失定向、恶心和呕吐。长期飞行的乘员也反映，在返回初期他们的本体感觉能力下降。这表明他们支配肌肉的能力受到影响，动作不流畅。因此，由于对重力及其自身体重尚不习惯，乘员可能希望胳膊和腿完成指定动作但身体却无法支配肢体。此类影响在重力再适应数分钟到几小时内会快速缓解，但会导致乘员初期身体活动不稳定不协调，见天空实验室医学操作计划报告（NASA/TM-2009-214790；p.47）和国际空间站上长期飞行的乘员的报告（人员交流）。综上所述，可从几个不同方面证明乘员健康状况下降，这使乘员更易受到伤害且缺乏生理储备。因此，着陆后的活动安排应充分考虑这些弱点，不给乘员施加不恰当的压力。

8.2.9.1.4 影响因素

若干因素均影响着装具悬吊的综合症的严重程度，和/或产生不同于上述研究报道的效应。这些因素包括：

- 乘员或研究中的受试者未能被放置到直立位；
- 乘员可以蹬脚踏板以便产生肌肉收缩促进血液流动；
- 束缚系统的着力点可能会阻碍血液流动，但服装可能对着力点处起到一定保护作用；
- 束缚系统可能会使乘员体重分布更均匀，以防止局部受力；
- 长期飞行后，由于两舱构型中姿势的影响，乘员在生理上更易受伤；
- 飞船舱内和服装内环境可能通过热应力对乘员造成生理伤害；
- 海面情况会加剧神经-前庭功能紊乱。

8.2.9.1.5 结论

基于多项地面研究结果和长期飞行乘员健康状况下降的报告，约翰逊（JSC）航天医学中心确认症状会在 3.5 min 内出现。乘员需知晓直立系统是否可正常工作或在此时限内无法工作，这样可以在认知能力下降前确定最好的活动过程。航天器应可在 7 min 内使自身到达直立位。如果该系统失效，则乘员将被迫自己解除束缚装置，以避免症状加剧，防止可能的失能现象出现。如果乘员必须自己解除束缚装置，则可能受到伤害；而且如果飞行器处于直立状态而乘员处于无束缚状态，则出现伤害的风险会显著增加。最后，如果乘员处于两舱构型姿势较长时间（15 min 以上），救援工作将被作为医学紧急情况开展。

8.2.10 长期航天飞行对结构的影响

设计用于长期航天飞行任务的航天器结构需考虑一些对短期飞行任务而言并不重要的因素。长期航天飞行任务定义为飞行时间超过 30 天的航天飞行，但应该更关注飞行时间远远超过 30 天时的影响因素。长期航天飞行任务关注的焦点是适居性和人因问题，也包括一些其他方面，如通信延迟、行为健康和绩效、生理学和医学问题。本节重点关注长期飞行对航天器结构和空间设计的影响。

航天器和乘员舱的设计可极大地影响乘员身体和心理的需求与舒适程度，进而影响适居性。不舒适的感觉可来源于生活和工作的空间不够、私密通话和任务通话的干扰、嗅觉丧失、硬件和软件界面混淆使用引起的挫败感和其他刺激（Beaubien & Baker，2002）。这些不舒适的原因对于不得不忍受长期飞行所带来的隔离环境的乘员变得更加重要（Celentano，Amorelli，& Freeman，1963；Connors，Harrison，& Atkins，1985；Fraser，1968；Harrison & Connors，1990；Stuster，1996，2000，2010；Whitmore，Adolf，& Woolford，2000；Whitmore，McQuilkin，& Woolford，1998）。研究表明隔离环境会影响人体多方面的机能，如睡眠节律、免疫功能、对环境的心理适应能力（American Bureau of Shipping，2001；Lane & Feeback，2002）。这些因素都会潜在地引起乘员安全性下降、工作效率降低和满意度降低。

长期飞行任务对航天器的空间布局设计的最初影响体现在后勤供应和子系统上（Fraser，1968）。例如，长期飞行任务要求食物和衣服的供应量更大。任务的详细规划将决定这类需求是否会影响航天器的空间和布局，但在设计阶段应考虑这些概念。长期飞行任务对子系统提出了不同的要求，例如环境控制和生命支持系统，其安装位置会影响乘员的可活动空间。长期飞行任务中存储物品的增加会对适居性有一定的影响（Novak，2000）。

飞行任务时长的增加也会影响乘员完成某些任务所需的空间。目前还不能确定受影响的具体任务和影响的程度，但应考虑飞行时长对乘员完成任务的潜在影响，包括所需空间、任务操作频次；并通过任务分析确定对其他任务的影响，这点很重要。例如，飞行时长增加会导致锻炼方案改变，这也会引起相关活动的空间分布和程序安排发生变化。类似的，飞行任务时长也会影响卫生活动，伴随着航天器构型变化以适应任务需求。上述举例的影响对象会随长期飞行任务不同而变化，但设计人员在设计阶段必须充分考虑任务时长对乘员任务安排的影响。

除了考虑完成任务所需的最小物理空间，还应考虑航天器空间布局对乘员行为健康的影响，尤其在长期飞行任务中，这点很重要。心理刺激对居住舱设计的影响包括空间分布、工作场所设计、环境的整体和独立控制、感觉剥夺和单调性、社会环境单一性、乘组组成、生理和医学问题，以及应急准备（Simon，Whitmire，Otto，& Neubek，2001）。这些于 2011 年 4 月 18～21 日在得克萨斯州休斯顿举行的可居住体积研讨会中有详细的讨论。表 8.2－5 为关于心理压力和对应居所设计指导的讨论结果。该表列出了影响居住舱设计的心理因素，并给出了相应的设计指导。但该表不是对行为健康考虑因素的全面列表，也不是必须的居住舱设计原则。

表 8.2－5　不同心理因素的居住舱设计指导

心理因素分类	居住舱设计指导
缺少个人空间/缺少私密空间	给每个乘员提供个人的、独立的睡眠/私人区域，有 w/听觉隔离措施（强制性的）和物理隔离措施（如果可能）
	在舱内有独立的区域
	优先考虑将私密空间与其他通用空间、社交区域和拥挤的通行路径隔离
	私密空间的视觉隔离以便提升对私密性的理解
	轮班制
感觉“拥挤”	通行流量高的区域的隔离
	适当的任务规划/任务分布
	在整个环境中划出专门的通道
	增加空间体积或其他维度尺寸，以便增加实际的/感知到的空间
	轮班制
废物收集和个人卫生活动区域缺乏私密性	用于废物收集和个人卫生清洁专用的、私密的空间应远离就餐区和医学检查区
	废物收集和个人卫生活动区域应远离通道
缺少有意义的工作/活动	对每个人的工作目标、进程和成果进行个体发展规划
	空间和资源的分布应与个人的工作和活动（即科学，实验设备，电子手册等）相匹配。每个人应拥有自己的工作区域，材料应放置在易取用的地方且应改进其功能
	飞行试验中应提供取放样品和工具的空间。其他影响空间的因素可能包括存储数据的电子设备（工作站和硬盘）和望远镜。还需要有返回时存放分析所需样品的设备
货物放置不当	确保各类货物放置在其使用位置附近（即食品靠近就餐区）
无法独立控制温度、通风量或照度	不要把所有的材料都放在一个地方； 在乘员区和工作站都布置可个人调控的通风口
由于文化差异、个人空间偏好等无法重新构型	乘员居住舱和家具的可重构包装
	模块化设计，可适应不同活动类型的不同位置需求
缺少刺激/感觉差异	窗户（提供与地面接近的高品质的视觉刺激，但限于长期任务中应用）
	虚拟视窗——用于空间观测的相机、陆地观测的视频、望远镜
	“全甲板”或其他实际的沉浸型环境
	在居住舱内形成增强的空间深景
	提供光照、色彩和其他视觉措施，以增加感觉刺激
	温室或其他植物和自然元素的触觉、视觉、味觉和嗅觉的引入
	内部采用不同表面，以保持触觉刺激
	提供音乐设备和音乐资源，以中和舱内声环境
	增强锻炼系统，以纳入虚拟体验
社交隔离/缺少公共区域	锻炼设备和“大踏步走”区域的空间分布
	娱乐公共区域，足够大，可以容纳所有乘员同时娱乐
	提供“电视”（或同类设备），让乘员可以一起看电影数据（电影数据可从地面上传，这也可提供感觉刺激）
	可供所有乘员同时进餐的公共区域，要足够大。可与娱乐区域共用（适当修改后）。需要提供用于食物准备的厨房

续表

心理因素分类	居住舱设计指导
与家人的通信受限	每个乘员隔间都应提供通信设备
	应提供声音和文本处理设备
	为“全甲板”提供空间，以保证与家人的视听联系
	提供放置家人照片的私密空间
乘组组成	乘组特征（团队规模、性别构成、工作任务和文化背景）在任务前被就确定并且不随任务变化而变化，在定义居住舱需求时应考虑进去
缺少卫生隔离	提供清洁区（医学处置、食品准备、乘员个人区等）和污染区（卫生区、垃圾区等）的隔离。医学处置区域应隔离生物污染物（污染）区域和消毒（清洁）区域
	提供嗅觉或其他类型的隔离，以防止清洁区的污染。这包括封闭的、隔离的通风区域
缺少“备份计划”/“救援程序”	推荐使用独立模块（推荐使用多艘相连的飞船；两艘猎户座飞船，资源舱在中间相连）
	舱口的位置可以让大家依序逃逸
	提供防辐射保护

长期飞行任务中考虑设备的布局和构型与乘员的整体活动空间一样重要，这也同样适用于任何时长的航天飞行任务。布局优化时应考虑任务频次、任务重要程度、任务顺序和功能分组（Sanders & McCormick，1993）。在长期飞行任务中，相比于短期任务，设计者更应考虑任务或设备改变的可行途径。基于任务分析和操作概念进行硬件布局，即使在设计早期，布局也必须作为设计前提记录下来。

8.2.11 研究需求

• 要保持子系统设计工作的一致性，就必须提供任务所需空间的标准列表。该表应包括不同设计基准任务中的预期任务，并注意到长期飞行中哪些任务尤其重要。列表还应包括长期飞行预期会影响到的子系统，这反过来会影响到航天器的空间和布局。例如，额外的食品和衣物存储需求增加。

• 本报告中定义的长期为超过 30 天。但是，长期飞行任务可能需要其他类型的分类。目前还不存在长期任务的其他截止日期，但应纳入后续工作中。

8.3 位置和定向辅助设备

本节提供的设计指南可适用于所有重力环境，用于定位和定向辅助。

8.3.1 位置编码

航天器在其内部必须为每个预定的位置提供唯一的标识符。在航天器内，位置编码提供一种清楚查找不同位置的方法，为乘员通行或装卸设备提供通信和获取位置的工具。航天飞机位置编码的一个示例是中间甲板锁扣装置的编号方式，在 JSC 26419（《航天飞机项目》，2004）中有明确规定：MF28H 锁扣装置位于中间甲板（M），前（F）表面，距右侧表面总宽度的 28%，以及距表面顶部［H 显示 8 个按字母次序排列的、距顶部 6 in (15.2 cm）的增量］的 48 in（122 cm）（如图 8.3－1 所示）。

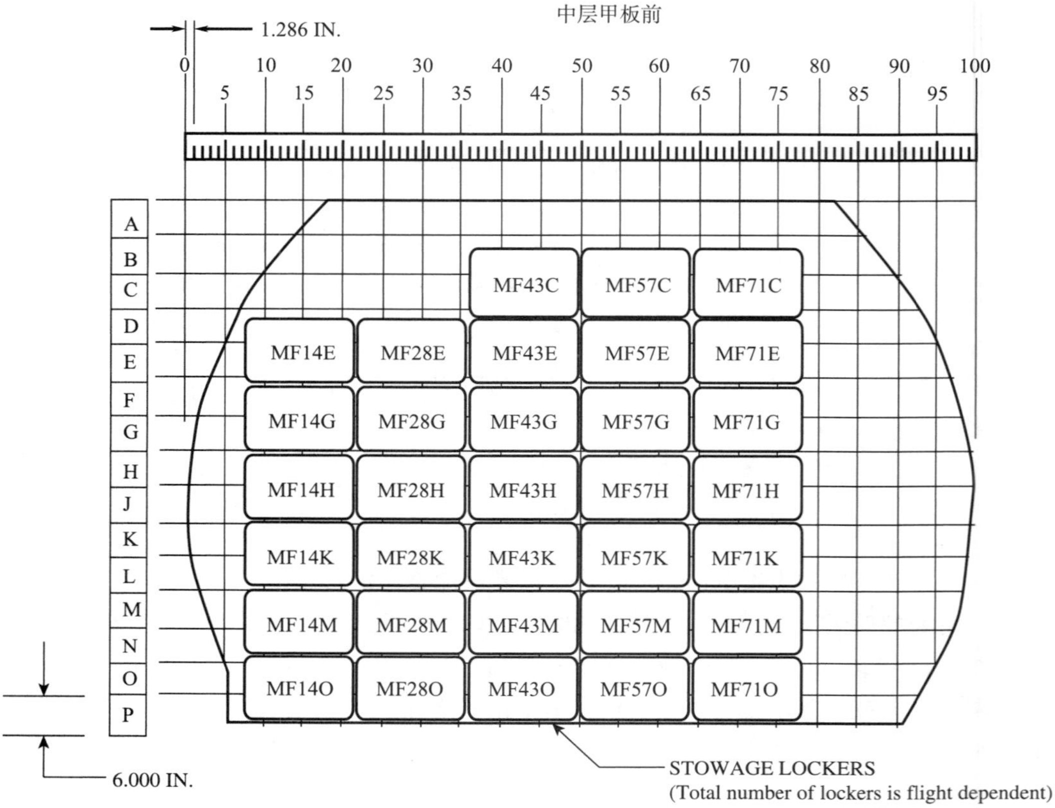

图 8.3－1　航天飞机中部甲板位置编码（《航天飞机项目》，2004，JSC 26419）

由于在飞行员工作站存在窗户、显示器和控制器，飞行甲板有略微不同的编码设计方案，在表 8.3－1 和图 8.3－2 中有详细说明。

表 8.3－1　航天飞机甲板位置编码

表面	通用编号方式原理
L—左 R—右 C—中心控制器	• 顶部到底部，前面到尾部的编号
O—在顶部	• 左到右，前面到尾部的编号
F—前面 A—尾部	• 左到右，顶部到底部（面向表面）的编号
W—窗户	• 前面窗户是左到右的编号（W1 开始到 W6 结束）面向前方 • 高处窗户是左到右的编号（W7 和 W8）面向尾部 • 尾部窗户是左到右的编号（W9 和 W10）面向尾部
S—座位	• CDR 的座位是 S1，PLT 的座位是 S2

注：来自（《航天飞机项目》，2004）(JSC 26419)。

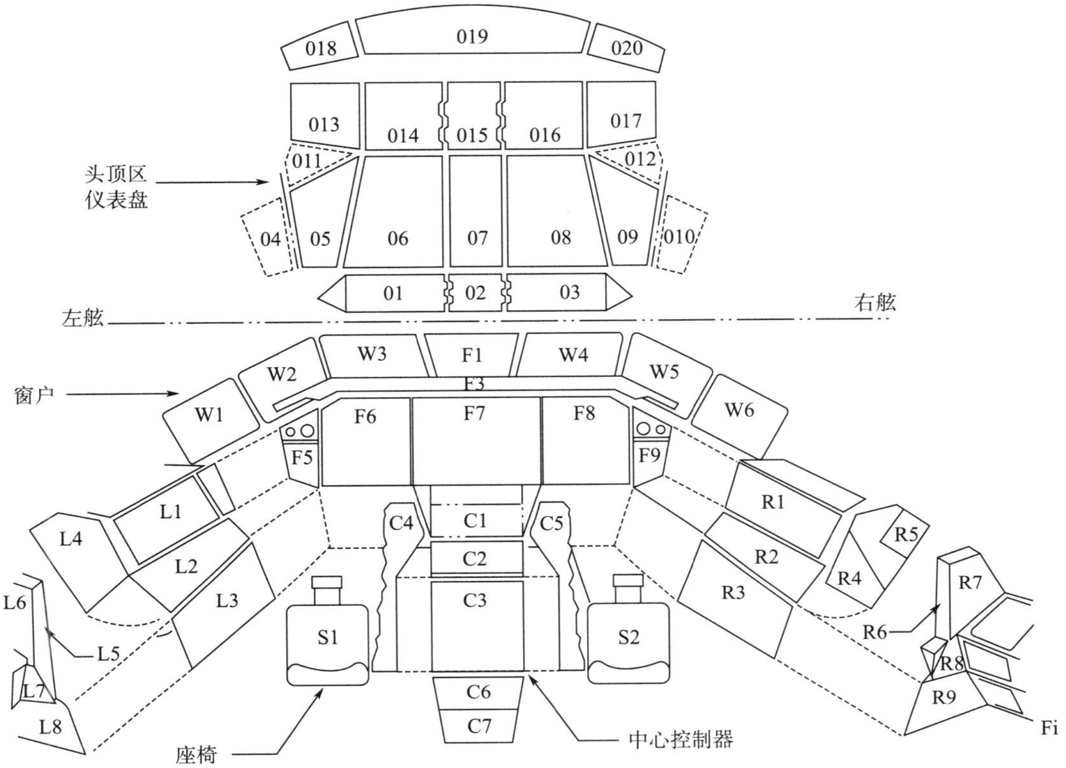

图 8.3-2 航天飞机飞行甲板位置编码（《航天飞机项目》，2004，JSC 26419）

8.3.2 定位

在乘组工作站内，统一的定位必须包括使乘组失定向降低到最小的设计和使乘组的执行更方便的设计。只要在零重力下有可能，一个统一的方向定位应被建立在工作站和整个航天器之间。反之，这是一种在 1 g 环境下的假设，在零重力环境下，人的工作位置可能有或没有更多的灵活性。

错误的定位会导致：

- 空间失定向；
- 降低乘组的执行能力；
- 空间运动病；
- 不安全的紧急操作。

正确的定位将使得：

- 工作执行能力提高；
- 更快速的定位设备和相邻的工作站与舱；
- 更安全的紧急状态。

在 1 g 环境中，定位主要基于重力和视觉情景的极性。在地球上，视觉线索，比如建筑物、树和人，以预计的方式在有重力的状态下进行正常排列。一个熟悉的视觉环境，比如面部或印刷好的课本，当它倾斜超过大约 60°时（Corballis 等，1978）识别是困难的。在零重力下，在环境中的乘组和对象都可能在任何方向上，不熟悉的角度经常出现。这经常导致乘员的空间失定向、运动病和混淆，以及乘组绩效降低，在紧急情况下，这可能变得危险。失定向也可能发生在重力环境下，但它最典型的是发生在到多种相邻区域的视线不可能是直线的环境下。合适的定位和位置意识对执行任务是重要的，比如定位设备和从一个区域到另一个区域移动设备。航天器将被设计来提高方向和位置意识，这些都依赖于重力环境和航天器的尺寸大小。

8.3.2.1　建筑特点

建筑特点能提供强视觉线索，通过确定水平和垂直参考面帮助定位。

能建立视觉平面的常规建筑特点的示例包括：

- 内部结构；
- 墙、天花板和地板；
- 工作站和工作表面；
- 堆装物和补给物；
- 舱口和窗户（非圆形的）；
- 管道；
- 照明；
- 椅子和工作台。

主要通过视觉和有效的线索确定方位。当在零重力环境下开展设计时，以下几种定位因素将被考虑。

1）工作站定位要素——当乘员的头部沿径向水平转动时，工作站必须提供给乘员相同方向的用户界面要素（图 8.3-3）。应有一些方向依赖组件维持一致的工作站要素方位，使乘员去执行任务所需的旋转调整降低到最低，比如读标签和显示器。不一致的和各式各样的显示器和控制器定位可能造成操作延迟和误差。假定一些复杂的操作（例如，领航），所有控制器、显示器和标签提供一个单一的定向也许不可能，但每一次尝试的效果将在设计中被确认，使乘员所要求的重新配置减少到最少，以有效地执行任务。主要涉及零重力，这意味着所有在工作站的设备与乘员的头部排列一致。甚至如果头部发生转动，在工作站中操作的乘员仅需要使身体略微倾斜和摇摆，以调整他们的身体方向，并不需要使身体滚动。如图 8.3-4 所示，在相同区域的工作站应共享相同的方向。

2）视觉划分——对于邻近工作站的视觉划分必须被提供，以预防错误使用邻近工作站要素。例如，物理性缺口、彩色代码或外形轮廓。

3）视觉定位线索——乘员需要容易读取视觉线索，以帮助他们快速地调整自己的方位，到达“正常”的位置。这些视觉线索应确定水平或垂直参考平面。

- 在一个乘组岗位内部，视觉线索允许快速调整定位，来进行有效的操作。
- 当相邻的乘组工作站在垂直方向有 45°或更大角度的不一致时，则视觉划分需要防止疏忽使用其他工作站要素。

4）操作线索——通过提供两个空间、功能和任务之间定位的无缝转换，空间站的结构能提供一个直观的和自然可视的线索系统。

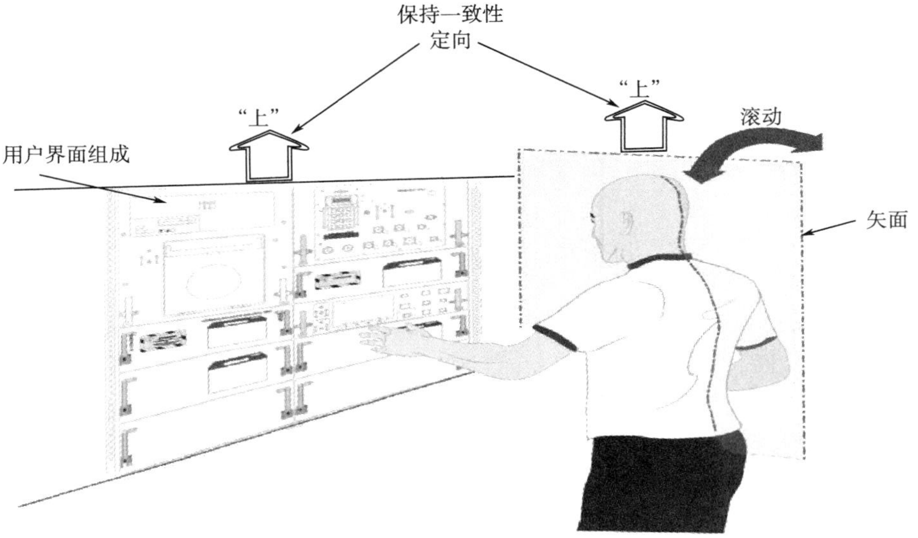

图 8.3-3 乘员头部的定向和径向平面

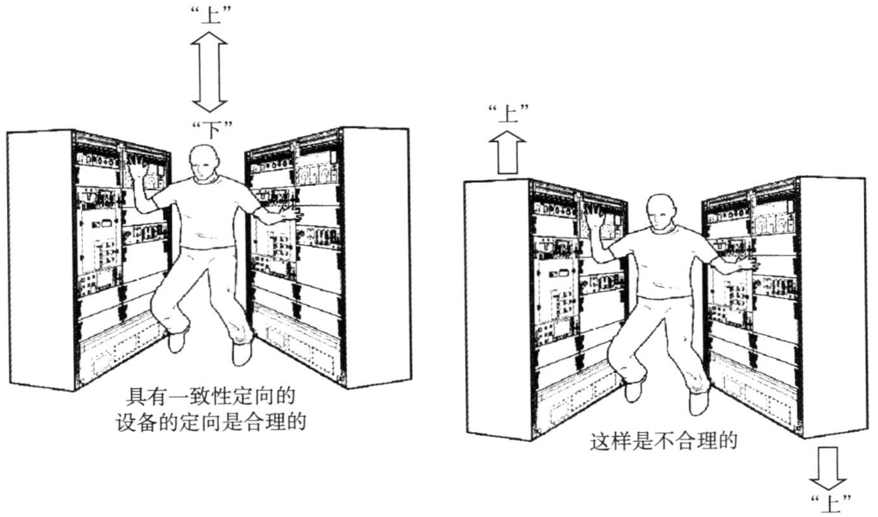

图 8.3-4 在工作站或活动中心内设备方向一致性

图 8.3-5（a）清楚地提供了基于要素的划分和排列的上和下的感官认知。图 8.3-5（b）不提供上和下的任何线索，因为没有目标被放置去支持这样的概念。

天空实验室中的一个舱，即在轨工作站（OWS），有一个一致的垂直位置；而另一个舱，即多对接器（MDA），就没有一致的垂直位置。研究表明，与在 MDA 上相比，乘员可更快速地适应 OWS 的定位。乘员在 MDA 上要比在 OWS 上花费更长的时间来定位特

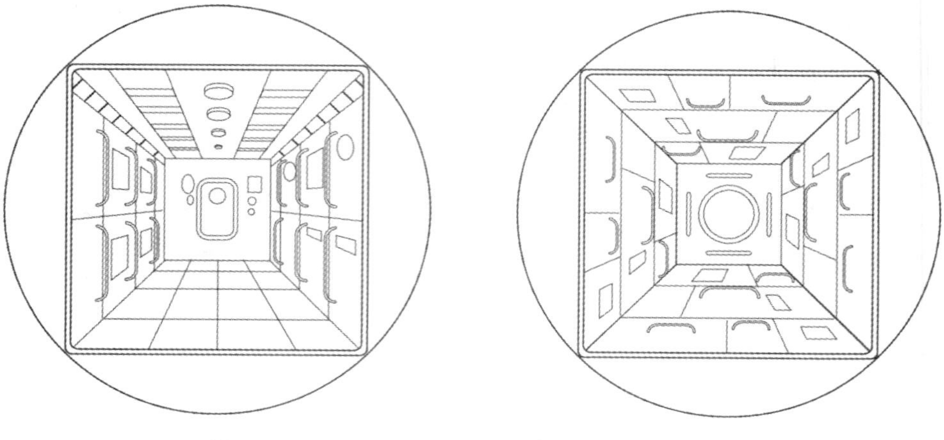

(a)　　(b)

图 8.3-5　(a) 在零重力下建筑特征提升了参考平面（上和下）；(b) 没有目标提高上和下的感官认识

殊的存储器。

要谨记，在任务运营期间设备与其他堆装物的集合可能隐藏一些参考面。设计者需要预计糟糕事件情景集结，从而建立能克服主要内部变化的参考面。

另外，针对整个建筑特征，需要额外的定位辅助来促进定向和定位，从而提高乘组绩效、支持紧急程序、避免风险，并对区域或工具有更好的理解。

额外的定位辅助装置示例包括：

- 颜色和底纹；
- 标签——系统、舱、方向的标志（右舷、端口、最低点等）；
- 发光体——出口附近、通道、紧急路径，定义"上"等；
- 符号和记号。

上述列出的大多数额外的辅助定位设备被考虑过动态使用的情况，在任务执行期间可被重新排列。灵活地组合这些辅助设备很重要。

8.3.2.2　颜色和底纹

颜色和底纹是被推荐的特征，通过在舱内组合使用提供较好的定位。在国际空间站的设计中，颜色已经成为一种定向和寻路的有效方式。通过在日本、欧洲和美国舱的内部圆锥体上涂层的应用，一个提供从航天器任何位置逃离的视觉线索和通路的计划被开发出来。图 8.3-6 描述了美国命运实验室和国际空间站联合节点舱的圆锥体涂层。

在国际空间站舱内，照明和色彩的组合也被用于建立和创建"局部垂线"。照明组件从乘员的方位"上方"提供提供光照。深色的涂层被应用于设备的支架上，使建筑有一些"重的"感觉，从而建立一个"向下"或地板的感觉。

色彩的选择受到文化的影响，这在国际空间站俄罗斯舱段内得到最好的验证。继承了俄罗斯空间站 Mir 的特点，星辰舱使用了与地球相关的的绿色、棕褐色和棕色——较亮的颜色帮助增强了"上"的感觉，而较深的颜色增强了"下"的感觉。

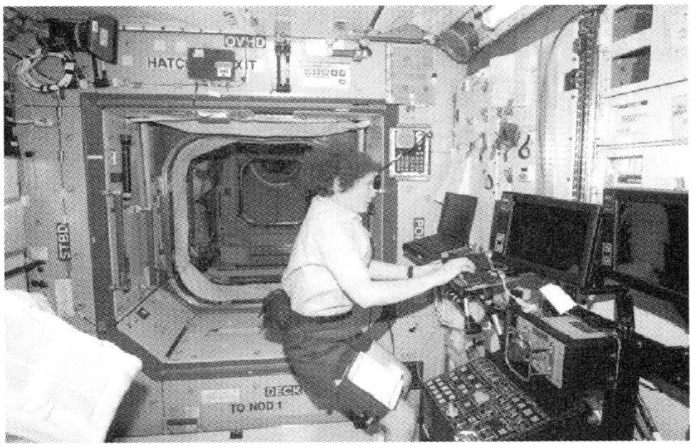

(a)命运实验舱

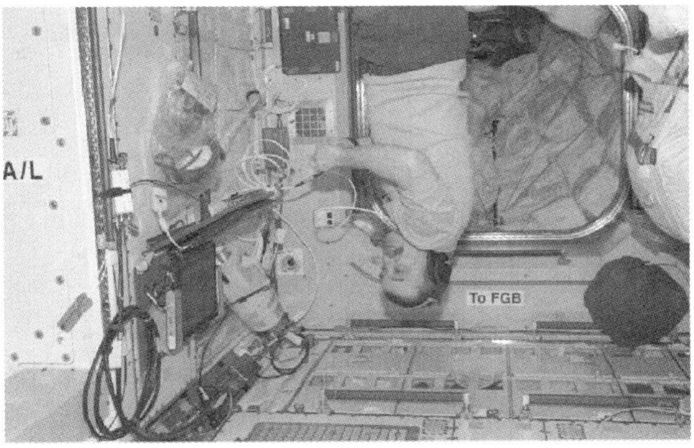

(b)联合节点舱

图 8.3-6 国际空间站舱圆锥形涂层和标签应用。(a) 航天员 Susan J. Helms，远征 2 飞行工程师，在美国实验室/命运舱内使用笔记本电脑工作（照片编号 ISS002-E-5478，2001 年 3 月 30 日）；(b) 航天员 Mikhail Tyurin，俄罗斯联邦航天局的 14 个飞行工程师之一，他漂浮在国际空间站的联合节点舱内使用通信系统（照片编号 ISS014-E-12521，2007 年 1 月 21 日）

在空间中由于方向和运动是任意的，零重力环境提供了额外的工作表面。空间任意的方向将要求设计者在空间的任意一点建立结构和额外的可见定向辅助设施。由于设计者不能预计在任何特殊时间下乘员所处的位置和方向，当乘员在确定的位置时，防止关键视觉线索和辅助设施被隐藏是至关重要的。

在 1 g，发射前和着陆后不同的航天器方位将要求设计者建立与使用 90°～180°变化范围内相同功能的方位和位置特性。方向和位置辅助设施必须被提供，用于支持在 1 g 下的乘员和地面人员。地面人员可以在飞行之前或飞行之后进入到航天器开展配置、确认、维修或紧急处理的工作。

8.3.3 研究需求

保留。

8.4 转移路径

8.4.1 引言

本节为通行流量和转移路径提供设计指导方针，适用于所有重力环境。

8.4.2 总则

转移路径涉及舱体或功能区域之间物理连接和路径。

航天器必须有转移路径来支持正常日常活动和紧急情况，适用于着航天服和不着航天服的两种情况。

转移路径的合理设计和应用将提供：

- 增强的乘组操作能力；
- 优化物资管理和移动；
- 避免通行阻塞；
- 优化紧急事件处理程序。

记录详细的通行流量，比如周围的活动、在通行中的乘员数量、乘员彼此通过的频率、流速和运转包的体积，这些对每次活动都是重要的。

通行流量流程图表示流量运转、通行包络面、通行时间和最坏事件的流量条件，能帮助避免端部和走廊阻塞不通，以及不必要的通行和冲突。

在最坏事件或紧急情况处理过程中，为了避免通行阻塞，较少进行的操作所使用的较不重要的路径，应被作为备份路径或安全保护区，从而允许乘员从高优先级的通行路径和活动中离开。

图 8.4-1 是一个用于确认与乘组活动相关的通行流量流程图示例。

当在航天器内设计转移路径时，下列要素将被考虑。

1）转移路径类型——转移路径要求的尺寸和形状依赖于航天器内可预计的操作。对于每种类型的转移路径的考虑如下：

- 标准通路——标准通路必须适应乘员的垂直工作状态或中性体位状态。按定义，标准通路需要适应着服装的乘员的舱内活动（IVA）。
- 主要通路——主要通路与标准出入口是相同的，但必须适应着舱外航天服的乘员。
- 直达通路——直达通路（或通道）必须足够大，允许乘员在行走方向上以他或她的长轴通过。按定义，直达通路只需适应着 IVA 服装的乘员。
- 紧急通路——紧急通路与直达通路相似，但必须适应着 EVA 服装的乘员。

2）间距——转移路径应位于乘组工作站最大工作包络面的外部。俄罗斯 FGB 走廊内的堆装物、一些活动的协同定位，以及卫生已经对在国际空间站的舱内转移产生影响。

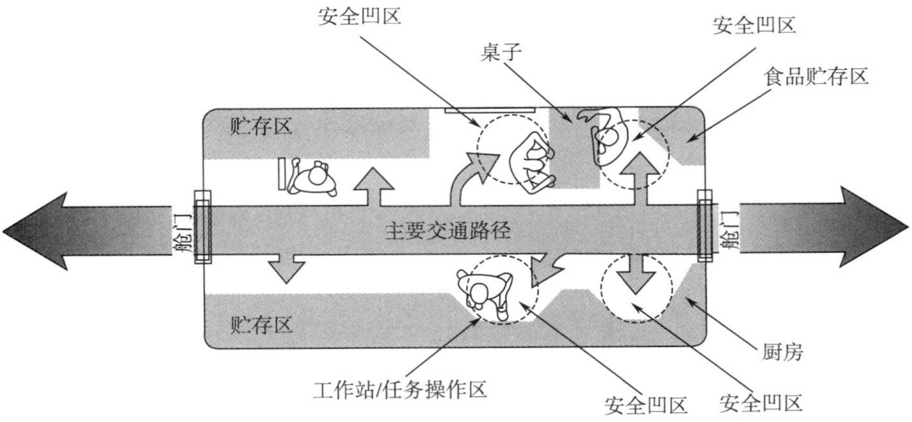

图 8.4－1 通行流量流程图

3）失去工作能力的乘员——转移路径必须允许帮助失去工作能力的着航天服的乘员进出。在太空，一些或全部乘员可能需要加压，同时需要地球上地面人员的帮助。转移受伤乘员可能要求大且不可预计的通行包络面，这是因为乘员（例如，在受限制的和斜躺的位置）和运输设备（例如，担架、限制器）的活动性和适应性有限。

4）紧急情况路径标识——在一个紧急事件中，出口路径必须被标识，且在紧急情况下可视，比如在暗的光线下和烟雾情况下。

5）包裹和设备的转移——转移路径的尺寸设计需适应乘员的最大数量和任何需转移的包裹或设备，其中要考虑到包裹的尺寸、包裹的携带方式和可接受的间距。

6）使用转移路径的人的数量——通行路径必须根据通行情况设计尺寸。一个繁忙的路径必须足够宽，以提供两个乘员交错通行。

7）身体定向——转动或旋转是定位身体从一个路径到另一个路径、舱体或门所需要的，要求提高路径最小尺寸。最小的路径尺寸将由身体定向和路径通过方式来确定。

8）重力——零重力提供增大了的通行流量和转移路径包络面，因为乘员能够以任意的角度和水平交错通行。同样，新乘员无法控制他们的移动，可能需要更大的转移路径。一些航天器可能在不同重力环境下被使用，比如在零重力和月球重力下使用月球登陆车。如果是那样的话，通行流量必须在两种重力条件下都可最佳工作。设计者应考虑在部分重力情况下出现可能的“大步慢跑”的步伐，可能要求从宽度和高度两方面增加通行包络面尺寸。相反的，在部分重力下较低的天花板可能是合适的，以帮助乘员用手来转移。来自在部分重力下漫步的通行包络面的影响没有得到很好地理解或文献记载。转移路径在 1 g 重力情形下也必须可用于乘组进入、地面人员支持和紧急出舱。

8.4.3 限制器和活动辅助设施位置

确定 IVA 活动辅助设施的位置，应考虑下列要素。

1）使用方式——早先的经验显示活动辅助设施，比如扶手，不使用手到手的转移。

乘员在太空中停留越久，他或她就越可能使用脚来转移和停止。活动辅助设施主要用于控制身体方向、速度和稳定性。乘员逐步有信心自由飞行转移之后，接触计划安装的移动辅助设施主要在自由移动终端点上或当改变方向时。垫或踢的表面应考虑这些要点。

2）包裹的传送和活动辅助设施的使用——考虑乘员可能携带的包裹。可能需要一只或两只手来协同和控制包裹。

3）着服装乘员的使用——IVA 活动辅助设施可能不得不被着航天服的乘员使用。这些辅助设施的位置和尺寸应适应加压服装。例如，在手柄和邻近表面之间的间距应允许戴加压手套的手去抓握把手。

4）活动辅助设施的代用物——表面、突起或任何就近的设备产品可能被用作活动辅助设施。应设计沿着转移路径的表面和设备适应该功能。这包括保证用作活动辅助设施的产品能够经受乘组运动施加的力。

决定 IVA 个人限制器的位置时，下列要素应被考虑。

1）操作稳定性——限制器安装在重要的位置，使一个工作站操作者稳定执行任务（例如，通过目镜观察，操作键盘，修复电路）。脚限制器和其他辅助特定位置技术对长时间持续执行的任务是不够的（即使用持续 1 h 或更长）。限制系统应设计成能长期稳定使用。这样的系统应是稳定的（即低的摇摆或摇晃），且具有直观设计，几乎不用训练就能操作。

2）舒适性——长期使用的限制器在使用时应是舒适的。

3）力量中和——限制器应位于任务使身体按所施加力的反作用力方向移动的位置上。例如，乘员使用扳手时身体需要限制，以防止向所施加的转矩的相反方向上转动。

4）双手任务操作——限制器必须提供允许乘员在零重力情况下，在工作站执行双手操作。在其他重力环境下，一些身体或脚限制器系统应考虑使用双手操作的设计。然而，一些简单任务容易采用单手操作，同时使用另一只手来保持稳定。

5）漂移限制器——不是所有限制器都必须保持乘员在一个位置上。有时，限制器应该用于防止乘员从一个位置进入另一个区域。例如，应限制一个休息或睡眠的乘员漂移进入通行区域、工作区域或危险区域。

6）依据乘员尺寸的定位——限制器应适合站内任何尺寸的乘员使用。限制器的安装应方便所确定的乘员范围中最小和最大的乘员都能执行任务。限制器调节或多种位置安装是必需的。

7）不干涉——限制器应不干涉任务。有可能需要使用便携式限制器，并在工作站用作其他用途时移开它。

8）功能区域——应考虑在提供航天器内下列功能时限制器的位置：

- 身体废物管理；
- 锻炼；
- 睡眠；
- 进餐准备和吃饭；

- 处理垃圾；
- 使用气闸；
- 换衣服；
- 穿、脱舱外服；
- 站务管理；
- 使用工作站；
- 维修；
- 医学支持；
- 有效载荷操作。

更多关于限制器和活动辅助设施的信息见 9.7 节。

8.4.4 研究需要

保留。

8.5 舱口和门

8.5.1 通用设计

舱口的功能是将航天器与空间站舱体连接在一起，而门的功能是在航天器或舱体内部将不同的功能单元分隔开。

在定位和设计舱口和门时，应该考虑的内容如下。

1）舱口或门的类型及其作用。

• 加压舱口——加压舱口不应很重或难以操作。因为加压舱口的作用是非常关键的，操作过程和硬件设计应将不安全的操作因素降低到最小。通常，加压舱口的尺寸和控制必须设计为可由着航天服的乘员操作。舱口应开向压力高的空间，增加了可靠性，从而使得舱口基本上是自密封状态。

• 紧急舱口——紧急舱口主要用于逃生或营救。一个专用紧急舱口应不干扰正常的活动，但是在突发紧急情况时，舱口的操作应该是非常简单和快速的。当可能存在压力损失时，紧急舱口的尺寸应该可以适合着航天服的乘员通过。

• 内部门——内部门对于视觉隐私是非常必要的，它可以用来降低光污染，降低噪声，阻碍火情的蔓延，或限制松散的设备等。内部门的配置可以根据具体情况适当改变。

2）舱口或通道的开启尺寸和形状。

• 尺寸——每一个舱口或通道的尺寸必须可适应体型最大的乘员通过。必须考虑通过舱口或通道时携带的设备的尺寸（参见 4.3 节）。特定的舱口或通道还要求乘员可着舱外航天服通过。

• 着航天服的乘员——所有舱口必须足够大以满足穿着航天服的乘员的通过。通常，内部通道只需考虑 IVA 乘员的通过；然而，在某些情况下，必须提供着航天服乘员通过的开放空间。

• 身体定位——经常使用的舱口和通道一定不能要求身体再定位才能通过。在零重力条件下，这意味着要求舱口和通道必须允许航天员以中立体位通过。

3）操作。

• 着航天服的操作——所有开关的机械结构必须是可以由单个着加压航天服的乘员操作。

• 舱口开锁——舱口必须要求两个截然不同的顺序动作进行开锁，以避免对舱口的误操作。

• 从两侧操作——舱口必须可以从任一侧进行打开、关闭、闭锁和开锁。

• 快速操作——用于隔离座舱内部空间的舱口必须在 60 s 内完成操作，包括打开/开锁和关闭/闭锁。

• 不使用工具——舱口必须可以在没有使用工具的情况下进行操作。工具的丢失或损坏将会妨碍舱口开启或关闭，这可能会导致乘员或任务的损失。

• 压力平衡——对于着加压航天服的航天员，从每一个舱口的任何一侧进行手动控制航天器压力平衡的能力是必须具备的。

• 压力测量——从舱口两侧进行压力差别测量的能力也是必须要有的。这需要地面飞控人员和飞行乘组能够观测到舱口两侧的压力差是否足够小，以安全开启舱口。

• 窗户——加压舱口必须具有一个窗户，可用于直接观察舱口另一侧的环境，出于安全考虑来确定条件或阻碍。

• 状态——舱口的关闭和闭锁位置状态必须可以从舱口的任意一侧观测到。

• 开启位置——舱口盖或门应能维持在开启位置。

• 限制措施——在开启或关闭舱口时必须提供限制身体移动的限制措施。

• 操作力——需要操作舱口盖的操作力设计必须满足乘员人群中的最小力量限制（参见 4.7 节），并考虑在最差情况时的预期压力差。

• 重力条件——舱口盖或门的操作必须在所有重力环境和期望定位条件内是可行的。这可能包括不同的身体体位、限制器，以及开启、关闭的操作力。

4）位置。

• 打开的门或舱口盖不能限制通行。

• 为避免与转移通道产生干扰，通道或舱门不应该放置在靠近转移通道节点（包括角落）的位置，应该距离角落至少 1.5 m。

• 门和舱口盖应不开向拥挤的转移通道。当然，它们应该开向间隔间。

• 门和舱口应根据通行流量设计尺寸。一个常使用的通道的开口应能适应多于一个乘员同时通过。

• 门和舱口的位置应保证乘员能够操作相关的所有机械装置。需要考虑操作者的姿势和位置，以保证操作有合适的空隙。

推荐采用备选门的设计方案，例如，双向门和小门，如果常用的门不能与邻近的通行或活动相适应。

图 8.5－1 中的框架描绘了使用这些限定条件去设计开向座舱的门和舱口盖的安装位置的例子。

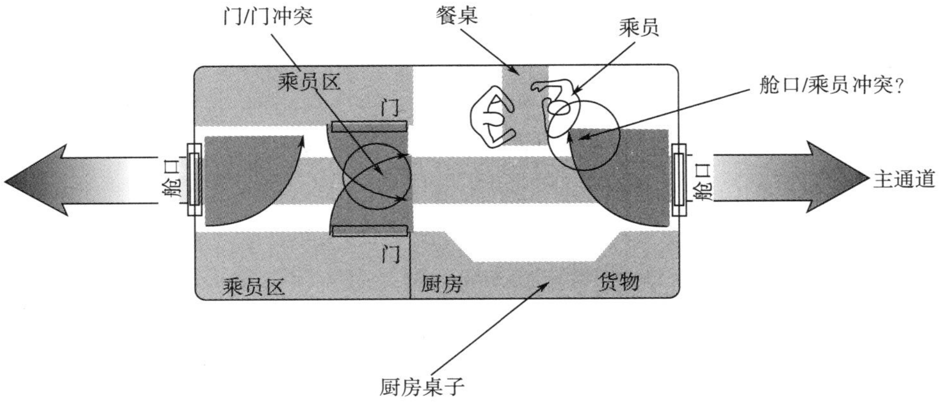

(a)例子1

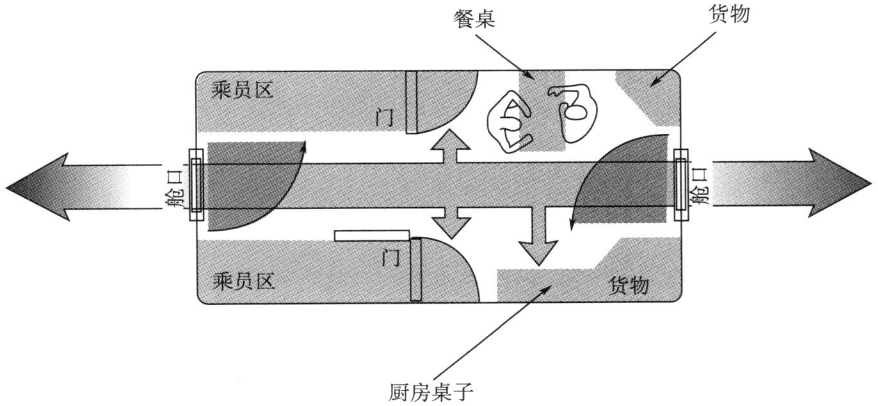

(b)例子2

图 8.5－1　舱口和门的位置设计的初始概念。(a) 例子 1：乘员座舱口和通道之间、舱口盖和餐桌之间的冲突；(b) 例子 2：排除门和舱口盖冲突后的再配置

8.5.2　研制需求

保留。

8.6　窗户

8.6.1　引言

载人航天器，包括轨道飞行器、太空舱、子舱、着陆飞行器、转移航天器和居住舱等，均需要具有窗户，通过窗户乘员可以驾驶航天器，使用光学测距设备进行距离测量，观测舱外操作，照相，记录运动图像，进行科学观察，或者是坐在窗户附近休息和放松。本章为航天器内窗户设计和安放提供指南和规范。这份指南适用于所有重力环境，包括零

重力环境。通用光学领域内的术语和定义在附录 C 内详细列出。

8.6.2 窗户设计和任务支撑

窗户或窗口是在任何一个载人航天器座舱内使用光学系统（包括人眼）的最基本要素之一。通过窗户进行观测和成像依赖于光线通过窗户而不失真的能力。这种失真被称为波阵面误差。对于一个理想的窗户，平面光通过窗时，窗上各点的光学路径相同；当其离开窗时，波阵面保持一致。这样的窗被称为工作在 Rayleigh 界限内，其允许不超过 1/4 个波峰到波谷的光学路径差，这里波长的参考值为 632.8 nm。对于一个不理想的窗户，波阵面失真，相位不再一致，因此导致模糊的现象。波阵面误差具有光圈效应，所以它经常影响成像、照相和望远镜使用，比直接观察影响更大，因为即使如 25 mm 这么小的成像间隙相对于人眼的孔径也是非常大的，而人眼的成像孔径最大是 2 mm。这就是为什么窗户可能看起来对裸眼不会导致模糊，然而想通过窗户获取聚焦的图像是不可能的（参看附录 C 的 1 节、2 节）。即使这样，在过去的空间飞行试验中，已经出现过由于窗户的波阵面误差和引起肉眼直接观察模糊和失真的现象（Scott 等，2003；Runco，1999；Scott，1996；Heinisch，1971）。验证这些缺陷的光学方法在附录 D 中已经被列出了。

若要有效地利用一个窗户，那么首先要确定的是，在窗户上操作的可视任务的需求和使用仪器的类型（包括相机的焦距、双向望远镜、望远镜、光谱成像器、光学测距仪等），确定窗口的尺寸和要求的光学特性。如果一个窗户经常需要处理多种需求的任务，则该窗户必须能够支持这部分任务的绝大多数需求，而不应造成任何视觉或图像上的失真。最终，在航天器上的窗户组，也就是窗户的总数和大小、形状、位置、方位等特性，必须能支持任务目标的完成。航天器窗户可能的任务如下。

• 科学探索——包括天文学，以及对近地轨道行星、月球和遥远飞行器的观测和成像。注意：对于更大孔径的系统，例如望远镜、包含红外的光谱成像系统和其他高性能成像系统，Rayleigh 限制并不足以保证窗户不引起显著失真。因此，A 类别窗户要求光学路径差别在 1/10 波长之内。

• 高分辨率摄像——包括外部结构变化和工程上不规则物体、舱外活动和事件、对外巡查、其他附近的航天器、业余天文学观测、对地球的观测和成像（称之为乘员对地观测）中的高分辨率静止图像和高清晰的运动图像，这些是出于历史和公众教育的目的。

• 常规的图像观测和长时间观测（>30 min）——包括驾驶任务（起飞、上升、接近操作、交会、对接、分离、着陆、星际导航、驾驶地面车辆），机器人操作，以及 EVA 支持（从舱内对 EVA 和操作点的观测）。

• 次要的成像和短时间观测（≤30 min）——包括通过关闭的舱口进行观测，主要是出于安全和乘组心理支持与娱乐的考虑（包括天文学测量与观测，对地球、行星、月球和其他航天器的成像）。

8.6.2.1 窗户的种类

在表 8.6－1 内给出了定义的 4 种窗户类型，每一类窗户都给出了为满足任务需要而必须满足的最小光学特性。附录 C 的 1 节、2 节给出了每类窗户的光学特性及验证方法。

此外，附录D的3节包含了本章的总则和光学定义术语的验证方法。类别C窗户提供了一个最小的绝对窗户尺寸，可给予一个单独的乘员足够空间使用合适的角度进行观测；同时给出了一个支持短期观测和用于小孔径相机拍摄的绝对最小光学特性。

表 8.6-1 窗户类别定义

类别	主要用途	支持的活动
A	科学观测窗口	光学仪器，包括照相机、双眼望远镜、望远镜、光谱成像仪，其使用的最大孔径达到200 mm，以及类别B、C和D全部任务
	注意	通常用于紫外和中/长波段红外波长的光学观测，此外还要增加对这些波段光波的光传导率要求。对于指定的激光和光学测距设备，可能还需要更严格的要求，包括传导率、内含物、刮擦等方面。对于特定的波长（紫外、激光、中/长波长的红外光），还需要一些额外的要求
B	高分辨摄像窗口	采用镜头光圈达到100 mm的相机进行高清晰运动图像和高分辨摄像（通常镜头光圈超过400 mm或更高），类别C和D的所有任务
C	驾驶，常规摄像或大舱口窗口	驾驶任务，用于完成任务的乘员长期观测，如超过正常时间段的交会对接和机器人操作，心理支持，使用镜头光圈小于50 mm的相机进行的摄像（通常镜头光圈都小于180 mm），类别D的所有任务
D	次要的摄像或小舱口窗口	使用镜头光圈孔径达到25 mm的相机进行受限拍照（通常通常镜头焦距小于100 mm），心理支持，乘员短时间观测（从关闭的舱口进行观测，或在锻炼之余从遮挡的窗户观测地球）

表8.6-2进一步定义了4种窗户类别，并且提供了每个类别所能够支持的设备和任务的汇总。

表 8.6-2 窗口类别和支持的设备或任务

窗口类别和支持的设备或任务	所支持设备或任务	科学窗（A）	高分辨率摄像窗（B）	导航、常规摄像或大舱口窗C	辅助摄像或小舱口窗[1]D
镜头为可见光和近红外的设备，望远镜，相机和摄像设备	透镜孔径直径达200 mm（400 mm @f/2.8），分光计和望远镜	√			
	透镜孔径直径达100 mm（400 mm @f/4）	√	√		
	透镜孔径直径达50 mm（180 mm@ f/2.8）	√	√	√	
	透镜孔径直径达25 mm（100 mm@ f/4）	√	√	√	√

续表

窗口类别和支持的设备或任务	所支持设备或任务	科学窗（A）	高分辨率摄像窗（B）	导航、常规摄像或大舱口窗 C	辅助摄像或小舱口窗[1]D
视觉质量	驾驶或机器人操作	√	√	√	
	长期乘员观测[2]	√	√	√	
	短期乘员观测和心理支持[2]	√	√	√	√
其他设备	高清晰度运动图像	√	√		
	激光和红外测距设备	√[3]	√[3]		

注：1. 一个大舱口定义为最小开启尺寸大于或等于 122 cm，一个小舱口定义为最小开启尺寸小于 122 cm；

2. 乘员长期观测定义为观测时长超过 30 min，短期观测定义为观测时长在 30 min 以内；

3. 测距设备不是通常所指的大孔径设备，因此这类设备对不理想的媒介造成的散射更为敏感。满足此类需要的窗户必须满足 A 类要求，窗户的要求可以进一步进行约束，如采用更高传输率的介质或更严格的要求以支持该设备的使用。

窗户类别同时必须具有一个相关的清晰观测孔径（CVA）。这些满足 CVA 要求的最小窗户尺寸是从无数的人因座舱设计参数中获得的，这也是超过 50 年航天器操控设计的研究成果。每种窗户承担的任务圆满完成时所需的最小的窗户孔径已被明确给出。窗户的形状并不限于给定的最小 CVA 尺寸。

- A 类窗户——最小的圆形清晰观测孔径直径为 50 cm；
- B 类窗户——最小的圆形清晰观测孔径直径为 40 cm；
- C 类窗户——最小的圆形清晰观测孔径直径为 30 cm；
- D 类窗户——最小的圆形清晰观测孔径直径为 20 cm。

对于给定用途的窗户，必须按类别选定，并同时满足对这个类别窗户的所有光学要求。

8.6.2.2　窗户的最小数目

所有载人飞行器必须至少应该有两个窗户（不包括舱口窗户），用于对外观测、安全监测、驾驶和导航、监测航天器、对地观测和摄影照相（用于工程目的或科学目的）、观察环境现象、对乘员进行心理支持，并对乘员身体健康有好处（暴露在日光下有助于维生素 D 的吸收，防止骨丢失的钙吸收）；同时也作为补充、备用及应急照明使用。此外，其中之一的窗户必须是 B 类窗户，作为乘组对地观测和星球（包括对地球）照相使用。由于 B 类窗户尺寸更大，因此较其他类型的窗户（除 A 类窗户外）能够容许射进更多的自然光线。当然，A 类窗户不是航天器必备的窗户。

8.6.2.3　多用途窗户

用于多种任务的窗户必须满足或超过使用要求的最高类别要求，除非是对于该类别的窗户存在结构性的限制、不能满足该类别相容的最佳观测孔径要求，则要求至少满足下一类别窗户的最小 CVA 要求。例如，一个 40 mm 的 CVA 窗户可能具有 A 类别窗户的光学特性；但是对A类任务可能会存在一定的操作性或物理性限制，因此将会产生一定的折中。这通常会迫使乘员工作超出原定时间来解决问题。降低某种类别的CVA值，将会使该窗口任务不可能或很困难进行更高类别。另一方面，具有更小CVA和承担更少强制任务的窗户可能会具有比其要求更高的光学特性，如一个小的舱口窗可能会具有C类、B类，甚至A类窗户的光学特性。但是不能将窗户的类别与CVA尺寸相分离，也就是说，大尺寸CVA窗不应该是低光学特性类别的窗户。

应该指出的是，由于窗户生产技术的优势，至少玻璃相对于其他透明窗户材料（氮氧化铝、蓝宝石或钻石等）的高等级类别的窗户来说，其生产成本是划算的，因为这类窗户是标准件，且较低质量水平使成本更低。这是在玻璃的生产过程中进行提升生产工艺，同时还使用计算机控制的方法进行表面抛光的结果。低类别窗户的现代化生产工艺要求更高质量的光学处理手段。在过去，这些处理手段通常都是人工进行操作的，对于更高质量的玻璃生产难度加大、花费的成本更高，这是因为需要更多的时间和力气去获取更好的光学特性。随着自动化生产工艺的发展，生产成本在逐渐降低。

8.6.2.4 特殊用途的窗户

用于特殊或独特任务的窗户，必须满足或超过其类别的最低要求（通常是A类），此外，针对特殊任务还需要对其光学和物理特性进行裁剪。任何普通的或多用途的窗户均可当作特殊用途的窗户使用，前提是它必须满足或超过其正常或多类型任务的要求，包括其CVA尺寸或其他对任务没有影响的方面。例如，一个C类驾驶窗户，具有30 mm的CVA，或D类舱口窗户（CVA为20 mm），可升级为具有A类光学特性的窗户，用于200 mm孔径的透镜、望远镜或手持或已安装的测距设备中。

8.6.3 窗户的位置和方位

在飞行器内设置窗户时，必须考虑如下因素。

1）功能性约束——表8.6-3列出了在飞行器内定位窗户类别时应该考虑的因素。

表8.6-3 在飞行器内和窗户任务时对窗户的位置和方位的考虑

窗户任务	位置考虑
A类窗户[1]	
—频谱和高分辨率成像，用于行星、太空和其他科学研究与探索（支持透镜孔径直径达200 mm）	—设置位置合理，并且可支持多角度观测任务； —靠近科研工作站，进行通信、供电、指令和数据接收，成像和视频连线，以及显示； —具有将成像仪和照相机稳定性保持在7.5微距（micro-radians）上的能力； —远离交通流量大的区域（有些驾驶窗户/工作站可能设计成双重用途来适应这些任务，见8.4节）

续表

窗户任务	位置考虑
B类窗户[2]	
—高清晰度视频和高分辨率摄像，主要用于舱外设备的配置变化和工程观测、出舱活动、对外观测、附近航天器的观测、业余天文爱好者的观测、对地球的摄影（也称为乘员对地观测），也用于历史教育或公众事务（支持透镜孔径达 100 mm）的成像中	—设置位置合理，并且可支持多角度观测； —靠近内部工作站，进行通信，供电，指令和数据接收，成像和视频连线，以及显示； —具有将成像仪和照相机稳定性保持在 25 微距（microradians）上的能力； —能够按需求设置（有些驾驶窗户/工作站设计可能设计成双重需要以适应这些任务——参见 8.7 节，通行流量）
C类窗口[3]	
—驾驶任务，要求乘员观测时间超过 30 min：发射，上升，接近操作，交会对接，停靠，分离，着陆，星际导航，表面驾驶（支持焦距孔径达 50 mm）	—设置位置合理，并且可支持多角度观测； —靠近航天器驾驶控制台和工作站，进行通信，供电，指令和数据接收，成像和视频连线以及显示； —具有将成像仪和照相机稳定性保持在 50 微距上的能力
—监测和支持 EVA 活动，操作和设备均要求长期的乘员监测； —清晰摄像	—设置位置合理，并且可支持多角度观测，具有清晰、立体观测 EVA 和其工作点的能力； —靠近内部 EVA 工作站，进行通信，供电，指令和数据接收，成像和视频连线以及显示； —具有将成像仪和照相机稳定性保持在 50 微距上的能力
—对机械臂遥操作的长时间乘员观测能力	—设置位置合理，并且可支持多角度观测舱外机械臂活动和其工作点的能力； —靠近内部 EVA 工作站，进行通信，供电，指令和数据接收，成像和视频连线以及显示； —具有将成像仪和照相机稳定性保持在 50 微距上的能力
—通过舱门的安全观测； —常规摄影（支持焦距孔径达 50 mm）； —通过气闸舱门监测减压和升压的过程	—对于更大的舱口和加压盖子（直径超过 100 cm）； —该区域不再有其他窗户或结构来考虑进行观测
D类窗户[4]	
—通过舱口的安全观测 —普通照相（支持孔径达 25 mm）； —通过气闸或压力舱口监测减压和升压的过程； —短期乘员监测（小于 30 min）； —乘员心理支持 • 与地球建立重要联系； • 抵消长期隔离和居住在狭小空间内产生的幽闭症； • 提供激励、休闲娱乐、科学研究和教育激励体验； • 提供自然光线照射和昼夜循环反复的体验	—在更小的舱口和加压盖子（直径/跨度小于 100 cm）； —该区域不再有其他窗户或结构来考虑进行观测； —靠近休闲娱乐和社会交流区域； —靠近单调、单一的任务区，如锻炼区； —靠近私人或个人空间； —提供对地球、行星、月亮和其他星际探索的观察

注：1. A 类窗户可支持所有窗户支持的任务；

2. B 类窗户可支持 B、C、D 类窗户支持的任务；

3. C 类窗户可支持 C、D 类窗户支持的任务；

4. D 类窗户仅可支持 D 类窗户支持的任务。

2）通行——除了舱口窗户，所有窗户位置的设置不应该干扰要求的交通流。

3）任务——窗户的数量、尺寸、位置和方位对于承担的任务而言，应该是具有最佳观测视野的。这些任务包括乘员被限制的任务，例如发射、再入、轨道控制等。

4）照明和眩光——以下是对窗户位置而言，照明和眩光应该考虑的因素：

• 眩光——内部的亮眩光照射在窗户上，将会从窗户表面进行反射，同时会影响从窗户进行观测和照相的能力。

• 光线敏感活动——外部的光线通过窗户进入舱内，将对一些光线敏感性活动产生干扰，如睡眠、使用监视器或显示器，或者是其他需要黑暗适应的任务。

• 自然光和钙丢失——零重力条件下的钙丢失问题是一个主要考虑问题。维生素 D 是在皮肤暴露于波长较短的紫外线光（UVB）时产生的，它可以帮助肠胃器官进行钙的吸收，防止骨质丢失。同时，还可以提供其他健康益处。因此，非常有必要在日常工作的场所提供适当的窗户，用于乘员接受自然光的照射。众所周知，过量地暴露于 UVB 可能会产生皮肤和眼科疾病；但是即使如第 6 章所论述的考虑，适当暴露在紫外线的日光浴也是可以接受的，条件是紫外线带来的损害必须在一个给定的限制范围之内。提供给此用途的窗户应该是在舱体表面广泛分布的。在所有载人航天器上，除舱口外，至少应该有一个窗户。推荐应该有 2 个或更多的窗户。

• 用于照明的自然光——合理设计和配置的窗户可用于航天器内部光照补充、替代或应急的光源。

8.6.3.1 窗户的视野

窗户的总视野必须与其观测任务相匹配。图 8.6－1 中给出了总的视野图，该视野由以下因素所决定：

• 窗户的宽度；
• 视场屏的厚度；
• 观测者距离窗户的距离；
• 侧位移大小。

8.6.3.2 用于驾驶的窗户视野

当从一个观测区域转向下一个区域时，由驾驶窗户的竖棱对顶角造成的转向视野不应该超过 5.0°。

8.6.3.2.1 有翼的飞行器

应合理地设计窗户的光学特性和类别，用于前向、后向和侧向观察的视野。光学特性升级能够使低类别的窗户可能不需要改变它们的尺寸，适应于更高类别的窗户。例如，一个 30 cm CVA 的 C 类驾驶窗户的光学特性可能与 B 类窗户类似，而不需要将其 CVA 扩展到 40 cm。相反的情况是不允许的，也就是一个 40 cm CVA 的 B 类别窗户的光学特性不能与 C 类或 D 类窗户一致。窗户的光透性越高越好。

8.6.3.2.1.1 窗户的前向视野区域

前向视野区域必须是从设计的观测点（通常是沿着飞行器的＋X 轴方向）向两侧各至

少 30°的区域，也就是一个 60°的区域。

8.6.3.2.1.1.1　前向视野区域的向上最小视野

对于乘员来说，必须具有足够的向上视野用于观测正常的着陆点（跑道的 30%）及 2°的预点火操作，而不需要转动他们的头部。预点火点指的是，从稳态外滑翔道的高速下降速度到飞行器成功着陆的受控下降速率的过渡期。

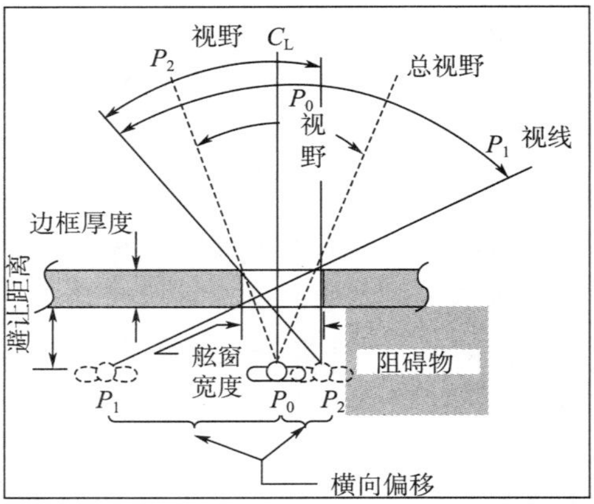

尺寸（边框厚度、窗户类别和硬件设计、窗户宽度）	影响尺寸的因素
退回距离	观测者的身体尺寸； 控制台的尺寸或其他设备窗口的尺寸； 观察者仪器、成像仪或照相机视线轴的旋转和轴向尺寸
横向偏移	观测者的数量； 围绕着窗户区域的阻挡物； 对于一个给定任务的观察要求

图 8.6-1　窗户的观测角度计算。视野（FOV）和视线（LOS）仅仅给出的是几何描述。事实上，FOV 和 LOS 通常会小一些，因为窗户的边缘是不能用的（C_L＝窗户的中心线）

8.6.3.2.1.1.2　前向视野区域的向下最小视野

对于乘员而言，必须有足够的向下视野去观测低于水平面 3°的范围，而不用转动头部。这种最坏的情况下出现在档位到底，飞行器前向抬高姿势，机尾刮地的角度的时候。

8.6.3.2.1.1.3　前向视野区域的舱内最小视野

必须具备足够的舱内视野区域去观测跑道中心线之前 300 m、最大斜擦角超过 5°的范围，同时可观测中心线左右 10 m 的范围，而不用移动头部。

8.6.3.2.1.1.4　前向视野区域的舱外最小视野

在舱外必须具有足够的连续不遮挡视野，乘员才可能看清跑道的边缘和飞机场跑道的辅助设施，以在降落前 5 s 保持方位和角速度而不用移动头部。

8.6.3.2.1.2 窗户的横向视野区域

横向视野区域定义为前向视野区域和侧向视野区域之间的过渡区域，它必须包含垂直于两侧的 30°～60°的区域（小于允许的阻挡区域）。

8.6.3.2.1.2.1　横向视野区域的向上最小视野

对于乘员而言，必须具备足够的向上视野，以观测到高于地平面至少 10°的范围，特别是在所有倾斜、转位和末端能量调整期，都不用移动头部。

8.6.3.2.1.2.2　横向视野区域的向下最小视野

对于乘员而言，必须具有在着陆前 5 s 和着陆后 5 s 内观测到宽 45 m 跑道范围的足够视野，特别是在从舷向位置（跑道的两侧至少 60°）到跑道末尾，包括在着陆点两侧 16 m 的范围之内，而无须移动头部。

8.6.3.2.1.3　窗户旁侧面视野区域

侧面视野区域必须覆盖从给定观测点到船尾不透明处的视角为 60°的区域（少于允许的遮挡处），船尾不透明处必须有 10°的扩展范围。

8.6.3.2.1.3.1　侧视区域的最小向上视野

对于乘员而言，在所有停泊或着陆的时候，必须具备足够的向上视野去观测高于地平面 10°的区域，而不必移动头部。

8.6.3.2.1.3.2　侧视区域的船尾最小视野

侧视区域的船尾视野必须是足够宽的区域，用于乘员在倾斜或转向时辨清空间位置，而无须移动头部。

侧视区域的船尾视野必须能够扩展到光柱之后最小 10°的范围。

侧视区域的船尾视野必须是足够大的，方便乘员清楚观测和区分任何有翼的安装柱、模块或其他结构。

8.6.3.2.1.4　向上视野

飞行器必须具有至少两个顶窗户，一个为 A 类别，另一个为 C 类别，以提供飞行器在轨控制飞行平行于 Z 轴方向的向上视野。窗户类别的尺寸（并非光学特性要求）可能受结构的限制，会有变大或变小的调整。更多数量的窗户是非常理想的。

顶部和向前观测的窗户必须是固定安装好的，以便于这些窗户的平面在与平行飞行器 $X-Y$ 平面相差 10°的范围之内。角度差应该是尽可能得小，以便于这些窗户平行于 $X-Y$ 平面。

8.6.3.2.1.5　后向视野

如果在乘员舱尾部有货物厢或载荷厢，则应至少有最少两个尾部观测窗，其中之一是 A 类窗户，另一个是 C 类窗户，提供一个平行航天器 X 轴方向向后看的视野，以观测货物厢或载荷厢的在轨机动运动或机械臂操作活动。窗户类别的尺寸要求（并非光学特性要求）可能受结构的限制会有变大或变小的调整。更多数量的窗户是非常理想的。

尾部和向后观测的窗户必须是要事前安装到位，这些窗户的平面与飞行器 $Y-Z$ 平面之间的角度差距范围在 10°之内，并且需要提供一个对货物厢或载荷厢不受遮挡的视野。这部分窗户的数量应该尽可能少，以便于这些窗户的位置尽可能平行于 $Y-Z$ 方向。

8.6.3.2.2 无翼飞行器

该类型飞行器至少需要 4 个窗户，两个 C 类别照相/驾驶窗户，一个左舷、一个右舷，两者的分开角度最小为 60°；一个 D 类别普通照相/大舱口窗户。在照相或驾驶窗户正中间对面需要一个等角 A 类别观测窗户，以方便用于对舱外的观测。同时，也应该对上述 4 个窗户进行适当设置，以方便提供等效的视野和光学质量。窗户类别的尺寸要求（非光学质量要求）相对于设定好的结构可能会大一些或小一些。更多数量的窗户是非常理想的。

8.6.3.2.2.1 窗户的前向视野区域

照相或驾驶窗户的前向视野必须包括直接向前看的视野（通常是平行于飞行器的 X 轴方向），这时观测点是固定位置的乘员的视线所至，也就是通过窗户的中心线，但是观测点距离窗户等于或大于设定的乘员观测点，或至少与两侧边缘有最小 45°的夹角。但是，可行的前向视野区域必须扩展到与两侧边缘夹角最小为 90°的范围。前向视野区域由一个单前向窗户提供是非常理想的，但由两个或多个前向窗户提供也是合乎情理的。

8.6.3.2.2.1.1 前向视野区域的向上最小视野

对于通常坐着的飞行员而言，必须具有足够向上的视野，可通过非等角窗户观测到高于航天器 $X-Y$ 平面 45°角的范围，通过等角窗户观测到高于航天器 $X-Y$ 平面 60°角的范围，而不用移动他们的头部。通常采用等角窗户而不是那些非等角窗户进行观测（参考图 8.6－2 和图 8.6－3 所示）。

8.6.3.2.2.1.2 前向视野区域的向下最小视野

对于通常坐着的飞行员而言，必须具有足够向下视野，可通过非等角的窗户观测到低于航天器 $X-Y$ 平面 20°角的范围，通过等角窗户观测到低于航天器 $X-Y$ 平面 25°角的范围，而不用移动他们的头部，观测点的位置在沿着相对于乘员坐点、平行于航天器 X 轴方向之前 3 m 的位置。通常采用等角窗户而不是那些非等角窗户进行观测。（参考图8.6－2和图 8.6－3 所示）。

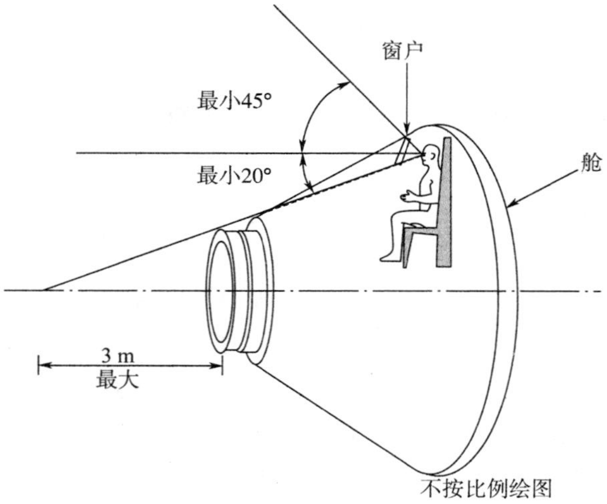

图 8.6－2 对于非等角窗户的向上/向下前向视野区域

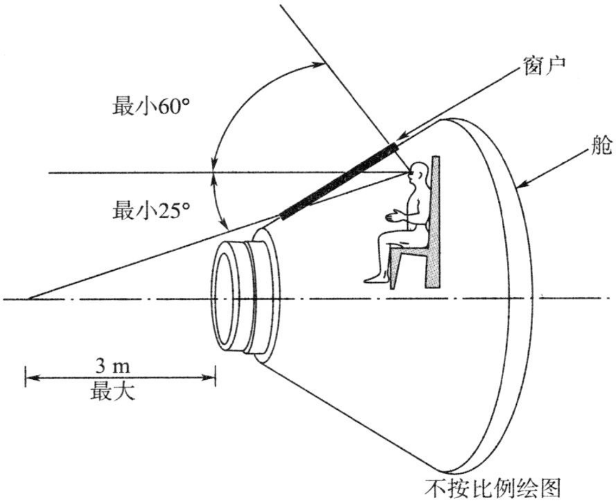

图 8.6-3 对于等角窗户的向上/向下前向视野区域

8.6.3.2.2.1.3 前向视场区域的舱内最小视野

如果存在两个或更多的窗户用于前向观测视野，则在舱内必须具备足够大的视野范围，观测点位于在乘员座位前沿着航天器 X 轴的方向 3 m 的位置，从这两个舱内前向窗户（左舷和右舷）观测的区域交叉覆盖角度不少于 5°，以确保乘员不用移动他们的头部而获得观测的场景。

8.6.3.2.2.1.4 前向视场区域的舱外最小视野

对于正常坐姿的乘员而言，必须具备至少与两侧相交 45°的无遮挡舱外视野，而不用转动他们的头部。但是，在可能性上，必须提供最小与两侧相交 90°的舱外视野。

8.6.3.3 舱内视场的遮挡盲区

考虑到设置好窗户的航天器，从窗户观测到的视野必须不能被遮挡，或受到以任何以下形式的空间遮挡：

• 窗户的舱外表面中可清晰观测到的周长区域，如图 8.6-4 中范例 [a] 所示；

• 窗户的舱内表面中可清晰观测到的周长区域，如图 8.6-4 中范例 [b] 所示；

• 假想的舱内平面，位置是距离舱内清晰成像位置 2 倍的距离，但在任何情况下都不小于 0.3 m（~1.0 ft）且不超过 1.5 m（~59 ft），如图 8.6-4 中范例 [c] 所示；

• 图 8.6-4 中 [b] 和 [c] 相连的表面，在舱内垂直于 [b] 方向而向外 30°的放射倾斜区域。

此外，相邻或绕着窗户内部表面的视野区域必须满足允许一个着头盔的乘员或两个未着头盔的乘员同时通过该窗户进行观测，同时头盔或他们的头部均距离该表面 1.3 cm（~0.5 in）范围之内。

对上述视野盲区的考虑是：

• 当窗户不使用时，用于保护和遮盖窗户而设计硬件设施；

• 与驾驶相关的硬件设施或设备，如头顶显示器、乘员光学校准系统、光学探测设

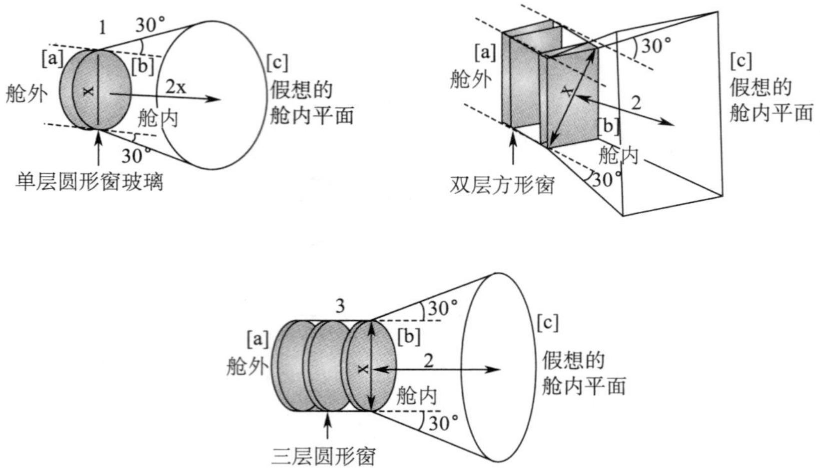

图 8.6-4　舱内窗户的视野盲区

注：舱内窗户视野盲区（由粗线进行表示）扩展到舱外窗户的表面。图中的绘制关系是非比例的，仅仅表示的示意关系

备或其他类似的设备。任何因为此类设备产生的遮挡都应该尽量减少到最少；

- 内部模线、舱体结构和其他窗户；
- 在清晰视野区域周界的 13 mm（～0.5 in）范围内，用于窗户自身的设备；
- 对于适应特殊程序和航天器需求而设置的、更小的舱内遮挡窗户区域，需具体分析。

8.6.3.4　舱外窗户的视野遮挡区域

在以下条件范围之内，通过任何窗户的外部视野都不能被遮挡或被影响：

- 从清晰视野区域的外边界到外部模线上的 0.75 m（～2.5 ft）圆周范围，如图 8.6-5中［a］区域；
- 距离舱外窗户表面最大清晰视野范围的 500 倍距离的、平行于窗户平面的假想平面，如图 8.6-5 中［b］区域；
- 连接［a］和［b］区域、倾斜度为 60°的表面，该表面以舱外面法线径向外延至［a］区域。

除以上例子之外的考虑有：

- 在窗户未使用时，用于保护和遮盖窗户而设计的硬件设施；
- 与驾驶相关的硬件或设备，如头顶显示器、乘员光学校准系统或其他类似的设备。任何因为此类设备产生的遮挡都应该尽量减少到最少；
- 外部模线、舱体结构和其他窗户；
- 在清晰观测区域圆周的 13 mm（～0.5 in）范围内，用于窗户自身的设备；
- 考虑到结构整合而建立的一个更小的遮挡窗户区域，以适应特定的程序和结构整合的需求，对此应具体再分析。

8.6.3.5　光学一致性

所有抛光窗玻璃通过清晰观测孔径（CVA）看均需要具有光学一致性，不允许任何缺

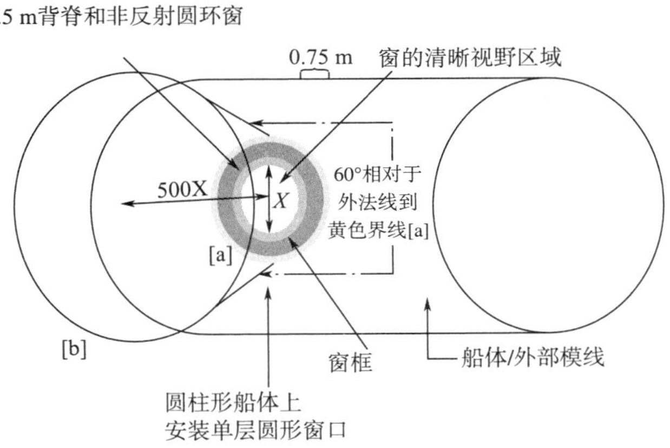

图 8.6-5 窗外视场遮挡区域

注：舱外窗户的遮挡视野区域（以紫色标出）从舱外扩展到外部模线。图中的绘制关系是非比例的，仅仅表示的示意关系

陷影响使用该窗户时的任务，或从任意角度观测时出现视觉歪曲或物体变形。

8.6.3.6 窗户的形状

窗户的形状不是限定不变的，而是需要根据 CVA 所描述的类别来确定的。在考虑到结构力学强度方面的因素，圆形的窗户的性价比是最高的。如果要求配置其他形状的窗户，则在窗户的角落或边缘必须要进行圆角处理，以满足力学结构方面的需要。

8.6.4 窗户框架和环绕结构方面的表面处理

杂散光、刺眼反射光和窗户的背景反射光在窗户结构进行表面处理后会显著下降，在窗户的周边结构和在窗户相反的内部表面均需处理。处理的结果将会降低这些干扰光源的影响。

距离任何窗户周长在 0.15 m（约 6 in）范围之内的框架和结构，无论是在内侧还是在外侧，必须对其表面进行处理，使得其在 400～1 000 nm 波长范围内的漫反射系数小于 10%，对入射角 10°、30°、60°的光线的镜面反射率小于 1%，从而消除杂散光，特别是在两个窗玻璃之间。镜面反射率定义为反射到立体角内的能量，该立体角为位于镜面角中心 5°（0.006 球面度）的弦内角。光线的波长范围可以定义至近红外范围之内，因为某些黑色抛面在红外光范围之内是高反射性的。

该类型的表面处理必须应用到航天器内部或外部的设备上，包括闭锁装置、扶手和连接器，但不能应用于标签、开关面板、开关和开关保护装置等。该类表面处理不包括乌化表面处理或涂层。所有的抛光处理和黑涂层应该是稳定的，而不需要特殊的处理。与窗户正对的内部表面的处理应满足上述漫散射的要求。

大量的商业黑涂层漆，如 Z-306 漆，曾经 NASA 使用，且该方面使用是非常有效的。该类特别的漆具有的可见光和红外的漫散射率大约在 5%之内，而镜面反射率小于 1%。

8.6.5　窗户表面的污染

污染物是双子星号和阿波罗号任务飞船窗户上存在的一个大问题，在航天飞机和国际空间站的窗户上也存在此类问题。使用硅树脂的密封材料通常是不能被接受的（Blome，1967；Leger，1972，Heinisch，1971）。

此外，污染物的衰减是一个视线现象，它的衰减比例为 $1/r^2$，其中 r 是与污染源之间的距离。靠近窗户的污染降低了窗户的性能，同时也依赖于非常多的因素，如相对温度、去除气体污染物的类型、紫外辐射光线的存在或者消失。大量的飞行经验和试验已经记录了许多不可预测的事件，如在一段时间内出现了累积超过 10 000 埃的脱气污染物。

窗户上累积超过 200 埃的污染物可将穿透率降低 15%，这也依赖于污染物的组成。这种传输衰减可显著影响窗户的使用，包括照相、驾驶和科学研究（Scott 等，1997）。

部分关于窗户脱气污染问题的非独家相关文献如下：

1）On STS－91 small amounts of RTV applied to sharp edges in the payload bay of the Space Shuttle deposited 300 angstroms on the alpha magnetic spectrometer in only a matter of a few days（Albyn，1999）.

2）Witness coupon and TQCM data collected on STS－3，26，32，44，82，and 91.

3）STS－114 Orbiter DTO ＃848：Non－Oxide Adhesive Experiment（NOAX）contamination（Koontz，2005）.

4）Certain types of contamination are highly reactive to the Sun's ultraviolet radiation. On exposure to sunlight，any such contamination that is deposited on the surface of the window will photochemically react，polymerize，and molecularly bond to the surface. This bonding renders the contamination permanent. It cannot be cleaned off or otherwise removed，and creates a dark residue on the surface，greatly decreasing optical transmittance.（Scott，1996）.

本文的附录 D 给出了关于分子污染窗户的参考文献目录。

8.6.5.1　窗户集成和安装时的材料选择和污染防护

除气或逸出气的挥发物可能会在可接近或不可接近的窗户表面进行沉积，长时间后会导致穿透率降低。这种形式的下降在短时间内会出现，对于某些材料而言在几天后出现。在窗户和对包围窗户周围的区域的制造过程中进行污染物清除可有效阻止这种形式的下降。用于窗户装配的材料，特别是密封和关闭部件，必须不能由于在窗户上沉积污染物，源于材料除气（真空环境）或逸出气体（加压环境），而产生降低传输率或模糊的现象。

为防止材料逸出气体导致窗户性能的下降，尤其是在窗户装配、密封或装配过程中的污染，窗户必须通过方法 B（ASTME1559）和以下条件的测试。在航天器上，任务配置所使用的 3 m（～10 ft）以内的窗户，其所有材料必须通过此测试，但是在航天器内距离窗户 3 m 以外、窗户视野以内的材料必须遵循 NASA－STD－6016。材料必须通过烘干处理满足这些要求。必须对某些采样样本进行测试。对于烘干处理后的材料，必须通过标准测试以确定材料的光学性能。

1）三种石英天平中的任何一种在检测使用时，其操作环境必须是在等于或低于窗户暴露操作环境中的最冷温度范围。

2）E1559测试是一个对于每个采样和收集温度而言具有压缩除气率的气体输出的测试方法。这部分释放速率可放入一个污染模型，再辅以修正过程。考虑到这些可见的因素，污染带来窗户穿透率性能的下降是可以确定的。

3）太阳紫外射线和分子污染产生的合成作用可能会造成紫外线的暴露，其可导致污染物的聚积和加深，在该测试模型中已考虑该因素。

4）该模型必须准确模拟在密封舱内使用的材料，以确保污染物不会散发到密封舱外。

5）所有类型窗户的穿透率应能够满足或超出暴露于逸出气体材料后穿透率和模糊率的要求。

6）在任意窗户视线范围内而不在航天器距离3 m之外的材料必须通过NASA-STD-6016的测试，需要收集覆盖敏感物体表面上可挥发性级别为0.01%的压缩材料。对气温是否需要低于25 ℃（77 ℉）的试验条件必须进行评估，以防止收集到的挥发性材料满足温度在25 ℃（77 ℉）的条件，但是却在实际的窗户温度环境下出现问题。

7）对于污染物的光化学沉积速率必须进行评估。

8.6.5.2 A、B、C类别窗户分子污染物的移除

对于A、B、C类别的窗户必须采取某种方法移除最小直径为1 000埃的分子污染。除了以下的特例：

• 航天器是单用途航天器，暴露于外层空间环境；

• 航天器暴露于外层空间，窗户为现场可替换单元（LRU），定期进行更换；

• 通过分析可以表明，环境的因素不会导致对窗户带来分子污染，任务中也不会引起穿透率的下降和模糊特性。

8.6.5.3 对于所有窗户微粒污染物的移除

必须采取一种不损坏航天器表面边缘的方法来移除微粒污染。以下的情况是例外的情况：

• 航天器是一个单独用途的航天器，暴露于外层空间；

• 航天器暴露于外层空间，窗户为LRU，定期进行更换；

• 通过分析手段确定由于外层环境带来的微粒污染，在某次任务中进行累积，不会对指定类别的窗户带来传输率和模糊的下降。

8.6.5.4 A、B、C三种类别窗户的外部污染监视

必须提供对A、B、C三种类别的窗户监测污染环境（石英水晶微量天平），因为可能存在这几类窗户暴露于外层空间，因此需要每隔一段时间就监测污染程度和污染事件。

以下的情况是作为例外情况考虑的：

• 航天器是一个单独用途的航天器，暴露于外层空间；

• 航天器暴露于外层空间，窗户为LRU，定期进行更换；

• 通过分析手段确定由于外层环境带来的微粒污染，在某次任务中进行累积，不会

对指定类别的窗户带来传输率和模糊的下降。

8.6.6 窗户污染和损坏的其他来源

围绕行星和月球星体的低轨道，例如近地轨道，窗户经常会面临许多危险因素，参见本节的“保护性窗格和涂层”和“窗户穿透率和非电离辐射”。设计者必须针对可能出现的危险源为乘员和内部设备提供必要的防护。航天器上朝向行星或月球星体方向的窗户会降低微流星和轨道碎片的光流量，同时有助于成像、镜像和对轨道飞行物的观测。

在行星或月球表面进行出舱活动（EVA）会产生大量的灰尘，在行星表面的飞行器还会暴露于灰尘暴风中，这两种原因均会导致灰尘沉积在飞行器窗户上。向下倾斜一定方位的有角度窗口可能会减少很多灰尘的沉积，这样的窗户对于着陆是有优势的，但是却对于表面观测和沿着飞行器水平轨道照相有一定的限制。即使是这样，静电产生的灰尘或具有紧贴特性的灰尘仍会紧紧附着在窗户上。本节中的“保护性窗栏和涂层”会对这些因素进行论述。

8.6.6.1 保护性窗格和涂层

8.6.6.1.1 窗户的外层保护

对于航天器的外层窗户必须采用保护措施，避免出现自然的或人为的环境性能下降（也就是污染，腐蚀和碰撞）。

本要求以外的特例是：

- 航天器是一个单独用途的航天器，暴露于外层空间。
- 航天器暴露于外层空间，窗户为 LRU，定期进行更换。
- 通过分析手段确定在任务中，不会由自然或某种环境因素对指定类别的窗户带来传输率和模糊的下降。
- 该窗格可以用来对窗户进行透明外部防护。

8.6.6.1.1.1 透明的外层防护

如果外层保护采用的是透明的窗格或涂层，那么：

- 透明的外部涂层必须满足或超过本类别窗户的光学需求；
- 通过出舱活动可以在少于 1 h 内完成透明的外部保护涂层的移除和重置，操作者一名是采用标准 EVA 工具的出舱航天员。

8.6.6.1.1.2 不透明外层保护

如果外层的保护措施是采用不透明的密封窗或其他可操作的不透明设备，则密封措施或这些设备必须设计成如下形式：

- 当乘员位于窗户附近时，可在 10 s 内不使用工具完成对密封设备的开关操作。
- 可以通过地面控制中心、行星体上的其他航天器、其他轨道航天器或者舱内的其他位置在 10 s 内遥控开关密封设备。指标时间不包含由距离产生的单向传输时延。
- 一名 EVA 乘员使用标准 EVA 工具可以在 2 h 内完成密封设备的移除和重置。
- 一名 IVA 乘员使用标准手动工具可以在 2 h 内完成密封窗或设备驱动机构的移除和重置。

• 密封窗或其他设备的开关状态都可以通过地面控制中心、行星体上的其他航天器、其他轨道航天器或舱内的其他位置来遥控测定。

• 密封窗可以处于完全关闭或者完全打开之间的任意状态。

• 一名 EVA 乘员可以在全部活动区域采用各种方式向任意方向手动开关密封窗（例如，使用指定的手柄或旋钮来手动处理和后台操纵密封窗或设备）。EVA 乘员不需要 IVA 乘员的辅助，就可以按要求从外部操纵密封窗的开关和定位。在舱内密封窗驱动装置失效时可提供上述能力。

• 当密封窗关闭和船舱变暗，又没有外部光源时，观察者的校正或未校正视力均在 20/20 时，会出现光密封条，就如同粒子/污染密封条一样。

• 当粒子/污染密封条关闭时，在窗户外表面或者密封条下侧或设备上不会积淀污染物。分子污染物或除气污染物是一种随温度变化而产生的现象，尤其是窗户与周边环境相比温度较低时，更容易产生。除气污染物会降低窗户的光学性能。此外，最初附着在窗户上含有高污染的碳氢化合物的推进器污染物（燃料的氧化产物）会与紫外辐射产生反应。暴露于日光或任何紫外光源下，窗户上的污染物会产生光化学反应、聚合反应，并与其表面产生分子聚合，造成永久沉积。这种表面上的黑色残留物不能被擦除或移除。现有的黑色残留物比未产生聚合状态的污染造成的穿透性减弱程度要高。未产生聚合的除气污染物在某种特定的条件下会完全挥发或在环境条件允许的情况下消失，这种密封条与光密封条的特性有可能是一致的。

• 在密封窗或设备关闭时，可保护窗户端口及其自身下侧免受来自于推进器排气口或喷管出口堆积物的损害，还包括来自于 MMOD 和空间飞行碎片的破坏。这些空间碎片的数量、尺寸和能量级别可以通过窗户在任务期的自然和人工环境进行预测，所有因素都会削弱或破坏窗户外表面和光学性能。推进器排放出口或喷管必须设计成不会对窗户造成任何污染。

• 密封窗或设备的下侧（即密封窗关闭时，其或设备对着窗户的那面）不会转向飞行器易受到颗粒/污染物沉积、推进剂排气羽流、喷口和垃圾场、情绪和外来物（太空生活舱中使用密封舱）影响的方向。另外，在密封窗或设备的下侧向外且不受保护的情况中，其某种保护措施必须设计成在开启状态时自动打开、在关闭时自动收回的模式（ISS 命运舱的科学观察舱采用该设计）。这种机械原理就好比自动相机的镜头保护盖。此种设计的密封窗或设备能抵御其他开启的密封设备带来的再除气和污染物传输。

8.6.6.1.2 窗户的内部保护

本小节和本章其他位置出现的防护罩、防护窗、波阵面、波阵面误差、窗户滤波器和窗帘等术语在本文附录 A（首字母缩写和定义）中有具体定义。

为保护舱内窗户不受偶然因素碰撞产生的影响，窗户必须配备内部保护板或遮罩。

以下的情况是作为例外情况考虑的：

• 航天器是一个单独用途的航天器，暴露于外层空间；

• 航天器暴露于外层空间，窗户为 LRU，定期进行更换。

不满足上述情况的太空舱，在设计时应考虑：

• 内部保护窗格或遮罩必须透明，除了某些遮罩要作为临时窗户帘来保证变暗的舱内没有外部光源时。

• 每个内部保护窗格或遮罩必须满足或超过窗户的光学需求，除了用于 A、B、C 类窗户的、保护面板和用于考虑波阵面窗户的可移动遮罩。

• 一名乘员可以在 10 min 内移除或重新设置可移动的内部保护窗格，而且不需要使用标准手动工具。

• 在 10 min 内不使用标准手动工具移除或重置 A、B、C 类窗户的内部保护窗格必须满足或超出 C 类波阵面的需求。

• 一名乘员可以在 10 s 内不使用工具完成内部保护遮罩的移除、重置，以及从完全开启到完全关闭和从完全关闭到完全开启的操作。

• 在 10 s 内移除、重置、从完全开启到完全关闭和从完全关闭到完全开启，任何窗户内部保护遮罩的波阵面从波峰到波谷的误差不能超过任何一个波阵面，在窗户 80%的物理区域内的子孔径直径为 25 mm，参考波长为 632.8 nm（飞行负载，压力负载和温度变化率）。

• 内部保护遮罩必须用于保护内部保护窗格；

• 内部保护遮罩也可作为窗户滤波器；

• 在指定时间内不能完成移除操作的内部保护窗格或遮罩必须满足或超过类别窗户的光学特性，包括波阵面的要求。

8.6.7 冷凝防护

窗户上形成的冷凝防护，特别是在框架之间的窗格，会对安全驾驶任务、科学观测、照相和其他观测任务产生干扰。除了安装的大结构，对于 A、B、C 类别的窗户，采取电热或空气压缩保护系统（CPS）对窗户框架表面提供冷凝防护，尤其是面向以下条件时；

• 正常期望的环境条件范围内；

• 乘员呼吸位置到框架 10 cm 范围之内，以及个人呼吸冷凝［乘员的呼吸率为 30 次(5)，单人］；

• 对内部框架进行通风和净化操作。

对于 C 和 D 类别窗户，需采取电热或冷凝 CPS 来防止冷凝时间的发生。

8.6.7.1 冷凝防护系统的手动操控

电热和压缩空气 CPS 会给静止和运动图像的光学性能带来负面的影响。冷凝防护系统必须被设计成可在 10 s 内完成开启和关闭。具有临时关闭该系统的能力可为 CPS 带来的光学性能的下降提供操控空间。

8.6.8 窗户穿透率和非电离辐射

考虑到在危险非电离辐射条件下航天员的安全问题，窗户传输率必须进行详细的设计，以满足对本书第 6 章中所考虑的 4 种非电离辐射进行有效的衰减。窗户滤波器会对非电离辐射进行有效的衰减，以防止乘员暴露于辐射之下。

8.6.8.1 非电离辐射的衰减和过滤

可通过镜头或目镜上的窗户或时域滤波器来有效降低有害非电离辐射源的辐射。采用衍条或分裂器，孔径调整器或其他合适的方法与光学仪器一起有效的将非电离辐射降低到可接受的水平。其他衰减或滤波设备，或任意与窗户内的光学仪器联合使用的其他方法，可提供足够的保护措施。其他可降低非电离辐射源的有效辐射的保护措施有：

- 降低乘员处于非电离辐射条件的暴露和/或累计时间；
- 乘员主动佩戴保护眼罩，如偏光滤波器。

提供衰减或滤波的窗户滤波器不需要永久地附着在窗户上。

窗户滤波器可由一名乘员在不使用工具 10 s 内完成移除和重置。

任何附着在窗户表面的方法都必须满足或超过 D 类别窗户的光学需求。这些要求不包括波阵面的要求，然而波阵面要求其从波峰到波谷的误差不能超过任何一个波阵面，窗户在 80%的物理区域内的子孔径直径为 25 mm，参考波长为 632.8 nm（飞行负载、压力负载和温度变化率）。

8.6.9 窗户的辅助设施

窗户的可用性是由邻近窗户的设施来保证或增强的，由包括座椅、把手、脚限制器、限制器、活动辅助设施、安装台和挂带（摄像机和照相机），以及电子设备的互通性支持（如通信、供电、指令、数据和成像和视频显示设备）。该支持设备须是满足最大可能需求的。除了电子设备的互通性，只要有可能，此类设备应尽可能保证是临时性的和无任何影响和冲突的。暂时安放的支持设备应能够由一名乘员，在不使用工具的情况下，15 s 内完成移除和重置操作。

8.6.9.1 窗户周围的工作区域

窗户附近工具的安放结构应保证着工作服的乘员有足够的工作空间，这些乘员的身高尺寸应能够涵盖第 95 百分位的美国男性到第 5 百分位的美国女性。

8.6.9.2 窗户辅助设施的电气连接性

通信、供电、指令、数据、成像和视频设备的连通性必须在 A、B、C 类别窗户的 1.5 米（约 5 ft）范围之内。

- A 类窗户用于安放成像器和照相机的基座稳定性，应满足 7.5 微弧度的要求。
- B 类窗户用于安放成像器和照相机的基座稳定性，应满足 25 微弧度的要求。
- C 类窗户用于安放成像器和照相机的基座稳定性，应满足 50 微弧度的要求。

8.6.9.3 微重力下的窗户辅助设施

在微重力环境下，乘员可使用所有暴露表面维持稳定性和运动性。窗户因此也被设计和安装为乘员在窗户附近的运动、转移或其他活动期间可被触碰，且该触碰尽可能小但仍能兼容任务。此外，手限制器、运动辅助设施需可提供微重力条件下的乘员定位，而不会发生碰撞或危险（如图 8.6－6 所示）。任意此种手限制器及运动辅助设施均应不会对窗户的视野带来任何阻碍或干涉。

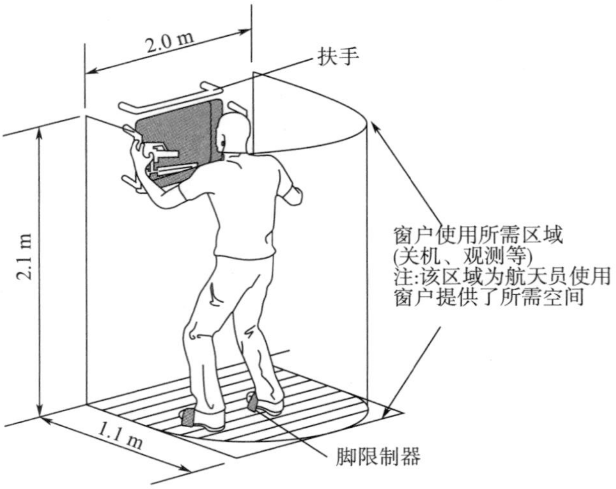

图 8.6－6　微重力条件下的窗户设置

在必要的限制措施不存在的时候，乘员需要利用周边的硬件进行限制措施，但是这种情况会导致硬件设备的损坏。ISS 命运舱内窗户边上的弯曲线缆跳线就出现了此类问题。其在 ISS 内部空间的最终设计和安置（看起来像地铁或公共汽车里面头顶的辅助把手）导致长期在出现微小倾斜时被使用而出现了断裂。弯曲线缆跳线的作用是在窗户的主要和残余压力框架之间保持一个真空，来消除光线通过窗户时产生的额外散射。该弯曲线缆跳线不满足 ISS 负载对手限制器的需求，因为其从未被当成手限制器来设计。该跳线的断裂导致舱体出现轻微泄漏，将该跳线移除后泄漏停止。但是该窗户不能再使用了，主要是担心内部框架发生冷凝，直到使用了一个新的弯曲线缆（窗户密封件保持关闭以防止出现低温和冷凝现象）才把该问题解决。在安装新的弯曲线缆跳线时，该窗户由一个保护设备所遮挡，使乘员不能触摸到它。内部空间逐渐慢慢地重新被抽成真空，以防出现冷凝，几个月后该窗户再次变为可用。

窗户观测研究设备（WORF），主要负责为乘员提供必要的支持界面（手限制器、照相机包、窗帘等），用于提供安放照相机和科学仪器的平台（稳定度≤19 微弧度）。仪器设备的连接（供电、数据和冷却）应为弯曲跳线提供永久的保护，以防止出现意外情况，但是却在表述上出现了延迟。WORF 后来替换了该临时设备。WORF 是一个理想的用于乘员界面、相机和科学载荷方面的非驾驶窗户支持设备（Scott，1999；Runco，2003；Runco，2005）。

微重力条件下，乘员身体处于中性的姿态，身体稍微有些弯曲，与正常 1 g 条件下的姿态和视线角存在一个小的角度差异。此种由于身体姿态带来的视线的变化，特别是对于可能暴露在微重力和降低重力环境下的航天器，需重点考虑。

8.6.10　研制需求

窗户可采用多种类型的材料制造，如硅玻璃、铝硅酸盐、有机塑料（聚碳酸酯、丙烯酸树脂）、蓝宝石、钻石、铝氧氮化合物等都是可用于航天器窗户的材料。每一种材料都具有独特的光学和结构特性。这些特性对于飞行试验应用来说都是可选的。

硅玻璃在载人航天器的应用中被广泛使用，而且它具有理想的光学特性（可采用抛光的形式来消除波阵面误差）。它很耐用也很耐摩擦，但不是非常结实，因此要求此类窗户必须非常厚，导致它的质量较航天器结构所要求的质量重。

铝硅酸盐玻璃在航天器应用中被广泛使用，并且具有非常好的持久性。它比硅玻璃结实，特别是经过回火加工后。但是由于波阵面误差问题，它的光学性能并不是很好。回火过程可以使得它较同样结构的硅玻璃更薄更轻，但是回火过程会引入波前阵误差，降低它的光学性能。

塑料的质量很轻，相对结实，而且不像玻璃那样易碎。在航天飞行过程中，耐久性成为了一个很重要的问题，因为尽管采取了涂层保护，塑料还是具有非常低的耐磨性。由于存在相当大的波阵面误差问题，它的光学特性非常差。

蓝宝石和钻石窗户具有非常好的光学和结构特性，并且是非常结实的，当然也不易磨损；但是由于它们价格的缘故，不可能被制造成大尺寸的窗户。

铝硅酸盐玻璃是一种新型材料，有希望应用于航天器窗户的制造上。它非常结实，同时也很耐摩擦。它具有很好的光学特性，甚至可能较同样结构的玻璃更薄，它的质量取决于铝硅酸盐密度。铝硅酸盐玻璃常用于军事应用，可用于 0.5 口径的武器上。

对于窗户材料的研究，会促进出现质量轻、光学性能好的窗户材料的出现，并且此种材料的耐久性和强度都会很高。

8.7 照明

8.7.1 引言

照明对于航天器的设计非常重要，因为视觉感知是乘员获取环境信息最主要的途径。照明系统也会影响对光敏感的传感器（如照相机、扫描仪）和基于光学的传感器的操作。航天器照明系统应设计成既满足提高乘员的工作性能效率和适居性，同时又满足舱内环境的光学成像需求。照明工程工艺需根据功率限制、光源的物理限制和操作限制的要求进行困难的折中设计。这些折中设计必须考虑其对任务目标的影响。

本节的讨论包括一些描述照明的重要术语和单位，包括讨论怎么最少化眩光，对不同任务提供充足照明，包括照明水平和色彩。本节还讨论了照明光源的设计和布局，材料的选择，灯的固定装置和选型、位置、颜色、眩光、照度要求和功率的使用。

暴露有害能量源和对眼睛的保护在 6.9 节进行阐述。视觉能力（包括视觉敏锐性、视场深度和颜色视景）在 5.4 节进行阐述，显示器照明在 10.4 节进行阐述。

8.7.2 照明术语和单位

照明术语和单位在图 8.7－1 中进行了描述。对于照明而言，通常使用两组单位：辐射度量单位和光度度量单位。辐射度量单位用于描述不考虑个人视觉特性的光谱范围之内的能量分布。光度度量单位用于描述可见光谱范围之内的能量分布。这些单位用于反映人的视觉对光线频谱变化的灵敏度。

辐射度量单位通常用在不以人为中心的光环境的要求和定义（辐射度量没有与人视觉相关的权重因数）中。光度度量通常用在以人为中心的光环境的要求和定义中。这两个系统有时也会配合互用，如用人-系统来反映物理系统时，或者反之。

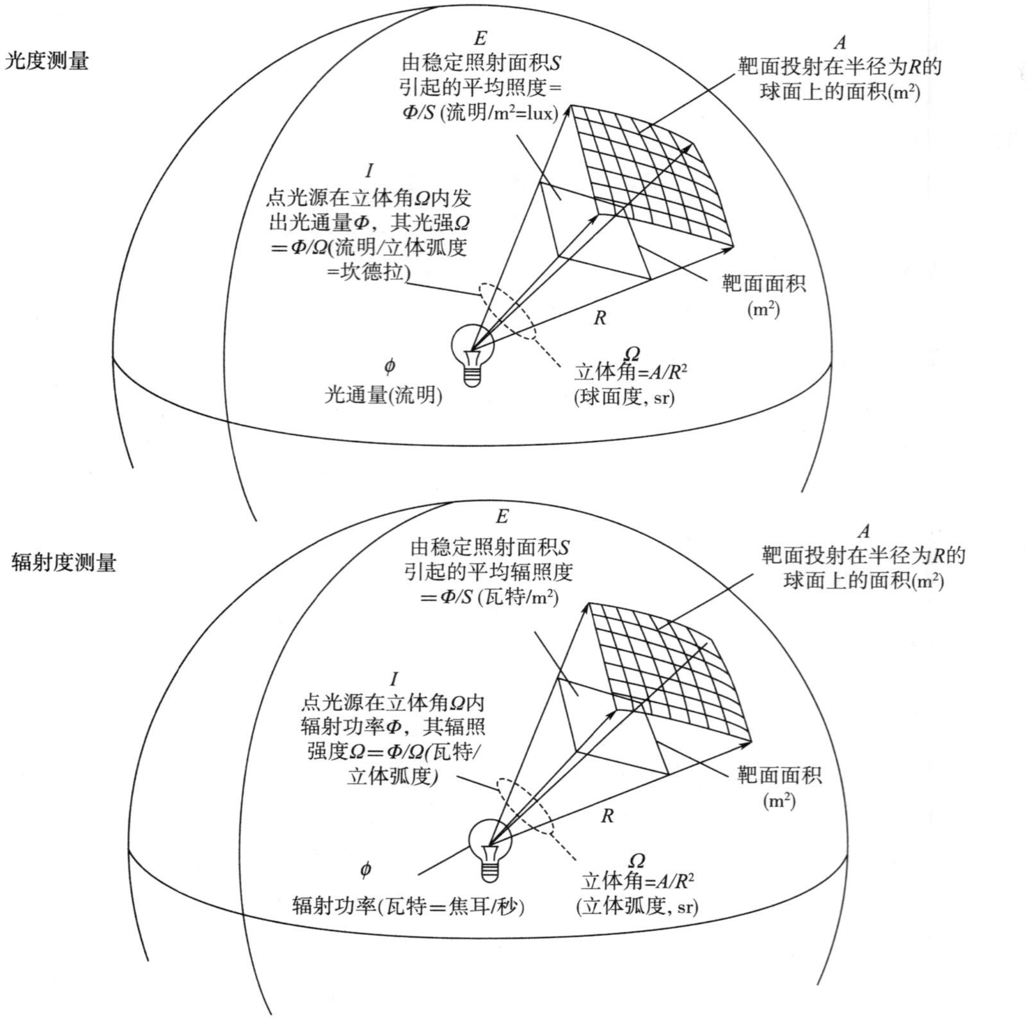

图 8.7-1　照明术语和单位

8.7.2.1　辐射功率和光通量

在理工科上用于描述功率的单位通常是瓦特，其描述了能量从一种形式转换为另一种形式时的转化效率。瓦特（W，焦耳每秒）是用于描述辐照光线的能量流，与人的视觉能力无关。频率为 f 的光子具有能量(hf)，其中 h 是普朗克（Planck）常数。辐射度量单位描述的是单位时间内通过固定区域的光子能量（功率）。辐射度量单位可计算照相机的成像能力，它与人眼的光谱敏感度是完全不同的。

流明作为光度度量单位，通常用来描述与人视觉感知相关的功率。光度度量单位反映的是人眼敏感性随光频谱的变化。在光度度量术语中，每个频率点或波长的光功率是由吸收系数加权得到的，累积加和得到光通量。

人眼的光敏感度在波长为 555 nm 时最强，在这种波长下，辐射度量单位（瓦特）和光度度量单位（流明，lm）的功率对应关系为：1 W＝683 lm（接近 40 W 白炽灯的输出量）。

8.7.2.2 照度和辐照度

点光源发射光，具有功率密度。在光线到达或穿透表面时，功率密度是面密度。照度和辐照度测量确定了照到一个固定表面的光的密度大小。

对于光度度量单位，光流量在表面上的分布是使用照度（E）来描述的，定义为光通量每平方米（lx，lm/m^2）或者是英制单位的光通量每平方英尺（foot - candles）。1 fc 大约相当于 10.7 Lux。室内照明设计通常需考虑非特殊的“一般照度”的照度需求，对于特殊的“作业照度”的需求，需进一步设计；通常来说，特殊需求的照度高于一般需求。

与光照度类同的辐射照度是辐照度（E），瓦特每平方米，辐照度通常用于描述不依赖于人视觉系统响应的表面光线功率强度。

照度和辐照度的测量是照明设计的重要因素，因为其能让设计者更好地知晓照明设计的功效以及设计是否能够满足任务的需求；同时，在特定的光环境中，也能定量分析人或机器绩效改变的原因。

8.7.2.3 强度

图 8.7 - 1 给出了测量角 Ω，单位为球面度（sr），光照强度与照度，辐射强度与辐照度的关系。不是所有光源的发光在所有方向上相同，光照强度随方向角的变化用光强表示（luminous intensity），单位是坎德拉（cd，流明每球面度）。光源的照度强度的变化被称为光源的传播方式。对于点光源，当光源的维数与其到照射表面之间的距离相比非常小时，表面照度的计算是光源光强与到表面距离的平方之比。这种关系就如同物理上常见的反平方定律。相同的关系适用于类似的辐照强度（radiometric intensity，I，单位是瓦特每弧度）和辐照度。

当在某个应用中考虑采用特定的光源时，光源的波束模式是需要考虑的重要指标。在一个非常简单的水平工作表面上，波束模式数据和工作表面与光源距离的组合，结合平方反比律，用于评估工作表面的照度。图 8.7 - 2 中描绘了一个示例，其特有的波束模式数据由光学装置生产商提供。这些信息来自于飞利浦色彩动力学公司的 iW 爆炸紧凑型能量核心 41°发散透镜光源。可信赖的光源生产商主要提供波束模式数据的数据表，用于帮助设计师理解光源应该放置在离工作表面多远的距离上。图 8.7 - 2 表明，随着与表面法线角度的改变，光源呈现出不同的强度。平方反比律计算必须把入射角度作为一个因子。当已知强度（I）、入射角度（θ）、距离（d）时，计算照度（E）的平方反比律公式见下面的等式

$$E=(I/d^2)*\cos(\theta)$$

式中 E——照度；

I——强度；

θ——入射角度；

d——距离。

光度测量

iW爆炸紧凑型能量核心

41° 发散透镜

配光曲线

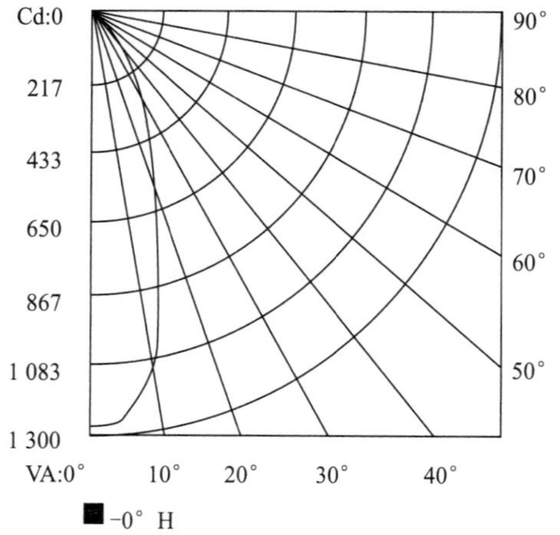

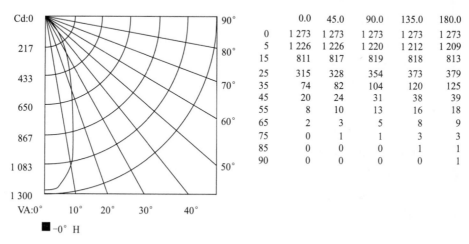

	0.0	45.0	90.0	135.0	180.0
0	1 273	1 273	1 273	1 273	1 273
5	1 226	1 226	1 220	1 212	1 209
15	811	817	819	818	813
25	315	328	354	373	379
35	74	82	104	120	125
45	20	24	31	38	39
55	8	10	13	16	18
65	2	3	5	8	9
75	0	1	1	3	3
85	0	0	0	1	1
90	0	0	0	0	1

不同距离的照度

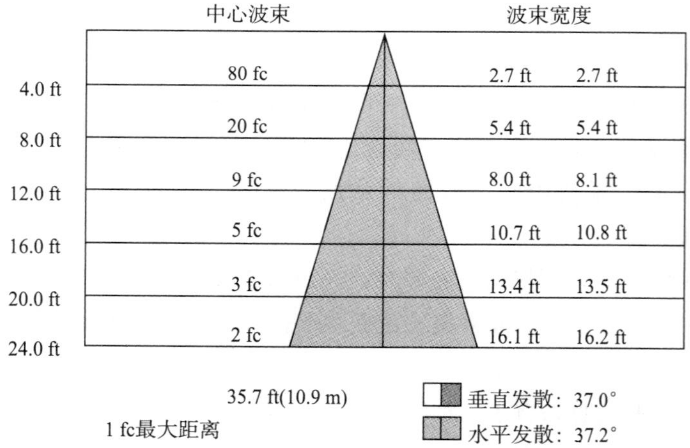

图 8.7-2　厂商提供的波束模式方式说明

8.7.2.4　光亮度和辐射度

照度强度是描述点光源的能量，另一个度量值是亮度 L（图 8.7-1 中没有画出）；后者描述的是来自于特定方向的照射在扩展区域的一个小区域或反射表面的每单位面积的强度（光通量）。照射度的公制单位是 $cd \cdot m^{-2} = lm \cdot sr^{-1} \cdot m^{-2}$。英制单位是英寸-朗伯（fL），定义为 $(1/\pi)\ cd \cdot ft^{-2}$。

感知到的表面亮度依赖于从物体表面到视网膜的照度。由明确边界确定的光照射区域亮度，会根据区域的形状和距观察者与该形状的角度不同而稍有不同，如果观察者与物体表面法向夹角接近 90°时，亮度接近于零。光照区域（A）可以用下式计算

$$A=(L\cdot W)\cdot\cos(\theta)$$

式中 L，W——分别是光照区域初始形状的长和宽；

θ——观察者与物体表面法向的夹角。

理想情况下，从物体表面单元面反射到视网膜区域的光强度与两者距离的平方成反比，但是光通量与视野的立体角成正比，与距离的平方成反比，所以在单位区域上的辐射照度与距离无关，与表面亮度成正比。辐射率是辐射度与亮度之比，单位是 $W\cdot sr^{-1}\cdot m^{-2}$。亮度是物体可视性的一个重要的度量手段。

8.7.2.5 表面材料对光的影响

光源周围的材料是光照系统的一部分。与光相互作用的材料在某种程度上是光照系统的重要组成。光可能在材料上发生反射，可能改变颜色，可能被材质吸收，可能透过材料进行传播。如果在航天器设计中不考虑环境中各种表面材料的特性，则实际的照明环境就不是设计时想要得到的照明环境。

8.7.2.5.1 反射与吸收

表面亮度和照度之间的关系由表面反射率而定。反射率是一个无量纲量，它描述的是入射光线在物体表面的反射光和散射光的比率。反射率通常是一个由波长、入射角和反射（反射或散射）角构成的函数。物体表面的反射率是一个双向反射分布函数（BRDF），也就是运用反射几何学测量。

由类似于一个镜面产生的反射光的成分，根据斯涅耳反射定律，被称为镜面反射。镜面反射考虑的仅仅是表面反射光之间的单一交互。如果表面不是平坦的，则镜面反射光的角向分布可能会扩散，如同从很远的距离观测日光在海洋表面的反射一样。图 8.7－3 是镜面反射的一个例子。

没有镜面反射的光将会产生漫反射，通常在给定入射角时会产生漫分布，这也被称为漫反射。一个理想的情况是（与许多真实的物体表面类似）光输出强度随着散射角的余弦值发生变化，而与入射角无关。这种关系就是郎伯特余弦定律，具有此种特性的表面被称为朗伯表面。对于给定的光照几何学，朗伯表面的亮度是与观测角相互独立的。绝大多数表面均具有镜面反射和漫反射，同时其复杂性是由方位的变化和局部区域的弯曲率所引起的。图 8.7－3 是镜面反射和漫反射的例子。

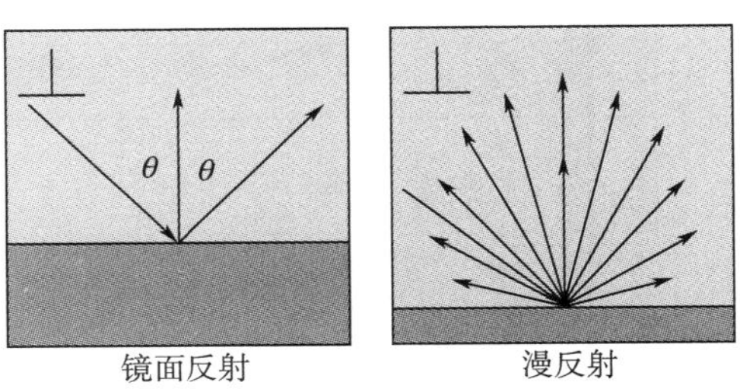

图 8.7－3 镜面反射和漫反射示意图

材料对所有波长的光的反射并不相同，不同的材料还会不同程度地吸收各种波长的光，因此，有些反射后的光与反射前的光并不一致。图 8.7－4 和 8.7－5 展示了材料反射不同波长光的情况。对于特定波长的光，反射光的强度可以用表面的反射率的百分比和入射光的辐照度计算得到。图中的数据使用分光光度计测量得到，图 8.7－4 和图 8.7－5 分

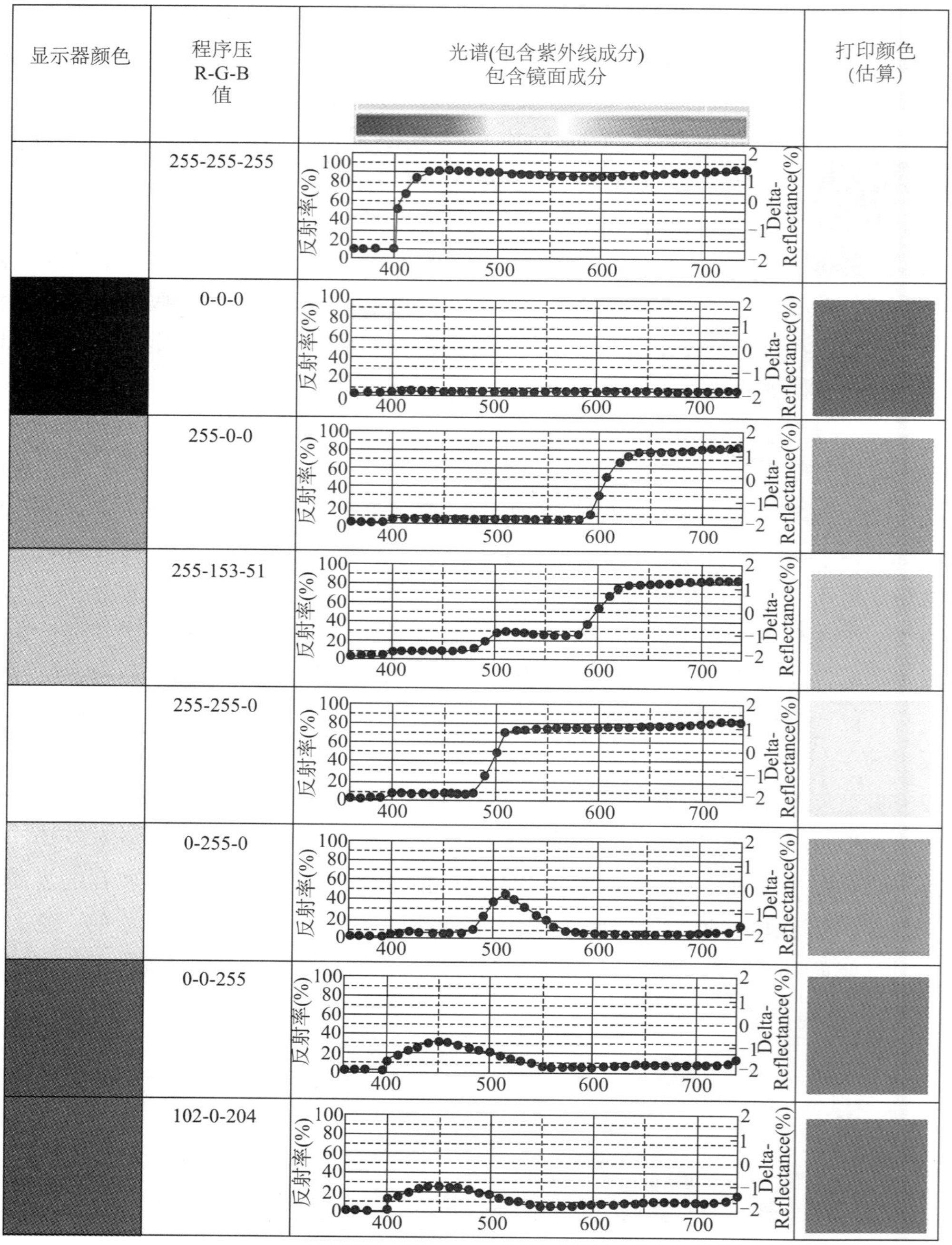

图 8.7－4　反射光谱（含紫外线光）示例（见彩插）

别是含紫外线光和不含紫外线的测量结果（光环境测试实验室，柯尼卡美能达 CM－2500 分光光度计）。含镜面反射意味着测量设备在测量时可测镜面反射和漫反射。测量值表明，当环境不使用白色（或白色变化）表面时，反射光的颜色不同于反射前。

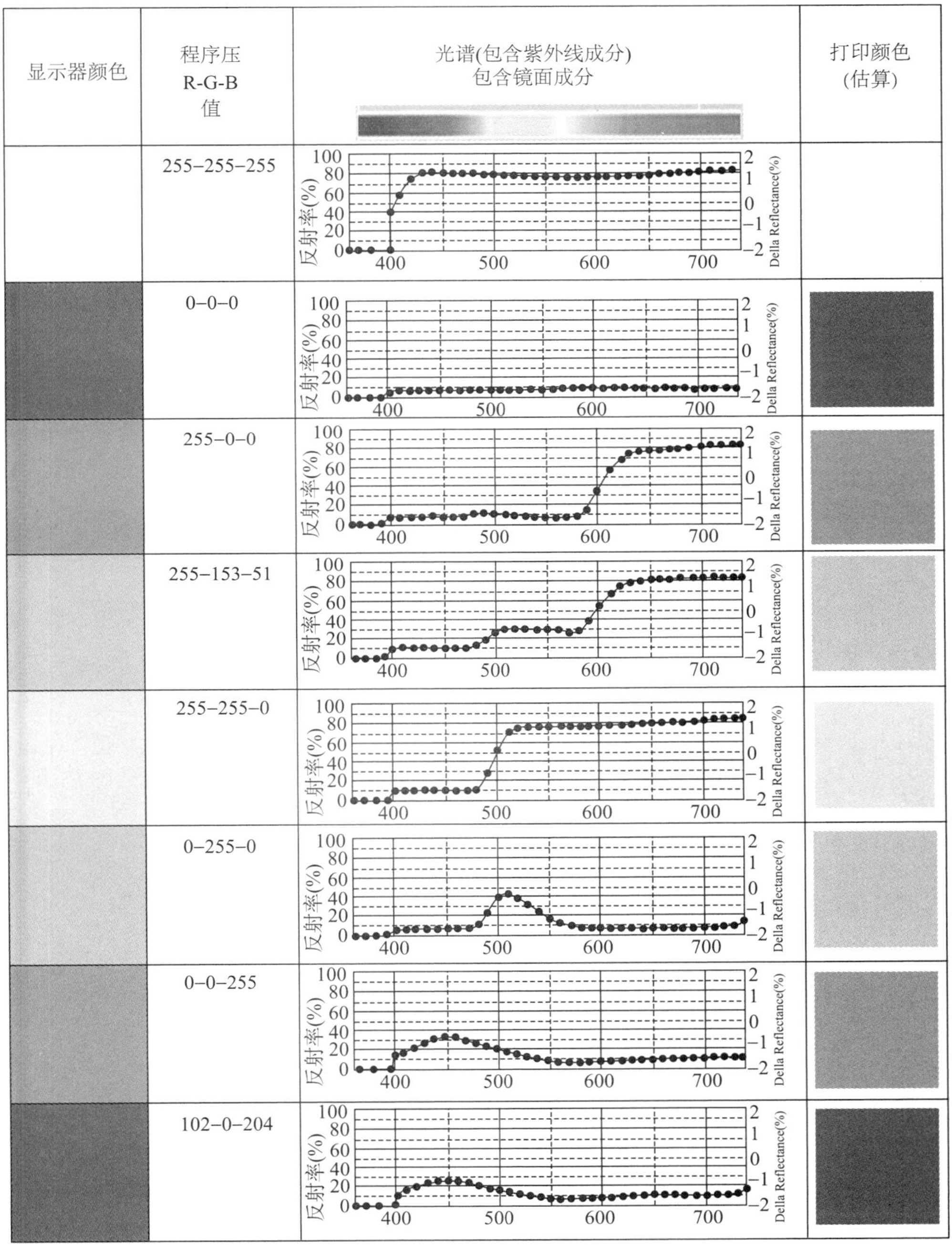

图 8.7－5 反射光谱（不含紫外线光）示例（见彩插）

对物体材料反射和吸收特性的理解，有利于对环境光成分的理解和把握。照明设计者应该与建筑和空间设计者一起来选择物体表面材质。不好的材料会影响光在预期工作表面的质量，会导致不必要的重新设计或者增加光源，从而增加成本、质量和功耗。图 8.7－6 和图 8.7－7 中分别展示了两个照明系统，其光源是一样的，但房间表面的反射率不同（《光照环境测试设备》，JSC）。图 8.7－7 有比图 8.7－6 更小的强光区域，在整个区域的亮度更均匀。图 8.7－8 和图 8.7－9 所示为同相的房间内，同样的灯具安装方向不同的光环境测试实验室，（《光照环境测试设备》，JSC），注意工作表面的照度是如何被影响的。如果要达到设计的照度水平，则必须增加灯具来满足照明要求。图中的数据由照明分析软件根据厂商提供的光度文件生成，这种计算分析方法叫做流明方法。图中可以看出灯具的方向也很重要，其能够最大程度地影响房间的反射特性。由于这些例子中固定装置为吸顶安装，因此墙在最大程度上有助于反射光线。总之，如果设计师想达到期望的平均为 200 lux 的照度，可以通过不通的方式将灯具为减少 2 个，如增加表面反射率到 80%。

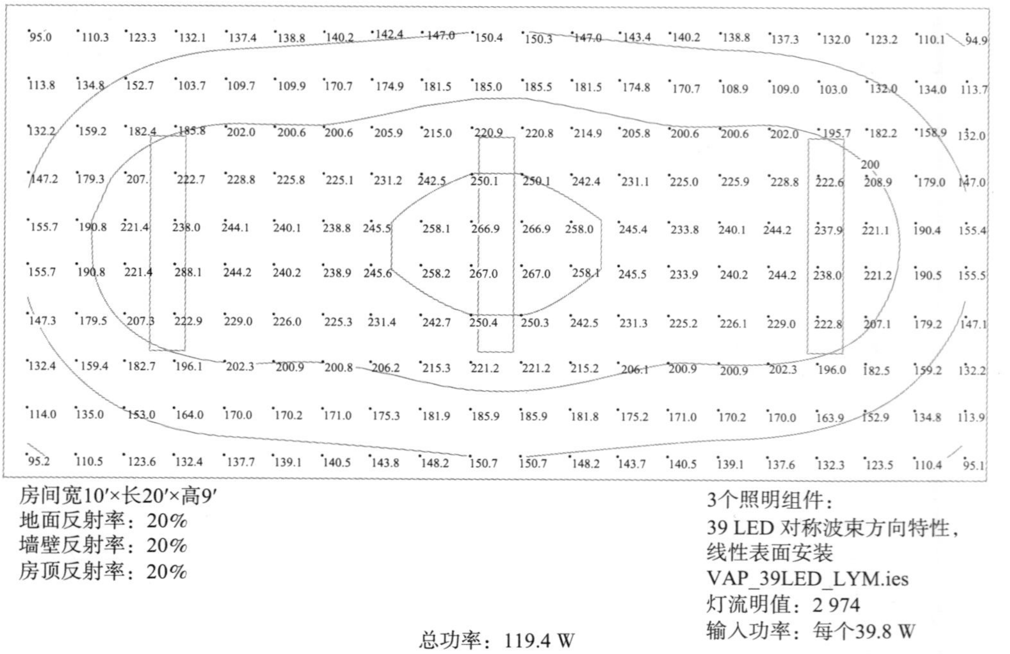

图 8.7－6　反射实例（3 个灯具，有 20%的区域达到设计值）

8.7.2.5.2　透射

许多材料能够透光，许多照明产品在光源周围使用了这种材质。能够透过大多数光且观察清晰的材料叫做透明材料，例如烛台式灯。能够透光但观察较模糊的材料叫做半透明材质，例如较薄的白色丝质和白色丙烯塑料板（扩散器），其可以有效地增加光的散射。无法透光的材料叫做不透光材质，例如金属或木质。光的透射率（τ）是总的透过物体的光与总的入射光的比值。透射光的强度可以用下式计算

$$I = I_0 \cdot \tau$$

式中　I_0——给定的入射光的强度；

τ——测试材料的透光率。

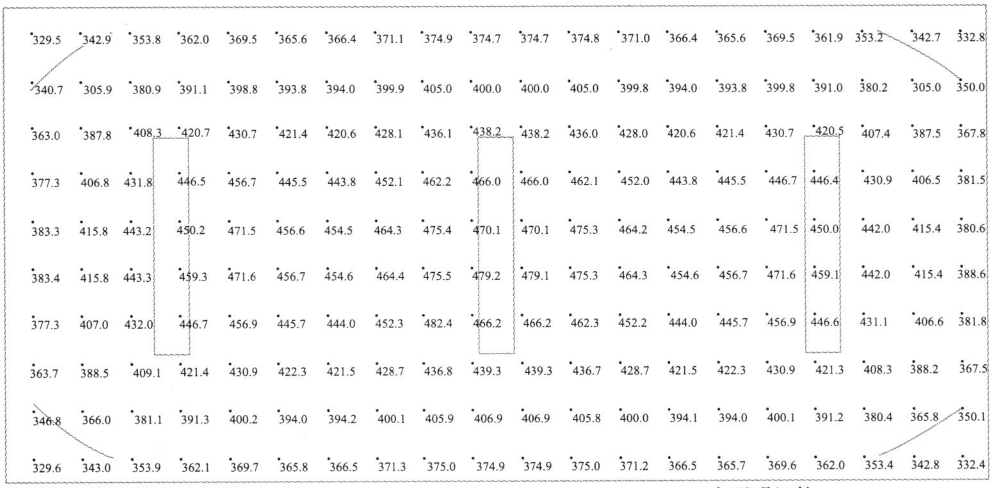

房间宽10′×长20′×高9′
地面反射率：80%
墙壁反射率：80%
房顶反射率：80%

3个照明组件：
39 LED对称波束方向特性，
线性表面安装
VAP_39LED_LYM.ies
灯流明值：2 974
输入功率：每个39.8 W

总功率：119.4 W

图 8.7－7　反射实例（3 个灯具，有 80％的区域达到设计值）

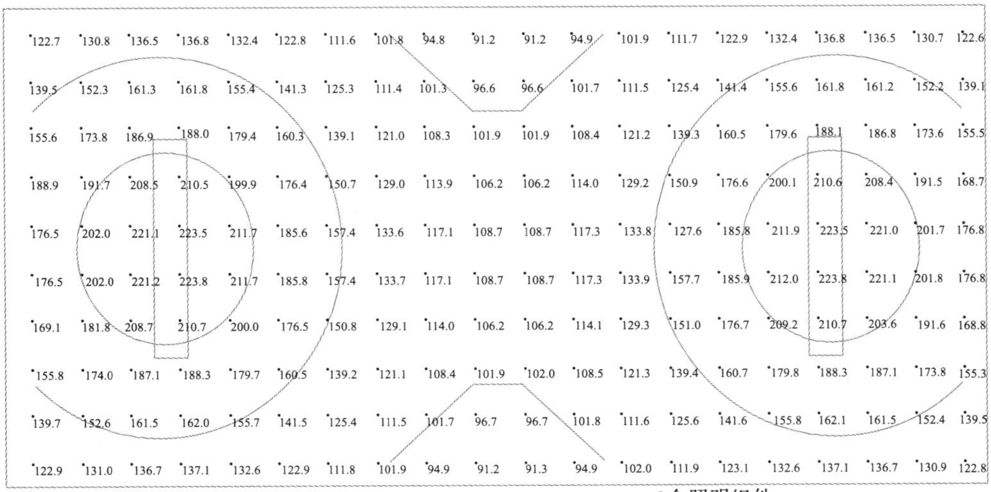

房间宽10′×长20′×高9′
地面反射率：0%
墙壁反射率：80%
房顶反射率：0%

2个照明组件：
39 LED对称波束方向特性，
线性表面安装
VAP_39LED_LYM.ies
灯流明值：2 974
输入功率：每个39.8 W

总功率：79.6 W

图 8.7－8　反射实例（2 个灯具）

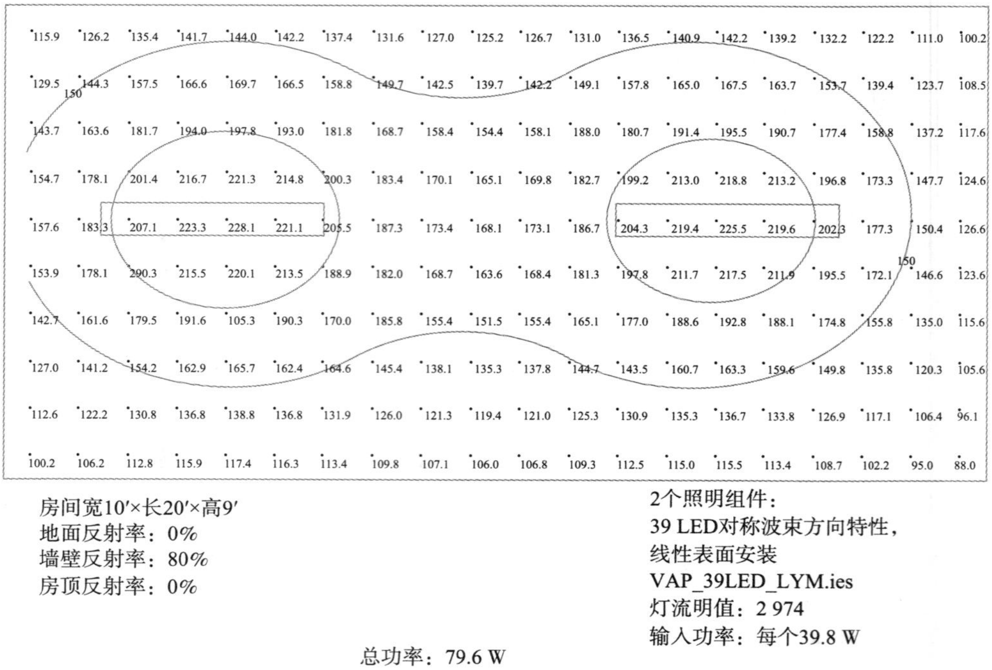

图 8.7－9　反射实例（2 个灯具，方向旋转 90°）

光源通过某种材料后的发光强度可以通过光源标准发光强度与光源波长的透光率获得，其中透光率的系数与物质是固体、液体还是气体有关。

8.7.2.5.3　折射

当光在透明物质中传播时，光会发生折射，如同光线发生了弯曲。光线的弯曲是因为光在穿过密度更大的物质时，光变慢了。斯涅耳定律定义了入射光和折射光之间的关系

$$n_1 \cdot \sin(i) = n_2 \cdot \sin(r)$$

式中　n——折射系数；

　　i，r——分别为入射角度和折射角度。

8.7.2.5.4　对比度

同一任务之间的亮度差异通常被称为亮度对比度。它也是一个无量纲数据，表征的是亮度的范围，乘员需适应该范围以执行工作。在均一的照明过程中，对应不同反射表面的亮度对比度与它们的反射率之比是一致的。物体照度和成像对比度之间的关系非常复杂。对于绝大多数情况，在某个场景中的亮度对比度是动态变化的。观测者的存在和运动会影响环境内的光分布，因此对比度会发生变化。

8.7.3　眩光

必须避免眩光对人的视觉性能产生不舒服的负面影响。眩光的定义是，进入观测者视野（FOV）内超过范围的亮度。眩光源分为直接或反射（间接）的光源，如图 8.7－10 所示。

如果一个处于观测者视野内的光源较周围光源提供更多的亮度（更高的对比度范围），而且强度占视野的很大一部分，则它可作为直接眩光光源。如果视野内的光源是反射光，

且亮度显著超出周围环境，则它可作为反射（间接）眩光光源。对眩光的感觉是主观的，并且对于年纪大的人可能会更敏感，因为年龄大的人的眼睛具有对进入瞳孔散射光更高的光敏感度。已飞的航天员年龄通常在30～77岁之间，平均年龄为42岁左右。

在对操作面提供任务光源和一般光源时，应对可能存在的眩光进行考虑。对从光源至眼睛的直接光线路径应进行评估，同时也应对镜面反射的光线路径进行评估。

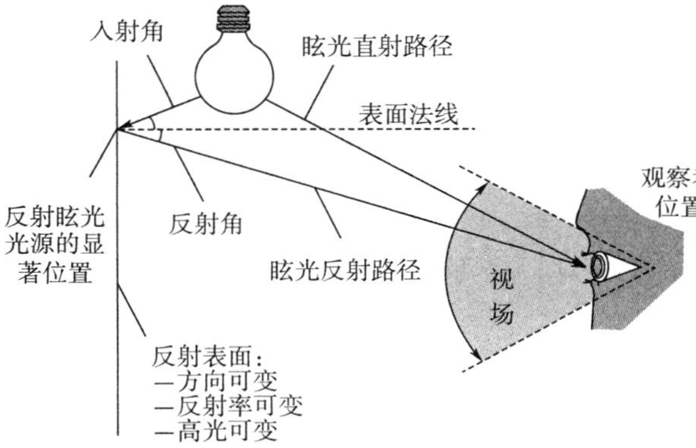

图 8.7-10 眩光

8.7.3.1 眩光的影响因素

对不舒服眩光的心理和感觉机制还没有建立起来（Boyce，2003）。尽管存在这样的缺点，但以下是5个鉴定眩光严重程度涉及的因素：

- 亮度水平——当光源亮度越强或反射越强时，眩光的感觉越明显；
- 视野的通量——尽管亮度不随着到光源的距离发生变化，但是当观测者离光源越近时，眩光的感觉更像是光源或反射光带来的，占具观测者更多的FOV；
- 对比度——当周边的亮度较眩光源或反射低时，将在视野范围内产生额外的对比度，也就是增强背景的照明，这将会降低眩光的感觉；
- 视野中的位置——如果眩光源出现在观测者视场边的位置，则可能不会引起厌恶感；
- 照明级别的快速变化——这些因素可能就出现在静态照明环境中，或是由观测者带来的照明环境的快速变化，如同从电影院里突然移动到阳光下一样。

8.7.3.2 眩光的测量

在过去的50年里，已开发出多个关于不舒服的眩光的量化指标。可能最著名的就是不舒适的眩光级别系统和相关的视觉舒适性，或由CIE采用的统一眩光级别系统（UGR）。眩光级别系统规则和由CIE提供的使用指南标准，名称是《内部光源的不舒适眩光》（CIE，1995b）。实际证明眩光级别系统主观预测眩光的能力，是有限的（Boyce，2003）。眩光级别系统的广泛使用或任何其他设计舱内适居性的指标可能还不够完备，因为这些空间的设计可能与通常的假设不符。至多是考虑可能最低限度地采用备选设计方法。

实物模型的评估是设计中解决眩光最有效的办法。应采取预防性措施和好的实践方法用于工作环境照明系统的设计，此类设计与地面系统的设计遵循完全不同的理念。航天器的内部光源可能不容易进行定位或进行遮光处理以遮挡直接的眩光。航天器内部的空间与地面空间相比非常小，所以内部光源将很容易落在居住者视野范围之内。微重力条件下的直接眩光概率较居住空间的概率可能会更高。在微重力下，航天员可能在任意方位上漂浮。

8.7.3.3 眩光的控制

表 8.7－1 给出了避免眩光的推荐方法。对于航天员的舱外活动（EVA），参见 11.3.12.2 节。

表 8.7－1 眩光控制措施

光源	控制措施	备注
直接眩光（窗户或灯具）	视野外的重新配置	
	遮光	
	间接照明	如果使用普通的、漫反射的、具有高反射率的表面，对来自间接照明源的光进行反射，受照射的表面可能提供一个自然的方位线索，方式是地面天空或房顶
	散射或对光源的光束模式进行重新定位	散射器对来自很多分离的区域的光线束进行不同方向的折射。这取代单个所占用相对较大的立体角的高亮度的光源，取而代之的是，光阵列具有类似的亮度，但是对于观测者而言具有更小的立体角
	太阳镜	太阳镜也会降低环境对比度。对比度降低可能对阅读打印材料和屏幕显示造成视觉性能影响，也可能影响对自照明控制仪表板显示的识读。在液晶显示器（LCD）中，利用光的偏振性，在光性指示面产生对比变化。随着观察者头部相对于显示器的旋转，偏振太阳镜可能会在不同程度上有效暗化 LCD
反射光	视野之外的重新定位	
	防止出现光滑的平面	
	表面定位以防止出现眩光	平面或凹面的镜面是最可能引起麻烦的。凹镜面可能聚集来自多个光源的光，聚集到一个观察点，这些是应该避免的。凸面可能被证明远没有这么严重，因为它们使入射光线散开。大的点光源，经凸面反射，表现成为一个较小的、亮度较低的线形或点光源。

在执行任务时，能够接受的眩光需求经常是以环境中最大容许的表面亮度比的形式给出的。这些亮度比在表 8.7－2 中进行了总结。舱外的情况，特指舱外活动操作，仅受限于直接的工作区域，因为周边的照明环境可能是动态变化的，并且不容易进行控制。对于任务中的物体表面，亮度比必须被限制在 5∶1（Nicogossian，1994）的范围之内。

表 8.7－2 工作站的亮度比

亮度比对比值	工作台的位置	
	内部	外部
任务和邻近区域之间	3∶1	5∶1
任务和远距离表面之间	10∶1	N/A
光源和邻近表面之间	20∶1	N/A
在视野内紧靠工作区域和表面之间	40∶1	N/A

源于 IESNA，2000。

8.7.4　灯及照明装置

从爱迪生发明灯泡以来，照明工业发展了很多方面的照明解决方法。当决定解决照明问题选择何种方法时，设计者在选择灯或灯具时，应考虑各种照明技术的优劣。太空飞行照明技术的应用中，太空环境与地面环境的不同，如重力、对流及标准空气压力下的空气，使灯及灯具选择更具复杂性。

8.7.4.1　光束模式

光束模式是光源照射到物体表面后光的强度图样。灯制造商会确定灯的基本光束模式，如圆斑模式、探照灯模式或是不均匀模式。圆斑模式是将光集中在光源轴向或法向中心附近，主要用在功耗有限，但是在特定地点又需要尽可能多的灯光的情况。探照灯模式是沿着光源的轴向或法向方向的光尽可能照得远的模式，主要用在灯的数量有限，但需要光照射得更远的情况。不均匀模式是光在法向或轴向中心分布不对称或不均匀的模式，具有集中或更远的散射模式。

不均匀模式通常用在椭圆形光照形状或长方形光照形状。图 8.7－11 和图 8.7－12 分

IW_爆炸紧凑型能量核心_8°　泛光，房间长×宽×高8′× 8′× 8′，反射率(10，10，50)(房顶，墙壁，地面)，
使用Visual Lighting软件和IES光度测量文件计算。

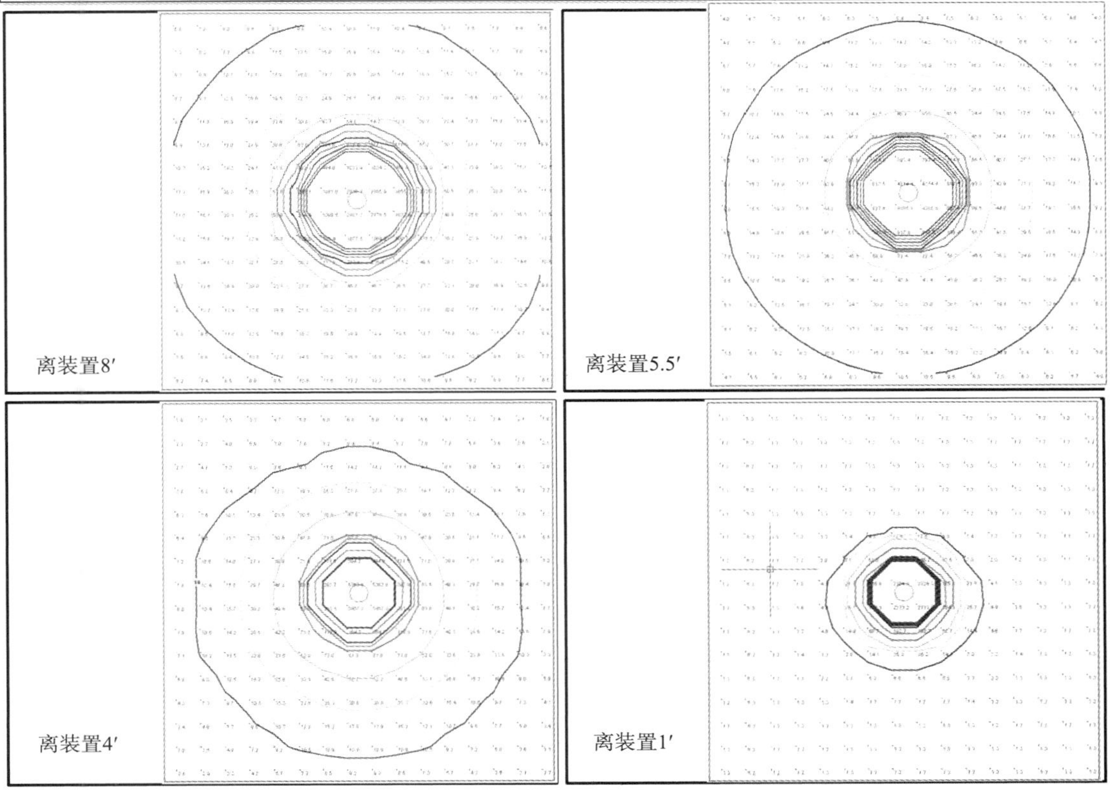

图 8.7－11　LED 灯具的圆斑模式

别为距光源不同距离下圆斑模式和探照灯模式的光照图（《光照环境测试设备》约翰逊航天中心）。在这个例子中，天花板为 8′×8′×8′的形状，墙的反射率为 10%，地板的反射率为 50%。重点关注光分布的不同和距光源不同距离时亮度的改变。在距光源不同距离的地方，光束模式通常会保持其形状。如果周围物体表面反射率很小，设计者可以用光束模式的定义粗略估计光的分布。

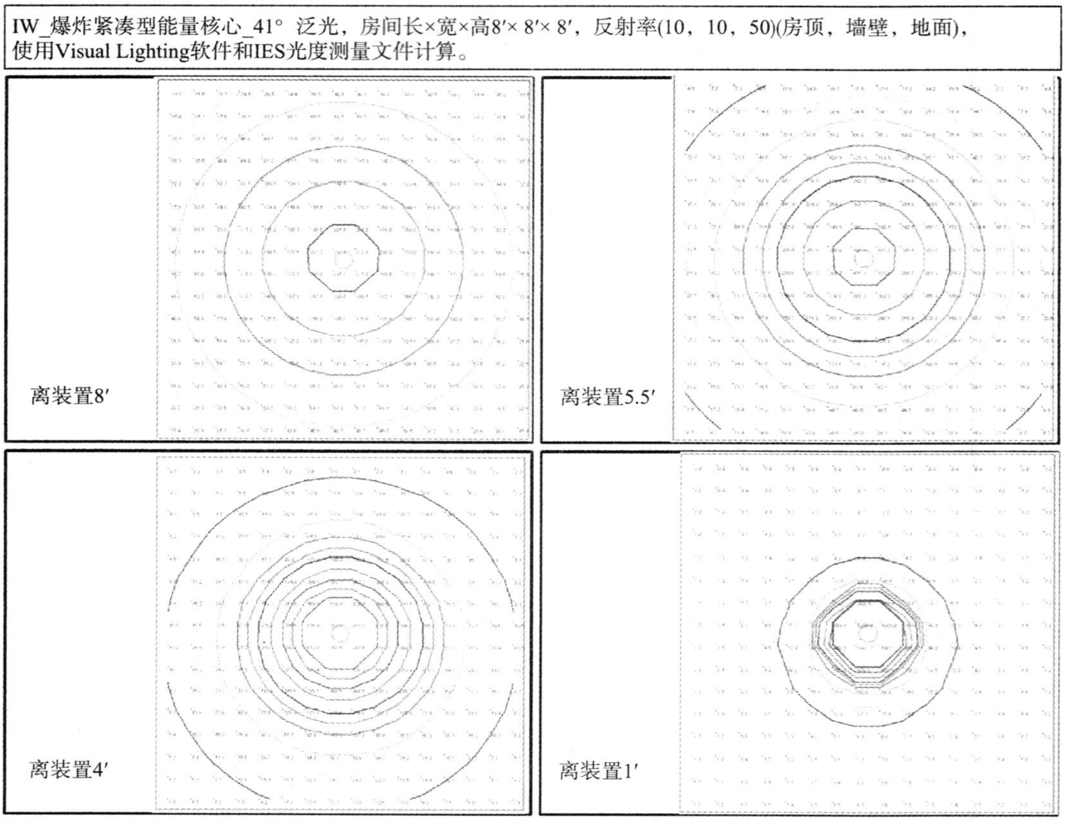

图 8.7－12　LED 灯具的探照灯模式

8.7.4.2　灯的类型

对于一般照明或任务照明，灯的基本类型可以选用白炽灯、荧光灯、高强度射灯、固体灯。应用于航空航天时，由于其极端的环境影响，可以优选固体灯。光的颜色和光谱也需要考虑极端环境的影响。

灯的类型	典型特征
白炽灯	• 灯丝在真空或充满气体的玻璃罩内 • 使用寿命达到上百小时 • 每瓦特的流明数很低

续表

灯的类型	典型特征
荧光灯	• 低强度的气体放电装置 • 通过电刺激发光气体而产生光 • 一般用于室里照明 • 使用寿命达到 7 500～20 000 h • 每瓦特的流明数一般很高
高强度射灯	• 通过一种高刺激气体技术产生光 • 产生很高的热量 • 用于室外远距离或大范围的照明 • 使用寿命达到 18 000～24 000 h • 每瓦特的流明数高
固体灯	• 利用固态电子技术发光，最常见的是发光二级管（LED） • 由多发光二级管组成的光源成本很低，但发光效率很高，并且能够承受很高的机械压力 • 使用寿命达到 30 000～50 000 h • 具有相对较小的、中等到高的流明-瓦特转化率

8.7.4.2.1 灯的颜色

灯的选择应该考虑灯的光谱特性。每种照明技术都有一个专属光谱，即特定波长上的光强度。根据应用，光谱特性可能成为益处，也可能成为障碍。例如，在执行对光的显色性要求高的阅读手册或执行精细任务时，可能要求白光照明环境，而由于技术原因，某些具有强穿透性波长的光可能会影响设备（如传感器）或破坏材料（如紫外线敏感材料）。图 8.7－13 中包含了分光照度圆，显示了不同光源中特定波长光的光强（数据来源于约翰逊航天中心使用得到的 PR－655 分光光度计的《光环境测试设备》）。图 8.7－14 为国际空间站内白色发光二级管光的光谱（数据来源于约翰逊航天中心光环境测试实验室的 BW 红外光谱分光光度计。光谱不连续是因为样本按照纳米级的递增）。对于偏向于色谱的一侧而偏离另一侧的光来说，强度更大将导致光倾向于一种固定的颜色。例如，灯的光谱严重偏向红色或橙色波长时，发出的光是暖光、黄色或橙色的。严重偏向于色谱某个区段的灯，将不能产生一个有利于色彩还原的照明环境。如果照明要求偏向于一种窄波长带宽的方案，那么选择只用白光光源或宽光谱光源的决定可能都不是好的解决方案。

8.7.4.3 照明装置

照明装置或灯具是设计在房屋中，用来提供电源、发光及管理灯的热量等的设备。一个照明装置通常包括下面几部分：电源接口模块、装置安装架、灯安装架、反光镜、散射镜或透镜。照明装置的形状主要根据房屋内灯的形状及灯的光束模式设计。电源接口模块可以简单地由一根电线与灯连接，也可以是包含了稳压器、AC/DC 转换器、电源和亮度控制板、颜色控制板、电池、开关、指示器和系统状态显示器中的一些或全部的复杂电路。装置安装架设计主要考虑如何在环境中进行安装，它可以是简单的支架，也可以是链接球形轴承系统，其允许光束由使用者重新定位。灯安装架通常要考虑灯的连接器、重

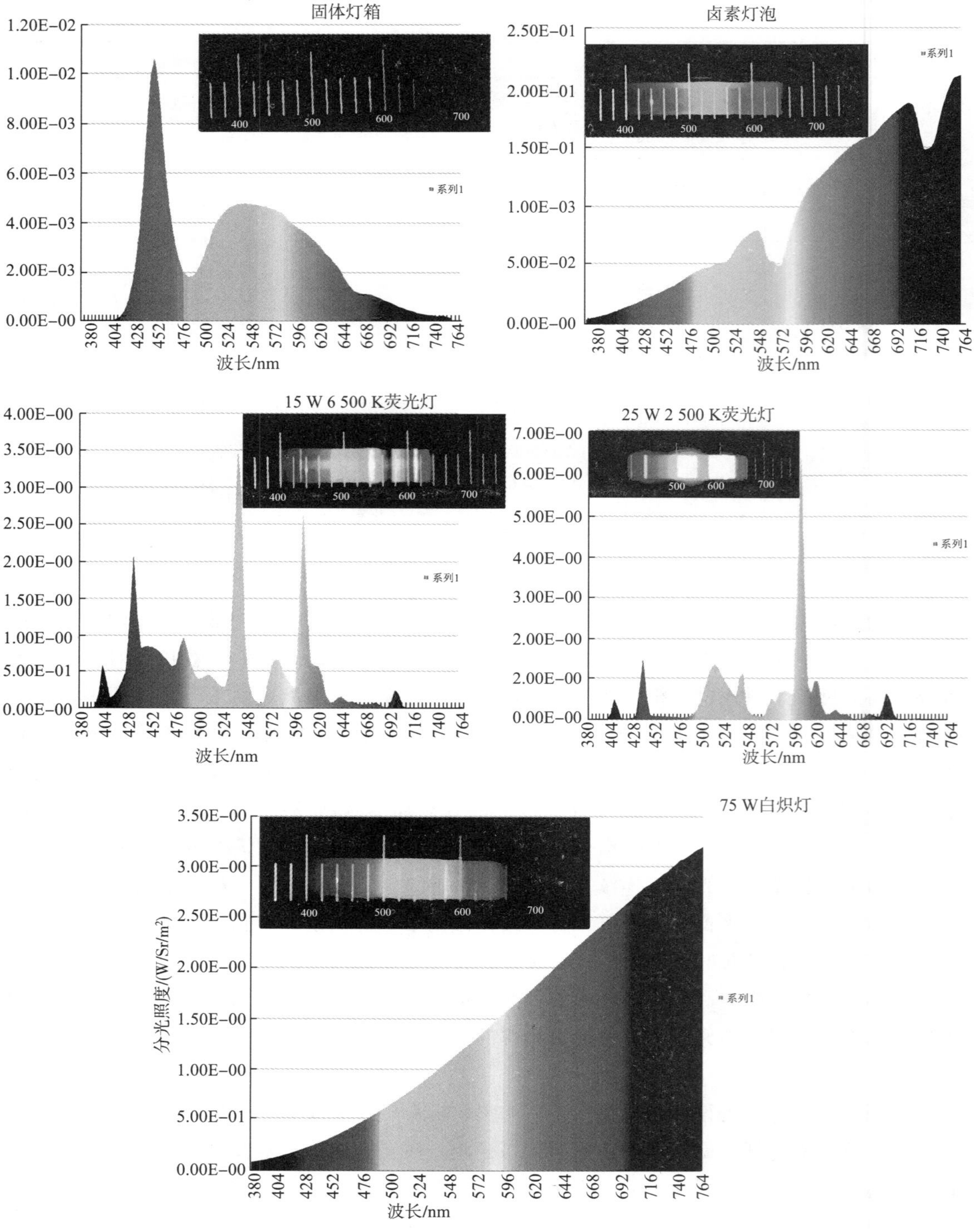

图 8.7-13　一种光源的光谱图（见彩插）

力、安全性、散热性、光束分布模式和结构要求。大多数照明装置只支持特定的连接器，像白炽灯和荧光灯的接口设计就不一样。大多数灯具为了聚光或产生所需的光束都会使用

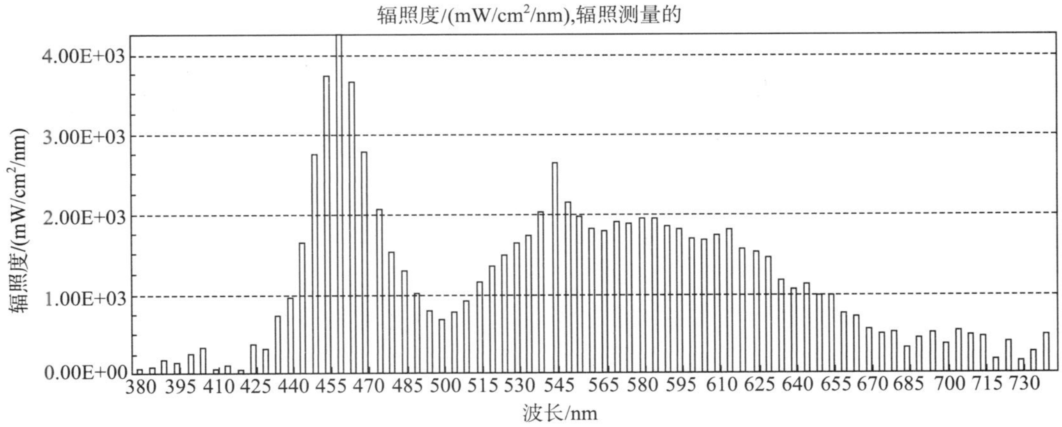

图 8.7-14　国际空间站白光 LED 灯的光谱（测量值）

反光镜，反光镜的材料和表面类型也很广泛，有的反光镜使用白色光滑的或能产生漫反射的材质，有的使用高反光金属或镜子。反光镜的形状主要依据灯的形状及所想要产生的特定光束模式确定。此外，有时照明装置还会分别使用散射镜或透镜来分散或汇聚光束，散射镜和透镜的材料也很广泛，包括塑料、玻璃和金属等。散射镜通常用来减少眩光和调节光源的色温。图 8.7-15 所示为迥然不同的照明装置，图中的荧光装置为一般灯具的设计优化示例，该灯具为任务照明而设计，可以由用户进行调整。

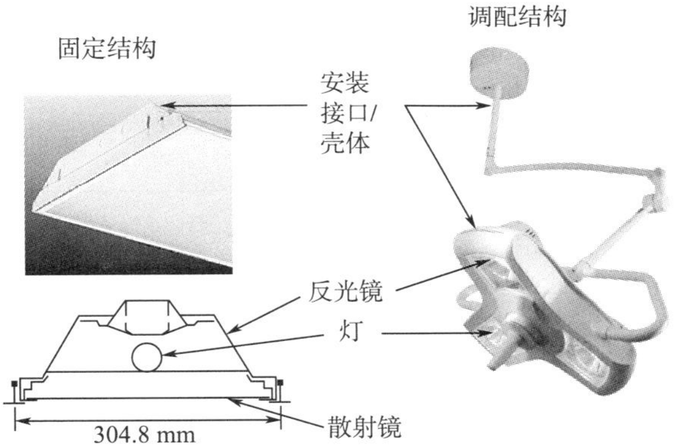

图 8.7-15　照明装置设计实例

8.7.5　照明控制

8.7.5.1　控制器位置

舱内一般照明控制器需位于该密封舱内。这样的设计允许乘员无需改变自身的位置就可看到照明控制器带来的变化。一般照明的控制开关应位于舱体的入口处，便于使用。在驾驶舱飞行控制仪表板上的控制开关应位于乘员容易接触到的位置。对于某些区域，尤其是睡眠区，可能需要多种控制开关。

工作台上的任务照明必须是在工作台上受限制的乘员能够控制和调整的。

8.7.5.2　控制设计

对光源的调整需具备连续控制措施（或接近于连续的精细的阶梯式控制），顺时针旋转、向上或向右移动线性控制器时，亮度应稳定地逐步增加；如果朝反方向（逆时针、向下或向左）控制，亮度应稳定地逐步减弱。亮度控制设计建议设计成如图 8.7－16 所示。人类知觉敏感度遵守韦伯定律，亮度增量（x，α）应与照度 L 的值成正比。控制系数增量相等，照度变化比率应为常数。控制变化与照度变化之间的关系是一个对数关系，例如，控制系数增加 1 个单位，则光照度增加 2 个单位（图 8.7－17 中 $k=2$）；如果控制系数增加 2 个单位，则光照度成指数倍数增加 4 个单位。当为光源提供功率时，功率指示器应有信号提示。

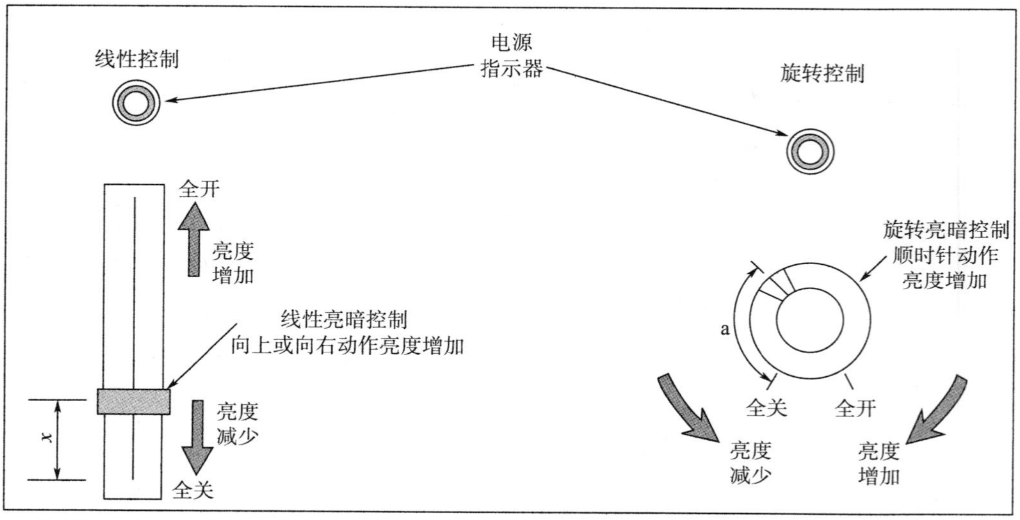

图 8.7－16　照明控制操作

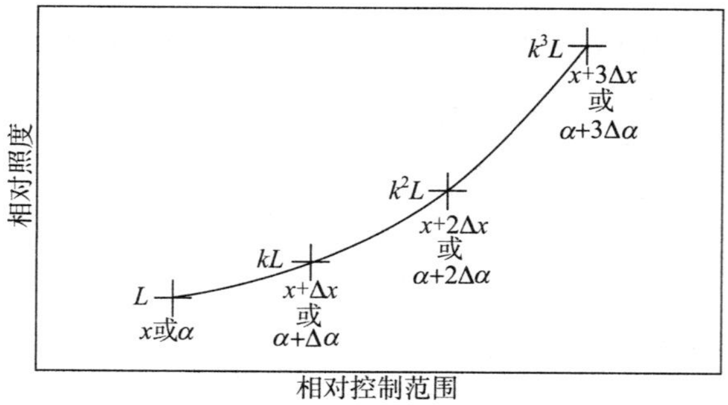

图 8.7－17　照明控制范围与照度之间的关系（图中的 x 代表步进线性距离，α 代表步进旋转角度）

8.7.6　照明色彩

人眼对色彩的敏感性取决于可见光光谱和照度。色彩的量化值依据光源频谱和环境中介于传输或反射材料之间的吸收光谱特性。例如，行星大气层的吸收和灰尘对光的散射可以显著影响住所附近外部标识对颜色的选择，在确定指示灯和车头灯的光强度和色彩需求时应考虑这些因素。为满足观测者对特定色彩的感受，必须对物体表面的频谱反射率（物体的颜色）和亮度频谱进行控制。在不同光源下对物体进行观测，色彩感受可能差异很大，这将导致设计者对色彩编码的不确定或者受到干扰，与预期的色彩感受不一致。

白光在传统意义上被定义为普朗克（黑体）辐射，但是“白色”通常用于表示一个宽频谱。普朗克辐射的频谱（颜色）是一个完全由辐射体的绝对温度来定义，并与波长有关的平滑函数。白炽灯（灯丝）产生的谱功率分布与普朗克辐射是一致的，因此这些灯散发出的色彩可以准确地用相关色温（CCT）这个术语来描述。产生短波（蓝光）的白炽光源具有较高的色温，而产生长波（红光）的白炽光源具有较低的色温。相关色温可用于计算不同于普朗克辐射体的不规则频谱，例如，由发光二极管灯、荧光灯、气体放电灯和无灯丝类型的灯产生的频谱，但上述光源的照度与具有相同相关色温特性的细丝灯的照度显著不同。这种差异发生在无灯丝光源的频谱在波峰和/或中断时，与光滑普朗克频谱曲线不一致。更多的定义白炽灯特性的有效方法可采用 CIE 色彩坐标系统，该系统是基于人类色彩匹配的经验研究而建立的，同时提供描述光线色彩和与感受相关的频谱和照度的数学关系。

在设计光学系统中，应考虑整个可见光谱。NASA 推荐的两种光学标准不适用于每个设计方案：CIE 相关色温和 CIE 色彩描述指数（CRI）。相关色温可以用快速方法来描述白炽灯的谱功率光分配，但对于非白炽灯应谨慎使用。如果白炽灯和非白炽灯有相同的相关色温，则用户在阅读白纸上的黑字时察觉不到任何差异。但是对于色彩描述相同的两盏灯，会产生不同的色彩感受。所有光源从蓝光到红光特性的变化均可使用 CIE 定义的染色坐标系统的变化来描述。CRI 试图采用平均 8 色标准来概括某个光源对所有反射频谱的色彩描述特性，平均方法是用主色与标准进行对应。参考光源与坐标系统仅用于 8 色标准的计算。除了更敏感的总估计算之外，还已经提出了更多计算色彩表现差异的白光反射源和一致的色彩坐标系统。使用色彩描述指纹已经成为非白炽灯光源制造商的营销手段。

8.7.7　生物节律变化

照明系统必须提供与地面同步的昼夜变化（生物节律变化）。航天员经常会发生睡眠和工作被干扰的情况，其建立稳定的生物节律周期的困难与地面进行交班轮替的工作人员、跨时区（时差）旅行者、潜艇人员和生活在高纬度极昼时期的人是相似的（CIE，2006；United States Congress，1991）。人的生物节律可以通过外部环境刺激来改变，目前来说，最有效的刺激是暴露于强光。令患有季节性情绪失调的高原居住者每天在高照度水平下暴露一段时间被证明是有效的治疗手段。研究表明，采用波长范围为 450～480 nm 的蓝光，会对人体大脑产生一定的刺激（Brainard et al.，2001），可以帮助建立稳定的生物节律周期；而不确定的是，如果采用全部蓝光（Figueiro et al.，2003，2005），可能会影响正常的视觉工作。在频谱范围更大的白光中，提供此类蓝光仍会带来益处，同时消除纯粹使用蓝光带来的不良影响。

8.7.8　适应暗适应和过渡视觉的照明

有时需要为一段视觉区间而非光适应设计一个照明系统。人类的中间视觉和暗视觉能力可以让人在相对较暗的环境中看见目标和完成任务。如果任务需要暗适应，如观测航天器窗户外的目标，需要提供低照度水平的白色或红色光源。如果对暗适应程度的要求不高，则调整周边环境的白色照明灯可能是合适的。对于最大程度的暗适应，周边环境需要提供低照明度（0.07～0.34 cd/m^2）红光。CIE 组织推荐这种光线的色度值在以下范围之内：$0.663 \leqslant x \leqslant 0.705$，$0.295 \leqslant y \leqslant 0.335$，$z \leqslant 0.002$（CIE，2006）。

对于需要暗适应操作的区域，需配置对可能光源的遮挡，如对窗户的遮挡。紧闭的门应能够遮挡光线进入，对于舱门或其他光源还应提供覆盖物。

为人类中间视觉优化照明系统，还需要开展更多的研究。这一视觉区域并不需要很多的光，也就不需要很多的能量，却很有可能具有某些设计优点。对于一些极端环境，比如可用能源极少或者不存在或者对使用者很危险，只需要极少的能源就能为人类提供视觉标志的照明系统是最理想的。光致发光光源就不需要能源。国际空间站使用这类光源用于紧急照明。因为根据这类照明系统的最优化要求设计，整个照明环境要围绕暗适应模式，所以需要进行更多的研究，以便为人类的各种需求提供充足的系统指导方针，比如，情景意识、任务绩效、眩光、控制面板设计和显示系统。这样的系统可直接应用于紧急照明系统设计。另外，设计的暗适应照明系统也可用于野外工具照明和行星探测。

8.7.9　信号灯和位置灯

应为航天器所需的特殊操作情况设计闪光灯、定位灯和其他信号灯。观测者观察周围背光的亮度模式、灯的闪烁或稳定状态的模式，可以确定信号是否正常。例如，在交会对接过程中，近地轨道的观测者通过观察信号灯来寻找航天器。如果目标是稳定的信号灯，在航天器出现高亮度之前，观测者就不能容易地识别出信号，就像在阳光照射的高空气层或在覆盖有冰雪的大地上观测目标一样。从轨道上观测地球晚上的一面，在某些区域信号灯可能就会迷失在城市的光源中。简言之，不经常使用的眩光灯可能会被频繁的雷电所遮蔽。从轨道上观测星球黑暗的一面，稳态信号灯和眩光信号灯可能会消失在星空背景中。

8.7.9.1　最小强度

NASA 过去曾将眼睛感受到的最小照明强度等效为一颗三级星的强度。在外层空间中，这种照明水平定义为在太空约为 1.68×10^{-7} lx，距离 D 是眼睛到光源的距离，上述关系遵照如下平方反比定律

$$(I_{\mathrm{eff}})_{\min} = (1.68 \times 10^{-7}) D^2$$

8.7.9.2　表面强度

闪烁光的表面强度取决于照射时间与整个重复周期之比，即光信号的工作周期，其有效强度与实际强度之间的关系使用 Blondell－Rey 公式进行计算

$$I_{\mathrm{eff}}=\frac{\int_{t_1}^{t_2} I\,\mathrm{d}t}{0.2+(t_2-t_1)}$$

式中 I——实际发光强度，单位是坎德拉（cd）；

t_1，t_2——分别代表闪烁的起止时间，单位是秒（s）。

闪烁的有效强度经常低于光源的真实强度，但是选择正确的工作周期，可以使得闪烁信号比稳定信号更明显。

在阿波罗探月计划中，为了测试确定登月舱的能见度，使用的氙灯的强度是 $\int_{t_1}^{t_2} I\,\mathrm{d}t=$ 1 000 cd-s，闪烁间隔是 $(t_2-t_1)=20$ ms，在距离 130 海里的地方可见（Wheelwright，1973）。根据上述 Blondell-Rey 公式计算得到有效光强度是 $I_{\mathrm{eff}}=4\ 545$ cd。空间距离 130 海里处，有效光照度变为 7.83×10^{-8} lx，小于上文给定的三级星亮度值的一半。这就意味着，三级星标准可能是比较保守的，但必须强调的是，最小亮度门限和 Blondell-Rey 公式之间的关系基于下述条件：1）目标是一个恒定强度的发光体；2）观测者可在很大程度上进行暗适应；3）观测者的视力是 20/20 或更优；4）观测者附近没有局部光源或在视野中不会出现亮闪斑；5）观测者是在黑暗背景下搜索亮目标，三级星门限是一个有用的设计出发点，然而在许多条件下，闪烁信号的强度可能要比门限的要求值要高得多，以便于进行有效地搜索和给出明确的指示。

8.7.9.3 闪光速率

闪光的重复率需要足够快，高于 3 次/s，以确保闪烁脉冲的开始和结束均能够被人眼扫视到。

国际空间站的补给航天器——自动运载飞船使用的指示灯均为白色，每个灯所处的位置按照闪烁类型的闪光频率来设定，一种模式是不需要闪烁的常开状态，另外 3 种模式是交替的等间隔的开和关。这些闪烁模式是独立运行的，之间没有同步关系。对不同灯，开的持续时间可以分别是 0.5 s，1.0 s 和 2.5 s。这种系统的明显缺点是，在指示灯受飞船姿态影响或太阳能帆板遮挡只剩一个闪烁灯时，无法进行状态识别。观测者需根据其时间感觉（通常很贫乏）来判断闪烁模式。使用单脉冲编码方案的白色指示灯更容易对飞船的状态进行识别。例如，闪光灯发出 1 个短脉冲，关 1 s；闪光灯发出 2 个短脉冲，关 1 s；闪光灯发出 3 个短脉冲，关 1 s；如果采用单光源，则观测者很容易通过计算重复期间闪烁的次数来区分飞船状态。这种方法不再依赖于人不可靠的时间感觉，对于标准的彩色指示灯，优先选用白色指示灯，因为前者要考虑 1 个或多个乘员是色盲。

8.7.9.4 信号灯和位置灯色彩

基于导航领域设计的色彩编码方案在航天器的定位中已被广泛使用。尽管光的频谱不发生变化，但这些光的色彩会随着照度的变化而变化。该现象被描述为 Bezold-Brücke 效应。对于恒定的光源，3 种基色的波长不会随着照度的变化改变：475 nm（蓝色）、507 nm（绿色）、570 nm（黄色）。对于快速闪烁的光，基色的波长会变短：470 nm，504 nm和 555 nm。应根据不同的用途选择彩色定位和指示灯。当绿色或红色光源的照度降低时，它的色彩变得更黄一些。这种效应在低于 10 cd/m² 的低亮度级别时是最明显的，但是对于需要区分极端倾斜视角的情况，设计者需要确定它是否会造成光源与指示灯的混乱。

8.7.10 控制面板标识照明

控制面板上设置照明标识时主要考虑的就是操作。当操作者需要保持很高的暗适应才能观察标识时，控制面板上的自发光标识就显得很有优势。在航天器驾驶舱内，如果任务要求视觉搜索窗外昏暗的远处目标，同时操作面板上的控制器时，那么可能会有这样的需求。这些任务和睡眠均需要可调光灯。

航天器上自发光标识使用的例子包括比如单个白炽灯，LED 灯或者光致发光纸的背景照明，以及那些通过远光源照明，比如楔形照明或边缘照明的控制面板。自发光装置加上调光器，就可将控制面板标识的亮度控制在很低的水平（约 0.1 cd/m²）但却清晰易辨，同时散射和整个控制面板上的对比差异被最小化。自发光方式可将照明控制在很低水平的亮度，使用泛光灯照明或者反光标识则难以实现，尤其是在宽大的面板上。在航天飞机驾驶舱内使用了自发光显示器，并且被广泛地用于阿波罗飞船，这样在主系统失败的情况下，还可提供应急泛光照明。

8.7.10.1 标识照明设置

标识照明要求没有单一的不可违逆的限值。人类适应了周围的“平均”亮度环境，视野内炫目的标识光有时会与难以察觉的标识一样糟糕。

LED 亮度水平最终需要通过模拟或者其他物理评估进行确定。然而，一些来自人因的有用的基线可帮助选定一些可能范围，或者启动选择。MIL - STD - 1472F 标准 5.2.2.1.8 节是一个有用参考源。此节中表明，透视显示照明的亮度至少应是面板周围亮度的 110%，然而，必须降低眩光，显示器的亮度不能超过环境亮度的 300%。比如，当控制面板预期亮度最大为10 cd/m² 时，依据基线，在最大箱内照明条件下，LED 的最小亮度应是 11 cd/m²。为避免眩光，在相同的照明条件下，最大亮度不超过 30 cd/m²。

面板 LED 的亮度水平应根据应用而变化。最暗的是控制面板的选择或者指示灯的背景发光标识。根据 MIL - STD - 1472F 标准 5.2.2.1.8 节，在这个例子中，最大的背景亮度应设置为 11 cd/m²，对于低亮度操作，背景发光标识的亮度还可以低于这一水平。LED 的中间亮度范围用于各种系统状态的标识。其余的 LED 照明就是提醒和警示信号。这些几乎不采用最高亮度与背景亮度进行对比，应当是明显可见。在这个例子中，开始时提醒和警示指示灯的最大亮度被设定为 30 cd/m²。理想情况下，所有指示灯的照明等级都应通过一个亮度控制等比例地调整。

应用什么来指导标识系统状态的中间区间亮度的选择呢？人因韦伯定律的研究表明，两个刺激水平感觉的“中点”为二者的几何平均值（乘积的均方根）。这个中点值就是将其从两个亮度水平区别开来的最好选择。如果背景亮度为 11 cd/m²，提醒或警示的亮度为 30.9 cd/m²，那么指示灯的亮度为 18.2 cd/m²。如果对于标称操作状态，这个亮度太亮，就可以用更为满足需求的背景亮度代替 11 cd/m² 的最大背景亮度，同时相应改变几何平均值。类似地，如果提醒或警示信号的 30 cd/m² 的亮度水平太高或太低，与预期的操作不匹配，那么就可以通过改进的信号亮度水平和选定的背景亮度水平决定指示灯的亮度。

LED亮度的偏差应该与标称设置成正比。最坏的情况，偏差不应使得3级功能亮度水平相互重叠。

8.7.10.2 指示/信号灯LED颜色

来自NASA STD-3000标准9.5.3.2.i.4节对透光指示灯色度的要求，主要解决了带有颜色过滤的白炽灯的使用要求。这些要求中的大部分并没有特别包括LED灯的特性，但是定义了可用的色度范围，这些范围均为非饱和色，其色度坐标主要位于CIExy色度图的光谱轨迹（外边界）内（图8.7-18）。饱和色比较容易区分，并且很容易通过它们特有的主波长辨别。完全饱和色的色度特点是其位于光谱轨迹上。最匹配光源色度的单色光的波长被称为主波长。从CIExy坐标图中心点的白色坐标点，穿过非饱和色度坐标点的连线与光谱轨迹的交点就是一组非饱和色度坐标对应的主波长。该技术如图8.7-18所示，图中参考白色色坐标点为（$x=0.3127$，$y=0.3290$），相当于CIE6 500 K（D65）的白天光线标准。LED可产生高饱和度的、几乎为单色光谱的光，其色度坐标位于或接近光谱轨迹，这非常适合用于指示灯。所以，某种主波长的指示灯的颜色可通过宽光谱的白炽灯和吸收掉不需要的波段的滤波器实现。相同颜色的指示灯可以通过使用LED灯实现，LED灯本身就可以在要求的主波长附近只放射甚窄带波长。LED灯射出的光谱色度很可能会落在滤波后的灯的色度区域之外。图8.7-18给出了基于白炽灯颜色编码的指示灯色度与商业LED规格的对比。以上光源相应的主波长的波段见表8.7-3。

表8.7-3 图8.7-18示例的LED和滤波白炽灯主波长对比表

指示灯颜色	源类型	主波长/nm	
		最小值	最大值
绿	白炽灯+过滤	515	535
	LED	520	535
黄/橙	白炽灯+过滤	581	592
	LED	583	595
红	白炽灯+过滤	638	>780
	LED	615	635

本示例中，选择的绿和黄/橙的LED的主波长与图8.7-18所示的色度范围比较一致，但是红色LED的主波长区域在规定的滤波后的白炽灯色度区域之外。LED灯的选择应基于可接受的LED主波长的明确需求与可购买的装置特点共同折中确定。任何情况下，所选的LED灯的颜色标识都应通过代表目标用户人群的色彩辨识能力试验确定。其中一条最重要的原则是，各种不同可用颜色的主波长范围不应重叠。对于关键的指示信号的应用要同时考虑位置编码和闪烁设置。

8.7.10.3 指示灯测试功能

对于不是飞行关键状态的LED指示灯，可以有不利（异常）状态的指示，这种状态使任务中的问题提前暴露。如果指示灯对非正常系统操作有指示功能，指示灯就应有测试功能，需要通过操作手册合理确定是否需要该功能。

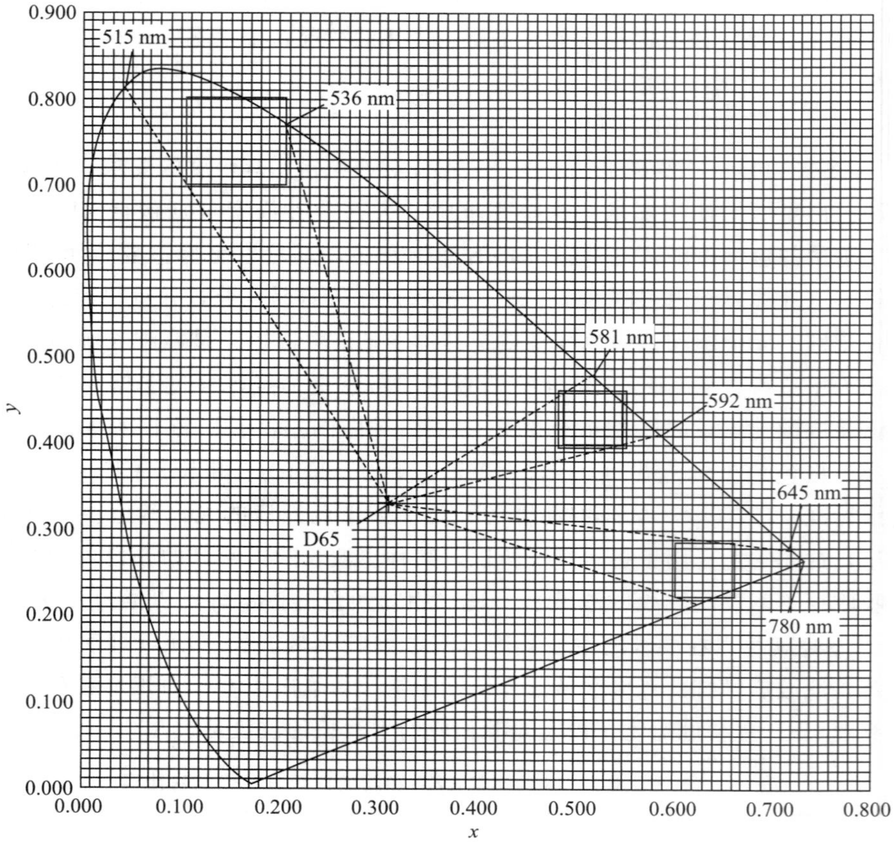

图 8.7-18　LED 和白炽灯指示灯的主波长确定图

8.7.10.4　LED 驱动电流控制

LED 灯的辐射能量（和表面亮度）实际上与电流强度成正比。这在某种程度上更便于通过 LED 驱动电路设计实现调光功能。影响该正比关系的主要因素是 LED 的裸片温度。随着裸片温度的增加，光能就会减少。增加 LED 正向电流可以增加光能输出，同时 LED 会释放更多的热量，因而会导致裸片温度升高。减小这个影响最好的方式是 LED 驱动电路中有温度补偿，通过直流持续或者脉冲调节。与使用简单的阻抗限流器相比，这个方法可以实现最少的能量消耗和裸片温度变化，从而可以克服温度变化，实现最大的亮度稳定性。通过调节电流驱动 LED 的方式简化了 8.7.10.1 节中的应用基准。

8.7.11　照明系统设计

照明系统应被认为是整个系统设计的一部分，照明问题是否得到有效解决很大程度上受到光源周围的结构和材料的选择和设计的影响。这一部分主要讨论关于如何形成系统照明要求与将照明要求融入系统设计的解决方法的建议。一个成功的照明项目需要协同所有项目组成部分及发展需求，协调项目管理、力学、电、材料和热工程师。照明系统项目方案设计人员应当为了协调所有需求的最优设计，将光源的选择和评估作为反复迭代工作过程。应该预估实验室照明评估需求，通过物理实物模拟和计算机仿真评估和设计照明系统解决方案。

8.7.11.1 照明系统设计过程

图 8.7-19 给出照明系统设计过程，这个流程图应当作为设计指导基准，以帮助和指

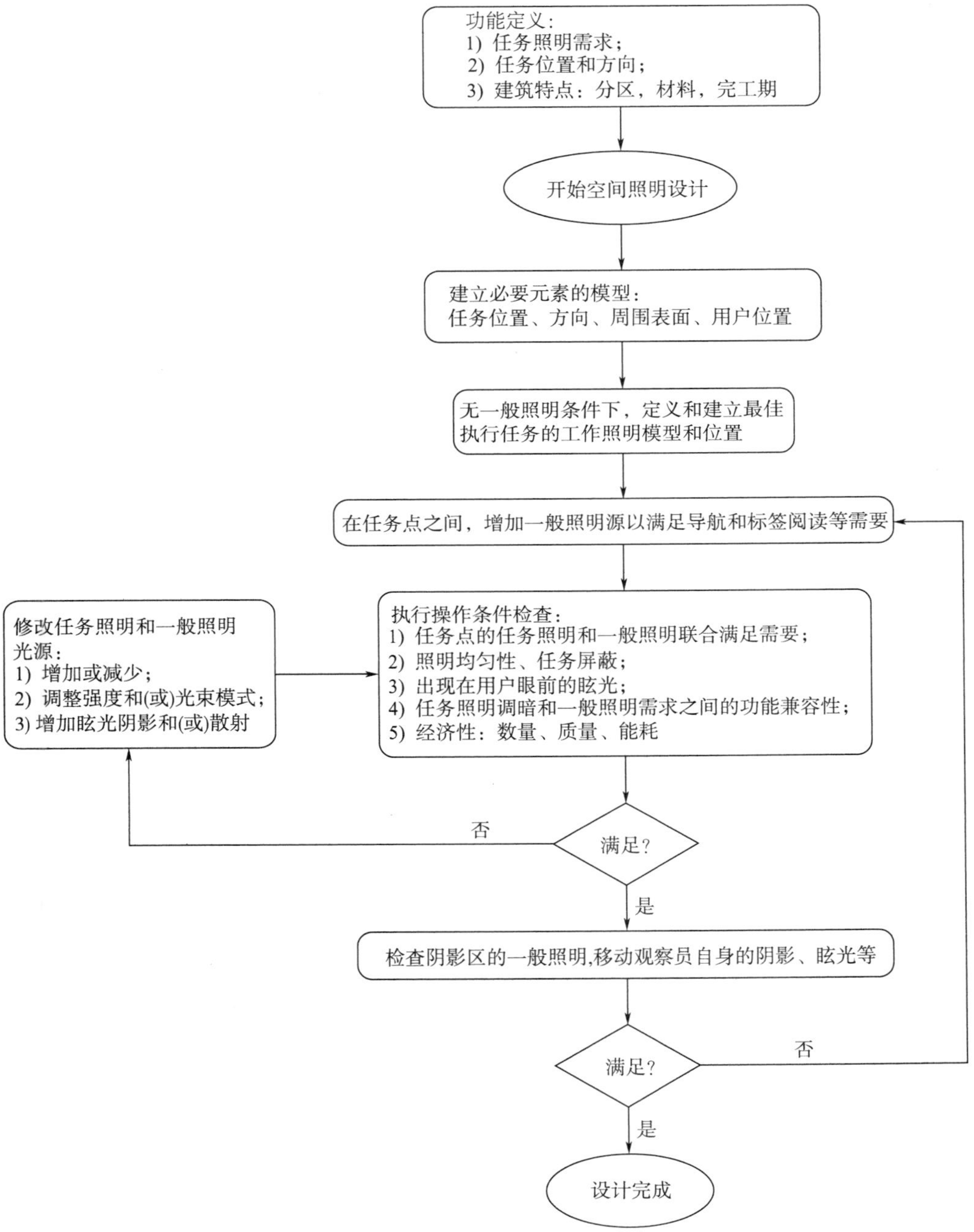

图 8.7-19 照明系统设计流程图

导设计人员在设计一个完整的照明系统时考虑尽可能多的因素。该图表明应将工作重点放在灯具设计和系统布局上。设计人员还应考虑在工作中评估设计的照明系统附近表面材料的性能，以及不是该设计部分的其他照明系统是否可能会为照明环境提供光。可能的情况下，当发现光源附近的材料影响其使用，或者影响其他问题，比如能量或最小照度水平，就应该将问题反馈给项目管理者或者建筑系统设计师。

照明系统包括很多因素，比如使用者、光源附近的材料、光源的结构设计、控制、电源和电源质量、生产限值、环境控制和储存。光源设计是一个迭代过程，最好通过计算机图形分析和光学分析软件进行大量的计算。设计人员应当优先考虑现成的商品，而不是定制，因为光源生产商在照明系统的成本效率、可靠性和再生产方面已进行了大量的研究。设计一个可以很好的工程化的照明系统需要整个项目团队的合作和耐心来选择最优途径。

8.7.11.2 照明需求

进行照明设计的第一步是确定任务需求和构建一个照明环境的模型。

1）任务需求——需求必须建立在对任务和实施项目的分析的基础上。如果操作者执行的具体任务没有具体的需求，那么也不会对照明系统进行有针对性的设计。照明的强度和类型依赖于任务的属性。国际空间站乘员已经表明了提供更小的任务照明或便携式光源用于操作面板后方进行维修工作的重要性。在表 8.7-1 中给出了对一些典型任务照明的要求，该表节选自由北美照明工程学会（IESNA，2000）出版的《IESNA 照明手册》。需要注意的是，不同的人或具有不同文化背景的人可接受的照明级别（Boyce，2003；Nicogossian et al.，1994）。必须依据实施的任务类型和用户在环境中的适应状态来确定绝对的最小照明需求。

2）结构特征——对航天器的结构特征而言，必须考虑其照明需求。照明模型应该包括与周围的结构特征相关的工作面的位置和方向。该模型还应该包括与工作面相关的操作者的准确信息。这些特征信息应该包括眼睛的位置、身体的尺寸和姿态，这些因素可能会在操作任务时阻碍和反射光线。不同表面材料的反射特性也应该考虑在照明模型之内，用于准确估算亮度和照度。

3）亮度自适应效应——对于舱内活动空间和居住环境的照度需求必须根据期望的亮度条件来确定。对于亮度的自适应过程，需考虑以下因素。

• 视觉系统能够在一定的环境亮度值范围内正常工作，而不会产生疲劳感或眼痛。

• 在某些情况，低亮度操作环境区域（例如睡眠区或窗口观测站）需进行低亮度设计，防止周边高亮度区域带来的光污染。此类区域的照度需求应该考虑有或者没有亮度控制方法这两种情况，如可移动隔板，窗帘或调光器等。

• 影响周边亮度的因素也包括表面材料的反射特性。

• 确定空间适应亮度级别可能会是一个对编写要求的作者和设计者来说非常大的挑战。

• 对于复杂环境的合理评估可能需要使用模型评价试验才能完成。

表 8.7-4 每种任务所需的最小照明级别

任务	测量位置	最小照度/lux
创口护理（清洗和缝合）	治疗表面（黏膜或皮肤）	约 500
阅读	阅读页面	高
白纸上的书写/列表	纸面	
维护和维修工作	受影响的组件表面	
食品准备	准备食物的表面	
进餐	准备进食餐桌表面	
化妆	脸上，位于镜子中心位置上方 50 cm 处	
无创伤口处理	伤口处	
锻炼	锻炼器材上	
视频会议	脸上	
维护和舱内清洁	涉及的表面上	
机械组装	涉及的部件上	
手动控制	可视的操作表面上	
面板——亮背景上的黑色符号	面板表面上	
废物处理	废物处理系统座椅上	
翻译	居住舱内所有可视的表面	
面板——黑色背景上的亮色符号	面板表面上	
紧急设备关机	控制器上	
夜灯	突出的表面上	低
紧急出口	突出的表面上	约 10

一旦如表 8.7-4 所示的照度控制点定义好，则设计者面临的问题就是选择满足任务指导方针的光源的强度、光束类型、位置、方向，这些工作需要不断地迭代进行。初始的照明系统设计，最好采用基于计算机的方法选择光源的类型和数量。基于计算机的方法应采用光线跟踪法，以确定光在舱内不同表面之间的交叉反射问题。

8.7.11.3 定义最小照明水平

需为不同的任务定义不同的照明水平。大多数情况，要确定执行某项视觉作业时在环境中的很多位置和方向有足够的照明水平是不现实的，因此设计者设计照明系统时通常从一系列的假设入手。这种例子可在照明设计手册上获得，如《IESNA 照明手册》（IESNA，2000），里面有许多关于任务和环境照明推荐值的表格。该手册为相对大的、通过单一一致的发光面（通常是天花板）发光的开放空间提供了有用的照明设计方法。这些方法的关键之处就在于如何预测和控制环境中指定表面的照度。以下是手册中的一些假设条件（可能并不总是对航天器有效）：

- 操作面通常假设为环境的墙和地板，此外，也经常包括高于或平行于地板的操作面；
- 假设操作面的反射可满足亮度对比度和光散射度的要求；

• 一般照明通常假设为来自高于地板和操作面的天花板，而辅助的任务照明可以由操作面上方的、向下的或倾斜的直接光源提供；

• 办公照明通常是以高于地板的距离计算的；

• 对于大的均匀光照活动空间，居住者的数量和位置可能不会对执行视觉任务造成重大影响。

当光源的空间和数量降低时，照明类型会变得不那么均匀，并且对观测者的位置有很大的依赖性。对于大多数航天器而言都是这种情况，特别是对于微重力条件下没有地板或天花板存在时。

对于更小的和更复杂的空间环境而言，基于照度控制的照明设计需求必须进一步考虑特定的测量位置及测量设备相对于表面的方向。在这些条件下，舱内空间存在于不同位置点的照度仅有松散的联系。对于关键操作面，照度级别的定义必须根据期望的操作条件而定。一旦这些级别定义清楚后，设计者面临的就是选择满足任务的光源强度、光束类型、位置和方向的迭代的设计过程。

8.7.11.4　通用照明

在对任务光源特性进行评估后（如强度、光束类型、位置和时间间隔），必须确定一般照度需求。这些需求应包括转移时避免遇到碰撞物的最低需求，例如调整光源及气流控制设置的日常的环境控制操作，打开舱口，以及工作站之间的对讲控制操作。阅读区域可能需要更高的一般照度级别或其他活动需要更高的视觉敏感度。

8.7.11.5　照明作业装置

如图 8.7－10 所示，在缺乏一般光源时，需首先考虑任务光源。在建立起一系列任务模型后，需要进一步考虑满足任务照度需求的光源模型。实际确定的最小值应满足预期的操作条件。这些条件应包括操作者对一般照明级别和颜色的自适应状态。最终的要求是任务照明光源需要提供均匀的照明度，而不会在工作站上或之间产生眩光。

固定的任务光源应满足：

• 可从最小的输出级调光到最大的照度；

• 位置和方位可调整，避免在操作过程产生阴影和眩光。

便携式任务光源的设计建议：

• 电池供电——便携式任务光源应采用电池供电，以避免电线产生缠绕和电源连接限制；

• 可快速充电电池组——可快速将用完的蓄电池更换为带电的电池组，以基本上实现持续操作；

• 持续操作——便携式任务光源应具有持续操作的能力，需避免出现由于自发热等原因造成的性能快速下降或产生超过触摸温度限制的裸露热表面；

• 可调节的光束——便携式任务光源的光束应可调节为圆斑模式和探照灯模式；

• 紧急操作——对于紧急事件，该便携式任务光源需具有正常工作的能力：乘员着服操作时，在冷-湿条件下启动时，以及在接近真空的环境中长时间工作时等；

• 可短暂固定——采用某种临时的方法将灯固定在舱壁或人身上，对于在操作期间解放乘员的双手有很大的帮助。

8.7.11.6 应急照明

必须为所有航天器提供应急照明。在出现电源故障时，应提供应急照明使乘员外出或恢复操作。应急照明必须自动启动系统以提供以下服务：

• 允许航天器上的操作者和其他居住者移动到安全位置，以及在任何居住人的位置和安全港之间进行有效运输。有效运输包括对正门和舱口的恰当定向，以及避免外出路径上出现障碍物；

• 在某些情况，辅助乘员完成激活或关闭关键设备。

对于居住者而言，应急照明水平的选择需考虑自身的适应能力。在睡眠区或低亮度区域，应急光源不应具有极高的亮度水平，防止乘员对应急照明水平的不适应情况的发生。对于紧急情况的处置，应急光源的选择需在一般照明需求之间进行平衡。

对于某些情况，使用光致发光（夜光）方向指示条可有效地为指明方向和出口提供实用的配件及驱动紧急照明，特别是在持续照明区域。使用夜光指示条的区域应考虑光源对夜光物质的照明过程，提供可用发光亮度的照射时长需求，以及去除刺激后发光指示灯的残留。然而，夜光物质在舱内却不是很有用，舱内在正常操作期间可能会在长时间保持黑暗。如果在夜光物质已完全散尽时发生紧急事件，则它不能给紧急通道提供指示。在某些情况下，在低亮度条件下操作需求被证明不太适合使用夜光指示条作为紧急指示标志。此种情况包括要求操作者具有暗适应的睡眠区或工作区。

8.7.11.7 所有照明的整合

一旦对一般和任务光源照明已经做出最初的独立评估，那么就应该考虑不同的光源带来的互相干涉现象。在某种情况下，如果确定始终存在足够的照度，则可调整或完全除去光源的强度。减少外部光源可能会减少对动力和质量的需求，因为照明系统的质量包括连接的线缆和控制照明及将光转化为热的设备。

8.7.11.8 照明分析技术

系统照明设计需要设计者或照明专家使用一套工具进行评估。这一部分主要确定多个进行照明确定的方法。精确的需求是决定项目的基础所在，并且会影响分析方法的选择。如果程序或项目涉及很重要的照明系统，则设计照明时很重要的一点就是要迭代评估。

8.7.11.8.1 人工照明分析

有多种用于计算特定点照度的技术，这一部分主要集中介绍几种最广泛使用的方法。

8.7.11.8.1.1 平方反比定律方法（某点照度）

当计算某点照度时，需要考虑两点：直接照射部分和反射部分，二者的和为该点的总照度。对于直射部分的计算，该方法要求从光源到该点的距离至少为光源直径的 5 倍。在这些准则下，照度与光源的辐照强度成正比，与给定方向的距离的平方成反比。下面是根据平方反比定律计算照度的公式

$$平面B上的照度=\frac{光源的辐射方向的光源强度}{(光源与平面上点的距离)^2}\times\cos\beta$$

式中　β——光线入射方向与平面垂线的夹角。

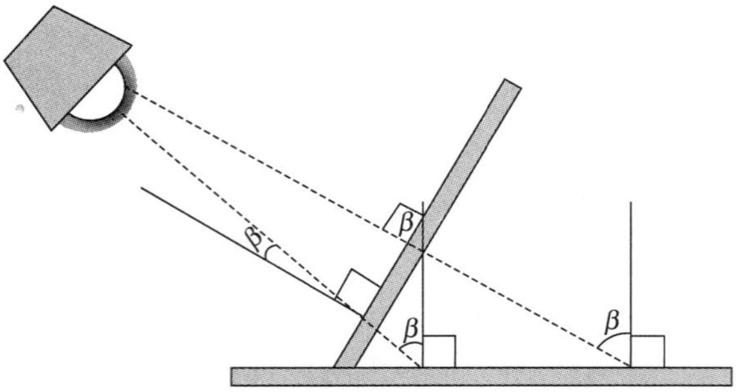

图 8.7－20　平方反比定律示例

如果被测点位于反射光场中，则反射光组成以反射系数比乘以反射源平面上的照度来计算。将计算出的反射光组成作为光源，用反向平方律来估算这个点（即被测点）上的总照度，如果点源数量和反射平面数量多，则计算量也随之增大。

8.7.11.8.1.2　流明（Lumen）法（带腔方法）

平均照度计算方法被称作流明法，可用于灯具被隔开以获得均匀照明的环境计算中。该方法计算工作面上所有点的照度均值。与照明环境的复杂详细建模相比，流明法或者所谓的带腔方法是一种最快的估计宽阔环境照明等级的方法。下面是一些带腔方法的计算术语或因素。一个照明计算示例的工作单如图 8.7－21 所示。

有效区域反射可以通过 IES 表获得，或者使用下面的一套公式计算（Matthevs，1993）

$$f=\frac{2}{\pi xy}\left\{\ln\left[\frac{(1+x^2)(1+y^2)}{1+x^2+y^2}\right]^{1/2}+y(1+x^2)^{1/2}\tan^{-1}\left[\frac{y}{(1+x^2)^{1/2}}\right]+x(1+y^2)^{1/2}\tan^{-1}\left[\frac{x}{(1+y^2)^{1/2}}\right]-y\tan^{-1}(y)-x\tan^{-1}(x)\right\}$$

$$\rho_{\mathrm{eff}}=\frac{\rho_B\rho_W f\left[\frac{2A_B}{A_W}(1-f)-f\right]+\rho_B f^2+\rho_W\frac{A_B}{A_W}(1-f)^2}{1-\rho_W\frac{A_B}{A_W}(1-f)^2-\rho_W\left[1-\frac{2A_B}{A_W}(1-f)\right]}$$

其中

$$x=\frac{腔长度}{腔高度}\quad y=\frac{腔宽度}{腔高度}$$

式中　ρ_{eff}，ρ_W，ρ_B——分别是有效反射系数、墙反射系数、地基反射系数；

A_W，A_B——分别是墙的面积和地基面积；

f——形状系数反映腔的开关程度。

计算灯具个数的工作单或假设平均持续照度如图 8.7－21 所示（Matthevs，1993）。生产商的数据表和 IES 手册（Matthevs，1993）可以帮助确定工作单中各因素的值，这样依靠经验可以快速估计照明设备。

带腔方法工作单

项目名称：＿＿＿＿＿＿＿＿＿＿＿＿＿＿＿＿＿＿

设计平均照度：＿＿＿＿＿＿＿＿＿＿＿＿ 勒克斯

灯具数据	灯泡数据
生产厂商：	类型和颜色：
名录编号：	每个灯具的编号：
IES文件名称：	每个灯具的总流明：

腔型系数=2.5×腔高度×腔周长/腔地板面积

	高度	周长	面积	腔型系数	腔有效反射系数
房间(RCR)					
房顶(CCR)					
地板(FCR)					

厂商CU数据：＿＿＿＿＿＿＿＿＿＿

光损因子			
不可修复		可修复	
灯具环境温度		房间表面灰尘损耗	
灯具电压		灯泡流明损耗	
镇流因子		灯泡烧毁因子	
灯具表面损耗		灯具灰尘损耗	

灯具总光损因子LLF(以上因子乘积)：＿＿＿＿＿＿＿＿＿＿

平均持续照度计算

图 8.7－21 带腔方法和平均照明工作单

8.7.11.8.2 软件辅助照明和图形分析

照明计算会因为空间中多个相交面上光的反射而变得复杂。如果想建立一个一般照明概念，最好是借助图形光学分析软件设计灯具。为照明分析设计的软件包能够对环境进行物理建模，包括表面材料反射特性。这些软件包通常使用灯具生产厂商的光学数据，其是一个配置文件，被称为“IES 数据文件”。配置文件通常以波束方向图的形式列出厂商特定灯具的数据。有些软件包以光线追迹公式或物理公式计算的方式给出。另外，还有一些标准照明学会的照明估计方法，像流明法计算表面的光学特性。大部分软件包能计算目标区的亮度和照度。对于任何建模软件，计算中输入的模型越多，图片就越真实。

8.7.2.5.1 节和 8.7.4.1 节的一些图就是从照明分析软件中生成的计算机映象。这些软件使用流明法和平方反比定律进行计算，产生表面照度图。尽管这些图片不能代表眼睛或相机在可视区域内所观察到的效果，但这些图片确实可以用于评估照明水平是否足够满足照明环境的需求。图 8.7-22 是用 Radiance 软件包生成的图片，该软件使用了 CAD 模型、物理和监视器颜色转换方程显示出观察者所看到的场景的情景（《图形研究和分析工具》，约翰逊航天中心）。这两个图片显示了不同照明条件下的同一场景，说明了眩光如何影响运态轨道照明环境。

从照相机C看到的图像，其在拂晓+40分钟，beta角为0°，OBSS离停泊位置6英尺。照明是统一的。图像饱和度：0.00%，平均照度：35 fL。对所有beta值，这种图像在一天中间是典型的。

从照相机C看到的图像，其在拂晓+1分钟，beta角为0°，OBSS离停泊位置20英尺。太阳在照相机视场中，从4~11分钟，beta角0~30°。随beta角增加，太阳在视场中的时间变长。

图 8.7-22　轨道照明环境下有眩光的辐照图

图形分析和详细的照明计算是一项专业性强的工作，最好由有计算机建模、光学专业特长和反射率数据方面工作经验的专家完成。

8.7.12　研制需求

以下领域需要开展更多的研究：

• 在灯具设计人员、灯具布置和系统架构师之间进行系统整合，以形成关于光级、颜色、反射系数特性方面的整体要求；

• 优化中间视觉的综合系统设计，鼓励研发轻质、低能、低耗的照明解决方案，以用于极端危险或突发情况；

• 开发考虑到年龄较大航天员或由于长时间航天飞行致使颅内产生压力而视力受损的航天员的光级需求。

参考文献

[1] Albyn,K. (1999). Passive Contamination Monitor - Alpha Magnetic Spectrometer and ESCA Analysis of Witness Plates, ISS/Attached Payloads External Contamination Technical Interchange Meeting May 6,1999.

[2] American Bureau of Shipping. (2001). Guide for Crew Habitability on Ships. Houston,TX.

[3] Beaubien,J. M. ,& Baker,D. P. (2002). A review of selected aviation Human Factors taxonomies,accident/incident reporting systems,and data reporting tools. International Journal of Applied Aviation Studies,2(2),11 - 36.

[4] Blome,J. C. & Upton,B. E. (1967). Gemini window contamination due to outgassing of silicones. Science of Advanced Materials and Process Engineering Series, Vol. 11, Western Periodicals Co. , 1967,217 - 225.

[5] Boyce,P. R. (2003). Human Factors in Lighting. Taylor & Francis,New York.

[6] Brainard, G. C. , Hanifin, J. P. , Greeson, J. M. , et al. (2001). Action spectrum for melatonin regulation in humans:evidence for a novel circadian photoreceptor. Journal of Neuroscience,21(16): 6405 - 6412.

[7] Celentano,J. T. ,Amorelli,D. ,& Freeman,G. G. (1963,May 2,1963). Establishing a Habitability Index for Space Stations and Planetary Bases. Paper presented at the AIAA/ASMA Manned Space Laboratory Conference,Los Angeles,CA.

[8] CommissionInternationale de L'Éclairage. (1995b). Discomfort Glare in Interior Lighting,CIE Publication 117,Vienna,CIE.

[9] CommissionInternationale de L'Éclairage. (2006). Proceedings of the 2nd Expert Symposium on Light and Health. CIE,Vienna,x031:pp 1 - 230.

[10] Connors,M. M. ,Harrison,A. A. ,& Atkins,F. R. (1985). Living Aloft: Human Requirements for Extended Spaceflight. (NASA - SP - 483). Retrieved from https://www2. sti. nasa. gov/Webtop/ws/asdb/ul/web/ImageDisplay/1985024459. pdf? &docid=198 5024459&type=pdf&daa=.

[11] Corballis,M. C. ,Zbrodoff,N. J. ,Shetzer,L. I. ,& Butler,P. B. (1978)Decisions about identity and orientation of rotated letters and digits. Memory and Cognition 6:98 - 107.

[12] Figueiro,M. G. ,Bullough,J. D. ,Bierman,A. ,& Rea,M. S. (2005). Demonstration of additivity failure in human circadian phototransduction. Neuroendocrinology Letters 26(5):493 - 498.

[13] Figueiro,M. G. ,Bullough,J. D. ,Parsons,R. H. ,& Rea,M. S. (2003). Preliminary evidence for spectral opponency in the suppression of melatonin by light in humans. NeuroReport 15:313 - 316.

[14] Fraser,T. M. (1968). The Intangibles of Habitability During Long Duration Space Missions. (NASA CR - 1084). Washington,D. C. :Retrieved from http://ntrs. nasa. gov/archive/nasa/casi. ntrs. nasa. gov/19680017230_1968017230. pdf.

[15] Harrison,A. A. ,& Connors,M. M. (1990). Human factors in spacecraft design. Journal of Spacecraft

and Rockets,27(5),478 - 481.

[16] Heineman,W. (1994). Design mass properties II:Mass estimating and forecasting for aerospace vehicles based on historical data (JSC 26098). Houston,TX. NASA JSC.

[17] Heinisch,R. P. (1971). Light scatter from contaminated spacecraft windows (No. 71 - 472). Washington,DC.

[18] Illuminating Engineering Societyof North America(IESNA). (2000). The IESNA lighting handbook. Illuminating Engineering Society of North America,NY.

[19] Koontz,K. L. ,Mikatarian, R. ,Schmidl, D. ,Alred, J. ,Smith, K. ,& ISS Subsystem Environments Team(2005). STS - 114 DTO - 848 Non - Oxide Adhesive Experiment(NOAX) contamination (internal & external)risk assessment(SORR). April 22,2005. Houston,TX. NASA JSC.

[20] Lane, H. W. , &Feeback, D. L. (2002). Habitability and Environmental Factors: The Future of Closed -Environment Tests. In H. W. Lane,R. L. Sauer & D. L. Feeback(Eds.),Isolation:NASA Experiments in Closed - Environment Living (pp. 419 - 432). San Diego,CA: American Astronautical Society.

[21] Lee C,Porter K. M. Suspension trauma. Emerg Med J. 2007 Apr;24(4):237 - 8.

[22] Leger,L. J. & Bricker,R. W. (1972). Apollo Experience Report - Window Contamination (NASA TN D - 6721). Houston,TX.

[23] Lindgren K,Mathes,K,Scheuring,R,et al. The Skylab Medical Operations Project:Recommendations to Improve Crew Health and Performance for Future Exploration Missions. NASA/TM - 2009 - 214790,August 2009.

[24] Nicogossian,A. E. Mohler,S. R. ,& Gazenko,O. G. (1994). Space Biology and Medicine Vol. 2,American Institute of Aeronautics and Astronautics,Inc. ,Washington,DC.

[25] Novak,J. B. (2000). Human engineering and habitability:the critical challenges for the International Space Station. Aviat Space Environ Med,71(9 Suppl),A117 - 121.

[26] Orzech MA,Goodwin MD,Brinkley JW,et al. Test Program to Evaluate Human Response to Prolonged Motionless Suspension in Three Types of Fall Protection Harnesses. Ohio,USA: Harry G Armstrong Aerospace Medical Research Laboratory,September 1987,AAMRL - TR - 87055,AD - A262 508. Available at:http://handle. dtic. mil/100. 2/ADA262508.

[27] OSHA Safety and Health information Bulletin: Suspension Trauma/Orthostatic Intolerance. SHIB 03 -24 - 2004. Available at http://www. osha. gov/dts/shib/shib032404. html.

[28] Roeggla M,Brunner M,Michalek A,et al. Cardiorespiratory response to free suspension simulating the situation between fall and rescue in a rock climbing accident. Wilderness Environ Med. 1996 May; 7(2):109 - 14

[29] Roggla G,Moser B,Roggla M. Re:Suspension trauma. Emerg Med J. 2008 Jan;25(1):59.

[30] Runco,M. ,Eppler, D. B. ,Scott, K. P. ,& Runco, S. K. (2003). Earth science and remote sensing from the International Space Station utilizing the Destiny Laboratory's Science Window and the Window Observational Research Facility(WORF). Presented at: 30th International Symposium on Remote Sensing of Environment(ISRSE),Honolulu,Hawaii,November 10,2003.

[31] Runco,M. ,Jr. (1999). JSC - STIC - VITO Window Testing Report,JSC Scientific and Technical Information Center - Vehicle Integration and Test Office Window Testing Report(Pilkington),26 Feb-

ruary 1999. Houston,TX. NASA JSC.

[32] Runco, M. , Jr. (2005). U. S. Lab window operational constraints. ISS Generic Operational Flight Rules Volume B,Section B2 - 19,Final. Houston,TX. NASA JSC.

[33] Sanders,M. ,& McCormick,E. (1993). Human Factors in Engineering and Design (7th ed.). New York:McGraw - Hill,Inc.

[34] Scott,K. P. ,Brownlow,L. W. ,&Runco,M. et al. (2003). International Space Station Cupola Scratch Pane Window Optical Test Results. ATR - 2003(7828)- 1(Aerospace Corporation)January 17,2003.

[35] Scott,K. P. (1996). Analysis of external contamination on the ISS. Aerospace SSPO 96(7434)- 55. September 1996.

[36] Scott,K. P. , et al. (1999). ISS Window Observational Research Facility dynamic stability analysis. ATM No. 99(2110)- 1(Aerospace Corporation). October 31,1999.

[37] Scott,K. P. ,et al. (1997). Test and analysis of Russian and U. S. materials utilized on ISS. ATR97 (7434)- 49(Aerospace Corporation). September 1997.

[38] Seddon P. Harness suspension: review and evaluation of existing information. Contract Research Report 451/2002 prepared for the British Health and Safety Executive. Available at: www. hse. gov. uk.

[39] Simon,M. ,Whitmire,A. ,Otto,C. ,& Neubek,D. (2011). Factors Impacting Habitable Volume Requirements:Results from the 2011 Habitable Volume Workshop. (NASA/TM - 2011 - 217352).

[40] Space Shuttle Program. (2004). Location Coding Workbook. (JSC 26419)Houston,TX. NASA JSC.

[41] Stuster,J. (1996). Bold Endeavors. Annapolis,Md. :Naval Institute Press.

[42] Stuster,J. (2000). Bold Endeavors: Behavioral Lessons from Polar and Space Exploration. Gravit Space Biol Bull,13(2),49 - 57.

[43] Stuster,J. (2010). Behavioral Issues Associated with Long - Duration Space Expeditions:Review and Analysis of Astronaut Journals Experiment 01 - E104(Journals):Final Report. (NASA/TM2010 - 216130). Houston,TX.

[44] Turner N. L. ,Wassell J. T. ,Whisler R. ,et al. Suspension tolerance in a full - body safety harness, and a prototype harness accessory. J Occup Environ Hyg. 2008 Apr;5(4):227 - 31.

[45] United States Congress. (1991). Office of Technology Assessment:Biological Rhythms:Implications for the Worker,# OTA - BA - 463,pp. 1 - 249.

[46] Werntz C. L. III. Workers at height are required to use fall prevention systems. What are the health risks from being suspended in a harness? J Occup Environ Med. 2008 Jul;50(7):858 - 9.

[47] Wheelwright,C. D. (1973). Apollo experience report - crew station integration,Volume V - Lighting considerations (NASA Technical Note D - 7290). Houston,TX. NASA JSC.

[48] Whitmore,M. ,Adolf,J. A. ,& Woolford,B. J. (2000). Habitability research priorities for the International Space Station and beyond. Aviat Space Environ Med,71(9 Suppl),A122 - 125.

[49] Whitmore,M. ,McQuilkin,M. L. ,& Woolford,B. J. (1998). Habitability and performance issues for long duration space flights. Hum Perf Extrem Environ,3(1),64 - 74.

9　硬件和设备

9.1　引言

该章提供适用于所有硬件和设备的有关人因数据。针对特定硬件或设备的附加数据，在工具、抽屉和货架、连接器、机动辅助设备、限制器、手柄和抓握区域、服装、电缆和乘员个人装备部分进行了描述。本章还探讨了硬件和设备的管理特征，例如隔板、盖子、紧固件和包装。本章节数据对于舱内活动（IVA）和舱外活动（EVA）的硬件和设备均适用。对于 EVA 所特有的数据在第 11 章中进行描述。

9.2　通用硬件和设备设计

9.2.1　引言

为提高作业期间的乘员效能、安全性和舒适性，本节论述了硬件和设备设计的通用人因准则。该节的指导原则适用于所有硬件和设备。

9.2.2　通用硬件和设备设计指南

为实现特定的操作和功能，硬件和设备设计应该考虑并整合人-机界面特性。在设计硬件和设备需求时应该考虑这些特性。在早期采用人因数据和相关人类操作经验将会优化设计并提高操作效能。

为提高作业期间的乘员效能、安全性和舒适性，硬件和设备设计需要应用通用人因准则。当设计硬件和设备时，应考虑如下要求。

1）安全性——该设计必须能够安全和有效地被使用、操作和处理。

2）耐用和可靠性——该设计必须能够耐受住来自乘员有意或无意施加的力，并且经过最小的维修就能延长使用期。

• 实例：国际空间站（ISS）的食品加热器采用的是一个基本的扣带结构，正常使用后发现开始出问题。航天员认为失去食品加热器是很严重的事（OpsHab，2008）。

3）标准化——具有类似功能的硬件和设备必须采用标准且一致的设计。

4）适应性——硬件和设备必须适用于并且便于乘员不同人体测量尺寸、活动范围和施力范围的使用（见第 4 章）。

5）易识别性——硬件和设备应该易于识别；不够明显时，使用标签。

6）最低培训性——设计硬件和设备必须最大限度地降低进行培训所需要的时间。

7）相似形态——有相同或相似外形但功能不同的硬件和设备必须容易辨认、识别，在物理上是不可互换的。

为确保硬件可用性并为任务成功做出贡献，在早期就要对硬件设计需求的保障性和维修性设计进行正确的评估。来自于国际空间站乘员的反馈表明，通常国际空间站的硬件保障性和特有的维修性没能优先或较好地融入到设计中。如果大部分维修需要工具，那么ISS上美国舱段的维修任务就太繁重了（OpsHab，2008）。

9.2.3 硬件和设备的安装

不恰当的硬件和设备的安装可能导致乘员出现不安全的状况，并可能导致硬件损坏。安装硬件和设备时，应遵守下列指南：

- 安装设备——设计设备产品时要考虑它们能被恰当地安装，包括其物理特性、标签或标记。
- 抽屉和可折叠面板——需要经常从其安装位置取出检查的组件应安装在设备的抽屉中或可折叠的面板上。
- 布局——组件的布局设计应使得在操作期间手部的移动次数最少。
- 盖子或面板——预计可更换的产品应尽量少地使用盖子或面板。
- 安装和拆卸施加力的要求——安装硬件所需要的力不应超过乘员的施力能力。
- 后部通道——对于有必要从后部操作的设备，应该能够自由地被打开或在满足其最大尺寸行程下旋转，并且能够保持在开放的位置。
- 工具——如果可能，应尽量使用通用工具。
- 拆卸方向——需更换的产品应该能够沿着直线或略微弯曲的路线拆卸。
- 可见性——设备排列和固定方式应该是可见的，应避免看不见的紧固件。
- 间距——装配螺栓和紧固件应与其他表面有充分的间距，以允许人员操作它们。
- 紧固件数目——在满足压力和振动要求的情况下，应尽量少地使用紧固件，以减少乘员的工作负荷。
- 系留紧固件——乘组在维修期间使用的紧固件必须被固定，帮助降低乘员的工作负荷、操作、装载，并防止丢失。

9.2.4 排列

在设备安装表面正确地排列设备和将连接器正确地连接到插座，对确保安全和正常行使功能而言是很重要的。错误的匹配或连接器未对准插座可能导致短路或开路，其可能降低飞行安全和地面乘组的安全，也可能导致硬件损坏。

设计可更换硬件的排列时，需要考虑以下要素。

1）对准标记——如果从外部几何形状不易判断正确的界面方向，或者在操作期间需要安装的硬件可视性不够，在硬件设计中应采用对准标记和/或方位箭头（图9.2-1）。

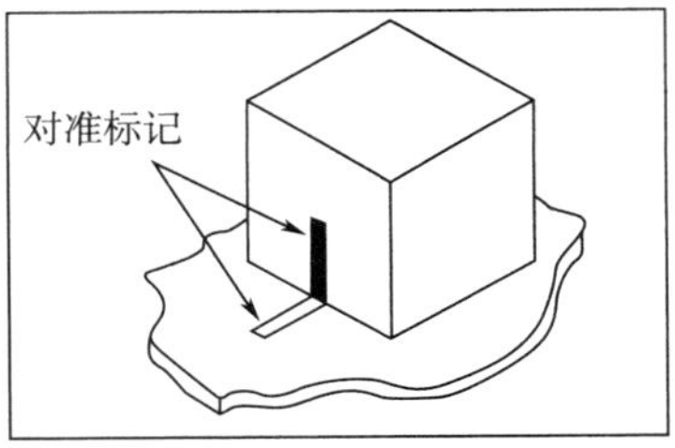

图9.2-1　对准标记

• 应该在两个配合部件上使用对准标记，当部件在操作位置时，标记应排列成一条直线。

• 对准标记应由宽度和长度均合适产品尺寸的直线组成。

• 当乘员移动或更换硬件时，对准标记应清楚可见。

2）对准装置——在安装时，应提供导向针或其他类似物以帮助对准硬件，特别是在舱内有集成连接器时。

3）键——当错误的连接可能导致错误的匹配或交叉连接时（使用其他可插入的连接器、插头或插座的错误连接），应考虑使用机械键（图 9.2－2）。

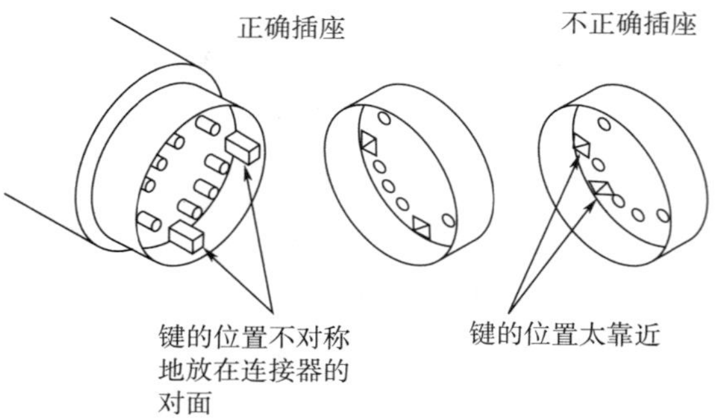

图 9.2－2　连接器的对接键

4）标签——设备应使用独特的标签来标识已安装的设备、设备安装匹配位置，显示合适的排列和系缚部件的正确使用。

9.2.5　研究需求

保留。

9.3　可维修性

9.3.1　引言

设备和系统的设计在很大程度上影响着其如何被维修，即其复杂性、耐久性、使用的频度和安全性。本节介绍设备和系统的维护与维修设计指南。

可维修性的设计目标包括：

• 减少特殊技能、工具和训练的需求；

• 降低乘员的预防性和补偿性维修所花费的时间；

• 减少乘员认知的工作负荷；

• 在任务维修期间确保乘员的安全。

9.3.2　预防性和补偿性维修

维修性设计是硬件设计必不可少的组成部分，是系统生命周期的工程方法，它从早期设计阶段贯穿整个飞行使用阶段。大部分国际空间站的设备在完成操作计划前已设计好如何使用，并且知道哪些设计是修理和维修比较困难的（操作面板），哪些硬件和系统是不耐用和不可维修的。对于一些容易得到地面支持的飞行任务，可在乘组、地面人员和自动控制三者间进行工作分配。然而，对于那些预期的长期任务，由于与地面任务控制中心的通信有可能延迟或损失，因此需要更多的自主操作。维修性设计的两个关键是：1）预防性维修；2）补偿性维修。对自动系统来说，预防性维护是指防止系统故障的工作，例如为减少发动机磨损定期涂机油。补偿性维修是指为了让一个故障系统恢复工作而采取的措施，例如更换漏气轮胎。

当进行维护维修设计时，考虑下列内容。

• 必须尽量减少预防性维修，并且乘员维修时间也应尽可能得少。

• 预防性维修计划应灵活，可以根据其他任务计划的时间而进行调整。

• 如果必须进行维修，那么系统操作将被中断。为了不中断系统运行又能进行设备维护，可以考虑冗余安装。

• 对于商用现货供应（COTS）设备的维修计划，必须是适合空间环境的，不是简单地使用推荐的地面工厂标准的维修计划。

• 应提供自动化故障检测和隔离措施。

• 校准、校正或调节应简单易操作并且准确。

9.3.3 可达性

在飞行的不同阶段，都可能需要进行检查、消除和设备替换的任务，因为航天器处于不同的重力条件，并且乘员穿着防护服和防护设备限制了他们的行动。防护服和防护设备的示例有飞行服、独立的大气防护整体服（SCAPE）及舱外活动服。设备包括飞行中计划维修的各种设备，从完整单机到部件。部件可能包括计算机卡、电源或个人电子产品。设备应设计为部件能维修，不仅可见并且物理上可达。

9.3.3.1 物理通道

允许人员有效使用设备的充足的通道工作空间是必要的，以便在某种程度上将人的错误或系统的故障降到最低。国际空间站的许多维修活动要求在面板或货架之后有物理通道。系统和相关硬件间的乘组界面应提供给乘员所需的工作包络面，以进行预计的维修活动。这些界面的设计，需要考虑在适当时乘员着防护服、服装尺寸、使用的工具和测试设备的情况等因素。

当进行物理通道设计时，考虑如下内容。

• 通道的优先权——系统操作和需要快速维修的最关键的设备必须是最容易达到的。当不需要考虑相对关键性时，需要进行频繁操作的设备必须是最容易到达的。对特别容易频繁维修的部件也必须给予顺畅的通道（比如灯和保险丝）。

• 通道的尺寸——使用两只手、一只手和手指进行维修的检修孔参见图 9.3-1 中的尺寸。应考虑乘员穿着服装进行维修的情况，以及服装手套尺寸、触感和敏捷性。

• 拆卸部件——接近检测和替换组件时（比如在轨替换单元［ORU］）不应移动其

他非维修对象物体。

• 设备启封盖板——不需要完全移动的设备盖板应在其打开位置有自我支撑的能力。检查或替换组件的盖板（比如在轨替换单元）不应拆卸超过一个设备盖板。设备盖板不应拆卸多个紧固件，如果盖板频繁拆卸，不应使用工具。

• 检查点和维修点——系统的检查点和维修点必须是在可达的位置。为了保护乘员和地面人员，操作点不能靠近电、机械或其他有风险的位置，或者应提供风险保护手段。

• 电缆——电缆的铺设应考虑其检查和维修的可达性。为了移动连接器，除非提供足够的物理和视觉通道，否则电缆应足够松弛。

没有视觉通道的情况下，使用两手检修孔最小限度

两只手可达的深度是 150 mm（5.0 in）到 490 mm（19.25 in）：
轻便服装：宽度：200 mm（8.0 in）或可达的深度
高度：125 mm（5.0 in）
使用两臂完全可达的长度（到肩部）：
轻便服装：宽度：500 mm（8.0 in）或可达的深度
高度：125 mm（5.0 in）

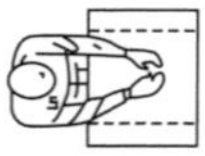

握住嵌入盒子前面的把手：
环绕盒子的间隙 13 mm（0.5 in），环绕把手采用足够的间隙

对于把手在两边的嵌入式盒子：
轻便服装：宽度：盒子加上 115 mm（4.5 in）
±高：125 mm（5.0 in）或 13 mm（0.5 in）在盒子附近
较大的一边
±如果手弯曲环绕底部，着轻便服装允许额外的 38 mm（1.5 in）

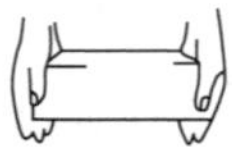

没有视觉通道的情况下，使用单手检修孔最小限度

高度×宽度
空手，以手腕带动
徒手转动　95 mm（3.75 in）平方或直径

徒手，平放　55 mm（2.25 in）×100 mm（4 in）或 100 mm（4 in）直径

手握紧，以手腕带动
徒手　95 mm（3.75 in）×125 mm（5.0 in）或 125 mm（5.0 in）直径

手臂到肘
轻便服装　100 mm（4.0 in）×115 mm（4.5 in）

手臂到肩部
轻便服装　125 mm（5.0 in）平方或直径

手指到第一个节点的最小距离

按钮操作通道
徒手　32 mm 直径（1.26 in）

两个指头弯曲的通道
徒手　对象加 50 mm（1.97 in）

图 9.3-1　没有视觉通道的情况下，两只手、一只手和手指打开设备检修孔的最小尺寸（MIL-STD-1472F）

9.3.3.2 视觉通道

通常，在计划的维修活动中，系统和相关设备的乘员界面应是可视的。直视通道减少人在看不见时（通过感觉）的操作或要求使用特殊工具时的操作中（例如镜子、内视镜）可能发生错误。乘员界面包括连接器和紧固件。尽管希望在任何地方都能达到直视，但当检查销时，直视是不必要的。这项要求不适用于使用导向的、非可视匹配的连接器，当移走或放置一台设备时这些连接器自动分离或匹配。

可视性通道设计应考虑如下内容。

1）最合适的视觉通道——当要求最合适的视觉通道时，按照以下的优先顺序进行：

- 在不降低系统性能的情况下，提供没有盖子的可打开的通道。
- 提供透明的窗户，防止污垢、潮湿或其他外部材料可能引起的问题。
- 如果透明的盖子不能满足其他的要求，应提供可快速打开的金属盖。

2）视觉和手动通道——如果需要乘员看着设备执行维修任务，通道必须足够大，并且该通道既是视觉通道又是物理通道；另外需要提供一个独立的窗户用于检查任务执行情况。

3）标签——每种通道需通过标签来显示程序的可视性或可达性，标签可以是数字、字母或其他直接参照用于维修程序的符号。电缆、流体线路和保护子系统的防护罩也需被标识，或使用能够明确地被分辨的代码。

9.3.4 故障提示

当关键飞行设备出现故障及设备在公差限值内不能进行操作时，在不拆卸该设备的情况下，系统必须警告乘员。设备的自动警告加快故障排除，以及确保能够对丧失的功能有充分的情景感知。

9.3.5 效率

设备设计必须将维修时间的要求降到最低。在飞行期间提供给乘组的任务活动时间是很短的。基于国际空间站操作的最初研究显示：对于主任务活动，不产生有害影响的最长空中活动时间分配为 2 人时/天。

在轨替换及拆装总的维修时间不应超过 3 小时。通过主题专家获得的航天飞行经验和工程判断显示最大的维修活动，包括安全、通道、转移、替换和出清返回到最初的硬件设置。如果航天器的设计便于维修，则能在 3 小时或更少的时间内完成。

9.3.6 工具和紧固件

维修活动经常要使用工具和紧固件。需要重点考虑工具的设计和数量，力争将乘组的训练和飞行中的操作降到最少。由于许多工具的使用与紧固件相关联，工具设计的最大化依赖于紧固件的设计。更多信息的获得参见 9.4 节和 9.11 节。

9.3.7 电路保护

电路的保护是通过安装设备来进行的，比如保险丝和断路器。保险丝在超负荷状态下通过自我破坏保护电路，这之后需要进行替换。找到、调整尺寸和更换保险丝所花费的时间比断路器复位花费的时间长。断路器的“断路”，能通过向后推进行复位，不需要被替换和储存。在飞行期间的危急时刻，由于断路器采用单一的任务方式使回路恢复正常使用，因此断路器被优先选择。由于保险丝替换的后勤保障、存储和时间需求，断路器的使用将优于保险丝。

对于飞行关键阶段的保护电路，应使用断路器，并且不需要切断或打开通道面板。在使用回路和保险丝时，其必须容易辨别。状况的确定应不需要重新安装保险丝。

9.3.8 流体

流体（液体或气体）的泄漏会危害乘组的健康，在微重力操作下特别难以控制。另外，在任何任务阶段（飞行或地面）流体的泄漏都有可能引起危险的状况，增加站务管理的任务，并可能危害到设备。在设计包含液体或高压气体且要求维护的子系统时，应使用液体隔绝措施。隔绝措施（比如，真空管和快速拆分耦合器），能进行更多有效的系统维护允许隔绝和维修，在检漏时提供帮助，并且避免排出和补充系统的需要。在重新安装或替换的过程中，可替代的组件必须设计成能控制液体的泄漏。

9.3.9 研究需求

对于穿着加压服的乘员使用两只手或单手进行维修操作，需要有检修孔要求。

9.4 工具

9.4.1 引言

该节讨论在计划内、非计划内的正常操作或意外维修活中，所使用的手动或电动工具。进行最终设计时，发射、入轨和临时的工具存储要求也应考虑在内。

9.4.2 工具挑选

由于工具的使用可能对乘组训练和飞行操作有影响，因此在系统设计早期应考虑工具的需求。

确定航天任务需要的补充工具时，应考虑如下要素。

• 标准化——工具必须是标准的，这也包括必要的通用测量系统（英制与公制）。

• 工具箱最小化——系统应使用最小的工具箱开展维护和配置，这个工具箱应是其他系统也可用的通用工具箱。用于更多的系统的最小工具箱，能执行许多维修任务，而不需要额外增加特殊工具。最小化工具箱能使系统的训练、操作和支持要求降到最低。简化紧固件的类型是减少工具数量需求要考虑的重要因素。

• 多用途工具——因为一些不可预计的需求，一个工具箱应包括多用途和多尺寸的工具。

国际空间站乘员反馈了有关库存清单中使用独特工具的建议：

• 需要一个升级的能设定温度的烙铁；

- 需要一个特殊用途的转矩调节扳手；
- 皮带扳手使用困难并且不直观；
- 不固定的扭矩设备工具使用困难；
- 需要一个带工作台的虎钳，底座夹钳不合适并且易损坏；
- 乘员使用示波表是有困难的，他们更喜欢简洁的万用表（OpsHab，2008）。

9.4.3 电动工具

电动工具应该用于完成重复的手工任务，比如拧开扭紧的紧固件或操作机械驱动系统。电动工具的使用带来巨大的收益，可力减少乘员时间、体力，并且容易操作。

电动工具很可能使乘员产生特殊风险和压力，应当加以解决。

具体考虑包括：

- 旋转的组件；
- 电击（参见9.12节）；
- 热量产生；
- 飞扬的微粒和火花；
- 无意识的电动触发；
- 非作业手的风险。

电动工具的设计应该避免使用刷式电动机，因为它们可能造成电磁干扰风险，以及产生点火源。

常规的实践已经接受了许多上述提到的风险作为工作中的一部分，使用者需要进行防护（比如，戴眼睛保护罩、使用特殊接地装置、戴手套和采用其他预防手段）。在许多情况下，这仅能降低潜在风险。然而，在每个新工具的设计中，设计者需要检查此类风险，试图在设计中尽可能消除这类风险。

当不能完全规避风险时，设计者有责任在使用工具上提供适当的警示标签，并且/或使用工具的警示信息教材。

对可充电的工具，库存备份的电源包和充电位置的设计应重点考虑以下要素：

- 电动工具应设计成在工作场所可更换的电池包；
- 电动工具使用的电池包应有充电程度显示器或电池包要求替换或充电的提示显示；
- 应考虑和控制使用可充电和存储的充电电池会产生的相关风险（比如有毒或易燃的废气物、腐蚀电解液的泄漏或高温）；
- 电池包应随时准备好，无需特殊处理或维修。

9.4.4 工具特性

电动和手动工具的设计应该考虑使用者、使用功能和使用环境。

设计工具时，考虑下列要素。

(1) 把手尺寸和形状

- 抓握面——手抓握表面应适合徒手抓握。如果在舱外活动期间使用把手，那么其表面应该适合戴舱外活动手套的抓握。手抓握表面应考虑把舱外活动手套材料的磨损降到最小。

- 套管型适配器——适配器应充分地锁紧套管型把手盖，以防止其打滑、旋转或脱开。
- 定位——工具柄定位应允许操作者在施力或操纵时，手腕保持在最自然的位置。

（2）辅助控制器

当操作者握住工具时，如果需要操作在工具上的辅助控制器，控制器的位置应是：

- 抓握手的拇指或食指能操纵控制器而不干扰工具或紧固件的控制位置。
- 无意识的或疏忽的控制操作是不可能发生的。

（3）握工具的习惯

因为乘组人员可能会包括左撇子和右撇子的乘员，设计工具时需考虑允许任何类型的乘组人员都能使用合适的工具执行任务。手动工具设计应该考虑以下几方面：

- 需要时，一只手可操作。
- 左右手均可操作。

（4）工具作用力和作用方向

- 作用力——工具作用力必须低于乘员的施力能力。
- 推动角度——齿合工具应能提供推动角度为45°或更少角度的扭矩。
- 钳子类工具——钳子类工具应在开合操作部分有弹开的作用力，以致能一只手进行操作。

（5）工具保持力

在微重力状态下使用工具时，提供所有工具的束缚。

- 保持特性（比如系绳）不应妨碍工具的正常操作。

（6）疏忽造成的工具拆卸

在工具安装、使用、拆卸或运输时，应该能防止疏忽造成的工具拆卸。

9.4.5 工具包装和存储

工具储存应该考虑到便于工具取回、保管、辨认和替换。所以，需要考虑下列要素。

（1）存储位置

- 专用工具应该摆放在靠近其使用位置的地方。
- 通用工具应该摆放在专门的区域。
- 工具箱的存储位置应该最优化，使其容易到达工作站和/或维修工作台。

（2）存储箱内的工具排列

在工具箱内，应该使用一套系统的工具管理方法。国际空间站的经验显示：保存工具所需要的泡沫凹槽应该足够精确，能保存工具并防止其被抽屉卡住（OpsHab，2008）。然而，因为泡沫如果保存不好，可能破碎或产生微粒，所以执行长期飞行任务时，泡沫可能并不是最佳的解决方案。

（3）工具摆放标签——存储箱中的每一个工具应有摆放标签

- 当工具没有摆放在存储位置时，标签应该是显而易见的。例如，使用不同颜色的泡沫工具箱，黄色泡沫层在蓝色层之下。通过使用不同颜色的泡沫，很容易确定工具是否送回到其位置。需要说明的是，状态不明的工具可能对硬件和人员造成危险。

图 9.4－1 和图 9.4－2 所示为航天飞机舱内工具存储箱的实例。

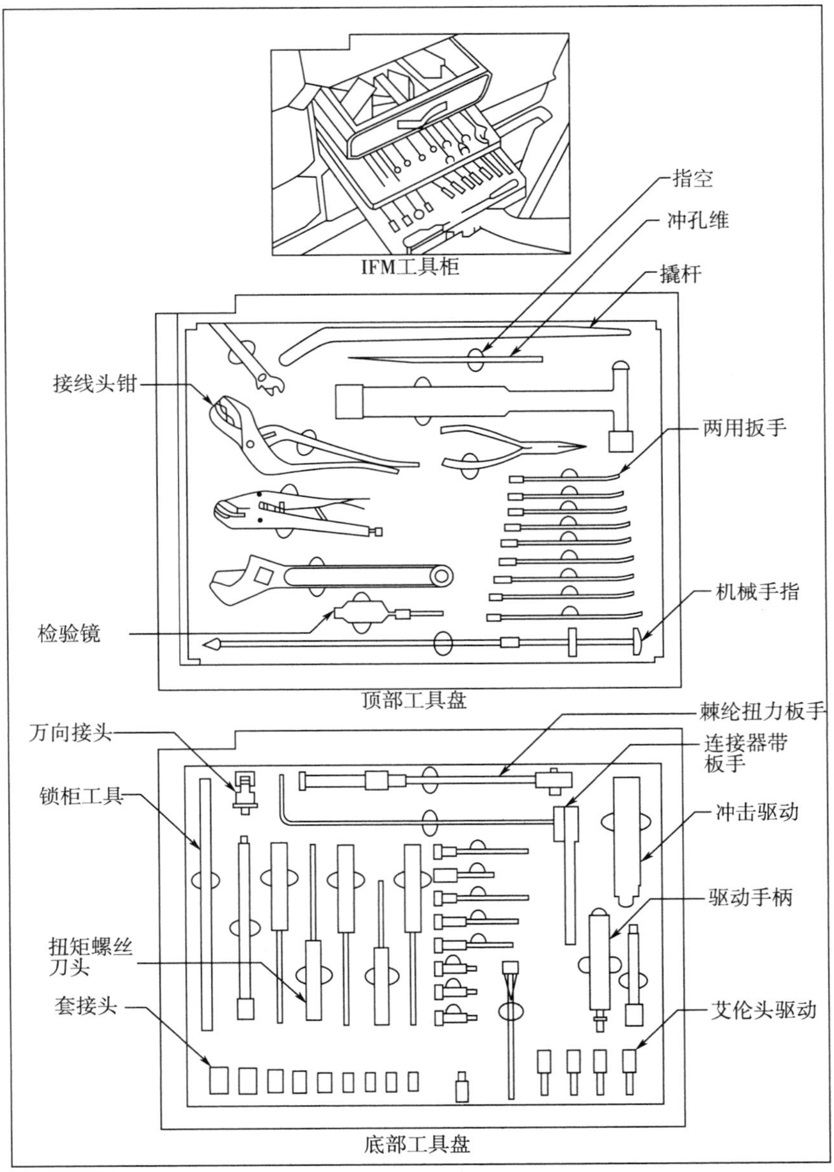

图 9.4－1 航天飞机手动工具储存

(4) 工具运送器

运送器用于将工具从存储位置到工作位置的运送。其设计必须确保在微重力状态下工具在运送器内能受到控制。

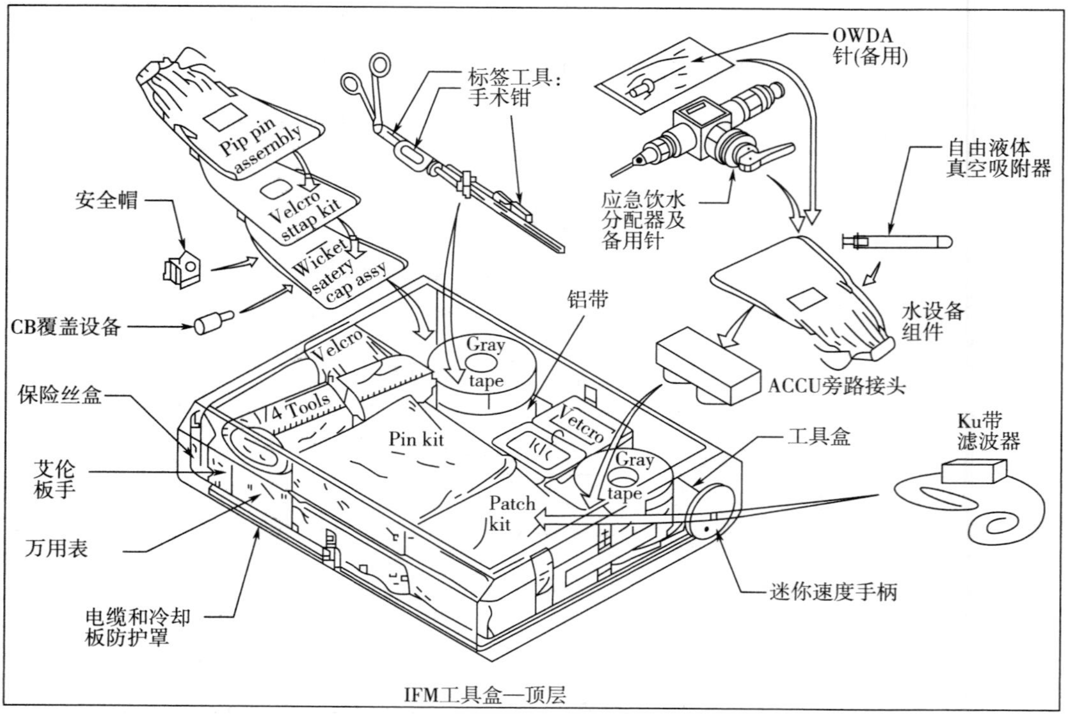

图 9.4-2　航天飞机工具储存（JSC-12770，1985）

• 工具运送器的材料——为确保在不打开运送器的情况下就能看见工具，所以首选是透明材料。图 9.4-3 是航天飞机工具运送器的图示。

• 小部件的保存——工具运送器应提供保存小部件和附件硬件的手段。这种方式保留的部件应在取回过程中可视。

• 在运输期间工具的保存——工具应保存在工具运送器中，在运输期间防止工具拆分。

• 工具运送器的附加装置——工具运送器和工具约束装置应能固定在乘员身上或者邻近的结构或设备上。例如，国际空间站乘员已经表示，有效载荷设备约束系统工具包提供的靠近工作站的定位工具是有用的。（OpsHab，2008）。

9.4.6　工具的标签和辨识

工具和工具存储标签和识别的要求可以参照 10.6 节的指南以及以下内容确定：

• 通用工具命名——在程序和库存列表中的工具名称必须与工具和/或工具标签上的名字一致，并且在任何情况下，都应使用最通用的明确名称，以便乘员识别；

• 专用工具名称——应该通过描述专用工具要完成的专门任务来对其进行命名，不应该使用其需要维护的设备名称来命名；

• 工具储存标签——如果工具不易识别，应给存储器或工具箱中的每种工具提供明

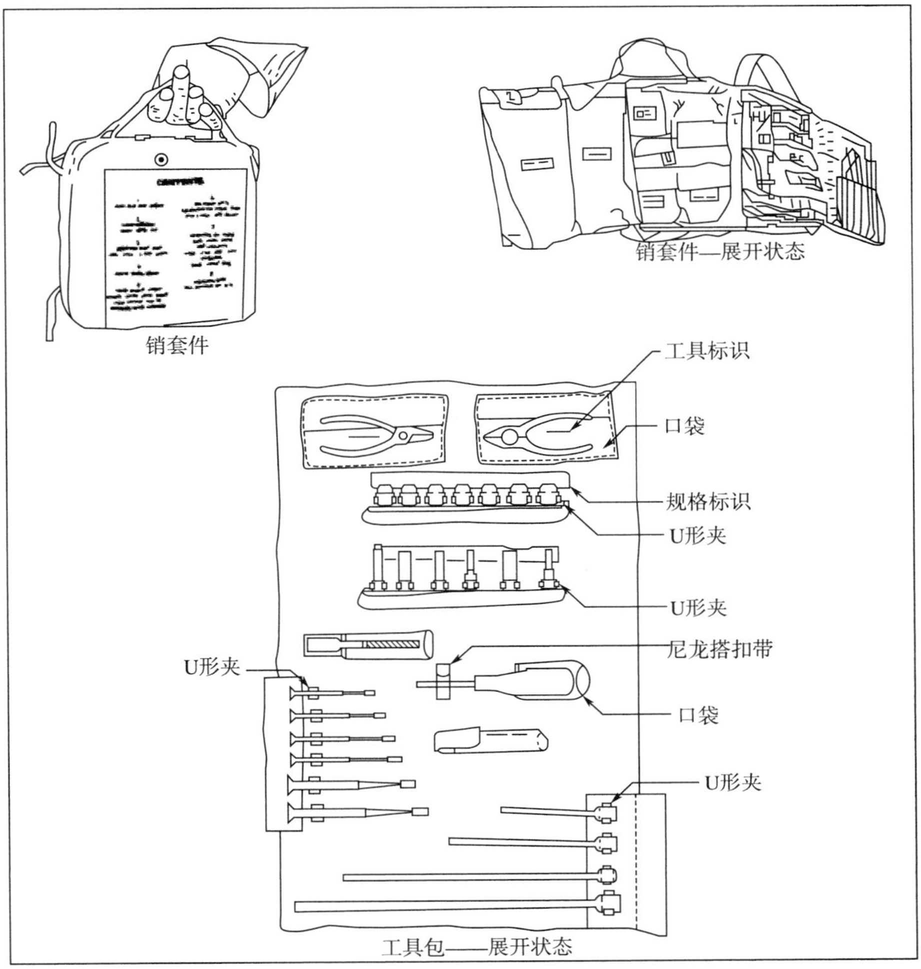

图 9.4-3　航天飞机工具转移和约束袋

显的标签；

- 工具公制/英制识别——应该对工具进行标识或编码，显示工具尺寸采用的公制或英制单位；
- 工具库存控制标签——应通过自动库存控制辨识系统对工具进行追踪；
- 舱外工具的兼容性——不与舱外兼容的舱内工具应被标识并且如实表示。

9.4.7　工具操作

在舱内和舱外硬件设计中，遵循下列工具操作空间指导方针（参见图 9.4-4）。

- 工具顶部间隙——工具通道的要求是，环绕紧固件或驱动螺栓的间隙应为2.5 cm (1 in)，用于工具顶部驱动端的插入、作用和移动。然而，内部六角头紧固件可能需要更小的间隙，以用于十六字头的钻头或艾伦扳手（可替换的间隙参见图 9.4-5）。

• 工具把手间隙——与紧固件或驱动螺栓接合的工具手柄和最近的硬件之间的间隙最小为 7.6 cm（3 in）。工具把手应该能维持这个间隙可通过整个 180°移动的包络面，因为通过一个较小的角度进行重复运动可能会产生老化。然而，这可能是不必要的，特别是使用 45°推动角的齿合工具时。

• 工具顶部到紧固件接合的高度——工具槽或紧固件顶部接合高度应足以将紧固件轴承和工具材料的负荷降至失效限值以下。

• 工具把手偏移——工具手柄和工具头部间的最大偏移应该是 35.5 cm（14 in）。

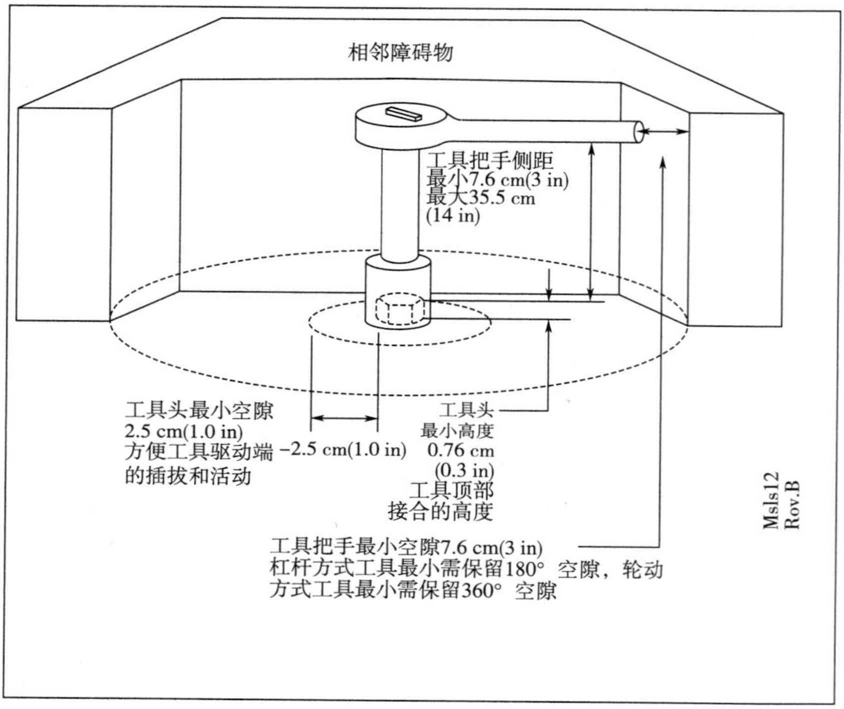

图 9.4-4 工具操作要求（舱内活动）（GIAG-3，1986）

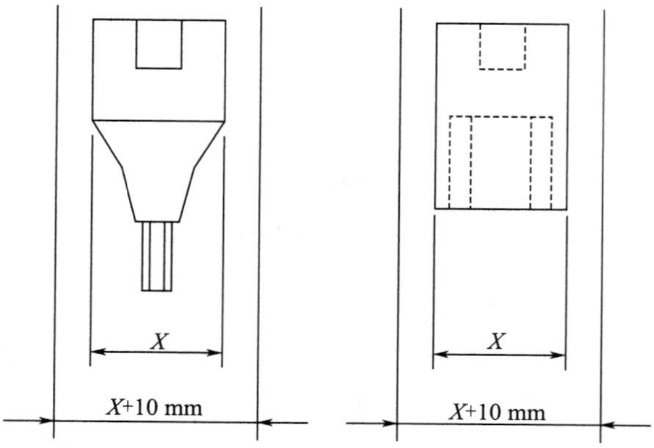

图 9.4-5 舱内活动工具顶部间隙

在舱内操作中手动工具的通道指南可以在图 9.4－6 所示的工具操作紧固件的最小间隙中找到。

开口尺寸		任务
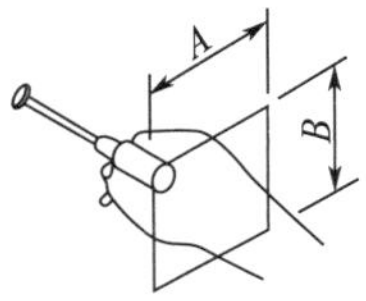	A117 mm (4.6 in) B107 mm (4.2 in)	使用通用螺丝刀，手自由转动 180°
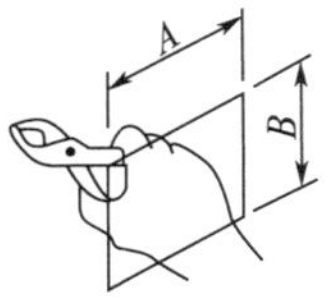	A133 mm (5.2 in) B115 mm (4.5 in)	使用钳子和类似的工具
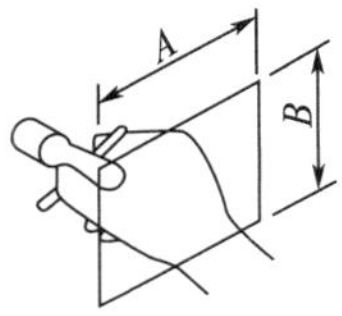	A117 mm (6.1 in) B107 mm (5.3 in)	使用 T 型把手扳手，扳手自由转动 180°
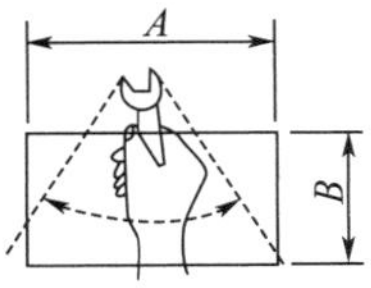	A203 mm (8.0 in) B135 mm (5.3 in)	使用开口扳手，扳手自由旋转 62°
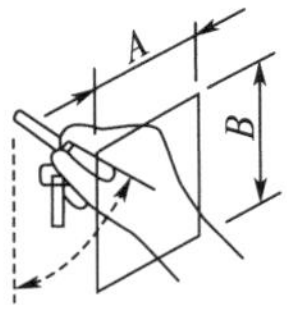	A122 mm (4.8 in) B155 mm (6.1 in)	使用艾伦扳手，扳手自由转动 62°。

图 9.4－6　工具操作紧固件的最小间隙（MSFC－STD－512A，1976）

9.4.8　研究需求

本研究需要确定 180°包络面的基本原则，及其是否仅仅基于扭矩或转动紧固件的能力确定，还是为了操作者在工作地点基于工具手柄的位置而自定位时能提供灵活的包络面而确定。

9.5　抽屉和货架

9.5.1　引言

本节将讨论货架、装载物抽屉和设备抽屉。装载物抽屉用于装载可移动的物品，通常没有接插件连接。设备抽屉用于装载子系统部件。这些部件通常需要用手动工具才能取出或替换。设备抽屉有接插件连接（比如供电和热控制）。

9.5.2 抽屉和货架的一般特性

设计储物抽屉、设备抽屉和货架时应考虑以下几点。

1）位置——应避免把经常使用的抽屉放置在通行繁忙的位置。

2）无障碍空间——为防止被邻近的硬件阻碍，为抽屉的开关、取出和更换留有足够的间隙。

3）易于抽出——抽屉应该设计成不用工具就能使其从货架或贮藏柜中沿着直的或略有弧度的方向拉出。

4）限位器。

• 应提供限位器，防止抽屉意外地从货架中滑出，并且限位器应能使抽屉保持在打开位置。

• 限位器应该设计成不用工具就能松开，以便抽屉的移除。

5）抽屉移动力——抽屉开/关或取出/安装所需的力必须在乘员力量容许的范围内。

6）导轨——应提供导销或类似的辅助机构，以便安回抽屉时能准确到位。

7）插销、手柄和操作机构——所有插销、手柄和操作机构的设计应该能使所有乘员不经过指导，就能轻易用一只手将其插上/打开或开启/关闭。有国际空间站乘员报告说，顶端带有滑动面板的抽屉与插销和顶部滑动板之间周期性地被卡。此外，因有滑动面板，每次使用抽屉都需要进行两步操作。乘员觉得在太空中没有必要使用这种复杂的设计，建议采用简单的尼龙搭扣、布铰链或正常的钢琴用铰链作为首选设计。此外，抽屉的可用性设计不应因发射载荷要求的关闭和锁定特性而降级（OpsHab，2001）。抽屉把手应该做成小轮廓或圆角，防止刮绊衣服。

8）插销状态——当抽屉处于关闭位置时，必须能够明显地知道插销是否插好。

9.5.3 储物抽屉

除了以上考虑，储物抽屉的设计应满足以下要求。

（1）内容物的固定

• 抽屉内容物的固定，应使物品在抽屉打开时不会自由地飘浮或卡住抽屉，因此其在微重力作用下不能开关。

• 抽屉内容物的固定，在不使用工具的情况下，就能取出/更换其中的物品。经验表明，国际空间站上的工具柜抽屉曾被硬拉出来过。此外，用来固定工具的泡沫槽已经磨损，导致工具有时会滑出或飘走。尼龙扣的破损曾使工具和物品松动飘走。

（2）在箱/格内的排列

在箱、格内应对抽屉进行排列，最常用的抽屉放于最便于够到的位置。

（3）内容物的取放

应对抽屉里的内容物进行排列，那么当抽屉打开时，能看清内容物且便于取放。

9.5.4 设备抽屉

除了以上考虑，设备抽屉的设计应满足以下要求。

（1）线路连接

• 所有的连接器应该设计成当抽屉处于完全打开时容易断开或连接。

• 软性线路连接必须设计成能提供足够长度的电缆，以便当抽屉完全打开时不用断开电缆。

（2）设备在机架上的布局

• 组件应该有序地排列并安装在二维平面上，而不应叠在一起（比如不能下层支撑上层）。

• 精密物件应该放置好并加以保护，使其在抽屉推拉或维修时不会受到损坏。

9.5.5 研究需求

需要多考虑开关负重抽屉的部分重力效应。抽屉必须保持在理想的操纵位置，容易操作且不需要束缚。

9.6 连接器

9.6.1 引言

在设备的制造阶段、检验阶段和以后的维护期，连接器对设备的组装和拆卸是必不可少的。本节讨论电、液、气、机械和光学连接器，包括连接器的选择、识别、对准、空间、可达性和设备保护的要求。

9.6.2 常规连接器

国际空间站经验表明：乘员更倾向于在需要维修的硬件上使用可以快速断开（QD）的连接器。使用这样的连接器可以减少乘员执行维修操作的时间和体力。然而，连接器并不是一直可靠的，大多数易损，因此连接器应仅在需要的地方使用。

连接器的选择、设计和应用需满足以下要求：

• 连接器应能进行简便快捷的维护操作。

• 连接器组件和单元应易于拆除和更换，无需移开或取下其他连接器便可以连接/断开连接器。

• 连接器的使用应使设备组装、测试和维修所花费的时间尽可能得少。

• 在接上或拔下连接器时，因为内容物溢出、电击或储存的机械能释放对人员和设备造成的伤害要尽量少。

• 连接器应能单手操作，根据国际空间站记录，一些非快速断开连接器的操作很费劲或需使用钳子。

• 连接器必须满足乘员人体测量参数和力量的要求。国际空间站经验表明，连接液压连接器时，乘员感觉手太大，不能很好地抓握连接器，操作时很难用上劲，因此就需要使用工具。连接器的间隙与手的操作空间要求的关系可参考图 9.6－1 和图 9.6－2，并对连接器进行设计。

• 单行电连接器通常最易使用。不希望使用多行连接器，但如果需要，连接器应是交错的。

9.6.3 液体和气体连接器

舱内和舱外所有液体和气体连接器的设计应满足以下要求。

• 液体管路连接器——液体管路连接器应便于使用，并永久安装。能为所有铜焊或者焊接的气体及液体管道进行飞行维护。

• 压力流量的指示——应为所有液体和气体管道提供气体压力/液体流速的明确指示，以便检验。在连接器卸开之前，管道内是无液无气的。在压力下设计的快速断开连接器的操作则不需要压力/流速指示。

• 防流失——液体或气体连接器的设计，应尽量减少装拆时液、气的泄漏与流失，特别要严防有毒物质的逸出。

9.6.4 电连接器

设计舱内活动或舱外活动用的电连接器时应满足以下要求。

• 容易卸开——电连接器插头在取下时其旋转不应该超过一圈，或采取其他的快速断开设计。

• 自锁——电连接器插头应具有自锁安全机构。

• 可操作——电连接器及其电缆的安装在设计上应有足够的柔韧性、长度和保护措施，使其在卸开或再连接时不会损坏电线或连接器。

• 防电弧——电连接器插头的设计应能限制或隔离其在接上/拔下时产生的电弧或火花。

• 接触定向——应尽力把接器内的接触点排列好，确保在连接器断开时露出的插针上没有电压。

• 接触面的保护——应防止所有拔下的连接器受到物理损坏及污染。

9.6.5 结构连接器

所有舱内活动和舱外活动用的机械结构连接器应满足以下要求：

• 应提供对准规定；

• 在完全牢固连接及完全断开前应提供“软对位”的能力；

• 应具有明确锁定的指示。

9.6.6 连接器的排列

设计者应考虑到戴舱外手套的操作可能性。在设计舱内和舱外用连接器时应满足以下排列及间隙要求。

• 容手空间——连接器应有足够的间距，使其在连接或断开时能被手牢固地抓住。要考虑到的最坏情况是乘员中手的最大尺寸。

• 邻近的连接器或障碍物——在连接器和所有邻近障碍物之间应留有与插头相适配

的尺寸和形状。

• 改变外形——在连接器后面的空间有限的情况下，为提高可达性，采用90°弯角的连接器外形。

• 单行——乘员要拆除或更换的单行连接器之间至少要有25 mm（1 in）的间隙（边缘至边缘），给手留下足够的对准和插入空间，舱外连接器需要的间隙为41 mm（天空实验室指标要求），舱内连接器最好也要达到此间隙（见图9.6-1）。准确的舱外连接器的间隙应取决于舱外服的设计。

• 交错排列——舱内和舱外交错排列的连接器，间隙至少要达到64 mm（2.5 in）（天空实验室指标要求，如图9.6-2所示）。

• 工具——如需使用工具，仍需要留下容手空间以方便最初用手对准。

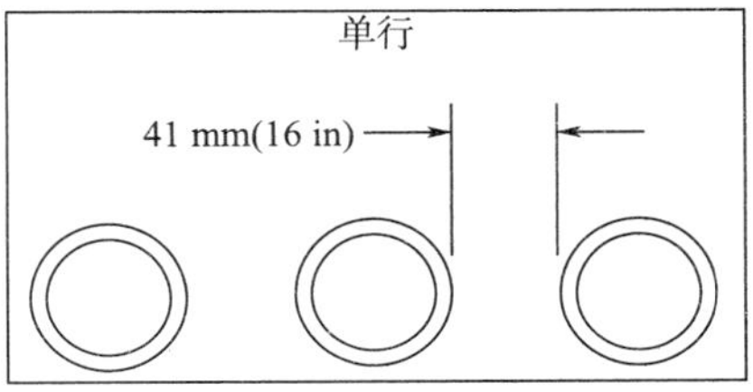

图9.6-1 单行连接器推荐间隙（裸手或戴手套）（MSFC-STD-512A，1976）

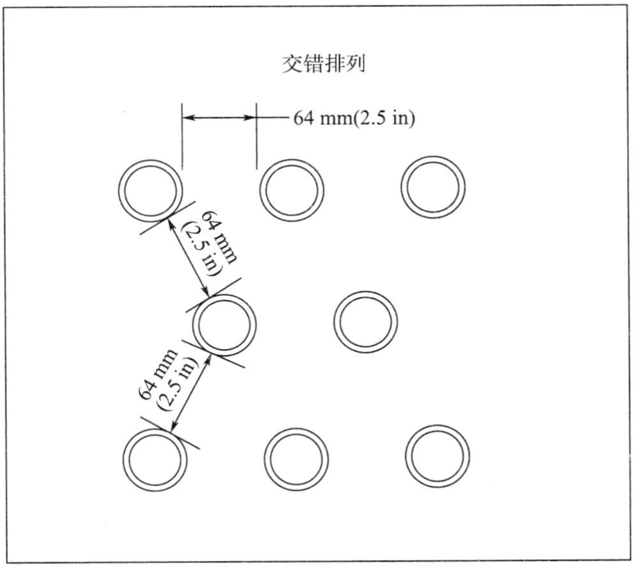

图9.6-2 交错排列的单行连接器的推荐间隙（MSFC-STD-512A，1976）

以下实例显示电连接器和插座的识别、编码、对准和标记方法。

• 编码——采用字母数字单个名称编码法比颜色编码法更合适，如图9.6-3所示。

• 位置标签——电连接器插头或插座的字母数字编码所处的位置应是在连接或断开状态下均能看到的位置。

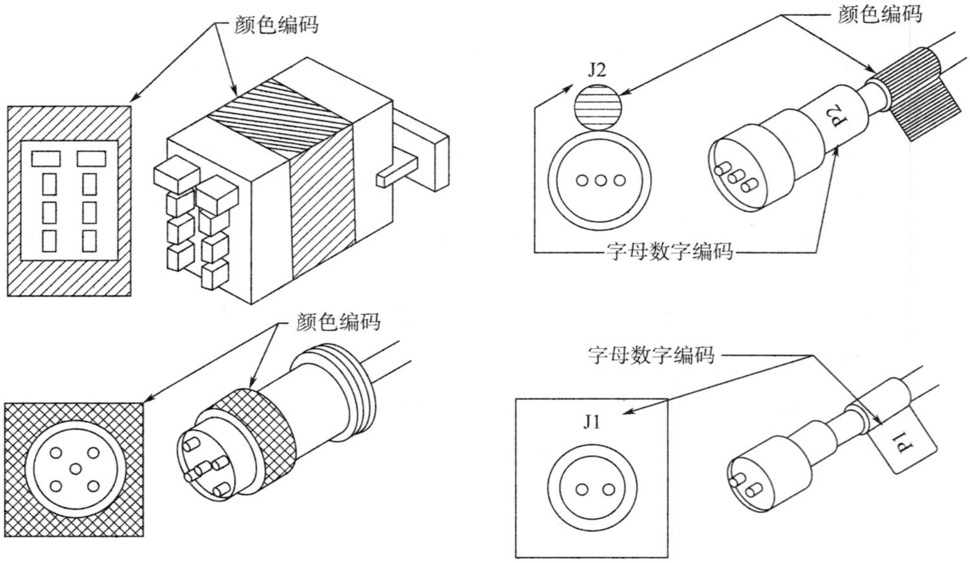

图 9.6－3　配对连接器的颜色和编码

• 键和键槽——带有键和键槽的电连接器的正确和不正确的方法如图 9.6－4 所示。

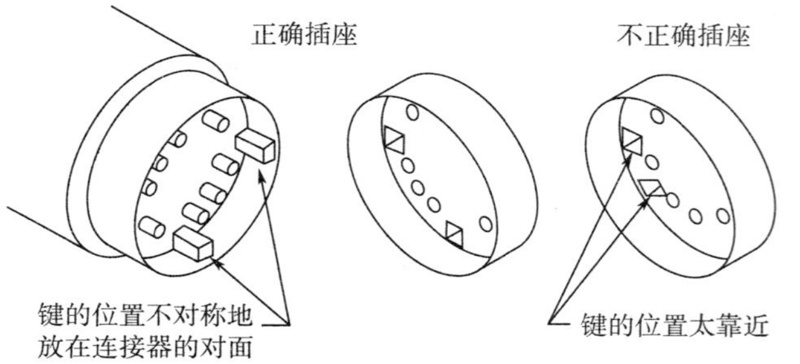

图 9.6－4　电连接器的定位键（AFSC DH 1－3，1972）

• 定位销——为了确保对准，将不对称的销用在对称销的排列里，如图 9.6－5 所示。

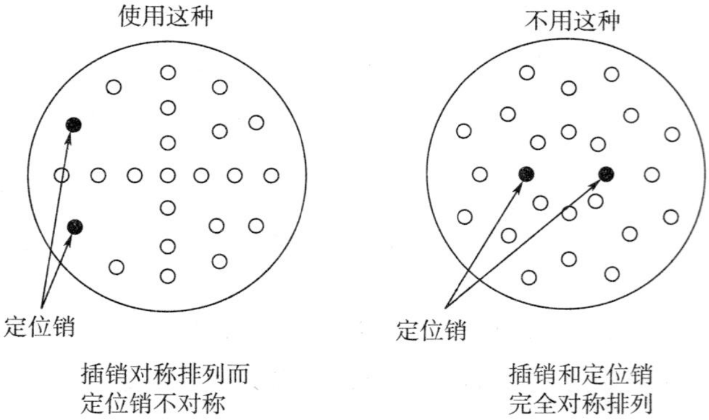

图 9.6－5　定位销的排列

• 对准标记——电连接器插头和插座上的对准标记如图 9.6－6 所示，它们插入时所处位置应能让乘员看到。

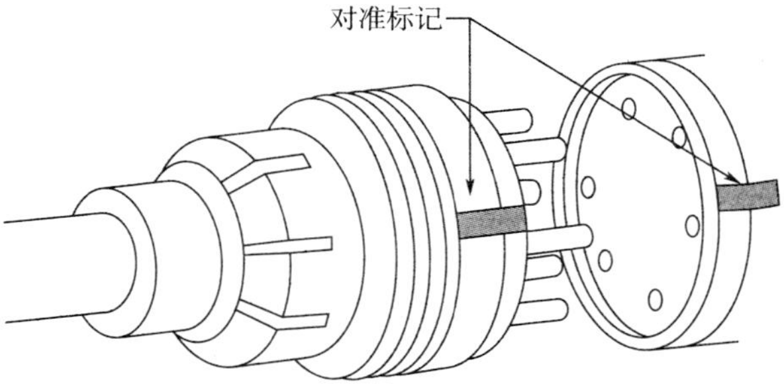

图 9.6－6 对准标记

9.6.7 研究需求

为了取代用于弹力绳和其他限制器上的橡胶、金属弹簧和其他当前使用的弹性材料，需要进一步研究新材料。当前使用的材料可能会突然释放机械能，存在伤害乘员的潜在风险。最理想的状态是，一种新材料能逐渐释放其机械能，比如释放时间超过 1 s。

9.7 限制器和活动辅助工具

9.7.1 引言

本节包含微重力环境下，个人限制器和活动辅助工具的设计依据。然而，有些活动辅助设备，比如梯子和攀爬把手将会在行星表面使用。设计标准包括尺寸、编码、材料、设计强度、温度限值和安装。便携式和固定的脚限制器、身体限制器和设备限制装置的设计指南也包括在内。

9.7.2 活动辅助工具

活动辅助工具帮助航天员在微重力环境下从一个地方移动到另一个地方，同时减少与硬件设备的无意碰撞，防止损坏飞行器或伤害乘员。移动辅助工具包括以下两类：

• 人员活动辅助工具——把手、抓握区、开始的区域和固定在航天器内不同位置的其他辅助装置；

• 移动设备的辅助工具——货包或设备上帮助移动和放置用的把手和抓握区。

9.7.2.1 活动辅助工具的一般设计要求

天空实验室飞行经验表明：微重力环境下的运动问题，停止和开始运动，或改动运动方向都需要借助于手或脚产生的力量。适当布置活动辅助工具可以做到。如果预先设计的活动辅助工具不可用，乘员就会利用可用的设备，而某些设备会因这些负荷而损坏。

以下是活动辅助工具设计的通用原则。

• 乘员穿着压力服：由于乘员穿着压力服，操作活动受限，活动辅助工具必须保证乘员在穿着压力服时能够安全有效地进出舱。

• 乘员丧失自主能力：乘员穿着压力服时如果丧失自主能力，可能无法自主出舱，也可能被卡在某个位置需要救援。必须为丧失自主能力的乘员提供救援活动辅助工具，包括航天器扶手、提供地面人员使用的服装把手、设备、担架或其他设备。此外，由于在微重力下身体的适应性不同，一些乘员（甚至是没有丧失能力的乘员）可能需要一些辅助设备来执行移动性的任务。

• 附件：通过对乘员舱内接口部件进行简化或通用化处理来优化系统。国际空间站乘员曾报告舱内导轨很多接插件的接口都不同。如果导轨在舱壁侧采用通用接口，限制器就容易连接至座椅轨道。在限制系统设计上应充分考虑两端接口的通用性，以便使用并减少训练和操作时间。（OpsHab，2008）

9.7.2.2 个人活动辅助工具

扶手、梯子和扶栏是乘员活动的辅助器具。在舱内活动与舱外活动中这些器具都是必需的，在执行任务时，靠它们的帮助，乘员能从一个地方移动到另一个地方。

扶手或扶栏为飞船的有效载荷部件提供局部的防护。它们也是设备临时安装、固定或防止设备松散的便捷服务点，同时可作为设备及人员安全系带的连接点。扶手能对用力小、时间短的手动操纵提供足够的限制，如检查、监测工作及控制器/开关的启动。扶手与扶栏可以是固定的，也可是便携式的。一般扶手区位于舱门、舱壁、设备、容器及贮藏室的四周。

扶手与扶栏主要由金属制造，也可采用其他坚硬的、半坚硬的或织物材料。

国际空间站乘员对扶栏的操作性、数量和位置表示满意。但有时乘员会错误地抓起电缆并拔出，因此应尽量避免把电缆与扶栏布置得太近。

国际空间站乘员报告显示扶栏经常被用作脚限制器，其比织物脚限制器更受欢迎。参见 9.7.3.1 节。图 9.7-1 是国际空间站中固定在滑轨上的可移动扶栏。

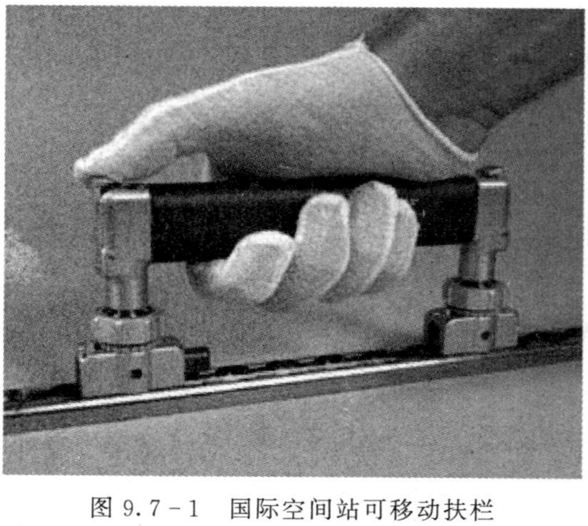

图 9.7-1 国际空间站可移动扶栏

9.7.2.2.1 活动辅助工具的形状和尺寸

所有扶手与扶栏应遵守下列横截面的设计要求。

• 标准化——整个舱的扶手与扶栏的横截面尺寸应标准化，为安装托架、系绳钩等物品提供一个统一的界面。

• 横截面的形状——扶手与扶栏横截面的形状应设计成乘员的手能够抓稳或能够稳定被系的托架（即不应使用圆形截面），可参考图 9.7-2。

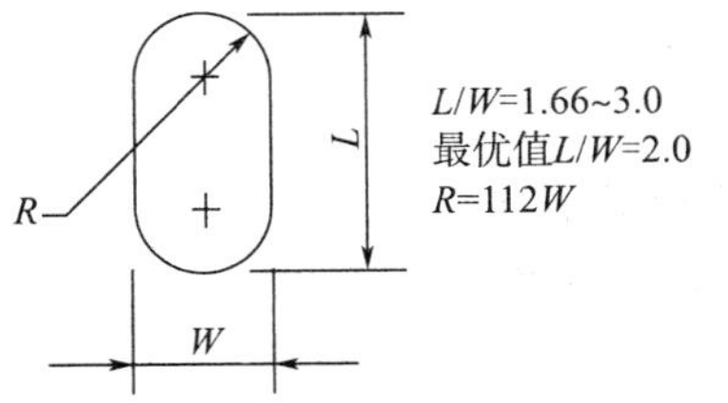

图 9.7-2 舱内活动扶手横截面

• 舱内活动扶手的最小尺寸——舱内活动所有把手和扶栏可以抓握的最小长度应为 14 cm（5.5 in），把手的下表面与安装表面之间的最小间隙应为 3.8 cm（1.5 in），如图 9.7-3 所示。

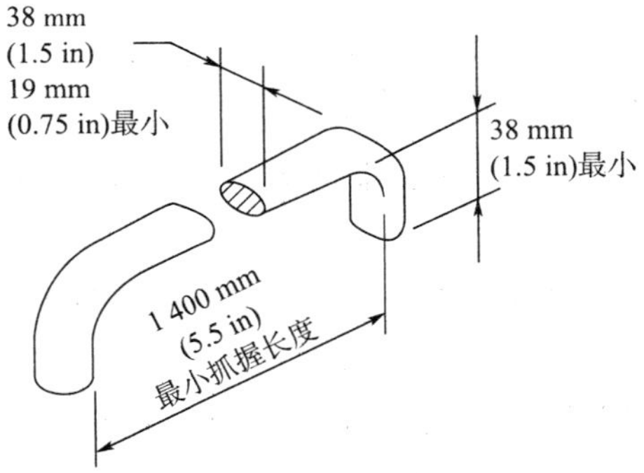

图 9.7-3 舱内活动扶手尺寸（MSFC-STD-512A，1976）

9.7.2.2.2 编码

设计扶手与扶栏时应考虑以下几点，以便乘员很容易地找到它们。

• 标准颜色——舱内所有扶手与扶栏的颜色应标准化。

• 对比度——需要将其与背景进行区分时，其颜色与背景的对比度应为 5∶1 或更高。

紧急情况下，能够快速从周围结构中辨别出活动辅助工具是非常重要的，视觉提示，如彩色编码等，可以起到该作用。统一的视觉提示对于区分活动辅助工具而言十分重要，其可使乘员轻松地将活动辅助工具与其他工具区分开，防止施力对其造成损坏。在星座计划中，扶栏统一采用国际安全黄色。

9.7.2.2.3 镀层

把手与扶栏的结构设计应该使乘员通过触摸和抓取很容易地识别出它们。

• 相同的镀层——所有扶手与扶栏的镀层都应该是相同的，以便于识别。

• 不光滑表面——扶手与扶栏的表面应当有一个不光滑的表面，无毛刺、锐边或凸出物。

9.7.2.2.4　强度设计

舱内活动的所有固定与便携式扶手或扶栏，必须设计成能够承受乘员的使用负荷，使用时不会失误及造成损坏而对乘员产生妨碍。

9.7.2.2.5　安装

所有扶手与扶栏的安装应遵循下列要求。

• 稳定性——所有固定的或便携式扶手与扶栏的设计，应确保安装后牢固、稳定（即不松动、不振动或滑脱）。

• 便携式扶手或扶栏锁定状态指示——当便携式扶手与扶栏处于锁定位置时，应提供一个明确的指示。

• 可见性与可达性——扶手与扶栏应安装在显而易见及能抓够得到的地方。

• 扶手的取下——便携扶手应可以在不使用工具的情况下进行拆除和再安装。

• 安全性——扶栏及其相关安装件的设计，应确保不会对人员身体、服装以及未固定设备（如电缆）造成妨碍。

• 方向——乘员限制器或活动辅助用的扶手应设计成具备灵活的安装方向。国际空间站经验表明，手脚限制器仅能安装在水平或垂直方向。国际空间站限制器使用反馈表明，乘员所需要的限制器应具有多方向限制能力，并能与邻近扶手交叉。

9.7.2.3　设备活动辅助工具

活动设备辅助工具用于乘员在微重力下抓取和活动设备或物品包。设备的活动辅助工具设计应依据如下规则。

1）在搬动设备时可以用系绳，但舱内活动一般不用系绳。

2）在移动大型设备可能对乘员造成损伤或对航天舱造成损坏的场合，应考虑由两名乘员来进行设备的转移。

3）在需要提供间隙与入口通道的地方，应使用可拆除的设备活动辅助工具。

4）可达性——设计时应在设备主体周围留有充足的空间，以便于进行作业及观察。

5）小器件容器——应提供容器以便能同时搬运小的器具：

• 单一物件应能单独移动；

• 容器在工作点附近应容易系到乘员身上或舱上。

6）防碰撞——应该防止碰撞，将碰撞防护器设计成可作为活动辅助工具使用。

9.7.2.3.1　把手和抓握区

所有移动或便携的硬件、设备和单元需要有把手或其他合适的方法，以便用于抓握、捆绑、拆卸和搬运。

把手和抓握区的设计，应考虑以下因素：

• 该物品相对于其他物品的操作位置；

- 搬移物件所用的方法；
- 物品需要移动的距离；
- 物品可能需要移动的次数；
- 把手的其他用途，如当作系绳的钩或扶手等；
- 把手应处在质心的任何一边；
- 把手的数目和位置应取决于器件的质量、尺寸和形状；
- 不可拆卸的把手应能凹进去或折叠平齐，尽可能地减少其表面钩住衣服、设备或限制器的可能性。

9.7.2.3.2　把手形状和尺寸

舱内活动可移动或便携单元的把手设计必需满足以下最小尺寸要求，如图 9.7－4 和图9.7－5所示。

图例	把手类型	尺寸/mm (in)（裸手）		
		X	Y	Z
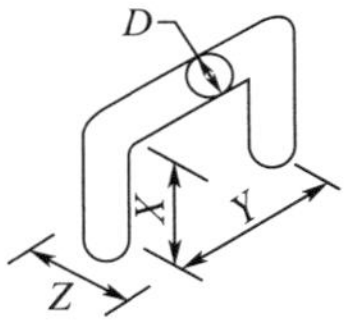	双指杆	$32\left(1\frac{1}{4}\right)$	$65\left(2\frac{1}{2}\right)$	75 (3)
	单手杆	$48\left(1\frac{7}{8}\right)$	$111\left(4\frac{3}{8}\right)$	75 (3)
	双手杆	$48\left(1\frac{7}{8}\right)$	$215\left(8\frac{1}{2}\right)$	75 (3)
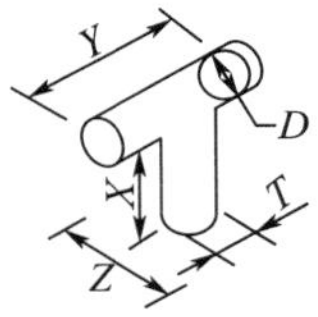	T 型杆	$38\left(1\frac{1}{2}\right)$	100 (4)	75 (3)
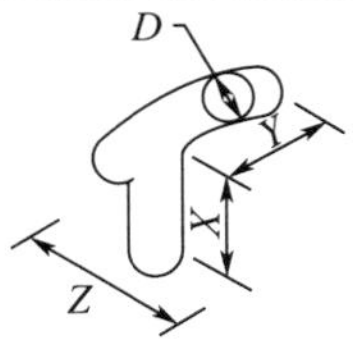	J 型杆	50 (2)	100 (4)	75 (3)
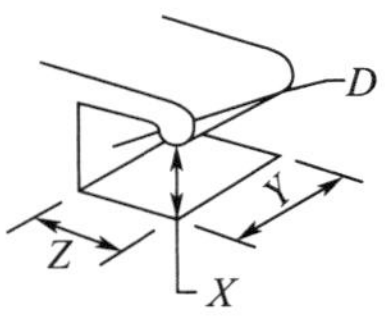	双指凹槽	$32\left(1\frac{1}{4}\right)$	$65\left(2\frac{1}{2}\right)$	75 (3)
	单手凹槽	50 (2)	$110\left(4\frac{1}{4}\right)$	$90\left(3\frac{1}{2}\right)$
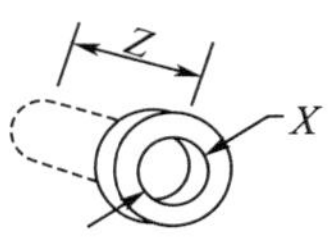	指尖凹槽	19 (3/4)	—	13 (1/2)
	单指凹槽	$32\left(1\frac{1}{4}\right)$	—	50 (2)

图 9.7－4　舱内活动使用把手的最小尺寸

	产品质量	最小直径	
把手或边缘的曲率（不妨碍椭圆把手的使用）	高达 6.8 kg （高达 15 lbs）	D=6 mm（1/4 in）	2/3π（120°）的任一角度或更大角度，如果手指围绕把手或边缘能弯曲，抓握功效最大
	6.8～9.0 kg （15～20 lbs）	D=13 mm（1/2 in）	
	9.0～18 kg （20～40 lbs）	D=19 mm（3/4 in）	
	超过 18 kg （超过 40 lbs）	D=25 mm（1 in）	
	T 型杆	T=13 mm（1/2 in）	

图 9.7－5　舱内活动把示弯曲的最小尺寸

9.7.2.3.3　非固定式把手

铰链式、折叠式或可连结的（即不固定的）把手设计应符合以下要求。

• 固定或使用位置——非固定把手应该有一个固定位置，将把手与安装平面垂直固定。

• 单手操作——非固定把手应该能用单手将其放置在固定位置上，并能用单手取下或收存。

• 触觉或视觉指示器——可连接的或可取下的把手应该具有触觉或视觉指示器，指示锁上/未锁上的状态。

9.7.3　限制器

本节包含个人和设备限制器的固定和使用方法。限制器可以在微重力条件下使用，也适用于瞬间的超重环境（如发射和返回）。

9.7.3.1　个人限制器

起飞时，在巨大推力的机动飞行段，微重力/部分重力条件下的作业阶段以及向地面返回时的作业阶段需要使用个人限制器来进行固定位置的作业。

在发射、中止和返回过程中，如果不使用限制器会存在潜在的肢体损伤风险。如肩带、赋形座椅和束缚带能帮助乘员保持在合适的位置，防止受伤。另外，服装的设计可以在保护乘员免受损伤上起到一定作用。

本节包括座椅带、肩带、固定的和可携带的脚限制器和身体限制器。扶手也可作为个人限制器。对每种个人限制器，都需要考虑穿/脱、负荷、材料、颜色、温度限值和尺寸的要求。

表 9.7－1 列出了在天空实验室和国际空间站中使用的个人限制器。

表 9.7-1 天空实验室和国际空间站中使用的个人限制器

乘员任务	个人限制器					
	手抓物		脚趾（脚环）		脚（三角楔）	
	天空实验室	国际空间站	天空实验室	国际空间站	天空实验室	国际空间站
就餐准备	√	√			√	
进餐	√	√*			√	
飞行数据管理	√	√			√	
操纵控制台/航天器	√	√		√	√	
操纵机器人	N/A	√*	N/A	√	N/A	
人体废物收集	√	√*	√			
实验操作	√	√*			√	
操作训练		√*				
乘员日常工作、维修和站务管理	√	√，√*			√	
洗澡	√		√			
货物贮存	√	√，√*			√	
搬运设备	√	√			√	
个人卫生	√	√，√*	√		√	

注：* 表示国际空间站乘员经常把扶手作为脚限制器使用。

要保证灵活操作而不会把运动传送给乘员，需要将乘员保持在工作站上静止的位置和方向。微重力环境下，没有重力使人处在站立或坐着的状态，身体会漂浮或向施力的相反方向运动。脑力和体力工作，都需要乘员保持身体稳定才能胜任。前期在轨任务表明，乘员通过使用标准工具处于合适的束缚状态时，能够完成最精细的操作，就跟在 1 个重力下进行这些操作一样有效。如果在设计设备及完成任务时没有预料到足够的限制，很多微重力环境下的维修操作会相对非常耗时和使乘员疲劳。因此，在限制器设计时要牢记：为计划内和计划外的操作提供合适的限制器，来保持身体的稳定性很重要。虽然设备内部和周围的开口、孔、管道和突起被当作乘员的非正规的微重力身体限制器，但对于乘员来说，不能总是依赖这些临时限制器。

个人限制器应该安置在需要使用的地方，以防止乘员误把其他设备当作限制器使用，导致设备损坏。例如，国际空间站美国实验舱舷窗周围最初没有扶手，乘员就把附近的软管当作限位器使用来稳定身体，结果由于乘员的反复抓握导致空气泄漏，致使其达到正常漏率的 5 倍。

设计舱外活动和舱内活动的个人限制器（即座椅带、肩带、身体限制器、脚限制器和睡眠限制器）时，应该考虑以下因素。

• 舒适性——限制器的力应合理地分布在身体的各部位，以防止不舒适，同时乘员不必刻意地维持束缚状态。

• 容许舒适时间——舱内活动限制器系统的舒适度应允许操作期间连续地完成预期任务。

• 肌肉张力——限制器设计应该减少或防止肌肉紧张。

• 人体测量范围——所有个人限制器必须适用于所设计系统的特定使用者人群。

• 微重力姿势——在微重力下使用的个人限制器必须设计成适用于微重力姿势。

• 清洗和修理——个人限制器系统应能够在轨清洗和修理。

9.7.3.1.1 脚限制器

以下要求适用于所有固定的和可携带的脚限制器。

• 位置——脚（和/或身体）限制器的使用应该考虑解放双手、长期固定和精度要求。

• 标准化——飞行器内的脚限制器应该统一标准。

• 活动范围——所有脚限制器应该使脚保持在一定的位置上，使乘员可以在整个活动范围内可自由地活动（转身、俯仰和侧斜）。

• 舒适——脚限制器应该提供舒适的支撑，可穿在脚上的任何部分，质量应尽可能小。为了完成长时间任务或高精度要求任务，脚限制器的设计应该考虑使用缓冲垫，防止发生磨茧、擦破或产生压力点。然而，应该注意使身体保持一定刚性。

• 防滑——因为乘员经常只穿袜子不穿鞋，所以脚限制器应该表面粗糙，减少滑动。

• 可互换性——脚限制器的固定接口（可携带对可携带，固定对固定）在整个舱内应该是可互换的。

• 牢靠固定——脚限制器应能将使用者牢固可靠地保持在希望的位置。

• 强度——脚限制器应该能够承受住乘员所用的力。

• 通风——舱内活动脚限制器应该允许对脚通风。

• 固定的脚限制器——固定的脚限制器应该能拆下，以便更换和修理。

• 可携带的脚限制器——可携带的脚限制器应该能够在不使用工具的情况下，容易快速地被安装和取下。

• 插入和调整——脚限制器应能被不费劲地穿上或固定住，国际空间站乘员在轨经验表明，脚限制器的穿脱、调整和使用越简单就越受欢迎。例如，国际空间站的长期脚限制器（LDFR）为长期工作乘员提供身体稳定平衡，但因调整起来太复杂，使其使用率很低。因此，对于大多数任务，乘员都倾向于使用比较简单的短时间脚限制器（脚环）甚至扶栏。

• 快速脱下——所有舱内活动脚限制器必须能很快脱下。

• 不用手操作——脚限制器的穿进和脱出不能要求用手协助。

• 扶手——在所有脚限制器位置附近，应提供位于腰和肩之间的扶手，以便辅助脚限制器的穿进和脱出。

• 防夹——应尽量减少脚限制器夹住脚的危险，应该提供一种可靠的、把脚从限制器中抽出来的方法。

• 耐拉力和扭转强度——脚限制器应能承受住乘员的拉力和扭转力。

• 抗磨损性——保护层应该是耐用和光滑的，防止对鞋的磨损。

• 颜色——同一类型的所有脚限制器的颜色与背景的对比度应大于 10∶1。

国际空间站乘员发现原本用于活动辅助工具的扶栏，可以作为脚限制器使用，甚至对于长时间的机器人作业也很有用。扶栏能够比织物构成的脚限制器提供更好的刚性控制（和束缚控制）。很多情况，如医学实验操作，乘员感觉一个扶栏就足够满足稳定束缚了。

下图是脚和腿部限制器的设计实例。

• 图 9.7－6 所示为天空实验室中的小腿限制器实例。

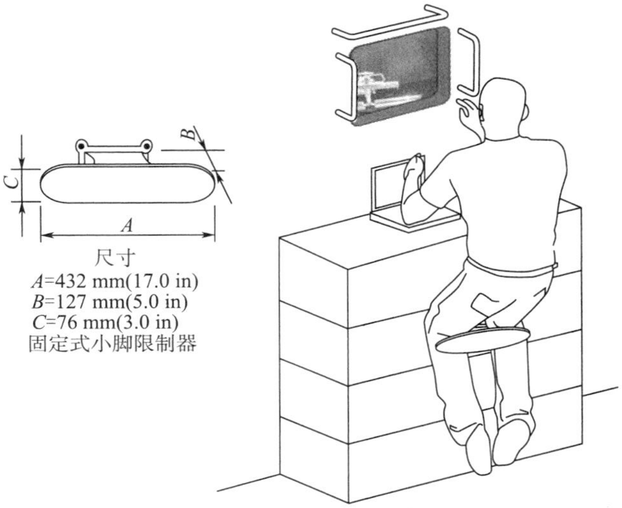

图 9.7－6　天空实验室中的小腿限制器实例

• 图 9.7－7 所示为国际空间站中的短时间脚限制器实例。

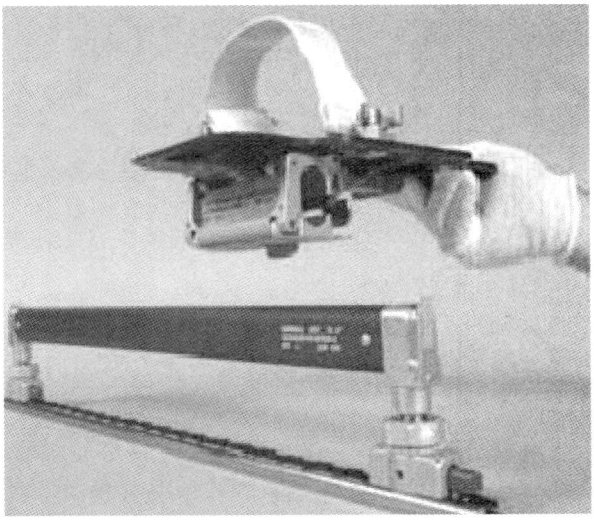

图 9.7－7　国际空间站中的短时间脚限制器（固定在扶手上）

• 图 9.7－8 所示为国际空间站中的长时间脚限制器实例。

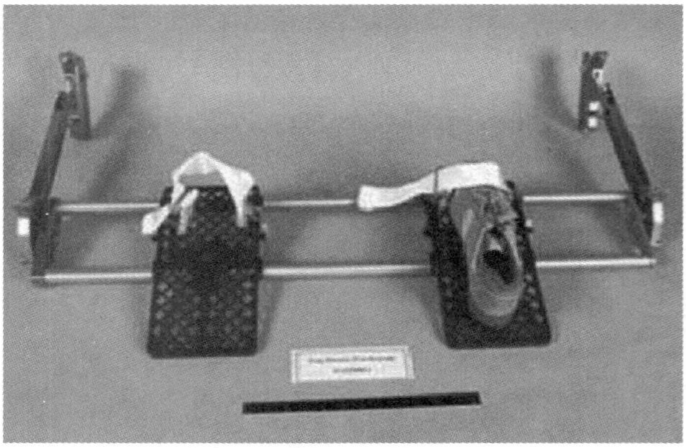

图 9.7－8　国际空间站中长时间脚限制器（固定在工作站导轨上）

• 图 9.7－9 所示为国际空间站长期乘员的限制器实例。这是长时间脚限制器的改进版，把硬件固定在较低的脚栏杆上，提供较高的腿部限制，以增加工作站附近（手套箱、机器人）的稳定性。

图 9.7－9　国际空间站长期乘员限制器

9.7.3.1.2　身体限制器

身体限制器包括微重力环境下为了完成任务使用的、用于稳定身体的系绳、座椅带和肩带（作为脚限制器的选择或补充）。身体限制器也用于发射和返回时，高加速期间身体的束缚和稳定。

以下乘员身体限制器的设计指南适用于所有系绳、座椅带和肩带。

• 碰锁机制——碰锁机制附件应该要求乘员在锁上和开锁两个机制中有主动的动作。

• 单手操作——碰锁机制应该能用单手锁上和开锁。

9.7.3.1.2.1　身体限制器的强度

座椅带、肩带和舱内活动系绳应满足以下强度要求。

• 座椅带和肩带——在起飞或着陆时使用的舱内活动座椅带和肩带，在起飞或着陆的极限惯性力作用时，乘员正确使用此装备将不会受到严重损伤。

• 身体束缚带——身体束缚带要有提升固定点，用于在地面 1 g 的条件下，出舱时将乘员拉起。其应能承受将乘员拉起所需的负荷。身体束缚带可以设计成座椅带和肩带限制器系统的组成部分，也可以设计为单独佩戴。

• 系绳扣合件——舱内活动系绳扣合件应该能够承受住乘员的最大负荷。

9.7.3.1.2.2 身体限制器的尺寸

座椅带、肩带和系绳应满足以下尺寸要求。

• 通用性——在任务要求和其他设计要求权衡的限度内，座椅带、肩限制器、腰限制器和系绳扣合件的尺寸、形状和操作方法应该一致。

• 尺寸——决定限制器的尺寸时应该考虑任务要求，其设计必须适合乘员的身体尺寸范围（见 4.3 节）。

9.7.3.1.3 睡眠限制器

设计睡眠限制器时应该满足以下要求。

1）四肢限制器——睡眠限制器应包括睡眠时防止腿、手臂飘浮及头部移位的装置。

2）吸进空气——睡眠限制器的设计应能排出吸入过多的或分布不平均的空气。

3）个人睡眠限制器——应该为每位乘员提供一个睡眠限制器。

4）贮存、运输、清洗——睡眠限制器在轨道上应容易贮存、运输和清洗。

5）特性——睡眠限制器应该具有以下特性：

• 有可调节的、柔韧的布带；

• 留有手臂开口；

• 有可调节、可更换的枕头或头带；

• 有可调节的保暖功能。

6）打开/关闭——睡袋要有打开、关合装置，沿睡袋长度方向可完全打开，开合装置应操作简单，应急情况下能快速打开。

7）躯干限制器——应具有躯干限制带，允许乘员依照所选择的睡眠姿势束缚住自己。

图 9.7－10 所示为航天飞机中的睡眠限制器配置

9.7.3.2 设备限制器

微重力环境下需要设备限制器把工具和设备固定在贮存处和工作点。微重力环境下临时把设备固定住也很重要，从新的装船产品和补给消耗品到小螺帽和螺钉都需要固定在贮存处和工作点，使其不会飘走。另外，在发射期间也需要使用限制器固定物品。限制器包括系绳、弹性绳、尼龙带、袋子和各种专用限制器。

9.7.3.2.1 设备限制器的一般设计要求

设计舱内活动和舱外活动设备限位器时应该满足以下要求。

1）用手操作。

• 应设计成不需工具便可安上或取下限制器。

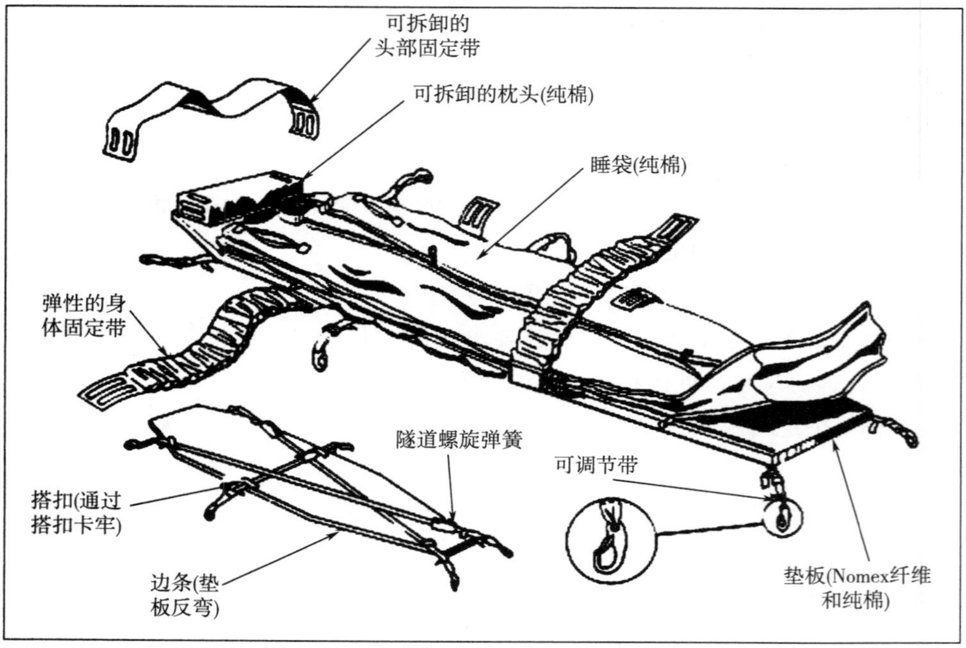

图 9.7-10　航天飞机中的睡眠限制器

• 应设计成用左手或右手都能够安上或取下限制器。

2）盲操作——应设计成不用看就能安上或取下限制器。

3）可调节性——限制器要具备可调节性，以适用于被限制物品的不同尺寸范围，让使用人员能够将物件固定在相对于限位器固着点所选的位置上。这不排除用作特殊用途的固定长度的系绳。

4）主动限制——限制器应该把物品束牢，不要由于无意的触动、气流、飞船运动或其他可预见的环境因素而跑掉。

5）不会引起损坏——限制器应该设计成不会造成被限制物、接触表面及临近的物件相互挤压、磨损或切割。

6）颜色——设备限制器应采用标准化的颜色，使其能够从没有限制的设备或将要限制的设备中区分出来。

7）通用性——设备限制器的设计应具有通用性。

9.7.3.2.2　专用限制系统

专用限制器的设计应遵循以下要求。

1）单个限制器。

当被限制的器件尺寸大、精密、易损坏时，或固定限制器困难或复杂时，应使用单个限制器。

2）成组限制器。

• 应该尽可能用成组限制器限制相同尺寸的物品。

· 成组限制器应该提供一种方法，允许一次取下一件物品。

3）尼龙带——当用尼龙带作为限制器时，在被限制物品上要装上钩型尼龙带，且固定面上应用有套扣的尼龙带。

4）粘贴残留物——在取下粘贴性设备限制器后，不能在物品上或飞船表面留有粘贴剂。

9.7.3.2.3　系绳

设计系绳时应遵循以下要求。

· 共同的连接方法——所有设备系绳应使用同一种连接方法。

· 系绳连接点——所有需要捆住的设备，都应该有一个标准的系绳挂钩扣合器，它是设备的有机组成部分，在物品要被固定的表面上也应有这种标准化扣合器。

· 系绳扣好状态指示——系绳挂钩应该设计成无论白天还是晚上，都容易识别钩扣上或未扣上的状态。

9.7.3.2.4　强度

· 最小强度——最小设计强度应该依据在正常操作条件下乘员和环境预期作用于物品上的力的大小。

· 最大强度——最大设计强度应该依据当乘员试图取出一个已经被邻近硬件夹住的被限制物品时的合力。这种活动的力不应超过限制器连结表面的设计负载或夹卡硬件的设计负载（即限制器应在物品、固定面或夹卡设备器件破裂以前先行破裂）。

9.7.3.2.5　设备限制器实例

图 9.7－11、图 9.7－12、图 9.7－13、图 9.7－14 和图 9.7－15 是设备限制器的实例。

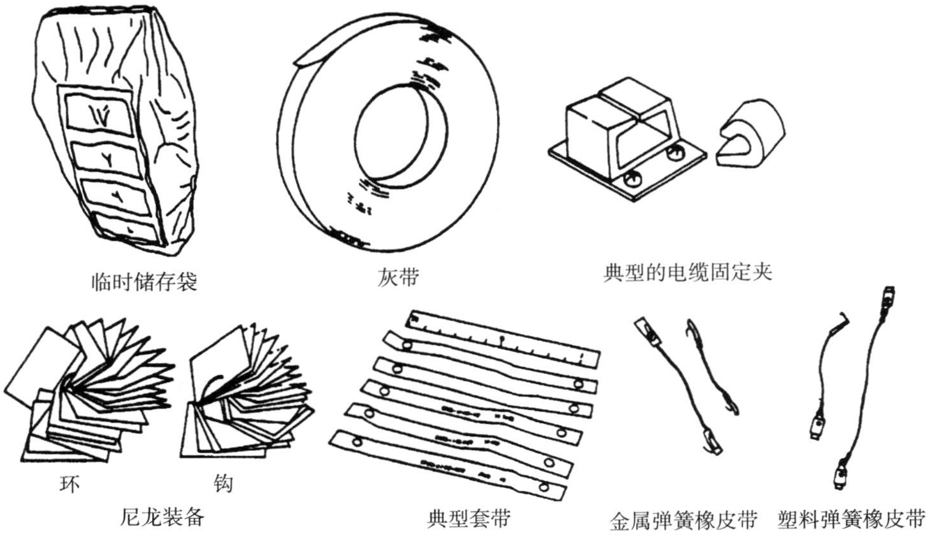

图 9.7－11　设备限制器实例

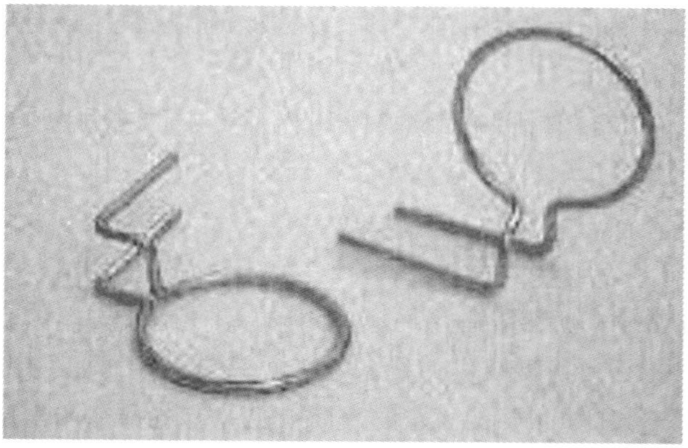

图 9.7－12　国际空间站的电缆限制器

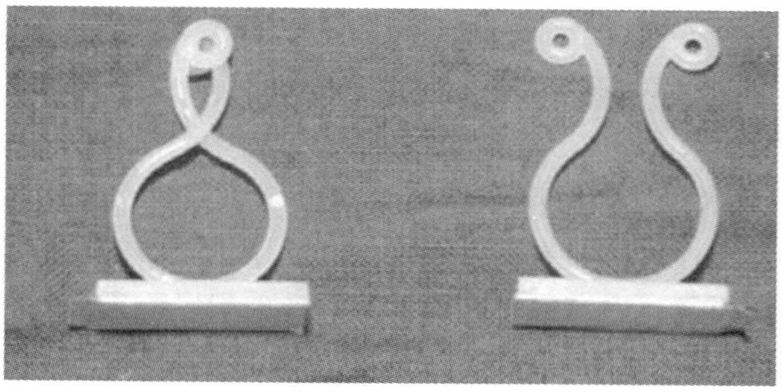

图 9.7－13　快速电线束缚扣

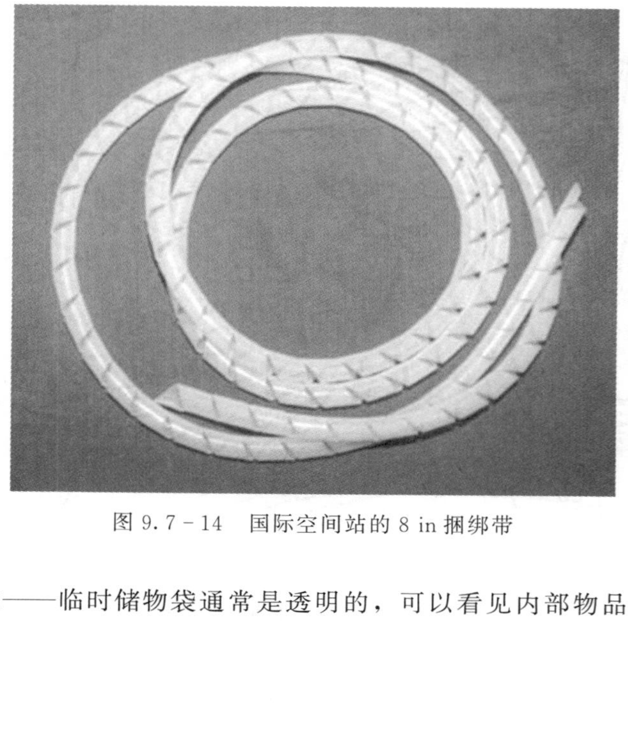

图 9.7－14　国际空间站的 8 in 捆绑带

1）临时存物袋——临时储物袋通常是透明的，可以看见内部物品（比如使用透明塑料或网袋）。

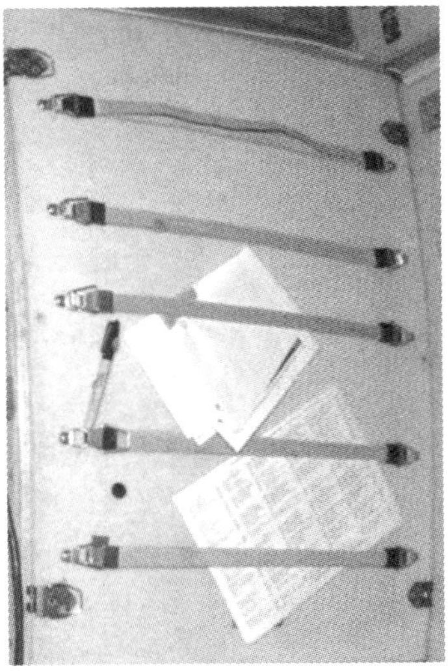

(a)

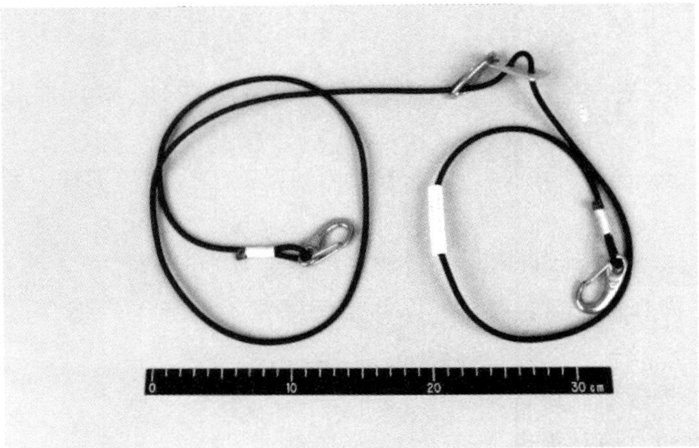

(b)

图 9.7－15　俄罗斯的平面弹簧带（a），美国的大型可调圆形弹簧带（b）

2）灰带——阿波罗、天空实验室、国际空间站和航天飞机广泛使用了灰带作为舱内作业的临时限制器。舱外活动不总是用这种限制器，因为其粘贴性能可能受到极端温度的影响。

3）电缆限制夹——电缆限制夹广泛用于阿波罗和天空实验室。航天飞机上的一套电缆限制夹是钢弹簧的。这些限制器可以通过调整，安装到国际空间站设备货架前面的导轨上。图 9.7－11 所示为国际空间站上的绳缆限制器。另一个选择是提供了多功能方便使用的快速电缆限制夹，如图 9.7－12 所示。国际空间站电缆限制夹背面有粘性，可以随机固定。但是很多国际空间站乘员并不喜欢，因为其很容易从导轨上脱落。

4）捆绑带——这种限制器使用聚四氟乙烯螺旋带捆绑数据电缆和电线，图 9.7－13 为 8 in 捆绑带（5/16～8 in），还有最大直径为 3 in 的捆绑带。

5）尼龙带——尼龙带是可行的设备限制器，但需要了解它使用时的限制条件和意外情况。尼龙板面的黏胶强度要大于尼龙扣和环之间的连接力，扣和环的黏胶质量主要取决于使用的材料。温度限值使其无法在舱外活动使用。国际空间站经验表明，在有些情况下尼龙带是有用的，但也有一些不尽人意的地方。

- 在睡眠区尼龙带很好用。
- 随时间增长，尼龙带效果下降。
- 临时束缚物品时，尼龙带很好用。
- 尼龙带容易吸附尘土和残片。

6）带搭钩的带子和/或尼龙带——在微重力环境下，乘员需要借助扶手或脚限制器将搭钩对接到航天器结构的搭扣上，舱外活动期间搭钩时对准也很困难。

7）带搭钩或平钩的金属和塑料弹簧——建议只在舱内活动使用。但是这些是用在阿波罗、天空实验室和航天飞机中最广泛、最令人满意的束缚装置。金属弹簧和松紧带在长期使用后均可能会伸长，且在微重力环境下难于将搭钩扣在安装结构的搭扣上。

8）舱外活动系绳——固定长度、可调节和能伸缩的系绳被广泛用于舱外作业，但亦可以用于舱内作业。

9）橡皮带——天空实验室的经验证明，在微重力环境下，橡皮带是束缚飞行手册和清单的很好的装置，可以防止它们被意外打开。

10）其他装置——曾试过很多其他设备限制装置，包括P形别针、系狗皮带夹、夹钳和卡环。

国际空间站总体经验教训表明，松散物品的限制器应比较简单，弹性带比较受喜欢，因为其使用起来不费力，且安装简单。国际空间站乘员给出了以下具体意见（OpsHab，2001）。

- 餐桌上的橡皮带对束缚食品很有用。
- 橡皮带很好用，而且提供了最好的设备限制。
- 俄罗斯的平面橡皮带比美国的圆形橡皮带更受欢迎。

9.7.3.2.6　特殊设备限制器

航天飞机和国际空间站中使用了设计的特殊设备限制器，这些特殊的限制器在硬件操作时要用到，或提供额外的柔韧性并与多种设备适配。以下是特殊限制器的例子。

- 柔性托架——图9.7-16是国际空间站柔性托架，与航天飞机的相似，不同的是它能固定在导轨上。其由连续的柔性软管组成，提供了照相机底座接口（母口）。要连接的硬件需具有照相机底座接口（公口）。

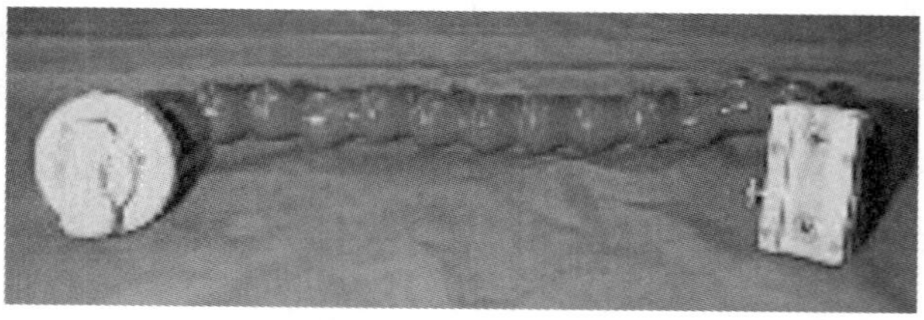

图9.7-16　柔性托架

• 多功能托架——图 9.7-17 是国际空间站多功能托架，与当前航天飞机的相似，不同的是它能够固定在导轨上。机械臂的中间是关节，两端各有一个球形连接点，在肘关节有一个旋钮能锁紧所有关节。与柔性托架一样，多功能托架提供了一个照相机底座接口（母口），要连接的硬件需具有照相机底座似接口（公口）。国际空间站在轨经验表明，多功能托架很有用，但连接点会变松，有时需要紧固一下。

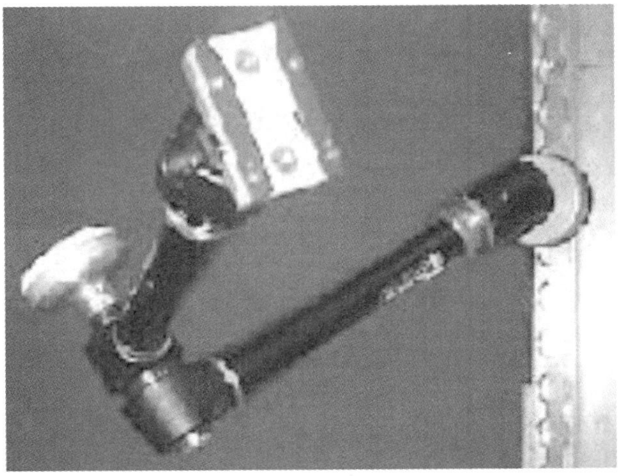

图 9.7-17 多功能托架

• 有效载荷设备限制系统——图 9.7-18 所示为在国际空间站上使用的系统（H 型带子和附件组件）。作为织物构成的标准系统，其被设计成可以在不同工作区操作和固定各种较大的松散设备和工具。操作或维护工作时，相关物品可以联合定位，以便快速获取和使用。国际空间站乘员表示该系统对临时存储物品特别有用。

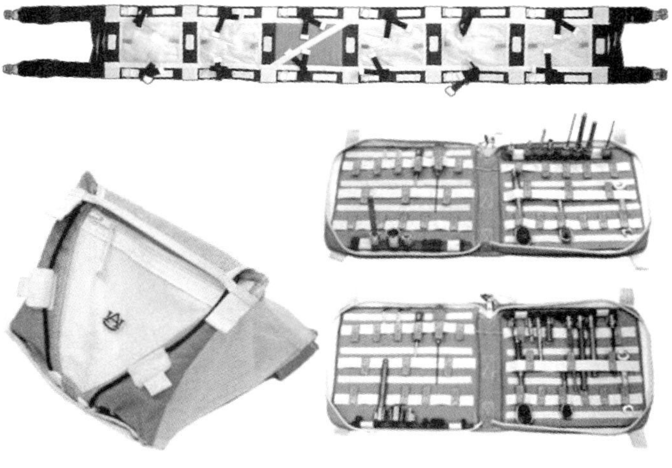

图 9.7-18 有效载荷设备限制系统

国际空间站舱内活动通用设备限制器，可参见《国际空间站舱内活动管理设备-乘员设备目录》（JSC 28533）。

9.7.4 研究需求

保留。

9.8 电缆

9.8.1 引言

把电缆相互连接起来的主要目的是在航天器不同部位之间可靠地传导电能和数据。为确保安全、有效地操作，电缆的设计、布线和标识非都常重要。

9.8.2 电缆设计和布线

舱段和硬件的电缆应按照以下规则进行设计或供应。

1）电缆的长度应确保以下几方面：

- 在便利的地点对硬件进行检查和维护；
- 不断电的情况下，硬件能从抽屉或可抽出的货架中拉出。

2）电缆芯应能在接线盒内分开以便检查，特别是当线路内没有其他测试点的情况下。

3）电缆应按照以下规则进行布线：

- 不能被门、盖子或滑轨夹住；
- 不能用作平移装置；
- 任何情况下，都不能剧烈弯曲；
- 乘员容易拿到；
- 不能突入操作包络面，不能构成安全危害（如悬垂、钩住等）。

4）电缆位置——电缆不能妨碍乘员运动，不能干涉控制器和显示器。

5）末端紧固——应为电缆末端和连接点之间提供紧固方法。

6）电缆夹——长的多股电线或电缆应用夹子予以固定，除非放在电缆护套管内。

7）保护——应该为易损导线如波导管，高频电缆或绝缘高压电缆，提供防拉保护或其他保护措施。

国际空间站乘员对国际空间站电缆的设计、数量及位置等有如下评论。

- 国际空间站中电缆太多。
- 电缆存在刮绊风险。
- 乘员一直要在电缆附近工作，很多电缆好像没有必要，也没有在使用。
- 管理电缆耗费乘员太多时间，而且比训练时指出的还要复杂。硬件开发者应减少需乘员管理的电缆数量。
- 大部分电缆太长，使得硬件安装变得复杂，降低乘员工作效率。例如，10 in 就够用的电缆却配置了 25 in，乘员需要把多余的部分堆在货架之间。

• 通用的电缆接口会提高操作效率，方便维修拆卸。

9.8.3 电缆标识

电缆必须被标识出要连接的设备和连接器。根据 10.6 节的要求，所有可互换的电线和电缆必须有唯一标识。此外，通用保护层的不同绝缘导线必须使用彩色编码。根据国际空间站乘员的经验教训，不可互换的电缆应该采用不同标签。

以下是经过验证的电缆管理设计。

• 图 9.8-1 是电缆标记和维修指导方法（标出了电缆标识的位置）。

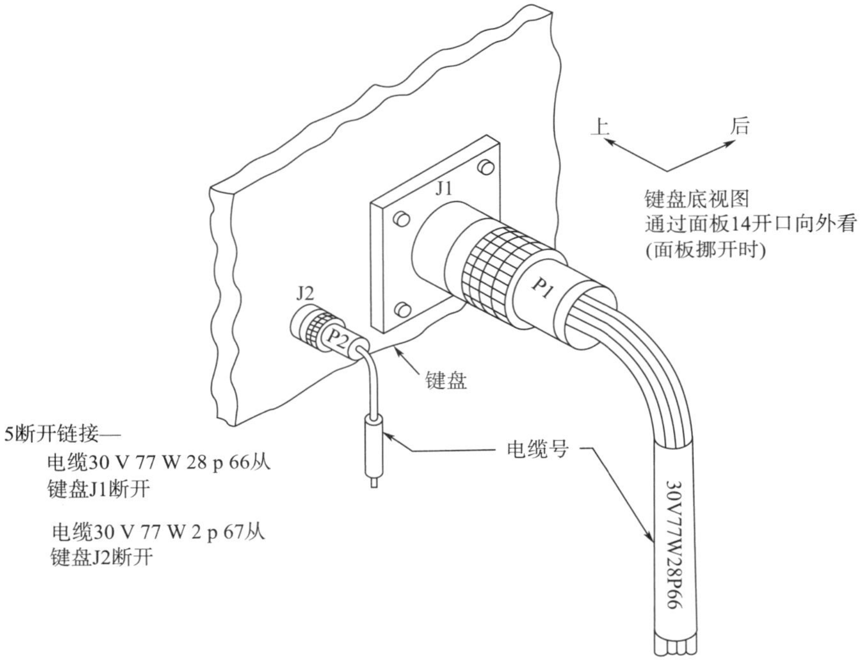

图 9.8-1 电缆标识技术

• 图 9.8-2 是航天飞机中电缆标记的实例，标出了电缆标识号码的位置和连接器位置的标签。

9.8.4 研究需求

保留。

9.9 乘员个人装备

9.9.1 引言

个人装备包括乘员衣袋内常携带的小的、有用的物品。根据任务需要，计划需要考虑个人喜好来配置。

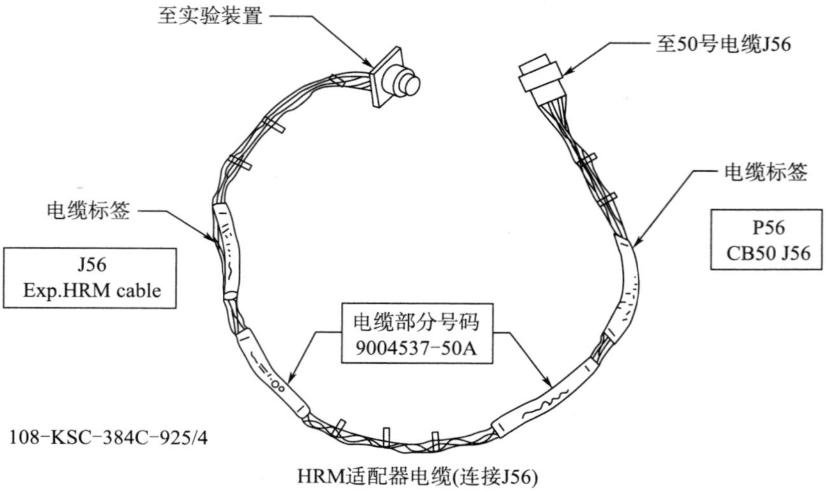

图 9.8-2　备用或测试电缆标识的方法

9.9.2　一般设计依据

以下是前期任务中有用的个人辅助装备的实例。

• 钢笔形手电筒和手电筒——钢笔形手电筒和手电筒为舱内和舱外活动提供可携带光源。可用在光照度差的区域，为正常操作和维护任务提供手持照明，也可为座舱照明故障提供光源保障。为避免双手操作所以使用头灯。

• 袋装小刀——据报导，袋装小刀是舱内最重要的工具之一，比如准备食物、维修工作、打开袋子和切割系绳。美国航天员佩戴瑞士军刀。

• 多功能工具——美国航天飞机和国际空间站为乘员提供了一个多功能工具套件（Leatherman）作为另一选择，提供多用途（钳、断线钳、剪刀、锉、螺丝刀、锯、剥线钳、镊子、打孔钳和尺），乘员通过腰带夹束缚随身携带。

• 太阳镜——需要给乘员提供太阳镜。通过带子或其他限制装置将其固定，以防止在微重力环境下其从脸上飞走。眼镜或太阳镜应该使用防碎材料。美国国际空间站每次任务都为乘员提供一副太阳镜和两个固定用橡皮筋。

• 腕表——多用途的腕部计时器是过去执行空间任务的重要物品，具有数字和模拟两种功能。计时器可用作腕表和秒表，应是防磁和防震的，在舱内和舱外均能运行，无论白天还是晚上都易于读取。航天飞机和国际空间站为乘员提供天美时铁人三项手表。

• 书写工具——在执行空间任务时，要提供圆珠笔、记号笔和铅笔，国际空间站中将这些作为办公补给品的一部分。未来任务中，计算机显示可能是主要的阅读和记录媒介，但一些任务中还是需要使用纸张。

• 口袋——辅助装备应用袖珍夹子和/或尼龙带来固定，国际空间站乘员可以申请自己喜欢的飞行便携口袋，通过尼龙扣绑在衣服上。便携口袋有不同的大小和开口型号，用于固定笔、标签、记事本、手电筒、刀、多功能工具套件、剪刀、小食品或其他小的个人物品。

9.9.3 研究需求

保留。

9.10 隔板和盖子

9.10.1 引言

非常有必要给硬件和设备装上隔板和盖子，尤其在微重力下，这样可以防止零散物品漂浮到不希望的区域。这很重要，因为有些小物品如果漂浮至很难够到的位置，会引起设备损坏或取不回来。隔板和盖子能保护精密设备，防止被乘员无意损坏，还能防止乘员触电、刮伤、磕碰到棱角。详细的隔板和盖子设计依据参见 NASA/TP－2006－213725《载人航天器乘员座舱表面设计》。

9.10.2 常规事项

应使用隔板和盖子以防止乘员接触到危险，如触电、移动的器械和温度风险。

设计设备隔板时应考虑以下几方面。

• 密封——无法够到的区域应该密封，以防止微重力下小物品漂浮进去。

• 移开和安装——隔板应能快速、容易地移开，以便进行设备维护。此外，隔板的设计通常应该考虑航天器和设备从地面到微重力环境后的潜在变形。据国际空间站乘员反映，节点舱的隔板很紧，很难重新安装（OpsHab，2008）。

• 可达性——频繁接触的区域，隔板固定的方法应尽量减少螺钮数量及使用卡扣或手动螺钮。

• 牢固——当隔板不牢固时，即使其还在原位也应该明显可见。

• 负载——隔板能够承受乘员施加的力，并保持封闭状态。

• 说明——如果从盖子的结构上不能明显看出打开盖子的方法，那么盖子的外面应该永久性标注说明（包括所使用的工具说明）。

• 间隙——舱壁、托架或其他物件不应妨碍盖子的取下和打开。

• 应用——对于需要频繁维护作业的地方，要加装入口，否则就需要移去整个外皮或盖子，或拆除设备的某些部件。

• 自行支撑盖子——不能完全移开的盖子，在任何重力条件下打开时应能在开口位置自行支撑。

• 通风网入口——当使用通气网、通气孔或通气格时，通风表面应该容易够到（例如清洁、维修）。

• 部件固定——门、盖子和紧固件（如螺钉和夹子）应被固定（使用系绳或铰链），防止放错位置。

• 通风孔大小——一些硬件和设备的隔板和盖子需要通风孔。这些通风孔应尽量小，防止乘员手指等不小心插入，接触到电源或运转部件。

• 清洁——通风孔、通风格和通风网的表面容易吸附微粒和纤维碎片（比如皮屑、纤维碎片和包装残屑），因此要容易够到，以便清理。

可以用一些特殊物品，比如金属或橡皮压条、线脚、整流罩或盖板等封住无法够到的区域，满足隔离要求，如图 9.10－1 所示实例。

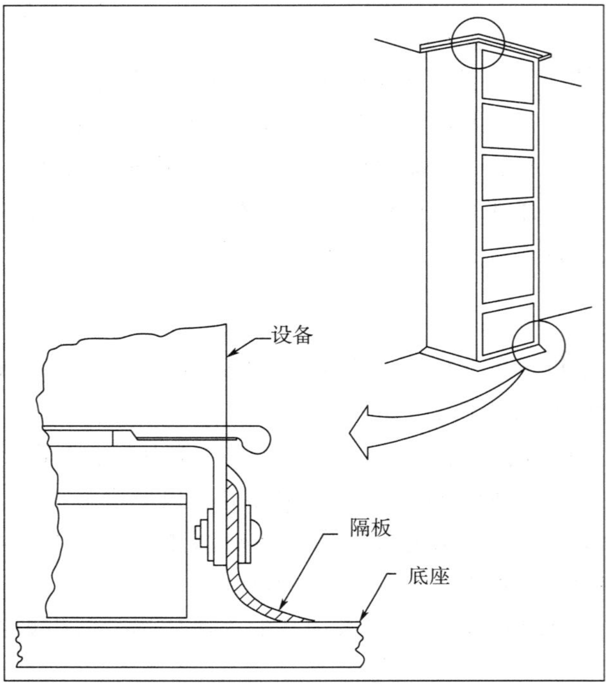

图 9.10－1 使用隔板的实例

9.10.3 研究需求

保留。

9.11 紧固件

9.11.1 引言

乘员使用的紧固件包括：在通道门、容器、面板、存储设备、门、盖子、限制器和在轨替换单元使用的紧固件。虽然在先前和当前项目（比如国际空间站）使用的主要紧固件是螺钉和螺栓，紧固件也包括手动和用工具操作的插销、钩子、夹子和连接器之类。

9.11.2 通用紧固件

紧固件的设计要求如下。

• 标准化——紧固件的类型和尺寸应是通用的，尽量减少使用工具操作的紧固件的类型和数量，使用合适工具的乘员工作负荷量，以及使用到不当工具的可能性。手拧动紧固件也应该是通用的类型和尺寸，将操作不同插销和紧固件所带来的麻烦降到最低。

• 区别——对于不同的紧固件，应避免外表相似和不易区分。例如，螺丝长度或尺寸的微小差异会增加无意中选择到不适合尺寸的紧固件的可能性。

• 手动紧固件与使用工具的紧固件——对特定的应用需求，选择哪种紧固件应根据乘员施加力的要求、紧固件的结构强度和使用频次来决定。当手动紧固件满足使用时的尺寸要求、间隔和结构强度要求时，优先使用手动紧固件。为使乘员的工作负荷减少到最低，除非需要大量的紧固件，手动紧固件应是首选。在使用大量紧固件的情况下，电动工具优先用于安装紧固件。国际空间站乘员已经指出，尽管使用直角四分之一转动圈紧固件的原因是降低面板下硬件多次操作的频率，但在每个面板上使用多个（多至 12 个）四分之一转动圈的紧固件会使操作变得复杂。

• 多圈转动的紧固件——使用多圈转动紧固件的地方，紧固件应该拧紧或拧松不少于 10 圈。

• 间隙和通道——紧固件周围的间隙，必须为乘员用手操作工具提供足够的空间。应该考虑用套筒、扩展和控制杆臂的间隙。还要考虑到可能使用两只手或电动工具进行操作、截断或移动卡好的紧固件。应避免使用凹进去的紧固件，紧固件的安装孔应该足够大，不用精准对准就能使紧固件通过。

• 裸手或戴手套的操作——当挑选紧固件时，无论用手还是用工具，要考虑紧固件或工具是使用裸手还是使用戴压力手套的手进行操作。

• 安全——必须选出暴露在外的紧固件，使它们不妨碍服装或引起乘员伤害。紧固件和插锁不能弹出，避免造成乘员受伤。

• 最小数量的紧固件——在应用中使用的紧固件的数目应减到最少。

• 工具-使用紧固件的帽型——对需要高扭矩的紧固件，使用内部（艾伦）或外部六角头的样式。

• 紧固件的更换——应考虑更换拆除磨损或已经受损及有危害的紧固件。避免紧固件与设备成一个整体（例如双头螺栓）或成为沉孔。

• 双重目的的紧固件——可能情况下，应使用双重目的的紧固件（比如锁的把手可以设计成备用的扶手）。

• 锁销键和保险丝——避免使用锁销键和保险丝。

• 螺纹紧固件的安装和更换——应使用限制扭矩的工具安装螺纹紧固件。

• 力——由于推动力驱使一个非受限的乘员远离紧固件，因此在微重力下应该避免使用需要力量来保持嵌入式工具的紧固件。

• 咬合状态的反作用——应该提供咬合状态或非咬合状态的紧固件的反作用。在微重力下，当紧固件（比如螺杆和螺钉）完全从安装位置拧开时，可能不能供恰当的反作用。这时倾向使用一种表面粘合组件，其可以预防常见的紧固件在 1 g 下“脱落”的情形。

• 系留紧固件——与乘员交互作用的所有紧固件组件应该被束缚住。系留紧固件是一种当没有工作负荷时能自动保持在工作位的紧固件。因此在维护期间不需要乘员限制和储存这些紧固件。在需要垫圈及其他锁定装置的地方，如果没有这种束缚，需要乘员来处理及丢失的零散部件的数量是双倍的。在面板或硬件需要支撑高结构的负荷（例如，发射）的情况，可能需要大量的紧固件提供可靠的安装。如果这些面板或硬件仅是按常规方式用于维修或其他目的的操作，紧固件的集合将不被束缚并且可拆掉。在经历高负荷之后，可拆除的紧固件可收藏起来，从而降低执行任务期间乘员操作这些设备的负荷。拆除的紧固件应堆放在被拆除紧固件的面板或设备旁。在放置位置或设备面板外壳上的紧固件应该是容易看见的。所有可更换的紧固件应该按照零散部件的要求来控制。保持和/或限制紧固件的手段应该与紧固件移动和拆除系统并为一体。

9.11.2.1 手动紧固件

除了通用的紧固件的指导原则，手动紧固件的要求如下。

1）操作——手动紧固件应该设计成乘员使用一只手（不管左手还是右手）便可操作。

2）紧固件旋钮——为了更好的抓握，紧固件的旋钮应有粗糙花纹。

3）快速扭开紧固件——快速扭开的系留紧固件应满足以下要求。

• 需要最大一整圈的操作（四分之一转向的紧固件为优选）；

• 仅需要使用一只手进行操作；

• 在打开和关闭的位置强制脱锁。

4）螺纹锁定的紧固件——手动螺纹紧固件应该具有锁紧的特点，能给乘员提供听得见、摸得到或看得见的视觉反馈。比如，在非乘员操作时，应该确保锁紧的螺纹紧固件不会自己松开。从乘员接口的角度看，可能使用锁紧的螺纹护套比立桩（需要破坏粘合剂）或锁线（存在潜在的尖锐的风险）更好。

5）销钉紧固件（舱内活动）。

• 对位——用于硬件上的销钉紧固件应设计为能插入由主要和次要设备在轨道上发生变形而可能导致出现的错位孔；

• 锁定装置——与销钉紧固件共同使用的锁定装置，应是可见的和可达的。

6）偏心销。

• 非自锁——非自锁销应包括防止销的无关部分再校准、干扰和再啮合。

• 销的固定——只要可能，销的制动件应是加弹簧的，而不是加强制锁定装置。如需要强制锁定，则提供锁孔和锁定动作。

• 销锁柄——如果销上有柄，应将销的松开机构放在柄上或接近销柄处，以便用单手操作。

7）翼状头紧固件——舱内翼状头紧固件，应能折叠和保持其表面平齐，使其不能刮到人、衣服或设备。

8）锁销键。

- 安装——不使用工具的情况下，键和销钉应该紧密配合；
- 大帽——锁销键应该有大帽，使其容易用手更换。

9）操作力——操作紧固件所需要的力应当在乘员能施加的力的范围之内。乘员能给出的力的大小取决于乘员的限制器及工具或手能抓住的表面的面积。一般来说，当握住的面积增大时，用手拧的紧固件比较容易装卸。紧固器帽的尺寸、手扭矩大小与乘员限制器之间的相互关系分别如图 9.11-1 与图 9.11-2 所示。抓握面面积对最弱的（第 5 百分位）的男性能给出的扭矩大小的影响如图 9.11-3 所示，女性能施出的力矩的数据仍需进一步确定。一般认为，美国女性上身能施出的力，是相同百分位美国男性的 1/2～2/3。

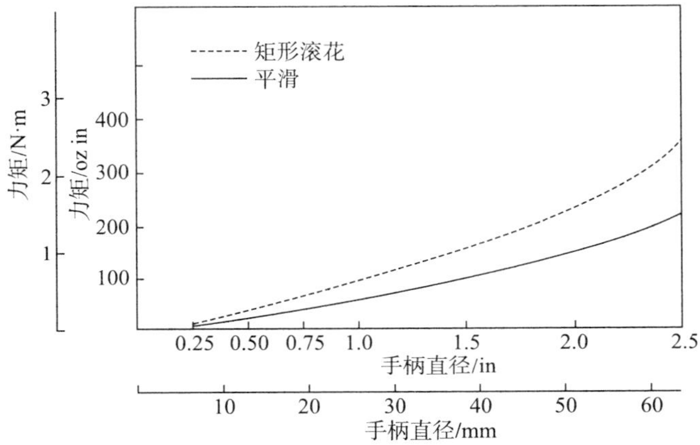

图 9.11-1 在双脚、双脚及腰部或双脚及单手受束缚的情况下，手能施出的力矩（舱内活动）（MSFC-STD-512A，1976）

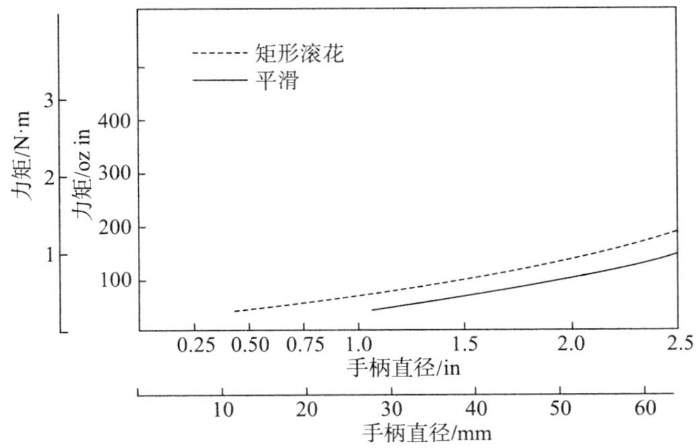

图 9.11-2 IVA 时当一只手被限制时，另一只手的扭矩（MSFC-STD-512A，1976）

旋钮直径		边的表面					
		矩形滚花		菱形滚花		平滑	
		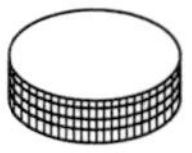				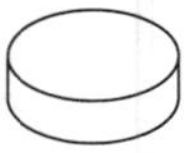	
cm	in	N·cm	lb-in	N·cm	lb-in	N·cm	lb-in
0.3	1/8	2.3	0.2	3.4	0.3	0.3	0.03
0.6	1/4	8.8	0.6	7.9	0.7	2.3	0.2
1.0	3/8	11.3	1.0	12.4	1.1	4.5	0.4
1.3	1/2	14.7	1.3	17.0	1.5	6.8	0.5
1.6	5/8	22.6	2.0	20.3	1.8	9.0	0.8
1.9	3/4	27.1	2.4	27.1	2.4	15.8	1.4
2.2	7/8	32.8	2.9	32.8	2.9	15.8	1.4
2.5	14	5.2	4.0	40.7	3.6	17.0	1.5
3.2	$1\frac{1}{4}$	44.1	3.9	49.7	4.4	22.6	2.0
3.8	$1\frac{1}{2}$	63.3	5.6	59.9	5.3	38.4	3.4
4.4	$1\frac{3}{4}$	81.4	7.2	83.6	7.4	42.9	3.8
5.1	2	97.2	8.6	91.5	8.1	50.9	4.5
5.7	$2\frac{1}{4}$	116	10.3	116	10.3	71.2	6.3
6.4	$2\frac{1}{2}$	140	12.4	131	11.6	93.8	8.3
7.0	$2\frac{3}{4}$	174	15.4	173	15.3	88.1	7.8
7.6	3	181	16.0	179	15.8	94.9	8.4
8.9	$3\frac{1}{2}$	220	19.5	244	21.6	147	13.0
10.2	4	280	24.8	290	25.7	164	14.5
11.4	$4\frac{1}{2}$	320	28.3	330	29.2	208	18.4
12.75		380	33.6	392	33.8	244	21.6

图 9.11-3　不同尺寸旋钮的转矩（为男性第 5 百分位的值）（MSFC-STD-512A，1976）

9.11.2.2　使用工具的紧固件

除了通用紧固件的设计准则外，使用工具的紧固件的指导原则如下。

1）非标准化的工具——避免使用非标准化工具的紧固件。

2）高扭矩的紧固件（仅限于舱内活动）——应优先选用帽型为外六角形或外双六角形的紧固件，并能将其应用于所有的机械螺丝、螺栓或其他扭矩大于 14 N·m（10 ft-lb）的紧固件。内扳手紧固件应采用六角形的紧固件。

3）低扭矩紧固件。

• 六角形内卡口、六角形外卡口或复合卡头（六角形或直缝内卡口和六角形外卡口）的紧固件应使用在所要求的扭矩小于14 N·m（10 ft－lb）的地方；

• 内卡口紧固件应仅用于需要平的或凸起的光滑平面的地方；

• 应避免使用直卡口或梅花型卡口的内紧固件。

4）精确扭矩——如有可能，不应要求使用精确扭矩。在要求使用精确扭矩或预加负荷的地方，应使用带有扭矩指示器的紧固件或能与在轨扭力工具配合使用的紧固件。

5）扭矩标签——当需要按规范扭紧紧固件时，应在靠近紧固件的适当位置上贴上说明性标签。

6）旋转圈数——当需要机器螺丝或螺栓时，其转动圈数和扭矩大小不要大于所能给出的力。

7）紧固件帽的长度——紧固件帽的长度应尽量短，以免挂住衣服或设备。

8）左手螺纹——除非系统要求，不应使用左手螺纹，用标记、形状、颜色等标明左手螺栓和螺母。

9）锁定机构——螺纹紧固件应加上能使其锁定的机构，使其不使用工具不会松开。

10）手动工具操作——所有用电动工具安装的紧固件，应该可以用手动工具拧下来。

11）工具操作的紧固件的帽型——除了考虑通用工具操作的紧固件，选择舱内活动中使用特殊工具的紧固件的考虑如下：

• 直接暴露在乘员面前的紧固件的帽应无毛刺、毛边和尖角，加保护盖，或与周围表面平齐。

9.11.3 包装

如消耗品、备件和实验样本等硬件和设备可以要求通过非存储系统提供保护措施。任何附加的包装需要设计为与存储系统、垃圾系统和库存管理系统一致。

9.11.3.1 包装设计

包装设计应遵循以下指导原则。

• 尺寸——包装尺寸取决于内容物的使用率、取出是否方便以及处理包装所用设备的尺寸。

• 包装限制——在微重力下，使用过程中，任何包装需要暂时存放的地点都必须提供把包装束缚或固定的方法。

• 打开和关闭——包装设计应适应有打开和关闭需要的任务（如果需要重复使用）。考虑到这些任务执行的情况：手部裸露或戴手套，紧急情况或正常操作，有光线或黑暗的条件。

• 打开和关闭的风险——在正常使用情况下，应选择拉环、盖子和其他容易打开的包装，以避免乘员受伤。

• 包装辨识——从外包装就可识别包装内的容纳物。要求加上标签，如果可能的话，包装内的容纳物应该是可见的。当包装在存储位置时，标签必须是可见的。对于“分化”

包装，容纳物的多少在不打开包装的情况下应该是可辨识的。在微重力下，包装质量不能用于判断容纳物的多少。

• 包装的处理和再利用——包装设计者应该考虑当容纳物从包装中取走时会产生的问题。一次性使用的包装应减到最少。可再利用的包装应该是耐用的，可经受住重复打开和关闭的行为。国际空间站随船使用的装小物品的尼龙包容易被撕裂，俄罗斯提供的相同用途的包装似乎更结实些（OpsHab，2008）。

9.11.4　研究需求

保留。

9.12　安全风险

9.12.1　引言

设计正常操作的、可维护和维修的硬件时，乘组的安全是关键要素。本节讨论由于系统硬件和设备可能对乘员产生的潜在风险，包括机械、热、电击和火灾风险等。

9.12.2　机械风险

9.12.2.1　锋利的边缘

为预防乘员受伤和应被保护设备的损坏，乘员能接触到的设备的角和边应当设计为圆形，其详细要求见表 9.12-1。设备锋利的边缘会造成乘员潜在的伤害，同样也会损坏设备，比如航天服。圆形的角和边可防止人员受到伤害及应被保护设备受到损坏。

具有锋利边缘的产品，比如剪刀、针和剃刀，由于功能的需要，其限值必然超过表 9.12-1 的值。但应提供一些保护乘员的方式，比如必须提供盖子和合适的存储位置。保护方式的使用应由各自的需要来决定。

多次操作会使用到的系统的角和边，比如在维护期间，可能超过表 9.12-1 给出的限值，但这些角和边必须为至少 0.01 in 的圆角。

表 9.12-1　角和边

材料厚度，t	最小圆角半径	最小边半径	图例
$t>25$ mm ($t>1$ in)	13 mm (0.5 in (球形)	3.0 mm (0.120 in)	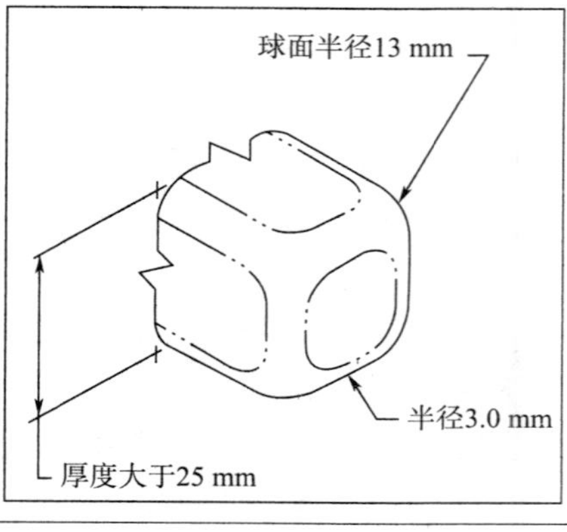

续表

材料厚度，t	最小圆角半径	最小边半径	图例
6.5 mm<t<25 mm (0.25 in<t<1 in)	13 mm (0.5 in)	3.0 mm (0.125 in)	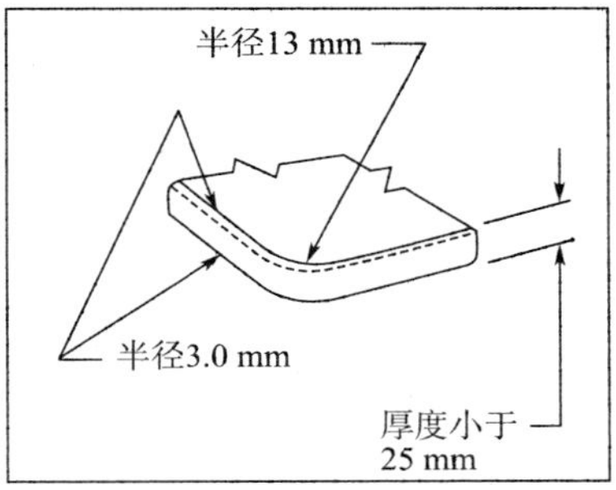
3.0 mm<t<6.5 mm (0.125 in<t<0.25 in)	6.5 mm (0.26 in)	1.5 mm (0.06 in)	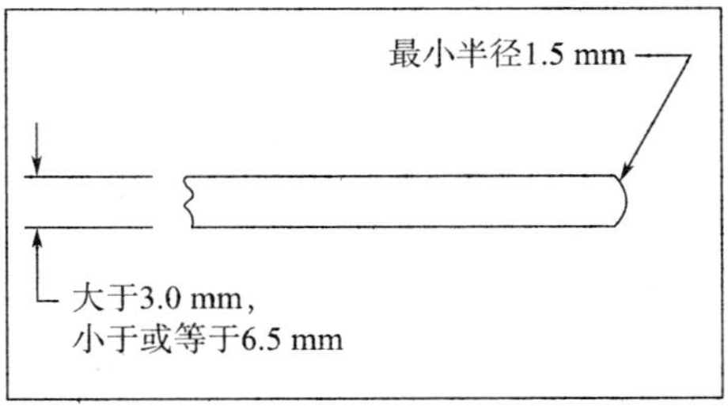
0.5 mm<t<3.0 mm (0.02 in<t<0.125 in)	6.5 mm (0.26 in)	整个半径	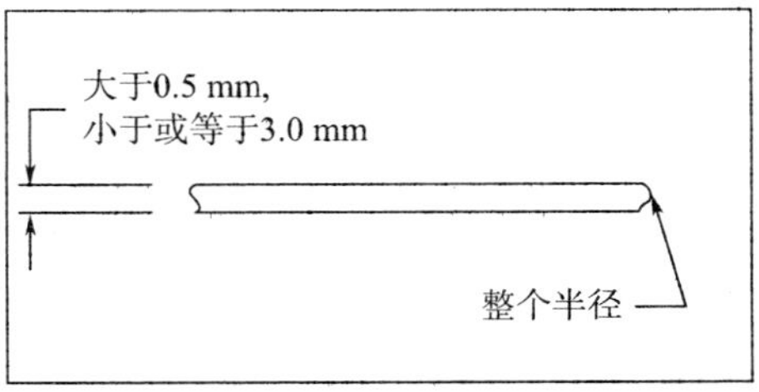
t<0.5 mm (t<0.02 in)	6.5 mm (0.26 in)	包边、卷曲或覆盖达3.0 mm (0.120 in.)	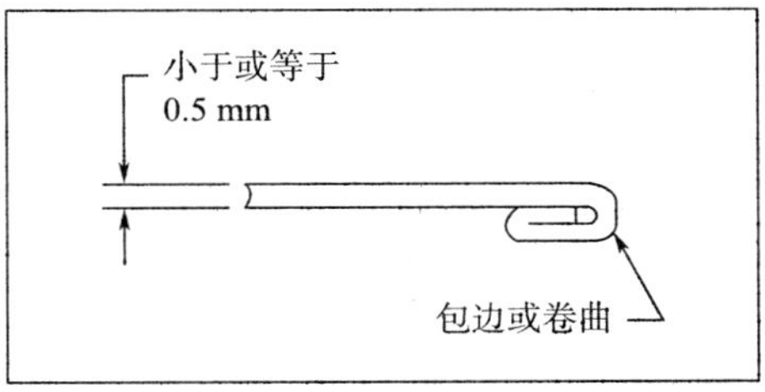

9.12.2.2 活套设备

活套设备的角和边必须是圆形的，半径不少于表 9.12－2 中给定的数值。这些变得松散的设备在飞行中可能会成为弹射体。在设备给定角/边半径的情况下，质量越大的物体，危害就越大。因此，设备的质量越大，其角和边的半径就越大。

表 9.12-2 活套设备的角和边

设备质量		最小边的半径，mm/in	最小角的半径，mm/in
最低 kg 数（lb）	最高 kg 数（lb）		
0.0（0.0）	0.25（0.6）	0.3（0.01）	0.5（0.02）
0.25（0.6）	0.5（1.1）	0.8（0.03）	1.5（0.06）
0.5（1.1）	3.0（6.6）	1.5（0.06）	3.5（0.14）
3.0（6.6）	15.0（33.1）	3.5（0.14）	7.0（0.3）
15.0（33.1）	—	3.5（0.14）	13.0（0.5）

9.12.2.3 夹住

为了确保穿航天服和不穿航天服的乘员的手指不被系统和设备夹住，居住舱内系统和设备上没有盖子的圆孔或长孔的直径必须小于 1.02 cm（0.4 in）或大于 3.56 cm（1.4 in）。

9.12.2.4 毛刺

设备暴露部分的表面必须消除毛刺。毛刺在设备的制造阶段就应该处理干净。设备制造阶段就应把设计中无法避免的毛刺处理干净。毛刺可能会引起的损伤包括割伤、刮蹭和织物撕裂等，这些可能产生任务危急的问题。

9.12.2.5 挤压点

挤压点必须被覆盖或采用其他防护方式，避免引起乘员受伤。挤压点可能出现在使用插销、铰链和其他机械装置中。

9.12.3 热风险

当乘员整个身体暴露在极冷或极热的环境下或接触到极热的或极冷的表面时，可能对乘员造成伤害。暴露到极端的温度环境下可能影响体核温度，导致体温过低或体温过高，甚至是死亡。在 6.2 节讨论了热环境下暴露的有关内容。然而，冷表面或热表面可能存在安全风险，因为存在身体可能无意接触到它们的风险，任何一种类型的表面都可能危害到皮肤。由于物体对温度的感觉依赖于其接触到的材料的类型和在一些情况下人对伤害的感知，不可能提供人对所有材料可接受的特殊温度的范围。材料给定的热属性和暴露接触的时间应该作为考虑要素。

9.12.3.1 高温

乘员裸露皮肤接触的任何表面都不能超过人表皮/真皮界面温度的疼痛限值 44 ℃。通过 Greene 等人（1958）对人可忍受的热量疼痛的研究显示，皮肤温度的疼痛限值可达到 43.7 ℃。Lloyd - Smith 和 Mendelssohn（1948）发现疼痛限值是 44.6 ℃。Defrin 等人（2006）通过调查身体的热疼痛限值，发现最低的耐受温度在胸部，为 42 ℃，最高耐受温度在脚部（44.5 ℃）和手部（43.8 ℃）。Moritz 和 Henriques（1947）发现：

1）持续暴露 6 h 后，表皮发生重大危险的最低温度是 44 ℃；

2）当接触温度增加到 44 ℃以上时，温度每增加 1 ℃，受到危险的时间缩短大约 50%，直到 51 ℃以上；

3）接触压力的增加不足以提高热伤害的风险；

4）皮肤接触温度超过 70 ℃，不到 1 s 会引起整个表皮细胞的死亡。

需要强调的是，这些温度是指皮肤的表面温度而不是皮肤接触物体的温度。较高的表面温度可能没有足够的热量传递使皮肤的温度增加到相同的温度，其依赖于材料的属性。

Stoll 等人（1979）对高温下裸露皮肤与材料接触可忍受的疼痛的研究显示：接触时间范围为 1～5 s，疼痛限值可能符合下列方程式得出的曲线描述

$$T_{\circ}=YI[(k\rho c)_{\circ}^{-1/2}+31.5]+41$$

其中

$$YI=\text{antilog}[YII(a1)+\log YIII]=1.094(t)-0.184$$

$$YIII=0.490(t)-0.412$$

式中　$T_{\circ}$——对象温度，℃；

$(k\rho c)_{\circ}$——接触材料的热惯量，$cal^2/cm^4\cdot(℃)^2\cdot s$；

k——热传递系数；

ρ——密度；

c——比热；

$a1$——表皮厚度，mm（平均为 0.25 mm）；

t——暴露时间，s（暴露时间被限制为 1～5 s）。

对于接触时间超过 5 s 的情况，Hattan 和 Halfdanarson（1982）发现一种半无穷模型与 Stoll 的数据相关性很好，Stoll 的数据采用的接触导热系数是1 000 W/m^2K。用对象温度的接触导热率对一元半无限模型求解得到对象温度，假设最初皮肤温度为 32.5 ℃，表皮厚度为 0.25 mm，皮肤热惯量的倒数平方根是27.96 cal^2/cm^4℃s，皮肤导热系数是 0.54 W/（m·K），最大真皮/表皮温度是 44 ℃，以下给出超过 5 s 的接触持续时间的等式和常数。该方法仅对厚的、单一材料有效。解决多层材料接合处的问题可能需要使用热量模型。

对于皮肤接触时间大于 5 s 时

$$T_{PM}=\frac{a}{(\sqrt{k\rho c_p})_{object}}+b$$

式中　T_{PM}——对象容许材料的温度，℃；

$(k\rho c)_{object}$——对象热惯量，$cal^2/(cm^4℃^2s)$；

a，b——方程式常数。

可允许的热温度计算和验证，应考虑与对象的接触是偶然的（无意识的）还是有意的（有计划的）。最少 10 s 的接触时间适用于有意接触时 T_{PM}的计算。在计划表面操作接触时间超过 10 s 的地方，时间的增量会达到 30 s、60 s，甚至无限时间。由于接触时间是确立容许材料温度的一个因素，所以如果有可能超过预计的接触时间，则需要考虑以下几点：

• 计算 T_{PM}使用更长或无限的接触时间，尤其是由于对象意外离开后会导致不良结果时；

• 通过操作控制器通知乘员接触的时间限值，该控制器与操作团队协同合作。

在特殊温度下，对于给定的材料，计算可允许的接触时间是不提倡的。在正常运转状态下，对于乘员来说，执行任务时精确地记录多变的接触时间是不现实的。

T_{PM}的等式假设对象材料是同种均质的。如果该对象是不同材料的绞合处（即图层面板组成的），可使用材料的热物理性和热惯量倒数的最小值来计算 T_{PM}。或者，在一定意义上，T_{PM}也许能够通过绞合处材料的热物理性（这是造成皮肤温度变化的最大根源），或者使用热量模型计算得到。图 9.12-1 阐明了偶然和有意（有计划的）的接触时间和 4 种常见材料的热 T_{PM}。

（1）对于偶然接触，接触时间 $t \leqslant 1$ s 时

$$T_{PM} = a \cdot (k\rho c)^{-1/2} + b$$

其中

$$a = 0.92$$
$$b = 69.97$$

式中　$(k\rho c)^{-1/2}$——材料的热惯量倒数，$(cm^2 \cdot ℃ \cdot s^{1/2})/cal$（样本值在表 9.12-3 中找）。

（2）对于偶然接触，规定有计划的任何时长的皮肤接触时

$$T_{PM} = a \cdot (k\rho c)^{-1/2} + b$$

式中　$(k\rho c)^{-1/2}$——材料的热惯量倒数，$(cm^2 \cdot ℃ \cdot s^{1/2})/cal$（样本值在表 9.12-3 中找）；

a，b——表 9.12-4 中的常量。

表 9.12-3　材料通用的热惯性常数倒数

材料	热惯量倒数，$(k\rho c)^{-1/2}$ [$(cm^2 \cdot ℃ \cdot s^{1/2})$ /cal]
铝（6061T-6）	2.2
316 不锈钢	5.9
玻璃	28.8
聚四氟乙烯	57.5
尼龙吊钩搭扣	586（有效）
k=导热系数，ρ=密度，c=比热	

材料的有效热惯量（比如尼龙）不是一直固定的，需要使用材料热惯量除以与部分材料相对于与空气接触的皮肤的估值保守地进行计算。例如，尼龙 66 产生的 $k\rho c$ 是 0.000 266 cal^2/[cm^4 · $(℃)^2$ · s]，但吊钩材料的一部分是 1.09%。因此，尼龙勾的 $k\rho c$ 值是 2.9×10^{-6} cal^2/[cm^4 · $(℃)^2$ · s]。

表 9.12-4　有意接触的热度常量

接触时间/s	a	b
10	0.48	50.07
30	0.46	46.61
60	0.45	45.90
∞	0.42	44.87

注：当计算有意接触的 T_{PM}时，酌情使用计划接触时间达 10 s、30 s、60 s 或无限时长的常量。

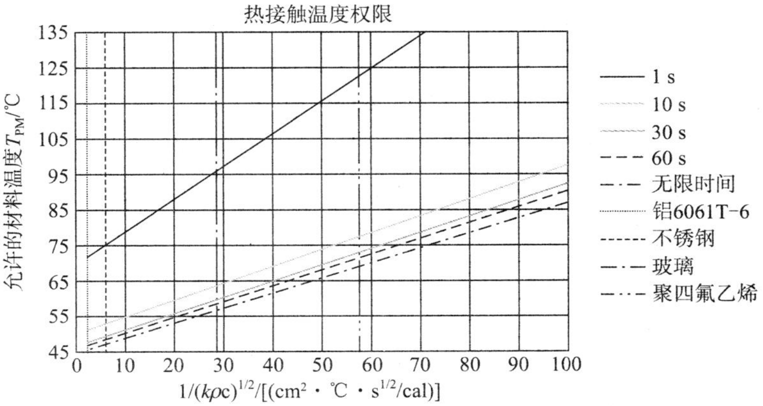

图 9.12-1 偶然和有意（有计划的）接触的热 T_{PM}（见彩插）

对于热而薄的同种均质材料，热量模型能更准确地计算出可允许接触的温度。其将超过上述使用的计算方法计算出的结果。如果使用热量模型开展验证，则使用 Hattan 和 Halfdanarson（1982）的方法。换句话说，它必须满足下列要求。

1）使用一维空间的半无穷大的皮肤模型：

- 导热指数为 0.54 W/m · K；
- 热扩散系数为 1.3×10^{-7} m²/s（与导热性系统相结合，获得一个热惯量为 27.96 cal²/cm⁴ · ℃ · s的例数平方根）；
- 如果要求（当输入时，模型软件可能需要皮肤的密度和热容量——如果这种状态下，使用该密度和热扩散率值计算特殊热量）密度为 1 200 kg/m³，精确的密度值（特殊热量）不影响结果；
- 表皮厚度为 0.25 mm。

2）接触导率是 1 000 W/m²K。

3）物体的一维空间有限模型使用属性和厚度合适的材料。

9.12.3.2 低温

研究显示当手指皮肤温度下降时，由于与冷的物体接触（小于 2 min），发生下列情况（Geng et al.，2006）。

手指皮肤温度	影响
15 ℃	疼痛
7 ℃	麻木
0 ℃	冻伤的危险

接触力对预测温度的能力影响并不大。

相对危险值、疼痛极限值应使用在：1）预防皮肤危险；2）防止受惊吓的疼痛的反应（例如手快速拔出），可能引起的伤害。另外，保留上述使手指麻木的限值很重要，因为麻木可能会隐藏皮肤的损伤。

在文献中冷接触温度的数据非常少。Geng 等人（2006）开发了一些用于建立 ISO 13732－3 的数据：《热环境的人体工程学——人与接触表面反应的评估方法，第 3 部分：冷表面》。然而，这仅仅是时间曲线和特殊材料铝、不锈钢、尼龙、石头和木头可允许的温度。取而代之的是，这些数据用于形成普通的冷接触温度曲线（等式和常量的结果），以提供给任何一种允许尼龙在 0 ℃的接触时间无限的材料（Geng et al.，2006），以及在 15 ℃使用无限热导系数的材料。这些方法仅仅对厚的、单一材料有效。涉及到多层材料（接合处）的问题可能要求使用热量模型。

对于 NASA 冷接触温度标准来说，通过使用航天服手套热性能的人体试验，其结果决定可接受的皮肤温度限值为 10 ℃。正常健康皮肤的项目试验表明，外部测量手部皮肤为 10 ℃（50 ℉）时是可以忍受的（JSC 39116，《EMU Phase VI 手套热真空试验及分析最终报告》），所以 10 ℃一直被当做皮肤温度的限值。当需要避免麻木的风险时，该限值会最大化可允许的材料温度包络。

可允许的冷温度的计算和验证，应考虑与对象的接触是偶然的（无意识的）还是有意的（有计划的）。最少 10 s 的接触时间适用于有意接触时 T_{PM} 的计算。在表面操作的接触时间计划超过 10 s 的地方，时间增量可达 30 s、60 s，甚至无限时长。由于接触时间是建立容许材料温度的一个因素，所以如果有可能超过预计的接触时间，则需要考虑以下几点：

- 计算 T_{PM} 使用更长或无限的接触时间，尤其是由于对象意外脱开会导致不良结果时；
- 通过操作控制器通知乘员接触时间的限值，该控制器与操作团队协同合作。

在特殊温度下，对于给定的材料，计算可允许的接触时间是不提倡的。在正常运转状态下，对于乘员来说，执行任务时精确地记录多变的接触时间是不现实的。

T_{PM} 的等式表明对象材料是同种均质的。如果该对象是不同材料的绞合处（即图层面板组成的），可使用材料的热物理性和热惯量倒数的最小值来计算 T_{PM}。或者，在一定意义上，T_{PM} 也许能够通过绞合处材料的热物理性（这是造成皮肤温度变化的最大根源），或者使用热量模型计算得到。图 9.12－2 阐明了偶然和有意（有计划的）的接触时间和 4 种常见材料的冷 T_{PM}。

（1）对于偶然接触，接触时间 $t \leqslant 1$ s 时

$$T_{PM} = a \cdot (k\rho c)^{-1/2} + b$$

式中 $(k\rho c)^{-1/2}$ ——材料的热惯量倒数，(cm^2 · ℃ · sec$^{1/2}$)/cal(样本值在表 9.12－3 中找)；

a，b——表 9.12－5 中对应的常量。

（2）对于偶然接触，有计划的任何时长的皮肤接触时

$$T_{PM} = a \cdot (k\rho c)^{-1/2} + b$$

式中 $(k\rho c)^{-1/2}$ ——材料的热惯量倒数，(cm^2 · ℃ · s$^{1/2}$)/cal(样本值在表 9.12－3 找)；

a，b——表 9.12－6 中对应的常量。

表 9.12－5　非故意接触的冷温度常量

时间/s	$(k\rho c)^{-1/2}$	a	b
1	≤43.5	－1.16	0
	＞43.5	－0.88	－12.29

表 9.12－6　有意接触的冷度常量

时间/s	a	b
10	－0.71	4.78
30	－0.62	9.51
60	－0.53	10.00
∞	－0.37	10.00

注：当计算有意接触的 T_{PM}时，酌情使用计划接触时间达 10 s、30 s、60 s 或无限时长的常量。

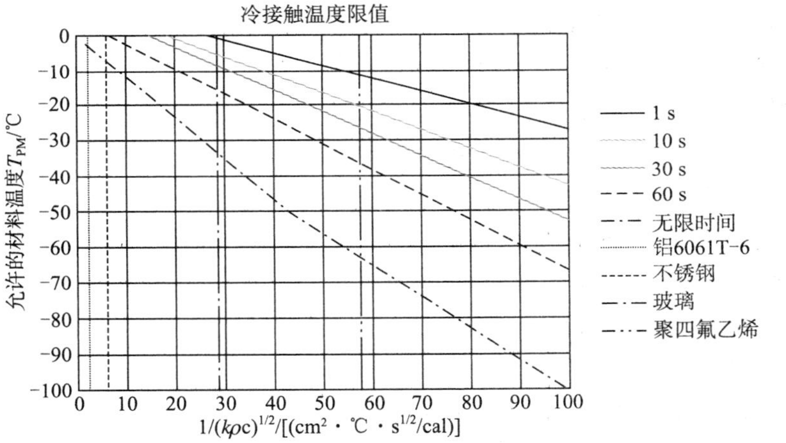

图 9.12－2　偶然和有意（有计划的）接触的冷 T_{PM}（见彩插）

9.12.4　触电风险

电流通过人体后出现的有害生理结果包括呼吸停止、心脏的心室颤动、电烧伤、瘫痪，甚至死亡。

国际电工委员会（IEC）是国际标准化的主要机构。IEC 60479 由 5 部分文件组成——3 个技术规范和 2 个技术报告。NASA－STD－3001 引用的文件（IEC 60479－5《技术报告：电流对人类和牲畜的影响——第 5 部分：接触电压限值的生理效应》）不是标准文件，是为建立安全标准提供指南的技术报告。

IEC TR 60479－5 规定的电压限值范围基于电流范围（见 IEC TR 60479－5 表 1），在 IEC TS 60479－1，《技术规范：电流对人和牲畜的影响》中有详细说明。尽管在用电安全标准中一般使用电流，但是相对于微安，电压通常是更容易测量的参数，因为不需要特殊设备。这也允许设计者根据传导表面的电压程度是否独立存在来确定风险状况。

IEC TR 60479－5 的电压限值显示组与组之间有相当大的变化和重叠。例如，惊吓反应可能发生在直流电压为 1～78 V 的范围，主要取决于状态的不同（见 IEC TR 60479－5 表 2d）。然而，NASA 习惯上认为 32V 的输出电压（VRMS）是灾难性风险的临界值。所以，这与以前 NASA 的看法是一致的，9.3.2.3 条款［V2 9019］规定最大暴露电压为 32 V RMS。

9.3.2.3 条款和 9.3.2.4 条款的要求是通用要求，这些要求应用于所有用电设备，而不考虑它们预期的用途。9.3.2.5 条款的漏电要求仅仅用于预想中与人体直接接触的设备，包括用于医学、锻炼、试验/研究以及其他人类飞行的设备设计中。

9.12.4.1 减少电击风险方法

预防暴露危险电压和电流电击主要通过以下方式完成。

（1）控制身体进入

- 屏障/面板。

（2）电气设计

- 通过合适的连接提供低电阻（＜0.1 Ω）接地回路。
- 核查暴露在设备表面的绝缘电压源（＞1 Ω）的情况。
- 使用保险丝/电路断路器中断电流。
- 使用安全（绿色）电线为回路电流提供冗余电路。
- 使用合适的连接器（见 9.6 节）。
- 确保电缆上没有“漂浮”连接器。

（3）操作控制

- 通过程序消除或约束电压源。
- 提供警示标志。
- 操作和维护时使用合适的工具和个人防护装备。

即使再好的设计，电流也会在人接触设备时通过身体。这种电流被称为漏电电流，必须将其控制在低水平。在分析期间，需考虑到设备内部缺陷是如何影响暴露在表面的电压值的。也需考虑设备应怎样使用（操作环境）：使用现场有液体么，当使用设备时操作者可能处于怎样的压力下（或出汗），在使用期间还可能有哪些其他设备围绕着操作者。与项目安全代表合作评估所有疑似风险的情况，确定能被接受的最糟糕事件的影响（比如惊吓反应或强烈的肌肉反应），以及降低风险需要的控制数量是非常重要的。

在项目文件中，阐明关于底座漏电需要什么是非常重要的。星座计划将底座漏电解释为适用于暴露到传导表面的便携式设备和固定设备，而不是直接与传导结构连接的底座。换句话说，没有连接的硬件类似于便携式设备，但是它安装困难。会发生当设备必须安装时［比如，组合的几个盒子（非便携）］，没有可用的传导表面（比如，安装的是非导电合成结构）的情况。

9.12.4.2 电击影响

身体接触到电压源时，人体对电流的反应与以下几个因素有关：电压量级、接触时间、电压频率、身体阻抗，以及电流路径。低电压的响应程度是：从轻微的刺激感到心脏心室颤动，甚至呼吸停止，如表 9.12－7 中的反应。另外，较高的电压和电流可能导致产生由热创伤和电穿孔引起的烧伤。

除了主要的生理影响，可能发生直接的电风险，比如短路电弧引起的火灾、金属熔化和炫目的闪光。无意识的肌肉收缩可能使操作者触及相邻的设备，这也有可能造成伤害。尽管惊吓反应通常发生在低于生理效应电流值时，风险的危急程度很大程度上取决于当时的情况。例如，如果处于舱外活动中的乘组人员感觉到他或她正被电击，结果可能是剧烈的反应而危害到任务。设计时必须防止这些直接风险的产生，或万一发生时对乘组人员进行保护。

表 9.12－7 电击生理效应（60 Hz）

	影响				
电流等级/mA(rms)	感觉	肌肉反应	心脏反应	热效应	电穿孔(EP)
1～10	感知 不适 疼痛 无法忍受的疼痛	颤动			
10～100		握破伤风 呼吸干扰 呼吸性破伤风		$\Delta T=1$ ℃	可逆的
100～1 000			应激反应 肌纤维颤动		
＞1 000			心脏除颤	$\Delta T=45\sim70$ ℃	不可逆的

注：表格来源：《生物电应用》，J. Patrick Reilly。

IEC 60479－5 仅限用于直流电流或 50/60 Hz 的交流电流。电流对身体电击的风险与电流频率成函数关系变化。通常，如果所有其他因素相同，频率低于 10 Hz 和高于 100 Hz 时，无意识的肌肉刺激、身体失去行动的能力和心室纤维性颤动风险会降低。因此，使用 50/60 Hz 开发的分析数值可能被认为是针对最糟糕状况进行的分析，至少对正弦波是这样的。

当频率增加时，从肌肉刺激效应到组织热效应（烧伤）的生理效应都会发生变化。当频率增加超过 10 Hz，与组织热量和辐射效应相关的风险出现。辐射风险在 NASA－STD－3001，卷 2 的 6.8 节有所涉及。

9.12.4.3 用电安全分析中如何使用 IEC TR 60479－5 的示例

（1）示例 1

针对一个项目，开发收集试验数据的设备。设备将使用 USB 连接器使数据传输到笔记本电脑。当 USB 连接时设备可能会充电。通常 USB 在 5 VDC 下工作，且通过 USB 而受到电击的报告很少，因此其风险最低。其也能通过 IEC TR 60479－5 中的表格快速被验证。如 IEC TR 60479－5 中的表 2d 和 2e 所示，很明显，对于小的接触区域（1 cm^2）和手到座位的通路（最糟糕情况），可能产生的最低电压甚至产生惊吓反应的电压是 6 VDC。

也应假定乘员出汗严重（湿盐水），以及在接触地面 10 s 或更长时间情况下，试图接触 USB 的连接插脚。

实际上，尽管 USB 标准允许的最大电流是 500～900 mA，在限值电流低于 2 mA［惊吓反应的直流（DC）临界值］的状况下身体可提供充分的阻抗。然而，仍然应该对设计进行评估，确保故障情况下不会在连接器上产生较高的电压。

（2）示例 2

由于航天器的充电效应，相对于周围等离子区国际空间站桁架结构可能有很大的电势。假设舱外活动装备组件可能会接触到国际空间站上相对电势为 15 V 的某点。当乘员接触时，可以发现舱外活动装备会有一个电流通路，在乘员的躯干部位产生 20 mA、6 ms 的秒脉冲电流。假定接触面积大约为 10 cm^2，这也被认为是一种风险么？根据 IEC TR 60479－5 的图 4，我们假设脉冲为持续 6 mA 的直流电，皮肤为湿盐水状态，这是最糟糕的假设，因为由于出汗身体产生阻抗的实际值处于湿水和盐水之间。10 cm^2 的接触面积接近 12.5 cm^2，这样我们可使用 IEC TR60479－5 的图 15 来确定允许的最大时间间隔。由于脉冲通过躯干产生（0.02×50）＝1 V 的脉冲值，可以估算身体内部阻抗大约为50 ohms。

在这样的情况下，由于乘员在舱外活动装备中，惊吓反应可能被认为是一个灾难性的风险。从 IEC TR60479－5 图 15 中可以看出，不管这种刺激持续多长时间，出现惊吓反应的电压值大约为 2 V。由于脉冲值仅为 1 V，因此不能认定为风险。

（3）示例 3

便携式设备带有一个 28 VDC 的电源。分析发现，在没有接地的设备的暴露部分，组件发生故障的情况下会产生 28 V 的电势。如果发生故障，在什么情况下能一直安全操作设备呢？

如果操作期间惊吓反应发生，那么依据 IEC TR 60479－5 的表 2d，无论是在皮肤干燥还是湿的情况下，小的接触区域（1 cm^2——大约是指尖的尺寸）是唯一可接受的条件。

我们假设惊吓反应不作为该设备的风险情况，但强烈的肌肉反应会是风险。根据 IEC TR 60479－5 表 2e，从安全角度讲，任何限值低于 28 VDC 的状况下都是不可接受的。小的接触面积有最小的风险。对于较大的接触面积，必须提供额外的绝缘或隔离。

强烈的肌肉反应		长时间直流接触电压限值								
		湿盐水			湿水			干燥		
电流限值	mA	大的接触面积	中间值	小的接触面积	大的接触面积	中间值	小的接触面积	大的接触面积	中间值	小的接触面积
手到手	25	24	44	112	29	81	156	43	89	156
双手到双脚	25	13	23	63	16	51	133	26	67	133
手到座位	25	12	22	56	15	41	78	21	45	78

表 2e 来自 IEC TR 60479－5；

注：表 2a～2f 代表长期暴露（＞10 s）值。电压时间曲线（图 1－22）可用于确定短期暴露的电压限值。根据 IEC TS 60479－1，电压限值基于身体第 5 百分位的阻抗值。给定一个保守的限值，这些阻抗值低于第 95 百分位值。表 A.1 和表 A.2 的身体阻抗近似值代表身体内部的阻抗（也就是说，不包括皮肤阻抗）。

9.12.4.4 人体阻抗评估

在评估潜在电风险时，评估某些情况下人体的阻抗可能是必需的。这依赖于许多不同因素，比如身体位置、接触面积、电流频率以及出现的水分或汗液，这是具有挑战性的工作。图 9.12－3 代表身体不同点的身体内部阻抗模型，该模型是基于 1 100 Ω 的内部手到脚的阻抗。假定所有电流通路不计皮肤阻抗，这样可能提供的是一个最糟糕情况的评估。计算身体阻抗的通用方法在 IEC TR 60479－5 的附录 A 和附录 B 中可以找到。注意这些方法中包括皮肤阻抗，尽管最糟糕的分析通常假定皮肤阻抗为零。

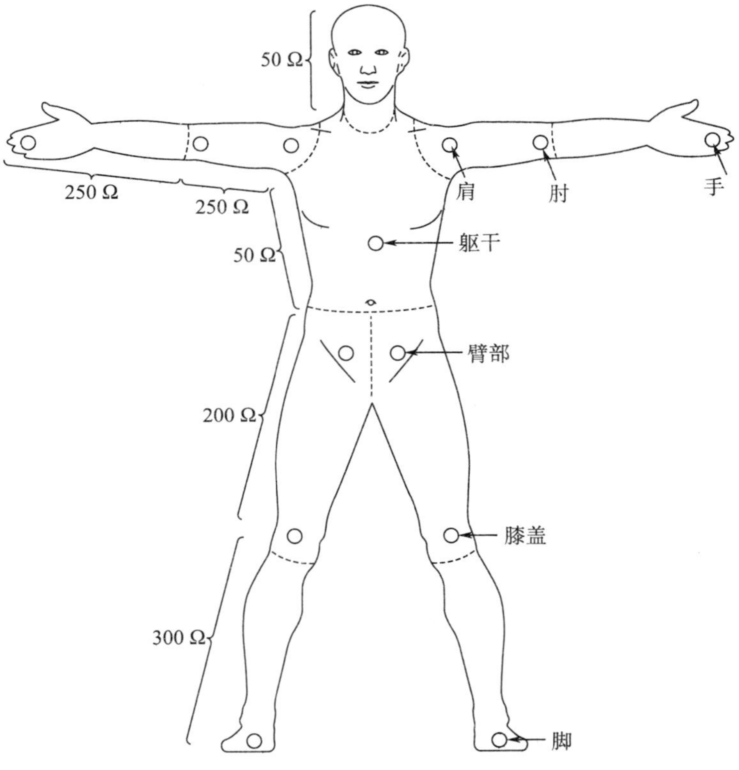

图 9.12－3 身体内部阻抗模型

注：假定皮肤阻抗为 0。内部身体阻抗集中在关节上。

9.12.4.5 测量方法

用标准电压计验证设备暴露部件的电压值未超过已经建立的限值。电压计应给定一个真实的均方根（RMS）读数。对于非正弦曲线波形，应使用电压峰值，而不是均方根值。可以使用下面典型的测量电路测量漏电电流（图 9.12－4）。电路可根据频率自动调整。

在塑料表面测量漏电电流，应在其附近放置一片导电金属薄片。金属薄片测量尺寸，大约应为10 cm×20 cm（代表人手的尺寸），否则要尽可能大。如果用黏合剂固定金属片，则黏合剂应有传导性。可在铜片一侧的应用导电黏合剂。

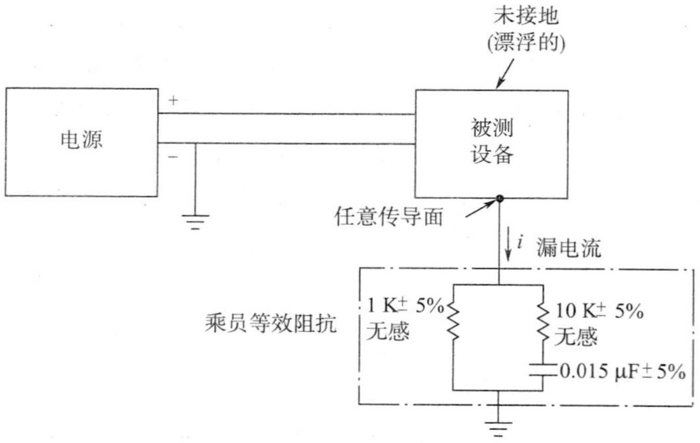

图 9.12－4　典型测量电路

在设备处于开和关的所有可能的操作模式下，进行测量。

9.12.4.6　概念

RMS（均方根）电压——也被称为有效电压。均方根是一个交流电压能级，与相同等级的直流电压产生相同效能。对于正弦电波，比如 50/60Hz，均方根电压等于峰值电压的 0.707 倍。例如，认为 32 VRMS 限值的最大直流值是 32 V，但对于交流电压，最大峰值为 45.2 V。

身体内部与外部接触——第 2 卷的表 16 提供了设计的与人接触的设备的漏电电流限值。这个值主要应用在医学设备，但也可能用于某些类型的锻炼设备和/或研究设备上。这些限值基于设备与人的接触方式。身体内部接触是指正常皮肤阻抗已经被破坏或被短路的情况，其适用于采用电极捕捉信号（刺激或表层）的设备。相比于其他类型的设备，医学设备漏电电流限值更受限。

9.12.5　研究需求

电风险——需要进行更多的研究来改善人体阻抗模型，以及进一步明确生理效应。由 NASA、海军健康研究中心的能源生物效应实验室和其他项目相关专家协同合作，利用计算模型计算出冲击身体内部不同结构的电流密度，得到皮肤接触点的电压。该模型目前仅仅考虑了两条电路，然而，可通过检查内部电流等级的影响对暴露电压进行调整。

9.13　训练设计

9.13.1　引言

该部分讨论在硬件和系统设计中整合训练的注意事项。设计具有优化训练能力的系统，可减少训练所需的时间和降低操作者出错的可能性，出错将会导致生命周期成本的增加和产生更高的风险。

9.13.2 训练设计考虑

所有载人航天器系统要求乘员在飞行前接受训练。为了便于学习并最大化训练效果和效率，需要考虑如下学习原则（Halpern & Hakel，2003）。

• 获得：乘员获得技能所需的时间应降到最少，以适应有限的训练时间。

• 检索：设计和训练应能使用户在适当的环境中，检索和使用所学习到的技能的能力达到最优。

• 保留：从最初训练一直到将来使用，应使技能的保留最大化。

• 转化：在新情况下应使技能转化的能力最大化。地球上的训练和仿真将在 1 *g*、中性浮力或其他环境（包括抛物线飞行和虚拟现实）中进行。训练和仿真的设计，从地球到微重力或部分重力环境的转换中，不得对训练效果有显著的不良影响。另外，事先不可能对于乘员可能遇到的所有状态都进行训练，因此在新的情况下，应使基本技能的转化最优。

如果在系统设计的早期就整合训练考虑，那么这些目标是可以达到的。传统上，直到系统设计完成后，才开始进行训练项目开发，因此训练需要去适应系统。同时，一般假定人有很强的适应力，能适应系统。因此，系统设计时几乎没有任何动机去考虑训练和操作的需要。国际空间站乘员强调，基于技能的训练要比基于任务的训练更重要。

将训练整合进系统设计中的考虑要有下列假设。

• 以人为中心的设计可以使人员适应的需求最小化，明显降低可能产生的错误，因此在训练和程序复杂性方面会有显著的节约。

• 系统设计者不必考虑典型用户人群样本。

• 人因专家通过更好的以人为中心的设计和早期对训练、使用的考虑，为设计团队带来显著价值。

• 复杂的程序、延长的训练以及系统生命周期中更长的长时间任务，错误和补偿设计“节约”的成本要远远大于将可训练性整合进最终设计的成本。

• 训练专家应从开始就参与到设计过程中（这种在新产品设计周期的早期就加入教员，以优化学习的方法，类似于针对测试性问题在设计周期早期加入质量保证专家）。

系统设计时采纳如下考虑时，训练将是最佳的：

• 对预期任务和目标用户进行仔细分析和综合性分析，包括用户现有的知识及其结构。

• 利用目标用户已知的和共同具有的知识结构设计系统（9.13.3.2 节）。

• 设计的系统要便于不同任务间的转化，使不同任务所需的共享通用技能发挥最大价值。

• 系统和子系统的一致性和标准化程度要最大化。

• 仔细考虑易于学习和易于使用之间潜在的平衡。

• 仔细考虑自动化的收益和成本之间潜在的平衡。

• 注意任何直觉的要求，设计选择要基于仔细的研究。

- 仔细考虑相似性和差异性之间潜在的平衡。
- 在系统中考虑开发自适应的元素（对于长期任务特别重要）。
- 考虑整合嵌入式训练功能（对于长期任务特别重要）；如果已经选择，慎重处理。
- 确保团队中有人因专家，使参与到设计程序的每一步。

9.13.3　训练一体化设计方法

9.13.3.1　任务和目标用户分析

应完成对预期任务和用户的仔细分析和综合分析。任务应被分解到与用户认知、身体行为和身体需求相关的步骤中。在任务和界面设计中，应分析和考虑用户已有的知识和技能。另外，仔细分析预期用户，分析其已有的知识、能力和任务是好的设计的先决条件。对凭直觉获取的设计必须要慎重评估。对于具有不同背景和经验，特别是具有不同的国家文化的人来说，一个人的直觉得出什么样的理念是有差异的。对于所经历的时代、个人经验和所处国家的地域不同的人，也存在很明显的差异。

对于设计者，设计可能完全是凭直觉获得的，然而设计者可能不能代表预期用户群体。考虑“凭直觉获得”是超出界面的问题。工程师设计的自动飞行系统使航天器的能量管理达到最优化。能量管理是考虑航天器管理的好方法，但不是所有飞行员都知道这个基本原理（开翱翔机和滑翔机的飞行员经常从能量管理的角度思考，但动力飞行器飞行员通常不进行这种思考方法的训练；民用自动飞行系统由航空公司首次推广到大的重型运输飞行器上使用。）飞行员通常从航天器行为的角度进行思考，而不是从能量管理的角度。对设计工程师与对飞行员来说，直觉是存在差异的，这会成为问题。

基于对用户、他们已有的经验和他们的任务的理解，设计可能是“直觉的”。对于设计者来说，“它的感觉是对的”并不是直觉的，它是仔细分析的结果。

9.13.3.2　用户知识和知识传递

系统的设计应充分利用目标用户的知识及其共同的知识结构。然而，仅仅因为目标用户过去拥有类似系统的经验，不意味着他们就不需要训练。类似系统很可能没有体现最佳的设计，而新的设计做了重要的改进。即使用户已经学会补偿设计不良的系统，但这不是在系统中重复该设计的理由。

对于学习的讨论经常包括知识传递的重要性，通常是在一个领域中使用不同领域学习到的知识。对于航天操作，在地面学习到太空的实际操作是非常关键的转换，特别是在全新的微重力环境下。

当新信息能映射到人们现有的知识体系时，人的学习能力是最好的。此外，人们围绕中心概念来组织他们的知识或比喻。例如，围绕用户目标的相关主题组织计算机功能是非常有帮助的。在文字处理程序中，所有编辑功能被列在“编辑”菜单下，所有格式化功能被列在“格式”菜单下。然而，这样的设计需要仔细地分析任务以及未来使用者以前的知识。

电脑“桌面”的比喻是利用人组织其知识结构的设计实例。早期个人电脑要求用户和界面之间采取非常抽象的思维和形式。苹果机（以及更早的施乐之星）的图像用户界面使用文件夹、文件和垃圾站图标，允许用户将比喻的计算机“桌面”映射到它们的物理工作界面，因此容易学习如何操作这些图标。此外，通过使用计算机鼠标的指向、点击和拖动等功能与界面通信，就不需要当时其他电脑使用的抽象键盘语言。所有这些特点使苹果机容易学习，这是在设计过程之初仔细整合用户学习需求的结果。

9.13.3.3 一致性和标准化

系统和子系统的一致性和标准化应最大化。不同的任务相似性越高，就越容易学习。掌握了首次任务后，尤其如此。所有与首次任务相似的后续任务与不相似的任务相比，学习起来更容易。长期飞行任务中，当最初学习和之后使用学到的技能间隔时间非常长时，这个原则尤其重要。然而，需要注意的是，程序上非常相似但功能不同的任务会导致混淆。正如我们之前提到的，这方面必须达到最佳平衡。在航天飞行系统环境中，理想的相似性体现在一致的界面设计、一致的术语和命名，以及一致的交互形式。比如鼠标，在任何计算机上都是用相同的方法实现所有的功能。跨系统和子系统的标准化和一致性，大大提高了检索能力。此外，标准化和一致性还帮助了最初的知识获取和向其他任务的转移。检索是指一个人在适当的环境中检索和使用已经学习并保留的知识的能力。一致性可强化检索，因为检索记忆的能力也是一种重复功能：一个程序执行的次数越多，越容易被记忆和检索。整个界面的一致性意味着相同的程序多次使用，因此更容易被记忆和检索（相关问题的进一步探讨见 10.2.3 节，10.2.2 节。）

9.13.3.4 相似性与差异性

应仔细考虑相似性和差异性之间潜在的平衡。像之前阐述的，不同任务的相似性越高，越容易学习。程序非常相似但功能不同的任务可能会产生混淆。有时，有意使容易产生危险结果的任务不一致，从而引起用户的注意，不造成混淆。也要考虑非预期的结果，并为其找到一个最佳的平衡。

9.13.3.5 易于学习与易于使用

应考虑易于学习和易于使用之间潜在的平衡。系统易于使用不一定易于学习。易于学习可以认为是掌握技能所需时间最短，易于使用可以看成是完成任务时失败的可能性最小。

计算机界面提供许多示例，以阐述易于学习的设计和易于使用的设计的差异。例如，项目功能不同，可能采用字母顺序排列，这种方式可能是非常易于学习的。然而，如果用户每次使用时都需要屏幕滚动，使用这样的列表就很麻烦。为了使其更易于使用，功能常常按照主题分类。尽管与字母排列方式相比，需要花费长时间学习主干和层次的排列，但使用项目超过一段时间后会发现，最初训练时间的投入可能是非常值得的。

9.13.3.6 自动化

前文已经讨论过，减少人失误最好的方法是提高自动化、减少人为操作。该论据包括几个严重的缺陷。第一，术语“人误”常常聚焦于操作者的错误，但操作者不仅仅是与系统有联系的人。尽管让操作者减少操作从而降低错误是事实，但这仅仅是将人失误的轨迹从操作者转移到了系统的设计者、建造者或维护者。第二，尽管有些时候人的操作是错误源头，但更多的时候，人通过创造性地解决问题，成为系统恢复力的源泉。第三，自动化常常会增加系统的复杂性，增大训练需求，使得异常状态的管理非常困难。手动备份和手动超控选项的要求使自动化成为可疑的设计方案，需要非常审慎地处理，特别是在载人航天操作的飞行硬件和软件上。

9.13.3.7　适应性系统和嵌入式训练

考虑到设计的易用性和易学性之间必要的平衡，最佳系统是能够识别用户的知识水平并能进行相应改变的适应性系统。当前技术不能让硬件实现此能力，但软件驱动界面已能够实现。新的重新组合硬件的理念（举例来说，列别捷夫（Lebedev）艺术工作室的最大化的键盘）最接近适应性系统，但是还不够完善。

嵌入式训练是指不妨碍当前操作并能用于训练的操作系统。例如，飞机可设计成在飞行时能用作模拟器。

对于长期航天任务，嵌入式训练非常有用。当训练和操作之间的保留间隔太长而不能维持必要的熟练性的时候，这样的机会尤其重要，比如火星任务。

在早期的设计过程中，应进行嵌入式训练的可能性评估和评定。然而，设计嵌入式训练要极其小心，并使用多层次的防御措施以防止疏忽及没有启动训练模式而激活真实系统。嵌入式训练可以利用现有软件和硬件的优势，并超越它用于训练。如果进行冗余设计，嵌入式训练系统可以利用冗余回路和子系统的优势执行训练。当这些方法可能产生额外的成本时，需要权衡使用另外的方法开展训练的成本及错误潜在的长期影响。

9.13.3.8　性能支持系统

在设计阶段值得考虑的另一种形式的训练系统是“越过你的肩膀看问题”的性能支持系统。这种类型的系统包括相关领域的任务模型和程序，在系统规范和设计阶段获取并建立该模型。当用户执行任务和行动时，性能支持系统监视性能并与模型进行比较。这样的系统可以认为是嵌入式训练的一个类型，但它不是实际的操作训练，也不是仿真，但相当于实时的检测和修正，或者至少是限制：根据模型决定做什么样的操作和什么是可用或允许用的。

9.13.3.9　最佳的训练

为衡量最佳的训练而确定一个度量标准是极其困难的。最佳训练是指容易在最短的时间内以最小的代价产生完美的技能并保持最长的记忆。然而，以下四个关键的参数建立了一套非常复杂的折中方式：

- 技能水平；
- 记忆力时间长短；
- 训练时间；
- 成本。

对一个项目来说，制定训练预算和规划优先水平时，应对技能水平和记忆时间应进行折中。考虑到复训、及时训练和飞行实践、可以弥补早期在技能水平和保持时间的折中非常重要。特别是，如果设计是标准化的并且在不同任务和子系统中都是一致的，则操作这样的子系统可以发挥其他子系统的复训或实践功能。

9.13.4　研究需求

保留。

参考文献

[1] AFSC DH 1 - 3. (1972). Human Factors Engineering. Air Force Systems Command, Wright - Patterson AFB, OH.

[2] CPSC- C - 79 - 1034. (May 1981 - revised October 1982) Development of Test Equipment and Methods for Measuring Potentially Lethal and Otherwise Damaging Current Levels. Underwriters Laboratory under contract to the U. S. Consumer Product Safety Commission.

[3] Defrin, R. , Shachal - Shiffer, M. , Hadgadg, M. & Peretz. H. (2006) A quantitative somatosensory testing of warm and heat - pain thresholds: The effect of body region and measurement method. Clinical Journal of Pain, 22, 130 - 136.

[4] GIAG- 3 Technical Panel Instructions, Aug. 1986.

[5] Geng, Q. , Holmer, L. , Hartog, D. E. A. , et al. (2006). Temperature limit values for touching cold surfaces with the fingertip. The Annals of Occupational Hygiene. 50, 851 - 862.

[6] Greene, L. C. , Alden, J. C. & Hardy, J. D. (1958). Adaptation to Pain. Federation Proceedings. 17, 60 (1).

[7] Halpern, D. & Hakel, M. D. (2003). Applying the science of learning: to the university and beyond - Teaching for long term retention and transfer. Retrieved from the University of Memphis Web site: http://www. psyc. memphis. edu/learning/phaseone. shtml.

[8] Hatton, A. P. & Halfdanarson, H. (1982). Role of Contact Resistance in Skin Burns. J. Biomedical Engineering, Vol. 4, pp. 97 - 102.

[9] IEC 60601 - 1. (2005). Medical Electrical Equipment - Part 1: General Requirements for Basic Safety and Essential Performance, 3rd edition. International Electrotechnical Commission(IEC).

[10] IEC 60990. (1999). Methods of Measurement of Touch Current and Protective Conductor Current, 2nd edition. International Electrotechnical Commission(IEC).

[11] IEC/TS 61201. (2007). Technical Specification: Use of Conventional Touch Voltage Limits - Application Guide, Edition 2. 0. International Electrotechnical Commission(IEC).

[12] Jiang, S. C. , Ma, N. , Li H. J. , & Zhang, X. X. (2002). Effects of thermal properties and geometrical dimensions on skin burn injuries. Burns, 28(8), 713 - 717.

[13] JSC- 12770. (1985). Shuttle Flight Operations Manual. Houston, TX. NASA JSC.

[14] JSC- 18702. (1985). Flight Data File, Spacelab, In - Flight Maintenance(IFM) Checklist Mission Operations Directorate. Houston, TX. NASA Johnson Space Center.

[15] JSC 28533. (2000). International Space Station Catalogue of IVA Government Furnished Equipment Flight Crew Equipment. NASA Johnson Space Center.

[16] JSC 39116. (1998). EMU Phase VI Glove Thermal Vacuum Test and Analysis Final Report, Doc. # CTSD - SS - 1621, NASA Johnson Space Center.

[17] Lloyd- Smith, D. L. & Mendelssohn, K. (1948). Tolerance limits to radiant heat. British Medical Jour-

nal, p. 975.

[18] MA2-99-142. (October 12, 1999). Memorandum: On-Orbit Bonding and Grounding. Johnson Space Center.

[19] MA2-99-170. (February 11, 2000). Memorandum: Crew Mating/Demating of Powered Connectors. Johnson Space Center.

[20] MIL-HDBK-759A. (1981). Human Factors Engineering Design Guidelines, U. S. Army Human Engineering Lab. Department of Defense.

[21] MIL-STD-1472F. (1999). Human Engineering. Department of Defense.

[22] Moritz, A. R. & Henriques, F. C. (1947). Studies in Thermal Injury II. The Relative Importance of Time and Air Surface Temperatures in the Causation of Cutaneous Burns. Am J Pathol, 23, 695-720.

[23] MSFC-STD-512. (1974). Standard Man/System Design Criteria for Manned Orbiting Payloads, NASA-Marshall Space Flight Center.

[24] MSFC-STD-512A. Stokes, J. W. (1976). Man/System Requirements for Weightless Environments Airesearch Mfg. Co., NASA-Marshall Space Flight Center.

[25] NASA-STD-4003. (2003). Electrical Bonding for NASA Launch Vehicles, Spacecraft, Payloads, and Flight Equipment. NASA.

[26] NASA/TP-2006-213725. Goodman, J. (2006). Crew Station Aspects of Manned Spacecraft, Volume 2, Houston, TX. NASA Johnson Space Center.

[27] Operational Habitability (OpsHab). (2001). Debrief Summary for ISS Expedition. Houston, TX. NASA Johnson Space Center.

[28] Operational Habitability (OpsHab). (2008). International Space Station and Mir Crew Comments Database prepared by Habitability and Human Factors. Houston, TX. NASA Johnson Space Center.

[29] PD-ED-1214. Electrical Grounding Practices for Aerospace Hardware. Marshall Space Flight Center.

[30] PT-TE-1417. Electrical Isolation Verification (DC). Marshall Space Flight Center.

[31] Reilly, J. P. (1998). Applied Bioelectricity: From Electrical Stimulation to Electropathology New York, Springer-Verlag, ISBN: 0-387-98407-0.

[32] Stoll, A. M., Chianta, M. A., & Piergallini, J. R. (1979). Thermal Conduction Effects in Human Skin. Aviat Space Environ Med, 50(8), 778-787.

[33] TA-94-029. (April 29, 1994). Memorandum: Crewperson Electrical Shock from Incidental Contact. NASA Johnson Space Center.

10 乘员界面

10.1 引言

系统用户界面（在这里被称为乘员界面）用于乘员和系统之间交换信息。设计得好的乘员界面对于乘员安全和提高工作效率而言很重要，可使训练要求减到最低。本章包括用户界面类型的讨论，视觉、听觉和触觉显示器，控制器和标签。视觉显示器通过使用视觉媒介呈现文本、图形、颜色、图像、视频和符号等信息。听觉显示器使用声音，包括通信和声音警告传递信息。触觉显示器包括振动、力反馈和机械停止、开关卡位和按钮单击。控制器允许用户给系统提供输入信息或者改变系统状态。标签是用户界面的一种特殊形式，通常为设备或者设备组件提供一种静态识别标记，或者一种简短静态信息。

一个精心设计的乘员界面应具备以下特性：

- 可用性，包括有效性、效率和用户满意度；
- 视觉设计和操作的简便性；
- 要素、风格和交互的一致性；
- 文本和图像信息的易读性。

10.2 通用原则

10.2.1 可用性

可用性是指系统、产品或者技术能够被使用人员掌握使用的难易程度。显示系统可用性表现在：相关信息的组织方式，是否能够被操作使用人员迅速获取并且正确理解。对于可用性，用户界面应该考虑到以下重要组成部分。

• 用户——所有系统开发人员应该记住该系统的操作使用人员群体数量及其能力水平范围。

例如，美国航天员对缩略词及英文词语的意义具有较高的熟悉程度，但是对于来自其他国家的乘员可能做不到。对于参与任务的其他国家的航天员来说，在开展界面设计时只能使用高频出现的英语单词。

• 用户的期望或偏爱——系统开发过程中，应该考虑到用户对于如何操作系统的期望及相似系统的熟练程度等。

例如，用户可能期望使用同一个图标，因为他们在过去的系统曾使用过这种图标代表的功能。在进行显示界面设计时，设计人员需要考虑到使用人员过去的经历。

• 用户控制和自动化——按照分配给用户的功能和责任，用户应该能够控制该系统，因此用户在系统操作过程中应该是积极的，而不是被动的。

例如，当用户改变系统状态时，系统需要为用户提供反馈和报警信息，这是软件系统的特点，其目的是确保用户能够控制该系统。

• 环境条件——在系统设计过程中应该考虑到系统操作运行的环境条件。例如，在太空飞行过程中，我们必须考虑到高等级的噪声背景，并且把这个因素考虑到我们的听觉反馈设计之中。

可用性是以人为中心设计理论的关键要素。以人为中心设计是一种设计理念，强调在设计流程的各个阶段均要重视人的能力特性和局限性。将以人为中心设计应用到系统设计中，通过提升系统的可用性增强乘员健康和安全。若航天器设计时人-系统整合程度不足，则可能导致界面在通用性、一致性和可用性等方面出现缺陷，进而降低航天员的操作效率，提高训练成本，增加任务风险。一个可用的系统需要具备较高的效率、有效性和用户满意度。此外，高可用性也能减少错误、训练时间及全生命周期的成本，同时也是确保乘员安全性和任务成功的关键。

• 所有需要航天员操作的界面（包括硬件、软件、程序和训练装置）均需进行可用性测试。根据系统的大小，通过任务分析确定必须进行测试的关键任务或系统。

国际标准化组织针对可用性评估出版了一系列包含可用性模型的标准体系。ISO 9241-11标准（1998）将可用性定义为“特定用户使用一个产品达到特定目标的程度”，并简述了效率、有效性和用户满意度等可用性评估的测试术语。

经常使用的效率指标有：路径或者任务完成时间，最佳路径偏差即用户选择非最佳路径达到目标的次数等。

有效性测试将目标或者次目标与用户完成目标的精确度和完整性相关联。经常使用的有效性测试指标有：错误率和任务或路径成功率。可通过多种方法计算错误率：每一步的错误总数（可能用步骤数相除），每项任务的错误总数或平均数。贯穿整个任务阶段的错误数与比率的使用（此处是步骤数作为分母），导致的结果是步骤数或一个百分比的错误率，将取决于分析人员的判断力，或在测试的特殊性条件的引导下所产生。一个任务/步骤完成率的实例：成功完成 10 项任务之中的 9 项。

满意度用来测试用户使用系统时的舒适程度和态度。经常使用的满意度指标有：界面满意度等级、界面特定特征的测量满意度、对界面的特定态度及使用主观问卷测量满意度。

可以通过主观量表对用户满意度进行测试，比如软件可用性测试表（SUMI）或者系统可用性量表（SUS）（Bangor，Kortum & Miller，2008；Kirakowski & Corbett，1993）。系统可用性量表是一个标准化的包含 10 项的主观问卷。所有的项目均被分成 5 级（1＝非常不满意，5＝非常满意）。最后整合分数范围为 1～100，可用的系统主观满意度分数在 85 以上。

10.2.2 简单化

用户界面应该是容易使用的。如果用户界面易学、易用，那么该用户界面就是简单化的。在执行任务前，乘员会在任务前进行界面操作训练，但直到很晚的时候他们才有机会使用该系统，这时操作细节可能已经忘记了。此外，系统必须在高应急条件（例如，紧急情况）下具有可用性，且认知负荷最小。在进行界面设计时必须考虑简单化设计，以确保训练效率和操作的有效性。

在使用过程中防止失误，简单化至关重要。显示器设计不可以包含多余的信息。显示器中每一个不相关的视觉条目都会减损对相关条目的视觉注意，从而提高选择错误率。显示器设计应基于任务分析，确定需要呈现的必需的和有效的信息内容。

在进行控制器设计时，简单化意味着仅需要提供必需的控制器，减少使戴手套操作困难的不必要的动作，使用控制器能够直接完成相关操作。注意，在进行安全等级较高的输入设计时，应考虑多种控制方式的整合。

需要通过任务分析确定完成一项任务所需的显示信息的内容，以及控制方式的类别和数量。

简单化不是意味具有尽量少的特性，而是在执行任务时需要在正确的时间通过可用的形式提供给用户所需要的信息。

10.2.3 一致性

界面一致性是指用户使用一种系统或子系统的方式或习惯可沿用到其他界面中，从而可以提升系统的操作效率。

执行相似功能的乘员界面应设计为具有相似的显示设计和交互方式。

一致性界面的优点包括：

- 一致性界面易学习。当一个系统中的规则和语义学习可被用于另一个系统时，会减少学习的时间和精力。
- 一致性界面易训练。标准的或者是与其他系统相似的界面可以更容易且更快地被乘员掌握。任务的知识和技能更容易从一个系统或者情景沿用到其他系统或者情景中。
- 一致性帮助更快地辨认和更容易地理解一个系统，从而提升效率。
- 一致性减低错误率。任务转换研究表明用户从执行的一项任务转换到另一项任务，响应时间和错误率将提高（Monsell，2003）。在非标准化的系统间转换可能导致相似的效率降低。标准化也能够减少总体训练需求和成本，同时减少训练负迁移的发生率。
- 一致性界面能够减少任务完成时间，提高满意度（Schneider & Shiffrin，1977）。
- 具有一致性界面的系统容易被研发。如果建立了模板和标准化图标和代码库，并提供给开发人员，就只需要很少的个性化研发，因为模块可以快速共享，仅需要在适当的时候进行简单修改。这可以显著降低研发时间，用户界面也易于学习和使用。
- 一致性适用于部组件、功能性和操作方式上。通常，概念相似的物品外形和感觉应当相似。一致的控制器拥有相似形状、质地、操作方向、类型、功能、颜色、大小和位置。一致的显示器拥有相似的字体、颜色、术语、内容、形式和符号。一致的交互应具有相同的操作流程，使用一致的输入、输出类型。
- 一个系统应具有内在的一致性（即系统内部的一致性）以及外部一致性，与其他系统或标准一致。这两种一致性都是至关重要的。
- 如果系统执行相似任务时不采用标准化的方法进行，那么系统的响应可能不是用户所预期的形式（学习结果的负效应），系统失去了自动控制，因为用户必须立即分析所有系统响应、检查系统输入是否是所需要的输入。当系统改变但不是按照用户所预期的方式进行响应时，这种方式使用户失去了对系统的信任，大大降低了系统的工作效率。

通常确定两个系统是否一致一般是主观的。研究表明，一致性是一个能够证实的概念(Sandor & Holden，2009)。研发考虑用户界面要素的一致性及要素间的功能和属性的等级，包括视觉属性（颜色、位置、大小和字体）、语义属性（术语、定义）、操作属性（功能、导航和次序）。这个等级可用在定量化评估系统的一致性水平。

10.2.3.1 一致性和区别

如上所述，具有相似功能的产品应在视觉和触觉上相似。通过比对，不同目的或功能的组成部分、动作、反馈和系统状态指示应有明显的区分，以避免混乱，帮助识别辨认。为了加大相似项目的区别，应采用两种或者更多的类型（例如，采用颜色和形状）进行区分。

• 设计执行不同功能的乘员界面时应采用有区别的视觉设计和交互方式。

在项目区分中，视觉特性是最常用的好方法。项目的视觉特性区分和识别有不同方式：可以采用不同的颜色、不同的空间位置或者不同的形状。因此，如果用户需要区分两个项目，至少需要一种视觉特性对项目进行区分。例如，如果两个项目有相似的名字，但是其作用和功能是不同的，应用视觉信息区分这两个项目，防止意外启动。

与颜色或者位置区别相比，形状区别不具备显著性，特别在振动强烈的环境中可能降低视觉识别精度。物体的形状可能是简单的（方形或者圆形），也可能是复杂的（垃圾桶图标、双筒望远镜图标）。

• 形状区分度低的项目应该结合其他视觉特性进行区别。

具有一定功能的控制器的形状有助于与另一个控制器相区分。例如，飞机起落架开关通常做成轮子的形状或者起落架的形状，同样的方法也常用于襟翼开关。听觉特性也能够区分不同的项目。经常使用听觉特性来区分听觉警告的危急程度。听觉特性可以在强度、声调、频率、比率和其他特性方面显著变化。采用这些特性中的两类或者更多类型来区分不同的项目比仅用一类特性时的区分度更大。

判断是采用一类或还是更多类型进行项目区分，取决于被区分项目的区分度水平要求。如果两个项目容易区分，那么采取一种类型的特性进行区分可能就足够了。

• 如果两个项目容易混淆，那么应该采取两种或更多类型的特性对其进行区分。

采用两种特性进行区分的项目可以采用视觉特性和听觉特性共同进行区分。例如，一项指令使用产生高频蜂鸣声的方形旋转开关，那么另一项指令可以使用产生中频蜂鸣声的钥匙形状开关。改变两种类型的特性比只改变一种类型的特性带来的区别度更高，这是因为操作人员可以同时获得两种不同类型的反馈。不过，在某些情况下，同时进行两种类型的反馈是不可行的（例如，高度噪声环境、烟雾迷漫环境）。因此，我们在区分不同的项目时，必须考虑环境因素。

国际空间站音频终端界面的例子可以说明防止误操作的重要性。音量键“VOL”和热线电话键“VOX”形状相同，相邻且并排布置在音频终端界面上。乘员会经常无意间按到热线电话键“VOX”，将热线电话拨到地面。在这个情况下，这两个键标记非常相似，基本上在相近的位置，又具有一样的形状。分清这两个按键的唯一方法是最后一个字母。这种区分度是不够的，不能够防止误操作，应该考虑增加区别度，例如颜色、形状、位置和/或标记。

10.2.4 易读性

易读性定义为观察者能够分辨出可识别的视觉刺激细节的能力，例如能被认识的程度。易读性指视觉物体的知觉清晰度，它受显示生成方法、针对任务要求应用人因指南正确描述物体的方法、环境状态和视觉标准等的影响。文本信息的易读性经常被定义为可读性，可读性与由文字、语句和段落构成的文本能够被阅读和理解的难易程度相关联。

- 显示器在所有需要监视的航天环境中均应是易读的。

10.2.4.1 易读性方法

易读性在实践中经常由调研研究建立的标准或者方法论详细阐述。回顾 Pyke 1825—1926 年的易读性研究，他开展了 100 余项研究，发现了 15 种不同的测试易读性的方法（Pyke，1926）。这些方法被描述为：阅读速度（由开始时间和阅读量表示）、间隔阈值（直接的和外围的）、眼睛扫描范围、照明阈值、焦距阈值、疲劳、注视暂停次数、注视重设次数、注视运动的规律性、阅读节奏、易读性系数、细节易读性、文字大小、经过训练的人眼判读及美学特征。

1963 年印刷出版的《易读性刊物》中，Tinker 提出了多个简要的研究标准的清单，下面列出一些最常见的标准的代表：

1）感知速度：在一个短的周期内能够感知特征的速度和精确度；

2）距离可感知性：眼睛能够准确感知特征的距离；

3）边缘视力的可感知性：在边缘能够准确感知假定固定点的距离；

4）可见性：通过旋转式滤光器凸显特征的视觉设备，度量可感知特征的程度；

5）反射眨眼技术：针对不同排版特征，阅读文本的眨眼频率；

6）工作速度：包括阅读速度、规定时间内的阅读量、获取一个电话号码的时间、查询电量或者建立一个精确表格的时间、工作中包括一系列视觉辨别的状态输出，是指在控制理解质量的情况下，对阅读速度的度量；

7）眼动：阅读时对眼动的测量，使用角膜反射和电信号的方法。

然而，在所有的特征中，没有一个单一的方法（或依据描述方式的标准）能够度量易读性。每一个方法均有其各自的优点，分别在易读性概念中起着重要作用。

根据建立的标准体系，易读性方法可归纳为 3 个主要类别。

1）用于字符辨认的尺寸阈值（视觉敏锐），用视频显示器中呈现信息的 5 个字符为一行来测量，使用上下阶梯的方法（Levitt，1971），每步 0.05 log。尺寸（或者距离）阈值是最常用的评估文本信息易读性的方法（Tinker，1963），广泛地使用在应用场所，如公路标记中使用较低的尺寸阈值指示较高的易读性。研究可能使用不同的刺激：所有的随机字符串小写、全大写并随机选取和 5 个字母的单词，全部大写或小写，从 2 110 个最常见的 5 个字母的单词中随机选择（Francis，Kucera，& Mackie，1982）。

2）使用快速连续视觉呈现（RSVP）测量阅读速度。采用这个标准，更高的易读性表示更快的阅读。一些研究表明，使用小的（2 次敏锐尺寸）和大的（大概 10 次敏锐尺寸）快速连续视觉呈现测量阅读速度，综合使用上面案例和混合案例文本。阅读速度是一个不太通用的易读性度量指标，但其比尺寸阈值更有代表性。因为快速连续视觉呈现支持非常高速率的阅读，在易读性中更能感知细小差异。快速连续视觉呈现阅读由单一语句进行测试。

3）连续标准文本信息（分为 9 个等级）阅读速率。这种方法能发现快速连续视觉呈现阅读速度和通用连续阅读速度的不同。

10.2.4.2 易读性方面的国际标准

ISO 9241－11，《办公场所视觉显示终端（VDT）人体工程学需求》的第 11 章："可用性指南"使用以下规范规定可读性相关要求：

- 能够阅读显示界面上的系统消息和说明；
- 使用的照明范围为 50～5 000 lux；
- 常规的视距下，能够准确阅读 98%以上的系统信息和说明；
- 采用具备或纠正后具备正常视觉功能的用户进行易读性测试。

10.2.5 研究需求

上述讨论了可用性、简洁性、一致性和易读性的重要性。对于航天领域，仍然需要开展目标特征和辨识方法等方面的研究，以及执行航天任务期间评估原位的介入性方法的研究。

10.3 视觉显示器

随着复杂信息处理重要性的增加，视觉显示器成为所有具有空间系统的用户界面始终存在的一部分。因此，他们的性能是空间任务安全和效率的重要影响因素。

在这个部分，视觉显示器单指电子-光学显示器，能够在表面呈现的文本、图形、视频等。典型的实例是计算机监视器和电视。

这个部分讨论的主题包括显示器的度量以及与人因相关的标准，显示的获取、识别以及理解。此外，还将讨论各种现有的及通用的显示技术，以及它们不同的特点。

10.3.1 显示器的度量

在特定的显示器中，需要考虑三个层次的属性。最基础的是显示器本身的属性，例如亮度、对比度和分辨率。下一个层次是显示内容的属性，例如文本、符号、图形、色集和视频等。第三个层次也是最高的层次，是与显示内容布局和概念有关的属性，例如窗口的显示分割、用户界面中不同元素（如菜单）的位置。在这部分，主要讨论第一个层次的属性，以及部分第二层次的属性。

质量、体积以及能耗的属性不是视觉的属性，在这里不予考虑。度量分为 7 个种类。

对于每种度量，除有各自标准的定义、基本原理、参考标准以外，还应该注意考虑当指定度量值作为标准的一部分时的情况。

在每个度量种类后面，提供了一个相关标准的表。为了便于考虑，文体和表的缩写名称将用在现有标准中最频繁使用的引文处。

10.3.1.1　显示器度量的分类

人因对显示的度量有多种类型，物理的度量是显示器纯物理方面的测量，例如水平分辨率的像素。心理物理的度量来源于物理度量，但是只反映人的视敏度，例如亮度、对比度和颜色的测量。主观度量是一个观察者或一组观察者对显示的视觉判读，例如对显示器闪烁的主观评估。性能的度量是针对特定应用的效能评估，例如通过阅读文本的评估方法来规定显示必须易读，比规定显示器的对比度和分辨率要好（Boschmann & Roufs，1997）。

基于模型的度量是心理物理度量的延伸，他们的不同在于基于的心理物理模型的复杂度不同。例如，最近提出的显示器缺失可见度的度量方法（mura，见 10.5.2.4.8 节），或者运动模糊点、视觉空间模式的复杂模型混合体的可见度（Watson，2006）。其他例子是 Barten（Barten，1987）的平方根综合衡量标准和 Carlson 和 Cohen（Carlson & Cohen，1980）的著名差分（JND）模型。

10.3.2　观察条件

这些度量并不描述显示器本身，而是描述影响显示质量的其他因素，例如观察者的位置和环境照明。

10.3.2.1　观察距离

观察距离是指从观察者眼睛到显示器间的距离（见图 10.3－1）。观察距离非常重要，因为它决定了显示器的角度大小和视觉分辨率，也决定了显示器上各点的注视角度（gaze angle）的范围。这些参数对显示的效果有重要的影响。从与物体中心距离为 D 且与视线垂直的平面观察，高度为 H 的物体的张角是

$$\alpha = 2\tan^{-1}\frac{H}{2D}$$

观察距离差别很大，主要取决于显示器的类型和应用。例如，一般电视要比计算机显示器的观察距离大。在很多应用中（以电视为例），使用者的实际观察距离的范围非常大。尽管如此，对于测量空间量的标准常常采用特定的观察距离（也称为设计观察距离）。例如，认证标准 TCO’05 中笔记本显示器的观察距离采用对角线的 1.5 倍，TCO’06 中媒体播放显示器的观察距离采用高度的 4 倍。对于平板显示器，TCO’03 采用对角线的 1.5 倍作为测量距离。人因工效学会（2007）标准中假设默认的观察距离为 50 cm，ISO 13406－2 标准中设计观察距离不少于 40 cm，但是对于像触摸屏一类特殊的应用可以采用 30 cm 的观察距离。历史上，NASA－STD－3000 中提出最小的观察距离为 33 cm，最佳值为 51 cm。

显示器的最佳观察距离由许多因素决定，包括希望的观察区域、必需的视觉分辨率（基于预期的内容）、人视觉系统的限制（例如眼睛的适应性调节）、特定的设计需求（例

如头盔显示器)。考虑眼睛的适应性调节功能的限制，建议的最小观察距离(对于直视显示器)为 40 cm [人因工效学会(2007)中有讨论]。

理解观察距离对其他显示器在空间方面度量(例如分辨率、色差、运动模糊、图像的保留和均匀性)的意义非常重要。因此，许多度量方式如果没有考虑观察距离，就不能称之为工效、人因或显示效果的标准。

10.3.2.1.1　注视角度

注视角度是指视线与向前方向的角度，如图 10.3-1 所示。这个垂直角度通常是相对于所谓的法兰克福屏幕的。关于显示器注视角度的很多文献(Psihogios，Sommerich，Mirka，& Moon，2001)表明：没有强有力的证据表明正角度和负角度观察所具有的优势。

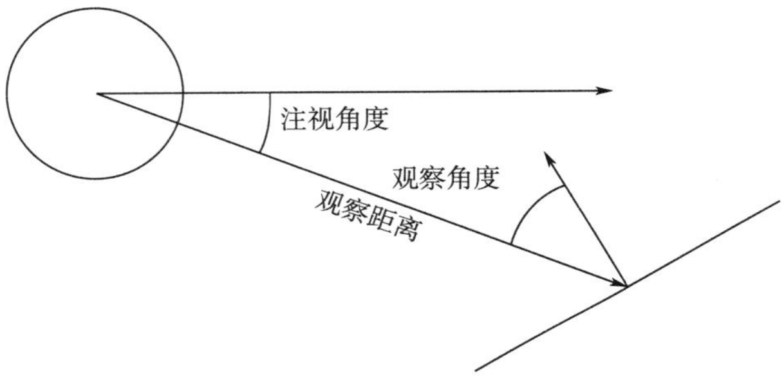

图 10.3-1　注视角度、观察角度和观察距离

人因与功效学会(2007)建议显示区域位于 0°～－60°的注视角度内，显示中线在－17°左右。ISO 1992 建议注视角度在 0°～－60°，ISO 2001 建议在0°～－45°。

10.3.2.1.2　可视角度

可视角度(如图 10.3-1 所示)是显示器平面中线(法线)与同一点到眼睛(或光学测量设备)的夹角。显示器相对于用户的位置决定了可视角度，在不同的可视角度显示效果不同，一般称之为可视角度的效果，在下面会进行讨论。可视角度的效果在微重力条件下很重要，因为观察者会在相对显示器的任意角度上。

10.3.2.1.3　背景光

显示器周围的光照环境对显示器图像和观察者的视敏度有重要的影响。显示器表面的反射光会影响显示器整体的照度、对比度和显示图像的颜色。同时，观察者的视敏度是由人眼的调节机制决定的，这种调节机制很大程度是由环境照明决定的。

在操作环境中的照明光源通过光源的不同波长分布(SPD)和光源总的光照水平或者一系列波长为 380～780 nm 的辐射光来定义。照明的典型度量单位是勒克斯 [lux (lx)]，其通过单位面积 1 m^2上的流明(lm)流量来定义。对于不同的强度、不同波长分布(SPD)和时间间隔(例如，在低地球轨道 90 min 白天/晚上的轮换)，空间环境可能涉及到特殊的背景光环境。

10.3.2.1.4　反射

在反射期间根据散射类型和数量可以划分为三种基本反射类型。如果没有散射出现，这种反射称为规律或镜面反射，具有代表性的是通过使用镜子或类似镜面的平滑表面产生的反射。如果入射光是完全均匀的散射，比如通过地面玻璃表面或纸张的反射，这种类型的反射被称为漫反射或朗伯（Lambertian）反射。第三种类型的反射是在散射被约束及在镜子方向使用最大反射密度的镜面反射和漫反射的完美结合，其随与光照源光束相关的角度间隙而减小。这种类型反射通常称为朦胧（haze）。图 10.3－2 说明了照明源的几何关系、反射和三种基本类型反射的倾斜角特点［贝克尔（becker），2006］。

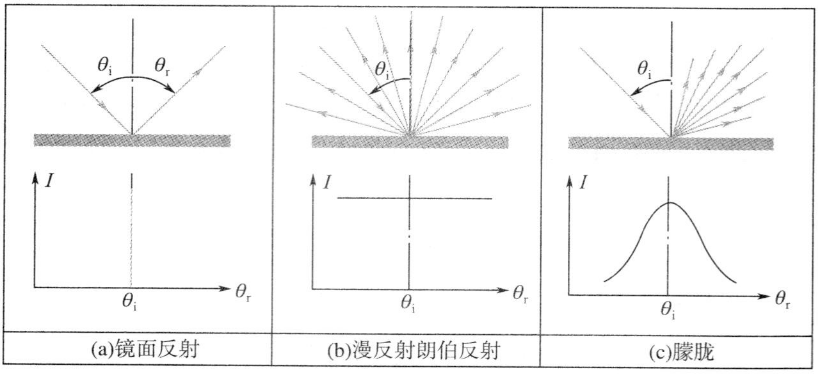

图 10.3－2　三种反射，第一行是光线与反射的几何关系，
第二行是反射光线角度的分布，光线以垂直角度照射表面

对于任何显示应用，确定显示技术和性能特性时，很重要的一点是考虑显示类型固有的反射特性，以及通过光学表面处理来控制显示的反射。在电子显示器中，可以找到大量三种反射类型混合的例子：阴极射线管（CRTs）的反射特性是漫反射和镜面反射的叠加（没有朦胧）；典型的等离子显示屏（PDPs）通常包括朗伯、镜面和朦胧三种反射；液晶显示器（LCDs）经常结合各种类型的朦胧反射，有时包括镜面反射成分，但通常没有反射的朗伯成分。这些类型的反射特点由不同技术的固有光学属性和应用于每种技术的通用的表面光学处理结合产生。因此，任何显示技术的反射特性能通过显示器适当地自我修正，或通过表面光学处理的变化而产生重要的变化。图 10.3－3 进一步阐述三种基本反射

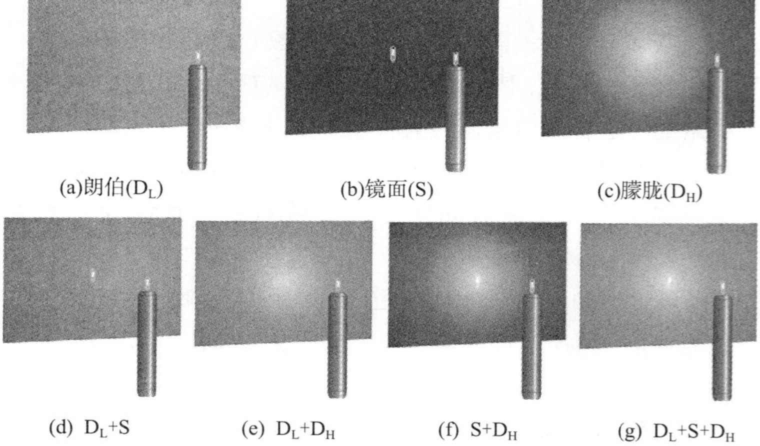

图 10.3－3　三种基本反射类型及它们组合在显示器表面的效果

特性以及它们的组合（Kelly，2006）。

10.3.2.1.4.1 反射的测量

在材质表面和显示器上进行反射的测量有许多不同的途径和方法［美国试验材料学会（ASTM），1987；国际照明委员会（CIE），1977，1979，1987；视频电子标准协会（VESA），2001］。反射系数通常定义为对于光源和检测器给定的几何结构的反射量和入射量的比值。对任何显示器反射测量是根据其光源和测量点的特征进行定义的，与光源、测量设备和显示器的几何关系相关。图 10.3－4 说明了镜面和漫反射系数测量的几何关系。

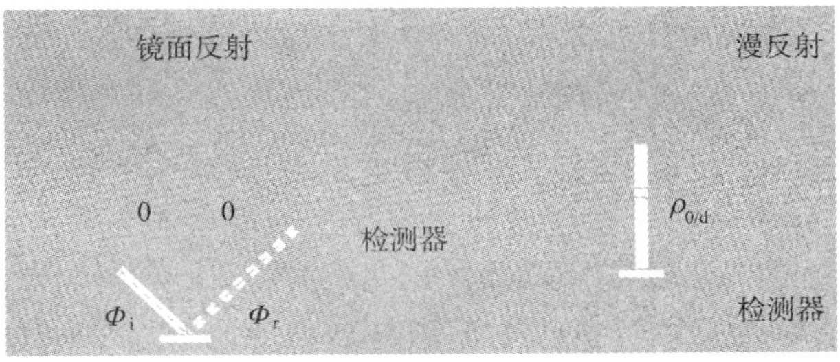

图 10.3－4 镜面和漫反射系数测量的几何关系。散射反射系数的测量使用了积分球

最近，提出了许多基于双向反射分布函数的更复杂和更综合的测量显示器反射系数的方法，这些方法能够给出显示器各方面反射系数的特性，包括镜面反射，漫反射和朦胧部分（美国试验材料学会，1987；Becker，2006；Kelly，2006）。除了反射系数的测量方法，还要认识到很重要的一点是，显示器反射系数的测量和说明都取决于应用。

显示器技术、光学表面处理以及光源和测量（观察）传感器的几何关系都要尽可能地考虑应用。

10.3.2.1.4.2 显示器图像中反射的影响

显示器表面反射的伴随背景照度对显示图像的亮度、对比度和颜色有很大的影响。对于大多数显示器类型，伴随背景照度的反射会增加图像和显示器背景的亮度。反射的伴随背景照度会增加显示器的亮度，同时显示对比度会降低。对于像太阳光和类似的人造泛光照明，显示图像颜色的饱和度会降低。

- 应该评估在显示应用的环境中期望的显示器的环境亮度、对比度和色阶。

图 10.7－8 中提供了一个实例，当显示器从黑暗的环境过渡到很强的照明环境中时，一个 RGB 显示器的色阶如何改变。伴随背景照度降低了现实的对比度和颜色饱和度，减少显示器色阶的效率。

10.3.2.1.4.3 减小反射和眩光的光学方法

各种各样的光学方法用来减小显示器的反射和眩光。对比度增强的过滤器常常用来提高散射系数较高的反射型显示器的对比度，例如在阴极射线管或彩色等离子显示屏磷表面由入射光产生的反射。大多数对比度增强的过滤器是中性密度滤镜，当然提高对比度必然降低显示图像的亮度。所有显示器具有挑战性但又很重要的一点要求是，在任何可感知的伴随背景照度中前表面反射的降低。

• 前表面的镜面反射常常是最严重和麻烦的，需要尽可能通过布局、显示器的防护罩和调整观察角度来避免。

• 当无法通过这些方法减少前表面反射时，就要使用防反射和防眩光的表面。

10.3.2.1.5　调节

在5.4节中提到，人视觉系统（HVS）能够在14 log光强单位内起作用，但是其敏感的范围却小得多，在任何时候只有2 log单位。视觉调节的过程能够使敏感的范围转移到主要的环境光水平。

视觉调节主要由操作环境中的目标亮度决定，包括显示器、观察者注视目标的方式和持续时间。稳态的调节是观察者适应视野（FOV）内的主亮度，它决定了观察者增大或减少的对比度阈值和对比度强度。当视点变化时，就会发生瞬时的视觉调节。这对动态和复杂的照明环境中信息的可见性很重要，特别是在交替的视点内，主亮度水平变化超过2 log单位时。视点主亮度的增加会引起瞬时明适应很快，但主亮度减小造成的瞬时暗适应很慢。瞬态的视觉调节，对在动态视觉环境操作中显示可见的时间和亮度对比度的需求具有重要的影响，例如在车载应用、移动计算机与通信等环境（Krantz，Silverstein，Yeh，1992；L. D. Silverstein，2003；Louis D. Silverstein & Merrifield，1985）。

10.3.2.1.6　显示观察中太阳镜的效果

显示应用环境中，使用太阳镜能够减少观察者调节的程度，还有在环境中所有照明源和照明表面的有效亮度。

• 太阳镜在高亮度环境下，对于提高视力的舒适性非常有效，它们通常应该是中性密度类型的，以避免在显示器色度上引起明显的变化。

• 偏振光太阳镜通常应该尽量避免用于液晶显示器（LCD）应用环境中，因为会产生线性的偏振光输出，或避免用于前表面反射控制的圆形偏振滤光器的显示器。

10.3.2.1.7　视觉条件：相关标准

表10.3-1　视觉条件标准

标准	章节	标题
观察距离		
人因工效学会（2007）	7.2.2.1	设计观察距离
人因工效学会（2007）	7.2.1	缺省配置
TCO'05笔记本电脑	A.2.1.1	基本像素阵列要求
TCO'06媒体显示器	A.2.1.1	像素阵列要求
TCO'03平板显示器	B.2.0.5	测量距离
ISO，2001	7.1	设计观察距离
NASA-STD-3000	9.4.2.2	视觉显示器设计依据
NASA-STD-3000	9.4.2.3.3.9g	视距和视角
注视角度		
人因工效学会（2007）	7.2.2.2	注视角度

续表

标准	章节	标题
注视角度		
ISO，2001	3.3.5	法兰克福面
ISO，2001	3.3.6	注视角度
ISO，2001	7.4	注视角度和头倾斜角度
ISO，1992	5.2	视线角度
反射		
人因工效学会（2007）	7.2.5.3	亮度对比度和反射
ISO，2001	7.3	设计屏幕亮度
ISO，2001	7.17	反射
ISO，2001	7.17.1	反射对比度
ISO，2001	7.17.2	不需要反射的对比度
TCO'03 CRT 型 VDU	A.2.5.1/B.2.5.1	前景反射系数
TCO'03 CRT 型 VDU	A.2.5.2/B.2.5.2	前景表面
TCO'03 平板显示器	A.2.5.1/B.2.5.1	前景反射系数
TCO'03 平板显示器	A.2.5.2/B.2.5.2	前景表面
MIL-STD-1472F	5.2.1.4.4	反射
MIL-STD-1472F	5.2.1.6.2.2	反射角度
MIL-STD-1472F	5.2.1.6.2.3	相邻表面
MIL-STD-1472F	5.2.1.5.6.3	暗适应
MIL-STD-1472F	5.2.4.2.1	亮度
MIL-STD-1472F	5.2.4.2.2.2	环境极限亮度
MIL-STD-1472F	5.2.4.2.3	相邻表面亮度
MIL-STD-1472F	5.2.4.2.4	环境亮度
MIL-HDBK-87213	3.2.1.17	反射
MIL-HDBK-87213	4.2.1.17	反射验证
VESA（2001）	308-1	漫反射
VESA（2001）	308-2	环境对比度
VESA（2001）	308-3	大范围漫反射系数
VESA（2001）	308-4	大范围镜面反射系数
VESA（2001）	308-5	小范围镜面反射系数
VESA（2001）	A214	亮度引起的照度
VESA（2001）	A215	球体内的照度
VESA（2001）	A216	由墙面到屏幕引起的反射
VESA（2001）	A217	反射模型

10.3.2.2　亮度和对比度

10.3.2.2.1　亮度

显示器的亮度是评判其性能的指标之一，是指显示器刺激人视觉的效力。亮度与发光的主观感觉密切相关。一般来说，越亮的显示器越好，因为在较亮的环境照明中能保持显示器的对比度和饱和度。

显示器的亮度可以通过很多种方法来测量和确定。

• 在大部分标准中使用的亮度单位是：cd/m^2，通常应该是在显示器表面的法线上进行测量。

对于一些技术，例如阴极射线管，照亮屏幕区域可能会影响测量的最大亮度，因为能量会叠加。

10.3.2.2.1.1　最大显示亮度

显示器的最大或峰值亮度决定了使特定显示器可以进行有效运转的周围环境照度范围的上限以及视觉调节的条件。显示器的最大亮度是显示器对比度的分子（见下文），也是显示器动态调节范围的上限。显示器动态调节范围也决定了显示器呈现的可分辨的亮度级的数量或灰度级。

对于单色显示器，最大显示亮度是显示器单 SPD 可获得的亮度最高值。对于彩色显示器，最大显示亮度通常是选定的白色点色度可获得的亮度最大值，因此也定义为白亮度或最高白亮度。如果考虑有反射特性的显示器，最大亮度通常表示在指定照明环境下反射亮度相对于反射系数标准的比例。

典型的最大显示亮度依赖显示技术和特定的应用，但是当前公用的实例（2007）是：液晶显示器电视为 400～600 cd/m^2，计算机显示器是 250～500 cd/m^2，笔记本电脑显示器是 150～400 cd/m^2。

10.3.2.2.1.2　最小显示亮度

显示器最小亮度为黑色等级或显示器的背景等级，即显示器最黑或关机状态的水平。从人因的角度考虑，最小亮度很重要，因为它决定了显示器最大可获得的对比度。最小显示亮度是显示对比度的分母。因为最小显示亮度实际上是背景亮度，因此很大程度上受到显示器反射系数和环境照明水平的影响。

显示技术不同，所能达到的最小亮度也很不相同。自发光或发射性显示器（如等离子显示器）一般比非发射性的技术（如液晶显示器）能达到更低的黑色亮度。这是由于前者能够通过切断驱动电压或电流使其不被激活，而后者是通过调整背景灯的照度，受制于余光的泄漏。

最小显示亮度通常用于屏幕没有或极少入射照明的黑色环境的测量和描述。但是对于一些显示器应用，在特定环境照明条件下描绘其最小显示亮度的特征才更有意义。

10.3.2.2.1.3　伽马与灰度等级

所有视觉显示器都有一个特征转化函数，它反映了显示器输入值与输出值的关系。显示器输入值通常用独立于设备的数字值来表征。显示转化函数通常是一个非线性的函数，主要是以伽马指数的幂函数为特征，常称为“伽马函数”。这个伽马指数通常在 1.5～2.5 之间。尽管伽马函数是由阴级射线管发展而来的，然而其单位输入步长产生几乎相同的亮度步长，故是一种有优势的编码方案。因此，大部分现代显示器采用了相似的转化函数。

在数字成像系统中，比特的位数决定了可获得的灰度等级数。例如，8 bit 产生 256 灰度等级。每一种灰度等级的实际亮度由伽马函数决定。灰度等级的数量决定了显示的质量。如果灰度等级的间隔太大就无法产生预期的图像，会出现人为的轮廓边界。无伪影的、显示器要求的等级数很大程度上取决于显示器的对比度：对比度越大要求的灰度等级数就越大，以保证灰度等级之间的差异小于阈值。灰度等级数取决于任务：照片图像要求 8 bit，文字和简单图形则较之更小。第一代数字显示器通常使用 8 bit 已足够，但对比度很高的新显示器则要求更大的灰度等级数。

对于三种颜色通道应用的彩色显示器，其显示取决于可提供的颜色数量。因此，显示器每个颜色有 6 bit，共 $2^{3\times6}=262\ 144$ 种颜色。

10.3.2.2.2　对比度

概括地说，对比度是显示器中不同点亮度的比值。高对比度的显示器对显示的质量有重要意义。它在许多方面比显示器最大亮度更具有意义。这是因为人的视觉系统能够适应不同的亮度，并且只对特定水平上的变化进行反应。事实上，视觉系统将亮度信号转化为对比度信号，这样使视觉性能与对比度的关系比亮度更紧密。

对显示器整体对比度和显示器呈现的内容的对比度进行区分很重要。前者通常是白色亮度和黑色亮度的比较，后者是显示器内容中点灰度等级的比值，其可以是白色和黑色以外的灰度等级。

显示器对比度通常在黑暗环境中测量，但是在实际使用中，其受环境照明的影响很大。散射的环境照明与显示器特定的反射率相对应，会增加显示器的屏幕亮度。这会增加黑色和白色的亮度，因此降低了显示器的对比度。显示器最大亮度越大，反射系数越低，背景照度的影响就越小。因此，显示器在暗室的对比度、周围的光环境和显示器的反射系数决定了显示器实际的对比度。

在不同的场合使用不同的对比度定义，将在下文中涉及到，图 10.7－1 中给出了以下数值。

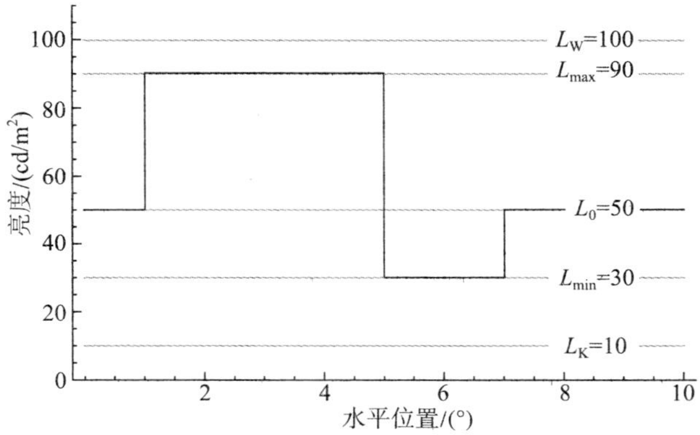

图 10.3－5　亮度对比度相关的实例。在假定显示器中一维亮度图案中各点的亮度值。L_W，白色的亮度；L_{max}，显示元素的最大亮度；L_0，背景亮度；L_{min}，显示元素的最小亮度；L_K，黑色亮度

10.3.2.2.2.1　对比度

描述显示器特征最常用的定义为对比度C_R

$$C^R=\frac{L_W}{L_K} \tag{10-1}$$

式中　L_W和L_K——分别为白色和黑色的亮度。

除非另外规定，一般假定在暗室中，只测量显示器的发光。没有背景光，对于发射显示器L_K接近于0，这个比值能够达到非常大的数值。对于动感显示器，尽管能产生很低的L_K，观察到的质量的提高与对比度并不成比例。同时，很少在没有环境光的情况下观察显示器，因此真实看到的对比度要更低。在图10.7-1的实例中，对比度是100/10＝10，对于当前液晶显示器（2007）和电视显示器，一般都能达到1 000～2 000的对比度。

对比度有时也用来描述内容，例如字符相对于背景的对比度。这种情况，对比度就是字符亮度和背景亮度之比的绝对值。

10.3.2.2.2.2　Michelson对比度

Michelson对比度主要用来描述显示内容中一个元素的对比度，例如字母或数字，定义为

$$C_M=\frac{L_{max}-L_{min}}{L_{max}+L_{min}} \tag{10-2}$$

式中　L_{man}和L_{min}——显示元素的最大和最小亮度。

在图10.7-1的实例中，Michelson对比度是（90－30）/（90＋30）＝60/120＝1/2。

10.3.2.2.2.3　图像对比度

对比度和Michelson对比度都不适用于复杂的图像，因此引入了图像对比度的概念。用图像亮度$L(x, y)$和背景亮度L_0来表示，公式为

$$C(x, y)=\frac{L(x, y)-L_0}{L_0} \tag{10-3}$$

在有些场合，L_0为中间灰度（128）的亮度；在另一些场合也可为指定的背景亮度，或图像中所有灰度等级的平均值。

图像对比度的最大值定义为$C(x, y)$绝对值的最大值

$$C_P=\mathrm{Max}(|C(x, y)|) \tag{10-4}$$

对于灰度等级相对于L_0呈对称分布的图像，$C_P=C_M$。例如，平均等级为L_0的呈正弦曲线的栅格。在图10.7-1中的例子，图像对比度范围为（90－50）/50＝0.8到（30－50）/50＝－0.4，因此，对比度的最大值为0.8。

10.3.2.2.2.4　对比度能量

尽管在显示器标准中还没有广泛应用该指标，但是对比度能量的概念在定量化显示信息清晰度方面很有用。它考虑了对比度分布的区域和形状。它定义为图像对比度平方的总和，对于空间和时间的三维（3D）模式，单位是度的平方。对于图10.7-1中一维（1D）的例子，对比度能量为

$$(0.8)^2\ (4)+(-0.4)^2 2=2.88^\circ$$

在图片中，最低的对比度能量阈值大概为$10^{-6°2}$（A. B Watson，Barlow & Robson et al.，1983）。

10.3.2.2.2.5 可见的对比度能量

并不是所有的对比度能量都是可见的，靠近对比敏感度函数最大值的能力与高空间频率的能量相比，可见性更好。可见的对比度能量定义为对比度能量加权的对比敏感度函数

$$VCE = \iint_{x,\ y} [(h(x,\ y) \cdot c(x,\ y)]^2 \mathrm{d}x\mathrm{d}y \tag{10-5}$$

式中 $h(x,\ y)$——对比敏感度函数的脉冲响应。

可以查阅到函数的具体实例［A. B Watson 和 A. J. Ahumada，2005a］。

10.3.2.2.2.6 环境对比度

环境对比度是在典型的漫反射环境照明中，显示器白色亮度和黑色亮度的比值。在办公环境中，通常为 500 lux。正如前文提到的，在黑色房间中，假设没有环境照明，对比度就无法反应像包含一定环境照明的正常条件下的显示器表现的差异。环境对比度为真实情况下显示器的差异表现提供了一个更真实的衡量方法。如图 10.7-1 中的描述，在一个漫反射的环境中观察显示器，同时显示屏幕叠加了 10 cd/m^2 的亮度，环境对比度应为（100＋10）/（10＋10）＝110/20＝5.5。

10.3.2.2.2.7 动态对比度

在一些显示器中（如可调背景灯的液晶显示器），显示器总的增益效果会随着时间改变。例如，黑色的场景可以通过关掉背景灯和增大灰度等级来获得。这就产生了一个新的对比度的测量方法，L_K是背景灯关闭时的测量值，L_W是背景灯最亮时的测量值。这个对比度与静态的对比度相关程度很小，也可能是一个有争议的值，因为它不能在显示的单一的一帧中获得。

10.3.2.2.2.8 关于对比度的现有标准

美国国家航空航天局（1995）要求除了太阳光下观察的显示器外，指示器的对比度为 0.5。此外，在背景光很低的应用环境下，对比度应为 90%。对于投影显示器，对比度（称为亮度比）要求为 200；而对于各种各样的显示元素，则要求在 5～100 之间。在数字字母视频显示终端中，字符的 Michelson 对比度要求为 0.88～0.9。

TCO'03、TCO'05 和 TCO'06 中关于显示器字符 Michelson 对比度的要求为 0.7。ISO（2001）中提供了一个公式，对比度的要求为 0.45～0.75。人因工效学会（2007）中规定缺省配置的环境对比度为 10。此外，还规定了在办公室照明环境中，环境对比度至少为 3。

10.3.2.2.3 亮度和对比度：相关标准

表 10.3-2 亮度和对比度标准

标准	章节	标题
伽马和灰度等级		
TCO'03 FPD	A.2.6.5/B.2.6.5	彩色灰度级线性特征

续表

标准	章节	标题
VESA（2001）	302－5	全屏灰度等级
	302－7	全屏灰度等级色彩变化
	304－4	中心方框灰度等级
	304－11	JND关系灰度等级
	A209	眼睛的非线性响应
	A227	NEMA－DICOM灰度等级
人因工效学会（2007）	7.2.5.1	亮度范围
ISO，2001	7.14	显示器亮度
	7.16	亮度平衡
ISO/WD 18789－3	6.2.2	显示器亮度
	6.2.3	亮度平衡
TCO'03 CRT型VDU	A.2.3.1/B.2.3.1	亮度水平
	A.2.3.3/B.2.3.3	图像载入能力
TCO'03平板显示器	A.2.3.1/B.2.3.1	亮度水平
MIL－STD－1472F	5.2.1.6.2	亮度依据
	5.2.1.6.2.1	亮度范围
	5.2.2.18	透射式显示器亮度
	5.2.4.2.1	阴级射线管显示器亮度
	5.2.5.3.3	图像亮度和光的分布
MIL－HDBK－87213	3.2.1.6	显示器亮度、对比度和观察角
	4.2.1.6	显示器亮度验证
	3.2.1.6.3	多功能显示器亮度和对比度
	4.2.1.6.3	多功能显示器亮度和对比度验证
VESA（2001）	302－1	全屏白的亮度和色彩
	302－2	全屏黑的亮度和色彩
	302－9	光通量
	304－1	中心方框亮度和对比度
	304－2	中心方框开关亮度和对比度
	304－8	高度载入
	304－9	矩形框高度和对比度
	304－10	高度亮度和对比度
伽马和灰度等级		
TCO'03平板显示器	A.2.6.5/B.2.6.5	彩色灰度级线性特征
VESA（2001）	302－5	全屏灰度等级
	302－7	全屏灰度等级色彩变化
	304－4	中心方框灰度等级
	304－11	JND关系灰度等级
	A209	眼睛的非线性响应
	A227	NEMA－DICOM灰度等级

续表

标准	章节	标题
对比度		
NASA - STD - 3000	9.4.2.3.1.2	显示器对比度设计要求
NASA - STD - 3000	9.4.2.3.3.9	视觉显示终端设计要求
VESA（2001）	302 - 3	全屏暗室对比度
VESA（2001）	303 - 1	线亮度和对比度
VESA（2001）	303 - 1	N×N 格莱亮度和对比度
VESA（2001）	304 - 1	中心方框亮度和对比度
VESA（2001）	304 - 2	中心方框开关亮度和对比度
VESA（2001）	304 - 3	中心方框横向对比度
VESA（2001）	304 - 9	矩形框（n×m）亮度和对比度
VESA（2001）	304 - 10	高亮亮度和对比度
VESA（2001）	308 - 2	环境对比度
VESA（2001）	A220	对比度测量——A 手册
人因工效学会（2007）	7.2.5.3	亮度对比度和反射
ISO，2001	7.15	对比度
ISO，2001	8.6	亮度、对比度和漫反射照明的混合测量
MIL - HDBK - 87213	3.2.1.6	显示器亮度，对比度和可视角度
TCO'03	A.2.4.1	亮度对比度——字符
TCO'03	A.2.4.2	亮度对比度——依赖角度
TCO'05	A.2.4	亮度对比度特征
TCO'06	A.2.4	亮度对比度特征
TCO'06	A.2.4.1	亮度对比度——字符
TCO'06	A.2.4.2	亮度对比度——依赖角度

10.3.2.3 空间的度量

视觉信息包括按照空间、时间和波长传播的光。对于部分显示器，如仍是黑白图像，则只有空间维度。因此，显示器呈现空间图案的能力（达到更多细节层次）对于显示器的效果和呈现质量很重要。在矩阵显示器中，空间的呈现能力主要取决于两个方面：显示器的视觉分辨率、瑕疵和不均匀的处理。视觉分辨率用显示器在观察角每度内的像素数来表达。它综合考虑了显示器固有的分辨率（比如每厘米的像素）以及观察距离（厘米）。

所需的视觉分辨率的值主要由两个因素决定：显示器的应用及人类视觉的限制。正如5.4节所述，人眼无法看到60周期每度以上的空间图案。为了呈现这个频率，要求视觉分辨率为120像素每度。（Klein & Carney，1991，《针对更高要求可能性的讨论》）。在视觉分辨率低于30像素每度时，像素矩阵就能够可见，根据应用不同，这个值有时能接受，有时不能接受。因此，一般来说，高质量的显示器被定义为视觉分辨率在30～120像素每度的范围内。下面是一些典型的显示器应用中的视觉分辨率的建议值。如果没有要求，不同的应用中比值不同。例如，垂直像素为1080的高清电视（HDTV）显示器，在规定的3个图片高度的观察距离上，视觉分辨率为60像素每度。垂直像素为1600的大屏幕计算机计时器，在1个图片高度的观察距离上，视觉分辨率接近30像素每度。

如果显示器内每个像素在任意亮度范围内都能独立的设置，那么在像素密度方面可以指定分辨率，该方法一般适用于LCD和其他平板显示器。但是，并不适用于像素的照度会影响相邻位置像素照度的显示器。CRTs就是这种情况下，扫描线的高斯斑点大约会扩展到几个像素。在这种情况下，显示器真实的分辨率可以用下面将要提到的调制传递函数（MTF）来确定。

在下面的章节中，规定了空间显示质量最佳的度量方法，很多是由空间分辨率发展而来的。

10.3.2.3.1　像素

大多数现代的显示器被称为矩阵显示器，在矩阵列中通过控制每个独立像素的颜色来生成图像。TCO'03中将像素定义为“平板电脑显示器（FPD）中能寻访地址的最小的图像元素，具有再生全范围亮度和颜色的能力”。在彩色显示器中，像素可能由更小的、具有不同颜色属性的子像素组成。

10.3.2.3.2　分辨率

分辨率是一个很难理解的术语，常常用来描述像素中显示器的尺寸，有时用来形容像距的倒数。在后面的情况中，可能会使用“dpi”（每英寸的点数）这样的量。将讨论的术语“视觉分辨率”，更接近直觉意义上的分辨率，如细节的清晰或细致程度。也会介绍显示器MTF，这是一个更精细估量显示器空间分辨能力的方法。另一类术语，例如“尺寸”或“清晰度”，有时也用来形容显示器矩阵的像素数。一些尺寸已经成为工业标准，并有特定的名字。表10.3－3中例举了一些常用的标准尺寸。

表10.3－3　像素标准矩阵显示尺寸的选择

名称	宽×高
VGA	640×480
SD	640×480
HD	1 366×768
FullHD	1 920×1 080
XGA	1 024×768
UGA	1 600×1 200
SXGA	1 280×1 024
UXGA	1 600×1 200
WUXGA	1 920×1 200
WQXGA	2 560×1 600
QSXGA	2 560×2 048

10.3.2.3.3　像距

像距定义为相邻像素对应点（例如中心）之间的距离。在垂直和水平距离分开考虑的时候，通常规定使用毫米单位（mm）。当前液晶显示器的距离（2007），根据应用和期望的观察距离的6个因素改变。表10.7－3提供了一些实例。距离有时也定义为“分辨率”，即每英寸内的像素数。NASA－STD－3 000中规定了每英寸67行的分辨率。

10.3.2.3.4　视觉分辨率

显示器的视觉分辨率定义为每度视角内像素的数量（垂直和水平），因此是像距和观察距离的函数。视觉分辨率V表示为

$$V=(\tan^{-1} D_P^{-1})^{-1} \tag{10-6}$$

式中　D_P——用像素表示的观察距离（用毫米表示的距离除以像距），用反正切函数来计算度数。

在相关的距离内（$D_P>100$），可以用下式计算

$$V=\frac{D_P}{57.295\,7} \tag{10-7}$$

当垂直和水平尺寸不一样时，可以分开计算。表10.7－3给出了2006年一个大供应商的6个典型显示器。观察距离只用来说明例子。

表10.3－4　不同显示器不同视距的视觉分辨率

像素（垂直）	应用	像距/mm	视距，H/cm					
			1H	2H	3H	4H	6H	8H
320	手机	0.126	5.6	11.2	16.8	22.3	33.5	44.7
480	汽车导航	0.190	8.4	16.8	25.1	33.5	50.3	67.0
768	46″TV	0.746	13.4	26.8	40.2	53.6	80.4	107.2
1 080	46″TV	0.530	18.8	37.7	56.5	75.4	113.1	150.8
768	笔记本电脑	0.297	13.4	26.8	40.2	53.6	80.4	107.2
1 600	显示器	0.251	27.9	55.9	83.8	111.7	167.6	223.4

表中阴影部分为典型视距。

一些现有的标准发布了一些特别的视觉分辨率。TCO'03和TCO'05发布了30像素每度的“像素密度”，在1.5倍对角线的测量距离上会更大。TCO'06中，在4倍高的观察距离上，该值为30像素每度。人因功效学会（2007）中规定了“缺省配置”，在0.3 mm的像距和50 cm的观察距离下，它等于29像素每度。

10.3.2.3.5　调制传递函数

调制传递函数（MTF）是一种测量显示器对指定精度图像的呈现能力的标准方法。在最初的形式中，将一个指定对比度和空间频率的一维正弦曲线栅格测试图呈现在屏幕上，以测量最终呈现的对比度。可以通过设置不同的空间频率来反复测量，从而获得对比度调制和空间频率相关性的函数：调制传递函数。VESA（2001）文件中提出了一个简单的方法，使用黑白线交替的“N×N栅格”，每条线有n个像素宽。调制传递函数可以总结为对于n指定的值。

10.3.2.3.6　均匀性

很少有显示器在整个屏幕上都表现出完全一致的性能，因此，根据不同性能参数的空间均匀性给出显示器的特征是非常重要的。亮度均匀性是指，显示器的亮度在整个屏幕上是保持不变（或改变）的度量特征。例如，亮度均匀性为100%是指所需要的显示亮度在屏幕任何位置都是一样的，而亮度均匀性为90%是指其显示性能具有较小的偏差。最简单和一般的情况，亮度均匀性通过最小亮度到最大亮度的百分比变化来定义。

对屏幕不同位置的性能，存在不同的取样和亮度分析方法。可以从屏幕离散位置的稀疏点取样到在整个屏幕范围内进行区域扫描，可以提供完整的亮度测量值。亮度均匀性通过最大显示亮度、最小显示亮度和中等亮度水平或者不同灰度级别来定义。

- 亮度均匀性的度量方法选择应基于显示器的应用和可以获得的测量源。

10.3.2.3.7　穆纳

穆纳（来自于日语“瑕疵”），是指屏幕上某局部存在缺陷，例如黑点或者亮点、污点、条纹或色条。当显示器启动，屏幕亮起后，这些缺陷是可见的。穆纳通常有别于单像素缺陷，目前对识别或量化穆纳并没有一致的标准。现在广泛采用的是一种叫做空间标准观察者（Watson，2006）的方法，其测量污点可见对比度能量，测量单位是JND。

虽然通常穆纳和不均匀性这两个特征是分开应用的，但是它们密切相关，唯一的不同仅在于所考虑的空间频率波段不同，中频的是穆纳，低频的是不均匀性。

10.3.2.3.8　像素填充因数

像素填充因数被定义为被照明像素区对整个像素区的比率。该指标只有在预先设定好的区域生成了像素才具有意义（如在液晶显示器中）。像素填充因数本身并不直接与显示器质量有关，但可以影响其亮度和显示阵列的可见性。它与另外一种方法有关，像素栅极调制，即显示器像素结构引起的，用于屏幕均匀照明亮度的周期性调制。ISO（2001）和人因工效学会（2007）规定，如果显示器的视觉分辨率低于30像素每度，填充因数必须大于0.3。

10.3.2.3.9　空间度量：相关标准

表10.3-5　空间度量标准

标准	章节	标题
TCO'03	A.2.1.1	像素阵列要求
ISO 13406	3.4.8	像素间距
人因工效学会（2007）	7.2.3.2	像素间距
NASA 3 000	9.4.2.3.3.9a	分辨率
VESA（2001）	303-7	对比度调制分辨率
人因工效学会（2007）	7.2.1	缺省配置
ISO，2001	7.1	设计观察距离
TCO'05 笔记本	A.2.2.1	固有像素阵列要求
TCO'06 多媒体显示器	A.2.2.1	像素阵列要求

续表

标准	章节	标题
TCO'03 平板显示器	A. 2. 2. 1	像素阵列要求
调制传递函数		
VESA（2001）	303 - 2	N×N 格莱亮度对比度
VESA（2001）	303 - 7	对比度调制分辨率
VESA（2001）	A220	对比度测量——A 手册
均匀性		
ISO，2001	7. 19	亮度均匀性
ISO/WD18789 - 3	6. 4. 1	亮度不均匀性
TCO'03 阴极射线管型中央显示器	A. 2. 3. 2/B. 2. 3. 2	亮度均匀性
TCO'03 平板显示器	A. 2. 3. 2/B. 2. 3. 2	亮度均匀性
MIL - HDBK - 87213	3. 2. 1. 6. 6	亮度均匀性
VESA（2001）	306 - 1	白色抽样均匀性和色彩
	306 - 2	黑色抽样均匀性
	306 - 5	深灰色抽样均匀性
像素填充因数		
ISO13406	3. 4. 1/7. 9	填充因数
人因工效学会（2007）	7. 2. 3. 2	像素栅格调制，填充因数
VESA（2001）	303 - 3	像素填充因数

10. 3. 2. 4　时间度量

目前的图像显示器既能显示静态图像，也能显示动态图像。他们通过使用视速仪模式实现该目的：给观察者快速呈现一系列静态图像，显示图像的速率和显示技术的时间特性决定了显示器的质量。例如，时间特性将决定显示器是否闪烁，显示的移动目标是否平滑，移动目标的边角是否模糊等。

和空间维度一样，对时间的要求与眼睛的时间极限特性密切相关。在 5.4 节，观察者不能分辨高于 60 Hz 的亮度调制，这是确定帧速大小的基础。

显示器与时间相关的其他特性需通过对显示器长期观察得到。例如，显示器的热启动是否需要长时间启动，长期使用后其亮度是否会下降，稳定不变的图像是否会永久“烧灼”显示器，长时间间隔的显示是否会“刺穿”显示器。

在目前的频闪观测仪显示器中，有两种类型其时间过程和单帧时间是不同的。第一种类型是抽样型显示器，给定像素只在帧间隔中被照亮。阴极射线管显示器就是这种抽样型显示器，随着电子束扫描光栅，其依次扫描每个像素，产生简单的照明脉冲，由荧光速度确定的简短间隔总是位于帧时间间隔之内。而在保持型显示器中，给定像素通常在每帧显示的整个时间范围内都被照亮，液晶显示器就是保持型显示器。保持型显示器的时间特征由像素的“开”“关”响应决定，也与保持时间有关。

10.3.2.4.1 闪烁

闪烁是指在显示器均匀亮起时，亮度明显的周期性波动特征，是显示器连续多帧周期性照明的结果，当亮度调制时间超过人的视觉阈值时表现出来。该阈值由人的时间对比敏感度函数决定，该部分已在第5.4节中进行了介绍。该功能由照明区域的大小、视网膜位置和平均亮度决定，但当频率超过70 Hz时，其值通常为0。因此，闪烁仅仅是在该频率或者更高时的一个问题。正如在VESA（2001）或人因工效学会（2007）7.2.4.3节中描述的那样，闪烁能进行主观测量。

常规的保持型显示器，如液晶显示器，通常没有闪烁，这是因为这类屏幕不是采用固定灰度级调制的。但是最近，在保持型显示器中使用的改进运动模糊的技术（见下文）可能产生闪烁现象。

10.3.2.4.2 阶跃响应和响应时间

该测量指标通常应用于保持型显示器，如液晶显示器，它描述时间步进响应特性："开"或"关"指定像素的时间。因为精确的开关像素时间很难测量，所以开的时间通常定义为像素从10%到90%亮度的转换时间，测量开像素时间的例子如图10.7-2所示。相似的方法，可以测量关像素时间。通常开关像素时间都需要进行测量，因为它们可能是不同的。响应时间通常定义为开关像素时间的总和，用毫秒或者帧数计量，VESA（2001）提供了详细的测量方法。响应时间对显示器的动态质量有很大的影响，特别运动模糊的处理，下面会讨论。

图10.7-2表示灰度级从0～255（黑和白）的响应时间，响应时间可以通过任意两个灰度级进行测量。对于不同的灰度级，其差别是很大的，所以通常在一个灰度级的子集（例如5）中测量所有可能的转化结果。目前将这些数值转换成一个单一度量指标的方法还没有达成一致统一。

10.3.2.4.3 运动模糊

对于保持型显示器，运动时其图像会模糊，发生这种状况的原因是，在保持时间内图像要保持静止，然而眼睛盯着某一运动图像时其也在持续运动，运动图像落在其视网膜上。运动模糊也经常发生在反应迟钝的抽样型显示器上（例如，荧光速度低的阴极射线管显示器）。运动模糊使人眼看不清所观察的运动物体，在液晶显示器中特别明显，也出现在等离子显示器中。

目前正在采用一些技术改进液晶显示器和其他保持型显示器的运动模糊现象，“插黑”就是其中之一。在帧时间范围内分出一部分时间，将像素关闭。“过分驱动”，即通过将像素驱动，瞬时超过其目标值，减少开时间来实现。使用120 Hz或者更高的帧速，显示插值后的运动图像。过滤背景灯光，这种方法原则上会使液晶显示器变成抽样型显示器。以上这些技术都提供了很好的前景，但是会有很大的花费，并且可能有潜在的伪影。

关于运动模糊的测量已经提出了各种不同的方法，其中之一是“追逐照相机”，在整个屏幕中跟踪边缘的运动。同步照相机，使边缘的平均位置在照相机中保持静止。在跟踪运动边缘时，照相机的运动会模拟眼睛的运动。结果是，跟踪眼会观察到静止的边缘图像，该图像通常转换成边缘文件，如图 10.3－6 所示。

第二种方法依靠观察，即在典型条件下，模糊边缘轮廓可以从阶跃响应的回旋和单帧宽度脉冲中获得（Watson，2006）。正如图 10.3－6 所示，黑色曲线表示阶跃响应，灰色曲线表示边缘轮廓。通过这种方法进行计算时，边缘轮廓通常表达为时间的函数。按照边缘运动速度（每帧像素），通过（按帧）扫描时间轴可以转换为空间（像素）的函数。在例子中有表示，水平轴也可以按像素进行读取，如每帧 1 个像素的速度。

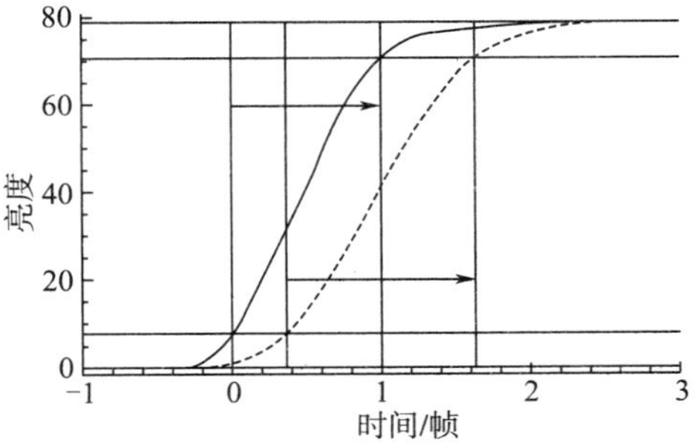

图 10.3－6 液晶显示器运动模糊和相应的测量步骤（见彩插）

图 10.3－6 中黑线表示灰度级从 0（黑色）～255（白色）的转化过程中，液晶显示器的亮度值随时间的变化；红线标识接近黑色亮度和白色亮度；灰线表示在开关像素从 10%～90%亮度的差别；蓝线表示曲线位于 10%～90%的次数。在它们之间，用蓝箭头进行标识的是时间间隔（0.987 帧）。灰线表示通过阶跃响应回旋得到的模糊边缘轮廓；绿线表示曲线从 10%到 90%的点数；绿色箭头表示它们之间的间隔，称为模糊边缘时间（BET）（1.26 帧）。

目前的做法是，按照边缘轮廓的宽度定量化运动模糊现象，对整个过程的 10%～90%进行测量。如图 10.3－6 中绿色箭头所示，该宽度被定义为模糊边缘时间，在该例子中其值是 1.26 帧。按照像素使用模糊边缘时间乘以速度（像素/帧），模糊边缘时间可以转换为模糊边缘宽度（BEW），BEW＝1.26×16＝20.16 像素。

边缘轮廓并不总是平滑和单调的，10%和 90%对应的点没有很好地进行定义，注意到这点很重要。对于某等离子显示器，在灰度级 150 和 139 之间的边缘轮廓如图 10.3－7 所示，可以看到超调和震荡，这让人不舒服，但是不能通过采用模糊边缘宽度等简单的时间测量进行捕获。目前已经提出了处理过冲的特别方法，但是没有得到有效性确认，在边缘轮廓中也没有提出变化的整个范围。

此外，模糊边缘宽度并没有考虑边缘的对比度。当测量不同灰度级转换的阵列时，每个阵列都会产生一个模糊边缘时间，每个模糊边缘时间对应一个不同对比度的边缘。目前还没有办法对模糊边缘时间和对比度的结合进行转换，转换为可见性和伪影的测量等。

由于这部分原因，目前还没有达成一致可行的运动模糊测量方法，显示器度量学国际委员会（ICDM）正致力于解决这一问题，在不久的将来可能会提供指南。

空间标准观察员（Watson，2006）提出了一种感知意义度量方法。该度量方法为，

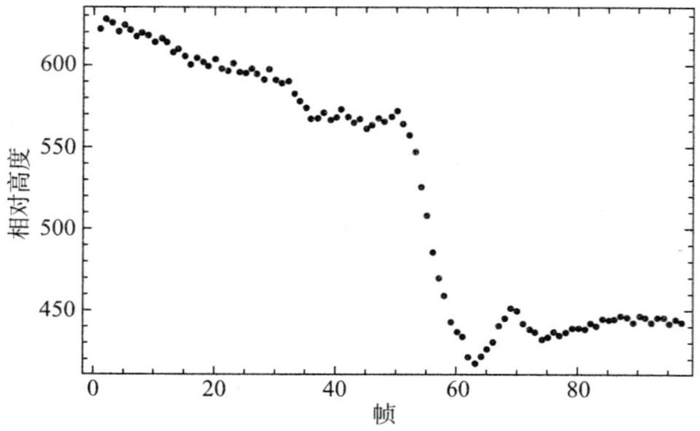

图 10.3－7　特殊等离子区显示器的灰色度 150 和 139 之间的边缘轮廓，显示超调和震荡

理想边缘和实际边缘的差别，包括模糊、震荡、超调、对比强烈，采用最小可觉差进行定量化。评价这种方法的研究正在进行。

10.3.2.4.4　稳定特征

显示器图像的质量可能受到很多稳定特征的影响、第一个是热启动时间，它描述了打开电源后全屏亮度变化。很多显示器经过数分钟甚至几个小时也不能达到最后的稳定值。

第二个稳定特征是在显示器的使用周期内，随着显示器使用时间变长，全屏白亮度的变化（通常降低），有时叫做“显示器老化”。当荧光粉作为光源时，就会发生多方面的老化，这在阴级射线管、液晶显示器和平板显示器中是常见的。通常的结果是使用几个小时后亮度降低 50%，有时又称作“使用寿命”。阴极射线管、液晶显示器和平板显示器的寿命一般是 20 000～60 000 h，也部分取决于亮度设置和平均灰度级水平。

10.3.2.4.5　时间度量：相关标准

表 10.3－6　时间测量方法标准

标准	章节	项目	数值
VESA（2001）	305－1	响应时间	
VESA（2001）	305－3	热启动时间	
VESA（2001）	305－2	残留图像	
VESA（2001）	305－4	主要闪烁组件	
VESA（2001）	305－6	闪烁视觉评价	
HFES2006	7.2.4.1	响应时间	开关时间＜55 ms
HFES2006	7.2.4.3	闪烁	帧率＞公式值
ISO13406	7.24	闪烁	对 90%的用户不可见
ISO13406	3.4.4，7.21	成像时间	开时间＜55 ms
TCO－06	A.2.8.2	响应时间	开关时间＜13 ms

第三个稳定特征与屏幕的不均匀老化有关，这种老化通常叫做“烧灼”或者“残留图像”。在阴极射线管和平板显示器中经常发生，长时间不变的图像常常导致不均匀照明。

常用的做法是，在不同亮度水平使用一定时间之前和之后测量几个小的屏幕区域的均匀性（VESA，2001）。

10.3.2.5　颜色

10.3.2.5.1　原色

彩色显示器的原色是一系列基本颜色，其按照不同的比例可以合成一系列其他颜色。为了合成全方位的颜色，显示器必须至少包含波长在可见光谱分布的三原色：红（R）、绿（G）和蓝（B）。几乎所有的彩色显示器都使用红（R）、绿（G）、蓝（B）三原色，但是有些显示器使用更多的原色实现诸如更大范围颜色等性能指标，或者将显示器颜色与其他彩色媒介颜色进行匹配。

用于电视机、计算机工作站、图形显示器和来自互联网的颜色内容的正确再现［博伊敦（Poynton），2003］的原色色度坐标存在各种标准。显示器色彩原色的一个最重要和突出的规定是推荐使用由国际电信联盟（ITU）制订的（Rec.）709 高清电视标准。它也为计算机图形和互联网颜色内容提供了标准红绿蓝（sRGB）三原色规定的技术基础。图 10.3－8 表示在 CIE 1976 UCS 色度图上绘制的 ITU Rec. 709/sRGB 显示器原色坐标系。

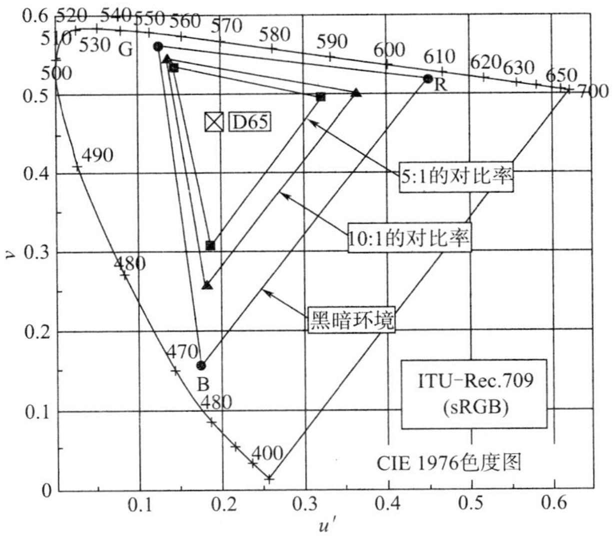

图 10.3－8　ITU－Rec. 709/sRGB 显示器色彩主要划分在 CIE1976UCS 图标，Rec. 709/sRGB 色域显示入射照明的三种倾向：黑暗环境和减少显示白色峰值对比率 10：1 或 5：1 的宽带照明。阐释 D65 白色点位置（见彩插）

10.3.2.5.2　色域

显示器 2 维（2D）色域规定了显示器上生成颜色的区域包络或色度。一般该色域描述为参照色度坐标系统下显示器原色所限制的区域。图 10.7－4 所示为，作为 Rec. 709/sRGB 原色的 2D 色域，表明 RGB 三原色色度坐标系限定的三角形区域。2D 色域是一种有用的测量标准，用于显示器颜色性能的限定，在所限定的区域内能够生成任意色点。但是，由于原色动态照明范围的限制，不能对该范围进行量化。

规定色域常用的工业方法是，在 CIE 1931 色度图中的显示色域区域，作为 NTSC 色域的百分比。后者是电视广播早期标准的假定色域，由于某些原因，该方法存在一些问题。第一，众所周知，CIE 1931 颜色空间非常不均匀，因此该区域没有意义。诸如上面讨论过的 CIE 1976 UCS 更均匀的颜色空间对计算机显示区更敏感。第二，在计算比率时，不清楚如何处理两个色域不相交的区域。第三，如果使用任意参照三角形，它将对实际使用的三角形更敏感，如上面讨论过的 ITU Rec. 709。在 VESA（2001）中提出了一种方法，即色域区域法，包括 CIE 1976 UCS 图表对整个光谱区域内的显示器色域比率（0.1952），该方法现在还没有得到广泛认同。

所有 2D 色域方法均不能表示显示器所能生成的全部颜色，因为它们只包括三维颜色空间的一部分。特别是，它们忽略了该颜色范围内的动态部分和量化。可能建立 3D 色域度量方法对显示器渲染能力更加准确的描述。例如，色域也可以表示成第三维是亮度。更为典型的是，色域可以使用 CIE L * *a* * *b* * 颜色空间进行线性化，及按比例缩放照明因素形成规范的照明维度，如图 10.3 - 9 所示，用于具有 ITU Rec. 709/标准黄绿蓝原色的显示器，以及每种原色量子化的照明范围。

目前，具有更新的色域和更大范围的动态范围的更普遍的色域方法需要在新技术下实现。具体例子是用于视频系统（Tatsuhiko et al.，2006）的 xvYCC 扩展色域；和所谓的“深度颜色”，一个 30～48 位的颜色显示方案，现在是高清媒体界面（HDMI）的一部分。精确且有意义的 3D 色域度量方法的设计是未来研究的重点。

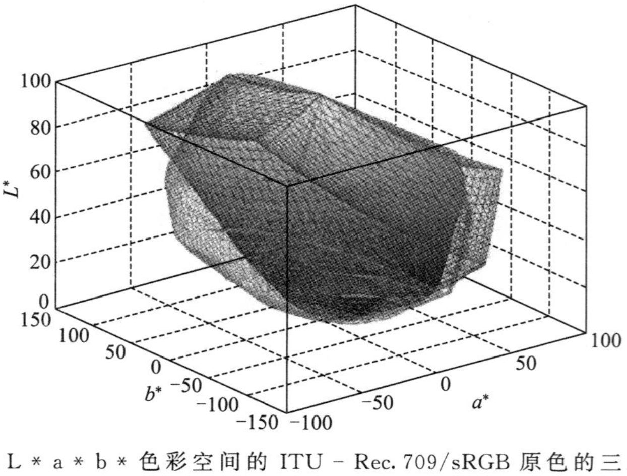

图 10.3 - 9　在 CIE L * a * b * 色彩空间的 ITU - Rec. 709/sRGB 原色的三维色域划分。ITU - Rec. 709/sRGB 色域通过红色线框体现。灰色柱状是真实对象色彩的色域的评估，整个色彩柱阐明这两个色域的交叉点（见彩插）

10.3.2.5.3　白点

显示器白点建立了彩色显示系统有效的色度平衡中心和对于显示器观察者视觉彩色适

应性的数据源。

白点建立了原色间的照明对比度，实现了显示器色域非彩色区域规定的色度。

按照 Kelvin（K）等级的定义，白点通常指定为色温沿黑体辐射曲线规定色度匹配，这样的色度匹配被指定为相关色温。建立显示器白点的过程涉及到所指定相关色温的色度坐标的定位，然后确定了实现这些坐标所必需的显示器原色比率。在 CIE 标准照明设计（如果进行了说明）和 CIE 1976 色度坐标中，常使用白点的方法，包括 6 504 ℃K（CIE 源 D65；$u'=0.1978$，$v'=0.4683$）CCT；5 000 ℃K（CIE 源 D50；$u'=0.2092$，$v'=0.4881$）CCT；6 774 ℃K（CIE 源 C；$u'=0.2009$，$v'=0.4609$）CCT；2 856 ℃K（CIE 源 A；$u'=0.2560$，$v'=0.5243$）CCT 和 9 300 ℃K（$u'=0.1915$，$v'=0.4436$）CCT。

10.3.2.5.4 周围色域

一般来说，如果照明不能消除色差或者具有中性光谱，显示器的环境照明会降低所显示内容的对比度和色彩饱和度，也会改变所显示内容的色调。环境照明改变显示器色域的程度依赖于显示器的发光和反射特性、环境照明的亮度和 SPD、显示器和环境照明光源的相对几何位置关系。

在整个环境照明水平内，特别是操作控制的环境下，考虑显示器色域是非常重要的。这样的考虑可能影响显示器技术的选择和显示器视觉参数指标。环境照度不仅降低了显示器对比度和色彩饱和度，还降低了显示器有效的色域。

10.3.2.5.5 颜色跟踪

一旦选择了显示器的白点，该白点相关的照度和驱动水平比率就建立起来了。在整个显示器不同强度水平内确保维持合理的比率容差是非常重要的，驱动水平可以比作对比度设置和颜色增益设置。保持照度水平和驱动水平比率，以确保显示器在整个动态范围内颜色显示的稳定性，因此叫作颜色跟踪。

可以使用不同的方法评价颜色跟踪。一种著名的方法是在整个驱动范围内评价显示器白点的基本照度比率，另一种方法是在同样的范围内测量白点的色度，基于同样的目的。色差的度量也是非常有用的，其提供了一种建立彩色显示器容差的一般方法。

10.3.2.5.6 相关标准

表 10.3-7 颜色标准

显示器标准	章节	标题
人因工效学会（2007）	7.2.5.6	缺省颜色
	7.2.5.7	色差
	7.2.5.8	颜色均匀性
	7.2.5.9	颜色的数量
	7.2.5.10	背景/前景交互
	7.2.6.2	彩色字符大小

续表

显示器标准	章节	标题
ISO，2001	7.5	色度均匀性差异
	7.25	缺省颜色
	7.26	彩色物体大小
	7.27	色差
	7.28	光谱极限颜色
	7.29	颜色数量
ISO/WD 18789－3	6.4.2	颜色不均匀性
	6.6.4	颜色编码
	6.7.1	单色和彩色物体大小
	6.7.3	图形的颜色依据
	6.7.4	背景和周围图像效果
	6.7.5	颜色数量
	6.8.1	色域和参考白点
	6.8.2	颜色伽马和灰度等级
阴级射线管型 TCO'03 VDU	A.2.6.1/B.2.6.1	相关色温偏差
	A.2.6.2/B.2.6.2	颜色均匀性
	A.2.6.3/B.2.6.3	RGB 设置
TCO'03 平板显示器	A.2.6.1/B.2.6.1	相关颜色温度偏差
	A.2.6.2/B.2.6.2	颜色均匀性
	A.2.6.3/B.2.6.3	RGB 设置
	A.2.6.4/B.2.6.4	颜色均匀性——不同角度
	A.2.6.5/B.2.6.5	颜色灰度等级线性特征
MIL－STD－1472F	5.2.1.5.6	颜色编码
	5.2.1.5.6.1	颜色编码的使用
	5.2.1.5.6.2	颜色选择
	5.2.1.5.6.3	暗适应
	5.2.1.5.6.4	彩色对比度
	5.2.1.5.6.5	色差
	5.2.1.5.6.6	彩色物体大小
MIL－HDBK－87213	3.2.1.6.5	色度差异
	4.2.1.6.5	色度差异的验证
	3.2.1.8	显示器颜色
	4.2.1.8	显示器颜色的验证

续表

显示器标准	章节	标题
VESA（2001）	302－1	全屏白光照度和颜色
	302－2	全屏黑照度和颜色
	302－4	全屏色域和颜色
	302－4A	色域区域测量法
	302－6	全屏色度
	302－6A	白点精度
	302－7	全屏灰度颜色变化
	304－5	中心框色域
	304－6	中心框色度
	306－1	白光抽样均匀性和色彩
	306－4	颜色抽样均匀性
	307－6	反转颜色观察锥

10.3.2.6　可视角度性能

可视角度是指显示器屏幕中心法线与该中心到眼睛（或者测量设备，或者鼻桥）的视线之间的夹角。不同的可视角度，显示器不同方面的性能指标可能存在差异。与可视角度有关的，显示器视觉特征最常见的变化是亮度的渐变、对比度降低、平均反转对比度降低及颜色的变化，包括所显示颜色的饱和度的降低和色调的变化。此外，这样的变化通常是各向异性的，并且相对于显示器的法线，随着不同的可视方位角（φ）和极偏差角(θ）而有所改变。

对于不同的可视角度，显示器性能指标会有不同程度的改变，所采用的显示器技术也不同。阴极射线管显示器基本上是朗伯发光器，一般来说，其随着可视角度变化很小或者没有变化。等离子显示器随着偏心率的变化，其亮度一般来说略有渐变。后置投射式显示器的可视角度指标主要由投射屏的特性和相应的设计指标确定，设计指标包括由于屏幕的几何和光学特性而引起的各向异性亮度变化等。一般液晶显示器是随可视角度变化性能变化最大的显示器，其在亮度、对比度和颜色上均表现出显著的各向异性。虽然液晶显示器在可视角度上的光学变化是不可避免的，但是最近在液晶显示器显示技术领域取得了较大的进展，大大改善了早期一直困惑曲向阵列液晶显示器平板的可视角度问题。

可视角度指标通常涉及到由于不同的可视角度，各像素在亮度、对比度或者色度方面产生的变化。函数 $Yxy(r, g, b, \theta, \varphi)$ 提供了性能指标的完整描述，这里 Yxy 是 CIE 坐标，r，g 和 b 是所选择颜色的数值，θ 是极偏差角，φ 是球坐标系的方位角。由于作为所有可能的可视角度半球，Yxy 的高分辨率取样要求限制测量数目，因此采取了各种简化措施。例如，很多测量只考虑到亮度性能 Y，其作为灰度级（$r=g=b$）的函数；对于黑白显示器，通常只考虑对比度指标。同样的，通常在水平或者垂直方向上可能只考虑很少的不同角度，或者在球坐标系中只取样一系列角度（例如，θ 和 φ 按照 $10°$递增），然后拟合

ISO 轮廓线，预估全部可视空间的性能指标。图 10.3 - 10 为一种主动矩阵液晶显示器的峰值对比度 ISO 轮廓线。

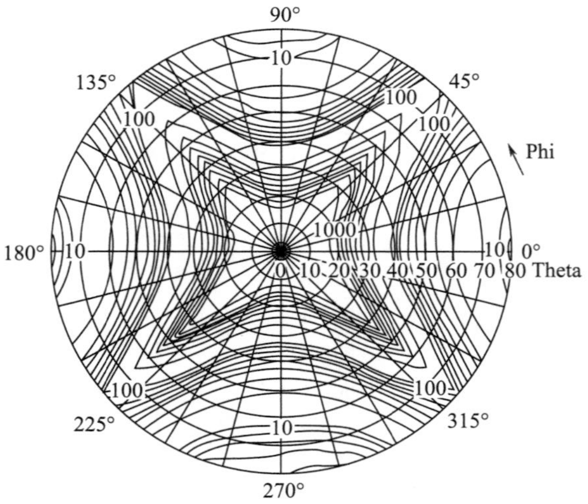

图 10.3 - 10　在球形坐标中主动矩阵液晶显示器的峰值适光性对比度 ISO 轮廓线

一种通常的做法是验证显示器在 4 个选定的角度（左、右、上、下）规定的包络面内是否满足一系列标准（例如，亮度、对比度和颜色）。例如，人因工效学会（2007）表明，显示器应该满足水平方向±30°和垂直方向从+30°～20°所有的要求。另外一个常用做法是验证在 4 个方向（左、右、上、下）的性能指标（例如，对比度和颜色）的变化范围（例如，对比度降低 0.5，或者颜色数值 CIE $L*a*b*\Delta E=5$）是否超过正常范围。VESA（2001）为可视角度性能指标不同的测量值提供了更好的描述，实际要求的可视角度性能指标依赖于其应用和分布范围。

10.3.2.6.1　视场角：相关标准

表 10.3 - 8　视场角标准

标准	章节	题目
人因工效学会（2007）	7.2.2.3	设计视图包络
ISO，2001	7.2	设计视图方向
ISO/WD 18789 - 3	6.1.2	设计视图方向
TCO：瑞典劳工联盟 TCO'03 标准中的“平板显示器” FIDD：Filat Panel Display	A.2.3.4 /B.2.3.4 A.2.4.2 /B.2.4.2 A.2.6.4 /B.2.6.4	亮度均匀性的角度依赖性 亮度对比度的角度依赖性 色彩均匀度的角度依赖性
美国军用手册 87213	3.2.1.6.7 4.2.1.6.7	视场角度 视场角度的验证

续表

标准	章节	题目
视频电子标准协会（2001）	300－2	坐标和视角
	307	可视角度性能
	307－1	回点视角
	307－2	鉴于阈值 301－1 & V 视光角度
	307－3	灰阶反转
	307－4	视锥阈值
	307－5	灰阶反转视锥
	307－6	彩色反转视锥
	304－6	中心盒色标
	306－1	采样的均匀性与白色系
	306－4	颜色的均匀采样
	307－6	颜色反转视锥

10.3.2.7 文本

早期的显示器标准文件包括一系列详细的特殊显示内容。随着可编程矩阵显示器的普遍使用，在其上可以渲染显示任何内容，其似乎更加适合编写标准并规定更一般的特性，例如分辨率、对比度、灰度级和色域。然而，一些类型的显示内容是非常独特并经常使用的，这需要特别注意。对这些特殊的显示元素，文本要突出和明显标注。

10.3.2.7.1 背景研究

显示器文本标准主要与字符大小、间距、宽高比和行间距有关，本部分提供了相关研究结果。

字符是复杂的图形元素（特别是亚洲文字），单个文字字符在字宽和字高上都有变化，所以有必要规定每种字体的大小。本章所涉及的标准中，字符大小通常按照大写字符“H”给出高度（通常叫作“大写字符高度”）。作为对比，印刷体一般按照字符 x 的高度规定字符大小（也叫作“x 高度”，或者单位“ex”）。不同的字体，x 高度与大写字符高度的比率是不同的，差别很大。因为在阅读文章中经常使用小写字符，有人认为 x 高度可以作更好的标准化基础。进一步选择 x 高度的理由是，大多数阅读的研究表明，不同的 x 高度比大写字符高度更加适用。

为了说明上述结果，图 10.3－11 列出了一个放大特殊的固定字宽 32 点信使（Courier）字体样本。在该样本中，x 宽度是 x 高度的 1.16 倍，H 高度是 x 高度的 1.28 倍，两个字符 x 的默认水平间隔是 x 高度的 1.31 倍。

图 10.3－11 字体尺寸示例

讨论字符大小的出发点是，具有正常视敏度（20/20）的受试者不能够识别低于 5′字高的字符。然而，这是在需要仔细可视和判读每一个字符的条件下，正视眼的观察者所能够达到的极限（通过物体图像正常聚焦在视网膜上可视物体），在此，字符采用特殊的字符集（Sloan）。为了满足低于正常视敏度和不同字体的要求，以及为了不经过仔细判读就进行快速阅读的需要，通常采用更大的字符高度。

在一系列综合性文章中，Legge 和他的同事研究了不同字符的大小、对比度、字体、颜色和其他变量条件对阅读速度的影响。Legge 改变了字符宽度（定义为相邻字符的水平间距），实际字符大小随该间距变化。如上所述，字符的间距通常与字符高度一样，字符宽度在 24′和 42′将获得最佳的阅读速度。为了达到合理的阅读速度，字符宽度应该在 12′～360′之间。小于 12′和非常大的字符，阅读速度迅速下降（Pelli，Rubin & Schleske，1985），这些基本结果如图 10.3－12 所示。

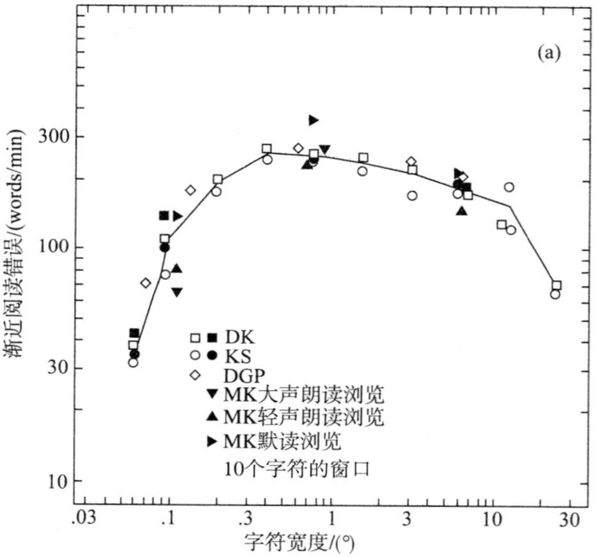

图 10.3－12　字符宽度和间隔对阅读速度的影响。图由（Legge，1985）重制。DK，KS，DGP 和 MK 是最初的个体观察者

Chung 也通过使用更先进的显示技术测量了不同字符间距条件下的阅读速度（Chung et al.，1998）。她的数据只包括小字符的数据，参见图 10.3－13，尽管 Chung 的数据没有扩展到列格字符最佳的大小，但这些数据与 Legge 数据（红点）相似。

Legge 等也发现文本的极性（即白底黑字对与黑底白字相比）不会有影响。通过字符图像的取样（阵列显示器也是一样的），阅读速度降低到临界样本密度以下。临界样本密度是字符大小的函数，大约是 6′字符的 4 个样本/宽度。对于最佳字符大小，除非对比度降低至 0.1 甚至更低，否则对比度没有影响（Legge，Rubin & Luebker 等，1987）。对于更小或者更大的字符，对比度影响显著。根据对比敏感度函数和临界频率（每字符宽度 2 圈）很好理解阅读对比度的阈值（阅读速度在每分钟 35 个字时的对比度）。

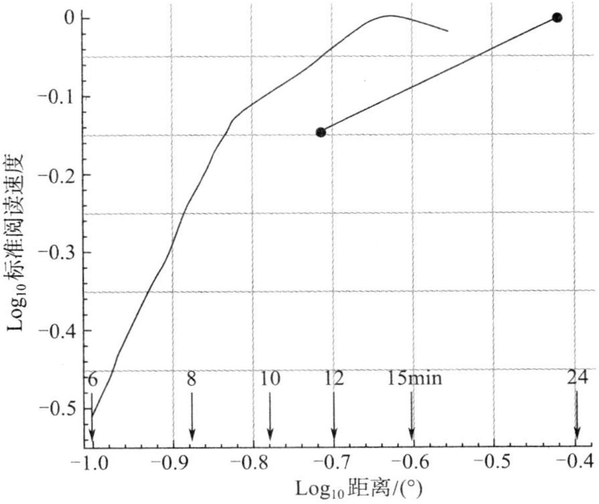

图 10.3－13 阅读速度根据字母大小或间距的变化，数据来自（S. T. Chung et al.，1998）

当颜色和照明对比度都处于阈值时，其对阅读速度具有同样的影响，当两者都处于阈值时，较大者控制阅读速度［Parish，Luebker 和 Wurm 等，1990］。

Chung 使用固定宽度的信使（Courier）字体，分别研究了字符大小和间距对阅读速度的影响。她首先使用临界印刷体大小，该字体使阅读速度达到了渐近值。使用 0.8 或者 1.5 倍临界印刷体大小的字符，她只发现了阅读速度的细微变化，参见图 10.3－14。

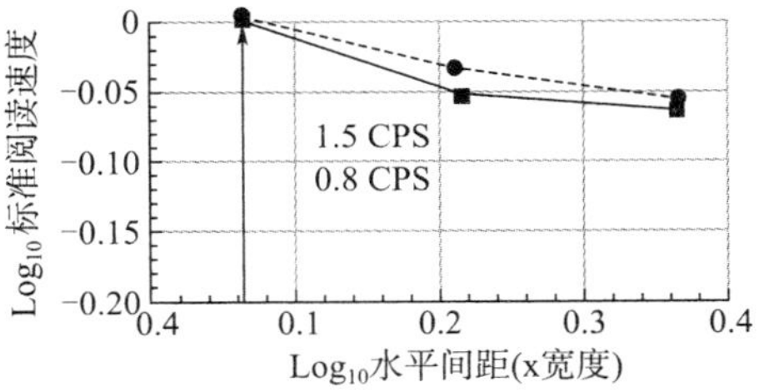

图 10.3－14 阅读速度根据水平间距的变化，数据来自（张，2002）

所应用的间距应该避免发生字符交叠，箭头表示 1.16 倍宽度的这种字体的默认间距。

Chung 在后续关于垂直间距的研究中发现，其对阅读速度的影响效果同样不明显，如图 10.3－15 所示。Chung 的实验结论是，只要不发生字符交叠，字符间距对阅读速度几乎没有影响。

所应用的间距应该避免发生字符交叠，箭头表示 2.6 倍高度的这种字体的默认间距。

Pelli 和同事指出字符间距和字符大小通常会混淆。鉴于相邻字符“拥挤”的效果，他们认为限制因素实际上是字符间距，特别是当集中注意力观察的字母扩展到外围设备时（Pelli et al.，2007）。

这些研究采用了上述固定宽度的字体，Arditi 和同事比较了固定字符宽度字体和改变

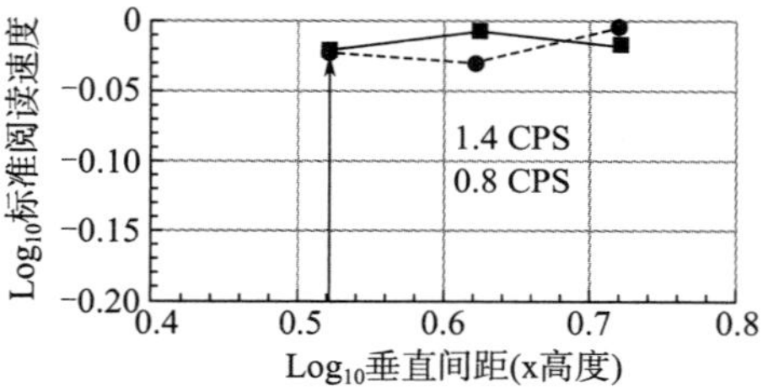

图 10.3－15　阅读速度根据垂直间距的变化，数据来自（S. T. Chung，2004）

字符宽度字体的差别。结果表明，2 种类型字体对字符大小范围的影响，和对阅读速度的影响并无显著差别（最小 15′～30′，Arditi，Knoblauch，& Grunwald et al.，1990）。

正如后续的研究需求说明的一样，文本显示器可以通过使用工具计算不同大小、形状、对比度和颜色的任意组合条件下的易读性，从而进行更好的设计。在研制出这样的工具之前，我们应提供该领域内的一些度量方法和标准。

10.3.2.7.2　字符大小（度）

图 10.3－16 提供了不同的标准，这些标准说明了阅读和审查的要求。为了方便审查，即使要花费更多的时间和精力，字母也必须可辨识，例子中给出了下标和上标。

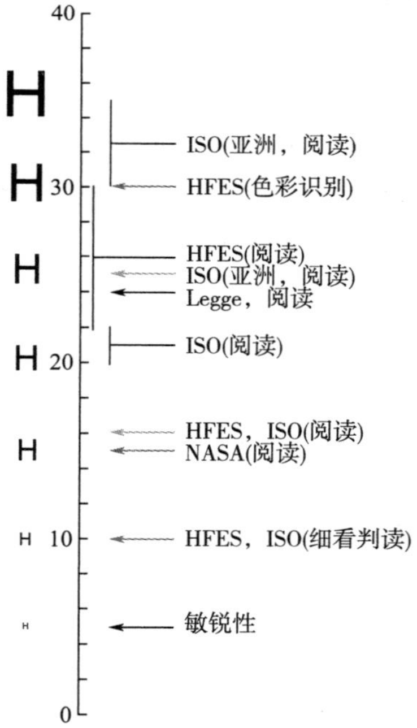

图 10.3－16　弧分字符高度标准。要求用红色显示，推荐用蓝色。字母尺寸与正常视觉敏锐性相统一，也被显示出来，同时也是通过 Legge 建立最佳尺寸（参见图 10.3－12）。当在合适的距离观看时，左边列出的字母是正确的（见彩插）

10.3.2.7.3 字符大小（像素）

以像素表示字符的大小（有时也叫字符格式或者字符矩阵）仅适用于低视觉分辨率显示器（小于 30 像素每度）。此类环境下，满足图 10.3－16 所示的字符所包含的像素点可能过少，以至于无法清晰印刷。常用的要求见表 10.3－9。由于显示技术倾向于使用更好的像素间距和更高的视觉分辨率，因此表中要求的相关性会更弱。

表 10.3－9 用像素表示字符大小的要求

宽度	高度	应用	标准
5	7	大写，数字	人因工效学会，2007，ISO
4	5	下标	人因工效学会，2007，ISO
	+2	小写	人因工效学会，2007，ISO
	+2	变音符号	人因工效学会，2007，ISO
7	9	阅读	ISO
15	16	亚洲，阅读	ISO
24	24	亚洲，阅读，优先	ISO

10.3.2.7.4 字符大小（点）

传统的字体尺寸的印刷单位为点。在现代的用法中，1 点为 1/72 in。特殊字体的点的尺寸为最高点到最低点的距离，加上每个字符固有的上、下行距（间距）。因此，72 点类型的连续行，从中心到中心用 1 in 分隔。

• 除非观察距离已限定在一定范围内（如手持显示屏），应以视角而非点的尺寸来指定字符的尺寸。

如果观察距离已知，点的尺寸可以与角度的 x 高度相关联。但这种关联只是近似的，因为不同字体占据整行高的不同部分。点的尺寸和 x 高度或顶部高度没有固定关联。

10.3.2.7.5 笔画宽度

在很多字体中，笔画宽度没有明确定义。但是过细或过粗的笔画会降低文本的易读性。

• 已有的标准中，要求笔画宽度为字符高度的 1/12～1/6（HFES，2007）或 1/12.5～1/5（ISO，2001），或 1/8～1/6（NASA－STD－3000）。

10.3.2.7.6 字符间距

• 下面是现有的字符间距的标准：一个像素或字符宽度的 0.2（NASA－STD－3000），笔画宽度（HFES，2007，sans serif），笔画宽度或一个像素（ISO，2001，sans serif），一个像素（HFES，2007；ISO 2001，serif）。HFES 的推荐值为字符宽度的 0.25～0.6。

10.3.2.7.7 行距

行之间垂直方向的距离，包括上出头字母、下出头字母和特殊字符，要求为一个像素高度（HFES 2007，NASA－STD－3000，ISO 2001）。HFES 的推荐值为字母高度的 0.15。

10.3.2.7.8　词间距

词间距应为单个字母的宽度（NASA - STD - 3000），大于字母间距且至少为字母宽度的 0.5（HFES，2007），或者为单个字母宽度或一个成比例的字体的间隔（ISO，2001）。

10.3.2.7.9　字符对比度

TCO'03 和 TCO'06 中强制规定字符对比度应大于 0.7。

10.3.2.7.10　相关标准

表 10.3 - 10　文本标准

标准	章节	主题
VESA（2001）	303 - 5	亮度和对比度要求
人因工效学会（2007）	7.2.6.1	字符高度
人因工效学会（2007）	7.2.6.2	彩色字符的尺寸
人因工效学会（2007）	7.2.6.3	字符的宽高比
人因工效学会（2007）	7.2.6.4	笔画宽度
人因工效学会（2007）	7.2.6.5	字符格式
人因工效学会（2007）	7.2.6.6	字符间距
人因工效学会（2007）	7.2.6.7	行间距
人因工效学会（2007）	7.2.6.8	字间距
ISO，2001	7.10	字符格式
ISO，2001	7.11	字符间距
ISO，2001	7.12	词间距
ISO，2001	7.13	行间距
ISO，2001	8.5	字符设计分析的综合措施
ISO，9241	5.8	字符格式
ISO，9241	5.9	字符尺寸一致性
ISO，9241	5.10	字符间距
ISO，9241	5.11	词间距
ISO，9241	5.12	行间距
MIL - 1472	5.5.5	标识的设计
TCO'06	A.2.4.1	亮度对比度——字符
TCO'03	A.2.4.1	亮度对比度——字符

10.3.2.8　研究需求

10.3.2.8.1　均匀性

目前，均匀性指标是非常特别的。测量值和允许的值不能持续测量和验证。这个问题加剧了衡量标准的困难，适应显示尺寸非常大的变化将显著影响能见度的不均匀性。穆纳是另一种情况，其需要研究、设计和验证基于模型的人因指标。

10.3.2.8.2　穆纳

现代平板显示器制造商和买家要考虑的一个关键问题就是穆纳（显示瑕疵）。但目前还没有就量化这种伪影达成一致意见。这部分是因为穆纳是一个可视化的概念：唯一可见的瑕疵问题。基于模型的度量已经被提出，但它们需要进一步发展。

10.3.2.8.3　运动模糊

运动模糊对当前显示器而言是一个关键的挑战。在保持亮度、空间分辨率和其他关键属性的前提下，有许多技术正在进行研究来改善这个问题。评估这些技术时，准确、证实的人因指标对运动模糊来说很有价值。

10.3.2.8.4　3D 色域指标

正如前面提到的，2D 的色域指标没有解决动态范围和量化的效果问题。均匀的颜色空间，如 CIE $L*A*B*$ 和它的替代品，提供了 3D 色域指标的发展路径。这样的度量可能会为显示系统提供可辨别的颜色计数，包括量化和计算亮度变化的颜色的数目。然而，还需要进行设计方法的研究及与显示品质相关的变化。

10.3.2.8.5　文本

与特征围度相关的冗长且特别的规则列表是很麻烦的，但并不新鲜。即使同一种字体，随着尺寸和形状不同，其特征也会明显不同，字体变化则更会增加这种可变性。现有的高分辨率的矩阵显示器，使字体的设计具有极大的多样性和创造性，但是这也增加了尺寸和形状的可变性。如考虑亚洲和其他语言的特征，则会进一步增加其可变性。除了尺寸和形状的可变性，字符集也随其组成要素数目的不同而变化，因此也影响每个字符传递信息及辨认的难度。因为现有的显示器可以容易地改变文本颜色及其背景色，因此，颜色和对比度也会影响易读性。综上所述，想要用几个预先定义好的规则来适应现有（和将来）遇到的各类情形是不可能的。

比较好的解决方案应该是提供一种可以测量任意符号集组成元素的可辨识性的工具。近期有研究人员在研发这种度量方法，预期可以在现有的不同视觉色差条件下分辨识别字母（Watson & Ahumada，2005b；Watson & Ahumada，2007）。这种度量方法可以考虑上述提到的所有可变性。但还需要更多的研究来确定显示器字符尺寸和格式的标准值范围。目前，在理解字母形状复杂性对字母辨识的影响上已取得进展，这也可以衍生出有效的度量方法（Pelli，Burns，Farell，& Moore-Page，2006）。

10.3.2.8.6　易读性和代码可辨性

设计视觉显示器和接口，易读性是一个关键问题。然而，评估易读性的度量方法没有跟上显示器类型的变化水平，也没有跟上能让字体形状、大小、颜色、对比度、背景和安排进行变化的工具的变化水平。文本的这个主要的变化可能表现出、为没有简单的任务，如点的大小，就足够了。相反，基于模型的度量和/或性能为基础的指标是必需的。设计和验证这些度量的研究是必要的。相似性强的度量对预测任意符号集的分辨可能有用，如图标或其他的用户元素。反过来，这些预测可以用于优化符号设计。

10.3.2.8.7　杂乱

虽然有些度量范围在这一章考虑范围之外，但在视觉显示内容的设计中，杂乱是一个重要的考虑因素。杂乱起于竞争需求，以提供简单的信息布局或尽可能多的信息。有希望的是，目前的视觉模式可能会提供有用的杂乱指标（Bravo & Farid，2008；Rosenholtz，Li & Nakano，2007）。

10.3.2.8.8　全局显示质量指标

在显示器的设计中，需要将不同的指标进行对比权衡。例如，运动模糊可以通过缩短保持时间而减少，但同时亮度会有损失。表面涂层可以减少反射，但这样做可能会降低对比度。没有合理的方法能使一个指标脱离其他指标而存在，必须确保所有最低要求已得到满足。所以，必须要有结合其他指标的指标。这些全局性的质量度量最有可能出现在上文提及的基于模型的指标，因为模型提供了一个联动，如通过 JNDs 或比特信息不同的指标可以进行结合。

10.3.2.8.9　人因指标

许多显示指标已建成的显示属性是纯粹的物理测量。但人因指标，需要更紧密地与人的感知和任务性能相结合。

10.3.2.8.10　基于模型的度量

因为他们本质上是数学形式，并且比在小套测量的基础上提供指标的单点解决方案更大众化，基于模型的指标应该是人因标准的目标。显示标准是一个特别现实的目标，因为人类的视觉感知模型处于一个新型的发展状态。但仍需要进行更多的研究，将这些模型应用到关键显示指标，并验证其性能。

10.3.3　显示技术

10.3.3.1　显示技术概述

很多种显示技术当前已获得或正在发展中，以服务于特殊要求和应用。

图 10.3-17 对当前可用的显示技术进行了说明。无论使用何种技术，实际上应用在所有领域的共同重点，都是为了改善显示图像的质量和降低显示的成本。对于所有显示器所期望的图像质量改善包括增强对比度、亮度、色域和分辨率等。

当前可用的显示技术分等级组织，是根据视觉模式（发射、直接观察和虚拟的）和技术本身是否产生光线（发射的）或来自外部分散或内部来源（非发射）的光的模式进行排列的。

工业、军事和航天领域的显示应用通常有其自身的统一要求和性能标准。但现在却有一个共同之处——这些应用所采用的核心显示技术均是基于大量商业调查和为了自身特殊需要而进行的商业开发而发展起来的。

下面的小节提供了一个当前应用中最重要的显示技术的概述。该技术概述分解成以下几个主要的小节：发射式直接观察显示器、非发光式直接观察显示器和投影显示器。每个小节包括两类显示技术：一类是滞后于发展阶段，但在当前市场中广泛应用的主流显示技术；另一类是正处于发展阶段，但在市场范围有限且（或）应用范围有限的显示技术。对于前一种类型，将简要介绍其工作的基本原理、最显著的工作特性和运行的主要优点及缺点。对于后一种类型，仅介绍其工作情况概述以及现有的状态评估。最后一小节概述显示技术的发展与展望。

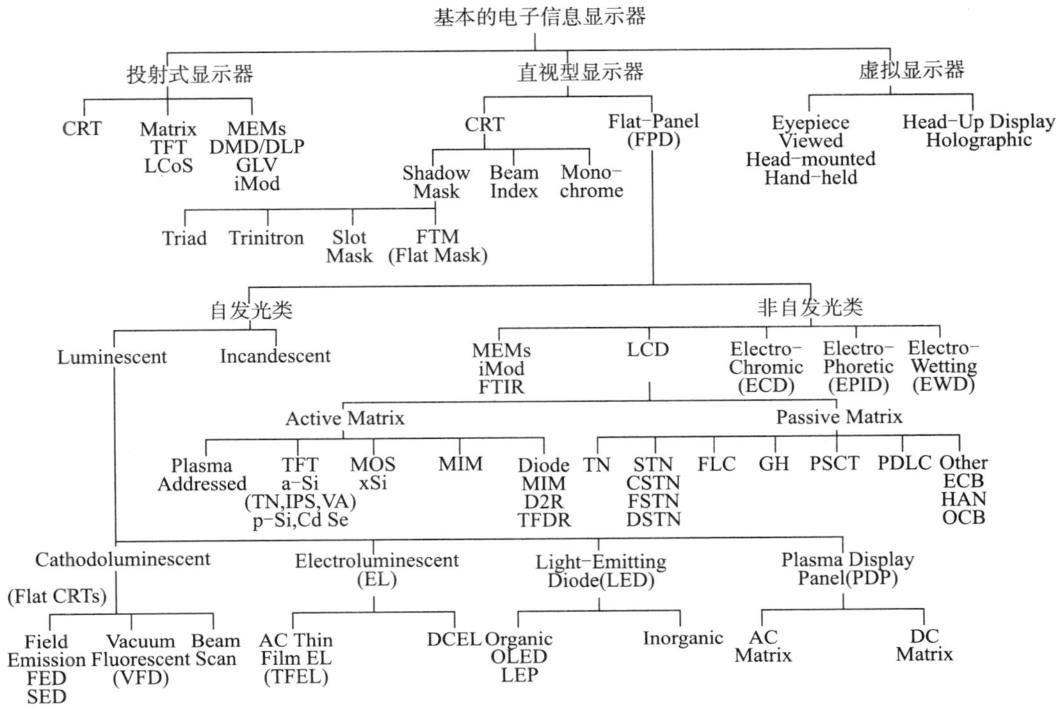

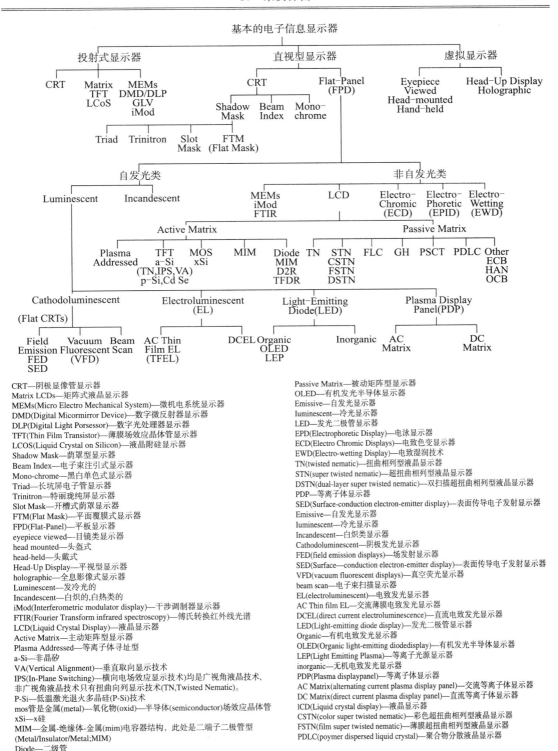

CRT—阴极显像管显示器
Matrix LCDs—矩阵式液晶显示器
MEMs(Micro Electro Mechanical System)—微机电系统显示器
DMD(Digital Micormirror Device)—数字微反射器显示器
DLP(Digital Light Porsessor)—数字光处理器显示器
TFT(Thin Film Transistor)—薄膜场效应晶体管显示器
LCOS(Liquid Crystal on Silicon)—液晶附硅显示器
Shadow Mask—荫罩型显示器
Beam Index—电子束注引式显示器
Mono-chrome—黑白单色式显示器
Triad—长坑屏电子管显示器
Trinitron—特丽珑纯屏显示器
Slot Mask—开槽式荫罩显示器
FTM(Flat Mask)—平面覆膜式显示器
FPD(Flat-Panel)—平板显示器
eyepiece viewed—目镜类显示器
head mounted—头盔式
head-held—头戴式
Head-Up Display—平视型显示器
holographic—全息影像式显示器
Luminescent—发冷光的
Incandescent—白炽的,白热类的
iMod(Interferometric modulator display)—干涉调制器显示器
FTIR(Fourier Transform infrared spectroscopy)—傅氏转换红外线光谱
LCD(Liquid Crystal Display)—液晶显示器
Active Matrix—主动矩阵型显示器
Plasma Addressed—等离子体寻址型
a-Si—非晶矽
VA(Vertical Alignment)—垂直取向显示技术
IPS(In-Plane Switching)—横向电场效应显示技术)均是广视角液晶技术,
非广视角液晶技术只有扭曲向列显示技术(TN,Twisted Nematic)。
P-Si—低温激光退火多晶硅(P-Si)技术
mos管是金属(metal)—氧化物(oxid)—半导体(semiconductor)场效应晶体管
xSi—x硅
MIM—金属-绝缘体-金属(mim)电容器结构，此处是二端子二极管型
(Metal/Insulator/Metal;MIM)
Diode—二级管
D2R—包括疝气在内的惰性气体混合型
Passive Matrix—被动矩阵型显示器
OLED—有机发光半导体显示器
Emissive—自发光显示器
luminescent—冷光显示器
LED—发光二极管显示器
EPD(Electrophoretic Display)—电泳显示器
ECD(Electro Chromic Displays)—电致色变显示器
EWD(Electro-wetting Display)—电致湿润技术
TN(twisted nematic)—扭曲相列型液晶显示器
STN(super twisted nematic)—超扭曲相列型液晶显示器
DSTN(dual-layer super twisted nematic)—双扫描超扭曲相列型液晶显示器
PDP—等离子体显示器
SED(Surface-conduction electron-emitter display)—表面传导电子发射显示器
Emissive—自发光显示器
luminescent—冷光显示器
Incandescent—白炽类显示器
Cathodoluminescent—阴极发光显示器
FED(field emission displays)—场发射显示器
SED(Surface—conduction electron-emitter display)—表面传导电子发射显示器
VFD(vacuum fluorescent displays)—真空荧光显示器
beam scan—电子束扫描显示器
EL(electroluminescent)—电致发光显示器
AC Thin film EL—交流薄膜电致发光显示器
DCEL(direct current electroluminescence)—直流电致发光显示器
LED(Light-emitting diode display)—发光二极管显示器
Organic—有机电致发光显示器
OLED(Organic light-emitting diodedisplay)—有机发光半导体显示器
LEP(Light Emitting Plasma)—等离子光源显示器
inorganic—无机电致发光显示器
PDP(Plasma displaypanel)—等离子体显示器
AC Matrix(alternating current plasma display panel)—交流等离子体显示器
DC Matrix(direct current plasma display panel)—直流等离子体显示器
lCD(Liquid crystal display)—液晶显示器
CSTN(color super twisted nematic)—彩色超扭曲相列型液晶显示器
FSTN(film super twisted nematic)—薄膜超扭曲相列型液晶显示器
PDLC(poymer dispersed liquid crystal)—聚合物分散液晶显示器

图 10.3-17 当前可用的显示技术范围

以下介绍一些显示技术的详细说明、应用情况、运行标准（见 10.5.5 小节）和预先研究领域（见 10.5.6 小节）。

10.3.3.2　发射式直接观察显示器

发射式直接观察显示器是指真正产生或者发出光线的显示器。对于发射式直接观察显示器而言，光线的产生和图像的形成功能均由同一元件提供。

10.3.3.2.1　阴极射线管直接显示器

自 20 世纪 60 年代起，阴极射线管就一直在显示器市场占据主流，直至最近的平板显示技术逐渐成熟。全色彩、阴极射线管直接显示器的主要技术是阴影蒙蔽技术。表 10.3－11 给出了阴极射线管的技术特征、通用等级和评价说明。

表 10.3－11　阴极射线管技术特性、通用等级和评价说明

显示技术特征	通用等级	评价说明
空间可达能力 空间分辨率	非常高 高级	高斯光束减少空间噪声，但是限制了光学分辨率； 亮度和分辨率负相关
瞬时响应	高级	荧光粉短时和中短时的窄脉冲响应
亮度	从低级至中级	单色阴极射线管显示器的照度范围为中级至高级。 阴影遮蔽和荧光粉填充材料限制了彩色 CRT 的照度
对比度 环境对比度	高级 从低级至中级	优异的黑色等级； 荧光粉的漫反射限制了环境对比度
灰度等级性能	非常高	具有连续的模拟灰度等级能力； 变换函数为幂函数
可视角度	非常高	有效的朗伯可视范围 对比度增强滤光器，能够衰减光轴的照度
色域 环境色域	高级 从低级至中级	色域由荧光粉的 SPD 决定； 荧光粉的漫反射会使色域低于环境照明的色域
物理外形	低级	体积大、质量重； 需要相当大的深（厚）度
应用的灵便性	低级	不能进行便携式工作和电池续航工作； 仅限于中等范围的屏幕尺寸
其他		受各种几何畸变的限制，例如显像管、栅形失真、梯形失真等； 受到脉冲响应的闪烁限制，即需要很高的屏幕刷新率

10.3.3.2.2　等离子显示器

等离子显示器是一个具有高亮度、大尺寸的彩色显示器。其基本工作原理是：纵横相交的电极激发气体，气体激发荧光粉，进而荧光粉发出光。通过放置三种不同的荧光粉来产生不同的色彩。

彩色等离子显示器的粉末状荧光粉引起散乱的扩散，与在阴极射线管直接显示器中的情况非常相似，这会增加前表面的反射，并减少周围设备的对比度。颜色滤波器能够改善这种效果，但却会损耗一些亮度。

等离子显示器没有产生相应的灰度等级的能力，因此通过脉冲-宽度调节（PWM）来产生中间灰度等级。这样，需要利用一个伽马函数，使得等离子显示器易于采用低等级的灰度来描画外形；同时在观察可视化轨迹或者在动态图像中追踪运动物体时，使等离子显示器易于感知目标运动外形（Schindler，2004）。

表 10.3－12 给出了等离子显示器作为一种显示设备的技术特征、通用等级和评价说明。

表 10.3－12　等离子显示器技术特征、通用等级和评价说明

显示技术特征	通用等级	评价说明
空间可达能力 空间分辨率	高级 高级	像素密度相对较低，从而限制了空间分辨率
瞬时响应	中级	荧光粉短时窄脉冲响应； 取样保持的工作模式会引起孔径瞬时增大
亮度	从中级至高级	脉冲带宽调制以及大量的灰度等级划分有可能会使亮度降低
对比度 环境对比度	高级 从低级至中级	优异的黑色等级； 磷光体的漫反射限制了环境对比度
灰度等级性能	中级	具有连续的模拟灰度等级能力； 变换函数为幂函数
可视角度	非常高	有效的朗伯可视范围； 对比度增强滤光器能够降低光轴的亮度
色域 环境色域	高级 从低级至中级	色域由磷光体的 SPD 决定； 磷光体的漫反射会使色阶低于环境照明的色域
物理外形	中级	体积大、质量相对较重； 需要相对较小的深（厚）度
应用的灵便性	低级	不能进行便携式工作和电池续航工作； 仅限于大尺寸的屏幕
其他		在低灰度级别时，会受物品外轮廓的限制； 在观察动态图像时，会受可看到的运动虚影的限制

10.3.3.2.3　发光二极管和有机发光二极管

发光二极管（LED）是一种由单一的 p－n 节构成的半导体设备，它通过适当的电压使 p－n 节处于前置偏压状态来发光。第一个商业化的可用的发光二极管出现于 1968 年，之后发光二极管迅速成为一项用于指示灯和字母数字显示器的重要技术。

发光二极管可以用于产生具有高色彩饱和度和高亮度效果的全谱段颜色。然而，由于相对较高的功耗、复杂的状态及制造高分辨率全彩色发光二极管阵列的工艺方面的限制，使得发光二极管的使用仅限制于数字信号显示器及电子广告牌等大型显示器。有机发光二极管（OLED）和高分子聚合物发光二极管（PLED）是电致发光层由有机化合物构成的发光二极管（Bulovic，2005；King，1994）。该薄层受电流支配后会发光。所发出光线的 SPD 取决于发光层有机分子的类型。全色彩有机发光二极管要么由红、绿、蓝三种发光材料组成的点阵构成，要么由连接着红、绿、蓝三种颜色选择过滤器点阵的宽带发光材料构成。发出光线的强度取决于通过电流的大小。电压与电流之间的非线性关系为有机发光二极管提供了一个非线性转换函数，该函数可以用一个幂函数进行表征。

有机发光二极管的明显优势包括：简单的工艺制造结构、具有很强适应性的灵活基底、比液晶显示器和等离子显示器更低的制造成本、具有纯黑级的高对比度、较好发光效率的高亮度、低功耗、快速的瞬时响应、较宽的可视角度、以及优异的灰度等级性能（Bulovic，2005；Ghosh & Hack，2004）。最主要的缺点包括：有机发光二极管和高分子聚合物发光二极管的发光材料寿命有限、缺少长寿命的稳定的短波长发光材料、具有不同SPDs的发光材料的老化时间不同、容易受潮导致污染和损坏。此外，环境照明产生的高等级内部镜面反射会导致金属阴极和该设备内部其他金属材料发生反射，并导致环境对比度也相应的降低。圆形的偏光器可以用于降低这些反射，但是会导致显示器的发光效率显著下降。有机发光二极管和高分子聚合物发光二极管的显示技术仍然处于活跃的发展状态之中，有很多 OLED 和 PLED 材料、显示系统结构以及制造工艺流程都正处在研究之中。不久的将来，使用 OLED 和 PLED 的移动显示产品将出现并占据市场。

表 10.3－13 给出了有机发光二极管和高分子聚合物发光二极管的技术特征、通用等级和评价说明。

表 10.3－13　OLED/PLED 技术特征、通用等级和评价说明

显示技术特征	通用等级	评价说明
空间可达能力 空间分辨率	高级 高级	可以通过纵向堆积彩色像素结构来提高显示分辨率
瞬时响应	从中级至高级	毫秒级的本地响应； 有源矩阵结构的样本——保持工作模式会引起孔径瞬时增大
照度	从中级至高级	完全受限于材料； 使用圆形的偏光器，来增大环境对比度和降低亮度
对比度 环境对比度	高级 从低级至中级	优异的黑色等级； 金属阴极的镜面反射限制了环境对比度； 使用圆形的偏光器可以增大环境对比度
灰度等级性能	非常高	具有连续的模拟灰度等级能力； 变换函数为幂函数
可视角度	非常高	有效的朗伯可视范围； 对比度增强滤光器能够降低光轴的亮度
色域 环境色域	高级 从低级至中级	色域由有机发光二极管或高分子聚合物发光二极管的材料决定； 金属阴极的镜面反射会使色阶低于环境色域； 使用圆形的偏光器可以增大环境色域。
物理外形	非常高	尺寸非常小、质量很轻； 非常小的深（厚）度
应用的灵便性	非常高	非常适合便携式工作或者电池续航工作； 屏幕尺寸方面极具灵活性
其他		因内部镜面反射的影响，亮度会低于照明环境； 圆形的偏光器会减少照亮； 颜色材料的不同寿命使得超期使用会出现颜色失真； 有源矩阵结构会受动态图像的运动模糊的限制

10.3.3.2.4 其他发光式直接观察显示技术

三种传统发光式直接观察显示技术，分别适合应用于电致发光（EL）显示器、真空-荧光显示器（VED）。以及扫描场发射显示器（VED）。每一种技术都投入了巨大的开发和努力，并且在有限的领域内取得了一些成果。这些技术可能适合于一些特殊的应用，但它们通常不会有新的发展且将被新技术取代。

与有机发光二极管和高分子聚合物发光二极管设备一样，电致发光显示器的结构也很简单，因此非常引人注意。电致发光是一种在某种物质上施加电场，从而将电能直接转为光能的非热能转换。这一物质是一种典型的磷光体薄膜或者磷光体粉末，它们由交流电或者直流电来进行驱动。两种磷光体的组合以及两种驱动电流，构成了四种类型的电致发光设备。然而，对于高清晰度显示应用，尤其是以产生彩色图像为核心的应用，交流电驱动薄膜型电致发光显示或者薄膜型电致发光显示（TFEL）是最主流的电致发光显示技术（King，1994）。

第一个商业电致发光显示器于1983年进入市场。它起初是一种单色设备，到今天已经发展成为一种最高分辨率可达1024×768的单色电致发光显示器。1993年，第一个彩色电致发光显示器面板进入市场，随后出现了第一个全彩色薄膜型电致发光显示样机。电致发光显示技术由于其宽可视角度特性以及良好的结构特性，至今仍然广泛应用于医学设备显示器中。但是，它的市场逐渐被液晶显示器、有机发光二极管/高分子聚合物发光二极管显示器蚕食。在真空-荧光显示器内，通过加热阴极金属丝发出电子，电子激发磷光体覆盖的阳极从而发出光。所有的成分都被包围在一个真空密封的玻璃管中。到目前为止，真空-荧光显示器已经成功地应用于小型显示器、字母数字式显示器和有限图像信息显示器。这些显示器通常作为很多电子设备的指示显示器，例如视频磁带记录机、立体声设备、测试设备等。同时，其已经成为一种流行的汽车面板显示技术。对于更为轻薄、更低功耗的阴极射线显示器的追术，同时还包括全彩色和灰度等级能力的显示需求，可视角度大、高分辨率的追求，这导致了场扫描发射显示器的发展（Kumar et al.，1994）。对于基本的场扫描发射显示器，由大量位于末端的冷阴极排列所发出的电子被加速发射至荧光屏上。颜色的选择获取是在面板的阳板侧，而产生是通过冷阴板一侧的排列编独立寻址创建的RGB的发光磷光体的镶嵌图案来表现。

尽管致力于改善冷阴极的一些关于材料和结构的研究和开发仍然十分活跃，但是结构问题以及冷阴极排列的可靠性还是使得这项技术的利润受到了很大的限制。一个依旧看起来很有活力的研究方向就是碳纳米管阴极排列。

10.3.3.2.5 新兴和未来发光式直接观察显示技术

当前，唯一值得关注的、新出现的且具有高性能潜力的发光式直接观察显示技术就是表面传导电子发光显示（SED）。其是一种平面显示技术，利用表面传导电子发光器来获得每一个独立的显示像素。其结合了液晶显示器的小体积特性，等离子显示器优良的大可视角度、高对比度、黑色等级和色域等特性，以及阴极射线管的较短的像素响应时间。

10.3.3.2.6 非发光式直接观察显示器

非发光式显示器本身不发光，但可以改变外在光源的方位。非发光式显示器可以透射、反射、或者半透射半反射。事实上，所有的高性能彩色液晶显示器都采用了透射工作模式，这种模式需要背景光源（背后射入式）。近年来，更高性能的半透射半反射液晶显示器结构逐渐应用于移动显示设备中，但是这类显示器仍然需要内置光源，并且仍然达不到纯透射式液晶显示器在良好的周围环境下的对比度和色域性能。通常情况下，非发光式显示器由于本身不需要作为光源来工作，因此功耗很低。然而，除了需要满足所有的反射通路以外，还需要提供一些人工光源。非发光式显示器的优点之一就是图像形成光源和照明光源是分开的。因此，对于非发光式显示器，可以不需要显著性地改善显示器成像部件而仅通过使用更大功率的照明光源来提高亮度。

10.3.3.2.7 液晶显示器

今天，无论是在移动显示器方面，还是高性能的电脑显示器方面，液晶显示器都统治着整个显示器市场，并且迅速占据高精度的电视机显示器市场。

液晶显示器的基本工作原理是，每一个成分作为遮挡或者传导背景光源的闸。这个闸由具有两个同样方向偏光镜的夹层构成，偏光镜被液晶层分隔开。当液晶层处于“关闭”状态，光线通过夹层时旋转 90°；当液晶层处于“开启”状态，电场改变这种旋转，使得光线通过两个偏光镜。通过颜色过滤器来建立全彩色显示器。

大多数的直接观察式彩色液晶显示器的背景光源采用的是冷阴极荧光灯管。目前液晶显示器背景光源的发展趋势是采用与发光二极管类似的固态光源或者半导体激光光源（Anandan，2008）。采用 RGB 阵列光源的发光二极管背景光源目前应用于很多矩阵液晶显示器，并且极大地提升了色域和控制了显示白点。

最新的技术使液晶显示器的可视角度得到很大程度的改善，同时使开发用于直接观察式液晶高清电视和高性能电脑显示器的大型液晶显示器面板成为可能。

表 10.3－14 给出了液晶显示器作为一种显示设备的技术特征、通用等级和评价说明。显示器的最新进展也明显看到，反射式或平透明的液晶显示器的光学设计，能够提升其在动态环境照明下的显示性能。

表 10.3－14 技术特征、通用等级和评价说明

显示技术特征	通用等级	评价说明
空间可达能力 空间分辨率	非常高 非常高	具有高密度的像素结构； 精确子像素技术能有力地提高分辨率
瞬时响应	中级	液晶（LC）响应时间受限于液晶开关的释放状态； 样本—保持工作模式会引起孔径瞬时增大
亮度	从中级至高级	较低的光学透过性可以通过增强背景光线来给予补偿
对比度 环境对比度	从中级至高级 从低级至高级	黑色等级取决于液晶单元的透漏光能力； 环境对比度受限于反闪烁和反反射表面的工况以及黑矩阵的材料
灰度等级性能	高级	具有连续的模拟灰度等级能力； 变换函数通常分段近似于幂函数

续表

显示技术特征	通用等级	评价说明
可视角度	从中级至高级	IPS 和 VA 两种模式显著地改善了可视角度性能； 点阵结构（复合内部结构）进一步增大了可视角度
色阶 环境色阶	从高级至非常高 从低级至高级	色阶由背景光源的 SPD 以及颜色选择滤光器决定； 发光二极管背景光源可以增大色阶； 环境色阶受限于反闪烁和反反射表面的工况以及黑矩阵的材料
物理外形	非常高	尺寸较小、质量较轻； 较小的深（厚）度
应用的灵便性	非常高	适合便携式工作或者电池续航工作； 支持极大范围的屏幕尺寸选择要求
其他		由于 AM 取样保持模式以及液晶响应时间的缘故，液晶显示器会受动态图像的运动模糊的限制

10.3.3.2.8　其他非发光式直接观察显示技术

两种传统的用于直接观察的非发光式显示技术，分别应用于电泳显示器和干涉调制（iMod）显示器。每项技术都投入了巨大的开发和研制精力，并且到目前为止，在有限的应用领域内取得了一些成果。尽管这些技术仍然处于发展之中，但很可能还是只适用于有限的显示器应用领域。

电泳显示器仅工作在反射模式，并表现出比液晶显示器反射模式与半透射半反射模式更高的反射率。粒子反射现象本质上是一种漫反射，遵循朗伯分布。这给予单色光电泳显示器一种类似纸状的表面。电泳显示器的对比度受到很大限制，尽管全彩色效果可以通过增加彩色过滤器来取得，但是电泳显示器的色彩饱和度较低且滤波器的吸收作用大大地降低了反射率。电泳显示器特别适合于电子纸显示器（例如电子书显示器）、小型反射指示器及数字信号显示应用。

干涉调制显示器是基于微电动机械系统（MEMS）技术的直接观察式反射成像设备（Sampsell，2006）。干涉调制显示器仅在反射模式工作，并表现出比液晶显示器反射模式与半透射半反射模式更高的反射率。干涉反射现象本质上是一种镜面反射，其创新性的突破在于实现了设备的均匀、大范围的可视角度。设备前表面的反射及像素点和图像薄层周围的、为了形成镜面反射的所需结构而引起的反射，会使得干涉调制显示器的对比度受到很大限制。与电泳显示器不一样的是，尽管受设备对比度所限电泳显示器的色彩饱和度较低，然而高反射率和全彩色效果也已经在干涉调制显示器中实现了。干涉调制显示器在环境照明下的高反射率和全彩色效果，使其特别适合于移动显示应用。数字信号显示也是干涉调制显示器一个很有潜力的应用方向。

10.3.3.2.9　新兴和未来非发光式直接观察显示

很多非发光式直接观察显示技术当前正处于非常活跃的发展阶段。目前，这些技术中有两项由于其显著的进展和应用前景而受到关注，它们是电铬显示器和电潮显示器。电铬显示器虽经过了多年来断断续续的开发和研制，但仅取得有限的商业成果（Sampsell，2006）。这种情况很可能会由于最近在电铬显示器材料方面的重大进展而得到改变。这项技术依赖于通过电流来使氧化可逆，或者是减少彩色染料以改变其颜色，亦或在其表面沉淀一层金属。颜色改变可以发生在两种颜色之间，或者是一种颜色状态和一种透明状态之间。白色反光镜可以用于形成高反射率的白色状态，或者提供彩色背景。电铬显示器在可视角度方面有着优秀的性能表现，并且能够达到中等等级的对比度和灰度性能。电铬显示器很难达到全彩色效果，并且因为基本上没有电铬反应是100%可逆的，所以电铬显示器的持久性一直是被关注的焦点。

电潮显示器是一种刚刚出现的技术，其基于被电场控制的液体流动（Sampsell，2006）。电潮显示器为实现全彩色性能而提供了各种不同的构造形式，并且可以将具有红、黄、蓝三种油彩的减少式彩色光学堆栈，以及具有不同颜色子像素的添加式空间彩色层作为混合设备来使用。尽管电潮显示器仍然处于早期发展阶段，但是其已经显示出很多良好的性能，包括全彩色性能、灰度等级、宽可视角度、视频速率转换、兼有反射和透射两种工作模式，以及极佳的光学功效。目前为止，电潮显示器原理样机表现出中等等级的显示对比度和色彩饱和度。目前，电潮显示器最适合于移动显示应用。

10.3.3.3　投射显示器

投影显示器是一种生成图像不由观察者直接观察的显示技术。相反，需要图像源中继或投影到另一个表面或屏幕用于观察（Stupp & Brennesholtz，1999）。根据投影引擎、系统的光学设计和屏幕的结构，投影显示器可以分成很多种类。

当前投影显示器中使用的成像仪的主要类型有阴极射线管、既能透射又能反射的液晶及基于微电子机械系统的成像仪。投影显示器可以使用大面积的投影光学系统，且可以进一步分为前投系统、背投系统和虚拟显示器。前投和背投系统通常放大源图像。在前投系统中的屏幕是反射的，投影引擎和观察者在屏幕的同侧。背投系统使用透射屏幕，投影引擎和观察者在屏幕的两侧。有时候也可以在前投和背投系统配置相同的投影引擎。虚拟显示器不产生在物理屏幕上可见的真实图像。相反，发散射线的虚拟图像中继或直接投射到观察者的视网膜，由眼睛光学聚焦。

这些显示器在前投或背投系统应用。虚拟显示器包括了一套独特的光学和视觉要求，本身是一个复杂的话题，不包括在这些部分。投影屏幕严重影响投影显示系统的视角特性和图像质量。在一个特定的应用程序和观看环境中，必须仔细地选择投影屏幕以匹配投影引擎，从而达到最佳的投影显示效果。尽管它们很重要，但许多类型的投影屏幕和屏幕参数的应用由于太特别而很难在投影显示器的一般情况下考虑到。

10.3.3.3.1　使用阴极射线管成像器的投射显示器

使用阴极射线管源的全彩色投影显示器通常包括三个阴极射线管，分别对应R、G和B图像分量。需要额外的组件用于组合和对准三个原色图像，需要投射光学系统将图像传播到一个合适的前投或后投屏幕。

基于阴极射线管的投影显示系统具有已达到的好的色彩性能和图像质量。该方法受阴极射线管本身技术局限性的限制，特别是限制了图像的亮度和随电子束电流增大阴极射线管聚光生长所导致的亮度和分辨率的负相关关系。另外的问题还有：彩色图像三原色图像的会聚或配准、阴极射线管及光学系统的几何畸变、阴极射线管的面板冷却，以及系统的老化。正如在所有的投影式显示系统中一样，投影屏幕图像对比度受到周围环境照度的影响，使用双凸透镜光学结构的背投屏幕受该系统可视角度的影响。

表 10.3－15 显示了显示设备的阴极射线管技术属性及其使用评估等级。

表 10.3－15 基于阴极射线管的发射显示器技术属性及其评估等级和说明

显示技术属性	性能	备注
空间可达能力 空间分辨率	非常高 从中级至高级	高斯光束减少空间噪声，但限制了光学分辨率； 亮度和分辨率负相关； 分辨率受投影光学系统和屏幕限制
瞬时响应	高级	荧光粉短期和中期持久性具有窄脉冲响应
亮度	从低级至中级	温和高亮度单色 CRT 显示器
对比度 环境对比度	从中级至高级 从低级至中级	放大倍数和光学损失限制亮度； 卓越的黑色水平； 屏幕漫反射限制环境对比度
灰度等级性能	非常高	具有连续的模拟灰度等级能力； 变换函数为幂函数
可视角度	从低级至中级	投影屏幕限制可视角度
色域 环境色域	高级 低级至中级	通过荧光粉 SPD 定义色域； 屏幕漫反射根据环境照明减少色域
物理外形	低级	体积大，质量重； 需要大的深度
应用的灵便性	低级	不能用于便携式工作和电池续航工作； 仅限于大尺寸的屏幕
其他		有各种几何失真，例如桶形、枕形和梯形； 受限于原色图像配准； 由于脉冲响应受限于闪烁——需要高刷新率

10.3.3.3.2 使用液晶成像器的投射显示器

液晶可以直接施加到硅芯片的表面上，并用作反射面以产生图像。这种技术被称为液晶硅。矩阵型显示器件中，液晶光阀或空间光调制器（SLMs）并不受限于几何失真或者亮度/分辨率需要和阴极射线管权衡使用。此外，基于液晶的投影系统的图像形成源和照明源是分开的，其紧凑设计将可以极灵活地设计出具有强流明输出的投影显示。通常在基于液晶的投影系统中使用高效率的投影光源，例如金属卤化弧光灯。

表 10.3－16 显示了显示设备的液晶技术属性及其使用评估等级。

表 10.3－16 液晶基于图像发射显示技术属性及其评估等级和说明

显示技术属性	性能	备注
空间可达能力 空间分辨率	非常高 从中级至高级	可达到非常高的像素密度； LCoS 可以比透射光阀达到更高的像素密度； 分辨率受投影光学系统和屏幕的限制

续表

显示技术属性	性能	备注
瞬时响应	从中级至高级	液晶响应受限于松弛阶段的液晶切换； 采样——保持工作模式会引起孔径瞬时增大； LCoS 有更快的液晶响应时间并减少采样保持时间
亮度	从中级至高级	较低的光学透过性可以通过增强背景光线给予补偿； LCoS 比透射光阀具有更高的光学透过效率
对比度 环境对比度	从中级至高级 从低级至中级	液晶单元的漏光决定黑色等级； 屏幕漫反射限制环境对比度
灰度等级性能	高级	连续的模拟灰度等级能力； 变换函数通常分段近似于幂函数
可视角度	从低级至中级	投影屏幕限制可视角度；
色域 环境色域	高级 从低级至高级	色域由投影光源和选择性的二色性元素决定； 屏幕漫反射根据环境照明减少色域
物理外形	中级	相对紧凑的投影引擎； 背投需要大的深度
应用的灵便型	从低级至中级	不能进行便携式工作或电池续航工作； 一般用于大尺寸屏幕
其他		由于 AM 采样保持模式以及液晶响应时间的缘故，透射式液晶光阀受动态图像的运动模糊的限制； 由于低开口率的 LCoS 只最小程度受运动模糊和“屏幕门效应”的影响，透射式液晶光阀受限于“屏幕门效应”。

10.3.3.3.3　使用微电子机械系统成象器的投射显示器

基于微电子机械系统的反射成像或空间光调制器已成为投影显示的一项重要技术（Sampsell，2006 年）。微电子机械系统投影的主要应用是数字镜像装置（DMD），其已被指定为数字光处理（DLP）技术。单芯片数字镜像装置投影引擎使用连续域颜色构成了一个相对低复杂度及低成本的方法，其在投影系统中是典型的消费类应用，如 HDTV 和便携式数据投影机。三片式数字镜像装置引擎更加复杂和昂贵，一般应用在商业，如电子影院投影机。

当前正应用于投影显示的是另一类微电子机械系统成像器的光栅光阀（GLV）（Sampsell，2006）。光栅光阀在与激光照明同时使用时最有效。正因为光栅光阀投影光学系统的复杂性且需要激光器来达到非常高的图像质量，目前其应用局限在非常高端和昂贵的投影系统中，如电子影院和专业的可视化仿真系统。光栅光阀显示器可以容纳非常高的帧速率，有效地将运动模糊减少到零。

表 10.3－17 显示了微电子机械系统的成像技术属性及其使用评估等级。

表 10.3-17　微电子机械技术基于图像发射显示属性及其评估等级和说明

显示技术属性	性能	备注
空间可达能力 空间分辨率	非常高 从中级至高级	可以达到非常高的像素密度； 分辨率受投影光学系统和屏幕的限制
瞬时响应	从中级至高级	微电子机械系统器件的响应非常快； 采样保持工作模式会引起孔径瞬时增大
亮度	从中级至非常高级	微电子机械系统器件能够处理非常高的光功率等级； 用于灰度等级的 PWM 和大量的子帧降低潜在的亮度
对比度 环境对比度	从中级至高级 从低级至中级	黑色等级通过投影光学系统的设计和复杂性决定； 屏幕漫反射限制环境对比度
灰度等级性能	中级	线性变换函数的 PWM 和时间的子帧结构无法达到最佳的灰度等级性能
可视角度	从低级至中级	投影屏幕限制可视角度
色域 环境色域	高级 从低级至高级	色域由投影光源和滤色器决定； 屏幕漫反射根据环境照明减少色域
物理外形	中级	相对紧凑的投影引擎； 背投需要大的深度
应用的灵便性	从低级至中级	不能进行便携式工作或电池续航工作； 一般用于大尺寸屏幕
其他		在低灰度级别时，会受电势能器的限制； 在观察动态图像时，会受运动分辨器的限制； 色分离和闪烁限制场序彩色配置

10.3.3.3.4　新兴和未来投射显示技术

目前新兴的和未来的投影显示技术最活跃研究及发展工作，是投影照明光源领域、投射屏幕及图像和色彩的处理。投射照明正在迅速向使用电晶体照明发展。发光二极管投射源目前在市场上很普遍，半导体激光源在最近几年取得了很大的进展。这些改进的来源大大扩展了色域，提高了亮度，延长了光源寿命，并减少了预热时间。此外，其还提供了快速切换时间，改善光束的传播，和光谱选择性等改进投射显示系统的因素。投射屏幕的进展，目前主要集中在改善环境光照下的屏幕对比度、可视角度的控制，减少空间画面噪点，改善均匀性和增强光学效率。图像和色彩处理的新方法提供了很多提高投影系统的性能和图像质量的因素，主要侧重于宽色域、图像锐化、减少噪声和伪影、算法校正和无缝的外观投影图像。

10.3.3.4　相关显示标准

许多显示器的标准是往往是用于特种设备。这些标准都是按照当时的主流技术指导下成文的（例如，荫罩式彩色阴极射线管），并且跟不上新技术革新的步伐。正因为如此，许多标准如今看已经过时，或将在不久的将来即将过时。另一个问题是，在许多情况下，这些标准本身相互混合，有关于显示器本身的标准，也有关于显示内容的标准。

• 视频电子标准组织 VESA（2001 年），平板显示器测量标准。

最初的标准由视频电子标准组织（VESA）于 1998 年出版，2001 年和 2005 年更新，这个文件是一大套基本测量参数的简要描述。虽然描述为标准，它不设置可接受的值，但只指定他们需要怎样来衡量。它广泛被其他标准文件引用，或被大师显示器制造商引用。正如其名称所暗示的，尽管许多的测量数据适用于 CRT，但它还是大量被集中应用于平板显示器。

（该标准）最基本部分的标准是向上放置显示器和设备，全屏中心测量，细节，分辨率及手工制品，方形物的测量，时间特性，均匀性，视角特性和反射性。它测量的内容包括亮度，对比度，色域，灰度，分辨率，像素缺陷，色差缺陷，空间均匀性，视角效果，反射，响应时间，残像，和闪烁。

2005 年更新的版本，发布为一个单独的文件，主要是关于运动虚影方面，例如运动模糊和感知等于灰色阴影的时间间隔，主要涉及的显示器类型是（LCD）液晶显示器和其他保持模式的显示器。一个完成的更新标准已经纳入计划，但这个标准更新文档需要由国际显示器计量委员会完成（ICDM，International Committee on Display Metrology），属于信息显示学会。

• ISO 13406 - 2（ISO 2001）基于平板的视觉显示器的人因工程学要求第 2 部分：平板显示器的人因工程学要求（ISO 13406）

这一标准发布于 2001 年，旨在扩大或更新 ISO 1992 标准，主要是关于阴极显像管类显示器。它专注于显示器的人因工程学方面内容，并非常注重于显示器的用户界面配置。它还涉及显示内容，如字符尺寸和清晰度。该标准包含的内容主要有颜色均匀度，字符尺寸，亮度，对比度，反射度，亮度均匀性，像素缺陷，成像时间，闪烁和颜色数量等。

• 人因工效学会（2007 年），ANSI/HFES100 -计算机工作站的人因工程，第 7 章“视觉显示器”

发表于 2002 年，该文件正在修订，在这里讨论的，和在其他地方提到的这一章内容，可追溯到 2006 年的第二版手稿版草案。类似于 ISO 13406，该标准文件中包含的人因工程学和以人为本的内容将作为重点强调。其主要部分的标题是视觉特性，空间特征，时间质量和信息格式。最后的标题主要是指（信息显示）文本格式。

• MIL - STD（美国国防标准）- 1472 版本 F -《人因工程学》，5.2 节：显示器（MIL 1472）发表于 1999 年，该标准主要涉及传统的单一用途的显示器，如灯和指示灯，它包含用于平视显示器（HUDs），头盔显示器（HMDS），以及立体显示器一些特定要求。

• NASA - STD - 3000，第 9.4.2 节：视觉显示器

这些标准文件讨论了对比度，反射，振动和显示尺寸设计要求。给出了一些信息呈现的要求，也给出了大屏幕投影需要的特殊显示要求。对各种不同的指示灯显示要求标准也已经给出。

这一节主要讨论关于视觉显示终端的设计要求：分辨率，亮度，对比度，眩光，闪

烁，观看距离，和视角。给出了文本的尺寸要求。

- TCO'06 标准：

媒体显示器，TCOF10761.2 版，2006－08－16（TCO06）TCO，一家欧洲公司，提供相应的显示器标准和认证服务。除了 TCO'06 标准，他们提供 TCO'03 显示器标准，TCO'05 笔记本电脑标准，TCO'05 台式机标准。

TCO'06 标准，发表于 2006 年，该标准是关于移动画面的显示器标准，如电视机，主要的标题是像素阵列特征，亮度特性，亮度对比度特性，屏幕颜色特性和视频再现。

- 国际显示器

计量委员会（ICDM）显示测量标准（DMS）计划作为 VESA（2001 年）标准的一个开放式访问的继承标准，该标准的 ICDM DMS 1.0 版预计将在 2009 年 6 月出版，并可以访问互联网连接 http：//icdm－sid.org/。像 VESA（2001 年）标准，该标准文件提供简洁明确的描述：测量方法，分析和度量。该 ICDM 标准由国际信息显示学会主办（http：//www.sid.org/）。

10.3.4 研究需求

待定。

10.4 控制器

航天器中的控制器包括使用者向系统输入信息的所有交互方式。其可以是飞行控制座舱手动控制器或开关，也可以是电脑输入设备，例如鼠标、触摸屏或者键盘等。

某个任务的具体控制设备的类型，根据任务类型、使用者以及环境来决定。尤其需要指出的是，无论是在航天器加速段、或者是着航天服时，对于控制器的操作需要特别的考量。本节描述了在挑选和设计航天器控制器时一定要予以考虑的一些要素。

10.4.1 控制器设计与操作

10.4.2 控制设备

控制设备有很多种形式。接下来描述一些输入设备及其最适合的应用，以及它们的设计指导原则。

10.4.2.1 按钮

按钮有效地利用了体积和空间，操作简单、快速。然而，有时难以判断它们的活动状态，容易受到误操作的影响。

- 当控制器或控制器组需要瞬间接通或开启锁定电路的时候，需要使用按钮，尤其是在较高使用频率的情况下。
- 当功能状态仅取决于开关位置的离散控制时，不应当使用按钮。

10.4.2.1.1 形状

为了适合手指的操作，按钮的表面应向内凹下（或者锯齿状）。如果这难以实现，按钮表面应有足够大的摩擦力。

大型的、手或拳操作的、蘑菇型的按钮应仅适用于“紧急停止”控制器。

10.4.2.1.2　显性指示

应当提供控制器启动的显性指示（例如，突然触摸、听到滴答声或整体变亮）。

10.4.2.1.3　通道和保护盖

需要防止控制器意外触碰时，应该提供通道或保护盖。当保护盖在一个开放的位置时，它不应妨碍到被保护的设备以及邻近控制器的操作。

10.4.2.1.4　尺寸、阻力、位移和间距

除了键盘使用的按钮外，控制器按钮的尺寸、阻力、位移和间距（手指或者手操作按钮的邻近边的距离）应当符合标准。

10.4.2.1.5　联动装置或屏障

有机械联动装置或屏障，则可以替代图 10.4－1 所要求的间距。

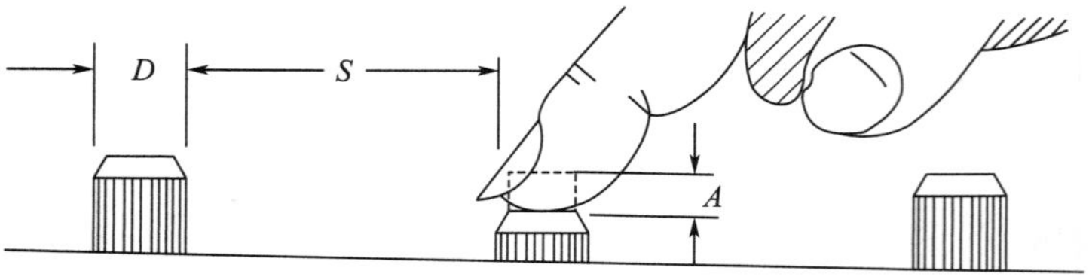

	尺寸(直径D)						阻力		
	指尖		拇指		手掌				
	不戴手套的手	戴手套的手	不戴手套的手	戴手套的手	不戴手套的手	戴手套的手	单指	不同手指[1]	拇指/手掌
最小值	10 mm (0.4″)	19 mm (0.75″)	19 mm (0.75″)	25 mm (1.0″)	40 mm (1.6″)	50 mm (2.0″)	2.8 N 10 oz	1.4 N (5 oz)	2.8 N (10 oz)
最大值	25 mm (1.0″)	—	25 mm (1.0″)	—	70 mm (2.8″)	—	11.0 N (40 oz)	5.6 N (20 oz)	23.0 N (80 oz)

	键程(A)	
	指尖	拇指/手掌
最小值	2 mm(0.08″)	3 mm(0.12″)
最大值	6 mm(0.25″)	38 mm(1.5″)

	间距(S)				
	单指		单指连续的	不同手指	拇指/手掌
	没戴手套	戴手套			
最小值	13 mm (0.5″)	25 mm (1.0″)	6 mm (0.25″)	6 mm (0.25″)	25 mm (1.0″)
优先值	50 mm (2.0″)		13 mm (0.5″)	13 mm (0.5″)	150 mm (6.0″)

注：[1]同时被操作

注意：这里没有提供戴手套的手的标准，最小值可以适当地调整。

图 10.4－1　手指或者手操作按钮要求［来源：MIL－STD－1472F］

10.4.2.2　脚动开关

10.4.2.2.1　使用情况

脚动开关容易受到意外误操作的影响，并且只能限于进行无触觉操作。而且，对于需要进行精细调整的操作，不推荐使用脚动开关，因为脚是不能进行精细动作的。最后，需要避免经常使用脚动开关。

10.4.2.2.2　操作

- 脚动开关应该设计成使用脚趾或者脚掌而不是脚后跟进行操作。
- 脚动开关应该位于操作者能够在不受干扰的情况下，将脚掌置于开关按钮上方的位置。可以用脚踏板盖在开关上方来帮助定位和操作开关。
- 如果开关受潮或者磨损光滑，那么开关盖表面应该增大摩擦阻力。

10.4.2.2.3　尺寸、阻力和位移

脚动开关的尺寸、阻力和位移的规格应该符合图 10.4－2 中的标准。

当每个开关只能由一只脚操作、且一只脚需要操作一个以上的开关时，这些开关之间应该保持至少 75 mm（3 in）的水平距离、200 mm（8 in）的垂直距离。

10.4.2.2.4　反馈

应当提供控制器启动的显性指示（例如，突然触摸、听到滴答声或视觉与声音联合显示）。

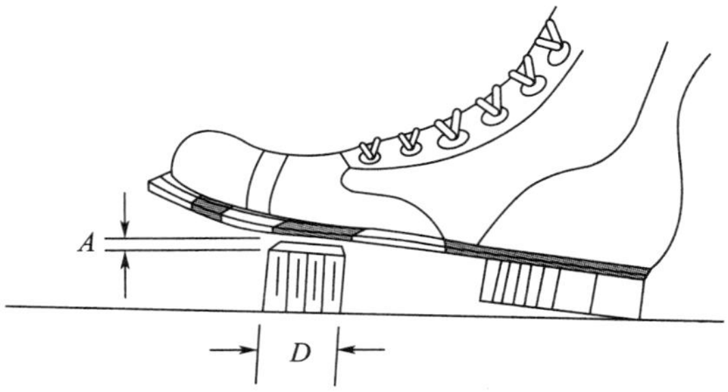

	直径	阻力		替换			
	D	脚一直踩住离合控制(脚不休息)	脚搁在离合器上控制(脚休息)	正常操作	狠踩离合操作	踝关节屈面	整个大腿运动
最小值	13 mm (0.5 in.)	18 N (4 lb)	45 N (10 lb)	13 mm (0.5 in.)	25 mm (1 in.)	25 mm (1 in.)	25 mm (1 in.)
最大值		90 N (20 lb)	90 N (20 lb)	65 mm (2.5 in.)	65 mm (2.5 in.)	65 mm (2.5 in.)	100 mm (4 in.)

图 10.4－2　脚动离合器的要求（来源：MIL－STD－1472F）

10.4.2.3　键盘

10.4.2.3.1　使用情况

当系统需要输入字母、数字或者功能信息的时候，按钮应排列成键盘的形式。

10.4.2.3.2　按键的布局

- 按键需要根据各自的功能以及惯例，进行编排分组。分组类型可以包括：数字键、

字母键以及功能键。

- 按键的特殊排列方式应该与具有类似功能的键盘的使用标准相匹配。

例如：字母键——字母键以标准传统键盘（QWERTY）的布局为标准。其他的键盘模式［例如德沃夏克（Dvorak）键盘布局］虽然具有人体工程学的优点，但是没有标准传统键盘的布局使用广泛。德沃夏克键盘布局在 1991 年由 ANSI 给出了定义。

10.4.2.3.3　数字键

数字键有两种标准的布局模式：电话布局模式和计算器布局模式（如图 10.4－3 所示）。

电话布局模式		
1	2	3
4	5	6
7	8	9
	0	

计算器布局模式		
7	8	9
4	5	6
1	2	3
	0	

图 10.4－3　标准的数字键盘布局模式

10.4.2.3.4　键的位移

键盘的键的尺寸、间距、阻力，以及位移的推荐值如图 10.4－4 所示。

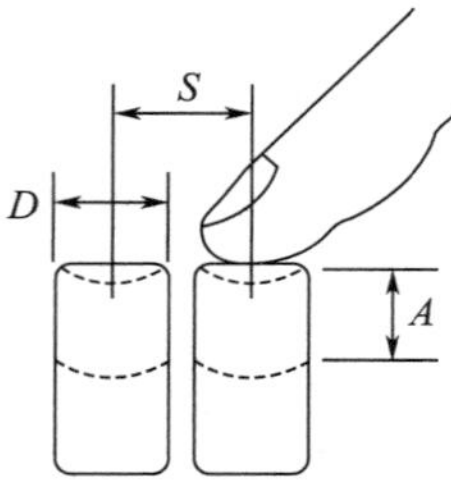

	尺寸(D)	阻力(R)		
		许可的捕捉点	优先的捕捉点	初始阻力
最小值	12 mm (0.47 in)	0.25 N* (0.9 oz)	0.5 N (1.8 oz)	25%的捕捉点阻力
最大值	—	1.5 N (5.4 oz)	0.6 N (2.2 oz)	75%的捕捉点阻力

键程(A)

	许可(连续进入使用)	优先	可接受(不连续进入)
最小值	1.5 mm(0.04 in)	2.0 mm(0.08 in)	0.7 mm(0.03 in)
最大值	6.0 mm(0.24 in)	4.0 mm(0.16 in)	1.6 mm(0.06 in)

间距(S)

测量任意两个相邻的按键中心线的距离(没有手套)

最小值	18 mm(0.70 in)
最大值	20 mm(0.78 in)

图 10.4－4　键盘的键的要求［来源：MIL－STD－1472F，人因工效协会（2007）］

注：＊N：牛顿

10.4.2.3.5 按键反馈

按键反馈可以是听觉的、触觉的，亦可以两者兼而有之。

- 触觉反馈更适合于太空环境，因为背景噪声可能会妨碍乘员接收听觉反馈。
- 如果进行听觉反馈，那么反馈应该在与所有键位移一致的点进行。

键阻力的变化可以提供触觉反馈。图 10.4-5 给出了使用者触觉反馈力的推荐值及剖面图。

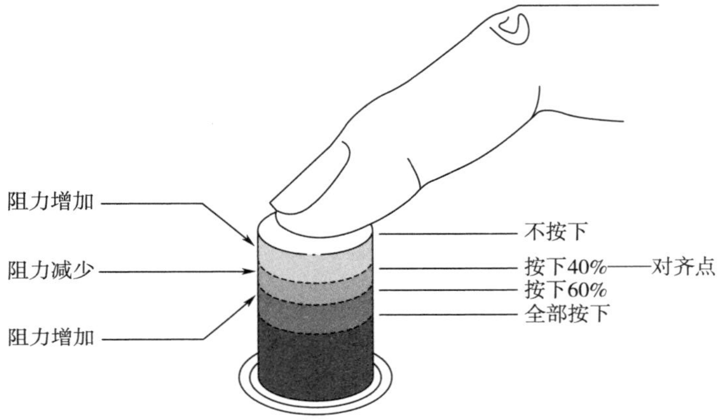

图 10.4-5 触觉反馈推荐值（来源：国际标准 ISO 9241-4：1998）

10.4.2.3.6 键盘的高度与坡度

图 10.4-6 给出了键盘的高度与坡度的推荐值。

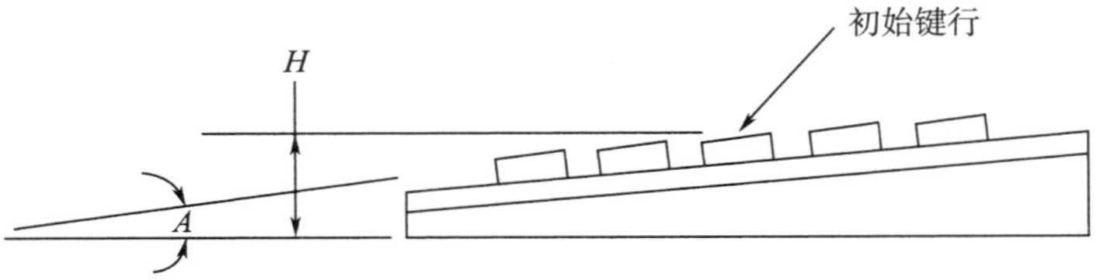

	键盘倾斜度(A)		键盘高度(H)	
	许可	优先	许可	优先
最小值	0°	5°	—	—
最大值	15°	12°	35 mm(1.4 in)	30 mm(1.2 in)

图 10.4-6 键盘的高度与坡度推荐值（来源：ISO 1992）

10.4.2.3.7 按键回复速度

如果按键被占用超过 500 ms，那么符号回复速度应该接近 10 符号/s。符号回复速度必须是可调的。

10.4.2.3.8 基准行的位置

键盘应该含有至少一个触觉特征，以便初始化手指的位置。例如，传统标准键盘，可能是在“F”键和“J”键上面设置一个凹陷或者凸起的区域。类似的，数值键盘的触觉辨识特征可能出现在“5”键的中间。

10.4.2.4 拨动开关

10.4.2.4.1 使用情况

拨动开关是一个与弹簧连接的乒乓开关，通过推动副杆转过一定的弧度来开关电路，有效地利用了空间。通过副杆所处的情况，使用者触发拨动开关的状态，很容易判断出拨动开关所处的位置。

• 拨动开关应该用于两个离散控制位置需要的地方，或者是空间限制比较严重的区域。

• 具有三个位置的拨动开关应该仅用于旋转控制器或图符开关控制不可行时，或者拨动开关是从“触发开”到“中间关”位置。

• 从“触发开”到“中间关”位置的拨动开关，如果从“触发开”位置解除会导致开关手柄超过关闭位置，不应该使用该三位置拨动开关。

10.4.2.4.2 意外触发

拨动开关容易受到意外触发的影响，因此它们需要防护装置。防止意外触发是非常重要的（例如预防危急或者危险情况）。

• 应该提供通道保护、“举起-解锁”开关，以及其他等效的保护装置以防止意外触发。

• 不应该使用保险和金属锁。

• “举起-解锁”装置的阻力不应该超过 13 N（3 lb）。

• 开放的遮盖装置不应该妨碍被保护的设备和邻近控制器的操作。

10.4.2.4.3 尺寸、阻力、位移和间距

• 拨动开关的尺寸、阻力、位移和间距（拨动开关邻近的边的距离）应当符合图 10.4-7 给出的标准。其中，推荐的距离大小是针对裸手操作设计的。

• 阻力应该逐渐增加，然后在开关进入位置后下降。

• 在两个位置之间，开关不能停止。

10.4.2.4.4 显性指示

必须提供控制器启动的显性指示（例如，突然触摸、听到滴答声、突然触摸与听到滴答声的联合或整体变亮）。

10.4.2.4.5 方向

• 拨动开关应该是垂直的确定方向——下面的位置表示关闭。

• 只有控制功能或设备位置具有兼容性，才能使用水平定向和触发拨动开关。

10.4.2.5 图符开关

图符开关是一类特殊的按钮开关，用于显示系统状态的定性信息。

10.4.2.5.1 尺寸、阻力、位移和间距

图符开关的尺寸、阻力、位移和间距（邻近开关的边的距离）应当符合图 10.4-8 给

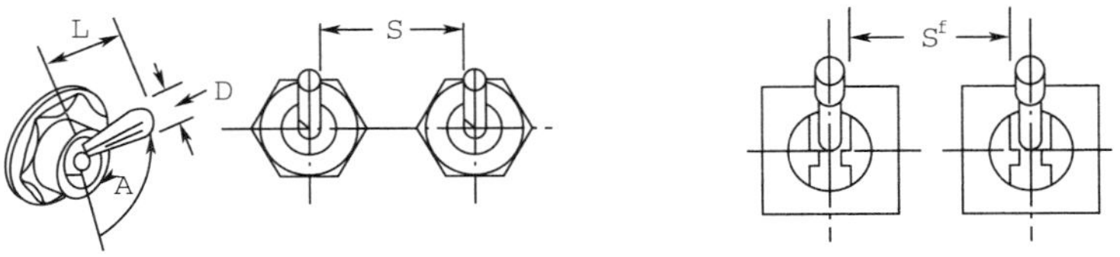

	尺寸			阻力	
	手臂长度(L)		控制端头(D)	小开关	大开关
	没有戴手套的手指	戴着厚重手套的手指			
最小值	13 mm(0.5″)	38 mm(1.5″)	3 mm(0.125″)	2.8 N(10 oz)	2.8 N(10 oz)
最大值	50 mm(2.0″)	50 mm(2.0″)	25 mm(1.0″)	4.5 N(16 oz)	11 N(40 oz)

	键程(A)	
	两个位置	三个位置
最小值	30°	17°
最大值	80°	40°
优先值	—	25°

	间距(S)			
	单手指操作		单手指连续操作	不同手指同时操作
	无	杠杆锁开关		
最小值	19 mm(0.75″)	25 mm(1.0″)	13 mm(0.5″)	16 mm(0.625″)
最适宜值	50 mm(2.0″)	50 mm(2.0″)	25 mm(1.0″)	19 mm(0.75″)

图 10.4-7 拨动开关要求（来源：MIL-STD-1472F）

出的标准，其中最大开关间距不适用于非矩阵应用。

10.4.2.5.2 势垒高度

- 从面板表面到势垒的高度应该符合标准。
- 除非有另外的特殊指定，需要为关键开关和可能误碰的开关设置势垒。
- 使用势垒时，势垒不应该妨碍控制器、标识，以及显示器的视觉效果，并且势垒上面的角应该设计成圆边。

10.4.2.5.3 其他要求

- 图符开关应该提供制动器或者滴答声，用来明确指示开关是否被触发。使用触觉敏感开关时，必须提供开关触发指示，例如，被触发的开关里面或者上面整体发光。
- 在有、无内部照明的情况下，图符均应当清晰可辨。
- 如果平均故障时间间隔少于 100 000 h，开关应提供灯光测试或者灯光/灯丝双重测试。
- 图符开关内部的灯，应该可以用手在面板前部的位置进行更换。同时图符或者封面应该被上栓，以防图符封面出现被互换的可能。
- 图符金属板的文字行数不应该多于三行。
- 图符开关与图符灯光之间，应该清晰可区分。

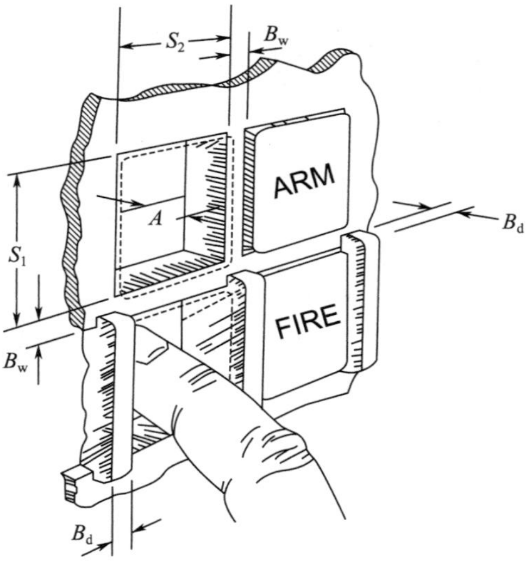

	尺寸(S_1和S_2)		障碍	
	没戴手套	戴手套	宽度(B_w)[2]	深度(B_d)
最小值	19 mm(0.75″)[1]	25 mm(1.0″)	3 mm(0.125″)	5 mm(0.2″)
最大值	—	38 mm(1.5″)	—	—

	位移		
		薄膜/触觉敏感开关	
	标准图符开关	圆顶咬合接触	传导薄膜接触
最小值	3 mm(0.125″)	7 mm(0.03″)	5 mm(0.2″)[3]
最大值	6 mm(0.25″)	1 mm(0.04″)	1 mm(0.04″)

	阻力		
		薄膜/触觉敏感开关	
	标准图符开关	圆顶咬合接触	传导薄膜接触
最小值	2.8 N(10 oz)[4]	1.5 N(5 oz)	2.0 N(7 oz)
最大值	16.7 N(60 oz)	2.5 N(9 oz)	3.0 N(11 oz)

[1] 15 mm(0.65″)这里的开关是没有挤压在仪表板间的

[2] 宽度也包括开关的间隔

[3] 5 mm(0.2)针对的是正向开关

[4] 5.6 N(20 oz)用于移动的交通工具中

图 10.4－8　图符开关的要求（来源：MIL－STD－1472F）

10.4.2.6　摇臂开关

10.4.2.6.1　使用情况

当按下时，摇臂开关是“开/闭”开关（而不是切换开关），也就是说，当一端被按下时，另一端就翘起来，就像摇摆木马前后摇动一样。

- 要求两个离散位置时，可以使用摇臂开关代替拨动开关。特别是当拨动开关的把手可能妨碍操作时，或者没有足够的面板空间来分隔开关位置标识时，就可以使用摇臂开关。

• 当旋转控制器或图符开关控制不可行时或者摇臂开关需要从"触发开"到"中间关"位置时应该使用三相摇臂开关。

摇臂开关有效地利用了空间，而且状态很直观。但是摇臂开关容易受到意外误操作影响。

10.4.2.6.2　意外触发

当需要防止关键或者危险情况下出现误操作时，应当提供通道保护和保护装置。

10.4.2.6.3　显性指示

必须提供控制器启动的显性指示（例如，突然触摸、听到滴答声、突然触摸与听到滴答声的联合或整体变亮）。

10.4.2.6.4　尺寸、阻力、位移和间距

• 摇臂开关的尺寸、阻力、位移和开关之间的间距应当符合图 10.4－9 给出的标准。

• 阻力应该逐渐增加，然后在开关进入位置后立即下降。

• 在两个位置之间，开关不能停止。

10.4.2.6.5　方向

• 如果可行，摇臂开关应该是垂直导向的。

• 翅膀向上表示打开设备和机构、能增加数量、或者让设备或机构向前移动、顺时针旋转、向右移动或向上移动。

• 水平方向的摇臂开关，只能用于控制功能或者设备位置具有兼容性时。

10.4.2.6.6　颜色和照明

颜色的交替可以用于显示摇臂开关的"打开"和"关闭"。"打开"和"关闭"之间照明的交替，可以用于指示开关当前的位置状态。

• 当周围环境照明提供 3.5 cd/m^2（FT－L）以下的显示亮度的时候，摇臂开关应当内部发出照明。

• 数字和字母应当以照明符号的形式显示在不透明的背景上，且大小应该接近以下的标准：高度为 4.8 mm（3/16 in），高宽比为 3∶2，高度与笔画宽度之比为 10∶1。

10.4.2.7　滑动开关控制器

10.4.2.7.1　使用情况

滑动开关有一个可以滑动的按钮、棒或者突起。它们可以是不连续的，也可以是连续的。

• 滑动开关控制器可以用在需要具有许多离散位置功能的地方。在这些地方开关被排列成矩阵形式从而使得开关设置易于识别。（比如，基于频次的声音设置）

• 位置不确定的地方需要避免使用滑动开关。

10.4.2.7.2　意外触发

当需要防止危急或者紧急情况下出现误操作时，应当提供通道保护和保护装置。

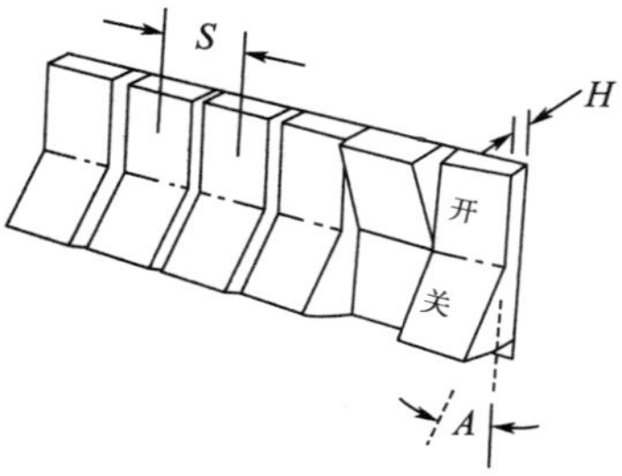

标准的摇臂开关：被用作可交替使用的拨动开关，提供表面标签，易于颜色标记或者开关照明

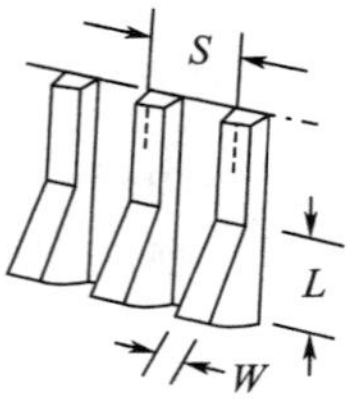

狭窄的宽度，特别令人满意的是戴着手套仍有敏感的触觉感受

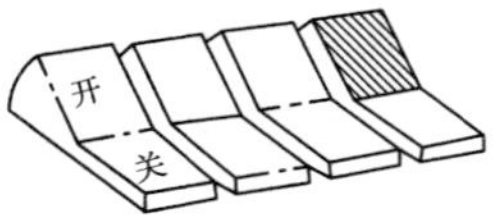

对开关的位置而言，“开”交替(对比)的颜色相比于“关”提供了显而易见的提示。“开”的灯光作为次要反馈提示

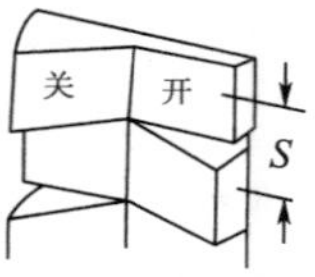

	尺寸		阻力
	宽度(*W*)	长度(*L*)	
最小值	6 mm(0.25″)	13 mm(0.5″)	2.8 N(10 oz)
最大值			11 N(40 oz)

	位移		间距	
	压力(*H*)	角度(*A*)	没戴手套	戴手套
最小值	3 mm(0.125″)	530 mrad(30°)	19 mm(0.75″)	32 mm(1.125″)

图 10.4－9　摇臂开关的要求（来源：MIL－STD－1472F）

10.4.2.7.3　尺寸、阻力和间距

- 滑动开关手柄的尺寸、阻力和间距应当符合图 10.4－10 给出的标准。
- 需要给每个控制装置设置制动器。
- 阻力应该逐渐增加，然后在开关进入位置后立即下降。
- 在两个位置之间，开关不能停止。

10.4.2.7.4　方向

- 滑动开关应该进行垂直导向——向上滑动或者滑向远离操作者方向，应该表示打开设备和机构、引起数量增加、或者引起设备和机构向前移动、顺时针旋转、向右移动或向上移动。

• 水平导向或触发的滑动开关，只能用于控制功能或者设备位置具有兼容性时。

10.4.2.7.5 显性指示

具有两个以上位置的滑动开关，应该提供控制器状态指示，指示器适合在滑动开关手柄左侧设置。

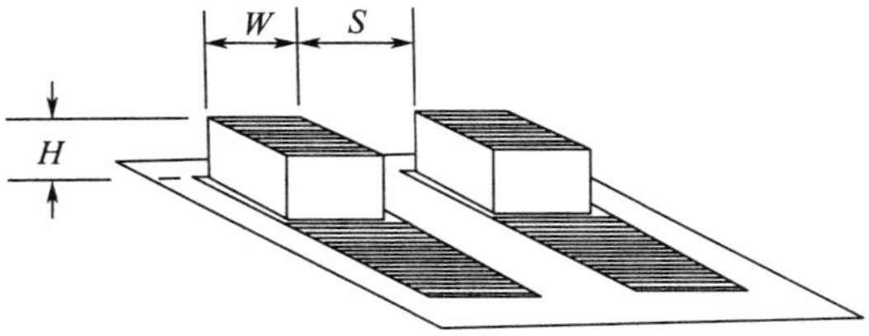

	尺寸			阻力	
	制动器高度(*H*)		制动器宽度(*W*)	小开关	大开关
	*	**			
最小值	6 mm(0.25″)	13 mm(0.5″)	6 mm(0.25″)	2.8 N(10 oz)	2.8 N(10 oz)
最大值	—	—	25 mm(1″)	4.5 N(16 oz)	11 N(40 oz)

	间距(*S*)		
	单指操作	单指连续操作	不同手指同时操作
最小值	19 mm(0.75″)	13 mm(0.5″)	16 mm(0.625″)
最大值	50 mm(2″)	25 mm(1″)	19 mm(0.75″)

*没戴手套
**戴手套

图 10.4-10 滑动开关的要求（来源：MIL-STD-1472F）

10.4.2.8 离散推拉控制器

10.4.2.8.1 使用情况

• 推拉控制器需在选择两个离散功能时使用。但是，只能保守地使用该应用——只有当预期就想使用这样的推拉结构，或者某些面板空间受限需要将开关的突起最小化（该开关提供了两个相关的但却截然不同的功能）时，才能使用推拉控制器（例如，电视监视器的“开—关”/音量开关）。

• 具有三个位置的推拉控制器，只能适用于意外地选取错误位置但不会造成严重后果的时候。

10.4.2.8.2 手柄尺寸、位移和间隙

推拉控制器手柄应该符合图 10.4-11 给出的标准。

10.4.2.8.3 旋转

• 除了“推拉/旋转”联合开关结构（例如，手柄旋转来脱离刹车装置），推拉控制器的手柄应当安装“非旋转”的轴。

• 当控制系统提供“推拉/旋转”联合功能操作时，可以使用圆形的突起，该突起的边缘应该是锯齿形的，以便（从视觉上和触觉上）表示突起能够进行旋转，并方便不滑动的手指抓握。

10.4.2.8.4 制动器

机械制动器应该集成于推拉控制器的内部，用来提供位置的触觉指示。

10.4.2.8.5 障碍和意外操作

推拉控制器的用途、位置和操作轴应该避免以下几种操作方式。

• 开关在进入和离开位置时，要避免对控制器形成大的冲击（例如在飞行器内）。

• 阻碍衣物、通信电缆，以及控制器上面的其他设备，或碰触其他控制器造成意外制动推拉控制装置。

配置案例	应用标准	设计标准				
		尺寸			位移	间距
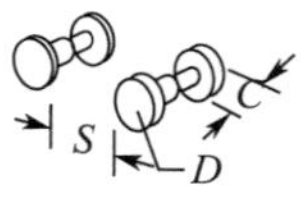	推拉控制器，对于两个位置机械、电气或机电系统而言，阻力低。交替的三个位置增加旋转作用可接受的应用，如汽车前灯增加了停车灯，仪表板和车内顶灯提供齿状边缘	D最小直径 19 mm (0.75″)	C最小间隙 25 mm(1″) 如果有手套再加上 13 mm (0.5″)		25±13 mm (1±0.5″)最小拉力POSNS之间13 mm (0.5″)	S两者最小的空间 35 mm (1.5″)如果有手套再加上 13 mm (0.5″)
	交替的把手，仅仅用于微型的电气仪表板开关，避免手套使用	D最小直径 6 mm (0.25″)	N/A	L最小长度 19 mm (0.75″)	最小值 13 mm (0.5″)	S两者最小空间25 mm (1″)
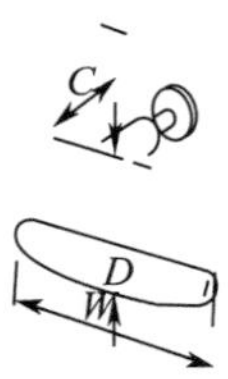	IGH力量推拉，两个位置仅仅用于机械系统	W最小直径 100 mm(4″)	D深度16~38 mm (0.625~1.5″)	C最小空隙 38 mm (1.5″)如果有手套再加上 6 mm (0.25″)	最小值 25 mm(1″) 最优值 50 mm(2″)	
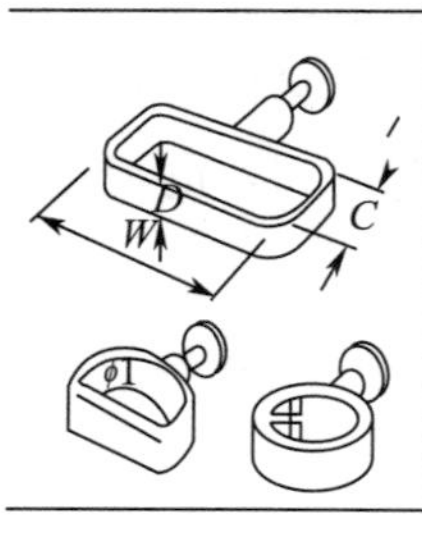	与上述相同，这里优先可能的发生服装或者电缆注意：1或2个手指拉力最少可接受18 N(4 lb)	W最小直径 100 mm (4″)如果有手套再加上25 mm (1″)	D深度16~38 mm (0.625″~1.25″)	C最小间隙 32 mm (1.25″)	最小值 25 mm(1″) 最优值 50 mm(2″)	S两者最小空间13mm (0.5″)

图 10.4-11 推拉控制器的要求（来源：MIL-STD-1472F）

10.4.2.8.6 控制运动方向

控制运动方向应该按照以下方式进行。

• 向前拉动表示“打开”或“启动”；向后推动表示“关闭”或“解除”。

• 如果“推拉/旋转”开关联合起作用时，顺时针旋转表示“启动”或者“增加”。

10.4.2.8.7 阻力

• 用手指拉动仪表板控制器的力量应当不超过 18 N（4 lb）；

• 用 4 个手指拉动“T 字架”的力量应当不超过 45 N（10 lb）

10.4.2.9 印刷电路开关控制器

10.4.2.9.1 使用情况

印刷电路（PC，printed - circuit）开关控制器是一种特殊的旋转开关，可以直接用于连接配套的印刷电路板而不用导线。

只有对那些很少需要发生改变的设备，才安装印刷电路“双列直插式组装（DIP）”类型的开关或者“手选跳闸”。

10.4.2.9.2 尺寸、阻力、位移和间距

邻近印刷电路开关制动器间的尺寸、阻力、位移和间距，应当符合以下要求。

• 制动器应当足够大，以便使用者使用普通的手写笔（例如铅笔和钢笔）进行“无差错”操作。制动器无须要求使用特殊工具进行操作。

• 阻力应该足够高，以避免在不需要使用的情况下产生误操作。阻力应该逐渐增大，然后在开关进入位置后立即下降。在两个位置之间，制动器不能停止。

• 滑动类型的制动器应当具有有效的行程（位移）来立即识别出制动器装置。行程应当不少于制动器的两倍长度。当制动器是摇臂型时，制动器的翅膀应当与模块的表面齐平。

• 制动器之间应该具有足够的距离，来允许使用者的“无差错”操作（例如，手写笔不应该失误连接邻近制动器）。

10.4.2.9.3 形状

制动器的表面应当呈锯齿状，以方便手写笔的触点进行接触。锯齿应当足够深，以免使用手写笔进行操作的时候发生滑落。

10.4.2.10 控制杆

10.4.2.10.1 使用情况

控制杆是简单的“钢棒通过轴连接于支点上”的机械结构。控制杆用于传输运动和改变机械条件。

控制杆应该大力使用或者在需要多自由度的运动时使用。

10.4.2.10.2 编码

当几个控制杆的组合相互间很近的时候，需要对控制杆的手柄进行编码。

10.4.2.10.3 分支支持

当控制杆用于精细和连续调节的时候，应该按照以下原则提供相应的分支板块支

持：

- 对于大的手部运动：肘；
- 对于小的手部运动：前臂；
- 对于手指运动：手腕。

10.4.2.10.4 尺寸

- 控制杆的长度应当由所需要的机械条件来决定。
- 球形控制杆的直径或手柄的把手应当符合图 10.4－12 给出的标准。

10.4.2.10.5 阻力

控制杆的阻力应当在图 10.4－12 所示的极限范围内，所测的力为作用于手柄上某点的线性力。

10.4.2.10.6 位移和间距

控制杆的位移（对于坐姿操作者）和间距应当符合图 10.4－12 给出的标准。

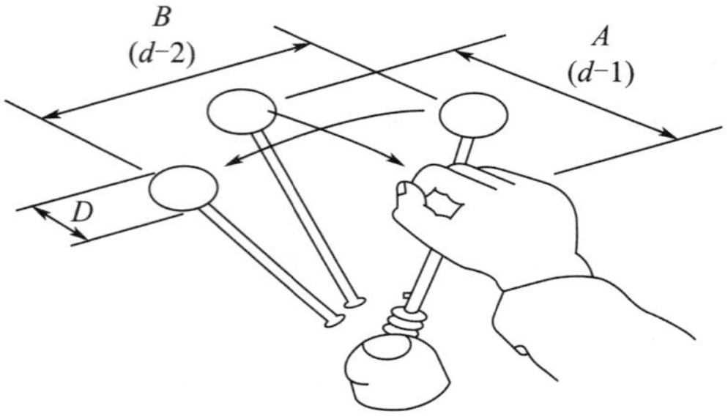

	直径		阻力			
	D		(d-1)		(d-2)	
	手指抓握	手掌抓握	一只手	两只手	一只手	两只手
最小值	13 mm(0.5 in.)	38 mm(1.5 in.)	9 N(2 lb)	9 N(2 lb)	9 N(2 lb)	9 N(2 lb)
最大值	13 mm(1.5 in.)	75 mm(3 in.)	135 N(30 lb)	220 N(50 lb)	90 N(20 lb)	135 N(20 lb)

	位移		间距	
	A			
	向前面	向侧面	任意一只手	同时两只手
最小值	—	—	50 mm(2 in.)	75 mm(3 in.)
优先值			100 mm(4 in.)	125 mm(5 in.)
最大值	360 mm (14 in.)	970 mm (38 in.)		

图 10.4－12 控制杆的要求（来源：MIL－STD－1472F）

10.4.2.11 位移（等压）操作杆

操作杆是由手柄组成的常规控制设备，以操作杆的一端为轴，将两个或者三个方向的角度信息发送到计算机。位移操作杆有以下用途。

- 任务需要二维或更多维度的精确或连续控制的情况时，要用位移操作杆。

• 位移操作杆可以用于不同的显示功能，如从显示器上选择数据或者生成不用绘制的图形。

• 对于定位精度比定位速度重要的任务，位移操作杆应取代等长操作杆。位移操作杆需要的力量一般要比等长操作杆小，而且在长时间操作过程中不易疲劳。

当设计位移操作杆时，要考虑以下的操作特点。

• 在速度控制的应用中，可能允许跟踪器（如指针或跟踪符号）穿过显示器边界，指示器应该能帮助操作者把跟踪器带回显示器。

• 对于在速度控制中使用位移操作杆，当距离中心位置越远时阻力应当增大，而且当手移开后控制器应当返回到中心位置。

• 位移操作杆有接近中心位置的死角或者滞后现象时，不能在显示跟踪器（指针或跟踪符号）自动定序的配合下使用，除非它们在操作杆瞬时位置序列中有空返回和零调整功能。在自动定序程序终止后，操作杆的中心应当被重新恢复到中心位置。

下面是对三种类型位移操作杆的讨论，它们的类型取决于操作者如何使用：手操作位移操作杆；手指操作位移操作杆；拇指尖/指尖操作位移操作杆。

10.4.2.12　手操作位移操作杆

10.4.2.12.1　使用情况

• 手操作位移操作杆可以用于控制交通工具以及目标传感器。

• 这类操作杆可以作为次要控制装置平台，如拇指或手指控制开关。（相比等长手柄来说，次要控制的操作在位移手柄上具有较小的感应偏差。）

• 当按钮位于手操作杆上时，在没有减小对操作杆控制的情况下，它们应当能够被正常操作。

10.4.2.12.2　动态特征

• 位移操作杆偏离中心不能超过 45°，并且在所有方向上都应当是平滑的。

• 跟踪器在实现定位的同时不能有显著的振动，交叉耦合，或需要复杂的纠正动作。

• 控制率、摩擦力和惯性应当满足快速和精确定位的双重需求。

• 当操作杆自由运动时，显示器的刷新速率应足够快，以保证显示出追踪器的连续运动轨迹。

• 控制动作与确定显示器的反应之间的延迟应当尽可能的小，不能大于 0.1 s。

10.4.2.12.3　尺寸和间隙

• 把手长度应当在 110～180 mm（4.3～7.1 in）之间。

• 直径应不大于 50 mm（2 in）。侧面要有 100 mm（4 in）的间隙，后部要有 50 mm（2 in）的间隙，以便于手的移动。

• 操作杆应能为前臂提供支撑。

• 模块化设备应当安装成让操作杆的驱动无延迟，无偏差，且安装基座无倾斜。

10.4.2.13　手指操作位移操作杆

10.4.2.13.1　使用情况

手指操作位移操作杆有利于自由运动。在此应用中，一般没有弹力返回到中心位置，当手移开之后，阻力应可以使手柄维持在原位置。

10.4.2.13.2　动态特征

动态特性应符合 10.6.3.11.2.2 节。如图 10.4－13 所示，嵌入式安装能保证更精确的控制。

10.4.2.13.3　尺寸、阻力和间隙

如图 10.4－13 所示，操作杆应该安装在桌面或架子的表面。操作杆应当可以为前臂或手腕提供支撑。模块化设备应当安装成让操作杆的驱动无延迟，无偏差，且安装基座无倾斜。

10.4.2.14　拇指尖/指尖操作位移操作杆

10.4.2.14.1　使用情况

• 拇指尖/指尖操作位移操作杆可以安装在手柄上，作为阻尼振动的稳定冗余，并提高精度。

• 如果操作杆安装在手柄上，那么手柄不能同时作为操作杆控制器。

10.4.2.14.2　动态特征

操作杆偏离中心位置不能超过 45°。

10.4.2.14.3　尺寸、阻力和间隙

• 操作杆应当可以为手腕或手提供支撑。控制台设备的安装方法如图 10.4－13 所示。

• 模块化设备应当安装成让操作杆的驱动无延迟，无偏差，且安装基座无倾斜。

10.4.2.15　等长操作杆（双轴控制器）

等长操作杆也被称为硬杆、力杆，或压力杆。该控件没有显而易见的运动，但它的输出是所应用的力的一个函数。

1）等长操作杆可以应用在需要精确或连续控制的二维或更多维度的任务中，尤其适用于以下几种类型的任务：

• 每次使用后需要精确复位到中心位置的情况；

• 操作者的反馈主要是视觉的，而不是控制本身的触觉反馈；

• 在控制输入和系统反应之间有最小延迟和紧耦合的情况。

2）当定位速度比定位精度更重要时，应该使用等长操作杆，而不是位移操作杆。

3）等长操作杆可以用于各种显示功能，如从显示器中获取数据。

4）等长操作杆不适用于需要操作者长时间保持固定力的情况，或当超出最大控制输入时提供不明确反馈的情况。

5）在速度控制的应用中，可能会允许跟踪器（光标或跟踪符号）超出显示器边缘，指示器应能够帮助操作者将跟踪器返回到显示器。

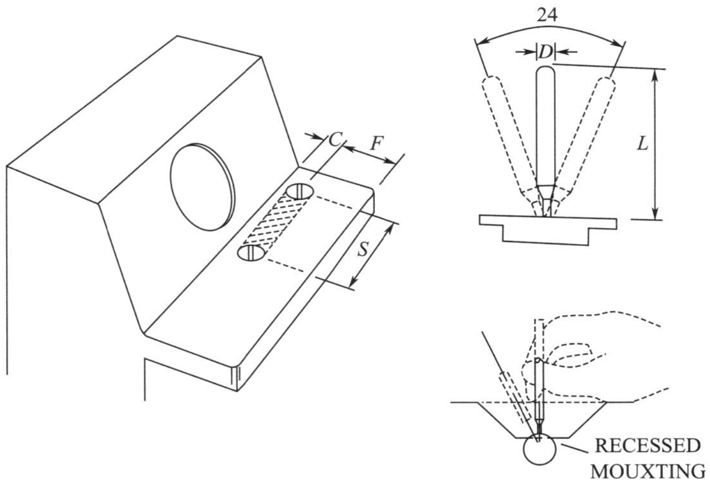

	尺寸		阻力	位移	间隙		
	直径(*D*)	长度(*L*)		*A*	操作杆间的间隙(*S*)	附近间隙(*C*)	与操作板前的间隙(*F*)
最小值	6.5 mm (0.25″)	75 mm (3″)	3.3 N (12 oz.)		0	*	120 mm (4.75″)
最大值	16 mm (0.625″)	150 mm (6″)	8.9 N (32 oz.)	$\frac{\pi}{4}$ rad(45°)	400 mm (15.75″)		250 mm (10″)

*最大操作杆正向偏移100 mm(4″)。

图 10.4－13　位移（等压）操作杆的要求（来源：MIL－STD－1472F）

下面是三种类型的等长操作杆的讨论，它们的类型取决于操作者如何使用：手操作等长操作杆；手指操作等长操作杆；拇指尖/指尖操作等长操作杆。

10.4.2.16　手操作等长操作杆

10.4.2.16.1　使用情况

手操作等长操作杆可以用于车辆控制器、瞄准传感器和次要控制器装置平台，如拇指和手指操作转换器。（等长手柄上的次要控制器操作要比位移手操作杆的操作具有更大的感应偏差。）

10.4.2.16.2　动态特征

输出的最大力不能超过 118 N（26.7 lb）。

10.4.2.16.3　尺寸、阻力和间隙

尺寸、阻力和间隙应该符合 10.4.2.12.3 节列出的规格。

10.4.2.17　手指操作等长操作杆

尺寸、阻力和间隙应该符合 10.4.2.13.3 节列出的规格。

10.4.2.18　拇指尖/指尖操作等长操作杆

10.4.2.18.1　使用情况

- 拇指尖/指尖操作等长操作杆可以安装在手柄上，作为阻尼振动的稳定架，或用于

提高精度。

- 如果这样安装操作杆，手柄不应同时作为操作杆控制器。

10.4.2.18.2　尺寸、阻力和间隙

尺寸，阻力和间隙应该符合 10.4.2.14.3 节列出的规格。

10.4.2.18.3　球控制器

跟踪球是指针设备，由安置在插座中的球构成，包含检测球两轴转动的传感器。

微重力下的研究已经证明跟踪球可以在太空中有效使用。如果有合理的设计以及安装，那么就不会受微重力的影响。

使用跟踪球要比使用鼠标需要更多的训练和实践，但是其速度和精度可以与鼠标媲美。因为对于驱动来说滚动是必要的，重复性疲劳损伤是可以避免的。跟踪球可以很容易地内置到控制台中。

10.4.2.18.4　尺寸和阻力

尺寸和阻力应符合图 10.4-14 所列的标准。

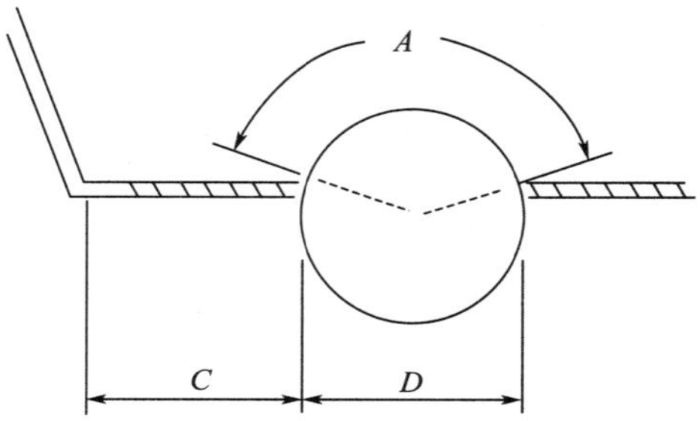

	尺寸		压力	
	直径(*D*)	露出的表面(*A*)	精度要求	振动或加速条件
最小值	50 mm (2.0″)	100°	0.25 N (0.9 oz)	—
最优值	100 mm (2.0″)	120°	0.3 N (1.1 oz)	—
最大值	150 mm (6.0″)	140°	1.5 N (5.4 oz)	1.7 N (6.0 oz)

注意：最初的阻力范围是0.25 N(0.9 oz)~0.4 N(1.4 oz)

图 10.4-14　球控制器的要求［来源：MIL-STD-1472F 和 HFES（2007）］

10.4.2.19　手写笔

手写笔的外形和使用方法与书写工具类似，由于这种相似性，它的图形输入功能也很优秀，但工作平面上需要额外的空间。

运动的视觉反馈偏差可能会导致协调问题。输入手写字符被系统识别的速度（低于 40 字/分钟）与打字速度（平均 200 字/分钟）相比很慢。这种输入方式在微重力条件下很难进行控制。

10.4.2.19.1　力

为了在平板上产生连续的输入，手写笔的力不能大于 0.8 N（2.9 oz）。

10.4.2.19.2　设计

手写笔的手柄表面应该具有防滑功能。图 10.4－15 展示了手写笔的推荐尺寸。

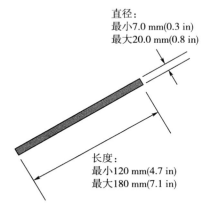

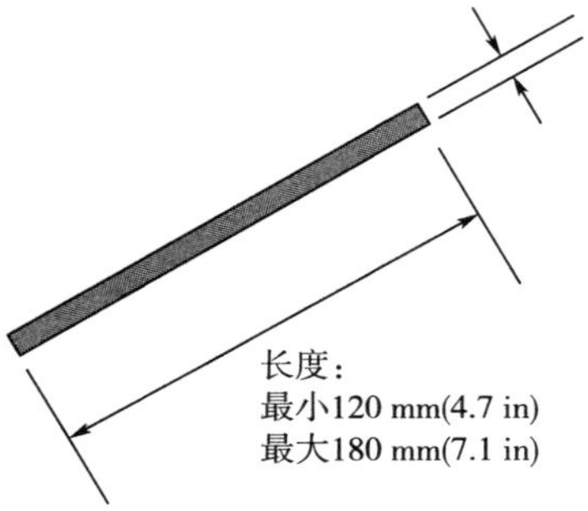

图 10.4－15　手写笔的要求［来源：MIL－STD－1472F 和 HFES（2007）］

10.4.2.20　鼠标

鼠标是与对象交互的接口上最常用的输入设备。它可以检测在其支撑表面上的 2D 运动。

当需要快速操作且要求低错误率时，应当使用鼠标。但由于通常要求平坦的操作表面，鼠标也许并不是微重力状态下的最佳选择。

由于当鼠标向后或向旁边移动时，它不会以预期的方式工作，因而定位很重要。电脑鼠标使用广泛，使用方法非常直观，几乎不需要进行训练。需要考虑的人因方面有：人体工程学设计、手部疲劳以及重复性劳损。

10.4.2.20.1　尺寸

图 10.4－16 展示了鼠标的推荐尺寸。这些推荐值也适用于滚球设备。

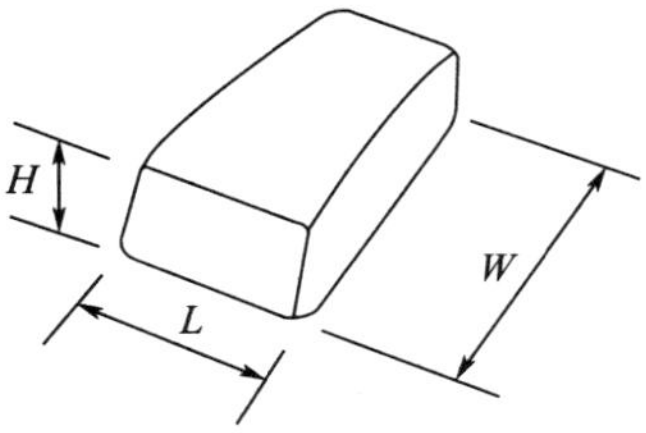

	宽度(W)	长度(L)	高度(H)
最小值	40 mm(1.6 in)	70 mm(2.8 in)	25 mm(1.0 in)
最大值	70 mm(2.8 in)	120 mm(4.7 in)	40 mm(1.6 in)

图 10.4－16　鼠标的尺寸要求［来源：MIL－STD－1472F 和 HFES（2007）］

10.4.2.20.2　鼠标定位传感器

如果鼠标定位传感器在鼠标的前部，在指尖下方而不是手掌下方，会提高定位精度。

10.4.2.21　触摸屏

触摸屏是可以触摸显示区域的显示器。它是直接输入设备，因为输入与目标直接相关。因为触摸屏使用起来简单直观，因此很受欢迎。其敏感性可以根据用途进行调整，但也会受到杂质的影响而降低。人体工程学问题是当触摸屏的使用超过几分钟后，手指（或手臂）就会有压力疲劳。

当需要直观的输入方式时，应使用触摸屏，但在要求长期持续输入的场合不应使用触摸屏。

10.4.2.21.1　尺寸

- 如果用户必须触摸屏幕上的特定区域，那么该区域的尺寸必须足够大，以减少错误。但如果超过某一特定最大尺寸，精度不会提高。
- 触摸区域周围应围绕不敏感区域，以减少邻近触摸区域的意外启动。

图 10.4－17 给出了触摸区域和非敏感区域的尺寸推荐值。

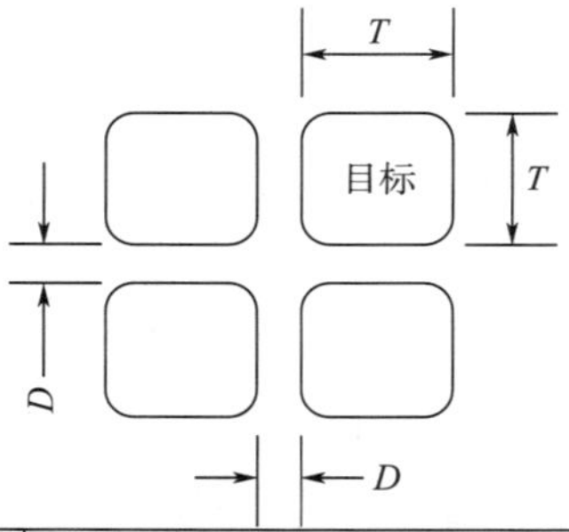

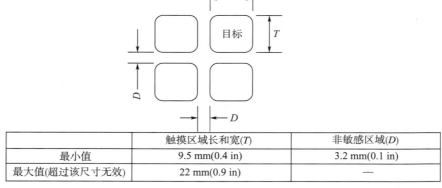

	触摸区域长和宽(*T*)	非敏感区域(*D*)
最小值	9.5 mm(0.4 in)	3.2 mm(0.1 in)
最大值(超过该尺寸无效)	22 mm(0.9 in)	—

图 10.4－17　触摸屏的尺寸要求［来源：MIL－STD－1472F 和 HFES（2007）］

10.4.2.22　踏板

踏板器仅在以下情况下才能使用：操作者的双手都被占用；或者启动控制系统所需的力高于操作者手的力；或者踏板的标准化使用已经建立了预期原型（如车辆中的踏板器有离合器、刹车、加速器和方向舵）。

10.4.2.22.1　位置

- 踏板器应该设置在操作者容易够到的位置，不需要进行费力的拉伸或扭曲，并且在体位和力的能力范围内能够到踏板的最大位移范围。
- 安置踏板的位置（如油门，离合器）应能够让操作者“休息”和“固定”脚部，如踏板离地面距离应适当，以便于操作者的脚跟可以在地面得到休息。当不能做到这些，并且踏板与水平地面的角度大于 20°时，应提供脚跟支持物。

10.4.2.22.2 踏板回复

• 除了产生连续的输出控制（如方向舵控制），踏板应该无须操作者的辅助就能够自动复位（如刹车踏板）。

• 为了让操作者的脚在操作间隙可以得到适当的休息，踏板要能够提供足够的阻力，以防止脚的重力产生误操作（如油门踏板）。

10.4.2.22.3 踏板行程

移动路径应与操作者肢体（如大腿、膝盖、脚踝）关节的自然路径符合。

10.4.2.22.4 防滑踏板表面

踏板应该有防滑表面，这对于踏板力要求较高的情况尤其重要。

10.4.2.22.5 尺寸、阻力、位移和间距

踏板的尺寸、阻力、位移和间距要符合图 10.4－18 所示的标准。

10.4.2.23 旋转选择开关

10.4.2.23.1 使用情况

• 当离散功能需要三个或更多定位位置时，应使用旋转选择开关（如图 10.4－19 所示）。

• 旋转选择开关不能用于定位两个位置，除非对控制位置的视觉识别是最重要的，并且控制作业的速度不太重要。

10.4.2.23.2 移动指针

旋转选择开关应该设计为具有移动的指针和固定的刻度。

10.4.2.23.3 形状

• 移动指针旋钮应该具有条状平行边，并且该旋钮应为圆锥状。当指针旋钮是形状编码或者空间受限且扭矩较轻时，移动指针旋钮的形状可以进行改变。

• 当一组功能不同的旋钮装在同一个面板上时，容易产生控制混淆，此时应进行形状编码。

10.4.2.23.4 位置

• 系统正常运行期间，操作人员不可见的旋转选择开关不应该超过 12 个挡位。

• 操作人员经常可见的旋转选择开关不应该超过 24 个挡位。

• 旋转开关的位置不能彼此相对，除非旋钮形状能防止混淆，区别出旋钮的哪一端是指针。

• 在到达每个新位置前，开关阻力应该是弹性的，先增大，然后减小。控制扣不能停在两个挡位之间。

10.4.2.23.5 参考

在旋转开关控制器上应该有参照线。这条线的亮度与参照色的对比度在所有照明条件下都不应该小于 3。

10.4.2.23.6 视差

• 旋钮指针到刻度的距离应该足够近，以减少两者之间的视差。

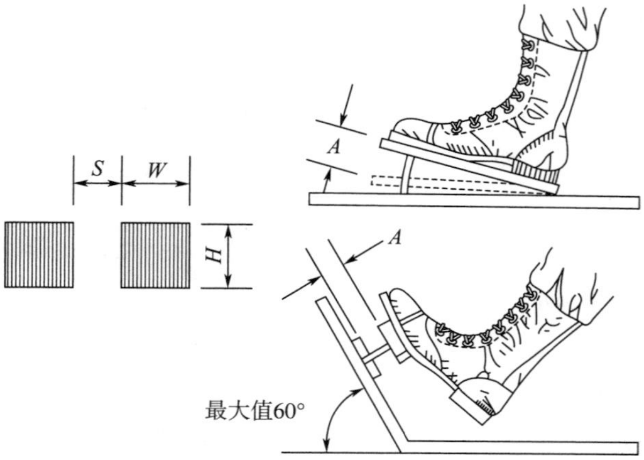

	尺寸		位移			
	H	W	A			
	高度	宽度	正常操作	厚重鞋子	脚踝活动	腿部整体移动
最小值	25 mm(1 in.)	75 mm(3 in.)	13 mm(0.5 in.)	25 mm(1 in.)	25 mm(1 in.)	25 mm(1 in.)
最大值			65 mm(2.5 in.)	65 mm(2.5 in.)	65 mm(2.5 in.)	180 mm(7 in.)

	阻力			
	脚在踏板上不是静止的	脚在踏板上是静止的	只有脚踝活动	腿部整体移动
最小值	18 N(4 lb)	45 N(10 lb)	—	45 N(10 lb)
最大值	90 N(20 lb)	90 N(20 lb)	45 N(10 lb)	800 N(180 lb)

	间距	
	任意一只脚	有顺序的一只脚
最小值	100 mm(4 in.)	50 mm(2 in.)
优先值	150 mm(6 in.)	100 mm(4 in.)

图 10.4－18　踏板的要求（来源：MIL－STD－1472F）

• 当从操作者的正常位置观察时，视差误差量不应超过最小刻度的 25%。

10.4.2.23.7　附件

选择转换轴和旋钮应该设计安装在预期的方向上。

10.4.2.24　尺寸、阻力、位移和间距

旋转选择开关的尺寸、阻力、位移和间距要符合图 10.4－19 所示的标准。

10.4.2.25　离散型拇指拨轮控制器

10.4.2.25.1　使用情况

• 如果任务需要紧凑型数字控制输入装置（连续数位）及核实这些手动输入的读出器，则可以使用拇指拨轮控制器。出于其他目的使用拇指拨轮是不提倡的。

• 制动器应提供十进制或二进制（3 或 4 位）表示的 10 个位置（0～9）来标定指数。

• 拇指拨轮可以设计为离散型指数，也可以设计为连续型指数。离散型指数的拇指

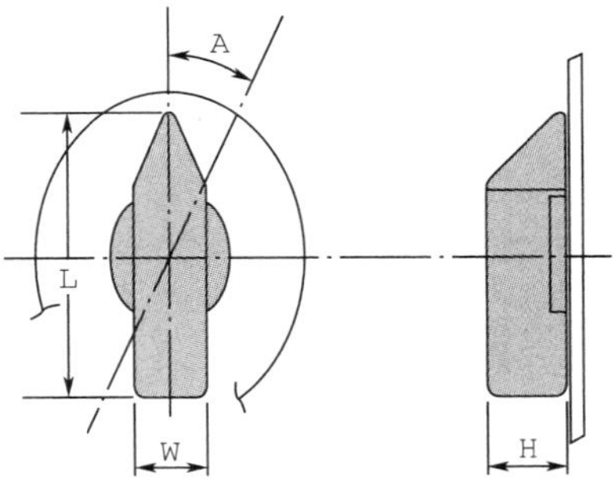

	尺寸			阻力
	长(L)	宽(W)	高(H)	
最小值	25 mm(1 in.)		16 mm(0.625 in.)	115 mN·m(1 in.-lb)
最大值	100 mm(4 in.)	25 mm(1 in.)	75 mm(3 in.)	680 mN·m(6 in.-lb)
	位移		间距	
	A		任意一只手	两只手操作
	*	**		
最小值	262 mrad(15°)	525 mrad(30°)	25 mrad(1 in.)	75 mrad(3 in.)
最大值				
优先值	700 mrad(40°)	1570 mrad(90°)	25 mrad(1 in.)	125 mrad(5 in.)

*正常性能；

** 当特殊的工程需求要求大的间隙或者凭触觉或看不清的放置的控制器的要求。

图 10.4-19　旋转选择开关的要求（来源：MIL-STD-1472F）

拨轮应有 10 个或者更少的制动位置。

• 围绕在离散型拇指拨轮圆周的每个位置的表面都应有一个细凹槽来匹配每个位置以确保容易定位。

• 在到达每个新制动器前，拨轮的阻力应具有一定的弹性，先增大，然后减小，从而不会导致控制扣停止在两个制动器中间。这些运动特性是为了确保操作容易并且令使用者得到良好的触觉反馈。

• 对于连续型拇指拨轮来说，应提供牢固位置来限制转动过程中误操作超过最大指数。

10.4.2.25.2　形状

• 围绕在离散型拇指拨轮圆周的每个位置的表面都应略凹或应用一个摩擦力较大（如一个突起）并向指轮外围鼓起来的区域将各位置分开。

• 拇指拨轮应不防碍拨轮指数垂线左右各 30°的可视角度范围内指数的观察。

10.4.2.25.3　编码

拇指拨轮控制器可以采用位置、标签和颜色等来编码（例如：参照典型汽车里程表中最低有效数字的颜色）。

作为输入设备，拇指拨轮开关的“关闭”和“正常”位置应当采用颜色编码，通过视觉来确认指数已经重置到“关闭”或“正常”位置。

10.4.2.25.4 转动方向

向前、向上或者顺时针转动拇指拨轮都对应“增强”设定。

10.4.2.25.5 示数

当周围环境照明提供的显示亮度小于 3.5 cd/m² （1 ft－L）时，拇指拨轮特征标识必须有足够的照明，且配有黑色的背景。

10.4.2.25.6 可见性

拇指拨轮的设计应能让所有操作者都可以读出示数。

10.4.2.25.7 尺寸

拇指拨轮控制器的尺寸应符合图 10.4－20 所示的标准。

10.4.2.25.8 阻力

- 需要给离散型指数拇指拨轮提供制动器。
- 在到达每个新制动器前，阻力应具有一定的弹性，先增大，然后减小，从而不会导致控制扣停在两个制动器中间。
- 阻力应被限制在图 10.4－20 所示的范围内。

10.4.2.25.9 间距

相邻拇指拨轮的边界之间的间距应符合图 10.4－20 所示的标准，并且间距要足够大以避免意外施力而改变相邻拇指拨轮的正常设置。

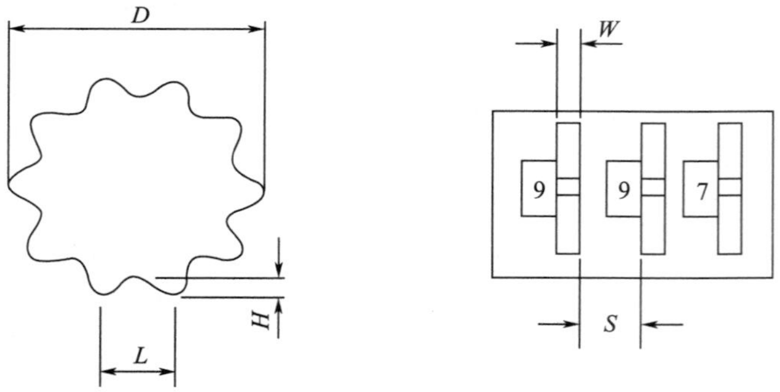

	直径(D)	槽间距(L)	宽度(W)	深度(H)	间距(S)	阻力
最小值	29 mm (1.125 in)	11 mm (0.13 in)	3 mm (0.125 in)	3 mm (0.125 in)	10 mm (0.1 in)	1.7 N (6 oz)
最大值	75 mm (3 in)	19 mm (0.75 in)		6 mm (0.25 in)		5.6 N (20 oz)

图 10.4－20 离散型拇指拨轮的要求（来源：MIL－STD－1472F）

10.4.2.26 连续可调型拇指拨轮

10.4.2.26.1 使用情况

当操作空间紧凑有限时，连续可调型拇指拨轮可以当成旋钮使用。

10.4.2.26.2　定向与转动

• 拇指拨轮应按照图 10.4－21 中规定的方向定向和转动。

• 当拇指拨轮用于某种载体的控制器时，则拇指拨轮向前或者向上应当对应操作控制载体的向前或向上。

10.4.2.26.3　转动辅助

拇指拨轮的边缘应设计为锯齿状或采用高摩擦力表面来方便使用者对控制器进行操作。

10.4.2.26.4　尺寸、间距和阻力

尺寸、间距和阻力的设计应符合图 10.4－21 所示的标准。

10.4.2.26.5　标签和可见性

标识和标签应符合要求：标识易于辨认，标记符号化或者数字化。

10.4.2.26.6　"关闭"位置

应当为连续型拇指拨轮提供具有"关闭"位置的制动器。

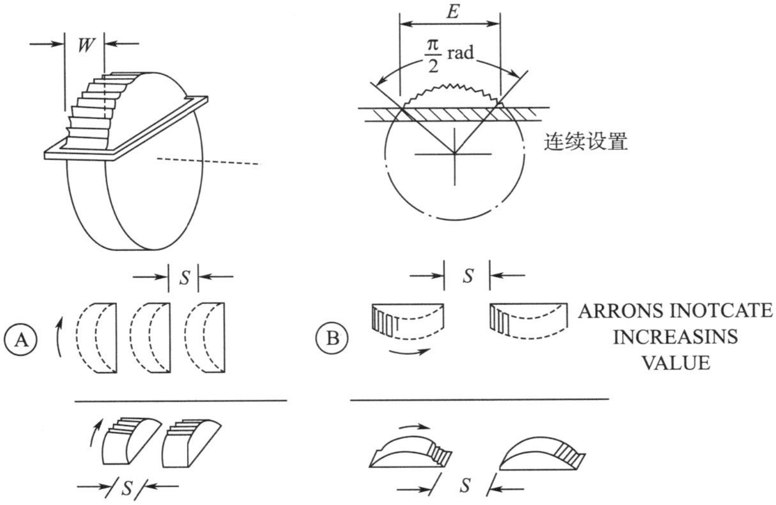

	E	W	S		阻力
	露出的边缘	宽度	Ⓐ	Ⓑ	
最小值	25 mm* (1″)	3 mm* (0.125″)	25 mm (1″) 加上手套的 13 mm(1/2″)	50 mm (2″) 加上手套的 25 mm(1″)	如果操作者任务导致的移动，最小化这种可忽略的影响
最大值	100 mm* (4″)	23 mm* (0.875″)	N/A	N/A	3.3 N(12 oz.)

*优先值，一些微型的应用可以要求更小的值。

图 10.4－21　连续可调型拇指拨轮的要求（源自：MILSTD－1472F）

10.4.2.27　旋钮控制器

10.4.2.27.1　使用情况

• 旋钮控制器一般用在要求精调、微力的情况下，示数为连续的。

• 在大多数任务中，首选带有固定标识和刻度的旋钮控制器，而不是带有运动标记和刻度的旋钮控制器。

• 若需要辨别单一旋转控制器的位置，那么可以在旋钮控制器上使用指针或标记。

10.4.2.27.2　尺寸、扭矩和间距

• 旋钮控制器的尺寸应限制在图 10.4－22 所示的标准之内。

• 旋钮控制器应易抓握和操作。

• 在面板空间有限的情况下，旋钮控制器的尺寸应尽可能的小，并具有良好的可用性。同时还能够使阻力尽可能变小，并防止因振动或者其他微小外力而改变设置。

• 阻力和相邻旋钮控制器间的间距要符合图 10.4－22 所示的标准。

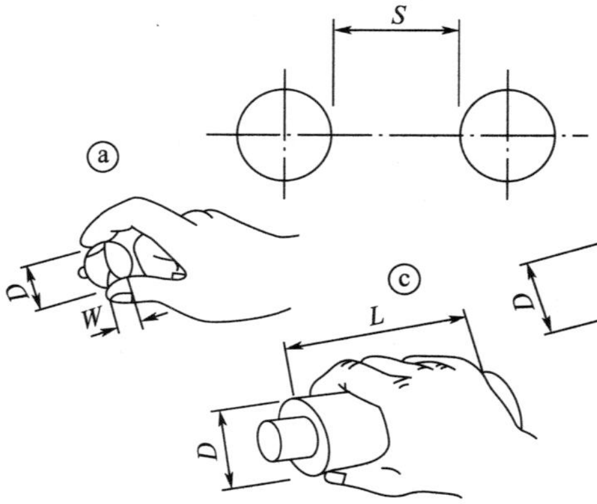

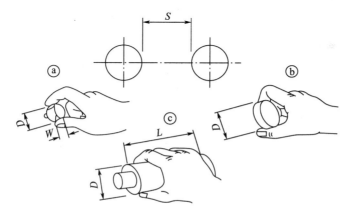

	尺寸					
	ⓐ 指尖抓取		ⓑ 手掌或手指环绕		ⓒ 手掌抓取	
	高度(*H*)	直径(*D*)	高度(*H*)	直径(*D*)	高度(*H*)	直径(*D*)
最小值	13 mm(0.5 in.)	10 mm(0.4 in.)	13 mm(0.5 in.)	25 mm(1.0 in.)	38 mm(1.5 in.)	75 mm(3.0 in.)
最大值	25 mm(1.0 in.)	100 mm(40 in.)	25 mm(1.0 in.)	75 mm(3.0 in.)	75 mm(3.0 in.)	—

	转矩		间距	
	*	**	单独一只手(*S*)	同时两只手(*S*)
最小值	—	—	25 mm(1.0 in.)	50 mm(2.0 in.)
适宜值	—	—	50 mm(2.0 in.)	125 mm(5 in.)
最大值	32 mN·m (4.5 in.-oz)	42 mN·m (6.0 in.-oz)	—	—

*=25 mm(1.0 in)旋钮直径

**>25 mm(1.0 in)旋钮直径

图 10.4－22　旋钮控制器的要求（来源：MIL－STD－1472F）

10.4.2.28　曲柄

10.4.2.28.1　使用情况

曲柄控制器是通过轴进行旋转的装置。常见的形式是一个与转轴成直角并且包括一个曲柄鞘的杆或者圆盘，曲柄鞘距转轴较远，它是受力点。

• 曲柄一般用于需要控制的转动任务，特别是在高速或强大阻力的情况下。对于包含大量需要快速定向运动及精细微调的任务，可以将曲柄的手柄安装在旋钮或手轮上。

• 曲柄用于调节控制或者数值选择，每转动一圈应对应 1、10、100 倍等。

• 同时使用两个曲柄控制器应分别控制两个转轴进行极高精确度的十字准线瞄准或者应用在诸如跟踪瞄准等视觉观察/刻线定位的装置（与跟踪相比）。

• 此种控制方式也可以应用在其他的需要进行 $x-y$ 轴的移动/定位等控制——该类控制中无需频繁的高速旋转操作。这些曲柄的齿轮比例和动态特性应允许跟踪物（如十字刻线）实现精确的定位——即不过量超调、不调整未及或者不需要连续的运动矫正。

10.4.2.28.2 握柄

曲柄握柄的设计必须可以自由地绕轴转动。

10.4.2.28.3 尺寸、阻力和间距

曲柄临近循环区域的尺寸、阻力和间距的设计要求应符合图 10.4-23 所示的标准。

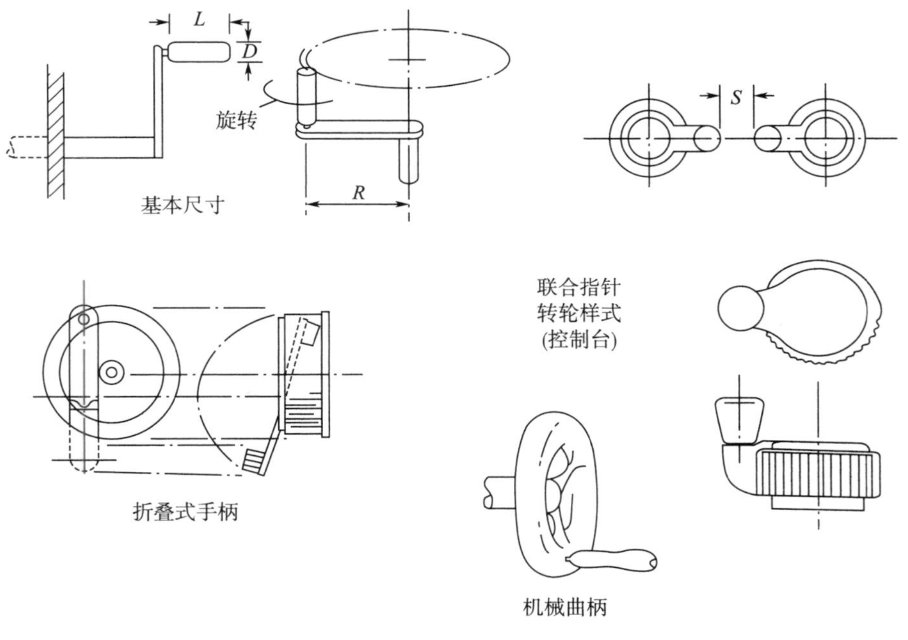

负荷	维度	手柄		旋转半径	
		L，长度	D，直径	速率低于每分钟100转	速率高于每分钟100转
轻负荷 <22 N(5 lb): 手腕&手指运动	最小	25 mm(1.0 in.)	10 mm(0.4 in.)	38 mm(1.5 in.)	13 mm(0.5 in.)
	优先	38 mm(1.5 in.)	13 mm(0.5 in.)	75 mm(3.0 in.)	65 mm(2.5 in.)
	最大	75 mm(3.0 in.)	16 mm(0.625)	125 mm(5.0 in.)	115 mm(4.5 in.)
重负荷 >22 N(5 lb): 手臂运动	最小	75 mm(3.0 in.)	25 mm(1.0 in.)	190 mm(7.5 in.)	125 mm(5.0 in.)
	优先	95 mm(3.75 in.)	25 mm(1.0 in.)	—	—
	最大	—	38 mm(1.5 in.)	510 mm(20 in.)	230 mm(9.0 in.)

S，相邻控制器分离间距：75 mm，最小。

图 10.4-23 曲柄控制器的要求（来源：MIL-STD-1472F）

10.4.2.28.4　位置

曲柄控制器的正确操作方式应为站立操作姿势，所以曲柄控制器的位置应在地板以上900～1 200 mm（35～47 in）。

10.4.2.28.5　可折叠手柄

如果曲柄的手柄有可能会危及过路者，或者如果避免其发生由于偶然地碰撞而误动，便应采用可折叠式手柄控制器。这种手柄设计应当确保，当使用时手柄能牢固地保持在打开的位置状态，而不用时又能折叠起来。

10.4.2.29　手轮控制器（双手操作）

10.4.2.29.1　使用情况

手轮控制器是一种适合手部操作的小轮子，类似于机械阀门。

设计为两手操作的手轮，应在由于转动力量太大导致一只手难以完成转动，而双手有利于完成任务时使用。

典型的应用为方向操纵、安全闭锁、阀门开启和关闭、直连调节器。

- 手轮控制器应用在具有坚固材料的空间，并不适用于精密的微调。
- 当手轮控制器设计为在微重力状态下使用时，应给操作者提供适当的阻力。

10.4.2.29.2　转动辅助

压花纹、带孔、高摩擦表面，或者上述情况组合在一起使用，可以使操作者更容易抓握以便更容易操作，从而避免在极大力矩操作的情况下手轮控制器从操作者手中滑脱。

10.4.2.29.3　微调把手

在使用时，手轮可能会在迅速转动的情况下转动过量，针对这种情况就需要安装微调把手，除非微调装置会导致邻近手轮的误操作或者会引起安全隐患。

10.4.2.29.4　转动方向

- 除了阀门，手轮控制器的顺时针方向转动对应的控制应是开启或增强，逆时针方向转动对应的应是关闭或减弱。
- 转动方向应当在手轮控制器上或紧邻手轮控制器进行标记。

10.4.2.29.5　尺寸、阻力、位移和间距

手轮控制器的操作尺寸、阻力、位移和相邻手轮控制器边缘间的间距应符合图 10.4－24a 和图 10.4－24b 所示的标准。

10.4.2.29.6　方向盘手轮控制器的形状

所有的方向盘手轮控制器必须为圆形（除了特殊用途的手轮），并且手轮最大偏转不得超过 120°。

10.4.2.29.7　动力方向盘故障

尽管主要的操作模式是有动力协助的，但方向盘系统应提供充分的机械优势来满足图 10.4－24 的力的需求，例如当操作者在载体动力失灵的情况下应能控制载体运动方向从而保证安全停靠。

配置案例	应用标准	设计标准				
		尺寸			偏移	间距
		直径	轮辋直径	最小手间距		
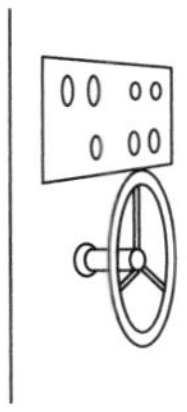	连续调整以旋转/精确定位,使用显示参考，最小阻力[如小于110 N (25 lb)]	200~510 mm (8~20″)	19~32 mm (0.75~1.125″)	75 mm (3″) 左右边缘	详见5.1.4节控制/显示比例	710 mm (28″) 肘部间隙
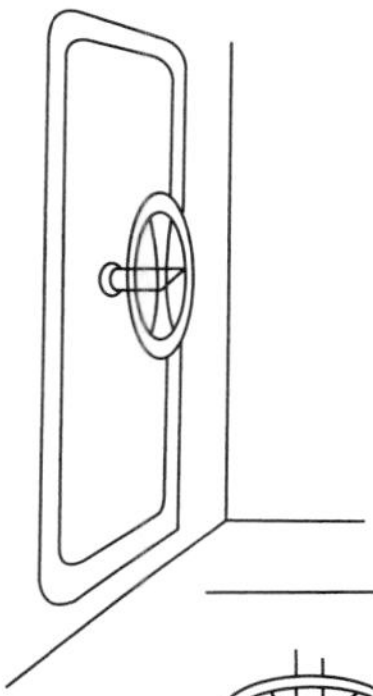	连续锁-解锁操作	200 mm (8″) for 22 N (5 lb) ~ 510 mm (20″) for 155 N (35 1b)	19~32 mm (0.75~1.125″)	75 mm (3″) 左右边缘	N/A	710 mm (28″) 肘部间隙
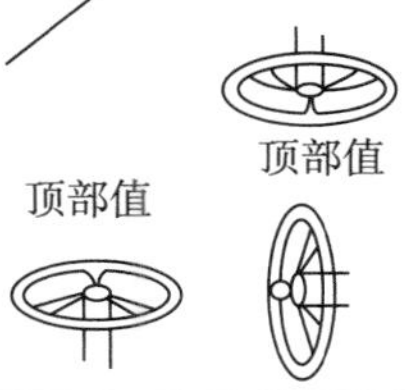	高转矩值	高处 200~400 mm (8-16″)	19~32 mm (0.75~1.125″)	75 mm (3″) 左右边缘	适用详见5.1.4节	710 mm (28″) 肘部间隙 100~150 mm (4.0~6.0 in) 顶部值 轮辋间隙

图 10.4-24a 手轮控制器的要求（来源：MIL-STD-1472F）

配置案例	应用标准	设计标准				
		尺寸			偏移	间距
		D，直径	R_d，轮辋直径	*S*，斜率		
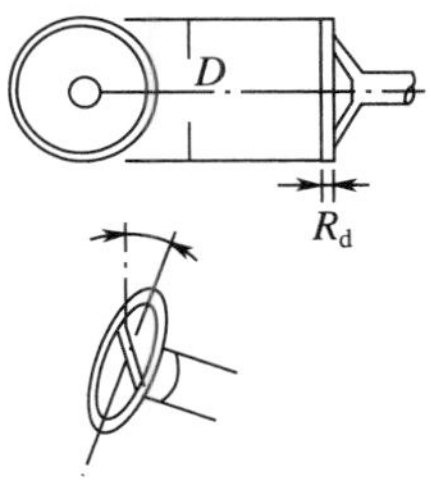	车辆转向(自动)最大阻力 最大非动力=220 N(50 lb)	动力转向 335~400 mm (14~16″) 非动力转向 400~510 mm (16~20″)	19~32 mm (0.75~1.125″)	525 mrad (0.75~1.125)	最大值±2/3π弧度(120°)，双手必须在手柄上	N/A
		D，控制直径	*L*，控制长度	*X-Y* GRIP TIL		
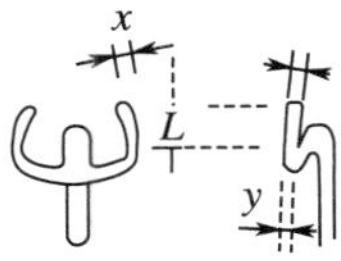	飞机操控（结合杆螺距,滚动/控制舵踏板）	32 mm (1.125″) 优先	100 mm (4″) 最小	*X*-262 mrad *Y*-0~262 mrad (15″) (0~15″) 优先		

图 10.4-24b 手轮控制器的要求（来源：军用标准 MIL-STD-1472F）

10.4.2.29.8　操控比

操控载体的最大偏转角度应在转向轮旋转不超过 3.5 圈的情况下得到。

10.4.2.30　其他控制器

以下是一些新型/非常用型控制器的研究摘要，一般为计算机输入控制设备。

10.4.2.30.1　自由空间控制器

自由空间控制器是一种在自由空间根据探测使用者的动作决定输入的设备。这些代表性的动作经过处理转变为一些交互式系统（比如个人电脑、电视或者游戏控制器）的控制输入。这些大多归类为动作指示控制器，但在设备难以使用或展开时使用电脑鼠标或者轨迹球的情况除外。自由空间控制器是典型的手持设备，尽管其也能设计成安装在人体其他可移动的部位（例如头部）。

10.4.2.30.2　3D 控制器

运动控制器貌似一个能够非常容易进行 6 个方向旋转的球或者帽子，按照 3D 指示进行操作。它能不通过鼠标在屏幕上同时进行平面显示、放大对焦以及旋转模型和实物。它能够将连续的动作进行完善和精确的定位。这些控制器同时也具有编程按钮，允使使用者通过一个“触摸式”输入接口来编写常用的命令或者功能。这些控制器能迅速执行需要敲击很多下键盘或点击很多下菜单栏才能完成的指令序列。

滚珠控制器：其通过左右、上下和对角滑动来移动指针。位于键盘中央的下面，这样手放在键盘上的时候就容易够得着。按滚珠时，就会发出一声滴答声，同时还有一个附加的按钮使它能够类似传统的鼠标。滚珠控制器可用于解决一些关于鼠标的工效学问题，例如不需要举起胳膊就能够得到。

10.4.2.30.3　声音启动控制器

声音是声音启动控制器的激活/指令信号。它不需要使用者移动手或者转移注视，在“无光线”或者“低照度”的情况很有效，允许同时触发一个以上的控制模式。“声音辨别”系统用于防止未经认可的人员进行语音操作。声音启动控制器的缺点包括：数据输入可能慢；必须使用指定的词汇；可能需要佩戴耳机。如果系统是“声音辨别”的，就只能限定被几个特定的使用者操作，如果某个使用者的声音发生变化（例如声音变紧张），其就不会产生响应。“声音辨别”系统需要样板下载时间，背景噪声可能会影响辨识，但是“非声音辨别”系统允许未被认可的人员对其传达命令。

10.4.2.30.4　点跟踪控制器

点跟踪控制器是一种用来作为指示设备的等长操纵杆。通过感觉作用在它上面的力来进行操作，而且指针的速度大小取决于作用力。它的灵敏性是可调的。点跟踪控制器的问题之一就是指针漂移，这需要频繁地将手指拿开来对其进行校准。点跟踪控制器通常与键盘是集成在一起的，它们更受触摸打字员的欢迎，因为使用设备的时候手不用从键盘上移开。

10.4.3　运动兼容性

- 显示器和控制器的设计应该确保控制器的运动与显示器显示出来的运动具有一

致性。

例如，用带有把手的控制器完成如下运动之一，在显示器上所产生的预期结果应该如下。

- 用手或者手指顺时针旋转时：打开开关、增加值、离散光标向右移动、显示向左移动。
- 用手或者手指逆时针旋转时：关闭开关、减少值、离散光标向左移动、背景页向右移动。
- 这些运动规定用于控制器的设计，其使用的标准应适用于显示器和控制器的关系。
- 控制器应以一种预期的及一致的方式被启动。
- 对于直观控制飞船运动的控制器，操作的运动方向应该与飞船的最终运动相似。

例如，向右移动控制杆，飞船也应向右运动；向后拉控制杆，飞船应向后倾斜（向上倾斜）。

- 控制操作应该建立在操作人员以往操作相同或相似控制器经验的基础上。
- 特别是在紧急情况下，响应时间非常紧迫时，飞船的控制必须是直观的。

图 10.4－25 给出了通常预期的系统功能与控制器运动的关系。

系统功能	控制器运动
开启	上、右、前、拉
关闭	下、左、后、推
向右	顺时针，向右
向左	逆时针，向左
向上	向上，向后
向下	向下、向前
增加	上、右、前、顺时针
减少	下、左、后、逆时针

图 10.4－25　预期的系统功能与控制器运动的关系（来源：Campbell，1998）

控制类型或控制机制应符合使用人员的预期，即需要根据特殊的功能来对具有一般经验的控制器进行挑选。

图 10.4－26 给出了一些实例。

控制功能	建议的控制机制
在 2 选 1 或离散位置中挑选；例如：开/关	栓牢开关，两个位置杆，推拉把手，按钮，或摇杆开关；计算机界面（触摸屏，鼠标等）
在 3 个或更多选择或离散位置中挑选，例如：气候控制	滑销、多用途杆、不连续旋转把手，三个位置的栓牢或摇杆开关，按钮（仅有 3 个选择），键区，计算机界面（触摸屏，鼠标等）
精确调节器	连续旋转按钮或指轮
总调节器	连续旋转按钮，控制杆或触摸屏
大应用力	控制杆

图 10.4－26　与操作者期望相匹配的控制器推荐方案（坎贝尔等，1998）

10.4.4 控制反馈

• 给使用者提供触觉反馈的时候应使用制动控制器。

• 如果控制器不需要超过终端位置或者指定极限处而进行操作，则应该在控制位置开始和结束的时候提供限位停止功能。

• 系统应该提供关于使用者操作动作和系统变化的反馈。

• 反馈应该是清晰的，易于理解的，而且能精确反映动作。

• 如果需要操作者进一步操作，反馈必须是明确的。

反馈对于保证取得使用者期望的结果动作来说是非常重要的。这对在紧急情况和潜在危险时发出指令，尤其重要。

即时反馈在防止使用者重复发起操作方面是非常重要的。如果在操作发生很久以后才获得反馈，那么使用者就有可能认为操作没有被接受从而再次进行操作。

向使用者提供的反馈可以是视觉的、听觉的或者触觉的。

• 反馈的级别应当与其传输的信息相适应。

显示器上背景颜色的简单改变，可能表明使用者已经完成了某个行动。

听觉反馈能够有效地用于交流重要信息，这是因为听觉信息能够轻易地抓住使用者的注意力，即使他们在远离系统的时候也可以。

听觉反馈也可以与视觉反馈很好地联合起来传递同一信息。这样，能够增加信息即时被使用者接收的可能性。这在太空中尤为重要，因为高级别的背景噪声很可能妨碍使用者接收单一听觉信息的能力。

触觉反馈可以用于向使用者表达事件状态。这在其他形式（如在上升和下降期间）受到限制的时候非常有用。例如，如果一个按钮停止下降，这可能意味着该功能正在进行，当按钮松开的时候，功能停止。

10.4.5 停止器的使用

控制器停止器（又叫做限制器或硬停止器）的使用主要与控制器类型、控制操作类型或不采用限制器时危险操作发生的概率有关。通常情况下，除停止器之外，大多数控制旋钮还有一个制动器。制动器根据控制旋钮（如多位置控制旋钮）的状态向使用人员提供触觉反馈。使用制动器和停止器最多的旋钮是旋转旋钮。旋转控制旋钮是多功能旋钮，其可控制软件（如，通过一组目标操作一个聚焦框）或硬件设置（如，低、中、高）。

有些类型的旋转控制器使用停止器：旋转选择开关、连续调节拇指拨轮、手操作旋钮、曲柄和手轮。这些类型的控制器可在连续闭集（低、中、高）或二进制（开-关）上操作。正常情况下，停止器作为一个安全措施使用，用来避免硬件超出设定值（如，温度控制器、流动阀）。操作一个超出设定极限风险的控制器可能会危及操作人员，也可能会损坏硬件。

对于软件，旋转控制旋钮可用来标记导航，其中聚焦框在各要素间（如，文本输入表单域或类似提交按钮的固定要素）来回移动。正常情况下，旋转控制器向右旋转，相应地显示器上的聚焦框也向右移动，向左旋转则相反。聚焦指令可间接（基于物理指令）或直接（基于预先定义的标签索引号）确定。总之，标记是循环的，非线性的，也就是说当标记在屏幕上从上至下或从下至上移动时，其从最后一个/第一个要素又循环到第一个/最后一个要素。对于这种导航类型，通常相关的旋转控制器没有停止器。两类旋转控制旋钮最适合用于软件：离散拇指拨轮控制器和靠拇指和食指操作的旋转控制器。

10.4.6 意外触发防护

由于各种人因失误（如，意外，疲劳，经验不足），在任何情况下都可能意外触发操作或指令。例如，使用人员可能选择了面板上的错误按钮，点击了显示器上的错误菜单，或更严重情况，命令发射了导弹。因此，当设计一个与用户交互的界面时，设置相应的预防措施避免发生失误是非常重要的，如发生了失误，要有相应的简单措施来弥补失误。例如，对一个点击了显示器上错误菜单选项的使用人员，只需“返回”键即可轻易地返回之前的页面。当指令不可撤销时，比如中止指令，要采取措施使得该指令的触发更加困难(如，多步骤指令)。这样会防止使用人员执行由疏忽造成的指令。

1）控制器应当防护疏忽操作。

防护措施包括使用开关防护罩、防护盖，与其他控制器分开，确认命令或多步操作步骤。

2）如果疏忽操作发生了，系统应提供迅速自我恢复。失误级别由轻微到严重分布，精准的避错和恢复机制应根据失误带来的后果严重程度自适应调整。

• 次要后果——对次要的命令，如发生失误（如在键盘上选择了错误的键或导航到错误的屏幕)，使用人员应可以撤销操作（程序上的步骤）。对于这些情况早期最容易的解决方法是设置一个按钮，允许使用人员返回上一步。

• 严重后果——对重要的命令，必须完成多步操作才能完成命令，且使用人员应可以纠正或撤销一个指令（就像次要后果）。

• 确认选择——显示器上，确认信息可能以一条需要使用人员确认选择的消息呈现。如果指令可能会带来严重的后果，系统应该在操作中的每一步均要求使用人员进行确认。

• 多重按键——要求同时按下多个按键（例如，Control - Alt - Delete）以帮助确认使用人员要执行该操作。同时按下这些按键的概率是很小的。

• 确认信息——作为额外防护措施，一条确认命令启动的信息是非常有用的。

• 多重控制操作——要求两步或更多步骤来启动控制器，比如边推边旋转旋钮来点着炉子，旋转是一个组合，先顺时针转、再逆时针转，然后顺时针才能打开，或要求使用人员打开按钮上的防护盖才能操作按钮，使得命令难以触发，从而使得不太可能意外触发。

10.4.7 编码的使用

标识也是一种编码形式，在 10.11 节中进行讨论。本节讨论除标识外的另一种编码方法。

• 为进行详细的说明，使用的编码样式（如大小、颜色）应该根据不同编码类型的优点和缺点进行统一管理（见图 10.4 - 27）。

• 编码用来区别不同的控制器，并且其应用应该在系统内保持统一。

	编码类型					
	位置	形状	尺寸	操作方式	分类	颜色
优点						
提高视觉识别	X	X	X		X	X
提高非视觉识别（触觉和动觉）	X	X	X	X		
帮助标准化	X	X	X	X	X	X
低水平照明和彩色光源的辅助标识	X	X	X	X	X（反式照明时）	X（反式照明时）
可能有助于识别控制位置		X		X	X	
需要很少（如果需要）训练，不被忘记					X	
缺点						
可能需要额外的空间	X	X	X	X	X	
影响操作的控制（易用性）	X	X	X	X		
可编码分类数量的限制	X	X	X	X		X
如果操作员戴手套可能不太有效		X	X	X		
必须查看控件					X	X

图 10.4 - 27　不同类型控制器编码的优点与缺点

10.4.7.1　尺寸编码

• 用于控制器的编码应该不超过三种不同的尺寸，以便区分绝对大小。

• 在不同项目的设备上实现相同功能的控制器应该统一大小。

• 当旋钮直径用来作为编码参数时，不同直径之间的差值应不少于 13 mm（0.5 in）。

• 当旋钮厚度用来作为编码参数时，不同厚度之间的差值应不少于 10 mm（0.4 in）。

10.4.7.2 形状编码

形状编码可以应用在不易进行视觉区分的地方，来确保区分控制器旋钮或者手柄，要求如下。

- 形状必须与控制功能而不是预备功能关联或者类似。
- 形状不能干扰控制器的易操作性。
- 无论控制器的旋钮或手柄的位置和方向如何，应该能够通过手或者眼睛辨认出不同的形状。
- 必须戴手套操作时，应能通过触觉识别出不同的形状。
- 每个操作者通过绝对辨别能确认的形状数量，应该不超过 10 个。
- 当需要替换时，应确保以形状编码的旋钮和手柄能正确且不分正反面地安装在自身杆上，以防止错误安装。

10.4.7.3 硬件控制器上的颜色编码

颜色编码可能只用于补充其他控制编码方法。

1）颜色编码应该用于控制器标识而非控制器本身。

2）控制器的颜色应该介于灰色和黑色之间，以便通过座舱观察是统一的。每个控制器的关联标识通过座舱观察起来，应该是不同的，标识需为每个控制器提供功能信息和描述性信息。

3）如果需要进行颜色编码，不能超过 5 种颜色。只能使用以下几种颜色用于颜色编码：

- 红色；
- 绿色；
- 橘黄色；
- 白色；
- 蓝色（仅在确实需要一种附加颜色时使用）。

4）当镜面反射或低摩擦力会降低任务性能时，控制器上不应使用带光泽的罩面漆。

5）颜色编码应该与预期进行任务的环境光相一致。

10.4.7.4 紧急控制器编码

紧急控制器的编码应能够使操作人员易于将与其他控制器区分开。

已有研究表明，编码越简单，操作人员反应越快，比如其对颜色和图片编码的反应要比对文字标签编码的反应快。

10.4.8 控制器操作的约束

乘员应掌握对任何控制器施力的方法，以保证施加的力不会使其远离控制器。这会帮助乘员保持体位并施加控制器相应的力。

10.4.9 高 g 值下的操作

10.4.9.1 超过 3 g

超过 3 g 的情况下，控制器应能被束缚的、穿航天服的操作人员操作。

一项选取经验丰富的航天员和飞行员作为合适受试者在 G_x 负荷条件下的研究发现，在 3 *g* 条件下，向前的可达域降低了 6%，4 *g* 条件下降低了 18%，5 *g* 条件下降低了 32%（Schafer & Bagian，Aviation，Space，and Environmental Medicine，64：979，1993）。超过 3 *g* 时，肢体操作的准确性有所下降。因此，这些条件下的控制器操作应仅限于手和腕动作。

10.4.9.2 超过 2 *g*

• 在 2 *g* 和 3 *g* 之间时，控制器应可被束缚的、穿航天服的操作人员操作。

一项选取经验丰富的航天员和飞行员作为合适受试者在 G_x 负荷条件下的研究发现，在 2 *g* 情况下，对受试者的影响很小，但在 3 *g* 条件下，向前的最大可达域降低了 6%（Schafer & Bagian，Aviation，Space，and Environmental Medicine，64：979，1993）。因此，在 2 *g* 和 3 *g* 之间时，即使是积极性高及受过良好训练的受试者，在可达域超过 2 *g*时开始出现误差，所以控制器操作应限于手/腕运动或前肢运动应处在一个+/－30°的圆锥内（顶点在肩关节，与加速度的轴线成一条直线）。

• 对于需要快速反应时间或针对未受训练的乘员的任务，应采取一个更加保守的方法——控制器应放置在最小可达域的范围内。

• 由于距离显示器或界面太近造成肩/肘不舒服的姿势，会增加疲劳感和失误，因此应避免这种情况。

10.4.9.3 高 *g* 值条件下控制器输入的支撑

在高 *g* 值条件下，操作人员的胳膊/腿应当进行支撑或限制来保证精确的控制器输入保持在任务性能的范围内，也可避免在高 *g* 值条件下出现不当的控制器输入和中止情况。

10.4.10 振动情况下指针控制设备的使用

在发射和下降过程中出现振动的情况下，指针控制设备的操作一般都比较缓慢。然而，其精确性却似乎不受这些条件的影响（Sandor et al.，2010）。

10.4.11 戴手套操作指针控制设备

即使在不加压的情况下，出舱活动时戴手套也会降低触感。因此，在戴手套时，要求精确机械运动的指针控制设备的性能会大受影响：运动时间增加，精确性也下降。一些设备受触觉的影响较小。在一项地基条件下关于戴手套情况下使用指针控制设备的研究中，4 通道离散设备的操作性能要优于连续或 2 通道设备（Thompson，Meyer，Sandor，Holden，2009）。

加压操作对指针控制设备的设计和操作提出了新的挑战。

10.4.12 指针运动类型

连续设备要快于离散设备，然而，其出现失误的概率也更大。

10.4.13 研究需求

需要研究一些控制器新技术，以满足其在微重力条件下使用的需求。例如，多触点和手势交互。

10.5 显示器设备与控制器的布局

显示器与控制器良好的布局设计能够减少任务时间，降低错误率。控制器与显示器的操作顺序和它们之间的关系需要通过排列的邻近性，分组、编码、构架、标识的相似性以及相似的技术进行明确。

10.5.1 双人操作

显示器可由一个或多个操作人员使用。共享使用表明需要不同的可视角度和观察距离。

共享显示器应被放置在所有操作人员需要的可视角度范围和观察距离范围内。

10.5.2 重点查看的显示器和控制器

• 在紧急情况下，可能需要快速反应的控制器和显示器应被放置在主要的操作和视野区域内。

• 重要的控制器不要放置在经常通过或平移的路线上。

• 如果控制器放在这些地方，一定要有防护措施以避免误操作。

10.5.3 经常使用的显示器和控制器

• 经常使用的显示器和控制器应该放置在最佳的视野和操作区域内。这些区域能够提供最佳的辨别性、可达性和快速反应。

• 只有是完成任务必须的显示器和控制器才应放置在使用者的主视野区域内。

• 在操作过程中，控制器应放置在手或胳膊不会遮挡需要查看的显示器的地方。

10.5.4 显示器-控制器之间关系

显示器和控制器之间合理、紧密的关系会减少使用人员的精神负担，可以把更多精力集中在任务本身上。

• 显示器和控制器之间的排列应是符合逻辑的，这样可以减少任务的完成时间和出错率。

• 显示器应当靠近相关的控制器，以确保眼-手协调性和显-控协调性是无缝的。

如果对显示器和控制器排列用以支持任务流，它们的使用应是直观的、合理的。如果控制器距离显示器太远，且要求二者联合使用，那么二者之间额外的视觉参照可能会导致难以察觉显示器上的所有变化以及难以专注于控制任务。

• 控制器上的任何变化应易于反馈到显示器上。

为满足这个要求，控制器与显示器的邻近性以及显示器良好的清晰度是必不可少的。邻近性对减少和消除失误、保持有效的工作流及降低任务时间是非常重要的。

10.5.4.1 方向

• 显示器和控制器的方向应尽可能一致，同时兼容程序中的乘员的方向。

• 无论何时，应尽可能避免要求乘员在不舒适的状态下操作显示器或控制器。

• 紧邻使用人员的控制器应标定方向，这样操作人员在正常的移动过程中不太可能碰到或移动控制器。

10.5.4.2 位置与排列

• 显示器和控制器的布局设计应考虑到任务流、显示器和控制器的相对重要性以及使用频率。

• 显示器应当靠近相关的控制器，以确保眼-手协调性和显-控协调性是无缝的。

这项标准对减少失误、保持任务流和降低任务时间是非常重要的。

• 控制器上的任何变化应易于反馈到显示器上，这要求紧密的邻近性以及显示器良好的清晰度。

显示器与控制器的操作顺序及它们之间的关系可通过排列邻近性，分组、编码、构架、标识的相似性以及相似的技术进行明确。

显示器和控制器的排列考虑以下方面：

• 控制器及与其相关的显示器应放置在一起。

• 功能相关的控制器和显示器应彼此临近，并按功能进行分组，例如动力、状态和测试。

• 控制器和显示器的功能分组应按照从左至右（优先）或从上至下的使用顺序或者二者联合使用。

• 如果按功能和顺序分组的完整性是不可兼容的，使用频率较高和最重要的分组应放置在最易于触及的区域。相对于操作分组，仅仅出于维护目的的显-控分组应放置在不经常触及的位置。

• 显示器和控制器应设计放置在乘员正常的操作位置就能达到要求的精度，没有必要处于不舒服或不安全的状态去操作。

• 若可行，显示器和控制器的表面应垂直于操作人员视线的法线，偏离视线法线不能超过45°。

• 显示器和控制器的建造、设置及安装，应避免反射和眩光。

• 显示器和控制器应位于操作人员的视场内，视场是操作人员的尺寸、方向、位置和约束（例如，头盔）共同作用的结果。

10.5.4.3 显示器和控制器分组

分组意味着当信息都呈现在一个显示器上时，相关的项目一同出现，并与不相关的项目区分，同时也意味着在一个序列中使用的项目分组在一起。这些特性对帮助使用人员从海量的信息中找到他们要找的信息而言是非常重要的。

• 为了给使用人员提供一个简单的界面，相关的项目应分在一组。

• 当有序的操作符合一个固定模式时，控制器的安排应方便操作（例如，从左至右，从上到下，如同一个打印页面）。

• 如果一系列控制器没有特定的顺序或功能相关性，那么使用最频繁的或最重要的应安排得最易使用。

• 相关的项目应分在一组，要么在时间上按逻辑顺序分组，要么在空间中的位置相近。

以在时间上的逻辑顺序呈现信息是指信息从一个显示器到另一个显示器遵循一个逻辑性、可预测的顺序。

• 顺序应当是可预测的是指信息开始于一个高的（全局的）水平，之后变得越来越明确。

10.5.4.4 显示器与控制器间隔

显示器间隔影响分组、对齐和可读性。间隔将信息分组，使得显示器更加容易使用。良好的间隔提升可读性，降低完成时间，减少视觉疲劳。

• 一起使用的显示器和控制器应分在一组，这样方便使用整个分组。

• 不相关的显示器和控制器应彼此远离，这样在使用一个分组时，另一组的显示器和控制器不妨碍正在进行的任务。

• 控制器之间应当是隔开的，以便处于各种操作环境下的乘员使用和操作。

间隔取决于控制器的类型。由于一个手指就能启动开关，所以开关可能需要极小的间隔。然而，对于旋钮类型的控制器，必须要有足够的间隔来容纳多个手指以及转动旋钮的操作。

• 裸手操作情况下控制器间隔的最小建议值见图 10.5-1.

图中只给出了不同控制器间的间隔和描述控制器类型的章节中给出了相同类型控制器间的间隔。

	拨动开关	按钮*	连续旋转控制器	旋转选择器开关	离散拨轮控制器
拨动开关	—	13 mm(0.5 in)	19 mm(0.75 in)	19 mm(0.75 in)	13 mm(0.5 in)
按钮	13 mm(0.5 in)	—	13 mm(0.5 in)	13 mm(0.5 in)	13 mm(0.5 in)
连续旋转控制器	19 mm(0.75 in)	13 mm(0.5 in)	—	25 mm(1.0 in)	19 mm(0.75 in)
旋转选择器开关	19 mm(0.75 in)	13 mm(0.5 in)	25 mm(1.0 in)	—	19 mm(0.75 in)
离散拨轮控制器	13 mm(0.5 in)	13 mm(0.5 in)	19 mm(0.75 in)	19 mm(0.75 in)	—

*分不开的按钮　　注意：所有值皆为单手操作

图 10.5-1 裸手操作情况下控制器之间的最小间隔建议值。来源：MIL-STD-1472F

10.5.5 显示器和控制器的连续操作

• 用于支持一项或一系列操作活动所必需的所有显示器和控制器应分在一组。

• 应当根据显示器和控制器的使用顺序或两者间的功能关系进行安排。

• 只要有可能，显示器和控制器应按功能分组进行顺序排列，并且具有从左至右或从上到下的流向。

功能关系和流向由任务分析和其他方法所决定。

10.5.6 模糊控制器

设计过程中，对操作时处在视野之外的控制器应当留出间隔、设计成某种形状或进行压纹，这样戴手套加压时，即使看不到也能辨别控制器。

模糊控制器包括车辆操作控制器及其他控制器（例如座椅定位）。研究表明，操作人员可以使用简单的触觉编码可靠地区分出不同的控制器。

10.5.7 自发光控制器和显示器

控制器面板界面自发光（如，背光，反式照明，或整体照明）提供了一个与独立的外部面板照明的对比。根据可调光功能，为便于辨认，亮度可根据操作中低或高的环境照明条件进行调整。"面板"包括可能带有自发光标识的任何按钮开关或数据输入键盘。

10.5.8 可达要求

• 控制器应当处于操作人员的可达范围内。可达范围是一个关于操作员尺寸、方向、位置、约束（如服装）及环境因素（如加速度和振动）的函数。

• 可达域——控制器必须位于乘员的最大和最小可达域内。这依赖于人体测量参数，同时也依赖于活动范围。

• 使用频率——最重要的和使用频率最高的控制器（特别是旋转控制器和那些需要精细设置的控制器）应占用最有利的位置，以便容易够到和抓取。

• 紧急性——紧急情况使用的控制器应该放置于尽可能靠近使用者的位置，以便减少在紧急情况下操作该控制器任何会延误的时间。

• 一致性——功能相似或者相同的控制器的排列和位置，在各个面板之间都应统一，以便保证整个系统的一致性。

• 加速度和振动——在高加速度或者振动（见 6.5 节和 6.7 节）的情况下使用的控制器的安放和设计，应当确保操作人员能够进行精细的控制输入。

• 左右手习惯问题——使用手的控制器应该安放在操作手的那一侧。如果只用一只手就能进行操作，则还需要考虑左右手习惯的问题。

• 减少移动——控制器应该定向，以便其操作与使用者的操作手和臂的位置保持一致。

10.5.9 研究需求

对于长期任务，控制器应适应体力和精力减少的乘员的可达需求。

10.6 视觉显示器

乘员依靠电脑输出信息显示器来查看所有任务。关键是，这些信息与任务相关，是可解释的，从一些位置可读，以及以一定逻辑方式组合。

10.6.1 任务相关信息

任务成功依赖于任务相关信息的可用性，要求这些信息易于乘员阅读、理解、及时使用。

- 显示给操作使用人员的信息应该足以保障其完成相应的任务，但应该限定为执行具体行动或者决策所必需的信息。

呈现给乘员执行任务的适当信息应来源于任务分析，并且通过情景应用测试验证，同时也是以人为中心设计思路的一部分。一个适当的任务分析可以帮助辨别主要任务与次要任务、需要呈现的信息、需要的详细程度，以及查看信息的适当时机。这些信息可以用来指导显示器设计，以确保在适当的时机以适当的形式查看所需要的信息。

当监视航天器显示器时，乘员的任务通常是查看以下信息：值或状态是多少？是否超出范围？是否有超出范围的趋势？与初始值/标准值/期望值相比如何？

- 针对特定的操作或决策，呈现的信息应处于所要求的限值和精度范围内。

有时需要数值本身，有时需要一个简单的二态提醒进行快速判断（绿色在范围内，红色超出范围）。总之，使用图形、颜色和符号的显示器的处理速度要快于大量使用文本或数字的显示器。然而，如果过量使用的话，就会打破上述规则。例如，当使用许多符号或颜色时，乘员可能会记不住所有标识的意思。如果使用一个多维符号来表示多位信息就非常复杂，需要大量的时间来记忆或理解其中的意思，紧凑设计的效率就下降了。

- 呈现的测量单位应与任务要求一致。

另言之，没有必要再进行转换、计算、插值或者心算将其转换为其他单位（例如，更多关于用语和首字母的缩写可参见 10.6.3 节和 10.6.4 节）。

- 当设计多用途显示器或为多种用户设计显示器时应当小心。例如，除非显示的信息内容、格式和时间需要保障操作使用人员和维修人员这两类用户，操作和维修信息一般不同时显示在一个显示器上。

- 飞行、对接、系统以及其他重要操作需要的信息应当进行整合，以便在所有任务的相关工作中，减少扫视、解决模糊不清的问题及提高理解性。

例如，许多玻璃驾驶舱有主要飞行显示器（PFD，primary flight displays）和相邻多功能显示器（MFD，multi - functional displays）。主要飞行显示器可以包含一个数字的、分布在姿态指示器周围的垂直的动态类型。通过减少工作负荷以及传统的扫描样式来整合不同类型的信息，促进了飞行数据的整合，从而提高其性能。通过把所有相关的飞行信息集中在一个狭窄的视野内，可以降低工作记忆负荷（Tsang & Vidulich，2002），减少前庭紊乱，节约面板空间。当需要的时候，从多功能显示器上可以检索系统信息、位置信息、飞行计划、天气信息、电子清单及危险信息。显示器集成依赖于详细的任务分析和信息评估，以明确哪些信息可以和应当被整合。

10.6.2 最小化信息

- 在任何时候，信息显示应该尽可能简单和简洁。

设计人员应该避免杂乱的显示器。随着在显示器上显示信息的增加（Wickens & Hollands，2000），操作使用人员找到所需要信息的时间也随之增加，这意味着显示器上显示的信息也会增加，操作使用人员完成任务的时间也会延长。

• 应该有效地组织信息，使其易于查找，而不会受到显示器上无关信息的干扰。

10.6.3 语言和缩写

缩写能够节省显示器的空间，特别是在空间有限的情况下很重要。

• 缩写应该尽可能地少用。如果必须使用，应确保目标用户对它们很熟悉。

• 用户应能明白使用的任何缩写的定义。

10.6.4 有效和一致的术语

• 显示信息所使用的术语应该简单通用。

• 如果需要某领域的专业词汇，在该领域，所用词汇应该是通用的，以便使操作使用人员用最少的培训能够理解。

每个项目或者步骤所使用的术语应该具有自我解释功能，指导用户在项目中运行或使用。所采用的术语也应该简短、简洁，足以表达所需要的意义。

• 控制器、显示器、设备部组件或者过程的名字应该反映其功能或者任务背景。

描述部组件名字或者工程功能任务的术语一般来说更难以理解和记忆。

• 用于描述系统、语法和程序报告中每个项目的专门名称或术语，应当在系统的所有方面都保持一致。

用语的一致性包括术语、语法和程序。当用一个词描述一个项目时，必须学习该词语标签和它表达的意思之间的相互联系。如果该联系发生改变或用户与系统交互的任何地方发生偏离，用户就会对项目的执行感到混乱。改变词语标签或贴上新意义的标签都会产生这些变化。这两种结果中的任何一种都会使用户糊涂，应该被避免。语法指句子中词语的管理，或信息表达的顺序。这意味着应在整个系统中考虑词语的表达和过程表述。

10.6.5 显示器密度和层级

• 指定的显示器中应该具备必需的和充足的信息来完成当前任务。

• 应当能根据要求获得补充信息。

• 当不经常使用的显示器项目重要程度不高或短时间交互要求不高时，这些项目应移动到一个单独的显示器上。

这种分层方法减少了给定时刻显示器上干扰的数量，因此也减少了使用人员某时刻需要处理的信息数量。然而，在显示飞行信息过程中，不论乘员处在哪个显示层级，都必须要有情境意识，以保持高效。因此，不论操作人员在分层的位置如何，提供相关信息都是非常重要的。

我们通常错误地认为：访问显示器的最好方法是最小化乘员的点击次数，在显示器上呈现大量信息，但这通常会导致显示器严重杂乱。特别是在高压力或高刺激的情况下，杂乱的显示器在使用时需要大量的精力和持续搜索信息，导致乘员精神高度紧张，增大出现失误的风险。

10.6.6 可识别性

每个显示器和显示要素都应该能容易识别，以便用户快速进行识别。

一个系统通常有多个显示要素，每个显示要素具有不同的功能。易识别性可以基于位置、大小、形状和颜色等特征。对于显示器各个部分，相同的规则是有效的。

10.6.7 分组

良好的分组和逻辑流能够提升显示器的简洁性和可用性。分组对于任务流的支持很重要，可以使显示器上的视觉搜索更简单。可以通过多种方式来分组：相似、闭包、用边界分组。

基于任务流整合在一起的要素应该紧密靠近在一起放置以组成一个视觉分组，也可以通过类似的色彩或相似的形状进行分组。

10.6.8 辨别性

10.6.8.1 操作区别

如果存在两个命令相互混淆的可能性，应使用操作区别。操作区别要求用户通过执行不同的手控指令或者不同的程序完成命令的下达。

物理控制器可以由两种不同类型的控制器和不同的启动方向进行区别，其动作区别最简单的例子是照明开关：向上表示开，向下表示关。至于期望的操作方向，必须使用最常用的启动方向（例如，上/下、左/右）。物理控制器也可以采取启动力的强度进行区别。例如，启动简单命令可以使用简单按钮，而重要命令的开关应该用更大的力才能启动。

区别命令最有效的方式之一就是采用多功能开关启动每个命令。多功能开关要求用户完成一系列动作才能启动命令。例如，在微软 Windows 计算机中，组合键“Ctrl Alt Delete”指令启动 Windows 安全菜单，要求用户进入任务管理，或者注销，无论哪个，都是用户期望的指令结果。多功能开关最有利的方面是它能够防止意外指令的启动。其另一个例子是需要先打开开关保护盖，才能启动开关。

10.6.8.2 辨别力

- 乘员要能够辨别显示器和控制器及各自的元素。
- 显示器和控制器应具有颜色、形状之类的特征，使它们能够完全区分开。

如果显示器和控制器比较接近，可能会发生混淆，从而导致错误。为了避免错误，要使用一致的、可辨别的显示器和控制器。

10.6.8.3 语法区别

启动不同指令的语法应该在外形、内容和总体结构方面具有明显区别。

例如，小写字母“l”和数字“1”看起来非常相似，并且很容易混淆。指令就不应包含取决于区分这些相似项目的语法。

10.6.8.4　空间区别和分组

物理控制器的动作在其不同空间位置上应该是不同的，应该根据其输出结果进行分组。

例如，启动环境系统的物理控制器应该分在一组，与启动推进系统的控制器区分开。

显示器的控制器也可以根据用户界面位置或使用该控制器的虚拟路径进行分组。显示器按位置分组类似于物理控制器的分组。删除指令没有必要紧挨着保存指令或者发送指令。

按照虚拟路径进行分组涉及前面讲过的根据名称和类别进行分组的原则。例如，在计算机上启动微软公司的软件 Word 涉及开始菜单、程序选择菜单、选择 Microsoft Office 工作组，最后选择 Microsoft Word 软件。启动这个程序与选择音量控制器在访问步骤上是有很大差别的，大类别是程序和设置，小类别是 Microsoft Office 和控制面板。用户进入这两个程序的导航路径是不同的，如果它们同时出现在桌面上，相互紧挨着，也不会出现混淆。

10.6.9　间距

间距应该用于分开显示器和显示器上信息的分组，使显示器容易显示和寻找信息。

10.6.10　排列

显示元素应该被排列，减少混乱和支持轻松的视觉查询和分组。

10.6.11　滚动

如果显示器界面有滚动目录，那么滚动条会嵌在界面中。由于计算机用户习惯于垂直式滚动条，因此其在很多时候是最适合的。

- 我们从来不推荐采用水平式滚动条，尤其是同时需要垂直式滚动条的情形下。
- 当运动能力受环境或其他因素影响而消弱时，应该限制使用垂直式滚动条。

当对于显示器的结构滚动条不是最好的选择时，翻页展示也许更适合，也就是说一页一页地翻动。当系统的反应时间很快时，翻页展示也许是更好的选择，特别是当用户阅读的目的不是理解而是为完成任务时。

10.6.12　导航

- 从一个显示界面到另一个显示界面或从显示界面的一部分到另一部分的导航应该直观、高效。
- 由于完成任务的操作要求，系统的设计目标是具有最少的导航结构。显示器间的导航是消耗时间的，可能要增加操作的复杂性，则需要进行训练和记忆。
- 导航应该与软件在色彩，标签，定位和其他特征上相一致。
- 界面应该为用户提供指示，指出其在显示器结构中的位置。
- 导航中必须有回到上一层或初始界面的选项。

导航结构或地位级图可能有助于用户了解整体的结构。

10.6.13 选项

• 显示界面中的选项元件应该有鲜明的特点。

例如，在微软 Windows 界面中，在选择文本区的文本有白色的背景，表明文本是可选择和可编辑的。可选择标准按钮是三维可视的，与不可选择的按钮比起来有更深的灰色。

• 当用户选择一个界面元件时，用户应该收到一个反馈信号来表明元件被选择了。

以选择文本为例，选择后导致文本背景从白色变成了蓝色或深灰色。

10.6.14 菜单

• 菜单必须简单，有明确的标签。

• 菜单项目的数量应该尽可能少。

如果选项太多，用户找到需要的选项是困难的。

• 子菜单的项目也要限制数量。

如果有多重子菜单和选项会使人很难记住选项的位置，多重子菜单也会因为需要多次的点击和多次正确的动作，导致使用难度增大。

• 菜单应该与显示的主要内容区别开。

菜单要有很好的对比可视性和清晰的标签使其易读。

• 在相同的应用中，菜单应该在不同的界面之间保持一致。启动时如果不同的标签指向同一个结果就会使用户很困惑。

10.6.15 工具栏和状态栏

工具栏通常包含菜单和可以启动指令和功能的图标。工具栏可以在固定的位置或者在屏幕上浮动或者牵引到更方便的位置。

状态栏是在软件界面顶端或底端显示信息的水平线。它显示软件当前状态的信息，也显示程序在软件界面上的当前进程。

10.6.16 对话框

对话框是出现在屏幕上的窗口，呈现信息或者用户的输入请求。

• 对话框应该可以与其他的分界面互动而不是迫使用户进入操作对话框的模式，即对话框是非模式的。

模式对话框会使程序临时终止，如果用户不关闭对话框就不能继续程序。应尽量避免或少用这种对话框。

• 对话框的语言应简单，对用户来说自然语言很容易理解。

• 对话框应提供对当前情况必需和有效的信息，如果可以，应提供一个可以解决当前情况的建议。

对话框可以用作构成复杂控制条目的助手。例如，在打印请求中，显示的表格可以帮助用户调用各种需要的版式。

10.6.17 模式

模式是用户对不同输入产生活动的设定。例如，按下电脑键盘的“大写锁定”键后系统就进入大写模式，这时输入任何字母都与没有按“大写锁定”键时输入的字母不同。

• 总的来说，要尽量避免多种模式。

多种模式会出现所谓“模式错误”，即用户输入的命令与预期的命令不同，这种错误通常是因为用户忘记他们是用哪种模式输入的命令。于是用户就要重新输入预期的命令来改正这种错误。多种模式还要求用户转换操作系统的状态，而这时需要消耗时间并且要求用户对系统比较熟悉。一个设计得差劲的模式的例子是一种界面设计用于两种不同的模式。这样会导致用户除非经常转换模式或重启程序，否则很难区别到底处在哪种模式。这种情况应尽量避免。

• 如果必须实施一种模式系统，那么应在某个位置设计清晰的标志让用户知道在使用哪种模式。

10.6.18 图形的使用

• 图形表示应避免混乱和高密度。

• 图形表示应具有好的分组，清晰的表达和明确的任务方向。

• 一个图表或图像应该具有很好的清晰度，大小易于辨识。

• 图形应该简单，能够很容易地明白其含义。

• 在任何时候显示器上的图形都应为所必需的；纯装饰目的图形应最少化。

• 图形的选择要仔细考虑，以确保其含义明确。例如，有时图片显示了太多的信息，会引起混乱。线图能够除去无关的信息，使用户只关注图示的目的。

• 任何栅格线均应该显得不那么突兀，并且不能让数据变得难以理解。应该根据用户的选择来显示或隐藏栅格线。

10.6.19 颜色的使用

颜色是当前大部分显示技术及其应用程序中最重要的属性之一。颜色也是自然图像的属性之一，也可以通过伪颜色编码过程将颜色作为合成图像的信息编码。图形和字符显示也经常使用颜色作为信息编码，在对视觉信息进行组织和分段时，使用颜色是特别有效的，可以提高视觉搜索效率。在视觉显示器中颜色的有效使用要求全面考虑显示器的色度特征、稳定的控制方法、整个图像中颜色的管理和图像颜色合理显示的基础。

• 在设计过程中应该考虑到乘员的颜色感觉能力。

• 颜色编码不应作为传递信息、指导行动、提示响应、区别视觉元素等的唯一手段。对于其他编码，颜色编码应该作为一种冗余手段。

有很多颜色度量方法对评定视觉显示器的性能指标有效，大多数方法是通过国际照明委员会（CIE）基于颜色测量技术和标准开发出来的（CIE，1978，1995，1996，2001；Hunt，2004；Wyszecki & Stiles，1982）。本节描述了评定视觉显示器性能指标的重要的颜色度量方法。

显示器和控制器能用颜色分组。颜色是一种有效标记显示器和控制器的强烈特征。

- 应自始至终使用颜色对显示器和控制器分组。
- 有些颜色，比如代表紧急的红色，应该预留做专用指示，且不能用于其他目的。

颜色选择经常基于其他类似的案例（关于特定项目的颜色使用详细信息见 10.11.5.5 节）。

- 为防止所谓的“圣诞树”影响使用人员使其对任务分心，应避免使用太多颜色。

颜色是定向时一个非常重要的因素，应该用来促进任务，而不是影响任务。颜色对比应足够明显，颜色分组编码的目的是非常明显的，同时选择的颜色应使得即使是存在颜色缺陷的人也能进行区分。

10.6.20 提示的使用

通过使用提示语、标签、菜单和其他突出的提示，用户界面应该在用户记忆方面降低要求。

指示、提示语和提示有助于操作者及时获知系统状态，或者通过最小化操作人员认知努力来决定采取的行动。提示可以是视觉的、听觉的或者触觉的。相关研究已经表明通常要记住某个项目，使用提示比不使用提示更加迅速和准确（Anderson & Bower，1973）。

10.6.20.1 视觉提示

视觉提示应该使用简单的方法向操作人员提供重要的或者复杂的信息。这样的指示可以包括使用符号、标签、提示语和/或不同的颜色。

10.6.20.2 听觉提示

听觉提示是给用户提供一种预先明确意义的听觉信号。

听觉提示可以用来提醒用户执行一项任务、传递告警信息和（或）在使用视觉提示时共同提供冗余信息。

听觉提示对于提醒用户执行一项行动是非常有用的。例如，响一次警报可以表示现在是开会的时候了。有时提供听觉提示，有助于防止过多的视觉提示引起遗漏，能够更有效地引起用户注意。听觉报警还具有不要求用户始终处于固定位置的优势就能接收到信息，这是视觉提示通常做不到的。同时使用视觉提示和听觉提示呈现信息，可增加用户及时收到消息和作出响应的可能性。同时使用视觉提示和听觉提示在太空中特别有用，因为当背景噪声高时，可能妨碍操作人员通过听觉获取信息。

10.6.20.3 触觉提示

触觉提示用来向用户提供反馈，及（或）结合视觉提示或者听觉提示提供冗余信息。

触觉信息是提示信息中最不显著的，触觉提示的获取可能因为其他干扰而减弱。触觉提示包括振动、鼠标点击、质地、形状和尺寸。例如，振动可能是一种传达消息的有效方式，例如电话振动表明有来电。不过，在太空飞行环境下，振动可能是系统的固有特性，应该考虑在适当的时间以适当的频率和形式传递信息。质地的用法与布莱叶（Braille）（盲文用点字法）类似。最常见的例子是，可以在不用眼看的情况下，通过键盘中“f”键和“j”键上的小突起知道手指在什么键上，该触觉提示可以清楚地表明用户手的状况。即使在缺乏视觉提示的情况下，也很容易辨别物体的形状和大小。

10.7 听觉显示器

听觉显示器是通过声音向乘组发送信息的一系列系统，包括：

- 双向通话交流设备。
- 单向声音信号和报警。
- 声音与视觉显示器结合（通常由计算机产生）
- 声报警—由于前述功能很关键，因此给它划分一个单列项。

本节讨论下述项目：

- 合适听觉显示器的选择。
- 信号设计。
- 听觉设备设计。
- 直接用户界面设计（包含控制与显示）。

6.6 节声学讨论了通话交流和可懂度评估中的声音特征。

10.7.1 使用时间

1）在下列条件下应该提供听觉显示器：

- 待处理的信息短、简单、并且是暂时的，需要即刻响应或基于时间的响应。
- 普通模式的视觉显示器受到负担过重的制约；环境光照的变化或局限性；操作员的灵活性；振动、较高的 g 值、缺氧或其他环境因素对视觉的影响；或操作人员疏忽。
- 事件的危险程度需要辅助的或重复的通知。
- 需要通知、警告或提示操作人员随后的补充响应。
- 习惯或用途预测听觉显示器。
- 话音通信是必要的或期望的。
- 乘员不在特定位置，不能注意到固定的视觉显示器。

2）对于下列信号和情况，音频表达优于视频表达：

- 声源信号。
- 提醒注意即将发生或潜在危险的警告信号。
- 很多视频显示的情况。
- 不依赖于头部方向提供信息的情况。
- 在黑暗中视力受限或无法看见的情况。
- 缺氧或较高 g 值的情况。
- 必须从噪声中识别信号的情况，尤其是从噪声中识别周期信号。
- 选择信号类型。

如果音频呈现是必需的，信号的最佳类型应符合表 10.7-1。

表 10.7-1 音频信号的选取

	信号类型		
功能	纯音（周期性的）	复杂声音（非周期性的）	语音
定量指示	差 最多 5～6 个可完全识别的纯音	差 在不准确信号之间插值	好 获取与响应一致的精确值的最小时间和误差
定性指示	差到一般 很难判断周期近似值偏差，除非按时序出现	差 很难判断与期望值的近似偏差	好 与必要响应一致的位移、方向和速度信息
状态指示	好 开始和停止计时，输入改变率较低时的连续信息	好 尤其适于不规则出现的信号（例如警告信号）	差 效率低；更容易被掩盖； 重复性的问题
跟踪	一般 容易监视零位置； 信号-响应一致性的问题	差 很难提供必需的定性指示	好 信号固有的含义
综述	适用于有限信息的自动通信；必须学习含义；容易产生	一些普通含义的有用声音（例如，火灾铃声）；容易产生	对于复杂、多维信息的快速（非自动）通信最有效；所需的学习最少；标准化信号和内容固有的含义

来自 MIL-STD-1472F。

10.7.2 总体设计

1）听觉显示器必须在所有预期用途的情况下可以听到并且可以理解。

2）听觉显示器应该包括以下设计特征：

• 虚假警报——听觉显示器装置和电路的设计应该排除虚假警报。

• 故障——听觉显示器装置和电路应该设计为排除与系统或设备故障有关的警报信号故障，反之亦然。如果发生故障，应该提供明确的、需要注意的指示。

• 电路测试——所有听觉显示器应该配有电路测试装置或其他操作绩效测试的方法。

• 失灵——如果任何故障模式会导致听觉显示器连续激活，或当信号已经收到、不再提供有用信息时，应该提供互锁、手动的失灵。应该有“关”状态的视觉指示。

10.7.3 信号设计

10.7.3.1 非语音信号设计

非语音信号的设计应该考虑以下特征：

• 识别——当几个不同的纯音用于传播信息时，应该提供强度、音调、和声或时间模式方面的可区别差异。在不直接比较的情况下，人最多能完全识别 5 或 6 件事情。这同样适用于纯音。

• 因此待识别的纯音数量不应该超过 4 个。

• 其他声音的干扰——音频信号不应该干扰其他声源，包括语言通信。当采用语言补充时，最初警报的长度和实际消息不应该干扰其他音频的输入，包括人与人之间的语言通信，除非消息很重要。

• 信号含义——每个音频信号只能有一种含义。

• 信号特性——如果信号是正弦波（纯音）或正弦波的组合（复杂音），则即使它比背景噪声弱很多，耳朵也可以察觉。耳朵扮演了噪声中周期信号的有效探测器。

• 紧急的表现——人对信号的注意（如脉峰、频率、强烈程度）应与信号优先程度匹配。

• 与几个视觉显示器一起使用——如果立即识别对于人员安全或系统性能不是非常关键，那么一个音频信号可以与几个视觉显示器联合使用。

• 手动撤销——非紧急的音频信号应该可以由用户决定关闭。提供这种功能的地方，应该给用户提供信号已关闭的视觉指示。

10.7.3.2　语音信号设计

在设置口头消息时应考虑以下特征：

• 用途——语音播报可以在必须移动或用户眼睛很忙的情况下使用。它们可以通知离散的事件、非连续的状态信息。如果播报使用频率很高、需要同时播报多条消息、消息很长、消息包含必须记住的信息或一系列需要记住的指示性内容，那么不应该使用语音播报。

• 输出速率——所有语音播报的输出速率应该能够使人理解信息及其语境。

• 数字语音——高质量的合成语音优于真实语音的文字记录。

• 消息优先控制——当可能同时产生多条消息时，应区分它们的优先次序，这样最重要的消息比其他消息获得了传输优先权。

• 指令播报结构——指令提示消息的结构应该首先是期望的目标，随后是期望的行为（例如“删除，按回车”而不是“按回车删除”）。应该在用户命令或静止 10 秒之后重复提示。

• 消息取消能力——在最初的表达之后，应该对所有的语音播报提供手动取消能力。

• 重复能力——应该给用户提供命令消息的重复。

10.7.4　音频输入设备和输出设备的设计

10.7.4.1　频率响应

• 在设计麦克风及其他输入设备，扬声器及其他输出设备和相关音频系统设备时应该使其能够最先响应于语音/音频频谱对可懂度最关键的那部分（也就是 200～6 100 Hz）。

• 在系统工程需要的语音传输带宽窄于 200～6 100 Hz 的地方，容许的最小频率范围应该为 250～4 000 Hz。

• 对于端对端的舱载分布系统，频率响应带宽的幅度变化不应该大于±6 dB，包括扬声器、耳机和麦克风。

10.7.4.2　麦克风和其他输入设备

• 动态范围——麦克风和其他输入设备的动态范围应该足够大，容许至少 50 dB 的信号输入变化。

• 噪声抵消——高噪声环境（85 dBA 或以上）需要能抵消噪声的麦克风和其他输入设备。这些设备在所有区域都是首选的。

10.7.4.3 扬声器和其他输出设备

• 侧音——使用头戴耳机接听时，说话人声音的语音信号也应当输入自己的头戴，不能有明显的延迟。

• 多声道——用于将多声道反馈给同一个扬声器或耳机的音频设备应该具有10.8.6.1 节中规定的频率响应特性。

• 头戴——如果听音人在较高的环境噪声下工作（85 dBA 或更高），应提供双声道头戴。除非操作要求有其他规定，否则双声道头戴应该接有电线，使得声音以相反的相位到达两耳。它们的衰减特性应该可以将环境噪声降低至 85 dBA 以下。应该为戴眼镜的乘员提供相同的保护。

• 扬声器警报可闻度——在警报存在的一个或多个倍频程中，扬声器应该产生至少高于掩蔽阈值 13 dB 的非语言音频通告（在乘员期望的工作和睡眠处的头部位置测量）。根据 ISO 7731：2003，13 dB 的信噪比确保了非语言音频通告足够清晰并且可以理解，这是确保检测和辨别非语言警报能力的公认标准。

10.7.4.4 还原加重信号的应用

如果在传输设备使用预加重信号功能的同时不使用峰值削波功能，接收设备应使用频率特征还原加重信号功能以补偿预加重功能产生的效果，其只提高可懂度。（例如，还原加重信号的负斜率频率响应不大于 9 dB 每倍频程，超出频率范围 140～4 800 Hz）。

10.7.4.5 反馈噪声

在语音通信系统中应去除反馈噪声。反馈噪声应控制在不影响正常语音通话的范围之内。

10.7.4.6 耳机或扬声器与麦克风之间反馈的隔离

• 应采取有效的电路隔离、机械隔离和声学隔离措施，以防止反馈振荡（啸叫问题）或回声效应（对扬声器来讲，无法分辨不需要的语音回声）的产生。

• 从耳机或扬声器到麦克风的系统环路增益应限制在不大于 1。

10.7.4.7 混响时间

在 500 Hz、1 kHz 和 2 kHz 的 3 个倍频程，系统为乘员居住舱提供的混响时间应小于 0.6 s。

• 0.6 s 的混响时间标准将限定在理想信噪比大于 30 dB 时，可懂度下降不超过 10%；在信噪比为 3 dB 时，可懂度下降不超过 15%（Harris，1991）。

10.7.5 音频接口设计

10.7.5.1 操作舒适性

操作的舒适性和方便性需求如下：

• 舒适性——乘员佩戴的通信设备（如耳机）的设计应防止使操作者不舒适。应避免头戴耳机的金属部分与使用者的皮肤接触。

• 自动对讲操作——在正常的工作条件下，操作者的麦克风和耳机应设计为允许自动对讲操作。

10.7.5.2 信号报警器的控制

• 手动静音——乘员必须能够使音频警报静音（否则警报声将连续不断），以防止干扰乘员对潜在错误的反应。

一个众所周知的例子是乘员对警报音无能为力，无法取消警报音。另外，乘员可能习惯了警报声，在没有完成纠正行动前，取消警报音。

• 应考虑在一定时间内没有完成纠正措施，被取消的警报音应重新开始，以防止乘员为避免分散精力而简单地关闭警报音。

• 听觉显示器的音量控制——乘员能够调节非警告信号和报警信号的音量，以确保理想的信号可懂度。

• 除了警告信号和警报信号外，系统应在传输听觉播报信号的音频通道上，提供最大音量的 5%～100%的音量调节功能。

类似于商业飞行器的安全要求，乘员不能调节警告音和警报音的音量。

• 警告音和警报音的音量应调节至相对高于预期的背景噪声水平。警报音可以被静音，但是还是必须高于掩蔽阈值，可以被听到。

10.7.6 语音通信控件

语音通信设备操作控制设计的指导原则如下。

• 每个通信接收通道（如扬声器或耳机）应提供易操作的音量和增益控制，以确保在使用 2 只耳机时，系统能提供足够的电功率来驱动至少 110 dB 的声压级。

• 应采用压力操作增益控制开关，以补偿泄压区域的音量衰减。

• 对于每个传输语音通信信号的音频通道，系统应提供最大音量 5%～100%的控制。

• 音量控制的最小化设置应限制听觉等级（即，意外操作导致系统音量控制无效的情况是不可能发生的）。

• 优先使用电源开关（开/关）和音量调节钮分离式音量调节控制方式，如使用一体式开关，电源开关（开/关）和音量连续调节的下端应有明显的制动位置。当使用开关和音量控制一体式开关时，应标明“关”的位置。

• 静噪控制——在通信通道连续监听时，应为每个通道提供信号激活开关功能（静噪控制），以抑制无信号期间的噪声。采用手动“开/关”开关，解除静音功能，以接收微弱信号。

10.8 乘员-系统交互

10.8.1 反馈

系统应为用户操作和系统状态改变提供反馈。

反馈对于确保系统对用户的输入有正确的反应是非常重要的。反馈对于某行动来说应该是清楚的、容易理解的、具体的。如果需要用户更进一步的行动，反馈应该提出明确要求，允许用户有足够的时间考虑和发出进一步的行动指令。

10.8.2 反馈的类型

给用户提供的反馈可以是视觉的、听觉的或者触觉的。

反馈的水平应该与其传达的消息相适应。

显示器背景颜色的简单变化可能表示用户已经进入下一级子菜单，但是闪烁、弹出信息可能用来表示系统状态发生了更重要的变化，例如燃料油位水平低，系统缺燃料了。听觉反馈在传达重要消息方面是有效的，因为即使在用户离开系统时，它也能容易地引起用户的注意，例如，声调、音量或速率方面的变化可以表示问题的严重程度发生变化。与视觉反馈共同作用传递同一信息使听觉警报功能更好。同时呈现视觉和听觉形式的信息将提高用户获取消息和及时作出响应的可能性。这在噪声背景高的环境特别有用，因为高背景噪声可能妨碍用户听说。

触觉反馈可以用来为用户说明相关事件的状态。当其他方式受到限制时，如在上升或者下降期间，其特别有用。例如，当按钮处于按下状态时，可能表明该项功能正在进行，处于释放状态时表明该项功能已经停止。振动也可用来为用户传递信息，就像电话振动时，表明有电话打进来。振动也可以用来警告用户系统已接近功能极限，如在飞机飞行控制过程中常用操纵杆或者脚蹬振动来表示。

10.8.3 及时反馈

反馈必须及时传递给用户。

表 10.8-1 列出了推荐的反馈可接受的最长系统响应时间，数据来自 MIL-STD-1472F (1999)。在事件发生之后，反馈必须立即传递给用户，保证其对输入进行正确响应，并且允许用户进行及时的调整，或者执行下一步任务。词语“事件”在不同环境可以代表不同的意义。例如，对于发射火箭的关键任务，可以在该命令之后给用户提供“确实执行了该次命令操作”的反馈。不过，如果用户正在改变一个阀门的状态，反馈可能仅在整个命令结束时给予指示。又例如，如果跟踪一个目标，其反馈应该是连续的。在连续命令或者命令结束时，反馈的时间取决于该事件本身的性质和结果。对于防止用户两次启动同一命令而言，及时反馈非常重要。如果反馈时间太长，在事件很久以后才进行，用户可能会认为指令没接收到，并且再次启动它。对一些事件来说，这可能会带来严重的后果，应该通过及时反馈避免这样的事情发生。如果系统反馈时间延迟超过 20 s，应该为用户提供一些系统请求运行的指示。这些指示可以是符号的形式（如沙漏），可以是动画（如流动的一系列点或正在填充的进度条），也可以是文字消息（如“正在处理……”“请等待”“请求需要花费几分钟完成”）。主要目的是告知用户系统不是“锁定”或出现故障，而是用户的请求处于进行中。

反馈的最佳时机是非常重要的：1）将用户所需要的信息传递给用户；2）防止用

户两次启动命令。另外，及时反馈对于总的操作速度是很重要的。如果反馈慢了，用户必须在两次命令之间等待，降低工作效率，挫伤工作积极性。部分实例表明：重复提供反馈是非常有用的。例如，如果问题没有得到解决，关键性安全信息可能每隔30 s重复发送一次。根据事件的重要程度，确定重复发送反馈的时机很重要。重要的警报，例如火警，应该连续不断地响，直到乘员进行了适当处理。非关键的消息就不用这样频繁。反馈信息传递的时机非常重要，因为需要及时告知用户出现了问题需要处理，但是又不能太频繁，如果这样会使用户对反馈的敏感度降低。当用户听到警报的次数过多时，他们会停止对警报做出反应，其敏感度就会降低，基本上他们开始“熟视无睹”。如果在非常短的时间间隔内向用户提供不重要或者非关键的消息，将导致用户对其不敏感。因此，为了确保用户及时适当地接收到信息，确定合适的反馈频率是非常重要的。

表 10.8-1　可接受的最长系统响应时间

行动	可接受的最长系统响应时间/s
离散输入指示—捕捉感觉，咔嗒声或相关视频或音频显示	0.1
显示屏上乘员请求信息—请求的数据值或显示的外观（不适用于复杂过程的应用）	1.0
选择后，菜单的外观	0.5
显示更新后的数据或状态变化	1.0
进行中、已完成、不能完成命令的反馈，可以是文字信息、进度条或其他视觉指示	2.0
信息输入后出现错误信息	2.0
系统运行状况和状态，工作模式	可连续或根据要求

10.8.4　系统状态

用户应该能够随时了解系统的状态。

用户知道某一任务的进展情况很重要，以便决定下一步行动，避免系统状态发生变化后用户仍然采取以前的行动。设计人员应该考虑到以下 3 个设计要点：状态指示器的类型、传递状态信息的方法和传递状态信息的详略程度和时机。

10.8.4.1　状态指示器的类型

状态指示器的类型很多，需要指示的状态存在很多可能性，这些状态都需要传递给用户。计算机上最常用的状态指示器的类型是指示灯、选择开关（例如，使用高亮显示、颜色、目标控制手柄）、可变指示器（例如，可以提供按钮或者能够进行操作的时候，字体是粗体和黑体，不能提供按钮或者不能操作的时候，字体是灰色的）、缩进按钮、检查框或检查点。

10.8.4.2 状态指示的方法

状态指示最常用的方法是视觉改变、文本标签或信息和/或听觉信息。多数情况下，向用户提供一种状态指示方法就足够了。不过，也有可能使用两种形式的状态指示。当需要两种形式的状态指示时，改变它们呈现信息的形式会更好。例如，在某些情况下，同时提供视觉变化和确认蜂鸣声比只提供视觉变化更好。每个状态信息所需要的状态指示器数量应该在进行系统设计时确定。另外，用户可以通过系统请求获取状态信息。当用户需要信息时，最明显的传递信息的方式是通过文本信息。

10.8.4.3 状态精度

用户需要及时和准确的状态信息。

信息的及时获取可以防止命令的重复发送，精确的信息可以确保用户与系统顺畅交互。例如，如果状态信息的呈现存在一定的延迟，用户可能认为系统没有收到命令，而再次进行发送。根据命令的性质，命令的重复启动可能会产生一些严重的后果，应该避免。如果在告知用户反馈信息时系统存在一些延迟，应该在系统响应时间内发送一条“请稍候”这样的信息，告知用户系统正在处理其请求。

10.9 乘员通知、注意和警告

“听觉警报”是一种音频信号，用于在人-机界面内警报或警告用户，“警报”通常指的是音频或视频提示。技术文献回顾了目前航天飞机上使用的听觉警报。听觉警报是主要由视觉线索（照明显示和开关、专用矩阵板上的照明信息或者阴极射线管上的文字信息；《空间飞行操作手册》，2004）组成的一整套提醒和警告系统的一部分。

10.9.1 听觉警报功能

听觉警报有三个主要功能：

引起注意——警报表示存在以前没有发生过但现在需要注意的特殊情况。这必然会吵醒睡着的乘员。

集中注意——警报有最基本的表达功能，“查看此处特定的视频显示”。这是“定向注意转移”的一种形式，这种形式在故障管理认知挑战的大量内容中很重要（Woods，1995）。

确定重要等级——警报通过包含在警报类型中的语义内容与警报对应的紧急程度相联系。警报类型表示新的警报可能在听觉警报等级中所在的等级，以及需要乘员以最快的速度注意到此问题。

10.9.1.1 警报等级

警报的“等级”确定了重要程度。下面列出了三个警报等级：

- 1 级警报——紧急；
- 2 级警报——警告；
- 3 级警报——注意。

表 10.9-1 是对这三个等级的描述。

表 10.9－1　警报分级

警报等级	情况定义	会引发警报的情况
1 级	紧急——威胁生命的情况，需要迅速地执行计划好的安全措施以保护乘员	密闭单元内有火或烟出现 密闭单元内氧气和二氧化碳分压急速变化 密闭单元内存在有毒气体
2 级	警告——可能影响乘员生存的情况，可能需要执行计划好的措施以制止可能产生的后果。	系统损失 系统功能损失 系统功能的领悟和/或控制的损失 危害系统功能的故障的累积 超过预定的安全限值
3 级	注意——不是特别紧急但如果乘员不注意就可能会恶化的情况	大于正常消耗量

航天飞机上使用的 1～3 级听觉警报为讨论 NASA 未来警报应用发展的最优方法提供了有用的参考。它们为警报阐明了一种条例清晰、有用的并且能改进的方法，为后来的人因研究和采用高级的警报生成硬件提供了可能性。

航天飞机上可以采用 4 个等级的警报，并按如下升序方法排序。这些等级与表 10.9－1 中的分级相似，增加了“0 级”。“0 级”警报是阴极射线管显示器上以视觉表示的上下箭头，紧邻特定的监视变量，表示它高于或低于预定的阈值。“0 级”警报没有音频成分。“3 级”警报技术上是一种“警戒”，产生稳定的 512 Hz 的纯音，大约持续 1 s（可以由乘员改为更长的持续时间，最长可达 99 s），伴随着一个照明的按钮和阴极射线管显示器上的错误信息。“2 级”警报在专用矩阵面板（F7 号面板）上产生发光的文字信息，并且点亮另一个面板（R13U 号）上的参数灯。警报由 375～1 000 Hz 之间的交替纯音组成，通过按压警报总开关中止警报。

两类 1 级“紧急”警报具有最高优先级：（1）烟雾探测；（2）舱内快速减压。航天飞机上烟雾探测的警报由汽笛声音组成，也就是从 666 Hz 变化到 1 460 Hz 后、5 s 后又回到 666 Hz 的纯音。在专用面板（L1）上亮起烟雾探测的指示灯。舱内减压警报通过“电警笛”声表示，由周期性重复的 270 Hz 和 2 500 Hz 的两个纯音组成。按压警报总开关也可以中止这些警报。在当前设计下，所有的听觉警报有可能同时响起。（注意：国际空间站上用硬件执行而非软件附加的 1 级警报“有毒警报”，意味着当前配置下从不通告此警报。）通常最高优先级的警报应该优先于低优先级的警报。

表 10.9－2 列出了 1～3 级警报的规范（《空间飞行操作手册》，2004）。注意频率和时间的容差为给定值的 10％。

表 10.9-2 航天飞机 1～3 级警报规范

1 级汽笛	频率从 666 Hz（±66 Hz）变化到 1 470 Hz（±147 Hz），5 s（±0.5 s）后返回 666 Hz
1 级电警笛	周期为 2.1 ms“开”和 1.6 ms“关”的 2 560 Hz 的纯音与周期为 215 ms（±21 ms）“开”和 70 ms“关”（±7 ms）的纯音混合
2 级纯音	400 Hz 和 1 024 Hz 以 2.5 Hz 的速率（也就是每个频率持续 0.4 s）交替的信号
3 级警报	550 Hz（±55Hz）的连续纯音

10.9.2 听觉警报设计

10.9.2.1 听觉警报声压级

听觉警报必须是可以听到的，并且可靠度应该很高。

这通常需要振幅级能“穿透”背景噪声。同时，警报需要有助于进行有效的故障管理，不只是可以听到。因此，简单地说，设计好的警报的关键就是警报的声压级“不能太吵，也不能太温和——要刚刚好！”在听者和扬声器之间的距离发生变化或佩戴听力保护装置而没有佩戴传送声音的头戴时，这就成为一个挑战性的问题。

根据信号检测理论，听觉警报的可闻度应该达到100％的“命中率”。这通常是一个将以前研究的信噪比计算加入听觉信号检测的问题。大多数听觉警报设计准则是使声压级高于听觉掩蔽实验预测的声压级（Robinson & Casali，2003），这都是错误的。如果警报太吵或太多，就会对人的工作效率产生负作用，从有效的故障管理的角度来看，惊吓效果需要时间来恢复。许多警报声压级过高，令人受到惊吓，从人因研究研究的角度来看这是有反作用的，同时响起的警报会加剧这个问题。

警报普遍以 15 dB（A）的信噪比作为设计目标，但是这忽略了警报或噪声的频谱。国际标准 ISO 7731：2003《工作场所的危险信号——听觉危险信号》中就同时发生的和相邻的频程中的掩蔽性检查了警报频率成分的作用（ISO，2001）。图 10.9-1 是 ISO 7731：2003 中 1/3 倍频程分析的示例，其以更大的频程细节计算信噪比。必要条件是在一个或多个倍频程上信号必须高于掩蔽阈 13 dB 以上。掩蔽阈是通过允许噪声相邻频程和与警报一致的频程对掩蔽级的贡献而设计。

从设计的角度看，最初可能认为设计声音非常大的、另人惊吓的听觉警报很幼稚，但是也有用武之地。例如，撤离警报应该设计为烦人的，以迫使人员尽快离开。在这种情况下，消息是“立即离开”，由于警报声音很大而且很烦人，听者就会离开。当然，此类听觉警报会对诸如驾驶舱等环境产生负面影响。

10.9.2.2 听觉警报的频谱

为了确保警报的可闻度，听觉警报的频谱和声压级一样重要。

一些标准提出听觉警报应包含相对最大听觉灵敏度 0.2～4 kHz 范围内的频谱，这是人类语言最主要的声能量区域。

ISO 7731：2003 提出警报信号应该包含 0.3～3 kHz 的频谱，并且从 0.3～1.5 kHz 的范围内获取足够的能量，以适应高频听力损伤或佩戴听力保护装置的人。Patterson

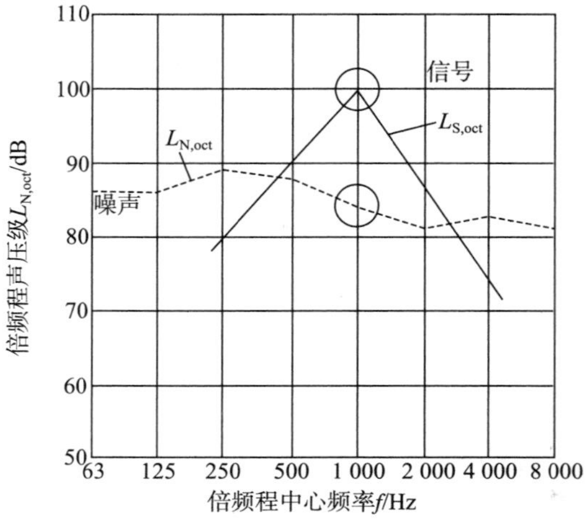

图 10.9-1 ISO 7731：2003 的注释示例图。横坐标表示倍频程中心频率，单位为 Hz。纵坐标表示倍频带声压级，单位 dB。警报信号级（L_S，oct：实线）在 1 kHz 倍频程内的一个频率成分上高于噪声级（L_N，oct：虚线）15 dB

（1982）建议四个或更多的频谱和谐相关，以允许频谱的融合。他还提出基础频率（第一个频谱）应该在 0.15～1 kHz 之间。MIL-STD-1472F（1999）提出频率在 0.2～5 kHz 之间，但距离大于 300 m（985 ft）的上限是 1 kHz，如果在信号源和听者之间有隔离物或障碍物，上限频率是 0.5 kHz。这些限值是适用的，因为与较高频率相应的较短的波长会被固体障碍物阻碍，而较低频率的可以绕过这些障碍物。其他标准在频谱的规定上是类似的，例如，机动车工程师协会标准 SAE J994b-1978 指出备份警报装置的频谱成分应为 0.7～2.8 kHz。

10.9.2.3 音频警报的可辨性：类型和时域波形

在特定的环境中，警报音应该听起来像什么声音呢？人们识别警报音是根据警报音的频谱和时域波形而定的。

警报音应与背景噪声和其他类型信号有明显的区别，容易识别。

对于某些特殊情况，确定非警报音频信号与潜在警报音的叠加程度可能十分重要。例如，如果一个风扇产生固定的谐波纯音噪声，其能量集中在 1 kHz，具有纯音信号的警报音将可能不是理想的警报信号，即使其频谱符合 ISO 7731：2003 的要求，高出风扇纯音 13 dB。

听觉显示器使用多通道报警时，每个警报音本身应能够容易区别。

音频警报信号的类型是指声音“对象”的时域特征和频谱，该声音应具有特定的含义。音频报警的类型可通过社会生态学的研究进行区别，确定音频警报的含义和情况的危险级别。例如，通过研究地域间的文化差异，对警报器的声音进行研究，但是这种声音是容易区分的。研究表明，降低音频警报识别的难度部分取决于人已知的声音与其所代表的含义的关联（Gaver，1986；Stanton & Edworthy，1999）。设计音频警报系统可以利用

“已知”的警报类型。在某些情况下，将警报类型与具体动作联系起来是十分有用的。例如，在飞行器停转的警报音中，咔嗒咔嗒的声音和振动杆剧烈的振动引起对相关目标对象的注意。

研究将警报音分为4类，“警报器—高音喇叭—号筒喇叭—电子合成音”，Klaxon Signals LTD公司（一家专门从事警报的公司）将警报音分为“电子音响器—警报器—蜂鸣器—汽笛—火警和灯光信号”（http：//www. klaxonsignals. com）。可以把报警器的声音看作是Gaver（1986）定义的术语“音频标签”的一个子集，音频标签涵盖从声音的抽象表示到原义表示（例如，火警用某些东西燃烧的声音表示。）

警报类型学最重要的方面是：通过交互界面能容易地区分一系列报警音。报警音必须有内在的含义，以表达情况的危机程度，并且其特点能够容易掌握。这样，使用用户熟悉的警报将容易分类和掌握。例如，航天员熟悉了警告和警报信号，将容易理解相似的警报信号，这些警报信号使用相同的分类学方法，即“警报器，高音喇叭和电子合成音”。另一方面，掌握和记住一系列警报信号的能力也受到严格的限制。为确保容易理解和掌握，Patterson（1982）设置了4种信号的上限，额外增加3种警报信号掌握起来会十分困难。

在飞行器中，为使警报信号中引人注意的成分能够理解和区分，要加入合成的语音信息。然而，理解语音信息比音频警报的时间更长，同时更容易被背景噪声掩蔽。尽管语音信号可以代替非语音信号表达一些难以表达的复杂意义，但是在辨识错误警报信号方面，语音音频警报的误判几率远大于非语音警报。

电子（合成）纯音由于使用简单经济的声音采样技术，已经比以前具有了更为丰富的潜在能力。目前，可能更容易创造一个具有更加明显的声学特征区别的警报信号。

为了有助于区别多通道的警报音，可使用时域波形上具有明显区别的信号，作为传递紧急信号的手段（Patterson，1981）。该方法是十分有效的，因为其具有间断序列的警报音，很容易被收听者听到，同时也容易分辨。

美国国家标准ANSI S3. 41中，“音频紧急撤退信号”（ANSI，1990a）推荐使用一种特定的时域波形信号，该信号具有3个表示“开”的脉冲，每个信号有1～2 s的周期，其后是1. 5 s的静音间隔。ISO 1994，“麻醉和呼气机警报信号”中给出2种特定的波形，如图10. 9－2所示。根据警报级别，一个“猝发”的报警信号由多个脉冲声和静音信号组成，警报信号的间隔在0. 15～0. 5 s之间。每个“猝发”之间有一个静音周期，定义为

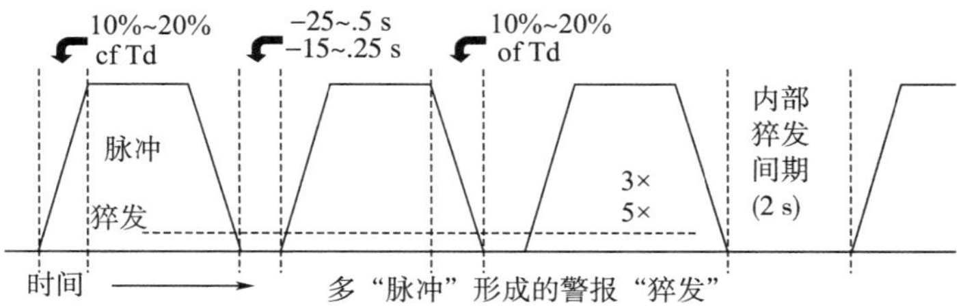

图10. 9－2　形成警报“猝发”的脉冲（ISO，1994）

“内部猝发间隔”。这个静音间隔给出一定的时间间隔，用于思考、语音通话、采取建设性行动，上述功能，采用连续警报音是无法达到的。对于每个具体的应用，存在的问题是内部猝发间隔时间多长，才能够保持对报警信号存在的积极意识。

区别有关警报信号的根据是国际空间站的非正式报告，报告中提到 2 类和 3 类报警信号容易混淆。2 类音频警报包括一个低频和高频纯音的变换。2 类纯音在有效距离内听到时，例如在不同的舱段，由于掩蔽效应，高频的纯音被掩蔽，因此只能听到低频的纯音信号。这样就造成与 3 类信号的混淆，因此其无法通过时域间隔区分，无法分辨出孤立的 375 Hz 纯音信号与 512 Hz 纯音信号的不同。使用明显不同的时域波形信号可有助于减轻这个问题的影响。

最后，ISO（2003）作为一个标准，只是说明了在环路检测中应考虑到人的因素，以确保警报信号的可辨别性。有正式研究表明，使用多维尺度技术可能会是解决对不同警报信号进行区分的最佳手段。

10.9.2.4 最小化音频警报的惊吓效应

当人突然看到一个物体或突然听到一个巨大的声响时，会有本能的惊吓反应。生理反应包括烦躁、惊醒和肌肉紧张。在最基本的水平上，这可能是人类固有的进化适应机制，可保护人类在生存环境中，免受潜在危险的伤害。从人因科学的观点看，惊吓反应的效果可能对有效的故障管理产生负面影响。

对于产生惊吓反应的刺激有 2 个噪声方面的因素：1）总声压级；2）从 0 状态到最大值状态的幅度包络的时域瞬态过程。如 ISO（2003）中所描述，总声压级可被减缓。另一个附加的概念是使用“预警”警报。“预警”警报的原始播放电平较连续警报低 −6～−10 dB。这是模仿了一个逐渐接近的救护车的警报声，一个人站在救护车前直接听最初的警报声比由远而近地听到警报声更容易受到惊吓。

设计警报音脉冲是可以使振幅包络的时域瞬态过程比即刻突发信号更加平缓。这样设计的效果，可以使人感觉声音是“淡入”的，有助于减轻惊吓效果。也应注意其他一些警报音，包括航天飞机失压的 1 类高音喇叭警报和火灾警报，这些警报信号不能使用淡入方式，信号不能没有明显的音色改变（因此可被识别）。

10.9.2.5 音频警报到达耳部的水平的设计依据

声级在轨道段不能超过 85 dB（A），在发射和返回段不能超过 115 dB（A）。为保持声压级高于背景噪声的变化，在系统集成中，采用连续噪声监测，然后调节警报等级，以达到目标信噪比。当乘员佩戴听力保护装具和头盔时，警报音应通过通信头戴传送，没必要保持扬声器播放时的信噪比，与人耳相比，扬声器的位置是可以确定的。粗略地估计头戴音量是扬声器音量的 50%（高于背景噪声 6 dB）。在某些情况下，声压可能超过 115 dB（A），为保护听力，可推荐采用其他非听觉的警报方式（如触觉激励，或只有视觉报警）。

10.9.2.5.1 可视警报设计

听觉注意事项和警告音与视觉警报结合起来通常是有益的。下面是基于 SSP 50005 的可视警报设计和视觉警告预警系统的指导方针。

1）应该为每个房间（或舱）内提供总警报灯。

2）总警报灯的照明必须表示出至少一种或多种注意、警告或紧急灯被点亮。

3）总警报灯应该可以同时被点亮。

4）在乘员舱的任何位置都应该能看见总警报灯的状态。

5）应该提供多种熄灭信号灯的方法：

- 在容许公差范围内不需要补救措施的情况下恢复或自动转换；
- 乘员采取补救措施后情况得到了纠正。

6）乘员执行的某些行动直接关系到受影响的系统或组件控制。该行动表示以下一种或多种情况：

- 确认出现故障；
- 完成间接的补救措施；
- 关闭出现故障的系统组件。

7）CWS 指示灯的颜色必须符合以下准则：

- 每种颜色应始终表示一种意思，且在同一系统中此颜色应该始终表示一种意思；
- 编码系统里采用的颜色不能超过 9 种，包括白色和黑色；
- 整个系统中颜色的使用应该保持一致。10.6 节叙述了特殊颜色的使用和含义。

7）在同一面板上指示灯必须比其他指示灯至少亮 3 倍。

8）采用闪烁的指示灯时，闪烁速率应该在每秒 3～5 次以内，灭和亮的持续时间应大致相等。

- 如果给指示灯通电，闪烁装置失效的情况下闪烁灯必须能稳定地照明。

10.9.3　视觉与听觉警报

相对于视觉警报，什么时候适合采用听觉警报？听觉警报最显著的功能可能是提醒人员查看视觉显示。其次的功能是警报的信息内容和传递给用户的首选通信方式之间的关系。

从人因和多模式感知能力的角度来看，视觉和听觉警报之间有一些重要区别（Stanton & Edworthy，1999）。只要警报的声压级在可听范围内，听觉警报就随处可见并且与听者所处环境无关。视觉警报需要用户盯着特定的警报以获取消息的含义。由于存在这些区别，听觉警报可以用于引导用户注意视觉警报消息。与视觉警报相比，听觉警报可以更快地传达特定的消息。听觉警报还可以立即传送紧急与非紧急相对的含义。另一方面，折衷方案是听觉警报的语义内容不能过于复杂，而视觉信息的消息顺序比听觉信息更容易保持。最后，有时也可能忽略一种警报方式中的干扰（噪音），以集中于另一种警报方式中的消息。

从这些感知能力的差异可以推导出表 10.9－3，以确定何时使用听觉警报和视觉警报的准则。

表 10.9-3　听觉与视觉警报的使用原则

听觉警报	视觉警报
简单消息	复杂消息
短消息	长消息
以后不会再提到	以后还会提到
需要立即采取行动	不需要立即采取行动
视觉系统过载时	听觉系统过载时
位置不固定的人	位置固定的人

10.9.4　研究需求

需要进一步的研究来检验警报类型的可预测反应和非专业对象的主观反应之间的关系。通过对所用声音的“后续分析”，显示在不同层次危险的情况下，产生反应的可预测程度，并且可以缩小激励信号的数量，以便于在后续的研究中，针对乘员和其他领域的专家进行评估。

重要提醒应优先考虑，不太重要的警报应不那么频繁或不那么明显。建立警报频率时要记住，乘员在同一时间的全部经历非常重要。国际空间站乘员都表示重点应放在确定优先级和关键注意事项及预警，而不是直观的低级别警报。乘员经常说，听觉信号发生得过于频繁时他们对应该注意和预警的事件变得麻木。

10.10　电子程序

电子程序系统（电子程序）是一种特殊的面向任务的显示系统，该系统应提供给用户(乘员或飞行控制器）所有他们需要执行或查看程序的信息。板载程序，此前占每次任务100 磅以上的发射重量，几乎全部变为电子格式，除少数应急提示卡仍然以纸质形式。除了节省非常昂贵的花费和有限的向上质量，电子程序有容易修改和注释的优点。它们甚至可以与板载命令和控制，以及故障检测和报知系统集成。这种集成程序允许自身进行遥测和指挥，从而可以在降低工作量和提高工作效率方面提供许多优势。

开发电子系统的程序时，请考虑以下信息和指南：

- 电子程序应适当地显示内部相关遥测和其他线索（例如，定时器）。

任务期间，电子程序和系统信息之间的集成类型提供了更大的数据态势感知。乘员可以进行相关系统组件的期望和实际状态的比较而执行程序步骤。

- 电子程序应为乘员提示命令。

除了某些关键安全指令，电子程序应提供视觉提示，使乘组人员执行或确认系统显示器上的命令或遥测。这种性能将减少乘员手动导航到多个系统显示完成某个程序的需要。

- 电子程序说明应利用视觉线索，如滚动条，符号和文本背景或前景颜色，以查看状态。

在无差错的过程执行中，乘员能够对已经执行的步骤与当前步骤一目了然很重要。乘

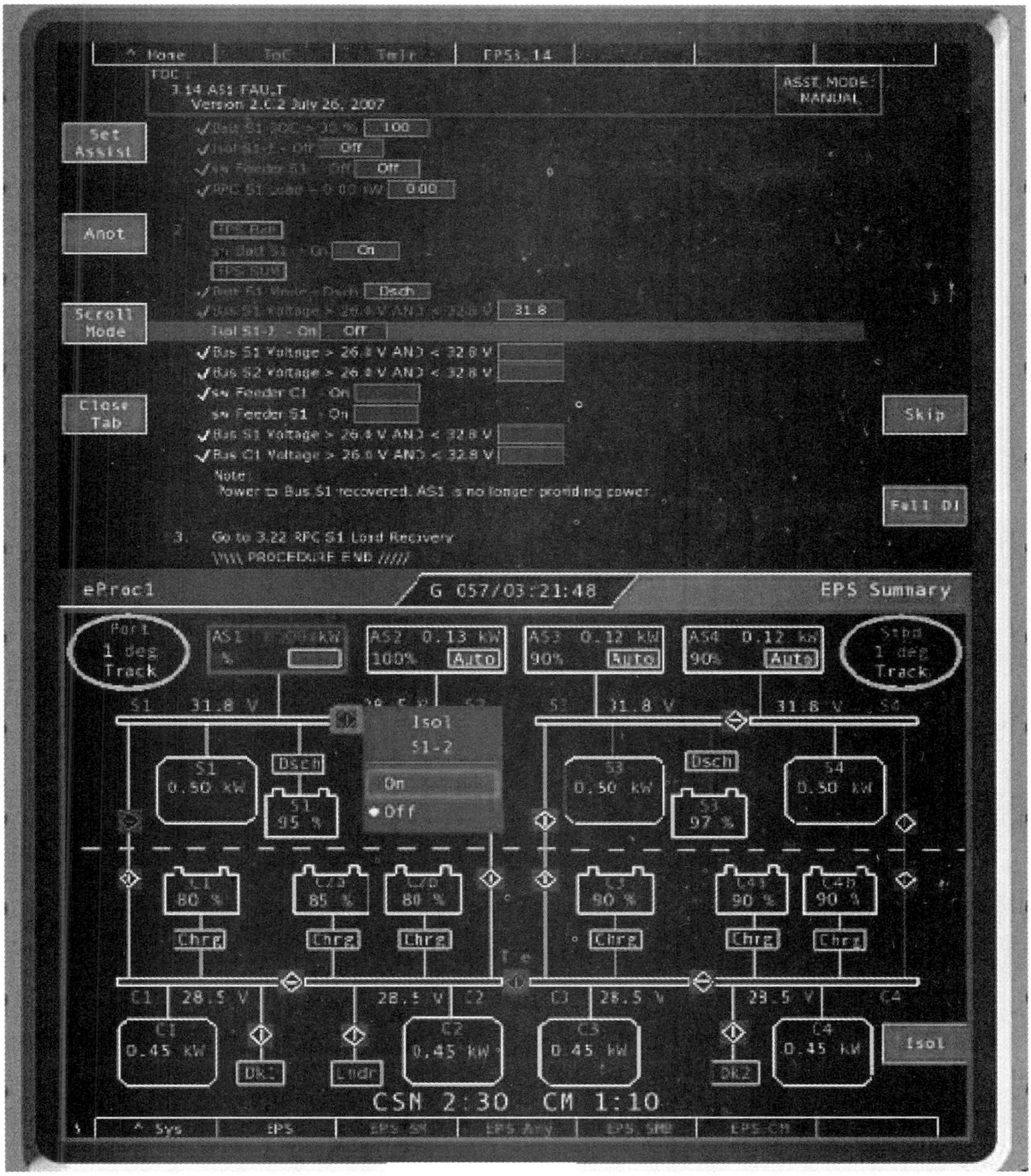

图 10.10-1 一个集成电子程序（上部显示器）的例子，其可以控制座舱显示器（下部显示器）。在这个例子中，恰当的弹出命令（下部显示器上的菜单）是由电子程序（上部显示器）自动提示的。

员也需要有查看某个过程之前步骤和未来步骤的能力。

- 电子程序应与故障检测和报知系统集成。

这些系统的集成将为乘员选择正确程序对警示和警告事件作出回应提供帮助。

- 电子程序应该与乘员的时间轴进行集成。

与乘员的时间轴进行集成将提供更高效率——乘员可以轻松地在时间轴及相应的程序

之间进行切换的能力。

- 对于不同类型的程序，包括检查表，故障和交会清单应予以支持。

为了优化屏幕空间和减少乘员工作量，每个类型的程序可能需要不同的呈现格式。例如，清单可能不得不依次显示，同样的一系列的网页，每一页包含一系列步骤，而故障程序可能需要（多个）唯一相关的步骤，并根据操作员输入或相关车载数据，进行显示。所需显示格式的具体数量应根据硬件（显示单元）的限制和操作概念来确定。

- 电子程序应具有一个目录来访问时间轴以外的程序。应按逻辑组织程序（例如，通过子系统的飞行阶段，关键程度或使用的频率）。

通过目录或方法来访问程序，将提高乘员访问程序的效率。

- 电子显示器程序应该是数据驱动的，并应接受数据（程序）运行过程中的更新（飞行）。应明确标明程序的版本。

根据操作概念，数据更新后应通知乘员。在大多数情况下，视觉警报（例如，弹出对话框）就足够了。

- 电子程序应允许程序之间的链接。系统应为链接提供明确的指示（如下划线，颜色，文字）。系统应保留已完成步骤的信息，并在所有程序中使用链接移动乘员的当前步骤。

程序链接允许乘组进行相关程序之间的切换。乘员从链接的程序返回到原程序时，他们没必要记住是在哪个程序上的步骤。

10.11 硬件标识

标识有助于快速识别物品、解释流程和避免危险。标识后的界面更易于理解、记忆和识别。程序和任务的完成时间在很大程度上取决于标识。好的标识帮助避免错误，缩短处理时间，使界面更加直观。

设计和应用标识的因素需要考虑而不限于以下几个方面：

- 辨认标识的准确度；
- 标识识别或反应的总时间；
- 不同材料标识的阅读距离；
- 标识照明的标准和颜色；
- 标识功能的关键程度。

10.11.1 通用

- 所有的控制须加上标识。除非常用的，或者有独特设计特征、能与其他控制器区分的控制器（比如汽车转向轮）。
- 标识应尽可能接近控制器，并且作为该控制器的具体标识应是容易识别的。
- 标识不应在两个控制器之间出现，除非这些控制器具有相同的功能，因为用户将无法确定该标识指的是哪个控制器。
- 控制器标识的最佳位置是直接在其上面，或者控制器的左侧，并始终如一地贯彻这条规则，这将允许用户快速地提取该标识属于的控制器，见10.11节。

- 标识应显示度量单位。

由于混淆度量单位［如，NASA的火星轨道器于1999年因公制/英制单位混淆而发生损失；（stephenso，1999）］，关键事故时有发生。下面是对乘员的界面描述贴标识的几种不同方法。

- 丝印标识——用墨水丝印在硬件上标记。
- 贴花标识——将贴花去皮，粘贴在硬件上。
- 压印标识——将标识压印在硬件上。
- 雕刻或蚀刻标识——在硬件表面雕刻标识。
- 标识牌——在硬件的透明袋内插入标识牌。

10.11.2 标准化

- 整个航天器或系统中，标识应该一致化和标准化。

标准化允许用户命令具有相同知识的不同进程或硬件。如果系统需要不同的技能和知识水平的用户执行不同层次的操作或不同的过程，将是低效率的。标准化有助于降低错误率。任务切换的研究表明，当人们从执行一个任务切换到另一个任务时，响应时间会变慢，错误率会增加。因此，从一种格式转换到另一种时会导致性能下降。如果所有系统都使用相同的配置，乘员将能够发挥他们经验上的优势，而很少使用系统信息。这使乘员可以快速获得信息，而无需学习控制或搜索，而这两者都是费时的过程。在设计阶段创建一个航天器或系统范围内的标识计划，可以确保整个系统的一致性。

标识和程序标记应该是一致的。

这有助于提升易用性，并减少出错的概率。

10.11.2.1 术语和语法

术语和语法在航天器和系统之间应保持一致。

当用一个词来描述一个物品时，用户会学习标识词语与其所传达意义的关联。如果这个关联在用户与系统交互的任何点发生改变或偏离，用户将对物品的操作产生困惑。这一变化可能发生在标识改变或标识增加了新含义。这些结果都会使用户混淆，应当避免。

10.11.2.2 缩写，包括缩略语

- 应尽量减少使用缩写词（包括首字母缩写），应该只有在用户熟悉它们时才使用。
- 所有缩写词应被定义且该定义应当通俗易懂。
- 缩写词应该用标题或小写字母写，但是首字母缩写应该都用大写字母写。
- 缩写词的标点（比如a.m.和p.m.）应该省略，除非为防止误解。

10.11.3 识别

标识的设计应使乘员能够及时对其在拟使用的所有条件下（包括适用的操作）进行定位和识别。

- 标识的写法应该简单和熟悉。

复杂的标识可能需要额外的时间来认识、识别和解释，从而增加工作时间和出现错误的机会。

10.11.3.1　项目识别

标识的存在可以更方便获取和解释项目功能。

• 应为产品赋予与其功能相关和有意义的名称。

标识名称将相应项的功能告知给用户。这简化了对用户的记忆要求，因为无需记住项目的功能。标识也可以帮助用户找到他们正在寻找的项目。标识由颜色或位置编码，并且其在用户寻找一个特定的项目执行任务时可作为线索。

10.11.3.2　界面识别

标识应采用独特的编码用于识别连接端口和连接件，如电缆或软管端部，以协助正确地连接端部。也应考虑紧固件安装位置识别或对齐的识别。

10.11.3.3　操作识别

标识应该用来识别状态或操作，例如开关的位置，控制动作的方向，或用户通过视觉检查不直观的操作。

由此，能够防止用户无意的、有可能损坏设备或造成危害的操作。非直观的操作可以是旋钮打开或关闭的非标准旋转，或是一个复合操作（如，拉和转）。

10.11.4　避免危险

项目的标识帮助用户避免危险。有以下几种方式：一种方法是通过显示给用户正确的物品名称和功能，从而有助于防止意外的错误操作；另一种方法是指示给用户一个可能的危险或预防危害的设备来避免危险。

• 危险环境或操作的标识应清楚地指示危险，以及避免该危险的行动（如，注意：表面热，没戴手套勿碰）。

• 标识应使用颜色、符号指示附加信息，如紧急情况、配件怎么连接。

一些标识需要特定的颜色来显示其功能或可能造成的危害，例如，在紧急情况下邻近使用的物品的地方上或其标签上都要求有红白相间的斜线标识。这种颜色编码可以让用户在紧急情况下迅速识别这些辅助物品。此外，电线和电缆标记的信息向用户显示哪些端点连接到对应的输入单元。这将有助于防止用户无意中将电缆插入错误的位置，并能帮助用户避免危险。

10.11.5　标识视觉特性

每个标识必须均容易辨认，及能通过色彩、对比度、大小和形状等属性容易与其他标识区分开。也需要考虑其他属性，如字母大小和字体等。

10.11.5.1　可读性和易读性

• 标识应可读和易读。

可读性是指文字的样式或文体可以让标识容易理解。在用户的操作位置或方位标识必须是可读的。易读性是指如何让文本读起来容易、舒适。它主要基于文本的大小和外观。

• 抽象的符号应仅用在所有目标读者公认其含义时。通常，如果有意义的符号（如%或+）与使用的程序手册规范兼容，则可使用。

• 如果需要用双语，应当先用英语，且字体比第二语言至少大 25.0%以上。

• 如果空间有限，第一语言和第二语言的字体可以是同样大小，但不要小于 10 磅。

• 如果空间允许的话，推荐在合理的距离使用 12 磅的字体用于阅读。

• 应在没有失去本意或信息的情况下文字尽量精简。

• 通过使用简单的单词和短语，文本应该传达最直接的字面意义。

• 在正常条件下标识应清晰易读，在高振动、运动和不同光照等条件下也应如此。

以下是易读性研究（也在 10.5.2.8 节有所涉及）的一些常见的结论：

• 小写文本比大写文字更清晰易读。

• 规则直立字体比斜体更清晰易读。

• 对比度很重要，最有效的对比度是黄色或白色背景加黑色字体。

• 白色背景加黑色字体比黑色背景加白色字体更容易阅读。

• 字母间距和字符间距也影响易读性。

10.11.5.2　标识方向

标识的方向影响标识的认识和识别。

标识应以水平方向展示。

在某些情况下，如果显示器或界面的空间受到限制，其他方向会更合适。不过，相比水平方向使用其他方向应该更小心。研究表明，水平标识比滚动标识或旋转标识（向左或右转 90°，Byrne，2002；Sándor et al.，2008）更容易阅读。这些结果表明，设计者应该尽可能使用水平方向标识。标识的方向应该尽可能地方便乘员的读取。

10.11.5.3　标识的位置

标识必须使乘员在正常获取位置或操作的位置能看见。

• 标识位置也应该在系统中保持一致以方便识别。

• 标识应放置在它们所标识物品的附近。

• 标识通常应放在它们所描述的控制器、显示器或其他物品的上面。

• 当面板在眼睛上方时，放置在面板下面的标识更容易被看到，而且明显是针对特定控制器、显示器或连接器的标识。

• 显示功能的标识应该放在显示面板上面。

• 标识应尽量避免放在曲面上。

• 在头顶的面板，标记或标识应是有方向性的，这样在操作可视角度观察时其方向是正的。

• 标记应隔开，以避免出现混乱。

• 面板上标记的安排应该避免相关的错误发生。

以上这些要求可以通过间隔，位置一致性，及（或）分组线隔开等方法完成。

10.11.5.4　标识对齐

在显示器上，经常使用的对齐方式有 3 种：1）左端对齐；2）右端对齐；3）两端对齐，即使文字统一排列为两端边缘对齐。此外，在某些情况下，当一个显示包含长标识时，他们可能被包装以节省空间。

• 当标识长度相似时，应采用左对齐。

• 当标识长短不一时，应采用右对齐。

研究结果（Sándor et al.，2008）表明，包装纸使识别和响应时间增加，应尽可能避免。此外，标识长度相似时推荐采用左对齐，但当有长短标识混合时，右对齐或数据对齐更有利。

10.11.5.5　颜色

色彩是一种帮助告知用户项目功能的有用方法。在选择标识颜色时，设计师应该考虑一些重要因素。

• 每一个功能应只用一种颜色。

当同样的颜色用于两个不同的功能时，功能不容易被用户区分。

• 每个标识使用的颜色数量应限制在 9 种内（包括黑色和白色）。

两个包含太多颜色的标识很难被区分，因为用户必须查看存在或不存在某种颜色或色彩的图案。这需要用户方面的认知计算，应避免这种设计而使用一种更简单的设计。

• 标识选择配色时应充分考虑环境光照条件。需要充分照明才能区分的颜色应该在时刻有照明的地方使用。

• 对于地点，如驾驶舱，乘员可能需要使用低光照条件下的标识，颜色应包含高对比度并易于相互区别。

• 应防止视觉缺陷者的混淆，在颜色方案中有 6 种以上颜色时不要使用绿色，不要同时使用红色和绿色。

• 应考虑标识的背景色，以确保标识上的其他颜色与背景有足够的对比度，便于识别。

有些标识需要特定的颜色来表示它们的功能或可能存在的危害。

对于最常见的颜色应考虑以下的常规用途：

1）红——紧急使用物品、警告、总警报灯；安全控制；要求迅速识别的关键控制器、紧急停机、具有关键紧急属性的控制面板框。

2）黄色——注意；低一级紧急情况的安全控制。

3）黄黑条纹——立即访问；退出释放。

4）桔黄——危险运动部件；机械；启动开关。

5）绿色——重要的频繁操作的控制器，无急迫或紧急的含义。

6）绿色——急救和生存。

7）蓝——说明（一般不推荐使用）。

8）紫色（洋红色）——辐射危害。

9）白——说明（反式照明设备）。

10.11.6　研究需求

待定。

10.12 信息管理

信息管理是对电子数据进行处理的行为，包括数据输入、组织、内部处理、储存、传输和处理。因此，信息管理系统包括支持这些功能的所有硬件和软件。信息管理职能的执行通过乘员和地面团队使用输入设备与显示设备相结合而完成。本节包含有关信息管理的指导和电子数据的使用。

10.12.1 一般注意事项

信息管理系统应该：

• 易于使用。

• 根据用户需要，提供适当、及时和准确的数据。

• 方便更新、传送和获取数据。

• 减少或消除对辅助材料（如硬拷贝数据的手续），管理材料（例如，文件的限制，纸质档案系统）以及相关的办公用品的需要（如纸，标记笔）。

• 使用标准术语。

• 为访问信息提供有逻辑的、容易的导航系统。

• 兼容所有潜在用户（考虑用户的技术水平和知识等方面）。

• 具有在所有潜在的工作环境下的可操作性。

• 能很好地与输入和显示设备配合使用。

10.12.2 信息类型

1）信息管理系统必须与其他界面系统相一致。信息管理系统应包括以下内容：

• 操作程序；

• 紧急应变程序；

• 安全危害的数据（危险源、安全操作和规避危险的特殊程序、危险事件日志）；

• 系统维护和故障排除程序（例如更换、修理记录及程序）；

• 系统维护日志；

• 有效载荷程序；

• 有效载荷数据采集；

• 环境状况和曲线（见第 6 章）；

• 乘员的病历；

• 库存管理数据；

• 娱乐媒体（如电影、照片、书籍）；

• 飞船系统的运作状况和绩效曲线。

2）额外提供的数据可能包括：

• 原理图；

• 任务事件日志（包括系统维护历史）；

- 最近的机载视频和静止画面；
- 培训材料和记录；
- 视频日志；
- 其他个人信息。

关键程序信息的硬拷贝——为了在低电能或失去电能时系统操作可能变差的情况下，确保持续的乘员安全、营救或逃逸，为航天器的所有应急程序进行备份材料硬拷贝。

10.12.3 乘员可操作性

系统应该为乘员提供执行信息管理功能的方法和工具。

在有些情况下，比如当飞行器与地面之间失去联系时，只有乘员可以执行信息管理功能。信息管理系统功能的例子包括系统曲线信息、撰写和发送电子邮件、搜索程序手册、查看培训材料等。信息管理功能不一定驻留在飞行电子系统中。该系统应在各种情况下都具备很强的可操作性，包括用户可能需要访问数据的各种环境条件，如紧急情况（例如，照明差、高振动）。

10.12.4 数据有效性

任何系统中，呈现的数据必须是准确的。如果有数据不可信的理由（即传输校验失败、无意义的或超标的刻度值，或收到的数据缺失），遥测需要以某种方式来标记。有很多情况下，根据旧的或无效的数据做出决定的情况会比没有数据更糟，所以，必须确保操作者能发现有疑义数据。

丢失的数据常加灰显示，改变文本值的颜色，或给数据项添加一个符号（如 * ）。这对于遥测与离散状态尤为重要，因为这些项目可能不经常变化，所以显示部分常呈静态。页面上的任何“过期”数据在传输给操作人员的时候都应该被清楚地标注。

当对数据信息校验或校验失败，或当接收了一个不完整的数据信息时，将会导致问题数据。在这些情况下，它仍然可以从消息中提取遥测。然而，由此产生的数据值可能是不正确的，因此，应当提醒操作员遥测的可疑性。传感器故障（或断开的信号线）造成读取错误数据的话，类似的条件也可能发生。在这种情况下，传感器的非比例的高（或低）值比实际值更可能被发送。当遥测接收频率高，可疑的数据也可以简单地被抑制/删除/省略，显示在下一个有效的数据周期被更新。然而，如果连续通信问题存在（或消息的频率低），则有可能看到可疑的数据，而不是没有任何数据。结论是，当操作员看到可疑数据时，数据需要被清楚地标注，例如：

- 任何有疑问的、老旧的、丢失的数据应该清晰地向操作者标明，如基于视觉编码（颜色、符号、背景填充等）。

10.12.5 数据可用性

10.12.5.1 数据速率

- 该系统采集或提供数据的速率应能够满足乘员有效和高效地执行任务（包括监测

系统状态)。

不同的数据类别必须以不同的最低速率进行收集，以便于乘员使用。例如，导航数据可能每秒收集一次，有效载荷数据每分钟一次，医疗数据每天例行一次。

- 数据显示率不得超过用户对传达信息的感知和行动能力。

10.12.5.2　数据保真

数据保真(准确度、精度、可靠性、延迟、分辨率)对飞船的正常运行及乘员特别是在关键时期做出及时和正确的决定而言必不可少。

数据必须有适当的保真水平以保障乘员执行任务。

10.12.6　数据分布

10.12.6.1　数据位置

乘员可以选择在整个飞船内的任何位置执行信息管理职能(包括输入和索取)。例如，一名乘员读取在线维护原理图时可以选择远离另一位正在进行私人医学讨论的乘员。

该系统应该在每个能够执行任务的工作点为工作人员提供所需的数据。

国际空间站和航天飞机项目的历史已经表明，无线连接的应用是合适的，其既能避免机舱内的凌乱状态，又可以提高传输的移动性和工作效率。在发射和进入活动(如紧急出口)中不宜使用有线连接的情况下，使用无线方案解决，尤其是可取的。

国际空间站和航天飞机方案也显示，无线连接可能不可靠及难于寻找故障，因此，在关键的功能中不能将其作为唯一的选择。很有必要准备有线连接的备份方案。

10.12.6.2　信息采集和传输

系统应该为乘员提供采集和传输来自任何画面格式能够注释信息的方法。

如数码纸、个人数字助理和平板电脑等替代技术的使用将使注释信息与任务系统更容易共享，但这些要求并不排除使用印刷材料。

10.12.7　数据备份

10.12.7.1　备份数据表

由于信息管理系统在电子设备运行，因此系统应该提供一个定期或周期数据备份机制。

数据可以在系统内的另一个数据存储设备(如另一个硬盘驱动器或系统存储设备)备份，或传输到远程位置的存储设备(例如，地面或空间备份系统)备份，或打印为一个印刷版备份。非常关键的信息推荐使用打印的数据备份，在总系统电源故障时可以查看。供选择的电子存储机制可用于可能需要在以后查看，并没有必要立即或不需要在停电期间访问的数据。对所有的数据推荐远程数据备份，但应仅限于不会立即使用的数据。

10.12.7.2　自动备份

系统应为安全关键数据提供自动备份的功能。

备份功能最好能够自动化，以防止疏忽丢失重要数据和不必要的时间开支。

10.12.7.3 手动备份

该系统应提供一个选择性数据备份功能。

没有必要把所有的数据都自动备份，乘员可以选择需要备份的数据。

10.12.7.4 手动数据恢复

该系统必须提供“数据恢复”功能。

备份数据必须能够恢复到不依赖于外部支持而独立支持紧急和关键操作（例如，通信中断）。

10.12.8 信息管理系统需求

工作站和便携式设备访问电子信息应提供下列功能：

- 安全；
- 保护敏感数据（例如，密码保护、加密）；
- 电子隐私——一个可靠的电子显示私人信息的查看环境，如医疗数据和电子邮件；
- 传输的安全性；
- 发件人验证——能够在航天器与地面之间增加数码签名到所有的数据库流量，以便于接收系统验证发件人身份的真实性；
- 便携式数据存储——通过便携式数据存储设备传输信息访问位置和使用点的数据；
- 远程管理——地面可以在不需要乘员干预的情况下具有访问所有板载数据库的功能；

信息管理使用印刷纸——下面的设计准则涉及到印刷纸（硬拷贝）信息媒体和相关硬拷贝设备及用品：

- 微重力下的设备限制——提供了一种手段来限制文件、活页纸张、书写工具和用品（例如，胶带、剪刀）；
- 写字台/工作台——提供固定或便携式写字台和工作台；
- 书写工具及用品——提供书写和用于文件更改的工具（例如，纸、剪刀、胶带）；
- 书写工具、用品和文件的存放——整理书写工具、用品、文件统一存放，以方便使用；
- 印刷设备、纸张及相关用品——方便设备接入并提供数据传输连接、电源启动、操作、补给物资和库存的支持。

10.12.9 电子通信

信息管理系统应为电子通信提供以下功能：

- 消息——能够与地面上人员以电子方式交换信息（例如，通过电子邮件）；
- 附件——能够附加电子文件（如文档、照片、录像、声音文件）进行通信；
- 加密——能够防止安全漏洞、窃听和敏感或私人数据篡改；
- 发件人验证——能够在航天器与地面之间增加数字电子签名到所有的电子通信，让接收者验证发件人的真实性；

• 私人个人通信——乘员能够进行个人信息交流（如医疗信息或家庭通信），其方式为只有预期的收件人（例如，飞行外科医生或家庭成员）可以读取信息或查看任何附件。

10.12.10 研究需求

建议针对长期持续的太空飞行，需要进一步地研究独特的信息管理，特别是关于数据的完整性、硬件的可靠性、在各种环境条件下的可用性、平衡注意力和反应时间的需求。

10.13 自动化系统

自动化系统的用户界面的设计和操作需要进行特别考虑。本节讨论自动化系统的设计，以及机器人用户界面的特别注意事项，包括移动通信系统。

10.13.1 自动化

自动化是指用自动设备代替手动操作，通常是电脑化替代人工调整、人为观测、行动或决策。本节提供自动化系统设计的一般指导。

10.13.1.1 一般原则

自动化在太空探索中可以减少工作量和培训，提高环境感知能力的优点，但设计不良可能导致相反的效果，如增加工作量和培训、减少环境感知和增加意外事故（Miller & Parasuraman，2007）。在系统设计中，权衡人与机器在任务执行中的不同分工以及每个任务中自动化的程度之间的关系十分重要。自动化的程度取决于几个条件，包括任务的数量，所需的安全性、准确性、速度、持续时间以及有效地满足这些条件的人工操作的局限性。虽然本节适用于所有类型的自动化设计，但需要特别强调机器人技术。随着时间的推移，人-机联合系统的开发越来越受到了重视。优化使用机器人对支持长时间和深空任务而言是必要的。在这些情况下，与地面控制系统失去联系的频率和持续的周期将会上升，将越来越需要使用更多的自动化（Ferketic et al.，2006a）。此外，由于机器人的角色扩大，并可以单独操作和分组工作（Steinfeld et al.，2006），乘员是否能与许多不同类型的机器人互动操作变得越来越重要。当前的现状是尽可能地提高人与机器人交互（HRI，human - robot interaction）的标准接口需求（Ferketic et al.，2006b）。

Parasuraman，Sheridan，和 Wickens 等人的模型（Parasuraman et al.，2000）说明需要同时考虑上述任务分工（如自动化模型中的引用类型）和自动化程度，并给出了在任务中的正确评价。下面将讨论这些提供空间系统自动化方面的接口集成与人类用户需要的特性。

10.13.1.2 人-机任务分配

设计者必须确定人与机器在执行任务时的分工。目标是实现整体人-机系统的最高效，使得双方发挥最佳作用。

在进行人与机器的任务分工时，应当考虑下列因素：

• 任务分析。

• 子任务的功能分析。

- 人的能力和局限性。
- 机械性能。
- 人-机整合能力。
- 一般来说，当人的能力不足或有其他更好的工作需要有人去做时，通常使用自动控制。

随着任务需要更快或更准确的计算功能且超出人类拥有的能力，自动化最适合完成“枯燥的、脏的或危险的”的琐事（Ferketic et al.，2006a）。适合自动化应用的例子包括以下内容：

- 复杂任务（如精密飞行路径管理）。
- 危险任务（如监测气体浓度）。
- 不易实行的任务（如扩展舱外活动）。
- 耗时和重复任务（如系统监测）。
- 补偿人类绩效下降（例如，再入适应微重力）。
- 扩大人的能力（例如，乘员辅助卫星）。

除了分解适合于人类和机器的功能，设计人员应该考虑到任务分工的动态性，可能需要整个任务中改变几次。功能分配的重要因素之一是保持人有效和适当地参与——这是在过去几十年空间探索和航空中学到的宝贵经验。已经清晰地确定在航空航天飞行器使用自动化大大提高了飞行员执行许多耗时的工作，如导航、系统监控、故障诊断，以及复杂的工作，如参与高速机动和精确飞行路径管理。然而，经验表明有必要在设计中把人考虑进去，因为基于计算机的决策无法比拟人类大脑适应不断变化的情况的认知能力。与人类不同，计算机几乎没有感性或创造性的能力，通常不能充分处理突发事情。

此外，如果人类根本不参与，一旦出现由于缺乏状况认知自动化发生故障，则很难干预。

从人类太空飞行和探索开始，人类能够干预自动化的重要性已经显而易见了。John Glem 在第二次和第三次驾驶友谊 7 号时使用了手动控制，因为偏航姿态控制喷气舵明显堵塞，使自动驾驶控制轨道失效。双子星-8 号的乘员在推进器发生机电故障时，创造性地监督和驾驭自动化操作，避免了死亡的发生。此外，如果阿波罗 11 号登月已经实现了自动化，乘员的安全性可能已经受到了连累。由于飞行员在降落时采取了干预措施，避免了在着陆区碰到意外的巨石并选择更安全的地点。在未来将使用更好的传感器和导航工具，并将会有更多实时操作的自动控制，然而在处理新的、不可预见的障碍中仍然需要人力决策。

无论是生理还是认知方面都应考虑人体的限制，以确保操作者可以实现良好的工作表现。由于需要适应微重力，几乎所有的航天员会体验到某种程度的感觉障碍，主要是视觉和前庭错觉，这种障碍可能会影响他们执行复杂和艰巨任务的能力。体能退化更可能成为长期飞行任务面临的问题，例如火星的探索。这种情况下应考虑增加自动化以减少飞行员的控制量。

自动化能增强人体的技能，例如在一个任务需要快速、准确运算时计算机是必需的。因此，在高精确度飞行操作中应采用自动化，如进入大气层时，热和重力阻尼是至关重要的。然而，在关键的飞行阶段，如着陆阶段，人可以安全接管控制时，必须保留人对自动装置和飞船的控制能力。

10.13.1.3 自动化水平

当任务影响因素分析完成，并且人的操作和自动控制之间的任务分工初步评估完成之后，可对自动化水平的使用和必要的控制量做出决定。自动化控制水平如下所示：

手控→遥控→监控→自控

极端情况没有使用自动化控制，操作员全面控制给定任务。现场的某些物理或信息属性可能会显示给用户，但没有电子或机械操作技术能取代或增强用户的操作。这种"无"接口操作的任务中，最好的情况是任务的要求与人的能力相一致并没有重大的安全问题。在这个流程图的中间阶段由于任务复杂性或关键性需要增加自动控制功能，但需要不同程度的人工参与。另一个极端是完全自动化的系统，一旦启动将在没有人工参与或监督的情况下独立执行。

如果在不需人工参与监督的情况下自动控制完成，则被认为是自治的。自治活动过程中，可能需要长时间的通信延迟。这种延迟根据飞行任务可能为 30 min 至 1 天。选择自动操作而不是手动操作的相似准则、自主系统设计的决策、远程操作等标识主要依赖于下列因素（Sheridan，2002）：

- 用户连续作用的时间间隔；
- 身处工作场所的用户所可能遇到的风险；
- 用户交互需要的复杂性；
- 任务所需典型的人类感知和认知能力的适当性。

自动化水平可被看做是人通过维普兰克的概念机机器扩展、缓解、备份或更换人的能力来分配或交换控制（Hansman & Cummings，2004）。无论在何种控制水平，设计者应考虑虽然可以使用自动化以减少操作员的工作量，但是人必须有在任何自动水平下进行干预并承担必要的手动控制的能力。Sheridan（2002）指定的八个自动化水平见表10.13－1。

表 10.13－1 自动化水平

自动化水平
1. 没有提供自动化帮助，所有任务由人完成。
2. 自动化作为选择的方式来完成任务。
3. 建议使用自动化方法完成任务并且：
4. 如果用户批准它执行任务或
5. 在自动执行之前允许用户在限制的时间内批准或
6. 它自动执行并需要通知用户或
7. 它自动执行，在用户需要时告知用户或
8. 它选择运行方法、执行的建议，并忽略用户

在进程中的所有阶段没有必要用相同的自动化水平。例如，在空中交通控制中，所有的数据采集、大多数分析、显示过滤是完全自动化的，无须用户输入，但决策和实施主要由用户驱动。通过这种方式，自动控制系统和用户控制系统能最佳配合使用。

除了对人与自动化操作任务分工的一般考虑，影响决定自动化水平的具体因素包括以下这些：

- 时间压力；
- 更新能力；
- 要求的精度和准确度；
- 成本效益的权衡；
- 任务所需要的所有元素；
- 元素之间相互作用的程度；
- 行动需要非直觉的可能性。

10.13.1.4 控制的偏差影响

在控制谱图的不同水平，人-机交互（HMI，human - machine interaction）的有效性将受到一些偏差因素的影响。这些因素特别适用于人-机器人交互（HRI）。这些因素中最重要的是人与机器之间的通信。通信受延迟、抖动、带宽等影响，可以大大增强或抑制人与机器的绩效（Steinteld et al.，2006）。

延迟，也称延时或滞后，是传输和接收消息之间的时间差，是自动控制程度必须的一个决定因素。最明显的延迟决定因素是距离。例如，3 s 的延迟是地球和月球无线电波之间通信的标准，并视在轨飞行的距离而定，地球和火星之间约有 10.5～21 min 的延迟。如前所述，深空任务会招致更大的延迟。一般来说，如果期望行动的连续性，在延时时期需要更多的自治机器和自动化。抖动是传输间隔之间，两条信息之间及接收两条相同消息间隔的差异。它可以极大地影响数据包的同步，进而影响到人-机交互的成效。带宽是指通信信道传输数据的能力，由于带宽的限制，可能影响数据修改或衰减，以及数据交换的准确性和保真度（Steinteld et al.，2006）。带宽将影响到自动化控制的各个层面。

除了通信的因素，必须考虑机器操作环境内地点因素下的自动化水平。例如，HRI 发生在三个相对位置的其中之一：近端（并排式）、无明显时间延迟的遥控（短距离遥控）、有明显时间延迟的遥控（Ferketic et al.，2006b）。人与机器的距离较短时，因为人不用适应明显的时间延迟，因此可以有效地完成本地遥控操作（Ferketic et al.，2006b）。

影响人-机交互的另一个因素，以及确定自动化水平的是机器和操作者的反应能力。机器的能力取决于系统的内在特性，如滞后（数据处理时间）和更新率（数据显示给用户的速率）。相似地，人的能力受到更多的因素影响，可以包括操作限制，工作区的特理和环境属性，复杂和重要的任务，熟练程度和流通性，以及心理和生理压力（Steinteld et al.，2006）。这些影响都必须考虑到自动化任务的分配及接口控制的要求。

10.13.1.5 有效乘员界面的需求

- 当乘员不能安全可靠地执行分配的任务时，应该提供自动控制。

如上所述，人类在维修或获取态势感知有明显的优势，尤其是在紧急情况和关键的非标准任务中，历史已经证明，乘员可以增加任务的成功概率。不过，人类适应性的优势需要与机器有效互动。如果适当地关注人-机界面，人类除了能响应硬件故障和意外的自然事件，还可以克服硬件和软件中许多潜在的设计错误（Hammond，2001）。

由于这个原因，人-机界面或乘员界面是任何系统的一部分，通过这些界面，信息可以在乘员和系统之间进行交换（例如，显示和控制）。需要注意的是，乘员界面仍然非常重要，即使高度自动化运行的通常没有任何乘员互动的设备。

• 自动化界面应使操作者正确地了解通过自动化到底如何做和做什么，以及如何成功地完成任务。

需要高自动化系统的低水平互动的乘员界面帮助乘员保持低水平控制技能为自动化故障备份。

进行用户界面开发的一个关键特性是在预期或意外时期都可以进入或退出自动化设备的能力。足够的信息显示和控制输入有助于人类用户在任何适当的时间接管或放弃控制。充分考虑进入和退出自动化需求的例子是哈勃太空望远镜于 1990 年在轨道上的停泊。当使用半自动的控制方式使望远镜直接从航天飞机离开时，遥控操纵系统（RMS，remote manipulator system）的操作者发现其运动不是直线上升，望远镜有撞击飞船边缘的危险。操作者解除了自动化控制模式，更多地使用手动模式控制角度使望远镜安全停靠，从而解决了问题。值得注意的是，他的乘员界面允许自动化水平下降这一步骤，因为它支持低自动化要求的信息流。

毫无疑问的是，未来远程、自动系统的乘员界面必须允许用户调节自动化等级，设定他们想要承担的角色，来提升故障操作的可能性。然而，如果测试和审核表示乘员在这种情况下不能可靠、安全地完成任务目标，则不能提供低水平自动化。适宜的自动化等级应用来定制界面设计。

一个控制任务，最初可能显得过于复杂，然后可以通过一个自动化水平较高的共同控制实现控制任务。一个有趣的例子是载人深海工程的潜水装置（图 10.13-1 和图 10.13-2）。潜水装置用户界面提供了高达 13 自由度的控制，其是一项艰巨的任务，可能预示着一次

图 10.13-1 Deep Rover 潜水装置

图 10.13-2 Deep Rover 控制座椅采用滑动扶手进行飞船控制和两轴推动控制杆进行操作器的控制

需要大量的自动化控制。控制座椅臂上的微动开关可以检测垂直，前、后部和旋转运动来分别控制前进方向，垂直和水平方向。在每个臂的末端安装的灵敏操纵杆使两轴与开关相结合，让每个高达 5 自由度的机械手进行终端控制，尽管其中一些在大多数操作中是处于锁定状态（Ballou，2007）。其结果是采用手动控制其复杂化是有效的、有成本效益的系统。

10.13.2 一般的自动化乘员界面设计规则

从用户需求的角度设计自动化可以得到 11 个有效的用户界面设计规则（Norman，2008）。该规则特别适用于自动化系统中的高媒介用户交互。用户交互是通过身体上远离实际特理交互的控制和显示器实现的。前面的五个规则（表 10.13－2）是告知设计者界面的属性。

表 10.13－2 自动系统乘员界面的设计规则

1. 提供丰富的、综合的、自然的信号。
2. 可以预测。
3. 提供良好的概念模型。
4. 使输出可以理解。
5. 提供持续的不令人生厌的提示

来源：Norman，2008。

规则 1，提供丰富的、综合的、自然的信号给用户，事实上新自动化系统的接口往往取代了前期技术提供的重要而偶然的感官信息。背景资料，如喷气发动机涡轮加速的振动和声音，告知了飞行员增加推力的程度，提供信息背景帮助用户了解他们可能会采取的行动的物理环境。因此，自动化系统需要提供替代线索。一个典型的例子是当切换一个软件创建的图形用户界面（GUI，graphical user interface）时开关的点击声。当它运行时，这声音取代了旧开关关闭时的感觉。

界面可以检测到用户的多种信号。这些信号可以揭示用户的意图或需要。例如，应力检测语音指令，可能意味着需要提供帮助菜单。眼睛扫视一个开关可以预测用户对开关的操作。

规则 2～4 是相互关联的。它们捕捉到了自动化系统用户对整体概念模型的需求。这种模型的一个例子是通用的图形用户界面桌面隐喻。系统集成逻辑和通用的隐喻没有指令时是可预测和理解的。例如，用户很容易推断，移动文件图标到存储设备会导致文件传输，移动到“垃圾桶”会导致文件删除。这个习惯性的理解对界面的标准化非常有用。

规则 5——提供持续的不令人生厌的提示，要求设计者准确地预料到用户与系统交互后期望得到的东西。用户界面必须注册乘员输入，并提供相关行动或接下来需要的反馈。乘员输入必须得到确认，而且，如果处理过程中需要大量的时间，必须发出预计完成时间和活动状态的信号。进度条用于文件传输过程中的反馈是这种反馈形式的典型例子。Tognazzini（2008）在他的设计指导方针中指出，如果在启动过程中的时间消耗超过 2 s，这种持续的反馈是必不可少的。表 10.10－3 中的规则可以视为机器设计的参考。

表 10.13-3 从系统的角度来看，自动化系统的界面设计规划

系统与用户的交互规则
1. 让事情简单一些。
2. 给用户一个概念模型。
3. 说明理由。
4. 在用户控制时使他们认为自己在控制。
5. 不断打消顾虑。
6. 用户分类为“错误”可以掩盖自动化本身的设计缺陷

虽然处理简单，但由于系统的环境或文化背景，规则 1 并不是简单地执行。然而，通过界面的利用率，用户的操作应该很容易理解和实现。规则 2 中指出的概念模型，也与知觉简单相通，因为当用户不能开发出界面如何工作的整体模型时，很大程度上会出现复杂性。设计问题的本质是概念模型与用户的一致性通信，以及如何实现。隐喻的设计通常是打算利用用户的共同经验，但这一意向在本质上是文化方面的，并依赖于设计师共同的分享和目标用户的相关经验。因此，设计师需要明确发展的概念模型，以便能够通过和用户直接沟通和介绍让他们采用。

规则 3，建议给已经采取的行动或系统预期的行动解释理由，无疑比其他几条建议使用的更为广泛。这是有道理的，给操作者通报情况，通常机器任意或反复无常的运行让人产生烦躁。然而，不必总是解释。如果过于频繁，他们很容易变得无法忍受。相反，需要用户建立信心时，它提供了手段来访问信息。自 20 世纪 70 年代，即智能医疗咨询系统（如 MYCIN）被开发出来提供抗生素治疗建议解释时，这一原则已经随着自动信息（专家）系统的追踪进行了有效的应用。

实施规则 4 和 5——使用户意识到，并不断告诉他们，他们正在进行控制——控制可以有多种形式，如上述的在个人电脑上操作文件传输时使用进度条。然而，给操作者所提供的控制感应该是更多的注解。尽管可以确定，用户接受创新技术的程度对用户的控制感是至关重要的，但是应避免控制感与现实的不匹配，以便排除潜在的灾难。飞行员对空中客车飞机的各种飞行控制模式的认识混乱，使得假设与实际拥有的控制权出现分歧而导致了撞车。在某些情况下，自动化导致飞行员相信，他们可以正常加速飞机的时候，其实，他们的控制模式排除了预期的加速。在这种情况下，飞机“思想”是准备降落的，并因此，飞行员推动油门向前没有产生预期的增加速度（Degani，2004）。另一方面，在控制中意味着系统的活动在预期内，反馈能提供给人的输入，人也对整合系统如何运行有好的情境意识。

表 10.13-3 的规则 6，确定错误和分配责任，强调当使用自动化系统发生故障时必须准确地分配责任的需要。当问题的根源是自动化设计时，如果太快指责操作员，对当前和长远纠正措施是有害的。

由于上述规则应用于设计自动化系统的乘员界面是值得考虑的。这个特点可以称为“表达”。初期表达界面不一定易于使用，但通过培训可以变得非常强大，尤其是在一个适应的环境。在训练中，用户从一个自动控制水平转换到另一个自动化水平，需要丰富的系统反馈，这是个特别困难的问题。

相比最初失败的牛顿手写识别系统，后来掌上电脑使用的识别系统具有容错性和用户适应性。成功的掌上电脑识别系统有个富有表现力的界面。与原来使用的键盘输入系统相比，它最初有点难度，但长期使用非常有益。由于系统能够使用户明确识别错误的地方，更改笔迹以得到更好的识别，这使得手写板的好处得到认同。乘员界面的这些特点，执行深空飞行任务时，在地面受限或不能提供帮助时尤其非常有用。

10.13.2.1 自动化任务和乘员界面机器人的启示

术语“机器人的”和“机器人”用于面向任务、移动设备。除了在前面章节所述的普遍原理，机器人操作在太空自动化中还有一些独特的问题。该机器人将有可能执行以下内容的任务（Steinteld et al.，2006）：

• 导航——确定机器人在何处及接下来需要去何处，如何前往下一个位置，以及如何克服途中的障碍和危险。

• 知觉——通过遥感，建立解释和共享数据的操作。

• 管理——协调人和机器人的活动，以确保“在正确的时间、正确的地点做出正确的操作”。

• 操作——与环境相互作用，包括经典的抓握、推、货物和人员的降落及其他动作的完成，并确定做什么、如何做以及工作完成得怎样。

• 社会互动——通过收集、解释和运用有关的数据，如运输、医疗保健、娱乐、模拟人类智能，实现模仿人类活动。

为满足这些任务的挑战，设计师应该考虑自动化程度和自主需要及适当的人-机界面，以在远程机器人环境中产生有效的人类与机器人互动。

10.13.3 自动化的局限性

虽然自动化是一个必要而有用的工具，但该技术也有局限性，包括：

• 可靠性——系统的设计和材料的耐久性对可靠性至关重要。

• 信任——用户对自动控制结果的不信任会带来技术的应用低效。

• 信任与系统的可靠性成比例。

• 过度信任——系统的高可靠性会导致过度信任并导致迟钝检测而失败（警惕的问题），缺乏情境感知意识（干预问题），并缺乏技能（缺乏信心和实际技能）执行非自动化的操作。

• 工作负荷和情境意识——有时自动化降低到过低点，导致感觉和情境意识缺乏，干扰人在回路中的作用。这些条件在自动系统失效时，为过高或不可能的工作量做好准备。

自动系统给用户两种任务：

1）监视系统，以确保其正常工作；

2）如果它不能正常工作，则由用户控制系统。

后者的任务可以同时涉及故障排除和故障恢复，且故障排除和故障恢复不一定是相互有联系的。管理这些任务为操作者带来以下困难：

- 监测的困难——自动化系统往往集成不足的反馈。在不了解机器的正确行为的情况下，监测机器做出比人类更好的工作可能是很困难的，甚至是不可能的。此外，工作环境人体工程学在高度自动化系统的人力效能监察中发挥了很大的作用（Parasuraman et al.，1996）。在太空中为监测提供最佳条件将会面临挑战。
- 警惕——依赖有限的时间、警觉和专业知识检测偶发事件，并密切和持续注意完成过程中异常情况的发生。
- 接管困难——确定何时接管，实现无缝转移接管，并配合良好的手动控制是非常困难的。

通过考虑局限性，设计师可以优化使用自动化，以提高空间飞行任务的生产力、安全性和有效性。

10.14 移动系统

移动设备的用户界面由与乘员互动的操纵器或车辆的物理和信息单元组成。界面的信息方面，一般常见的基于计算机的媒体，包括其他自动化系统，在这里不会涉及，但在使用移动设备界面的物理方面是唯一的，值得特别重视。事实上在物理方面值得注意的是，移动系统需要有众多限制的用户界面，因为它们不仅“接触”信息，也与人类用户产生独特的身体接触。本节讨论在这些限制下的设计指南和注意事项。

10.14.1 定义

移动系统——探测器，机器人-系统，移动助手，以及太空或行星表面操作和驾驶的导航机动车辆。

通常认为移动系统是远程控制的设备，但一些专门的移动系统设计为可以与用户近距离接触。而另一些设计为可以装载用户并与他们的操作员（即，机械航天服和外骨骼）有紧密的物理接触。例如，机器宇航员（Robonaut）是位于国际空间站，并作为航天员的助手的一个灵巧的人形机器人（图 10.14-1）。

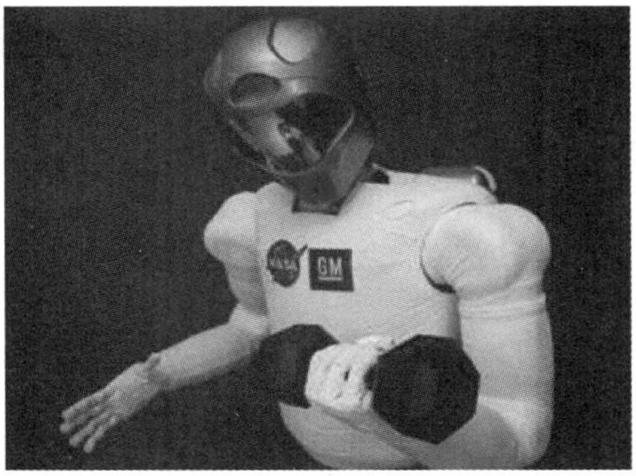

图 10.14-1 机器宇航员来源：robonaut. jsc. nasa. gov

伯克利下肢外骨骼由一个背包和一对高度改装的电动靴组成，使人能够长距离携带沉重的负荷（图 10.14 - 2）。

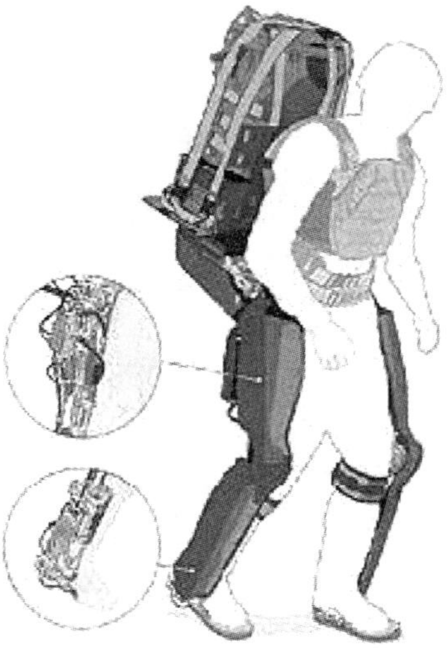

图 10.14 - 2　伯克利下肢外骨骼。来源：卡泽乌尼（Kazerooni）博士，伯克利的加利福尼亚大学（Kazerooni，1990）

自治可移动系统——没有人类干预地操作移动系统。

半自治可移动系统——不同程度人为干预地操作不同自动化程度的移动系统。

无论自主化水平怎样，所有的移动系统需要用户交互。完全自治的系统，通过用户界面与人类交换信息。这里只考虑自治可移动系统界面。

遥操作机器人和遥控机器人——通过跨越一定距离延长一个人的感知和操控能力来远程操作机器人-系统。该距离导致用户输入和机器动作之间的时间延迟（也称为延时或滞后），并且可以根据操作者和机器人代理器之间的距离进行分类，具体如下（图 10.14 - 3）：

1）直接查看——基本上没有延迟。（注意：术语“远程遥控”有时用来描述操作者可直接查看现场可视化视图。）

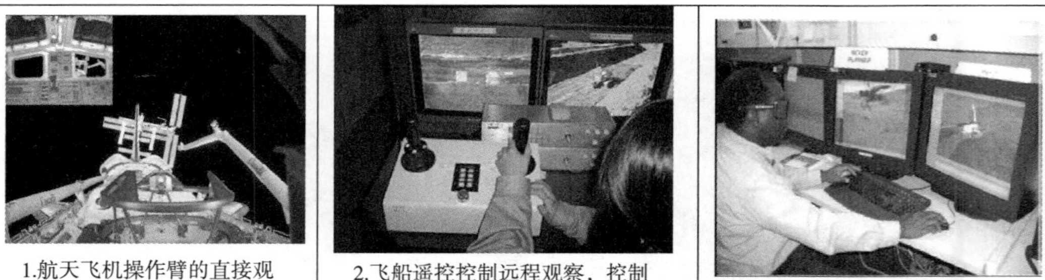

1.航天飞机操作臂的直接观察，没有来自尾控制站的通讯延迟。

2.飞船遥控控制远程观察，控制采用短时延迟，在日本 金刚山用于大坝建设。

3.勇气号火星车，控制有超过20 min的延迟，由基于软件活动的规划师控制。

图 10.14 - 3　遥操作的类别

2）远程视图有短而无关紧要的延迟。

3）远程视图有明显延迟。

10.14.2　移动系统界面的能力范围

用户界面同时提高了机器与用户有效工作以完成任务的能力。

航天飞行远程机器人任务多种多样，从灵巧操纵到大面积的车辆导航。因此，这些任务需要大范围的自主性和灵活性。所需的界面范围可以从多个自由度、拟人化的主从式机械手，到能够进行指向和点击区域导航的计算机硬件和软件系统。显然，一类任务的标准化用户界面并不适宜于另一类。比如，少反馈对在洞里钉钉子有明显提升灵活性的作用，（Hannaford，1989）但是对表面往返移动则影响不大。

由于它们可能会在重力环境和独特大气环境中工作，因此，应该考虑在航天器内或行星表面操作用户界面有一些明显的环境差异。此外，他们可能被受手套或位置阻碍的，或受长期飞行疲劳影响的用户操作。

10.14.3　与其他用户界面的相似之处

移动系统的用户界面与传统界面有许多相同的问题，其中包括有助于系统成功运行的感觉、知觉、心理感觉、认知以及社会制约等因素。

一个界面的属性定义是界面在使用过程中需要对感觉、知觉、心理感觉、认知和社会因素等进行分析。这种用户系统通信通道的分析如图 10.14－4 所示，它描述了虚拟环境系统中的多模态控制回路。虽然图 10.14－4 的开发是为了说明虚拟环境的界面，它同样适用于其他界面的空间信息流程。通道表现的可能的感观模式可作为模拟器的输出和用户的输入，以及用户的输出或模拟器的输入。在图 10.14－4 所示的通信通道的属性值，并不代表通常的最优值，而是提供至少一次的值支持有用界面的运行（Ellis，1994）。

虽然图 10.14－4 中的特性是特别选择出来描述个人或车辆模拟器的通信通道，它们同样可以很好地适用于遥操作界面。在这种应用中这些特性应作为远程控制移动车辆的总体用户界面的感觉和运动能力的评估。

通过在交互性远程遥控、移动系统的设计前进行分析可以支持交互任务的通信需求。通过操作者使用感观模式鉴别方法完成该分析，包括延迟、带宽、分辨率、动态范围、信噪水平等用户系统的综合要求。这种方法将帮助设计人员确定该系统的实用性。如果原来的选择对用户的系统功能要求而言不合适，也可能导致用户选择其他感观模式或运动反应。

工业机器人有相同的远程遥控经验，这可能与在空间飞行任务中使用的自主界面相关。图 10.14－5 包含设计工业机器人控制端（在被定义的空间控制机器人动作的手持终端）时广泛的注意事项列表。地球上的移动设备的设计可以很容易地应用到太空中移动系统的用户界面设计。

10.14.4　移动系统用户界面的重要方面

在设计移动系统时应考虑用户界面的几个特征：临场感，参考系，延迟，感官冲突，

仿真硬件

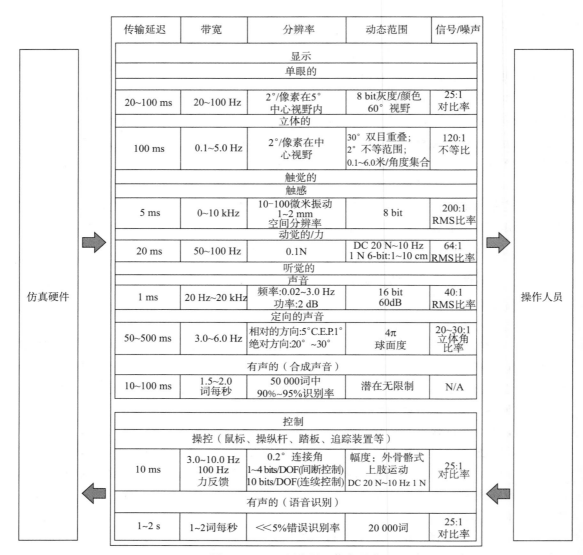

传输延迟	带宽	分辨率	动态范围	信号/噪声
显示				
单眼的				
20~100 ms	20~100 Hz	2°/像素在5° 中心视野内	8 bit灰度/颜色 60° 视野	25:1 对比率
立体的				
100 ms	0.1~5.0 Hz	2°/像素在中 心视野	30° 双目重叠; 2° 不等范围; 0.1~6.0米/角度集合	120:1 不等比
触觉的				
触感				
5 ms	0~10 kHz	10−100微米振动 1~2 mm 空间分辨率	8 bit	200:1 RMS比率
动觉的/力				
20 ms	50~100 Hz	0.1N	DC 20 N~10 Hz 1 N 6-bit:1~10 cm	64:1 RMS比率
听觉的				
声音				
1 ms	20 Hz~20 kHz	频率:0.02~3.0 Hz 功率:2 dB	16 bit 60dB	40:1 RMS比率
定向的声音				
50~500 ms	3.0~6.0 Hz	相对的方向:5°C.E.P.1° 绝对方向:20° ~30°	4π 球面度	20~30:1 立体角 比率
有声的（合成声音）				
10~100 ms	1.5~2.0 词每秒	50 000词中 90%~95%识别率	潜在无限制	N/A
控制				
操控（鼠标、操纵杆、踏板、追踪装置等）				
10 ms	3.0~10.0 Hz 100 Hz 力反馈	0.2° 连接角 1~4 bits/DOF(间断控制) 10 bits/DOF(连续控制)	幅度：外骨骼式 上肢运动 DC 20 N~10 Hz 1 N	25:1 对比率
有声的（语音识别）				
1~2 s	1~2词每秒	<<5%错误识别率	20 000词	25:1 对比率

操作人员

图 10.14-4 用户界面信息通道

减少运动感觉协调，效率降低，任务的手眼协调方面。

10.14.4.1 临场感

临场感是对虚拟的或远程的经历产生的一种身临其境的感觉。遥操作移动系统用户界面的独特之处是远程临场感，甚至在通过低反应时间信道与远端进行交互时会产生双重临场感。远程临场感或远程呈现是用户的感觉，交互已经为用户控制进行了调整，尽管控制受用户的活动范围，感知灵敏度，精度及在远端的活动范围的约束。当这些交互方面设计好之后，用户可以建立起他们身在远端的感觉。如果需要高水平的临场感，应该合成自动化小的直接界面。这些类型的界面是最灵活的，并且允许探测系统受益于人类用户自然的或虚拟的存在。

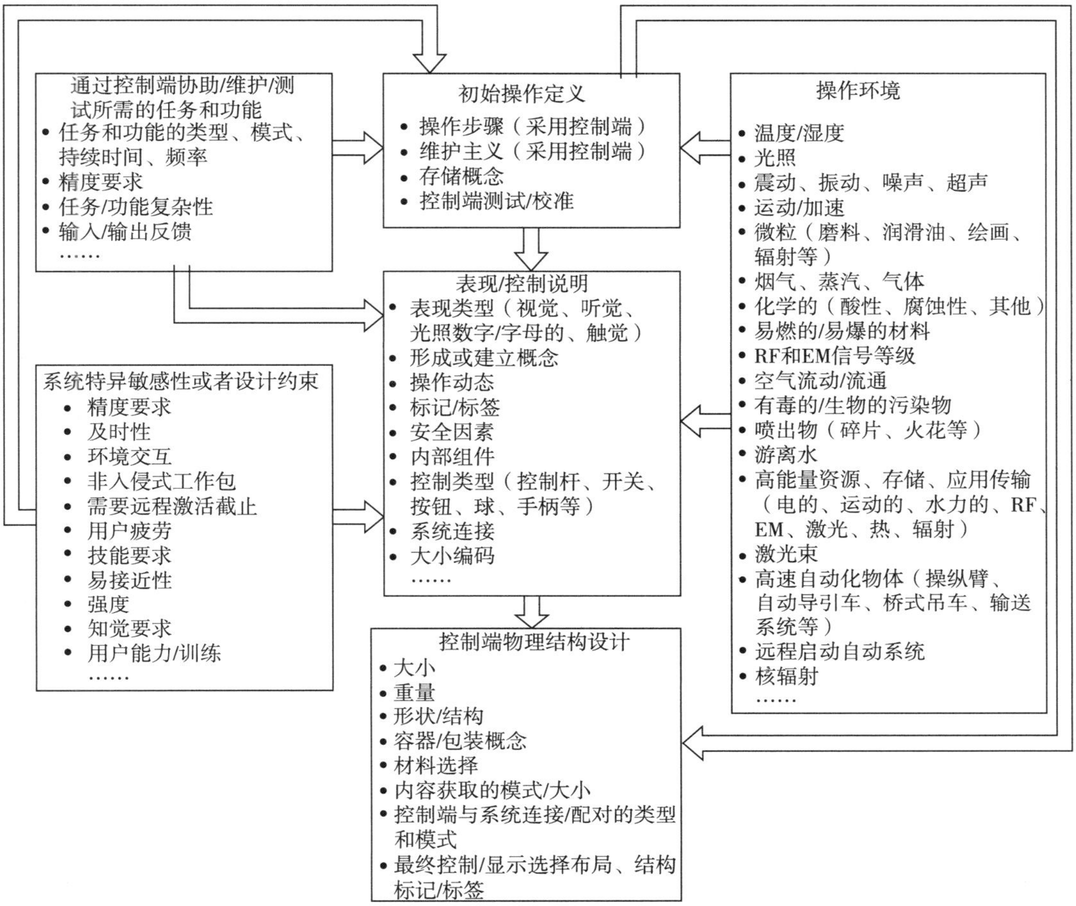

图 10.14－5 发展工业机器人控制端的人为因素指南

注：(改编自图 A.1，ANSI/RIA 15.2－1－1990)

10.14.4.2 参考系

临场感觉的关键因素是用户理解参考系的能力，即他们观察和控制遥控系统及环境的能力。这些参考系可能并不一样。例如，航天飞机机械臂系统（SRMS，Space Shuttle Robotic Manipulator System）或机械臂的操作是通过控制船尾机械臂完成的，但视图来自终端感应相机。

对于用户来说，理解不同坐标系的几何关系以及坐标系与自己身体的关系是关键的。同样地，对设计者来说，提供一种不超过人的能力理解的坐标系是否对准的方式也是关键的。

以自我为中心的视图框架产生偏差问题的应对方法之一是提供一个额外的“鹰眼”来观测整个工作站。这一视角为用户提供了整体的空间感来克服以自我为中心的相机看到的不易理解的视图。飞机的飞行姿态仪表显示中，这种“由外至内”比“由内至外”的视角显得更直观自然（Cohen et al.，2001)。航天飞机的机械臂操作往往在操作点有一个窗口视角，这使势态感知更容易。

自我视图可能来自于远程操作的车辆上安装的摄像头，另一个处理自我视图带来的困难的办法是确保车辆的结构或至少像车辆结构可视图像元素在参考系内。这些介绍允许用户理解相机轴线和车辆轴之间的旋转。

相机与车辆轴之间的旋转会干扰用户与车辆间的几何位置感觉。提供足够的可见度，即在工作点车辆的直接视图是提供必要视图的最好办法。直接视图不仅对遥控车辆的作用很重要，对协同控制同一车辆或分别控制车辆同样非常有用。与纯粹的语音通信支持相比，用户视觉接触可以让用户更好地了解他人的意图和时机。

最后，在微重力环境中，计数器针对操作员的约束压力提供触觉提示，以提高参考系的识别，类似重力产生触觉压力线索的方式。

由于多个"同时参考系需要管理"，因此每个控制参考系的模式切换和明确的提示是必要的，合乎逻辑的参考系可能是违反直觉的。用户界面的设计必须能够快速和准确识别基准的用户控制参考系，并允许参考多个同时参考系协调。

10.14.4.3　延迟

交互式远程系统的主要特点是延迟，或用户输入、系统响应以及随后的观测之间的时间差。这个延迟主要是由距离而决定的，但也受到通信链路的能力或固有的机械性能影响。系统延迟产生了用户界面三大相互关联的负面影响：

- 感官冲突；
- 降低感觉协调；
- 降低效率。

10.14.4.4　感官冲突

视觉、前庭、触觉之间的感官冲突可能会导致出现空间定向障碍和晕车，并可能会在太空行动中令人格外不安。延迟可能进一步加剧这些感觉冲突的生理刺激并进一步降低视觉和其他感觉。

延时可能产生的影响很难概括，因为它依赖于用户展现的运动类型，用户自己身体是否移动，他们特殊的任务，他们接触刺激的曝光持续时间和个体易感性。此外，在不同的环境中个人对运动病和相关疾病的敏感性的差异很大（Kolaskinski，1996）。这种在飞机或船上的敏感性，在地面环境中不容易从筛选测试或晕车实验中预测（Welch，2003）。此外，太空飞行中控制感觉的衰弱会加剧克服这种感觉冲突的困难。

尽管多种因素影响系统的延时，但当用户经历实时物理加速度时，通过避免显示产生运动错觉的信息能将运动病或仿真病带来的问题最小化。一个用户界面加剧运动的例子是在一架 F－16 红外小牛飞弹上的回转红外传感器。据报道，当导弹与飞机处于不同机动状态时，安装在导弹上的传感器角度的改变将会使其迷失方向（Stroud & Klaus，2006）。因为用户遥控控制，可移动空间探测系统需要更多与用户身体的自然交互，适应空间的操作者尤其受感觉冲突破坏产品的影响，他们应该得到最大程度的稳定显示。

10.14.4.5 减少运动感觉协调

关于用户界面延迟的第二个效果是降低运动感觉协调。延迟量将根据任务影响协调性，但延迟大于 200 ms 一般认为是显著的（Fong & Thorpe，2001）。不过，更短的延迟也可能对绩效产生显著的负面影响。可以注意到，在主体中引用的界面，如虚拟环境，有 8～16 ms 的延迟，可以测量到约 50 ms 生产率下降的延迟（Ellis et al.，1999；Ellis et al.，1997）。因此，设计使用主体引用界面的系统必须降低延迟到低于 50 ms 的延迟，如果界面是为了视觉稳定虚拟对象，延迟应不低于 8 ms。预测过滤器可用于去除一些延迟对计算机生成的虚拟环境中对象稳定性的影响，但是目前的技术在不引入过多抖动的前提下，只能取消大约 16～30 ms 的系统延迟（Jung，Adelstein & Ellis，2000）。

如果由于移动速度缓慢或大惯性，系统响应速度缓慢，将减弱短延时对整体性能的影响，不过用户可能仍会注意到（Ogata，1970）。当遇到 250 ms 到几秒钟的延时，为随后的行动预先编写多种运动阶段的运动，“移动和等待”的策略可能是解决交互式运动控制的实际办法。这种互动形式虽然对孤立的、离散的任务不繁重，如输入命令键，但它使连续手动控制非常困难并增加很高的工作负荷（Funk et al.，1993）。

当交互延时增加到 300 ms，用户交互变得更加不连贯，最终增加对完全自动化的依赖。最初的延时形式补偿了涉及使用预测过滤器的手动控制（Welch & Bishop，2001），并最终包括预测显示（Kim & Bejczy，1993）。最后，应实施一些形式的监控使之生成半自治系统。

10.14.4.6 效率降低

效率降低可能是用户通过管理系统延迟补偿策略的结果。用户被迫采取“移动和等待”战略，以确保连续控制不会产生明显的运动感觉混乱，当然是在策略得到很好应用的基础上。然而，用户工作效率随交互的延迟而降低。有趣的是，用户的专业知识和延迟之间的关系对生产力关系的影响是非线性的。例如，对于短的响应延迟，对经验丰富的专家来说工作效率降低很少。经过在美国国际商用机器公司进行了为期 1 个月的深入研究表明，在系统延迟降低之后受益最多的是有经验的信息系统用户（图 10.14-6）（Doherty & Thadhani，1982）。

10.14.4.7 手眼协调方面的任务

移动设备中许多手眼协调方面的任务要求使用的用户界面具有多模态拟人化设计。这些特征尤其是在表面探索系统和系统时间滞后很短，远小于 100 ms 的条件下非常有用。这种情况下用户身体很接近或直接就在工作点。在这些条件下，用户驾驶漫游者、控制机器人进行机械装配任务，或进行一般系统操作变得非常高效，接近地面直接操作的熟练水平。

远程系统的“临场感”界面在过去的 25 年有明显的改善。曾有“盲点”的用户立体头盔已经被更明亮有宽广视野的系统代替，并接近人类实际视觉（比如，Rockwell-Collins Optronix SR-100）。在国际空间站上的机器航天员 2 号可以通过使用某种系统遥控操作对其进行控制。同样，听觉空间定位系统从曾经的系统定制已变为一个软件商品（Miller & Wenzel，2002），并有触觉显示器（SensAble Technologies，2007）。

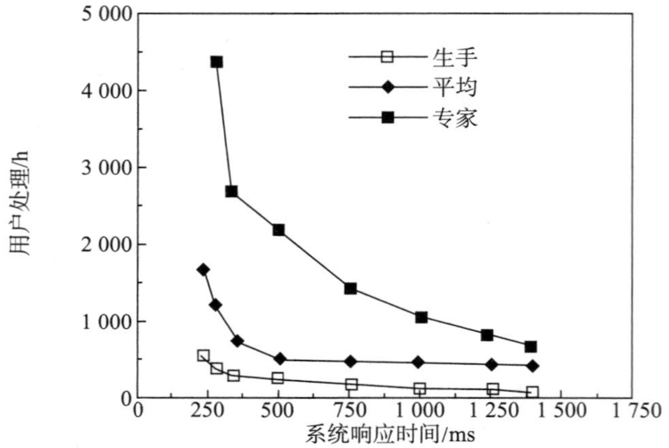

图 10.14－6　处理频率与响应时间。来源：Doherty & Thadhani，1982

触觉带宽拥有巨大的潜力来改善用户交互的有效性。

力反馈显示尚未进行在轨测试，但是，已经应用于地面操控系统与在轨操作员的沟通（Hirzinger et al.，1994）。大量证据表明，这些显示器可以改善和扩展用户控制远程机器人的灵巧性（例如，Hannaford et al.，1989），并认为应考虑将其纳入载人航天器中。

10.14.5　半自治系统的用户界面

很少有空间系统是完全自治的，因为系统运作至少会由人监管并有时会修改其运作。尤其是具有移动系统的人和机器的互动，自治移动设备最好被描述为半自治。

在直接或远程视线的工作站点，与完全自治系统相关的用户界面对于通过操纵杆控制的乘员系统未必是合适的。然而，当功能分别组合与更多的交互合并嵌入乘员系统时，这些界面对操作者有启发性的参考价值。

10.14.6　操作限制和注意事项

系统执行自动操作必须包括操作限制，以确保乘员和航天器的安全。尤其是与人有同样工作环境的自动化系统。以下是需要记住的一些注意事项：

- 控制源——可以直接接触机器的个人必须控制机器活动。
- 紧急停车（运动停止）——人与机器可能直接接触的移动或自主控制设备必须有一个快速、可靠的紧急停机功能。
- 自主关机——当他们的活动有可能导致任务出错、设备损坏或人员受伤时，自治系统必须关闭及明显地给他们传达终止命令，这些系统应有故障保护功能。
- 实时监控——操作者必须有能力监测自治或半自治系统的实时状态。
- 系统状态——操作者需要意识到移动系统状态信息，包括系统状态、健康状况、当前命令流、提供态势感知和允许操作员在需要的时候采取适当的措施。

为了最大限度地提高用户的工作效率，“实时”意味着系统响应离散输入应小于100 ms。对于手动控制，“实时”是指系统有至少 20 Hz 的更新率和少于 50 ms 的延迟。

对于浸入虚拟环境或增强现实显示稳定的虚拟物体，更新速度需要至少 60 Hz 的更新率和小于 16 ms 的延迟。

系统设计中不能使系统监视降低用户察觉异常或危险状态的能力。

在长期太空飞行任务中的乘员可能希望任何系统可以手动操作、部分自动或者处于监管模式。每个模式的信息需求必须确保计划的用户界面支持乘员操作。为了保持操作技能，必须熟练名义上的操作和干涉动作。在将飞行扩展到探测端时，保持操作技能熟练的一个有效方法是将仿真和训练相结合。

10.14.7　研究需求

在远程系统的控制器中使用通用的、三轴未对准的参考系，操作限值需要被确定。

参考文献

[1] Ahumada, A. J. , Scharff, L. V. S. , & Watson. , A. B. (2007). What Image Does the Visual System Detect Best? Vision Sciences Society Annual Meeting, May, Sarasota, FL.

[2] Anderson, J. R. & Bower, G. H. (1973). Human associative memory. Oxford, England: Winston.

[3] American National Standards Institute (ANSI). (1990). Hand - held Robot Control Pendants—Human Engineering Design Criteria, (ANSI/RIA 15. 2 - 1 - 1990). New York, NY: American National Standards Institute.

[4] American National Standards Institute. (1990a). Audible Emergency Evacuation Signal, (ANSI S3. 41). New York, NY: American National Standards Institute.

[5] American National Standards Institute. (1991). Alternate Keyboard Arrangement for Alphanumeric Machines, (ANSI X3. 207: 1991). New York, NY: American National Standards Institute.

[6] American Society for Testing and Materials. (1987). ASTM Standards for Color and Appearance Measurement. Philadelphia, PA: American Society for Testing and Materials.

[7] Anandan, M. (2006). Backlights for LCD/TV: LED vs. CCFL.

[8] Anandan, M. (2008). Progress of LED backlights for LCDs. Journal of the Society for Information Display, 16(2), 287 - 310, http://link. aip. org/link/? JSI/16/287/1

[9] Arditi, A. , Knoblauch, K. , & Grunwald, I. (1990). Reading with fixed and variable character pitch. J Opt Soc Am A, 7 (10), 2011 - 2015, http://www. ncbi. nlm. nih. gov/entrez/query. fcgi? cmd = Retrieve&db=PubMed&dopt=Citation&list _uids=2231111.

[10] Ballou, P. (2007). personal communication, Dr. Ballou was formerly President of Deep Ocean Engineering, San Leandro, California, and is now Senior Vice - President of Ocean Systems, Alameda, California.

[11] Bangor, A. , Kortum, P. T. , & Miller, J. A. (2008). An empirical evaluation of the System Usability Scale(SUS). International Journal of Human - Computer Interaction, 24(6), 574 - 594.

[12] Barten, P. G. J. (1987). The SQRI method: a new method for the evaluation of visible resolution on a display. Proceedings of the Society for Information Display, 28, 253 - 262.

[13] Becker, M. E. (2006). Display reflectance: Basics, measurement, and rating. Journal of the Society for Information, 14, 1003 - 1017.

[14] Boschmann, M. C. & Roufs, J. A. J. (1997). Text quality metrics for visual display units: II. An experimental survey. Displays, 18, 45 - 64.

[15] Bravo, M. J. & Farid, H. (2008). A scale invariant measure of clutter. Journal of Vision, 8(1), 1 - 9, http://journalofvision. org/8/1/23/.

[16] Brooks, F. P. (1999). What's real about virtual reality? IEEE Computer graphics and applications, 19, 16 - 27.

[17] BSR/HFES. (2005). Human factors engineering of computer workstations(BSR/HFES - 100), Santa

Monica,CA. :The Human Factors and Ergonomics Society.

[18] Buchanan,B. G. & Shortliffe,E. H. (Eds.). (1984)Rule - Based Expert Systems:The MYCIN Experiments of the Stanford Heuristic Programming Project,(Part 6,Explaining the Reasoning). Reading, MA:Addison - Wesley.

[19] Bulovic,V. (2005). Fundamentals of OLEDs and OLED Displays. Society for Information Display Short Course Notes(pp. Short Course S - 4,S - 4/1 - S - 4/82). Campbell,CA:Society for Information Display.

[20] Byrne,M. D. (2002). Reading vertical text:Rotated vs. marquee. In Proceedings of the Human Factors and Ergonomics 46th Annual Meeting,Baltimore,MD.

[21] Campbell,J. L. ,Carney,C. ,& Kantowitz,B. H. (1998). Human Factors Design Guidelines for Advanced Traveler Information Systems and Commercial Vehicle Operations(FHWA - RD - 98057). Office of Safety and Traffic Operations R&D. Mclean,VA.

[22] Carlson,C. R. & Cohen,R. W. (1980). A simple psychophysical model for predicting the visibility of displayed information. Proceedings of the Society for Information Display,21(3),229 - 245.

[23] Chung,S. T. (2004). Reading speed benefits from increased vertical word spacing in normal peripheral vision. Optom Vis Sci,81(7),525 - 535.

[24] Chung,S. T. L. (2002). The Effect of Letter Spacing on Reading Speed in Central and Peripheral Vision. Investigative Ophthalmology Visual Science, 43(4), 1270 - 1276, http://www. iovs. org/cgi/content/abstract/43/4/1270

[25] Chung,S. T. ,Mansfield,J. S. ,& Legge,G. E. (1998). Psychophysics of reading. XVIII. The effect of print size on reading speed in normal peripheral vision. Vision Res, 38(19), 2949 - 2962, http://www. ncbi. nlm. nih. gov/htbinpost/Entrez/query? db=m&form=6&dopt=r&uid=0009797990.

[26] Cohen,D. ,Otakeno,S. ,Previc,F. H. ,& Ercoline,W. R. (2001). Effect of"inside - out"and"outside - in"attitude displays on off - axis tracking in pilots and non - pilots. Aviat Space Environ Med,72(3), 170 - 6.

[27] Commission Internationale de L'Eclairage(CIE). (1977). Radiometric and Photometric Characteristics of Materials and Their Measurement. Central Bureau of the CIE,Vienna.

[28] Commission Internationale de L'Eclairage(CIE). (1978). Recommendations on Uniform Color Spaces - Color - Difference Equations,Psychometric Color Terms. Central Bureau of the CIE,Vienna.

[29] Commission Internationale de L'Eclairage(CIE). (1979). Absolute Methods for Reflection Measurements. Central Bureau of the CIE,Vienna.

[30] Commission Internationale de L'Eclairage(CIE). (1987). International Lighting Vocabulary,4th ed. : Joint publication IEC/CIE. Central Bureau of the CIE,Vienna.

[31] Commission Internationale de L'Eclairage(CIE). (1995). Industrial Colour - Difference Evaluation. Central Bureau of the CIE,Vienna.

[32] Commission Internationale de L'Eclairage(CIE). (1996). The Relationship Between Digital And Colorimetric Data For Computer - Controlled CRT Displays. Central Bureau of the CIE,Vienna.

[33] Commission Internationale de L'Eclairage(CIE). (2001). Improvement to Industrial Colour - Difference Evaluation. Central Bureau of the CIE,Vienna.

[34] Degani,A. (2004). Taming HAL,Designing Interfaces Beyond 2001,(Chapter 15,Automation,Pro-

tections, and Tribulations). New York, NY: Palgrave Macmillan.

[35] Doherty, W. J. & Thadhani, A. J. (1982). The economic value of rapid response time. IBM report GE20 - 0752 - 0(11/82).

[36] Ellis, S. R. (1994). What are virtual environments? IEEE Computer Graphics and Applications, 14 (1), 17 - 2.

[37] Ellis, S. R., Bréant, F., Menges, B. M., Jacoby, R. H., & Adelstein, B. D. (1997). Operator interaction with virtual objects: effects of system latency. Proceedings of HCI'97 International. (pp. 973 - 976). San Francisco, CA.

[38] Ellis, S. R., Young, M. J., Ehrlich, S. M., & Adelstein, B. D. (1999). Discrimination of changes of latency during voluntary hand movement of virtual objects. Proceedings of HFES(pp. 1182 - 1186).

[39] Ferketic, J., Goldblatt, L., Hodgson, E., et al. (2006a). Toward Human - Robot Interface Standards

[40] I: Use of Standardization and Intelligent Subsystems for Advancing Human - Robotic Competency in Space Exploration. Corrected copy of version in: Proceedings of the SAE 36th International Conference on Environmental Systems. 2006 - 01 - 2019.

[41] Ferketic, J., Goldblatt, L., Hodgson, E., Murray, S., & Wichowski, R. (2006b). Toward Human - Robot Interface Standards II: An Examination of Common Elements in Human - Robot Interaction Across the Space Enterprise. AIAA. AIAA 2006 7388.

[42] Fisher, S. S., McGreevy, M., Humphries, J. & Robinett, W. (1986). Virtual Environment Display System. ACM 1986 Workshop on 3D Interactive Graphics(23 - 24 October 1986, pp. 77 - 87). Chapel Hill, NC: ACM.

[43] Fong, T. & Thorpe, C. (2001). Vehicle teleoperation interfaces. Autonomous Robots, 11, 9 - 18.

[44] Francis. W. N., Kucera, H., & Mackie, A. W. (1982). Frequency Analysis of English Usage: Lexicon and Grammar. Houghton Mifflin, Boston, MA. Funk, J. D. Jr., Beck, C. P., & Johns, J. B. (1993). Piloting Vertical Flight Aircraft: A Conference on Flying Qualities and Human Factors NASA. Ames Research Center, (See N94 - 13294 02 - 08); pp. 361 - 374.

[45] Gaver, W. (1986). Auditory icons: using sound in computer interfaces. Human - Computer Interaction, 2, 167 - 177.

[46] Ghosh, A. & Hack, M. (2004). Fundamentals of OLEDs. Society for Information Display Short Course Notes(pp. Short Course S - 1, S - 1/1 - S - 1/90). Campbell, CA: Society for Information Display.

[47] Hammond, W. E. (2001). Human Factors and Life Support. In: J. S. Przemieniecki, (Ed.), Design Methodologies for Space Transportation Systems. Reston, VA: AIAA.

[48] Hannaford, B. (1989). A design framework for teleoperators with kinesthetic feedback. IEEE Transactions on Robotics and Automation, 5(4), 426 - 34.

[49] Hannaford, B., Wood, L., Guggisberg, B., McAffee. D., & Zak, H. (1989). Performance evaluation of a six - axis generalized force - reflecting teleoperator. (JPL Publication 89 - 19, June 15, 1989). Pasadena, CA: Jet Propulsion Laboratory.

[50] Hansman, R. J. & Cummings, M. (2004). Course 16. 422: Human Supervisory Control of Automated Systems. A lecture presented at the Massachusetts Institute of Technology. Onlinedatabase. http://ocw. mit. edu/NR/rdonlyres/Aeronautics - and - Astronautics/16422Spring2004/879C77B3 - F66B -

4FB8 - 9EC7 - 7D2B5D139A8E/0/020304_intro. pdf.

[51] Harris, C. M. (1991). Handbook of Acoustical Measurements and Noise Control, 3rd ed. , Chp.

[52] 16. 8. McGraw - Hill, New York.

[53] Hirzinger G. , Brunner, B. , Dietrich, J. , Heindl, J. (1994) ROTEX - The First Remotely Controlled Robot in Space. ICRA, pp. 2604 - 2611.

[54] Human Factors and Ergonomics Society(2007). Human Factors Engineering of Computer Workstations, (ANSI/HFES 100 - 2007). Santa Monica, CA: Human Factors and Ergonomics Society.

[55] Hunt, R. W. G. (2004). The Reproduction of Colour(6 ed.). West Sussex, England: John Wiley & Sons Ltd.

[56] International Organization for Standardization. (1992). Visual display requirements, (ISO 92413). Geneva, Switzerland: ISO.

[57] International Organization for Standardization. (1994). Anesthesia and respiratory care alarm signals, (ISO 9703 - 2). Geneva, Switzerland: ISO.

[58] International Organization for Standardization. (2001). Ergonomic requirements for work with visual displays based on flat panels - Part2: Ergonomic requirements for flat panel displays, (ISO 9241 - 3). Geneva, Switzerland: ISO.

[59] International Organization for Standardization. (2003). Ergonomics. Danger signals for public and work areas. Auditory danger signals, (ISO 7731). Geneva, Switzerland: ISO.

[60] Jung. Jae Y. , Adelstein. Bernard D. , and Ellis. Stephen R. (2000) Discriminability of Prediction Artifacts in a Time - Delayed Virtual Environment. Proceedings, IEA 2000/HFES2000 44th Ann. Meeting. pp. 1 - 499

[61] Kazerooni, H. (1990). Human - Robot Interaction via the Transfer of Power and Information Signals, IEEE Transactions on Systems and Cybernetics, 20(2)450—463.

[62] Kelley, E. F. (2006, June). Display measurements for flat - panel displays. Application Tutorial A6, Society for Information Display, 2006 International Symposium, San Francisco, CA.

[63] Kim, W. S. & Bejczy, A. K. (1993). Demonstration of a high fidelity predictive/preview display technique for telerobotic servicing in space. IEEE Transaction on Robotics and Automation, 9 (5), 698 - 702.

[64] King, C. N. (1994). Electroluminescent Displays. Society for Information Display Seminar Lecture Notes(Vol. 1, pp. Lecture Notes 1, M - 9/1 - M - 9/38). Campbell, CA: Society for Information Display.

[65] King, C. N. & Schaus, C. F. (1996). Electroluminescent displays, Lasers and Electro - Optics, CLEO' 96. , Summaries of papers presented at the Conference on , pp. 88 - 89, URL: http://ieeexplore. ieee. org/stamp/stamp. jsp? arnumber=864398&isnumber=18726

[66] Kirakowski, J. , & Corbett, M. (1993). SUMI: the Software Usability Measurement Inventory. British Journal of Educational Technology, 24(3), 210 - 212.

[67] Klein, S. A. & Carney, T. (1991). "Perfect" displays and "perfect" image compression in space and time. Proceedings of SPIE, 1453, 190 - 205.

[68] Kolaskinski, E. M. (1996). Prediction simulation sickness in a virtual environments. (Doctoral dissertation, University of Central Florida). Retrieved fromhttp://www. hitl. washington. edu/scivw/kolas-

inski/).

[69] Krantz, J. H., Silverstein, L. D., & Yeh, Y. Y. (1992). Visibility of transmissive liquid crystal displays under dynamic lighting conditions. Human Factors, 34, 615 - 632.

[70] Kumar, N., Schmidt, H., Clark, M., et al. (1994). Development of nano - crystalline diamond - based field - emission displays. Society for Information Display Digest of Technical Papers, 25, 43 - 43.

[71] Legge, G. E., Parish, D. H., Luebker, A., & Wurm, L. H. (1990). Psychophysics of reading. XI. Comparing color contrast and luminance contrast. J Opt Soc Am A, 7(10), 2002 - 2010, http://www. ncbi. nlm. nih. gov/htbinpost/Entrez/query? db=m&form=6&dopt=r&uid=0002231110.

[72] Legge, G. E., Pelli, D. G., Rubin, G. S., & Schleske, M. M. (1985). Psychophysics of reading -- I. Normal vision. Vision Res, 25(2), 239 - 252, http://www. ncbi. nlm. nih. gov/htbinpost/Entrez/query? db=m&form=6&dopt=r&uid=0004013091.

[73] Legge, G. E., Rubin, G. S., & Luebker, A. (1987). Psychophysics of reading -- V. The role of contrast in normal vision. Vision Res, 27(7), 1165 - 1177, http://www. ncbi. nlm. nih. gov/htbinpost/Entrez/query? db=m&form=6&dopt=r&uid=0003660667.

[74] Levitt, H. (1971). Transformed Up - Down Methods in Psychoacoustics. The Journal of the Acoustical Society of America, 49, 467.

[75] Microsoft Corporation. (1995). The Windows interface guidelines for software design, Washington, DC: Microsoft Press.

[76] Miller, C. A. & Parasuraman, R. (2007). Designing for Flexible Interaction between Humans and Automation: Delegation Interfaces for Supervisory Control. Human Factors, 49(1), 57 - 75.

[77] Miller, J. D. & Wenzel, E. M. (2002) Recent Developments in SLAB: A Software - Based System for Interactive Spatial Sound Synthesis, Proceedings of the International Conference on Auditory Display, ICAD 2002, Kyoto, Japan, pp. 403 - 408.

[78] MIL- HDBK - 87213A(2005), Electronically/Optically Generated Airborne Displays, DoD

[79] MIL- STD - 1472F. (1999) Human Engineering, DoD.

[80] Monsell, S. (2003). Task switching. Trends in Cognitive Sciences, 7(3), 134 - 140.

[81] National Aeronautics and Space Administration (NASA), (1995). Man - System Integration Standard. NASA - STD - 3001.

[82] Norman, D. A. (2008). The Design of Everyday Things. MIT Press, Cambridge, Mass Ogata, K. (1970). Modern control engineering. New York, NY: John Wiley & Sons, Inc.

[83] Parasuraman, R., Mouloua, M., & Molloy, R. (1996). Effects of Adaptive Task Allocation on Monitoring of Automated Systems. Human Factors, 38(4), 665 - 679.

[84] Parasuraman, R., Sheridan, T. B., & Wickens, C. D. (2000). A Model for Types and Levels of Human Interaction with Automation. IEEE Transactions on Systems, Man, and Cybernetics - Part A: Systems and Humans, 30(3), 286 - 297.

[85] Patterson, R. (1982). Guidelines for auditory warning systems on civil aircraft (Report no. 82017). London, UK: Civil Aviation Authority.

[86] Pelli, D. G., Burns, C. W., Farell, B., & Moore - Page, D. C. (2006). Feature detection and letter identification. Vision Research, 46(28), 4646 - 4674, http://www. sciencedirect. com/science/article/B6T0W - 4K9C5621/2/3d22863119565906e0ad3760a24b4880.

[87] Pelli,D. G. ,Tillman,K. A. ,Freeman,J. ,Su,M. ,Berger,T. D. ,& Majaj,N. J. (2007). Crowding and eccentricity determine reading rate. Journal of Vision. 7(2),pp. 1 - 36. http://journalofvision. org/7/2/20/.

[88] Poynton,C. (2003). Digital Video and HDTV:Algorithms and Interfaces. San Francisco. CA:Morgan Kaufmann Publishers.

[89] Psihogios,J. P. ,Sommerich,C. M. ,Mirka,G. A. ,& Moon,S. D. (2001). A field evaluation of monitor placement effects in VDT users. Applied Ergonomics,32(4),313 - 325,http://www. sciencedirect. com/science/article/B6V1W - 4379FCC1/2/75b54b2dd49b15ee0f88d63a30ad2888.

[90] Pyke,R. L. (1926). Report on the legibility of print,Medical Research Council,Special Research Series. London,UK.

[91] Robinson,G. S. & Casali,J. G. (2003). Speech communications and signal detection in noise. In

[92] E. H. Burger,L. H. Royster,D. P. Driscoll,& M. Lyane(Eds.),The noise manual,(5th ed.). Indianapolis,IN:American Industrial Hygiene Association.

[93] Rosenholtz,R. ,Li,Y. ,& Nakano,L. (2007). Measuring visual clutter. Journal of Vision,7(2),1 - 22,http://journalofvision. org/7/2/17/.

[94] Sampsell,J. (2006). MEMS - Based Display Technology Drives Next - Generation FPDs for Mobile Applications. Information Display,22(6),24.

[95] Sándor,A. ,Thompson,S. ,Holden,K. ,and Boyer,J. (2008). The Effect of Software Label Alignment and Orientation on Visual Search Time. Poster at Texas Regional Human Factors and Ergonomic Conference. Austin,TX,April 2008.

[96] Sándor,A. ,Holden,K. L. (2009). User interface consistency. Internal report,NASA JSC.

[97] Sándor,A. ,Holden,K. ,Thompson,S. ,Pace,J. ,Adelstein,B. ,Beutter,B. ,McCann,R. ,& Anderson,M. (2010). Performance with continuous and discrete cursor control device under vibration frequencies and amplitudes. SHFE Information Presentation DRP report.

[98] Schindler,W. S. (2004). Color plasma displays. Society for Information Display Seminar Lecture Notes 2(Vol. 2,pp. F - 6/1 - F - 6/34). Campbell,CA:Society for Information Display.

[99] Schneider,W. & R. M. Shiffrin. (1977). Controlled and automatic human information processing: 1. Detection,search,and attention. Psychological Review,84,pp1 - 66.

[100] SensAble Technologies,(2007). Inc. 15 Constitution Way,Woburn,MA 01801,manufacturer of PHANToM line of haptic displays. www. sensable. com.

[101] Sheridan,T. B. (2002) Humans and Automation:Systems Design and Research Issues. New York,NY:John Wiley & Sons,Inc.

[102] Silverstein,L. D. (2003). Display visibility in dynamic lighting environments:Impact on the design of portable and vehicular displays. Paper presented at the Proceedings of the International Display Manufacturing Conference.

[103] Silverstein,L. D. & Merrifield,R. M. (1985). The development and evaluation of color systems for airborne applications. Springfield,VA:National Technical Information Service.

[104] Smith,K. U. & Smith W. M. (1962). Perception and Motion:An Analysis of Space - Structured Behavior. Philadelphia,PA:W. B. Saunders.

[105] Society of Automotive Engineers(SAE),(1978). Performance,test,and application criteria for elec-

tronically operated backup alarm devices(ANSI/SAE J994b - 1978). Warrendale, PA.

[106] Space Flight Operations Contract. Caution and Warning C&W 21002, USA 006019. October 1, 2004

[107] Space Flight Operations Contract, (2004). Shuttle Crew Operations Manual - SCOM - Section 2. 2 Caution and Warning"- available athttp://www. shuttlepresskit. com

[108] SSP 50005(2006). International Space Station Flight Crew Integration Standard.

[109] Stanton, N. A. & Edworthy, J. (1999). Human factors in auditory warning systems. Aldershot, UK: Ashgate.

[110] Steinfeld, A., Fong, T., Kaber, D., Lewis, M., Scholtz, J., Schultz, A., & Goodrich, M. (2006). Common Metrics for Human - Robot Interaction. Association for Computing Machinery. ACM 159593 - 294 - 1/06/0003.

[111] Stephenson, A. (1999). Mars Climate Orbiter: Mishap Investigation Board Report. NASA, November, 10.

[112] Stroud, K. J. & Klaus, D. M. (2006). Spacecraft Design Considerations for Piloted Reentry and Landing. Journal of the British Planetary Society, 59(12), 426 - 442.

[113] Stupp, E. H. & Brennesholtz, M. S. (1999). Projection Displays. New York, NY: John Wiley & Sons

[114] Tatsuhiko, M., Yoshihide, S., Takehiro, N., Shuichi, H., Hiroaki, E., Yoshiyuki, A., et al. (2006).

[115] 19. 2: xvYCC: A New Standard for Video Systems using Extended - Gamut YCC Color Space. SID Symposium Digest of Technical Papers, 37(1), 1130 - 1133.

[116] TCO '03. (2003)Displays. The Swedish Confederation of Professional Employees. Stockholm, Sweden.

[117] TCO '05. (2005)Desktops. The Swedish Confederation of Professional Employees. Stockholm, Sweden.

[118] TCO '06. (2006) Media Displays. The Swedish Confederation of Professional Employees. Stockholm, Sweden.

[119] Thompson, S., Meyer, A., Sándor, A., and Holden, K. (2009). A functional evaluation of cursor control devices for space vehicles under discrete modes of operation. JSC, NASA document.

[120] Tinker, M. A. (1963). Legibility of print. Iowa State University Press, Ames, IA.

[121] Tognazzini, B. (2003) ASKTOG. Online database.

[122] Tsang, P. S., & Vidulich, M. A. (2002). Principles and practice of aviation psychology: CRC.

[123] U. S. Navy(2000) Into the deep, All Hands, June, 2000 http://www. mediacen. navy. mil/pubs/allhands/jun00/pg14. htm.

[124] Video Electronics Standards Association (VESA). (2001). Flat Panel Display Measurements Standard(FPDM), (Version 2. 0). Milpitas, CA: Video Electronics Standards Association.

[125] Watson, A. B. (2006). The Spatial Standard Observer: A human vision model for display inspection, SID Symposium Digest of Technical Papers, 37, 1312 - 1315, http://vision. arc. nasa. gov/publications/Watson - 2006 - sid - 31 - 1. pdf.

[126] Watson, A. B. & Ahumada, A. J., Jr(2005a). A standard model for foveal detection of spatial contrast. Journal of Vision, 5(9), 717 - 740, http://journalofvision. org/5/9/6/.

[127] Watson, A. B. & Ahumada, A. J., Jr. (2005b). Predicting acuity from the Spatial Standard Observer. Invest Ophthalmol Vis Sci, 46, ARVO E - Abstract 3614.

[128] Watson, A. B., & Ahumada, A. J., Jr. (2007). Predicting visual acuity from wavefront aberra-

tions. Journal of Vision, in press.

[129] Watson, A. B., Barlow, H. B., & Robson, J. G. (1983). What does the eye see best? Nature, 302 (5907), 419 - 422.

[130] Welch, Greg & Bishop, Gary(2001) An introduction to the Kalman filter, Course Notes, Course 8, SIGRAPH 200, http://www. cs. unc. edu/~tracker/ref/s2001/kalman/index. html.

[131] Welch, R. B. (2003). Adapting to telesystems. In Virtual and adaptive environments: applications, implications, and human performance issues. New York, NY: Erlbaum.

[132] Wickens, C. D., & Hollands, J. G. (2000). Engineering psychology and human performance. New Jersey: Prentice Hall.

[133] Woods, D. D. (1995). The alarm problem and directed attention in dynamic fault management. Ergonomics, 38(11), 2371 - 2393.

[134] Wyszecki, G. & Stiles, W. S. (1982). Color Science(2 ed.). New York, NY: John Wiley and Sons.

[135] Zwicker, E. & Fastl, H. (1990). Psychoacoustics. Facts and models. Berlin, Germany: Springer Verlag.

11　舱外活动

11.1　引言

舱外活动（EVA）是指穿着压力服的航天员在太空飞行居住舱内部或外部的无压环境、宇宙空间环境、行星际环境进行的任何活动，这些环境中的大气不能维持人的生命。本章将论述生命保障功能、乘员效能和航天员着压力服的安全性。

11.2　生命保障功能

11.2.1　引言

在太空飞行期间航天员面临危险环境时，必须由压力服提供生命保障功能。航天器和压力服的生命保障功能是相同的，包括：

- 提供人体所需的足够压力；
- 为肺部呼吸提供适当的氧分压；
- 去除二氧化碳；
- 温湿度控制；
- 提供食品和饮用水；
- 大小便的收集。

着服作业包含能产生不同代谢率的多种活动。为满足预期的活动能力需要，航天服必须提供充足的消耗品，例如氧气、水和食物，并能去除产生的热量、二氧化碳和人体废物。航天服和支持系统应提供应急作业支持，包括航天服环境控制系统额外的消耗品产生的负荷。表 11.1-1 给出了在着服作业期间预期的代谢率范围，随着作业计划的成熟，该表也会不断发展。因此，这些数据只用作历史数据查询并在进程评估中使用，并不作为设计目标。

表 11.1-1　着服作业航天员代谢率，kJ/h（Btu/h）

数据源	最小值	平均值	最大值[1]
微重力舱外活动（ISS 和 STS）	575（545）[2]	950（900）[3]	2 320（2 200）
“阿波罗”月面舱外活动	517（490）[2]	1 030（980）	2 607（2 471）
月面步行返回试验[4]	1 767（1 675）[1]	2 505（2 374）	3 167（3 002）

注 1：短时间持续时间小于 15 min，属于个别情况；

注 2：低活动量的舱外活动期间的最小值；

注 3：包括海鹰国际空间站舱外活动，其代谢率稍高；

注 4：模拟在月球车故障的情况下的月面行走，1～2 h 完成 10 km（6.2 英里），$n=6$。

11.2.2 航天服内大气环境

11.2.2.1 总压

如在 6.2 节所述，为防止体液蒸发，无论是在航天服里还是在座舱里，都应该为人体提供足够的总压。表 6.2－1 给出了乘员暴露的总压限值。

然而，在制定航天服总压时还应考虑其他一些重要的额外因素，包括活动性和减压病（DCS）风险。

• 航天服压力低对于降低航天服操作力、压力负荷和结构膨胀是有益的。按照目前软体航天服的设计工艺，较低的航天服总压能够增强用户的活动性。用于航天飞机和国际空间站舱外活动的出舱活动装置（EMU）工作总压为 29.6 kPa（4.3 psi）。

• 如果航天服压力高于或等于乘员已经适应的座舱稀释剂气体（例如氮气）的分压，则可以减少或消除为预防减压病所需要的人体排氮时间。通常，这样设计还可以使航天服操作压力和最小航天服应急压力之间存在足够的梯度。

• 优化座舱压力和航天服压力的组合设计能最小化舱外活动吸氧排氮时间，预防减压病。减压强度指数，称为 *R* 值，是组织氮分压（ppN_2）与最后总压的比值。航天飞机计划规定，可接受的 *R* 值为 1.65。*R* 值并不能说明对于吸氧排氮效果有影响的许多因素，这些因素包括但并不限于吸氧排氮期间的代谢率增加、舱外活动暴露持续时间、重力等级对血液充盈的影响，以及肌肉骨骼作用引起的溶解气体的聚集。另外，数据和模型预测表明同等风险的 *R* 值是航天服压力的函数，对于给定的风险水平，航天服压力越高得到的 *R* 值越大。图 11.2－1 显示了此种关系，图中给出了两个同等风险的范围，总体覆盖了可接受的减压病风险。

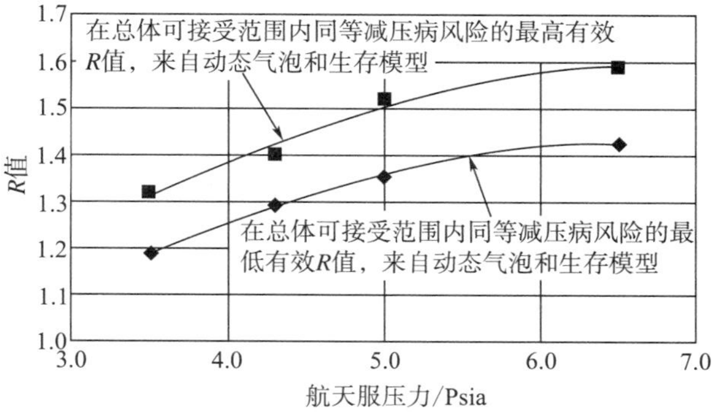

图 11.2－1 座舱航天服压力与 *R* 值的关联性

图 11.2－2 和图 11.2－3 描述了给定减压病风险时，居住舱和航天服压力的选择。“设计区域”是以海平面和 1 829 m（6 000 ft）高度的等效肺泡氧水平、航天飞机材料认证极限和对于一个给定航天服的压力所选定的 *R* 值为边界。更多关于减压病的信息见 6.2.2.1.1 节。

在达到设置的压力点后，保持稳定的压力水平对于降低人体空腔器官的不舒适感至关

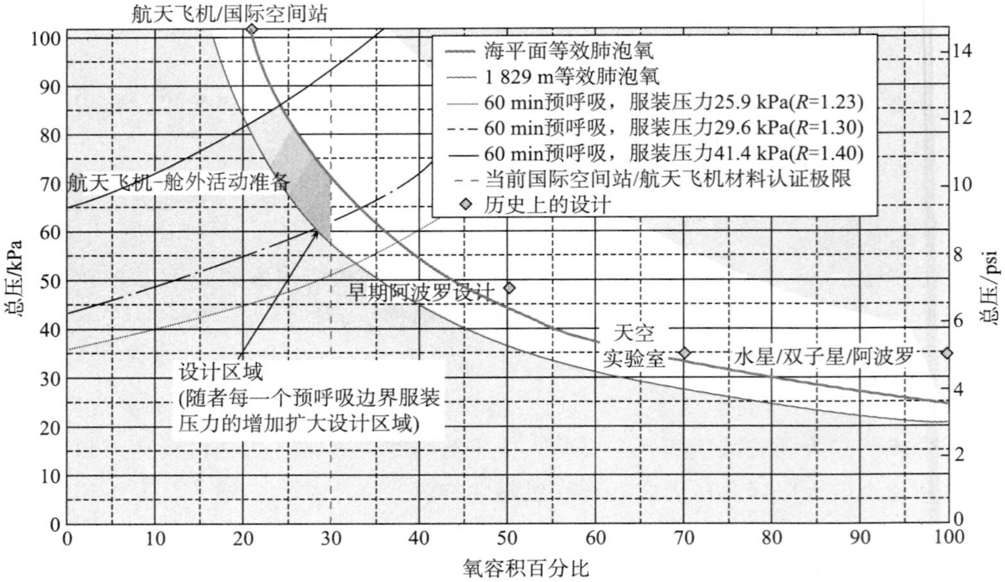

图 11.2-2　在可接受的减压病风险范围内，航天服压力为 41.4 kPa（6.0 psia）、$R=1.40$ 时座舱和航天服压力的选择（见彩插）

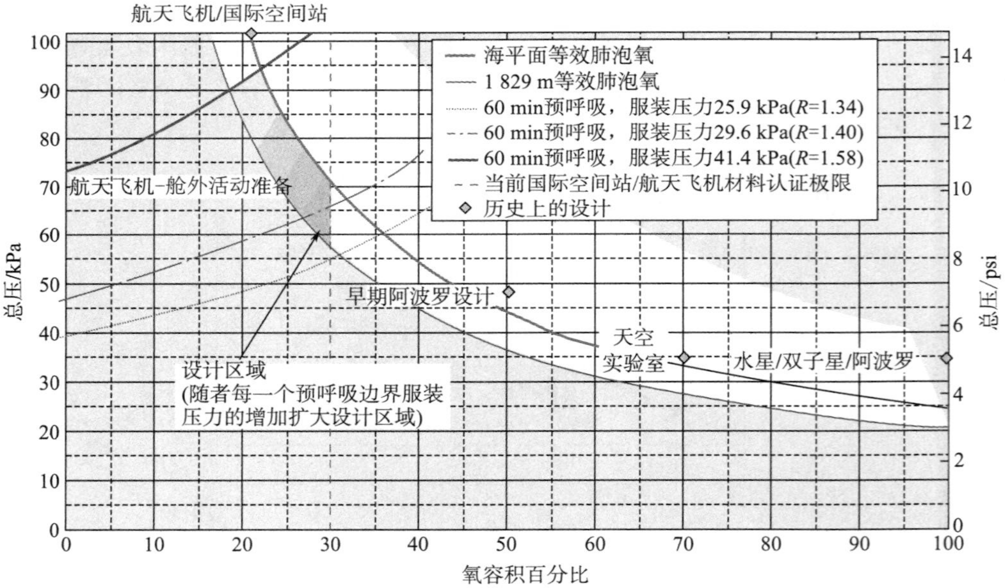

图 11.2-3　在可接受的减压病风险范围内，航天服压力为 41.4 kPa（6.0 psia）、$R=1.58$ 时座舱和航天服压力的选择（见彩插）

重要，特别是耳部。由于航天服内部存在的压力波动和相对较小的总压容积，使着服航天员承受的压力在一个稳定的设定点上很重要。航天服压力的过大波动致使着服航天员需要不断平衡体内空腔的压力，这将增加这些区域由压力引发不舒适的可能性。在航天服到达一个设定点平衡压力后，必须保证每套航天服的压力波动在0.69 kPa（0.1 psi）范围内。

关于航天服压力的另一个重要考虑是最小化压力变化率，以防止航天员的不舒适和气压性损伤。关于气压性损伤的更多信息参见6.2.2.1.2节。

11.2.2.2 氧气

如6.2节所述，无论是在航天服里还是座舱里，到达肺泡的氧分压（ppO_2）必须要有足够的氧防止人体缺氧，还必须足够低防止氧中毒（参见表6.2-4）。航天服通常都设计成100%氧气，既能降低减压病风险，也可以获得接近氧分压限值的较低的航天服总压。

11.2.2.3 二氧化碳

尽管对于压力服里二氧化碳的限制与座舱相同，但是航天服内监测和去除二氧化碳的能力是不同的。由于二氧化碳是由呼吸产生的，因此会局部释放在头盔里。如果没有足够的通风循环，二氧化碳就会积蓄在面部然后又被吸入。为了防止这一现象发生，必须用足够的头盔通风除去二氧化碳并且补充氧气以满足预期的整体活动量和呼吸率的需要。另外，必须监测头盔内的二氧化碳并提供给航天员，这样航天员就能快速地发现环境控制系统的问题。

11.2.2.4 温度

关于维持航天员正常作业的适当热负荷参见6.2.3.1节。如果在航天服内无法主动冷却，热量会快速增加。约翰逊航天中心的体温调节模型，通过按照先进乘员逃逸服的厚度、传导性、吸湿性和发射特性模拟航天员着舱内服在高温座舱里的再入过程，预测了人体冷却机制的丧失。来自军方飞行员防护装备的数据也发现，在压力服里人体温度的上升比只穿衬衫的情况下更快。图11.2-4（维斯勒模型，Wissler，1986）给出了在环境条件和活动水平的限制下，出现能感知到的损伤前容许停留在航天服（没有主动冷却）内的时间。

11.2.2.5 相对湿度

对于着服作业超过12 h的工况，为了保证粘膜的正常功能，环境不能太干燥，因此相对湿度必须保持在20%以上。为了让航天员感到舒适、实现有效的呼吸以及防止冷凝形成，相对湿度应低于75%，手套里过多的湿气会引起指尖的损伤。

11.2.2.6 大气和生理参数显示与警告

将有关航天服大气和生理的信息反馈给航天员对消耗品管理、优化舱外活动任务绩效、降低生理应激和损伤风险是有利的。必须显示给舱外活动航天员的大气参数包括总压、氧分压和二氧化碳分压。航天服消耗品，例如电源、氧气和水，也必须测量并传递给航天员。另外，掌握生理参数和生保消耗品的趋势可以使舱内活动或舱外活动航天员为防止出现不安全的作业工况而预先采取行动，或对于偏离正常计划的情况能够提前应对。

在应急和为保全任务的舱外活动期间以及不可恢复的座舱失压期间，为了确保航天员的健康和安全有必要测量生理参数，例如心率、ECG和体温。希望获得着服作业期间的生物医学数据，在保持航天员舒适的前提下，用最少的时间或精力完成航天服的穿脱，一旦有关的航天服大气和生理参数偏离正常范围则发出警告，让航天员能够在出现不安全的

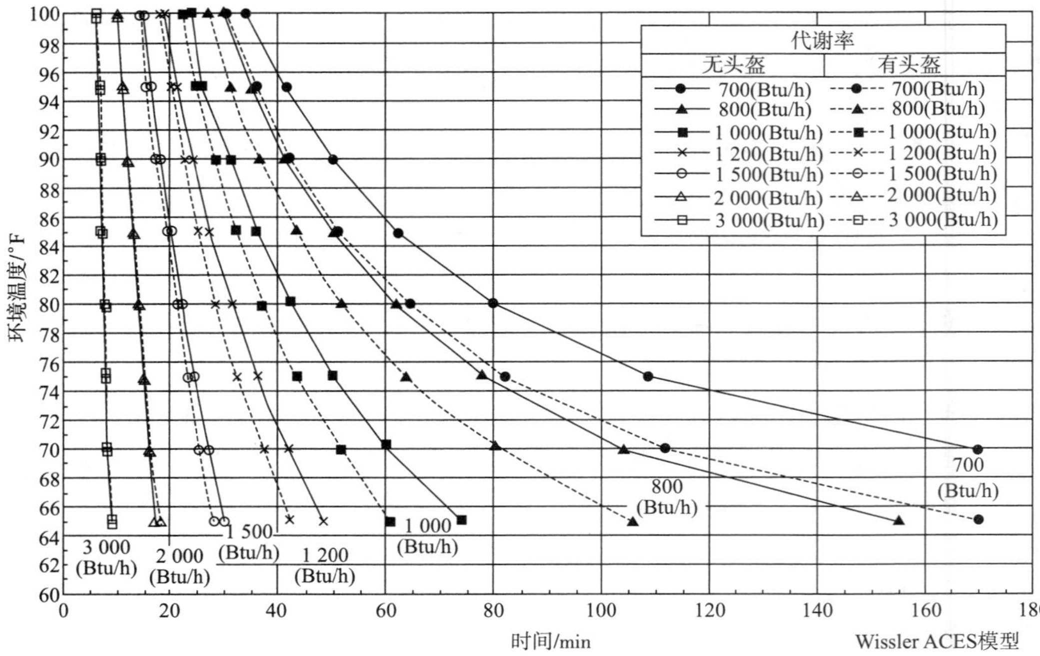

图 11.2－4　压力服内停留时间允许值

操作之前就能对偏离正常计划的情况做出适当的反应。

舱外活动和舱内活动航天员可能需要在舱外活动期间，以及在不可恢复的座舱失压期间看到生物医学遥测数据，以确保航天员的健康和安全，并为地面保障小组提供相应的信息。了解生物医学数据和相关的航天服大气情况将最大限度地提升航天员管理资源的能力并最小化航天员的风险。在星球表面的作业也需要监测这些数据，以确保乘员的健康和安全，但是主要的监视方法可能是航天服的自动监测，而不是依赖于地面医学支持，尤其对于长距离任务而言，例如火星任务，因为不可能对地球实时通信。

11.2.2.7　大气参数控制

设计时要考虑的一个重要因素是航天员调整航天服压力的能力。为了提高工作效率，航天员需要选择一个最小的工作压力。在出现不能恢复的座舱压力故障的情况下，在进入压力服前没有时间进行吸氧排氮，航天员需要选择一个较高的航天服压力以减轻减压病风险，然后选择一个中等的操作压力以获得操作座舱更好的移动性。

在一些任务中可能需要有高有低的周期性体力活动，在太阳下的曝光不同，都会影响人体的产热和产湿。为了保持服内舒适性，具备调整温度和湿度的能力很重要。

11.2.3　营养

如表 11.2－1 所示（原稿缺表——译者注），舱外活动持续期间的能量消耗通常很高，需要为人体补充额外的热量。一次舱外活动中提供的食物类型和数量依赖于重力环境、舱外活动持续时间、预期的任务和估计的能量消耗。关于航天员营养与食品需求的更多信息参见7.2节。

航天飞机和国际空间站舱外活动通常持续6～8 h，还有2～3 h在服内进行舱外活动准备、气闸舱泄压和复压。舱外活动持续时间通常是受航天服消耗品限制的，例如氧气，还受舱外活动准备和舱外活动后清洁的持续时间限制。出舱活动装置用尼龙搭扣把食物棒固定在硬上肢躯干（HUT）的上部供乘员在舱外活动期间食用。但是由于可能释放出碎屑到头盔里而不容易食用，许多航天员更愿意在临舱外活动之前就把食物棒或其他食物吃掉。

从消耗品的角度讲，在其他星球表面（例如月球、火星）的舱外活动与在微重力环境中的舱外活动相似，但是前者比后者消耗更多的能量。因此，表面舱外活动期间需要为航天员提供额外的热量以保持其具有高的作业能力水平。重力的存在会减少有关食物颗粒释放的问题。"阿波罗"峰会强烈推荐在表面舱外活动期间提供液态或固态的高能食物。

如果着服作业时间大于12 h，在服内能提供食物之外还需要为航天员提供营养。对于需要延长服内时间的应急情况，航天服应允许从外部供应营养。应急情况，例如非计划的座舱减压，可以通过一个饮用水端口输送营养，这与"阿波罗"任务使用方式相似，营养可以由低残渣物质组成。

11.2.4 饮水

为防止由于无意识的水分损失而引起的缺水，也是为了提高航天员的舒适性，在着服期间需要提供便携水，所需水量依赖于舱外活动持续时间和任务，以及预计的能量消耗和缺水程度。

在长期着服作业期间，例如非计划的压力降低情况，为了防止缺水引起的能力下降，除了服内能提供的水量之外，还需要为乘员提供额外的饮水。对于正常工况和应急工况，只要内部贮水器有足够的容量可供航天员快速喝到水，而且不妨碍作业效率的情况下可以从外部为饮用水系统注水。

在2006年"阿波罗"峰会上，航天员强烈推荐在月面舱外活动期间应为航天员提供每小时237 mL（8 oz）的饮水，还要满足应急情况的饮水需求，例如当出现月球车故障时需要步行10 km（6.2 mi）返回的情况（Scheuring et al.，2007）。

航天飞机出舱活动装置用尼龙搭扣将621 mL或946 mL（21 oz或32 oz）的水袋从里面固定在硬上肢躯干的前面。航天员通过水袋上部一根像吸管一样的管子喝水（图11.2-5，GIAG-3，1986）。

11.2.5 废物管理

在给定的着服作业时间内，航天员很有可能需要小便，也有可能需要大便。另外，航天服应该提供一种管理生病航天员呕吐物的方法，因为呕吐物在微重力下是特别危险的。

11.2.5.1 小便

在整个着服操作期间，航天服必须能收集的尿液容量为

$$Vu=0.5+2t/24\ L$$

式中　t——着服的小时数。

此容量允许航天员在着服操作期间随意排泄液态废物而不应影响工作效能。预计的日尿液量为 2 L（2.1 qt），单次最小尿量为 0.5 L（0.53 qt）（Wein et al.，2007）。公式中 $2t/24$ L 是考虑到了在服内发生第二次排尿的情况。

出舱活动装置包含尿不湿，用于舱外活动期间的大小便收集。

当出现不可恢复的座舱压力故障的情况，航天员可能不能使用舱里的大小便收集系统，而不得不在航天服里停留几天。在这种情况下，航天服必须能收集每名航天员每天 1 L（1.1 qt）的尿量，这个数值反映出了应急着服作业期间水和营养供应的改变。

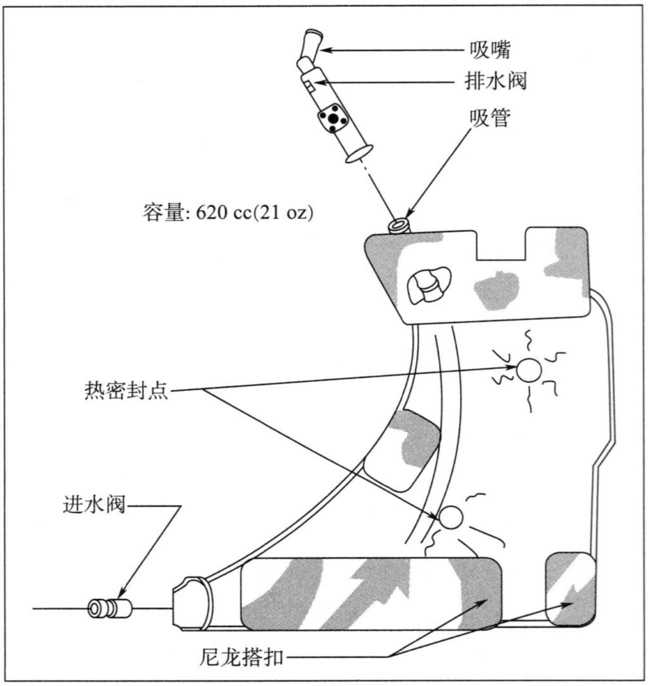

图 11.2-5　航天飞机 EMU 服内水袋

11.2.5.2　大便

由于饮食和健康的原因，航天员在穿着舱外活动服期间可能需要大便。然而，航天员更想等到舱外活动后可以使用座舱废物管理系统时再大便。

当出现不可恢复的座舱压力故障的情况，航天员可能不能使用舱里的大小便收集系统，而不得不在航天服里停留几天。在这种情况下，航天服必须能收集每名航天员每天 75 g（2.6 oz）（质量）和 75 mL（2.5 oz）（体积）的大便。为了不超过航天服废物收集服的最大容量，在着服期间应通过低残渣饮食减少大便量。

11.2.5.3　呕吐物

空间运动病经常有呕吐的症状，一般在飞行最初的 72 h 出现。因此，在飞行最初的 72 h 内不安排舱外活动计划。如果在这个时间里发生了非计划舱外活动，或者在 72 h 后航天员还有空间运动病的症状，就会发生在航天服内呕吐的情况。在月面，因高能太阳质子事件产生的辐射照射会引起恶心和呕吐。如果呕吐物进到航天服内部，为防止航天员吸入必须将呕吐物远离鼻区，否则可能引起窒息。在微重力下，可以考虑采用直接气流将呕吐物从头盔处吹走，或者提供一个带阀门的袋子容纳呕吐物。在重力环境，应提供将呕吐物向下排除的能力。航天服应提供的呕吐物隔离能力是每次 0.5 L（1.1 pt）。

11.2.6 伤病治疗

当一名航天员在服内出现生病或受伤的情况，着服航天员必须具备将受伤或失去能力的着服航天员转移的能力。在微重力下的舱外活动，受伤很可能是由于电击或微流星或空间碎片（MMOD）撞击引起的。在 11.4 节将讨论防止这些危险。对伤病的治疗依赖于环境，应尽快将航天员转移到压力舱进行伤病评估。在微重力下，实现这些任务有赖于以下几个因素：足够的尺寸、位置、限制器的布置和机动支持辅助装置的设置，以及在航天服上能用于拖拉航天员的安全位置。转移通道和舱门的尺寸、形状需适于完成协助下的机动性和进入。

在重力环境，这种转移还要考虑到着服航天员的重量。在一些情况下，尤其是只有另外一名航天员在场时，需要额外的工具和装置。例如，如果要将受伤的航天员从陡峭地带拉上来，则需要用绳子固定到月球车或其他可靠的支点上，或者采用滑轮系统。另外，还需要在航天服上有一个能承力的绳子固定点。其他装置，例如手动或电动的绞车，对于高效安全地转移丧失能力的航天员也是需要的。在拖拉航天员的过程中还需要担架或者类似的保护措施，以防止再次受伤和损坏航天服（Chappell & Klaus，2004；Chappell et al.，2007）。

当把伤病航天员带回压力舱后，为了诊断或治疗，航天服的设计必须允许另一名航天员快速接触到身体的受伤部位和区域，包括头、颈和胸部，以及在服内的照料，例如给药、伤口处理和心肺复苏。初步稳定后，航天服必须允许在不依赖于受伤航天员的情况下由他人为其脱下航天服。

11.2.7 研究需求

需要通过模拟降低重力并且按照规划的舱外活动乘组人数，测试/研究运输丧失能力的着服航天员。

11.3 舱外活动绩效

11.3.1 引言

压力服的特点是又重又庞大，与只穿衬衫的环境相比，更多地限制了绩效。

着服作业的限制包括：

- 感觉下降（限制了视野、触觉反馈、听觉）；
- 限制航天员的活动性和灵巧性、力量使用和耐久性；

- 限制工作空间和可达性；
- 长时间准备和清洁时间；
- 消耗品。

提高舱外活动整体绩效的关键是提高着服的视觉绩效、可达性、活动范围、力量和活动性。另外，满足着服工况下的声光环境需求也是很重要的，还要考虑航天服和预期作业的设计。

11.3.2　着服视觉绩效

由于航天服、头盔和面窗组件的影响，航天员在航天服内的视野（FOV）是有限的。舱外活动航天服必须提供着服舱内活动和舱外活动作业所需的足够的视野。同时，应该将重要的舱外活动设备放在头盔视觉限制之内。需要着加压服后看到的设备应位于航天员头盔视野之内。

为着服作业而安装在头盔的设备（例如头部显示器）不可以妨碍视野。为完成所有预期的任务，头盔面窗应提供足够的视觉分辨率。预期任务包括航天器的维护维修和科学目标，例如要识别地质样品。如果使用了面窗，则面窗应提供一个充足的视野执行舱外活动并且防止管状视觉。

面窗的尺寸和形状可能会产生折射变形，影响对周围物体形状和位置的判断。折射变形不可以影响任务能力或者对空间方位的判断。

另外，还必须能够降低眩光和对比度。在视野中可能会出现太阳或其他明亮的光源，航天器外表面或月面的反射面会比周围黑暗的太空亮得多（参见 8.7.3 节）。

由于口鼻离面窗很近，航天服环境还存在相对湿度，因此有可能出现面窗结雾，这样航天员就看不到扶手和危险了，这是很危险的。在水星 9 号任务中，由于舱外活动生保系统不能满足增加的工作负荷需要，吉恩·塞尔南（Gene Cernan）的头盔面窗结雾而导致中断了一些舱外活动目标并且给返回航天器的过程造成了困难。

出舱活动装置头盔面窗系统提供了一个最小不受限制的视野（身体固定），即水平面向左 120°，向右 120°，垂直平面向下 105°，向上 90°。在舱外活动工作平台和进入限制器期间航天员可以看到出舱活动装置的靴子。

出舱活动装置头盔视觉特性参数见表 11.3－1（Nash et al.，1982），出舱活动装置视野见图 11.3－1（GIAG－3，1986）。

表 11.3－1　出舱活动装置头盔视觉特性

系统要求	参数	绩效	
头盔光学可视性	视野	水平面向左、向右 120°，垂直面向下 105°、向上 90°	
	视觉临界区	垂直	90°1.57 rad
		上颞部	62°1.08 rad
		上部	85°1.48 rad
		下颞部	85°1.48 rad
		下部	70°1.22 rad

续表

系统要求	参数	绩效		
光学畸变		在典型的“穿着”位置上用裸眼（视敏度 20/20）检测，无明显畸变或光学缺陷		
透光性	纳米（nm）	紫外	可见光	红外
		200	300 400	700 700+
热/涂层光学特性	特征	内部防护面窗	外部太阳面窗	
	透光性			
	550 nm	最小 70%	16%±4%	
	1 100 nm	N/A	最大 10%	
	太阳能反射率			
	550 nm	最大 5%	最小 40%	
	2 400 nm	最小 70%	N/A	
	700 nm	N/A	最小 55%	

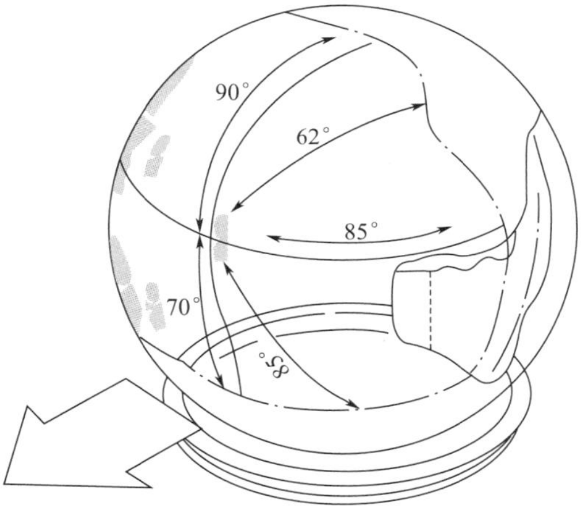

出舱防护面窗组件对视野的改变很大（GIAG－3，1986）。但不能妨碍临界视觉区的可视性。

图 11.3－1 出舱活动装置头盔视野

11.3.3 着服人体尺寸

通常可以给出穿衬衫状态下基本的人体测量尺寸。而着服航天员的人体测量尺寸依赖于特定的航天服和加压后的变化。设计的压力服会掩盖某些穿衬衫的尺寸或引入新的尺寸。航天服包括软和硬结构，连接或绑上生保系统，以及在确定人体测量尺寸时航天服特有的一些需要考虑的参数。航天飞机出舱活动装置的总图见图 11.3－2（Strauss，2004）。

压力服必须与航天员完整的人体尺寸、活动范围和强度范围相适应。航天器、居住舱和界面必须适应着服航天员。在既有舱内活动又有舱外活动作业的场所，设计师必须考虑二者的最坏情况，即包含最小着衬衫尺寸和最大着服尺寸。更深入的讨论参见 4.3 节。

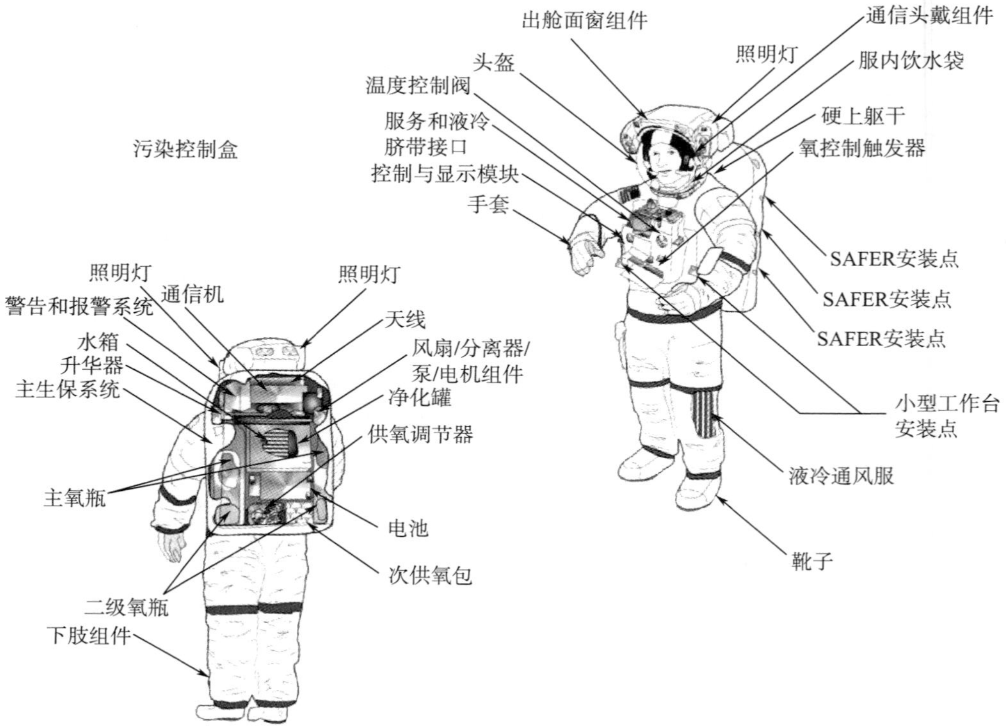

图 11.3－2　舱外机动套装

另外，还应考虑在不同的环境中乘员与航天服的接口是如何变化的。对于 1 *g* 来说虽然尺寸足够但是对微重力可能不是最佳的，微重力下，航天员漂浮在航天服里，有可能缓和或产生新的压力点。在微重力下舱外活动航天员在因航天服设计而施力的作用下呈现出一种体位。这种身体体位与微重力下穿衬衫的中性体位姿态不同。在设计工作台、面板、控制器和想长时间使用限制器时会用到航天服和航天员的微重力中性体位。偏离这个中性体位的硬件设计或作业对于短时间而言是可接受的，但是长时间的偏离，尤其是还要执行艰巨的任务时，是应该避免的。另外，设计训练服时应该考虑中性浮力作业会对航天服的适体性有何影响。航天员在中性浮力训练期间的倒置会出现肩部受伤的情况，这是因为当向前或向上触够时肩部会挤压硬的上躯干。

11.3.4　着服可达性和活动范围

可达性是航天员人体尺寸、航天服设计、限制器特性以及在可达范围内单手或双手作业需求的函数。舱外活动任务不应要求舱外活动航天员作业期间达到其极限处。图 11.3－3 和图 11.3－4 描述了航天飞机出舱活动装置工作包络，是按照 100 名男性乘员中的第 5 名和第 95 名侧面和正面的最大可达包络定义的。

尽管由于航天服关节处的压力和航天服整体的膨大导致压力服限制了运动和机动能力，航天服的机动能力范围应该尽可能地接近穿衬衫的情况。更多信息参见 4.4 节。

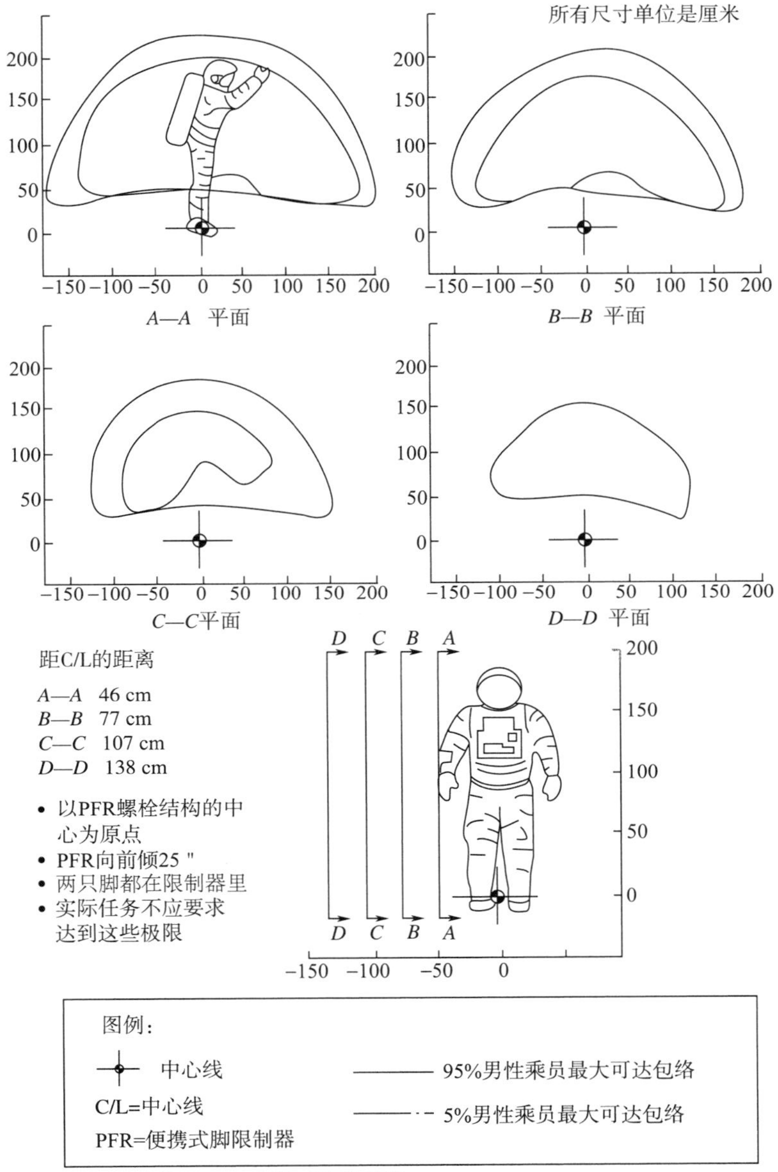

C/L=中心线；PFR=便携式脚限制器

图 11.3-3 最大侧面可达包络

对于微重力舱外活动作业，身体下半部难以机动，航天员主要使用身体上半部和手从一个地点转移到另一个地点。微重力下靴子的主要功能是作为与舱外活动脚限制器的接口。对于重力环境下的作业，是用腿和脚在地面上移动，航天靴是用来使脚在行动能力受限最小的情况下进行机动以及支持行走、跳跃和执行承重的任务。

微重力下作业的活动范围与星球表面不同。在微重力下，脚要么固定在限制器上，要么自由漂浮，在转移中脚和腿提供很少的或者不提供辅助支持。在重力环境中，尽管可能

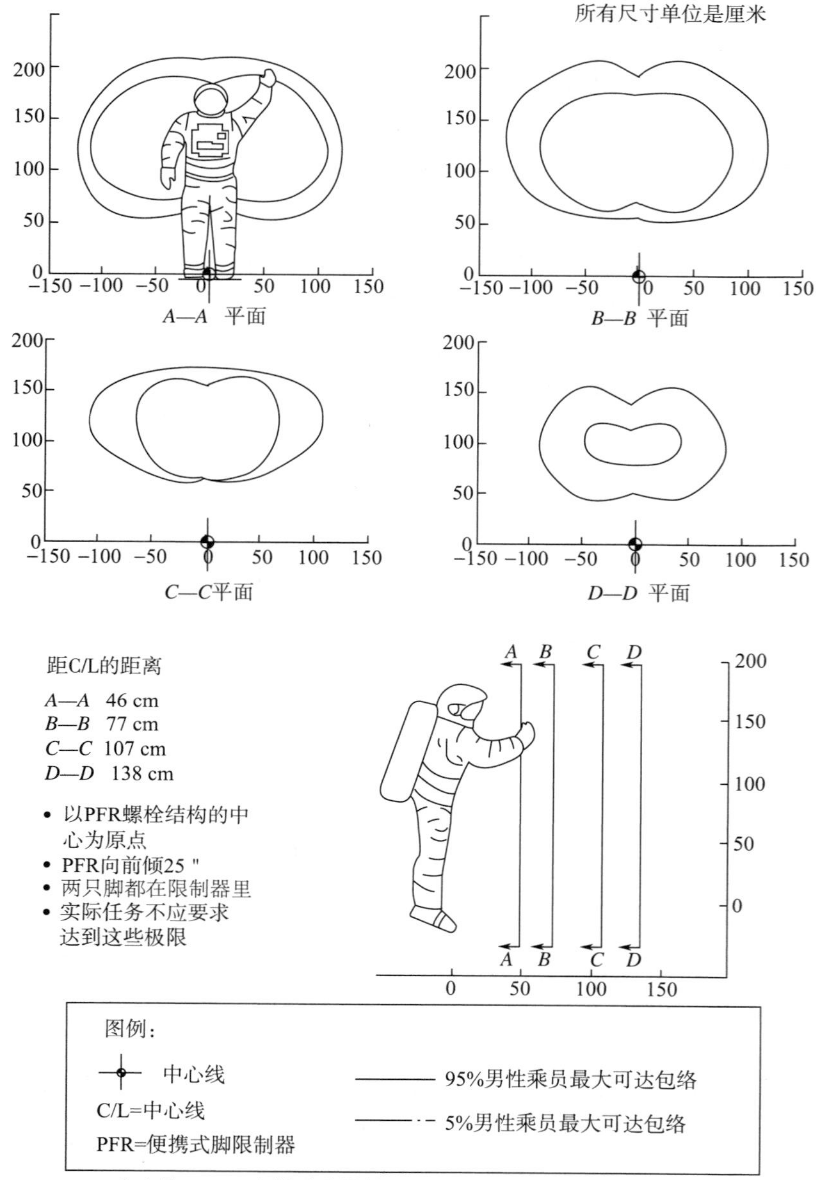

C/L=中心线；PFR=便携式脚限制器

图 11.3－4　最大前面可达包络

有星球表面运输器（例如车），航天服也必须允许在星球表面的运动转移。还应考虑可能遇到的地形条件，包括上下山、越过障碍（例如巨石）的需求。另外，还应考虑爬梯子或跪下采集表面样品的需求。

出舱活动装置航天服组件设计成能够弯曲、并且能够提供活动关节的旋转中心，以接近人体关节活动的自然状态。出舱活动装置在肩、肘、腕、手指、拇指、腰、股、膝和踝处设计了移动关节，使得航天员在加压和不加压的模式下能够自由地活动。

与裸手操作相比，航天服手套使手和手指的活动范围、触觉反馈和熟练度下降。根据航天服手套的设计，其灵巧性与重体力劳动的手套类似。然而，由于触觉反馈减少了，更难感知出物体的尺寸和形状。由着加压服航天员操作的控制器必须与受限的手指和手的活动范围以及灵巧性相适应。手套应设计成尽可能接近裸手的灵巧性。

11.3.5 着服力特性

舱外活动乘员力的能力既受压力服设计的影响，又受到工作地点对航天员的限制和定位的影响。

采集到的人体在着装最少时力的数据只能用做指导，因为这个数据显示了输出力的趋势和施力的量级。确认所有的舱外活动航天员都能执行那些硬件设计和场所构建所要求的体力活，有关力的其他考虑参见 4.7 节。

由于手套加压，移动上肢、手和手指时都需要协调用力，重复的活动会引起手的疲劳和不适。通过手套设计，或者通过目标物的手套接口设计可以减少手指和手的重复活动，将这种疲劳和不适减到最少。在用于舱外活动服务的硬件设计中，诸如需要连续的扭矩来完成手工旋下或旋上螺纹紧固件的工作以及伸直抓握的动作应该减少到最少。如果这样的硬件设计确实需要，硬件供应方需要提供动力工具辅助舱外活动航天员。手套还应允许短期抓握住诸如扶手、开关和工具等物体而不引起疲劳。

航天员为克服压力力矩和出舱活动装置活动关节处固有的摩擦力需要施力。关节设计成加压至 29.6 kPa（4.3 psid）时在活动全范围内接近中性稳态。出舱活动装置的航天服关节中性稳态有助于减少为保持所需姿态而付出的非常大的抵消力。

11.3.6 着服机动性

为了确保需航天员操作的硬件的可用性，人因评价收集了决定硬件可用性的各种类型的客观和主观数据。航天服的活动性通过客观数据量化，然而，这些数据并不能覆盖机动性的全部方面。由于在评价过程中的主观感受能够从不同的角度反映机动性，在数据收集时除了客观数据外还收集了主观数据。但是，现有的主观分级方法不能对执行任务时的移动性给出清晰的主观评判。在 2010 财政年度（FY10），研发出评价着航天服在有限的乘员舱内的机动性分级方法（Archer，Sandor & Holden，2009）。机动性评价分级（MAS）是一个 5 分制方法，1 为很差，5 为优秀。机动性的定义是以期望的速度和准确性向任何方向移动的能力（见表 11.3－2）。

表 11.3－2 机动性评价分级表

我以期望的速度和准确性向任何方向移动的能力是				
优秀 不受影响	好 轻微影响	一般 中等影响	较差 很大影响	很差 严重影响
1	2	3	4	5

在 2010 财年，在德克萨斯州休斯顿约翰逊航天中心中性浮力水槽舱外活动和猎户座测试中，采用修正的机动性评价分级，有 6 人对可移动的扶手进行了评价（见图 11.3－5）。未来还应进一步开展该分级方法的验证研究。

图 11.3－5 德克萨斯州休斯顿约翰逊航天中心中性浮力实验室舱外活动和猎户座联合评价

11.3.7 舱外活动航天员限制器

在工作地点提供适当的限制器对于成功的微重力舱外活动作业是必要的。在所有舱外活动设计要素中，不能提供足够的限制是最大的限制因素。迈克尔·柯林斯（Michael Collins）在双子星计划任务中提到，“没有某种扶手或限制设施，航天员为了处于适当位置进行有效的作业，会消耗大部分的时间来扭转身体。”（Collins，1974）。限制不足引起不必要的高负荷并可能引起航天员疲劳、生保系统过负荷和舱外活动提前中止。舱外活动作业期间，限制不足还增加了设备可能损坏的风险。

用力和精细的运动能力与工作地点提供的限制相关。这种限制基本上有三个等级：

- 自由漂浮，除了用柔软的系绳和手没有其他限制措施；
- 用刚性系绳限制；
- 用脚限制器限制。

对于无限制或自由漂浮式的限制，航天员只能有效地执行低力量的短期作业，例如触发钮子开关和旋转开关、监视控制器与显示器以及进行目检。当施加推力时，需要一只手把持住，另一只手施力。如果采用刚性系绳，航天员就可以执行需要两只手的任务以及力量要求相对低的任务，但可能比自由漂浮状态需要更多的控制。当采用脚限制器时可以应用高负荷，类似只穿衬衫的能力。当用力点移到靠近可达包络的顶部时这些力显著减小了。提供必需的充足限制和适当的身体定向优化了舱外活动乘员的输出力。已经证明脚限制器是稳定航天员、最大化作业能力的最有效的方式。即使使用脚限制器，还可能需要一个扶栏或工作地点的其他辅助设施提供进出脚限制器时的额外平衡、额外施力和限制。

脚限制器能承受的负荷是有限的。机械臂（航天飞机和国际空间站）能在高负荷下移出所在位置。对于国际空间站上硬连接方式安装的脚限制器，需要有负荷衰减措施防止结构受损，但是如果施加更多的力也能把航天员从所在位置处移出。

为每个工作区选择限制器时应以执行的任务为基础。对于短期任务，例如检查和监视，系绳和扶手就足够了，但是对于需要中等到重度操作力和长期定位的任务应该提供脚限制器。出舱活动装置包括2个61 cm（24 in）的腰部安全系绳和1个自伸缩的11 m（35 ft）的安全系绳，用于沿着航天飞机载荷舱滑线上的转移。

为了减少舱外活动工作负荷，可能的话应使用预安装的扶手或扶栏。航天员附带的或便携的扶栏、扶手和脚限制器应该只用在非日常的或非计划的舱外活动工作区。穿脱脚限制器也应该提供扶手。为确保为着服航天员提供最优的可达性和工作包络，脚限制器必须是可调整的。航天飞机上限制的一个主要方法是便携式脚限制器，它是由一个具有位置调整能力的脚限制平台，以及一个伸展臂和一个能锁入伸展臂的脚限制插孔组成的（图11.3-6，JSC 20466，1985）。

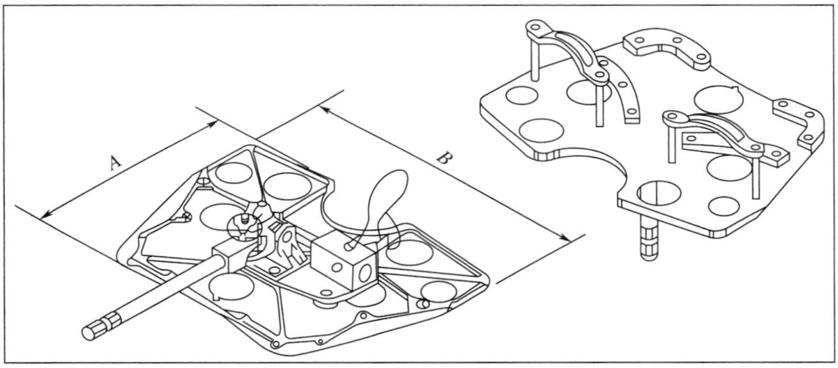

图11.3-6 航天飞机便携式脚限制器

除了工作区限制以外，在微重力作业期间应使用安全系绳，防止舱外活动航天员在转移和工作期间飘离航天器，而且安全系绳应是二重故障冗余的。为了防止不小心脱开，安全系绳应包括能够指示是否锁住的销锁。还应有一个应急方法来解脱被绊住的系绳或者从系绳挂钩把航天员解脱出来。应该有可移动的和附带的便于单手操作的安全系绳。

为了将在微重力下操作限制器的故障风险减至最小，限制器的设计和定位应该使得结合和分离的次数最少。限制器的定位应该保证在所有时间内航天员都是处于被限制或被系住的状态。还应考虑尽量减少航天员设置限制器和确认牢固接合的时间。

在行星表面，为防止航天员从高处（例如从运输器平台或梯子）摔下，应提供限制器。

11.3.8 舱外活动机动辅助装置

对于微重力下的舱外活动，通过手抓握物体从一个地点移动到另一个地点来实现机动能力是最合适的。在航天器外部，在需要抓握的位置可能没有足够的空间，或者触碰到的物体不安全或易受损坏。为确保安全转移，必须提供机动辅助装置，例如扶手和扶栏。在某些情况下，机动辅助装置和限制器应该由同一个设备提供。

用手操作的机动辅助装置的尺寸设计是由航天服手套决定的。为便于着出舱活动装置加压手套航天员的抓握，航天飞机扶手的垂直间隔是 5.75 cm（2.26 in），与其他物体的水平间隔是 10.16 cm（4 in），长度是 15.2 cm（6 in）（图 11.3-7，Stokes，1976）。这些尺寸取决于操作机动辅助装置的手套的设计。天空实验室既有单个的也有两个平行的扶手，双扶手很容易用双手操作。

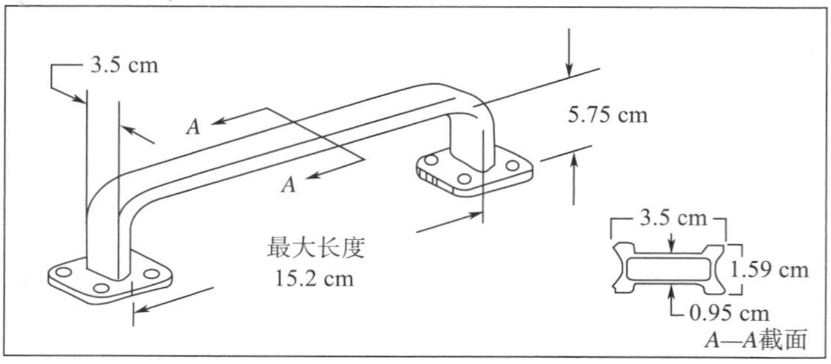

图 11.3-7　航天飞舱外活动扶手尺寸

为了确保便于识别，扶手和扶栏应该清晰可见，具有较高的对比度和标准颜色，如黄色。扶手和扶栏应该与航天员限制器相适应。

机动辅助装置应安装在建好的乘员转移通道的终点和改变方向的地方。另外，为防止把设备误认为是扶手，也应该安装机动辅助装置。机动辅助装置的定位应支持在预期转移速率下和改变方向的地方能保持转移稳定性。经观察，航天飞机舱外活动航天员的无障碍转移速率通常为 0.15～0.3 m/s（0.5～1.0 ft/s）。

航天飞机上的转移通道包括货运舱两侧的梁、舱壁前部和后部，以及用于应急的中心线（货运舱门关闭）。对于支持特殊舱外活动任务的转移通道也需要在各个任务的基础上定义。图 11.3-8（JSC 28918，2005）给出了航天飞机标准的扶栏位置。

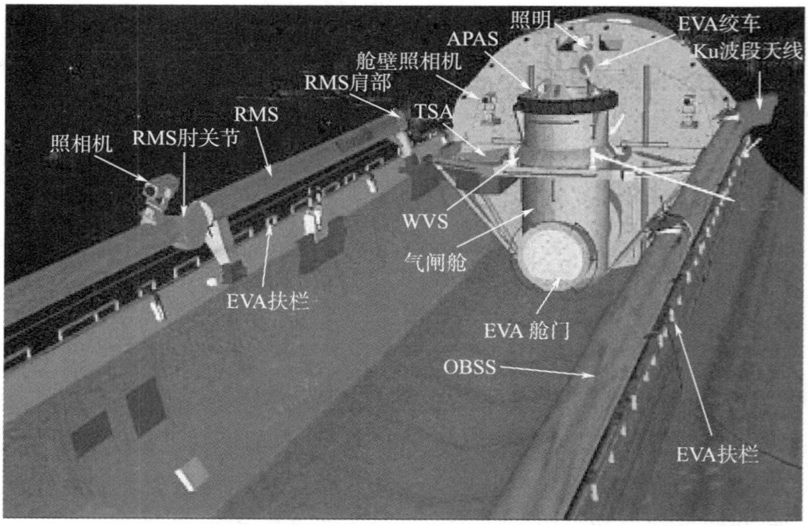

图 11.3-8　航天飞机扶拦的标准位置

机动辅助装置及其附件的设计负荷必须满足舱外活动航天员和运输物体（包括另一名受伤航天员）最大组合下的最大冲量。

11.3.9 舱外活动传输通道

转移通道必须与着服航天员相适应，并且满足转移所需的必要的活动范围。应该考虑到压力服的尺寸和有限的机动性。如图 11.3-9 所示，转移通道的尺寸还依赖于航天员的体位和移动方向。如果航天员沿 x 向（通过胸）或者 y 向（通过肩）移动，则把转移通道当作“走廊”，如果航天员沿 z 向（通过头）移动，则把转移通道当作“管道”。不同的转移模型对于间隔和机动辅助装置的需求不同。

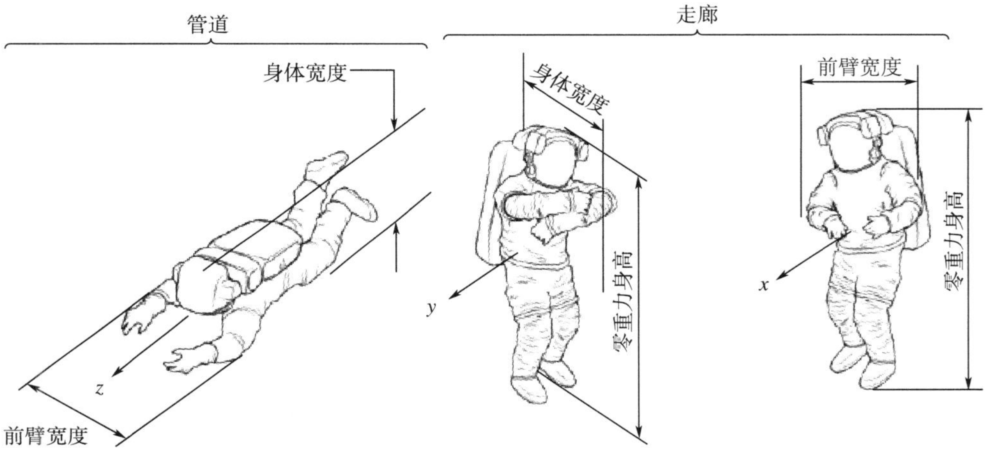

图 11.3-9　EVA 转移通道大小

转移通道的尺寸应考虑到乘员沿着通道同时转移、设备尺寸，以及机动辅助装置堵住通道的情况。障碍物或设备不应该堵住通道。还应考虑到在频繁使用的通道中出现拥堵所造成的工作延误。

11.3.10 工作效能

工作效能是将实际完成的工作与准备工作及之后的清洁工作进行的比较。对于舱外活动，准备工作包括解包、航天服检查、着服、预呼吸、气闸舱泄压和出舱。清洁工作包括进舱和复压、脱航天服和存放。

舱外活动工作效能指数（WEI）定义如下：

舱外活动时间/（舱外活动准备＋预呼吸＋气闸舱操作＋舱外活动后操作）

舱外活动操作的总工作效能指数应大于 1.75，一天舱外活动的工作效能指数应大于 3.0。通过最小化各种常规时间，包括预呼吸时间，可以增加舱外活动的工作效能指数。然而，预呼吸只是总开销的一小部分，并不需要着重消减。对于航天飞机操作，预呼吸氧气的时间分别占整个舱外活动和舱外活动天的 18%和 25%。对于国际空间站，预呼吸时间分别占整个舱外活动和舱外活动天的 15%和 38%。为了满足工作效能指数目标，应该在航天服检查、服务、穿脱和舱外活动后过程提高效率。许多座舱压力、航天服压力和舱外活动准备的联合因素会对期望的工作效能指数值有影响。通过对座舱和舱外活动系统适当集成设计最小化舱外活动准备时间来实现工作效能指数目标。

11.3.11 舱外活动声学和噪声

舱外活动期间，服内的声学环境应满足高质量的双向通话、提供舒适的工作噪声环境以及用于视频传输广播质量的音频。关于噪声影响和声学环境的进一步信息参见 6.6 节。为实现这些声学要求，舱外活动服设计之初就应考虑最小化噪声、控制服内密闭空间内的回声，最小化头盔面窗的声反射，应用麦克风、扬声器和电子器件一体化新技术，采用高质量数字语音和音频编码技术。

用于表面行走的 Mark III 原型服内部的声压等级噪声级达 70 dBA，几乎等同于站在一条繁忙街道的拐角。其噪声大多来自于液态空气背包产生的“嘶嘶”声，大腿和肩部轴承产生的轴承噪声，以及行走时脚的撞击声。这个水平的噪声既影响语言可懂度，也是引起航天员疲劳的一个原因。在设计过程中必须满足 NC－50 标准，确保服内的噪声水平是舒适的。

当前舱外活动服的生保系统是噪声源，而且，也有与任何密闭空间一样常有的声音共振。通过细致的声学设计可以控制每个噪声源及其共振。通过噪声源和共振控制可以降低噪声。

• 噪声源控制——能通过修改生保系统的设计消除或降低噪声是最好的。在设计初期要测量每个子系统产生的噪声水平，识别噪声源，然后减少噪声源。

• 共振控制——减少噪声源后，就可以采用类似消声器和吸声海绵等的吸声技术进一步将噪声降低到可接受的水平。航天服系统的共振可以通过使用吸声海绵加以控制，这样做能够抑制回响。头盔是一个高回声的空间，这就使得语音通信更加困难。

2006 年和 2007 年对 Mark III 进行的测试发现，主要的噪声源是液态空气背包，尤其是在液氧蒸发器的进气阀处有很大的“嘶嘶”声，比所有其他的生保系统产生的噪声还大。采用实验室供气进行航天服系统测试发现，噪声不只是由于气流通过面板去除二氧化碳而产生的。通过设计一系列消声器，并测试其控制液态空气背包噪声的效果，结果表明只能轻微地降低噪声。

噪声测量还发现环状安装的麦克风对于冲击噪声很敏感，因此硬连接方式安装的麦克风会获取脚部的撞击噪声，而且如果脚步声特别大则会使麦克风暂时没有输出，这对数字信号处理降噪算法不利。对采用柔性带安装和新设计的头盔环上的麦克风进行了试验，表明成功地减少了进入麦克风的脚步噪声，以及麦克风输出不太可能被冲击声切断了。舱外活动服上的麦克风应该采用软安装方式以最小化脚步冲击对音频的影响。

11.3.12 舱外活动照明

11.3.12.1 轨道舱外活动照明

可以将对航天器内部空间照明的考虑扩展到舱外活动环境照明。有关照明的一般信息见 8.7 节。但是，舱外活动作业的照明条件与舱内相比变化大得多。在近地轨道，航天器表面经历了 90 min 的日升—日落—日升的周期，阴影以超过 4°/min 的角速度穿过工作地点。除非有大的外部表面靠近工作地点，并且与工作地点和太阳成恰当的角度，否则不会有太多的反射光照亮深阴影区。

在近地轨道，直接的太阳光照明约为 132 000 lux（lx）（Illuminating Engineering Society of North America（2000）. IESNA Lighting Handbook Ninth Edition，p. 8 - 5。IESNA）。假设地球平均可见反射率为 0.367（http：//nssdc. gsfc. nasa. gov/planetary/factsheet/earthfact. html），来自星体反射的“地球反照”和在近地轨道运行的航天器底部提供的照明可记为 50 000 lx 或更少。地球反照是由可见的星球圆表面上各个点散射的，总的反射照明由从航天器看到的反射面上的平均反射系数决定，反射面可能是海洋、森林、沙漠、冰面和云层顶部等。反射照明还取决于出现在被太阳照亮的轨道区域的行星体表面所占的比例。对于月球轨道舱外活动而言，太阳的直接照射具有与近地轨道同等的照度水平，亮—暗周期由轨道高度和几何特性决定。月球轨道航天器的最低表面照明的变化比地球轨道小，这是因为月球表面的反射系数比地球的变化小。月球的平均反射率为 0.12（http：//nssdc. gsfc. nasa. gov/planetary/factsheot/moonfact. html），月球轨道的反射照明水平是地球轨道的 1/3 或更小。

在火星轨道，太阳的直接照射大约是近地轨道的 43%，大约为 57 000 lx。火星的反射率为 0.15（http：//nssdc. gsfc. nasa. gov/planetary/factsheot/marsfact. html），按照典型的近地轨道高度，火星轨道航天器获得来自火星表面的反射照明可计为 20 000 lx 或更少。

11.3.12.2 舱外活动头盔照明的影响

出舱活动装置头盔面窗将入射的可见光减弱了大约 8%～15%，其中一部分衰减是由防紫外和防反射涂层引起的。为了保护航天员不被晒伤，减少头盔内部的反射眩光，有必要涂覆防紫外和防反射涂层。现在的面窗外部太阳光在 555 nm 处的透过率为 16%±4%（见表 11.3 - 1）。如果在一个特定的时间里，头盔面窗太阳光的衰减不足以满足舱外活动任务所需的视觉需要，可能需要把任务调整到不会有过强太阳光照射的时间。

11.3.12.3 行星表面舱外活动照明

月球赤道区域，例如阿波罗任务开发过的地方，太阳照射强烈。由于入射光线不像在地球那样被大气灰尘或水蒸气散射，因此月球表面的阴影就像在轨道上一样是完全的。由于没有空气的透视效果（远处物体有朦胧感），且月球的直径比地球小，因此对于观察者来说月平线比地平线更近。这些因素使得视觉上对距离的判断失真，使月球上远距离的物体看起来要比实际近。

由于表面的反射率和月球风化层的颜色相对一致，当迎着太阳照射方向或背着太阳观察时，表面细节模糊不清。只有当视线与太阳光线有一个斜角时，月面不平整而投射出的阴影明显有助于辨别物体的相对大小和形状。因此，阿波罗着陆器采用与太阳方向交叉的角度在月面着陆。

月球南极的太阳光照几乎不变，并且所有的光线都是倾斜的。这个区域存在永久的阴影区，包括靠近极区的环形山。高处地形投射出很长的阴影。航天员开展表面探索需要大量的人工照明，如果在靠近南极的区域长期居住，可以在高地的表面采用大量的太阳反射器为一些永久的阴影区提供充分的照明。

跟月球不一样，火星上的白天—黑夜周期与地球上的长度一致。稀薄的大气对随距离衰减的太阳光照有少量的散射。土壤颜色具有以赭红色为主的反射特性，全部反射红光。在这个环境里进行长期考察时，由于颜色感知与周围环境相适应，可能会发现对更红的红光不太敏感了。火星上使用的颜色编码的标记应该考虑颜色适应问题。

11.4　舱外活动安全性

11.4.1　引言

舱外活动作业具有一定的固有风险，对于舱外活动航天员而言，几种舱外空间环境的危险比舱内更大，本节将描述这些危险，包括辐射、化学污染、减压、紧夹和电击。

11.4.2　辐射

辐射事件，例如太阳粒子事件，给舱外活动航天员带来的危险比舱内活动的同伴更大。一部分是因为与航天器相比，航天服所提供的辐射防护是最小的，还因为当辐射事件发生时航天员是否能返回航天器或者到其他辐射防护区躲避（例如，入口）取决于航天员与其之间的距离。舱外活动服必须提供或容纳辐射监测和报警功能，以便航天员采取适当的行动。

按照联邦管理与职业安全和健康管理局（OSHA）的规范要求，为了监测航天员的辐射暴露，需要佩戴个人被动辐射剂量仪。在舱外活动服上提供一个安装空间会最小化航天员穿脱剂量仪的时间。美国和俄罗斯科学家使用的国际空间站/航天飞机/和平号空间站的标准被动剂量仪安装在航天服内加压的区域。在加压服里放置主动剂量仪使得航天员可以选择一个满足皮肤或器官接收剂量要求的屏蔽位置。美国科学家采用的代表当前技术水平的剂量仪需要在有氧气的条件中运行。

11.4.3　化学污染

一些舱外活动工作地点或到工作地点的转移通道将位于航天器外部。这些区域可能包含对舱外活动乘员存在危险的物质，转移通道的设计应该尽可能避免接触到潜在的污染源（例如喷射器、发动机、燃料线、液体冲洗阀和气体通风口）。

11.4.4　减压

除了需要通过选择合适的座舱压力和航天服压力组合、氧气分压和预呼吸时间，将在正常作业期间的减压病风险控制在可接受的范围内之外，还必须提供减压病治疗能力，包括将航天服以及/或者航天器加高压、高压舱治疗以及/或者药物治疗。有关减压病治疗的其他信息参见6.2.2.1.1节。

航天服压力的应急损失是一个严重的危险，会导致受伤，如果失控则最终死亡。航天服减压的主要原因可能是航天服的压力服撕破或刺破，或者航天服环控系统发生故障。物体锐利边缘或微流星可能引起压力服撕裂或刺破。

11.4.4.1 锐利边缘

所有与舱外活动有接口的航天器或居住舱的设备和结构不可以有锐边或突出物，如果存在任何一种，则必须有遮盖以保护航天员和航天员的关键保障设备。表 11.4－1，表 11.4－2和图 11.4－1（JSC 28918，2005）总结了对舱外活动的锐边和突出物的限制。不要依赖于通过训练使航天员在作业时躲避某种物体，因为操作控制会增加航天员的精神负荷和疲劳。

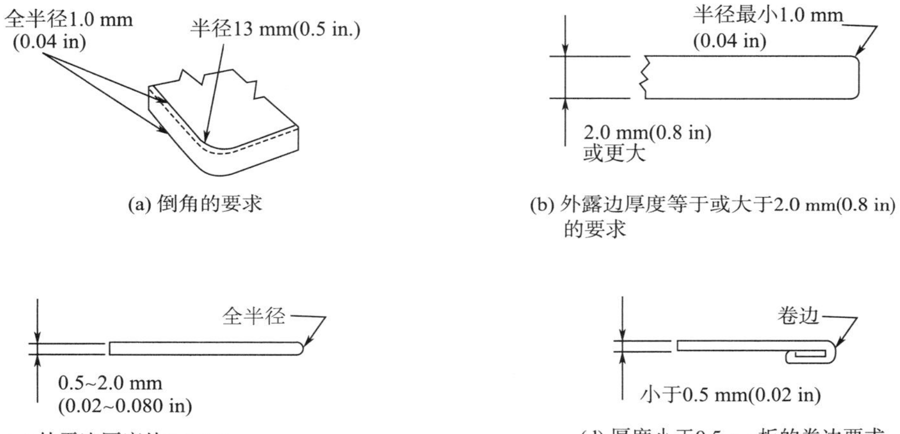

(a) 倒角的要求

(b) 外露边厚度等于或大于2.0 mm(0.8 in)的要求

(c) 外露边厚度从0.5~2.0 mm的倒角要求

(d) 厚度小于0.5 mm板的卷边要求

图 11.4－1 外露角和边的要求

表 11.4－1 边、角和突出物标准——边和平面内角半径*

应用	半径				备注	图
	外部		内部			Ⅱ.2－5 参考 d
	in	mm	in	mm		
口、面板、盖子	0.25	6.4	0.12	3.0		
（面板的平面内角半径）	0.12	3.0	0.06	0.06	首选最小的	
暴露的角	0.5	13	—	—	最小	A
暴露的边：						
（1）厚度等于或大于 2.0 mm（0.08 in）	0.4	1.0	—	—		B
（2）厚度在 0.5～2.0 mm（0.02～0.08 in）之间	全半径					C
（3）厚度小于 0.5 mm（0.02 in）	卷边					D
法兰、栓锁、控制器、铰链和其他着压力手套操作的小的硬件	0.04	1.0	—	—	防止划破手套的最小要求	—

续表

应用	半径				备注	图
	外部		内部			Ⅱ.2-5 参考 d
	in	mm	in	mm		
在钮子开关、电路断路器、连接器、插销和其他控制装置上的小突出物（大约小于 4.8mm）	0.04	1.0	—	—	除非突出角大于 120°应绝对最小	

＊具有光滑削边的一个最小 1.5 mm（0.06 in）的 45°斜面可以代替角半径。选择的斜面的宽度应该与上面描述的角半径近似。

在舱外活动接触得到的地方使用厚度小于 2.032 mm（0.08 in）的材料，边半径应该大于 0.067 2 mm（0.003 in）。另外，暴露的边应该统一间隔，间距不超过 1.27 cm（0.5 in），在暴露的平面上齐平，并且需要有防护以防止舱外活动过程相互影响。

表 11.4-2　突出物和锐边危险

应用	标准/备注
闭锁装置	所有闭锁装置的设计和遮盖物不应有能挂住织物或压力服附件的开口或突出物
金属薄片结构、箱子和柜子的 3 个平面相交的角	除非用盖子保护角，否则要使用球形的焊缝或倒角
航天员接触到的螺钉头、螺栓、螺母、螺母片、多余的螺纹和铆钉	如果可能的话，将螺钉头和螺栓头设计成面向结构的外表面。当螺母、螺母片和螺纹外露时，为防紧固件松开，要在紧固状态下将其遮盖住。推荐使用凹头或凹垫圈。除非中心距大于 7 个头的直径，否则螺钉头的总高度应在 3.2 mm（0.125 in）之内或者有遮挡。不限制使用圆头或椭头的螺钉。如果不是舱外活动航天员的操作接口，则大于 6.4 mm（0.25 in）的螺钉头或螺栓头必须凹进或者用罩子盖上。 除非中心距间隔大于 3.5 个头的直径，铆钉头的设计应面向航天员可触到的区域，并且突出不超过 1.5 mm（0.06 in）。在所有暴露的区域，当未嵌入的铆钉末端伸出长度大于 3.1 mm（0.12 in）或者直径大于 3.1 mm（0.12 in）时，需要在上面安装罩子。这种方法适用于爆炸铆钉、空心铆钉和拉铆钉。露出的铆钉末端必须有 45°的斜边或者磨出 1.5 mm 的最小半径。 从紧固件头的一端到其配合面之间的最大间隙可为 0.5 mm（0.02 in）。 防止或消除毛刺。推荐使用艾伦头。对于设置力矩的、开槽的或非利普头螺钉，用胶带或其他材料盖住或者在飞行前分别消除毛刺。

11.4.4.2　微流星和轨道碎片撞击

微流星体和轨道碎片的尺寸范围从微小的谷粒、小石头到较大的石头。即使微小的物质撞击以轨道速度运行的航天器也能引起巨大的危害，也能轻易地撕破航天服而损伤航天员。在 6 h、2 人舱外活动期间，微流星体和轨道碎片击穿出舱活动装置的概率估计为 0.000 6（Ellery · A，2000）。尽管概率很低，但撞击产生的后果很严重，还是需要考虑舱外活动装置期间的防护，因为此时的航天员是最脆弱的。航天飞机出舱活动装置的微流星服包括 7 层涤纶填充的镀铝聚酯薄膜，最外面是单层聚四氟乙烯（Gortex）、凯夫拉纤维

(Kavlar) 和诺梅克斯纤维 (Nomex) 的复合织物。

11.4.5 紧夹

压力服机动性的受限会增加舱外活动航天员的某个部位被一个楔形或孔洞夹住的可能性，从戴着手套的手指到整个身体都有可能。如果航天员不能慢慢地小心地解脱出来就会很危险。由于压力服内消耗品量有限，夹住的时间太长就会有生命危险。另外，如果挣扎着出来可能会损坏航天服，包括撕裂航天服会导致减压。为了防止出现此状况，转移通道的尺寸必须设计成允许着服乘员转身。没有遮挡的圆形或开槽的孔洞必须小于航天员最小手指的宽度或大于最大手指的宽度。为了消除夹住的风险，当设计中等尺寸的开口时应考虑航天服的设计特点和着服作业的情况。这同样适用于需要着压力服操作的舱内活动接口。

11.4.6 电击危险

由于外部放置了电池和太阳能电池阵等电源，相比舱内活动环境而言，舱外活动环境发生触电的危险和风险更大。通过采用在转移通道以外设置电接头，并在各个地点设置机动辅助装置的方法可以防止不慎触电的危险。如果需要在可能发生电击危险的地区或附近进行维修或维护作业时，必须提供安全的通道，以及将任何可能触电的航天服和工具的金属部分保护起来。

在 STS－120 到访国际空间站期间，在一次非计划的舱外活动中，航天员斯科特·帕拉津斯基 (Scott Parazynski) 成功修复了一个受损的太阳能电池阵。需要用绝缘 (Kapton) 胶布把所有的金属航天服和工具表面包覆起来，小心地用机械臂把航天员送到太阳能电池阵附近的地方，用一个临时的“曲棍棒”防止在维修中不小心触电。更多的关于电击危险的信息参见 9.12.4 节。

参考文献

[1] Archer, R. D., Sandor, A., & Holden, K. L. (2009). Report on the Maneuverability Assessment Scale: Development, Field Testing and Future Plans. NASA Johnson Space Center, Houston, Texas.

[2] Chappell, S. P. & Klaus, D. M. (2004). Adaptation of terrestrial mountaineering equipment and training methods for planetary EVA operations. SAE Paper 2004-01-2290. SAE International Conference on Environmental Systems, July 2004, Colorado Springs, CO.

[3] Chappell, S., Scheuring, R., Jones, J., Lee, P., et al. (2007). Access Systems for Partial Gravity Exploration and Rescue: Results from Prototype Testing in an Analog Environment, International Conference on Environmental Systems, 07ICES-89, Chicago, IL.

[4] Collins, M. (1974). Carrying the fire: An astronaut's journeys. New York: Farrar, Straus & Giroux, reprinted by New York: Bantam Books, 1983.

[5] Ellery, A. (2000). An introduction to space robotics. Heidelberg: Springer.

[6] GIAG-3 Technical Panel Instructions, Aug. 1986.

[7] Illuminating Engineering Society of North America (IESNA). (2000). The IESNA lighting handbook. Illuminating Engineering Society of North America, NY.

[8] JSC-20466 (1993). EVA Tools and Equipment Reference Book Rev. B, NASA Johnson Space Center, Houston, Texas.

[9] JSC 28918 (2005). EVA Design Requirements and Considerations, NASA Johnson Space Center, Houston, Texas.

[10] Nash, J. D., Wilde, R. C., & King, K. R. (1982). NASA-CR-167614: Study of EVA Operations Associated with Satellite Services. Hamilton Standard, Windsor Locks, CO.

[11] Scheuring, R. A., Jones, J. A., Polk, J. D., et al. (2007). The Apollo Medical Operations Project: Recommendations to Improve Crew Health and Performance for Future Exploration Missions and Lunar Surface Operations. NASA/TM-2007-214755; S-1005, NASA Johnson Space Center, Houston, Texas.

[12] Strauss, S. (2004). Extravehicular Mobility Unit Training Suit Symptom Study Report. NASA/TP-2004-212075, NASA Johnson Space Center, Houston, Texas.

[13] Stokes, J. W. (1976). MSFC-STD-512A: Man/System Requirements for Weightless Environments. AiResearch Mfg Co., Los Angeles, CA.

[14] Wein, A. J., Kavoussi, L. R., Novick, A. C., Partin, A. W., & Peters, C. A. (2007). In Campbell-Walsh (Ed.) Urology (9th ed.). Philadelphia, PA: Saunders-Elsevier.

[15] Wissler E. H. (1986). Simulation of Fluid-Cooled or Heated Garments that Allow Man to Function in Hostile Environments. Chemical Engineering Science, 41, 1689-98.

附录 A　缩略语和定义

缩略语，包括首字母缩略词

ϕ	视觉方向的方位角
θ	极性偏差角
Ω	欧米伽
μg	微克
μm	微米
μPa	微帕
0 g	微重力
2D	二维
3D	三维
AC	高级谈话
ac	交流电
ACES	先进的乘员逃逸服
ACGIH	美国政府工业卫生学者会议
ACSM	美国运动医学院
ACT－R	原子组成思考－基本原理
AEL	可达到的排放限度
AFB	空军基地
AGARD	航空航天研究与发展顾问团（NATO）
AGE	动脉气体栓塞
AGILE	负载环境下惯性重力评估
AGS	抗重力服
AGSM	抗重力变形操作
Air MIDAS	空间人-机系统一体化设计与分析系统
ALARA	能合理实现的最低水平
ALT	高度

AMBR	基于代理模式的表示法
AMLCD	液晶显示器有源矩阵
AMRL	航空航天医学研究实验室（美国空军）
AMS	急性高山病
ANAM	自动神经心理评价
ANSI	美国国家标准协会
ANSUR	人体测量调查
APA	美国心理协会
ATAGS	先进手段的抗重力服
ATC	空中交通管制
ATP	三磷酸腺苷
ATT	姿态
ATU	音频终端设备
ATV	自动传递工具
ARS	空气再生系统
ASA－SEEV	关注—情境意识—突出、努力、期望、价值
BEI	生物照射曝光指数
BET	弄污边缘的时间
BEW	弄污边缘的宽度
BFO	造血器官
BLEEX	伯克利下肢外骨骼
bpm	每分钟心跳次数
BSL	生物研究安全性等级
BTA	弯曲处理设备
BTU	英热单位（一种热量单位）
Bq	贝克（放射性活度单位）
C	摄氏
C&W	小心和警告（警惕的）
CAD	计算机辅助制图

CAESAR	美国和欧洲民用的表面人体测量学资源
cal	卡路里
CANTAB	剑桥神经心理学测试自动化电池
cc	立方厘米
CCT	相关色温
CE	组合式高科技增强设计抗荷服
CEO	乘员地球观察
CEV	乘员探索飞行器
CEVIS	隔振系统周期测力计
CFE	收缩肌供给装置
CFF	临界熔解频率
CFR	美国联邦法则
CFU	群体形成单位
Ci	居里，放射性强度单位（$=3.7\times10^{10}$ 衰变/秒）
CIE	国际照明委员会
cm	厘米
CM	指挥舱
CM	计算机仲裁
CM	乘员舱
CME	日冕物质抛射
CMO	首席卫生官员
CNS	中枢神经系统
CO	一氧化碳
CO_2	二氧化碳
CoA	行动过程
COGNET/iGEN™	认知为任务网络/iGEN™
COMBAT EDGE	组合式高科技增加设计抗荷服
COTS	现货供应商业
C_P	最高的图像对比

CPR	心肺复苏
CPS	预防冷凝系统
CPS	临界打印尺寸
CPT	连续操作测试
C_M	Michelson 对比
C_R	对比率
CRM	乘员资源管理
CRT	阴极射线管
CSA - CP	混合物特殊分析器—燃烧产物
CSF	对比灵敏度函数
cSV	厘西弗特（=0.01 Sv=1 rem）
CTB	货物转移袋
CVA	清洁观察孔
CVCM	收集挥发性的、可压缩的物质
CW	连续波
CWC	应急水容器
CxP	星座计划
D	距离
dB	分贝
dBA	调整过的分贝
dc	直流电
DCS	减压病
DDREF	剂量效力比系数
DGR	刺眼的闪光等级
dia	直径
DLP	数字发光体处理
DMD	数字微镜装置
DNA	脱氧核糖核酸
Do	杀死 37%细胞的辐射的剂量

DoD	国防部（美国）
DOF	自由度
D - OMAR	分布式操作模式的体系机构
D_p	观察距离
dpi	每英尺点数
DR	动态响应
DTL	动态的任务列表
DV	有背腹性的
E	照度（光度测量的）或发光（放射测量的）
E3	电磁环境效果
EAWG	探测大气工作组
ECG	心电图
ECLS	环控与生保
ECLSS	环控与生保子系统
EDE	有效剂量等价物
EDOMP	延长持续时间的在轨医学项目
EER	能量需求评估
EL	电致发光（显示器）
ELF	甚低频
EM	电磁的
EMI	电磁干扰
EMU	舱外活动装置
EPA	环境保护局（美国）
EPIC - Soar	执行交互过程控制——翱翔
ERB	相当于矩形的带宽
EVA	舱外活动
EVOH	乙烯基乙烯醇
F	华氏温度计
FAA	联邦航空局（美国）

fc	英尺烛光（照度单位）
FCE	飞行乘组装备
FED	场发射显示器
FFM	五因素模型
FFT	快速傅里叶变换
FFTD	液力变矩器
FOD	外来物碎片
FORP	氧化燃料反应产物
FOV	视场
ft	英尺
FTF	面对面
FPDM	平板显示器
g	克
g	重力加速度（9.8 m/s^2）
$G_{x,y,z}$	x，y，z 方向上的加速度
g/s	g/s（$g=9.8$ m/s^2）
GCR	极大的宇宙光（放射线）
GFE	由政府提供的设备
GHz	千兆赫兹
G-LOC	重力引起意识丧失
GLV	光栅光阀
GMA	一般心理能力
GSE	地面支持设备
GUI	图形用户界面
Gy	灰色
Gy-Eq	灰色等价物
H	剂量等价物
H	高度
HCI	人-机交互

HCl	氯化氢
HCN	氰化氢
HDTV	高清电视
HEPA	高效微粒空气
HFES	美国人因工程学会
HIDH	人-系统整合设计手册
HL	听力级别
HLA	高级体系结构
HMD	头盔显示器
HMI	人-机交互
HPD	听力保护设备
HPM	人的工作效率模型
HQR	操作质量评价
h	小时
HRI	人-机器人交互
HSIR	人-系统整合需求
HST	哈勃空间望远镜
HUD	平视显示
HUT	硬的上部躯干
HVAC	加热、通风和空气调节装置
HVS	人视觉系统
Hz	赫兹
HZE	高微粒数目和能量
I	发光强度或辐射强度
IA	耳间的
ICD	接口控制文件
ICDM	国际展览计量委员会
ICES	环境系统国际会议
IEEE	电气和电子工程师协会

IESNA	北美照明工程协会
IID	耳间强度差
iMOD	干涉测量调节显示器
IMPRINT	改进的绩效研究综合工具
IMS	库存管理系统
in	英寸
IR	红外线
IRD	接口要求文件
iRED	间歇的、有耐力的锻炼设备
ISRU	原处资源利用
ISO	国际标准化组织
ISS	国际空间站
IST	人际关系能力训练
ITD	两耳时差
IVA	舱内活动
J	焦耳
JND	最小可觉差
JSC	约翰逊航天中心
keV	千伏
kg	千克
kHz	千赫兹
kJ	千焦耳
KSC	肯尼迪航天中心
L－	发射前（天数）
L	长度
L	公升
$L(x, y)$	亮度图像
lb_f	磅力
LBNP	下体负压

lb	英镑
LCD	液晶显示器
LCG	液冷服
LCS	激光摄影机系统
LCVG	液冷通风服
LDFR	长持续时间脚限制器
LED	发光二极管
LEO	近地轨道
L_{eq}	相等的（连续的）声级
LET	线性能量传递
LDRI	激光动态范围成像
LGN	外侧膝状体核
LIRS	低碘残留系统
L_{k}	黑色亮度
lm	流明（光流通单位）
LM	着陆舱
L_{max}	最大亮度
L_{min}	最小亮度
LMD	亮度测量设备
L_{o}	背景亮度
LOC	乘员损失
LOM	任务失败
LRU	线性复位单元
L_{w}	白色亮度
lx	勒克斯（亮度单位）
m	米
MAA	最小的听力角度
MAF	最小的听力范围
MAG	最大吸光率航天服

MAMA	最小的听力运动角
MAP	最小的听力压力
MCC	任务控制中心
MCH	改进的库珀-哈珀
MCI	轻度认知障碍
MCL	最大放射性污染等级
MD	修正主管
MDA	多样对接接合器
MDF	最短飞行时
MEMS	微电子机械系统
MER	火星探测器
Metox	金属氧化物
MeV	兆电子伏
mg	毫克
mGy	豪戈瑞
mHz	豪赫兹
MHz	兆赫兹
MIDAS	人-机整合设计和分析系统
min	分钟
mL	毫升
mm	毫米
MM	微小陨石
mmHg	毫米汞柱
MMOD	微流星体和轨道碎片
MPE	最大容许曝光
MRAB	微型快速评估电池
MRE	准备餐
ms	毫秒
MSFC	马歇尔航天飞行中心

MSIS	人-系统整合标准
mSv	豪西弗特
MTF	调制传递函数
MWL	脑力负荷
N	牛顿
N_2	氮（分子）
NASA	国家航空航天局
NASA - TLX	国家航空航天局-任务载荷索引
NBL	中性浮力实验室
NCRP	全国辐射防护和测量委员会
NHANES	全国健康与营养检查调查
NHV	净居住体积
NIHL	噪声引起的听力损失
NIOSH	国家职业安全与职工保健研究所
NIR	非电离辐射
NIST	国家标准与测试学会
nm	纳米
nm	海里
NO	鼻-枕骨
NO_2	硝酸盐
NO_3	亚硝酸盐
NOLS	NASA 室外领导能力培养学校
NRC	国家研究委员会
NTU	浊度单位
O_2	氧气（分子的）
OASPL	全部的声音压力等级
OBSS	轨道噪声传感器系统
OCAC	轨道舱空气过滤器
OCR	视觉反向旋转

OD	轨道碎片
OKR	视动反射
OLED	简单的发光二极管
OpNom	操作术语
OpsHab	操作上的适居性
ORU	轨道重置单位
OSHA	职业安全与健康管理
OTTR	以文字的形式重新翻译耳石
OWS	在轨工作站
oz	盎司
Pa	帕斯卡
PAWS	NASA 绩效评估工作站
PCU	铂-钴单位
PDA	个人数字助理
PDP	等离子显示板
PERS	有效载荷装置的约束系统
PFE	便携式灭火器
PFR	便携式脚限制器
pg	页
PLED	聚合物发光二极管
POSWAT	飞行员客观/主观工作量评估技术
PPB	正压呼吸
$ppCO_2$	CO_2分压
PPE	人体保护装置
ppN_2	N_2分压
ppO_2	O_2 分压
PSF	绩效修整因素
psi	磅/平方英寸
psia	磅/平方英寸的绝对值

psid	磅/平方英寸的微分
psig	磅/平方英寸的度量规格
PSS	绩效支持系统
PW	脉冲波
PWM	脉宽调制
Q	质量系数
QCM	石英晶体微天平
QD	快速分离
rad	弧度（s）
RBE	放射生物效应
RCS	反作用控制系统
REID	引起曝光死亡的风险
RER	呼吸交换率
RF	无线电频率
RFID	无线电频率识别
RH	相对湿度
RHO	放射卫生人员
rms	均方根
RMS	遥控操作系统
RPD	预案
RPM	每分钟转数
RT	响应时间
RTG	放射性同位素温差发生器
RVOR	转动的甚高频全向无线电信标
s	秒
SA	态势感知/情境意识
SAA	南大西洋异常
SAIR	软件电子设备协同工作能力的复用
SAP	科学活动计划者

SCAPE	设备齐全的大气防护服
SCSF	空间对比灵敏度函数
SCUBA	设备齐全的水下呼吸装置
SD	空间定向障碍
SEBS	宇宙空间实验室紧急呼吸系统
SED	表面传导的电子发射显示器
SFHSS	太空飞行人-系统标准
SFOG	固态氧燃料发生器
SFU	太阳流量单位
SI	国际单位制
SID	信息显示学会
SLM	空间光调节器
SM	服务舱
SMAC	航天器最大允许的集中物
SME	主题专家
SMM	共享的心智模型
SMS	空间运动病
SPD	光谱能量分布
SPE	太阳粒子活动
SPL	声压等级
sq	平方
SQRI	平方根积分
sr	立体弧度（s）
sRGB	标准的红-绿-蓝
SRP	座椅控制点
SSO	空间标准观察员
SSP	航天飞机计划
STCSF	时空对比灵敏度函数

STPD	标准温度和压力，干的（在 0 ℃，101.3 kPa 标准大气压力下的温度和干气，干的）
STS	航天运输系统
Sv	希沃特
SWAT	主观工作量评估技术
SWEG	航天器水暴露指南
SWV	裂开窗口视图
T2	第二代 ISS 踏车
TACT	乘组配合与协同训练
TBD	待决定
TBR	待解决
T_c	接触温度
TCSF	时间对比灵敏度函数
TDT	乘组空间训练
TEE	总能量消耗
TEM	诊断与失效管理
TEPC	组织等效测量仪
TFEL	薄膜电致发光
TFT	薄膜晶体管
TLAP	时间轴分析程序
TLD	热释光探测器
TLV	阈限值
TLX	任务负荷指数
T_o	物体的温度
TOC	总有机碳
TOCA	总有机碳分析仪
TON	气味阈值数
TOVA	注意力变量测试
T_s	体表温度

TSAS	触觉的方位意识系统
TT	治疗技术
TTN	味道阈值数
TTS	倾斜平移滑板
TV	电视
TVIS	跑步机隔振系统
TVOR	平移的甚高频全向无线电信标
TWA	时间加权平均
UGR	统一标准的眩光等级
UID	用户界面设计
U. S.	美国
USAF	美国空军
USEPA	美国环境保护局
UV	紫外线
V	视觉分辨率
VCE	可见的对比能量
VCR	前庭耳石反射
VCP	视觉舒适的可能性
VESA	视频电子标准协会
VFD	真空荧光显示器
VMC	目视气象条件
VO2max	最大耗氧量
VOA	挥发性有机物分析仪
VOL	音量
VOR	前庭-视觉反射
VOX	语音激活模式
VR	验证需求
VRMS	伏特，均方根
VSE	太空探索景象

VSR	前庭反射
W	瓦特
W	宽
WCST	威斯康星卡片分类测验
WEI	工作效率指数
WORF	窗口观测研究机构
W_t	组织权重因子
Z	原子序数

定义

术语	定义
终止	由于故障或其他危及乘员生命的情况，在达到任务目标之前终止任务或任务阶段。自宣布终止时，行动的重点从按计划执行飞行任务转变为保全乘员。成功的终止最终将乘员置于通常能使其再次进入太空飞行系统的部位，并使乘员处于适合成功返回和救援的安全状态下。终止包括飞机损坏或无法修复的情况
易使用的	符合以下条件，部件即被认为是易使用的：可以操作、操控、维修、拆除，或者用合适装备进行拆换。作业人员应符合人体测量尺寸，及采购指定数据尺寸，或者，如不符合采购指定数据，应满足适用于5%～95%的人体尺寸数据。适合的人体尺寸是指对于设计十分关键的，能够执行操作、操控、拆除或更换任务的尺寸
活动区域	为人类活动例如个人卫生、身体排泄物、食物、睡眠、垃圾、储藏、失重防护锻炼而特别设置的指定位置
高级生命支持	对于“星座”计划，“高级生命支持”被定义为能提供用以稳定和（或）治疗危及生命的疾病或伤害的医疗保健。按下列标准定义： a）不稳定的生命体征（心率＜42或＞100，呼吸频率＜8或＞30，收缩压＜90或＞200，在室内空气条件中脉搏血氧饱和度＜90%，不确定的迹象，脸色苍白，剧烈疼痛，或精神状态发生变化）。 b）需要使用人工呼吸道，辅助呼吸装置，或呼吸器。 c）需要静脉药物注射。 d）近期使用过或预期要使用除颤器、心脏复律或经皮起搏器。 e）需要连续生理监测。 f）需要另一个组员连续监测和护理。 g）一个或多个器官衰竭。 “高级生命支持”硬件，例如，呼吸支持设备、药品静脉注射和输液、除颤设备
情感	可观察到的，表现主观体验感觉状态（情绪，士气）的行为。常见的情感例子是悲伤、恐惧、欢乐和愤怒。在不同文化之间甚至在同一文化中，正常范围内的情感表达差别很大
情感的	与感情和情绪、兴趣、态度、接纳、赞赏、调整和价值观的变化有关系的。包括参加、响应、评估、组织、价值或价值复杂的界定

流动护理	乘员能够自己完成的医疗护理水平。可能会咨询航空军医，但不需要复杂的干预措施或来自其他乘员的援助。需要“流动护理”的很多情况都是小病，这些小病即使在缺乏治疗的情况下也能最终解决，但仍可能在生病期间对任务有重大影响。此外，应当指出，如果小病在初始阶段没有正确的诊断和治疗，可能会发展成更严重的情况。例如：支气管炎，如果不及时治疗有可能成为肺炎；膀胱感染，如果不及时治疗可能导致肾脏感染（肾盂肾炎）或败血症。“流动护理”的标准为： a）口服或使用外用药物； b）解决身体状况所需的步骤不超过一个（例如：单剂量静脉用药或脱位回复术）； c）能够执行大多数预定的任务
人为的	因为人的存在而诱发或改变的
人体测量学	测量人体和其部位及功能能力的科学。包括长度、周长、体重等
肺萎陷	肺全部或部分萎陷或没有空气的状态
衰减	在力量或声强上的缩减
听觉通告	听得见的计算机生成的语音或非语音信号。例如，紧急高音警报器和基于语音的信息
基本的生命支持	提供心肺复苏（CPR）、基本呼吸道处理和固定乘员的医疗护理水平
生物膜	在各种表面（如水管和导管）上形成或覆盖的微生物（如细菌）薄层
生物力学	研究涉及肌肉活动的原理和关系
双折射	指在折射率上的差异，折射率反映入射光偏振。双折射指内在的物质属性，例如蓝宝石中的双折射；或由材料中的应力引起的，否则不显示双折射
气泡	一般指圆形截面的气体空隙，通常在制造过程形成，被截留在如玻璃、塑料或层压板等材料中
烛光	烛光是发光强度的单位。1 烛光＝1 流明/球面度立体角的通量分布
灾难性危害	可能会造成生命损失、永久致残或飞行资产损失的情况
清晰可见的光圈	没有被窗口组件结构或其他阻止光线的结构覆盖的窗口区域
临床诊断	提供评估生命体征和医疗条件并达到临床诊断能力的医疗护理水平。“临床诊断”的设备，例如，听诊器、体温计、血压计、尿液化学试纸和便携式有限体液分析仪

认知的	有关知觉、学习、记忆、理解、判断、推理的心理过程
污染	由于不健康或不良因素导致不适宜的行为
操作概念	操作概念（Con Ops）适用于（通过程序和项目）所有任务场景，描述如何使用计划资源，包括乘员和系统，实现任务目标
应急舱外活动	应急舱外活动处理冗余设计或其他手段未充分保护的严重故障或情况；任务前，时间表中没有安排舱外活动，但为了降低风险以保证乘员或前哨的安全，和/或设备安全返回，需要执行舱外活动
对比	最亮的白色和最暗的黑色的亮度比值
对抗措施	一种策划反击、检查或抵消其他效果的措施或手段，例如，采用锻炼或药品以纾缓微重力（0 *g*）的影响，或使用专门的服装以减少加速度力量的影响
乘员	在执行任务期间由一个或多个航天器上的成员组成的人力团队
乘员界面	通过视觉、听觉或触摸，飞船用以进行乘员和飞船之间传输信息的部分。精心设计的可用的乘员界面是保障乘员安全、生产效率以及最小化训练需求的关键
乘员工作站	飞船上乘员进行活动的地方
乘员生存	使用如终止、逃生、安全避风港、紧急出口和救援功能，应对即将到来的灾难性情况，以保存乘员生命的能力
乘员生存能力	列入程序结构中的能力和即将面临灾难性状况下维持乘员生命的操作，例如终止、逃生、安全避风港
乘员	任务期间航天器上的人
重大危险	可能会导致严重的或缩短寿命的损伤、丧失民事行为能力、飞行资产重大损失、关键程序资产损失或失去主要任务目标的情况
数据准确度	数字数据库中的信息与真实的或可接受的数值的匹配程度。准确度是关于包含在数据库中的数据质量和错误数量的问题
数据保真度	数据质量包括准确度、精密度、可靠性、延迟度（数据新鲜度）、分辨率和完整性
数据精确度	数据库中描述的正确性和测量水平。精确的地理位置数据可以测量到小数量级。精确的属性信息可以非常详细地指定功能特性。需要注意的是，无论怎样仔细测量，精确的数据都可能不准确
数据可靠性	重复采样时数据保持不变的程度

减压	减少压力的行为或过程，正如当压缩空气从飞船释放到太空的真空中所发生的
减压病（DCS）	在较高的空气压力中停留之后，因气压下降过快导致的一种疾病，这种疾病是氮气在血液和组织中形成气泡而造成的
健康恶化的乘员（失调）	由于暴露在太空中飞行引起的健康损失。影响健康的部位包括肌肉、骨骼、血管系统。太空飞行的不利条件包括：0 g、禁闭、隔离和压力
口腔护理	提供诊断和治疗口腔和牙齿的医疗护理。“牙齿保健”的设备，如暂时性补牙和牙冠、拔牙的设备以及脓肿引流设备
偏差	偏差是指穿过窗玻璃或窗口或其他光学装置时，应急光射线与入射光线的角度
戳	一个小而粗糙的污渍或抛光面上的短划痕，一般是表面下方的损伤留下来的，这种损伤是由没有抛光的摩擦或打开的气泡引起的，损伤痕迹的尺寸足够大、能够测量
漫反射	入射光或指定波段内其他类型波的一小部分，这部分是从各个方向均匀的表面上反射回来的——无论入射光（射线或波）的入射角度如何。真正的漫反射（朗伯）面从所有的角度看亮度相同（似乎亮度相同）——无论光源相对表面方向如何。大多数表面呈现镜面反射和漫反射的组合
显示	所有的视觉、听觉、触觉信息，通过标签、电脑显示器或耳机等设备呈现给乘员的反馈
显示设备	将视觉、听觉、触觉信息呈现给乘员或地面操作人员的硬件。显示设备包括计算机显示器和个人数码助手（PDA）
变形	该术语是指图像不是按对象真实比例复制的情形，以及因为两个窗玻璃表面之间的变化楔角、或材质的不均匀性、或光学表面的不规则而使图像看上去形状奇怪
有效剂量	计算的、非测量的数量。有效剂量是相对于不均匀的部分身体照射的结果，对均匀的全身当量剂量产生相同风险等级的评估。有效剂量的单位是希沃特（Sv）
应急系统	用于防止乘员生命损失的保障，这种保障将应对直接影响乘员的危险状况。例如，终止系统、灭火系统、乘员逃逸系统。应急系统是不容出错的

过失	一个步骤的遗漏（包括未完成）、增加、或替代了可接受的程序。工作情况超出了任务预期目标的可接受范围（包括误差和时间标准）
逃生	因为迅速恶化和危险情况，飞行中，将乘员从通常用于再入空间系统的一部分转移到适合生存返回和恢复安全的条件下。逃生包括但不仅限于利用原有空间系统的一部分（例如，吊舱、模块或船身的前半部分）进行转移。（NPR：8 705.2 A，空间系统的适人性要求）
舱外活动（EVA）	航天器压力环境之外（太空飞行期间或目的地表面上）由着服乘员执行的操作。包括在不加压飞船内执行的实际操作
舷窗视野	至少有一只眼睛通过一个舷窗能够直接看到所有的点，考虑到可完成的眼睛、头部、身体运动的结合。视野受眼睛周围的面部结构和/或放置在眼前的设备，例如乘员的头盔（如果戴了），以及竖框、结构和/或其他设备障碍物限制。可实现的运动将因不同的飞行阶段和操作任务而不同，并取决于现存的运动的任何限制，例如着服的、坐在座椅上的、和（或）约束以及存在的任何一个负荷
急救	提供治疗不严重疾病的医疗护理及治疗轻微外伤能力的医疗护理。“急救”物品，例如头疼药、鼻充血药、绑带和眼药水
功能分配	功能分配制定了系统的功能性说明，并在系统组分（包括乘员，硬件和软件）中进行功能分配
功能所达的包络	所达的包络是指人体到达极限的体积。功能所达的包络或工作包络是指执行指定的功能或任务的体积。 功能所达的包络的形状和体积取决于于任务、运动和通过延伸动作完成的功能。人体标准测量位置中的有限所达的包络数据在静态的和动态的人体测量数据源中是可以使用的。但是，用于空间应用的所达数据（如运动范围数据）受乘员保持有限的人体姿势的影响很大，因为乘员要穿着大容积的航天服，而且有时系上安全带的姿势笨拙。在超重期间，因为整个身体重量、肢体重量以及分段重量的增加，大多数关节点的运动范围将变得有限。更重要的是，脖子、腿和胳膊的运动性将严重地受限，减小了功能所达包络的尺寸
重力环境	持续的力或加速度的范围，在发射和着陆以及到更大的行星体上进行太空旅行的过程中通过多个引力产生的加速度，使加速度从微重力下的 0 g 加速到小行星、月球以及行星表面的部分重力，再到地球的 1 g 重力

地面支持设备	支持例如空间系统的运送、接收、处理、组装、视察、测试、检查、维修、发射和恢复等操作所需的不飞行的系统、装备或设备
可居住	个人与某所处环境之间的关系，是涉及人、机器、环境以及要完成的任务的所有因素之间相互作用的结果。当人们局限于小的、拥挤的住处时，隐私成为一个问题。隐私支持包括焦点、集中、休息和恢复
住处	一种环境，通常具有不移动性，具有维持乘员生命所必需的条件，并允许乘员以有效的方式履行职能
舱口	一个带有密封盖的开口
雾	当光线通过舷窗向前散射而偏离入射光束时，舷窗或镜头会起雾，其以偏离的透射光的百分比来衡量。雾是由精细表面的粗糙度、污染、划伤或内部的不均匀性和夹杂物引起的
热负荷	系统因任何方式（新陈代谢、电阻、外部环境等）携带的热量。这些热量必须排泄掉或以其他方式进行控制，以便保持温度
内务管理	在任务期间，乘员为了保持航天器内健康的、适于居住的环境而执行的行动。内务管理的活动，例如飞船内部表面的杀菌擦拭、清洗，或食物加工设施或卫生设施的维修，以及垃圾管理
人体工程学	人体工程学（也称为人因工程，人为因素，或工效）是有关理解人和系统中其他元素间相互作用的科学，是为了优化人类的福祉和整个系统的性能，而运用理论、原则、数据和其他方法设计的专业学科
人为因素	人为因素指有关设计系统、组织、工作、机器、工具，及安全、高效、舒适的消费产品的人为能力和局限性的知识
照度	照度是指拦截表面的光通量密度的光度测量。照度以勒克斯为单位
冲击加速度	一段持续时间内（通常为低于 0.5～0.2 s）变化的速度
夹杂物	用来指大块原料内基本上成圆形横截面存在的所有局部缺陷的一个术语，包括气泡、晶粒、条纹节、小石头、沙子和晶体。夹杂物散射光与它的面积成比例。靠近成像面时由于在图像中可见，夹杂物是令人反感的
折射率	折射率或折射指数是一个物质属性，是光在真空中的速度与在材料中的速度的比值，取决于波长和温度。真空折射指数为 1.0，空气折射指数为 1.000 3，整个可见光谱的石英在 20 ℃ 折射指数变化为 1.469～1.455

信息管理功能	信息管理功能包括信息的收集、组织、运用、控制、分发和处理
能说明的	有能力解释或告诉含义、翻译成易懂的或熟悉的语言或表达方式
舱内活动（IVA）	在一次任务中，乘员在航天器加压环境下执行的操作
电离辐射	辐射，全部或部分转换成与它碰撞成离子（带电粒子）的产物。微粒辐射成分包括所有的亚原子粒子，如质子、中子、电子、剥去原子核的轨道电子和介子
易读性	某种程度上，字母数字字符和符号足够不同，以至于容易注意到、破译或识别
线性加速度	质量的速度变化率，速度方向保持不变
乘员损失	一个或多个乘员死亡或永久致残性伤害
任务的损失	丧失或无力完成重大或主要任务目标
流明	流明是光通量的光度测量单位。对于波长为 555 nm 的光，光度测量中的 683 lm 的光通量相当于辐射中 1 W 的光功率
亮度	亮度是与亮度感关系最密切的光度测量，它与光源或反射光的表面积发光强度分布有关。亮度以烛光/m^2 为单位
光通量	光通量是光度测量的光功率，光能量随着时间的推移流动。光通量以流明为光度测定单位
发光强度	发光强度是每单位立体角内发射的光通量的光度测量。发光强度以烛光为单位
勒克斯	勒克斯是照度的光度测量度量单位。1 lx 等于 1 lm/m^2 的通量分度
屏蔽阈值	刚好能听见环境噪声的听觉危险信号等级，考虑到在信号接收区域环境有噪声和听力缺陷（听力保护、听力损失和其他掩蔽效应）的声学参数。屏蔽阈值在 ISO 7731：2003（E）的附录 B 中计算出来
医学成像	医疗护理，在有或没有来自地面专家远程指导的情况下，提供获取人体外部和内部的图像诊断的能力。“成像”硬件有数码相机，超声波和 X 射线设备
任务	进入空间和/或外星探险，旨在完成特定的科学和技术目标
关键任务	事件、系统、子系统或过程必须正常地发挥功能，以防止任务损失、发射取消或重大设施损坏

监测	包括质量或保真度检查，用以确定信号是否在测试的限度内、特定信号或目标的观测、保持跟踪、调节或控制
噪声	在听觉范围（15～20 000 Hz）内的不适声音
非电离辐射	包括 3 类电磁辐射：无线电频率（RF）辐射、激光和不连贯的电磁辐射
打开包裹	由于抛光或其他处理步骤，在散装材料中暴露于表面的包裹。打开的包裹的底部通常比典型断裂的一戳更加原始。因此，打开包裹的损伤深度比一戳少
操作	一个行动、任务或操控，包括它的计划和实施
操作者	负责执行或监视一个行动或过程的乘员
光学距离（OPL）	指光在介质中实际传播的路径，描述如下 $$\mathrm{OPL}=nt$$ 式中　n——材料或介质的折射指数； t——路径的物理长度； OPL——波长依赖性
永久伤残	非致命的工伤或疾病导致的永久性受损，身体重要部位的损伤或在实际中缺乏抵抗力，身体重要部位包括主要肢体（例如手臂、腿等）、重要的感觉器官（例如眼睛）、重要的生命支持器官（例如心脏、肺、脑）和（或）身体主要运动功能的控制部位（例如，脊椎、颈部）。因此，永久性伤残包括非致命性伤害或职业病，依有资质的医疗权威之见，一个人在某种程度上永久瘫痪，他或她不能康复到能再培训就业，并导致免职于责任或平民平等的医疗
个人防护装备	专门设计的硬件或服装用来覆盖或屏蔽乘员免受例如极端温度、化学品、真空、辐射或噪声的危害
光子	视网膜处的光强单位，相当于每平方毫米的瞳孔区域接收到来自每平方米有 1 烛光光亮的表面的照明
光度测定	光度测定一般是指合并权重因数的照明概念和单位，权重因数与随视觉带宽变化的人类视觉反映相关
饮用水	适合的、安全的或为饮用准备的
隐私	身体上、行为上或智力上能与其他人分享的程度控制的可接受等级。一个人可接受的私密等级取决于个人的背景和训练
程序	制定的设计、开发和部署星座系列或国际空间站的飞船系统的基础结构

保护罩	内部的没有压力的透明纸或透明窗格，材质通常与窗格玻璃不同，例如丙烯酸或其他材质，目的是保护下面的舷窗压力面和/或保护窗格不受到乘员的偶然接触。通常保护罩不是舷窗装配的主要部分，它具有 8.6.6.1.2 节中详细说明的特征。非主要的保护罩可以看作是临时的，也就是说，一段时间后，随着其光学性能退化到设计的保护罩的种类标准之下，就可被替换掉。外部的舷窗保护装置参考舷窗保护罩
保护窗格	外部的或内部的无压力透明窗格，用来保护下面的舷窗压力面不遭受自然和环境恶化，例如污染、腐蚀、碎片碰撞和乘员的偶然接触。通常保护窗格被认为是舷窗装配的主要部分，并且至少与它所保护的窗玻璃具有同样的光学性能。保护窗格通常可以看作是临时的，也就是说，一段时间后，随着它的光学性能退化到设计的保护窗格的种类标准之下，就可被替换掉。外部保护窗格是消耗品
精神运动的	产生有意识的脑力活动的肌肉运动，或与之相关的
石英晶体微量天平（QCM）	用压电石英晶体检测污染物是否存在的装置。石英晶体微量天平暴露在环境中，因此沉积污染物的石英晶体和隔离的带有丰富残余污染物的石英晶体对比共振频率。石英晶体微量天平校准使得确定沉积物的质量成为可能
辐射度	辐射度是指在不涉及人视觉反应的物理量中建立的光照概念和单位
瑞利极限	理想舷窗不会引起发送波阵面误差。窗口中的波阵面误差（光程差异）降低了通过光学系统获取的穿过这个窗口的图像质量。瑞利极限指出了窗口能引起多大的波阵面误差并且不会影响近切面衍射极限的光学系统观察的穿过这个窗口的图像质量。瑞利极限允许不大于 1/4 波峰到波谷的光程差（OPD），参考典型的 632.8 nm 波长。如果总的光学像差限制小于 1 瑞利极限，那么有较小光圈的系统（标准照相机、双眼望远镜等）效果更好。当光学系统成像是点光源（像一颗星）时，（理想的）衍射极限系统将产生一个点光源图像，但是因为衍射，图像将有一个中心亮圆并且它的周围有连续的同心光环（称为空中圆盘）。在理想的系统中，84%的能量将位于中心圆盘中，16%的能量将位于周围圆环中。由于波阵面误差是增长的，所以能量从中心圆盘到圆环的转换变得显而易见。这个能量转换使图像变得模糊。对于少量的波阵面误差而言，能量分布如下：

<table>
<tr><td rowspan="6">瑞利极限</td><td>波阵面误差（λ＝632.8 nm）</td><td>中心圆盘的能量</td><td>光环中的能量</td></tr>
<tr><td>理想透镜（OPD＝0）</td><td>0.84</td><td>0.16</td></tr>
<tr><td>OPD＝λ/16</td><td>0.83</td><td>0.17</td></tr>
<tr><td>OPD＝λ/8</td><td>0.8</td><td>0.2</td></tr>
<tr><td>OPD＝λ/4［1 瑞利极限］</td><td>0.68</td><td>0.32</td></tr>
<tr><td colspan="3">显然，符合 1 瑞利极限的误差量会引起小的，但可感知的图像特征变化。然而，对于大多数小孔系统，尤其是照相机，其性能优于可接受的程度。对于大孔系统而言，例如望远镜或其他的高性能系统，瑞利极限不足以保证窗口不引起显而易见的图像质量降低。因此，A 类窗口需要不大于 1/10 波长的 OPD</td></tr>
<tr><td>反射系数</td><td colspan="3">入射光或指定波长中其他类型的波从表面反射回来的百分比（也可参见镜面反射系数或漫反射系数）</td></tr>
<tr><td>转动加速度</td><td colspan="3">转动期间在质量方向上的速度变化</td></tr>
<tr><td>安全</td><td colspan="3">不会产生危险的情况。人丧生、严重伤害或永久残废的风险低，或航天器失效或破坏的风险低</td></tr>
<tr><td>晶粒</td><td colspan="3">天然材料、感光底层、表面涂层或表面碾压的任何标记或裂痕。通常表现为粗糙的，硬的，或锋利物体运动所遗留的痕迹</td></tr>
<tr><td>气泡</td><td colspan="3">用来指玻璃里有极小直径气体夹附物的术语</td></tr>
<tr><td>感官的</td><td colspan="3">人收集情报的能力除了通过看、听、触摸、闻及品尝这几种感官获得之外，还包括温度、疼痛、肌肉运动知觉和均衡等</td></tr>
<tr><td>航天器</td><td colspan="3">移动的或静态环境为长期的不着服生存及乘员操作提供了加压的大气。它可以是住处（前面定义了）或容器，通常由多个组件组成，用于将人或物运输到地球大气层之外的地方或从那里运回地面。航天器包括在加压的环境内或依赖这种环境的所有硬件及设备</td></tr>
<tr><td>镜面反射</td><td colspan="3">光波的精确的、镜面似的反射，如：表面反射光，光从单个入射光方向反射到单个反射方向，斯涅耳定律中进行了描述，入射角＝反射角（$\theta_i=\theta_r$）。另一方面，漫反射是指光被反射到多个方向（见漫反射系数）。镜面反射和漫反射之间的区别，可以用熟悉的光波例子解释，如光滑的和不光滑的涂料或照片印刷品。尽管这两种涂层展示了镜面反射系数和漫反射系数的结合，但是光滑涂料和照片印刷品有较大比例的镜面反射系数，不光滑的涂料和照片印刷品有较大比例的漫反射系数。抗反射涂料减少了光从给定的表面反射出去的量。没有覆盖物的玻璃表面的反射系数约是 4%，因而一个窗格玻璃的两个表面的反射系数约是 8%。抗反射涂料能够减少总的反射系数到约 2%或更低</td></tr>
</table>

资金保管者	对程序或项目的结果或可交付使用感兴趣（或投资）的个人或组织
标准	“标准”的定义可描述为以下几部分： 1）“标准”或“技术标准”的术语包括以下几部分： a）产品常规的和重复使用的规则，以及产品的条件指南或特性。抑或产品相关工艺和生产方法，以及相关的管理系统的做法。 b）术语的定义，组体的分类：划定程序、尺寸规格、材料、性能规格、设计或操作。描述材料相关的质量和数量的衡量标准，工艺，产品，系统，服务，或做法；试验方法和采样程序，或配合证明和大小或深度的测量。 2）“绩效标准”是一种描述要求的标准，正如上面所述，该标准是检验是否符合要求能够得到估算的标准，但无须陈述能达到所要求结果的方法。一条绩效标准可能是定义某种项目的功能性要求，操作要求和（或）接口和互换性的特征。一条绩效标准也可能看做是一种并列的规定标准，在此处可能特指设计要求，如所使用的材料，如何达到一种要求，甚至一个项目是如何被制造或构建起来的。 3）“非官方标准”是如上所述的这样一种标准，该标准是由私营的企业协会或组织开发的标准化文体，或由一些技术团体的相关计划、开发、建立或合作形成的标准，甚至由该团体的相关规划，手册，或文件所组成
细纹	透明材料（通常是玻璃）的折射率的空间短范围变化（0.1～2 mm），尤其是组成窗格时。细纹不同于空间球面折射率的不均匀性，这种不均匀性将影响整个材料片。细纹导致了波阵面误差
着服	穿着服装，设计该服装以使乘员在例如压力、大气、重力或温度不同的环境下没有差别。着服包括穿着加压的或非加压的航天服
外科保健	提供在内部医疗条件下与治疗能力匹配的医疗保健水平，内部医疗条件是在所需医药品之外，由疾病或伤害所产生的。医疗的成功施行可能需要局部的、整个的或全身的麻木。“外科照料”硬件的例子是外科手术工具、内窥镜装置和高强度聚焦的超频率音响
持续加速度	持续加速度是指持续时间大于0.5 s的直线或旋转运动。对于持续加速度事件，在持续的时间内加速度不止一次到达最高点，并且停留在较低的加速度之间，下面的规则是用来确定事件是组合事件还是两个单独事件。对每一级加速度来说，如果两个相同事件之间的持续时间比第一个事件的持续时间长，那么被认为是两个单独的事件。如果两个事件之间的持续时间比第一个事件的持续时间短，那么被认为是一个事件。这个规则适用于单独事件的每一个轴

系统	将基础功能集合在一起以产生满足需求的性能。基础包括所有用于这个目的的所有硬件、软件、设备、工具、人员、步骤以及程序
任务	明确的工作或总的工作。一个程序中的活动或工作的子集
任务分析	任务分析是把任务分解成任务组成级别的活动。它包括：1）任务和包含于过程或系统中的子任务的识别；2）任务分析（例如，谁执行任务、使用什么装置、任务条件、任务优先级、对其他任务的依赖）。焦点是人以及人怎么执行任务，而不是系统。结果有助于确定应开发或使用的特殊任务的显示或控制。人为与自动控制的任务的理想分配、危险程度将推动设计决定
远距离医学	能够提供随行外科医生和（或）医学顾问实时或潜在的会诊能力的医疗水平，以提高医学诊断质量，治疗生病或受损的机组乘员
瞬时加速度	小于或等于 0.5 s 的持续时间内的加速度事件，线加速度或角加速度
透射比	穿过媒介物质的指定波长的入射光的一部分或百分比
损伤照料	能够提供稳定因遭受钝物物品或尖锐物品伤害的乘员病情的能力的医疗保健水平。损伤照料的硬件有：缝合能力、肠胃外抗生素、夹板、胸腔管以及阴沟、静脉输液
不受阻碍的访问	允许立即看见和访问，不受其他设备阻止和限制。不受阻碍的访问对紧急系统和其他关键项来说很重要
不着服	穿着通常在航天器里穿的衣服
视觉通告	视觉上的、计算机生成的文本或给予图形的信号，例如警告消息和闪烁的图标
波阵面	光作为电磁波传播。波阵面定义为连接波面上具有相同相位的所有邻近点的平面
波阵面误差	整个光程差导致与光波长有关的波阵面，通常指 632.8 nm 波长的 HeNe 激光。对于平面波，当波阵面扭曲以至于单个的波阵面不再协调时发生波阵面误差。当波阵面的不同部分传播不同的光学路径长度时这种情况就会发生。在理想的舷窗中，平面波经过舷窗以至于舷窗上的每一点的光学距离是一样的，波阵面保持相同的相位。波阵面误差依赖于光圈。在有缺点的舷窗中，波阵面是扭曲的，也就是说，不保持相位。波阵面误差可能被表面缺陷（窗不平）或不同类的材质（穿过窗口时折射率发生变化）扭曲
楔	单个窗玻璃的两个表面之间形成的角

窗口	与舷窗相同，并可与其交替使用
窗户盖	见“保护盖”
舷窗过滤器	内部、无压力的、透明薄膜或窗格玻璃，通常是不同于窗玻璃的材质，例如聚碳酸酯或其他材料，目的是过滤非电离的辐射危害以保持在安全水平。不认为舷窗过滤器是窗口装配的主要部分。舷窗过滤器很容易移开，并且一个乘员不用工具就能很容易将其重新安装上。舷窗过滤器也可以用作保护盖
舷窗	完成的装配包括框架结构（包括所有的垫圈、螺钉、隔板以及其他类似的部件）和所有窗玻璃，特殊位置通常使用保护玻璃、永久涂层、聚碳酸酯薄膜或层压材料
遮光帘	通常指内部无压力的不透明的布，用来阻止外部光进入乘员舱。遮光帘可能是或可能不是窗口组装的必要部分。乘员不用工具就能很容易将非必要的遮光帘拉开和移位。必要遮光帘也可作为舷窗保护罩
舷窗保护罩	内部操作和远程操作的外部保护罩，用来防止自然的或由于其他原因导致的舷窗外玻璃窗的环境恶化（例如，玷污、腐蚀和碰撞），玻璃窗有从远程操作场所读来的开关指示器。在少于 10 s 的时间内可以通过舷窗保护罩的全范围运动来操作它，舷窗保护罩可以用作遮光帘
工作量	在单位时间内预期完成的工作总量。体力工作量是指同时或连续管理的个人身体活动量。同样地，脑力或认知工作量是指同时或连续管理的脑力工作或活动量
工作站	为特殊任务或特殊活动而设计的场地，在该场地管理工作或控制操作。工作站包括驾驶员座舱，机器人技术控制站，以及有工作界面、工具、装备或计算机的其他工作区域
微重力（0 g）	在本文内，0 g 和微重力通用

附录B 人体测量参数、生物力学和力量参数数据

表 1a 美国男性和女性人体参数测量数据

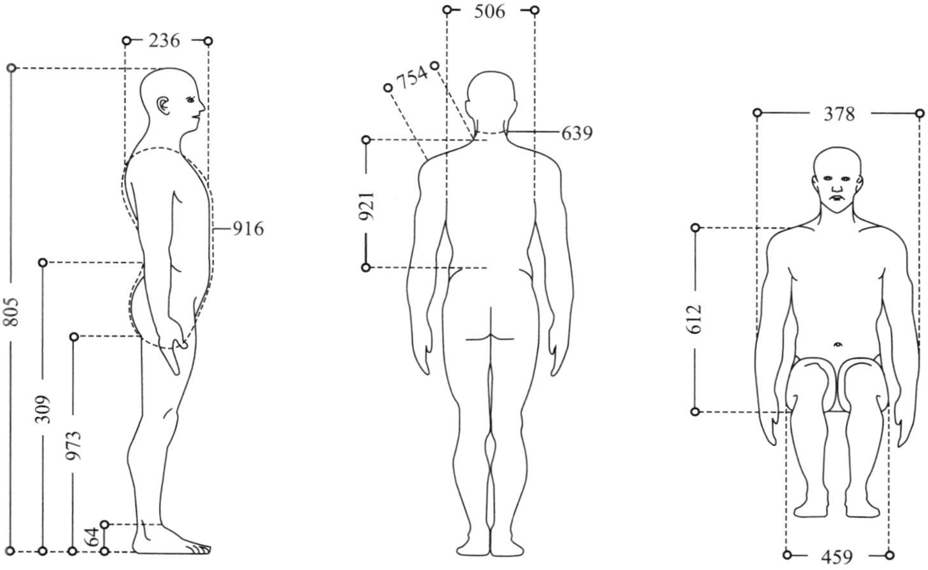

项目编号	参数名称	最小值/cm（in）	最大值/cm（in）
805	身高	148.6（58.5）	194.6（76.6）
973	腕高	70.3（27.7）	96.3（37.9）
64	踝高	4.8（1.9）	8.1（3.2）
309	肘高	89.9（35.4）	120.7（47.5）
236	胸厚	19.1（7.5）	30.2（11.9）
916	垂直躯干围	134.9（53.1）	181.9（71.6）
612	坐姿臀肩高	52.6（20.7）	71.1（28.0）
459 *	坐姿臀宽	31.5（12.4）	46.5（18.3）
921	腰背高	39.1（15.4）	55.9（22.0）
506	后腋窝宽	29.3（11.5）	48.0（18.9）
639	颈围	27.8（10.9）	43.4（17.1）
754	单肩宽（侧颈到肩峰的水平距离）	12.0（4.7）	18.0（7.1）
378	前臂宽	38.9（15.3）	66.0（26.0）

* 坐姿测量结果显示：女性最大臀宽比男性最大臀宽大，女性最小臀宽也比男性最小臀宽大。因此，男性数据被用作最小数据，女性数据被用作最大数据。

表 1b　美国男性和女性人体参数测量数据

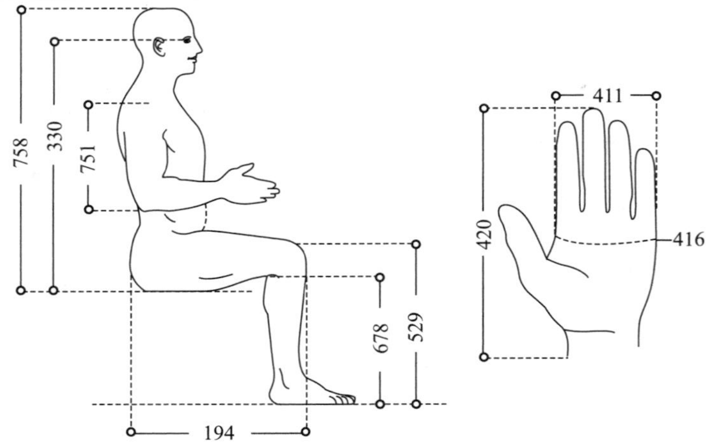

项目编号	参数名称	最小值/cm（in）	最大值/cm（in）
758	坐高	77.7（30.6）	101.3（39.9）
330	坐姿下，眼高	66.5（26.2）	88.9（35.0）
529	坐姿下，膝高	45.5（17.9）	63.5（25.0）
678	腘窝高	33.0（13.0）	50.0（19.7）
751	肘肩高	29.6（11.6）	41.9（16.5）
194	膝臀宽	52.1（20.5）	69.9（27.5）
420	手长	15.8（6.2）	22.1（8.7）
411	手宽	7.1（2.8）	10.2（4.0）
416	手围	16.8（6.6）	24.1（9.5）

表 1c　美国男性和女性人体参数测量数据

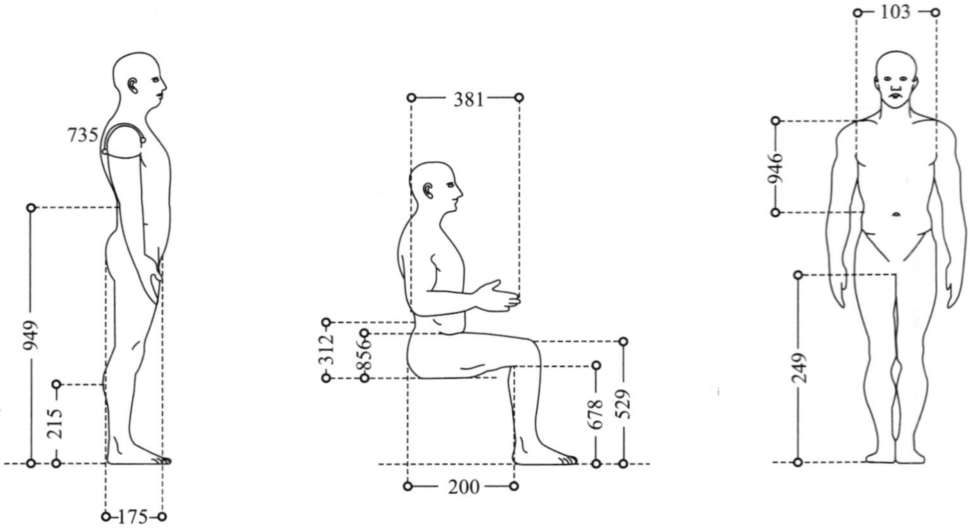

项目编号	参数名称	最小值/cm（in）	最大值/cm（in）
949	腰高	86.6（34.1）	119.6（47.1）

续表

项目编号	参数名称	最小值/cm（in）	最大值/cm（in）
249	胯高	66.5（26.2）	95.8（37.7）
215	小腿高	25.9（10.2）	41.4（16.3）
103	前腋窝宽	32.3（12.7）	44.5（17.5）
946	前腰肩高	34.1（13.4）	48.8（19.2）
735	肩胛围	31.9（12.6）	52.1（20.5）
178	臀围	84.1（33.1）	114.8（45.2）
312	坐姿肘高	16.2（6.4）	30.0（11.8）
856	臀高	13.0（5.1）	20.1（7.9）
381	前臂长	38.7（15.2）	54.6（21.5）
200	臀腘宽	42.2（16.6）	57.2（22.5）

表 1d　美国男性和女性人体参数测量数据

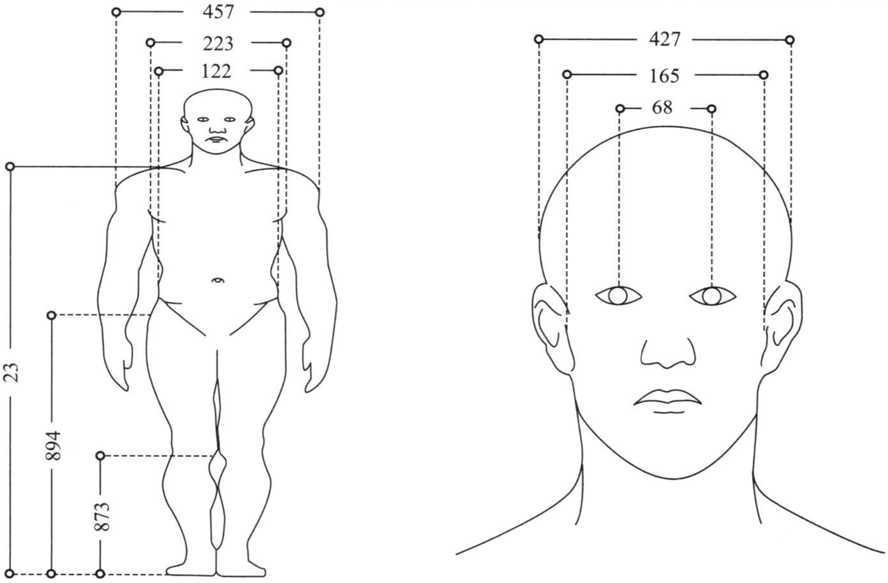

项目编号	参数名称	最小值/cm（in）	最大值/cm（in）
23	肩高	120.4（47.4）	161.8（63.7）
894	腰高	75.2（29.6）	105.4（41.5）
873	膝高	39.6（15.6）	57.9（22.8）
122	腰宽	37.8（14.9）	56.1（22.1）
223	胸宽	23.5（9.3）	39.4（15.5）
457 *	肩宽	29.8（11.7）	40.6（16.0）
165	脸宽	12.0（4.7）	15.5（6.1）
427	头宽	13.3（5.2）	16.5（6.5）
68	瞳距	5.3（2.1）	7.4（2.9）

* 站姿测量结果显示，女性最大臀宽比男性最大臀宽大。因此，女性数据被用作最大数据和最小数据。

表 1e　美国男性和女性人体参数测量数据

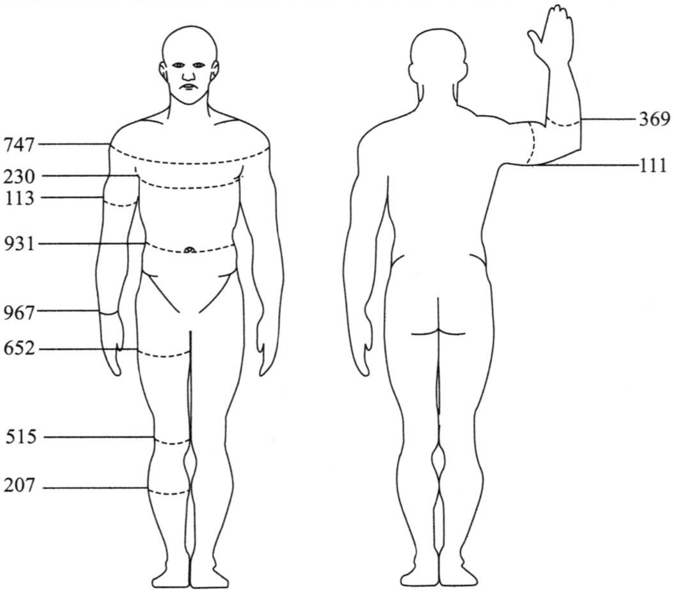

项目编号	参数名称	最小值/cm（in）	最大值/cm（in）
747	肩围	90.4（35.6）	133.9（52.7）
230	胸围	75.7（29.8）	118.6（46.7）
931	腰围	61.2（24.1）	110.5（43.5）
852	大腿围	47.8（18.8）	71.9（28.3）
515	膝围	30.7（12.1）	44.5（17.5）
207	小腿围	29.5（11.6）	44.5（17.5）
967	腕围	13.5（5.3）	19.8（7.8）
111	弯曲状态上臂围	22.9（9.0）	40.4（15.9）
369	弯曲状态前臂围	21.6（8.5）	35.3（13.9）

表 1f　美国男性和女性人体参数测量数据

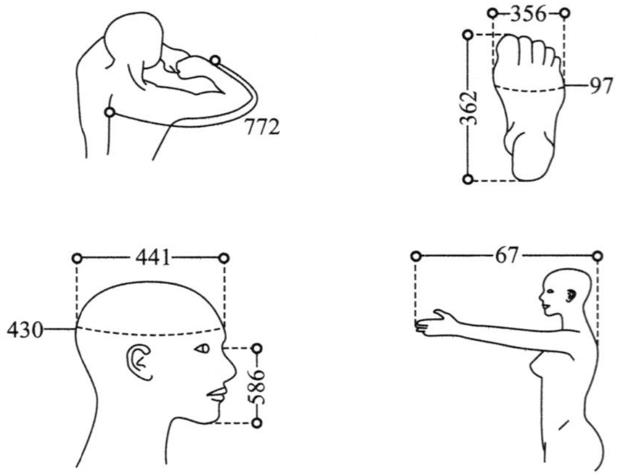

项目编号	参数名称	最小值/cm（in）	最大值/cm（in）
67	上肢可达距离	65.0（25.6）	90.9（35.8）

续表

项目编号	参数名称	Min/cm（in）	Max/cm（in）
772	弯曲状态上肢长	72.4（28.5）	99.1（39.0）
441	头长	17.3（6.8）	21.6（8.5）
430	头围	51.3（20.2）	61.0（24.0）
586	眼至下颌距离	9.9（3.9）	14.0（5.5）
362	脚长	21.6（8.5）	30.5（12.0）
356	脚宽	7.9（3.1）	11.4（4.5）
97	脚掌围	19.6（7.7）	28.2（11.1）

表 2　男性和女性关节活动范围

图	关节运动（注 2）	关节运动范围/（°）（注 1）
1 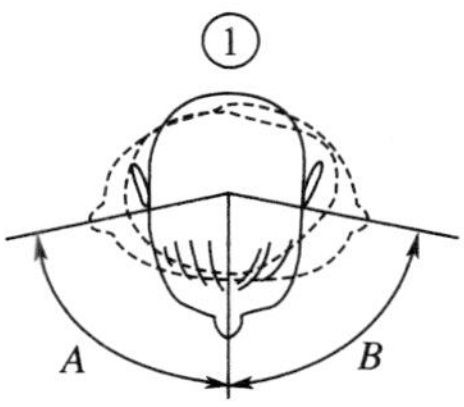 颈旋转 右(*A*)左(*B*)	颈右旋（*A*） 颈左旋（*B*）	73 72
2 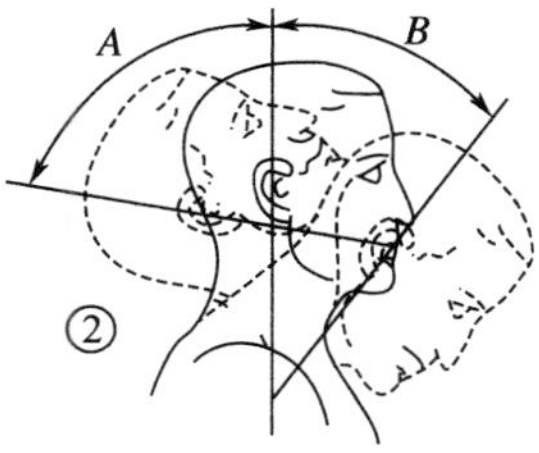 颈伸展(*A*) 颈弯曲(*B*)	颈伸展（*A*） 颈弯曲（*B*）	34 65

续表

图	关节运动（注 b）	关节运动范围/（°）（注 a）
3 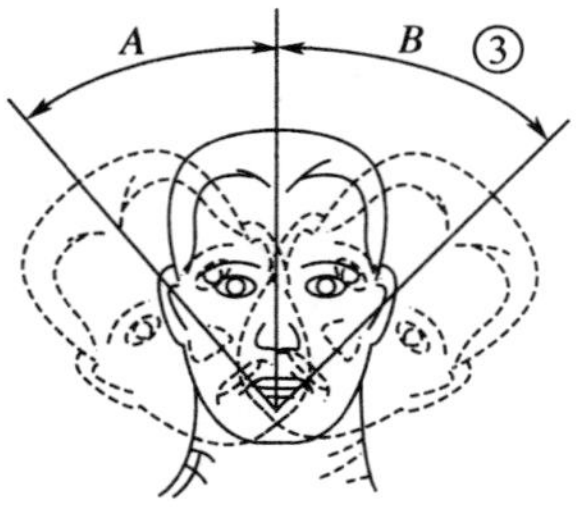 颈侧偏 右(*A*)左(*B*)	颈右侧偏（*A*） 颈左侧偏（*B*）	35 29
4 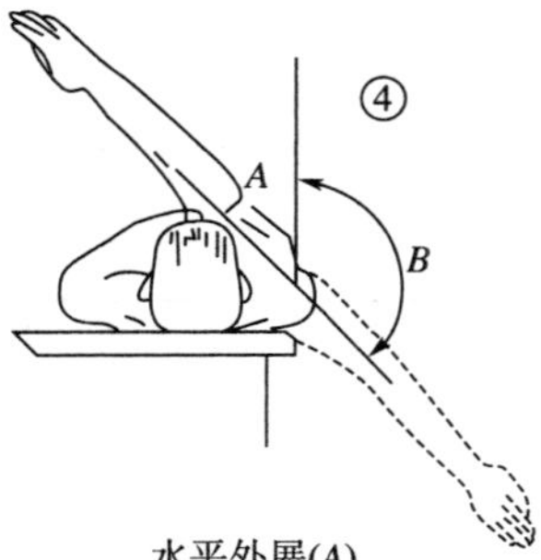 水平外展(*A*) 水平内收(*B*)	肩外展（*A*）559 肩内收（*B*）559	135 * 45 *
5 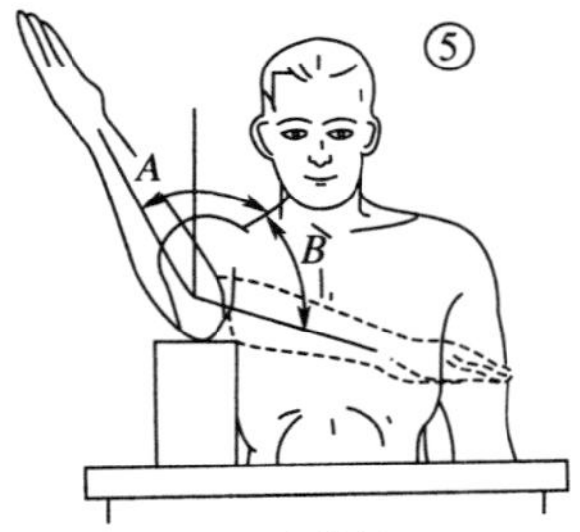 肩旋转 外旋(*A*)内旋(*B*)	肩外旋（*A*） 肩内旋（*B*）	46 91
6 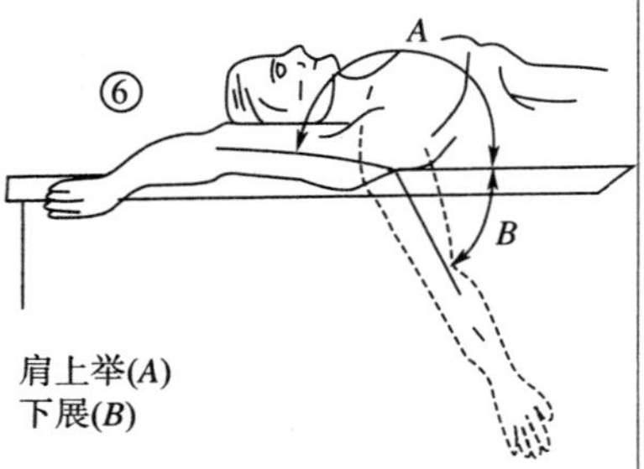 肩上举(*A*) 下展(*B*)	肩上举（*A*） 肩下展（*B*）	152 33

续表

图	关节运动（注 b）	关节运动范围/（°）（注 a）
7 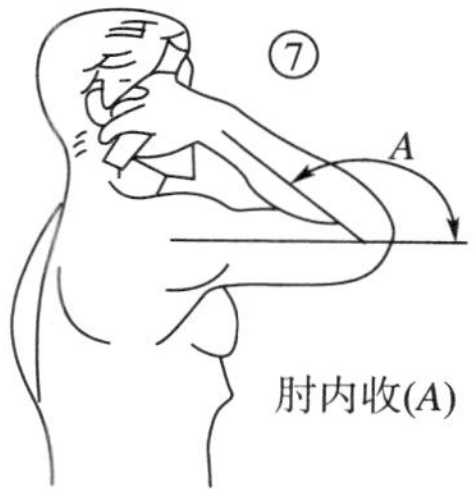 	肘内收（A）	141
8 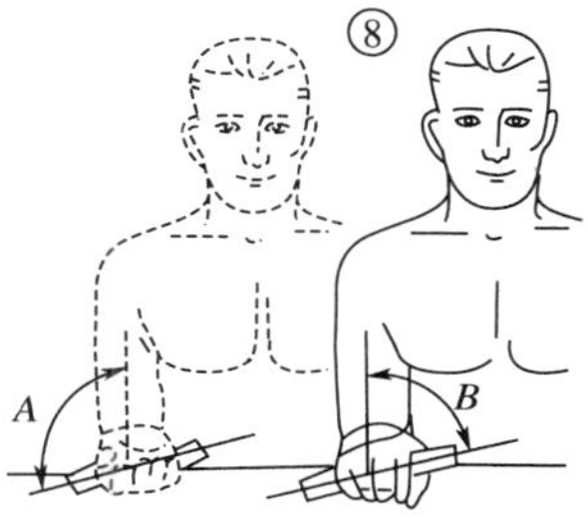 前臂外旋(A) 内旋(B)	前臂外旋（A） 前臂内旋（B）	83 78
9 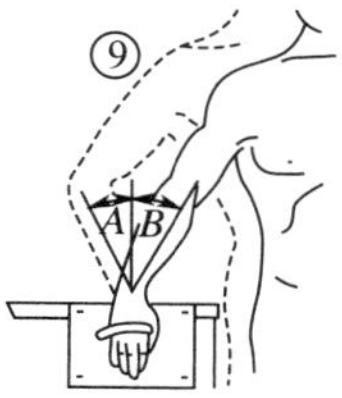 腕尺侧弯曲(A) 桡侧弯曲(B)	腕尺侧弯曲（A） 腕桡侧弯曲（B）	19 16
10 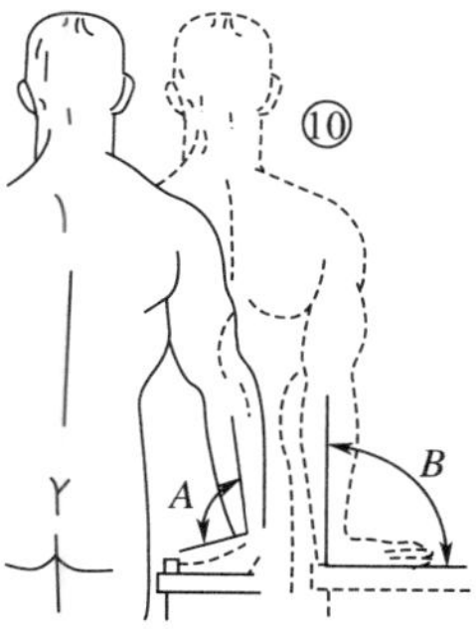 腕内收(A) 外展(B)	腕内收（A） 腕外展（B）	62 40

续表

图	关节运动（注 b）	关节运动范围/（°）（注 a）
11 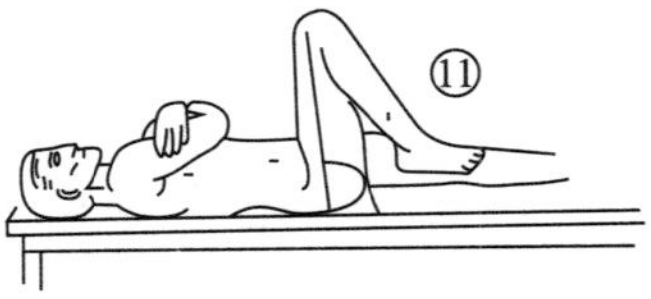 臂内收	臂内收	117
12 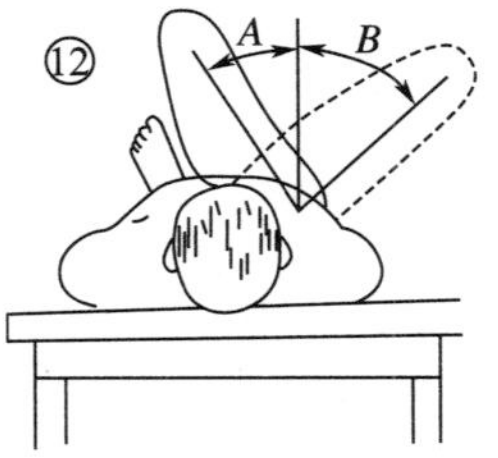 臂水平位内收(*A*) 水平位外展(*B*)	臂水平位内收（*A*） 臂水平位外展（*B*）	30 35
13 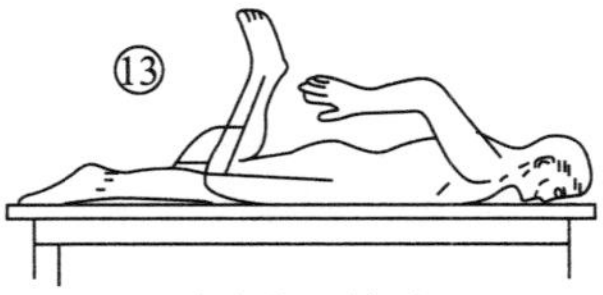 膝内收，俯卧	膝内收，俯卧	118
14 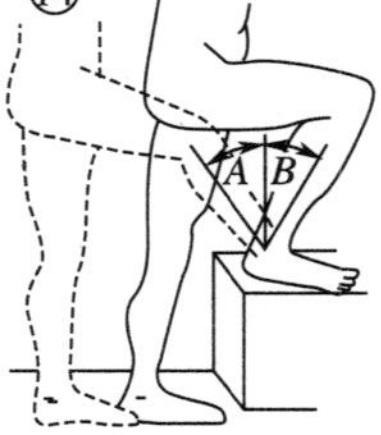 踝内收(*A*) 踝前展(*B*)	踝内收（*A*） 踝前展（*B*）	36 7

* 表明数据丢失或者不清楚，或者使用汤普森（2001）关于运动范围的计算。

注：

1）由美国航空航天局（NASA）约翰逊航天中心（JSC）威廉·桑顿（William Thornton）和约翰·杰克逊（John Jackson）于 1979 年和 1980 年获取的数据支持，该项研究使用了 192 名男性（平均年龄 33 岁）和 22 名女性（平均年龄 30 岁）航天员候选人；

2）肢体运动范围是左右肢运动范围的平均值。

表 3a　美国男性和女性右手抓握范围测量数据（1/19）

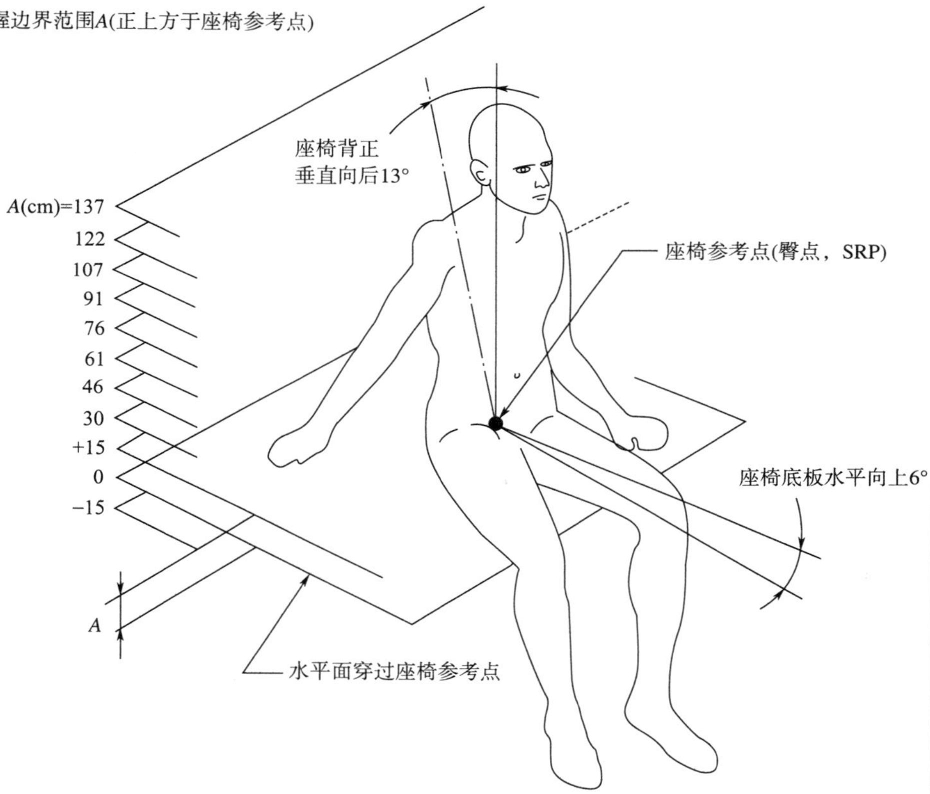

提示:

a. 重力条件——该边界仅适用于1 g的条件下。微重力条件下，将导致人体脊柱延长，因此，因基于新的肩枢轴位置进行数据的重折调整。

b. 受试者——本研究中所参加的受试者是NASA RP 1024，第3章中定义的由1967年美国空军的代表性估算样本。

NASA-STD-3000 288a

表 3a　美国男性和女性右手抓握范围测量数据（2/19）

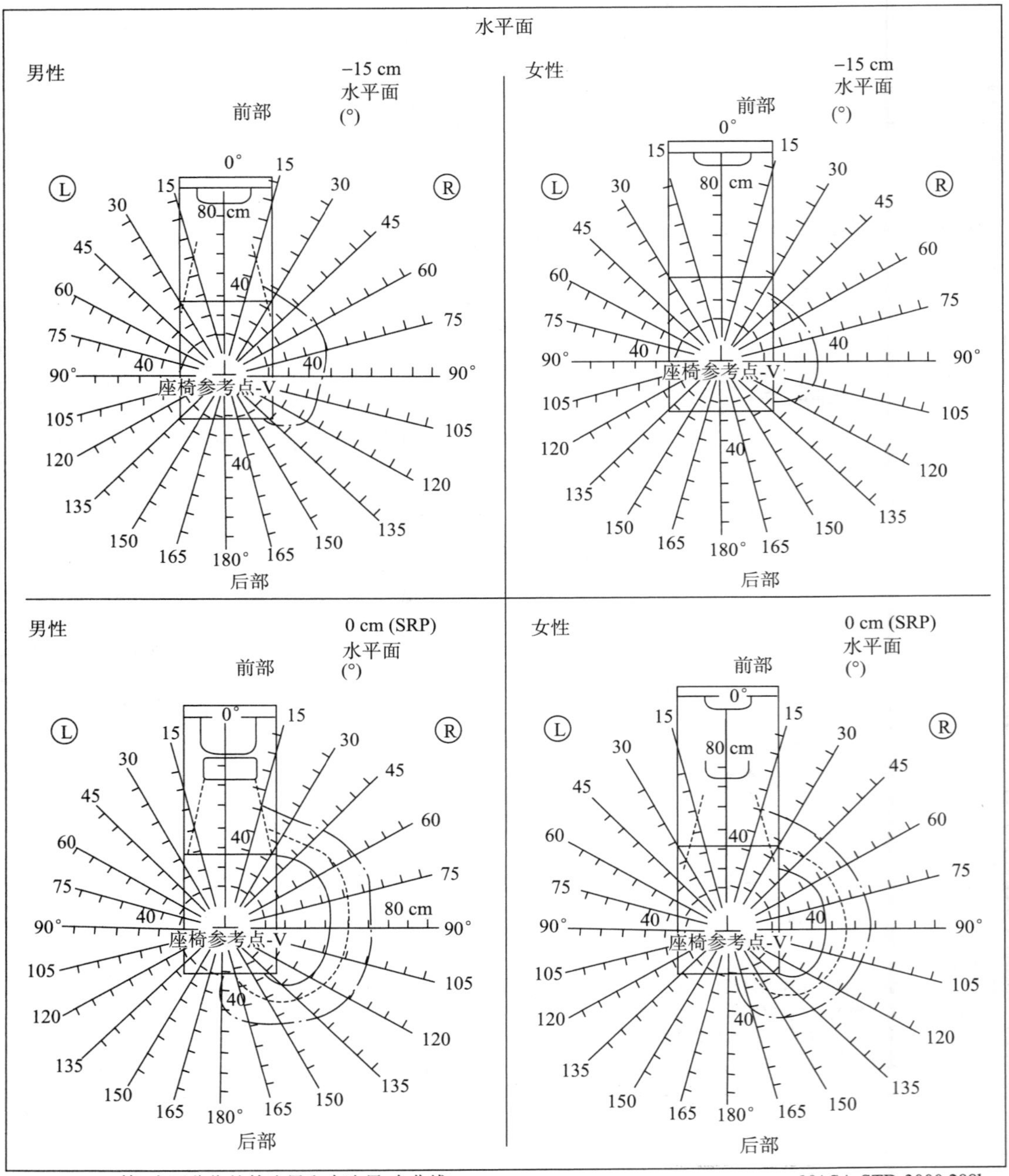

——————　第5个百分位的外边界和内边界(内曲线)　　NASA-STD-3000 288b

- - - - - - - -　第50个百分位的外边界

———·——　第95个百分位的外边界

表 3a 美国男性和女性右手抓握范围测量数据（3/19）

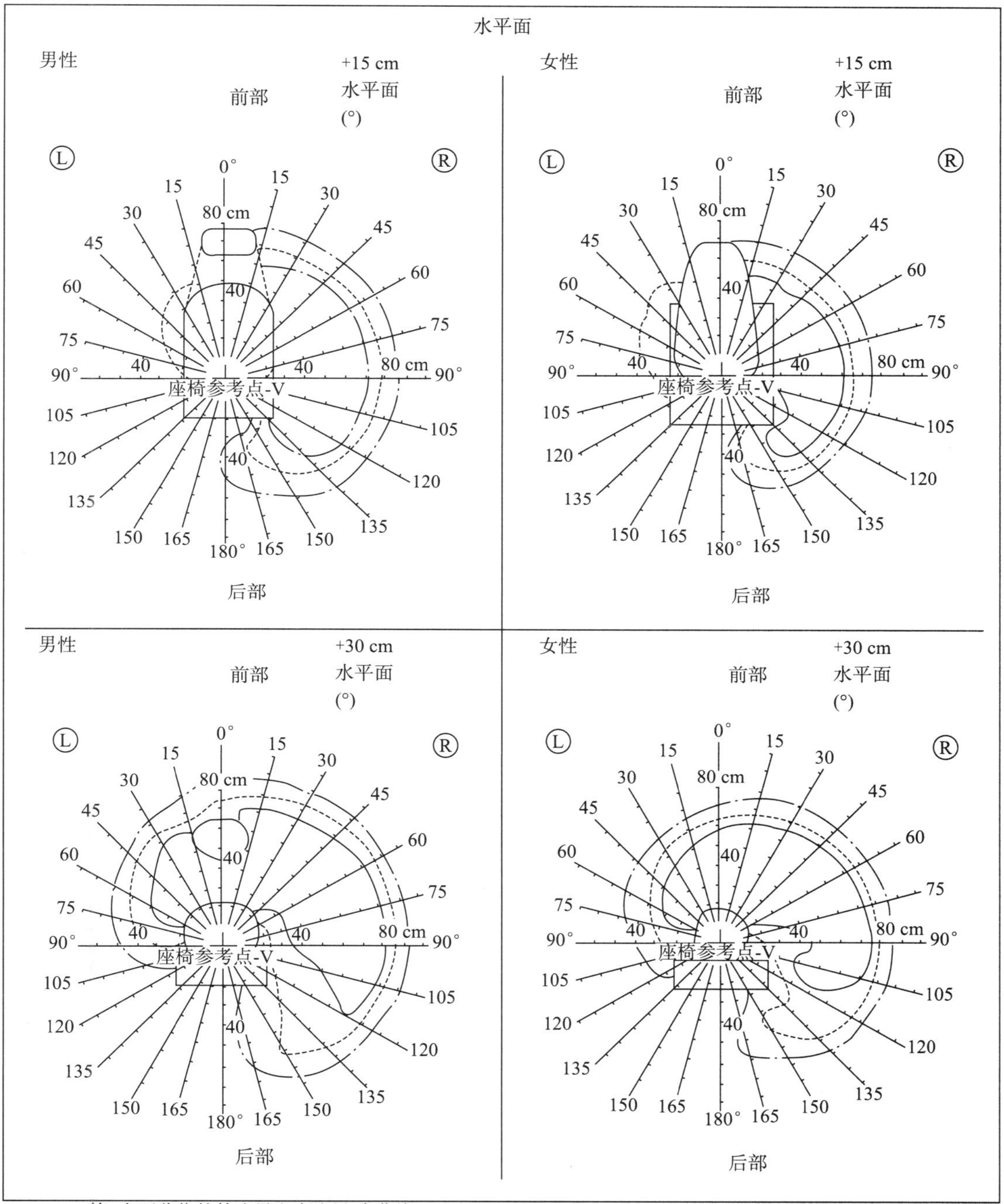

———— 第5个百分位的外边界和内边界(内曲线)
-------- 第50个百分位的外边界
—·— 第95个百分位的外边界

NASA-STD-3000 288c

表 3a　美国男性和女性右手抓握范围测量数据（4/19）

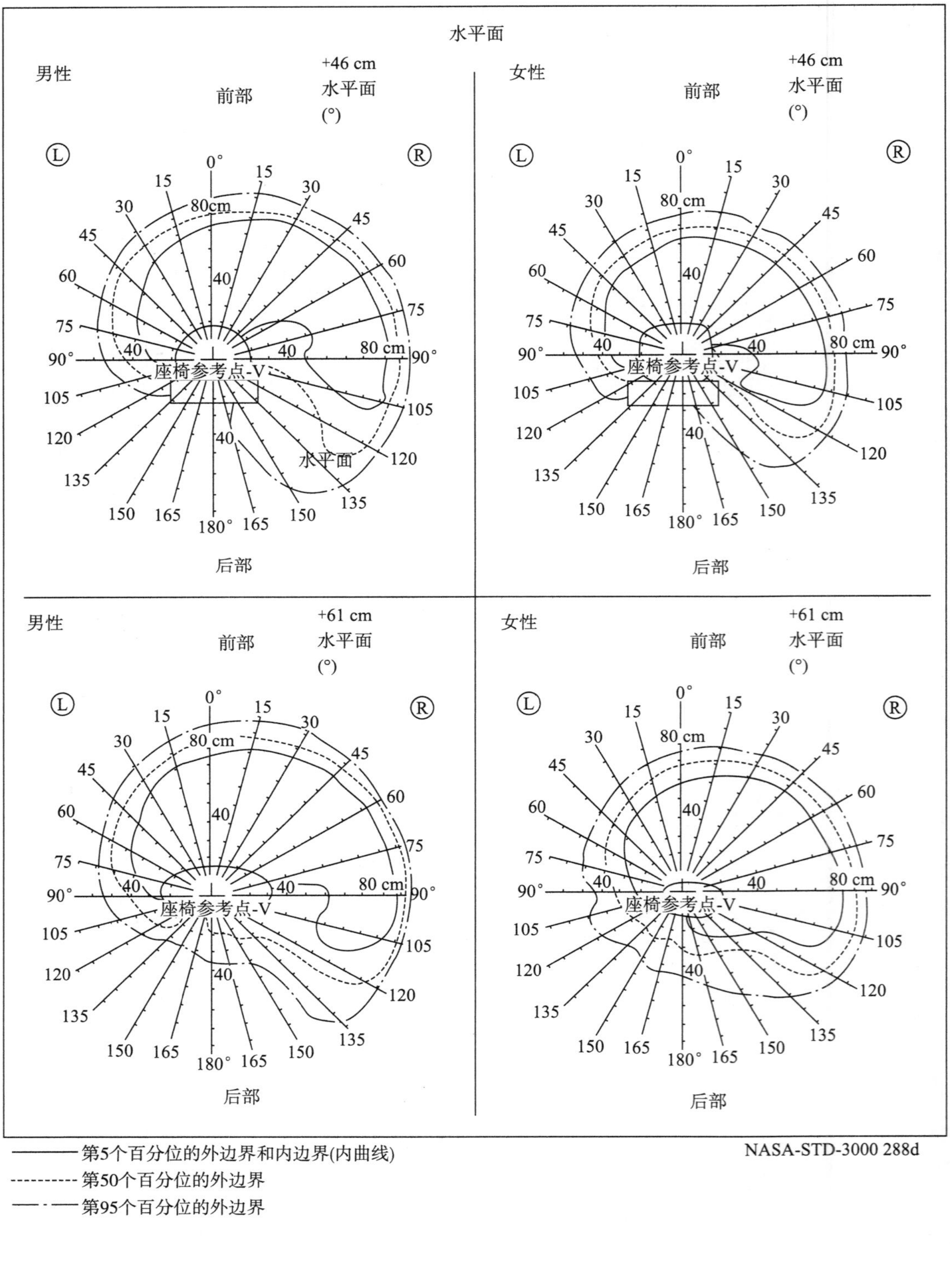

———— 第5个百分位的外边界和内边界(内曲线)

-------- 第50个百分位的外边界

—·— 第95个百分位的外边界

NASA-STD-3000 288d

表 3a　美国男性和女性右手抓握范围测量数据 (5/19)

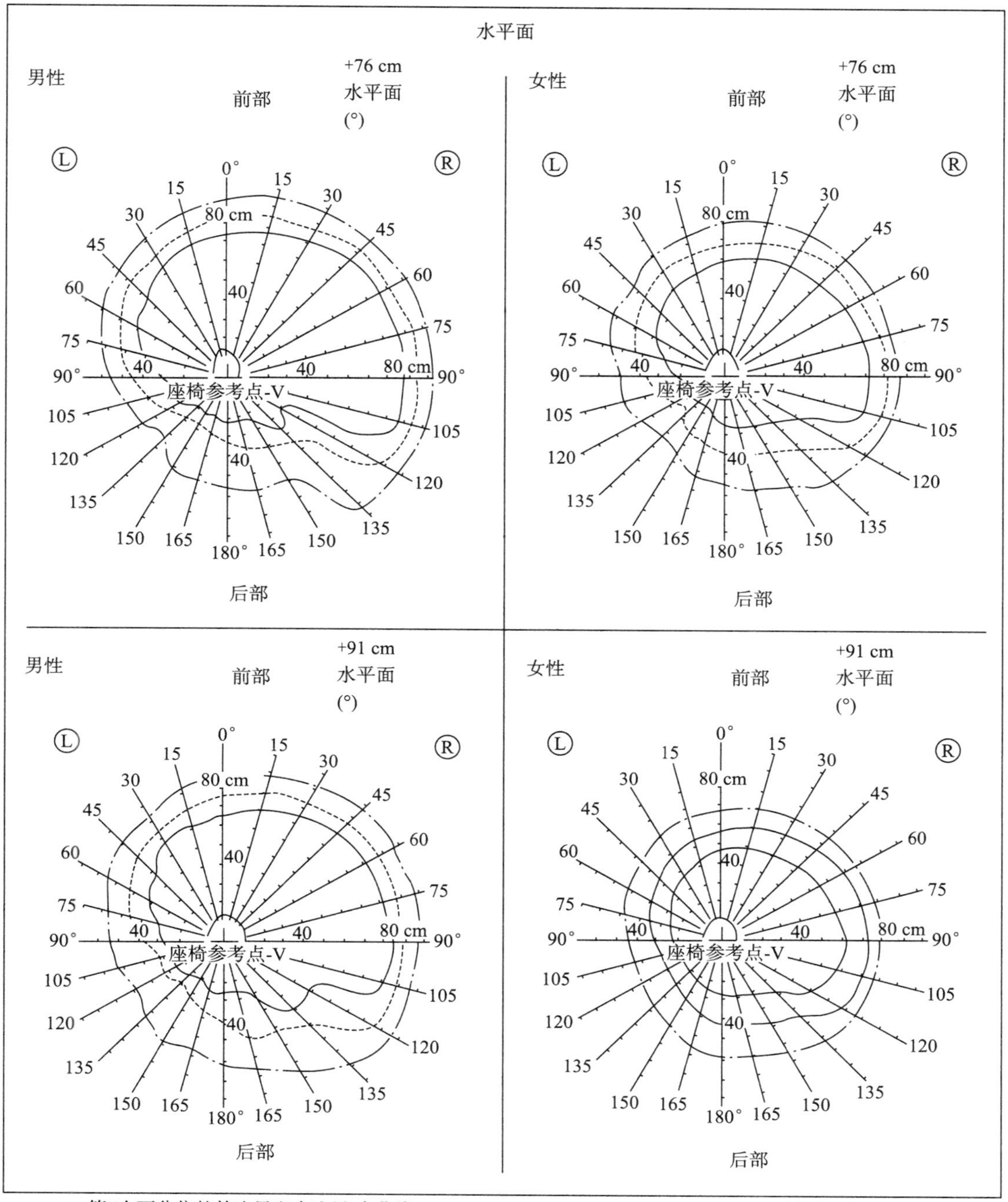

——— 第5个百分位的外边界和内边界(内曲线)
-------- 第50个百分位的外边界
—·— 第95个百分位的外边界

NASA-STD-3000 288e

表 3a　美国男性和女性右手抓握范围测量数据（6/19）

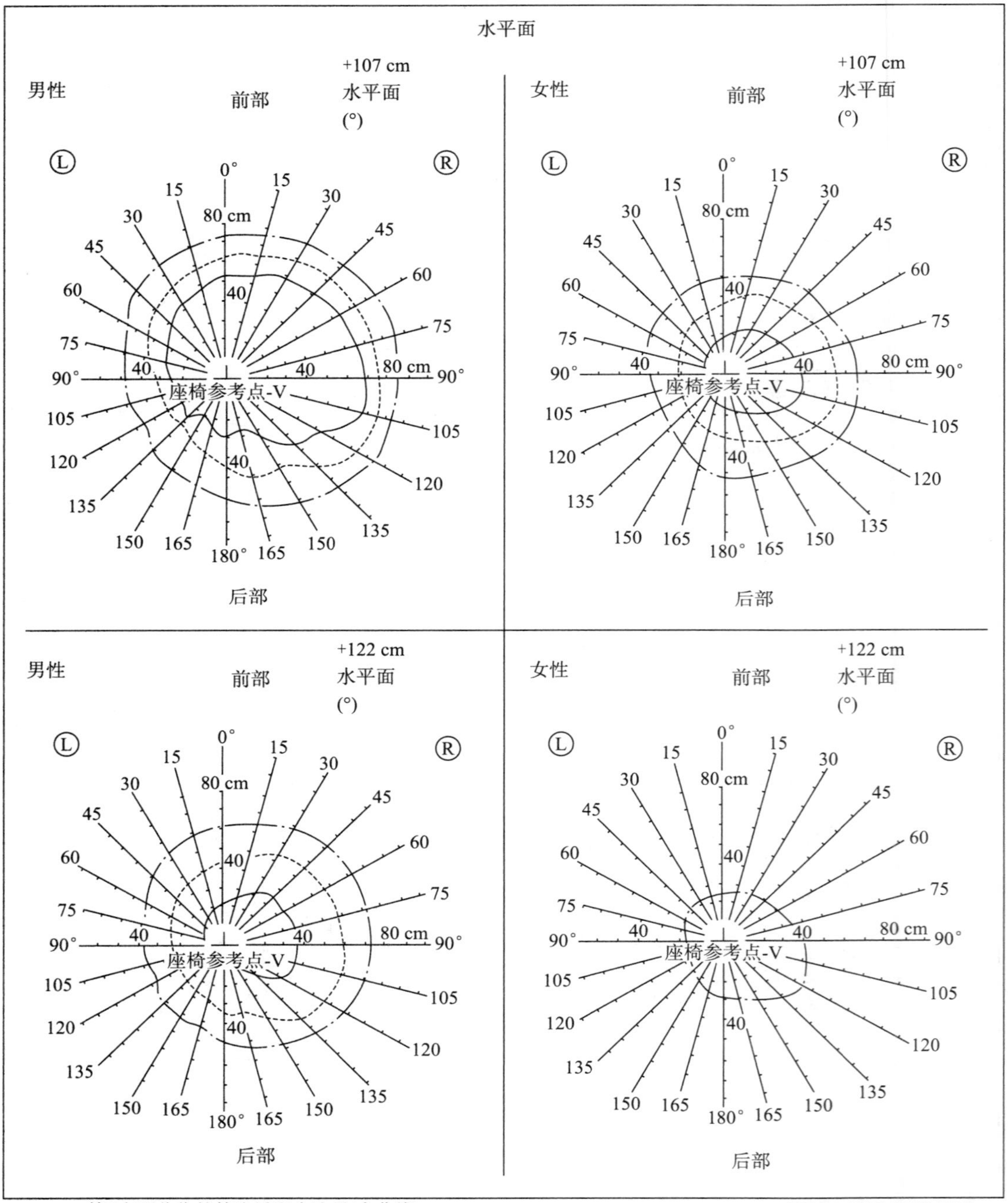

——— 第5个百分位的外边界和内边界(内曲线)
---------- 第50个百分位的外边界
—·— 第95个百分位的外边界

NASA-STD-3000 288f

表 3a 美国男性和女性右手抓握范围测量数据 (7/19)

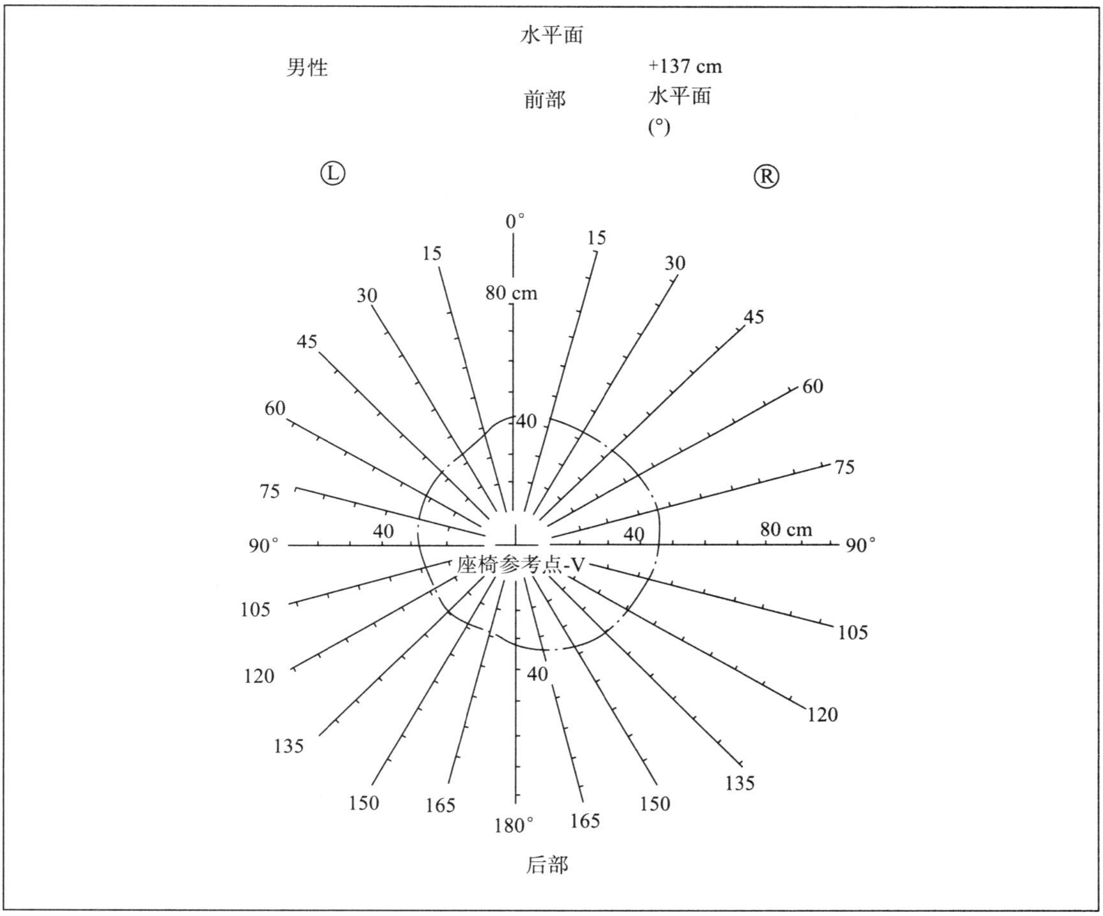

——— 第5个百分位的外边界和内边界(内曲线)
--------- 第50个百分位的外边界
—·— 第95个百分位的外边界

NASA-STD-3000 288g

表 3b　美国男性和女性右手抓握范围测量数据（8/19）

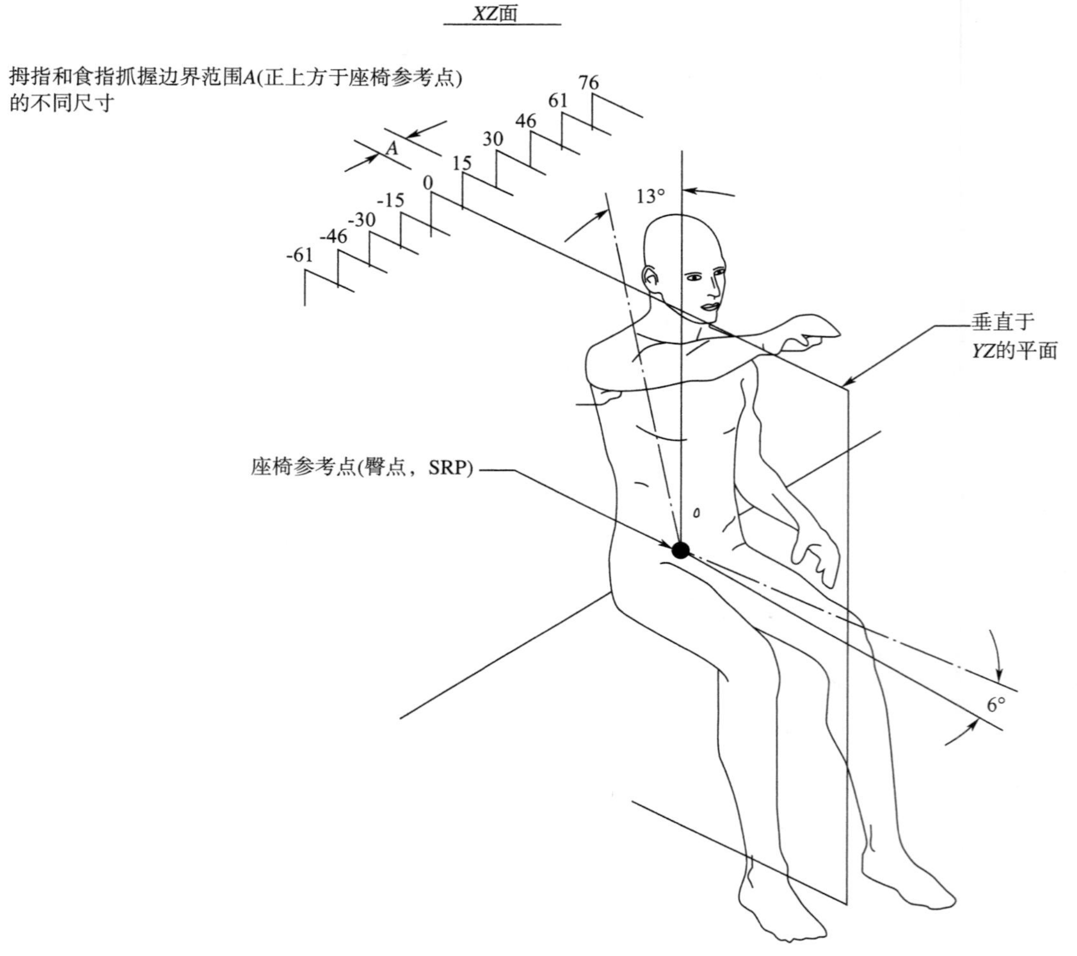

提示:

a. 重力条件——该边界仅适用于1 g的条件下。微重力条件下，将导致人体脊柱延长，因此，因基于新的肩枢轴位置进行数据的重折调整。

b. 受试者——本研究中所参加的受试者是NASA RP 1024，第3章中定义的由1967年美国空军的代表性估算样本。

NASA-STD-3000 288h

表 3b　美国男性和女性右手抓握范围测量数据（9/19）

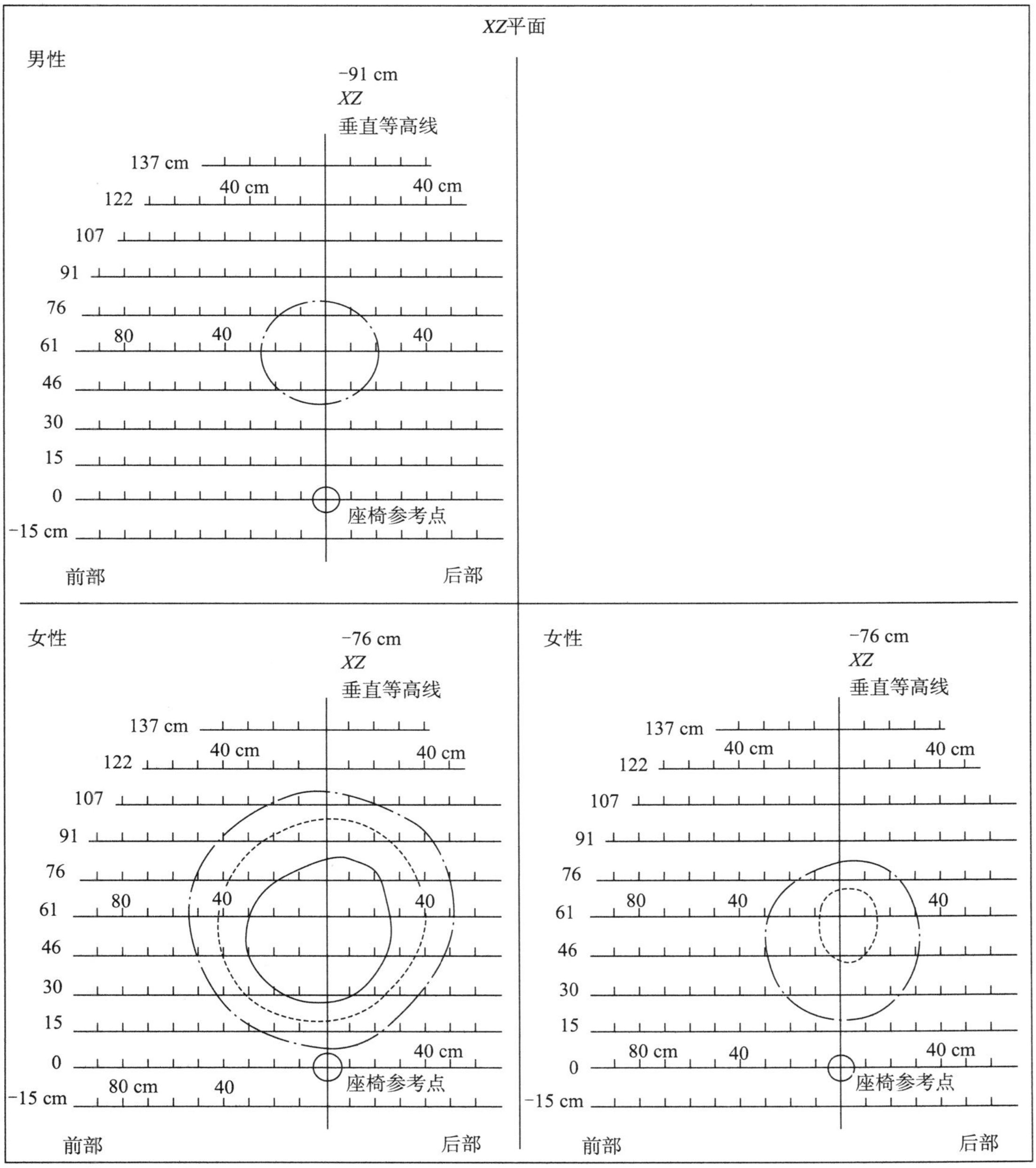

———— 第5个百分位的外边界和内边界(内曲线)　　NASA-STD-3000 288i

- - - - - 第50个百分位的外边界

—·— 第95个百分位的外边界

表 3b　美国男性和女性右手抓握范围测量数据（10/19）

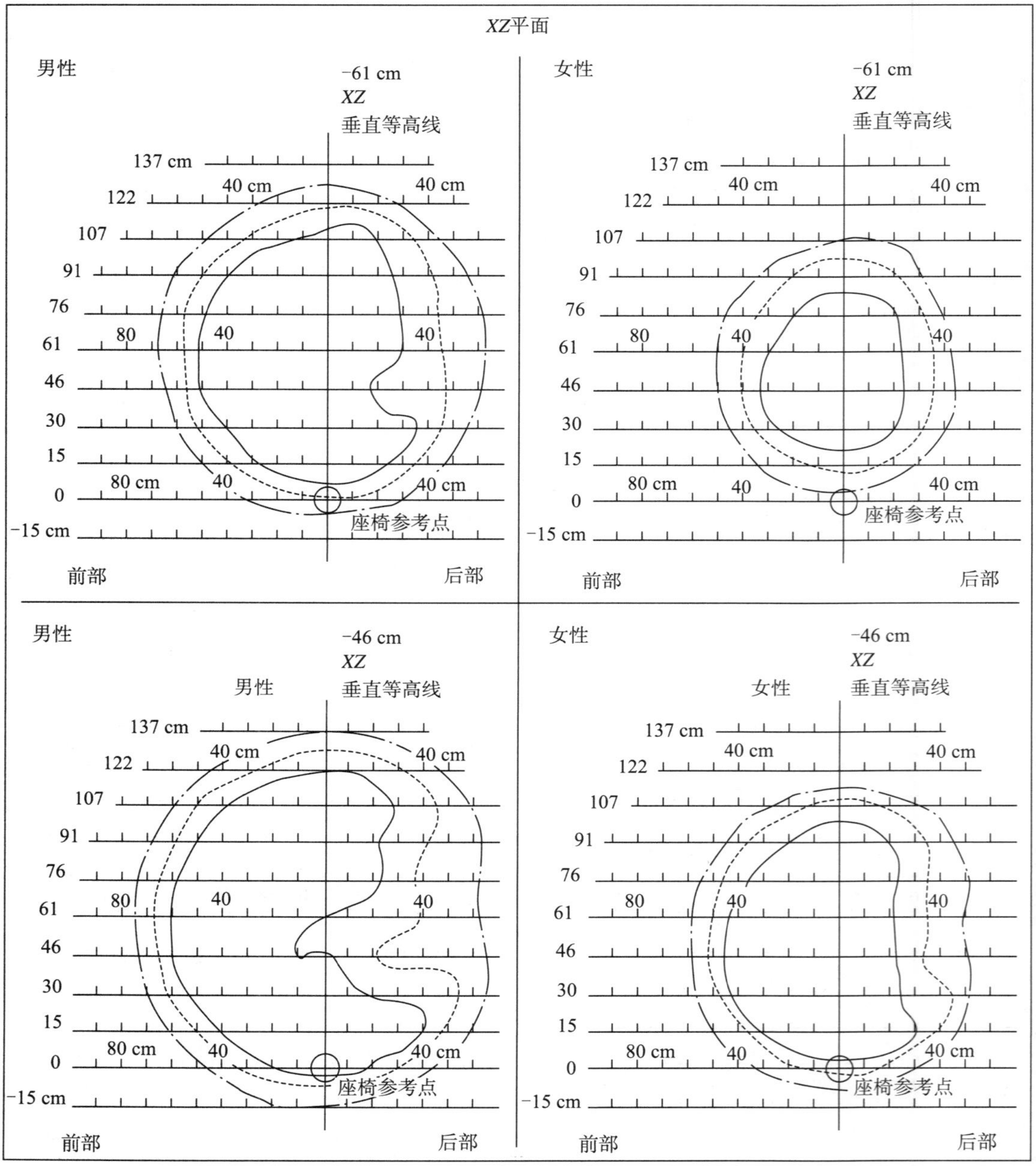

———— 第5个百分位的外边界和内边界(内曲线)
- - - - - - 第50个百分位的外边界
— · — 第95个百分位的外边界

NASA-STD-3000 288j

表 3b　美国男性和女性右手抓握范围测量数据（11/19）

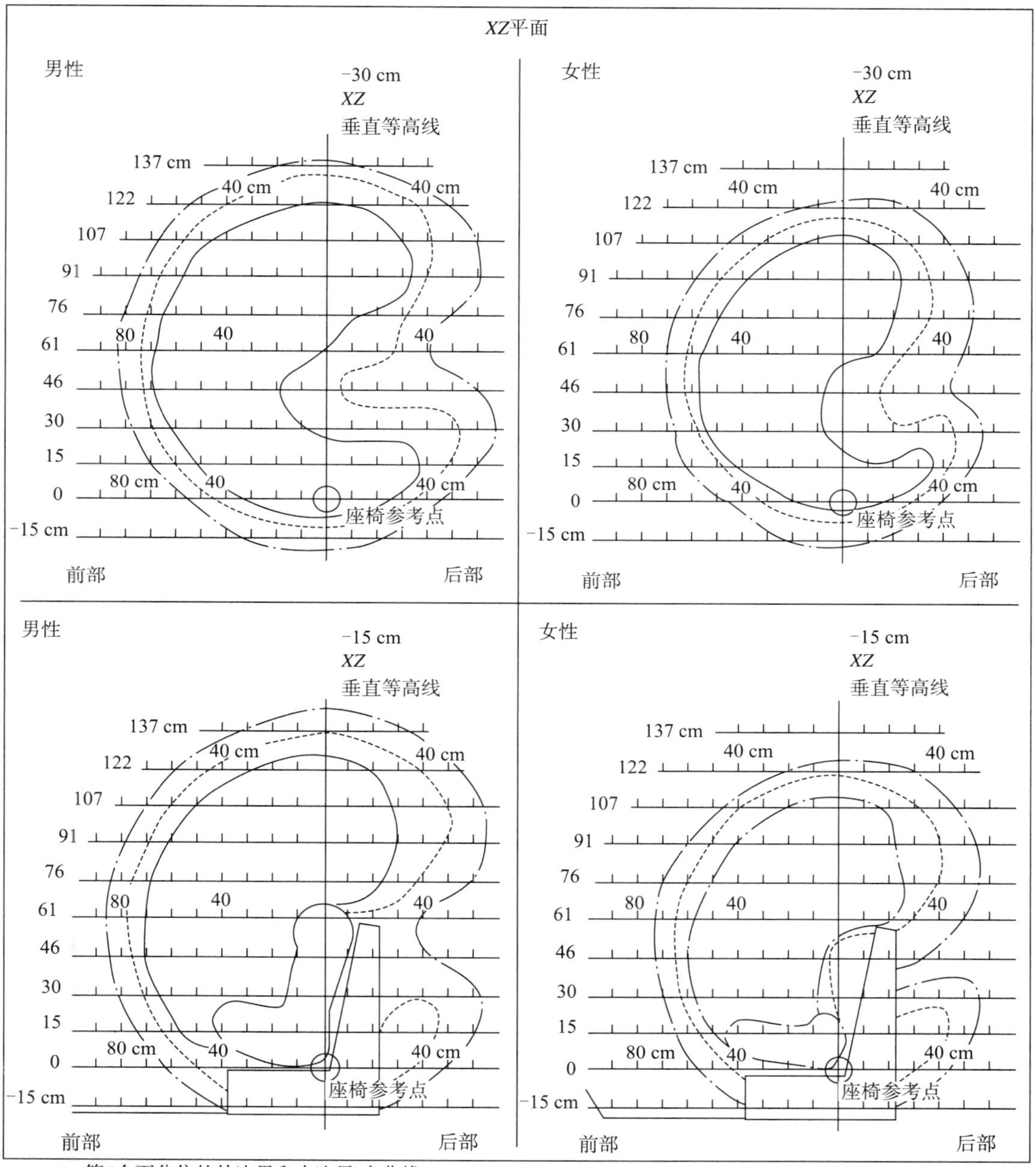

——————第5个百分位的外边界和内边界(内曲线)
- - - - - - - - - - 第50个百分位的外边界
—— · ——第95个百分位的外边界

NASA-STD-3000 288k

表 3b　美国男性和女性右手抓握范围测量数据（12/19）

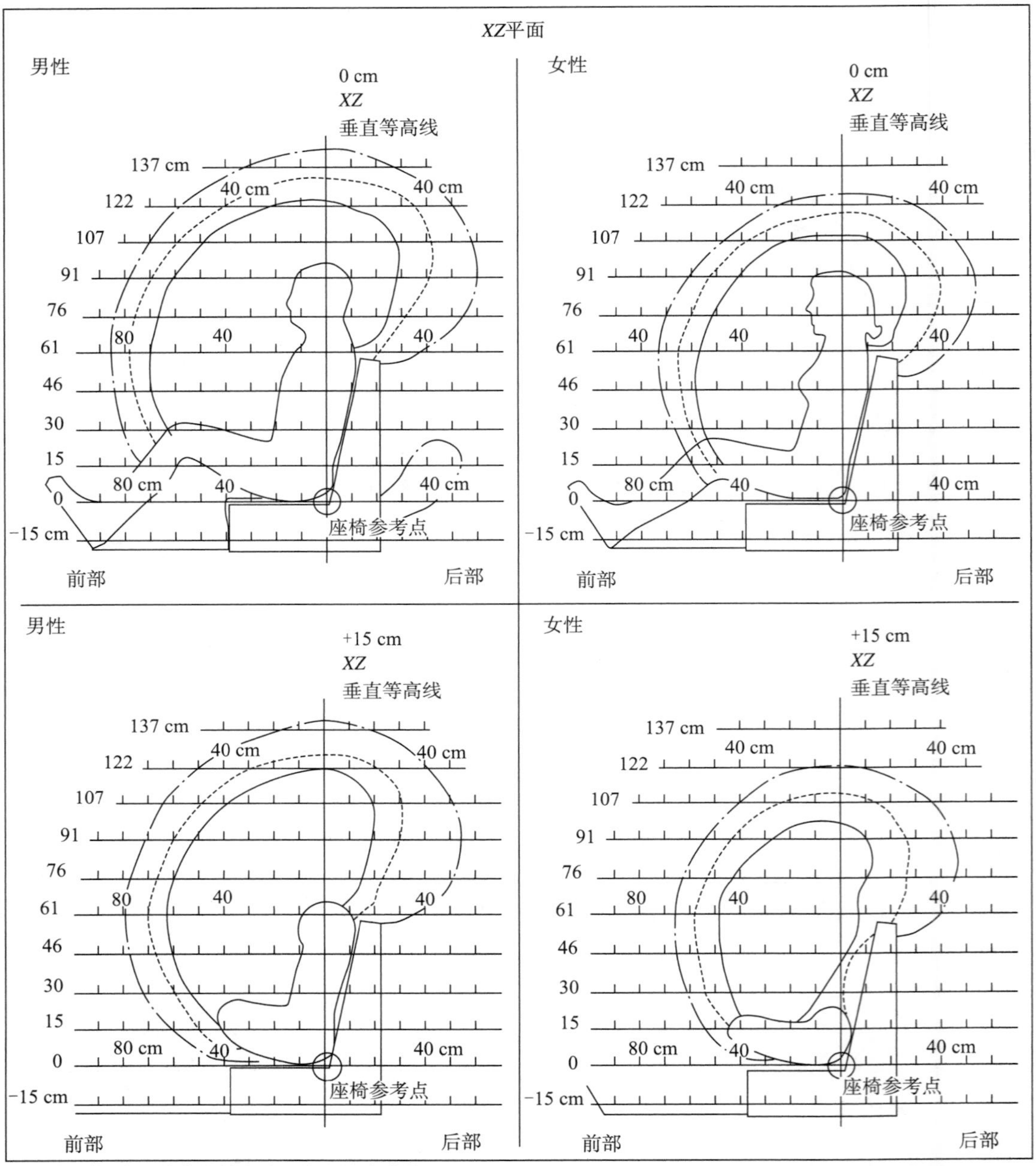

———— 第5个百分位的外边界和内边界(内曲线)　　NASA-STD-3000 2881

- - - - - 第50个百分位的外边界

—·— 第95个百分位的外边界

表 3b　美国男性和女性右手抓握范围测量数据（13/19）

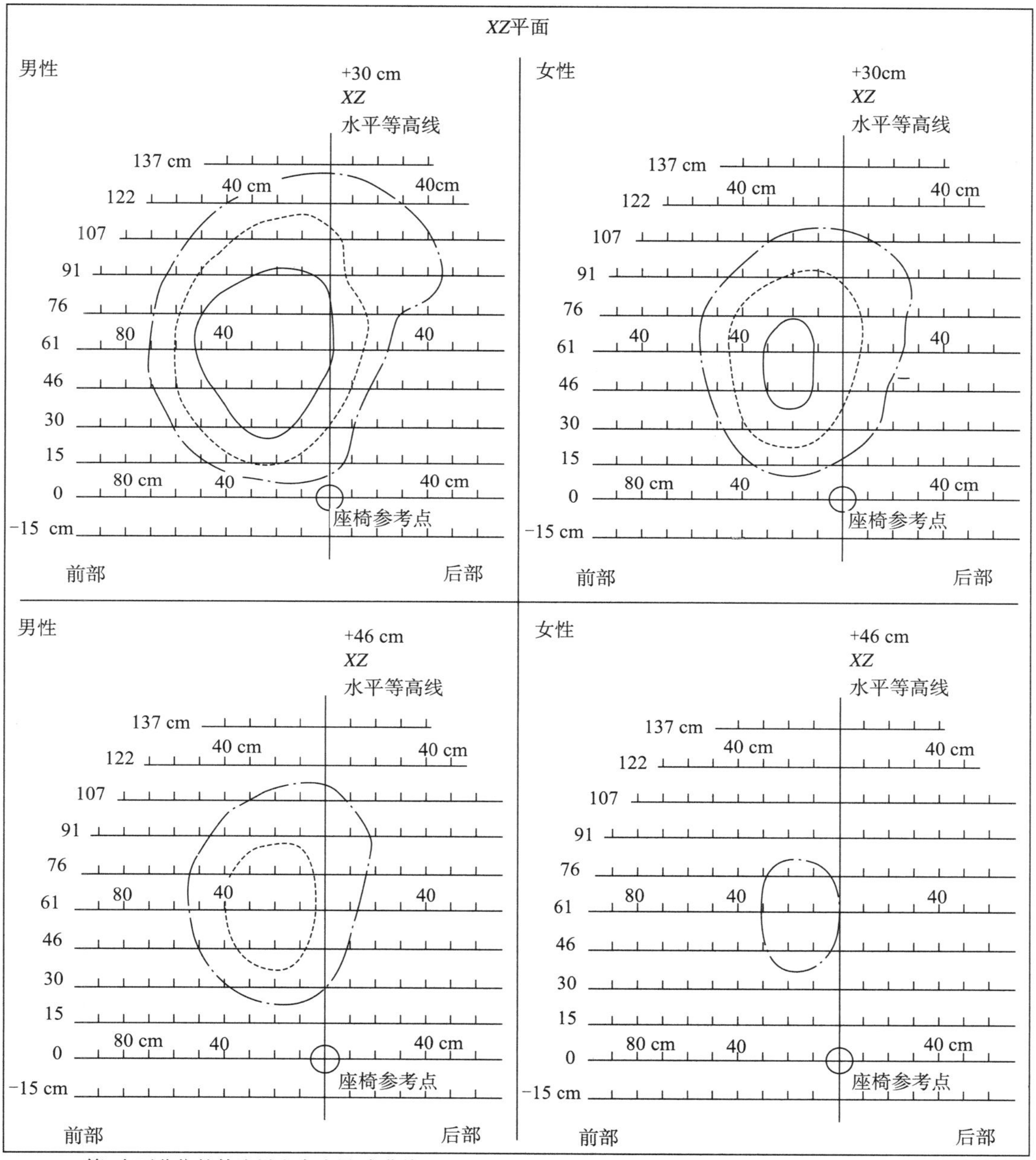

——————第5个百分位的外边界和内边界(内曲线)
------------第50个百分位的外边界
——·——第95个百分位的外边界

NASA-STD-3000 288m

表 3c 美国男性和女性右手抓握范围测量数据（14/19）

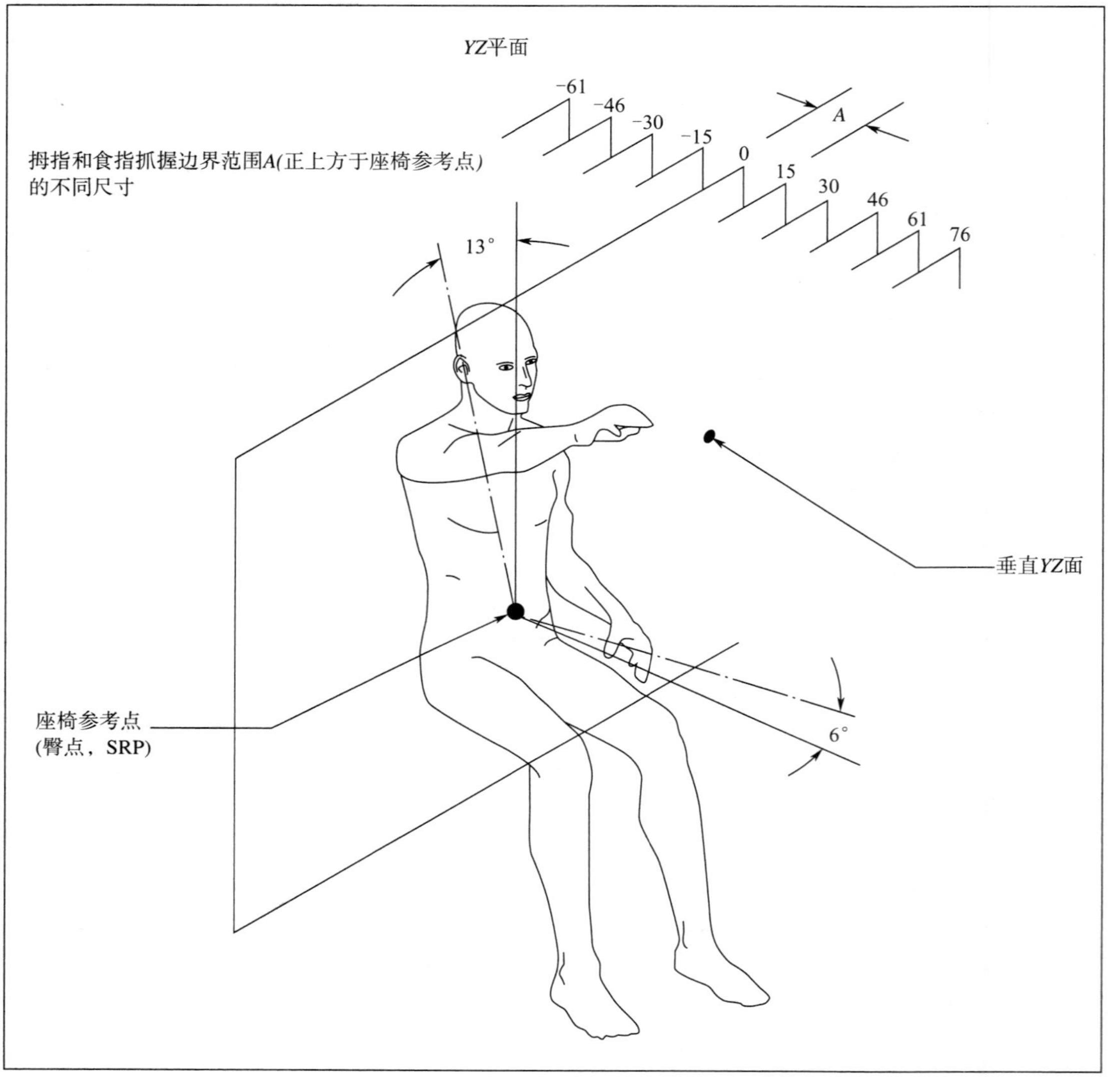

NASA-STD-3000 288n

表 3c 美国男性和女性右手抓握范围测量数据（15/19）

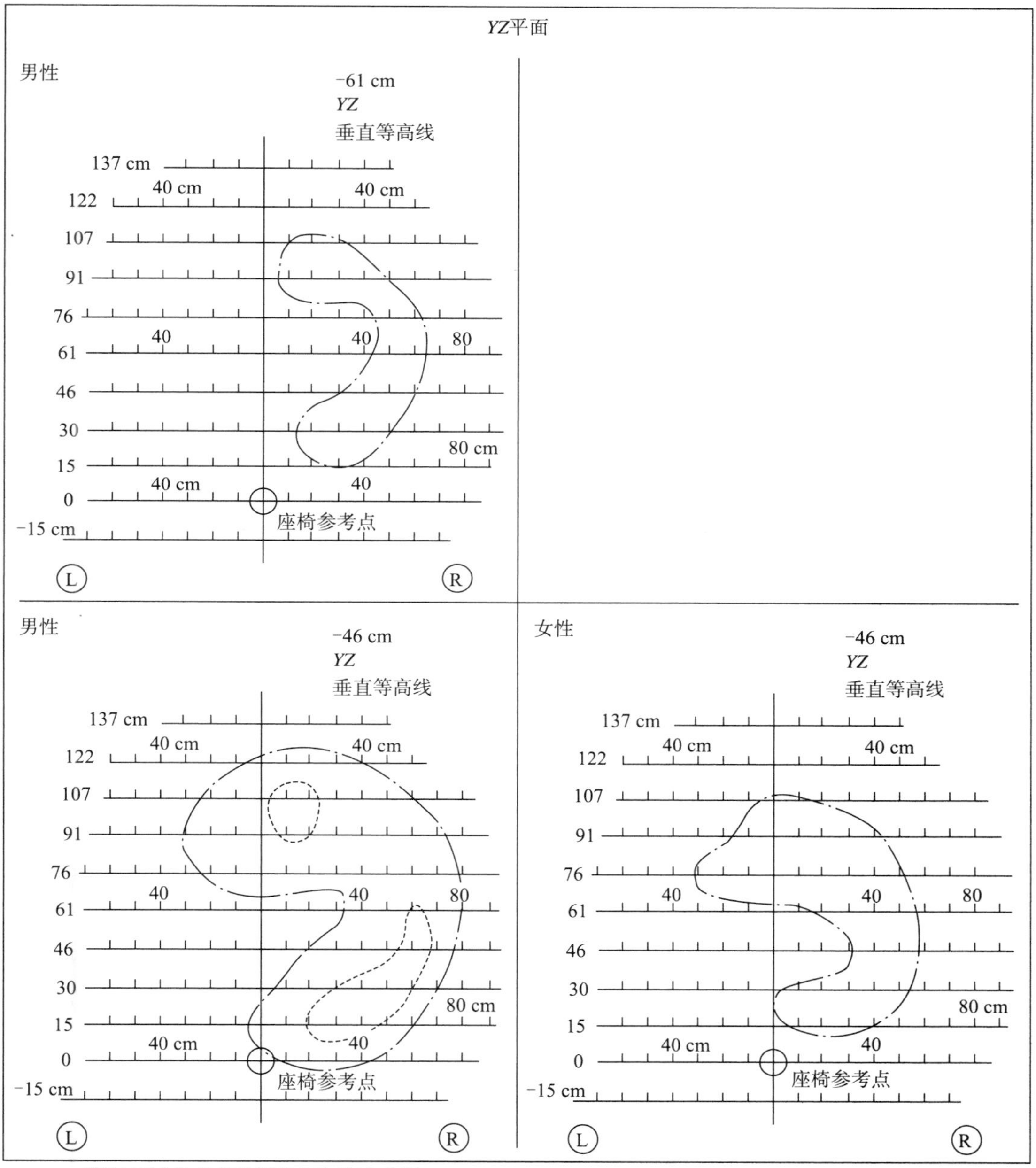

——第5个百分位的外边界和内边界(内曲线)
----------第50个百分位的外边界
—·—第95个百分位的外边界

NASA-STD-3000 288o

表 3c　美国男性和女性右手抓握范围测量数据（16/19）

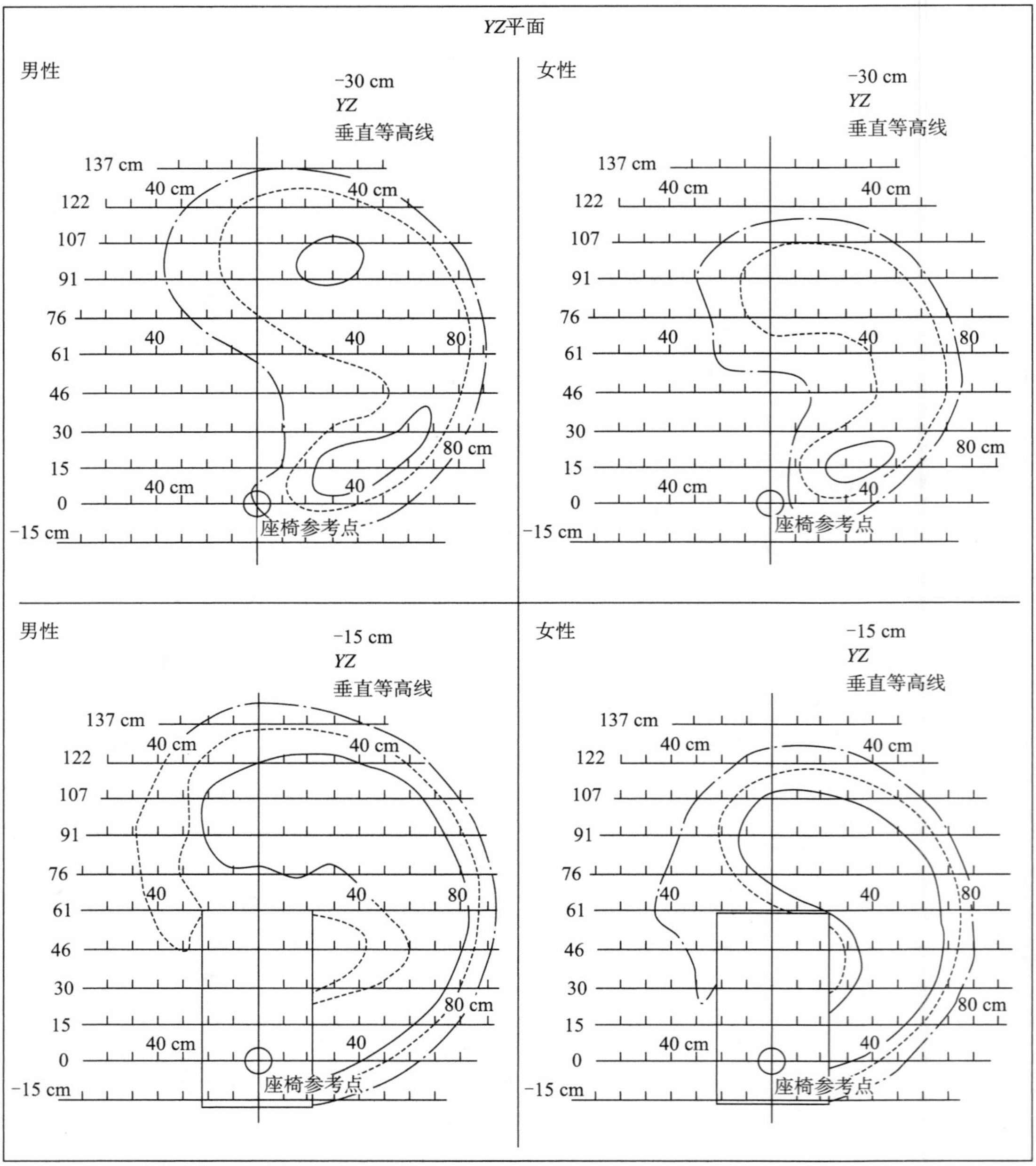

———第5个百分位的外边界和内边界(内曲线)　　NASA-STD-3000 288p

--------第50个百分位的外边界

—·—第95个百分位的外边界

表 3c　美国男性和女性右手抓握范围测量数据（17/19）

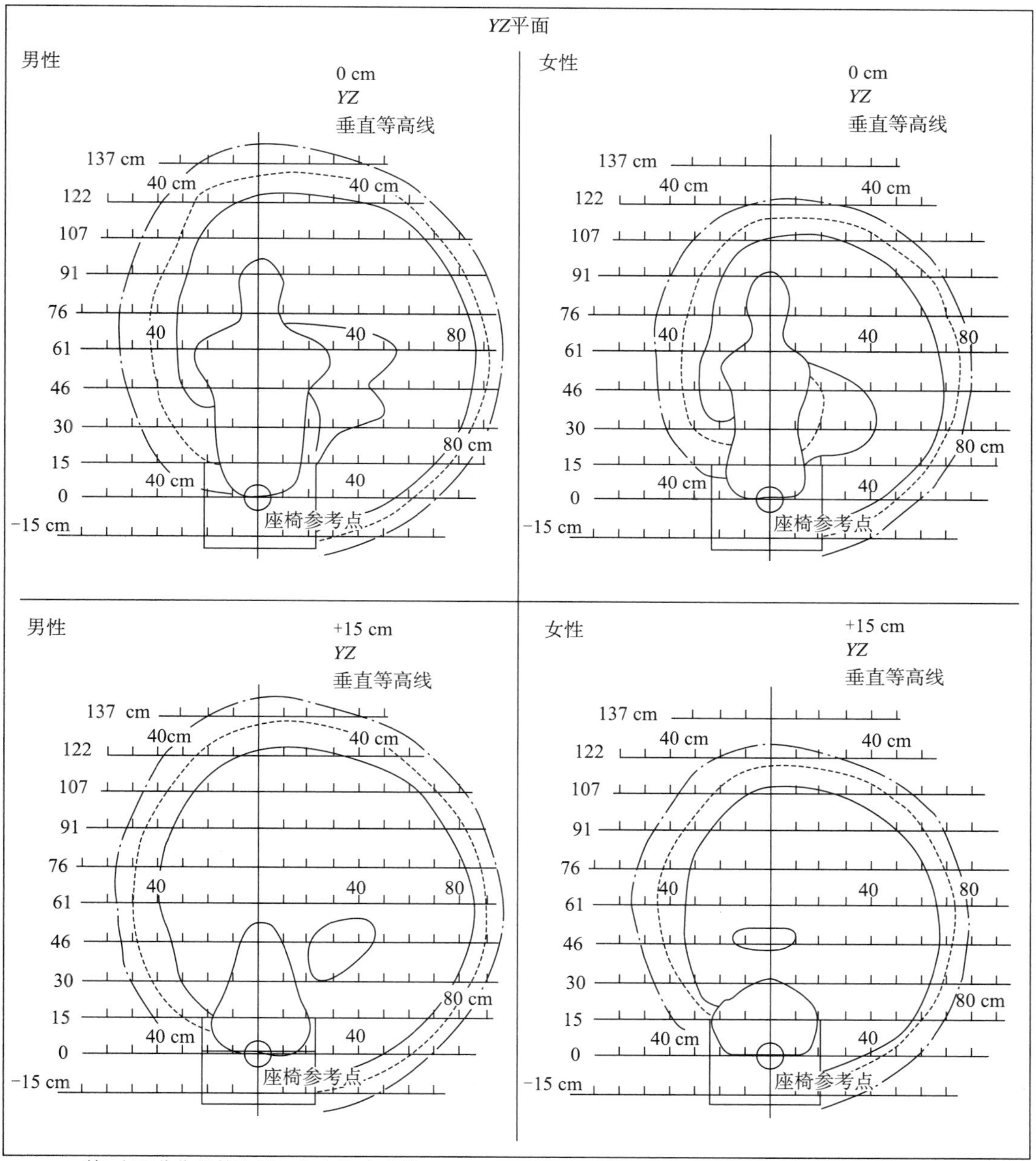

——— 第5个百分位的外边界和内边界(内曲线)
- - - - 第50个百分位的外边界
—·— 第95个百分位的外边界

NASA-STD-3000 288q

表 3c　美国男性和女性右手抓握范围测量数据（18/19）

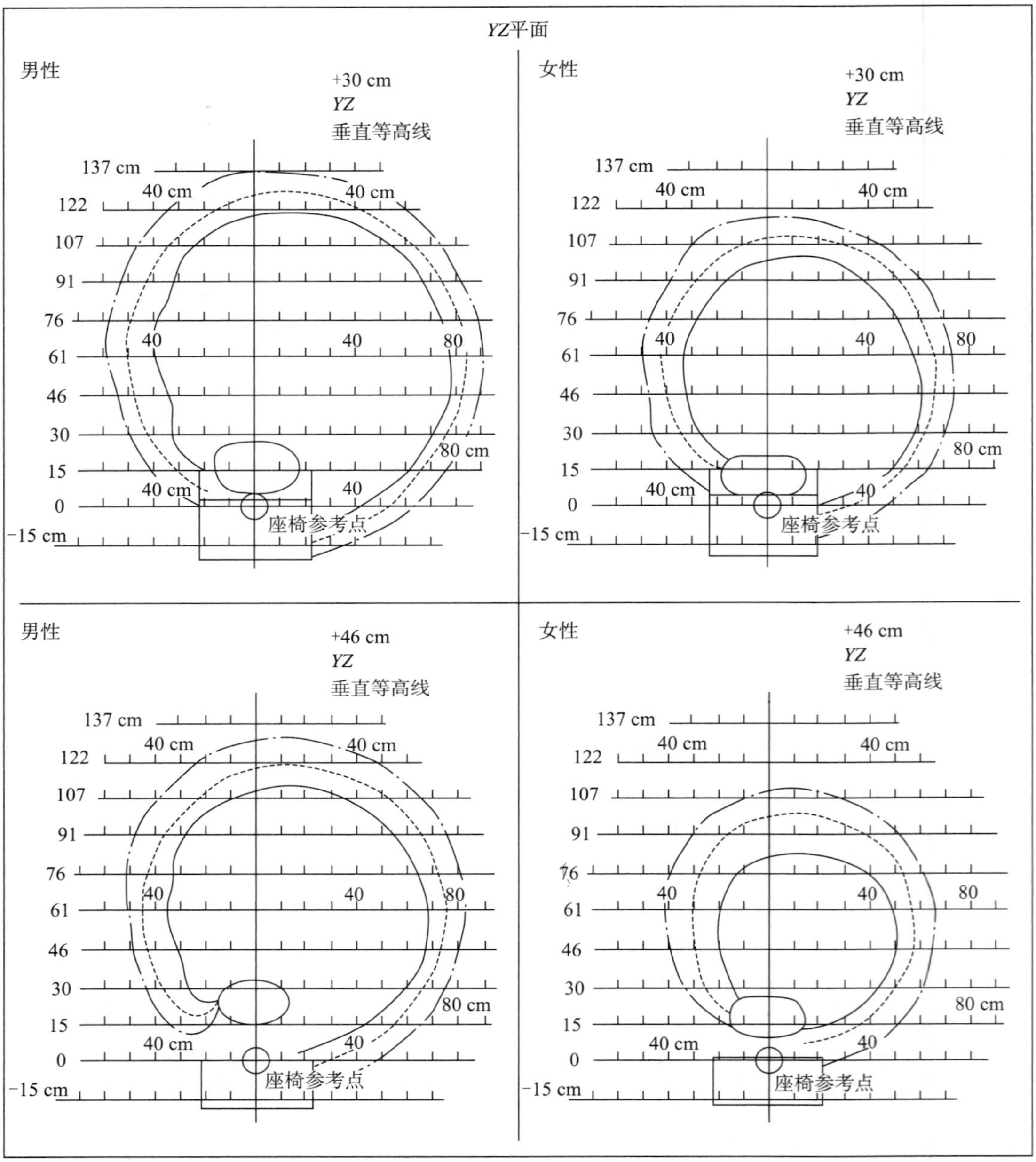

———— 第5个百分位的外边界和内边界(内曲线)

---------- 第50个百分位的外边界

—— · —— 第95个百分位的外边界

NASA-STD-3000 288r

表 3c　美国男性和女性右手抓握范围测量数据（19/19）

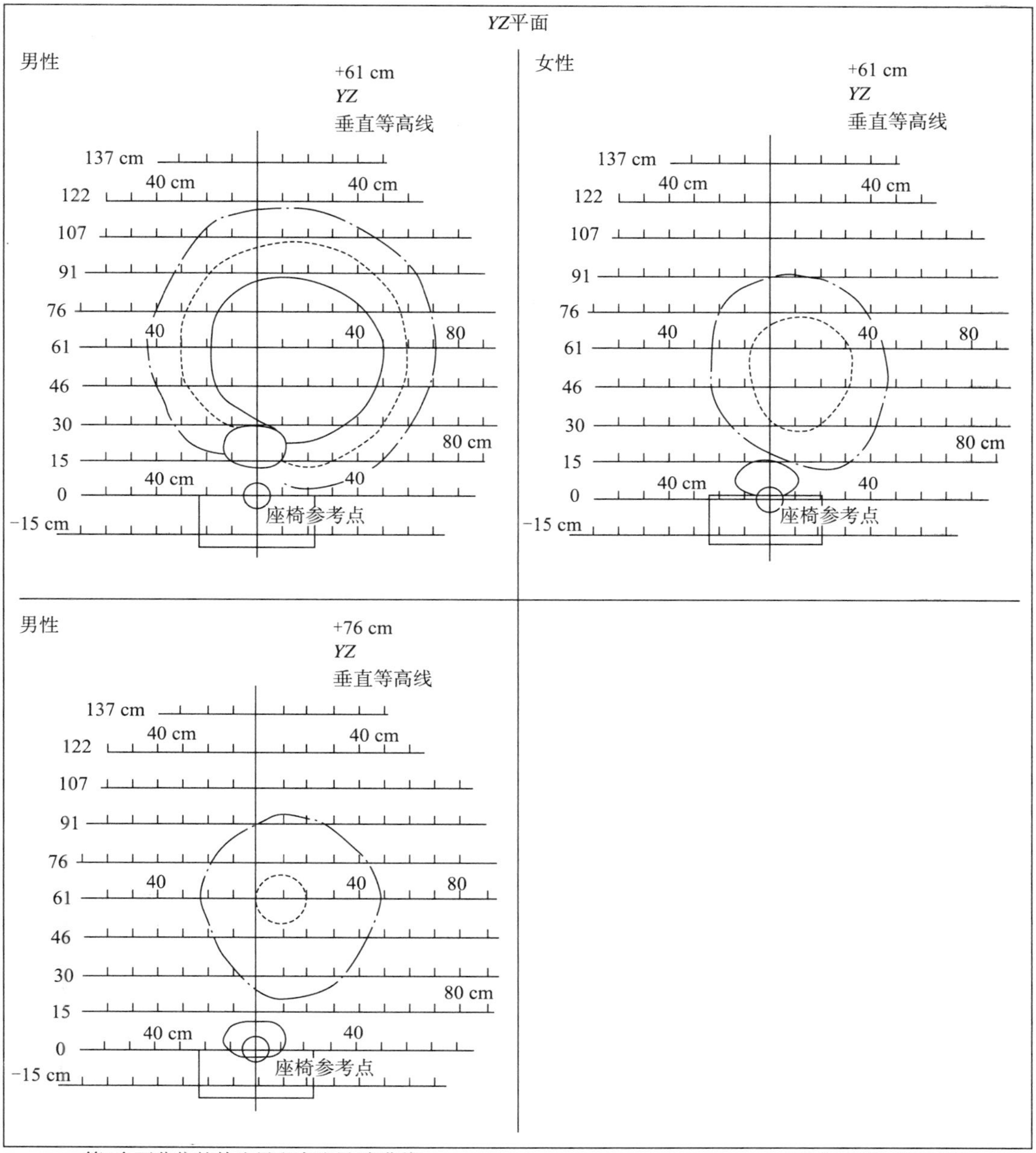

————第5个百分位的外边界和内边界(内曲线)
------------第50个百分位的外边界
—·—第95个百分位的外边界

NASA-STD-3000 288s

表 4　男性和女性航天员体段测量数据

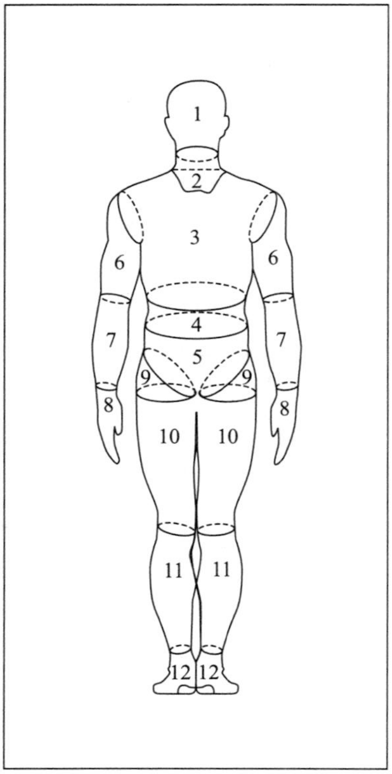

体段名称	体积/cm^3	
	女性（高度为第 5 百分位、体重轻者）	男性（高度为第 95 百分位、体重大者）
1 头	3 761	4 517
2 颈	615	1 252
3 胸	14 282	30 887
4 腰	2 700	2 921
5 腹	7 083	14 808
6 上臂	1 137	2 461
7 前臂	730	1 673
8 手	298	588
9 臀	2 808	4 304
10 大腿	4 645	7 628
11 小腿	2 449	4 598
12 脚	554	1 132
躯干（5＋4＋3）	24 065	48 620
股（9＋10）	7 454	11 930
前臂和手（7＋8）	1 028	2 263

注：

1）这些数据适用于 1 *g* 条件。

2）定义了美国航天员人群。

3）假定密度常数为 1 g/cm^3。

参考文献：

1988 年美国军队人员人体测量参数报告：方法和总结统计，第 32～79 页；

人体和体段惯性运动人体参数关系，第 18～65 页；

成人女性人体参数测量和质量分布特点。

表 5 男性和女性航天员体段质量特性

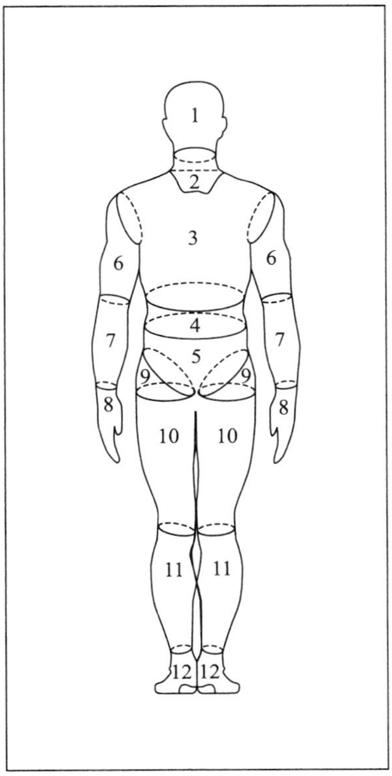

体段名称	质量/g	
	女性（高度为第 5 百分位、体重轻者）	男性（高度为第 95 百分位、体重大者）
1 头	3 761	4 517
2 颈	615	1 252
3 胸	14 282	30 887
4 腰	2 700	2 921
5 腹	7 083	14 808
6 上臂	1 137	2 461
7 前臂	730	1 673
8 手	298	588
9 臀	2 808	4 304
10 大腿	4 645	7 628
11 小腿	2 449	4 598
12 脚	554	1 132
躯干（5＋4＋3）	24 065	48 620
股（9＋10）	7 454	11 930
前臂和手（7＋8）	1 028	2 263

注：

1）这些数据适用于 1 *g* 条件。

2）假定密度常数为 1 g/cm^3。

参考文献：

1988 年美国军队人员人体测量参数报告：方法和总结统计，第 32～79 页；

人体和体段惯性运动人体参数关系，第 18～65 页；

成人女性人体参数测量和质量分布特点。

表 6　乘员体段质心位置

体段名称	轴	女性（高度为第 5 百分位、体重轻者）	男性（高度为第 95 百分位、体重大者）
头 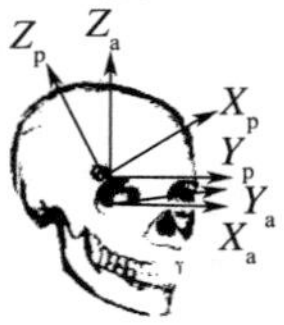	X	−2.43	0.53
	Y	−0.60	0.60
	Z	2.24	4.05
颈 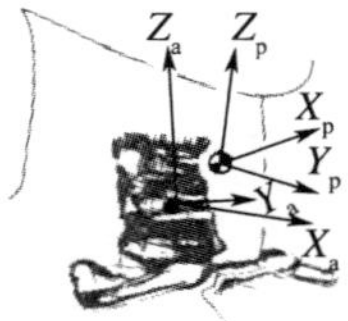	X	3.41	7.31
	Y	−0.56	0.59
	Z	2.93	6.05
胸 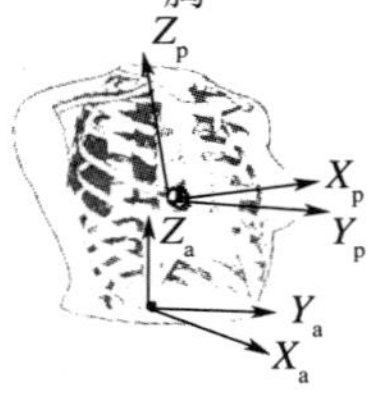	X	3.76	7.07
	Y	−0.81	0.49
	Z	13.43	21.98
腰 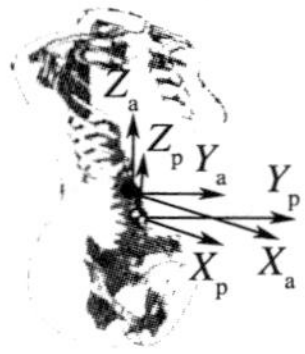	X	−1.48	1.54
	Y	−1.65	2.25
	Z	−4.85	−1.15
腹 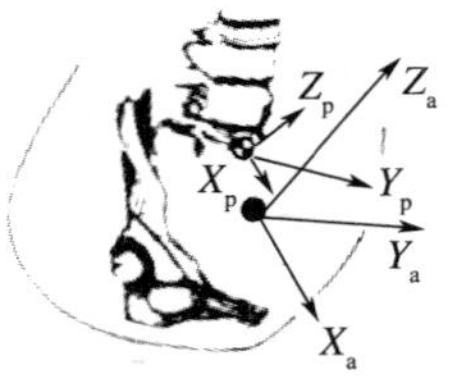	X	−12.16	−6.96
	Y	−1.32	0.74
	Z	−0.76	5.18
躯干 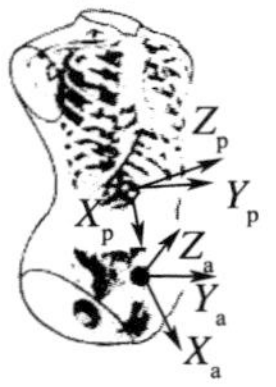	X	−10.42	2.49
	Y	−1.53	1.72
	Z	16.32	25.61

续表

体段名称	轴	女性（高度为第5百分位、体重轻者）	男性（高度为第95百分位、体重大者）
右上肢 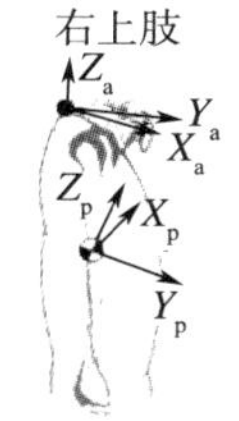	*X*	−0.72	−0.92
	Y	1.85	−2.28
	Z	−18.59	−14.28
左上肢 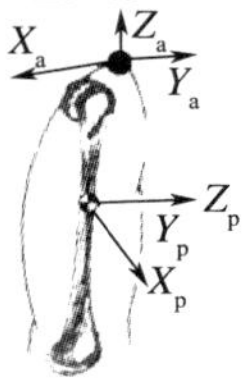	*X*	−0.64	2.58
	Y	−3.69	−1.80
	Z	−18.73	−14.32
右前臂 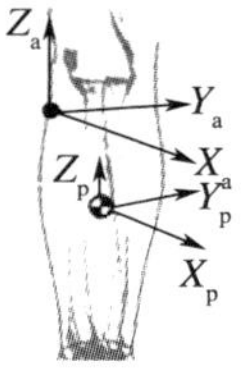	*X*	1.01	0.07
	Y	−2.11	4.14
	Z	−9.85	−8.87
左前臂 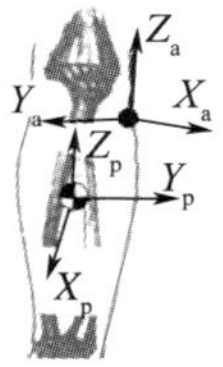	*X*	1.17	0.13
	Y	−0.23	−2.45
	Z	−9.86	−9.08
右手 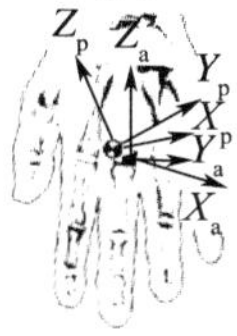	*X*	−0.54	0.03
	Y	0.43	0.12
	Z	0.71	1.92
左手 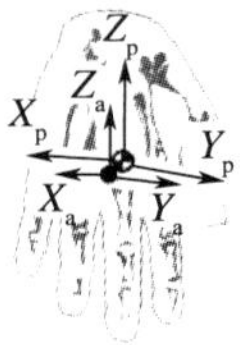	*X*	−0.71	−0.22
	Y	−1.34	0.90
	Z	0.85	2.04

续表

体段名称	轴	女性（高度为第 5 百分位、体重轻者）	男性（高度为第 95 百分位、体重大者）
右臂 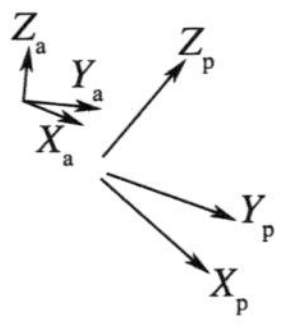	X	−7.78	1.70
	Y	5.67	7.37
	Z	−6.74	−6.04
左臂 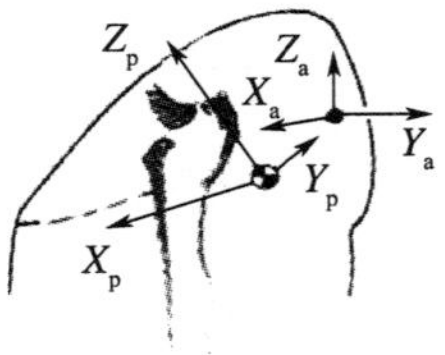	X	−8.20	2.42
	Y	−10.67	−5.18
	Z	−6.96	−6.21
右大腿 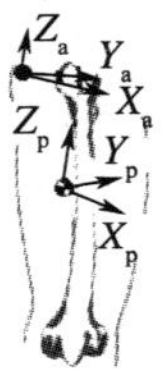	X	−3.28	2.36
	Y	5.19	8.38
	Z	−24.84	−23.33
左大腿 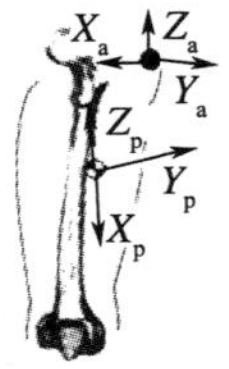	X	−3.10	2.22
	Y	−9.59	−5.28
	Z	−24.86	−23.61
右小腿 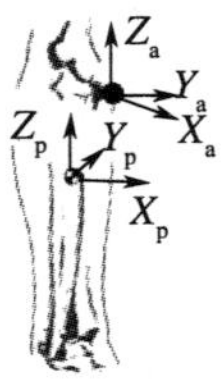	X	−4.23	−0.11
	Y	−6.38	−4.85
	Z	−16.17	−12.02
左小腿 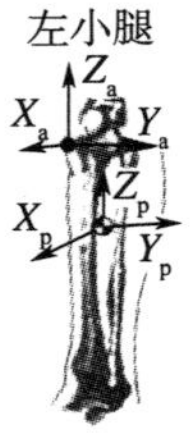	X	−4.34	0.68
	Y	4.04	6.83
	Z	−16.00	−12.31

续表

体段名称	轴	女性（高度为第5百分位、体重轻者）	男性（高度为第95百分位、体重大者）
右脚 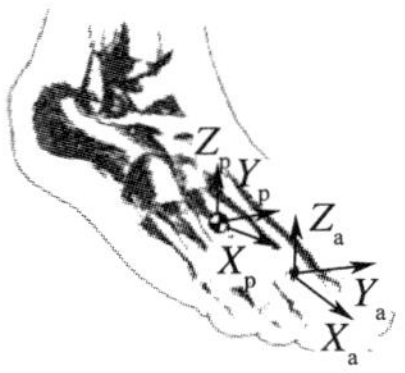	X	−8.50	−6.62
	Y	−0.27	0.44
	Z	0.45	−0.05
左脚 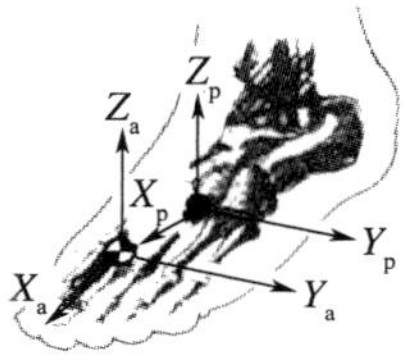	X	−8.70	−6.47
	Y	−0.86	0.88
	Z	0.32	−0.11
右股 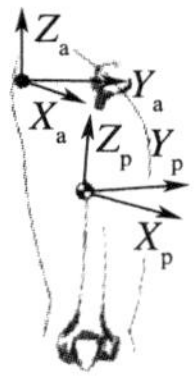	X	−4.88	2.11
	Y	5.63	8.01
	Z	−17.55	−17.54
左股 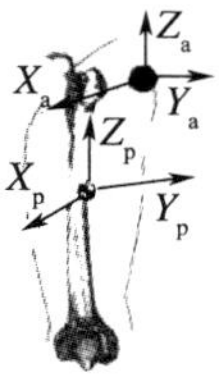	X	−4.75	2.29
	Y	−9.64	−5.26
	Z	−17.91	−17.82
右前臂和手 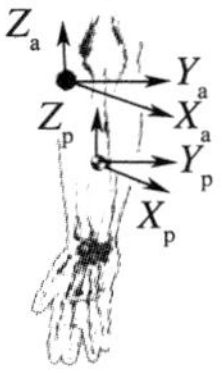	X	0.44	−0.35
	Y	−2.28	4.51
	Z	−15.55	−14.98

续表

体段名称	轴	女性（高度为第 5 百分位、体重轻者）	男性（高度为第 95 百分位、体重大者）
左前臂和手 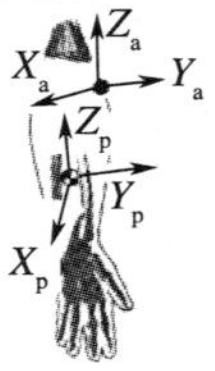	X	0.44	−0.01
	Y	0.79	−2.81
	Z	−15.37	−15.00

注：

1）这些数据适用于 1 G 条件。

2）假定密度常数为 1 g/cm^3。

参考文献：

1988 年美国军队人员人体测量参数报告：方法和总结统计，第 32～79 页；

人体和体段惯性运动人体参数关系，第18～65 页；

成人女性人体参数测量和质量分布特点。

表 7　航天员体段惯性矩

体段名称	轴	第 5 百分位体重轻者女性×10^{-3}（kg·m^2）	第 95 百分位体重大者男性×10^{-3}（kg·m^2）
头 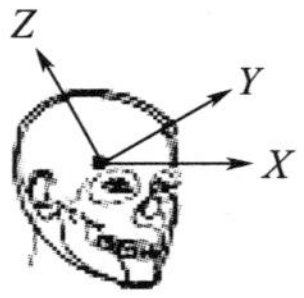	Xp	14.81	21.56
	Yp	17.85	24.74
	Zp	13.58	15.97
颈 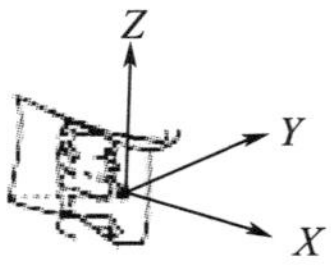	Xp	0.72	2.25
	Yp	0.98	2.69
	Zp	1.06	3.41
胸 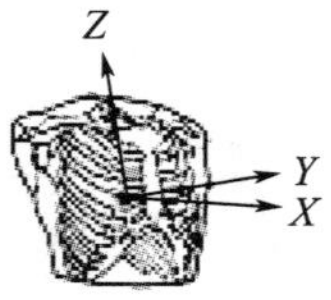	Xp	183.14	679.88
	Yp	135.10	505.00
	Zp	119.39	431.33

续表

体段名称	轴	第 5 百分位体重轻者女性×10^{-3}（kg·m^2）	第 95 百分位体重大者男性×10^{-3}（kg·m^2）
腰 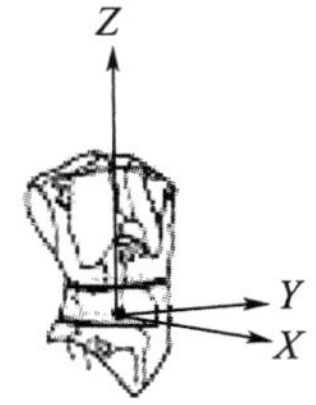	Xp	14.61	22.74
	Yp	10.17	13.01
	Zp	21.08	34.79
腹 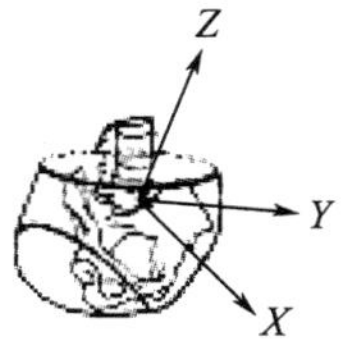	Xp	46.01	148.07
	Yp	34.12	137.28
	Zp	60.68	172.94
躯干 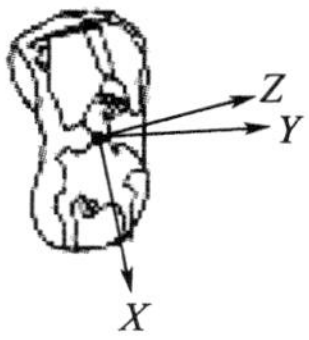	Xp	638.13	2 030.22
	Yp	577.40	1 839.60
	Zp	205.01	643.61
右上臂 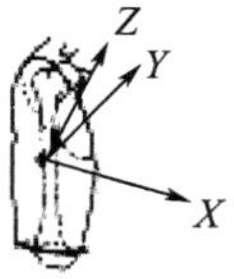	Xp	5.42	18.11
	Yp	5.62	19.48
	Zp	1.00	3.86
左上臂 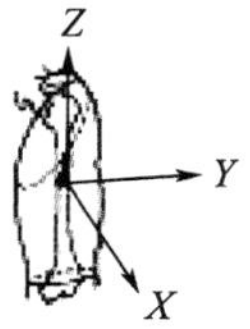	Xp	5.31	17.68
	Yp	5.47	18.94
	Zp	0.94	3.75
右前臂 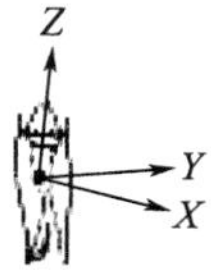	Xp	2.84	11.64
	Yp	2.75	11.87
	Zp	0.48	1.83

续表

体段名称	轴	第 5 百分位体重轻者女性×10^{-3}（kg·m^2）	第 95 百分位体重大者男性×10^{-3}（kg·m^2）
左前臂 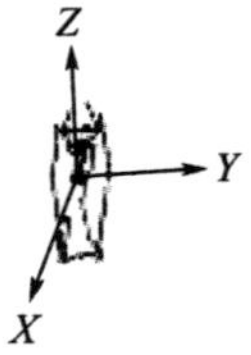	Xp	2.78	10.83
	Yp	2.66	11.18
	Zp	0.46	1.64
右手 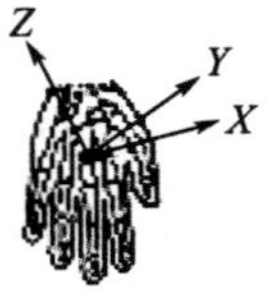	Xp	0.57	1.61
	Yp	0.48	1.31
	Zp	0.17	0.53
左手 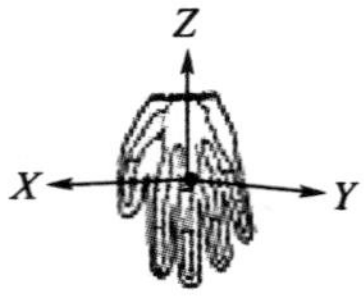	Xp	0.62	1.57
	Yp	0.53	1.30
	Zp	0.17	0.51
右臀 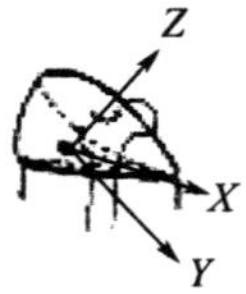	Xp	8.03	17.37
	Yp	10.36	22.35
	Zp	13.38	29.34
左臀 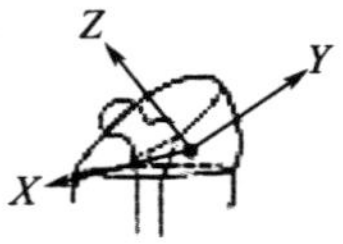	Xp	7.91	16.77
	Yp	10.73	21.86
	Zp	13.67	28.29
右大腿 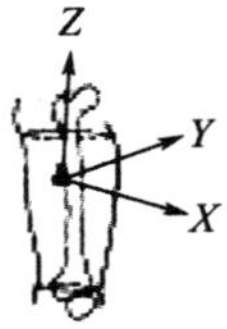	Xp	33.71	79.45
	Yp	33.10	81.79
	Zp	13.76	31.74

续表

体段名称	轴	第 5 百分位体重轻者女性 $\times10^{-3}$ （$kg\cdot m^2$）	第 95 百分位体重大者男性 $\times10^{-3}$ （$kg\cdot m^2$）
左大腿 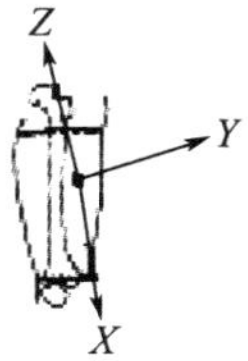	*X*p	33.63	75.19
	*Y*p	33.25	79.14
	*Z*p	13.34	30.74
右小腿 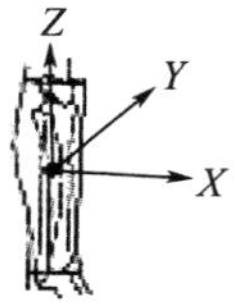	*X*p	25.90	75.44
	*Y*p	25.85	76.50
	*Z*p	3.06	8.84
左小腿 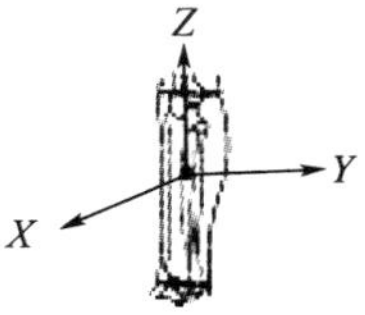	*X*p	25.87	76.95
	*Y*p	25.92	7816
	*Z*p	2.97	9.06
右脚 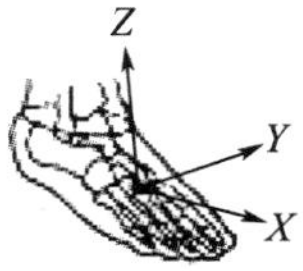	*X*p	0.37	1.03
	*Y*p	1.58	5.47
	*Z*p	1.66	5.80
左脚 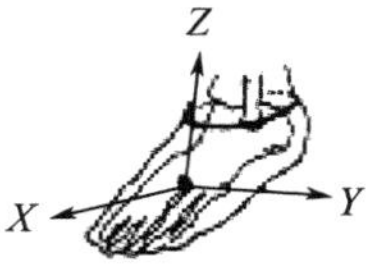	*X*p	0.37	1.00
	*Y*p	1.63	5.36
	*Z*p	1.72	5.63
右股 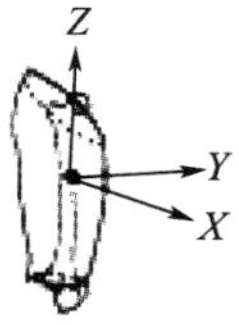	*X*p	84.64	208.18
	*Y*p	86.94	219.78
	*Z*p	27.43	59.03

续表

体段名称	轴	第 5 百分位体重轻者女性×10^{-3}（kg·m^2）	第 95 百分位体重大者男性×10^{-3}（kg·m^2）
左股 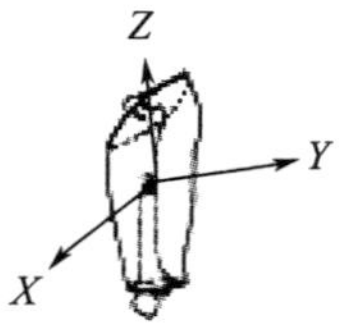	Xp	85.2	200.48
	Yp	88.00	211.73
	Zp	27.36	56.87
右前臂和手 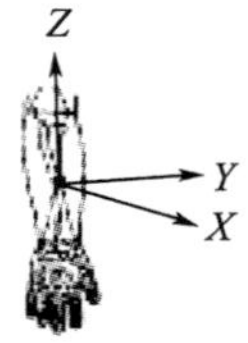	Xp	11.02	39.56
	Yp	10.81	39.42
	Zp	0.68	2.43
左前臂和手 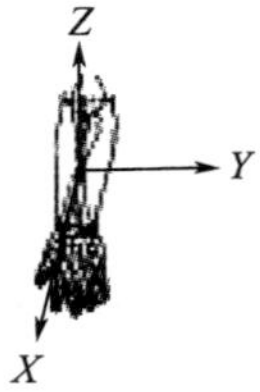	Xp	10.96	37.38
	Yp	10.78	37.13
	Zp	0.65	2.23

注：

1）这些数据适用于 1 g 条件。

2）在 3.2.3.1 节中定义了美国航天员人群。

3）假定密度常数为 1 g/cm^3。

4）图中的 X、Y 和 Z 轴参考主坐标系。

参考文献：

1988 年美国军队人员人体测量参数报告：方法和总结统计，第 32～79 页；

人体和体段惯性运动人体参数关系，第 18～65 页；

成人女性人体参数测量和质量分布特点。

表 8　不着航天服的力量数据

· 第 1 级危险程度负荷仅限于在确保航天员安全的情况下使用，单个失误就可能导致航天员生命丧失或者飞行器失效。

· 第 2 级危险程度负荷仅限于在单个失误就可能导致飞行任务失败的情况下使用。

力量类型		航天员最小操作力/N(Lbf)			航天员最大操作力/N(Lbf)
		1 级危险程度操作	2 级危险程度操作	其他操作	
单手拉		单手拉			
坐姿状态水平向身体方向拉[②]（坐姿状态水平向身体方向拉，单向/等张测量）	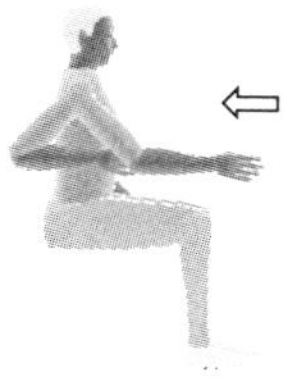	111（25）	147（33）	276（62）	449（101）
坐姿状态垂直向下拉[②]（坐姿状态垂直向下拉，单向/等张测量）		125（28）	165（37）	311（70）	587（132）
坐姿状态垂直向上拉[②]（坐姿、双腿分开、施力手抓住面前地上的 D 形环，保持肩部平直、另一只胳膊放在膝上向上施力）	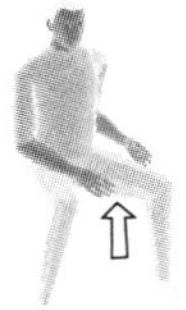	49（11）	67（15）	125（28）	756（170）
站姿状态垂直向上拉[②]（站姿、两脚分开、施力手抓住面前地上的 D 形环，保持肩部平直、另一只胳膊放在体侧向上施力）	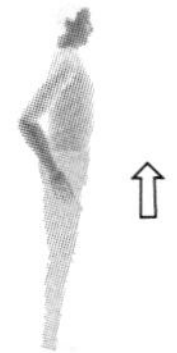	53（12）	71（16）	133（30）	725（163）
双手拉		双手拉			
站姿状态垂直向下拉[②]（站姿、两脚分开、双手抓住高于肩上部的把手向下施力）		138（31）	182（41）	343（77）	707（159）
站姿状态水平向内拉[②]（站姿、两脚分开、双手抓住面前的把手向自己身体方向施力）		58（13）	80（18）	147（33）	391（88）

续表

力量类型		航天员最小操作力/N(Lbf)			航天员最大操作力/N(Lbf)
		1 级危险程度操作	2 级危险程度操作	其他操作	
站姿状态垂直向上拉② ［站姿、两脚分开、身体微倾（膝和腰）、双手抓住身体前面的把手向上施力］	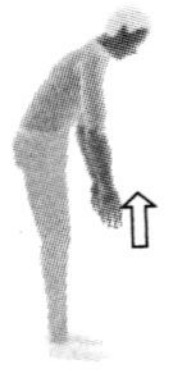	89（20）	116（26）	218（49）	1 437（323）
坐姿状态垂直向上拉② ［坐姿、两脚分开、双手抓住面前直接在地面上的把手用胳膊和肩膀向上施力］	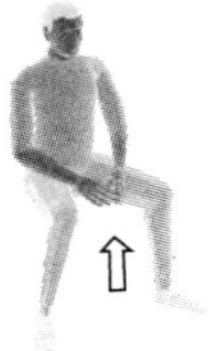	93（21）	125（28）	236（53）	1 188（267）
单手推		单手推			
坐姿状态水平向外推②（坐姿、单手向前施力，单向/等张测量）	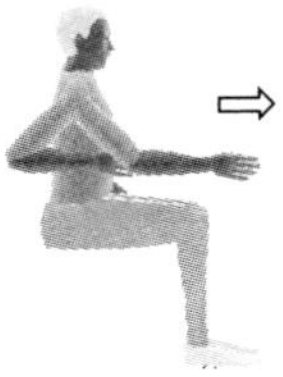	89（20）	116（26）	218（49）	436（98）
坐姿状态垂直向上推②（坐姿、单手向上施力，单向/等张测量）		67（15）	85（19）	160（36）	280（63）
双手推		双手推			
站姿状态垂直向下推② ［（站姿、两脚分开、身体略向前倾（膝和腰）、双手抓住面前的把手向下施力］	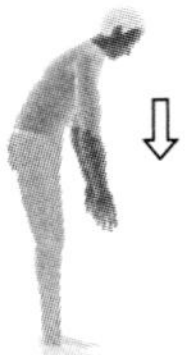	102（23）	133（30）	254（57）	525（118）
站姿状态水平向前推①（站姿、两脚分开、双手抓住面前的把手向前施力）		62（14）	85（19）	165（37）	596（134）

续表

力量类型		航天员最小操作力/N(Lbf)			航天员最大操作力/N(Lbf)
		1级危险程度操作	2级危险程度操作	其他操作	
站姿状态垂直向上推[②]（站姿、两脚分开、双手抓住面前的把手用胳膊和肩膀向上施力）		76（17）	98（22）	187（42）	1 094（246）
胳膊		胳膊			
用胳膊拉[②]（受试者用胳膊推、拉把手）	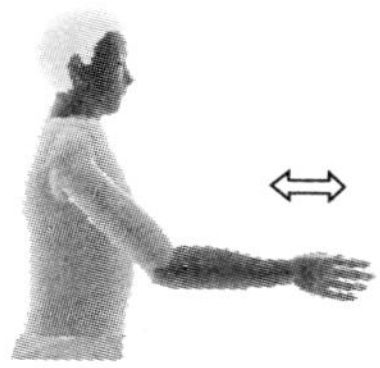	44（10）	58（13）	107（24）	249（56）
用胳膊推[②]（受试者用胳膊推、拉把手）		40（9）	53（12）	98（22）	222（50）
用胳膊向上推[②]（受试者按图示方向推拉把手）	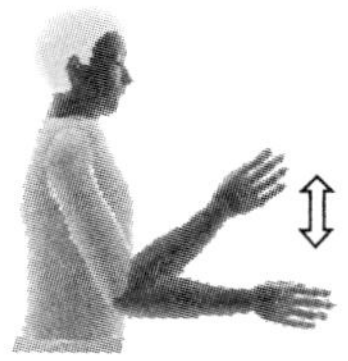	18（4）	22（5）	40（9）	107（24）
用胳膊向下推[②]（受试者按图示方向推拉把手）		22（5）	31（7）	58（13）	116（26）
用胳膊向内施力[②]（受试者向内推拉把手）	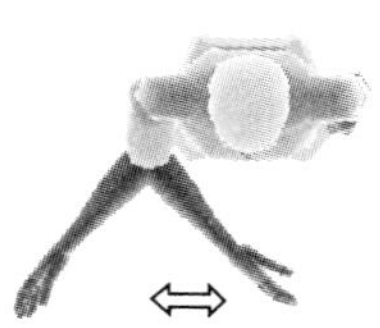	22（5）	31（7）	58（13）	98（22）
用胳膊向外施力[②]（受试者向外推拉把手）		13（3）	18（4）	36（8）	76（17）
举重		举重			
举重力量[②]［站姿、两脚分开、身体略向前倾（膝和腰）、双手抓住面前的把手主要用胳膊、肩膀和腿向上施力］	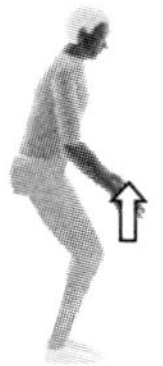	36（8）	49（11）	93（21）	1 228（276）

续表

力量类型		航天员最小操作力/N(Lbf)			航天员最大操作力/N(Lbf)
		1级危险程度操作	2级危险程度操作	其他操作	
肘		肘			
内收②（受试者在矢状平面内沿肘关节移动）	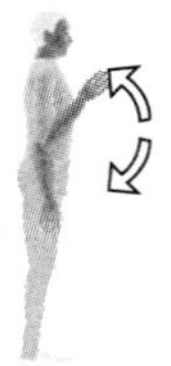	13（3）	18（4）	36（8）	347（78）
外展②（受试者在矢状平面内沿肘关节移动）		27（6）	36（8）	67（15）	249（56）
手		手			
手掌向下②（受试者向内旋转手和前臂）	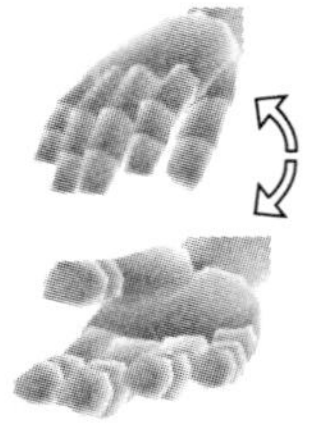	165（37）	222（50）	414（93）	876（197）
手掌向上②（受试者向外旋转手和前臂）		160（36）	214（48）	405（91）	761（171）
腕和手		腕和手			
腕内收②（受试者按图示方向用手腕向手心方向使力）		31（7）	40（9）	76（17）	209（47）
腕外展②（受试者按图示方向用手腕向手背方向使力）		13（3）	18（4）	36（8）	85（19）
捏①（受试者用食指和拇指一起捏）		9（2）	13（3）	18（4）	200（45）
抓①（受试者用手紧紧抓住一个物体）		347（78）	463（104）	694（156）	1 219（274）
握①（受试者用手紧紧握住一个物体）		49（11）	67（15）	102（23）	783（176）
腿		腿			
腿内收②（受试者在矢状面沿髋关节向身体前面抬腿）	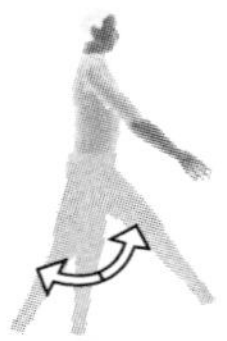	116（26）	156（35）	289（65）	645（145）
腿外展②（受试者在矢状面沿髋关节向身体后面抬腿）		191（43）	254（57）	476（107）	658（148）

续表

力量类型		乘员最小操作力/N(Lbf)			航天员最大操作力/N(Lbf)
		1级危险程度操作	2级危险程度操作	其他操作	
压腿①（受试者在矢状面沿髋关节向下压腿）		618 (139)	827 (186)	1 552 (349)	2 584 (581)
膝关节内收①（受试者在矢状面沿膝关节向后抬小腿）	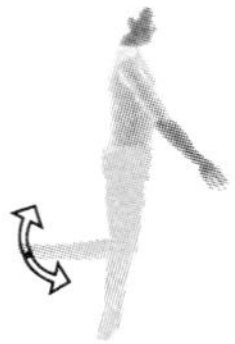	53 (12)	71 (16)	138 (31)	325 (73)
膝关节外展①（受试者在矢状面沿膝关节向前踢小腿）		142 (32)	191 (43)	383 (86)	783 (176)

注：① 太空飞行后，最大测量力量减小。

② 太空飞行后，预计力量减小，范围是0%～26%。预计平均值是20%，基于EDOMP的最大数据，并非所有运动都进行了测量。

表9 着未加压航天服的力量数据

力量类型		航天员最小操作力/N(Lbf)			航天员最大操作力/N(Lbf)
		1级危险程度操作	2级危险程度操作	其他操作	
单手拉		单手拉			
坐姿状态水平向内拉②（坐姿状态水平向身体方向拉，单向/等张测量）	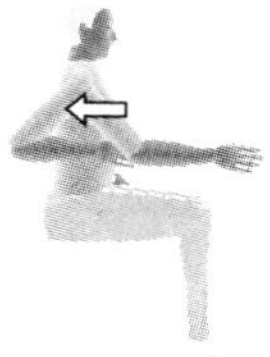	78 (18)	103 (23)	193 (43)	314 (71)
坐姿状态垂直向下拉②（坐姿状态垂直向下拉，单向/等张测量）		88 (20)	116 (26)	218 (49)	411 (92)
坐姿状态垂直向上拉②（坐姿状态、两脚分开、施力手抓住面前地上的D形环、垂直向上拉、保持肩平直、另一只胳膊放在膝上）	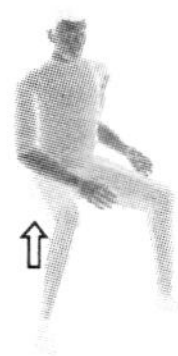	34 (8)	47 (11)	88 (20)	529 (119)

续表

力量类型		航天员最小操作力/N(Lbf)			航天员最大操作力/N(Lbf)
		1 级危险程度操作	2 级危险程度操作	其他操作	
站姿状态垂直向上拉[②]（站姿状态、两脚分开、施力手抓住体侧地上的 D 形环、垂直向上拉、保持肩平直、另一只胳膊自然放在体侧）	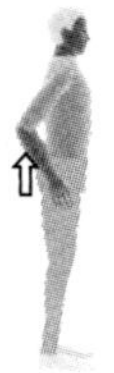	37（8）	50（11）	93（21）	508（114）
双手拉		双手拉			
站姿状态垂直向下拉[②]（站姿状态、两脚分开、双手抓住高于肩部的把手垂直向下拉）		97（22）	127（29）	240（54）	495（111）
站姿状态水平向内拉[②]（站姿状态、两脚分开、双手抓住面前的把手水平向自己身体方向拉）		41（9）	56（13）	103（23）	274（62）
站姿状态垂直向上拉[②]［站姿状态、两脚分开、身体略微向前倾（膝和腰），双手抓住面前的把手垂直向上拉］	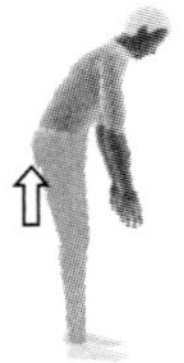	62（14）	81（18）	153（34）	1 006（226）
坐姿状态垂直向上拉[②]（坐姿状态、两脚分开、施力手抓住面前地上的把手垂直向上拉、肩和胳膊都用力）	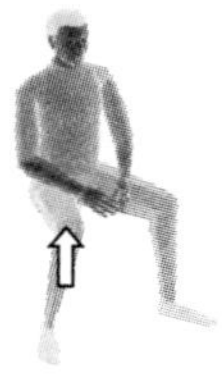	65（15）	88（20）	165（37）	832（187）
双手推		双手推			
坐姿状态垂直向上推[②]（坐姿状态、垂直向上推，单向/等张测量）		47（11）	60（13）	112（25）	196（44）

续表

力量类型		航天员最小操作力/N(Lbf)			航天员最大操作力/N(Lbf)
		1 级危险程度操作	2 级危险程度操作	其他操作	
双手推		双手推			
站姿状态垂直向下推② [站姿状态、两脚分开、身体微向前倾(膝和腰)、双手直接抓住面前的两个把手垂直向下推]	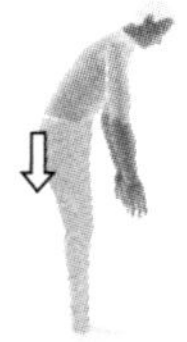	71 (16)	93 (21)	178 (40)	368 (83)
站姿状态水平向外推① (站姿状态、两脚分开、双手抓住面前的两个把手水平向外推)	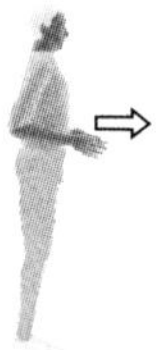	43 (10)	60 (13)	116 (26)	417 (94)
站姿状态垂直向上推② (站姿状态、两脚分开、双手从下面抓住直接在站立面的把手、胳膊和肩都用力、垂直向上推)		53 (12)	69 (15)	131 (29)	766 (172)
胳膊		胳膊			
用胳膊拉② (受试者前后推拉把手)	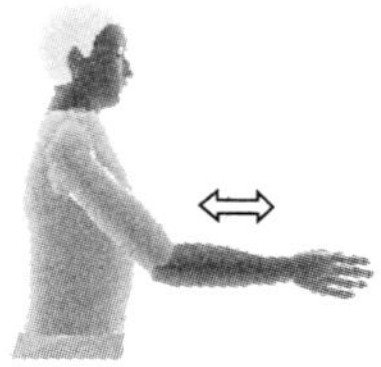	31 (7)	41 (9)	75 (17)	174 (39)
用胳膊推② (受试者前后推拉把手)		28 (6)	37 (8)	69 (15)	155 (35)
用胳膊向上操作② (受试者向上操作把手)	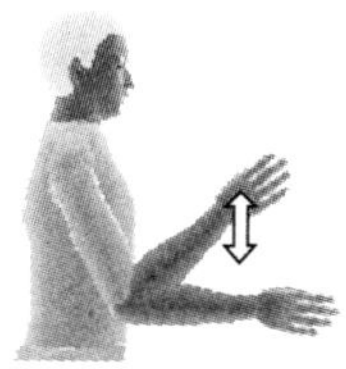	13 (3)	15 (4)	28 (6)	75 (17)
用胳膊向下操作② (受试者向下操作把手)		15 (4)	22 (5)	41 (9)	81 (18)
用胳膊向内拉② (受试者向内侧推拉把手)	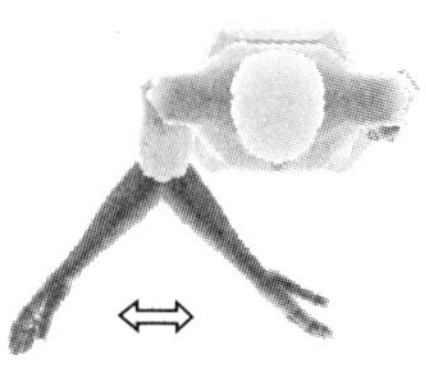	15 (4)	22 (5)	41 (9)	69 (15)
用胳膊向外推② (受试者向外侧推拉手柄)		9 (2)	13 (3)	25 (6)	53 (12)

续表

力量类型		航天员最小操作力/N(Lbf) 1级危险程度操作	2级危险程度操作	其他操作	航天员最大操作力/N(Lbf)
举重		举重			
举重[②]［站姿状态、两脚分开、身体略微前倾（膝和腰）、双手直接抓住面前的把手、主要用胳膊、肩和腿用力、垂直向上拉］		25（6）	34（8）	65（15）	860（193）
肘		肘			
肘内收[②③]（受试者在矢状面用前臂沿肘关节操作）		9（2）	13（3）	25（6）	243（55）
肘伸展[②③]（受试者在矢状面用前臂沿肘关节操作）		19（4）	25（6）	47（11）	174（39）
腕和手		腕和手			
手掌向下[②③]（受试者向内旋转手和前臂）	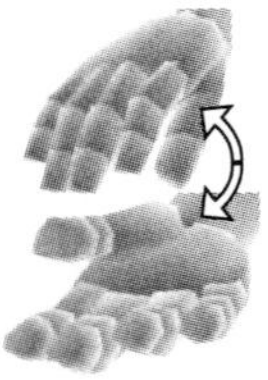	116（26）	155（35）	290（65）	613（138）
腕内收[②③]（受试者如图向手心弯曲手掌）	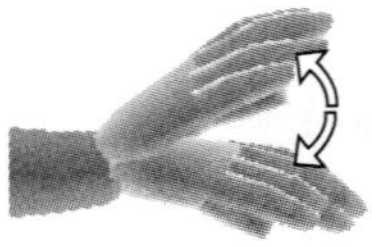	22（5）	28（6）	53（12）	146（33）
腕伸展[②③]（受试者如图向手背方向弯曲手掌）		9（2）	13（3）	25（6）	60（13）
捏[①]（受试者用拇指和食指一起捏住）		14（3）	20（5）	27（6）	300（68）
抓[①③]（受试者用手紧紧抓住一个物体）		243（55）	324（73）	486（109）	853（192）
握[①]（受试者用手紧紧握住一个物体）		25（6）	34（8）	51（12）	392（88）

续表

力量类型		航天员最小操作力/N(Lbf)			航天员最大操作力/N(Lbf)
		1级危险程度操作	2级危险程度操作	其他操作	
腿		腿			
腿内收②③（受试者在矢状面沿髋关节向身体前面抬腿）		81（18）	109（25）	202（46）	452（102）
膝关节内收①③（受试者在矢状面沿膝关节向后抬小腿）	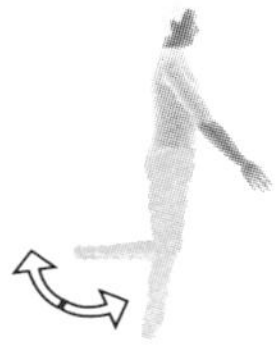	37（8）	50（11）	97（22）	228（51）
膝关节外展①③（受试者在矢状面沿膝关节向前踢小腿）		99（22）	134（30）	268（60）	548（123）

注：① 太空飞行后，最大测量力量减小；

② 太空飞行后，预计力量减小，范围是0%～47%，预计平均值是33%，该数据基于乘员返回飞行器（CRV）要求文件；

③ 没有直接测量由于服装原因减小的力，但是预计的力量是基于其他运动的功能力量测试的。

表10 着加压航天服的力量数据

力量类型		航天员最小操作力/N(Lbf)			航天员最大操作力/N(Lbf)
		1级危险程度操作	2级危险程度操作	其他操作	
单手拉		单手拉			
坐姿状态水平向内拉②（坐姿状态水平向身体方向拉，单向/等张测量）	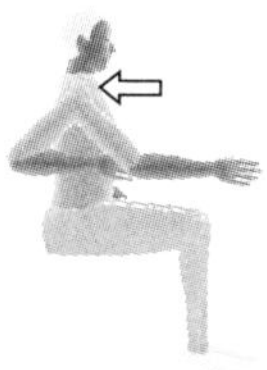	56（13）	74（17）	138（31）	225（51）
坐姿状态垂直向下拉②（坐姿状态垂直向下拉，单向/等张测量）		63（14）	83（19）	156（35）	294（66）

续表

力量类型		航天员最小操作力/N(Lbf)			航天员最大操作力/N(Lbf)
		1级危险程度操作	2级危险程度操作	其他操作	
单手拉		单手拉			
坐姿状态垂直向上拉②（坐姿状态、两脚分开、施力手抓住面前地上的D形环、垂直向上拉、保持肩平直、另一只胳膊放在膝上）	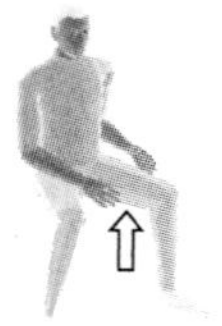	25（6）	34（8）	63（14）	378（85）
站姿状态垂直向上拉②（站姿状态、两脚分开、施力手抓住体侧地上的D形环、垂直向上拉、保持肩平直、另一只胳膊自然放在体侧）		27（6）	36（8）	67（15）	363（82）
双手拉		双手拉			
站姿状态垂直向下拉②（站姿状态、两脚分开、双手抓住高于肩部的把手垂直向下拉）		69（16）	91（21）	172（39）	354（80）
站姿状态水平向内拉②（站姿状态、两脚分开、双手抓住面前的把手水平向自己身体方向拉）		29（7）	40（9）	74（17）	196（44）
站姿状态垂直向上拉②［站姿状态、两脚分开、身体略微向前倾（膝和腰）、双手抓住面前的把手垂直向上拉］	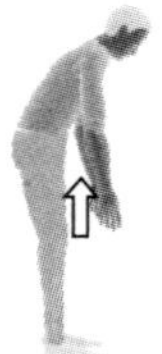	45（10）	58（13）	109（25）	719（162）

续表

力量类型		航天员最小操作力/N(Lbf)			航天员最大操作力/N(Lbf)
		1级危险程度操作	2级危险程度操作	其他操作	
双手拉		双手拉			
坐姿状态垂直向上拉[②]（坐姿状态、两脚分开、施力手抓住面前地上的把手垂直向上拉、肩和胳膊都用力）	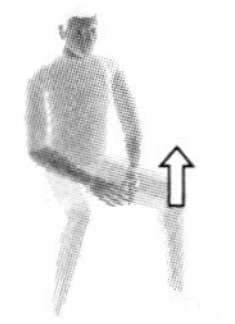	47（11）	63（14）	118（27）	594（134）
单手推		单手推			
坐姿状态水平向外推[②]（坐姿状态、从自己身体向外推，单向/等张测量）	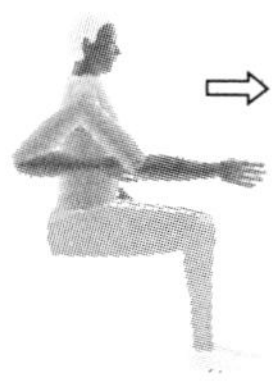	45（10）	58（13）	109（25）	218（49）
坐姿状态垂直向上推[②]（坐姿状态、垂直向上推，单向/等张测量）	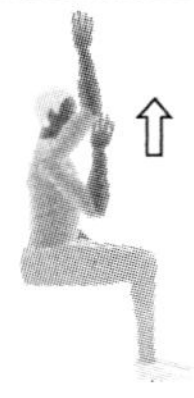	34（8）	43（10）	80（18）	140（32）
双手推		双手推			
站姿状态垂直向下推[②]［站姿状态、两脚分开、身体微向前倾（膝和腰）、双手直接抓住面前的把手垂直向下推］	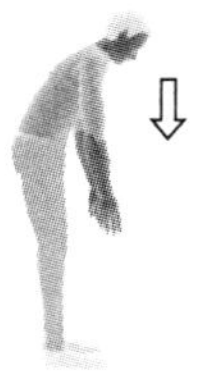	51（12）	67（15）	127（29）	263（59）
站姿状态水平向外推[②]（站姿状态、两脚分开、双手抓住面前的把手水平向外推）		31（7）	43（10）	83（19）	298（67）
站姿状态垂直向上推[②]（站姿状态、两脚分开、双手从下面抓住把手、胳膊和肩都用力、垂直向上推）		38（9）	49（11）	94（21）	547（123）

续表

力量类型		航天员最小操作力/N(Lbf)			航天员最大操作力/N(Lbf)
		1级危险程度操作	2级危险程度操作	其他操作	
胳膊		胳膊			
用胳膊拉②（受试者前后推拉把手）	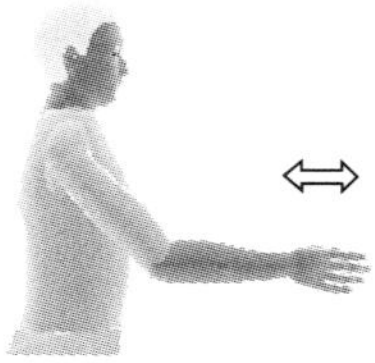	22（5）	29（7）	54（12）	125（28）
用胳膊推②（受试者前后推拉把手）		20（5）	27（6）	49（11）	111（25）
用胳膊向上操作②（受试者向上操作把手）	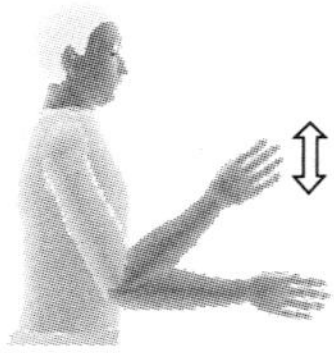	9（2）	11（3）	20（5）	54（12）
用胳膊向下操作②（受试者向下操作把手）		11（3）	16（4）	29（7）	58（13）
用胳膊向内拉②（受试者左右推拉手柄）	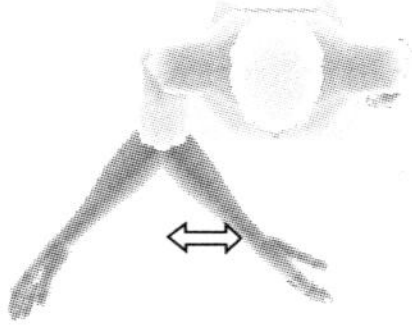	11（3）	16（4）	29（7）	49（11）
用胳膊向外推②（受试者左右推拉把手）		7（2）	9（2）	18（4）	38（9）
举重		举重			
举重②［站姿状态、两脚分开、身体略微前倾（膝和腰）、双手直接抓住面前的把手、主要用胳膊和肩及腿用力、垂直向上拉］	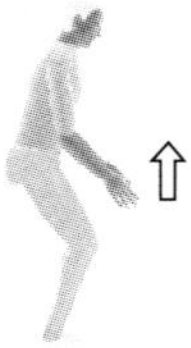	18（4）	25（6）	47（11）	614（138）
肘		肘			
肘内收②③（受试者在矢状面用前臂沿肘关节操作）	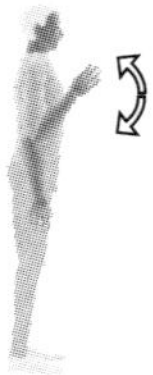	7（2）	9（2）	18（4）	174（39）
肘伸展②③（受试者在矢状面用前臂沿肘关节操作）		14（3）	18（4）	34（8）	125（28）
手掌向下②③（受试者向内旋转手和前臂）	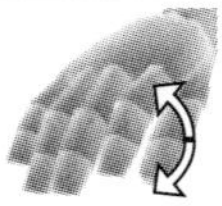	83（19）	111（25）	207（47）	438（99）
手掌向上②③（受试者向外旋转手和前臂）		80（18）	107（24）	203（46）	381（86）

续表

力量类型		航天员最小操作力/N(Lbf)			航天员最大操作力/N(Lbf)
		1级危险程度操作	2级危险程度操作	其他操作	
腕和手		腕和手			
腕内收②③（受试者如图向手心方向弯曲手掌）	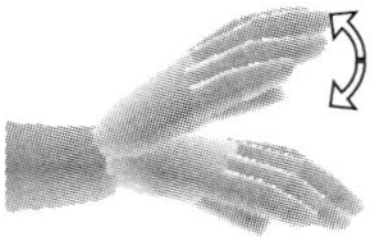	19（4）	25（6）	37（8）	101（23）
腕伸展②③（受试者如图向手背方向弯曲手掌）		7（2）	9（2）	14（3）	33（7）
捏①（受试者用拇指和食指一起捏住）		14（3）	20（5）	27（6）	300（68）
抓①③（受试者用手紧紧抓住一个物体）		174（39）	232（52）	347（78）	610（137）
握①（受试者用手紧紧握住一个物体）		25（6）	34（8）	51（12）	392（88）
腿		腿			
腿内收②③（受试者在矢状面沿髋关节向身体前面抬腿）	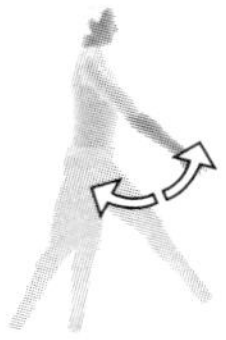	58（13）	78（18）	145（33）	323（73）
腿外展②③（受试者在矢状面沿髋关节向身体后面抬腿）		96（22）	127（29）	238（54）	329（74）
压腿①③（受试者用腿向远离身体方向推）	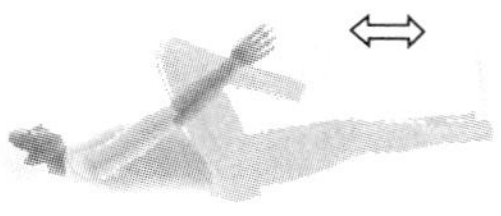	309（70）	414（93）	776（175）	1 292（291）
膝关节内收①③（受试者在矢状面沿膝关节向后抬小腿）	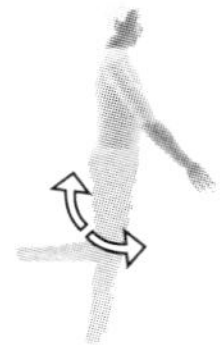	27（6）	36（8）	69（16）	163（37）
膝关节外展①（受试者在矢状面沿膝关节向前踢小腿）		71（16）	96（22）	192（43）	392（88）

注：1）太空飞行后，最大测量力量变小；

2）太空飞行后，预计力量变小，范围是0%～47%，预计的平均值是33%，该数据基于CRV要求文件；

3）没有直接测量航天服消耗，但是预计的力量是基于其他动作的功能力量测试的。

附录C　视窗的基本光学理论

光波传播

光像电磁波一样传播。就像向池塘里扔石头，从石头的落点会向外发出球面波一样，点光源（一颗星）向各个方向上发射出球面（电磁）波（如图1所示）。波阵面是在波的传播方向上所有相位相同的邻接点组成的曲面。在波阵面上光点的路径被称为光线。如果我们在波阵面上追踪假设的光点，光点沿直线传播。光线是一条垂直于波阵面沿波前行程方向传播的直线。它们在几何光学中应用广泛。

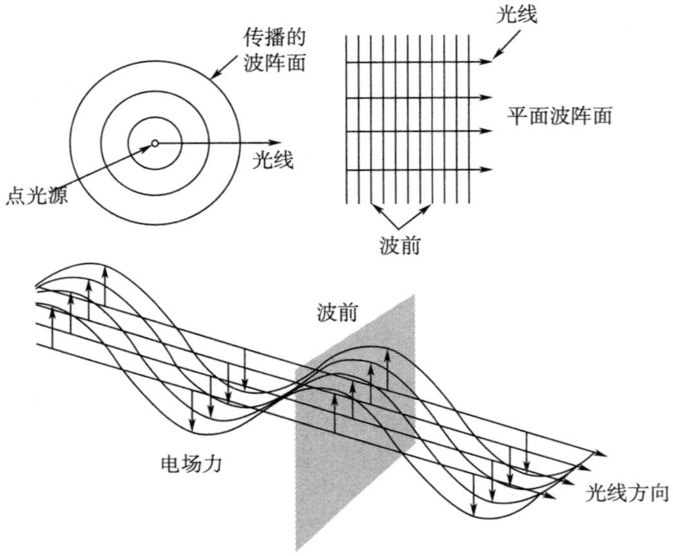

图1　点光源发出的光波

当点源较远时，波阵面的弯曲变得很小，以致于可以将其看作是平面（如图1所示）。当人看一颗星时，他看到的只是星星上发出的很小部分的光（因为光是向各个方向辐射的）。望远镜因为有大的孔径因而可以收集到比裸眼更多的光（如图2所示）。不管是大孔径还是小孔径的光学系统，波阵面的每一部分都包含关于对象的信息。由于能收集到更多的光线，通过大孔径系统看到的图像更亮更准。

斯涅耳定律

当光线传播到两种介质表面时，部分波阵面会被反射，部分会发生折射（如图3所示）。传播波阵面的折射总量遵循斯涅耳定律。

对于空气-玻璃界面，光的折射方向靠近介质表面的法线。依据折射定律或斯涅耳定律平面折射光的总量取决于两种介质的折射率（n_1 和 n_2）和入射光的角度（θ_i），θ_r 是折射

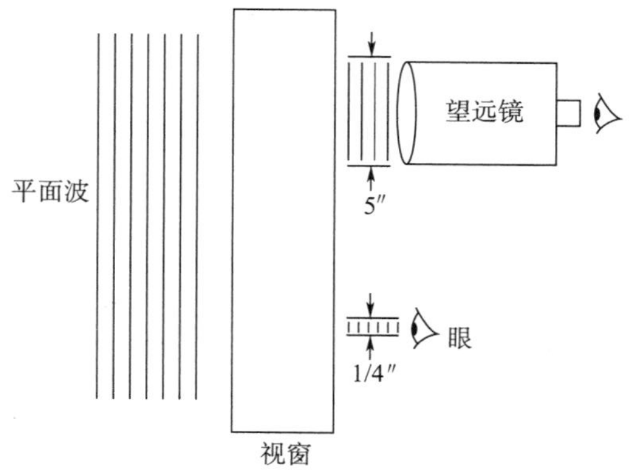

图 2 不同尺寸的孔径得到的观测光线

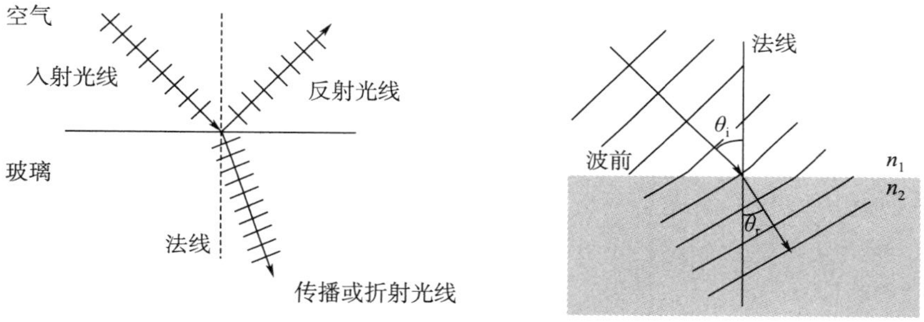

图 3 介质邻界面平面波阵面的反射和折射

后的角度。

斯涅耳定律

$$n_1 \sin\theta_i = n_2 \sin\theta_r$$

折射率是物质的基本性质，它是光在介质中的传播速率与在真空中的传播速率的比值。在空气和真空中，$n=1$，在水中，$n=1.33$。不同类型的玻璃折射率不同，但通常介于1.45～1.6之间。介质越密，折射的光越多（如图4所示）。

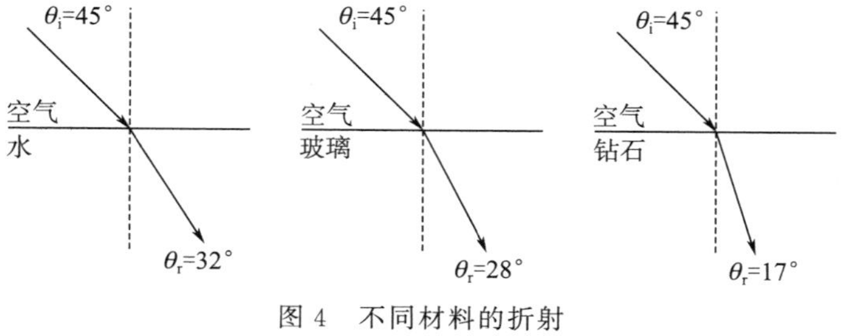

图 4 不同材料的折射

当光以一定角度穿越视窗时，首先从空气射向玻璃时发生折射（向法线方向），当光线从玻璃射向空气时再次发生折射（远离法线方向）（如图5所示）。光的传播方向与进入玻璃前的传播方向相同。后续将会看到保持传播方向不变的重要性。

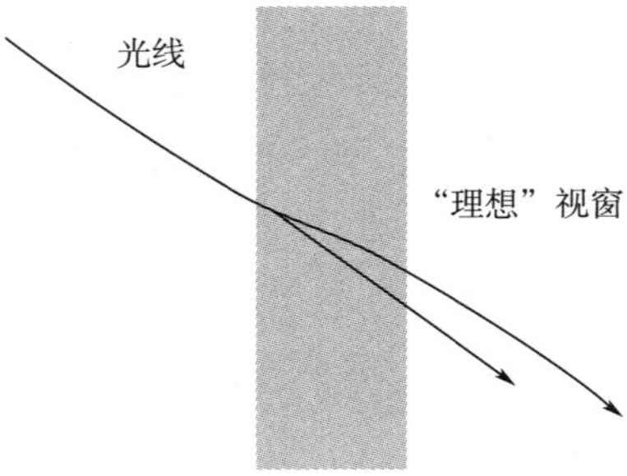

图 5　穿越视窗的光线传播方向不变

成像

光学系统的基本操作是收集物体（如点光源）辐射的光波，然后调整焦距使其形成物体的像。物体空间里的每一点在成像空间里都有相应的成像，因此像看起来才与物体相像。举一个简单的例子，帮助理解镜头是如何成像的。相机的镜头通常包含多个透镜，但基本理论依然适用。当平面光沿平行于透镜轴线方向射入时，光线最终聚集在透镜的一个焦点上（如图 6 所示）。

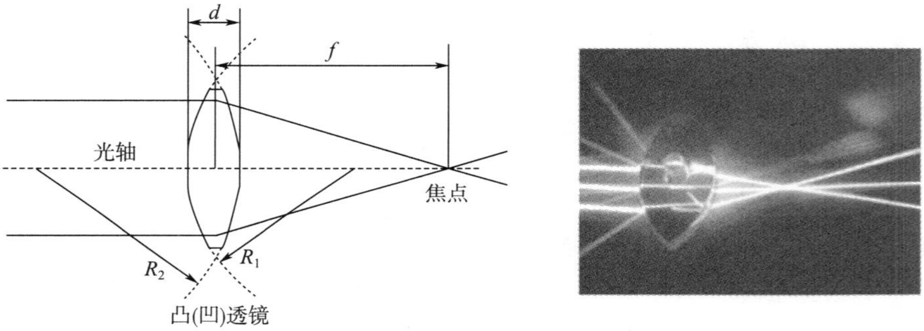

图 6　凸透镜将光线汇集到焦点上

薄透镜公式指定透镜后的成像距离（i）取决于物体到透镜的距离（o）以及透镜的焦距（f）。对很远的物体（无穷远），像在透镜的焦点上。

薄透镜公式

$$1/o + 1/i = 1/f$$

不在光轴上的物体在焦平面上成像（如图 7 所示）。焦平面是垂直于光轴包含成像点的平面（如：相机的胶卷）。

扩展光源成像

扩展光源（树，汽车，世界上几乎所有的一切）可以看作是一系列大量的点光源。所

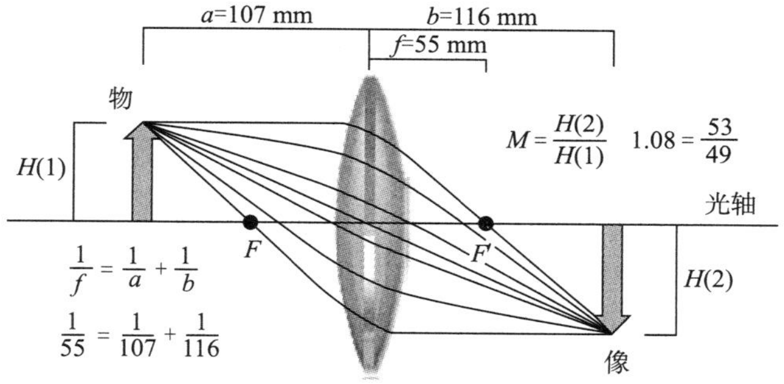

图 7　扩展物体成像

以当航天员从飞行器中看地球时，有许多不同颜色、不同亮度的点光源相互交迭，释放出球形波，当到达航天员位置时，是来自不同方向的平面波（如图 8 所示）。

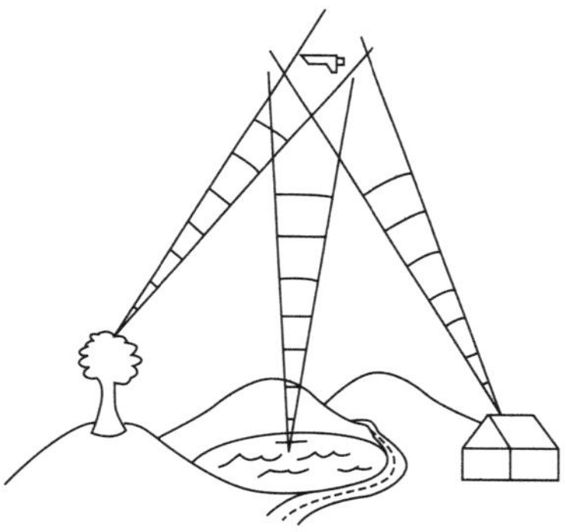

图 8　扩展光源场景

扩展场景成像的细节记录依赖于光学系统将场景中的物点成在像平面上的能力。如前所述，每个球面波只有小部分到达光学系统。因此，每个球面波的能量（现在是平面因为物体太远）都会贯穿光学仪器接收器的全部孔径。之后光学系统必须收集大量重叠波的能量，并将这些波在像空间内对应的位置上准确成像。一小部分光会进入孔径中心，而另一部分会进入孔径边缘之间和中心之间的部分（如图 9 所示）。

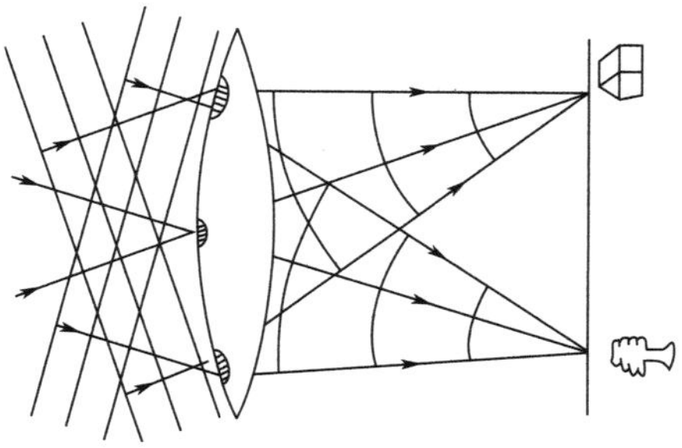

图 9　扩展场景成像

注意，光线方向（垂直于波前）决定像平面出现的地方。

波阵面误差

当来自物体的平面光发生扭曲，以致于波阵面相位不同时，波阵面误差就会发生。当波阵面的不同部分经过不同的光程长度时这种现象就会发生。光程长度（OPL）指光经过的路径，表述为

$$OPL=nt$$

式中 n——折射率；

t——实际路径长度。

对于理想视窗，平面波将穿越视窗，因此每个点的光程长度是相同的，相同的波阵面有相同的相位。

对于非理想视窗，波阵面发生扭曲（相位不连续）。表面误差（视窗不“平”）或者杂质（折射率变化）会使波阵面发生扭曲（如图 10 所示）。

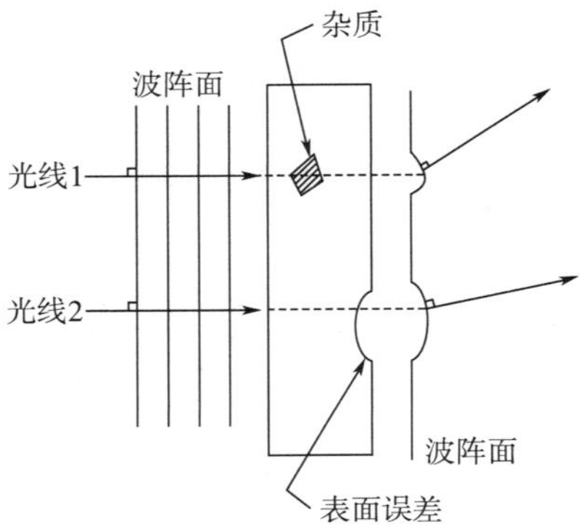

图 10 非理想视窗使波阵面扭曲

注意：穿越视窗前传播方向相同的两束光线，在穿越视窗后传播方向不同（它们仍然垂直于波阵面）。如前面所述，光线的传播方向决定光学系统成像面中像的位置。因此，对于波前部分（总能量），经光学系统成像后，将会聚焦在成像平面的错误位置上。波阵面的每个小区域在成像平面上都完整地表述物体。如果对波阵面较大区域进行成像，像空间将会重叠多个物体的影像（如图 11 所示）。如果过多的能量聚焦在错误的位置上，图像看起来是模糊的。图像等级降低的程度依赖于偏离预定位置能量的多少。这些转移的能量即众所周知的光学像差。

波阵面误差依赖于孔径。成像的波阵面区域越多，波阵面发生扭曲的可能性越大，就有可能导致图像上的能量转移。大孔径系统会有高的分辨率，但仅限于波阵面质量足够的情况下。如果能量偏移的过多，所有的细节将被删除（如图 12 所示）。由于经过小区域时波阵面质量较好，因此使用小孔径系统会好些（但分辨率会降低）。

波阵面误差用总的关于波长引起的光程差来描述（通常用 HeNe 激光波长 632.8 nm

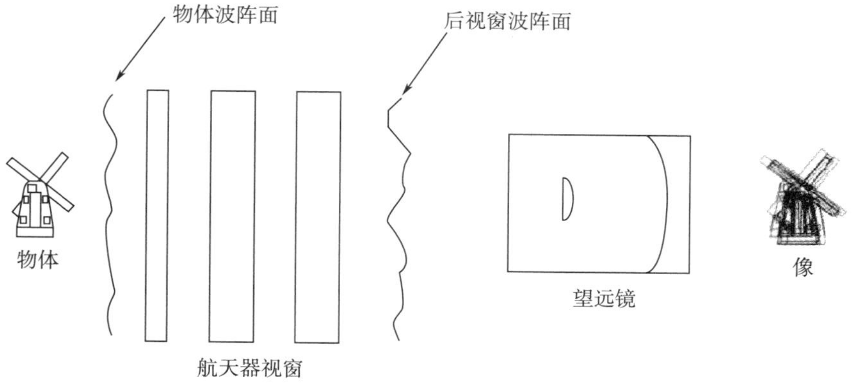

图 11 波阵面扭曲导致的能量转移和图像模糊

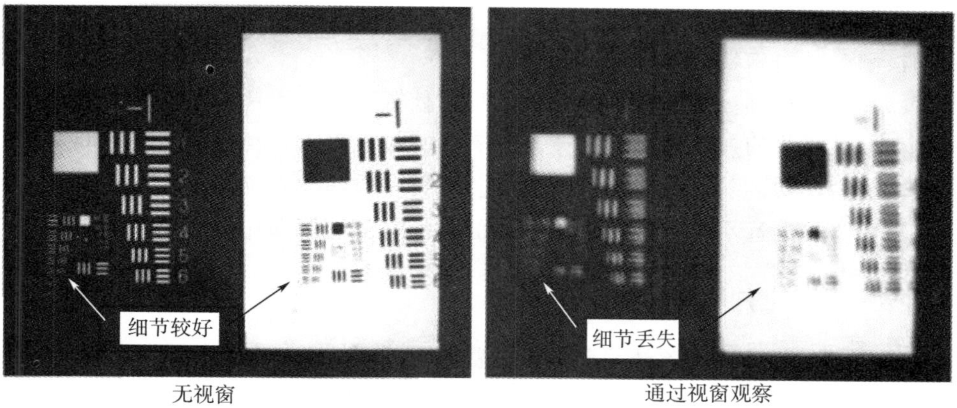

图 12 大孔径成像系统对空军三柱字靶成像时，由于视窗引起的波阵面误差使图像细节删除

来描述）（如图 13 所示）。所以对于一个给定的孔径（波阵面误差与孔径相关），一个 1/2 波长的波阵面误差将使波阵面某些部分比其他部分偏移 316 nm。

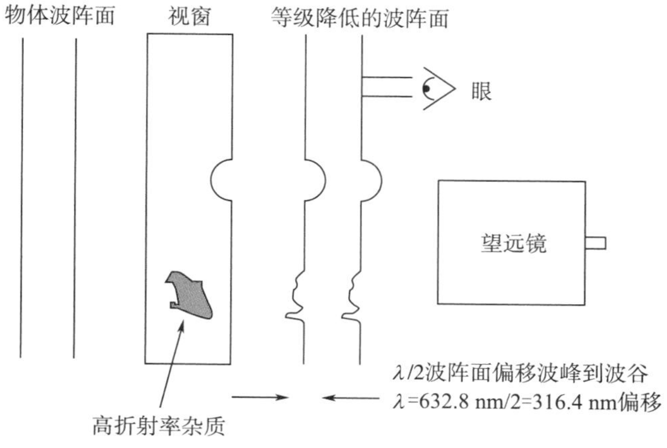

图 13 测量波阵面误差与孔径之间的依赖关系

光程长度不同可能是由于波阵面误差使视窗在某一特定点的厚度小于 316 nm，或者是折射率改变使光程长度总量发生变化。任何材料，而不仅限于玻璃，都能引起光程长度改变以及波阵面误差。塑料、黏合剂、复压制品的问题在于它们不能抛光平，并且材料的折射率不太好控制。

瑞利极限

波阵面误差导致成像质量降低。那么多少误差会引起质量降低呢？小孔径系统（标准相机、双筒望远镜等）有概要测量法，如果光学总像差低于瑞利极限，大多数系统都能正常工作。瑞利极限涉及的光程偏差为 1/4 波长，这一法则源自 A·马雷查尔（A. Marechal）的一篇名为 Etude des effets combines de la diffraction et des aberrations geometriques sur l'imaged'un point lumineux” Rev. Opt. 26：257（1947）的文章。瑞利极限在许多教科书里都有讨论，包括 W·史密斯（W. Smith）著的《现代光学工程》。在涉及瑞利极限时，史密斯做了如下表述：

显而易见，与瑞利极限对应的偏差确实可以使图像特性引起可感知的微小变化。尽管如此，对大多数系统而言，仍假定偏差减小到瑞利极限以下，性能最好，这将使观察者付出相当大的努力，检测随之而来的性能改变。需要一个临时系统修正瑞利极限。

系统需要修正到远小于瑞利极限，这样的系统有望远镜和显微镜。

高质量视窗的光学设计指南

乘员舱内使用的任何光学系统，宇宙飞船视窗是首要的光学要素。不同的光学应用系统视窗，可以对收集的影像质量产生一系列的影响。视窗的光学质量与使用视窗的相机镜头一样重要。

本文档有两部分，第一部分通过回答关键问题的方式，阐述了飞船视窗光学设计的基础。第二部分阐述了视窗设计的指导法则。

理论问题

高质量视窗使用的光圈直径是光学统一的。穿越光圈直径的所有光程长度是相同的。

光圈直径非常重要，对于相机和眼睛而言什么是光圈直径？

相机的光圈直径取决于焦距和 $f/\#$。光圈大小＝焦距/（$f/\#$）。

例子

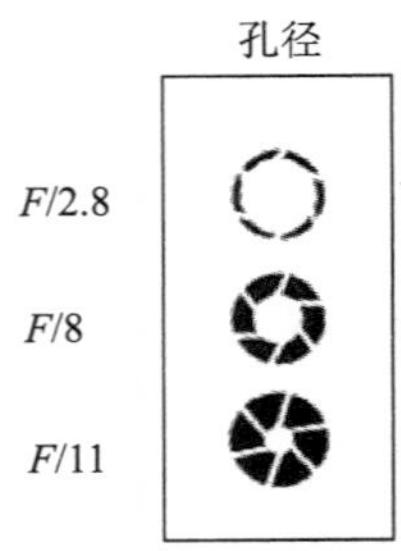

焦距＝400 mm（常见镜头）

$f/\# = 4$

光圈大小＝400 mm/4＝100 mm

表 1　不同相机的光圈大小

	镜头焦距	不同 $f/\#$ 的光圈大小	结论
眼睛（瞳孔大小）	17 mm	2 mm 白天 8 mm 暗调	眼睛瞳孔通常较小

续表

	镜头焦距	不同 $f/\#$ 的光圈大小	结论
佳能 Power Shot G6 “傻瓜相机”	7.2 mm	$f/2.8$～2.6 mm $f/8$～0.9 mm	傻瓜相机光圈很小
尼康 DCS 760	50 mm	$f/2$～25 mm $f/8$～6.25 mm	
	180 mm	$f/2.8$～64 mm $f/8$～22.5 mm	
	400 mm	$f/2.8$～142 mm $f/4$～100 mm $f/5.6$～71 mm $f/8$～50 mm	400 mm 镜头是检验工作中最合适的镜头

光线越少就越需要增大光圈以收集更多的光线，因此必须使用更低的 $f/\#$。

什么是波阵面？

声音以声波的形式传播，能量在水中以水波的形式传播，光以电磁波的形式传播。波阵面的定义为，在波上所有相位相同的点连接而成的面。以水为例，冲到岸上的波是一个波阵面，下一个波是再下一个的波阵面，波之间的距离是波长。

什么是介质的折射率？

折射率（n）是介质的特性，它是光在真空中的传播速度与在介质中传播速度的比率。简单地说（不一定确切）折射率是光在真空中传播的速率与在材料中传播速率的比率（光在介质中传播变慢）。折射率越大材料越密，进入其中的光线弯曲得越厉害。空气和真空的折射率 $n=1$；水的折射率 $n=1.33$，玻璃的折射率根据不同材质而变化，但通常都介于1.45～1.6之间，蓝宝石的折射率 $n=1.76$，钻石的折射率 $n=2.419$，折射率随波长和温度的变化而变化。

要获得好的影像，则通过视窗穿越镜头光圈的光程要统一。什么是光程长度？

光程长度是镜头汇集穿越视窗进入镜头前的路径长度，它是介质折射率和平面玻璃厚度的产物。

光程长度（OPL）是

$$\mathrm{OPL}=nt$$

式中 n——介质的折射率；

t——光传播的物理长度。

如果波阵面的光程长度不同，那么整个波阵面的相位就不同。以水波为例，从图14可见，波冲向岸边的时间会不同，波的中间部分被延迟了（可能是由海滩上的巨大摩擦引起的）。在光学里，在波阵面部分出现这种类型的相位延迟会使图像看起来模糊。

是什么引起了视窗光学不统一？

视窗光学不统一只有两个原因：

1）平面厚度变化；

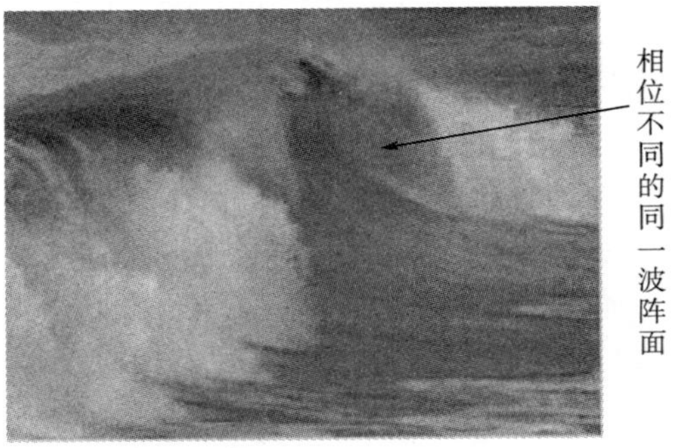

图 14　不统一波阵面

2）平面折射率变化。

一系列的原因能引起介质折射率变化：

1）材料本身有杂质（平面不同部分的折射率不同）。

2）有大的温度梯度（介质折射率是温度的函数）。

3）平面有大的压力改变（介质折射率是压力的函数）。

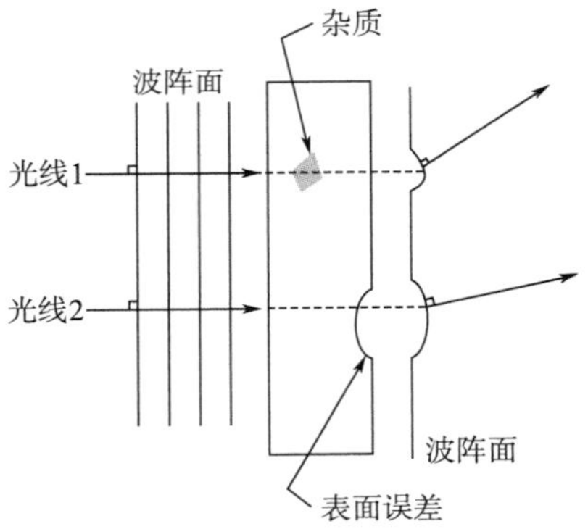

图 15　材料与表面缺陷引起的波阵面相位改变

同材质良好折射率的概率是百万分之一。折射率显著变化的概率是百万分之十。所以如果折射率在 1.500 000～1.500 010 之间变化就糟了。那等同于一个在一英寸平面上光程变化为：OPD＝（1.50 001－1.50 000）·（25.4 mm）＝$\lambda/2.5$。

另外，使用临时材料引起的平面压力分布不统一将会导致折射率不统一。例如，因为压力的原因，靠近飞行器视窗正上方的区域在光学上要比远离此区域的严重。

为什么孔径直径很重要？

孔径直径界定了必须统一的视窗区域。即整个视窗不需要都一致，但是在使用的区域内孔径直径必须一致。小孔径直径（1 英寸或更小）的一致比大尺寸的直径（6 英寸）的一致要容易实现。在应用过程中波阵面要求总是包括孔径。孔径尺寸是导致相机视窗看起来很好但成像质量却很差的原因。眼睛的孔径是 2 mm，所以视窗需要的光学统一需要超过 2 mm。相机孔径可能有 150 mm，因此视窗区域的一致要大 5 000 倍。

波阵面变化多少会产生问题？

允许变化的总量依赖于通过视窗使用的设备（以及那些设备的孔径）。波阵面的需求是确保光学统一的最主要的需求。理想视窗在传递光线过程中是无差错的（例如，光线在视窗的所有部分沿相同的光程传播）。尽管如此，因为没有这样的东西存在，退而求其次是瑞利极限。瑞利极限表述了视窗允许多大的波阵面误差，而不影响好的光学系统的成像质量。对于 632.8 nm 的参考波长而言，瑞利极限不允许光程差（OPD）超过$\frac{1}{4}\lambda$。如果所有的光学偏差限定在 1 个瑞利极限之内，那么小孔径系统（标准相机，双筒望远镜等）的运行状态良好。B 类、C 类和 D 类的波阵面需求依赖于瑞利极限。对大孔径系统如双筒望远镜和其他高性能系统，瑞利极限不足以保证引入的误差不使图像可观测到的等级降低。所以 A 类视窗需要光程差不超过 $\lambda/10$，因为望远镜至少要修正成 $\lambda/8$。

1/4 波长或 $\lambda/4$ 是什么意思？

波阵面误差以波长因子的形式给出。最常使用的光波长是氦氖激光（多用于激光指示器，是红色的)，其波长为 632.8 nm。当参考波长是 $\lambda=632.8$ nm，$\lambda/4$ 的波阵面误差意味着存在 632.8 mm/4＝158 nm 的光程长度误差。如果这些误差都来自表面误差，即视窗的一部分与其他部分相比要比 158 nm（0.000 006 in）厚或薄。图 16 是 $\lambda/2$ 误差的例子。一部分波阵面的传播光程长度比其他部分多了 316 nm。

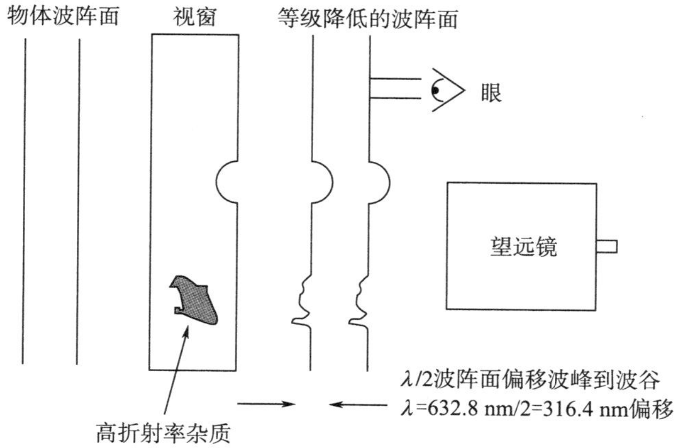

图 16　由于材料和表面不一致引起不同波阵面传播的光程长度不同

怎样测量波阵面以及测量波阵面要多长时间？

干涉仪测量波阵面。每个光学公司都有复式干涉仪（Coming，Zygo et al.），就像大部分公司有光学部一样（包括航空航天）。马歇尔航天中心和戈达德有许多。一旦视窗在设备中定位，测量就可以马上进行。图 17 就是国际空间站命运号实验室的舷窗（Destiny Windows）在 Zygo 测试的照片。

数据收集之后，干涉仪软件自动给出波阵面误差值以及显示整个视窗峰谷值的波阵面

图 17　干涉仪测量的 Destiny Windows 参数

地图。下面是一个典型的输出结果图 18 和图 19，其中显示了单孔径视窗不同部分的波阵面值（例如，视窗是 6 英寸直径区域采样，以检测波阵面误差是否能达到需求）。

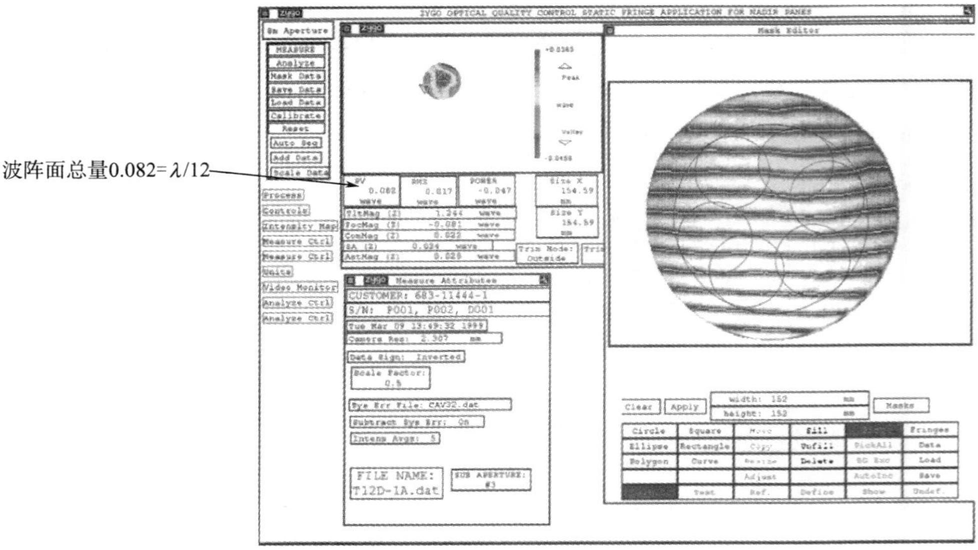

图 18　干涉仪输出

设计方针

什么不影响波阵面质量（例如，光学统一）?

- 多块玻璃视窗的平行玻璃大多数情况下不影响图像质量。不需要将每块玻璃的位置都与其他的进行准确对应。
- 玻璃边缘，两块玻璃对应成的角只要不太尖锐（一些很明显，像 30°）都不影响图像质量。还有另外一些边界要求的问题，但是通常不影响图像质量。
- 玻璃之间的媒质，无论是空气或真空，只要不是起雾的水汽都不影响图像质量。

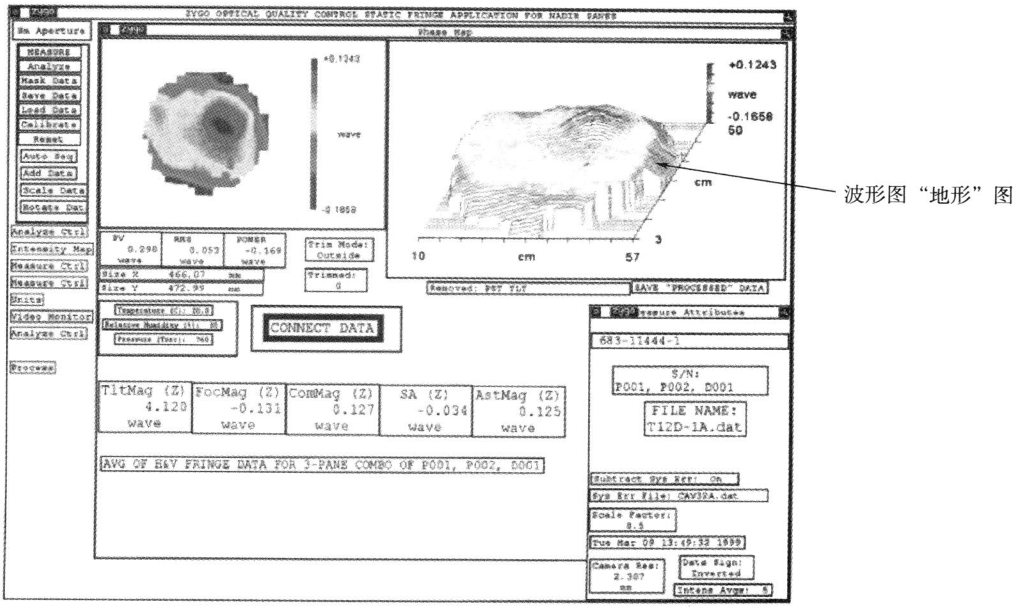

图 19　波阵面地图

• 光学涂层不影响波阵面质量，除非它们太厚以及不均匀。典型的抗反射涂料通常不会产生问题。

• 能引起视窗玻璃内部稍微弯曲的压力通常不会引起问题，除非视窗平面很薄或者压力太大。Destiny Window 由压力引起的波阵面误差为 $\lambda/100$，不是很大。

设计视窗时好的光学规则是什么？

• 使用可抛光的光学统一材料以确保表面平整。玻璃或其他陶瓷最好用，这是因为它们可以被抛光并且折射率能够得到很好的控制。

• 避免使用层压材料、黏合剂和塑料。这些材料的折射率不好控制并且厚度很难控制到 0.000 006 英寸（需要满足 1/4 波长的要求）。可能会有一些光学等级的塑料适宜做盖子，但需经过测试确认。

• 视窗最好薄一些，因为不需要统一材质，并且便宜。

• 避免使用调节视窗，因为视窗的诱导应力通常不统一，因此会导致材料的折射率不统一。塑料通常存在有较大的压力。

• 波阵面是确保高质量图像的最重要因素。即使是不满足其他要求（非必要要求）也不要在波阵面质量上打折。不要让承包商介入设计，因其不能满足波阵面的质量需求。

• 确保靠近视窗玻璃的材料是无味的。封蜡，特别是硅有机树脂封蜡（甚至是经过烘烤的）在封闭空间内会有味儿。某些涂料和所有的黏合剂（即使是螺栓头上的一点）也不用在任何视窗附近。

• 确保选做视窗的材料暴露在光照和紫外线下，不会立刻变暗。熔融硅石抗氧化能力很强，而标准塑料不具备该能力（它们会变成黄色或褐色）。

• 加强视窗快门在不用的时候的保护。甚至小的虹膜快门也能保护它们暴露在紫外光下，不被污损和暗色化。

• 视窗框架应该是黑的，以减少散射光。

• 在玻璃不能经常更换的情况下，应该避免乘员触摸表面的非持久涂层。能够支持摄影的可卸载玻璃是保护视窗的最好方式。

• 每个可应用的表面防反射涂料很重要。反射损失依赖于玻璃的折射率。材料的折射率越大，反射损失越大。玻璃每个面的反射损失典型值是4%，所以每个没涂反射层的视窗玻璃没有传播入射光的8%。由于蓝宝石和金刚石的折射率较大，因此其反射损失较大。

• 对某些塑料光学专家而言，在大孔径视窗中塑料视窗并不像玻璃视窗那样好用。尽管如此，如果使用光学等级塑料（可向美国通用电气公司以及某些日本制造商购买），光学性能将比标准的塑料材料更好。关键是对材料进行退火处理减少其压力。一个专家认为每英寸上最好获得一个波。这对可移动的保护盖而言没问题。测试是确定什么能用的唯一方法。因为在塑料中压力是引起光学误差的主要因素，塑料视窗需要无诱导应力安装。扭曲和箍位将会引起光学误差，因此要避免。

• 如果需要层压材料，可以考虑仅将层压材料用在边缘，这样光程一致可以在视窗中间部分实现。确定在视窗中间部分使用防反射涂料以最小化反射损失。

附录D 载人太空飞行器视窗中光学性能的应用需求

研究和技术帮助，请联系作者：

Mario Runco，Jr.（Astronaut：STS－44，54，& 77）Lead，Spacecraft Window Optics and Utilization Human Exploration Science Office（KX）Astromaterials Research and Exploration Sciences Directorate（KA）and Habitability and Human Factors Branch（SF3）Habitability and Environmental Factors Division（SF）Space and Life Sciences Directorate（SA）

Lyndon B. Johnson Space Center 2101 NASA Road 1 Houston，Texas 77058－3696 mario. runco－1@nasa. gov（281）244－8882

Karen P. Scott，Ph. D，（The University of Arizona，Optical Sciences Center，1998）Senior Engineering Specialist

The Aerospace Corporation Author of over 30 scientific and technical papers on spacecraft window design karen. p. scott @aero. org（281）283－6457

本文得到了下列人士的大力支持和帮助：

The Late David Amsbury（JSC）

Janis Connolly（JSC－SF3）

Dean B. Eppler（SAIC－JSC－ZX）

Kamlesh P. Lulla（JSC－KX）

Gary A. Fleming（LRC）

Howard A. Wagner（JSC）

Charles Allton（JSC）

Susan K. Runco（JSC－KX）

David Warren（Aerospace Corp.）

Stephen K. Wilcken（The Boeing Corp.）

W. Thomas Morrow（JSC）

Mary J. Taylor（Bastion Technologies－JSC）

Ricardo J. Villareal（JSC）

Paul March（Barrios Technologies－JSC）

第 1 部分列举了飞船视窗的特定光学性能需求。

第 2 部分列举了为满足上述光学性能需求的相应调整方法。

第 3 部分列举了针对手册第 8 章中的特例的调整方法，本附录的 3.0 节与第 8 章的 8.0 节相对应。

附录后的术语表，包含了一个关于光学术语、定义和常规的词汇表。

优先级

如果本文档和引用的应用文档存在冲突，本文档优先级高。在本文档中所有的说明、标准、列表和图表或其他的相关文档都包含在引用中。

相关文档

ASTM D1003，ProcedureA	2000 June 10	Standard Test Method for Haze and Luminous Transmittance of Transparent Plastics
ASTM D1044	2005 November 01	Standard Test Method for Resistance of Transparent Plastics to Surface Abrasion
ASTM E1559	2003 May 10	Standard Test Method for Contamination Outgassing Characteristics of Spacecraft Materials
ISO 10110 - 7	1996	Optics and optical instruments - Preparation of drawings for optical elements and ystems - Part 7：Surface imperfection tolerances
MIL - C - 48497	1980 September 08	Coating，Single or Multilayer，Interference：Durability Requirements for
MIL - E - 12397B	1954 November 18	Eraser，Rubber Pumice（For Testing Coated Optical Elements）
MIL - G - 174	1986 December 05	Glass，Optical
MIL - PRF - 13830B	1997 January 9	Optical Components for Fire Control nstruments；General Specification overning the Manufacture，Assembly，and Inspection of
NASA - STD - 6016	2006 September 11	Standard Materials and Processes Requirements for Spacecraft

引用文档

文件号/源	修订/发行日期	文件名
U. S. Lab Window Operational Constraints	Final 2005	ISS Generic Operational Flight Rules Volume B，Section B2 - 19
Koontz，K. L. et al ISS Subsystem Environments Team	22. Apr. 05	STS - 114 DTO - 848 Non - Oxide Adhesive Experiment（NOAX）Contamination（Internal & External）Risk Assessment（SORR）

Scott, K. P. et al	14. Oct. 03	International Space Station Destiny Module Science Window Optical Characterization, 13th International Symposium on the Remote Sensing of Environment
ATR – 2003(7828) – 1 (Aerospace Corporation)	17. Jan. 03	International Space Station Cupola Scratch Pane Window Optical Test Results
JSC/CB – 01 – 140 Crew Consensus Report	31. Dec. 01	Second Intravehicular Activity (IVA) Human Factors/Ergonomic Evaluation of the International Space Station(ISS)Cupola
Visintine, J. T. ISS/Boeing External Contamination Analysis and Integration Team	09. May. 01	09. May. 01Shuttle Orbiter Condensable Outgassing Rate Measurements
ATR 2000 (2112) – 1 (Aerospace Corporation)	Mar. 00	International Space Station Destiny Module Science Window Optical Properties and Wavefront Verification Test Results
JSC/CB – 00 – 009 Crew Consensus Report	31. Jan. 00	Intravehicular Activity (IVA) Human Factors/Ergonomic Evaluation of the International Space Station(ISS)Cupola
ATM No. 99(2110) – 1 (AerospaceCorporation)	31. Oct. 99	ISS Window Observational Research Facility Dynamic Stability Analysis
KA/SH(WSTF)ISS/Attached Payloads External Contamination Technical Interchange Meeting	06. May. 99	Passive Contamination Monitor – Alpha Magnetic Spectrometer and ESCA Analysis of Witness Plates
JSC – STIC – VITO Window Testing Report	26. Feb. 99	JSC Scientific and Technical Information Center – Vehicle Integration and Test Office Window Testing Report(Pilkington)
LLIS – 0754: PD – ED – 1233 & 1263, & PT – TE – 1410	01. Feb. 99	NASA Technical Memorandum4322A, NASAGSFC Reliability Preferred Practices for Design and Test, Contamination Control Program.

LLIS 0670 & 0778	01. Feb. 99	GSFC Public Lessons Learned Entry 0670 & 0778
AIAA 98－0391	Jan. 98	Development of the International Space Station High Optical Quality Science Window, AIAAReno, Nevada
ATR － 97（7434）－ 49（Aerospace Corporation）	Sep. 97	Test and Analysis of Russian andU. S. Materials Utilized on ISS
MIL－PRF－13830B	09. Jan. 97	Optical Components for Fire Control Instruments; eneral Specification Governing the Manufacture, Assembly, and Inspection of
SSPO 96（7434）－ 59（Aerospace Corporation）	Sep. 96	Analysis of the Laboratory Module Nadir Science Window for Optical Degradation Due to Thermal Gradients and Stress
SSPO 96(7434)－55	Sep. 96	Analysis of External Contamination on the ISS
LLIS 0352	08. Dec. 94	NASA － GSFC Public Lessons Learned Entry 0352
TR－0091(6508－21)－1（Aerospace Corporation）	1991	Space Shuttle Overhead Window Optical Tests, Final Report
AIAA No. 71－472	Apr. 71	Light Scatter From ContaminatedSpacecraft Windows
NASA TN D－6721	1971	Apollo Experience Report － Window Contamination
Science of Advanced Materials and rocess Engineering Series, Vol. 11	1967	Gemini Window Contamination Due to Outgassing of Silicones

视窗光学性能需求

1.0 视窗光学特性

视窗的光学特性决定了什么样的仪器可以有效地使用，以及乘员看到的场景质量。如不特别说明，下列说明应对所有的视窗有效。除特别说明外，本章所有需求不适用于飞行负荷、压力负荷以及温度梯度。

1.1　细纹

所有类型的视窗细纹等级都应该为 A 级 MIL－G－174 或更高。

基本原理：视窗材料有优良统一的折射率很重要。细纹的空间存在使折射率变化，从而引起局部波阵面误差。使用良好的材料能容易避免细纹。

1.2　完成视窗性能

本文档列举的状态需求在使用光学涂料后也应该满足，若可以，在完成回火和层压后可以应用。

1.2.1　平行

多元素视窗的每个表面应该与其他所有元素表面相互平行，误差最大在 0.2°～1.5°之间。

1.2.2　楔形

单个视窗玻璃的楔形应该按表 1－1 的规定满足需求。

表 1－1　视窗玻璃楔形需求

种类	楔形
A	在任何方向上不高于 2.5 弧度-秒
B	在任何方向上不高于 10 弧度-秒
C	在任何方向上不高于 1 弧度-分
D	在任何方向上不高于 5 弧度-分

1）在每个面上的不明显区域都应该标注楔形方向，例如在玻璃边缘或在视界边缘区域的 13 mm（0.5 in）之内。

2）应该在视窗框架内组装和定位单个视窗玻璃，以便瞄准线偏移在可能的地方尽量最小。

基本原理：楔形是两个平行的视窗玻璃面之间的角度。楔形的存在使观察时光线穿过视窗时偏移，大孔径光学系统失真。像测距仪、六分仪、手操测距仪以及点激光这些设备对由视窗口引起的光线的视偏移误差总量较敏感。如果要使用这样的设备，应该检查这些装备的楔形需求，以确保这些设备能够满足需求。圆形视窗口的每个玻璃面可以转到一个最佳方位，因而视线的偏移最小化较简单；但是非圆形视窗口的视线偏差调整会比较麻烦，因为视窗形状本身以及视窗框架限制了安装的方位（例如：一个矩形玻璃窗只能在有限的几个方向上安装）。

1.2.3　双折射

所有类型的视窗口双折射应该小于 12 nm/cm，或者在本标准的波阵面质量章节中计算波阵面总误差时，引起双折射的波阵面误差应该被测量和包含在内。

基本原理：光学材料内部的压力产生了各向异性的折射率。压力的影响在传导光学中较显著，可以显著地影响使用性能。传导波阵面误差包括来自每个视窗玻璃表面的传导误差、视窗材料以及双折射。双折射引起材料的不统一导致了光程差，这些光程差依赖于入射光的偏振。因为双折射，视窗的传导波阵面在不同偏振方向上将会有不同的形状。这个需求允许使用双折射率小于 10 nm/cm 的标准退火视窗材料，或者更高双折射率的材料，但总的波阵面误差满足本标准波阵面质量章节的要求。

1.2.4　反射系数

波长在 450～800 nm 之间的入射光的镜面反射，从每个视窗面反射的光线不应该多于 2%。尽管单个表面的镜面反射可能高达 2%，透明度需求可能需要一个或多个玻璃表面的镜面反射更低。运载器视窗的大部分都暴露于地球大气中，各个舱之间的视窗不暴露在外部，不需要满足这个需求。

基本原理：有光线照到折射率变化的区域表面时就会发生部分反射。在空气-玻璃界面上反射大约引起 4%的损失。单个玻璃面将反射 8%甚至更多的入射光。当使用 3 平面结构时这个数字可能高达 24%甚至更多，使用 4 平面结构时可能高达 32%甚至更多。

使用像蓝宝石这样的材料，一个 3 平面的视窗反射损失高达 46%。在折射率不同的表面使用抗反射（AR）涂料可以使每个面的反射率降到 1%，增加透射比，不仅在相机镜头中使用，在光学（激光）和红外设备中也有应用。

航标也得到了极大的改善，通常使用抗反射涂料很容易满足 2%的需求。可再循环地面飞行器的外部视窗玻璃不使用抗反射涂料，以适应再入热量以及允许运输周转清洁。观察、摄影以及检查工作，特别是领航地标需要视界清晰的视窗，通过限制反射系数可以不干预视窗内部影响折射率的因素而达到目的。

1.2.5　透射比

视窗组件的可见光谱透射比应该参照表 1-2，红外光谱的透射比应该参照表 1-3。

表 1-2　可见光谱的透射比需求

类型	A	B	C	D
波长带/nm	425≤□≤800		425≤□≤700	
透射比	≥90%		≥80%	

表 1-3　红外光谱的透射比需求

类型	A	B	C	D
波长带/nm	800≤□≤1100		700≤□≤1100	
透射比	≥50		≥50	

1.2.6　生物体视窗的透射比

飞行程序/任务中，对于接受辐射和紫外线照射的使用限期内的生物体视窗，任何视窗的透射比不能低于表 1－2 列出的可见光谱透射比和表 1－3 列出的红外光谱透射比的需求。

基本原理：像超紫外线、X 射线、伽马射线这些短波长电磁辐射或者像 α 粒子，β 粒子、质子、中子这类不稳定粒子形成的不利环境可以引起透明材料（尤其是光学玻璃）褪色和吸收损耗。电离辐射能产生自由空穴和电子，其被捕获会产生中心缺陷。这些中心缺陷增加光谱中可见光部分的光学吸收引起材料暗色化。传递中的相关损失不利于视窗的光学性能，因而应用任何光学系统都必须尽量使其最小化。为了优化视窗光学性能，特别是生物体视窗，在特定的辐射环境中暴露的光学材料必须满足应用需求或者能更换玻璃。针对这种环境的稳定的辐射传递透明材料已经开发出来。

1.2.7　色彩平衡

一个 D65 标准发光体每个面应该在 1931 CIE 色品图的矩形色彩空间中显示色彩变换，边界定义 x 轴在 0.312～0.321（含）之间，y 轴在 0.329～0.340（含）之间。除未更换的 D65 标准发光体位置，图 1－1 色品图的矩形边缘描述了允许的颜色变换。

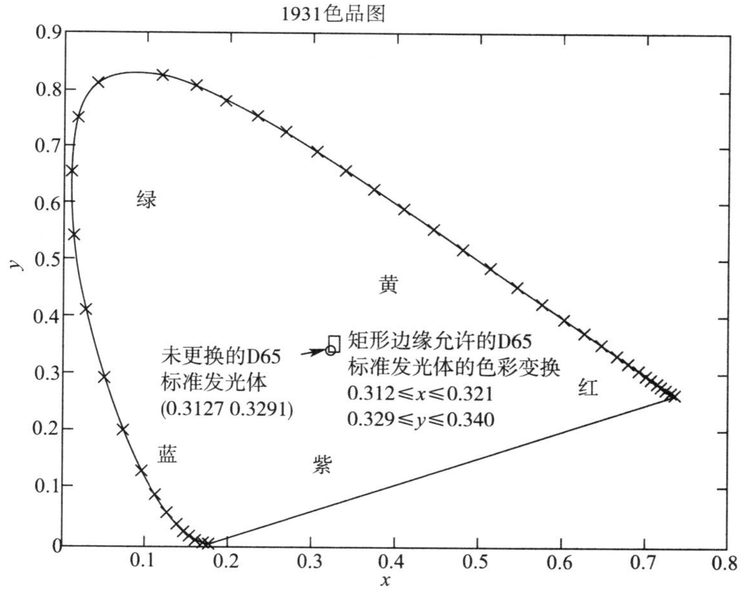

图 1－1　色品图

1.2.8　波阵面质量

1.2.8.1　垂直入射的波阵面质量

对于参考波长为 632.8 nm 的垂直入射的观察角，所有视窗面的联合峰谷传递的波阵面误差都不能超过表 1－4 垂直入射观察的峰谷传递波阵面误差限（不包括飞行载荷、压力载荷以及温度梯度）所列出的限制。

表 1－4　垂直入射观察的峰谷传递波阵面误差限

A类视窗	1/10 波长，任何直径超过 150 nm（约 6 in）的亚孔径在视窗物理区域中心的 80%（最小）
B类视窗	1/4 波长，任何直径超过 100 nm（约 4 in）的亚孔径在视窗物理区域中心的 80%（最小）
C类视窗	1/4 波长，任何直径超过 50 nm（约 2 in）的亚孔径在视窗物理区域中心的 80%（最小）
D类视窗	1/4 波长，任何直径超过 25 nm（约 1 in）的亚孔径在视窗物理区域中心的 50%（最小）

基本原理：见术语和定义表中的瑞利极限。

1.2.8.2　锐角观察的波阵面质量

对于参考波长为 632.8 nm 的垂直入射观察角，所有视窗面的联合峰谷传递的波阵面误差都不能超过表 1－5 锐角入射观察的峰谷传递波阵面误差限（不包括飞行载荷、压力载荷以及温度梯度）所列出的限制。

表 1－5　锐角入射观察的峰谷传递波阵面误差限

A类视窗	1/4 波长，任何直径超过 150 nm（约 6 in）的亚孔径在视窗物理区域中心的 60%（最小）
B类视窗	1/2 波长，任何直径超过 100 nm（约 4 in）的亚孔径在视窗物理区域中心的 60%（最小）
C类视窗	1 波长，任何直径超过 50 nm（约 2 in）的亚孔径在视窗物理区域中心的 60%（最小）
D类视窗	1 波长，任何直径超过 25 nm（约 1 in）的亚孔径在视窗物理区域中心的 60%（最小）

基本原理：见术语和定义表中的瑞利极限。

1.2.8.3　感应波阵面误差

对于 A 类视窗，在通常和最坏情况下，温度和压力环境对波阵面的效应以及视窗要暴露的环境应该确定并提供数据。

基本原理：作用于视窗的温度和压力的变化不利于光学系统的观察，因为温度和压力能引起材料折射率的变化。除了视窗采用调节材料以及薄平面视窗的情况，由压力引起的波阵面感应降低并不是常见的重大问题。温度诱发的变化有两种，即轴向的和辐射的。轴向的温度梯度在每个平面上的温度变化统一弯曲并且通常产生的能量可以忽略（散焦）。辐射状温度梯度，视窗的光程差从镜头中心沿半径对称变化。使用视窗时，在球面中心的偏差和散焦是最普遍的偏差，对这样的光学设备可以进行大的散焦（再聚焦）校正。引文中国际空间站实验舱天底科学视窗的分析报告中列举了一个这种类型的例子，并提供了分析和报告。

1.2.9　模糊度

1.2.9.1　A 类和 B 类视窗模糊度说明

每个 ASTM D1003 的模糊度应该小于 0.5%，在所有涂料以及层压材料之后，应采用程序 A。

1.2.9.2　C 类和 D 类视窗模糊度说明

每个 ASTM D1003 的模糊度应该小于 1%，在所有涂料以及层压材料之后，应采用程序 A。

1.2.10 视觉一致与涂料

视觉一致和视窗表面涂料的耐久性应该依据 MIL－C－48497，表 1－6 对 MIL－C－48497 进行了一些改进，另外，表面缺陷应满足 1.3.2 节的需求。

表 1－6 改进的 MIL－C－48497

基片		调整基片
暴露于内部乘员接触或外部环境	玻璃或陶瓷	3.4 章 3.4.2.1 节和 4.5.4.1 节修改为：最小和最大精确暴露温度各自增加－20 ℉和＋20 ℉
	其他材料	3.4.2.1 节和 4.5.4.1 节修改为：最小和最大精确暴露温度各自增加－20 ℉和＋20 ℉。 3.4.2.2 节删除。 3.4.3.1 节删除，涂料应该满足 ASTM D1044 的泰伯耐磨试验，负载 500 g 在 CS10F 轮上旋转 500 次，模糊度不多于 3.0％
不暴露于内部乘员接触或外部环境	所有材料	3.4.2.1 节和 4.5.4.1 节修改为：最小和最大精确暴露温度各自增加－20 ℉和＋20 ℉。 3.4.3.1 节删除

基本原理：涂料通常应用于视窗表面以控制反射比和透射比，应用的视窗表面和基片材料，如果它们不一致或者污损、有凹痕或使用损坏，这些涂料将负面影响颜色平衡和波阵面质量。

1.3 合理缺陷

1.3.1 包含物

包含物是指视窗材料本身或玻璃夹层以及基片之间的玻璃气泡、突起、小碎玻璃以及灰尘和污垢等。任何视窗材料和夹层的包含物应该按照 MIL－G－174 满足表 1－7 的要求。

表 1－7 MIL－G－174 要求的数量

类型	A	B	C	D
包含数量	2	2	3	3

1.3.2 表面缺陷

1.3.2.1 所有类型视窗的表面不规则偏差

ISO 10110－7 应该用于限制表面不规则。除下面规定的包含物外，A 类玻璃直径为 20 mm 的视窗区域内表面偏差不大于 0.40 mm。允许有非理想化合物存在，但等级大于 0.04 的化合物在直径为 20 mm 的区域内（例如 $A=0.25$）投影面积要小于 0.25 mm^2，A

符合 ISO10110－7。直径小于 20 mm 的薄平面区域中不允许表面瑕疵长度超过 2 mm 及宽度超过 0.08 mm。不允许超过 2 mm 的瑕疵，所有瑕疵总长度不能超过 10 mm。

基本原理：上述规格名义上等同于 MIL－O13830A 中 80～40 的大体规格介绍，但摒除了 Mil－Stamdard 中的含糊介绍。80～40 的等同描述是经挑选的，适用于从仪器主体到视窗焦平面大于 15 屈光度。仅非常少的短焦距相机（“傻瓜相机”）在视窗对光使用时会受到影响，因为长的瑕疵更容易看到，需要指定具体的要求。

1.3.2.2　A 类和 B 类视窗的非限定包含物

1）在表面或夹层中，非限定包含物总数不能多于 3 个。

2）单个非限定包含物直径不应大于 0.50 mm（约 0.02 in）。

3）非限定包含物分布的距离应不小于 50 mm（约 1.97 in）。

4）直径小于或等于 0.08 mm（约 0.003 15 in）的包含物可忽略。

1.3.2.3　C 类和 D 类视窗的非限定包含物

1）在表面或夹层中，非限定包含物总数不能多于 5 个。

2）单个非限定包含物直径不能大于 1.0 mm（约 0.04 in）。

3）非限定包含物分布的距离不小于 75 mm（约 2.95 in）。

4）直径小于或等于 0.1 mm（约 0.004 in）的包含物可忽略。

1.3.3　聚碳酸酯，丙烯酸树脂，通用含压层塑料

聚碳酸酯，丙烯酸树脂和通用含压层塑料应该符合本章描述的其他材料合理缺陷的要求。

视窗光学和功能性能确认方法

本附录的确认方法涉及到基础测试条件。除在特定需求和特定任务时，在轨或宇宙表面条件不需要模拟。除特别指定外，所有的确认应在飞行样机中完成。所有测试产品、数据和报告应该在交付产品时一并交付用户。

2.0　视窗光学特性

视窗光学特性应该在测试报告中总结确认，应该使用以下确认方法。

2.1　细纹

细纹应该被测试确认。测试应该在取证样品中进行。

2.2　完成的视窗性能

对以下测试提供的数据包分析，所有测试的确认结果在完成的报告中都应该能找到。

2.2.1　平行

视窗组装硬件的平行确认应该经过分析（例如弹簧、密封、框架等）以确认平面与预

期公差不超过允许值。如果分析表明设计公差近于越限，平行应该通过飞行样机的测量和试验来确认。

2.2.2 楔形

楔形应该通过检查每一个独立的平面进行确认。供应商的楔形测量方法是可接受的并且应该在数据包中提供。数据包应该检查确认需求得到满足。

2.2.3 双折射

在安装完成的平面上应该做双折射测试确认。

2.2.4 反射比

反射比应该按以下方法进行测试确认：

1）所有类型视窗的每个平面都要进行反射系数测试，在450～800 nm之间以1 nm的增量进行测试。

2）应该提供测量反射系数的电子表格。

取证样本可以在实际的光平面场所使用。

2.2.5 传导

所有类型的玻璃视窗传导都应该按下述方法进行测试确认：

1）除C类和D类视窗外，传导应该在180～250 nm之间按1 nm的增量进行测试，对不需要暴露到外部照明的视窗，传导应该在425～1 100 nm之间按1 nm的增量进行测试。

2）应该提供传导测试数据的电子表格。

3）所有类型的视窗传导可以在实际的光平面传导场所进行样本取证，如果样本足够大则可以覆盖多平面之间的增强传导，否则测试/检查应该在飞行样机中进行。

基本原理：超越本章描述的外部传导带宽的波长对眼睛和皮肤会造成伤害。

传导需求也要按下列描述进行测试分析：

（1）A类视窗的附加传导确认

1）对A类视窗的传导确认应该在常态光环境中，增加实际光视窗平面的传导测量。

2）测量取样应该按照标准20 nm内或更窄的增量，贯穿指定传导部分的光谱。

3）最少应该取15个样本与取证样本结果进行比对。

4）A类视窗的传导测量视角应该在0°（视窗平面的法线）和正负45°按5°增量进行。

（2）B类视窗的附加传导确认

根据A类视窗传导确认，如果高/多光谱设备使用B类视窗或者需要其他特别标定，B类视窗传导也应该在实际光平面上进行附加测试确认。

2.2.6 生命体上方视窗传导

生命体上方的视窗传导应该通过分析和测试确认，测试应该在取证样本上执行。

分析应该能确定在自然以及诱导环境中视窗传导的影响。如果选定视窗材料的特性不明或不能确定，应该进行加速生命测试以确定自然和诱导环境中视窗传导的影响。

基本原理：自然和诱导环境能影响视窗材料的性能，引起传导等级降低。

2.2.7 颜色平衡

颜色平衡应该测试确认。取证样本应该在飞行样机中进行。

2.2.8 波阵面质量

2.2.8.1 垂直入射波阵面质量

A 类和 B 类视窗波阵面质量，应该按照下列方法 A 和 B 对其进行测试分析确认：

（1）波阵面确认方法 A

1）每个单独的平面在测试区域应该至少经过 6 个亚孔径测试，区域至少覆盖物理区域的 80%，有一个位于中心区域和一个位于光学最差区域的测试区域。本测试能从正常的 6 个亚孔径与法线成 0°角入射测量波阵面误差。

注：传送的波阵面误差应能通过全测试区域进行测试，但是如果波阵面误差太大，或者在全测试区域测试仪器不可用，那么可以通过小一些的亚孔径进行测试。

2）应该进行 4 个亚孔径的波阵面附加测试，这些亚孔径分布于光学物理区域的 60%，入射角在正负 30°之间。

（2）波阵面确认方法 B

所有平面装配组合后应该进行干涉仪测试，包括任何一个保护平面和使用的复合平面。如果一个乘员在不使用任何工具的情况下，能在 1 min 之内完成保护平面的拆卸，并能在 1 min 之内完成安装，则需要对其安装和拆卸两种情况分别进行测试。这个测试应该至少在视窗口测试区域的 6 个亚孔径上测量波阵面误差（至少覆盖视窗口物理区域的 80%），一个测试孔径应该位于测试区域中心，一个测试孔径位于测试区域光学最差区域。

注：传导波阵面误差应该在所有测试孔径进行测试，但是如果波阵面误差太大或者设备不能完全测量整个区域，就可以在小一些的亚孔径上进行测试。

（3）数据需求

1）对 A 类和 B 类视窗，所有平面的表面都应该对测试区域和记录的表面数据进行垂直入射时反射系数的测试。

2）波阵面数据包应该包括所有测试孔径的干涉仪图像记录（包括大孔径），每个测试孔径的峰谷值波阵面误差以及第三级像差细目（倾斜，能量，散射，球面像差，以及散光）。任何多余的平面结构也应该进行测试。

对 C 类和 D 类视窗，波阵面应该使用上述方法 A 或方法 B 进行测试和分析以确认。

2.2.8.2 A 类和 B 类视窗锐角入射的波阵面质量

对 A 类和 B 类视窗，波阵面应该按下述方法在飞行样机上进行测试分析以确认。

1）所有平面装配组合后应该进行干涉仪测试，包括任何一个保护平面和使用的复合平面。如果一个乘员不使用任何工具的情况下，能在 1 min 之内完成保护平面的拆卸，并能在 1 min 之内完成安装，则需要对其安装和拆卸两种情况分别进行测试。这个测试应该至少在视窗口测试区域孔径的 4 个亚孔径上测量波阵面误差（至少覆盖视窗口物理区域的 60%），视角与平面法线方向夹角为正负 30°，一个测试孔径应该位于测试区域中心，一个测试孔径位于测试区域光学最差区域。

说明：传导波阵面误差应该在所有测试孔径进行测试，但是如果波阵面误差太大或者设备不能完全测量整个区域，就可以在小一些的亚孔径上进行测试。

2）波阵面数据包应该包括所有测试孔径的干涉仪图像记录（包括大孔径），每个测试孔径的峰谷值波阵面误差以及第三级像差细目（倾斜，能量，散射，球面像差，以及散光）。任何多余的平面结构也应该进行测试。

2.2.8.3　感应波阵面

由温度，外界压力环境以及暴露在恶劣的操作环境中引起的波阵面误差应该经过分析确认。

基本原理：需要回顾和分析独立的程序，以确定是否能避免使用视窗时的一些操作构造和姿态，确保它们能正常工作，那就是说，散焦修正可以用于校正环境导致的降低。应用部分列举了热和压力分析的详细例子［SSPO96（7434）－59］。

2.2.9　模糊

2.2.9.1　A 级和 B 级视窗模糊说明

模糊的确认应该按照 ASTM D1003 在飞行样机上检查和测试，按照程序 A 和通过分析。

2.2.9.2　C 级和 D 级视窗模糊说明

模糊的确认应该按照 ASTM D1003 在飞行样机上检查和测试，按照程序 A 和通过分析。

2.2.10　视觉一致性和涂层

1）视窗涂料的耐磨性应该按照 MIL－C－48497 进行样本取证，按 3.4 节和 3.5 节和下面修订的表 2－1 进行测试分析确认。

2）在 MIL－C－48497 中指定的消除剂应该按照 MILE12397。

3）视觉统一应该按照 MIL－C－48497 进行取样测试，4.5.2.1，4.5.2.2，4.5.2.3，4.5.2.4 和 4.5.2.5.1 节除表面缺陷外应该按照本文档的容许缺陷章节进行确认。

表 2－1　MIL－C－48497 规定的涂料耐磨性需求

基片		3.4 节
暴露于内部乘员能接触	玻璃或陶瓷	3.4.2.1 节修改为：最大和最小温度值分别增加＋20 ℉和－20 ℉
	其他材料	3.4.2.1 节修改为：最大和最小温度值分别增加＋20 ℉和－20 ℉。 3.4.2.2 节删除。 3.4.3.1 节删除。

续表

基片		3.4 节
暴露于内部乘员能接触	其他材料	涂料应该通过 ASTM D1044 的抗磨损性测试，负载 500 g 在 CS10F 轮上旋转 500 次后模糊度不超过 3.0%
不暴露给乘员	所有材料	3.4.2.1 节修改为：最大和最小温度值分别增加＋20 ℉和－20 ℉。 3.4.3.1 节删除

2.3 合理性缺陷

2.3.1 包含物

应该按下述方法在飞行样机中进行测试/检查：

1）每个平面的包含物种类应该检查确认。

2）每个平面的缺陷确认数据的电子数据应该汇编并提供给用户。

3）缺陷应该归类为包含物、非限定包含物或晶粒，或者其他不规则痕迹。

4）数据包中应该包含适当的计算以确定平面是否通过特定需求。

5）电子数据应该是交付的平面数据包的一部分。

2.3.2 表面缺陷

2.3.2.1 所有类型视窗的表面不规则偏差

表面不规则应该按照 ISO 10110－7 的方法 1 确认。

基本原理：表面不规则是局部的瑕疵，例如玻璃表面的刮痕或斑纹，玻璃表面的粗糙斑点或小洞。开放的气泡被认为是小洞。表面不规则降低了性能等级，因为它们发散光线。发散的光线与瑕疵区域相对于干净区域的面积比成比例。

2.3.2.2 A 类和 B 类视窗的非限定包含物

应该在飞行样机中按下列方法进行测试/检查：

1）对 A 类视窗和 B 类视窗，应该在每个平面检查确认非限定包含物的要求。

2）应该维持每个平面的电子数据，向用户提供汇编的每个平面的缺陷检查结果。

3）缺陷应该归类为非限定包容物或包容物，或者其他不规则标记。

4）电子表格中的数据应该准确计算，以辨别平面是否能满足特定需求。

5）电子表格应该作为平面合格数据包的一部分。

2.3.2.3 C 类和 D 类视窗的非限定包含物

应该在飞行样机中按下列方法进行测试/检查：

1）对 C 类视窗和 D 类视窗，应该在每个平面检查确认非限定包容物。

2）应该维持每个平面的电子数据，向用户提供汇编的每个平面的缺陷检查结果。

3）缺陷应该归类为非限定包含物或气泡，或者其他不规则标记。

4）电子表格中的数据应该准确计算，以辨别平面是否满足特定要求。

5）电子表格应该作为平面合格数据包的一部分。

2.3.3　聚碳酸酯，丙烯酸树脂和通用含夹层塑料

聚碳酸酯，丙烯酸树脂和通用含夹层塑料需要按照本节描述的其他材料的要求分别确认。

3.0　视窗

本标题下无要求。

3.0.1　引言

本标题下无要求。

3.0.2　视窗设计和任务支持

本标题下无要求。

3.0.2.1　视窗类型

与视窗可视区域大小及任务要求的性能相匹配的设计参数，应该通过检查和对飞行视窗测试分析确认。

3.0.2.2　视窗最低数量

视窗最低数量应该通过检查设计图纸和飞行样机进行确认。

3.0.2.3　多用途视窗

与任务需求相适应的多用途视窗的尺寸和任务的光学性能需求的设计参数应该通过检查和测试分析飞行视窗进行确认。

3.0.2.4　特定用途视窗

与任务需求相适应的特定用途视窗的尺寸和任务的光学性能需求的设计参数应该通过检查和测试分析飞行视窗进行确认。

3.0.3　视窗位置和方向

视窗位置和方向应该通过检查图纸和飞行样机进行确认。

3.0.3.1　视窗视野

视窗视野应该通过分析确认。

3.0.3.2　导航视窗视觉（场景视场）

导航视窗视觉（场景视场）应该通过分析确认。

3.0.3.2.1　有翼交通工具

有翼交通工具的视窗应该通过分析确认。

3.0.3.2.1.1　前向区域视窗

前向区域视窗应该通过分析确认。

3.0.3.2.1.1.1　前向最小向上视域

前向最小向上视域应该通过分析确认。

3.0.3.2.1.1.2　前向最小向下视域

前向最小向下视域应该通过分析确认。

3.0.3.2.1.1.3　前向最小向舱内视域

前向最小向舱内视域应该通过分析确认。

3.0.3.2.1.1.4　前向最小向舱外视域

前向最小向舱外视域应该通过分析确认。

3.0.3.2.1.2　视窗边缘区域

视窗边缘区域应该通过分析确认。

3.0.3.2.1.2.1　视窗边缘最小向上视域

视窗边缘最小向上视域应该通过分析确认。

3.0.3.2.1.2.2　视窗边缘最小向下视域

视窗边缘最小向下视域应该通过分析确认。

3.0.3.2.1.3　视窗侧面区域

视窗侧面区域应该通过分析确认。

3.0.3.2.1.3.1　视窗侧面最小向上视域

视窗侧面最小向上视域应该通过分析确认。

3.0.3.2.1.3.2　视窗侧面最小船尾视域

视窗侧面最小船尾视域应该通过分析确认。

3.0.3.2.1.4　向上视觉

向上视觉应该通过检查和分析确认。

3.0.3.2.1.5　后方视觉

后方视觉应该通过检查和分析确认。

3.0.3.2.2　无翼交通工具

无翼交通工具视窗应该通过检查和分析确认。

3.0.3.2.2.1　前向区域视窗

前向区域视窗应该通过分析确认。

3.0.3.2.2.1.1　前向最小向上视域

前向最小向上视域应该通过分析确认。

3.0.3.2.2.1.2　前向最小向下视域

前向最小向下视域应该通过分析确认。

3.0.3.2.2.1.3　前向最小向舱内视域

前向最小向舱内视域应该通过分析确认。

3.0.3.2.2.1.4　前向最小向舱外视域

前向最小向舱外视域应该通过分析确认。

3.0.3.3　舱内视窗朦胧排除区域

舱内视窗朦胧排除区域应该通过分析确认。

3.0.3.4　向外视窗朦胧排除区域

向外视窗朦胧排除区域应该通过分析确认。

3.0.3.5　光学统一性

光学统一性应该在飞行样机上测试确认，以确保每个平面都能满足标准光学一致性的需求。

1）应该构筑在水平和垂直方向上包含黑白栅格并覆盖整个目标平面的靶标。水平栅格之间应该相距 30.5 cm（+/−0.5 cm）。垂直栅格之间应该相距 30.5 cm（+/−0.5 cm）。靶标尺寸至少应该是被测试视窗平面的 3 倍。

2）应该构筑点靶标，包含 0.635 cm（+/−0.35 cm）大小的一系列黑点，点之间间隔 30.5 cm（+/−0.5 cm），在整个靶面的行和列之间统一均匀分布。靶标尺寸至少应该是被测试视窗平面的 3 倍。

3）对下列每一个测试，NASA 将会选出 3 个满足视觉灵敏度要求的飞行-航天员作为观察者，轮流在距视窗 30.5 cm（+/−0.5 cm）处通过视窗从反方向与视窗中心和目标在一条直线上观看 122 cm 外的靶标。

4）下列测试中每个观测者都应该没有关于测试平面上光学缺陷的先验知识：

• 观察者观察目标时，专注于关注目标而不是视窗平面的表面或者本身。

• 观察者通过制定的质量区域扫过靶标的所有区域。

• 观察者至少应该扫描两次。一次眼睛动头不动，另一次头从一侧到另一侧并从上到下移动。

• 如果由于尺寸，强度，不统一，分组或扭曲使任何观察者的视觉被拉过来，集中，或者发现光学缺陷，平面需要按照下列的第 6 项进行深入评估。

• 如果静态注视靶标时或者任何观察者转动头部时目标看起来出现波浪，弯曲以及不规则移动（仅用眼睛扫瞄），平面需要按照下列第 6 项进行深入评估。

• 如果任何观察者注视点靶标时目标时隐时现，模糊不清，或者出现重像，平面需要按照下列第 6 项进行深入评估。

5）应该进行光学偏离测试，光学偏离超过 30 弧度秒的应该按照下列第 6 项进行深入评估。

6）任何缺陷鉴别都应该确定其是否满足标准视窗光学特性的需求，没有违反需求的缺陷时确认通过。

基本原理：视窗必须视觉统一，以不会使视窗等级降低。组成包含不同于玻璃的其他的材料视窗，如层压、塑料层、粘合剂常不统一。层压、塑料层、粘合剂在应用中的不统一将负面影响光学性能。非常大的缺陷在波阵面测量过程中可能不会被发现，因为它们太大了以致于干涉仪测量不了。像参考文献中报告的，需要进行所有的确认以排除先前交付中存在的不足。

3.0.3.6　视窗形状

3.0.4　视窗框架和周围结构的表面加工

表面加工应该通过对每个涂料表面或完成使用的表面进行取证样本确认，镜面反射的波长缩放比可以通过半球面反射测量确认。

3.0.5 视窗表面辐射污染

本标题下没有需要确认的要求。

3.0.5.1 视窗组合安装中的材料选择和污染防护

要防止视窗性能降低，视窗组装时应该选择通过 ASTM - E1559 方法 B 和下列附加列表测试的材料，特别是封装和快门的部件。这包含所有小于 3 m（10 ft）视窗的外部材料。材料可能需要焙烤以满足需求，焙烤后要进行硬件功能测试以确认功能，可以通过测试取证样本进行。

1）测量时使用的 1/3 的石英晶体微量天平（QSMs）应该在等于或小于视窗预期操作环境最低温度的情况下使用。

2）E1559 测试的输出是每个样本和温度收集器的压缩除气率。这些比率应该是污染模型的一部分，应该纳入污染物在视窗传递中决定视角因素之中。

3）应该要暴露在太阳紫外线下，因此紫外线和分子污染之间能互相作用，将增强光化学作用的沉积和暗色导致的污染，这应该包括在模型中或通过测试确认。

4）使用预期的材料精确制成的模型进行测试，由此可得出封闭容器中的脱封与暴露在外太空材料的不同。

5）所有类型视窗的能见度测量满足或超过传递和模糊章节所描述的标准需求时，暴露在除气材料后这一要求是满足的。

6）在任何视窗的所有任务结构中视瞄准线 3 m 区域以内指定为表面感光的材料，应该按照 NASA - STD - 6016 使用 CVCM 的 0.01%级进行筛选。应做一个测试评价，以确定是否 QCM 在低于 77 ℉（25 ℃）温度下需要用系统防止使用达到 77 ℉（25 ℃）温度下 CVCM 水平的材料，当然，实际情况下的商户温度若是这样，肯定是失效。

7）光化学沉积作用的污染率也应该被计算。

3.0.5.2 A、B 和 C 类视窗分子污染清除

1）去除污染的方法应该在飞行样机中检查确认。

2）采用热污染去除系统去除污染的方法的效力应该通过实证（热会去除污染）和分析（系统足够去除视窗所有区域内的污染）确认。

3）采用非热污染去除系统去除污染的方法的效力需要通过测试确认。

4）与飞行样机中相同的仿制的含感光材料应该按这一目的使用，但感光材料不需要满足光学或耐磨需求。

5）就这一目的而言，取证样本和工程单位的适当使用是可接受的，但不是必须的。

6）除了检查污染去除系统的准备情况外，在这一目的中无需采用飞行样机。

3.0.5.3 A、B 和 C 类视窗微粒污染物的清除

1）去除微粒污染物方法的规定应该在飞行样机中检查确认。

2）去除微粒污染物方法的效力应该通过实证确认。

3）与飞行样机中相同的仿制的含感光材料应该按这一目的使用。任何仿制品中使用

的感光材料不需要满足这里包含的光学需求。

4）就这一目的而言，取证样本和工程单位的适当使用是可接受的，但不是必需的。

5）除了检查污染去除系统的准备情况外，在这一目的中无需采用飞行样机。

3.0.5.4 A、B和C类视窗的外部污染监控

1）监控外部污染物的方法应该在飞行样机中检查确认。

2）监控外部污染物方法的效力应该通过测试一个独立程序指定的范围和敏感性确认。

3.0.6 视窗污染物和损害的其他来源

本标题下没有需要确认的要求。

3.0.6.1 保护平面和盖子

本标题下没有需要确认的要求。

3.0.6.1.1 外部视窗保护

大部分外置视窗平面的防护应在飞行样机中按下列实证方法进行确认。

3.0.6.1.1.1 透明的外部保护

1）透明的外部防护的光学要求应通过测试和分析确认。

2）一个舱外活动乘员，使用标准舱外活动工具，拆卸和重新安装外部透明防护，其时间均小于1 h的能力应该通过实证验证。

3.0.6.1.1.2 不透明的外部保护

1）在舱内的不透明外部保护从完全关闭到完全打开以及从完全打开到完全关闭均小于10 s的手动操作应该通过验证确认。

2）在舱内以及舱外的，不透明外部保护从完全关闭到完全打开以及从完全打开到完全关闭均小于10 s的遥控操作应该通过验证确认。

3）舱内以及舱外的快门或其他设备状态的远程确定，不管是开还是关都要通过实证确认。

4）应该在飞行样机中检查快门或设备的光封。光封的效力应该通过实证确认。

5）应该在飞行样机中检查确认快门或设备的微粒/污染物防护。微粒/污染物密封的效力应该使用测试样机通过分析或实证确认。测试样机不需要装备窗口平面。

6）应该在飞行样机中检查确认快门或设备的微流星体和外部物体的防护。微流星体和外部物体碎片的防护功效应该用测试样机进行分析或实证。测试样机不需要装备窗口平面。

7）中间位置的快门或设备能否完全关闭和打开应该经过实证验证。

8）在外部建筑元素上的能动范围内，手动开门或设备的开和关都应该经过实证验证。

9）一个舱外活动乘员，使用舱外活动标准工具，在2 h内移动或更换快门或其他不透明的视窗保护设备的能力应该经过实证验证。

10）一个乘员使用标准工具在2 h内移动或更换快门或设备驱动结构的能力应该经过实证验证。

3.0.6.1.2 内部视窗保护

1）保护平面和盖子的透明度应该经过实证确认。

2）保护平面和盖子的光学需求应该测试确认。

3）一个乘员只使用标准工具在 10 min 内拆下和在 10 min 内重新安装内部保护平面的能力应该经过实证验证。

4）在 A 类和 B 类视窗中可移动的中间防护平面的光学需求应该经过测试确认。

5）一个乘员不使用任何工具在 10 s 内拆下和在 10 s 内重新安装保护盖或者完全打开和关闭内部保护盖的能力应该经过实证验证。

6）在 A 类和 B 类视窗中使用的内部保护盖有波阵面需求，一个乘员不使用任何工具在 10 s 内完全开或关，在 10s 内拆下及在 10 s 内安装的能力需要经过测试确认。

3.0.7 压缩保护

压缩保护系统的能力应该在飞行样机中经过检查确认。

1）从曝光到通常期待的环境范围，以及 A 类和 B 类视窗的大部分内部表面嘴到平面的距离为 10 cm［代谢率＝30（＋/－5）呼吸/分，单人］时，压缩防护系统的效力应该经过测试确认。

2）在中间平面除去和增压过程中压缩保护系统的效力应该经过实证确认。

3.0.7.1 压缩保护系统的人工操作

压缩保护系统的人工操作应该经过实证确认。

3.0.8 视窗传递和非电离辐射

乘员安全需求应该按照以下标准进行分析确认：NASA 标准 3000，5.7.3 节，人-系统整合标准，5.7.3.1 节，航天飞行-系统标准卷Ⅱ，5.8.2 节，认为视窗窗口传递可接受的观测次数小于或等于标准的表格中指定的值。如果视窗窗口不符合特定值，可能需要附加设备如太阳镜、滤光片等，以满足需求。分析应该标明附加的衰减保护措施与视窗组合能满足乘员的安全需求。

3.0.8.1 非电离辐射的衰减和过滤

1）应该通过飞行样机检查确认衰减或过滤非电离辐射的保护方法。

2）临时性附加的非电离辐射衰减设备或滤片应该通过实证验证。

3）一个乘员在 10 s 内不使用工具拆下和在 10 s 内安装非电离辐射附属设备或滤片的能力需要经过实证验证。

4）非电离辐射附属设备或滤片的光学需求应该通过测试和分析确认。

3.0.9 视窗支持

3.0.9.1 视窗支持的电子连通性

3.0.9.2 微重力环境下的视窗支持

3.0.10 研究需求

本标题下没有需要确认的要求。

3.0.11 参考文献

本标题下没有需要确认的要求。

光学术语表

术语	定义
双折射	入射光在折射率不同的材料中易发生双折射。双折射可能是材料本身固有的特性如蓝宝石，或者是平时不表现而有压力诱导时发生
气泡	在制造过程中，玻璃、塑料、复合材料等块体材料的圆形横截面中的气体空间
清晰视界孔径	视窗中不被视窗组装框架和阻挡入射光线结构覆盖的部分
偏差	入射光线在穿越视窗平面，窗口或其他光学设备时入射角度的变化
漫反射系数	入射光线的一部分或者在特定波段内的其他类型光波，从表面向各个方向的反射统一，与入射光线或光波的入射角度无关。真正的漫反射（朗伯）表面从各个方向看亮度相同（看起来亮度相同），与光源相对于平面的方向无关。这种类型的反射与物体表面的光滑或“平”相关，并与镜面反射形成对比。大多数物体表面是镜面反射和漫反射的结合
漫反射	在特定波段内的入射光功率的一部分，从表面向各个方向的反射统一，与入射光线的入射角度无关。真正的漫反射（朗伯）表面从各个方向看亮度相同（看起来亮度相同）。这种类型的反射与物体表面的光滑或“平”相关，并与镜面反射形成对比。大多数物体表面是镜面反射和漫反射的结合
洞	抛光表面上粗糙的小点或短的划痕，通常是由研磨后未抛光去除或外漏气泡引起的亚表面损伤的残留，其尺寸达到可测量范围
失真	通常指图像不能再现与其物体相对应，图像与对应的物体看起来不像，这是由两个视窗平面的楔形角变化，或者材料不统一，或者光学表面不统一引起的
舷窗视野	通过舷窗，至少可以用单眼直接观测的所有点，即眼睛、头和身体活动的组合能观测到的。视野是严格受障碍物限制的，面部眼睛周围的结构和（或）放置在乘员眼前的头盔（如果戴了），竖档，结构和其他设备都能限制视野。对于不同的飞行阶段和操作任务，可完成的活动是不同的，其取决于活动时存在的限制，如着服，坐下，受限制，及重力负荷。关于瞄准线现象如污染物沉积和羽化，任何舷窗外部在大多数平面的外表面上的点，都在舷窗视野之内

模糊	当光线穿越视窗时因前向散射而偏离入射光束时，会引起视窗或镜头的雾化现象，测量偏离光线占传递光线的百分比。模糊是由于表面粗糙，污染物，刮痕，内部不统一和包含物引起的
包含物	指在块体材料中出现的所有局部圆形缺陷，特别是圆形横截面包含的气泡、颗粒、细沟、小石头、沙和结晶。包含物分散的光线与其面积成比例。在成像平面附近的包容物比较讨厌，因其在图像中是可见的
折射率	折射率或折光率是物质的基本性质，它是光在介质中的传播速率与在真空中的传播速率的比值，与波长和温度相关。真空的折射率是 1.0，空气的折射率是 1.000 3。熔融石英对可见光谱在 20 ℃的折射率介于 1.469～1.455 之间
非限定包容物	非限定包容物是大块夹杂物，由于打磨或其他处理过程导致其暴露在表面。非限定包容物的底部通常比洞更原始，其通常是断裂的，因此其破坏深度比洞的要差一些
光程长度	光程长度（OPL）是光在介质内实际传播的距离，表述如下 $$\mathrm{OPL}=nt$$ 式中 n——材料或介质的折射率； t——路程的物理长度； OPL——波长相关
保护盖	无内部压力的透明薄片或平面，通常是与视窗玻璃不同材质的丙烯酸或其他材料，用于保护下面的视窗免受压力和（或）乘员偶然接触到保护面。保护盖通常不是视窗组装必不可少的一部分，在这种情况下它不是视窗必不可少的一部分，与波长相关及其充当滤光片时除外，保护盖至少是 D 类光学性能。对于 632.8 nm（排除飞行载荷、压力载荷和温度梯度）的参考波长，保护盖也可充当视窗滤光片，传递危险，将非电辐射波长减少到安全水平的情况，在视窗的物理面积中间的 80%（最小）内任何直径超过 25 nm（约 1 in）的亚孔径，保护盖的传递波阵面误差至少是 1 个波长。对于非完整的或可移动的保护盖，一个乘员可以在不使用工具的情况下，在 10 s 内将其拆卸和在 10 s 内再次将其安装，及其分别在 10 s 内将其完全打开和关闭。非完整的保护盖可以看做是临时性的，也就是说经过一段时间之后如果在它们的光学等级下光学质量下降的话可以将其更换

<table>
<tr><td>保护平面</td><td>不管是内部的还是外部的无内压的透明平面，旨在保护下面的视窗平面免于环境压力和外部环境诱导的质量降低诸如玷污、腐蚀、碎片和偶然的乘员接触。保护平面通常被认为是视窗组装必不可少的一部分，至少与其保护的平面具有相同的光学性能。对于非完整保护平面，一个乘员使用极少的舱外活动工具在 1 h 内对其完成其在视窗组装上的拆装，使用舱内活动工具在 10 min 内对其完成其在视窗组装上的拆装。保护平面可以被认为是临时性的，也就是说经过一段时间之后，如果在它们的光学等级下光学质量下降的话可以将其更换。外部保护平面是消耗性的</td></tr>
<tr><td>石英晶体微量天平（QCM）</td><td>一种使用压电石英晶体探测污染物存在的设备。石英晶体微量天平比较了石英晶体的谐振频率，其无残余污染物，因为其将残余污染物暴露于环境中沉积。通过校准石英晶体微量天平可以确认沉积物的总量</td></tr>
<tr><td>瑞利极限</td><td>理想视窗在传递波阵面过程中不会产生误差。波阵面误差（光程差）将导致随后光学系统成像的图像质量降低。瑞利极限表述了一个光学观察系统在衍射极限附近通过视窗引入多少波阵面误差不会影响图像质量。对于 632.8 nm 的参考波长，瑞利极限允许不超过波长峰谷值 1/4 的光程差 OPD。如果光学偏差受限小于瑞利极限，那么小孔径系统（标准相机、双筒望远镜等）工作正常。当光学系统对一个点光源成像（像一颗星）时，衍射极限（理想）系统会产生点光源的图像，但是由于衍射的存在，图像将会产生一个中央亮盘以及一系列包围中央圆盘（叫空盘）的同心环。对于一个理想系统，84%的能量将集中于中央圆盘，16%的能量在周围的环。如果波阵面误差增加，从中央圆盘转移到环中的能量将显而易见。能量转移使图像看起来模糊。对小的波阵面误差，能量分配如下：
<table>
<tr><td>波阵面误差（$\lambda=632.8$ nm）</td><td>中心圆盘的能量</td><td>光环中的能量</td></tr>
<tr><td>理想透镜（OPD=0）</td><td>0.84</td><td>0.16</td></tr>
<tr><td>OPD=$\lambda/16$</td><td>0.83</td><td>0.17</td></tr>
<tr><td>OPD=$\lambda/8$</td><td>0.8</td><td>0.2</td></tr>
<tr><td>OPD=$\lambda/4$［1 瑞利极限］</td><td>0.68</td><td>0.32</td></tr>
</table>
</td></tr>
</table>

瑞利极限	看起来，与一个瑞利极限相对应的偏差总量确实在图像中引起了一个小的但可见特性改变。尽管如此，对大多数小孔径系统，特别是相机，性能是可接受的。对大孔径系统，如望远镜和其他高性能系统，瑞利极限不能确保视窗不引入可见的等级降低。所以，A 类视窗要求 OPD 不能超过波长的 1/10。 瑞利极限源自 A·马雷查尔的一篇名为 Etude des effets combines de la diffraction et des aberrations geometriques sur l'imaged'un point lumineux Rev. Opt. 26：257（1947）的文章。而且瑞利极限在许多教科书里都讨论过，包括 W·史密斯著的《现代光学工程》
反射系数	入射光或特定波长中其他类型的波从表面反射回来（参考镜面反射和漫反射）的光的部分或百分比
刮痕	任何标记或撕开的材料原表面，基片，表面涂料，或表面由于硬的、尖的物体碾压成的线。刮痕散射光线，可以在图像中引入可见的扭曲使图像失真，并且在图像平面附近时比较讨厌
气泡	用于表述在玻璃中直径极小的气体夹杂物
镜面反射	光在表面是理想状态的，像镜子一样反射，光从一个方向入射，按照斯涅耳定律（$\theta_i=\theta_r$）向另一个方向反射。另一方面，漫反射是向各个方向的反射（见漫反射）。区分镜面反射和漫反射最熟悉的例子是有光滑的和不光滑的涂料或照片印刷品。尽管两种图层展现了镜面反射和漫反射的结合，但是光滑涂料和照片印刷品有较大比例的镜面反射系数，不光滑的涂料和照片印刷品有较大比例的漫反射系数。抗反射涂料减少了光从给定的表面反射出去的光线的总量。无覆盖物的玻璃表面的反射系数约是 4%，因而一个窗格玻璃的两个表面的反射系数约是 8%。抗反射涂料可以将总的反射系数减少到约 2%或更少
细纹	透明材料（通常是玻璃）的折射率在空间短范围变化（0.1 mm～2 mm），尤其是形成平面的。细纹是不同于球形面折射率的不均匀性，这种不均匀性将影响整个材料片。细纹将导致波阵面误差
透过率	穿过媒介物质的指定波长的入射光的一部分和百分比
波阵面	光以电磁波形式传播。波阵面定义为连接波面上具有相同相位的所有邻近点的平面

波阵面误差	整个光程差导致与光波长有关的波阵面，通常指 632.8 nm 波长的 HeNe 激光。对于平面波，当波阵面扭曲以至于单个的波阵面不再协调时发生波阵面误差。当波阵面的不同部分传播不同的光学路径长度时这种情况就会发生。在理想的舷窗中，平面波经过舷窗以至于舷窗上的每一点的光学距离是一样的，波阵面保持相同的相位。波阵面误差依赖于光圈。在有缺点的舷窗中，波阵面是扭曲的，也就是说，不保持相位。波阵面误差可能被表面缺陷（窗不平）或不同类的材质（穿过窗口时折射率发生变化）扭曲
楔	单个窗玻璃两个表面之间形成的角
视窗	通过透明材料的膜直接观察的非电子方法，与航窗相同，并可与其交替使用
视窗盖	见保护盖
舷窗过滤器	内部、无压力的、透明薄膜或窗格玻璃，通常是不同于窗玻璃的材质，例如聚碳酸酯或其他材料，目的是过滤非电离的辐射危害以保持在安全水平。不认为舷窗过滤器是窗口装配的主要部分。舷窗过滤器很容易移开，并且一个乘员不用工具就能很容易将其重新安装上。舷窗过滤器也可以用作保护盖
视窗口	完成的集成包括框架结构（包括所有的垫圈、螺钉、隔板以及其他类似的部件）和所有窗玻璃，特殊位置通常使用保护玻璃、永久涂层、聚碳酸酯薄膜或层压材料
遮光帘	通常指内部无压力的不透明的布，用来阻止外部光进入乘员舱。遮光帘可能是或可能不是窗口组装的必要部分。乘员不用工具就能很容易将非必要的遮光帘拉开和移位。必要遮光帘也可作为舷窗保护盖
舷窗保护罩	内部操作和远程操作的外部保护罩，用来防止自然的或由于其他原因导致的舷窗外玻璃窗的环境恶化（例如，玷污、腐蚀和碰撞），玻璃窗有从远程操作场所读来的开关指示器。在少于 10 s 的时间内可以通过舷窗保护罩的全范围运动来操作它，舷窗保护罩可以用作遮光帘

显示器颜色	程序压 R-G-B 值	光谱(包含紫外线成分) 包含镜面成分 	打印颜色 (估算)
	255-255-255	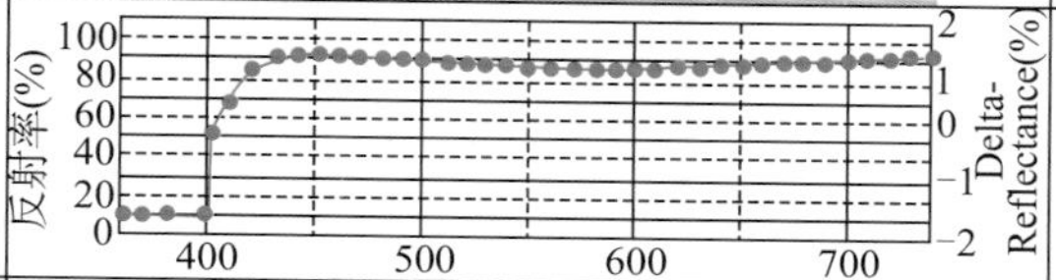	
	0-0-0	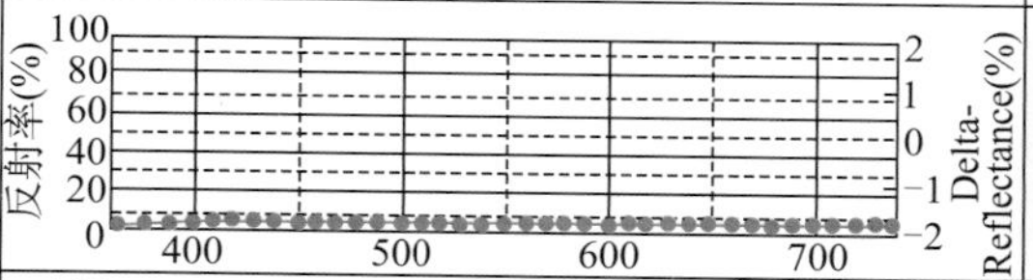	
	255-0-0	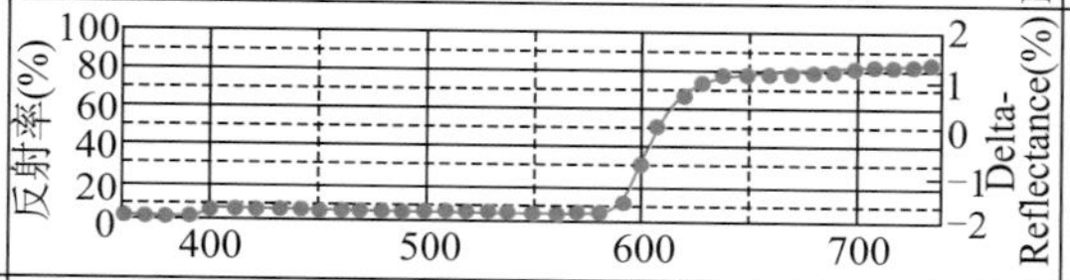	
	255-153-51	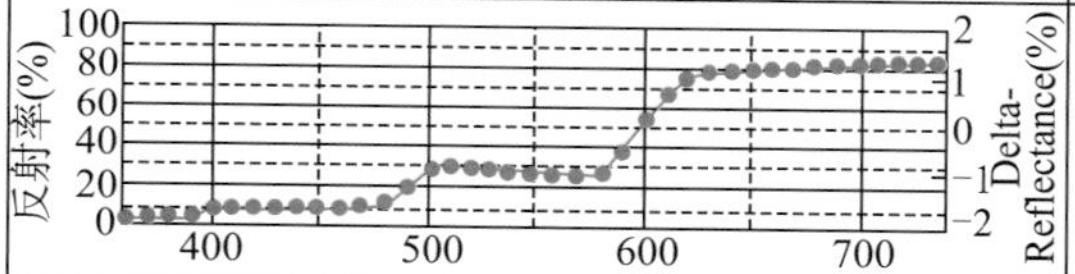	
	255-255-0	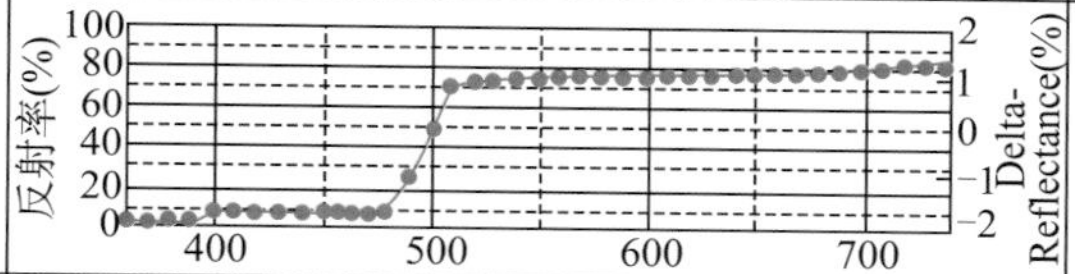	
	0-255-0	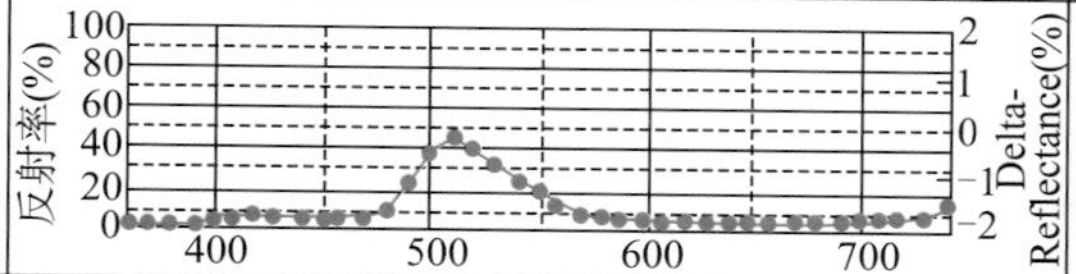	
	0-0-255	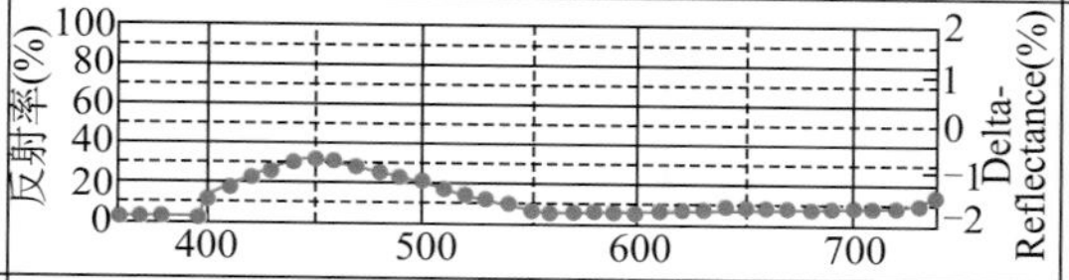	
	102-0-204	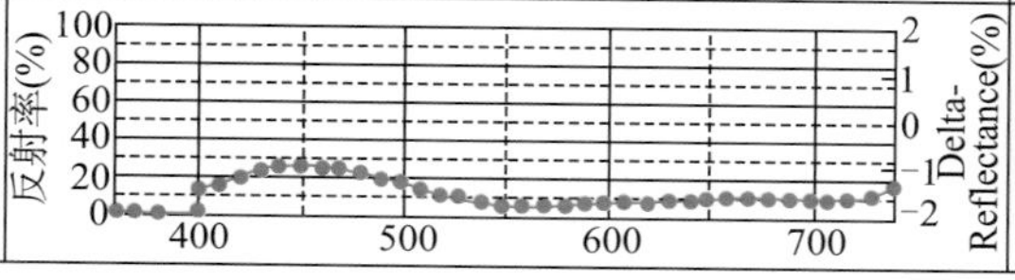	

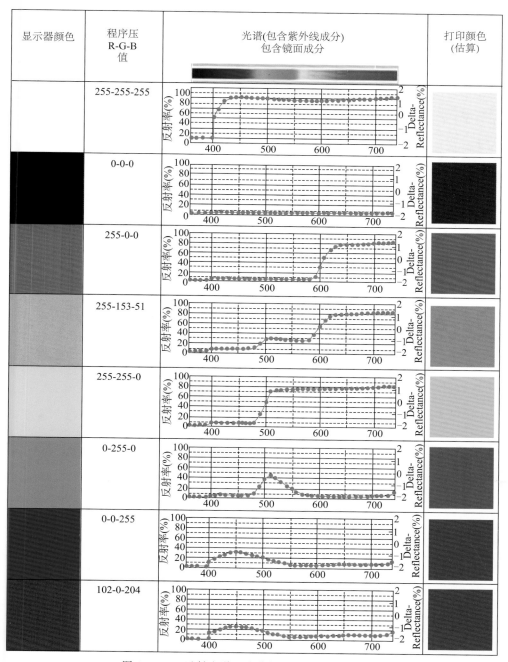

图 8.7-4　反射光谱（含紫外线光）示例（P558）

显示器颜色	程序压 R-G-B 值	光谱(包含紫外线成分) 包含镜面成分 	打印颜色 (估算)
	255–255–255	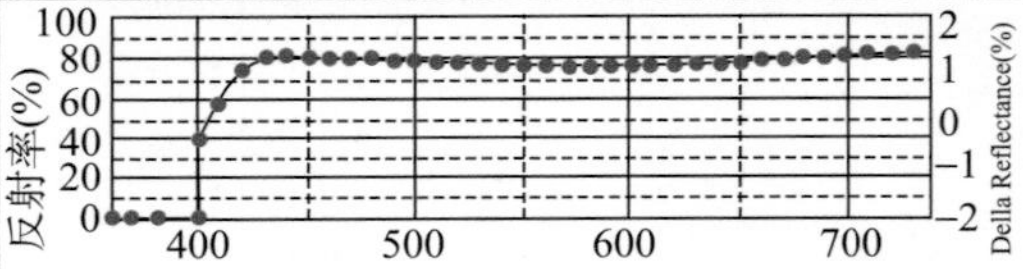	
	0–0–0	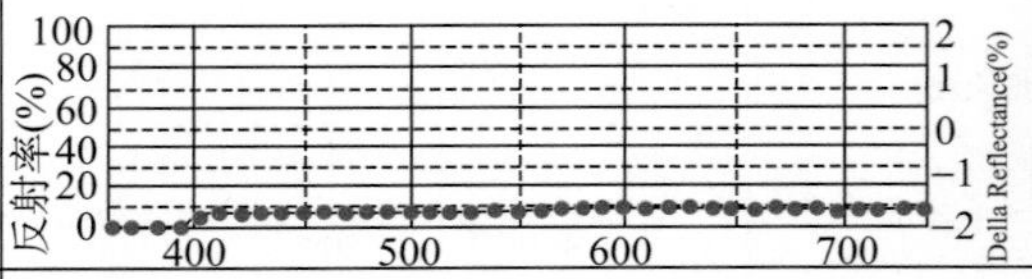	
	255–0–0	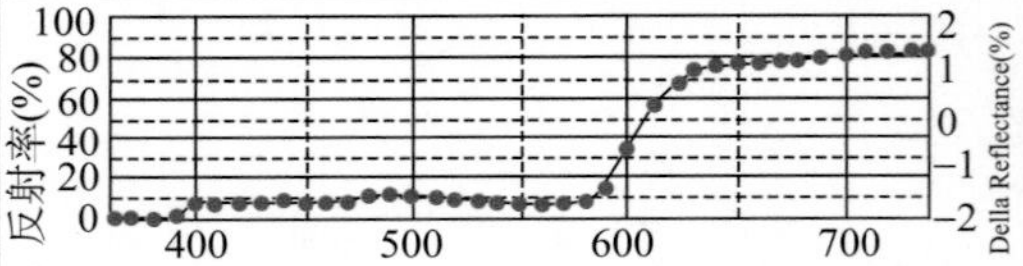	
	255–153–51	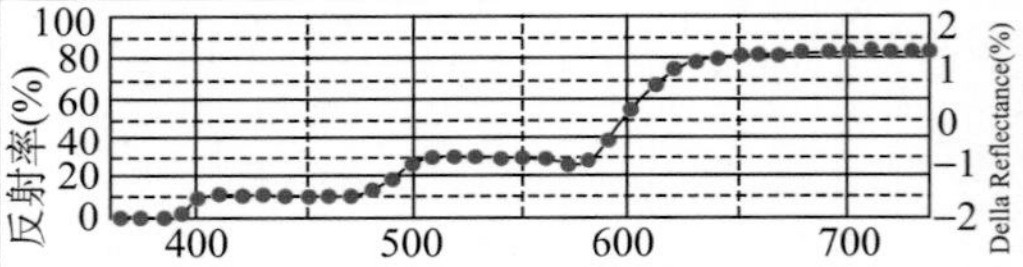	
	255–255–0	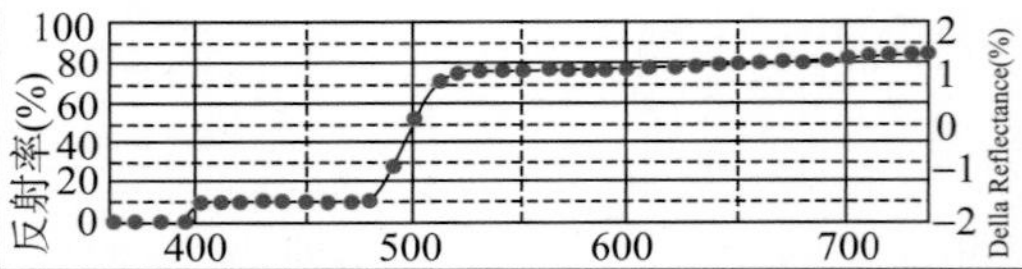	
	0–255–0	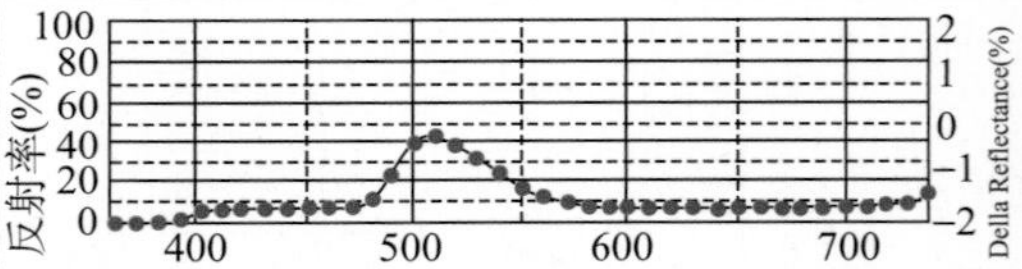	
	0–0–255	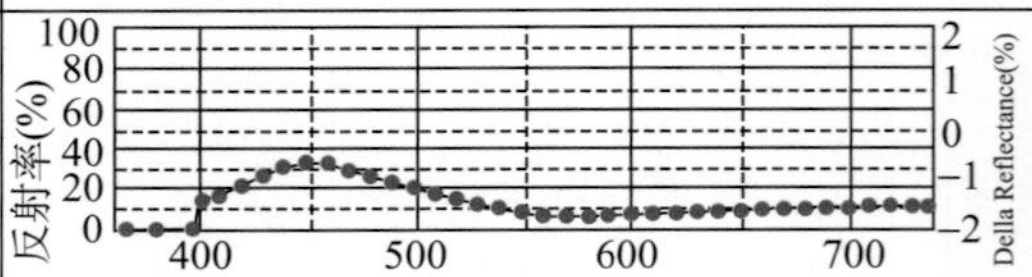	
	102–0–204	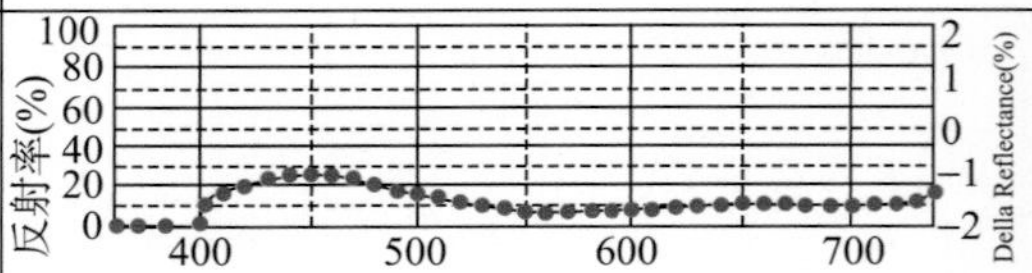	

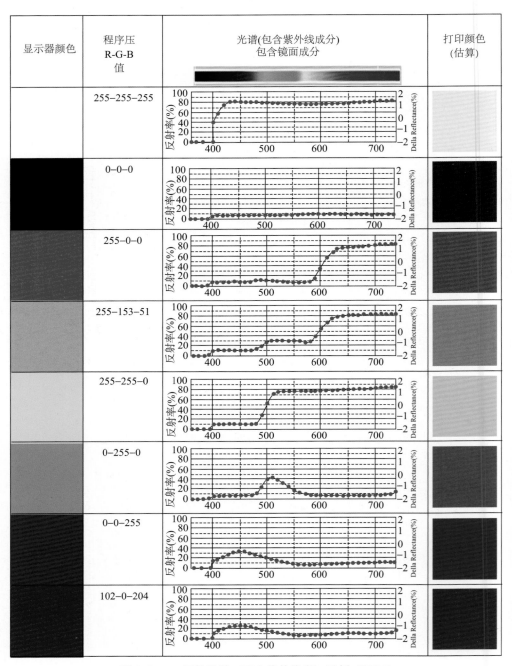

图 8.7－5　反射光谱（不含紫外线光）示例（P559）

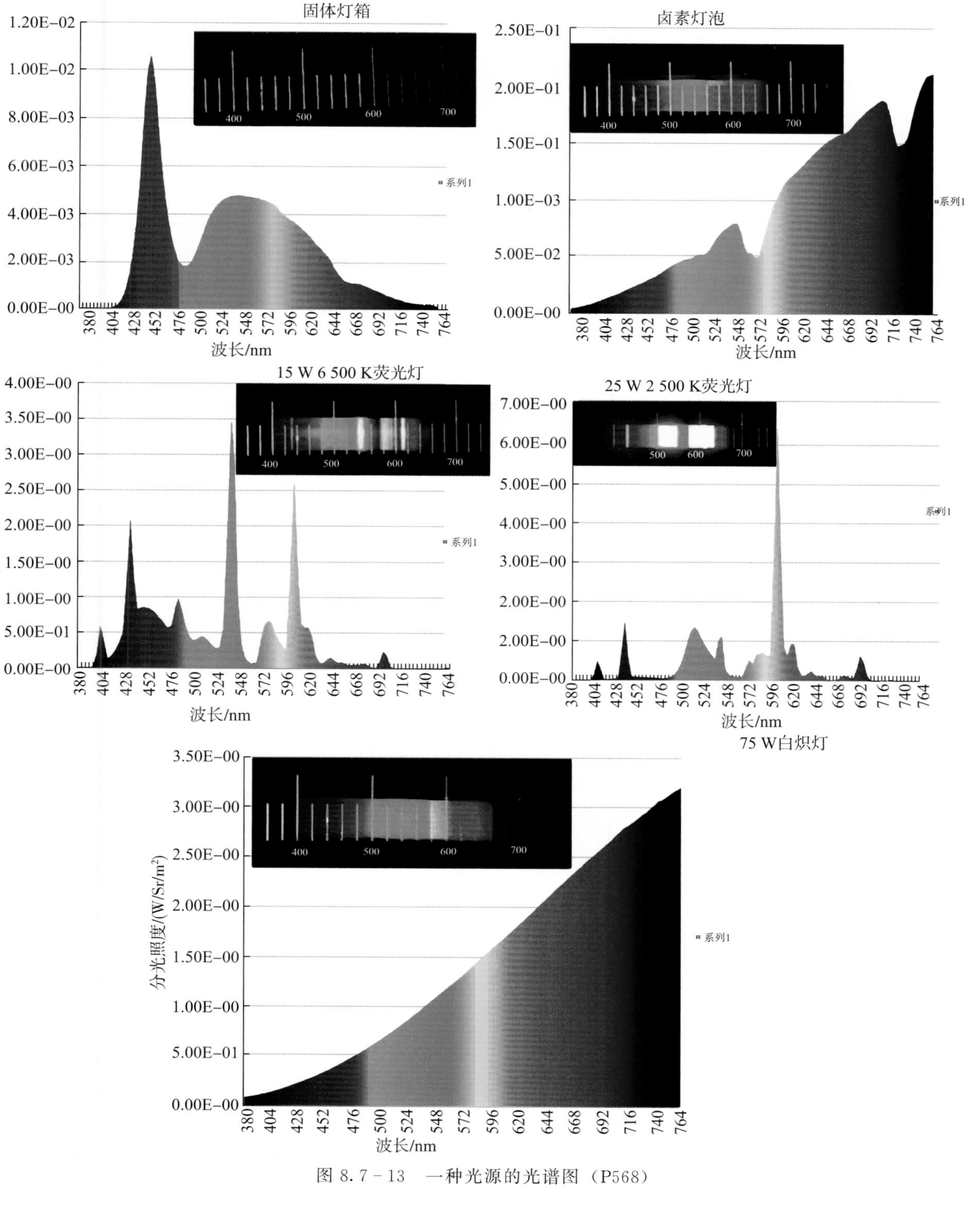

图 8.7-13　一种光源的光谱图（P568）

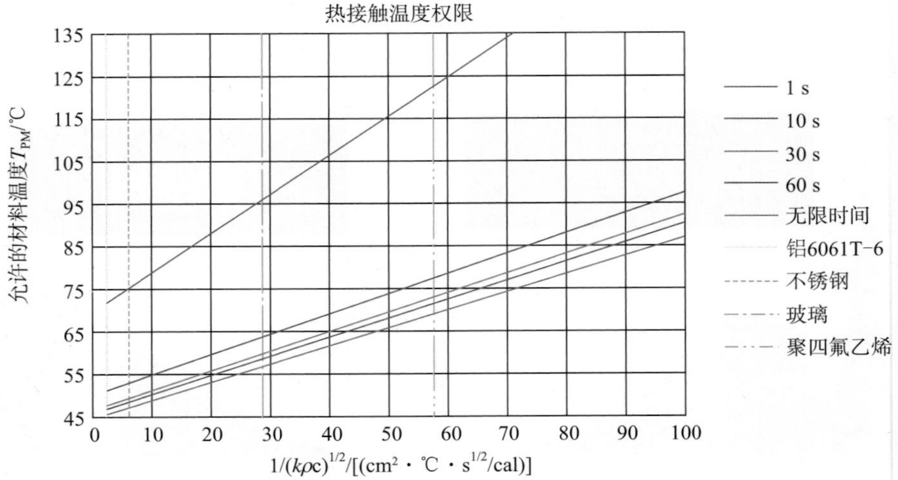

图 9.12-1　偶然和有意（有计划的）接触的热 T_{PM}（P639）

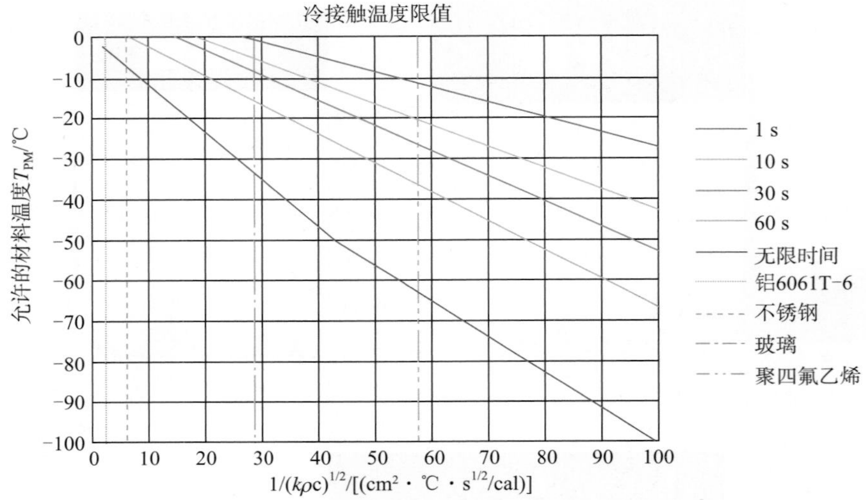

图 9.12-2　偶然和有意（有计划的）接触的冷 T_{PM}（P641）

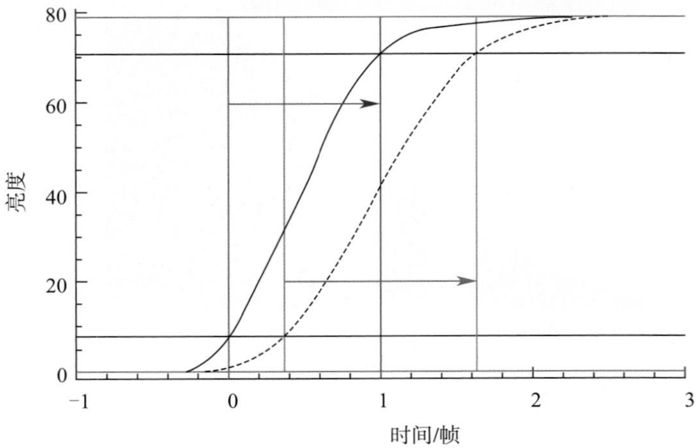

图 10.3-6　液晶显示器运动模糊和相应的测量步骤（P677）

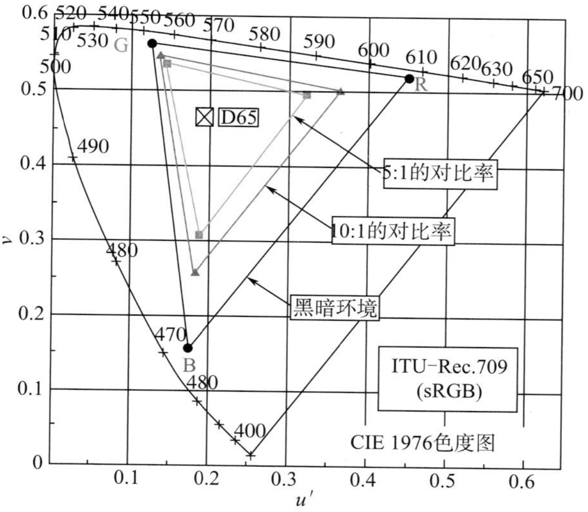

图 10.3－8　ITU－Rec. 709/sRGB 显示器色彩主要划分在 CIE1976UCS 图标，Rec. 709/sRGB 色域显示入射照明的三种倾向：黑暗环境和减少显示白色峰值对比率 10：1 或 5：1 的宽带照明。阐释 D65 白色点位置（P679）

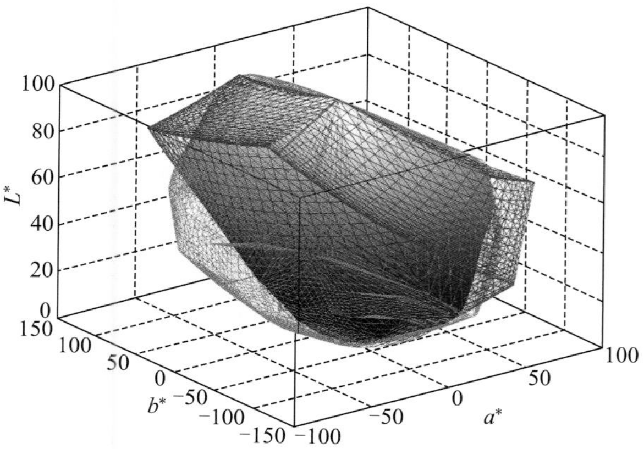

图 10.3－9　在 CIE L＊a＊b＊色彩空间的 ITU－Rec. 709/sRGB 原色的三维色域划分。ITU－Rec. 709/sRGB 色域通过红色线框体现。灰色柱状是真实对象色彩的色域的评估，整个色彩柱阐明这两个色域的交叉点（P680）

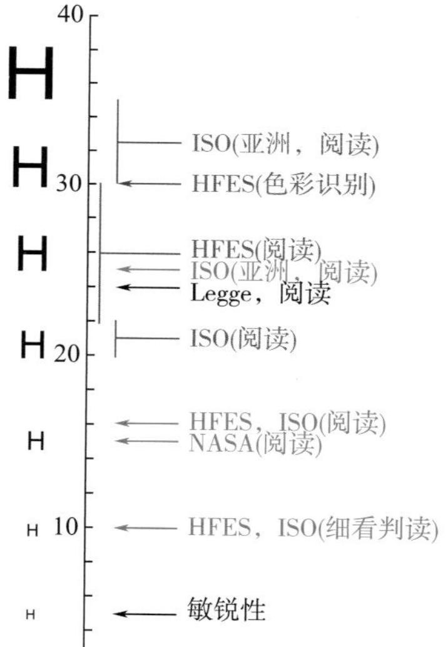

图 10.3－16　弧分字符高度标准。要求用红色显示，推荐用蓝色。字母尺寸与正常视觉敏锐性相统一，也被显示出来，同时也是通过 Legge 建立最佳尺寸（参见图 10.3－12）。当在合适的距离观看时，左边列出的字母是正确的（P688）

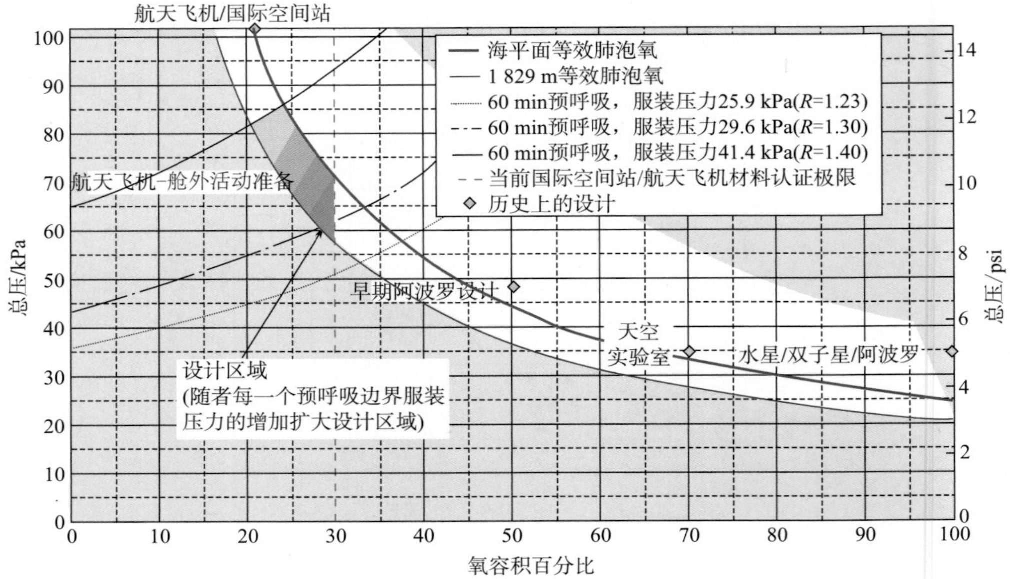

图 11.2-2　在可接受的减压病风险范围内，航天服压力为 41.4 kPa (6.0 psia)、$R=1.40$ 时座舱和航天服压力的选择 (P804)

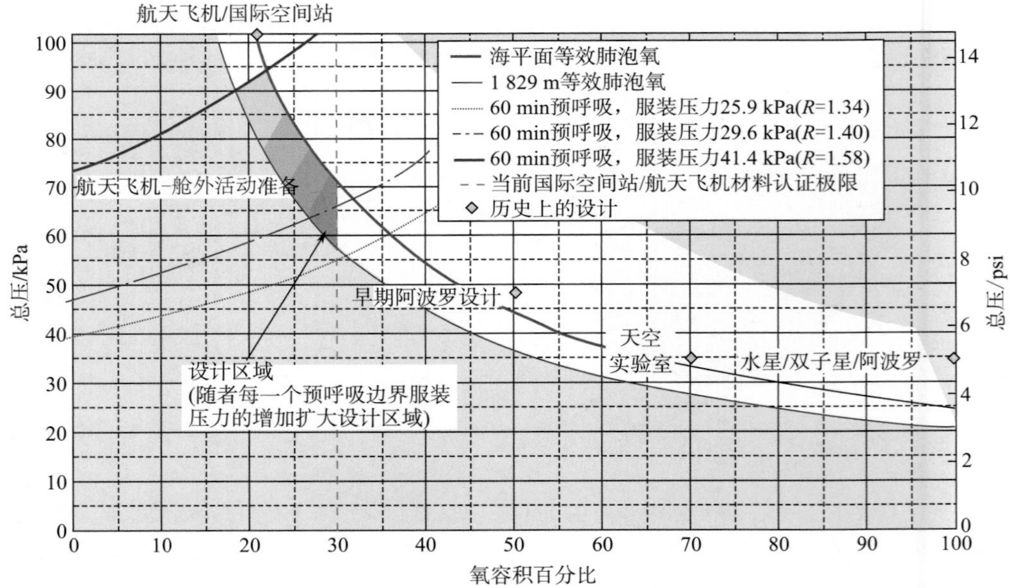

图 11.2-3　在可接受的减压病风险范围内，航天服压力为 41.4 kPa (6.0 psia)、$R=1.58$ 时座舱和航天服压力的选择 (P804)